Weave 织美堂

温馨家庭钩针毛衣

女装、男装、童装、亲子装

张翠 著

北方联合出版传媒（集团）股份有限公司
辽宁科学技术出版社

主　　编：张　翠

编组成员：刘晓瑞　田伶俐　张燕华　吴晓丽　贾雯晶　黄利芬　小　凡　燕　子　刘晓卫　简　单　晚　秋　惜　缘　徐君君
爽　爽　郭建华　胡　芸　李东方　小　凡　落　叶　舒　荣　陈　燕　邓　瑞　飞　蛾　刘金萍　谭延莉　任　俊
风之花　蓝云海　洳果是　欢乐梅　一片云　花狍子　张京运　逸　瑶　梦　京　莺飞草　李　俐　张　霞　陈梓敏
指花开　林宝贝　清爽指　大眼睛　江城子　忘忧草　色女人　水中花　蓝　溪　小　草　小　乔　陈小春　李　俊
黄燕莉　卢学英　赵悦霞　周艳凯　傲雪红梅　香水百合　暖绒香手工坊　蓝调清风　暗香盈袖　果果妈妈

图书在版编目（CIP）数据

温馨家庭钩针毛衣：女装、男装、童装、亲子装/张翠著.—沈阳：辽宁科学技术出版社，2024.6

ISBN 978-7-5591-3343-4

Ⅰ.①温… Ⅱ.①张… Ⅲ.①钩针—绒线—编织 Ⅳ.①TS935.521

中国国家版本馆CIP数据核字(2023)第250201号

出版发行：辽宁科学技术出版社
（地址：沈阳市和平区十一纬路25号　邮编：110003）
印 刷 者：广东瑞诚时代印刷包装有限公司
经 销 者：各地新华书店
幅面尺寸：210mm×285mm
印　　张：18.5
字　　数：700千字
印　　数：1~8000
出版时间：2024年6月第1版
印刷时间：2024年6月第1次印刷
责任编辑：朴海玉
封面设计：幸琦琪
版式设计：幸琦琪
责任校对：韩欣桐

书　　号：ISBN 978-7-5591-3343-4
定　　价：59.80元

联系电话：024-23284367
邮购热线：024-23284502
E-mail：473074036@qq.com
http://www.lnkj.com.cn

Contents 目录

常用针法

= 长针

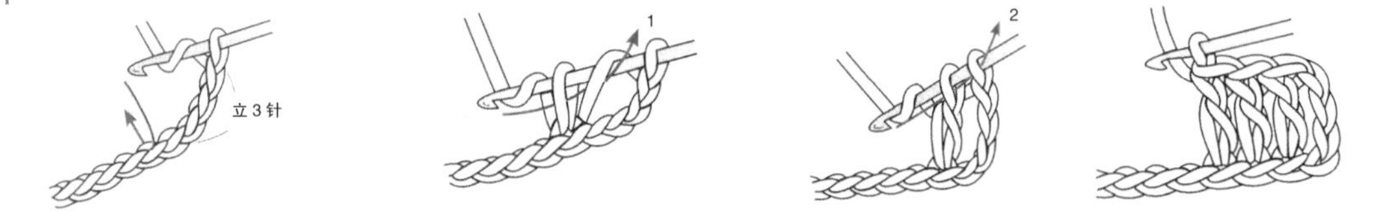
立3针
1
2

①钩出起针段。挂线后将钩针插入第5针的针圈，并拉出1个针圈。 ②挂线，依箭头方向钩出线圈。 ③再挂线，依箭头方向钩出线圈。 ④完成的形状。

= 1针里钩2针短针

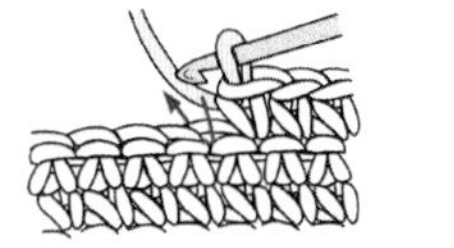

①在同一个地方，钩2针短针。

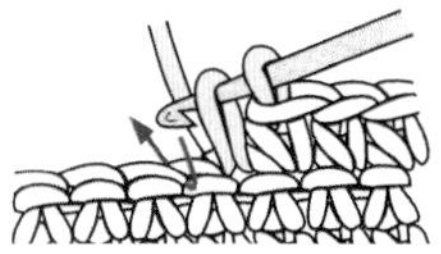

②完成的形状。

= 长长针

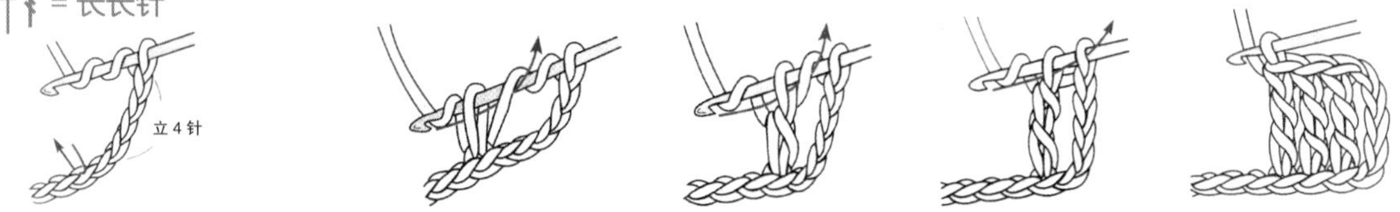
立4针

①钩出起针段。绕两圈线，将钩针插入第6针的针圈，并钩出线圈。 ②钩针挂线，依箭头方向钩出线圈。 ③再挂线，依箭头方向钩出线圈。 ④挂线后依箭头方向钩出线圈。 ⑤完成的形状。

= 短针

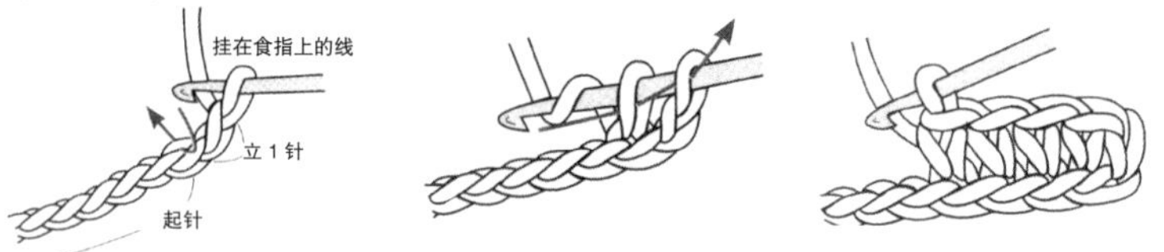
挂在食指上的线
立1针
起针

①依箭头方向插入第1针的线圈，将线往后钩。 ②钩出1针后再挂线，并依箭头方向钩出第2针。 ③完成的形状。

= 中长针

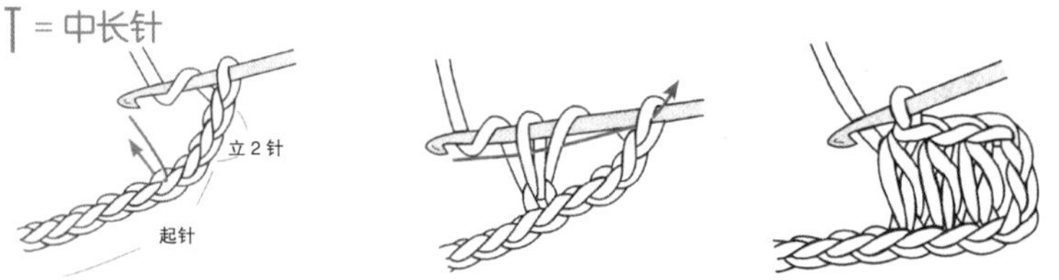
立2针
起针

①先绕一圈线，再依箭头方向插入第3针的针圈，将线往后钩出。 ②挂线，依箭头方向钩出线圈。 ③完成的形状。

= 逆短针

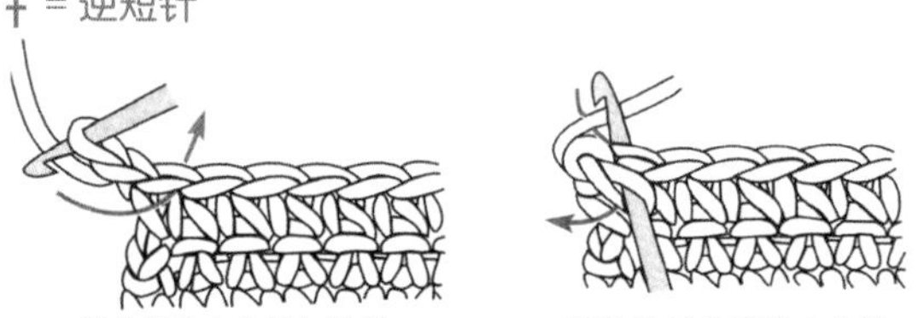

①依箭头方向插入钩针。 ②挂线后依箭头方向钩出线圈。

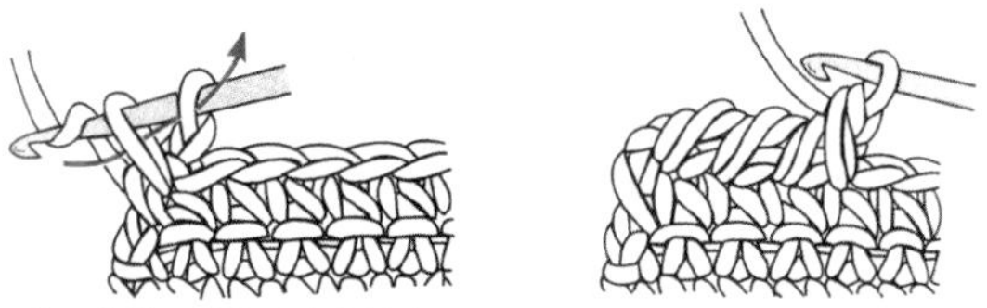

③再挂线，依箭头方向钩出线圈。 ④完成的形状。

= 锁针

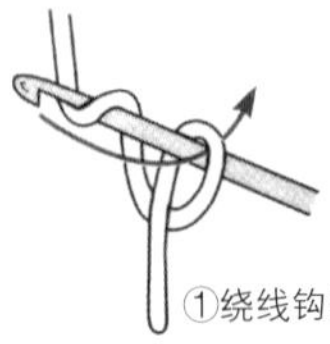

①绕线钩出线圈。

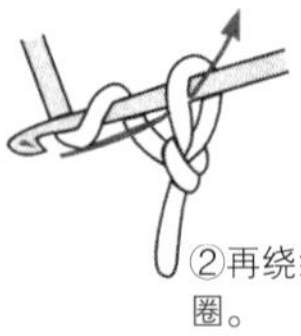

②再绕线钩出线圈。

③钩出所需的针数。

= 引拔针

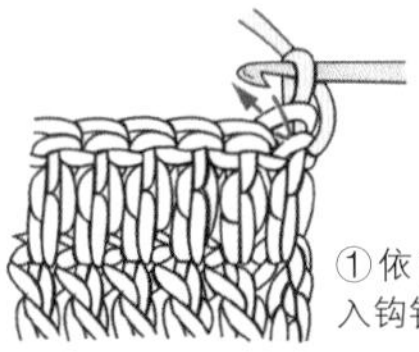

①依箭头方向插入钩针。

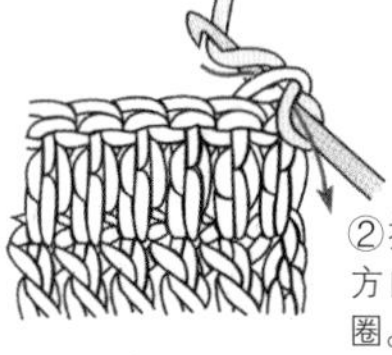

②挂线后依箭头方向一次钩出线圈。

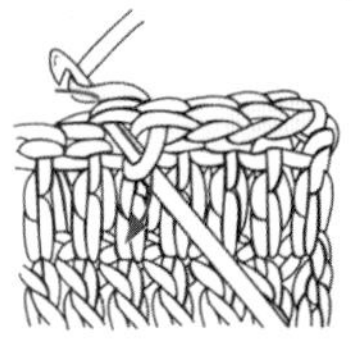

③完成的形状。

= 内钩短针

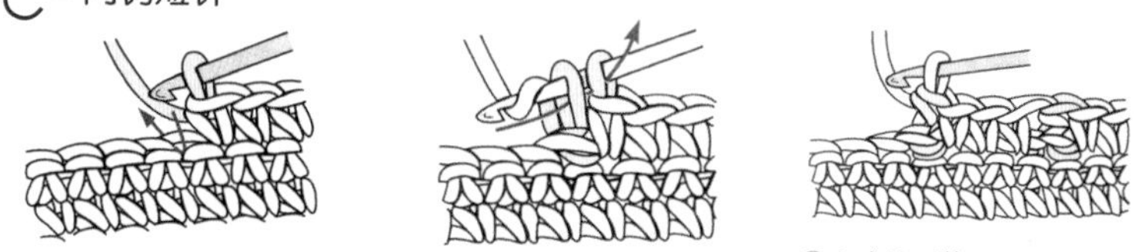

①从反面沿着箭头方向插入钩针。 ②钩短针。 ③完成的形状。

= 内钩长针

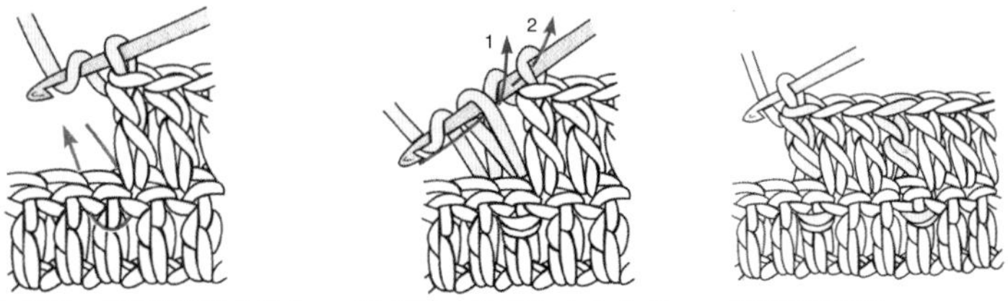
1
2

①针上绕线，然后依箭头方向从织片后面绕上行长针，针身插针，将线往后钩出。 ②挂线，依箭头方向钩出线圈。 ③完成的形状。

= 外钩长针

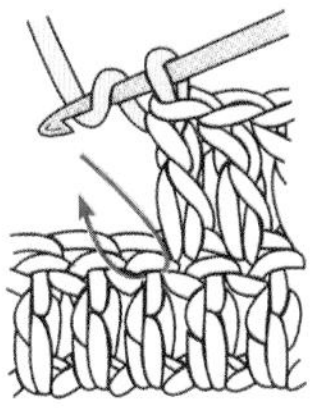
①挂线，依箭头方向插入钩针。

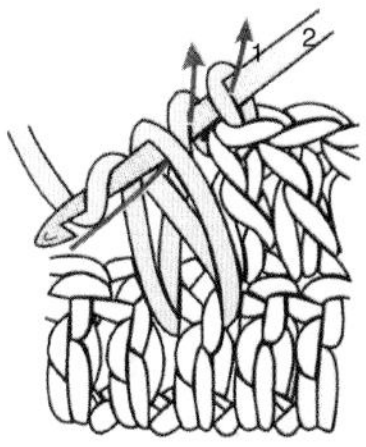

②沿着箭头方向钩线。

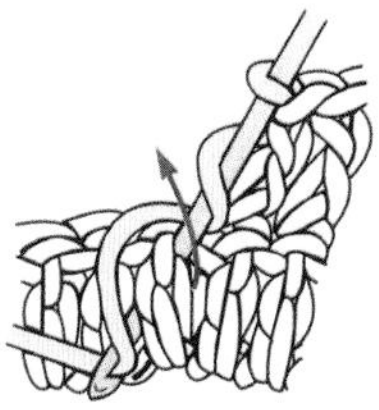
③每次钩 2 个线圈，并连续钩 2 次。

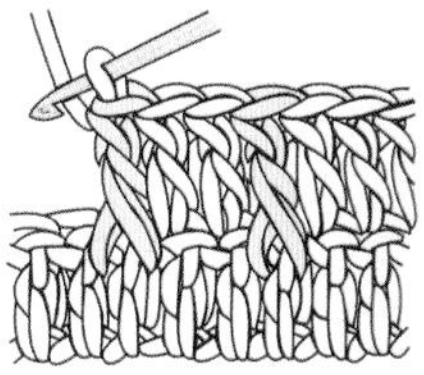
④完成的形状。

= 逆长针交叉针

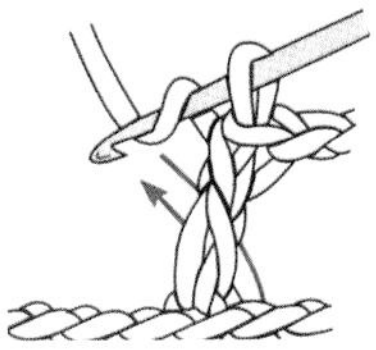
①用长针钩法钩线。

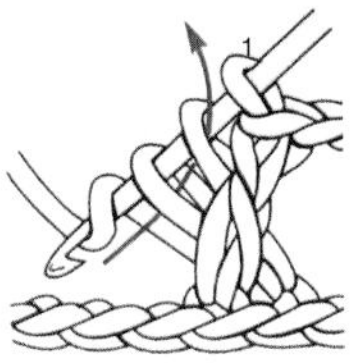

②从背面向前 1 针插入钩针。

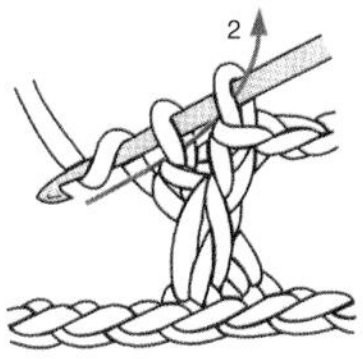

③接着，用长针钩法钩线。

④完成的形状。

= 5 针长针的爆米花针

①用长针针法钩编。

②同一入针处钩 5 针长针。

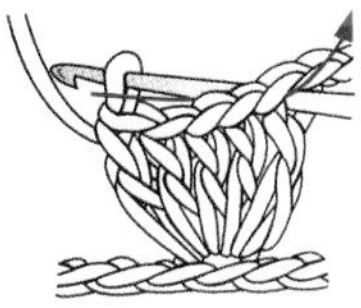
③挂线后依箭头方向钩线。

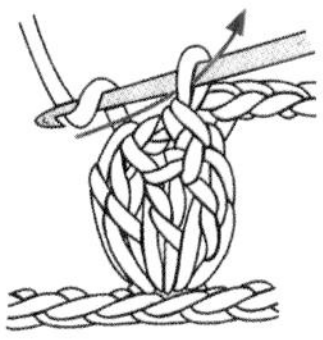
④重新挂线，钩 1 针锁针。

⑤完成的形状。

= 长针交叉针

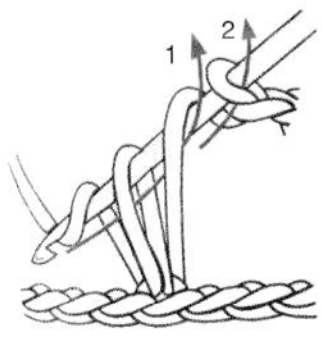

①用长针针法钩编。

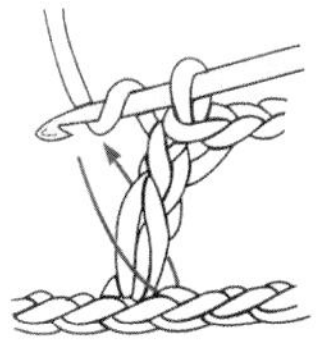
②挂线后向前1针插入钩针。

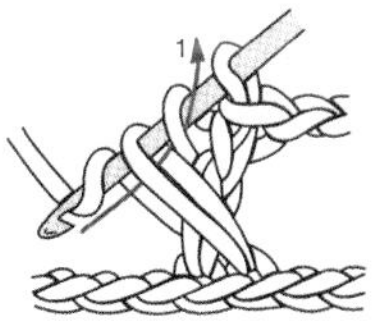

③钩 2 个线圈。

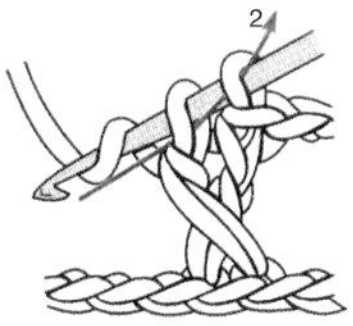

④再次钩 2 个线圈。

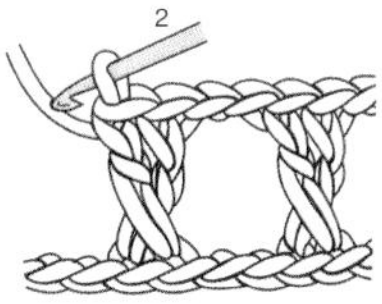

⑤完成的形状。

= 短针的圆筒钩法（单面钩织）

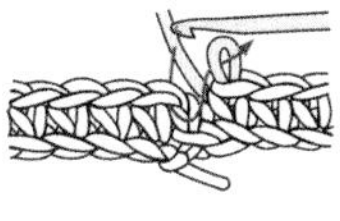
①在第 1 针内插入钩针，然后挂线从第1针钩线。

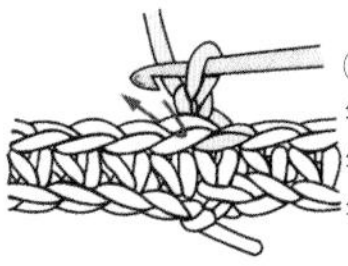
②钩 1 针锁针，然后向锁针孔内插入钩针。

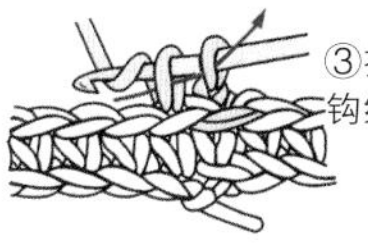
③挂线后钩线。

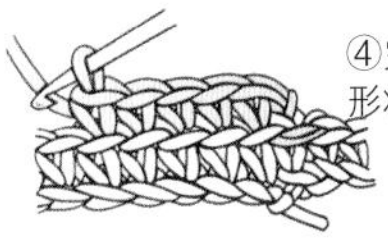
④完成的形状。

= 短针的双面钩织

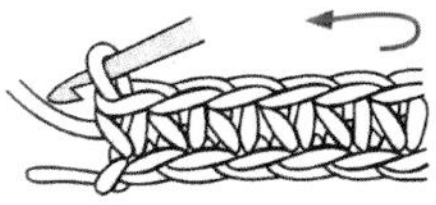
①翻转织片。

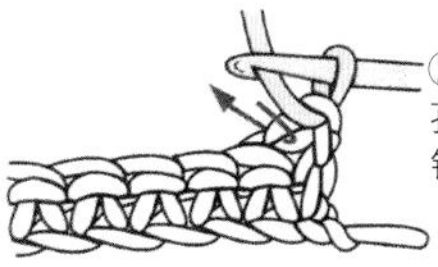
②向锁针孔内插入钩针。

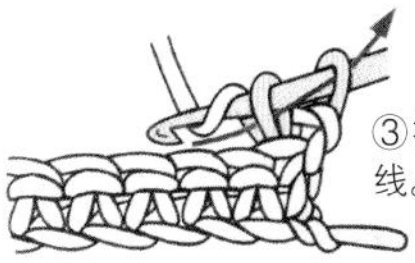
③挂线后钩线。

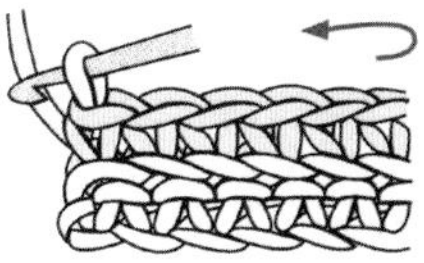
④再翻转织片。

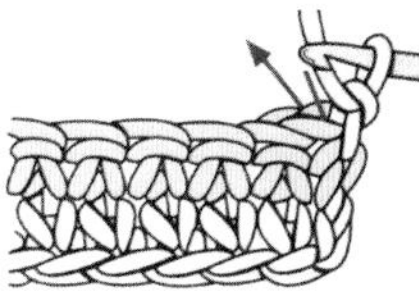
⑤用短针手法钩线。

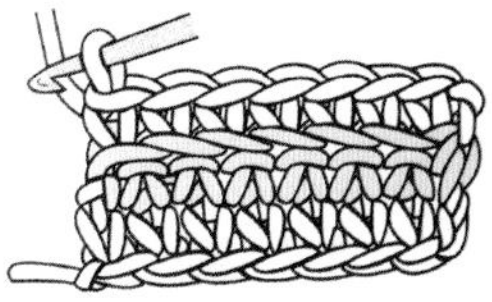
⑥完成的形状。

= 3 长针的玉米针

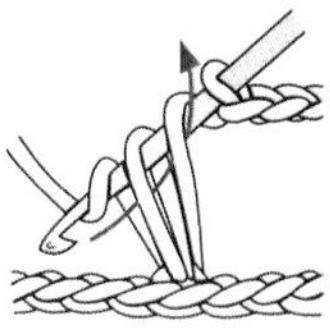
①挂线，只引拔 2 个线圈。

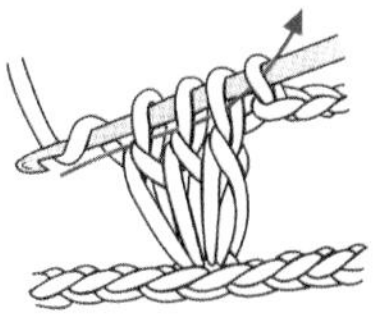
②在一个地方重复钩 3 次，然后引拔 1 次。

③完成的形状。

= 短针 2 针并 1 针

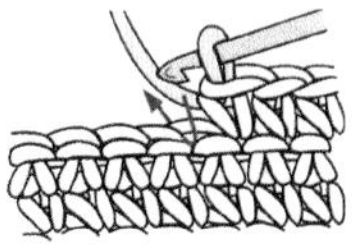
①依箭头方向插入钩针。

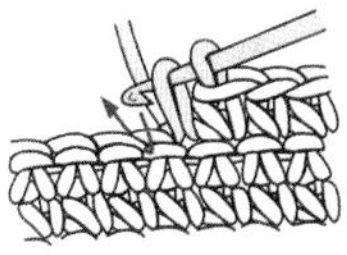
②钩出 1 针，然后插入下一针。

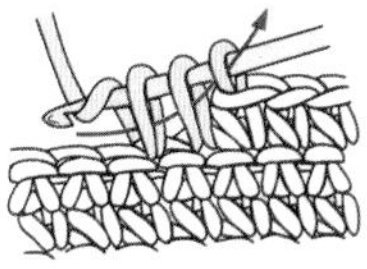
③挂线后 1 次钩 3 个针圈。

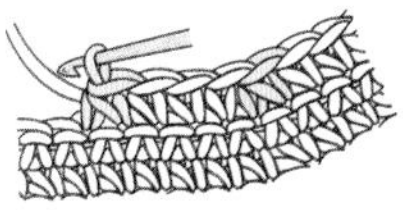
④完成的形状。

直边的缝合方法

1. 卷针缝合

以长针为主的织片经常使用这种缝合方法。粗线编织时使用这种方法可以使连接部分工整美观，但是这样的方法不适合有线结的织片。

①将织片对齐、重叠，将端部的半针作为连接边，开始在连接处交叉缝2次。

②从后侧开始插针，一边从前面连针一边交叉缝合。

③在连接的过程中要保持花样不被拆散。

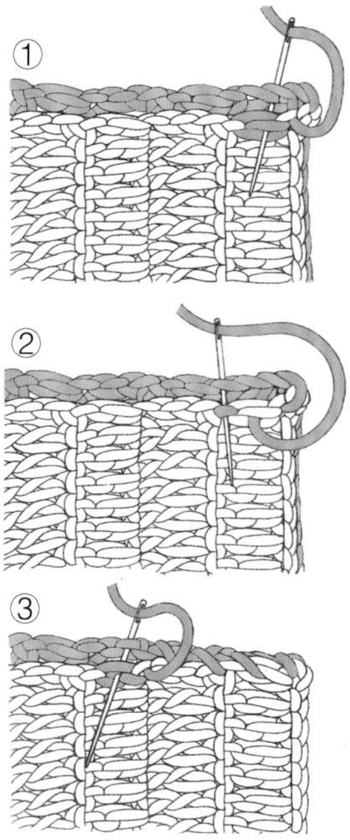

2. 锁针缝合

这是最简单的连接方法，大部分的织片都可以使用。但是如果1行的高度和锁针的尺寸不符合，连接缝合的部分就可能过松或者过紧，因此要特别注意。

①将织片对齐、重叠，缝针插入起针的半针处，然后开始缝合。

②合并花样图案的重点部分，间隔编织锁针，将缝针插入花样图案的重点部分后缝合。

③重复步骤②。

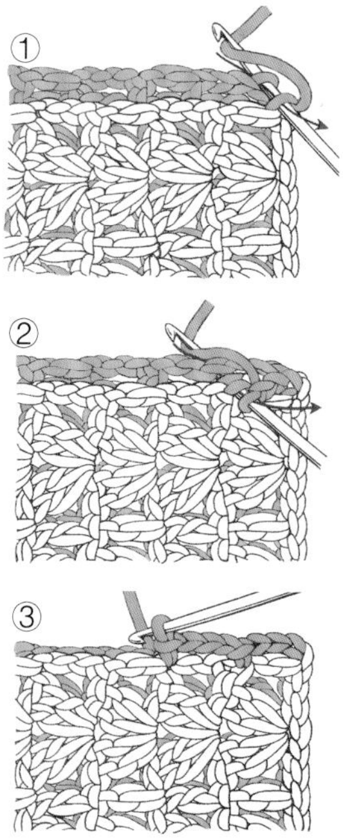

3. 反针缝合

像长针一样有1行高度差时或者是端部伸缩时使用，但是它与短针一样，里侧的针都不均匀。

①将织片对齐、重叠，将端部半针作为连接部位。

②按照反针缝合的要领一针针地反复缝。

③为了不使编织行错位，一定要注意缝合的位置。

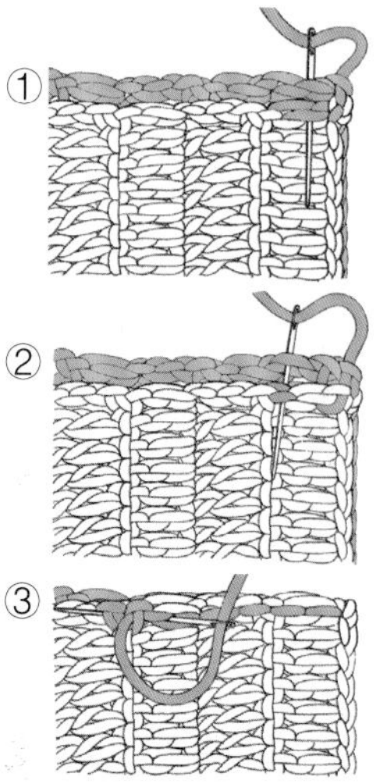

4. 引拔针缝合

厚织片（如毛线大衣等）经常使用这种方法连接，牢固不易变形。

①将织片对齐、重叠，缝针插入起针处。

②按照相同的步骤缝合。

③注意不要缝得过紧。

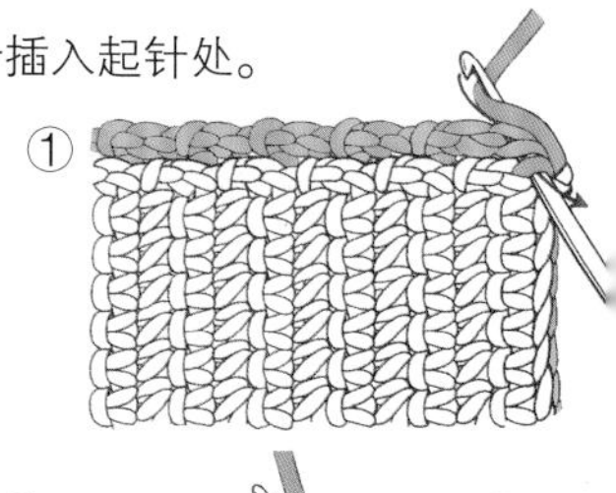

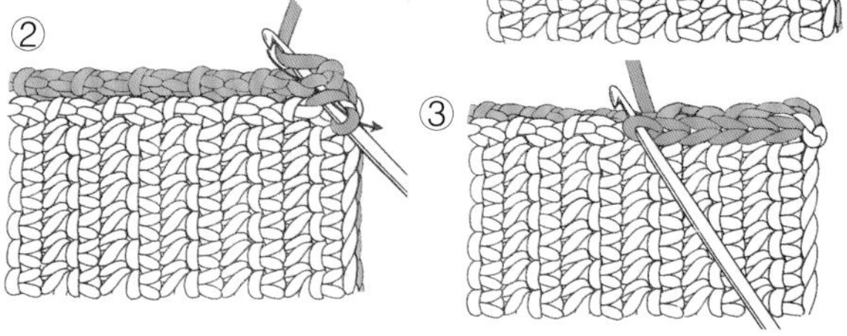

5. 搭缝缝合

（1）织片的第1行高度比较高时使用这种方法可以使连接部分更美观，但里侧的连接边略厚。

①将织片翻到正面，将两片的端部对齐，再将端部半针作为连接端，像分开前面的锁针一样先缝1针，从上侧长针的根部开始按照箭头方向缝。

②按照同样要领相互交替地缝合。

③为了不使编织行错位，注意缝合时要一一对应。

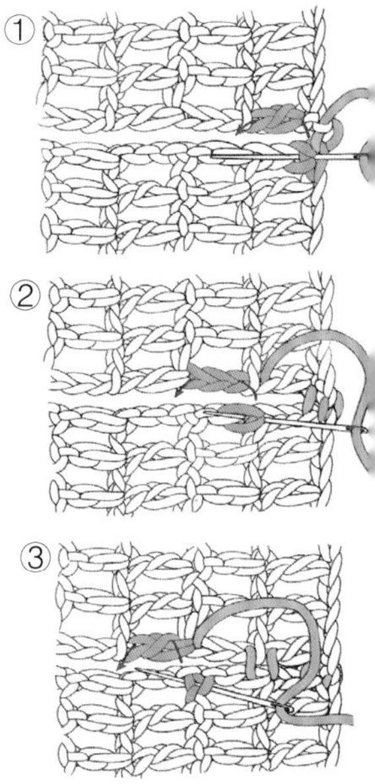

（2）当织片全部使用长针编织时适合使用这种连接方法，数出端部的1针后编织织片，连接锁针编织。

①将织片翻到正面后再将两片的端部对齐，从长针根部缝合。

②上侧也一样，跳过立起的锁针后缝长针。

③为了不使编织行错位，一定要注意缝合的位置。

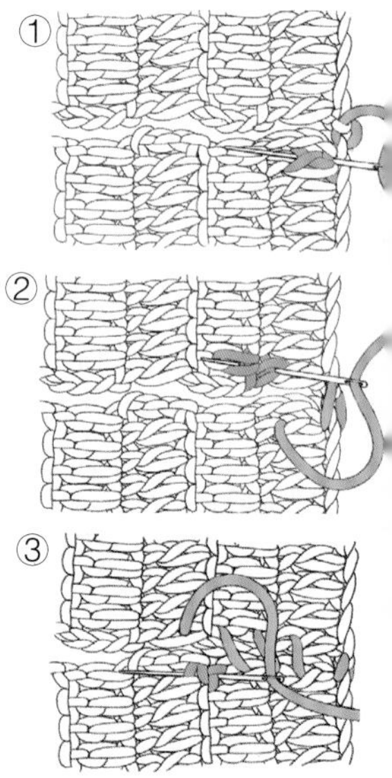

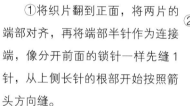

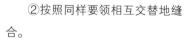

6. 短针缝合

连接时，使用比编织钩针略细一号的针。

①将织片对齐、重叠，端部的 1 针作为连接使用的边，将前侧和后侧的针一起缝合。

②在两片上一起编织短针。短针连接可以使编织片很平整。

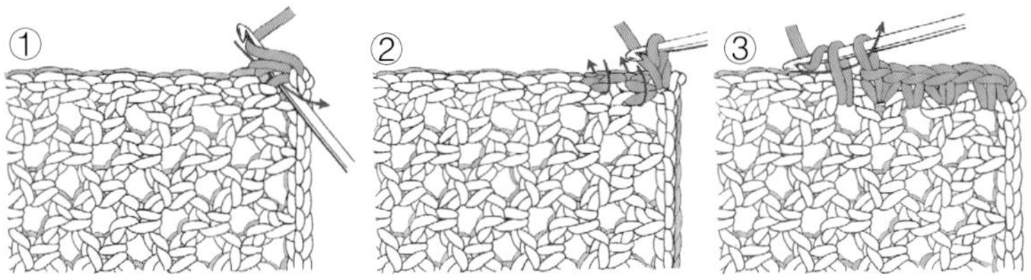

7. 打结缝合

最适合连接质地柔软的织片时使用，连接部分很平整。

①一边做每一行的结针，一边连接。

②注意编织行不要错位。

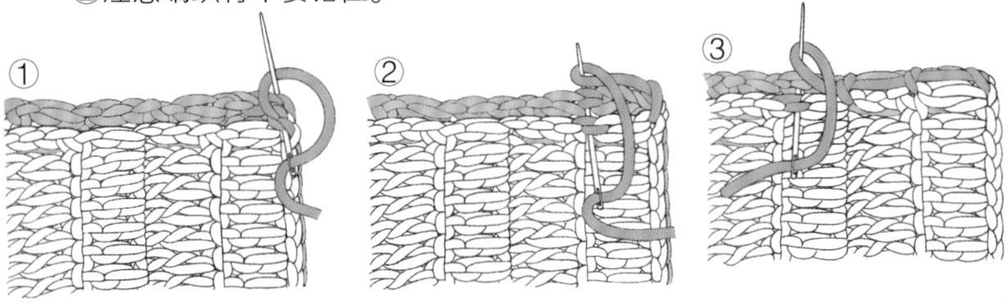

斜边的缝合方法

1. 卷针缝合

适合粗线、镂空花样。

①将织片对齐、重叠，缝针从织片锁针小辫下插入，再从前侧织片抽出。

②从后侧织片向前面一针针地穿过，也就是一边重叠着花样，一边从左到右缝合。

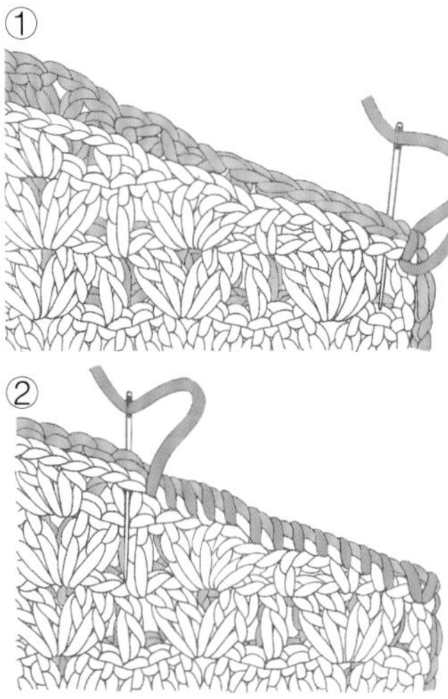

2. 引拔针缝合

这种方法可以阻止缝合部分的伸缩，适合厚质地的织片。

①将织片对齐、重叠，将钩针从前面向后面穿入后拉出线圈。

②同样逐针引拔缝合，但是在缝合时一定要注意引拔的针不能拉太紧。

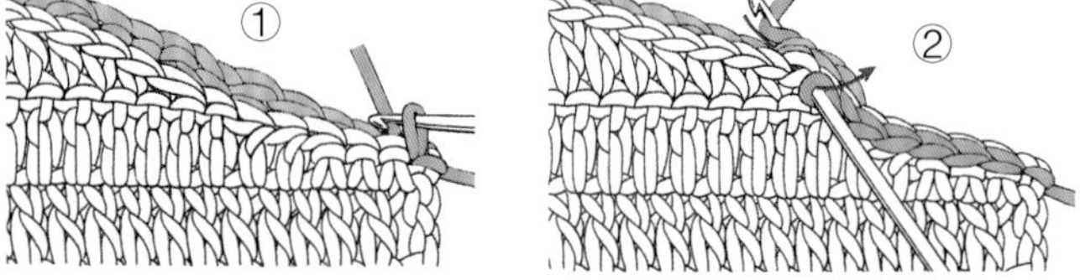

3. 搭缝缝合

用这种方法缝合的针不均匀，所以不适合用于镂空部分多的织片。

①将织片翻到正面后对齐，从右端开始横向缝前侧半针。

②后侧缝 1 针，返回到前侧缝第 1 针的半针和下一针的半针。按照同样要领交替缝合。

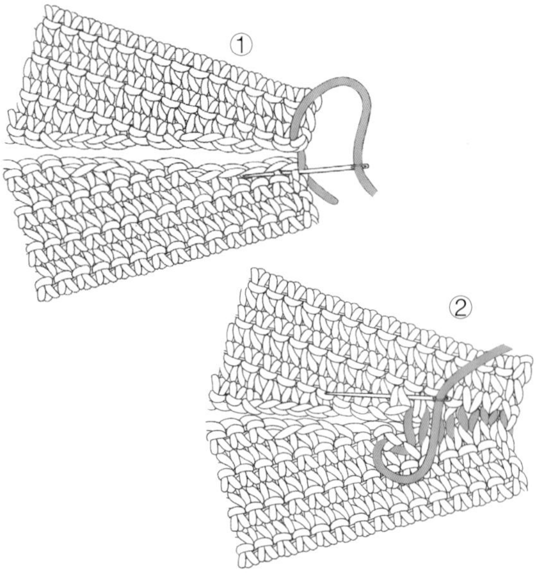

4. U 字缝合

此方法简单，缝合痕迹不明显。锁针多的镂空织片不易接缝，所以避免使用。

①将织片翻到反面后对齐，将缝针从前侧向后侧的端针插入，从后侧的第 2 针插入前侧的第 2 针。

②按照同样要领缝合。

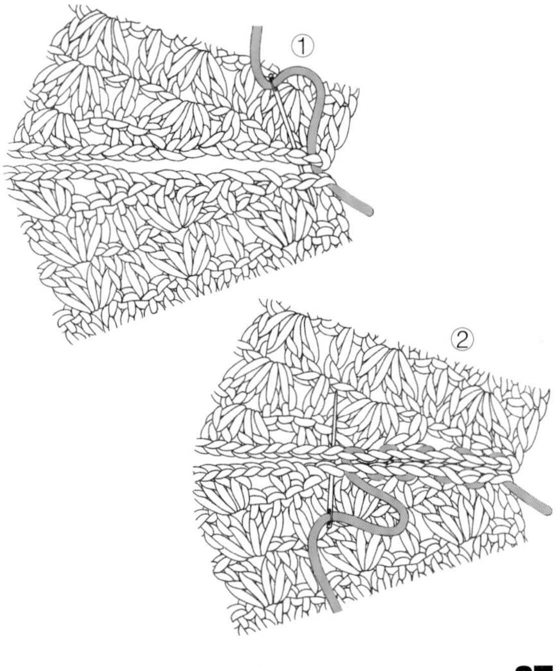

5. 反针缝合

将编织片重叠，按照反针缝的要领进行缝合。

①

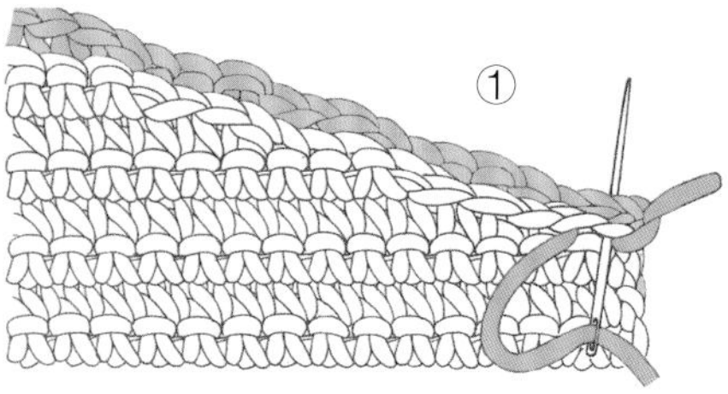

②

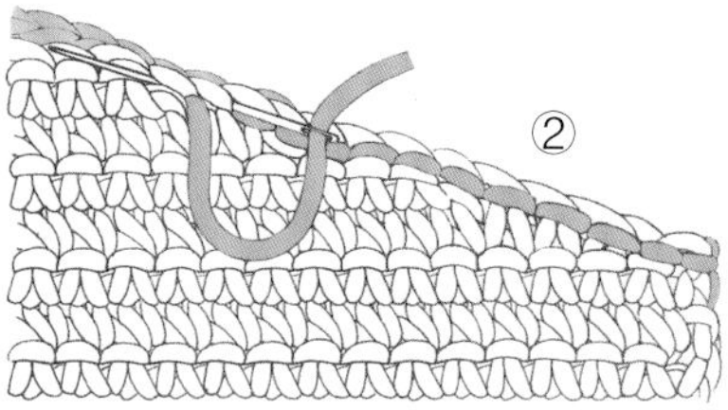

6. 锁针缝合

适合镂空图案织片的缝合方法。注意编织的锁针不能太紧，也不能太松。

①将织片对齐、重叠，将钩针穿入各自的端针后一起钩织，并和花样图案的中心部分间隔编织锁针。

②将钩针插入花样的中心部分后钩织。

①

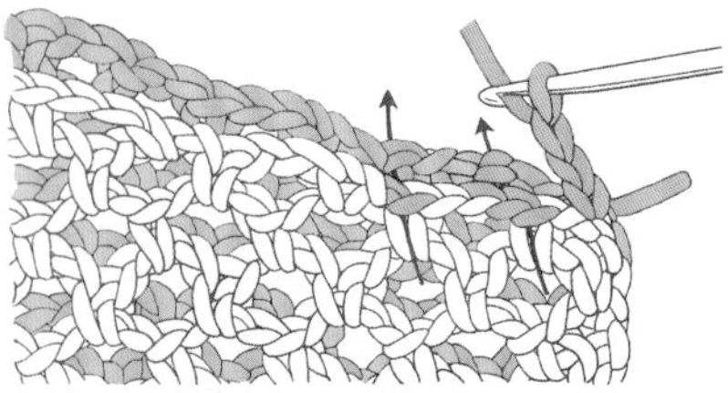

②

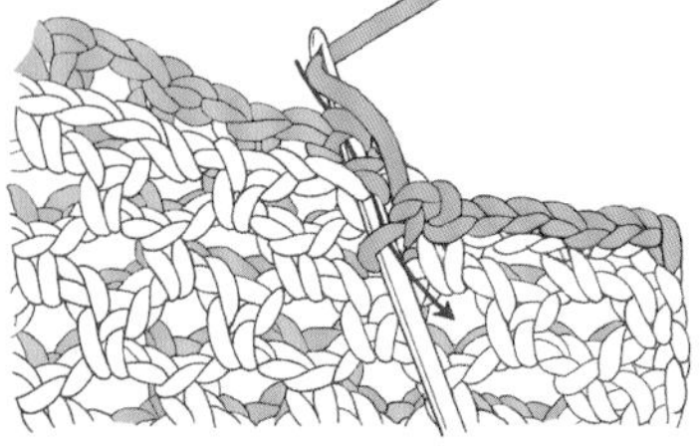

钩花的连接方法

1. 卷针交叉的缝锁连接

（1）半锁针用卷针交叉缝合。

①将花样图案翻到正面后对齐、重叠，反针缝合锁针上靠外侧的半针。

②将针从上侧开始插入，从下侧钩出，逐针卷缝。

③横、竖方向全部连接缝合后，再连接缝合另一方向。在 4 片图案拼接后的中心位置上，线呈交叉状态。

①

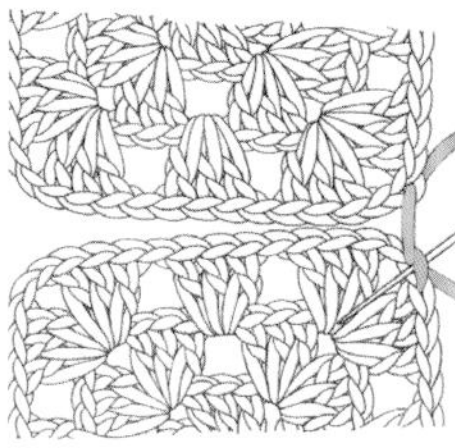

②

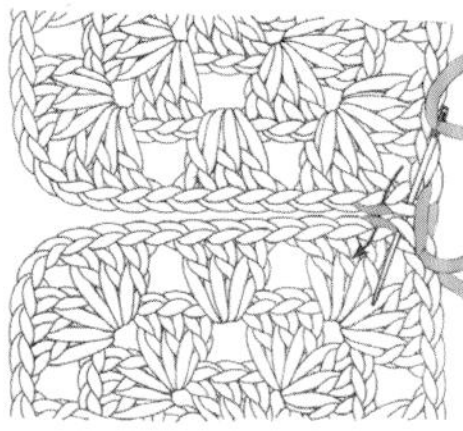

③

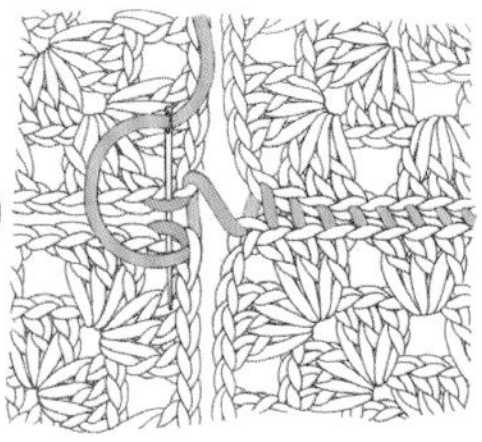

（2）整针用卷针交叉缝合。

与半锁针时的步骤一样交叉缝合，要注意对应缝合的是一个完整的锁针。

①

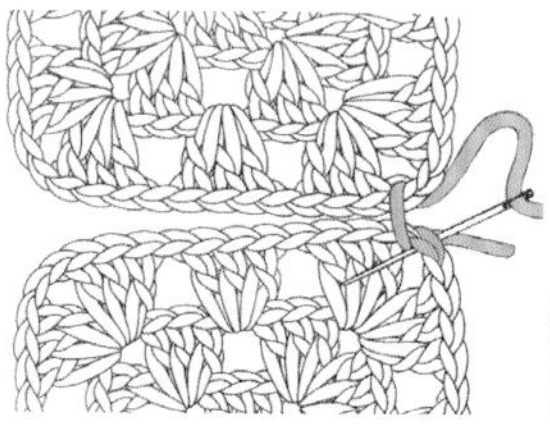

②

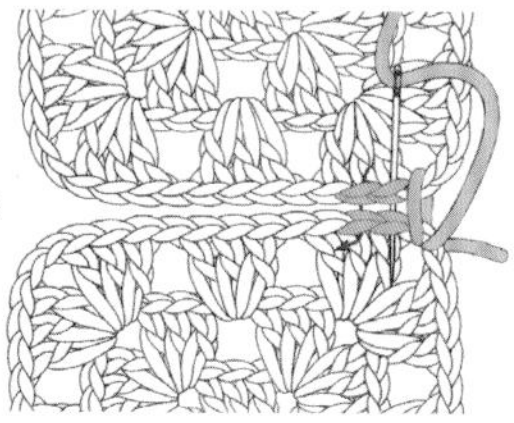

③

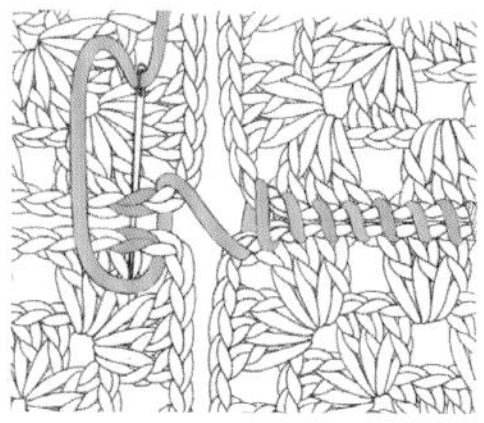

2. 搭缝连接

①将花样图案翻到正面后对齐、重叠，织片的外侧半针作为连接端，反针缝合锁针的一角。

②从这一步开始一一对应缝合。

③横、竖方向全部连接缝合后，再连接缝合另一方向。在 4 片图案拼接后的中心位置上，线呈交叉状态。

①

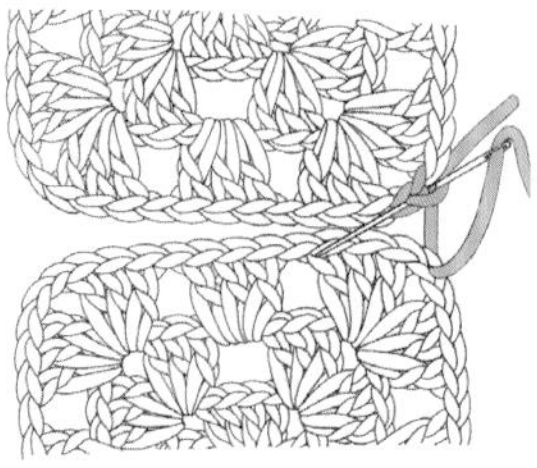

②

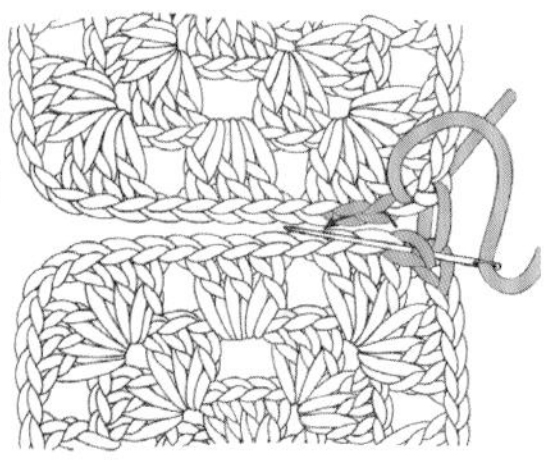

③

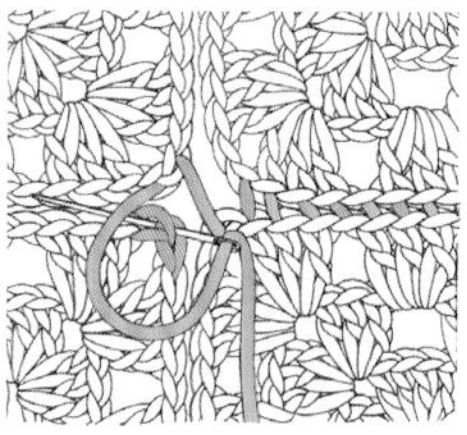

3. 引拔针连接

①将花样图案翻到正面后对齐、重叠，将线连在下侧的花样上后按照箭头方向将编织针插入上侧的花样。

②挂线钩引拔针。

③将编织针插入下侧的花样后引拔。

④一针针相互交替钩织。横、竖方向全部连接缝合后，再连接缝合另一方向。在 4 片图案拼接后的中心位置上，线呈交叉状态。

①

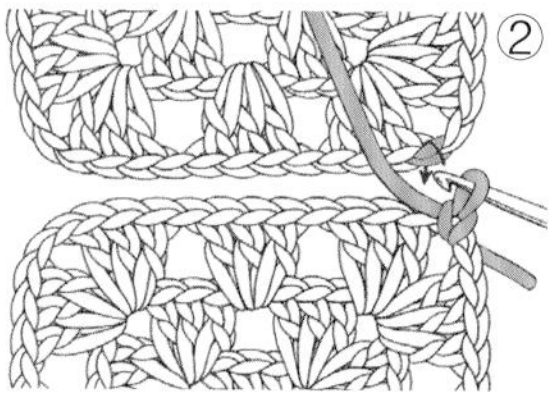

②

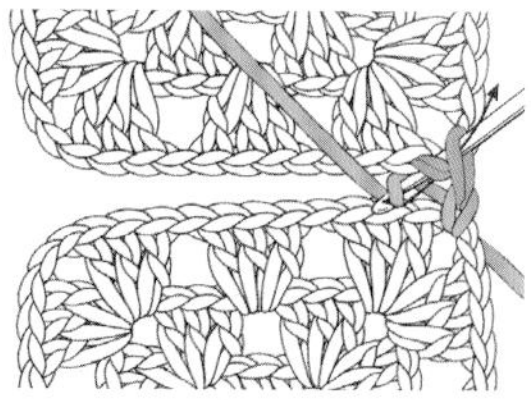

③

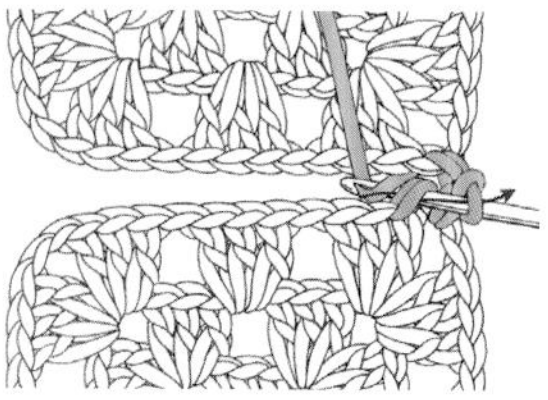

④

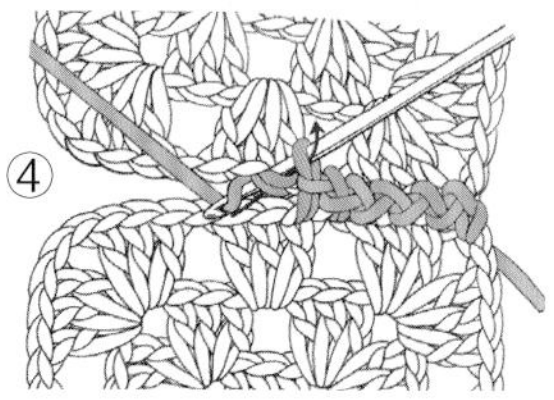

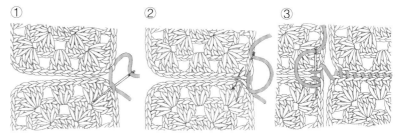

4. 换针连接

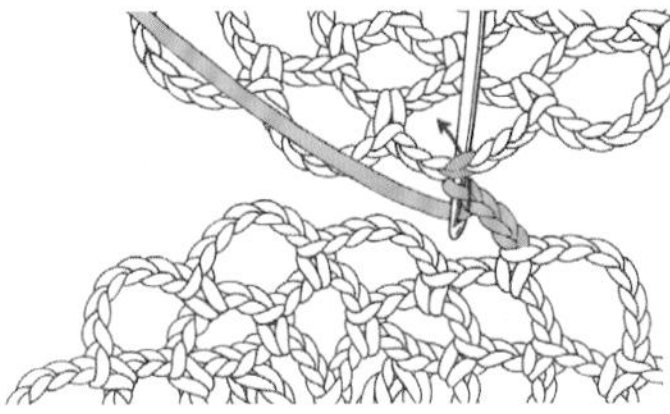

① 编织至连接的位置，将针抽出，然后将针插入另一片花样的环上后，再插入原来的针内。

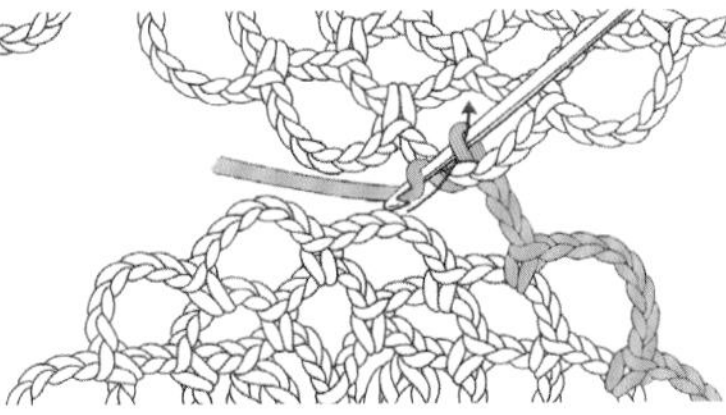

② 继续编织锁针。

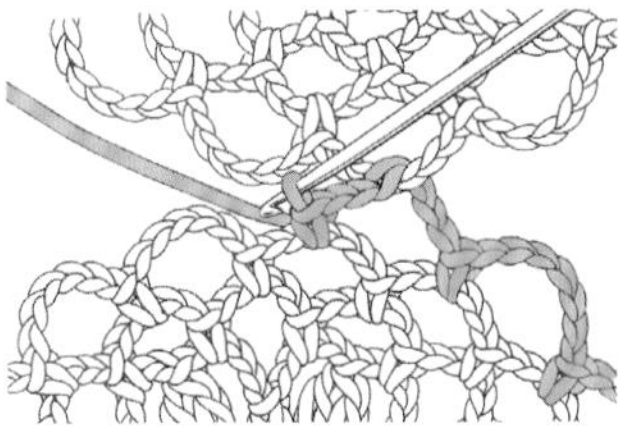

③ 连接2片花样。

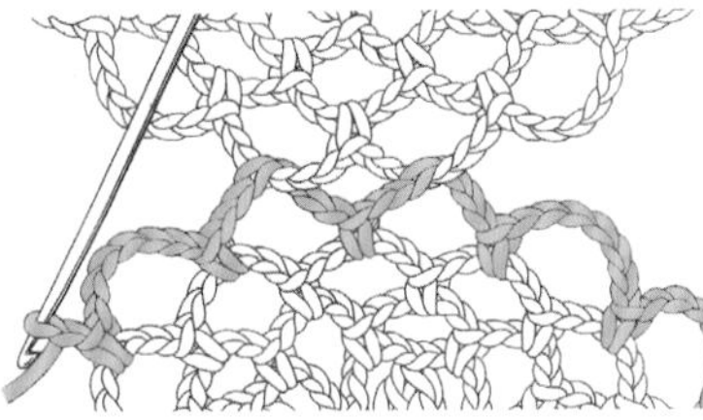

④ 按照同样要领连接指定的位置，连接完成2片花样。

5. 抽拉编织连接

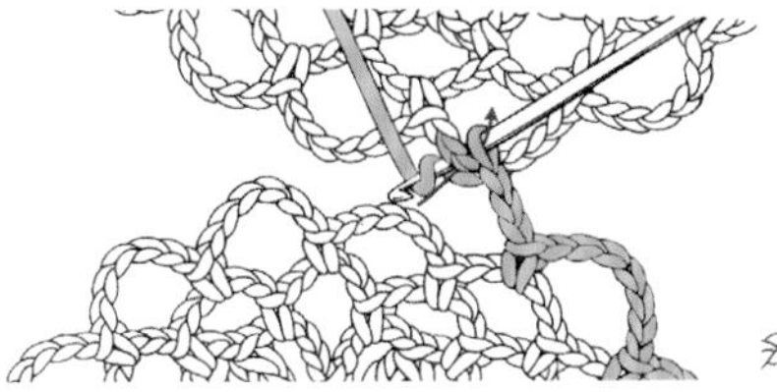

① 一边编织至连接的位置，一边将针插入另一片花样，挂线后钩织。

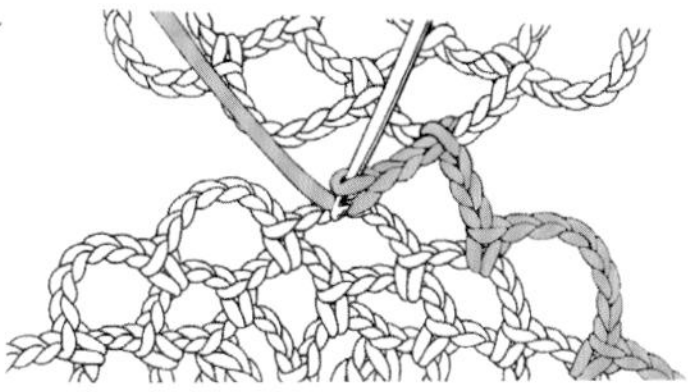

② 编织锁针，编织连接第1片花样。

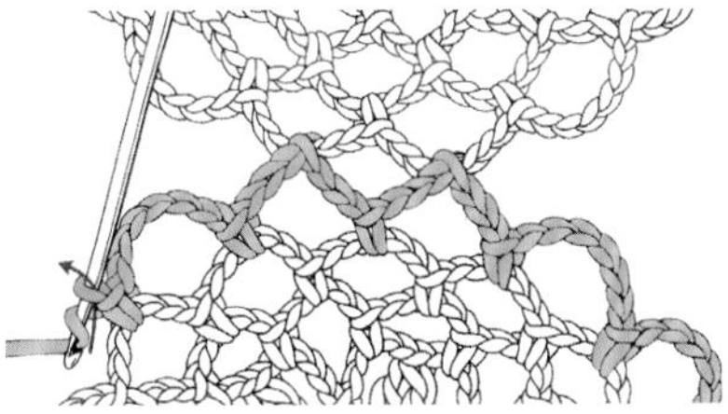

③ 按照同样要领连接指定位置，连接完成2片花样。

6. 短针连接

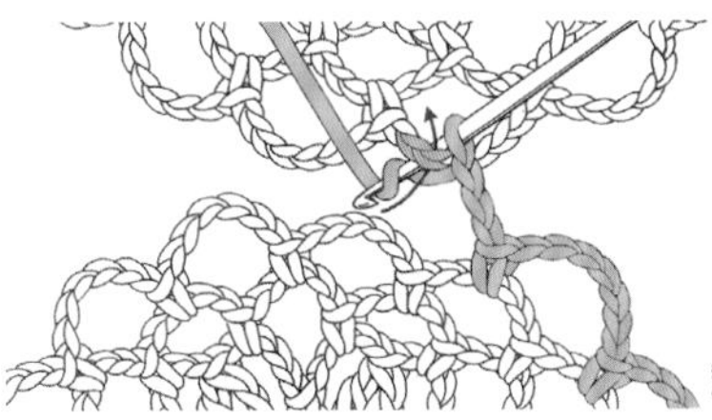

① 一边编织至连接的位置，一边将编织针插入另一片花样，编织短针。

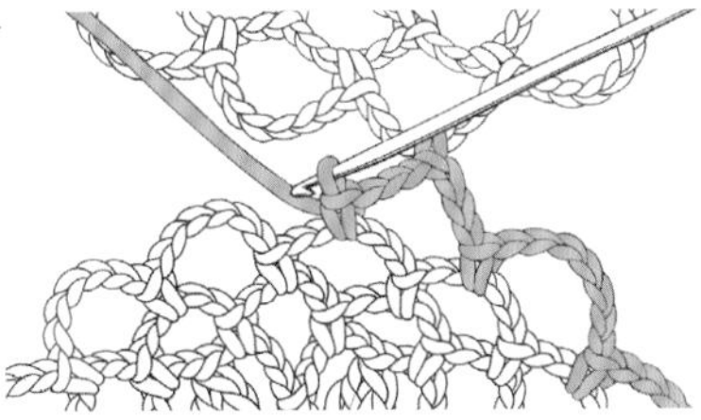

② 编织锁针，编织连接第1片花样。

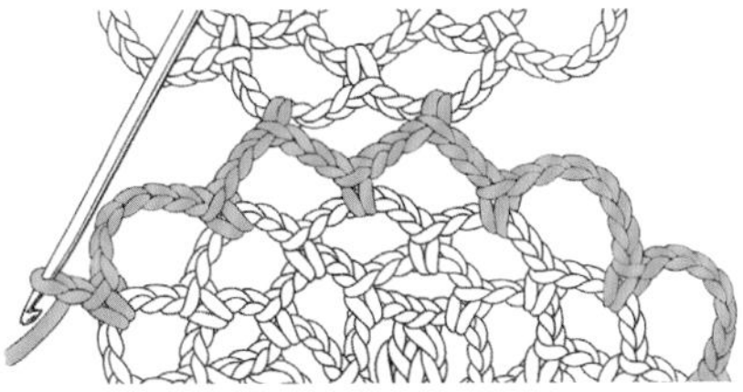

③ 按照同样要领连接指定位置，连接完成2片花样。

不规则花样边缘加针

1. 方眼编织中斜线的加针

（长针1针、锁针1针的方眼编织）

转行时立起的锁针是倾斜的。如①一样，斜线在长针与长针之间时，没有横向的锁针，在立起的锁针上增加1针。在另一行的相反侧如②一样，在下行的端针编织2针长针后使其倾斜。

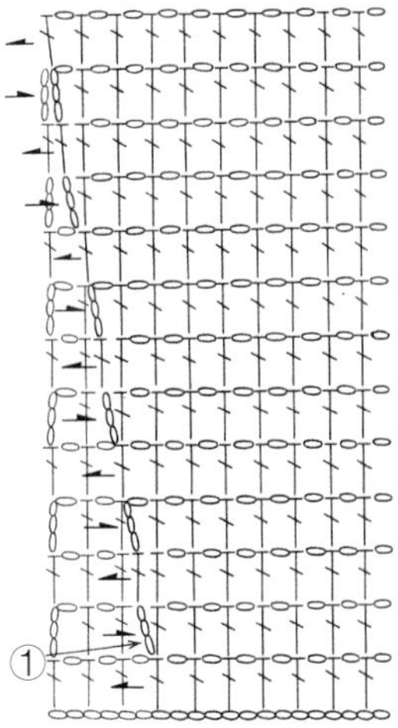

左侧

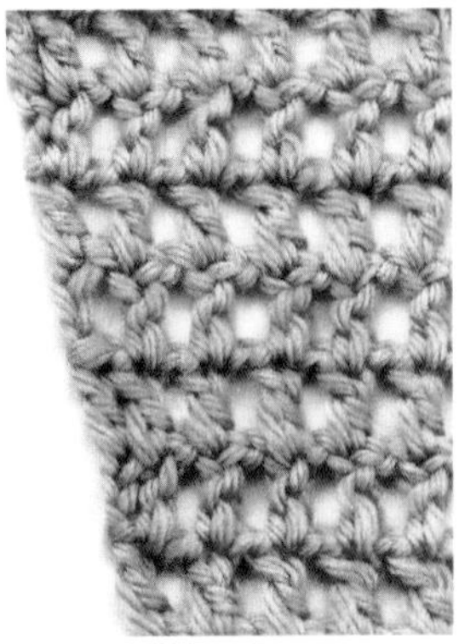

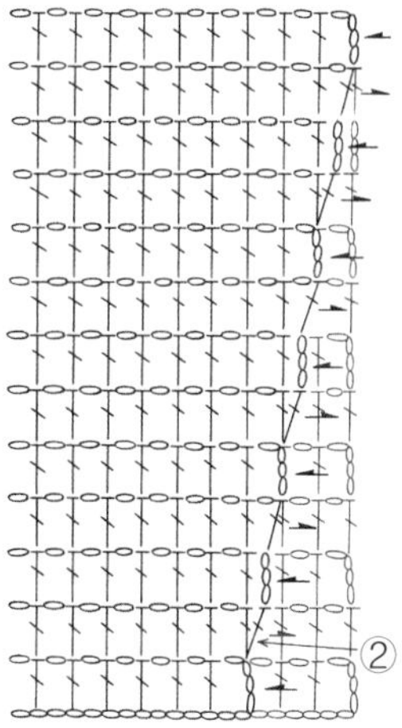

右侧

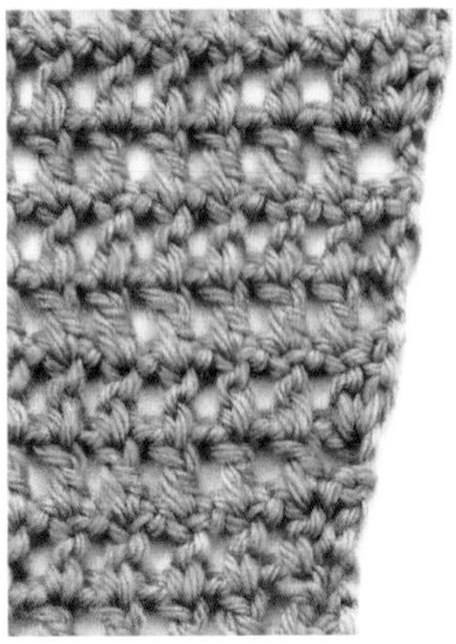

2. 方眼编织中曲线的加针

可以使用与斜线加针时相同的方法。试编织出同样长度的锁针，如①一样编织4针锁针，这时同一行的相反侧比长针的长度略长，如果不能，就如②一样编织长长针，将端部吊起。

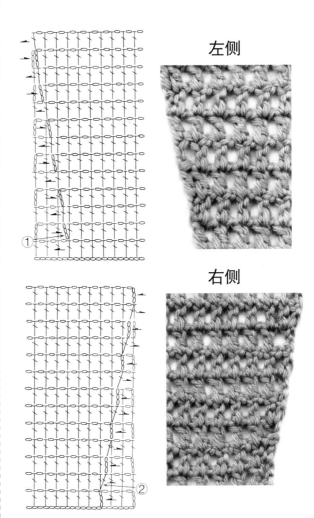

左侧

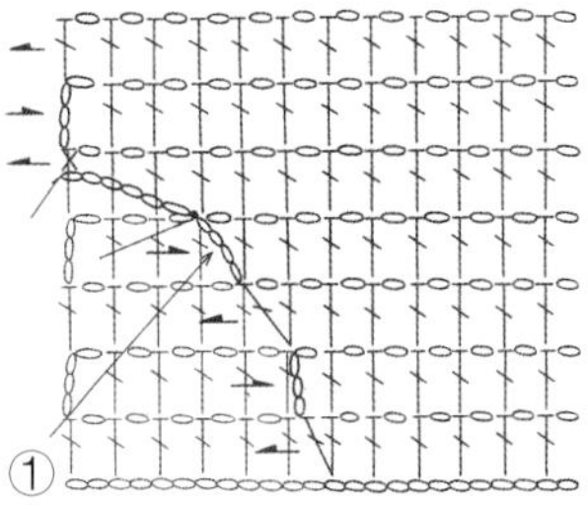

右侧

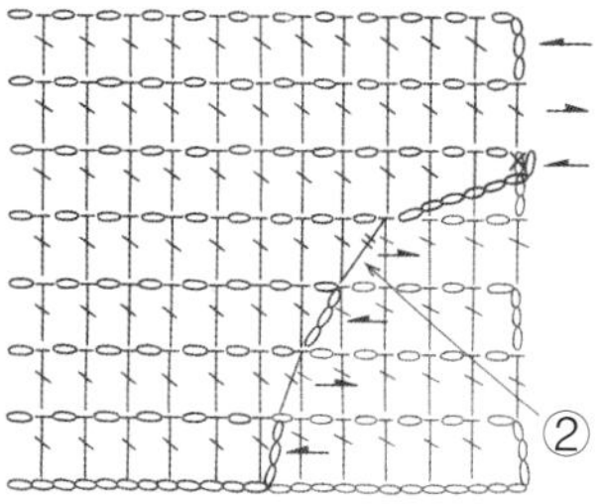

3. 在方眼编织途中加针

在集中的位置上加针：

在第 1 行上增加 2 针。在加针的中心针两侧相互交替加针。

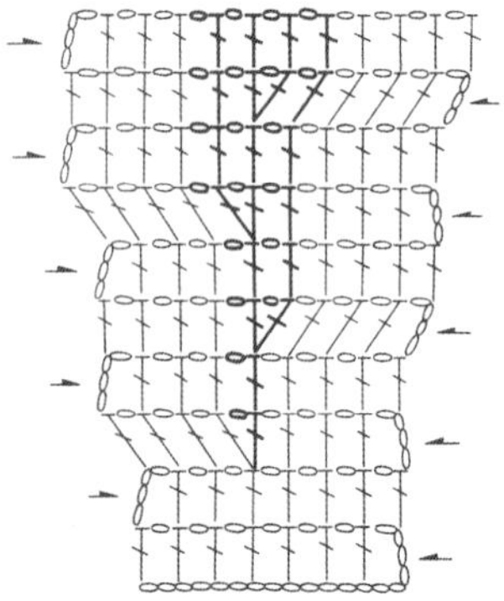

分散加针：

分出若干个加针的位置，均匀加针，这时在一个位置上加出 2 针，所以计算的时候一定要注意。

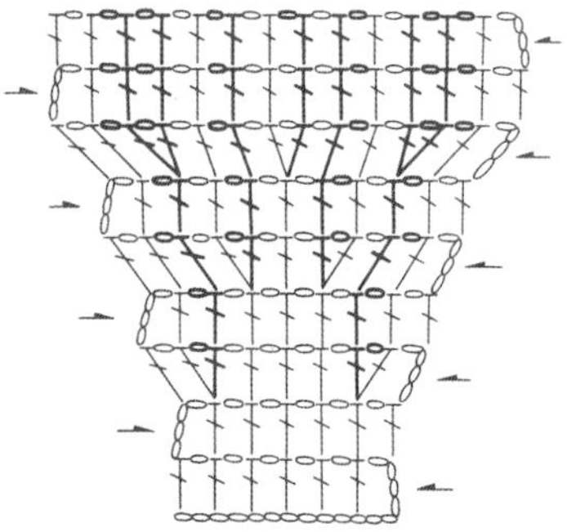

4. 网状编织中斜线的加针

斜线加针可以通过计算得出，但是因为每行的编织是山形的，所以要结合斜线试画出加针记号图，并且画出沿斜线立起的锁针。这时，如果画出的锁针大小与网眼编织的大小相同，那么如①一样钩 2 针锁针立起；如果沿网眼的曲线画 1 针锁针，就会缺半针网眼。同一行相反侧的斜线如②一样完成行的编织，所以编织与立起的锁针同样高度的中长针。下面的一行是从网眼的半山开始在每行都增加 1 山，如果同③一样结合斜线，那么网眼的山就是 2 针锁针。

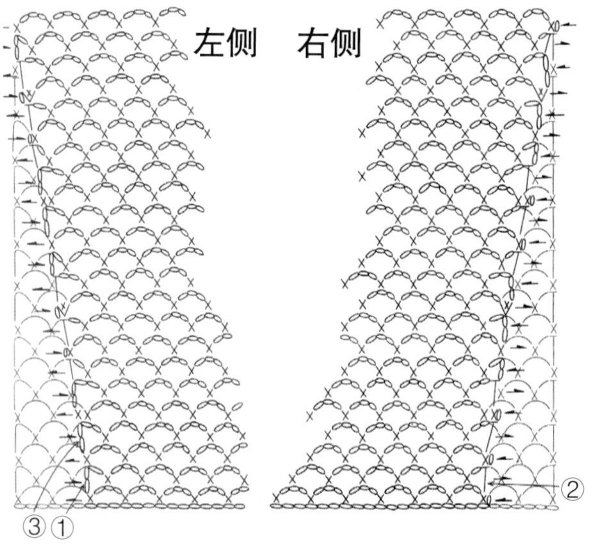

5. 网状编织中曲线的加针

与斜线加针要领相同，但是根据线的长度立起的锁针是同①一样的 3 针，另外同一行相反侧的编织完成是同②一样的长针编织。

左侧

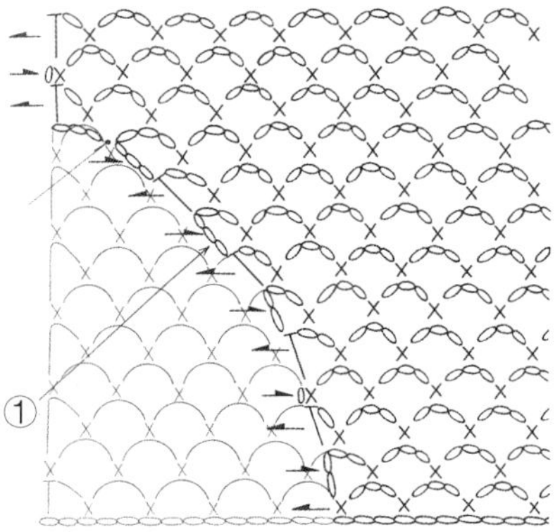

右侧

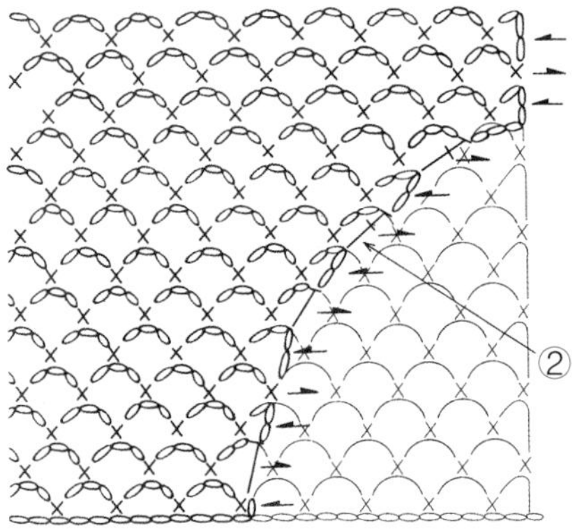

6. 在网状编织途中加针

分散的加针方法：

这种方法就是在每一行上增加 1 山的大小。根据增加网眼锁针的针数扩大宽度，增加长度。如果在一行上增加全部的花样，织片就会过大，所以必须一次计算出加针的针数，决定出每部分增加多少个花样。

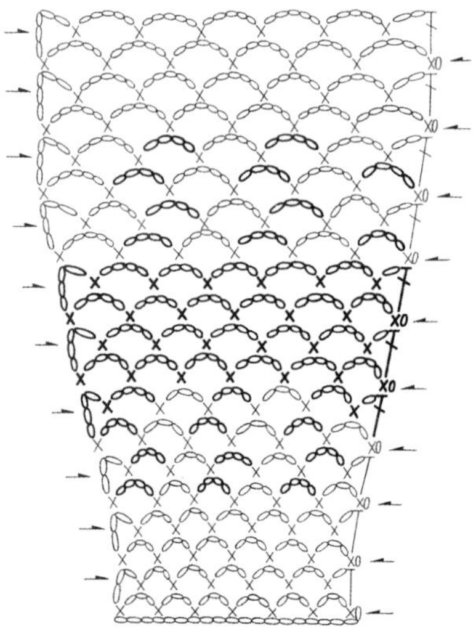

挑针方法

当衣身片的编织与钩边(衣边)的编织不同时，因为规格不同，所以应在编织边缘前就做出钩边编织的样片，数出 10cm 以上的针数，通过这个数计算出钩边时需要挑多少针。另外，使用配色线编织边缘时，将第 1 行作为底线，还用本色线编织，从第 2 行开始再使用配色线。注意编织出的针大小要一致。

1. 从编织针上挑针

（1）挑开始编织的起针时。

使用短针或长针编织时，一边挑锁针的起针，一边进行编织。使用花样编织时，在边缘一周挑的方法很少，这时一边跳过起针的锁针，一边编织边缘的第 1 行，跳过的位置尽量选择编织片中不醒目的位置。这种挑针方法适合粗线编织时使用。

1 短针编织。

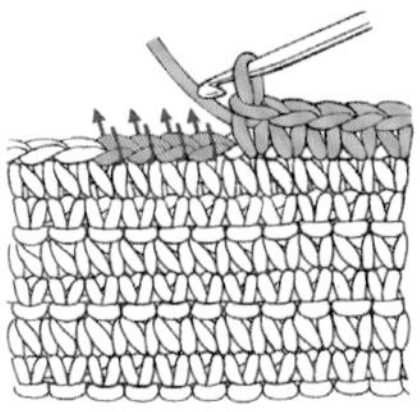

2 长针编织。

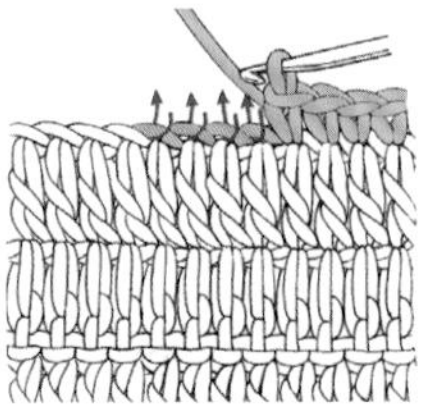

3 花样编织。

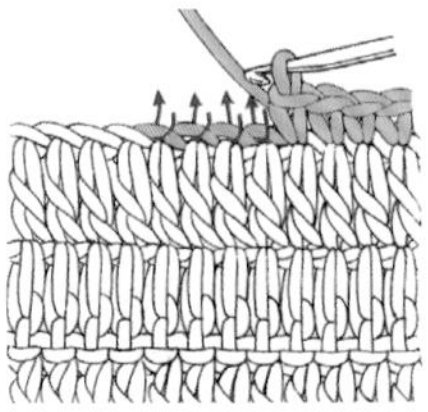

（2）在锁针上挑针。

使用花样编织，跳过起针的若干锁针编织时，可以先算好每一个花样里面该挑出几针会使织片平整，再依次挑针。这种方法适合编织中细程度以下的线时使用。

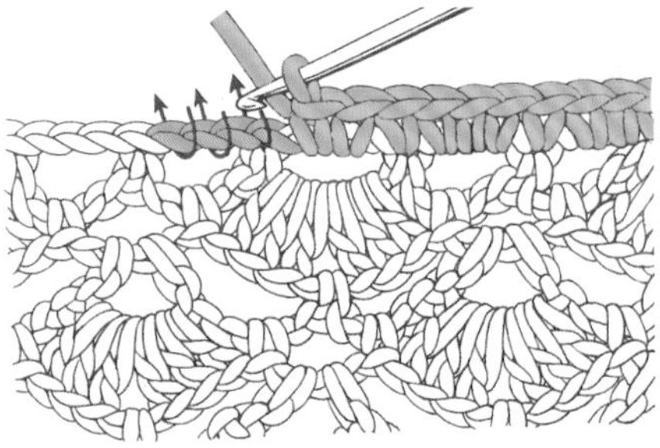

2. 从编织片上挑针

（1）织片收针断线后挑针。

适合粗线以上的线编织时使用。

①短针：收针断线后编织短针，挑起锁针上的 1 针。

②长针：收针断线后从编织片端部的 1 针开始挑针。

短针

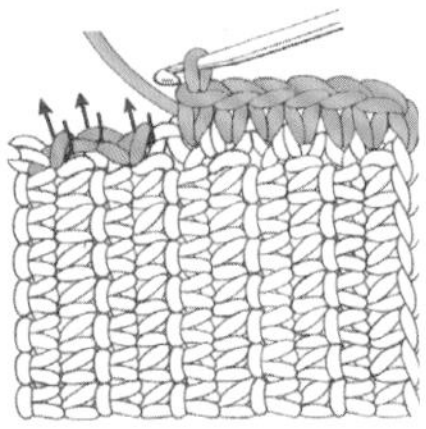

长针

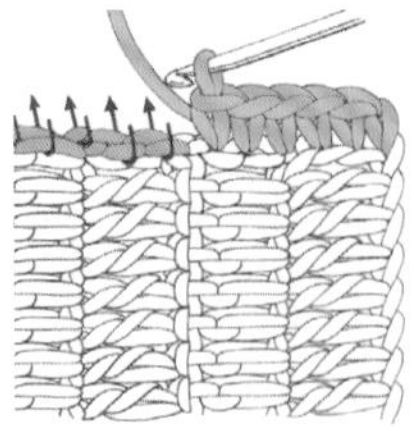

（2）穿过端针时。

适合中细程度的线编织时使用。因为挑针部分没有凹凸，不适合粗线使用。

①短针编织：将编织针插入端部 1 针内侧，像卷住端针一样钩短针。立起的一端挑 1 针锁针立起。

②镂空花样编织：将编织针插入端部 1 针的内侧，与编织短针时一样。

短针编织

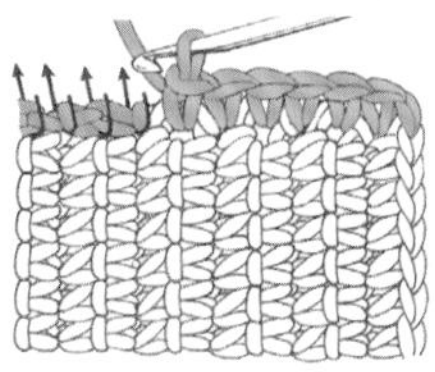

镂空花样编织

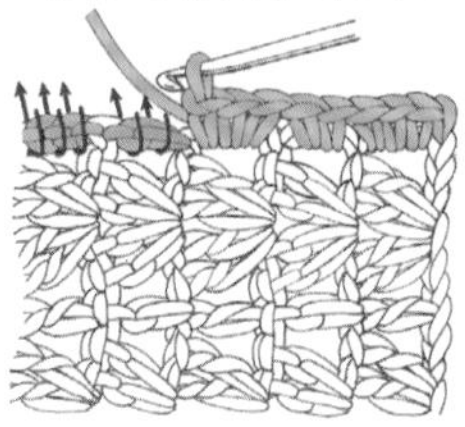

3. 从曲线上挑针

端针成弧线时测量出弧度的尺寸，计算出边缘的针数。因为边缘的弧度不同，所以每行的状态都有所不同，因此很难挑针。如果在曲线边上用线分段做上记号，在这之间计算出挑针针数后，再在领口两侧挑同样针数，这样就简单多了。另外，从直线上挑针也可以参照以下方法。

（1）短针编织完第 1 行后将织片进行调整。

用编织线编织边缘时第 1 行必须编织短针，编织出的弧度曲线会很美观。

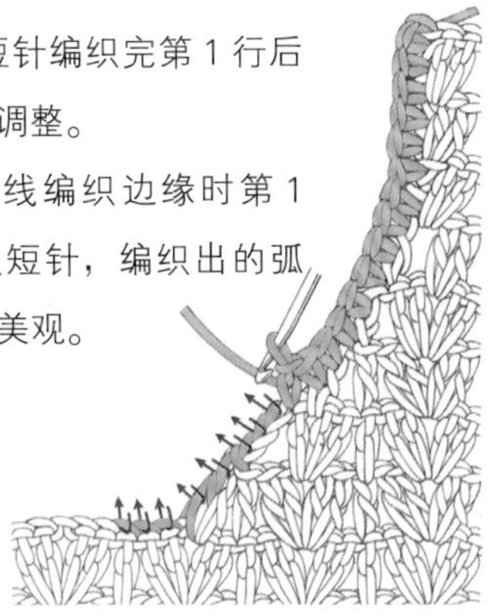

（2）引拔编织完第 1 行。

使用配色线编织边缘时引拔编织第 1 行，在编织第 2 行时编织线就不那么明显了，完成的弧度曲线会很美观。

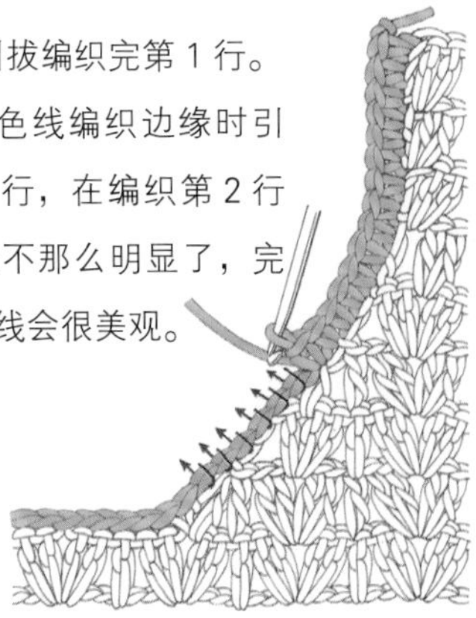

01-72

02-72

03-73

04–74

05–75

06-75

07-76

08-77

09-78

10–79

11–80

12–80

13–81

14–81

15–81

16–82

17–82

18–82

19–84

20–85

21–86

22–86

23–87

24–87

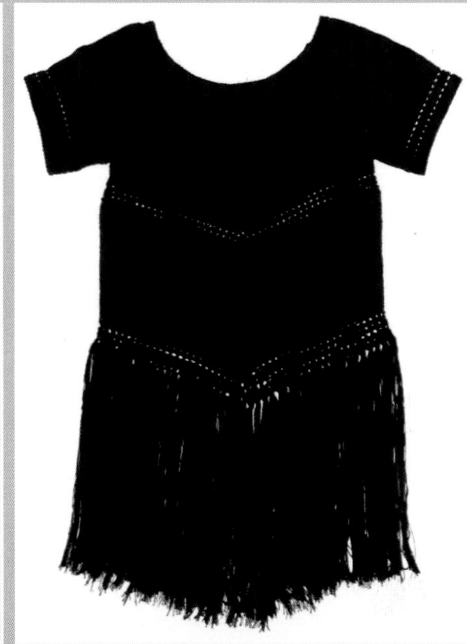

25-88

26-88

27-89

28-90

29-92

30-92

31-93

32-94

33-95

34-96

35-98

36-98

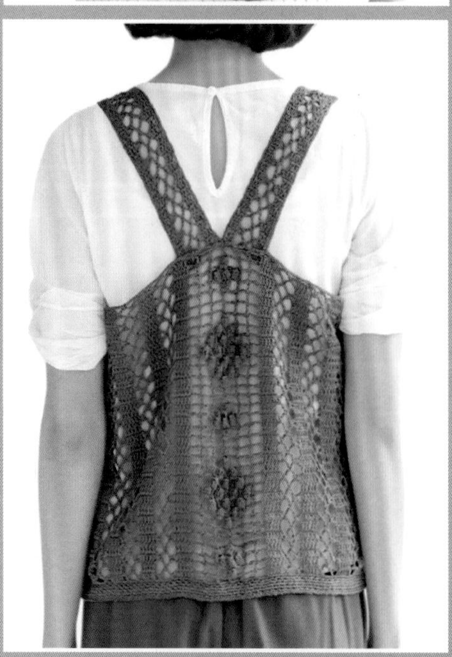

37–100

38–101

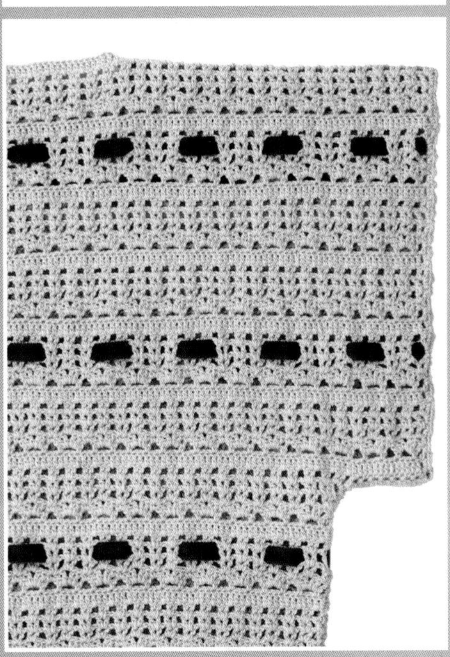

39–102

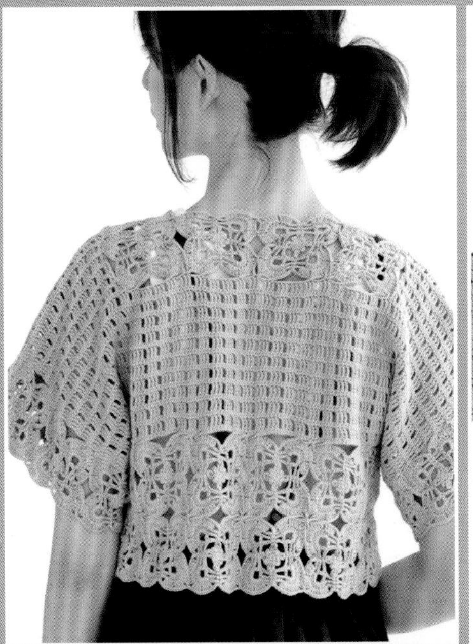

40–103

41–103

42–104

43–105

44–106

45–107

46–107

47–108

48–109

49–111

50–111

51–112

52–113

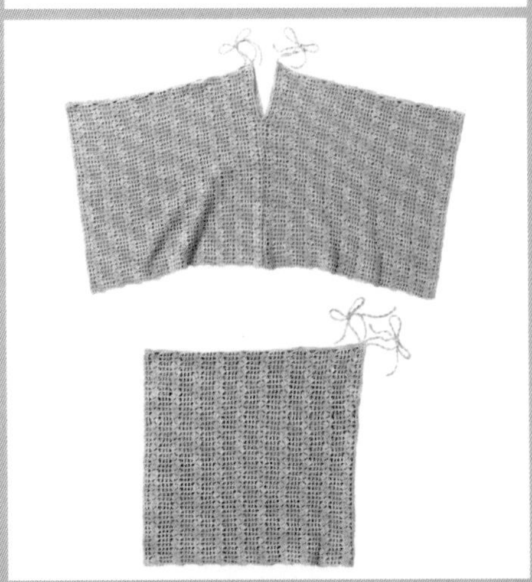

53–113

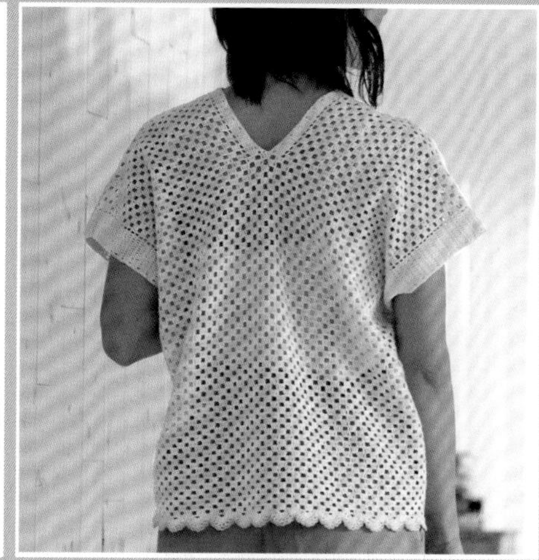

54–114

55–115

56–116

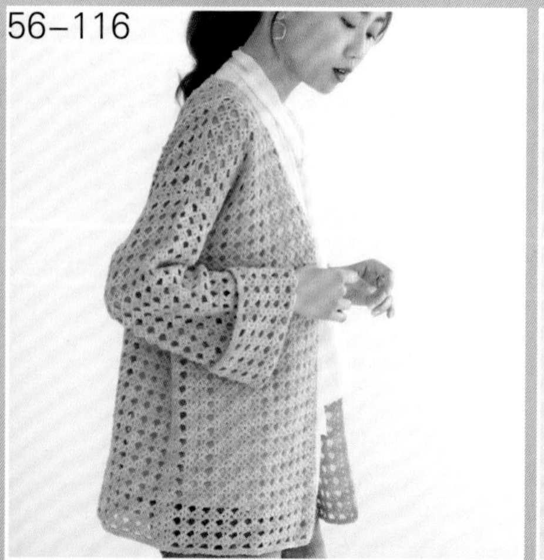

57–116

26–218

58–117

59–118

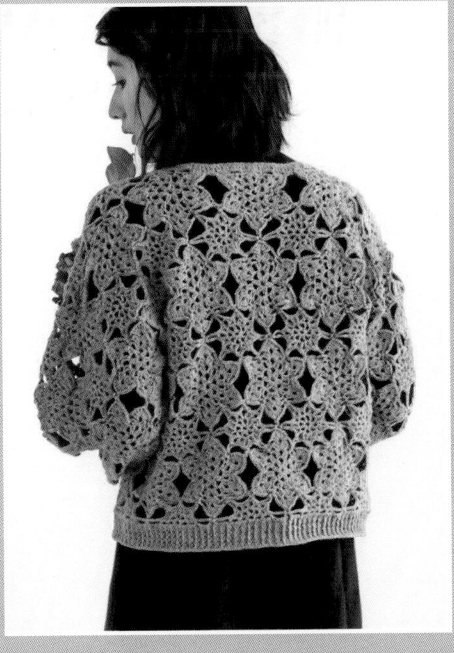

60–119

61–120

62–120

63–121

64–122

65–123

66–124

33–224

67–126

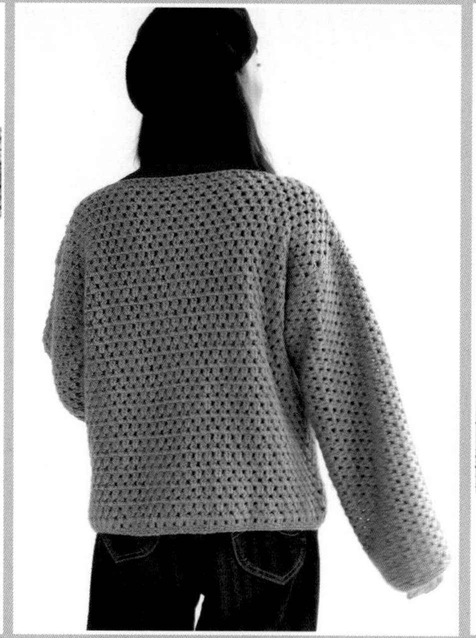

68–126

69–127

70–128

71–129

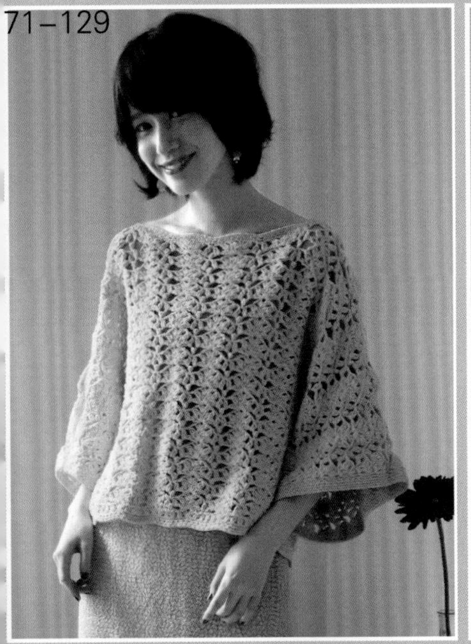

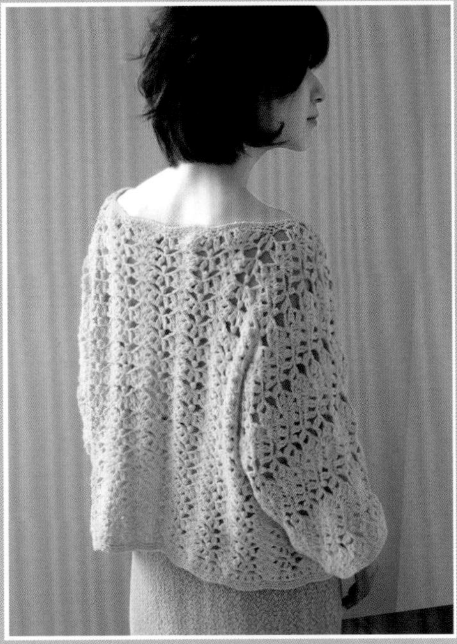

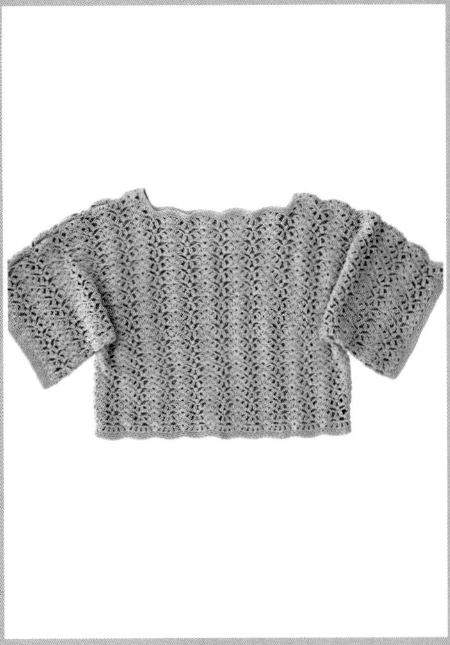

72–130

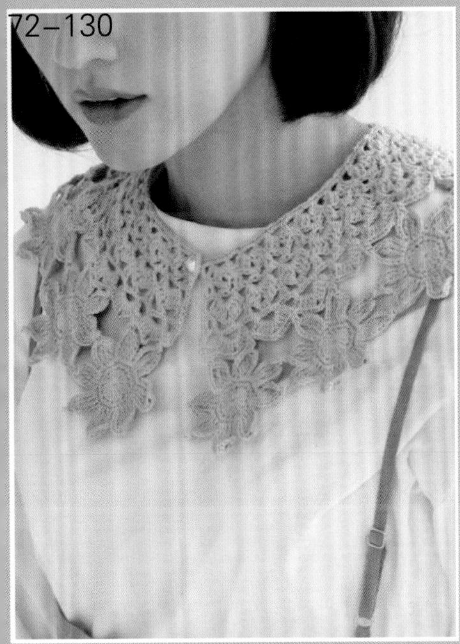

73–130

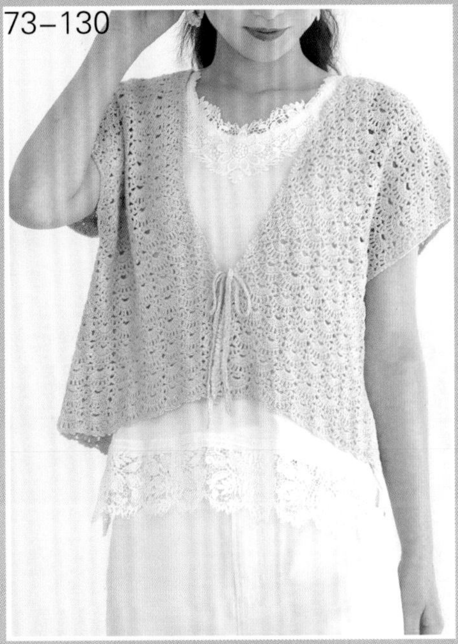

74–131

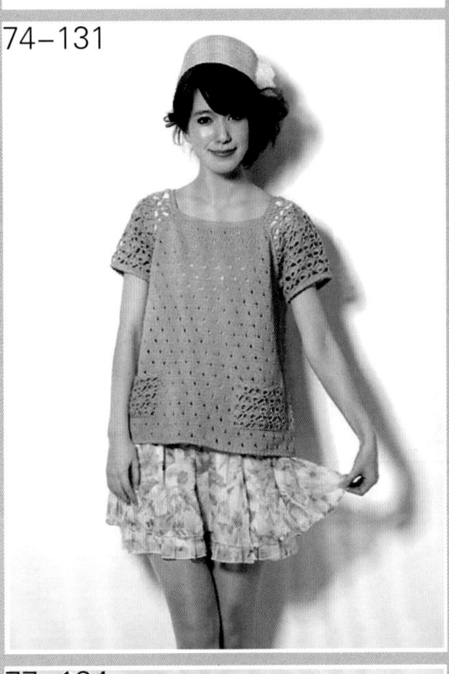

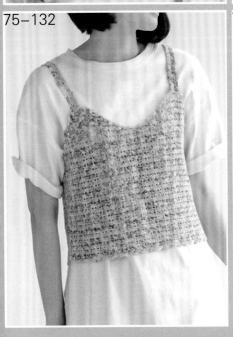

75–132

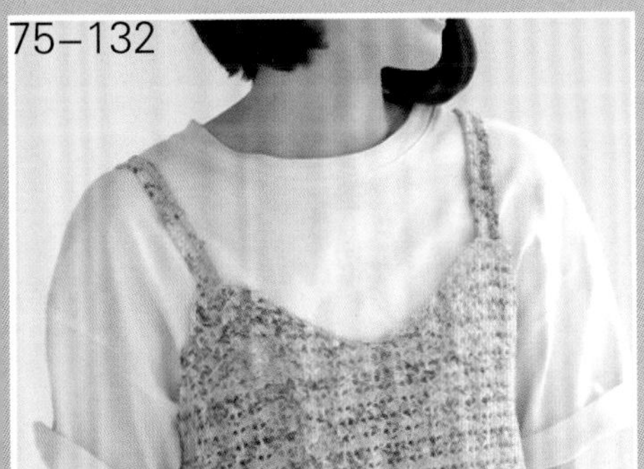

76–132

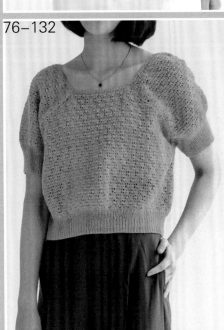

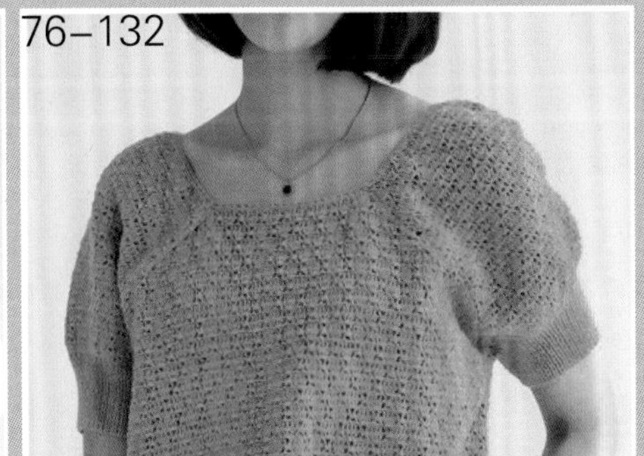

77–134

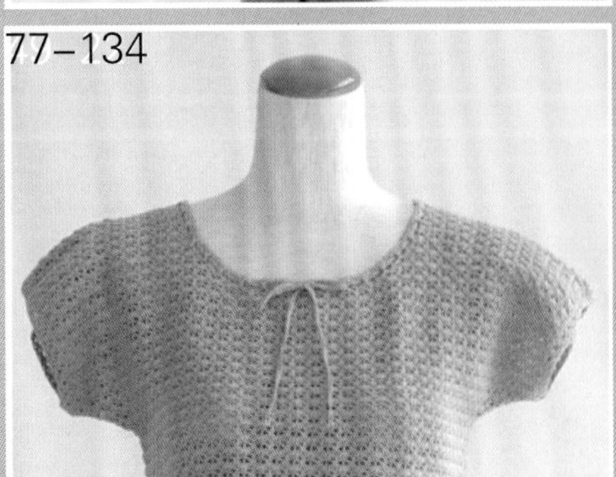

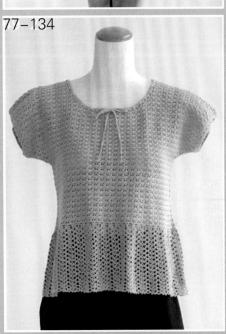

78–134

79–134

80–135

81–138

82–139

83–141

84–142

85–143

86–145

87–145

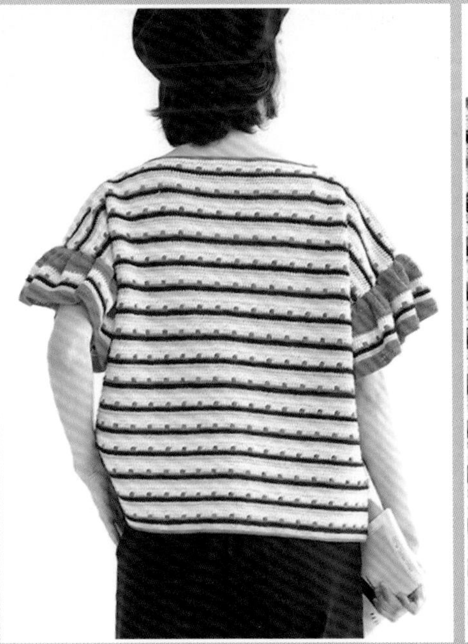

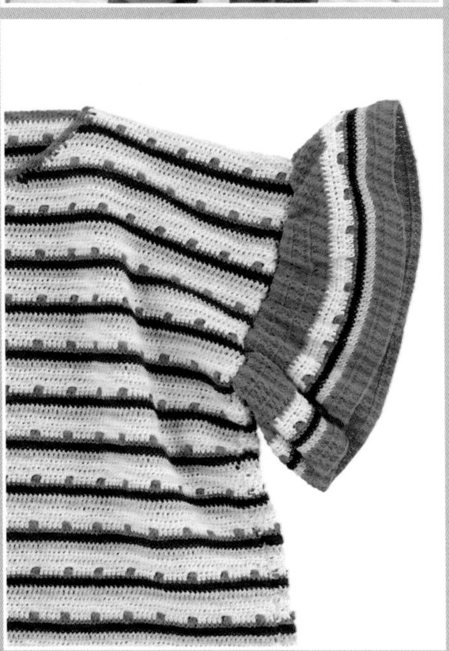

88–146

89–147

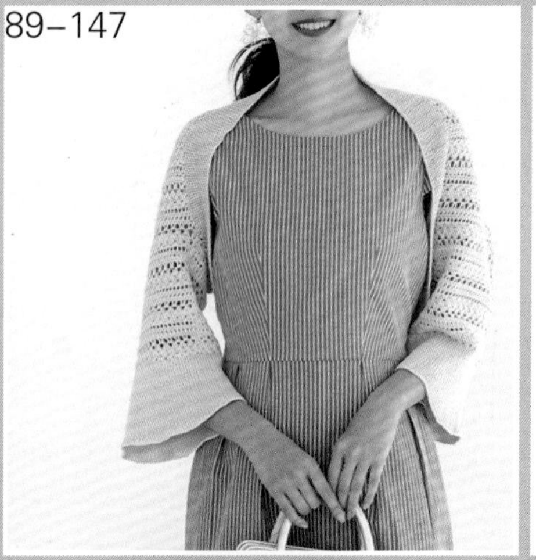

90–148

91–149

92–149

93–151

94–152

95–154

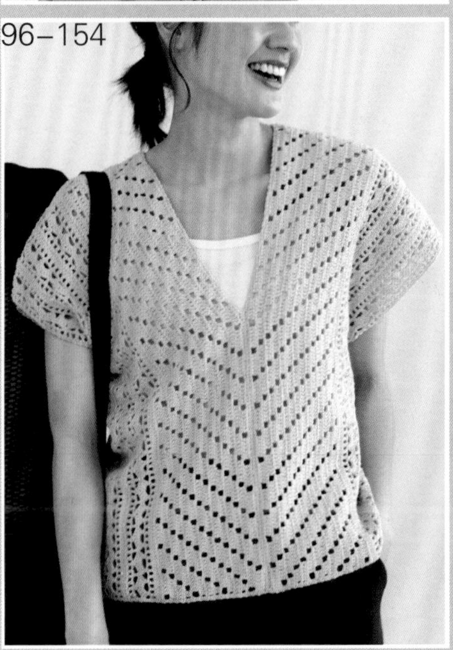
96–154

97–155

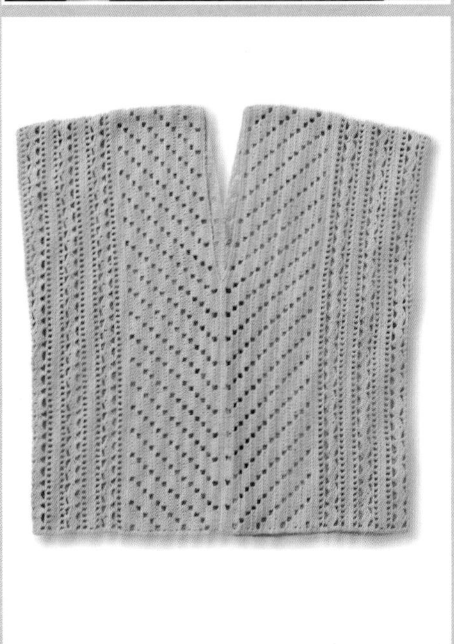

98–156

99–156

100–157

101–157

102–159

103–159

104–161

105–161

106–162

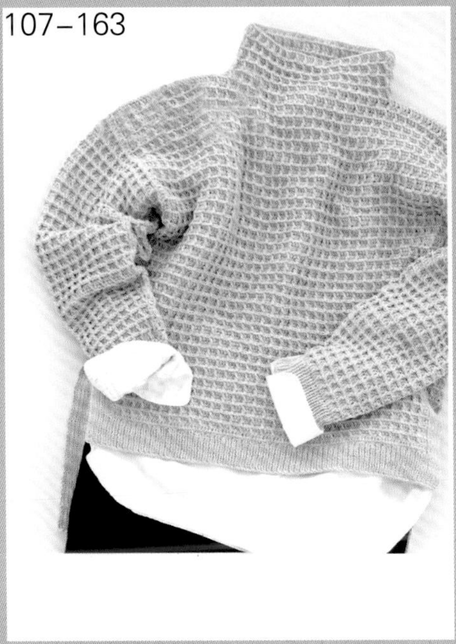
107–163

108–164

109–165

110–166

111–167

112-169

113-169

114-170

115-171

116-173

117-174

118-175

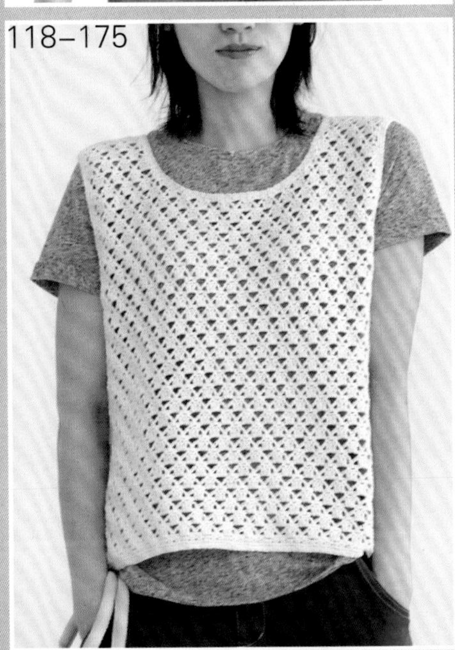

119-176

120–177

121–178

122–180

123–181

124–182

125–184

126–184

127–186

128–187

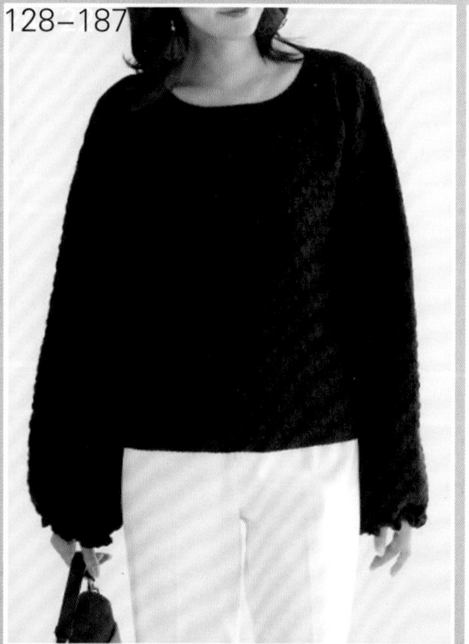

129–189

130–190

131–191

132–192

133–193

134–195

135–195

136–196

137–199

138–199

139–199

140–200

141–200

142–201

143–201

144–202

145–202

146–204

147–205

148–205

149–207

150–207

151–208

152-208

153-208

154-209

155-210

156-210

157-211

158–211

159–212

160–213

161–213

162–213

163–213

164–214

165–215

166–215

167–216

168–216

169–216

170–217

171–218

172–21

173–219

174–219

175–219

176–221

177–222

178–223

179–223

180–223

181–225

夏日清凉遮阳帽

182–225

183–226

184–226

185–227

186–229

187–229

188–230

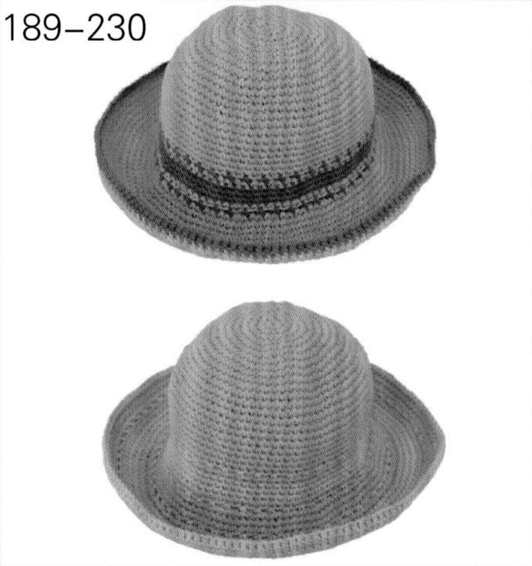

189–230

190–231

191–231

192–232

193–233

194–234

195–234

196–234

197–236

198–237

199–237

200–237

201–239

202–240

203–240

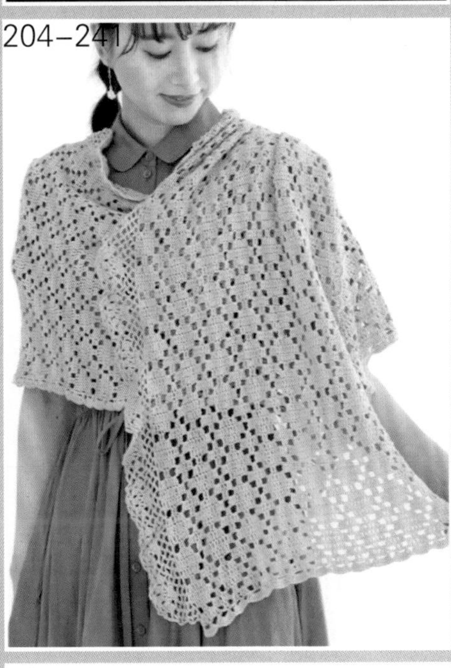
204–241

205–242

206–242

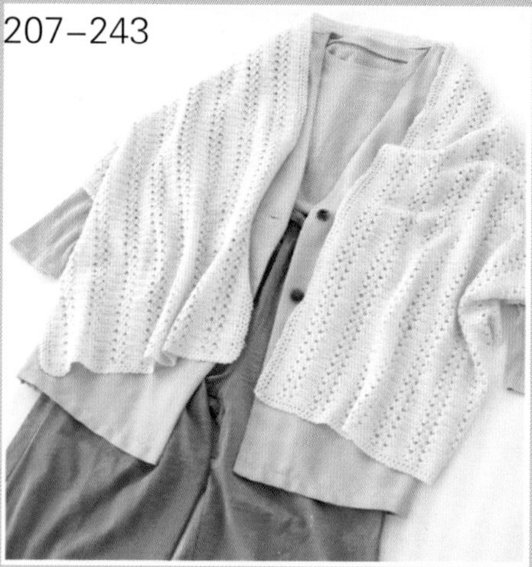
207–243

208–244

209–244

210–245

211–246

212–246

213–246

214–247

215–247

216–248

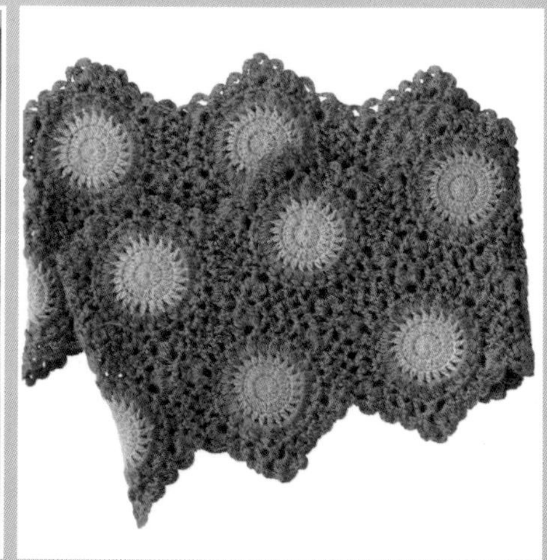

217–249

218–249

219–249

220–250

221–250

222–250

223–251

224–251

225–252

226-252

227-252

228-253

229-253

230-253

231-254

232-255

233-256

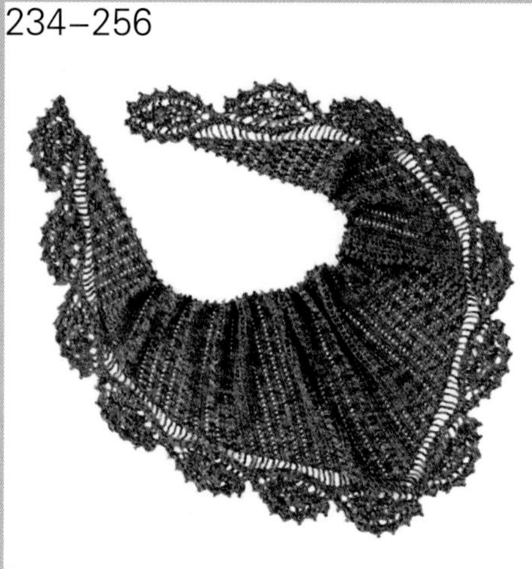
234-256

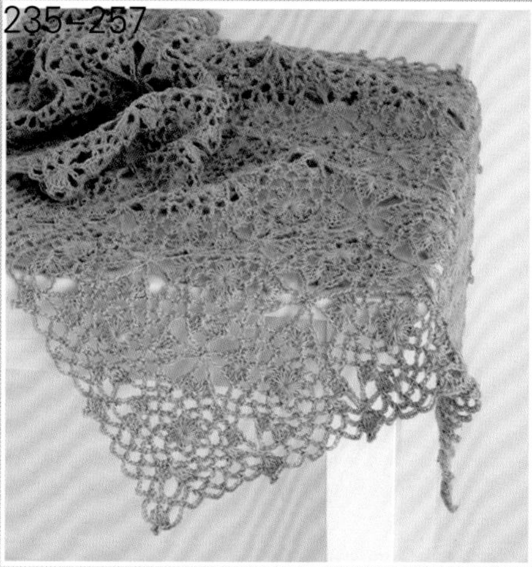
235-257

236-257

237-258

238-258

239-259

240–259

241–260

243–261

242–261

244–263

245−264

246−265

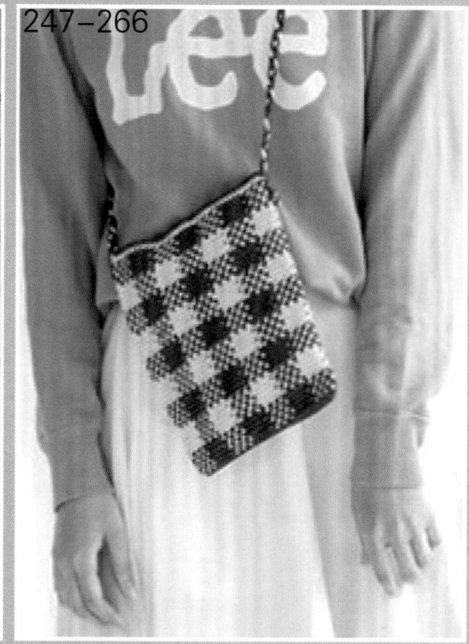

247−266

248−267

249−267

250−268

251−269

252−269

253−269

254-270

255-272

256-272

257-272

258-273

259-274

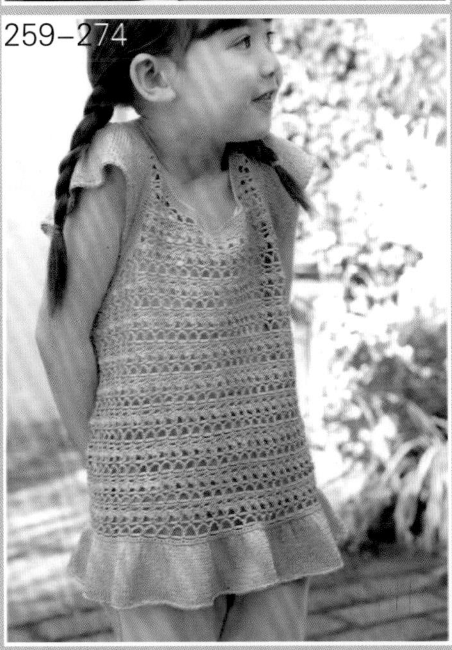

260-275

261–275

262–276

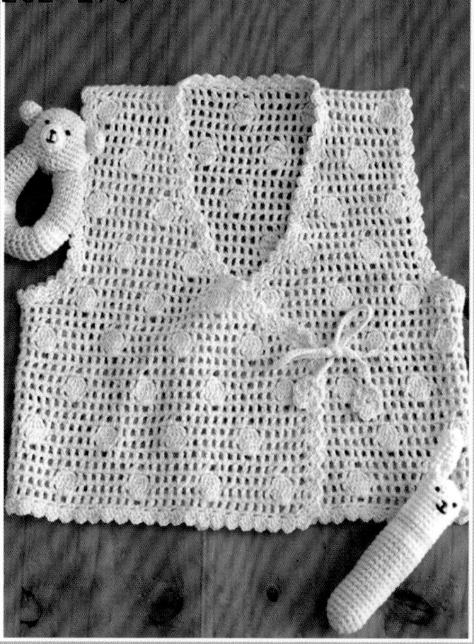

263–277

264–278

265–279

266–280

267–281

268–282

269–283

270–284

271–285

272–285

273–286

274/275–288

276/277–288

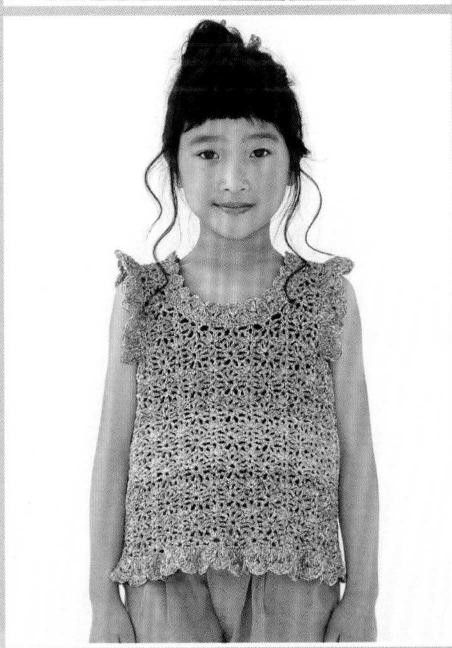

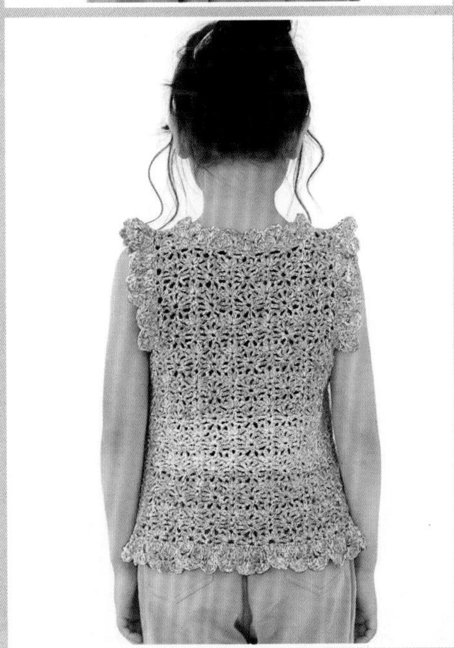

278/279–289

280/281–291

282/283–292

284/285–296

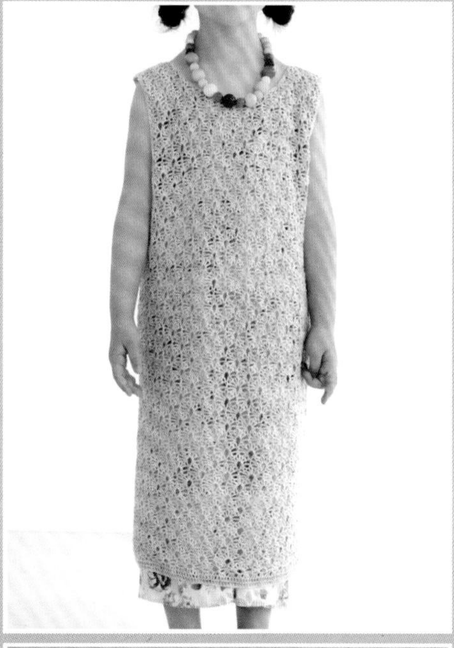

286/287–298

288/289–298

290/291–300

292/293–302

294/295–303

296/297–304

298/299–305

300/301–306

302/303–307

304/305–308

306–310

307–311

308–312

作品图解

01

工具：5.0mm钩针，8.0mm钩针
尺寸：胸围104cm，衣长49cm，袖长51cm
密度：中长针花样：11.5针×11行
　　　下摆袖口花样：24针×14行
材料：进口中粗灰色兔绒线560g，
　　　进口中细黑色兔绒线105g

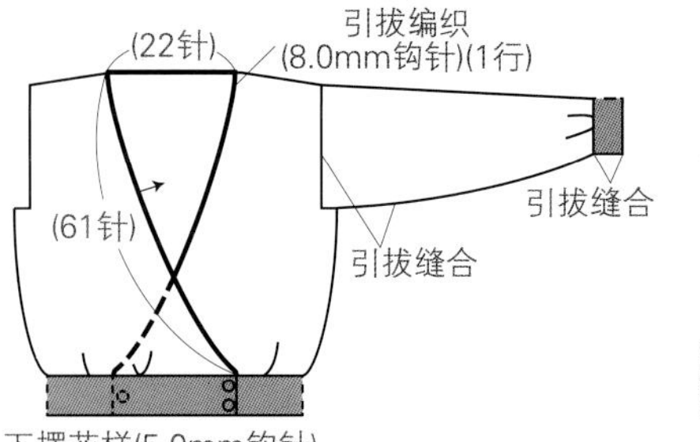

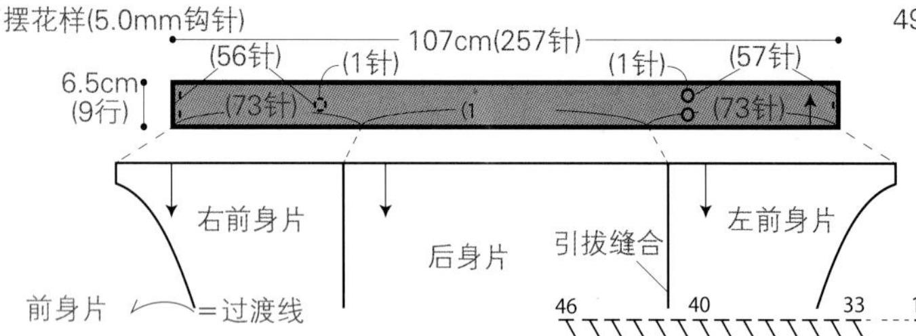

编织花样

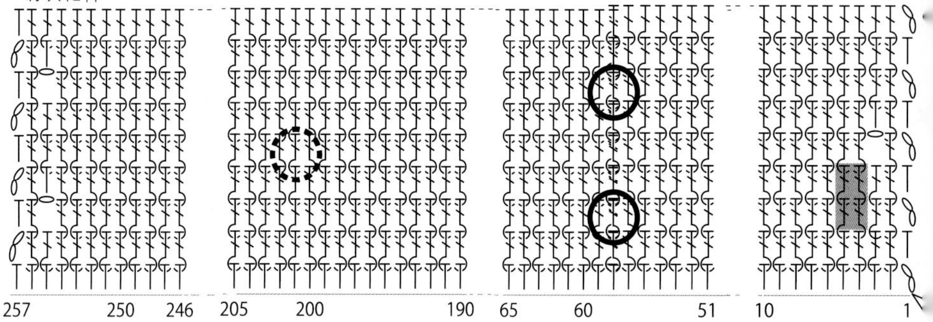

= 外钩长针
= 内钩长针
= 2针2行一组花样

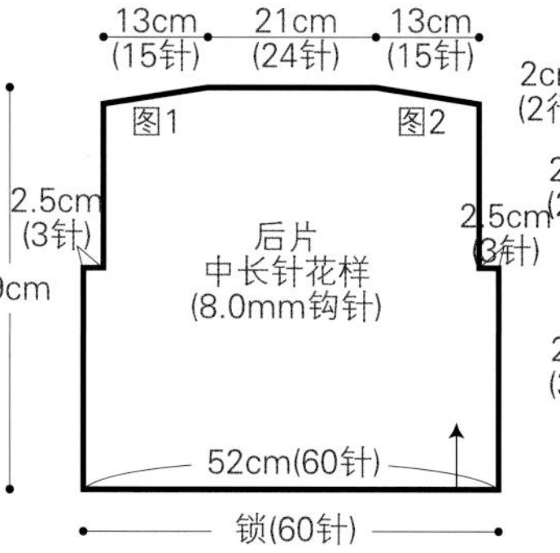

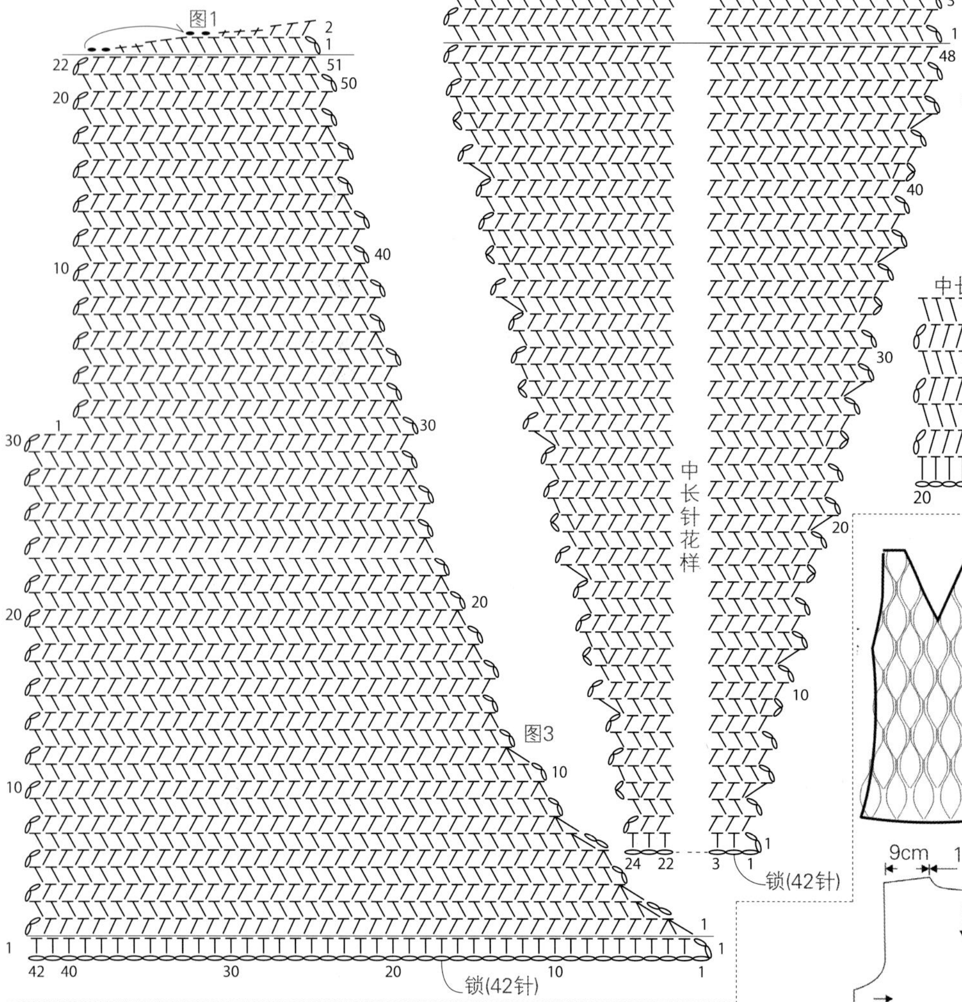

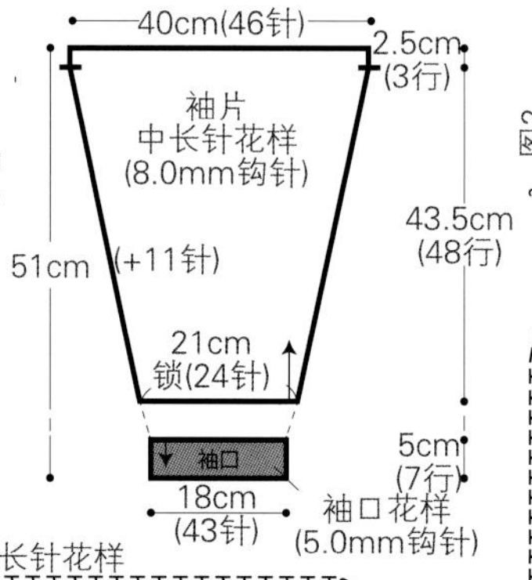

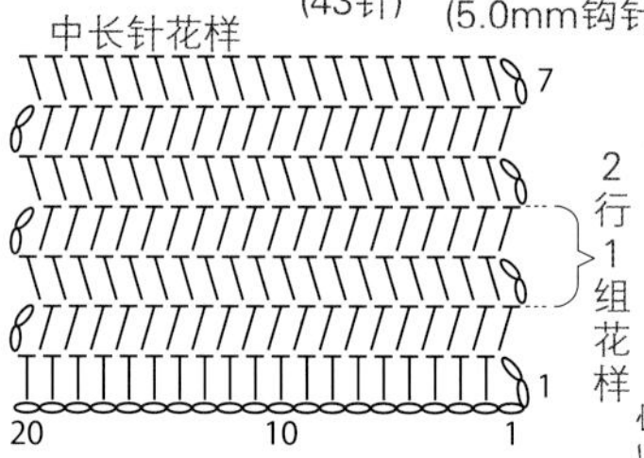

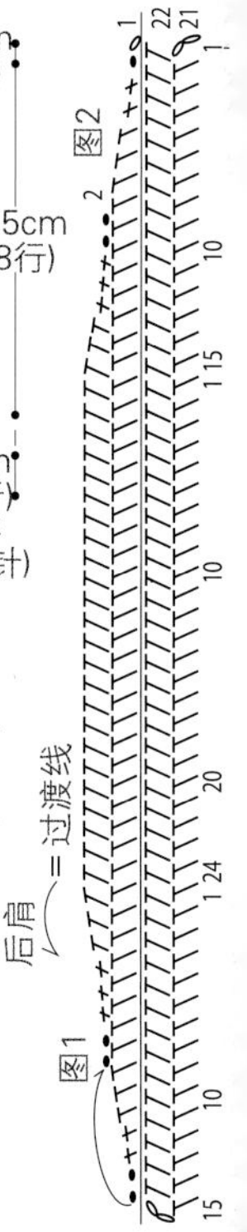

02

工具：2.0mm钩针
尺寸：胸围92cm，肩宽38cm，
　　　衣长70cm，袖长45cm
材料：灰蓝色棉线450g

编织要点：

1．分为前片1个、后片1个、袖子2片。
2．前片从领口钩起，每1个椭圆代表1个菠萝花，总共需要钩9行菠萝花。
3．后片也对应前片的行数，后领比肩低2cm。
4．袖子编织5行菠萝花。

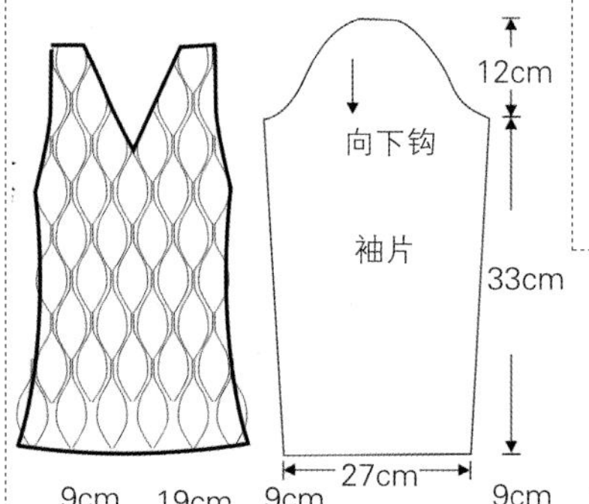

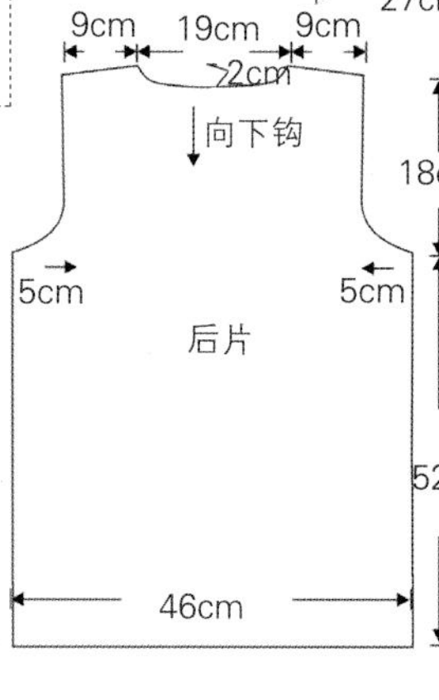

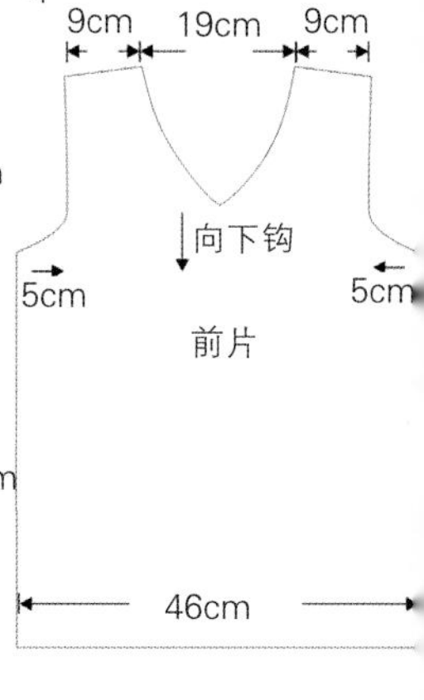

○ = 锁针
= 锁针链
= 立针
× = 短针
= 长针
= 长长针

花边

3

具：2.75mm钩针，3.0mm钩针，4.0mm钩针

寸：胸围88cm，肩宽39cm

料：暖暖牌216支灰蓝色纯毛线450g

织要点：

上衣由两部分组成，上半身和下半身，中腰部分钩4行长针。

按照上半身图样钩衣服前片2个、后片1，后片中间缺一个三角的形状，三角形状参后片三角处图样。

按照下半身图样和衣服的尺寸图钩衣服下身，下半身为一个长方形，下半身长度比上身长，在拼合的时候要均匀地打小褶。

在腰部的第2行长针穿一条锁针钩的绳子。

= 锁针
= 锁针链
= 立针
× = 短针
= 长长针3针的枣形针
= 长针
= 长长针
= 外钩针
= 内钩针

后片三角处图样

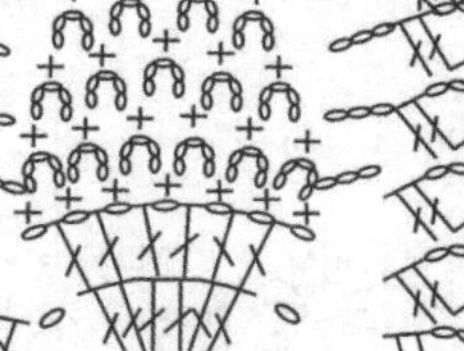

钩一个长针三角形，然后在三角形的外围钩一圈花边。

16cm
30cm

5.5cm
14cm
6.5cm
16cm
6.5cm
前片
后片
前片
21cm
花样1
22cm
22cm
4行长针
3.5cm
花样2
15cm
120cm

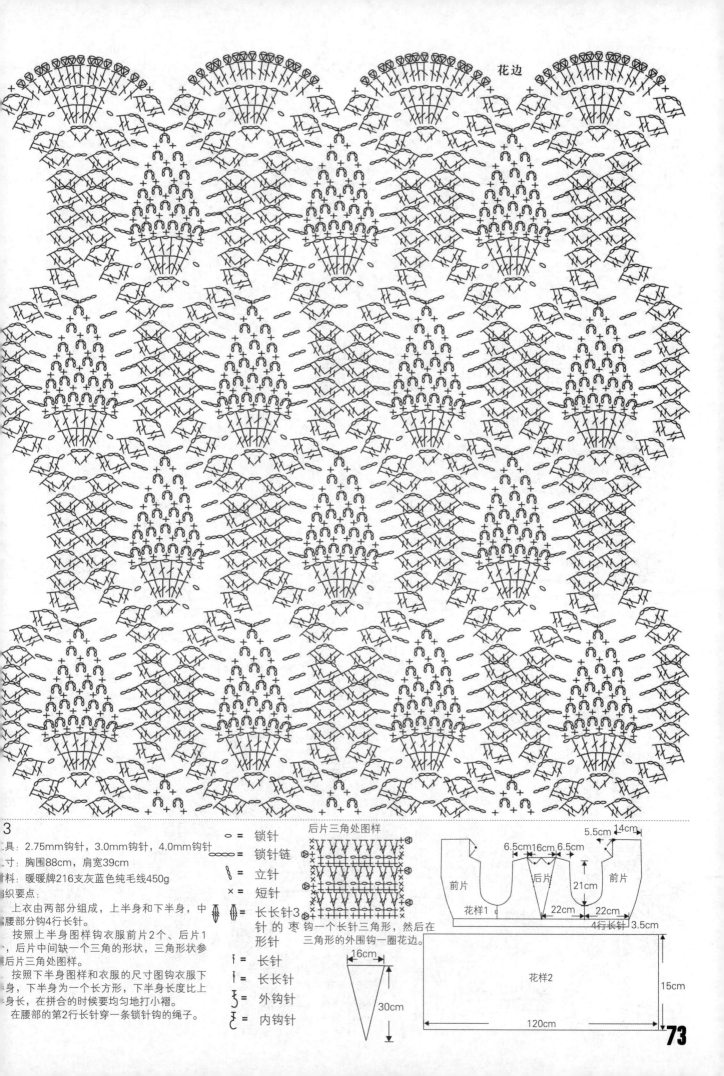

04

工具：8号棒针，2.5mm钩
尺寸：胸围80cm，衣长85c
材料：蓝色段染线350g
编织要点：
1. 衣服分棒针和钩针编织。
2. 参照单元花做法，单元
在基础上随意钩编大小，
的时候参照尺寸图拼接。
3. 领口和前襟参照领子
解。
4. 前片有3颗纽扣位置，
要钩编3颗纽扣。

花样 2（下半身图样）

腰部图样

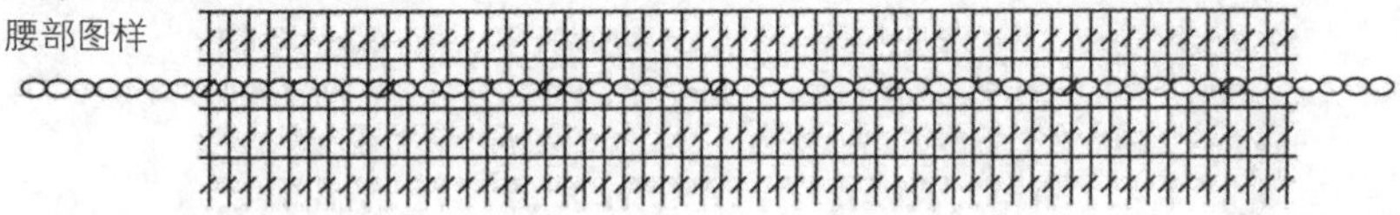

花样 1（上半身图样）

领子图解

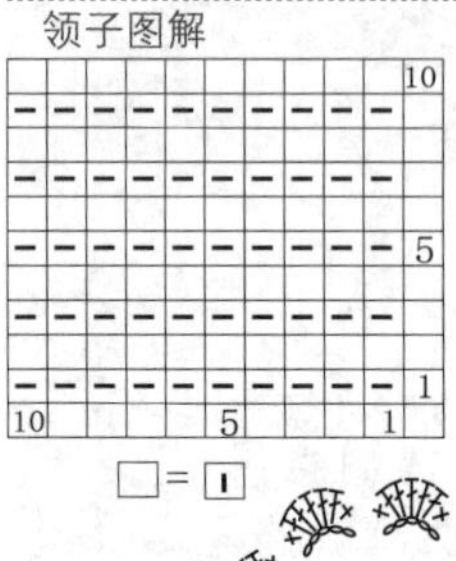

10
5
1
10
5
1
□ = |

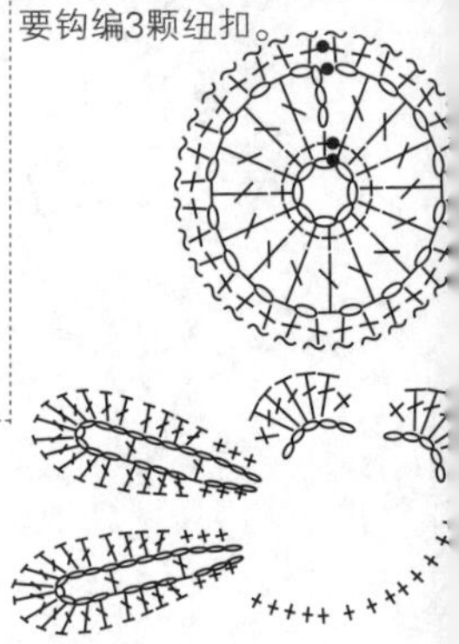

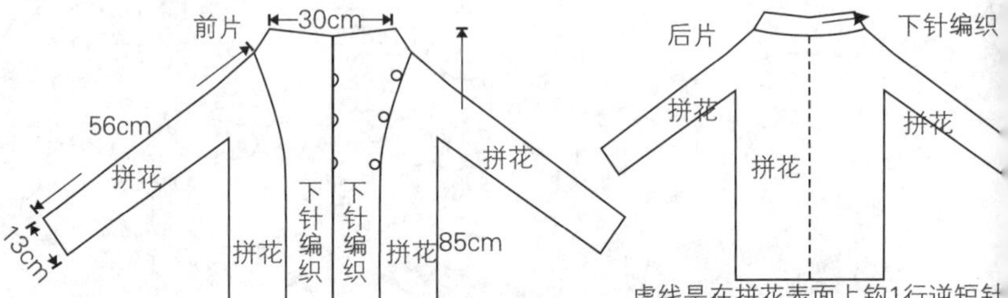

前片
30cm
56cm
拼花
13cm
下针编织
下针编织
拼花
拼花
拼花
85cm
40cm
后片
下针编织
拼花
拼花
拼花

虚线是在拼花表面上钩1行逆短针

第2行为20针短针

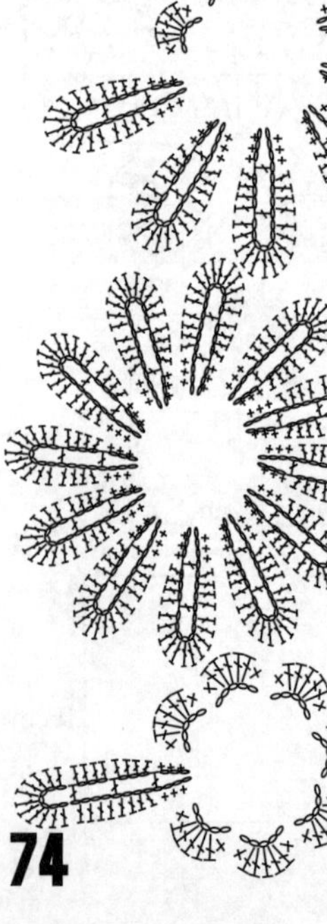

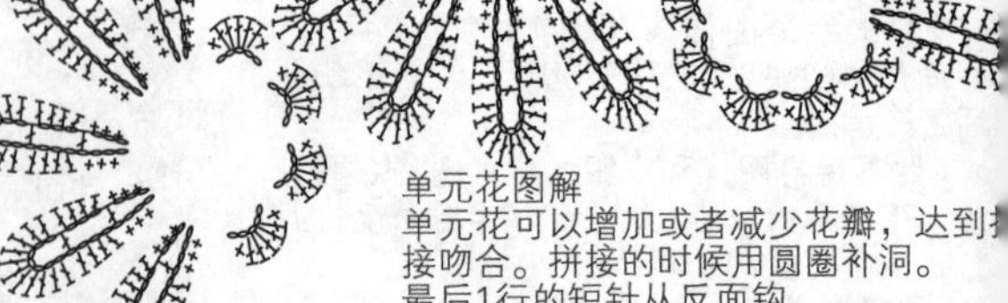

纽扣图解

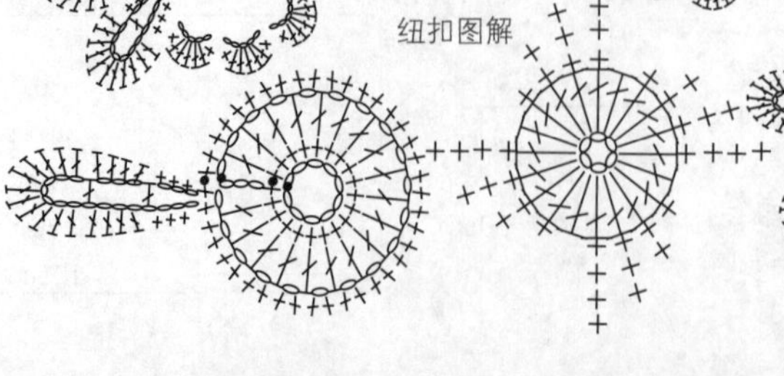

单元花图解
单元花可以增加或者减少花瓣，达到
接吻合。拼接的时候用圆圈补洞。
最后1行的短针从反面钩。

05

工具：4号可乐钩针

尺寸：衣长50cm，胸围90cm

材料：蓝色段染黛尔妃爱曼绒1000g

编织要点：

这款衣服由拼花组成。

参照结构图和后片拼花图解，按照叶子图解和大中小立体花图解，拼接完前片和后片。

在衣服的空缺处用网针钩编补洞。

参照花边图解钩衣服外围花边。

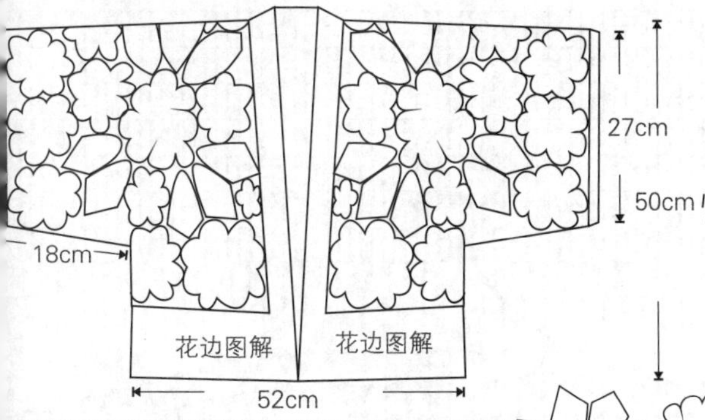

小立体花图解

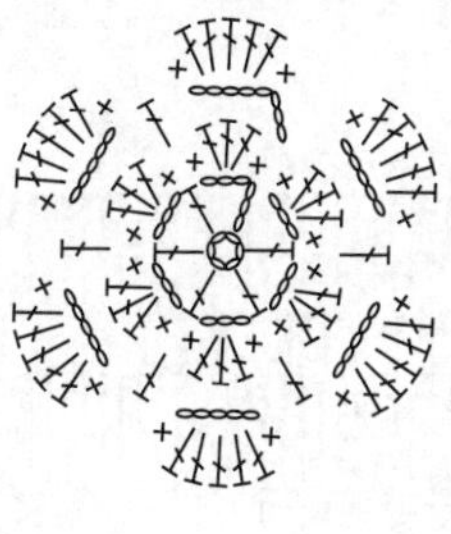

中立体花图解

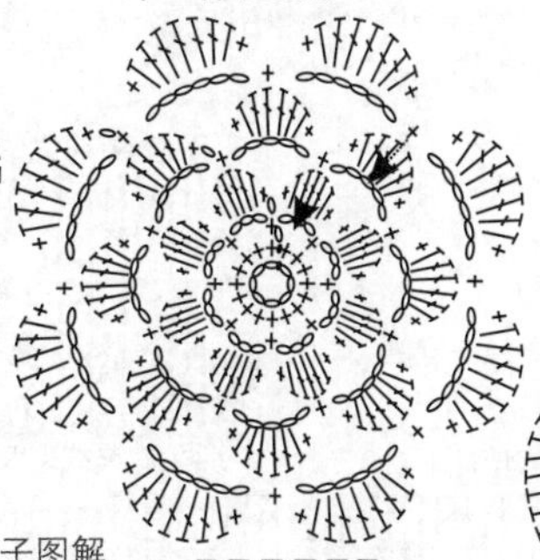

大立体花图解

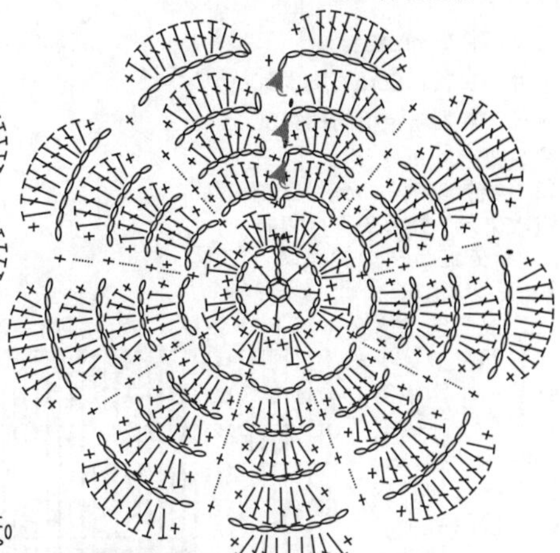

叶子图解

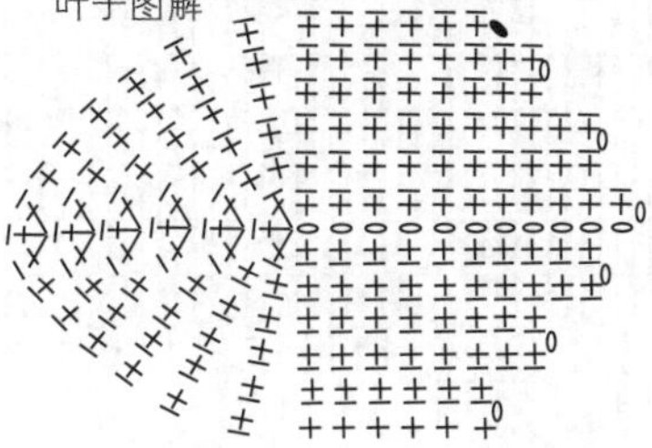

外围花边图解

后片拼花图解

06

工具：1.75mm钩针

尺寸：衣长110cm，胸围90cm，裙摆宽65cm

材料：八股肉色丝光棉线600g

编织要点：

1. 钩针编织法，分为衣领和裙身，用单元花拼接钩织两部分。

2. 裙身的钩织看似有点复杂，但分解开来，讲究点方法，也不成难题，如图4，已经画出各种单元花图解，只要遵循由中心起钩，向外扩展，先钩织大单元花，再钩织小单元花拼接的原理，就很容易钩织这件衣服，图1及图2是已给出的单元花排列图，首先钩织叶子中间的单元花R和H，再钩织多片叶子，即M、N、O、P四种叶子，按照图1及图2的排列一一钩织并连接。然后围绕这些叶子，将其他单元花钩织后拼接上去。

3. 钩织完成裙身后，下一步钩织衣领，图解见图3，两袖窿钩织1行锁针和1行短针锁边。

编织特点：

1. 钩花吊带裙，主体由单元花拼接而成。

2. 单元花的拼接由中心向外钩织，由大至小，拼接很随意，如果单元花之间形成的孔洞太大，可能加钩织些小单元花填充。

3. 边缘要平整，钩织半个单元花整形。

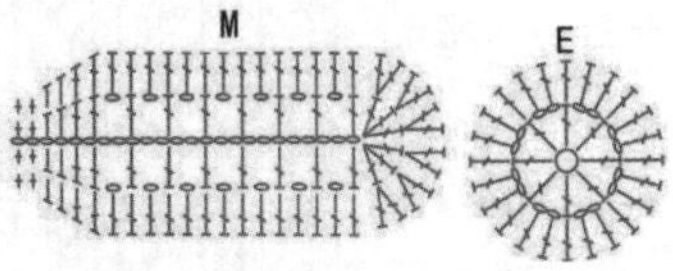

图 1 前片
单元花排列图

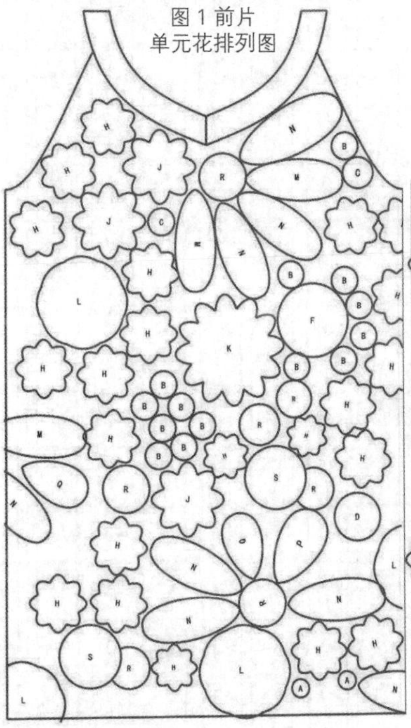

图 2 后片
单元花排列图

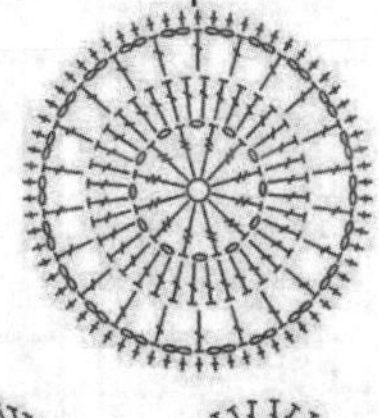

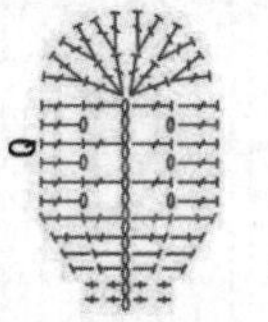

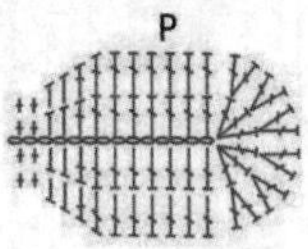

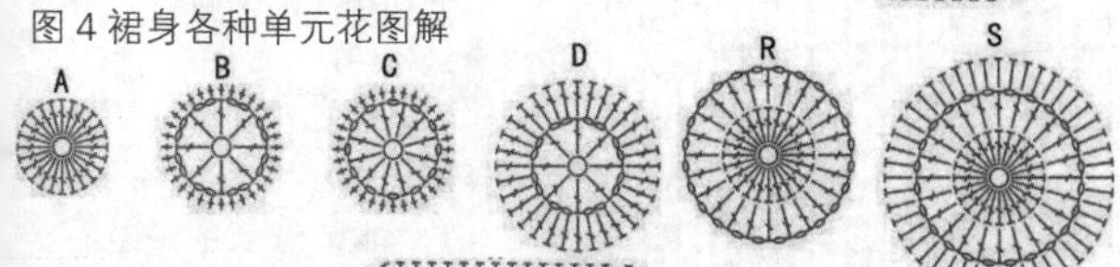

图 4 裙身各种单元花图解

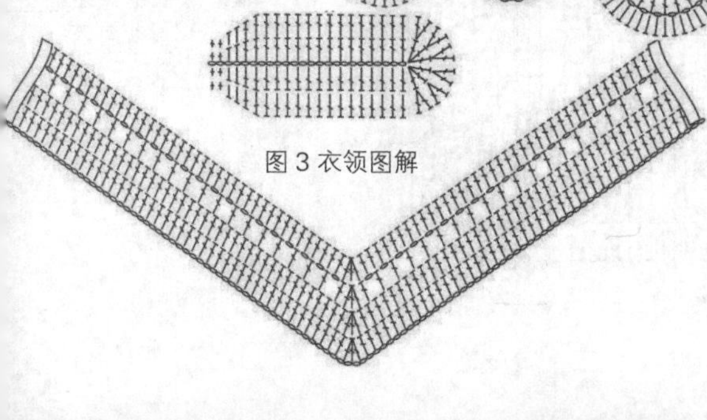

图 3 衣领图解

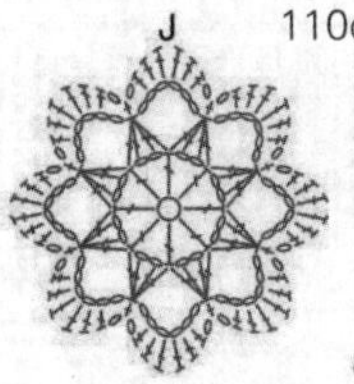

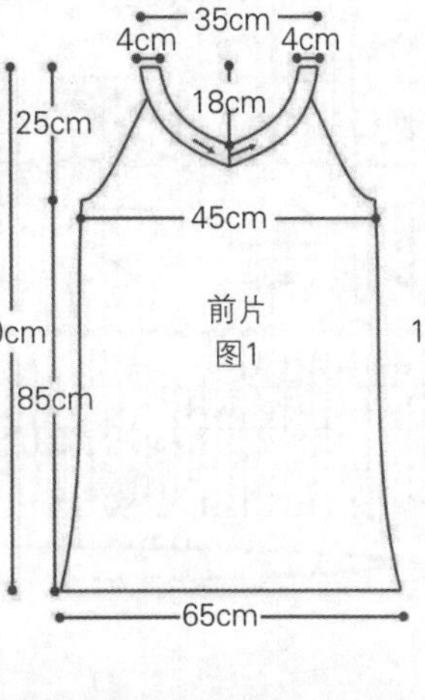

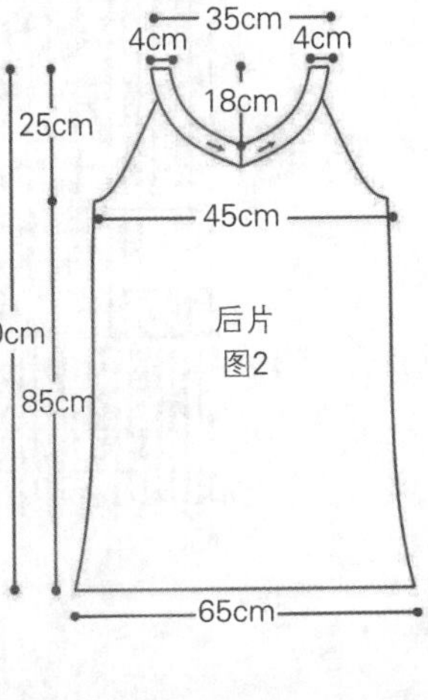

07

工具：1.75mm钩针

尺寸：衣长110cm，胸围90cm

材料：八股粉色植物棉线550g

编织要点：

1. 钩针编织法，分为三部分编织，裙身、胸部长针行和肩带。
2. 首先进行裙身的编织，如图1，起90cm的锁针，闭合锁针后，以圈钩的方式，再钩3针锁针起高，钩织第1行花样，裙身共44行花样，在两侧缝有加针变化，按图解中的方法一一加针，钩至44行结束裙身的钩织，第45行为中长针行，在第44行的针数基础上，钩相同的中长针行，而46行长针行的针数延续第45行，从第47行开始钩织长针行，每6针加1针长针，共钩7行。断线完成裙身的钩织。
3. 第二步是钩织胸部长针行，共4行，针数与裙身的起针一样。
4. 第三步是钩织肩带，共4段，图解为图3，每侧肩各2段。每段40cm长。
5. 最后钩织胸前的蝴蝶结，图解见图2，钩织一圈图2花样。圈钩，最后钩一段图3花样在图2花样的中间系紧，再将之缝合至胸部右侧的肩带下。

图 3 肩带花样图解

图 2 胸前蝴蝶结花样图解

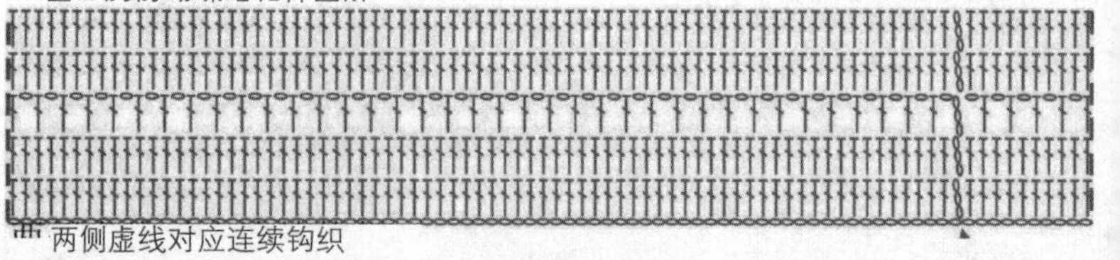

图 1 裙身片花样图解（一半）

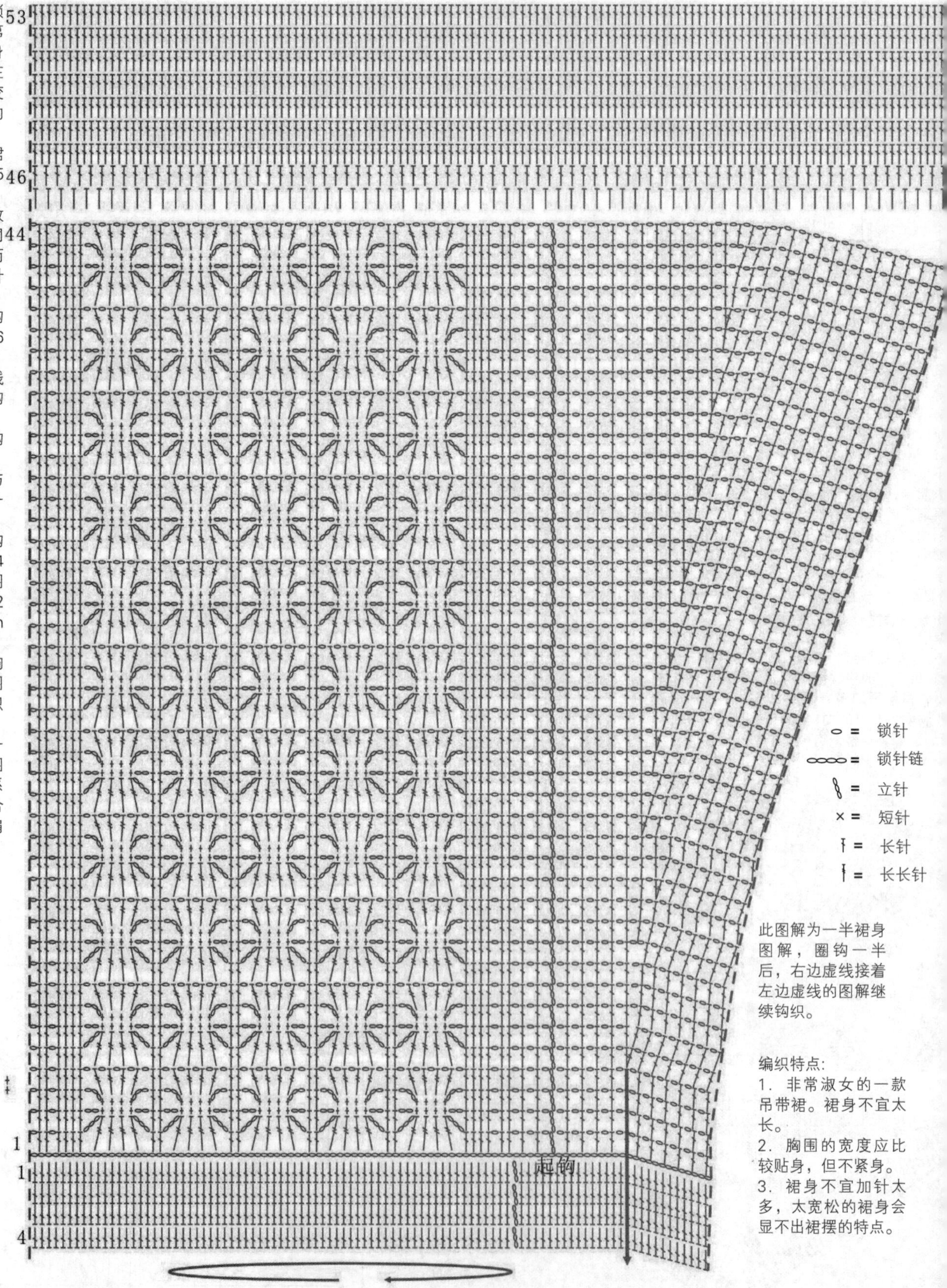

此图解为一半裙身图解，圈钩一半后，右边虚线接着左边虚线的图解继续钩织。

编织特点：

1. 非常淑女的一款吊带裙。裙身不宜太长。
2. 胸围的宽度应比较贴身，但不紧身。
3. 裙身不宜加针太多，太宽松的裙身会显不出裙摆的特点。

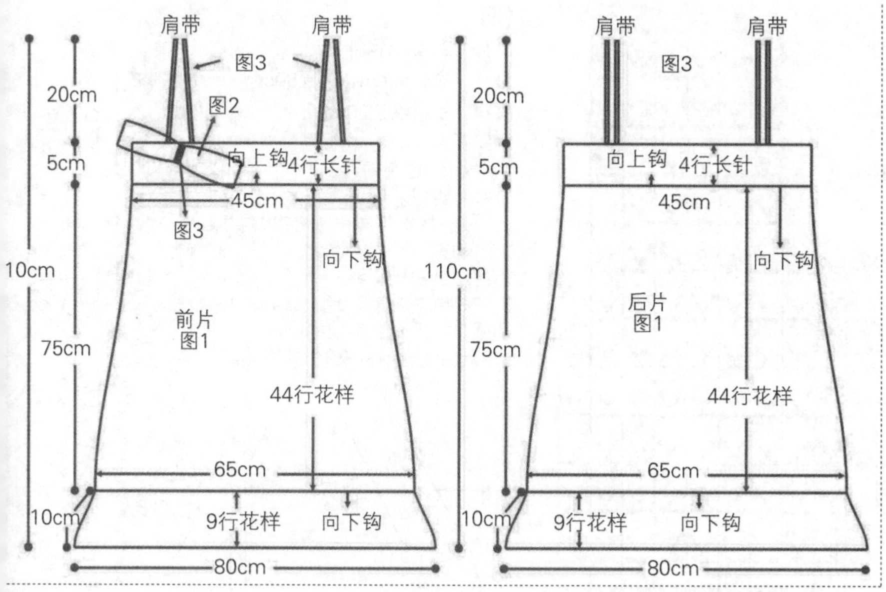

图3 前片表面单元花图解

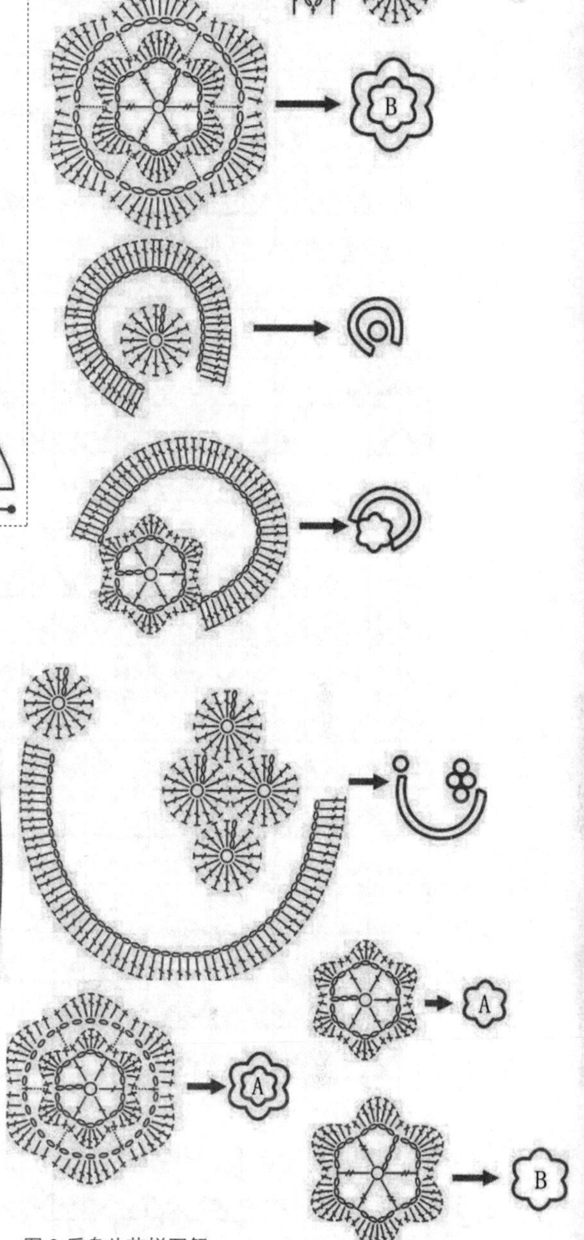

08

工具：1.75mm钩针

尺寸：衣长100cm，肩宽43cm，
胸围90cm

材料：4股白色植物绒棉线500g

编织要点：

. 钩针编织法，分为两部分编织，衣身花样部分以及前片表面单元花的钩织。

. 本款衣服采用圈钩的方法钩织，起186针锁针起钩，再加钩3针锁针起高钩织第1行花样，如1图解，图1只为衣身一半的花样图解，全身是由2片相同的如图1所示的衣片组成的，除了前后衣领不同。两侧缝在钩织至20行时，有加针变化，两侧同时加针，将裙身钩成弧形侧缝，加针后再减针，钩织至41行，然后不加减针钩织至62行，在63行分片，分为两半钩织，并做袖窿减针，同时中间有衣领减针，依照图1与图2的图解钩织成前衣领和后衣领变化，最后将两肩部对应缝合。

. 前片表面的单元花都是单独完成的，见图3，将图中所示的各个单元花一一钩织出来，再用细针线将它们依照图3中结构示意图所示的位置一一对应缝合。

. 最后一步是修饰一下衣身的各边缘，沿着前后衣领、裙摆边，钩织图4衣边花样。衣服完成。

编织特点：

. 很简单大方、优雅的一款的长裙。

. 裙身两侧缝加减针的幅度要适度，不然会变形。

. 缝合前片的单元花时，所用的细线需是同色系，并且要隐藏好线头。

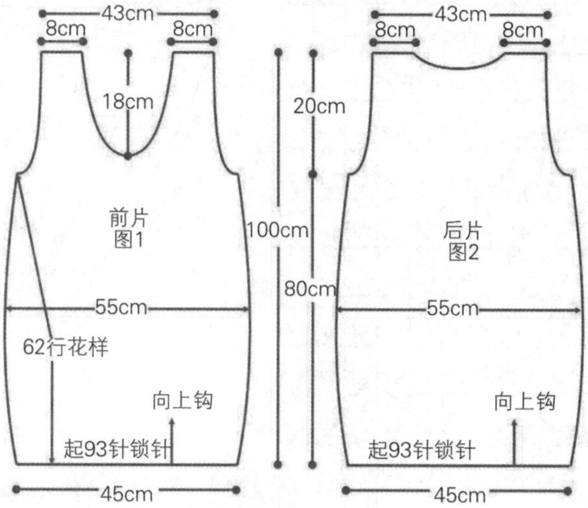

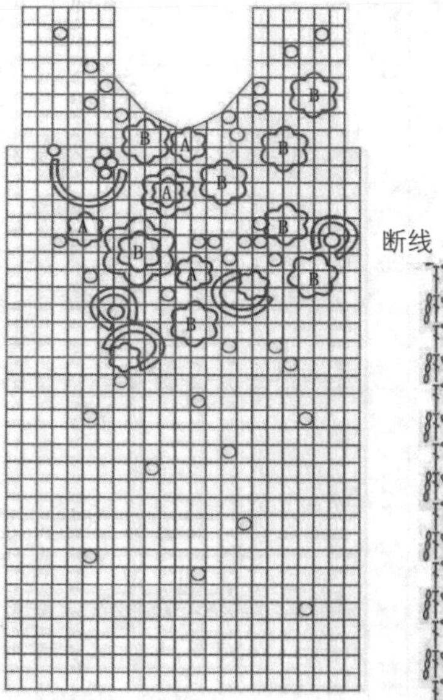

图2 后身片花样图解

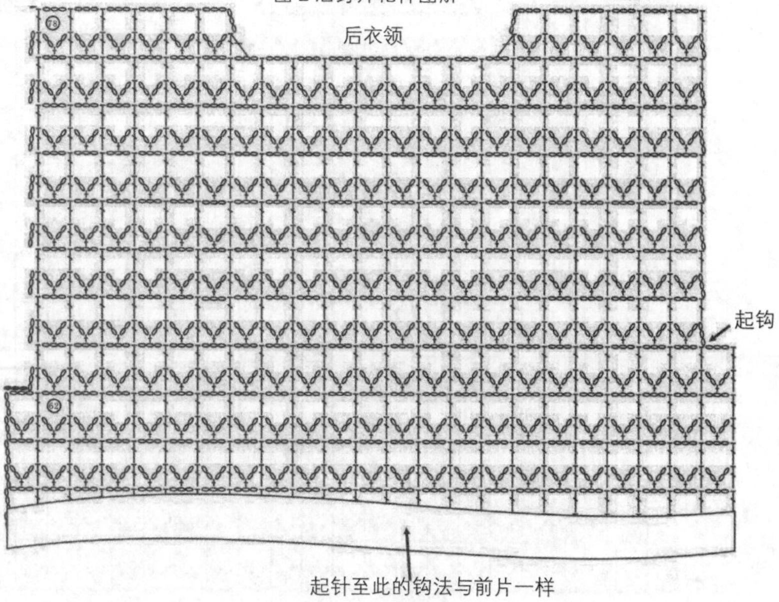

图4 衣边花样图解

钩引拔针加狗牙针

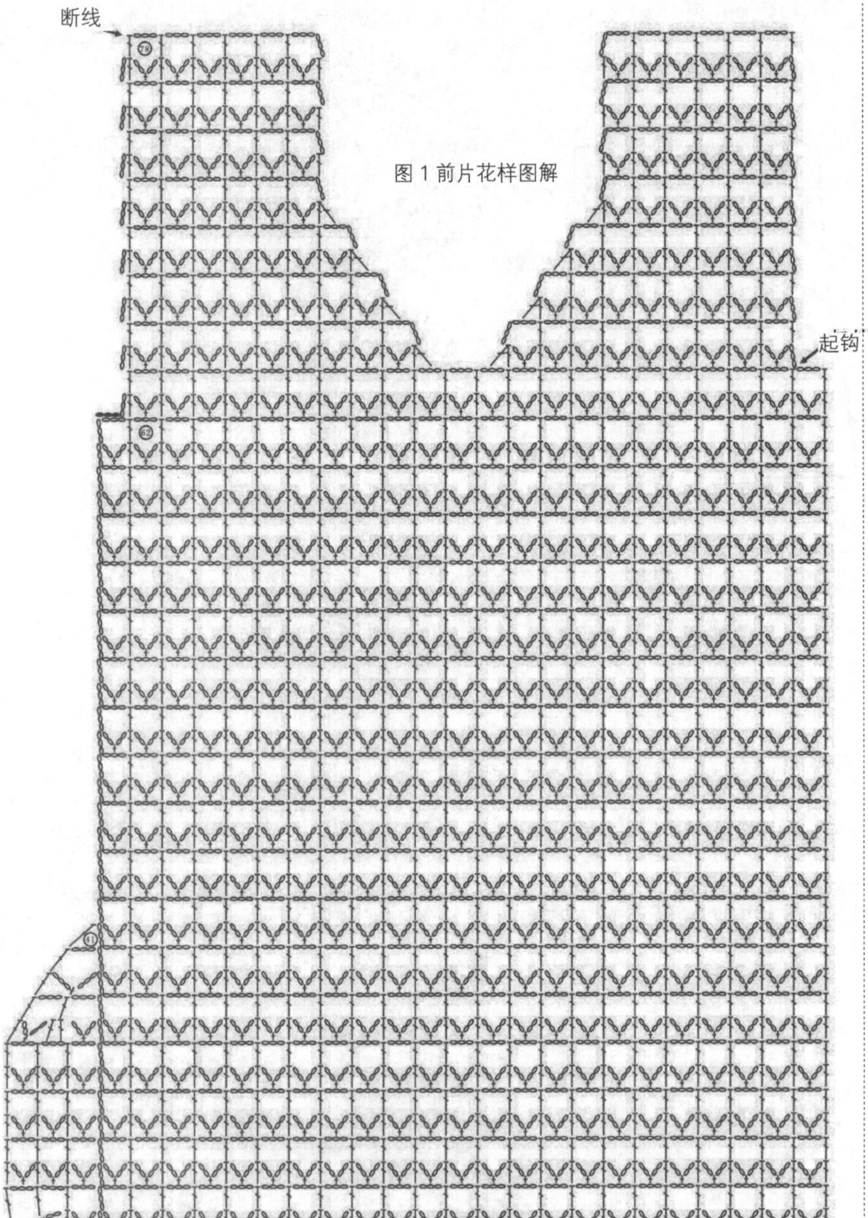
断线
起钩
加针
加针
1
1
93
图 1 前片花样图解

09

工具：2.5mm钩针

尺寸：衣长56cm，胸围80cm

材料：粉色毛线200g

编织要点：

1. 衣服由2个前片、1个后片和2个袖片组成。
2. 按照基本花样和结构钩编衣服2个前片、1个后片和2个袖子，然后用短针拼接侧缝。
3. 按照门襟连领口图解钩编门襟和领口。用长针钩编袖口。
4. 最后在胸前钩编3个立体花。

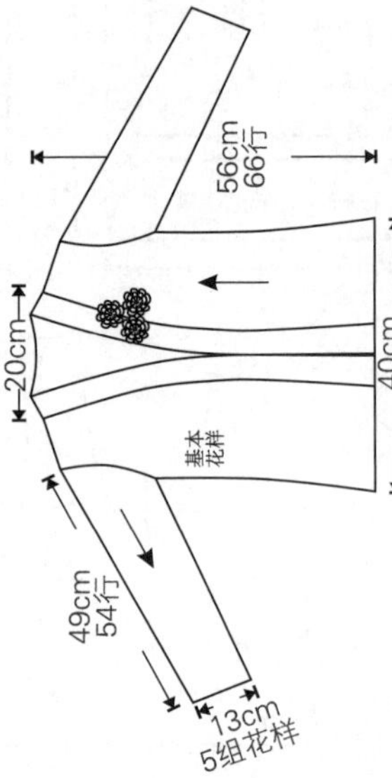
56cm
66行
20cm
40cm
16组花样
基本花样
49cm
54行
13cm
5组花样

5
1
门襟连领口图解

胸前立体花图解3朵

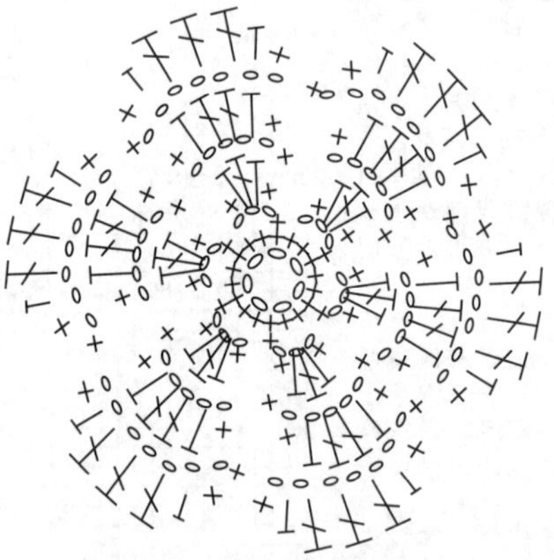

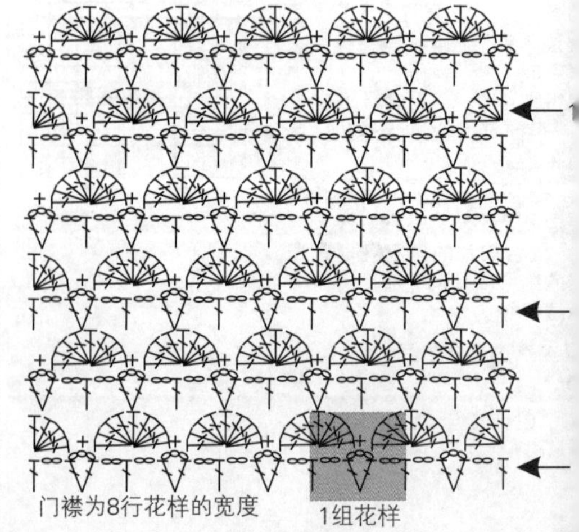
门襟为8行花样的宽度

1组花样

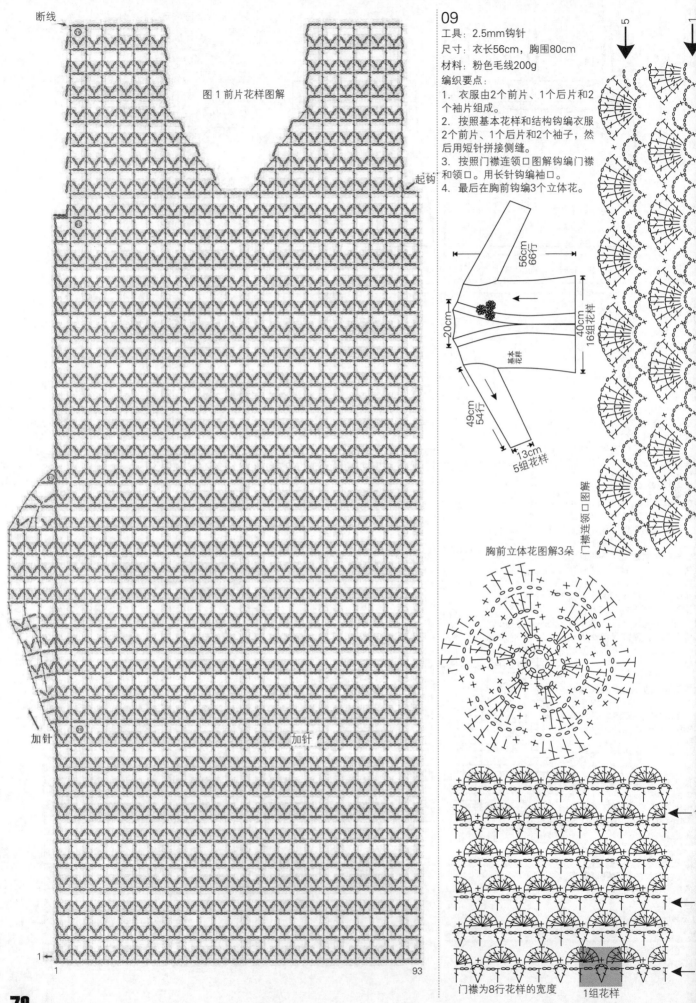

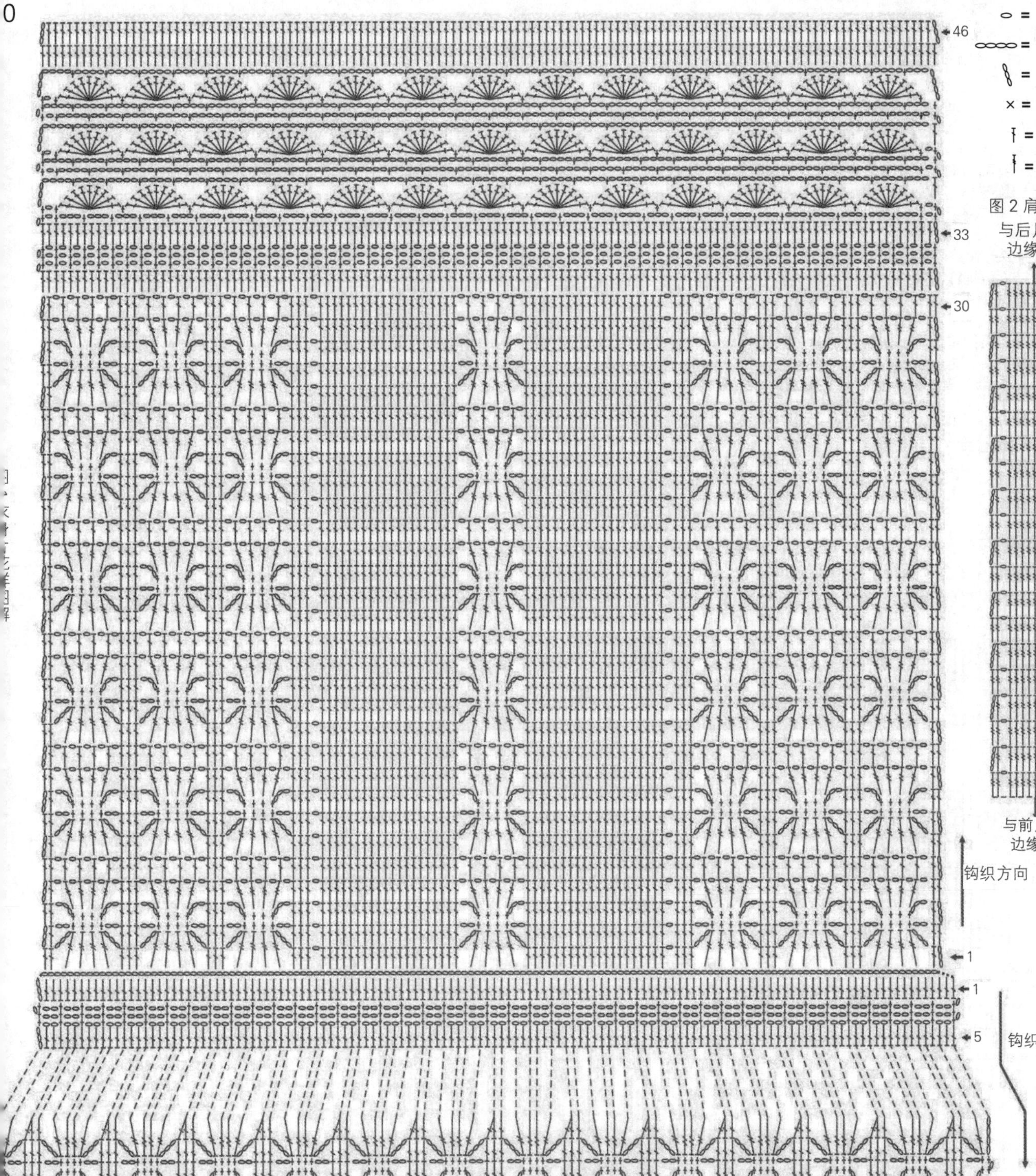
46
33
30
1
钩织方向
1
5
钩织方向
13
30

○ = 锁针

○○○○ = 锁针链

立针符号 = 立针

× = 短针

长针符号 = 长针

长长针符号 = 长长针

图 2 肩带图解

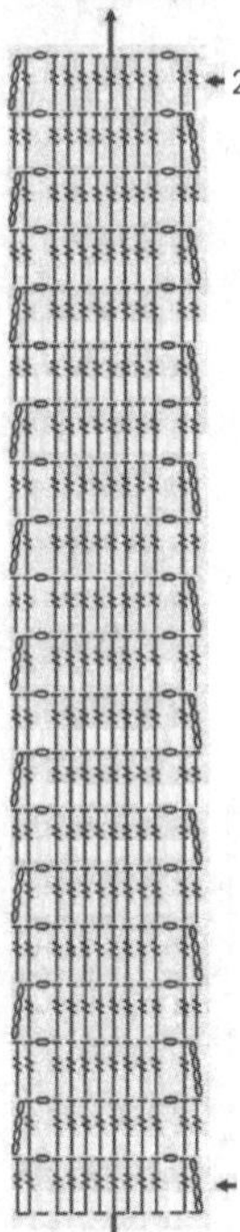
与后片胸部
边缘连接
20
1
与前片胸部
边缘连接

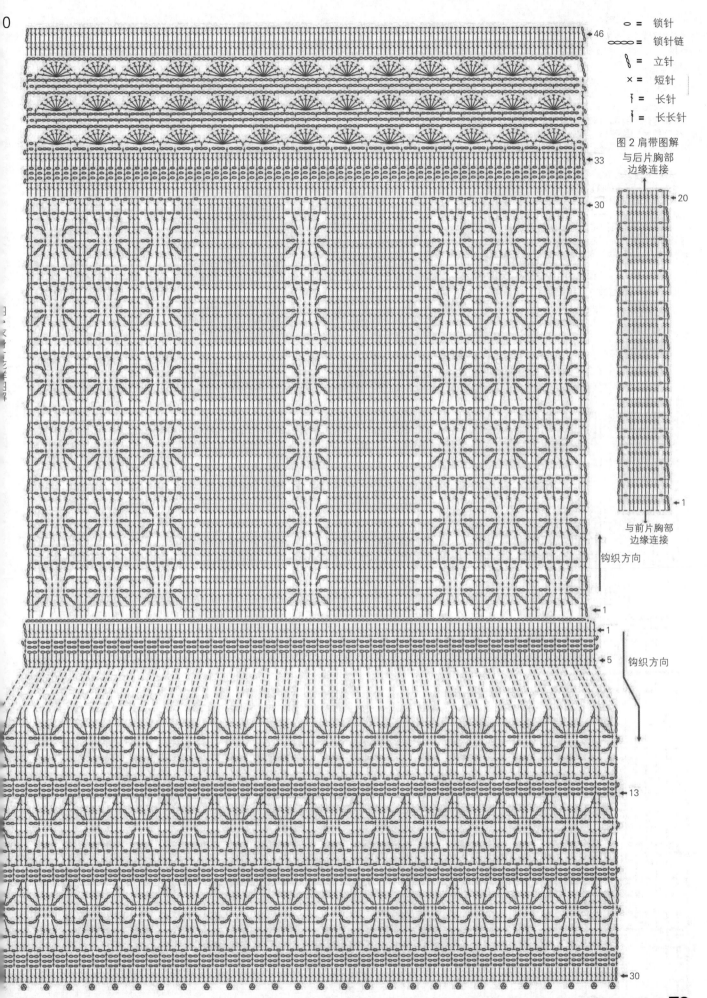

工具：1.75mm钩针

尺寸：衣长(含肩带)110cm，胸宽40cm

材料：八股白色植物棉线600g

编织要点：

1. 钩针编织法，前片1个，后片1个，裙摆2片，肩带2段。

2. 本款衣服的前片与后片是完全相同的，所以钩织方法相同，以前片为例，如图1，起139针锁针起钩花样，再加钩3针锁针起高，钩织第1行花样，依照图1的钩织图解，一一往上钩织，钩至46行时，断线。

3. 沿着衣身片起钩处，挑针往下钩织裙摆，起高3针锁针，再挑针钩131针长针，然后依照图1中裙摆的图解一一往下钩织，钩至30行后断线。

4. 相同的方法再钩织后片。然后将这2片的侧缝对应缝合，完成衣身的编织。

5. 钩织两段肩带，肩带的针数以长长针组成，图解见图2，在衣身的胸部适当位置挑针钩织第1行长长针，然后往返钩织20行，最后用引拔针将其与后片的边缘缝合。

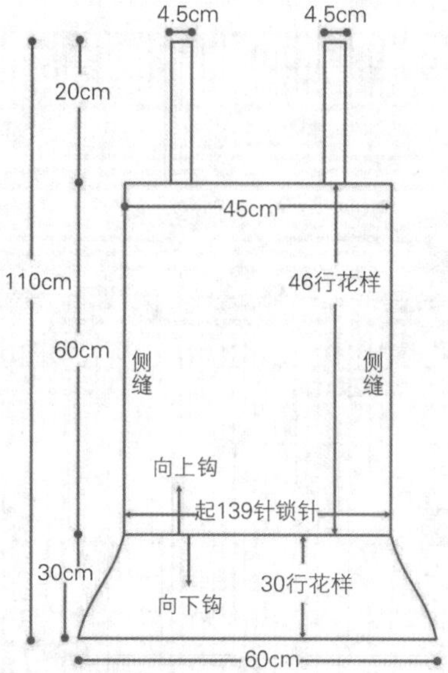

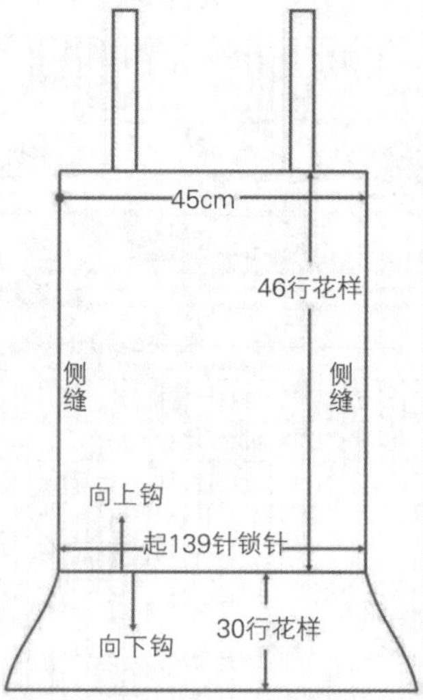

编织特点：

1. 非常淑女的一款吊带裙。裙身不宜太长。

2. 胸围的宽度应比较贴身，但不紧身。

3. 裙身两侧不加针，裙摆加针的幅度不大。

编织要点：

1.钩针编织法。分前片1个
后片1个编织。

2. 前片的钩织，从下摆
钩，起108针锁针起钩
样，花样为图2，前10行
侧同时加针，第11行开始
加减针，衣身左侧钩织玫
花图案，图解见图1，可
根据个人需要添加玫瑰花
个数，钩织至46行时，两
加大幅度加针，加成衣袖
而钩织至56行时，将衣身
从中间向两侧同时减针，
织衣领。钩织至肩部共68
花样。

3. 后片的钩织方法与前
相同，不同的是衣身图案
为蜻蜓图案，图解见图3
还有后衣领是先从中间直
收针10cm的宽度，再向
侧同时减针，减针的幅度
大。形成方形后衣领。

4. 最后将前后两衣片的
缝对应缝合。

11

工具：1.75mm钩针

尺寸：衣长98cm，袖长(含肩)35cm，胸围110cm

材料：6股浅灰植物棉线600g

图 1 玫瑰花图解

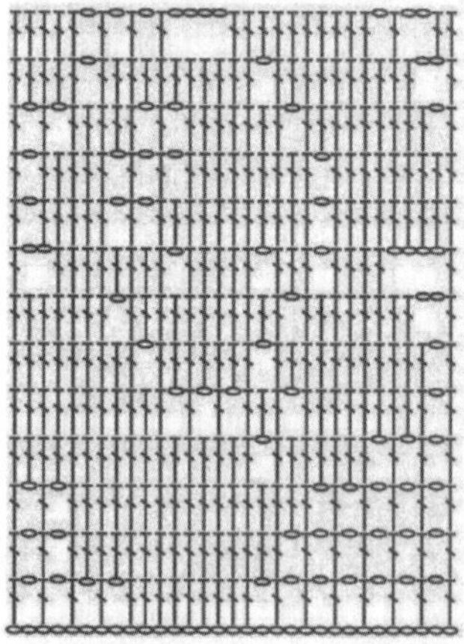

编织特点：

1. 宽大的造形设计，款式简单，大方。

2. 衣服的衣身图案可选择性很强，本衣服是将图案扩大化，但亦可以增加图案的个数。变化无穷。

3. 本件衣服难点在于衣袖部分，腋下的加针变化，加针的幅度比较大，有小型蝙蝠衫的造型，是很休闲的一款衣服。

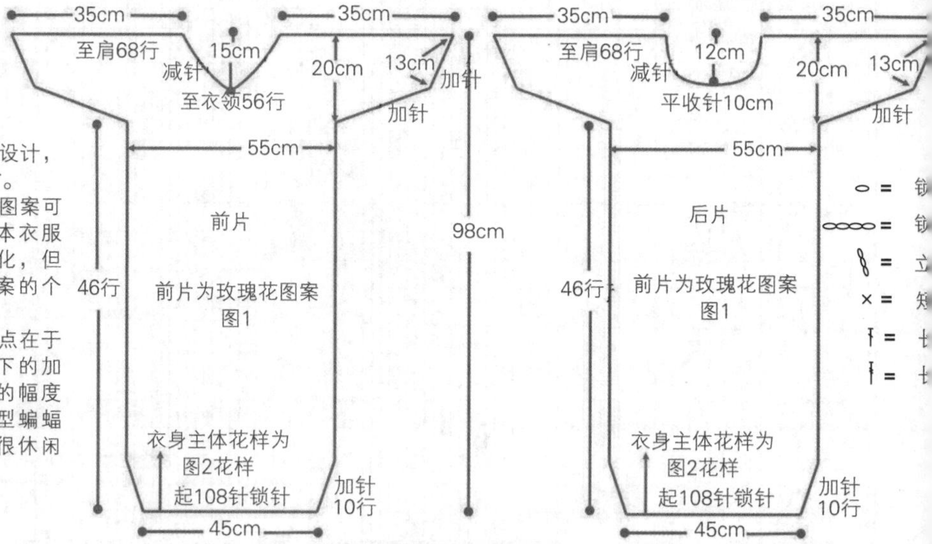

图 3 蜻蜓图解

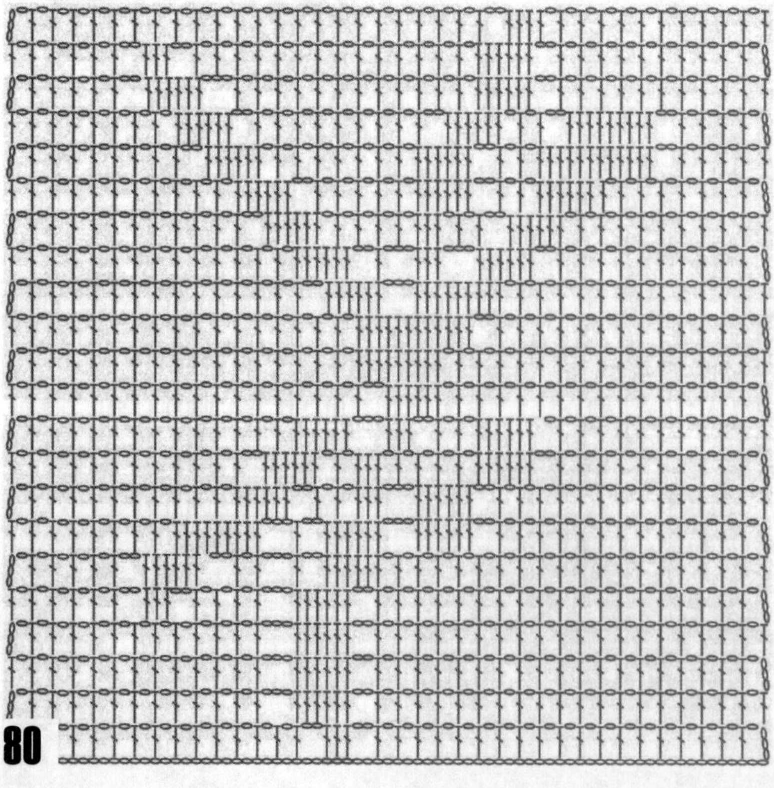

图 2 衣身主体花样图解

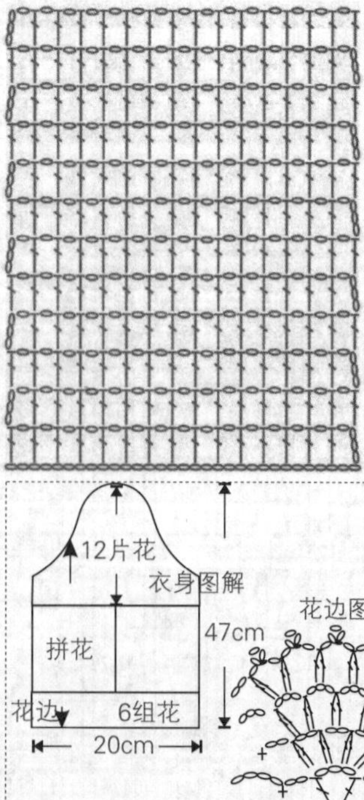

12

工具：3.0mm钩针

尺寸：衣长80cm，胸围90cm

材料：编格尔时装线800g

衣身图解

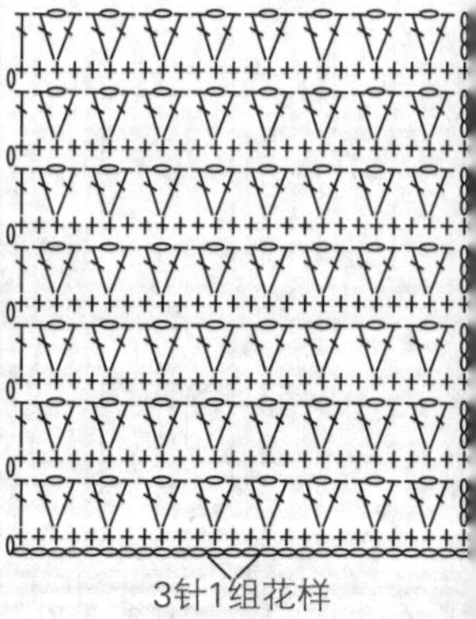

3针1组花样

花边图解

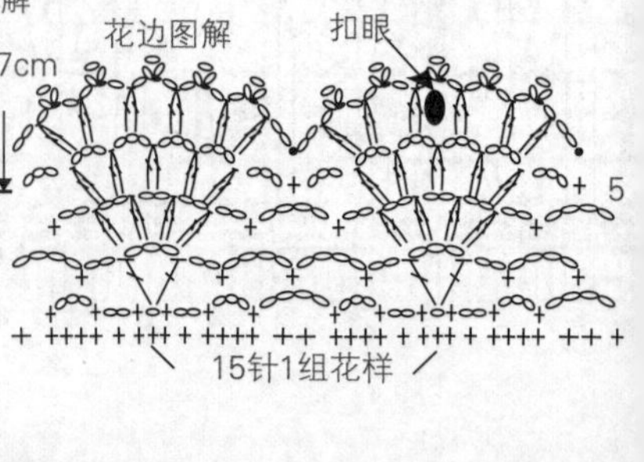

织要点：
参照单元花图解，钩单元花16朵，参照结构
，衣身需要12朵单元花，排列2行。
参照结构图的袖子图解，需要2组各2个圈拼
单元花。
参照衣身图解，在衣身6个单元花延伸1行长
186针，每个单元花钩31针长针。
在长针上，钩衣身图解62组花。先钩6行后
前片2个、袖子2片和后片1个，分别是10组
、11组花、20组花、11组花、10组花。
钩28组花，前片和后片减针到肩线是5组
。后领窝是10组花。
参照花边图解，钩衣服外围1圈。袖口各钩6
花。

单元花图解 16朵　　拼花图解

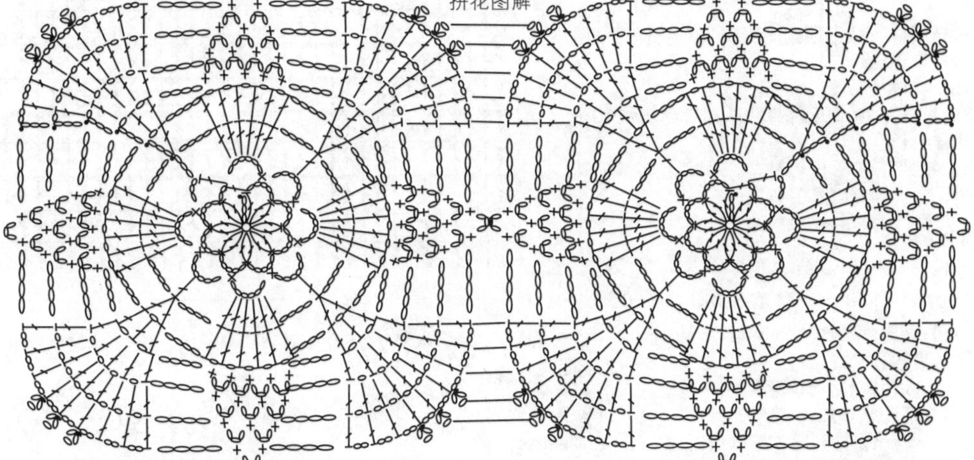

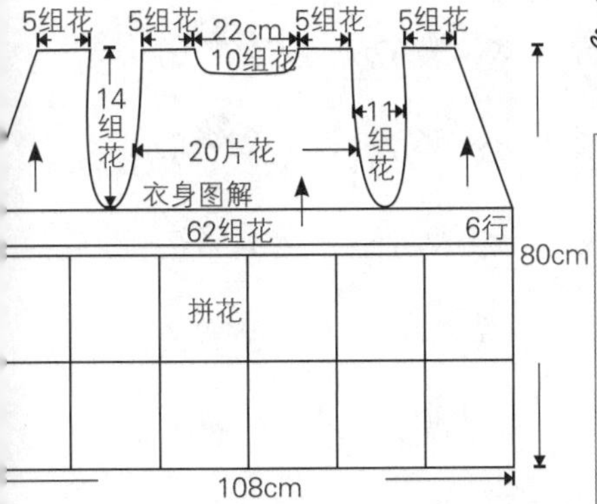
5组花
5组花
22cm
5组花
5组花
10组花
14组花
20片花
11组花
衣身图解
62组花
6行
80cm
拼花
108cm

基本花样图解

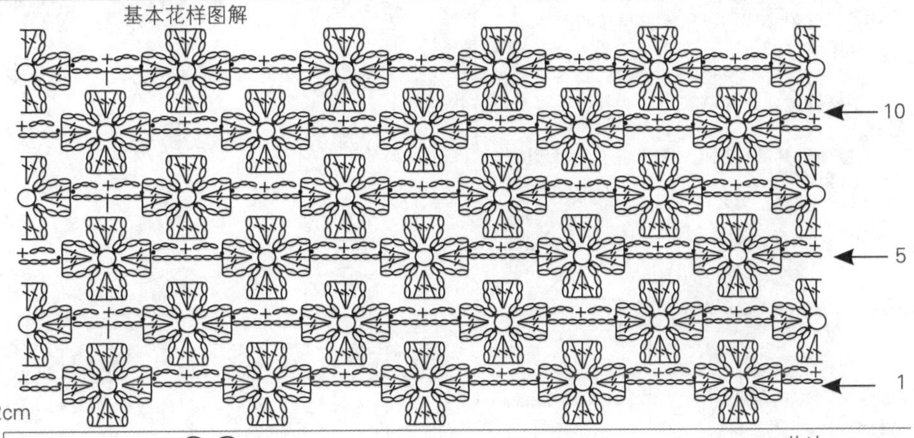
10
5
1

3

工具：2.5mm钩针
尺寸：衣长62cm，胸围90cm
材料：粉色毛线200g
编织要点：
1.衣服由2个前片、1个后片组成。
2.参照基本花样图解，钩编衣服2个前片和1个后片，用短针连接肩和侧缝。

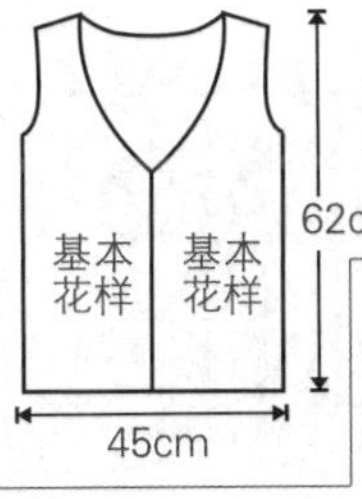
基本花样
基本花样
62cm
45cm

4

工具：2.5mm钩针
尺寸：衣长76cm，胸围80cm
材料：灰色毛线300g
编织要点：
1.衣服由2个前片、1个后片和2个袖片组成。
2.参照图1，钩编衣服2个前片、1个后片和2个袖片，用短针连接肩和侧缝。
3.参照图2，在衣服门襟连领子和袖口钩编的3行花边，加针方法参照图解。参照花边图解，在衣服外围钩编1行花边。

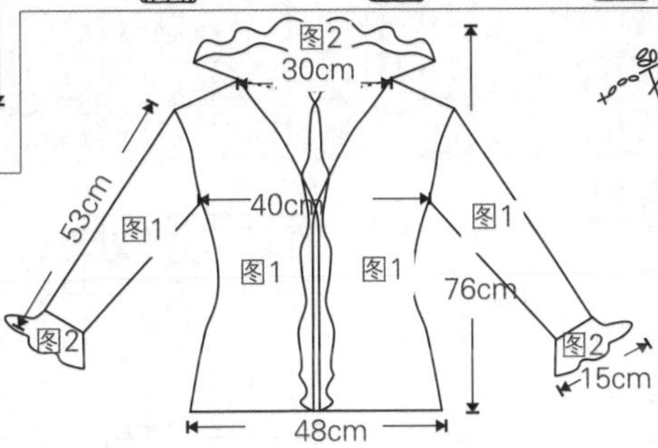
图2
30cm
53cm
40cm
图1
图1
图1
图1
76cm
图2
图2
15cm
48cm

花边

图1

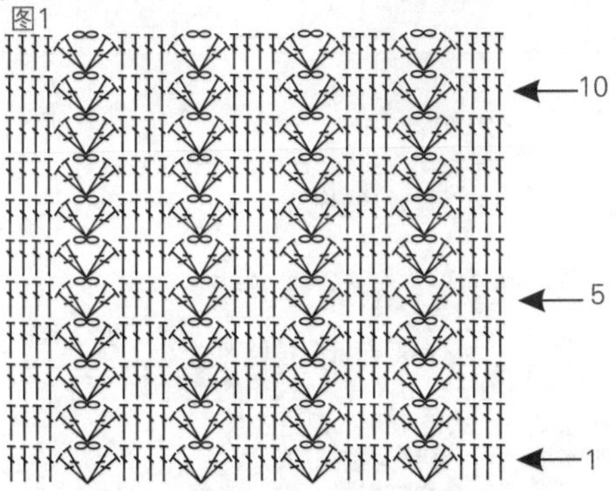
10
5
1

图2
(门襟连领子和袖口的图解)

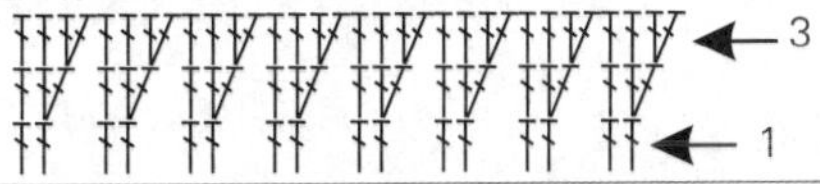
3
1

5

工具：2.0mm钩针
尺寸：胸围90cm，衣长78cm，袖长54cm
材料：灰色三七毛线750g

↑ = 起钩
○ = 锁针
× = 短针
⊤ = 长针
⊤ = 长长针
⊤ = 外钩针
⊤ = 内钩针

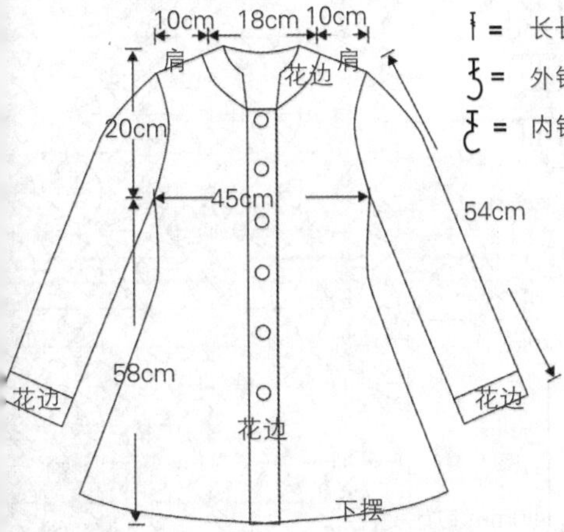
10cm
18cm
10cm
肩
花边
肩
20cm
45cm
54cm
58cm
花边
花边
花边
下摆

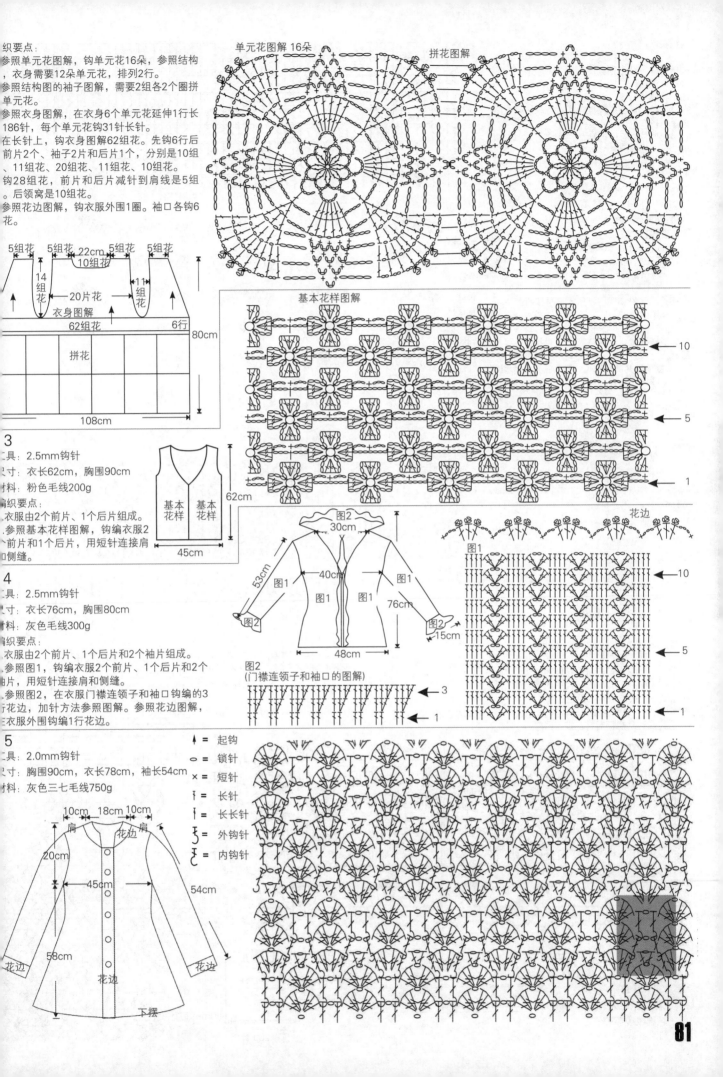

编织要点：
1. 如图，钩前片2个，从下摆往上钩，按照衣身图样，从下摆到胸围钩10个花样，从胸围到肩钩5个花样。后片1个，从下摆往上钩15个花样的长度。
2. 袖子从袖口开始钩，从袖口到肩是10个花样的长度。
3. 按照花边图样钩袖口、领口、门襟的花边，花边的高度是9行长针。

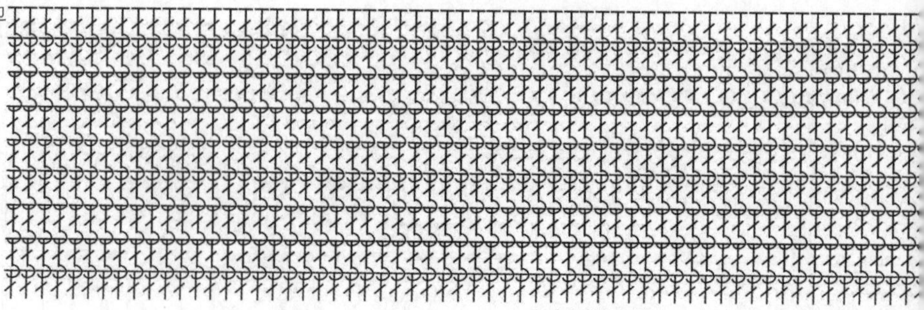
花边

衣身图样（前片2个，后片1个，袖子2个

16

工具：1.25mm钩针
尺寸：胸围88cm，肩宽37cm，衣长90cm
材料：8股米色埃及棉400g
编织要点：
1. 上衣由前片2个、后片1个组成。
2. 先从腰带钩起，腰带尺寸5cm×2cm，按照腰带图样钩8行。
3. 再钩下半身，按照下半身图样，总共钩26行，加针参照图样所示。再按照上半身图样钩前片23行。
4. 袖子先钩中间部分为腰带图样，钩8行，然后按照下半身图样钩袖弯到袖口20行，再按照上半身图样钩袖弯到肩18行。
5. 拼接前后片的肩部位，然后拼前后片侧缝。

○ = 锁针
○○○○ = 锁针链
立针
× = 短针
长针
长长针

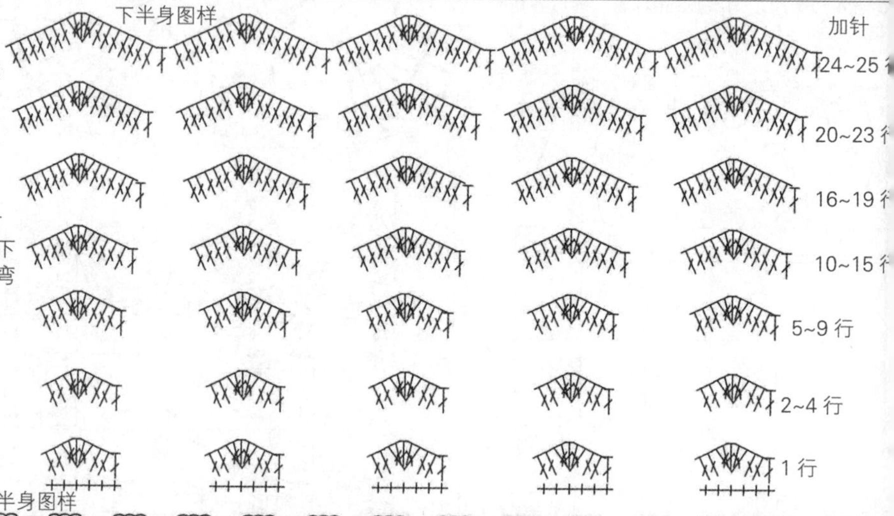
下半身图样
加针
24~25行
20~23行
16~19行
10~15行
5~9行
2~4行
1行

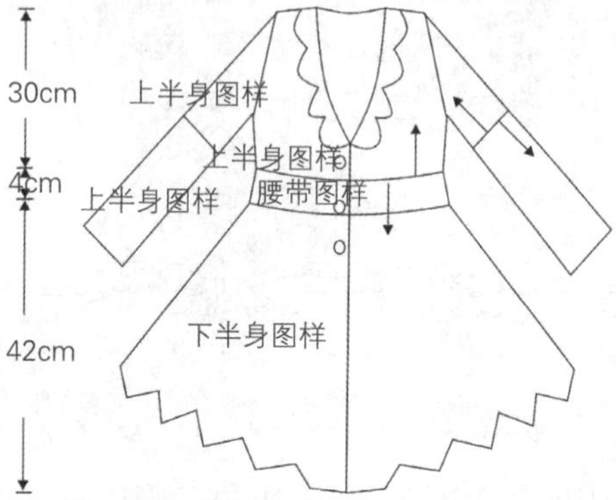
30cm
上半身图样
上半身图样
4cm
上半身图样
腰带图样
下半身图样
42cm

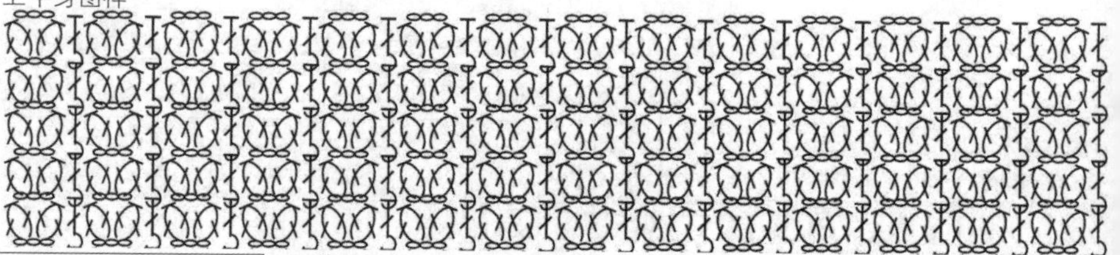
上半身图样

17

工具：1.25mm钩针
尺寸：胸围88cm，肩宽37cm，衣长90cm
材料：8股米色埃及棉400g
编织要点：
1. 上衣分为前片左右2个，后片1个。
2. 前片右边从肩部起针，按照图样从肩部到袖子是14行，从袖子到带子是20行，从带子到下摆是26行，带子钩长针，总共钩3条带子。
3. 前片左边从肩部起针，按照图样从肩部到袖子是14行，从袖子到带子是20行，从缺口到下摆是26行。
4. 后片上半身按照图样钩21cm，下半身按照图样钩69cm。
5. 按照花边图样钩衣服外围花边。
6. 用别针把前片左右两边别起。

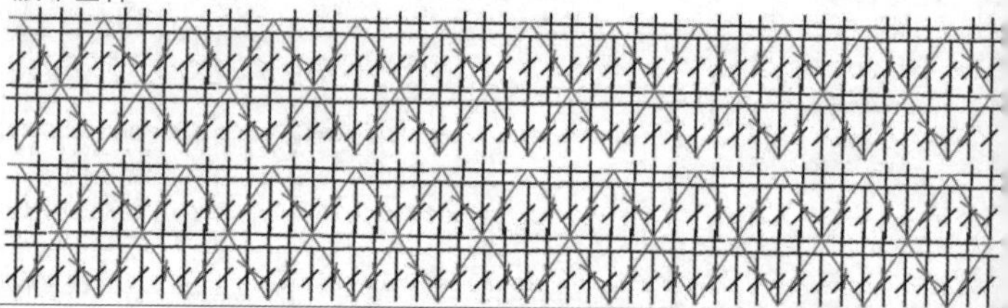
腰带图样

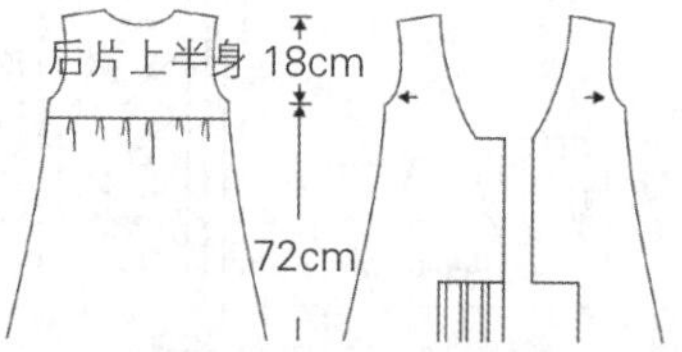
后片上半身
18cm
72cm

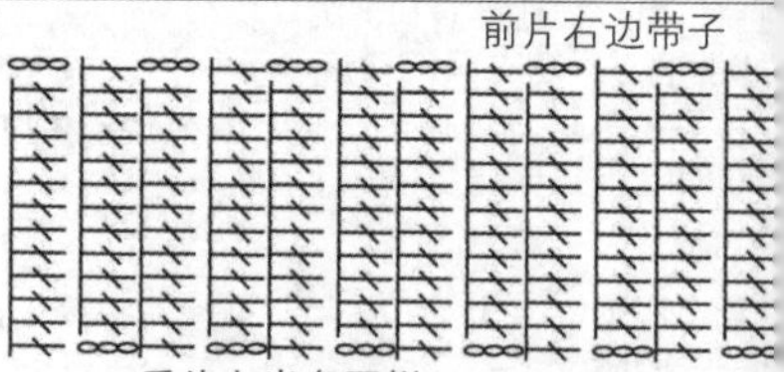
前片右边带子

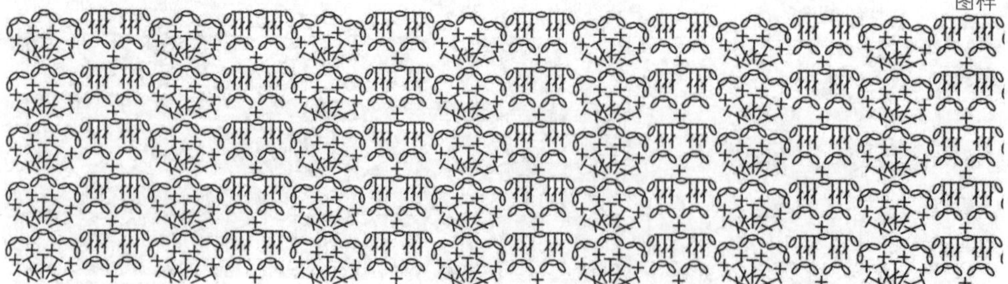
图样

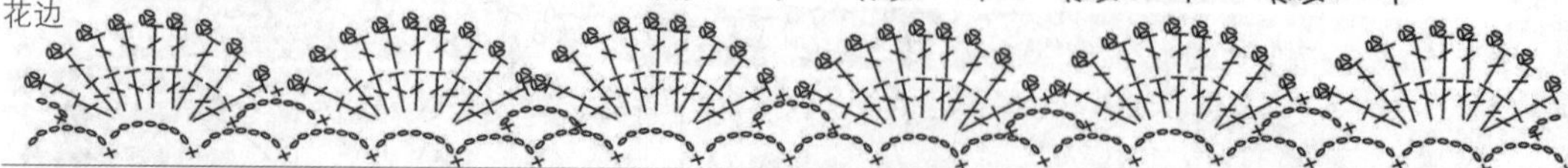
花边

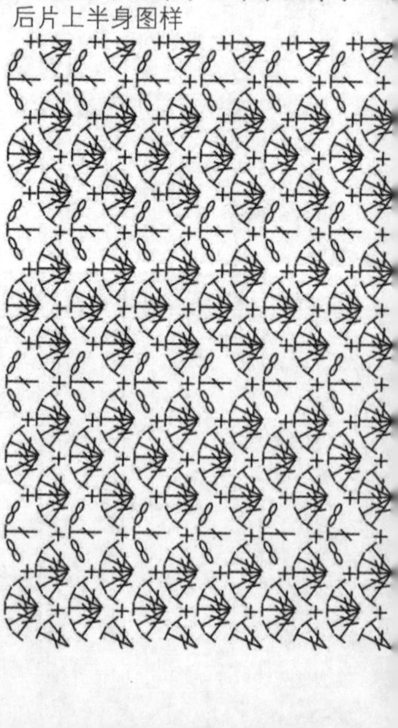
后片上半身图样

18

工具：4.0mm钩针，5.0mm钩针
尺寸：胸围100cm，衣长48cm，袖长50.5cm
密度：30针×15行
材料：乳白色棉绒线285g，其他色棉绒线各30g

领口编织花样

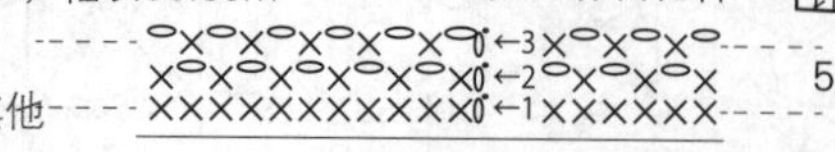
←3
←2
←1

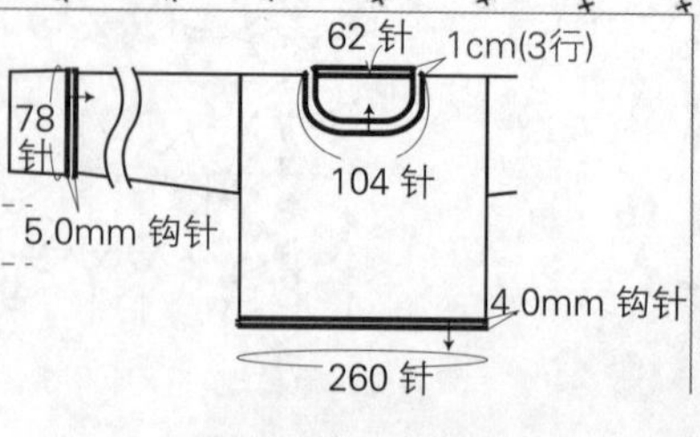
62针
1cm(3行)
78针
104针
5.0mm 钩针
4.0mm 钩针
260针

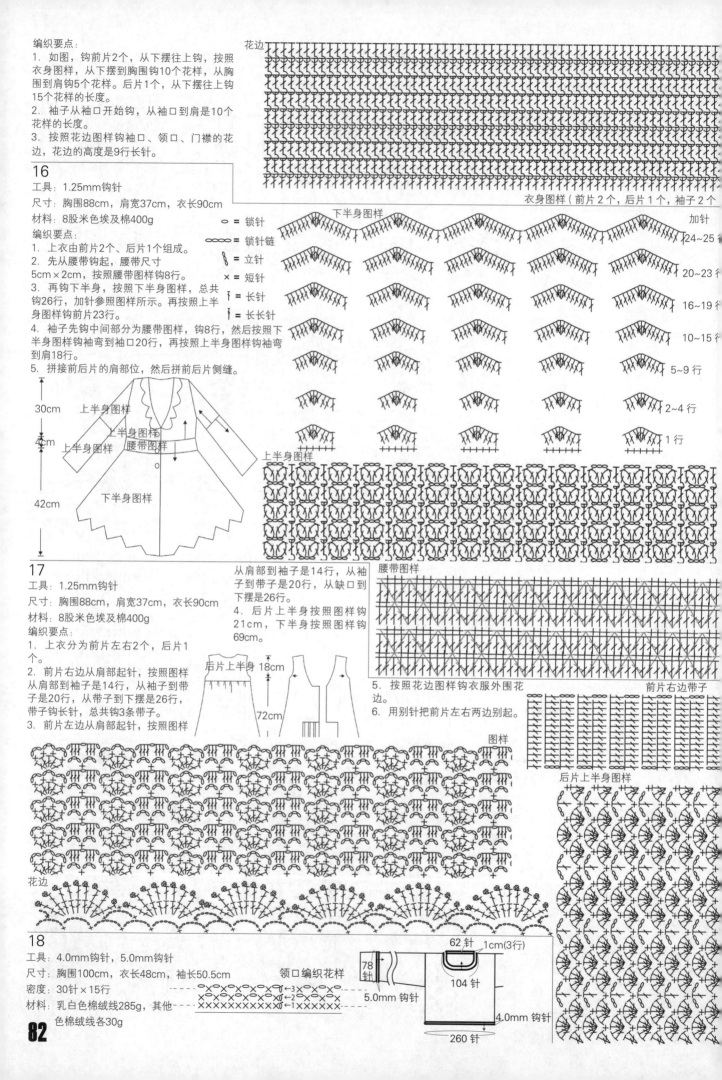

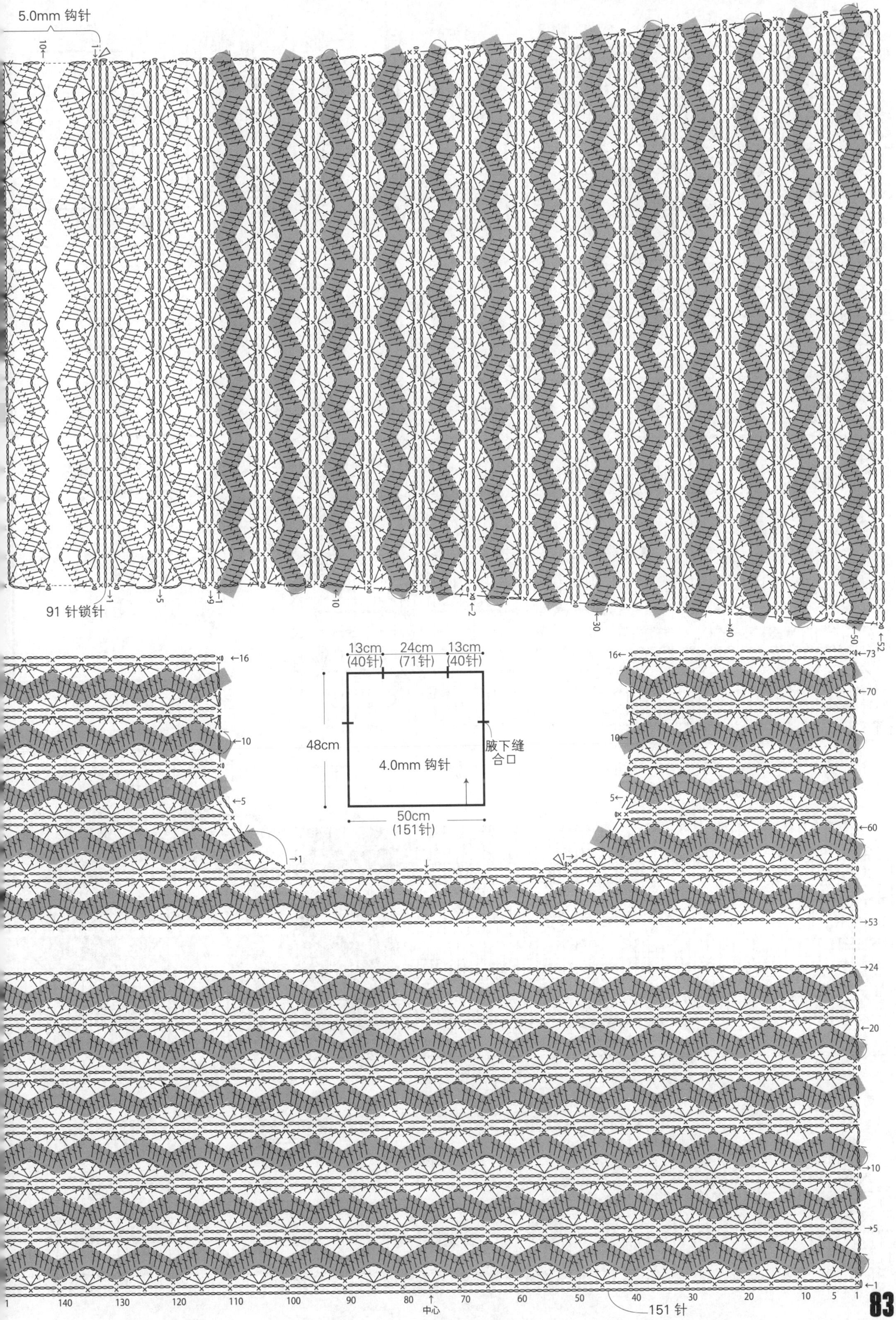
5.0mm 钩针
91 针锁针
13cm
(40针)
24cm
(71针)
13cm
(40针)
48cm
4.0mm 钩针
腋下缝
合口
50cm
(151针)
中心
151 针

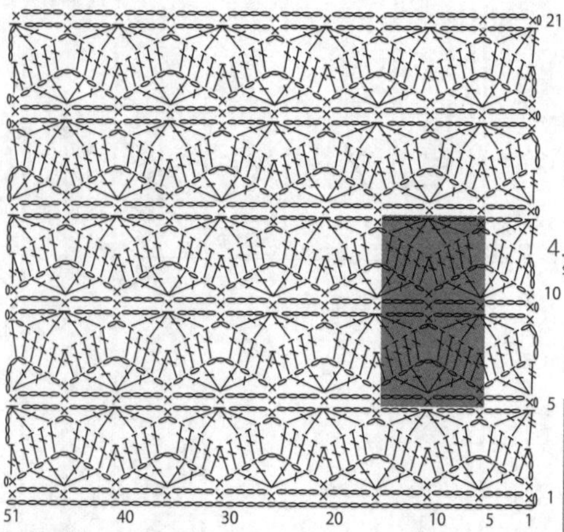

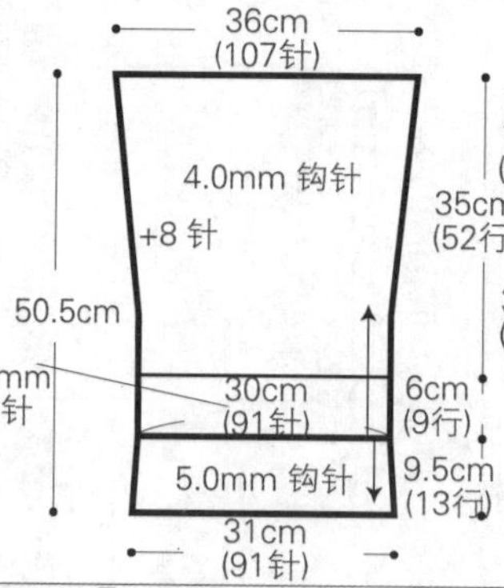

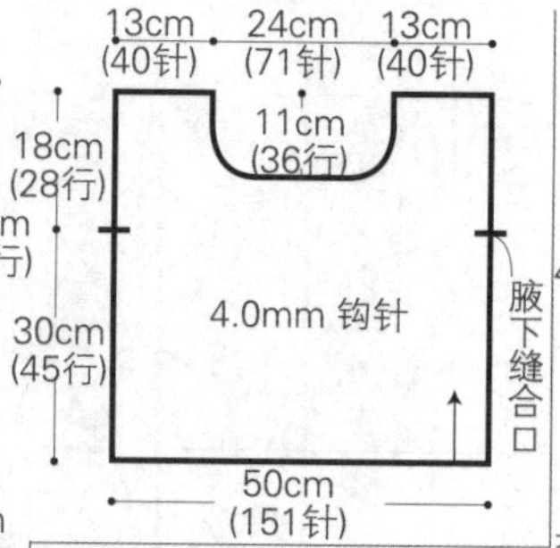

编织花样
36cm
(107针)
4.0mm 钩针
+8 针
50.5cm
4.0mm
钩针
30cm
(91针)
6cm
(9行)
5.0mm 钩针
9.5cm
(13行)
31cm
(91针)
13cm
(40针)
24cm
(71针)
13cm
(40针)
11cm
(36行)
18cm
(28行)
35cm
(52行)
30cm
(45行)
4.0mm 钩针
腋下缝合口
50cm
(151针)
32cm
(65针)
47cm
袖片
编织花样
(5.0mm钩针)
32cm
(65针)
4cm
(4行)
折线返回
(5.0mm钩针)
(65针)
19 工具：5.0mm钩针
尺寸：胸围120cm，衣长54cm，袖长73cm
密度：20针×10行
材料：段染马海绒570g
18cm
(36针)
24cm
(49针)
8cm
(8行)
(12行)
前片
编织花样
(5.0mm钩针)
60cm
(121针)
16cm
(16行)
34cm
(34行)
4cm
(4行)
袖口
后片
编织花样
(5.0mm钩针)
2cm
(2行)
54cm
后片
编织花样
(5.0mm钩针)
领口
袖片
编织花样
身片中心
锁(121针)
锁(65针)
= 14针12行1组花样
0.5cm
锁针
(29组花样+1针) (1行)
(38组花样+1针)
引拔针
编织花样 2针一组花样
前片
编织花样
(5.0mm钩针)
折线返回
领口
编织花样
(5.0mm钩针)
锁针
领口
身片中心

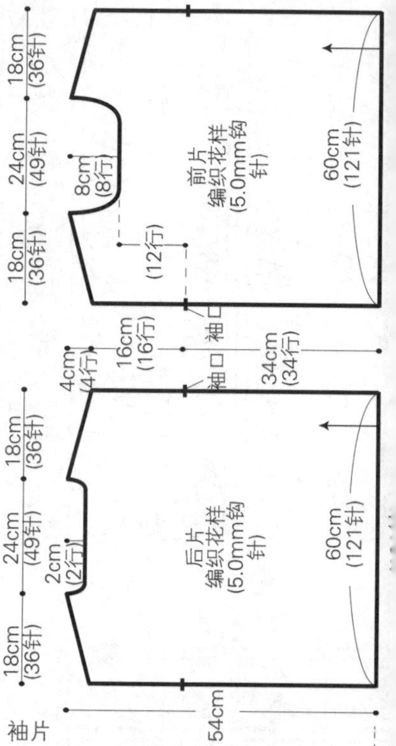

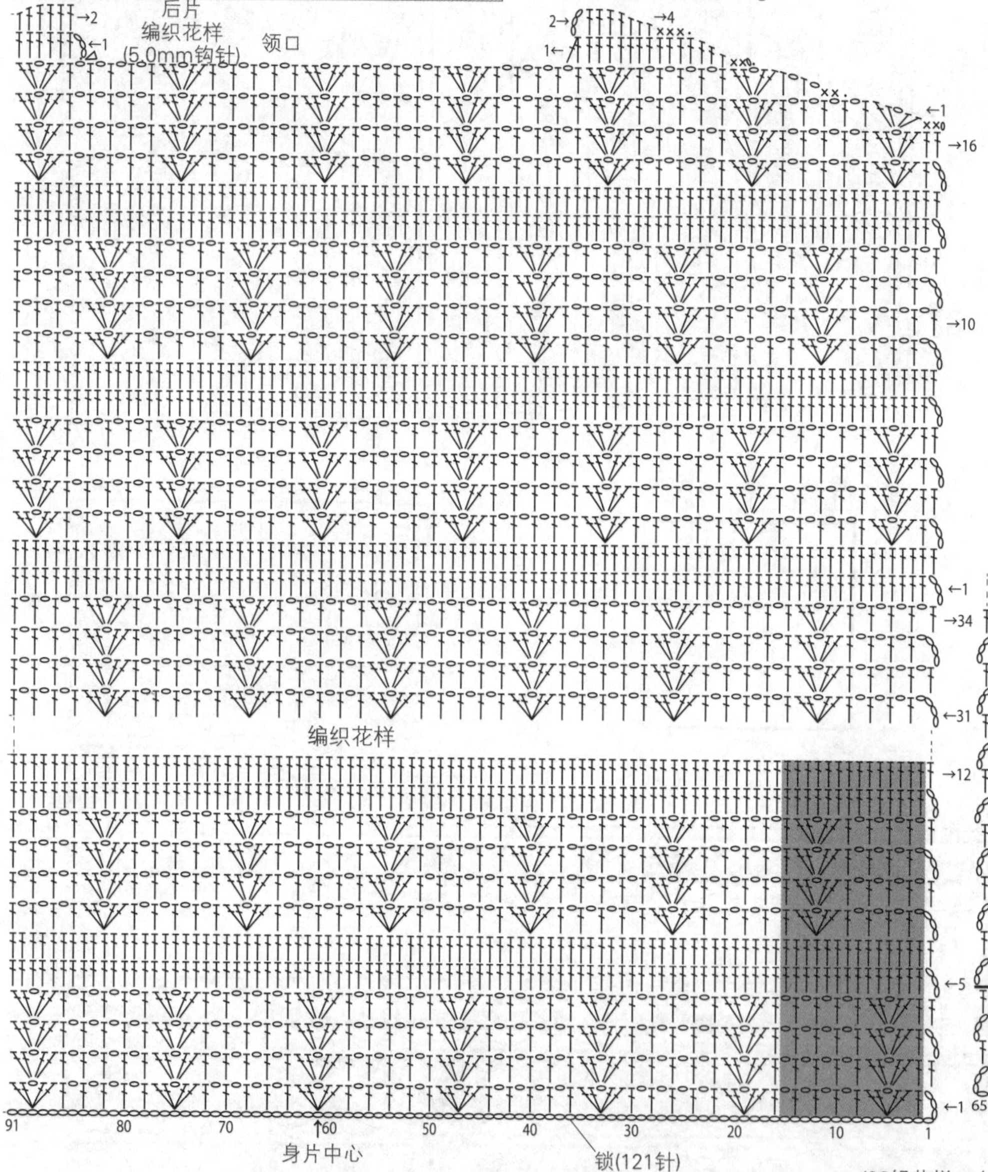

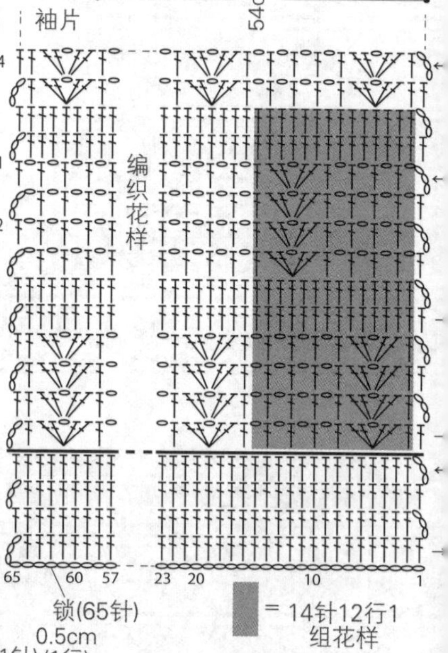

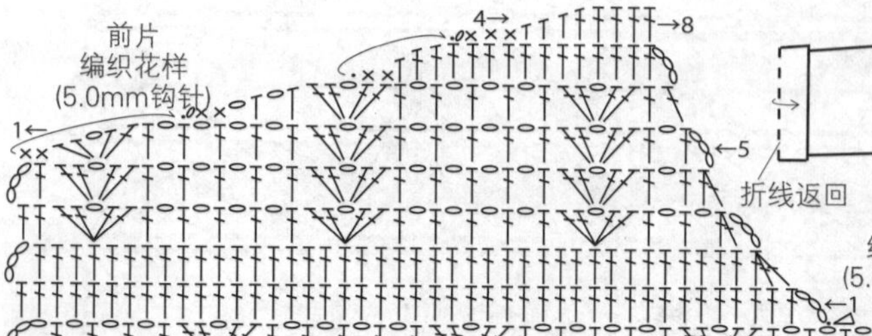

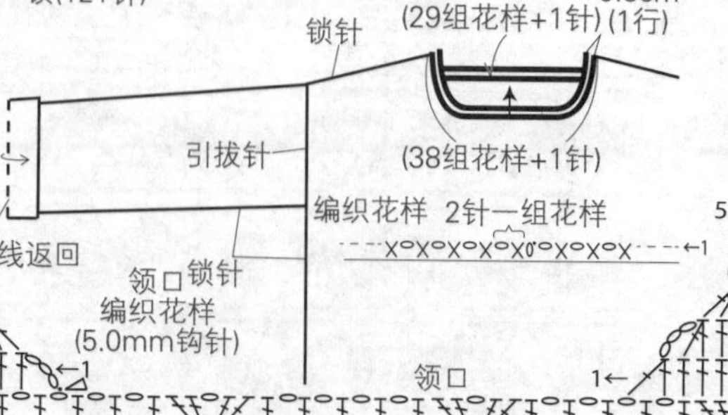

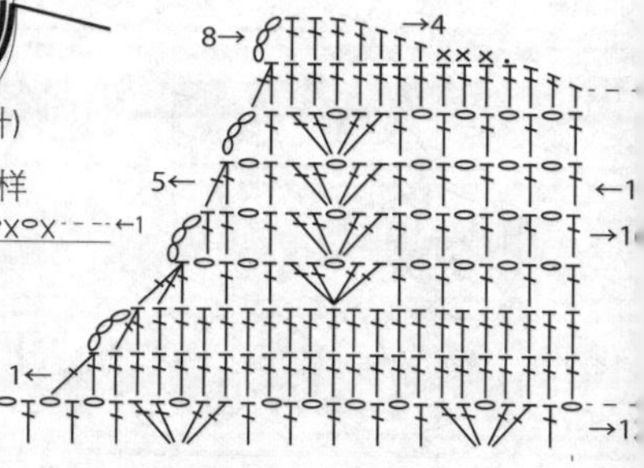

)

具：2.5mm钩针，3.0mm棒针

寸：胸围98cm，衣长52cm，背肩宽53cm

度：花样A：29针×40行 花样B：28针×40行

料：进口白色纯棉线125g，深蓝色纯棉线20g，浅蓝色纯棉线15g

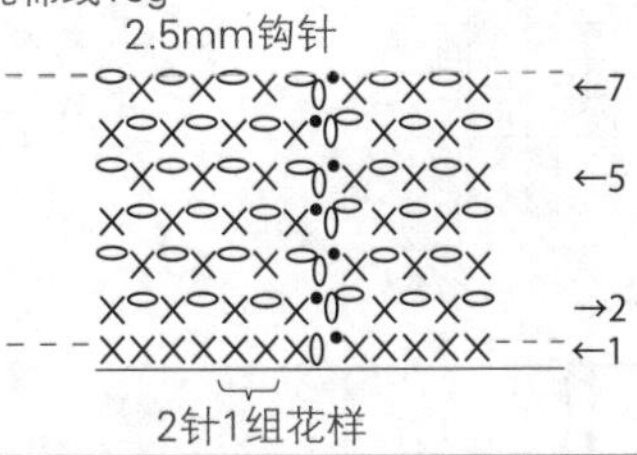

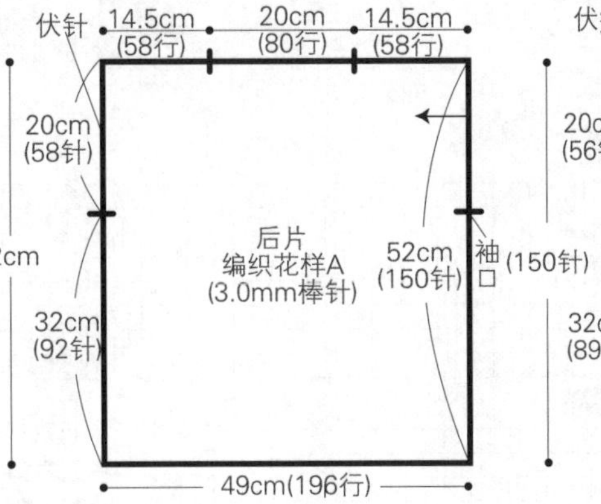

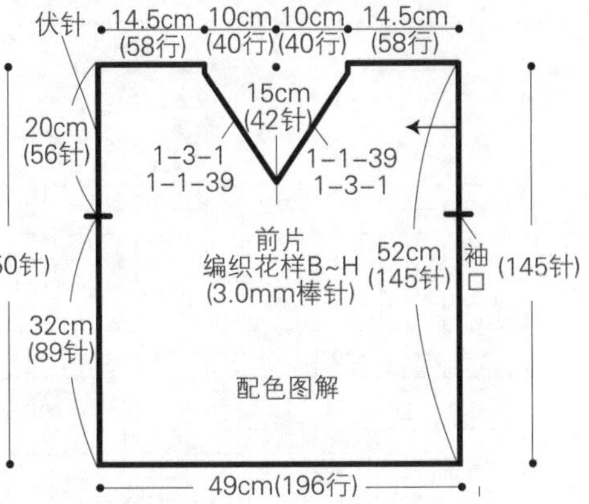

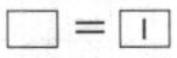

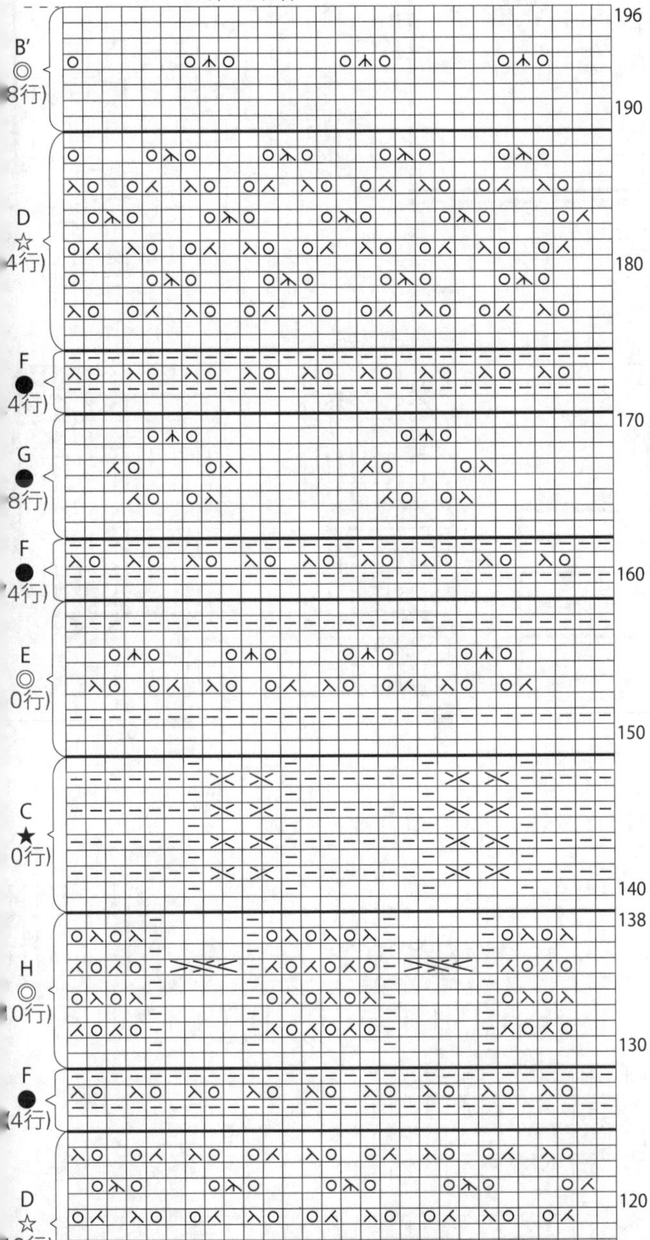

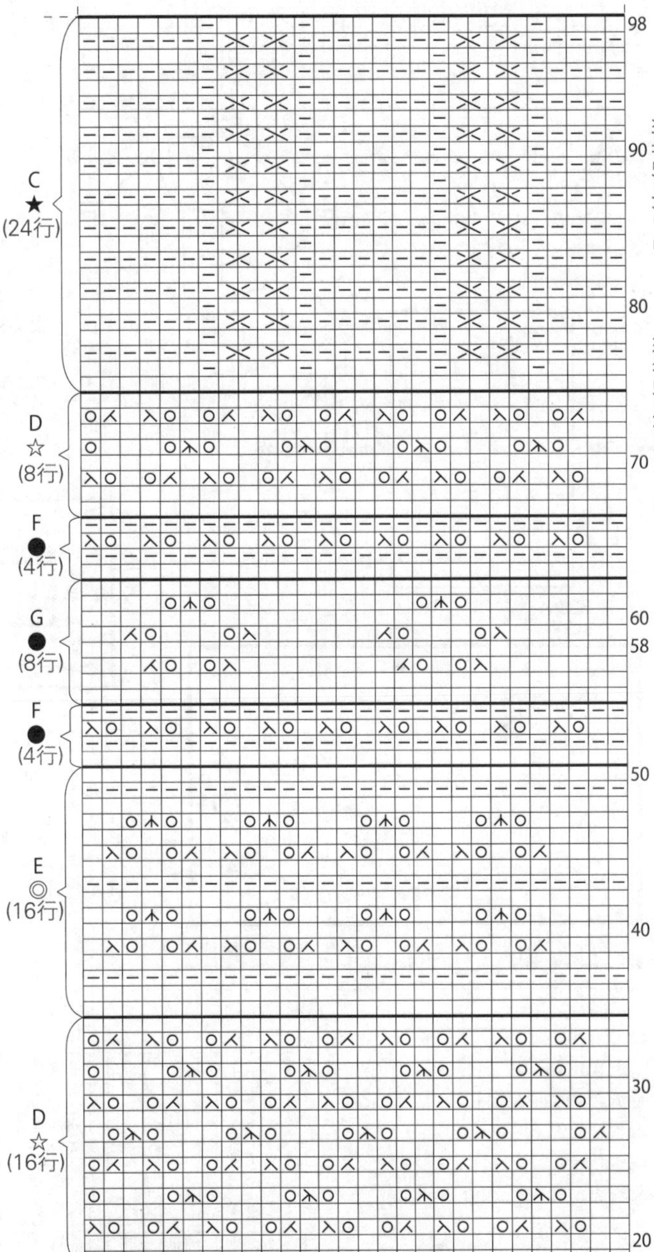

F=3针1组花样
G=13针1组花样
H=12针1组花样

B、B′=8针1组花样
C=12针1组花样
D、E=6针1组花样

= 右上2针交叉

编织花样B~H

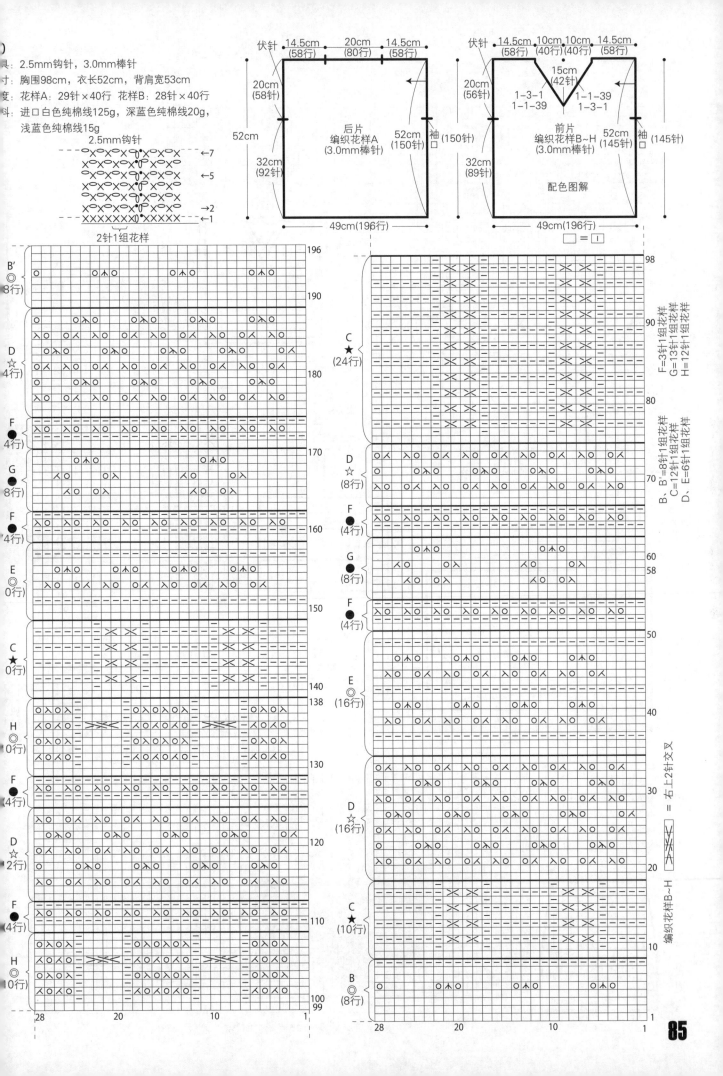

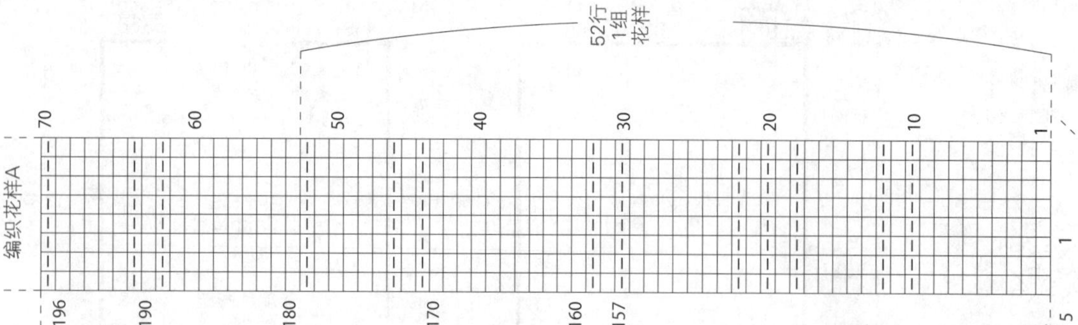
52行1组花样
编织花样A
70
60
50
40
30
20
10
1
1
5

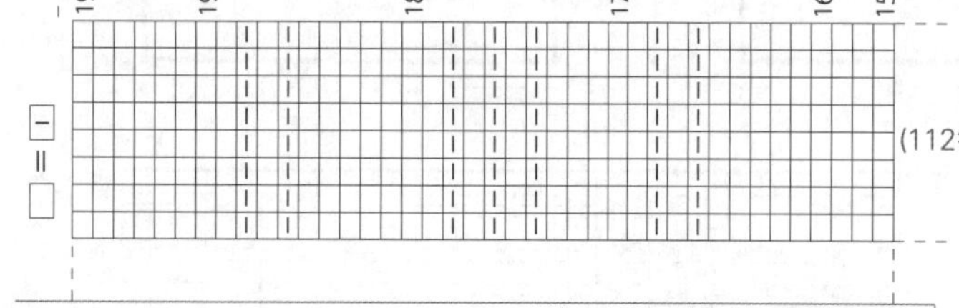
196
190
180
170
160
157
□ = □

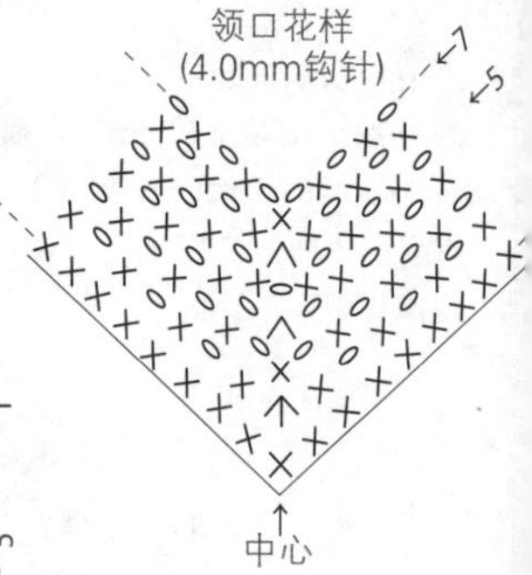
领口花样
(4.0mm钩针)
←7
←5
1
中心

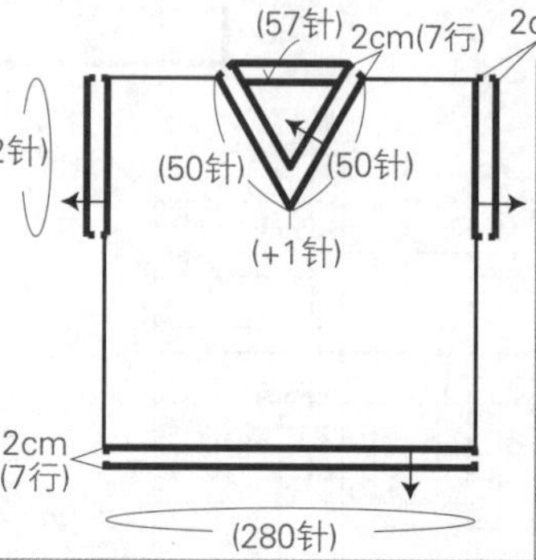
(57针)
2cm(7行)
2cm(7行)
(112针)
(50针)
(50针)
(+1针)
2cm
(7行)
(280针)

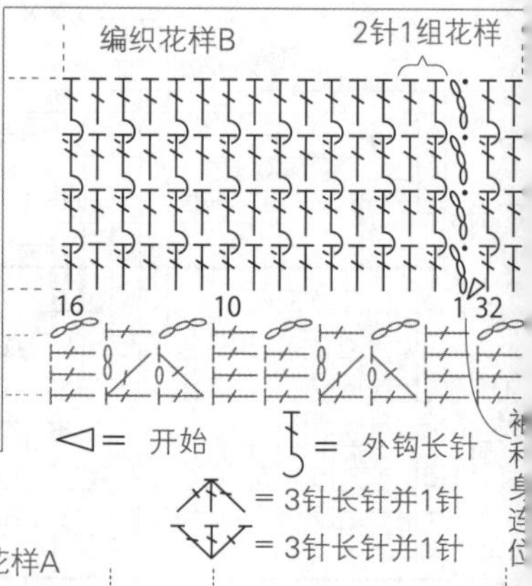
编织花样B
2针1组花样
16
10
1
32
◁= 开始
= 外钩长针
= 3针长针并1针
= 3针长针并1针

21

工具：10.0mm钩针

尺寸：衣长66cm

密度：编织花样A：13针×6行

编织花样B：12针×7.5行

材料：段染马海绒860g

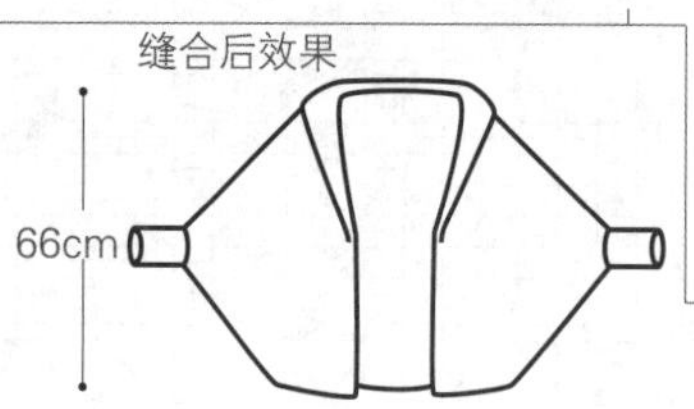
缝合后效果
66cm

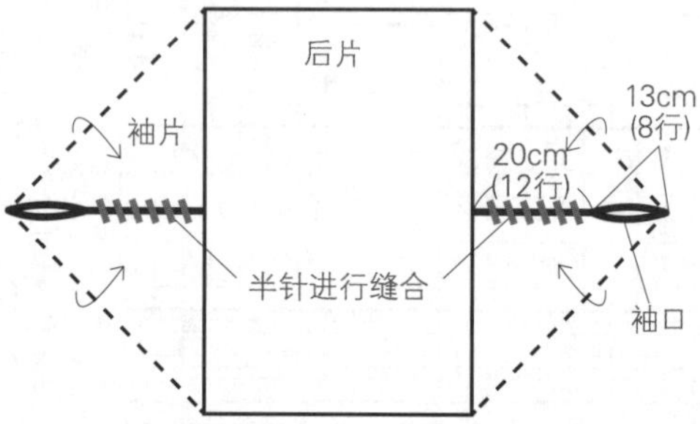
后片
袖片
13cm
(8行)
20cm
(12行)
半针进行缝合
袖口

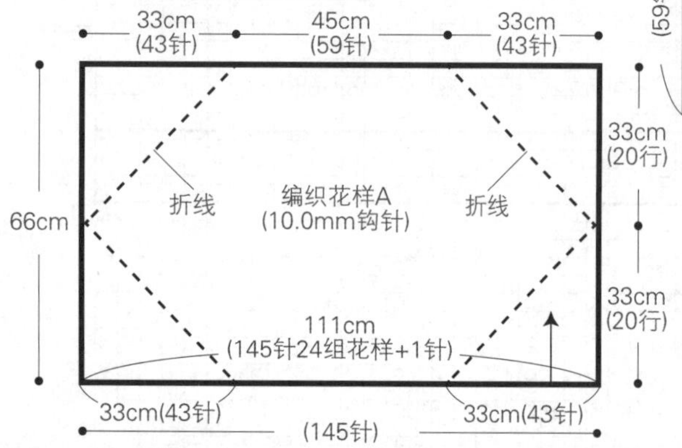
33cm
(43针)
45cm
(59针)
33cm
(43针)
66cm
折线
编织花样A
(10.0mm钩针)
折线
33cm
(20行)
33cm
(20行)
111cm
(145针24组花样+1针)
33cm(43针)
33cm(43针)
(145针)

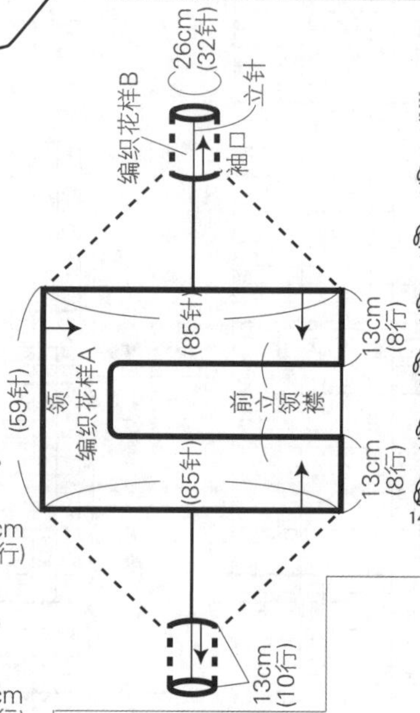
26cm
(32针)
编织花样B
立针
袖口
(85针)
13cm
(8行)
(59针)
领
编织花样A
前立领襟
(85针)
13cm
(8行)
13cm
(10行)

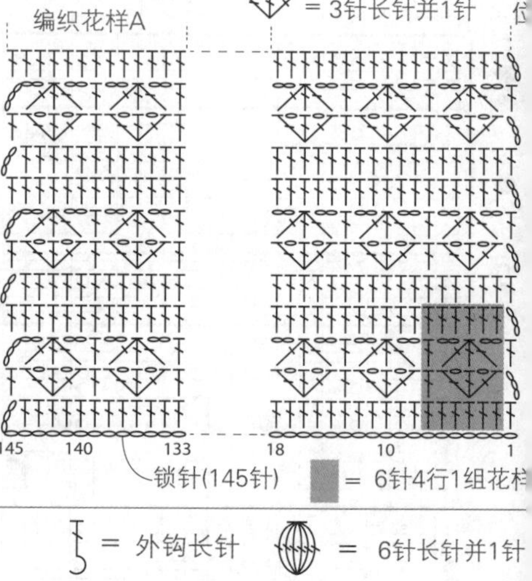
编织花样A
145
140
133
18
10
1
锁针(145针)
= 6针4行1组花样
= 外钩长针
= 6针长针并1针

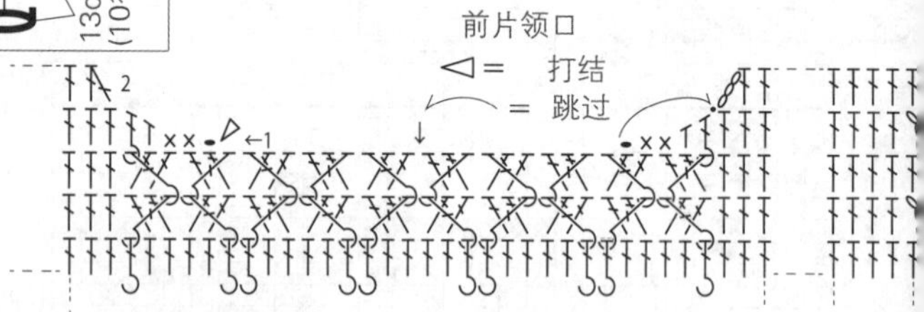
前片领口
◁= 打结
= 跳过
2
←1

22

工具：10.0mm钩针

尺寸：胸围100cm，衣长53cm，袖长72cm

密度：长编：12针×6.5行

编织花样A：15针×6.5行

编织花样B：12.5针×6.5行

材料：细马海绒240g，粗马海绒240g

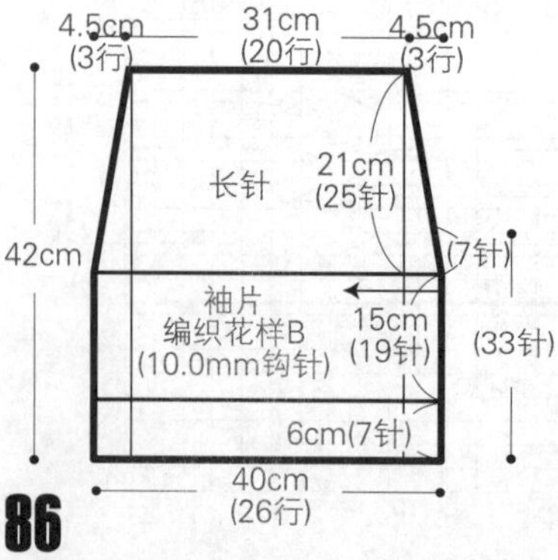
4.5cm
(3行)
31cm
(20行)
4.5cm
(3行)
长针
21cm
(25针)
42cm
(7针)
袖片
编织花样B
(10.0mm钩针)
15cm
(19针)
(33针)
6cm(7针)
40cm
(26行)

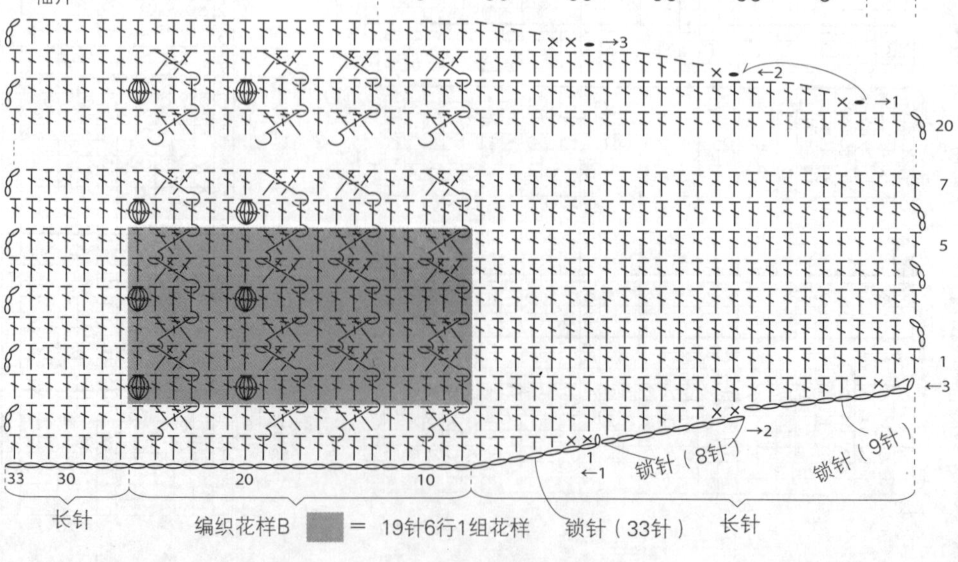
袖片
→3
←2
→1
20
7
5
1
←3
→2
1
←1
锁针（8针）
锁针（9针）
33
30
20
10
长针
编织花样B
= 19针6行1组花样
锁针（33针）
长针

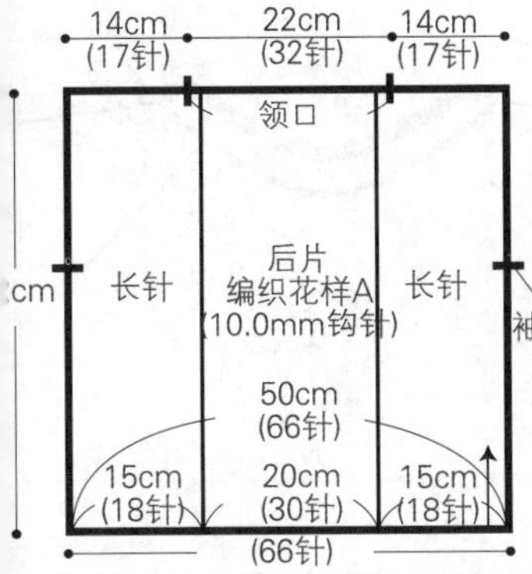

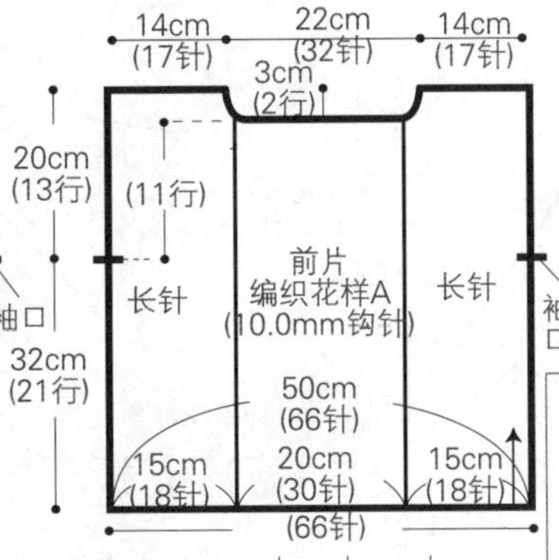

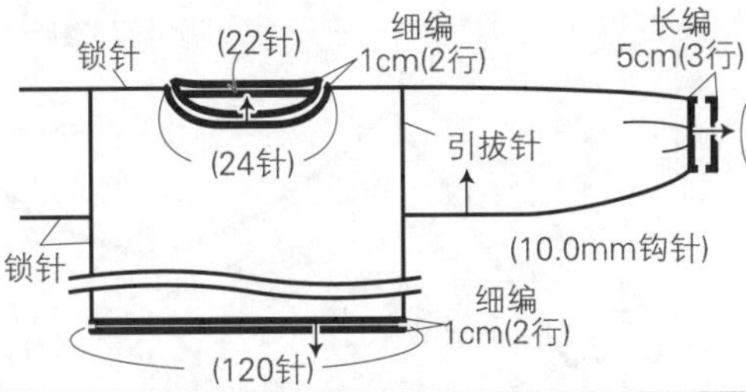

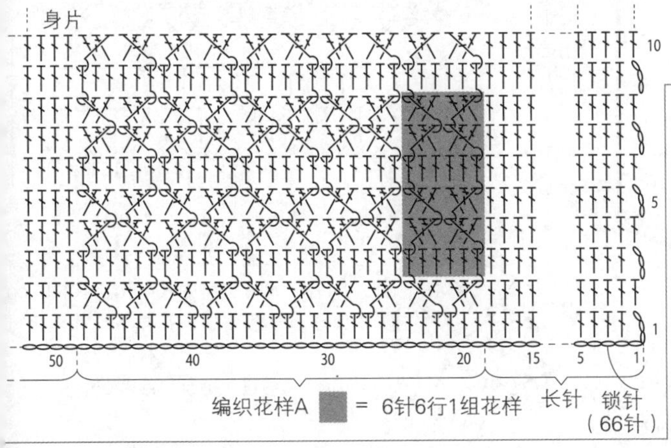

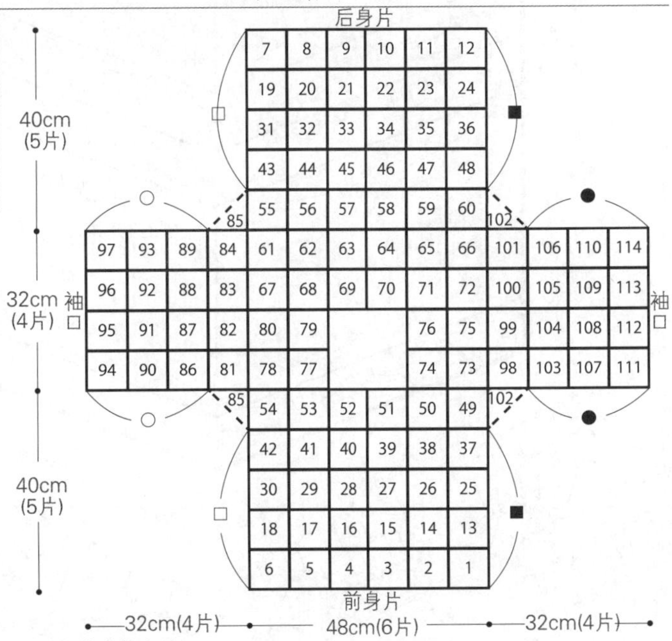

3

具：2.3mm钩针

寸：胸围96cm，

衣长56.5cm，

袖长56.5cm

度：单元花边8cm

料：细马海绒270g

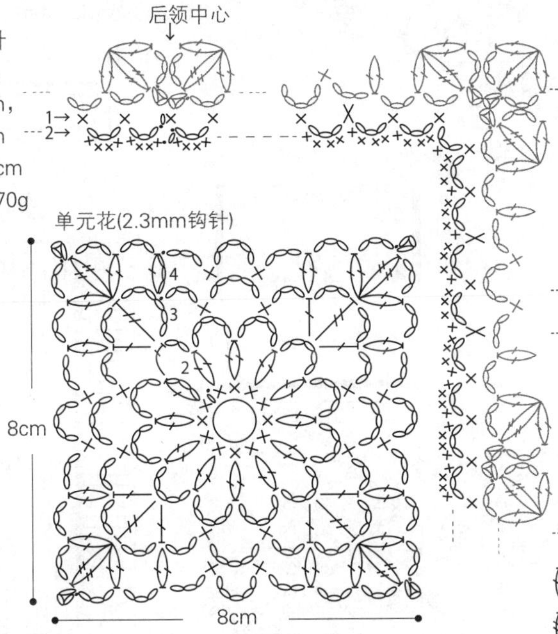

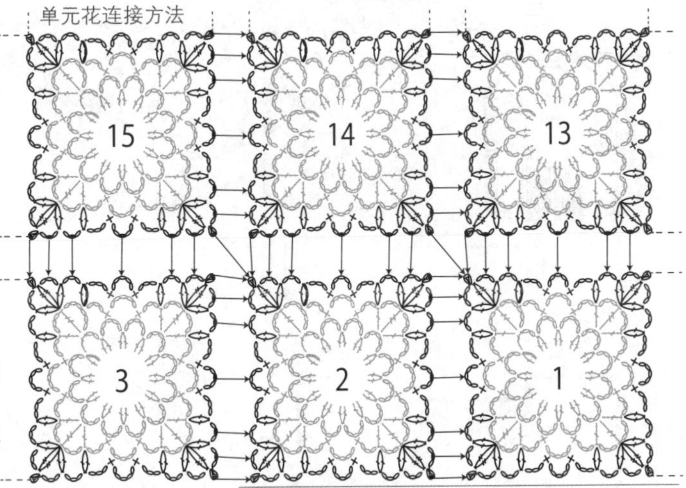

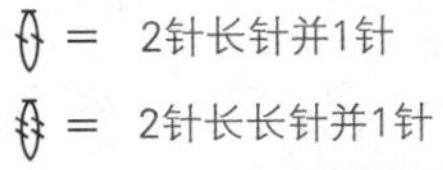

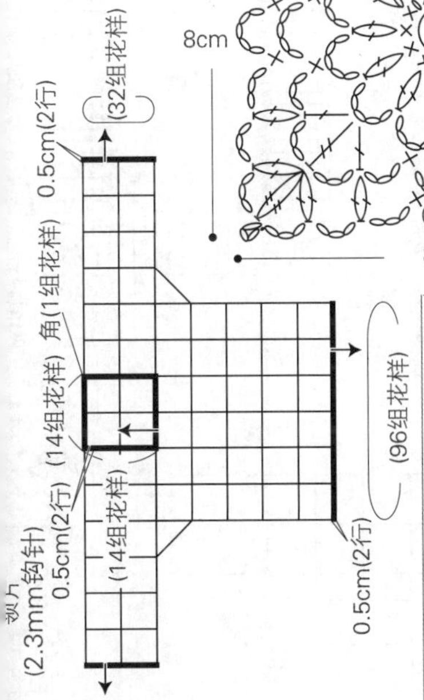

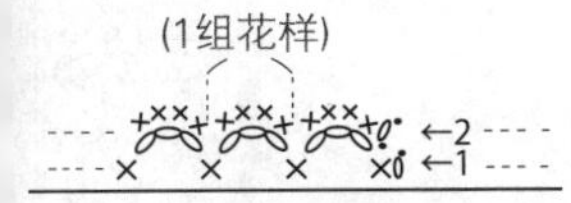

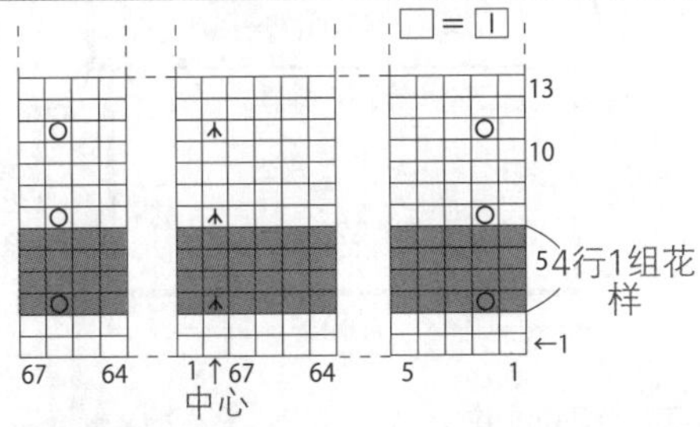

24

工具：2.3mm钩针，3.3mm棒针

尺寸：胸围96cm，衣长45.5cm，袖长35.5cm

密度：编织花样A和A'：28针×36行

编织花样B和B'、C：29针×12.5行

材料：340g

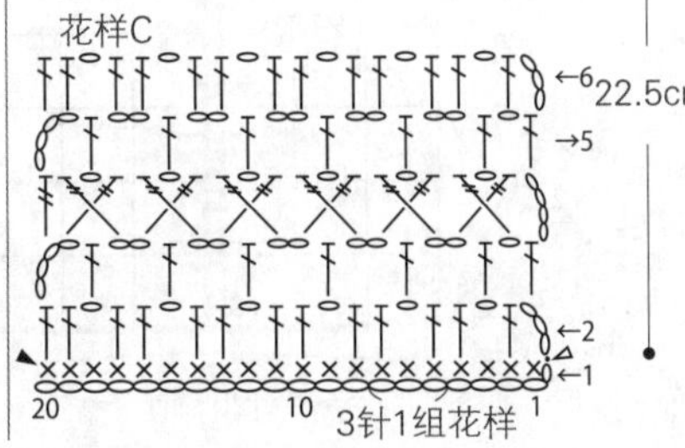

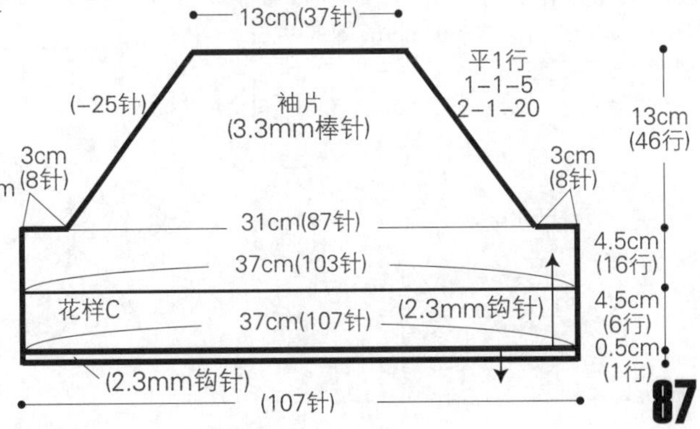

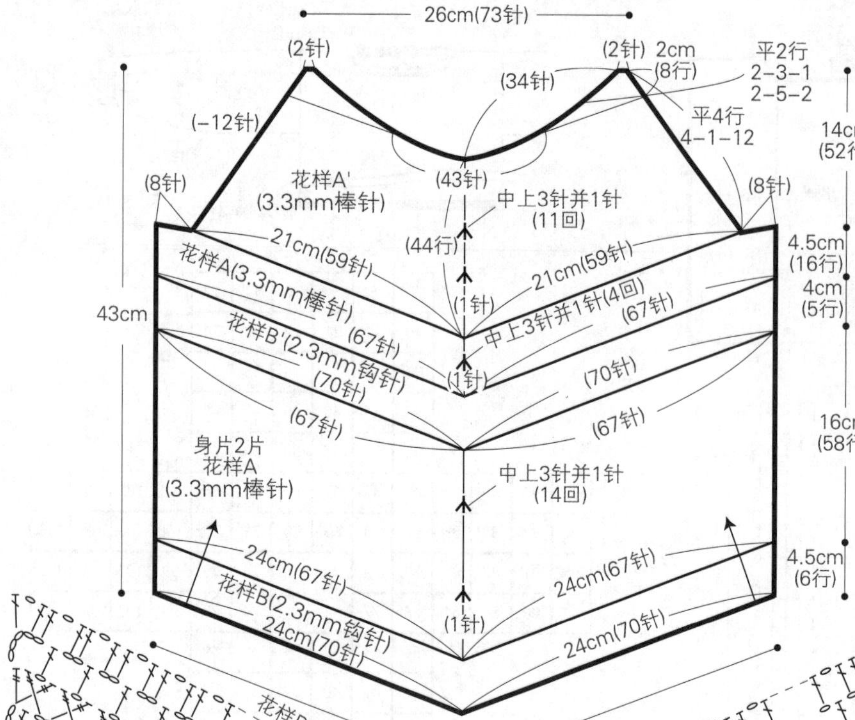
26cm(73针)
(2针)
(2针) 2cm
(8行)
平2行
2-3-1
2-5-2
平4行
4-1-12
(34针)
(-12针)
(43针)
14cm
(52行)
(8针)
(8针)
花样A'
(3.3mm棒针)
中上3针并1针
(11回)
(44行)
21cm(59针)
花样A(3.3mm棒针)
21cm(59针)
4.5cm
(16行)
4cm
(5行)
(1针)
中上3针并1针(4回)
(67针)
(67针)
43cm
花样B'(2.3mm钩针)
(70针)
(70针)
(1针)
(67针)
(67针)
16cm
(58行)
身片2片
花样A
(3.3mm棒针)
中上3针并1针
(14回)
24cm(67针)
24cm(67针)
4.5cm
(6行)
花样B(2.3mm钩针)
(1针)
24cm(70针)
24cm(70针)

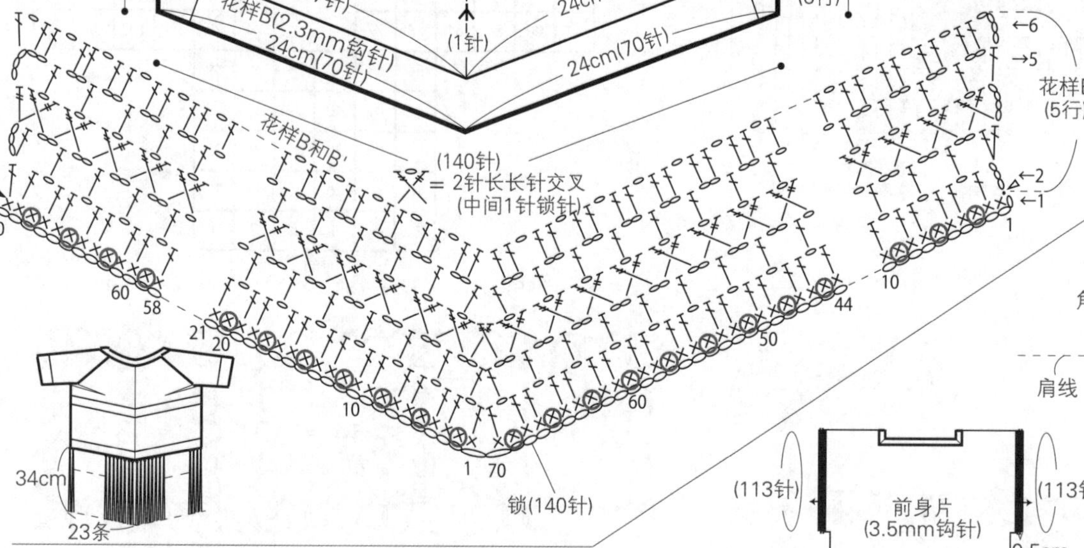
花样B和B'
(140针)
= 2针长长针交叉
(中间1针锁针)
花样B
(5行)
←6
→5
←2
←1
70
60
58
21
20
10
1
70
60
50
44
10
1
锁(140针)
34cm
23条

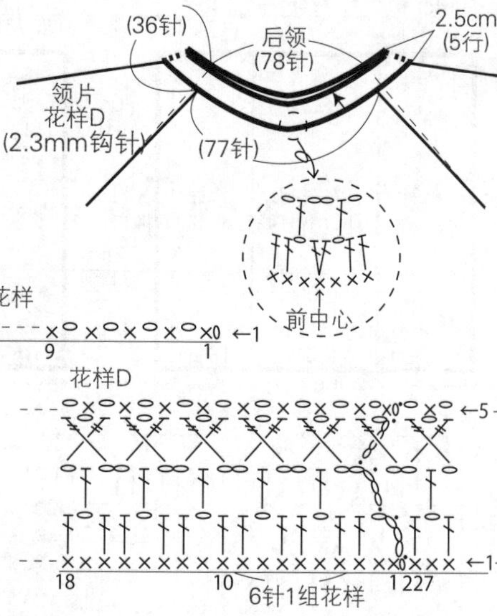
(36针)
后领
(78针)
2.5cm
(5行)
领片
花样D
(2.3mm钩针)
(77针)
前中心
细编花样
107
9
1
←1
花样D
←5
←1
18
10
1 227
6针1组花样

25

工具：3.5mm钩针

尺寸：胸围104cm，衣长52cm

密度：编织花样：21针×15行

长针花样：17针×9行

材料：细蕾丝线220g

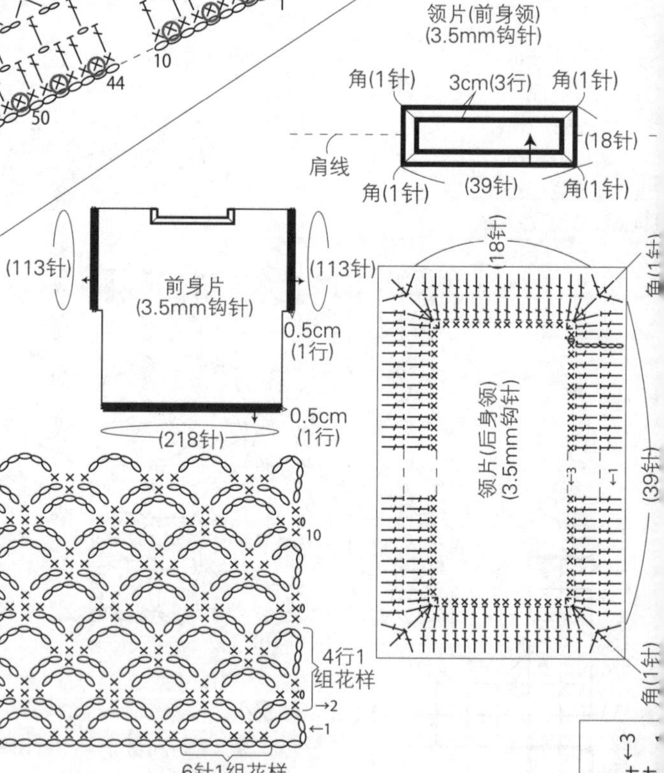
领片(前身领)
(3.5mm钩针)
角(1针)
3cm(3行)
角(1针)
肩线
(18针)
角(1针)
(39针)
角(1针)
(113针)
前身片
(3.5mm钩针)
(113针)
0.5cm
(1行)
(218针)
0.5cm
(1行)
(18针)
角(1针)
领片(后身领)
(3.5mm钩针)
(39针)
角(1针)

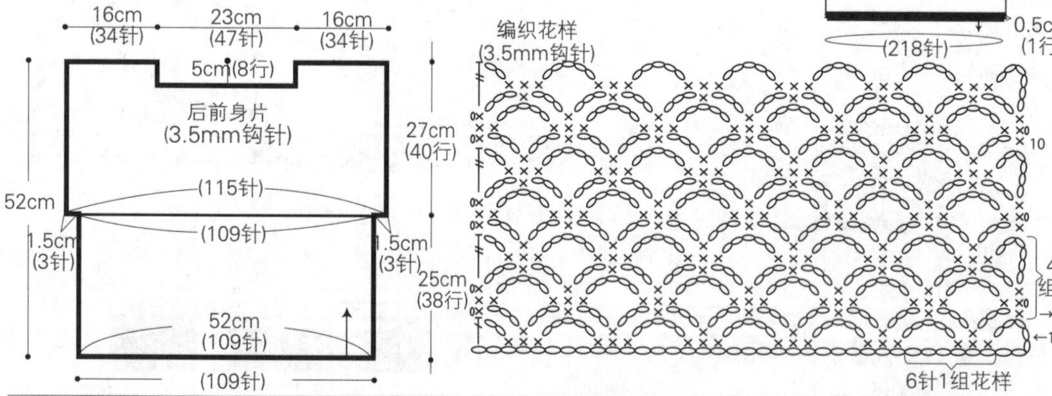
16cm
(34针)
23cm
(47针)
16cm
(34针)
5cm(8行)
后前身片
(3.5mm钩针)
27cm
(40行)
52cm
(115针)
(109针)
1.5cm
(3针)
1.5cm
(3针)
52cm
(109针)
(109针)
25cm
(38行)
编织花样
(3.5mm钩针)
10
4行1组花样
→2
←1
6针1组花样

26

工具：3.0mm钩针

尺寸：胸围92cm，衣长54.5cm，袖长69.5cm

密度：单元花宽7.5cm

材料：浅灰色马海绒135g，深灰色和黑色马海绒各45g

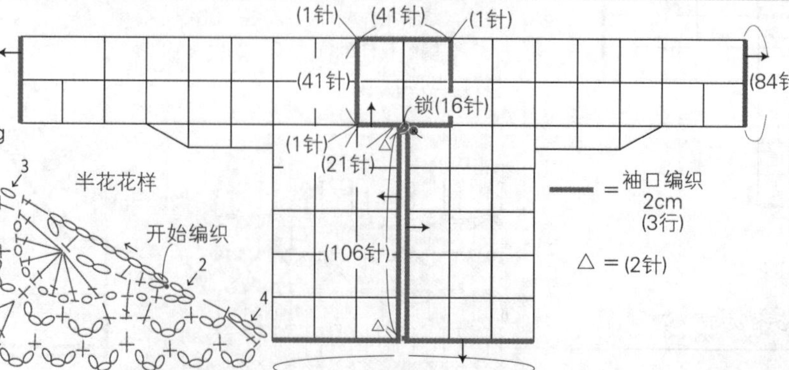
(1针)
(41针)
(1针)
(41针)
锁(16针)
(84针)
(1针)
(21针)
(106针)
(253针)
= 袖口编织
2cm
(3行)
△ = (2针)

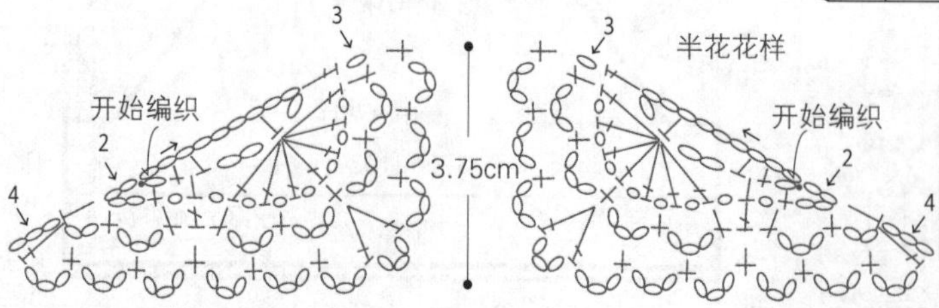
开始编织
半花花样
开始编织
3.75cm
7.5cm

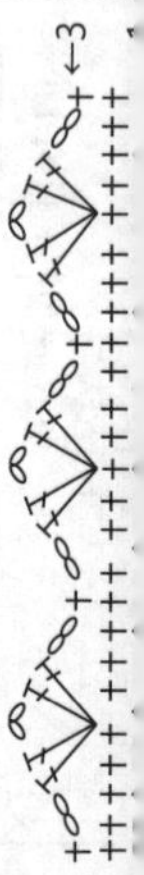
←3
编织花样

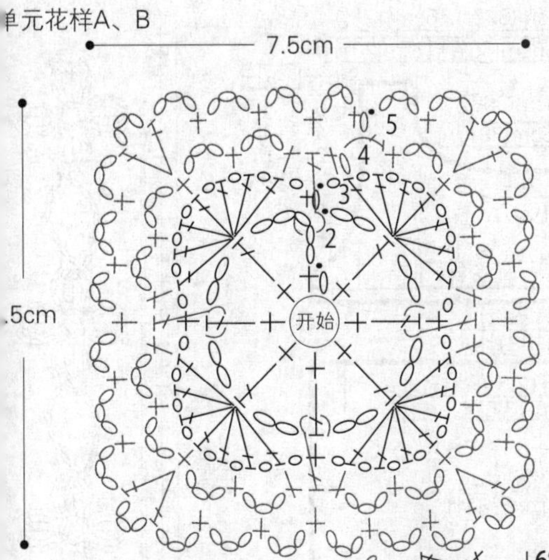

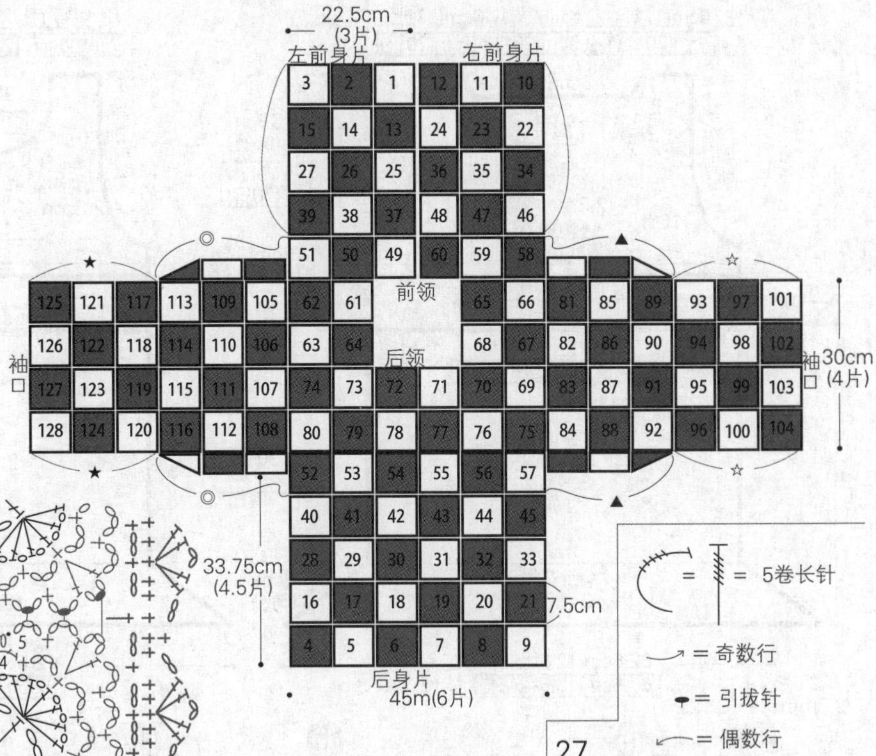

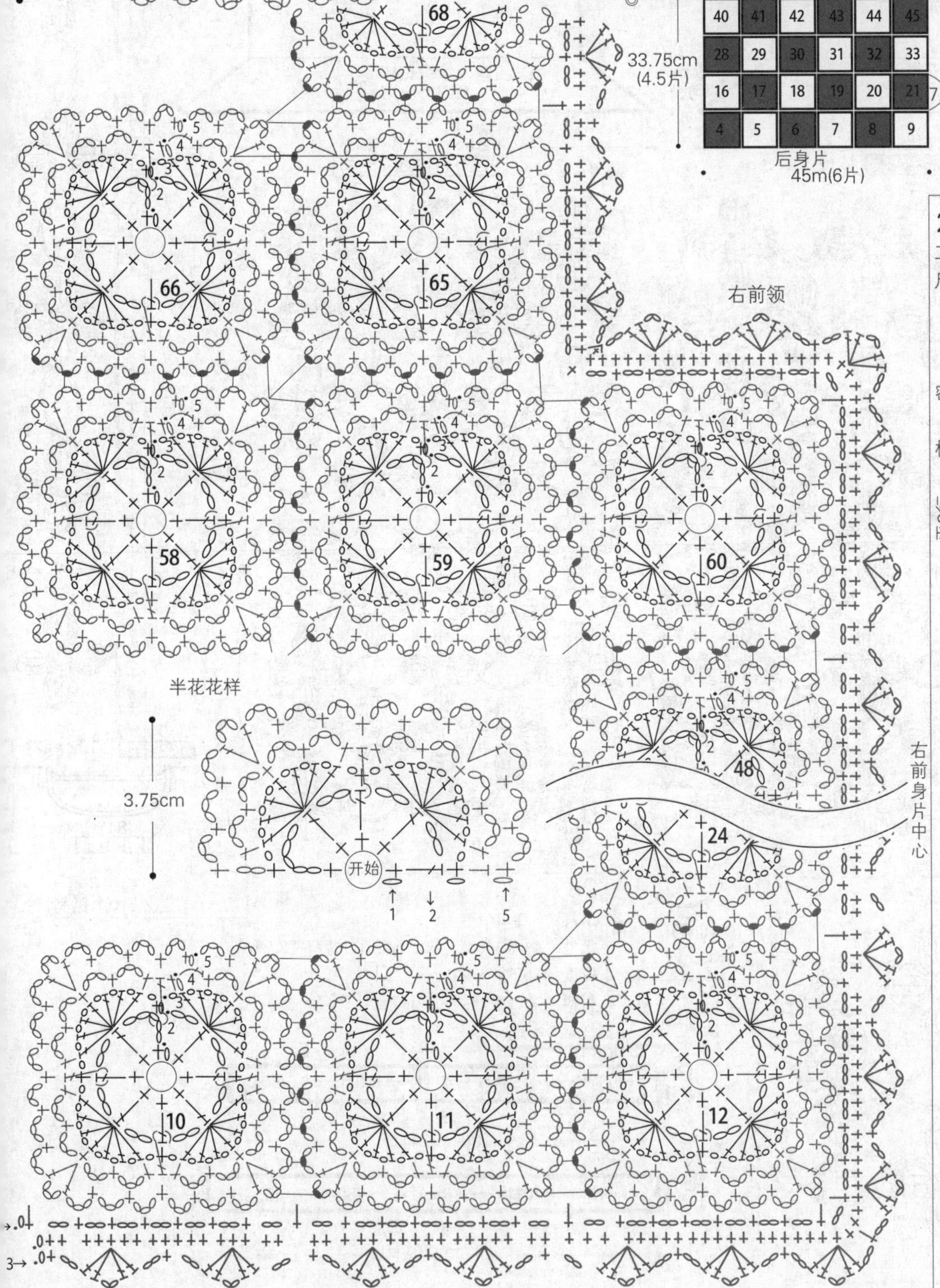

27

工具：2.3mm钩针，3.0mm棒针

尺寸：胸围88cm，衣长55cm，
袖长15cm，背肩宽33cm
胸围95cm，衣长60cm，
袖长16cm，背肩宽36.5cm

密度：3.0mm棒针：12针×6.5行
2.3mm钩针：3.5针×10.5行

材料：进口冰丝线230g

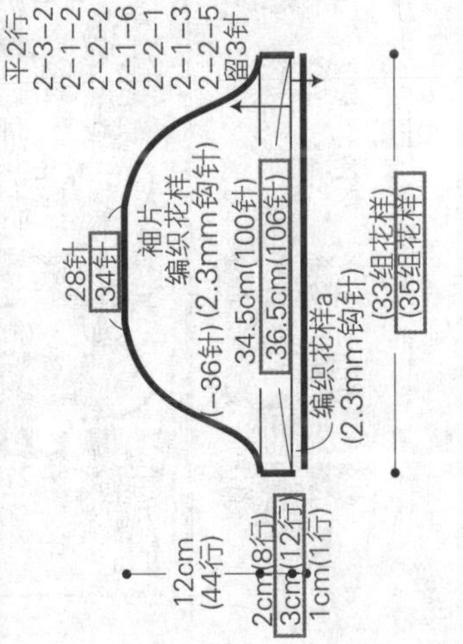

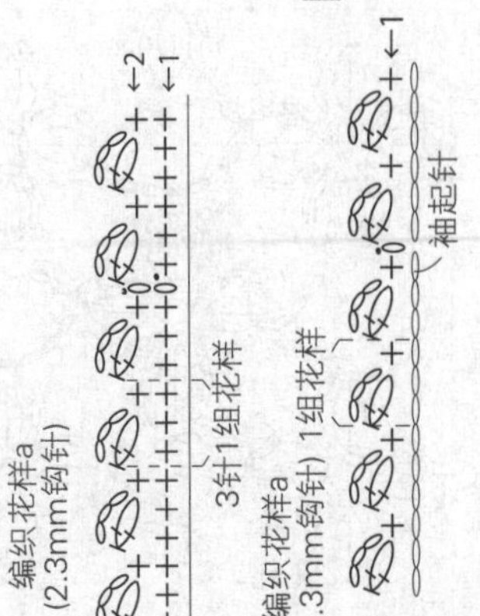

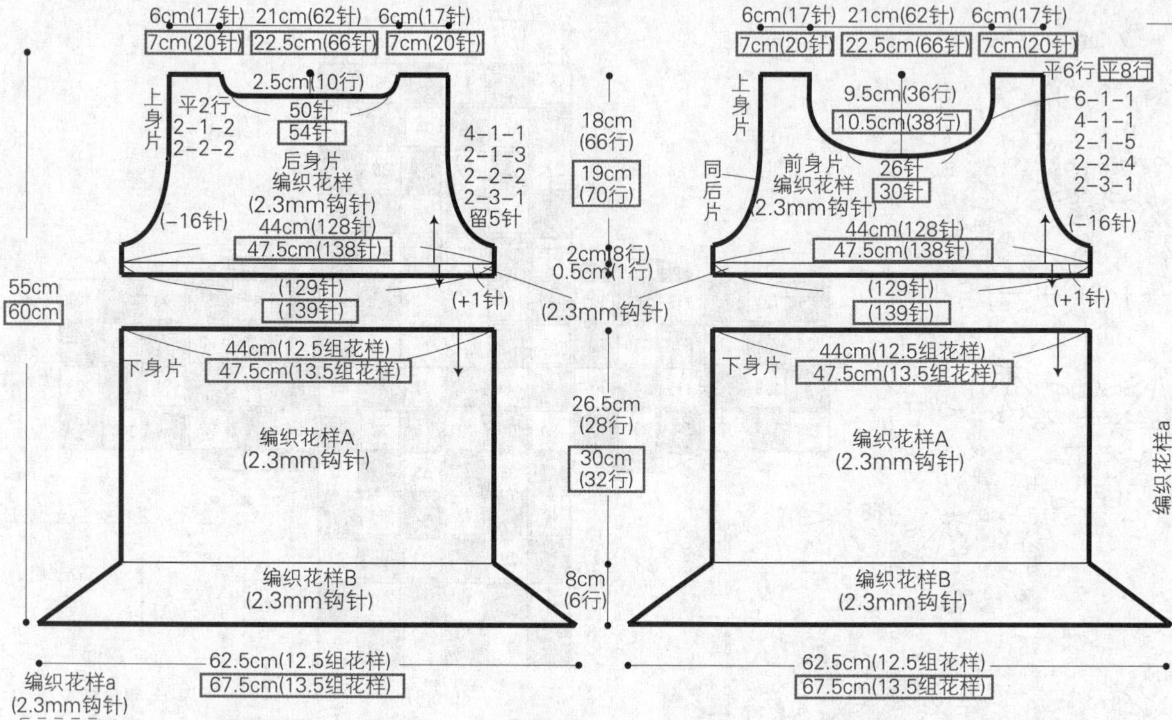
6cm(17针) 21cm(62针) 6cm(17针)
7cm(20针) 22.5cm(66针) 7cm(20针)
2.5cm(10行)
上身片
平2行
2-1-2
2-2-2
50针
54针
后身片
编织花样
(2.3mm钩针)
4-1-1
2-1-3
2-2-2
2-3-1
留5针
(-16针)
44cm(128针)
47.5cm(138针)
55cm
60cm
(129针)
(139针)
(+1针)
下身片
44cm(12.5组花样)
47.5cm(13.5组花样)
编织花样A
(2.3mm钩针)
编织花样B
(2.3mm钩针)
62.5cm(12.5组花样)
67.5cm(13.5组花样)
18cm
(66行)
19cm
(70行)
2cm(8行)
0.5cm(1行)
(2.3mm钩针)
26.5cm
(28行)
30cm
(32行)
8cm
(6行)
6cm(17针) 21cm(62针) 6cm(17针)
7cm(20针) 22.5cm(66针) 7cm(20针)
平6行 平8行
9.5cm(36行)
10.5cm(38行)
6-1-1
4-1-1
2-1-5
2-2-4
2-3-1
上身片
同后片
前身片
编织花样
(2.3mm钩针)
26针
30针
(-16针)
44cm(128针)
47.5cm(138针)
(129针)
(139针)
(+1针)
下身片
44cm(12.5组花样)
47.5cm(13.5组花样)
编织花样A
(2.3mm钩针)
编织花样B
(2.3mm钩针)
62.5cm(12.5组花样)
67.5cm(13.5组花样)

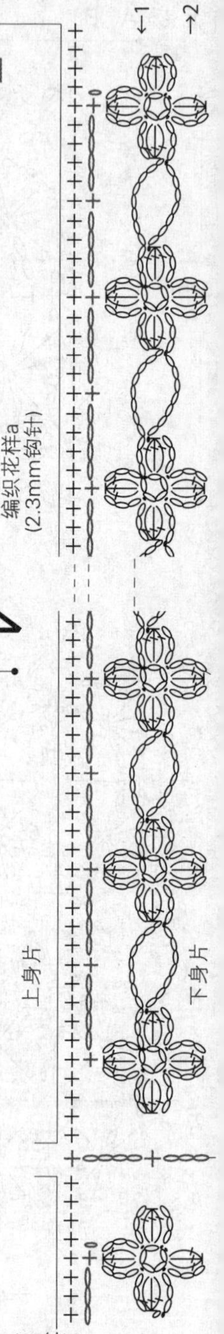
←1
→2
编织花样a
(2.3mm钩针)
上身片
下身片

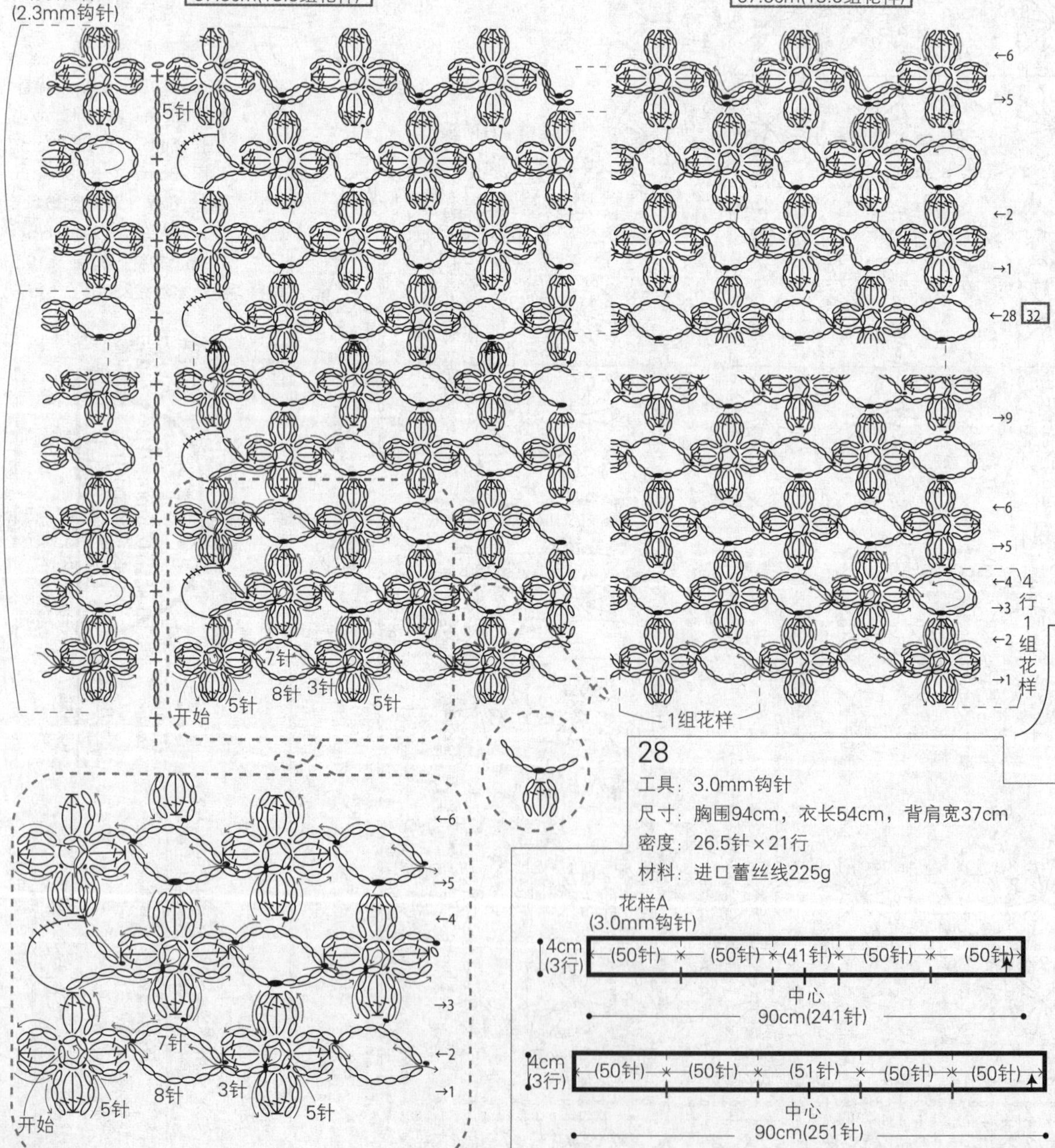
编织花样a
(2.3mm钩针)
5针
←6
→5
←2
→1
←28 32
→9
←6
→5
←4
→3
←2
→1
4行1组花样
7针
8针
3针
5针
5针
开始
1组花样
←6
→5
←4
→3
→2
→1
7针
8针
3针
5针
5针
开始

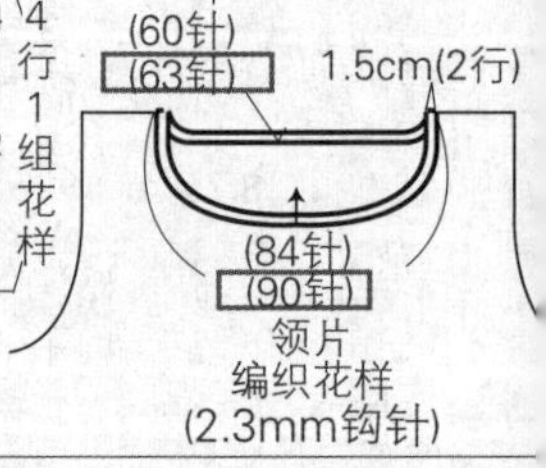
(60针)
(63针)
1.5cm(2行)
(84针)
(90针)
领片
编织花样
(2.3mm钩针)

28

工具：3.0mm钩针

尺寸：胸围94cm，衣长54cm，背肩宽37cm

密度：26.5针×21行

材料：进口蕾丝线225g

花样A
(3.0mm钩针)
4cm
(3行)
(50针) (50针) (41针) (50针) (50针)
中心
90cm(241针)
4cm
(3行)
(50针) (50针) (51针) (50针) (50针)
中心
90cm(251针)

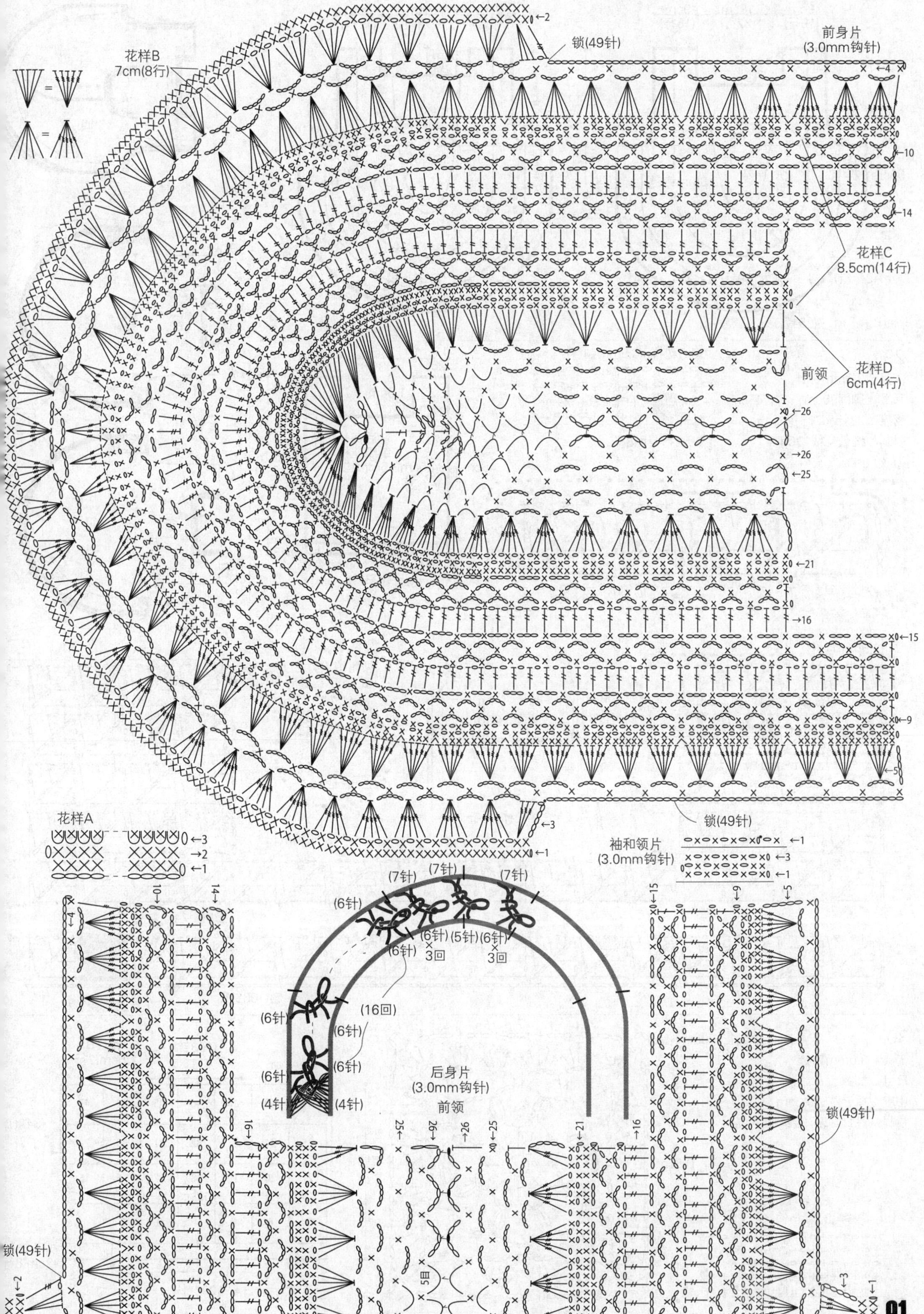

花样B
7cm(8行)
锁(49针)
前身片
(3.0mm钩针)
花样C
8.5cm(14行)
前领
花样D
6cm(4行)
锁(49针)
花样A
袖和领片
(3.0mm钩针)
(7针)
(6针)
(5针)
3回
(16回)
(4针)
后身片
(3.0mm钩针)
前领
锁(49针)
锁(49针)

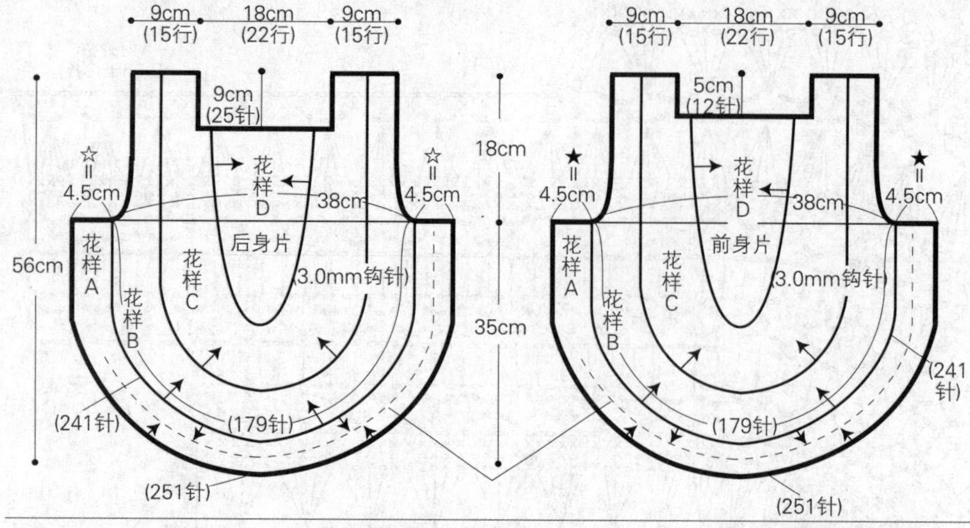
9cm (15行)
18cm (22行)
9cm (15行)
9cm (25针)
5cm (12针)
☆ = 4.5cm
★ = 4.5cm
花样D
38cm
后身片
前身片
花样A
花样B
花样C
3.0mm钩针
56cm
18cm
35cm
(241针)
(179针)
(251针)

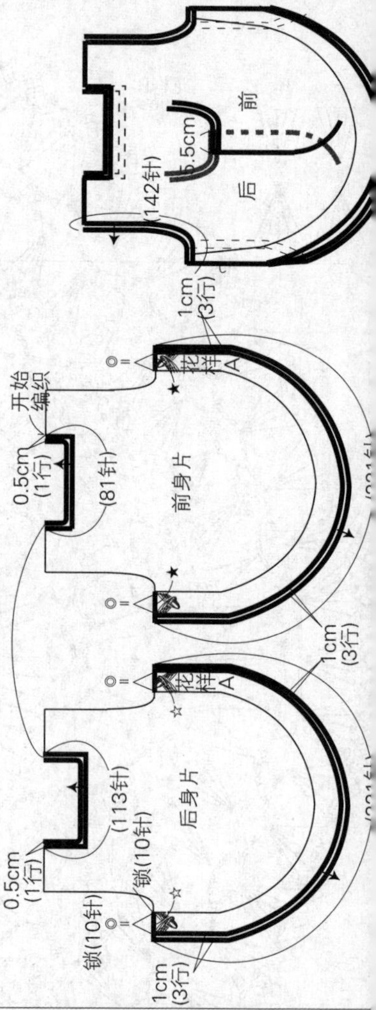
前
后
5.5cm
(142针)
1cm (3行)
开始编织
0.5cm (1行)
(81针)
前身片
花样A
(113针)
(10针)
后身片
锁(10针)

29

工具：3.5mm钩针

尺寸：胸围90cm，衣长48cm

密度：23针×7行

材料：细蕾丝线175g

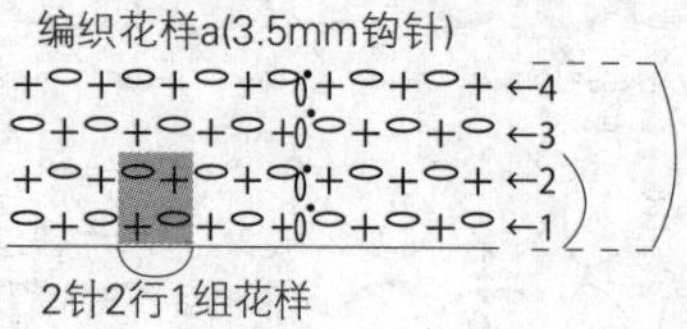
编织花样a(3.5mm钩针)
2针2行1组花样

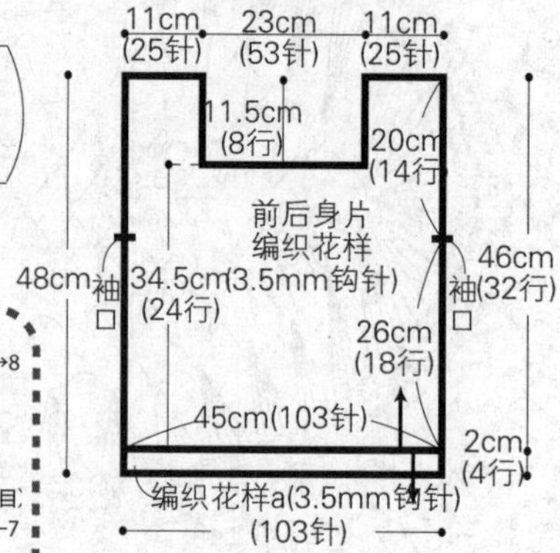
11cm (25针)
23cm (53针)
11cm (25针)
11.5cm (8行)
20cm (14行)
前后身片
编织花样
48cm
34.5cm(3.5mm钩针) (24行)
46cm (32行)
袖口
26cm (18行)
45cm(103针)
2cm (4行)
编织花样a(3.5mm钩针) (103针)

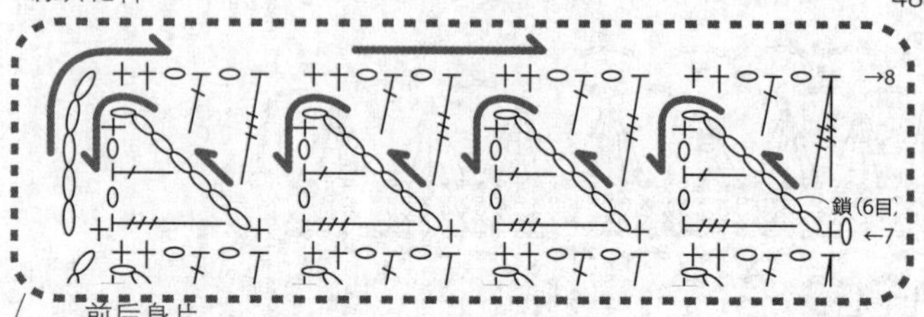
编织花样
锁(6目)

前后身片
编织花样
(3.5mm钩针)

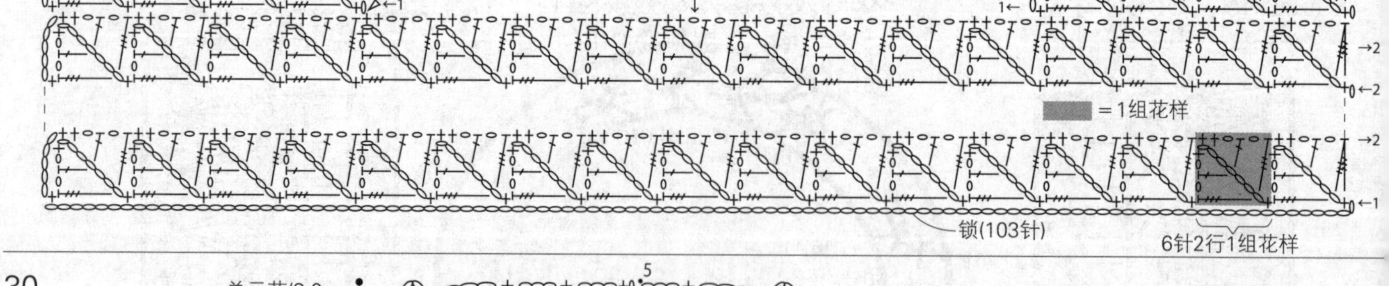
中心
=1组花样
锁(103针)
6针2行1组花样

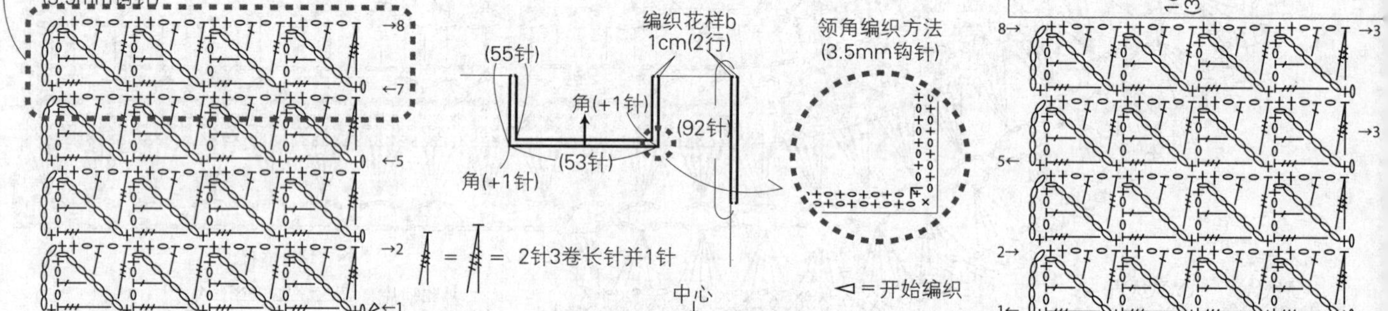
编织花样b
1cm(2行)
(55针)
角(+1针)
(92针)
(53针)
角(+1针)
领角编织方法
(3.5mm钩针)
= 2针3卷长针并1针
◁=开始编织

30

工具：3.0mm钩针

尺寸：如图

密度：单元花边9.5cm

材料：进口细蕾丝线480g

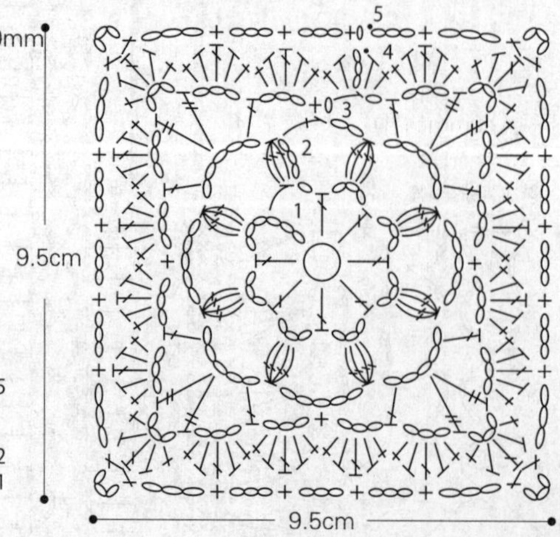
单元花(3.0mm钩针)
9.5cm
9.5cm

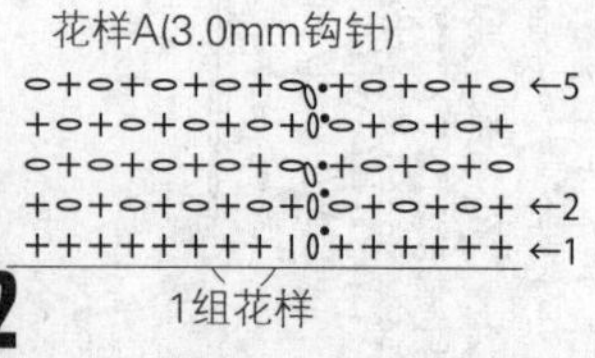
花样A(3.0mm钩针)
1组花样

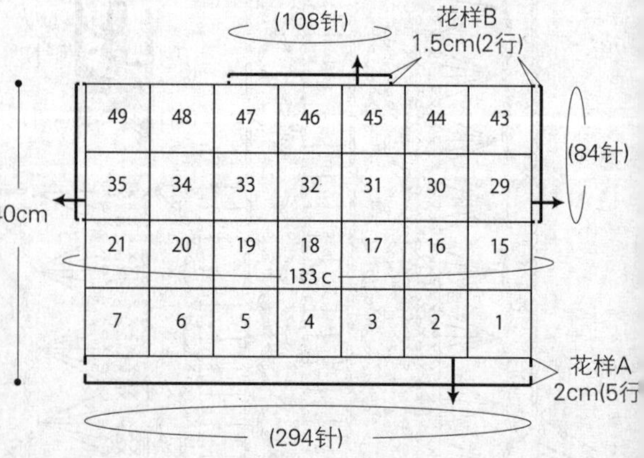
(108针)
花样B
1.5cm(2行)
(84针)
40cm
133c
花样A
2cm(5行
(294针)

49	48	47	46	45	44	43
35	34	33	32	31	30	29
21	20	19	18	17	16	15
7	6	5	4	3	2	1

编织花样B
编织花样A

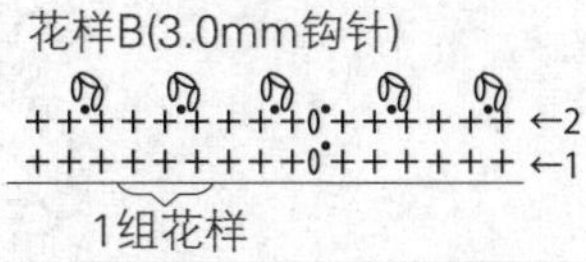
花样B(3.0mm钩针)
1组花样

31

工具：2.3mm钩针，3.0mm钩针

尺寸：胸围90cm，衣长49.5cm，
袖长45.5cm，背肩宽35.5cm

密度：27针×37行
单元花9cm×9.5cm

材料：进口冰丝线240g

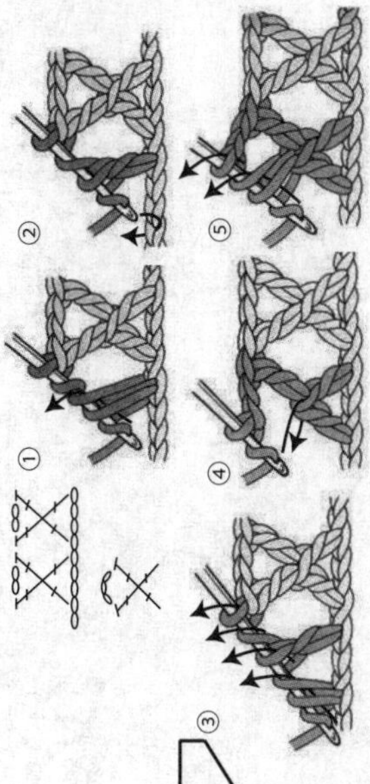

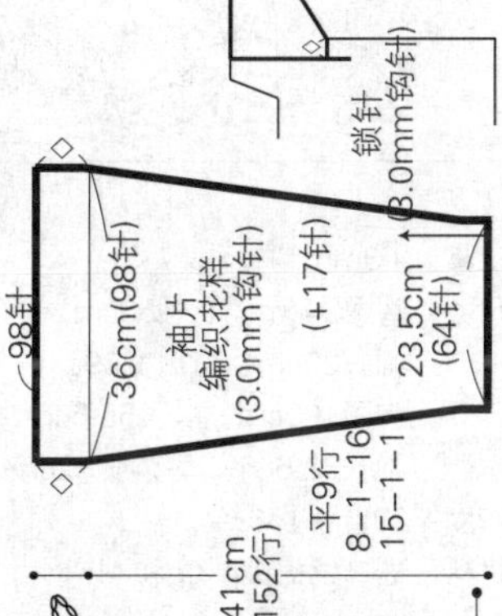
锁针
(3.0mm钩针)
98针
36cm(98针)
袖片
编织花样
(3.0mm钩针)
(+17针)
23.5cm
(64针)
平9行
8-1-16
15-1-1
41cm
(152行)

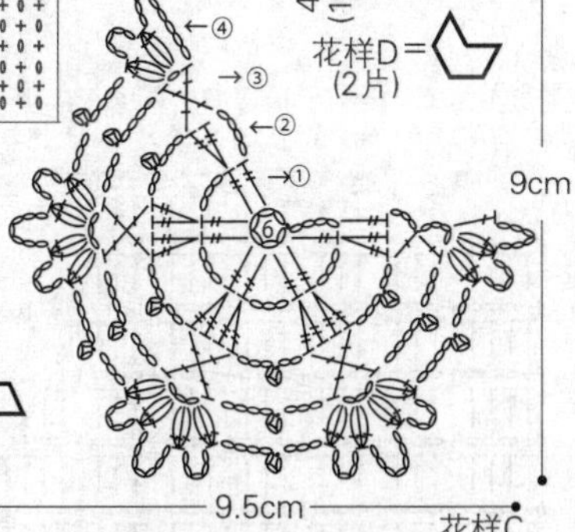
花样D=
(2片)
9cm
9.5cm

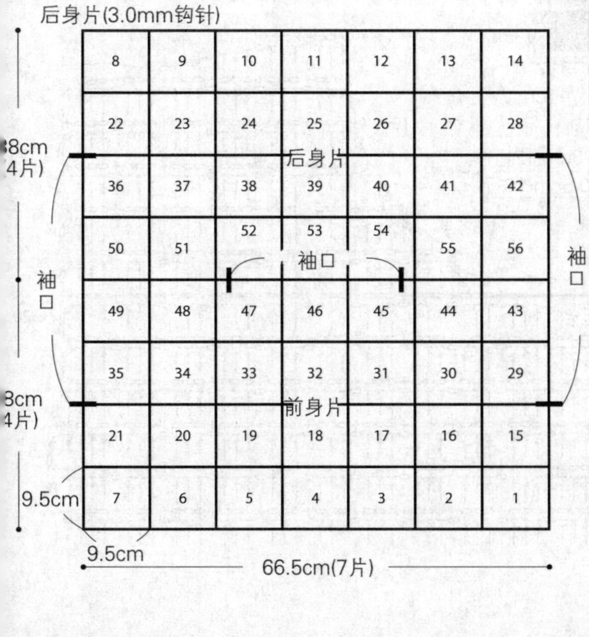
后身片(3.0mm钩针)
8 9 10 11 12 13 14
22 23 24 25 26 27 28
后身片
36 37 38 39 40 41 42
52 53 54
50 51 55 56
袖口
49 48 47 46 45 44 43
35 34 33 32 31 30 29
前身片
21 20 19 18 17 16 15
7 6 5 4 3 2 1
8cm
4片)
袖口
9.5cm
66.5cm(7片)

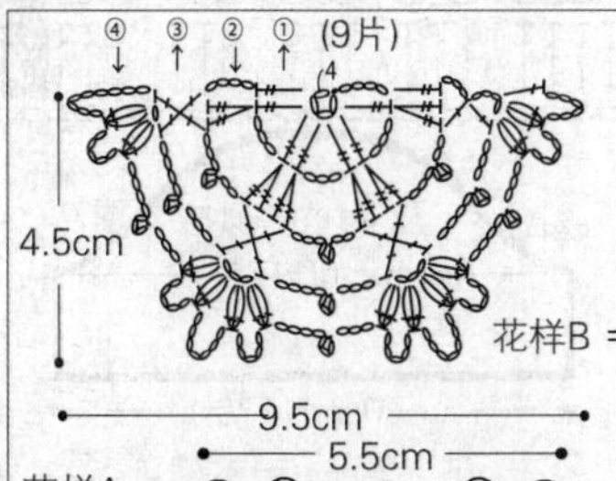
(9片)
4.5cm
9.5cm
花样B =

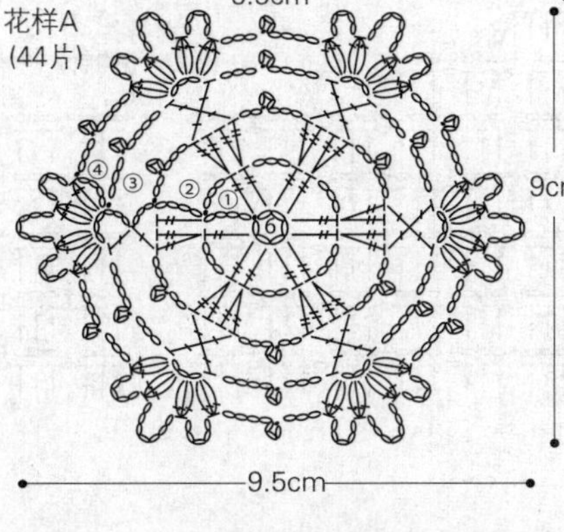
5.5cm
花样A
(44片)
9.5cm

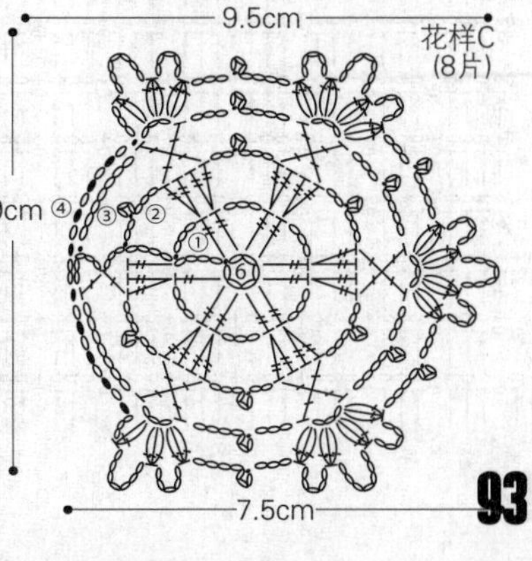
9.5cm
花样C
(8片)
9cm
7.5cm

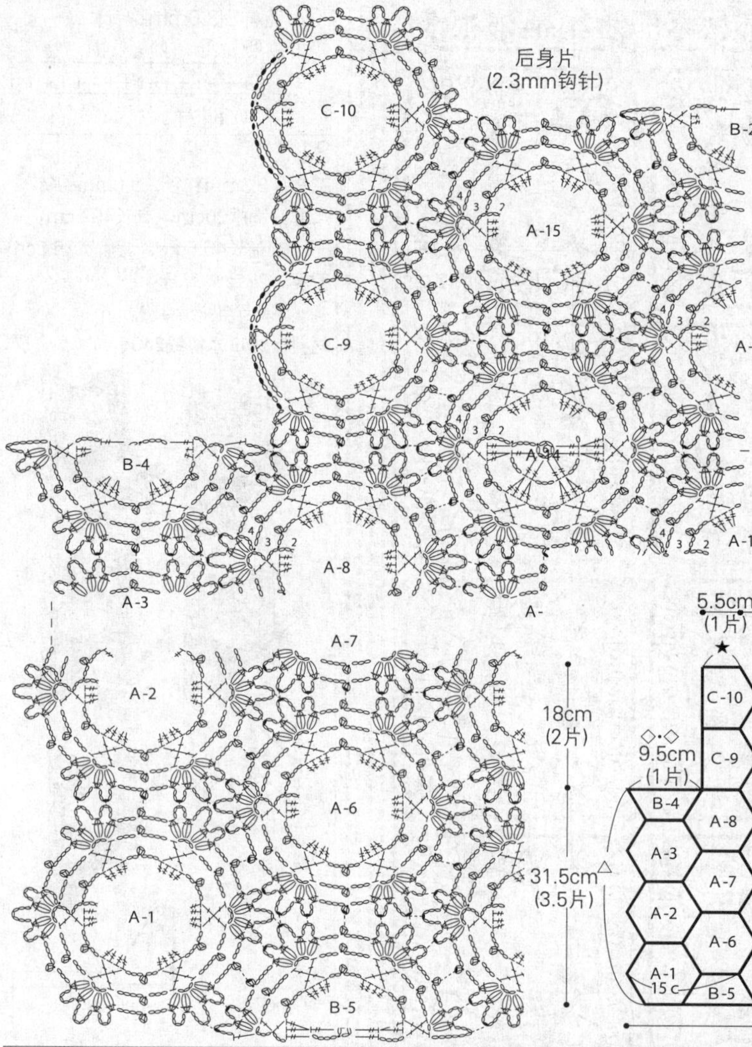

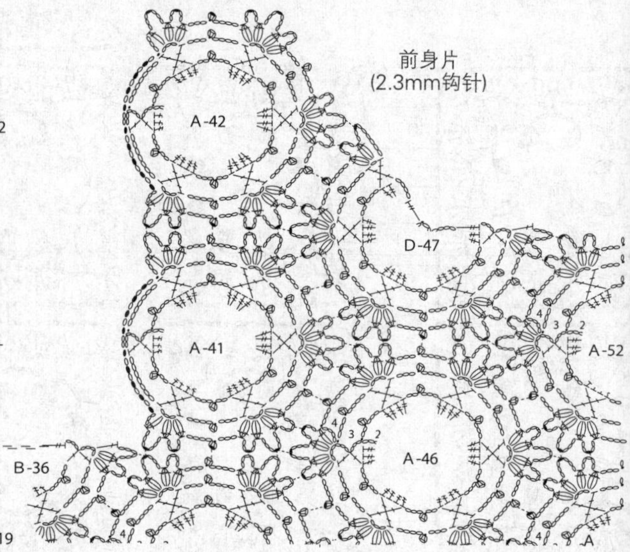

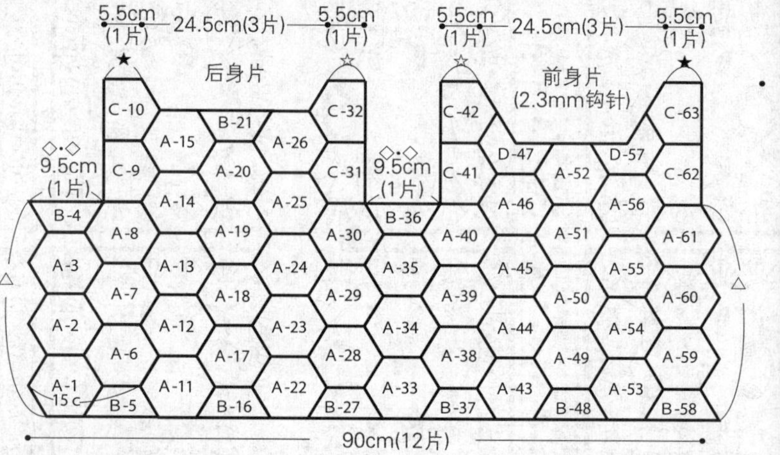

32

工具：2.3mm钩针

尺寸：胸围94cm，衣长53cm，

袖长20cm，背肩宽39cm

胸围100cm，衣长55.5cm，

袖长22.5cm，背肩宽42cm

密度：29针×15行

材料：进口纯棉线410g和445g

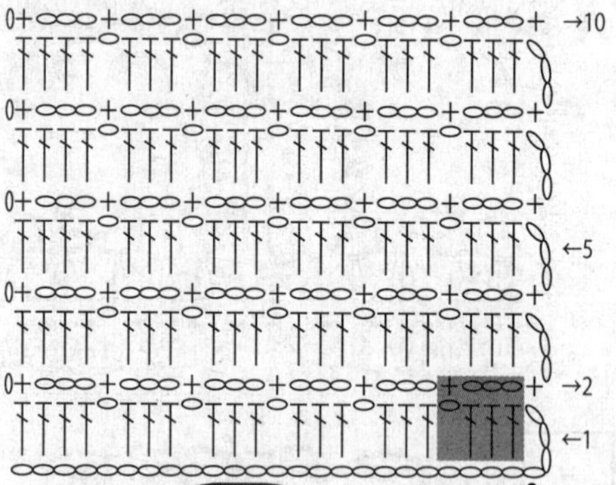

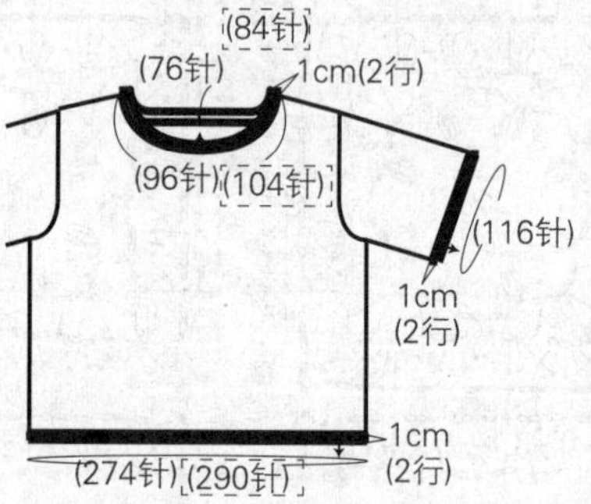

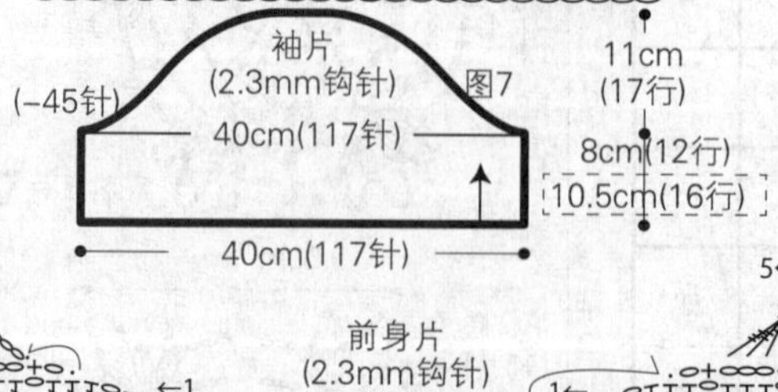

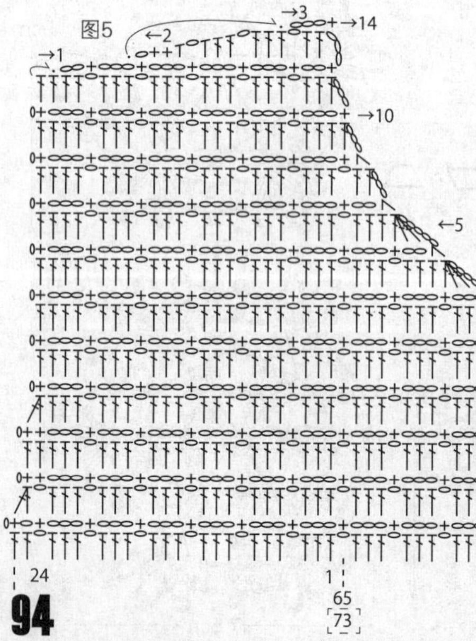

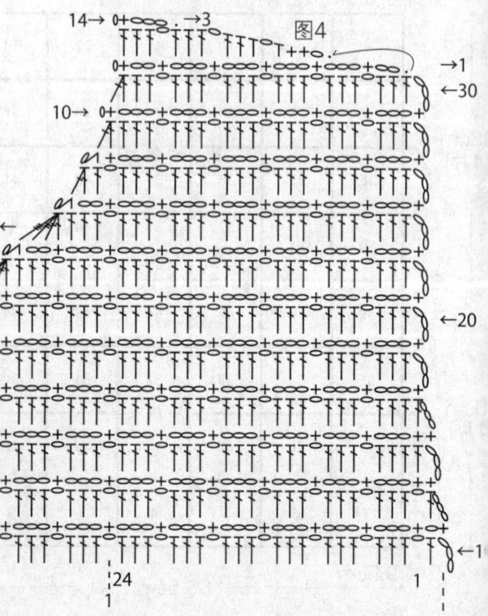

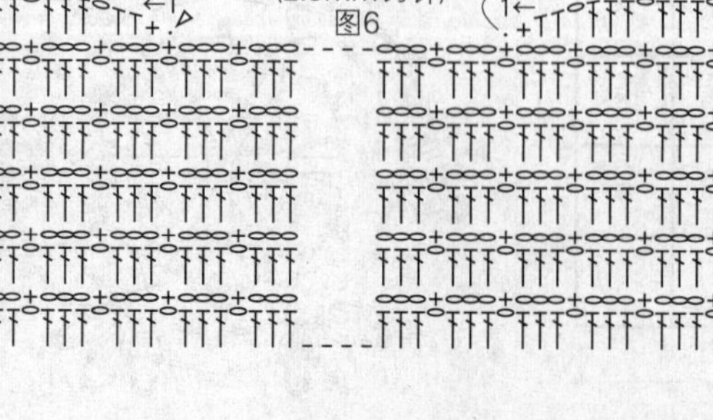

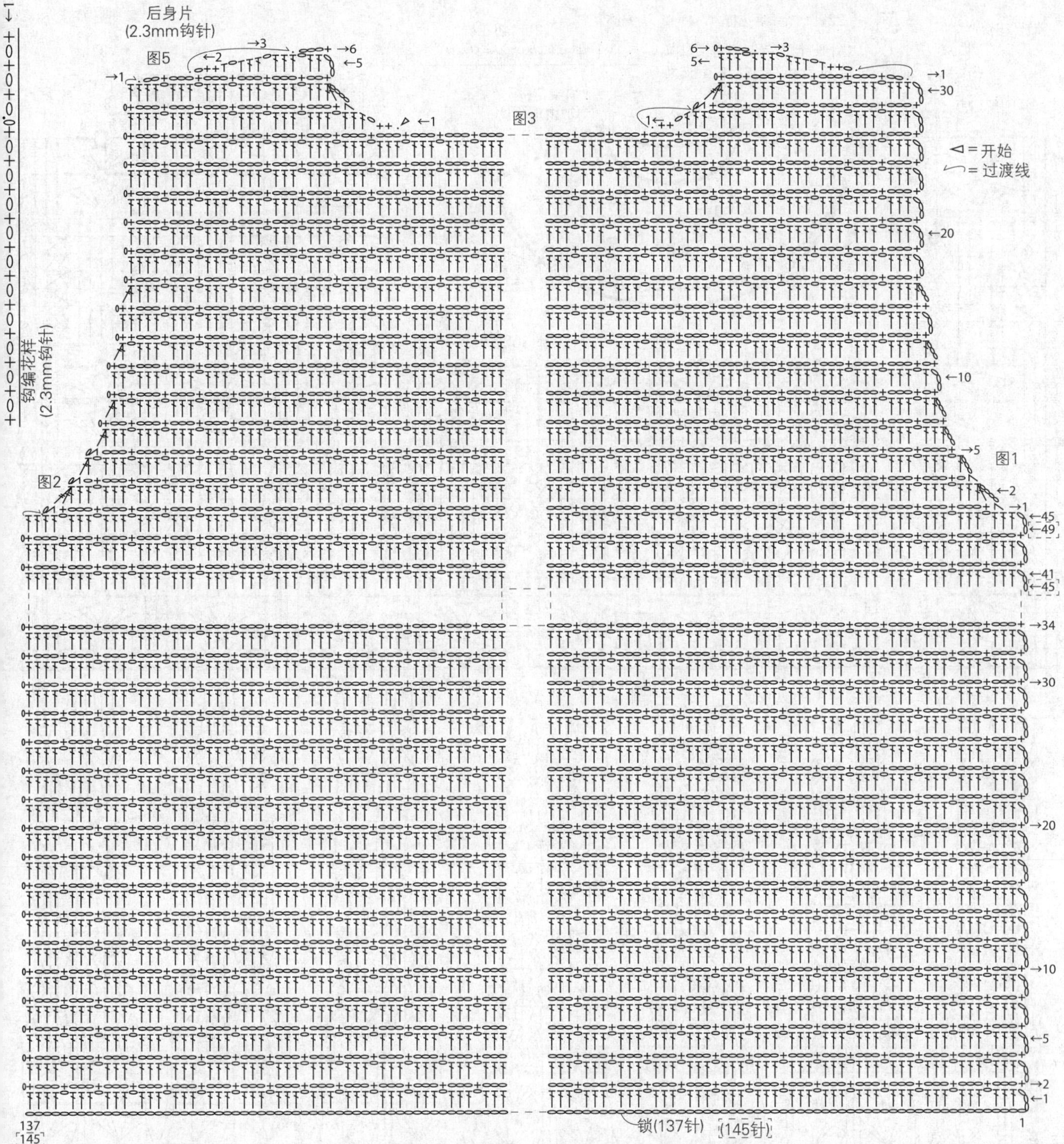
钩编花样
(2.3mm钩针)
后身片
(2.3mm钩针)
图5
图3
图2
图1
⊲=开始
=过渡线
锁(137针)
(145针)
137
145

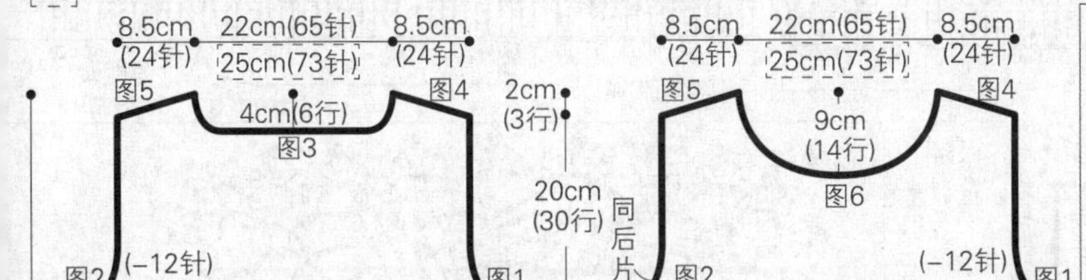
8.5cm
(24针)
22cm(65针)
25cm(73针)
8.5cm
(24针)
图5
图4
4cm(6行)
图3
(−12针)
图2
图1
47cm(137针)
50cm(145针)
52cm
4.5cm
后身片
(2.3mm钩针)
47cm(137针)
50cm(145针)
2cm
(3行)
20cm
(30行)
同后片
30cm
(45行)
32.5cm
(49行)
8.5cm
(24针)
22cm(65针)
25cm(73针)
8.5cm
(24针)
图5
图4
9cm
(14行)
图6
图2
(−12针)
图1
47cm(137针)
50cm(145针)
前身片
(2.3mm钩针)
47cm(137针)
50cm(145针)

33

工具：3.0mm钩针

尺寸：胸围91cm，衣长46.5cm

密度：25针×13.5行

材料：进口蕾丝线250g

(128针)
0.5cm
(1行)
(75针)
◎+▲+☆
(25针)
0.5cm
(1行)
(228针)

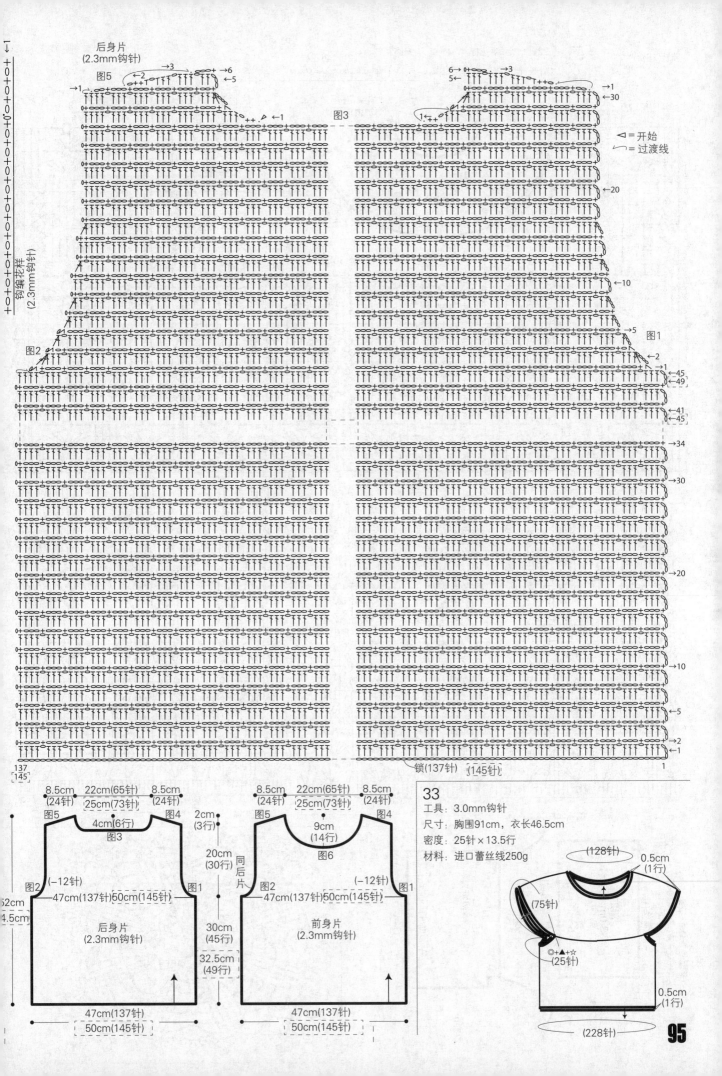

□ = 22针14行1组花样

= 1针长针和2针长针右上交叉

= 1针长针和2针长针左上交叉

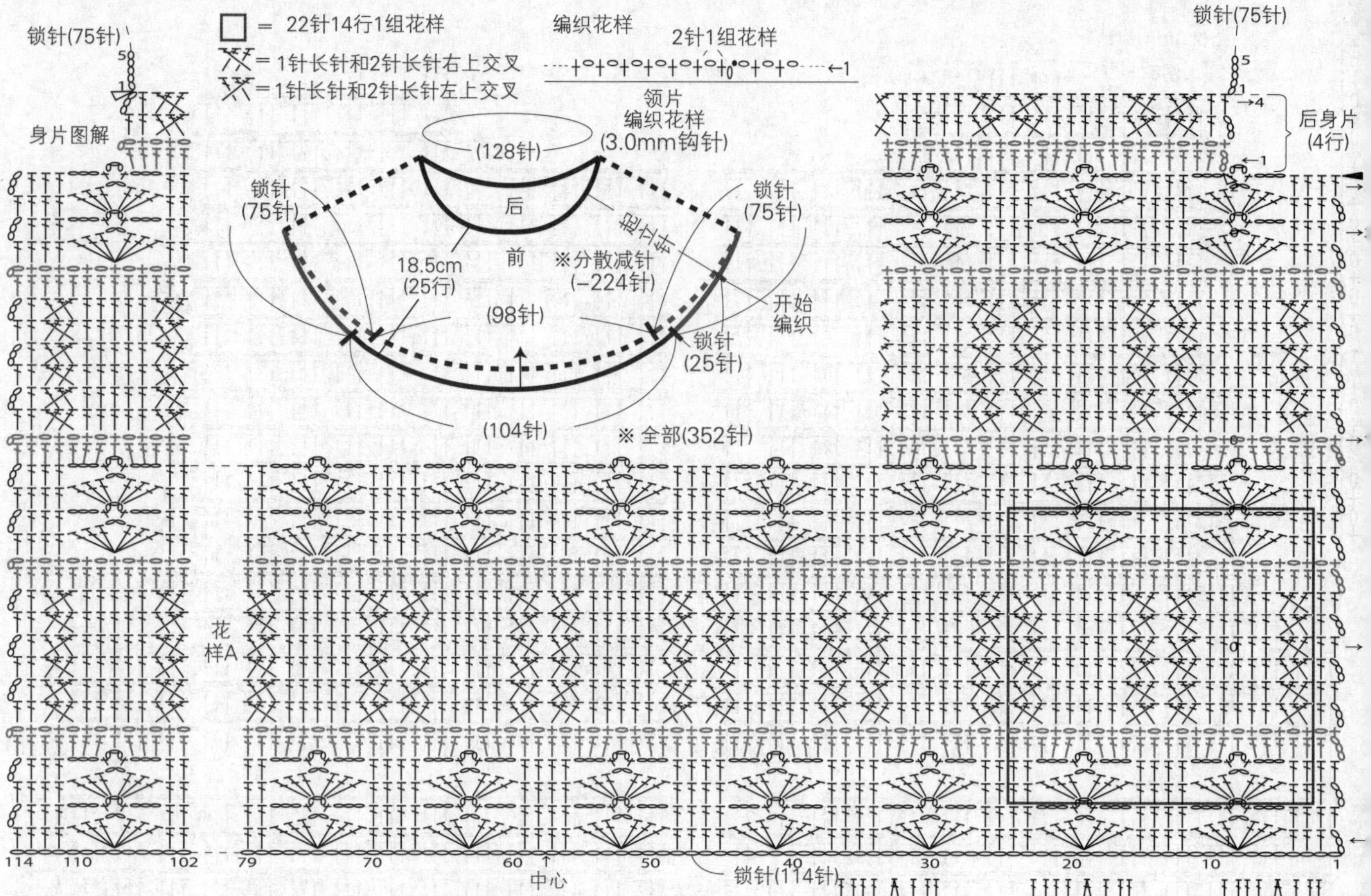

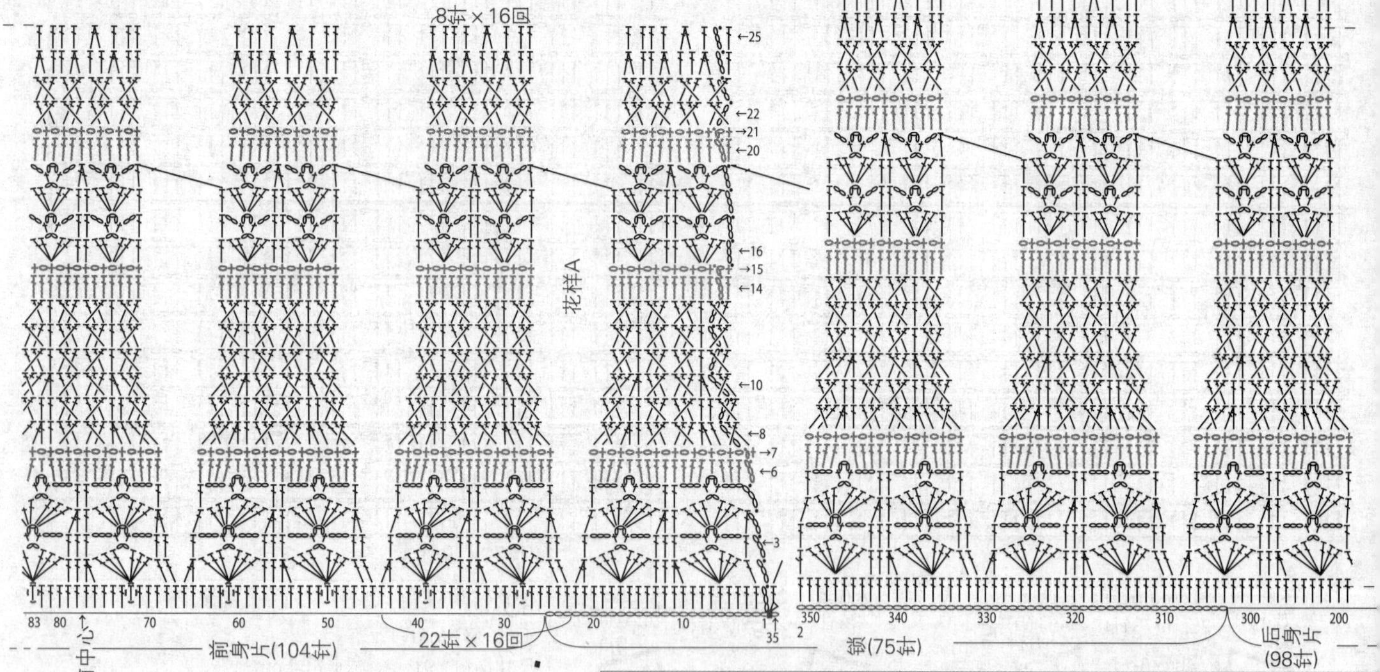

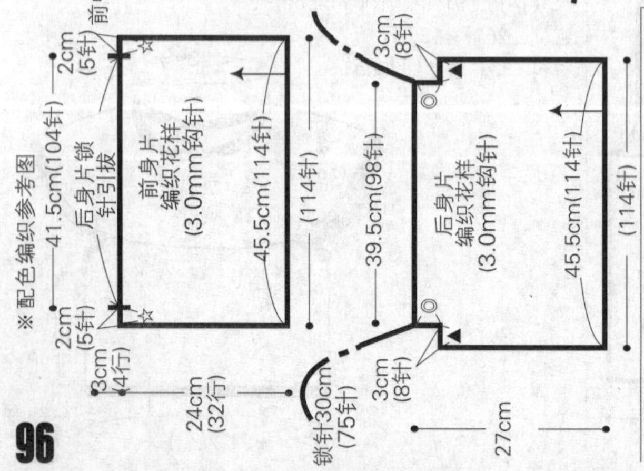

34

单元花

具：3.0mm钩针
寸：胸围120cm，衣长50cm，
袖长37cm
度：单元花边20cm
料：进口细马海绒275g

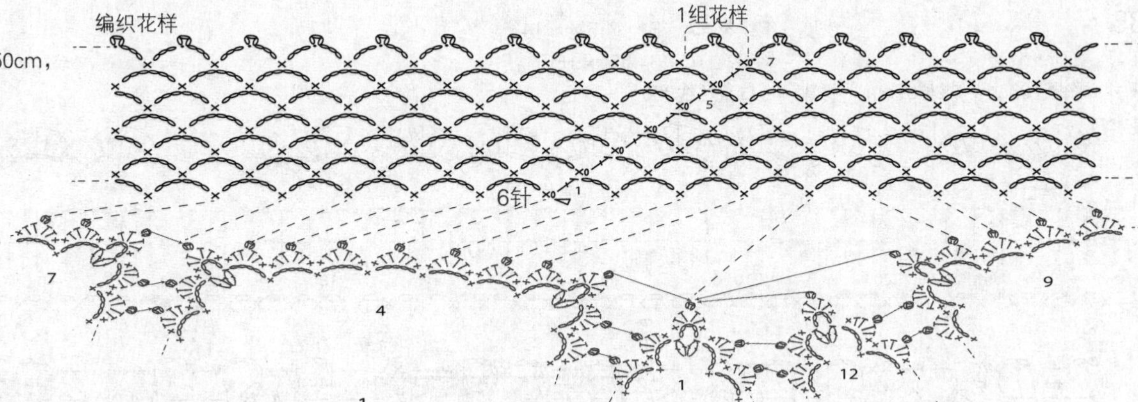

编织花样
1组花样
6针

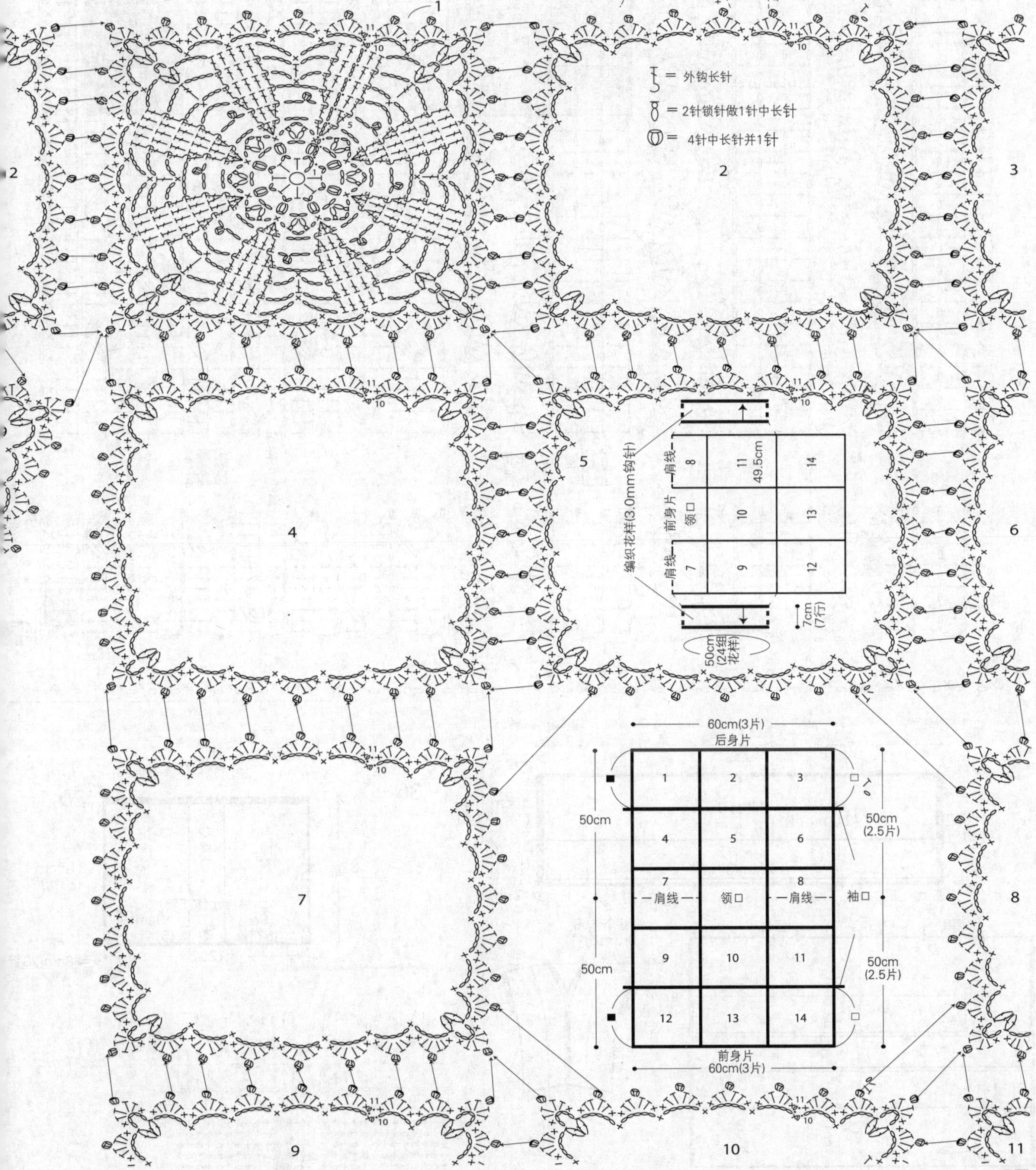

= 外钩长针
= 2针锁针做1针中长针
= 4针中长针并1针
编织花样(3.0mm钩针)
肩线
前身片
领口
肩线
49.5cm
7cm
(7行)
50cm
(24组
花样)
60cm(3片)
后身片
50cm
50cm
(2.5片)
肩线
领口
肩线
袖口
50cm
50cm
(2.5片)
前身片
60cm(3片)

35

工具：2.0mm钩针

尺寸：胸围108cm，衣长57cm

密度：编织花样A、B：34.5针×14行

编织花样C：34.5针×15行

材料：进口蕾丝线360g

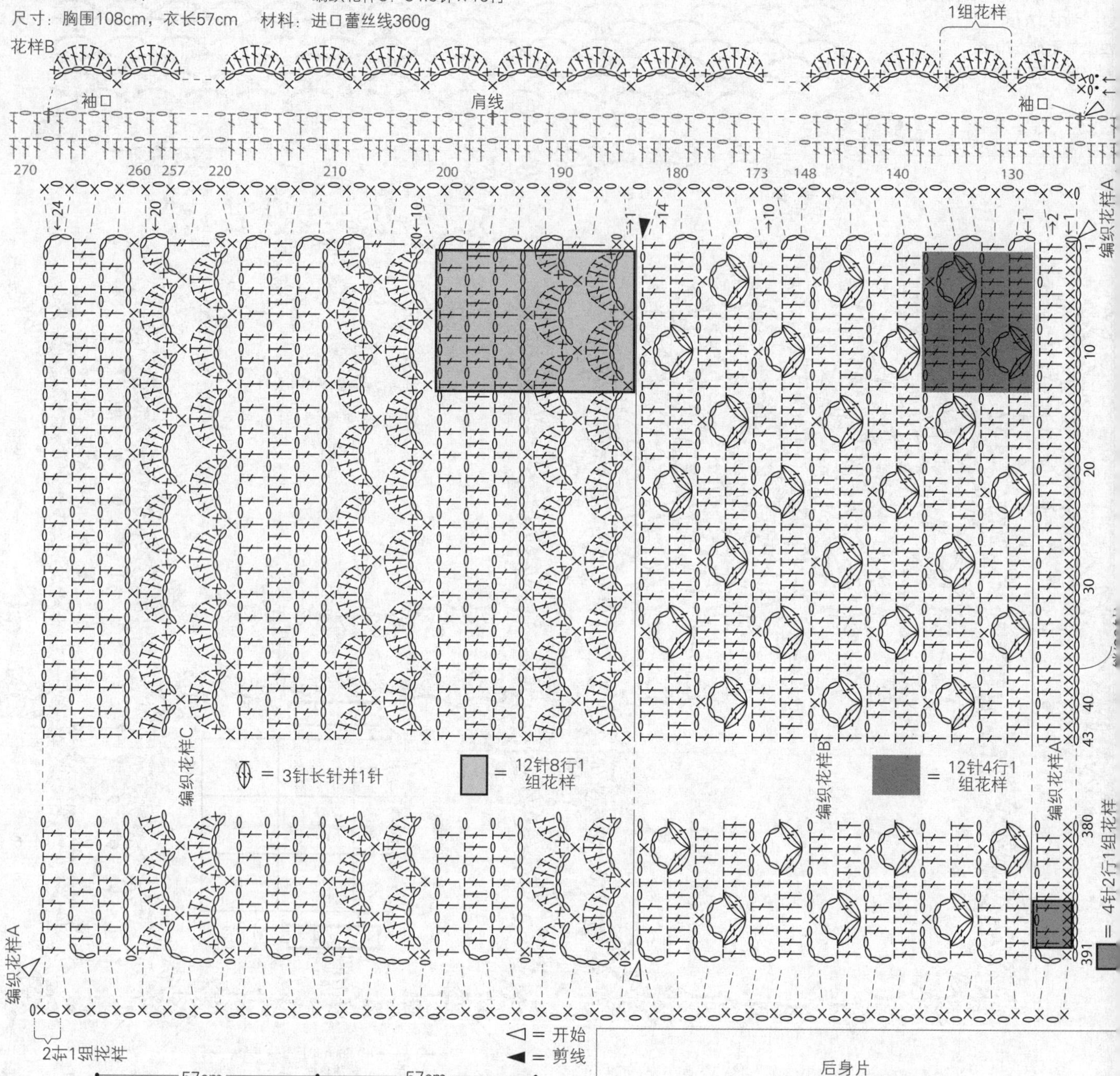

花样B
1组花样
袖口
肩线
袖口
270
260
257
220
210
200
190
180
173
148
140
130
编织花样A
编织花样C
编织花样B
编织花样A
= 3针长针并1针
= 12针8行1组花样
= 12针4行1组花样
= 4针2行1组花样
380
391
2针1组花样
◁ = 开始
◀ = 剪线

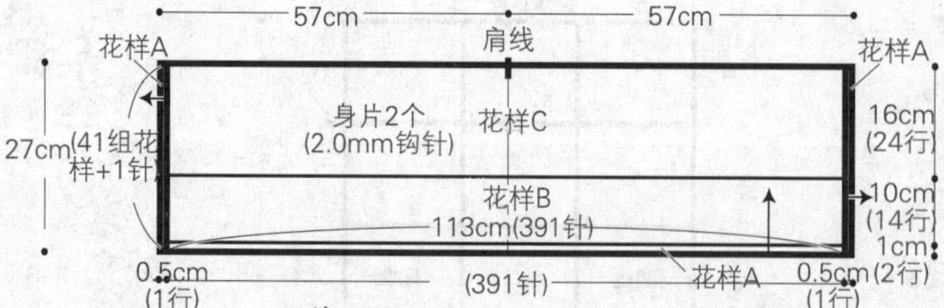

57cm
57cm
肩线
花样A
花样A
身片2个
(2.0mm钩针)
花样C
27cm
(41组花样+1针)
16cm
(24行)
花样B
10cm
(14行)
113cm(391针)
1cm
(2行)
0.5cm
(1行)
花样A
0.5cm
(1行)
(391针)

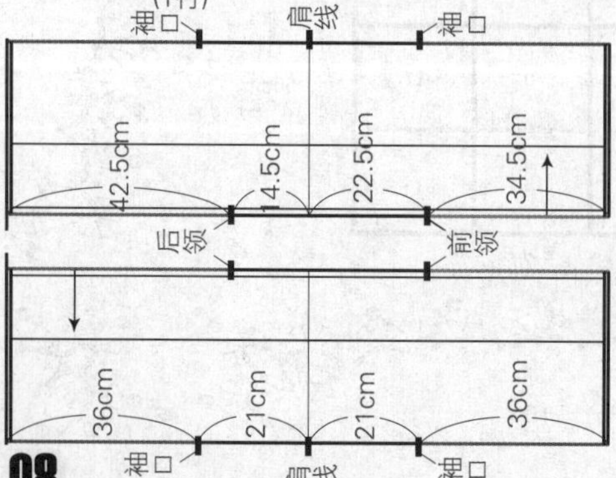

袖口
肩线
袖口
42.5cm
14.5cm
22.5cm
34.5cm
后领
前领
36cm
21cm
21cm
36cm
袖口
肩线
袖口

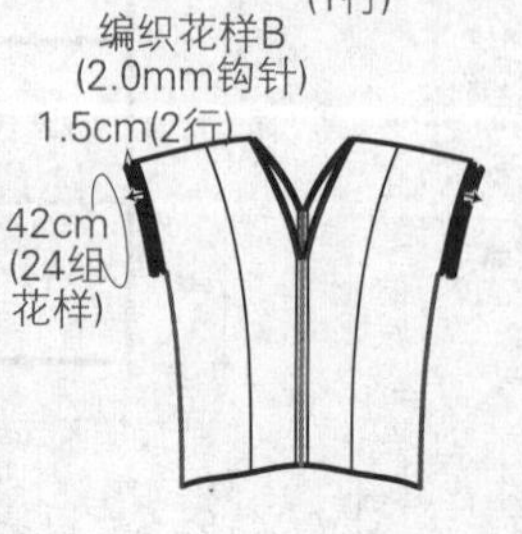

编织花样B
(2.0mm钩针)
1.5cm(2行)
42cm
(24组花样)

36

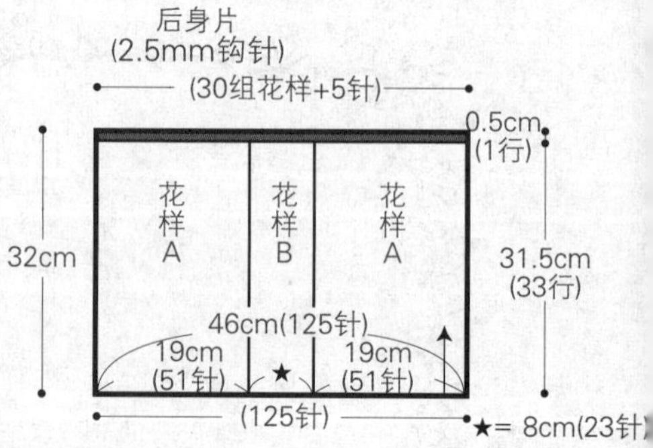

后身片
(2.5mm钩针)
(30组花样+5针)
0.5cm
(1行)
花样A
花样B
花样A
32cm
31.5cm
(33行)
46cm(125针)
19cm
(51针)
19cm
(51针)
(125针)
★= 8cm(23针)

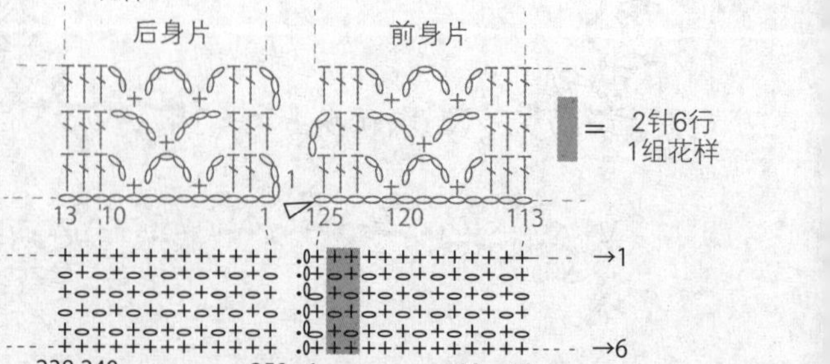

花样B
后身片
前身片
= 2针6行1组花样
13
10
1
1
125
120
113
→1
→6
238
240
250
1
10
13

工具：2.5mm钩针

尺寸：胸围92cm，衣长51cm

密度：编织花样A：27针×10.5行

编织花样B：29针×10.5行

材料：进口蕾丝线160g

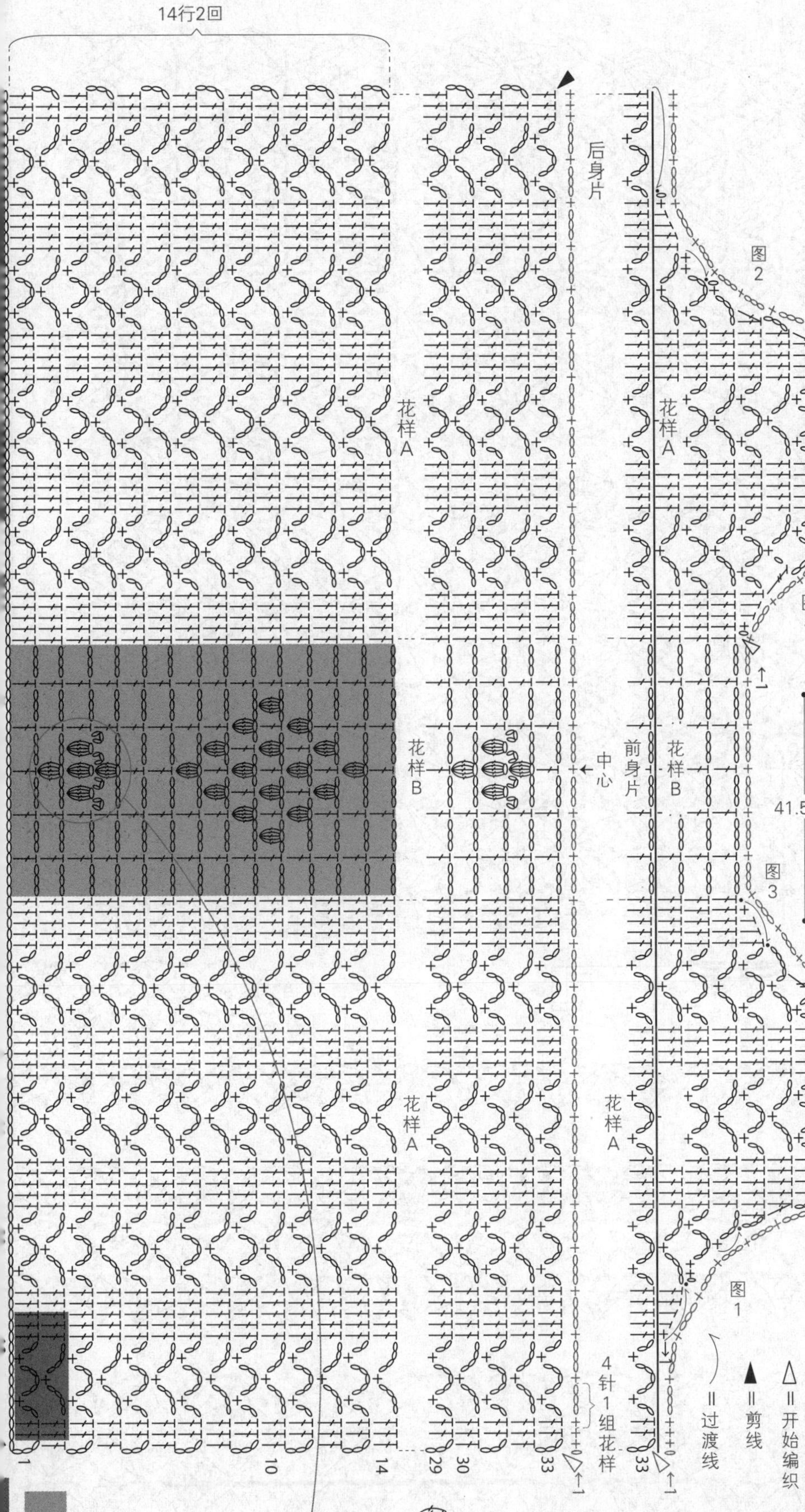

14行2回
后身片
花样A
花样B
中心
前身片
花样B
花样A
图2
图4
图3
图1
4针1组花样
1
10
14
29
30
33
33
←1
←1

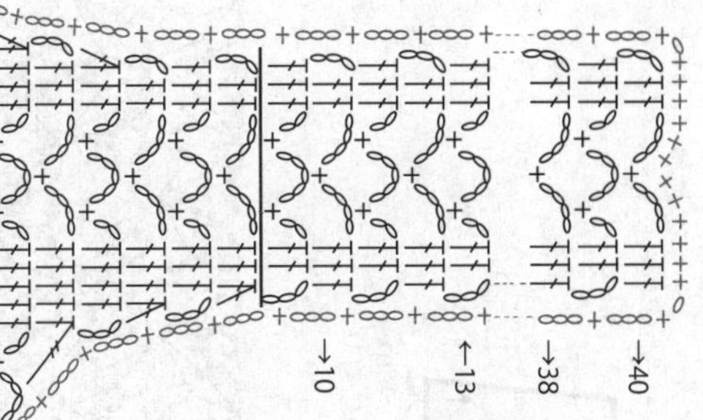

前身片
→10
←13
→38
→40

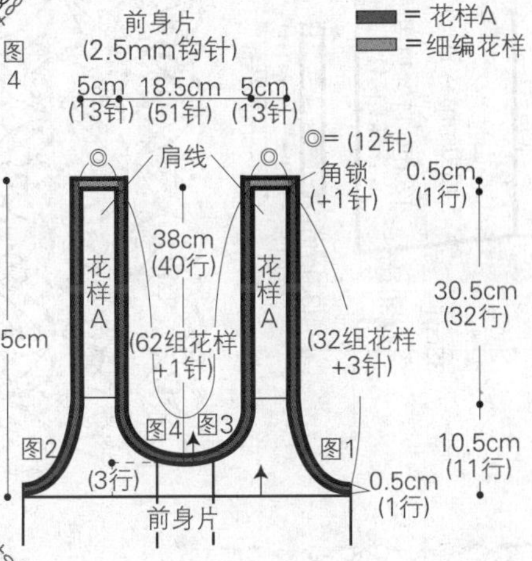

前身片
(2.5mm钩针)
5cm (13针)
18.5cm (51针)
5cm (13针)
◎=(12针)
肩线
角锁(+1针)
0.5cm (1行)
38cm (40行)
花样A
花样A
41.5cm
30.5cm (32行)
(62组花样+1针)
(32组花样+3针)
图4
图3
图2
图1
10.5cm (11行)
(3行)
0.5cm (1行)
前身片
= 花样A
= 细编花样

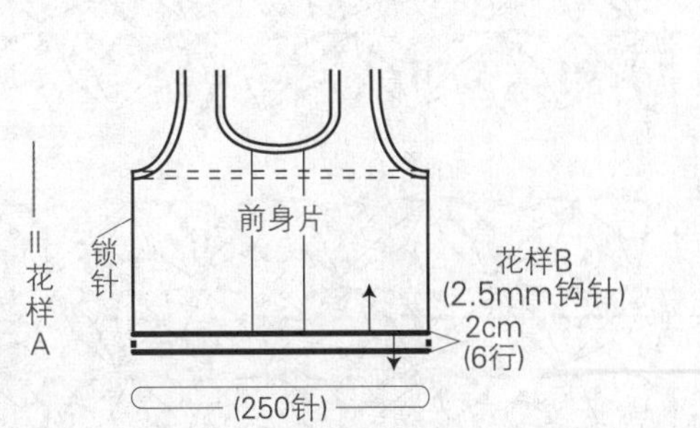

☆
★
←10
→11
←1
→8
前身片
锁针
花样B
(2.5mm钩针)
2cm (6行)
(250针)

= 过渡线

▲ = 剪线

△ = 开始编织

—— = 花样A

= 23针14行1组花样

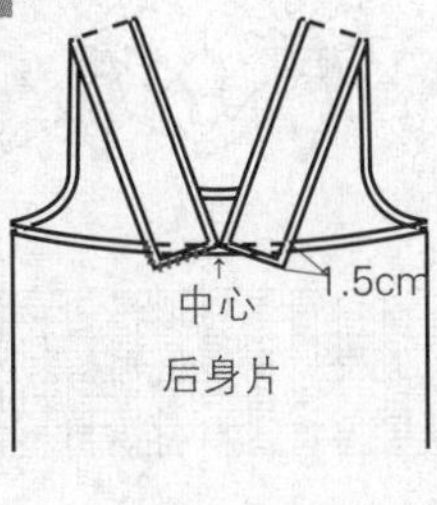

中心
1.5cm
后身片

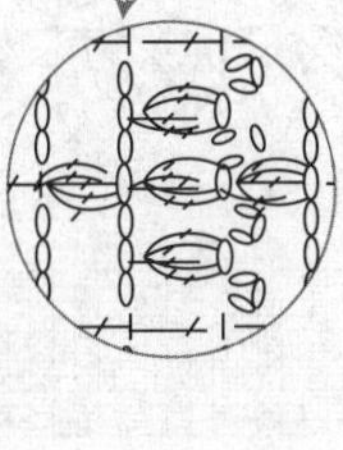

= 5针长针并1针

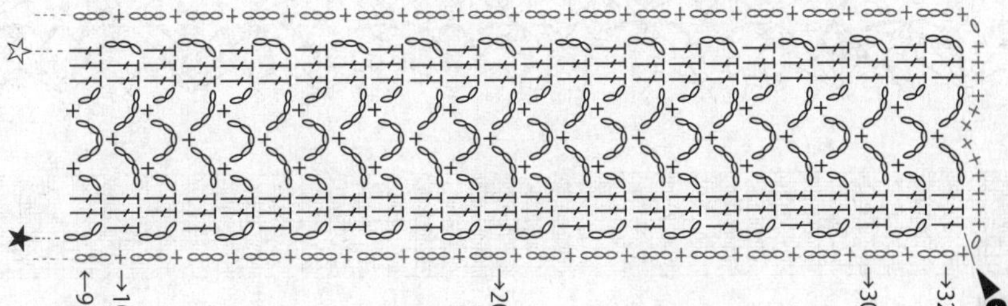

☆
★
←9
→10
→20
→30
→32

37

工具：3.0mm钩针，3.0mm棒针

尺寸：胸围98cm，衣长51cm

密度：26.5针×11行

材料：进口蕾丝线360g

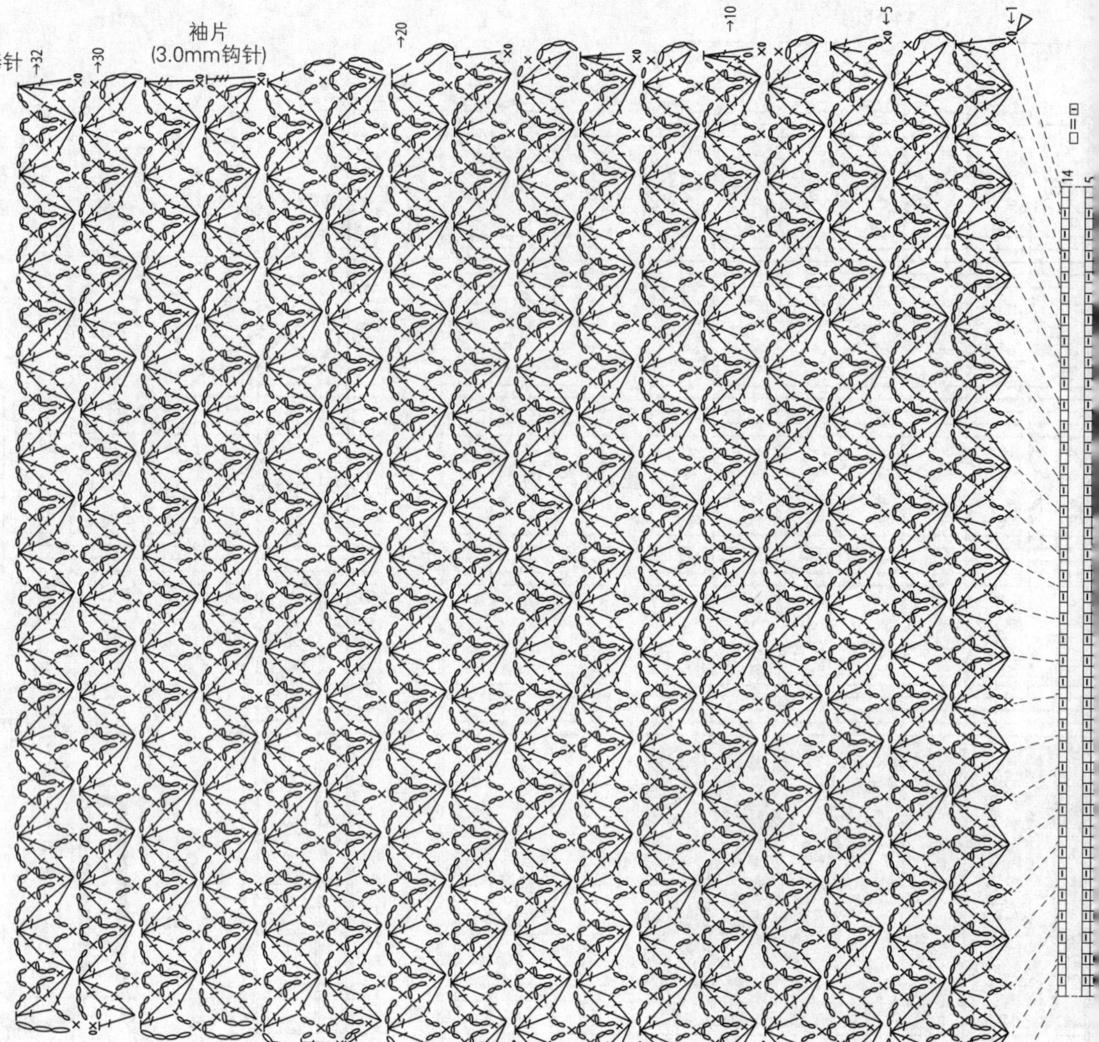

袖片
(3.0mm钩针)
32
30
20
10
5
1
14
5

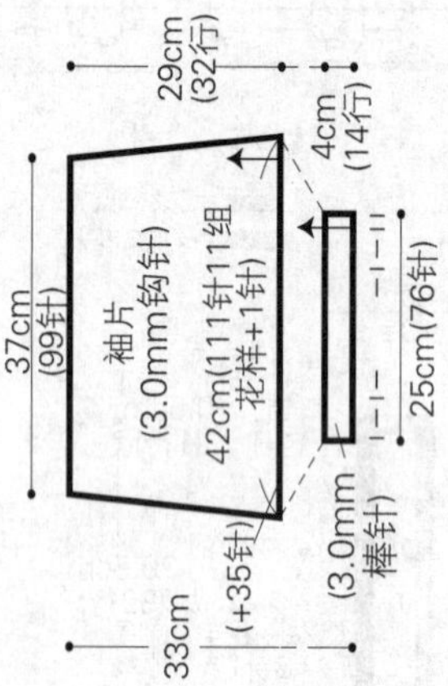

29cm
(32行)
4cm
(14行)
37cm
(99针)
袖片
(3.0mm钩针)
42cm(111针11组
花样+1针)
25cm(76针)
(3.0mm
棒针)
(+35针)
33cm

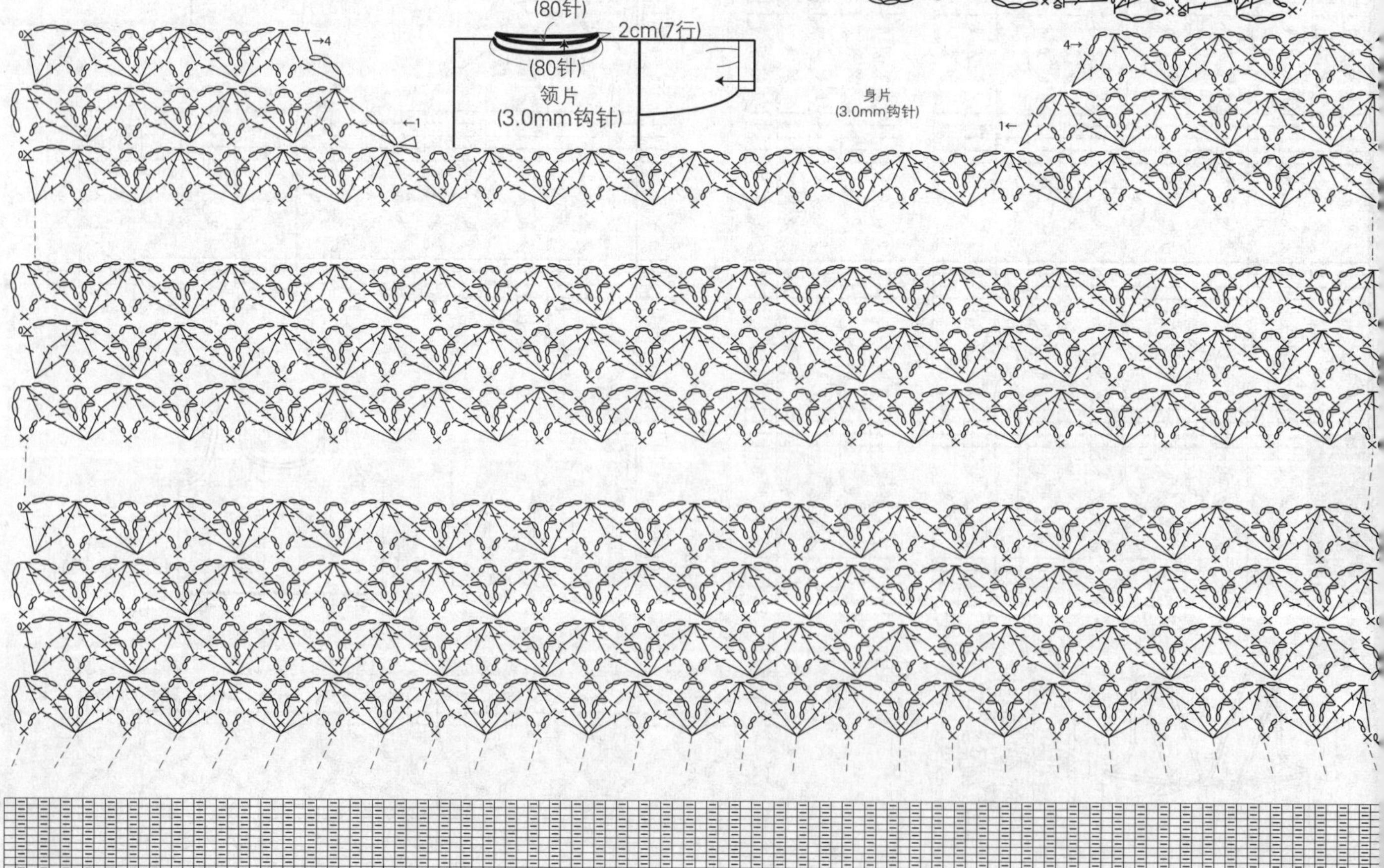

4
1
(80针)
2cm(7行)
(80针)
领片
(3.0mm钩针)
身片
(3.0mm钩针)
4
1

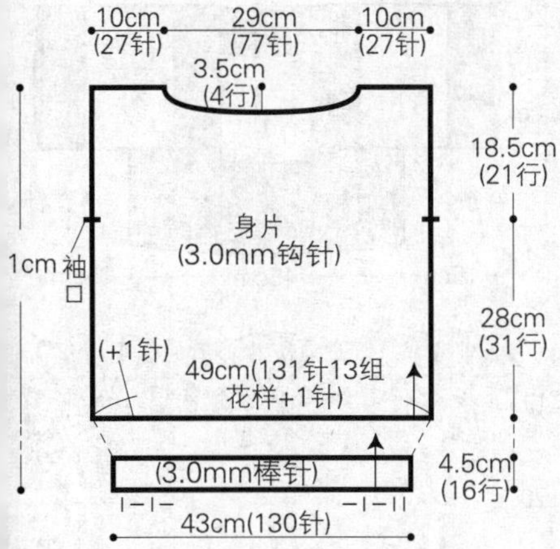
10cm
(27针)
29cm
(77针)
10cm
(27针)
3.5cm
(4行)
18.5cm
(21行)
身片
(3.0mm钩针)
1cm 袖口
28cm
(31行)
(+1针)
49cm(131针13组
花样+1针)
(3.0mm棒针)
4.5cm
(16行)
43cm(130针)

38

工具：2.3mm钩针

尺寸：胸围92cm，衣长54cm

密度：33针×17行

材料：进口蕾丝线365g

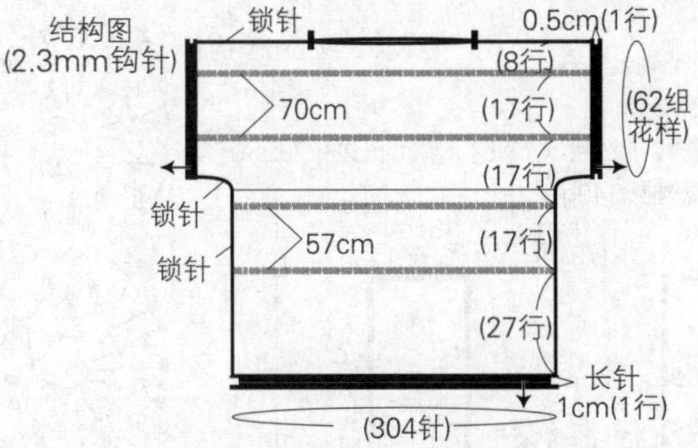
结构图
(2.3mm钩针)
锁针
0.5cm(1行)
(8行)
70cm
(17行)
(62组
花样)
锁针
(17行)
锁针
57cm
(17行)
(27行)
长针
1cm(1行)
(304针)

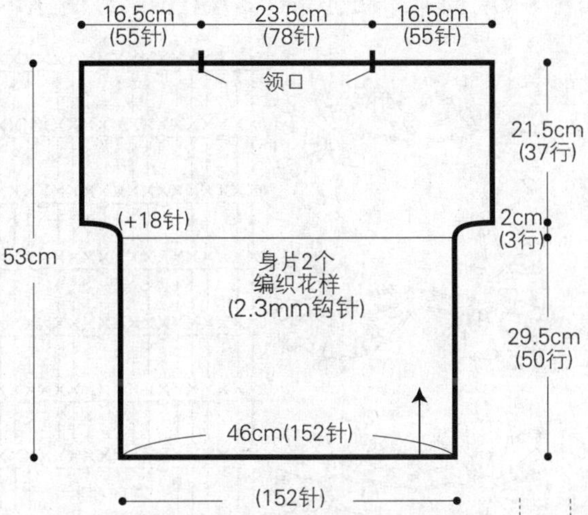
16.5cm
(55针)
23.5cm
(78针)
16.5cm
(55针)
领口
21.5cm
(37行)
(+18针)
2cm
(3行)
53cm
身片2个
编织花样
(2.3mm钩针)
29.5cm
(50行)
46cm(152针)
(152针)

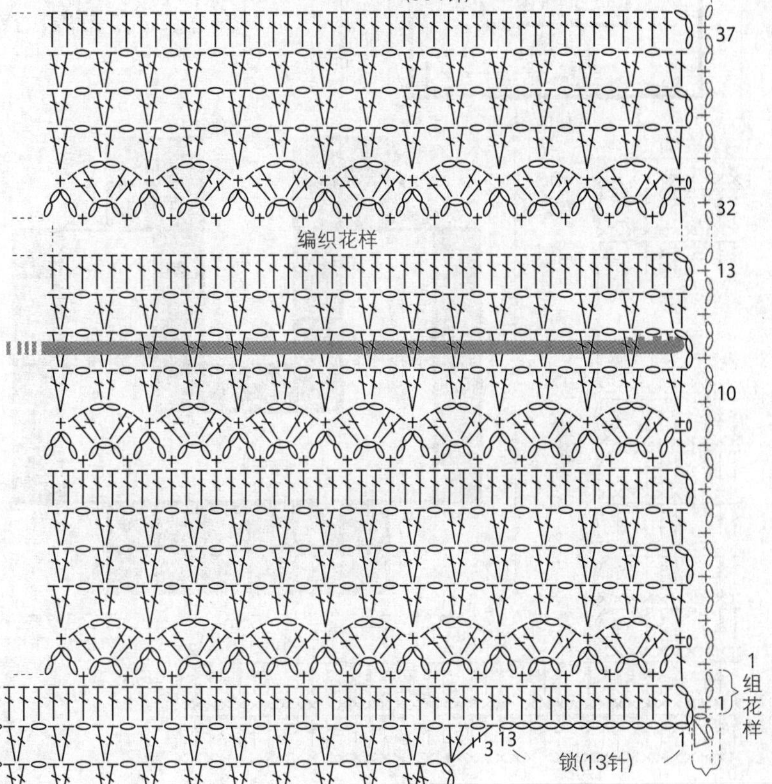
37
32
编织花样
13
10
1组花样
1
3
13
锁(13针)
1

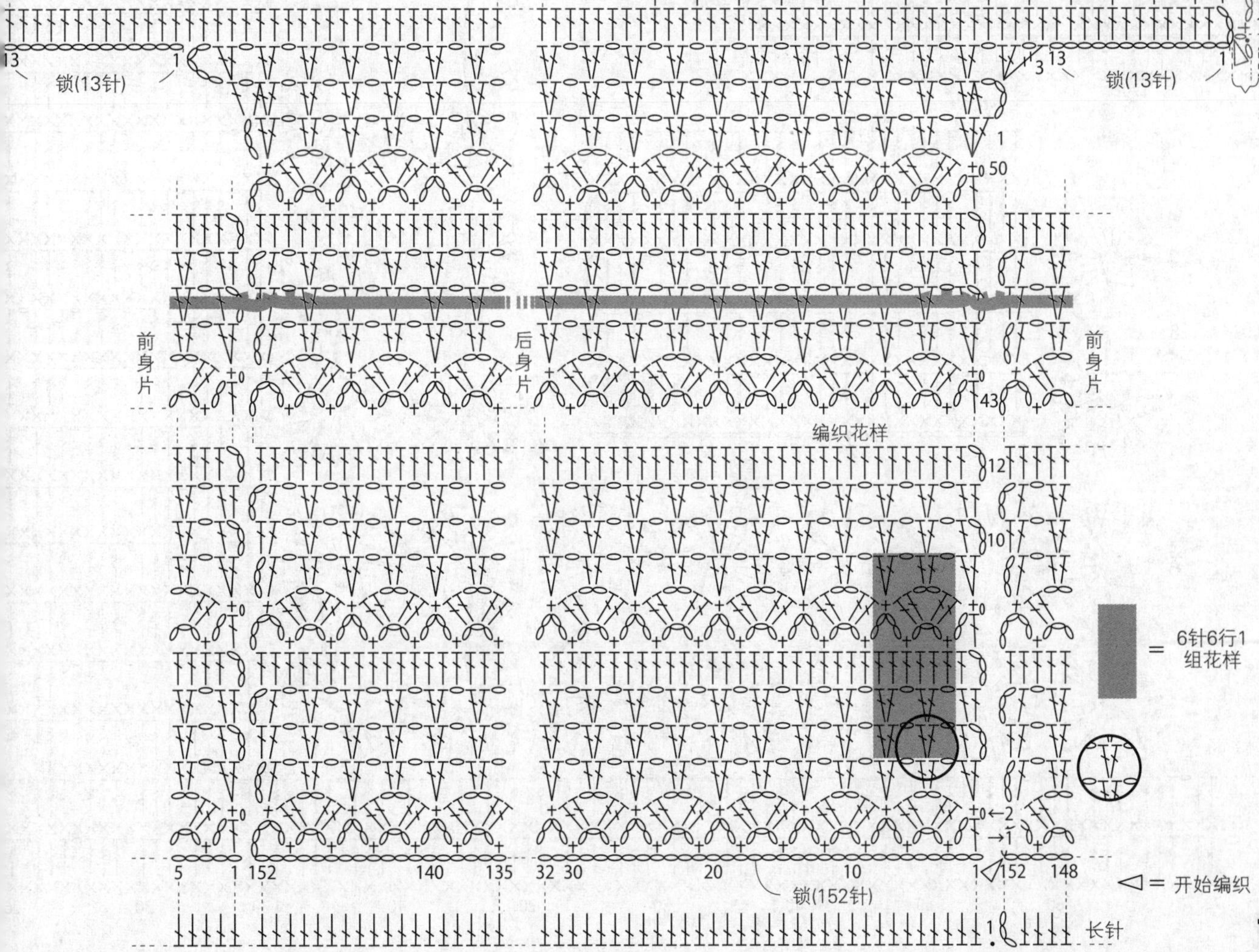
13
锁(13针)
1
1
50
前身片
后身片
前身片
43
编织花样
12
10
←2
→1
5
1
152
140
135
32
30
20
10
1
152
148
锁(152针)
1
长针
= 6针6行1组花样
◁= 开始编织

39

工具：2.5mm钩针

尺寸：衣长37.5cm

密度：编织花样：26针×13.5行 单元花边：7.5cm 角

材料：进口蕾丝线240g

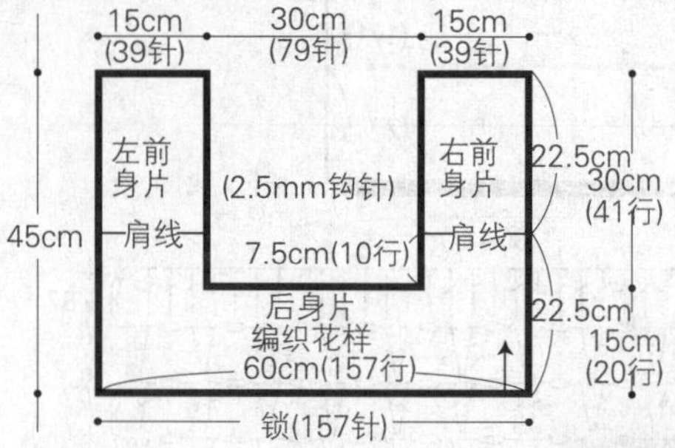

单元花
(2.5mm钩针)

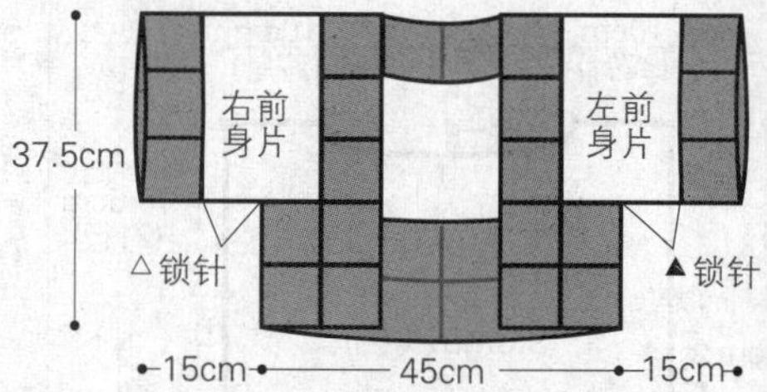

身片左侧

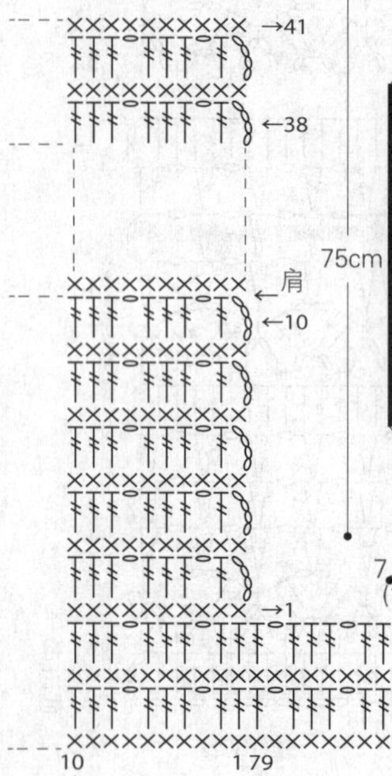

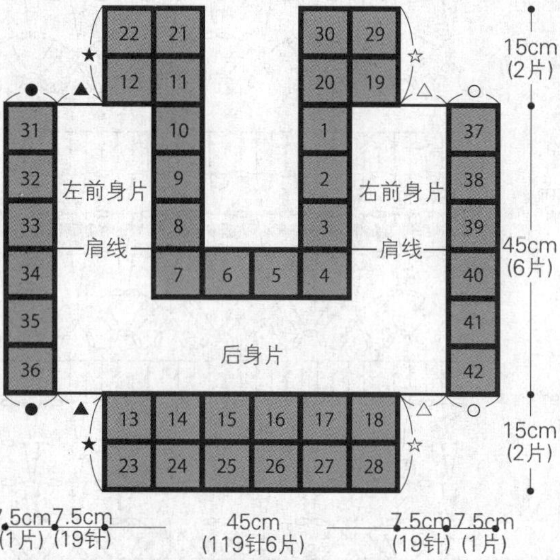

编织花样

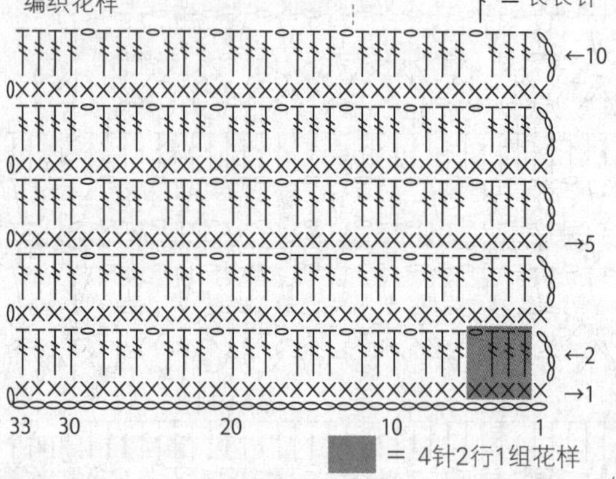

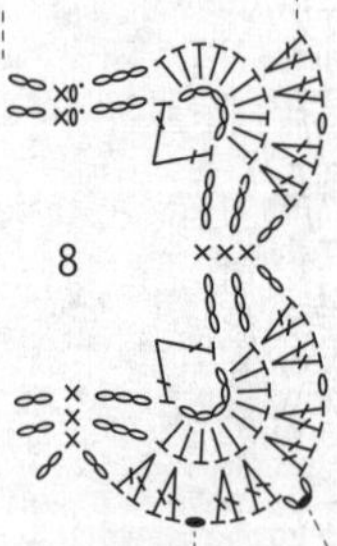

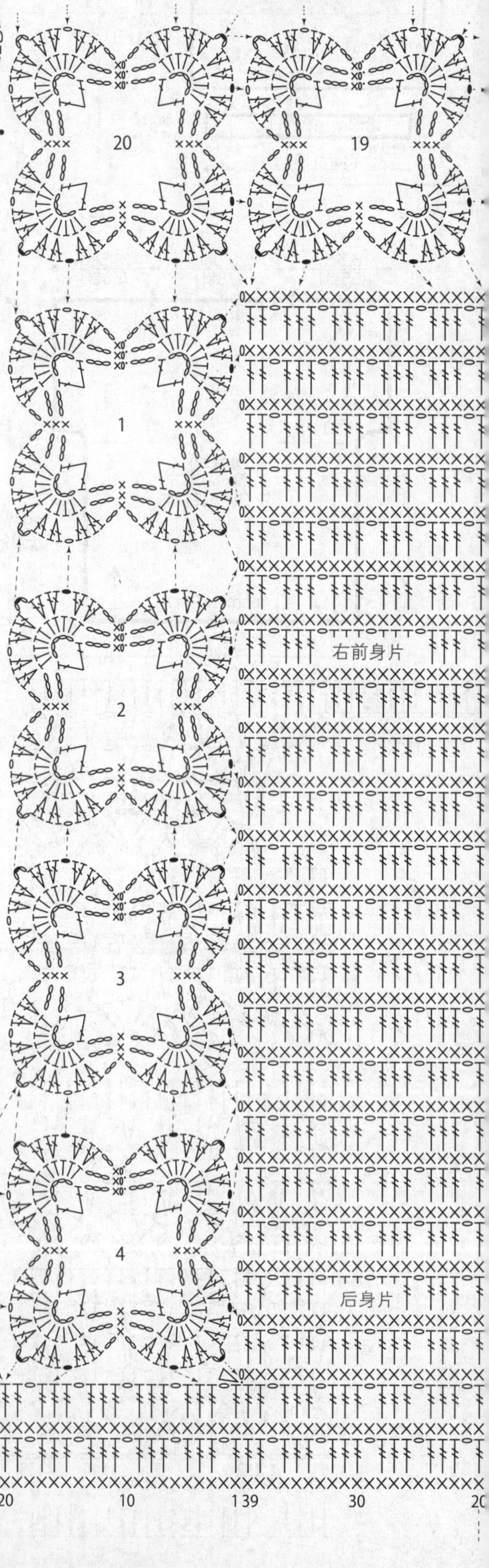

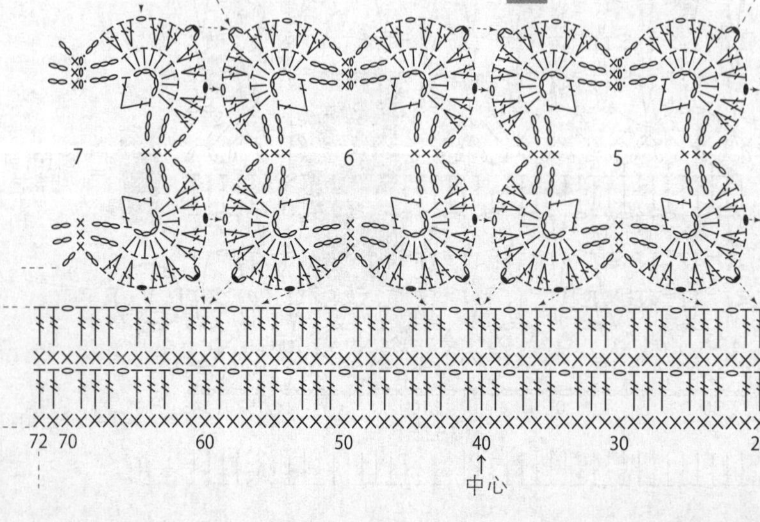

0

具：1.5mm钩针
寸：胸围102cm，衣长55.5cm，
背肩宽52cm
度：纵10cm×横8.5cm
料：进口极细蕾丝线140g

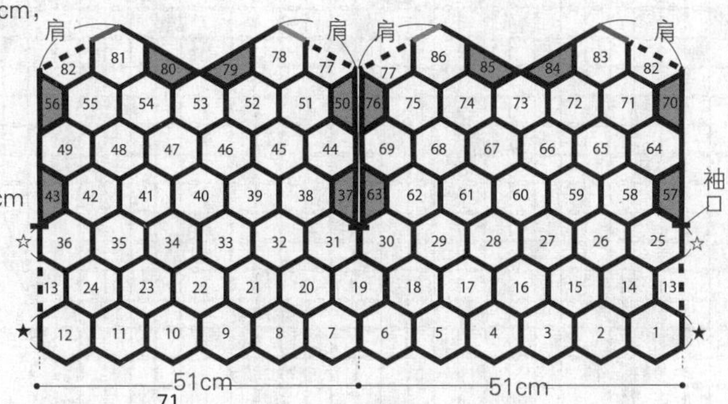

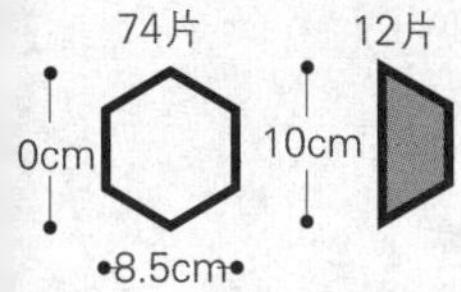

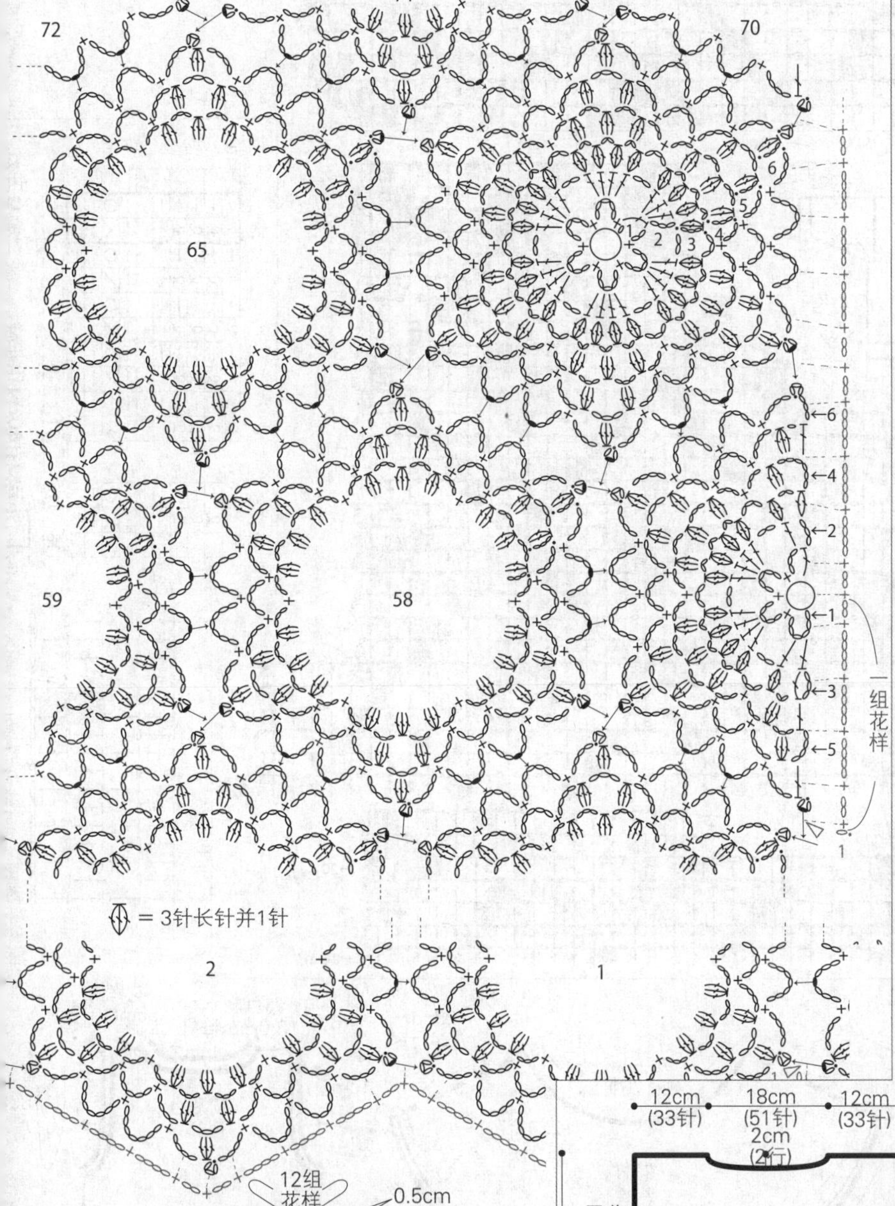

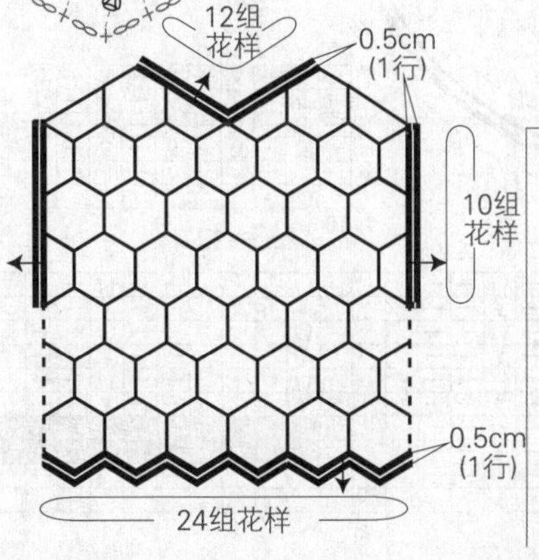

41

工具：2.5mm钩针，2.7mm棒针
尺寸：胸围98cm，衣长50.5cm，背肩宽42cm，
袖长21.5cm
密度：28针×12行
材料：进口红色纯棉线280g

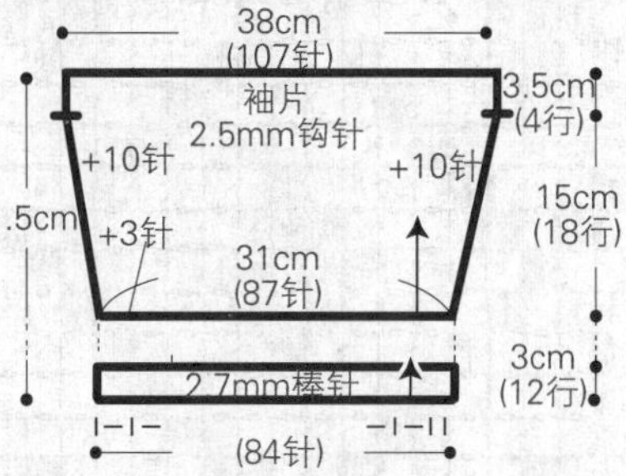

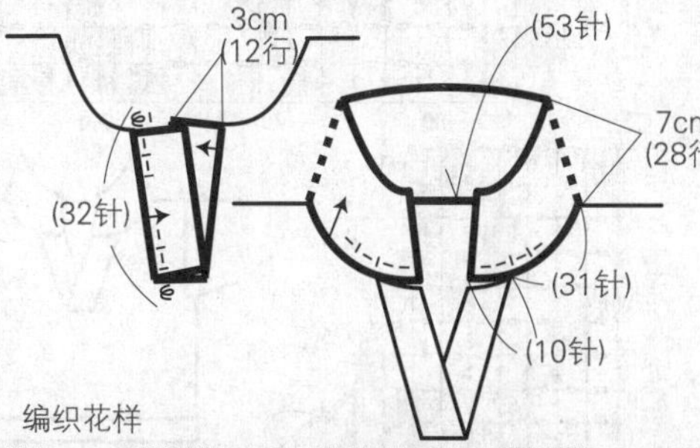

编织花样

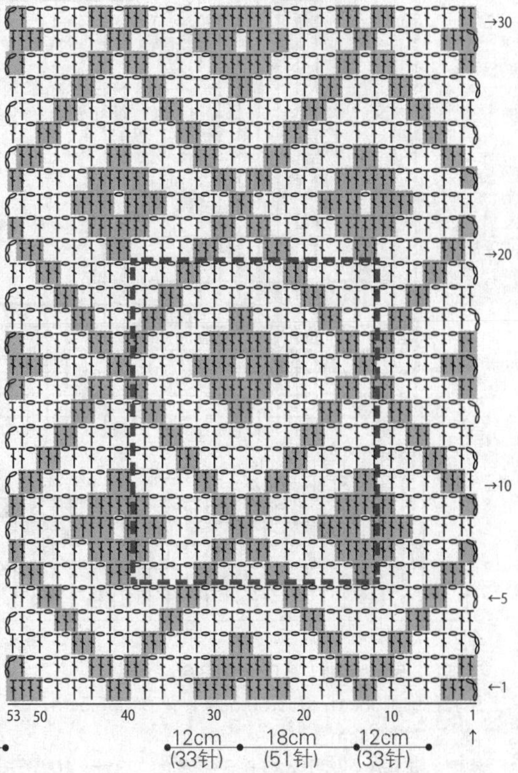

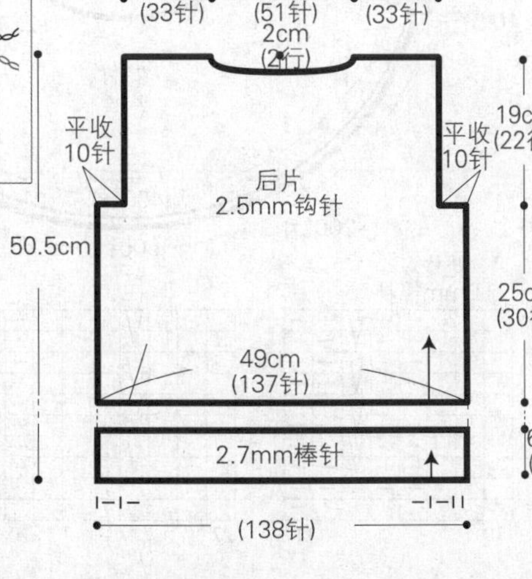

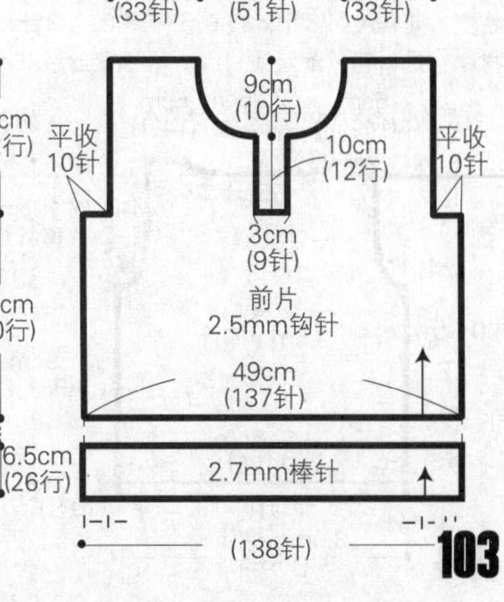

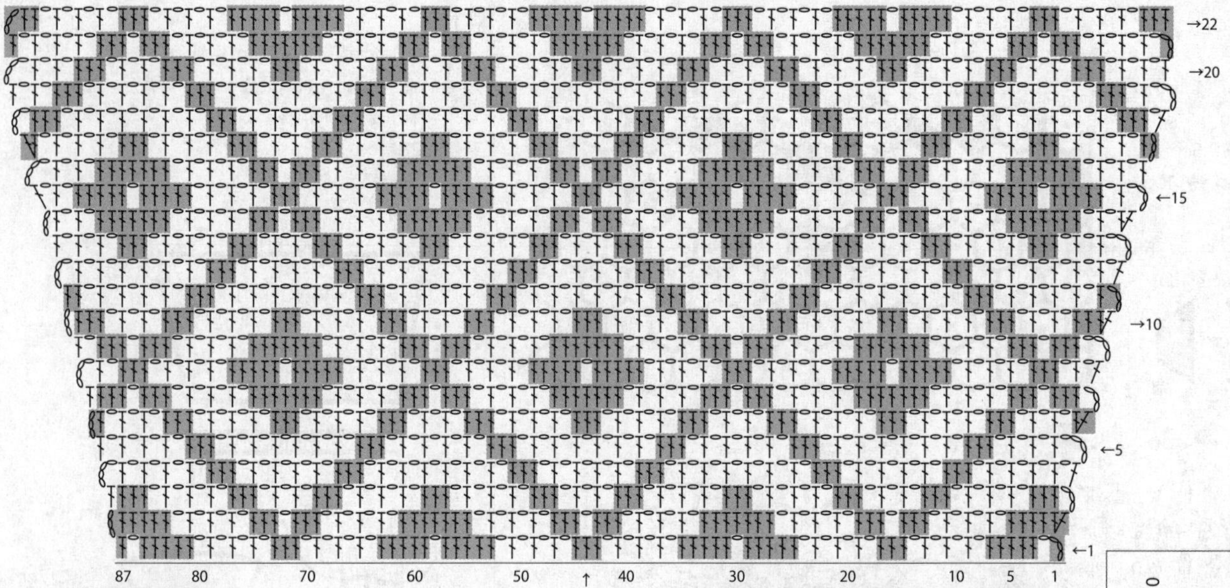
→22
→20
←15
→10
←5
←1
87
80
70
60
50
40
30
20
10
5
1
中心

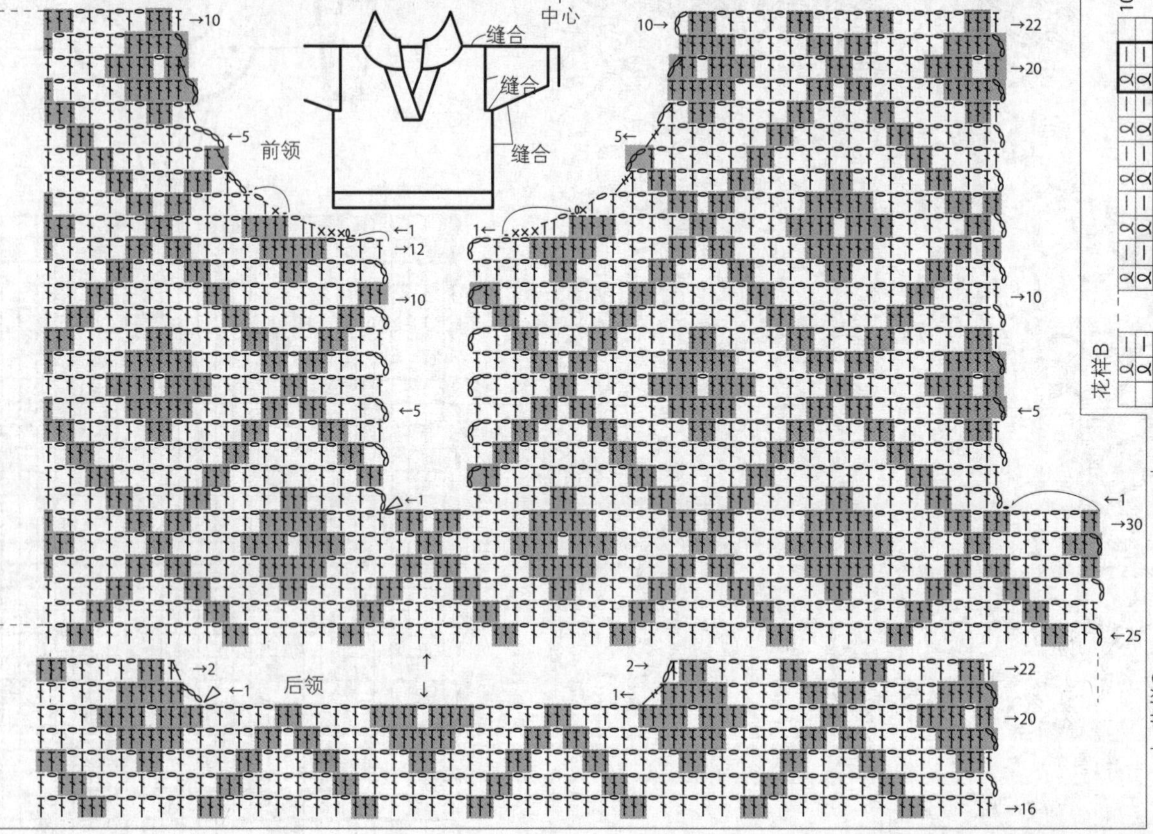
→10
←5
前领
缝合
缝合
缝合
10→
→22
→20
5←
←1
→12
1←
→10
→10
←5
←5
←1
←1
→30
←25
→2
←1
后领
2→
1→
→22
→20
→16

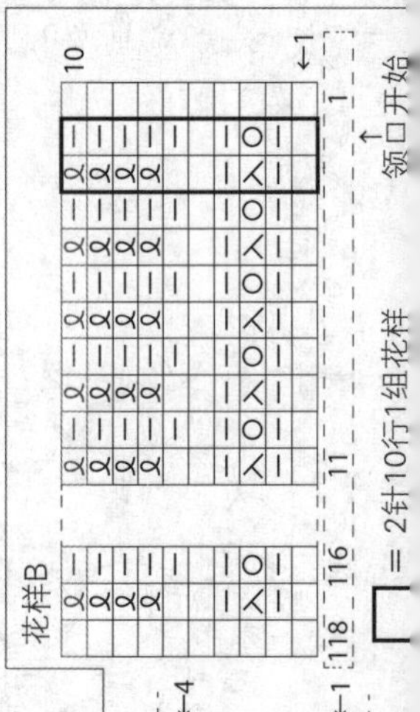
花样B
领口开始
= 2针10行1组花样
10
1
11
116
118

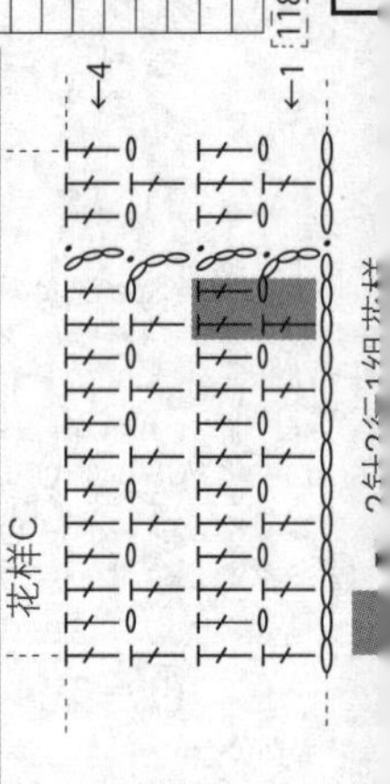
花样C

42

工具：3.5mm钩针，3.0mm和3.6mm棒针

尺寸：胸围85cm，衣长50.5cm，背肩宽35.5cm，袖长24cm

密度：花样A：28针×33.5行 花样C：23针×10.5行

材料：进口粉色蕾丝线110g，极细蕾丝线35g

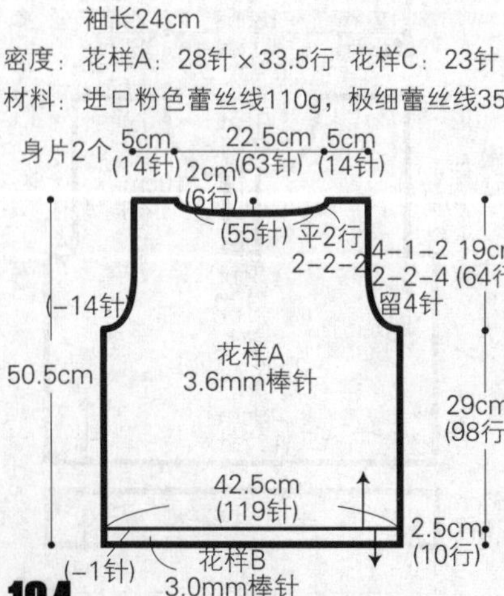
身片2个
5cm
(14针)
22.5cm
(63针)
5cm
(14针)
2cm
(6行)
(55针)
平2行
2-2-2
4-1-2
2-2-4
留4针
19cm
(64行)
(-14针)
50.5cm
花样A
3.6mm棒针
29cm
(98行)
42.5cm
(119针)
2.5cm
(10行)
(-1针)
花样B
3.0mm棒针
(118针)

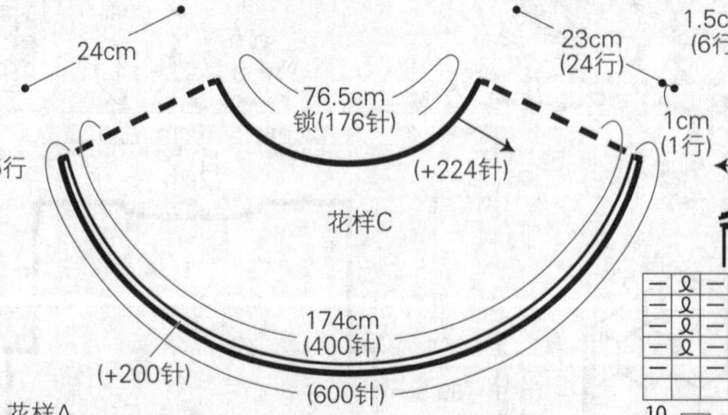
24cm
23cm
(24行)
76.5cm
锁(176针)
1cm
(1行)
(+224针)
花样C
174cm
(400针)
(+200针)
(600针)

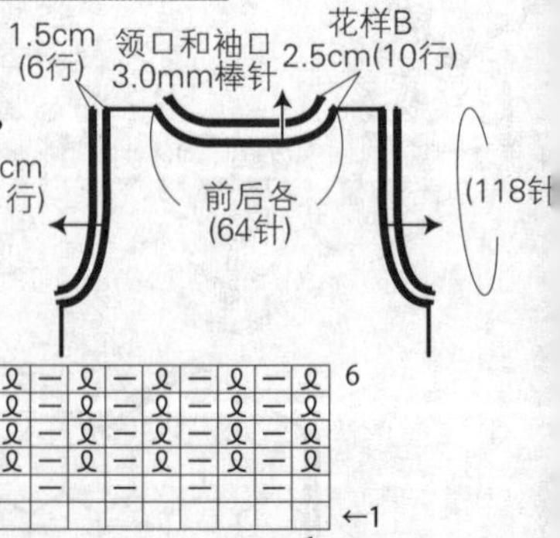
1.5cm
(6行)
领口和袖口
3.0mm棒针
花样B
2.5cm(10行)
前后各
(64针)
(118针

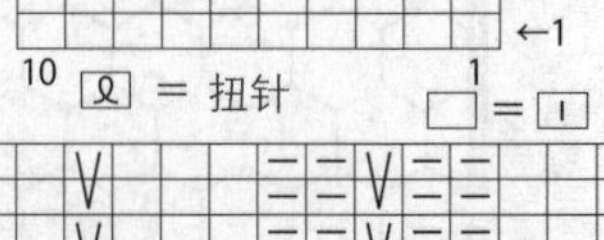
6
←1
10
1
= 扭针
=

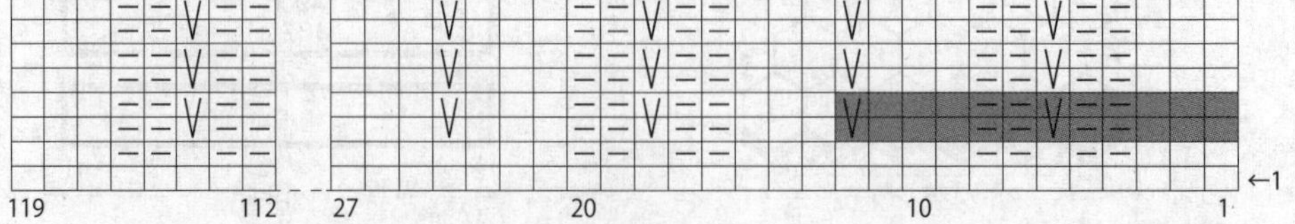
花样A
3.6mm棒针
10
←1
119
112
27
20
10
1

■ = 12针2行1组花样

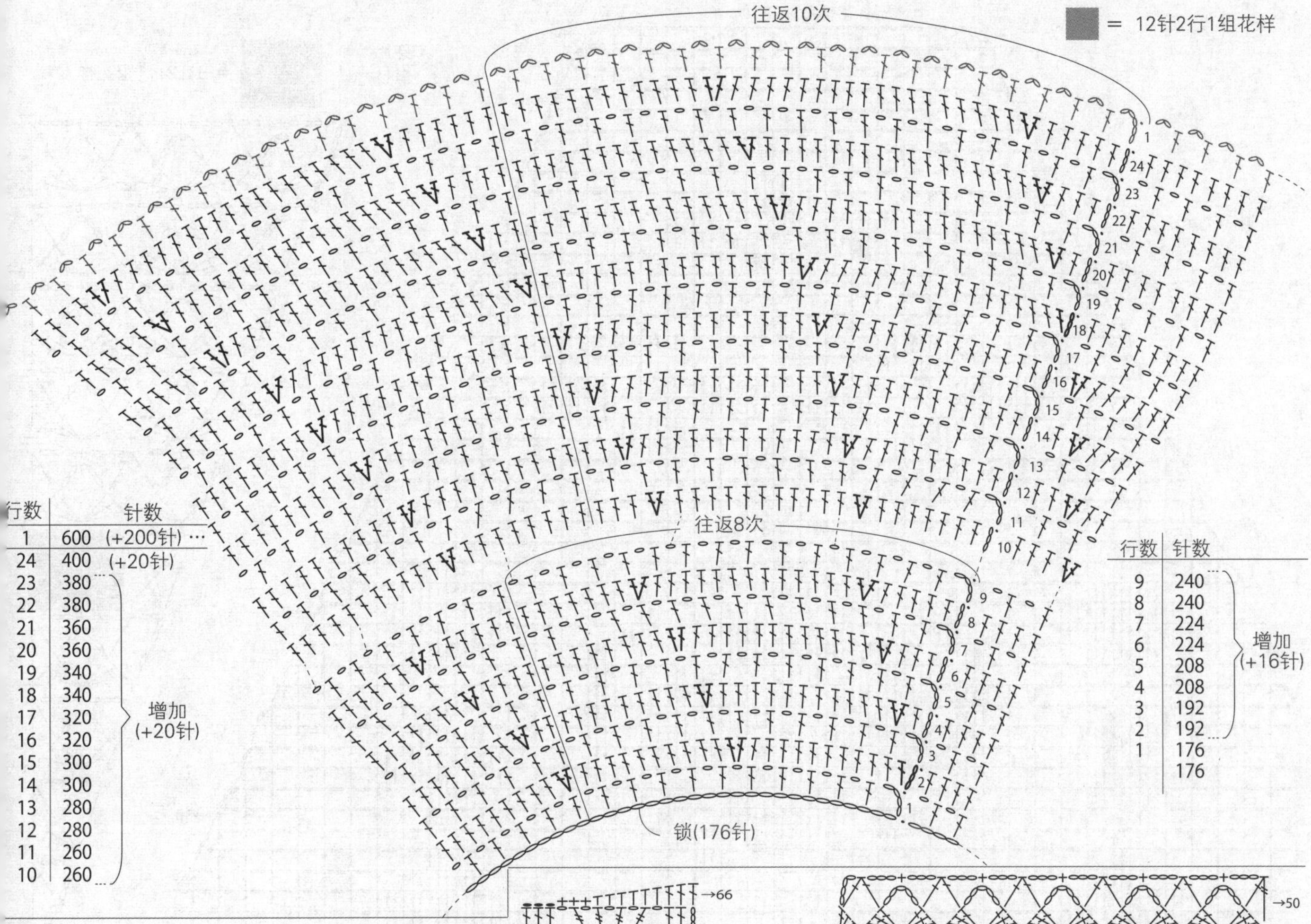
往返10次
往返8次
锁(176针)

行数	针数	
1	600	(+200针)…
24	400	(+20针)
23	380	增加(+20针)
22	380	
21	360	
20	360	
19	340	
18	340	
17	320	
16	320	
15	300	
14	300	
13	280	
12	280	
11	260	
10	260	

行数	针数	
9	240	增加(+16针)
8	240	
7	224	
6	224	
5	208	
4	208	
3	192	
2	192	
1	176	
	176	

身片
花样B

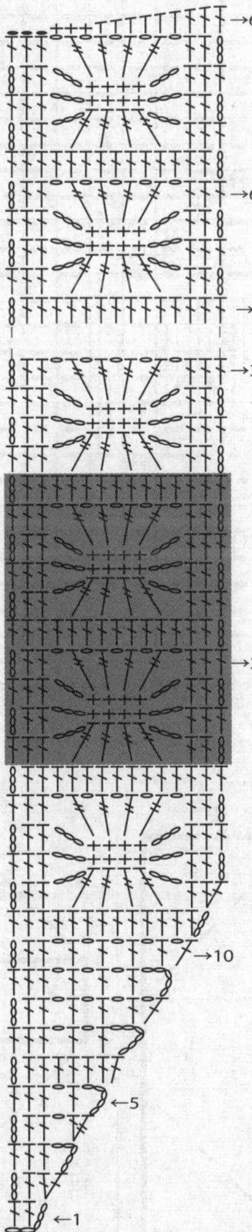
10行1组花样
锁(2针)

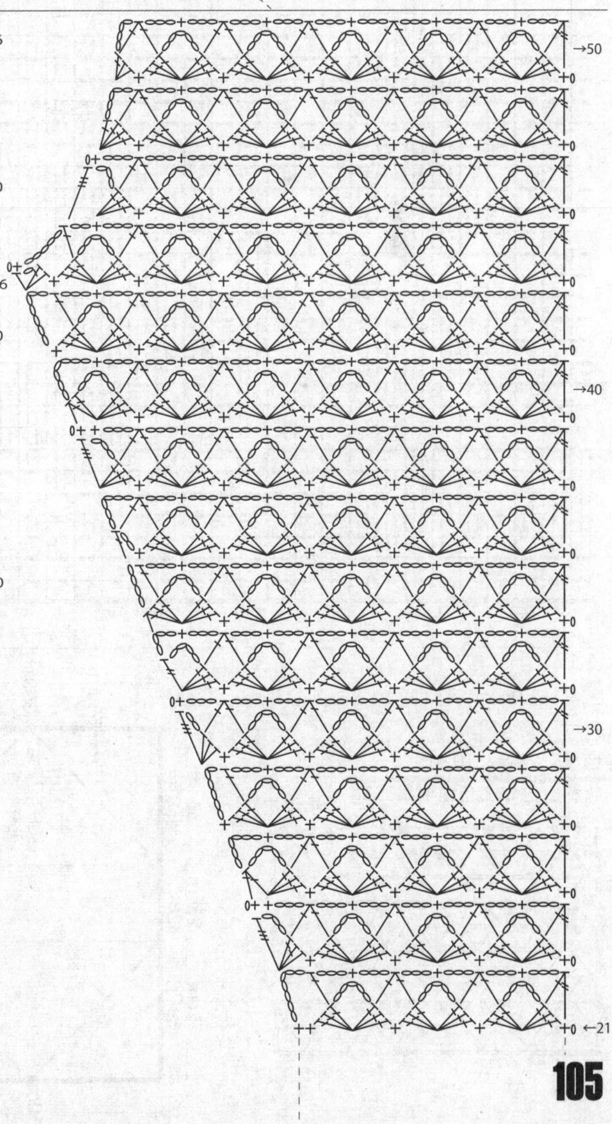

3

具：2.0mm钩针

寸：胸围96cm，衣长52.5cm，袖长24.5cm

度：花样A：37针×15行 花样C：40针×13行

料：进口白色蕾丝线185g

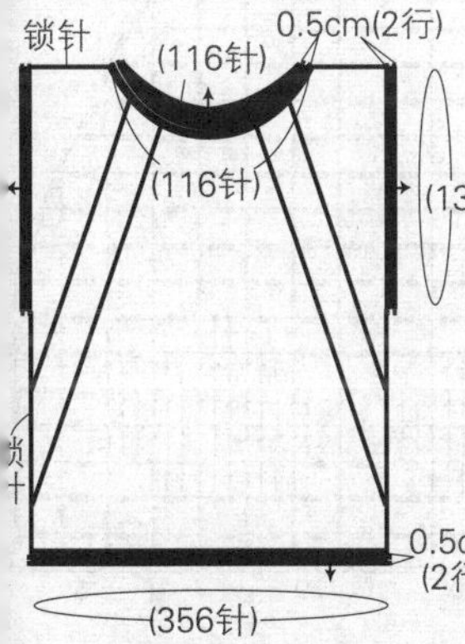
锁针
0.5cm(2行)
(116针)
(116针)
(132针)
0.5cm
(2行)
(356针)

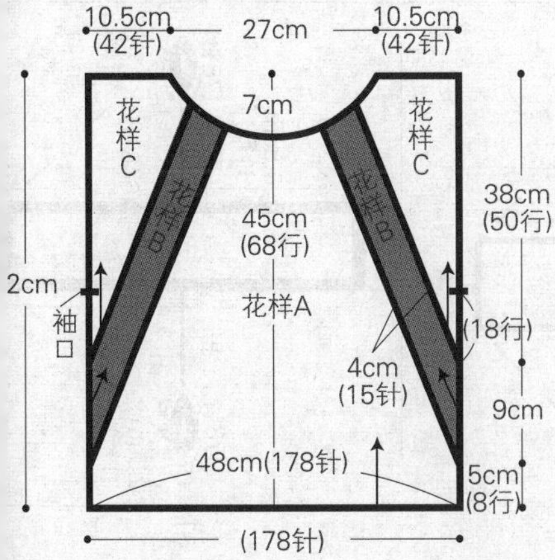
10.5cm
(42针)
27cm
10.5cm
(42针)
7cm
花样C
花样C
花样B
花样B
45cm
(68行)
38cm
(50行)
袖口
花样A
(18行)
4cm
(15针)
9cm
48cm(178针)
5cm
(8行)
(178针)

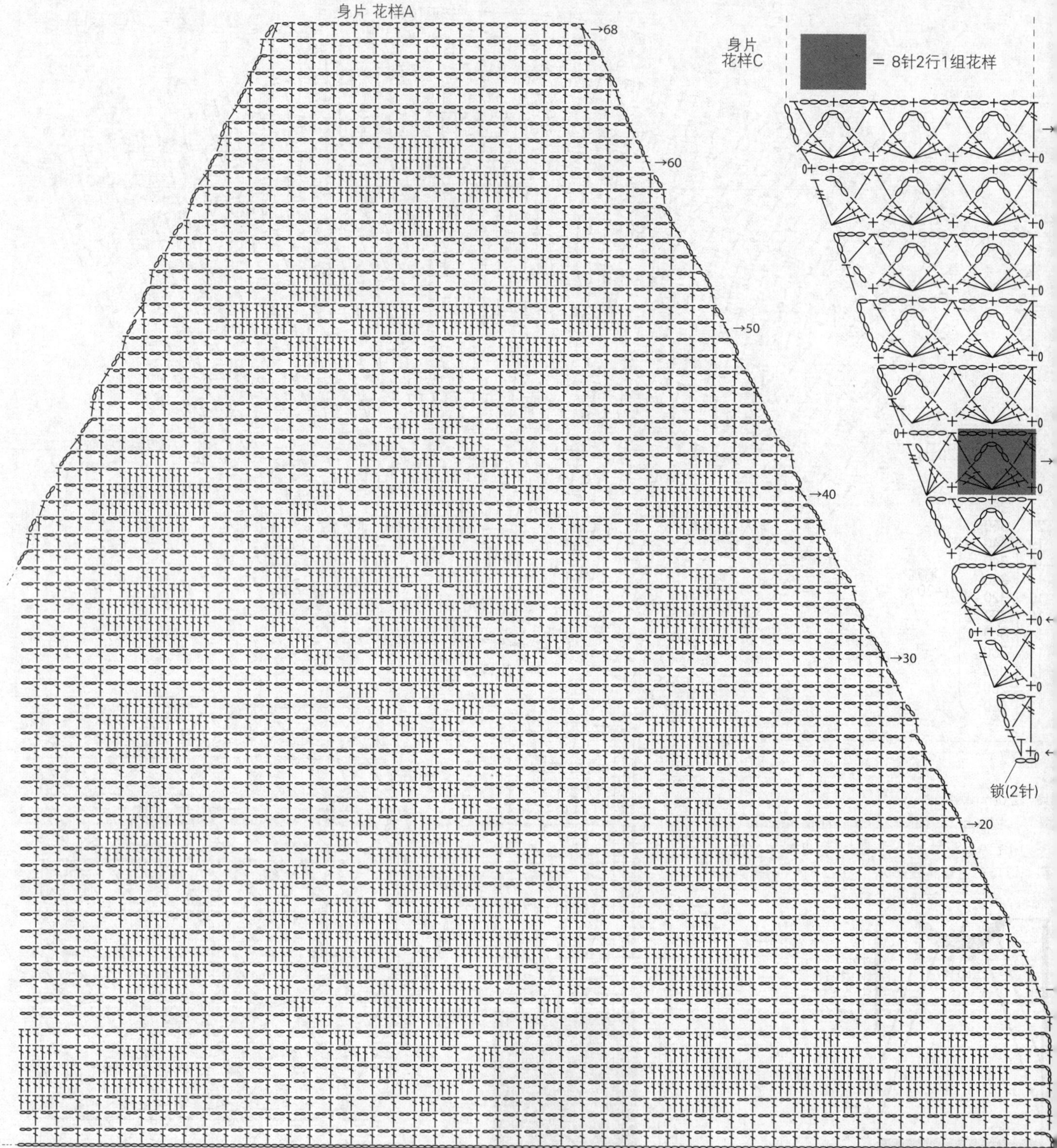

身片 花样A
→68
→60
→50
→40
→30
→20
140
130
120
110
100
中心
80
70
60
50
40
30
20
10
5
1
锁(178针)
身片
花样C
= 8针2行1组花样
锁(2针)

44

工具：3.0mm钩针

尺寸：参考图解

密度：28针×10.5行

材料：进口灰色纯棉线395g

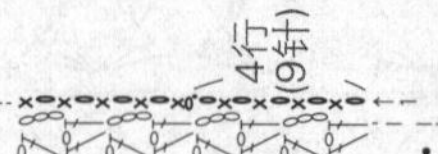

4行
(9针)

编织花样

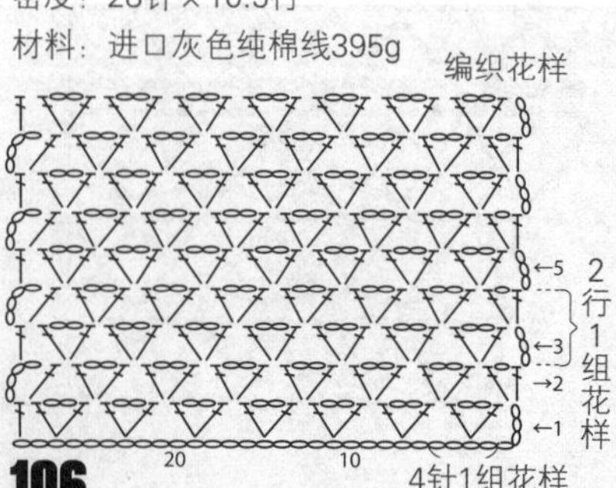

5
3
2
1
2行1组花样
20
10
4针1组花样

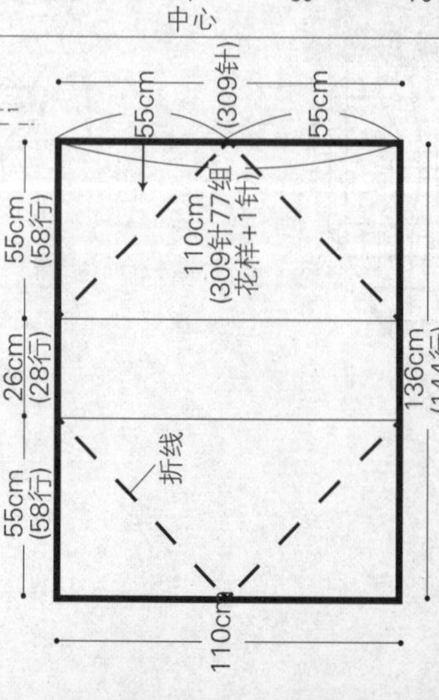

110cm
(309针)
55cm
55cm
55cm
(58行)
110cm
(309针77组
花样+1针)
26cm
(28行)
136cm
(144行)
折线
55cm
(58行)
110cm

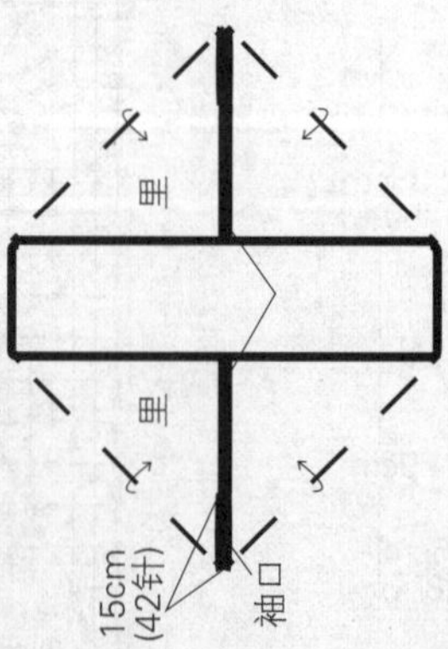

里
里
15cm
(42针)
袖口

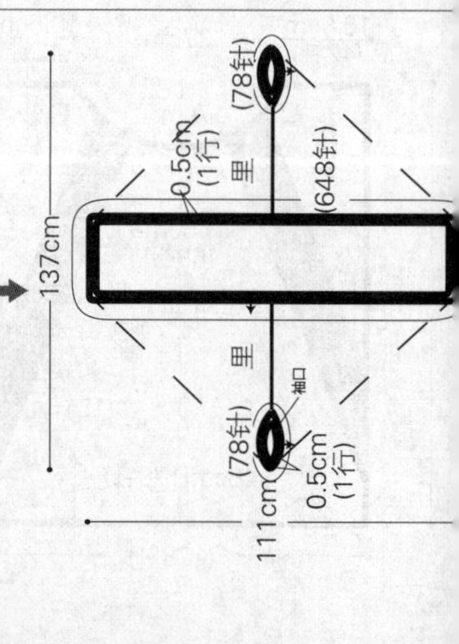

(78针)
0.5cm
(1行)
里
(648针)
137cm
里
(78针)
111cm
0.5cm
(1行)

5
具：5.0mm钩针，
3.9mm棒针
寸：胸围94cm，
衣长57cm，
袖长61cm，
背肩宽47cm
度：21.5针×8行
料：进口灰色纯
棉线605g

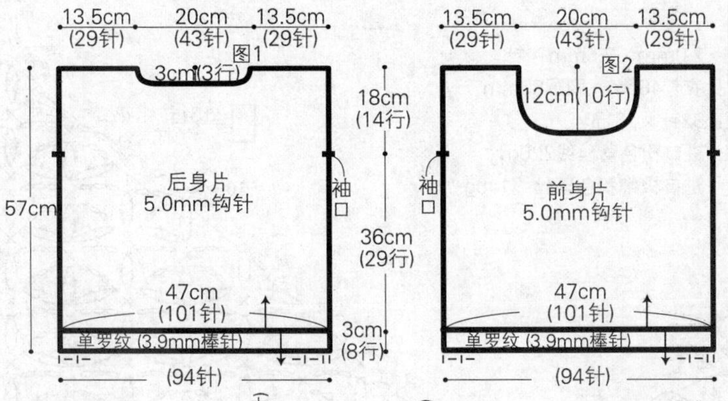

13.5cm (29针)
20cm (43针)
13.5cm (29针)
图1
3cm(3行)
57cm
后身片
5.0mm钩针
袖口
47cm (101针)
单罗纹 (3.9mm棒针)
(94针)
图2
18cm (14行)
12cm(10行)
36cm (29行)
3cm (8行)
前身片
5.0mm钩针

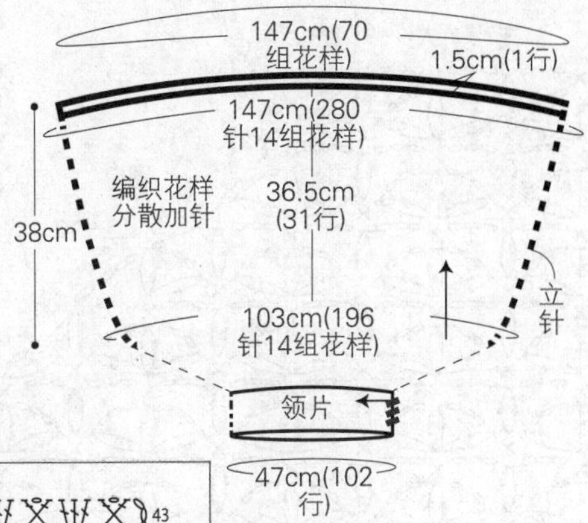

147cm(70组花样)
1.5cm(1行)
147cm(280针14组花样)
编织花样
分散加针
36.5cm (31行)
38cm
103cm(196针14组花样)
立针
领片
47cm(102行)

46

工具：4.0mm钩针
尺寸：衣长44cm
密度：领口花样：23针×21.5行
身片花样：19针×8.5行
材料：进口粉色蕾丝线360g

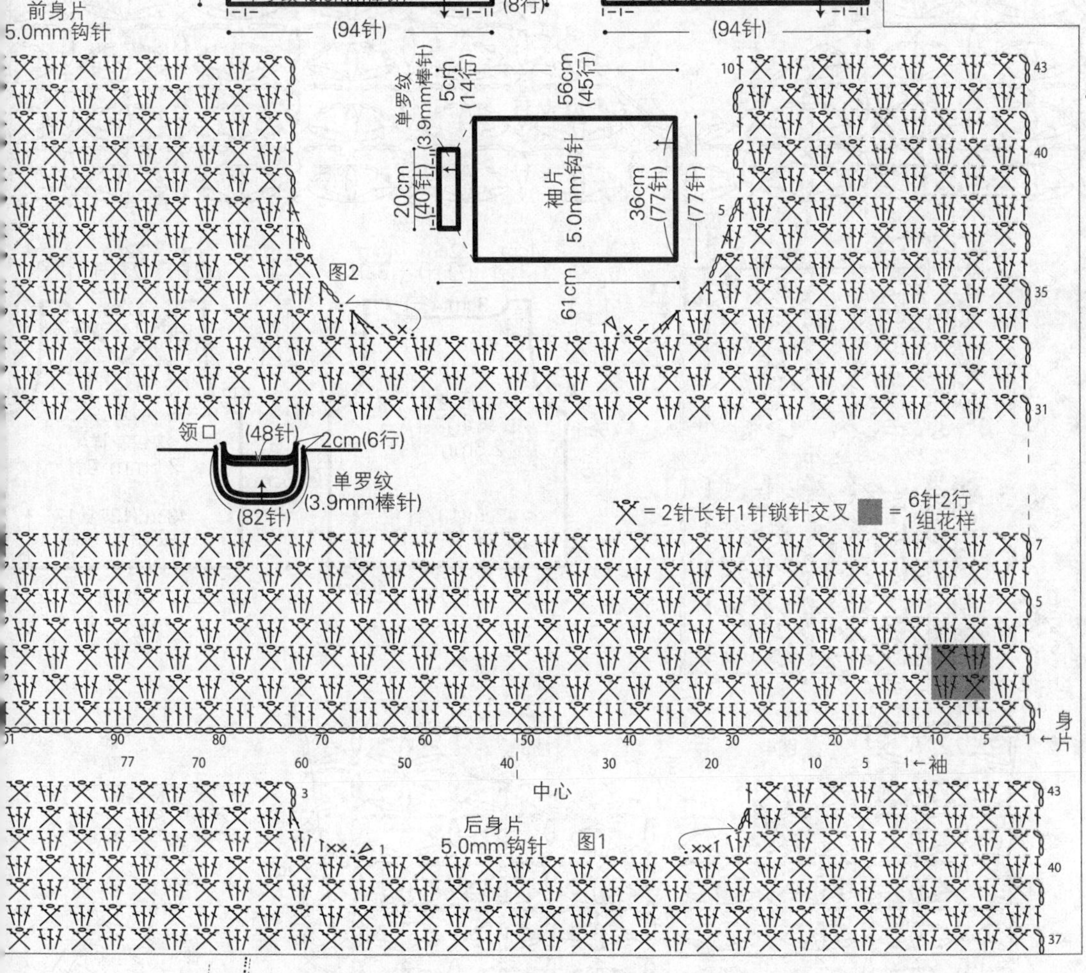

前身片
5.0mm钩针
单罗纹 (3.9mm棒针)
5cm (14行)
56cm (45行)
袖片
5.0mm钩针
20cm (40针)
36cm (77针)
61cm
图2
领口
(48针)
2cm(6行)
单罗纹
(3.9mm棒针)
(82针)
= 2针长针1针锁针交叉
= 6针2行 1组花样
身片
袖
中心
后身片
5.0mm钩针
图1

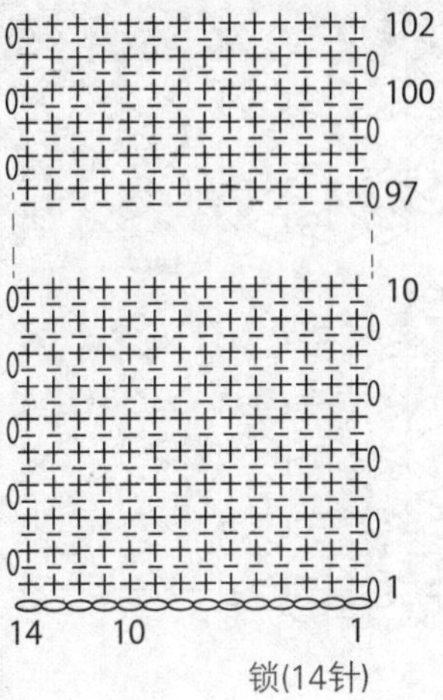

102
100
97
10
1
14
10
1
锁(14针)

领口 4.0mm钩针

47cm (102行)
6cm (14针)
(14针)

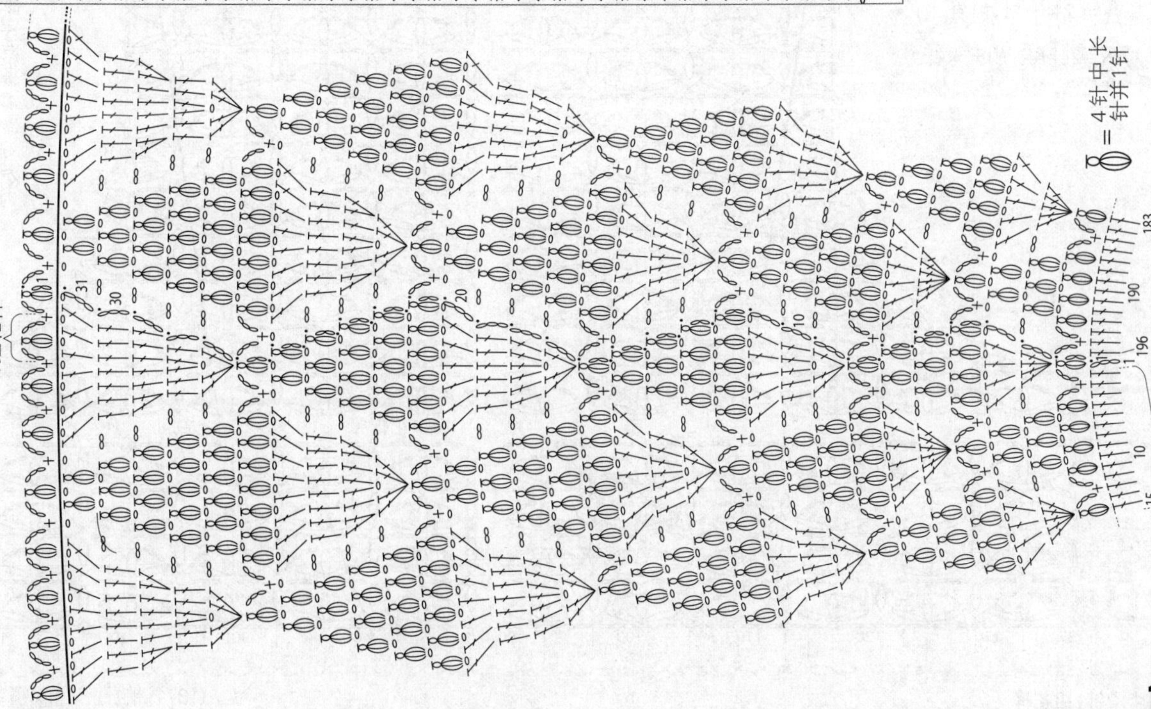

= 4针中长针并1针
1组花样
1组花样重复14回

47

工具：2.0mm、2.5mm钩针
尺寸：衣长48cm，胸围86mm
密度：32针×13行
材料：进口粉色蕾丝线220g，
进口极细粉色蕾丝线140g

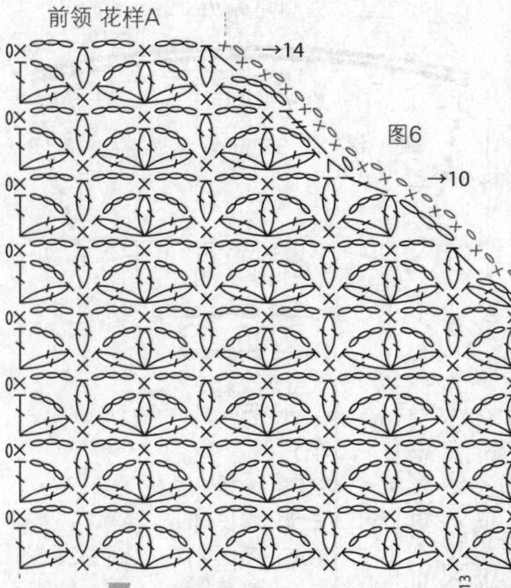

前领 花样A
图6
→14
→10
←3

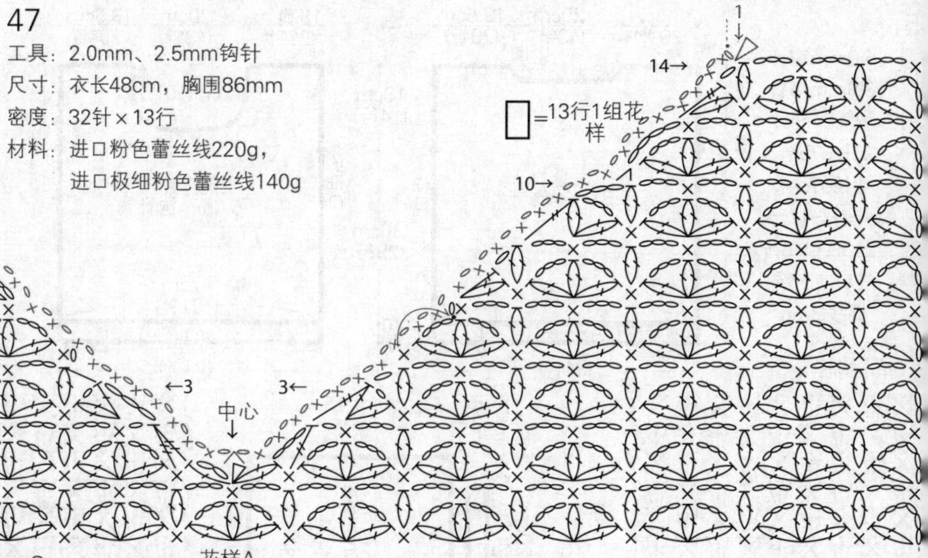

=13行1组花样
14→
10→
3←
中心

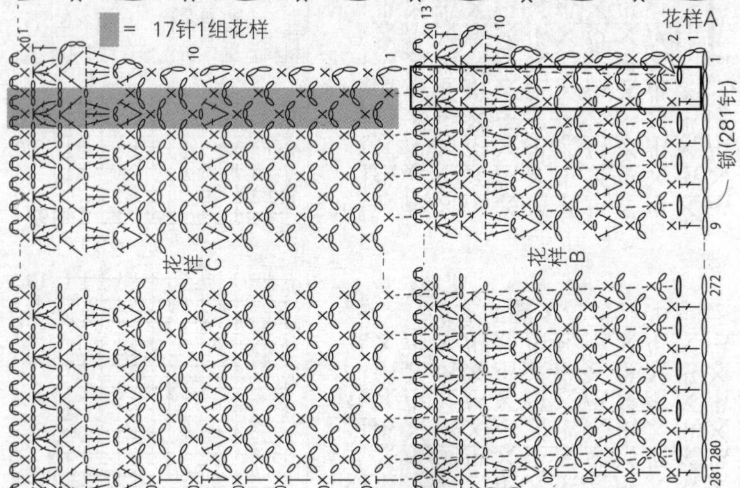

花样A
=17针1组花样
花样C
花样B
锁(281针)

4cm (13针)
22cm (71针)
4cm (13针)
3cm(4行)
图4
图3
图2
图1
后身片
编织花样A
2.5mm钩针
47.5cm
20cm (26行)
27.5cm (36行)
43cm(137针17组花样+1针)
(40针)
(137针)
(40针)

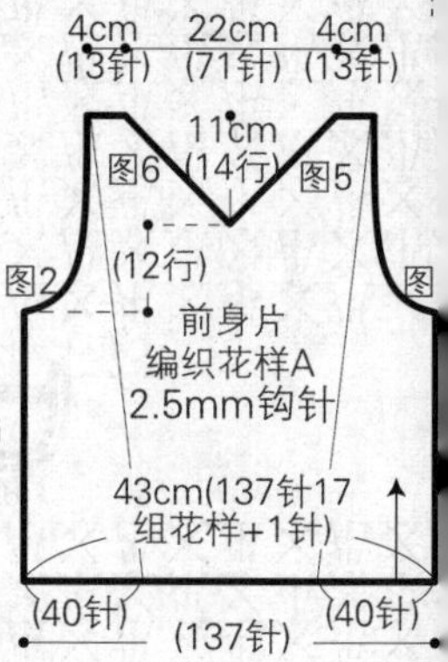

4cm (13针)
22cm (71针)
4cm (13针)
11cm (14行)
图6
图5
图2
(12行)
前身片
编织花样A
2.5mm钩针
43cm(137针17组花样+1针)
(40针)
(137针)
(40针)

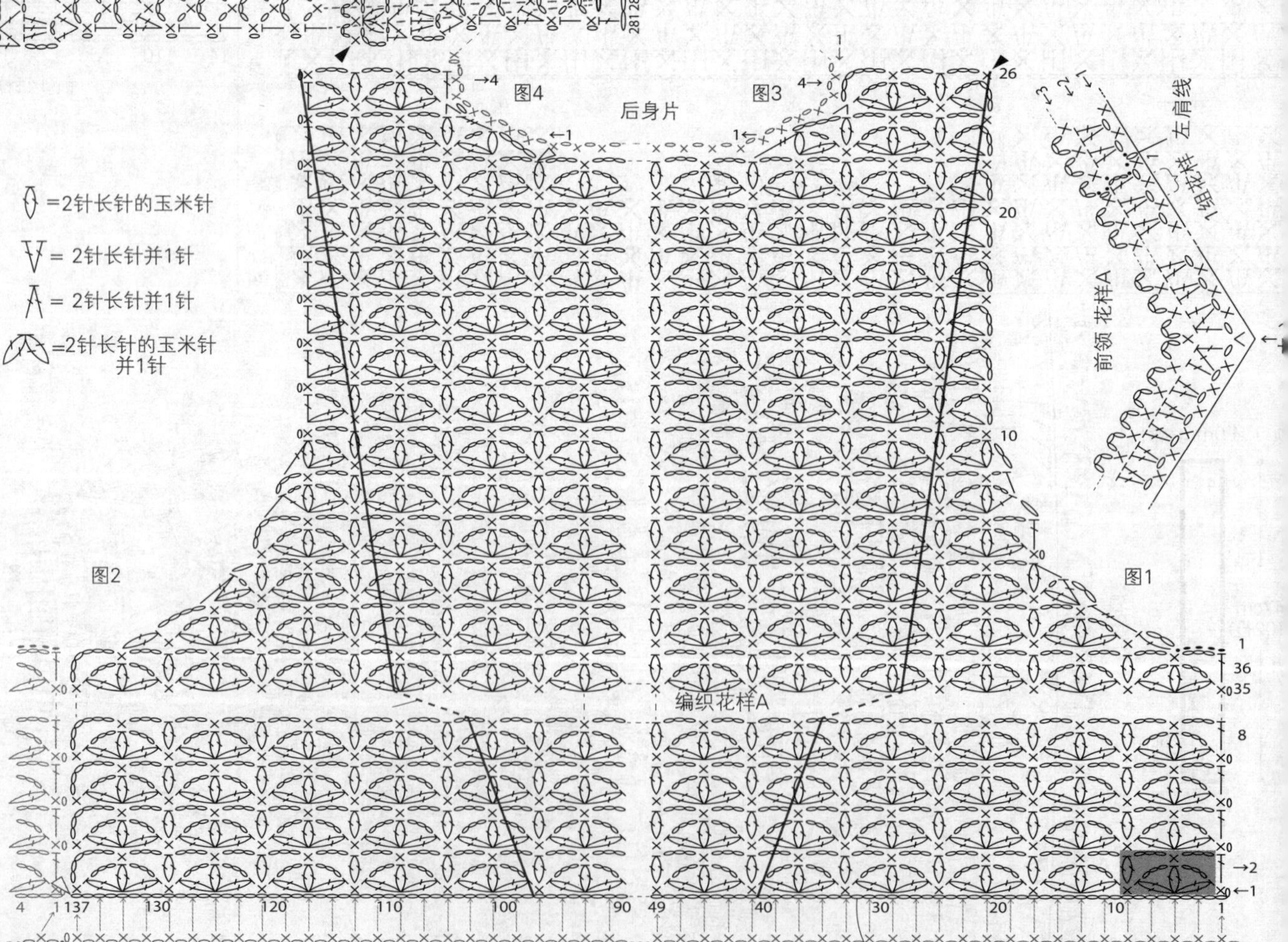

=2针长针的玉米针
= 2针长针并1针
= 2针长针并1针
=2针长针的玉米针并1针
图4
图3
后身片
图2
图1
编织花样A
左肩线
1组花样
前领 花样A
2针1组花样
(137针锁针)
= 8针2行1组花样

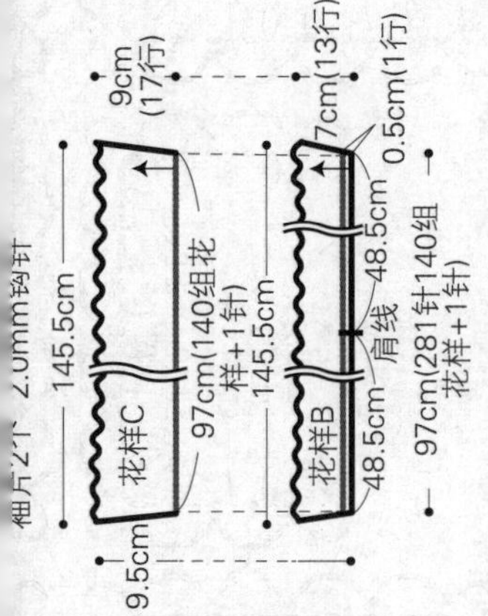

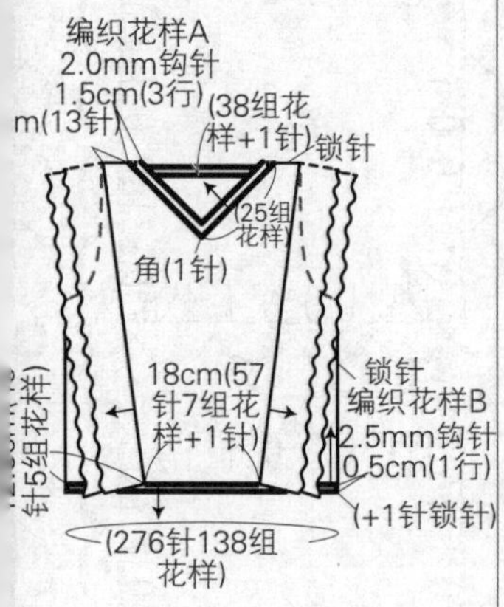

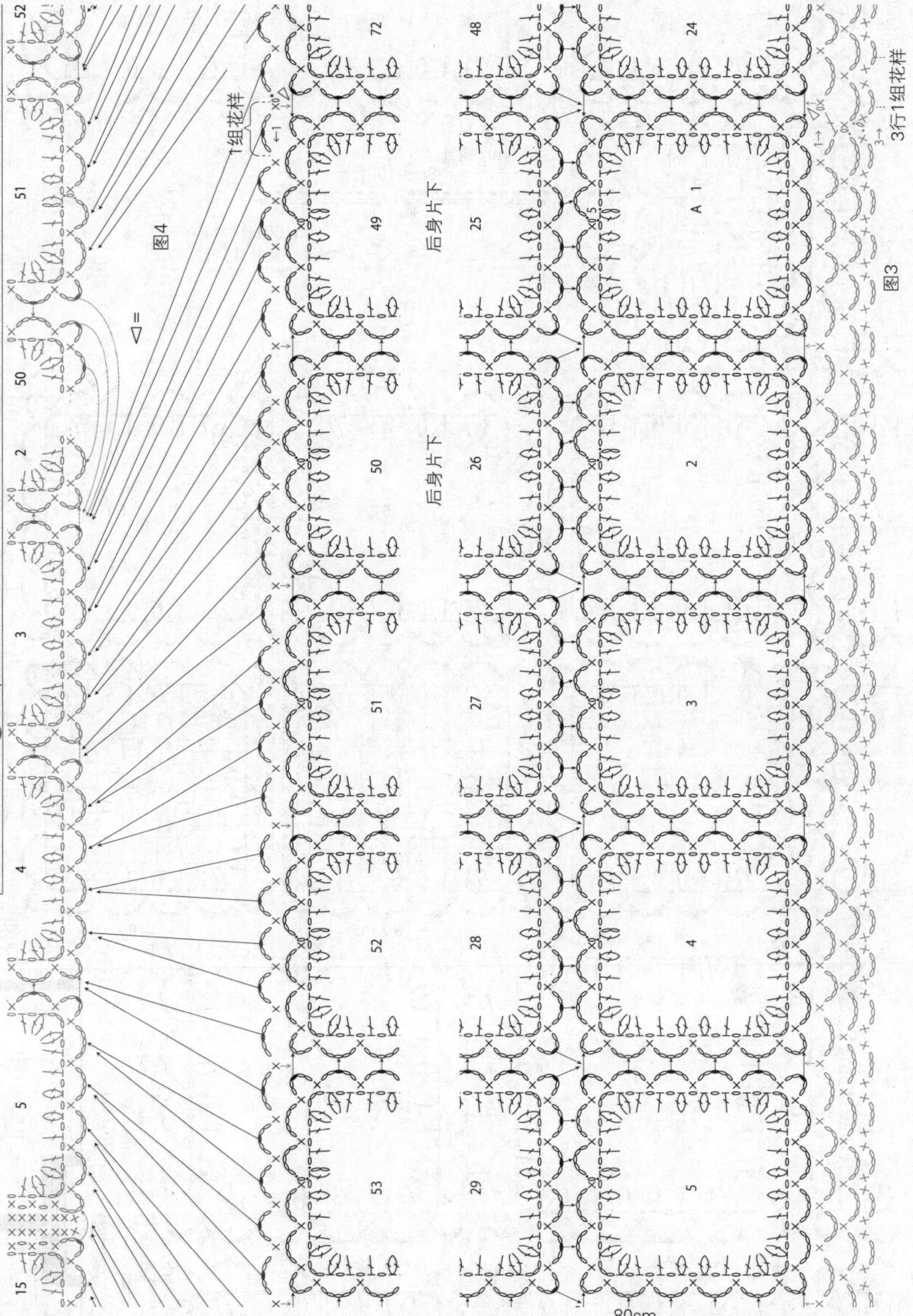

-8

工具：2.3mm钩针

尺寸：胸围96cm，衣长40.5cm，
后背长54cm

密度：单片花8cm

材料：进口浅蓝色蕾丝线335g，
米黄色蕾丝线130g

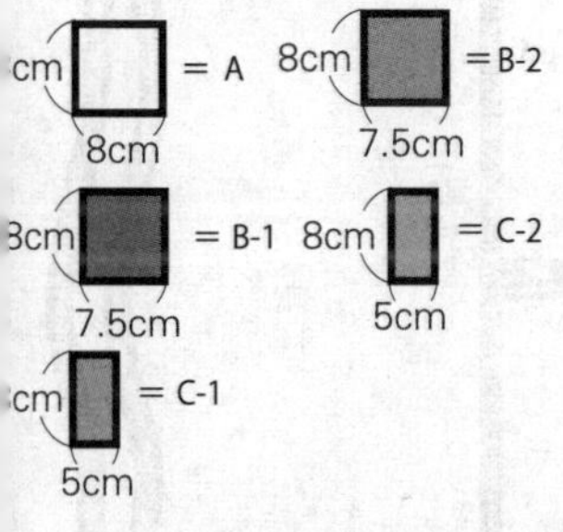

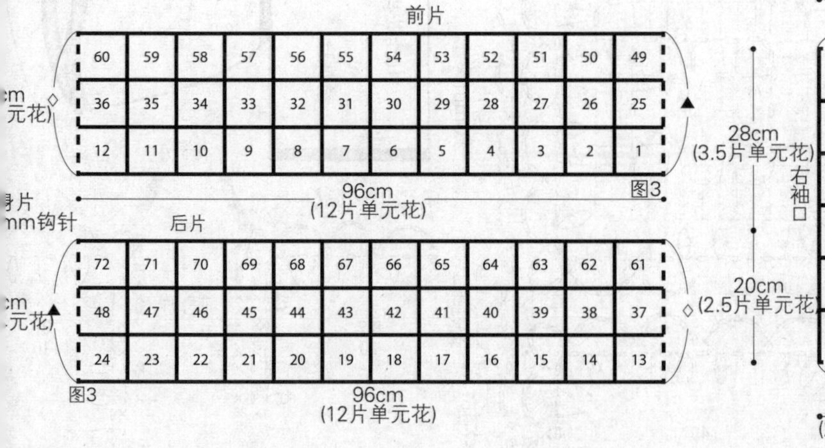

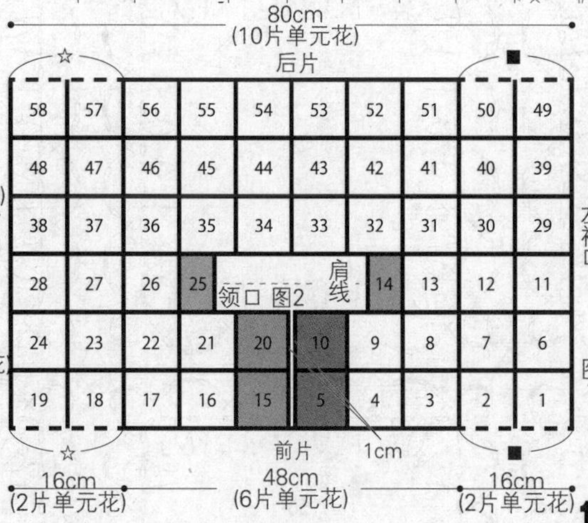

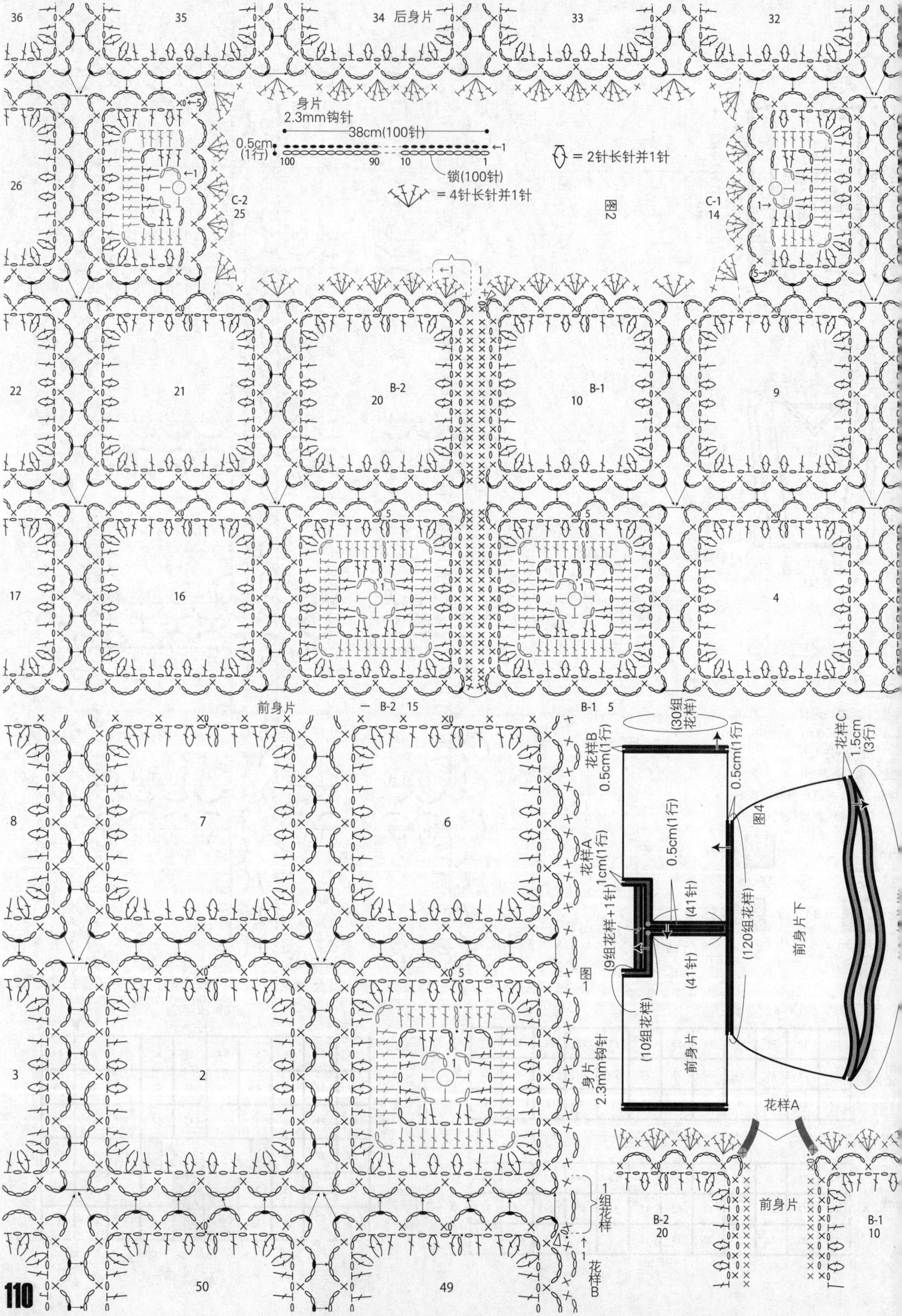
后身片
身片
2.3mm钩针
38cm(100针)
0.5cm
(1行)
锁(100针)
= 2针长针并1针
= 4针长针并1针
图2
C-2
25
C-1
14
B-2
20
B-1
10
前身片
B-2 15
B-1 5
花样B
0.5cm(1行)
花样A
1cm(1行)
0.5cm(1行)
(9组花样+1针)
(41针)
(41针)
(10组花样)
前身片
(120组花样)
(30组花样)
图4
前身片下
花样C
1.5cm
(3行)
图1
身片
2.3mm钩针
1组花样
花样B
花样A
前身片
B-2
20
B-1
10
36
35
34
33
32
26
22
21
9
17
16
4
8
7
6
3
2
50
49

9

具：2.0mm钩针

寸：衣长37.5cm，袖长48.5cm

度：花样A：38针×16行

花样B：38针×14行

料：进口墨绿蓝色蕾丝线305g

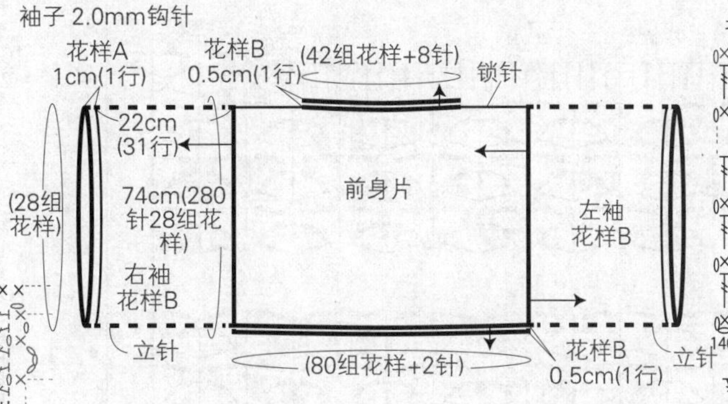

袖子 2.0mm钩针
花样A
1cm(1行)
花样B
0.5cm(1行)
(42组花样+8针)
锁针
22cm
(31行)
(28组
花样)
74cm(280
针28组花
样)
前身片
左袖
花样B
右袖
花样B
立针
(80组花样+2针)
花样B
0.5cm(1行)
立针

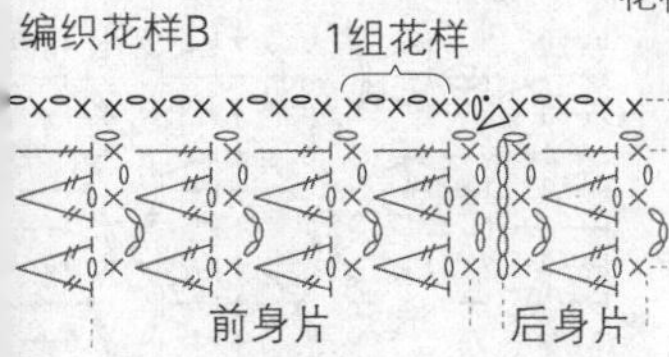

编织花样B
1组花样
前身片
后身片

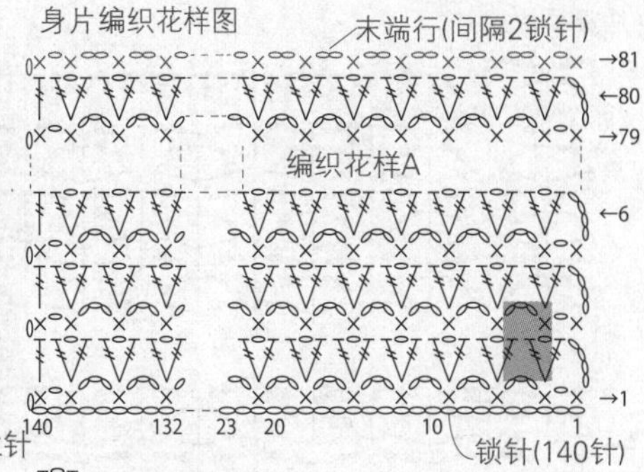

身片编织花样图
末端行(间隔2锁针)
→81
←80
→79
编织花样A
←6
→1
140
132
23
20
10
1
锁针(140针)

= 2针长长针并1针　　■ = 3针2行1组花样

= 长长针

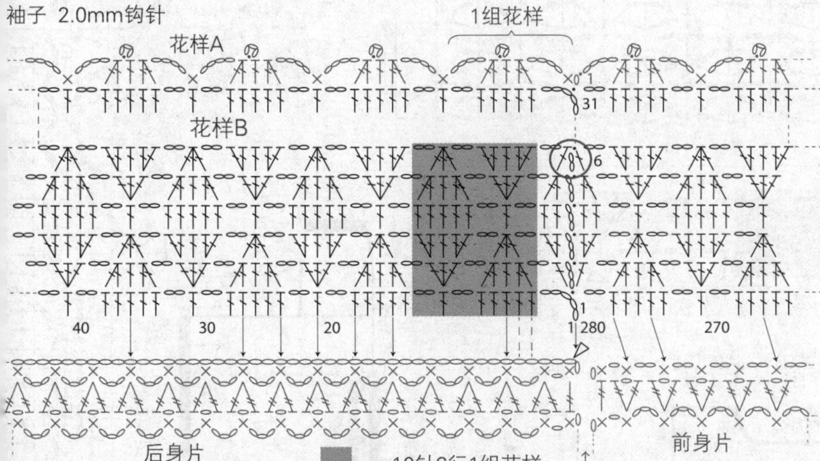

袖子 2.0mm钩针
1组花样
花样A
花样B
31
6
1
40
30
20
1
280
270
后身片
前身片

■ = 10针6行1组花样

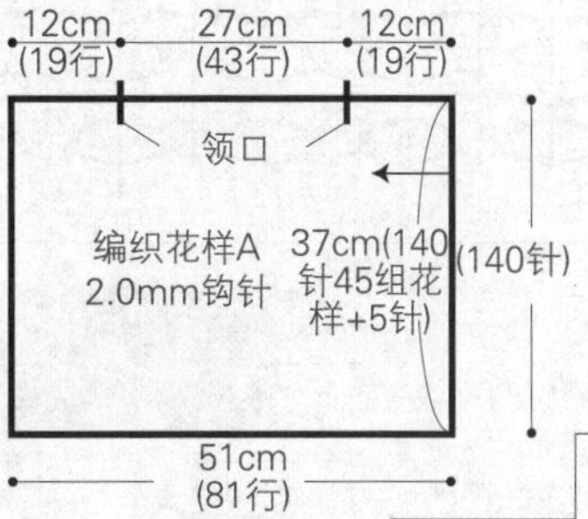

身片2片
12cm
(19行)
27cm
(43行)
12cm
(19行)
领口
编织花样A
2.0mm钩针
37cm(140
针45组花
样+5针)
(140针)
51cm
(81行)

= 2针长针并1针

= 2针长针并1针

= 3针长针并1针

= 3针长针并1针

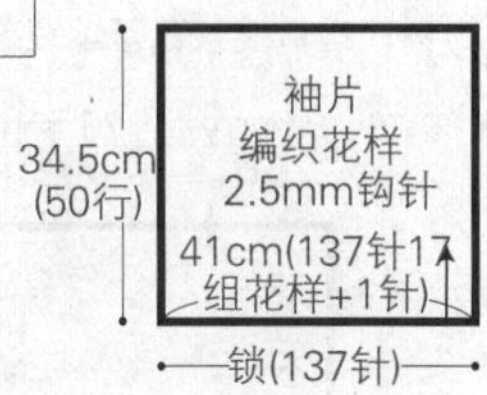

34.5cm
(50行)
袖片
编织花样
2.5mm钩针
41cm(137针17
组花样+1针)
锁(137针)

0

具：2.3mm、2.5mm钩针

寸：胸围112cm，

衣长60.5cm，

袖长34.5cm

度：33针×14.5行

料：进口浅蓝色蕾丝线405g

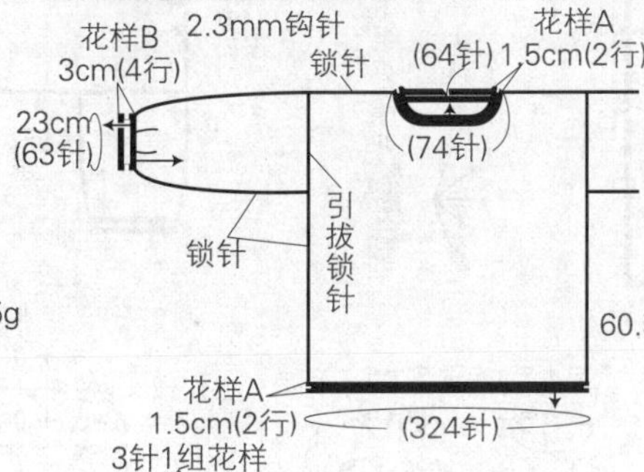

花样B
3cm(4行)
2.3mm钩针
锁针
花样A
(64针) 1.5cm(2行)
23cm
(63针)
(74针)
锁针
引
拔
锁
针
60.5cm
花样A
1.5cm(2行)
(324针)

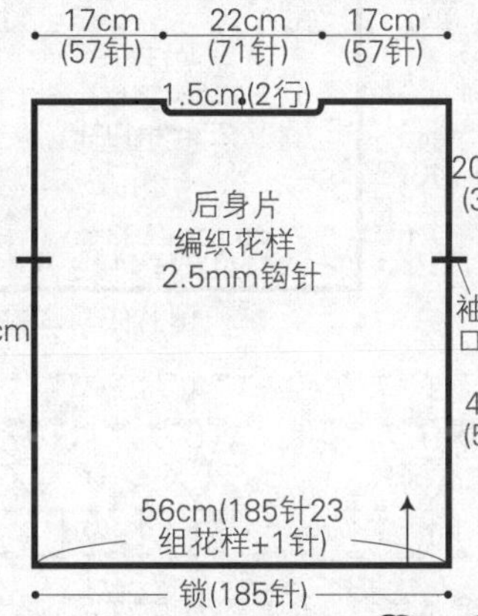

17cm
(57针)
22cm
(71针)
17cm
(57针)
1.5cm(2行)
20.5cm
(30行)
后身片
编织花样
2.5mm钩针
袖
口
40cm
(58行)
56cm(185针23
组花样+1针)
锁(185针)

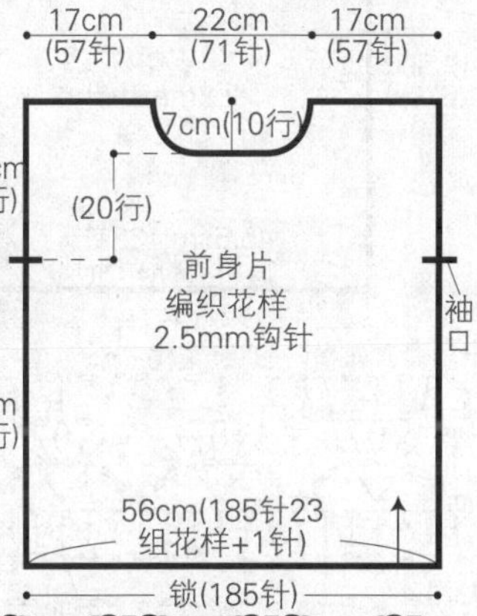

17cm
(57针)
22cm
(71针)
17cm
(57针)
7cm(10行)
(20行)
前身片
编织花样
2.5mm钩针
袖
口
56cm(185针23
组花样+1针)
锁(185针)

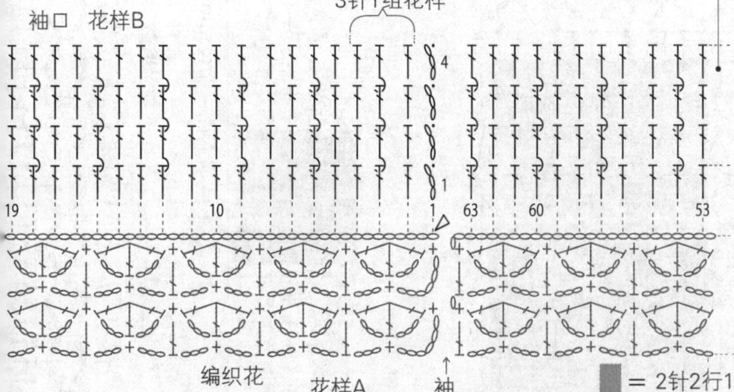

袖口 花样B
3针1组花样
4
1
19
10
1
63
60
53
编织花
袖

编织花样

■ = 8针2行1组花样

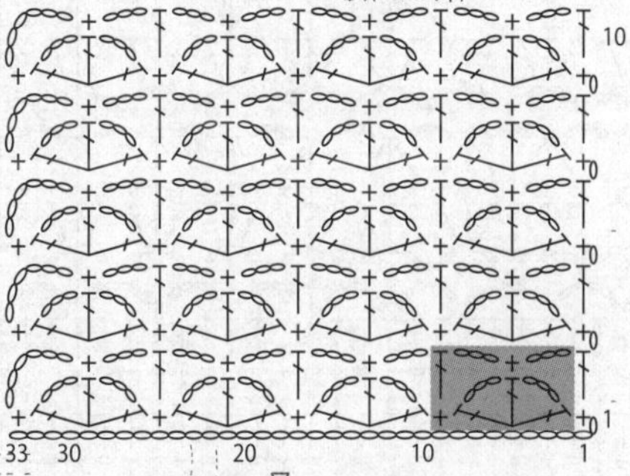

10
1
33
30
20
10
1

■ = 2针2行1组花样　◁ = 开始

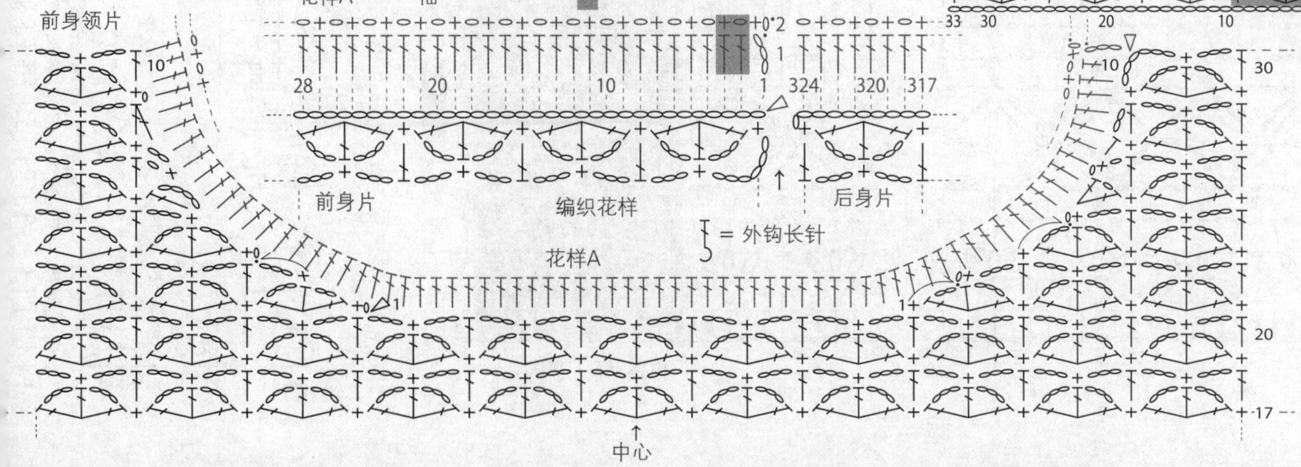

花样A
2
1
28
20
10
1
324
320
317
前身片
编织花样
后身片

= 外钩长针

前身领片
10
1
30
20
17
花样A
中心

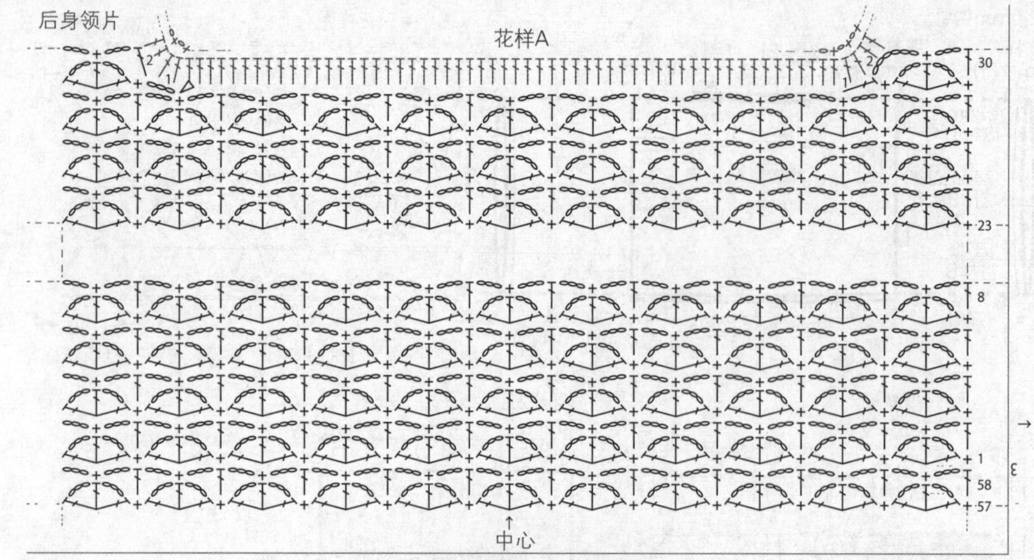
后身领片
花样A
30
23
8
1
58
57
中心

51

工具：2.5mm钩针

尺寸：胸围91cm，衣长47.5cm

密度：29针×14行

材料：进口浅紫色蕾丝线265g

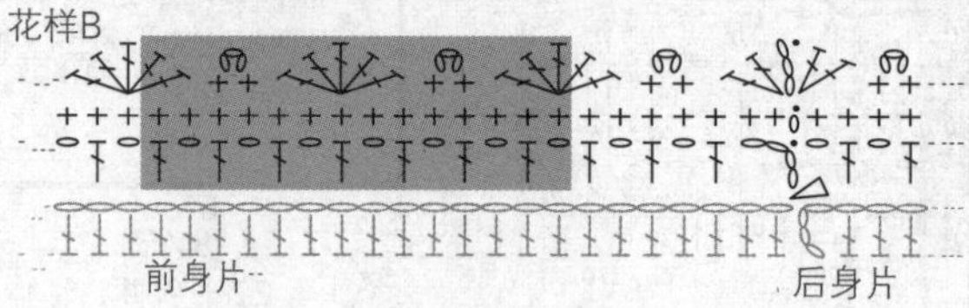
花样B
3
1
前身片
后身片

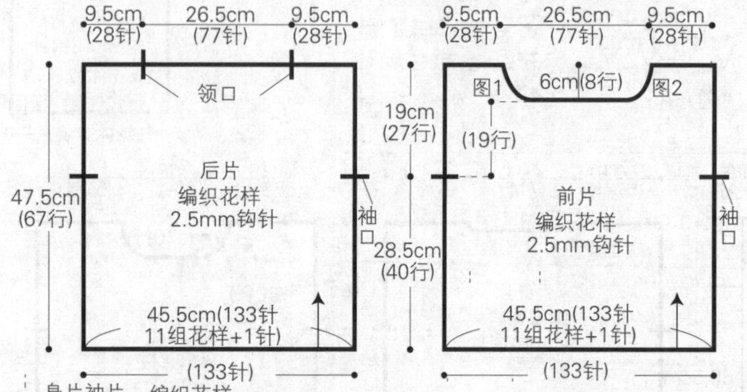
9.5cm (28针)
26.5cm (77针)
9.5cm (28针)
领口
47.5cm (67行)
后片
编织花样
2.5mm钩针
袖口
45.5cm(133针 11组花样+1针)
(133针)
9.5cm (28针)
26.5cm (77针)
9.5cm (28针)
图1
6cm(8行)
图2
19cm (27行)
(19行)
前片
编织花样
2.5mm钩针
袖口
28.5cm (40行)
45.5cm(133针 11组花样+1针)
(133针)

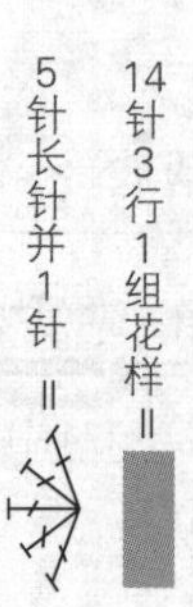
5针长针并1针＝
14针3行1组花样＝

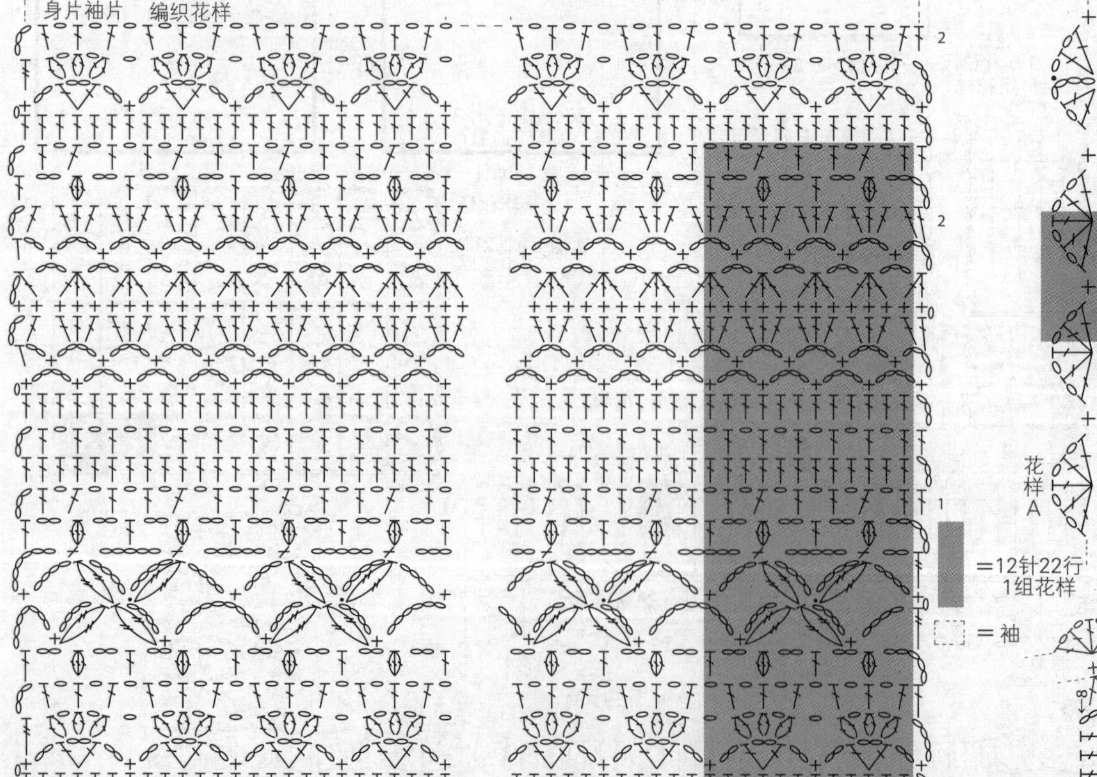
身片袖片 编织花样
2
2
1
1
133
130
120
110
109
24
20
10
1
109
100
90
85
锁(133针)(109针)
＝12针22行 1组花样
＝袖

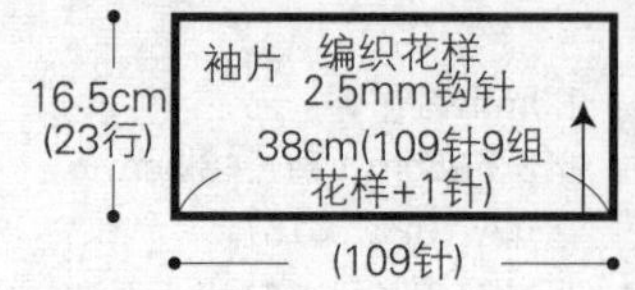
袖片 编织花样 2.5mm钩针
16.5cm (23行)
38cm(109针9组花样+1针)
(109针)

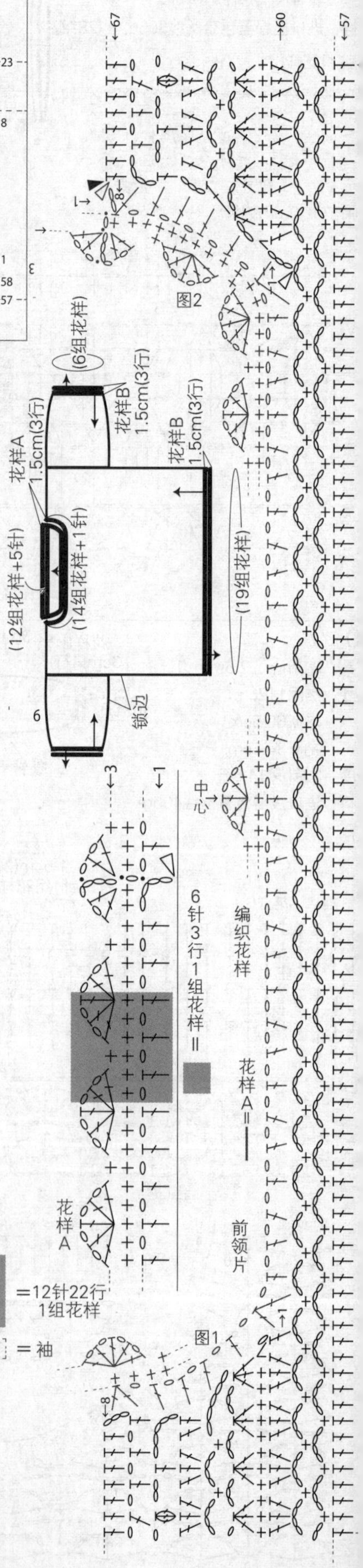
67
60
57
图2
(6组花样)
花样B 1.5cm(3行)
花样A 1.5cm(3行)
花样B 1.5cm(3行)
(12组花样+5针)
(14组花样+1针)
(19组花样)
6
锁边
3
1
中心
6针3行1组花样＝
编织花样
花样A＝
花样A
前领片
图1
8

2

具：2.3mm钩针

寸：参考结构图

度：24.5针×9行

料：进口米色蕾丝线360g

3

具：2.3mm钩针

寸：胸围111cm，衣长57cm

度：35.5针×14行

料：进口淡粉色蕾丝线250g

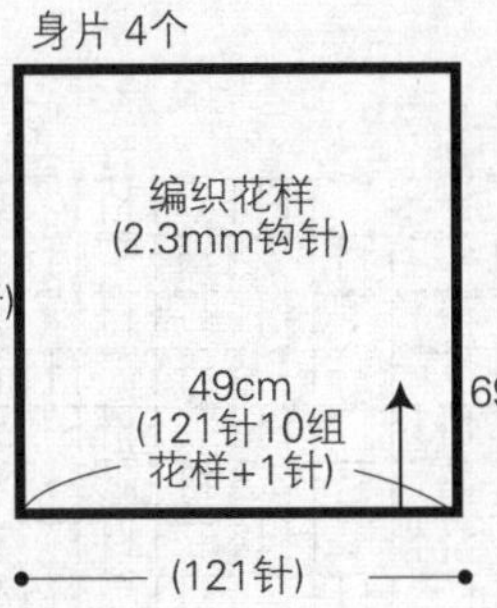

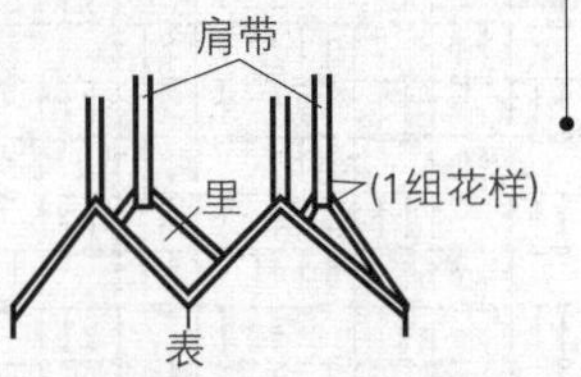

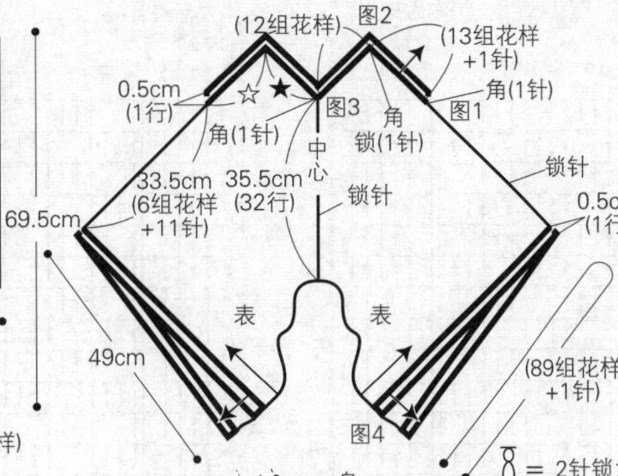

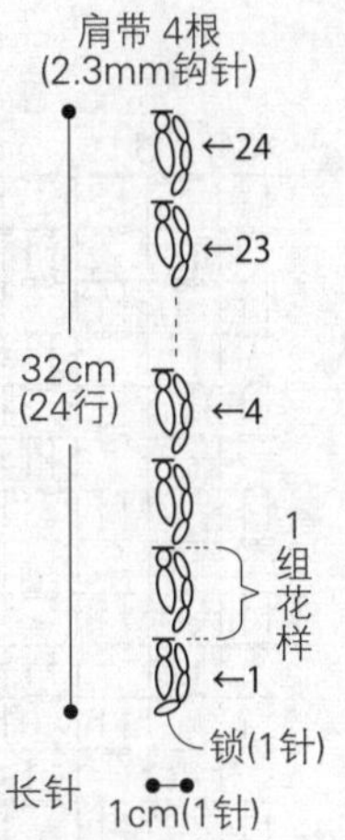

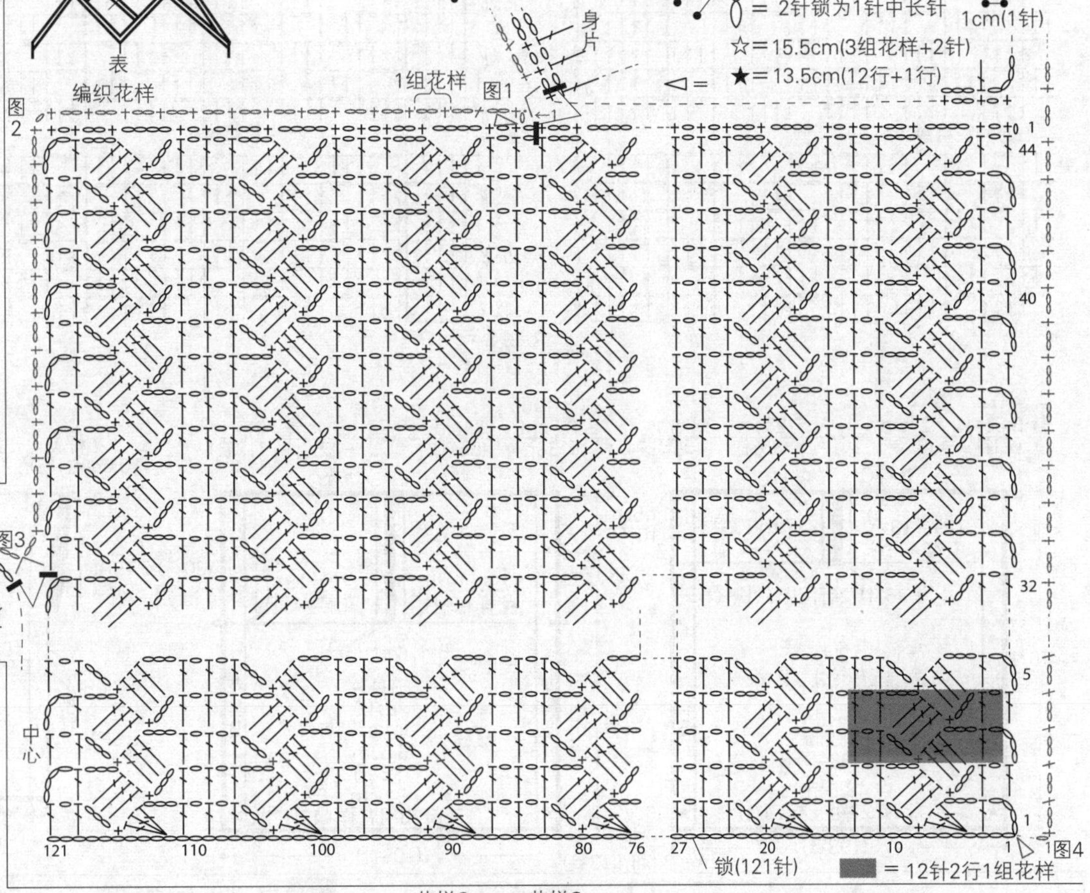

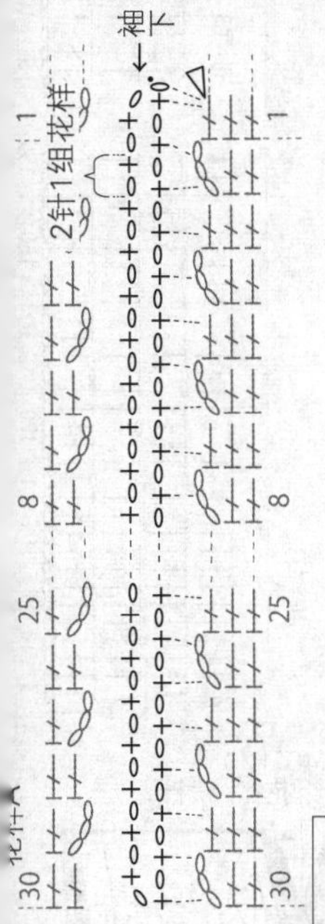

= 13针2行1组花样

= 6针2行1组花样

= 13针2行1组花样

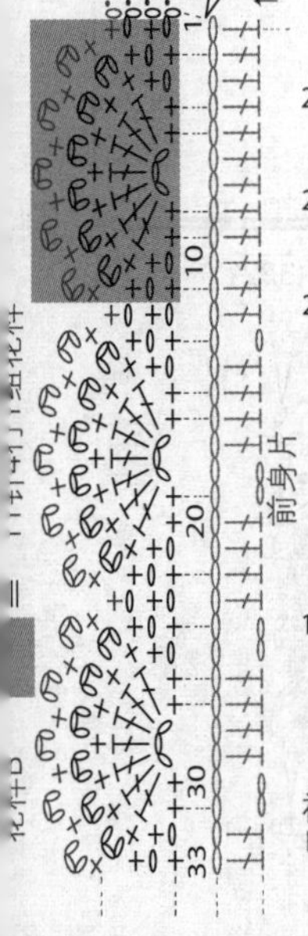

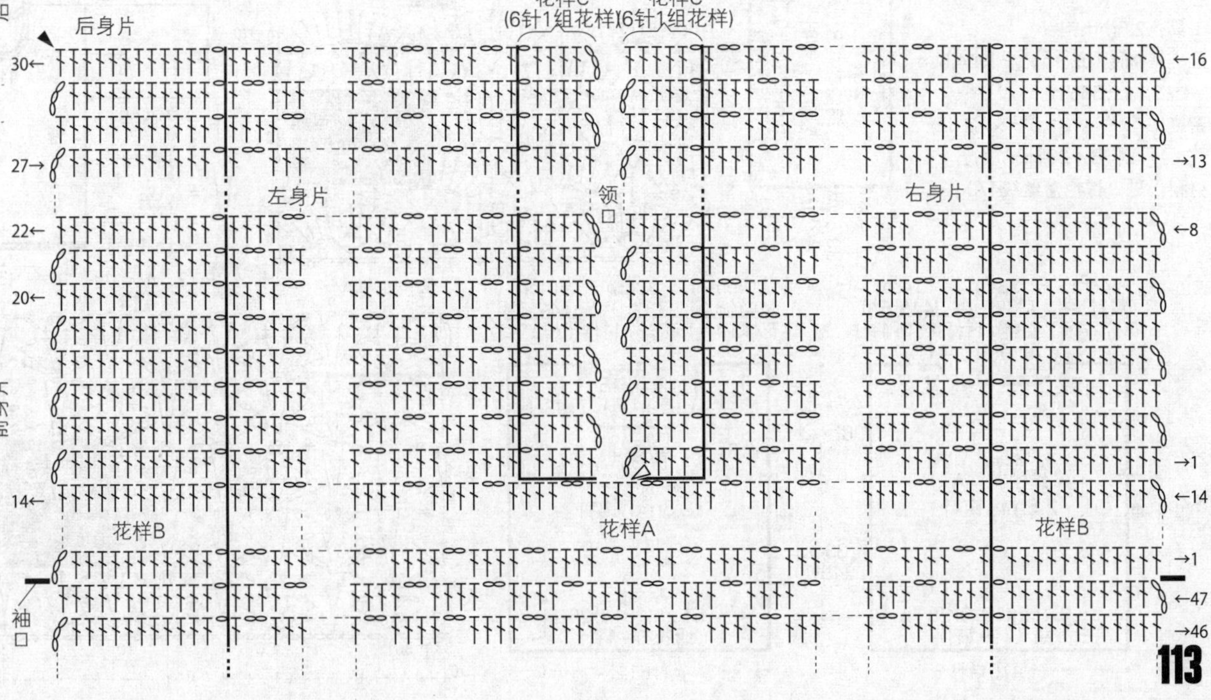

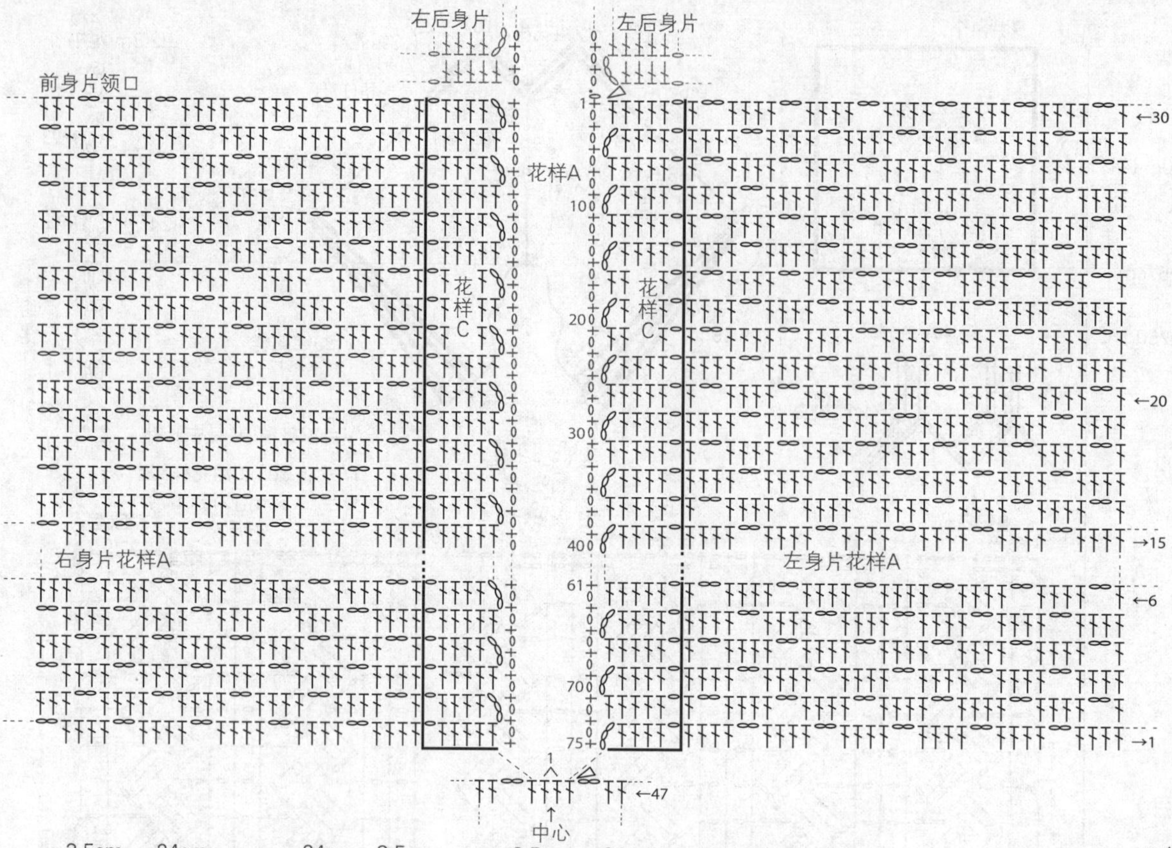

右后身片
左后身片
前身片领口
花样A
花样C
花样C
右身片花样A
左身片花样A
中心
1
10
20
30
40
61
70
75
←30
←20
→15
←6
→1
←47

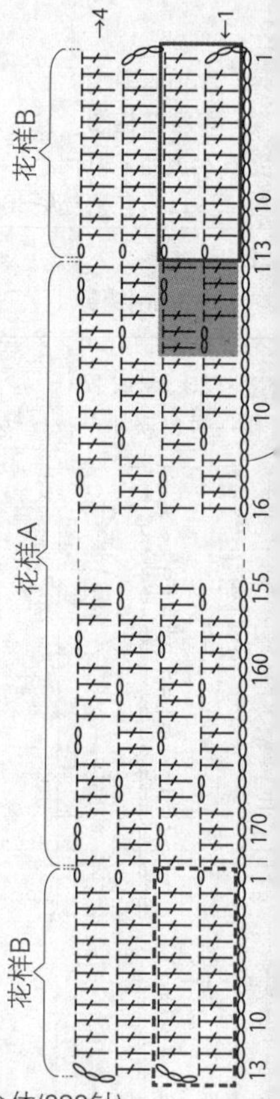

花样B
花样A
花样B
→4
←1

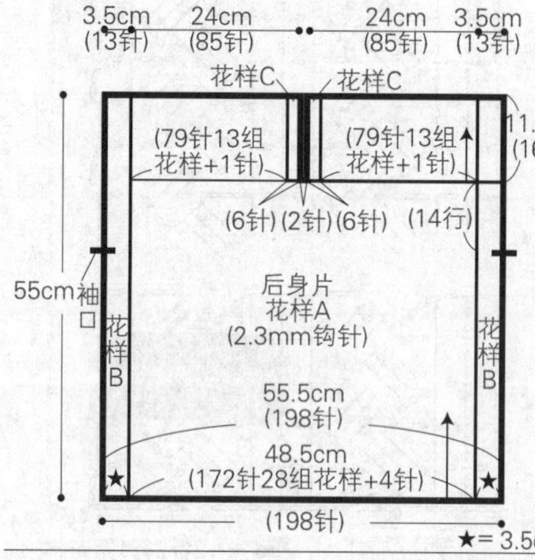

3.5cm (13针)
24cm (85针)
24cm (85针)
3.5cm (13针)
花样C
花样C
(79针13组花样+1针)
(79针13组花样+1针)
11.5cm (16行)
(6针) (2针) (6针)
(14行)
55cm
袖口
后身片
花样A
(2.3mm钩针)
花样B
花样B
55.5cm (198针)
48.5cm (172针28组花样+4针)
(198针)

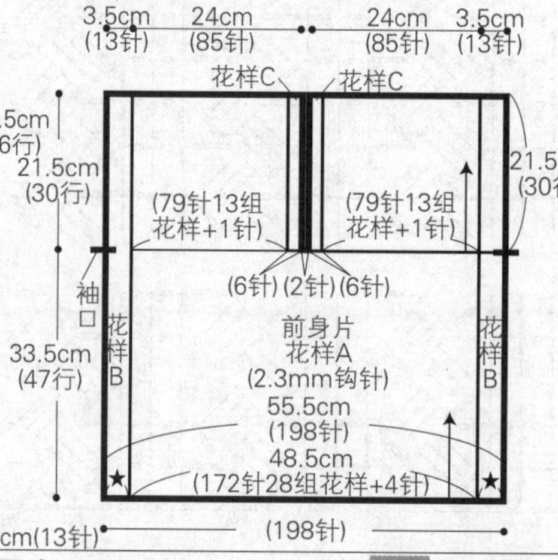

3.5cm (13针)
24cm (85针)
24cm (85针)
3.5cm (13针)
花样C
花样C
21.5cm (30行)
(79针13组花样+1针)
(79针13组花样+1针)
21.5cm (30行)
(6针) (2针) (6针)
袖口
33.5cm (47行)
前身片
花样A
(2.3mm钩针)
花样B
花样B
55.5cm (198针)
48.5cm (172针28组花样+4针)
★=3.5cm(13针)
(198针)

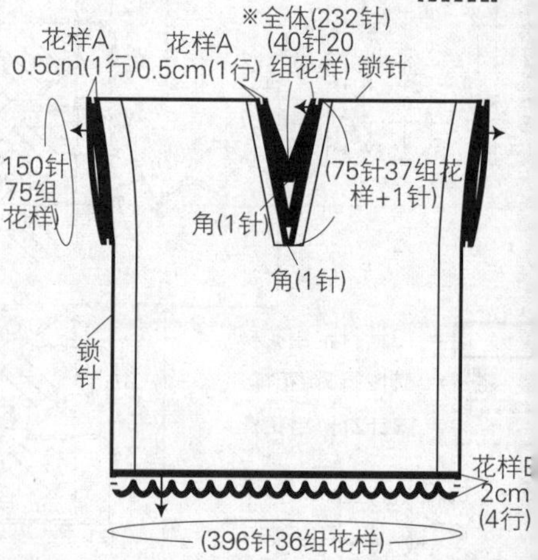

※全体(232针)
花样A 0.5cm(1行)
花样A 0.5cm(1行)
(40针20组花样)
锁针
(150针75组花样)
(75针37组花样+1针)
角(1针)
角(1针)
锁针
花样B 2cm (4行)
(396针36组花样)

54

工具：2.5mm钩针

尺寸：胸围102cm，衣长54.5cm，袖长56cm

密度：花样A：31.5针×13.5行

花样B：29针×17行

材料：进口棕色蕾丝线470g

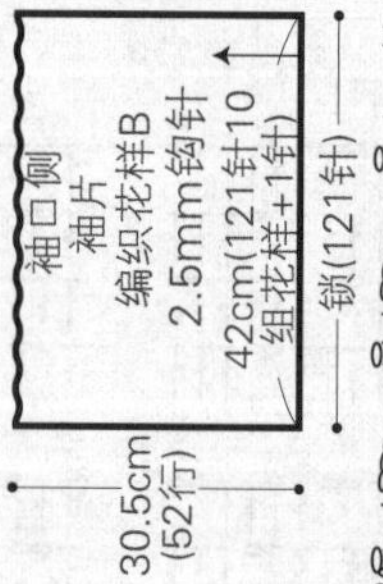

袖口侧
袖片
编织花样B
2.5mm钩针
42cm(121针10组花样+1针)
锁(121针)
30.5cm (52行)

编织花样B

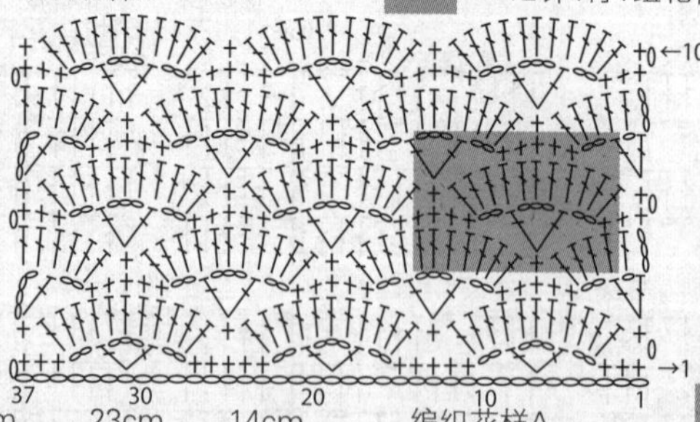

10
1
37
30
20
10
1

= 12针4行1组花样

= 长长针

= 1针长长针、1针锁针、1针长长针合并1针

=8针4行1组花样

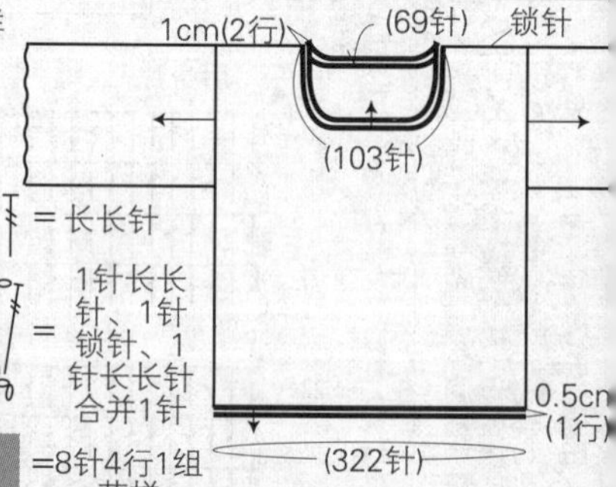

1cm(2行)
(69针)
锁针
(103针)
0.5cm (1行)
(322针)

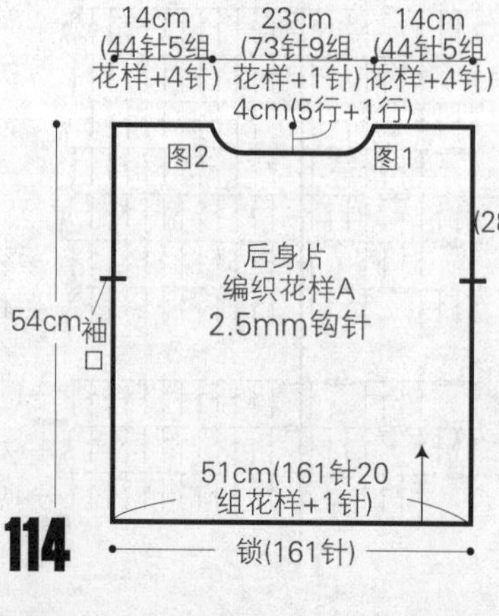

14cm (44针5组花样+4针)
23cm (73针9组花样+1针)
14cm (44针5组花样+4针)
4cm(5行+1行)
图2
图1
后身片
编织花样A
2.5mm钩针
54cm
袖口
51cm(161针20组花样+1针)
锁(161针)

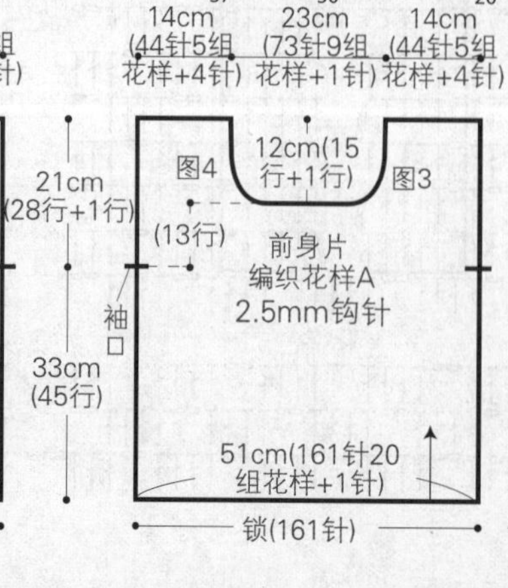

14cm (44针5组花样+4针)
23cm (73针9组花样+1针)
14cm (44针5组花样+4针)
21cm (28行+1行)
12cm(15行+1行)
图4
图3
(13行)
前身片
编织花样A
2.5mm钩针
袖口
33cm (45行)
51cm(161针20组花样+1针)
锁(161针)

编织花样A

→10
←1
33
30
20
10
1
1→

5
具：2.5mm钩针
寸：胸围98cm，衣长51cm
度：花样A：26针×15行
花样B：33针×15行
中长针编织密度：34针×19行
料：进口米黄色蕾丝线210g

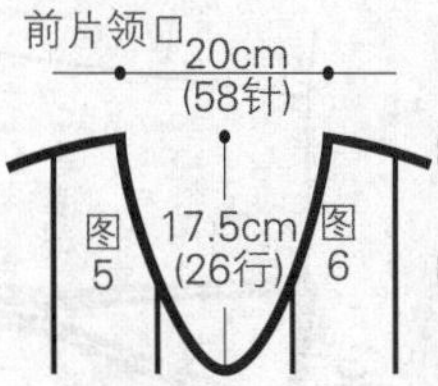

前片领口
20cm
(58针)
17.5cm
(26行)
图5
图6

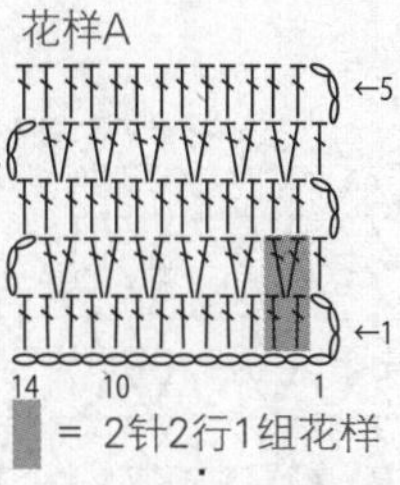

花样A
←5
←1
14
10
1
= 2针2行1组花样

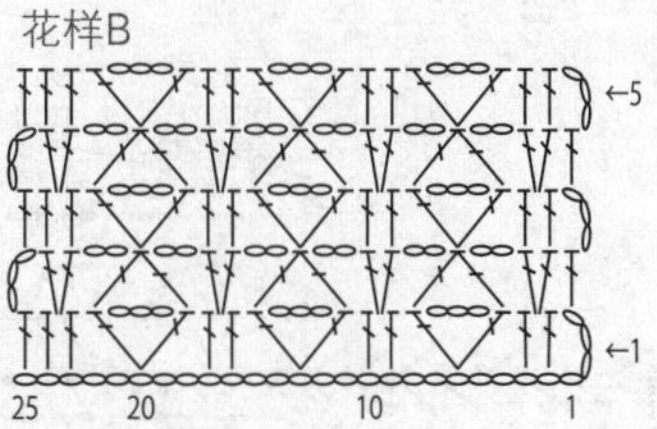

花样B
←5
←1
25
20
10
1

= 2针2行1组花样

= 开始

= 结束

= 过渡线

= 花样A

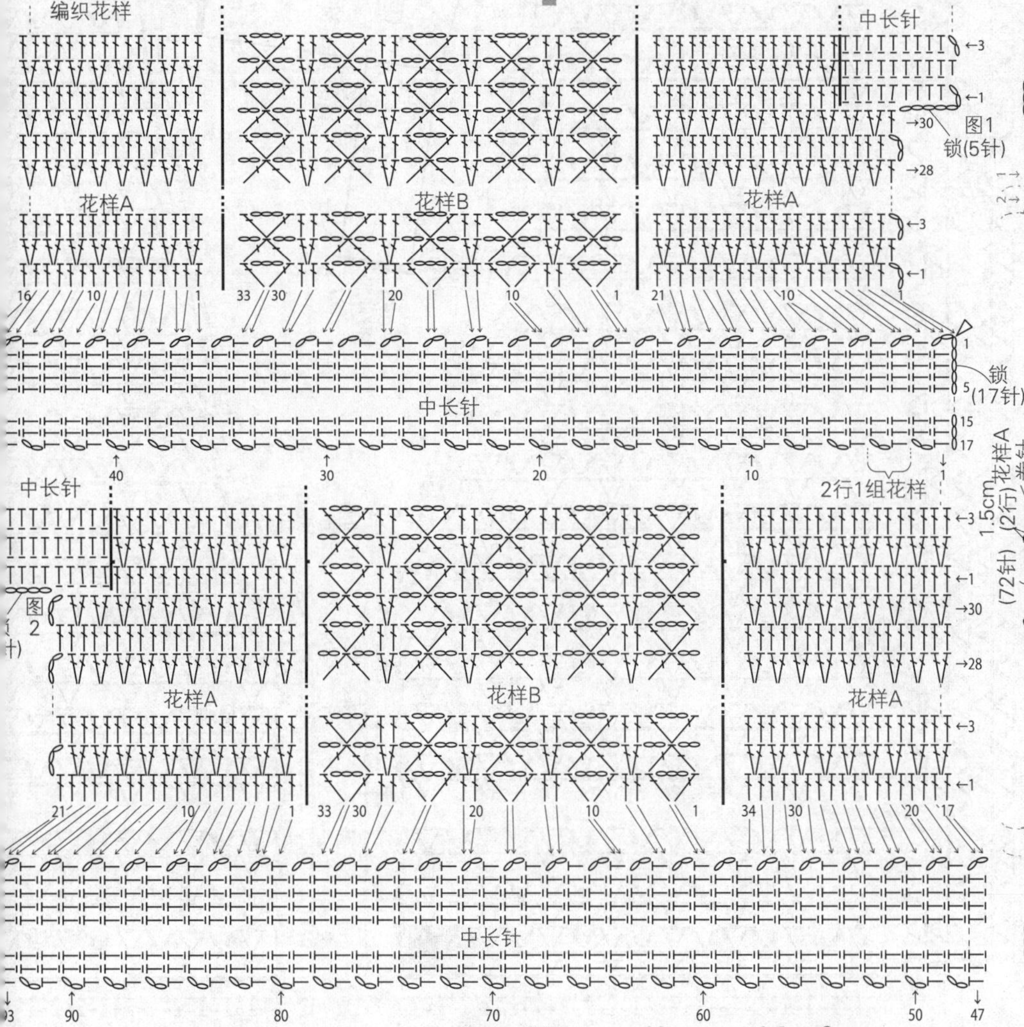

编织花样
花样A
花样B
中长针
图1
锁(5针)
锁(17针)
2行1组花样
图2

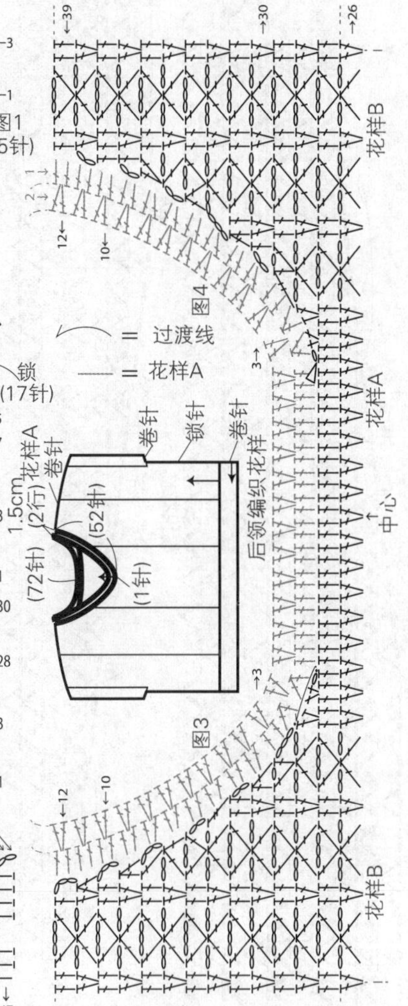

花样B
花样A
图4
图3
中心
后领编织花样
= 过渡线
= 花样A
卷针
锁针
花样A
1.5cm
(2行)
(52针)
(72针)
(1针)

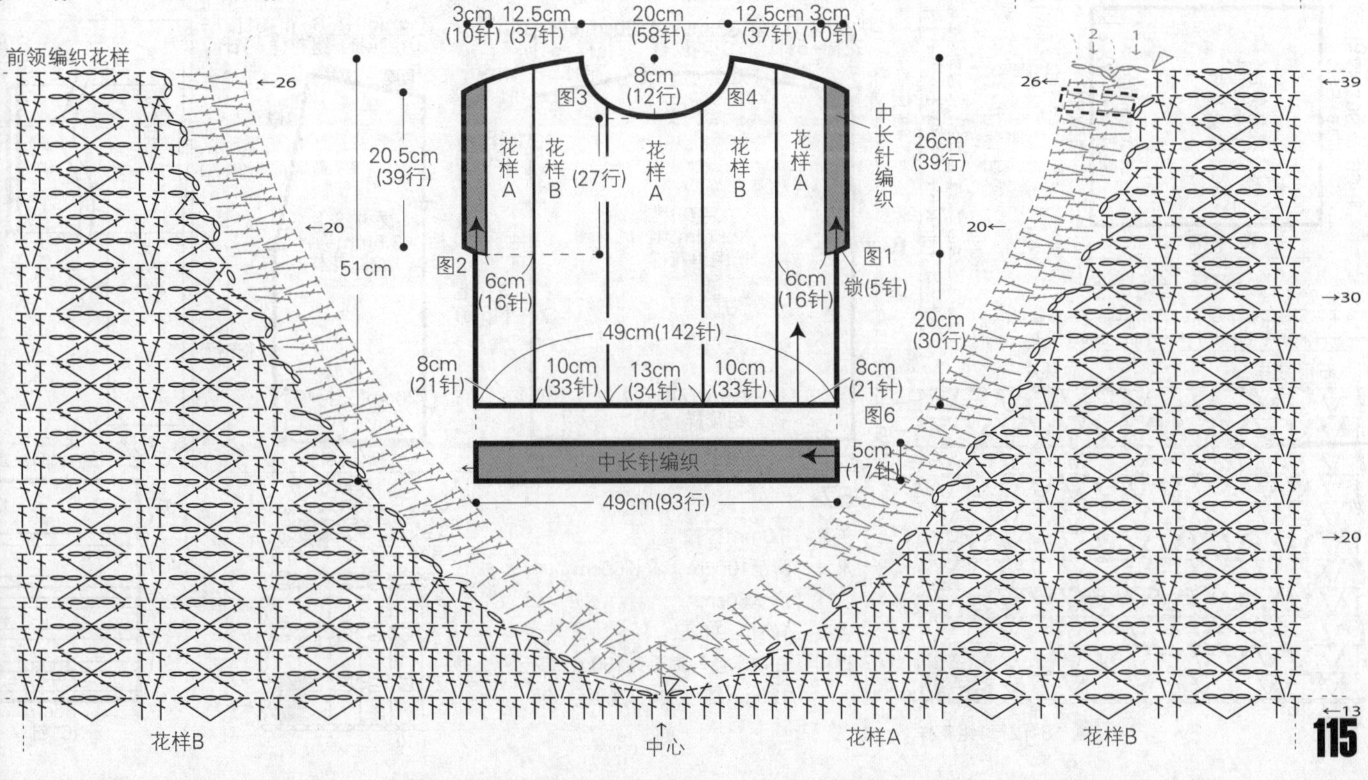

前领编织花样
3cm
(10针)
12.5cm
(37针)
20cm
(58针)
8cm
(12行)
图3
图4
花样A
花样B
(27行)
20.5cm
(39行)
51cm
中长针编织
26cm
(39行)
图2
图1
锁(5针)
6cm
(16针)
49cm(142针)
8cm
(21针)
10cm
(33针)
13cm
(34针)
20cm
(30行)
图6
5cm
(17针)
49cm(93行)
中心

56

工具：2.5mm钩针

尺寸：衣长64cm，袖长73.5cm

密度：25针×11行

材料：进口姜黄色蕾丝线485g

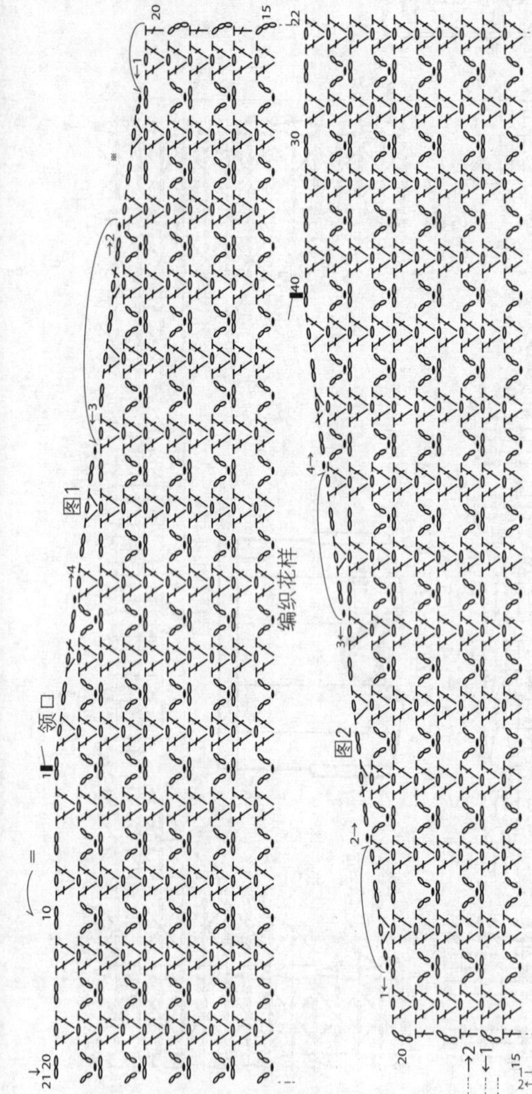

图1
领口
图2
编织花样

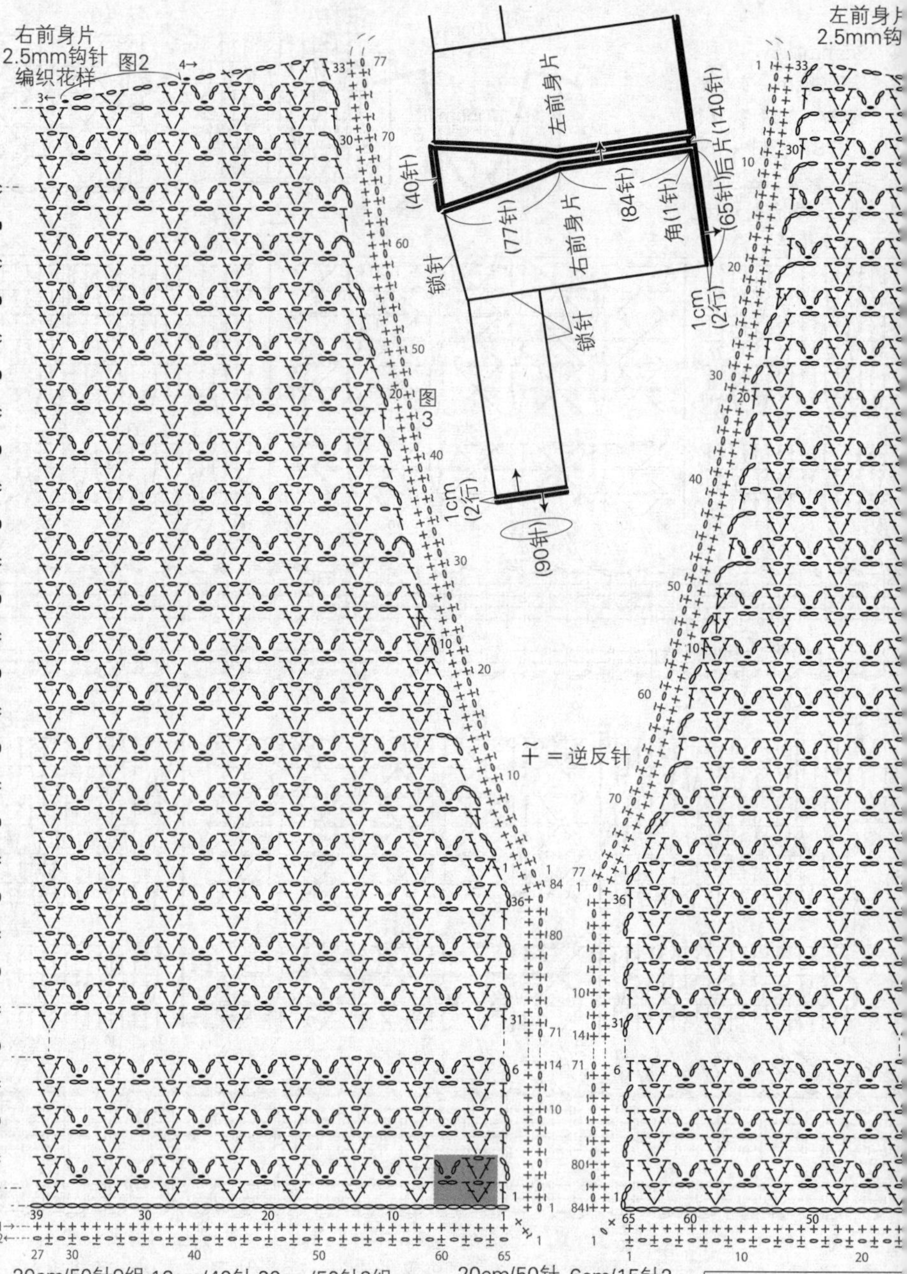

右前身片
2.5mm钩针
编织花样
图2
图3
左前身片
2.5mm钩针
左前身片
右前身片
(40针)
(77针)
(84针)
(140针)
(65针)后片
角(1针)
锁针
1cm
(2行)
(90针)
$\overline{+}$＝逆反针

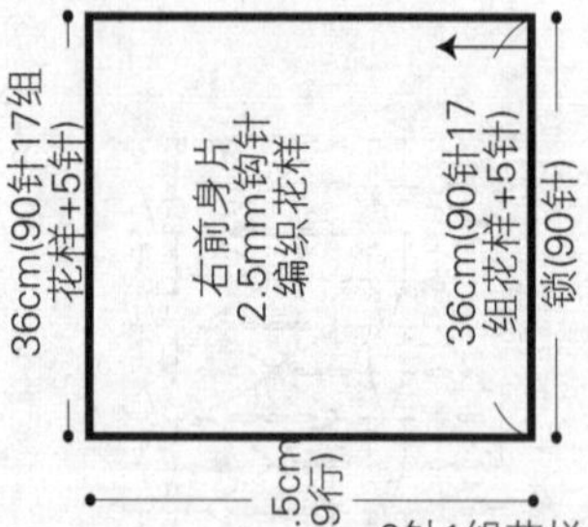

36cm(90针17组花样+5针)
右前身片
2.5mm钩针
编织花样
36cm(90针17组花样+5针)
锁(90针)
44.5cm
(49行)

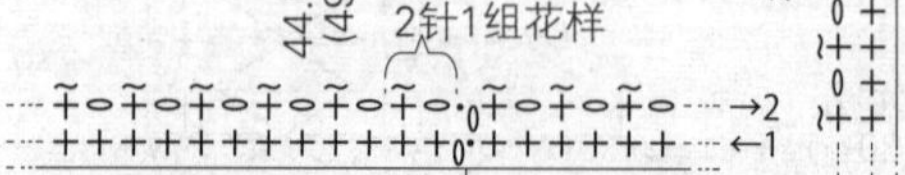

2针1组花样
袖口
袖下

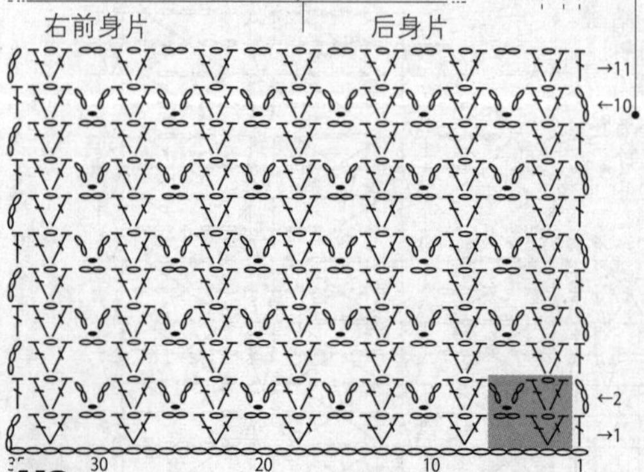

右前身片
后身片

■＝5针2行1组花样

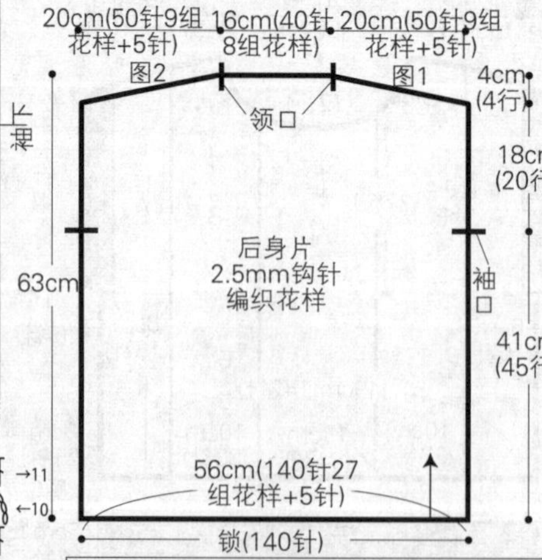

20cm(50针9组花样+5针)
16cm(40针8组花样)
20cm(50针9组花样+5针)
图2
图1
领口
4cm
(4行)
18cm
(20行)
63cm
后身片
2.5mm钩针
编织花样
袖口
41cm
(45行)
56cm(140针27组花样+5针)
锁(140针)

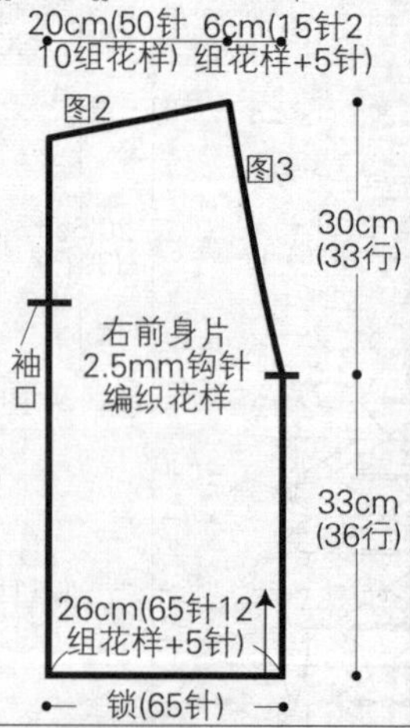

20cm(50针10组花样)
6cm(15针2组花样+5针)
图2
图3
袖口
右前身片
2.5mm钩针
编织花样
30cm
(33行)
33cm
(36行)
26cm(65针12组花样+5针)
锁(65针)

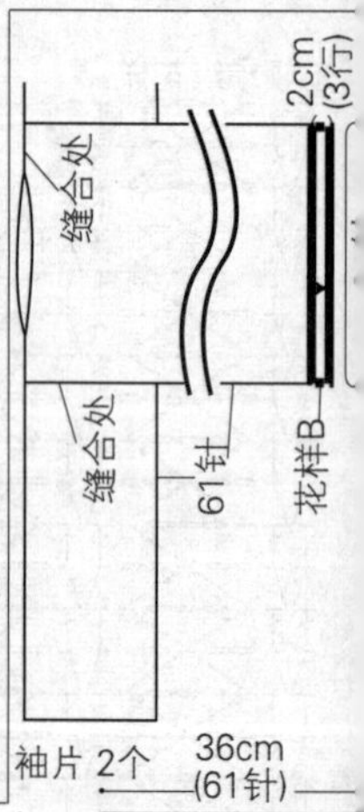

缝合处
2cm
(3行)
缝合处
61针
花样B
袖片 2个

57

工具：5.0mm钩针

尺寸：胸围100cm，衣长69cm，

肩宽50cm

密度：17针×9.5行

材料：进口米色马海毛线180g，棕色125g，红色70g，浅蓝色50g

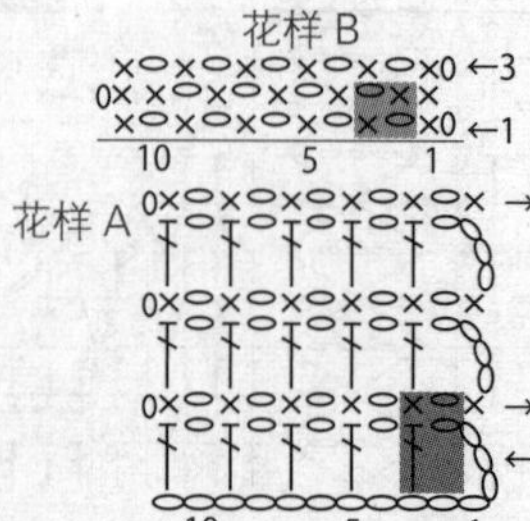

花样 B
花样 A

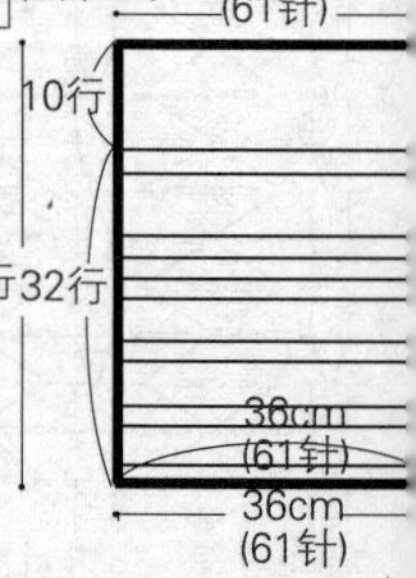

36cm
(61针)
10行
42行
32行
36cm
(61针)
36cm
(61针)

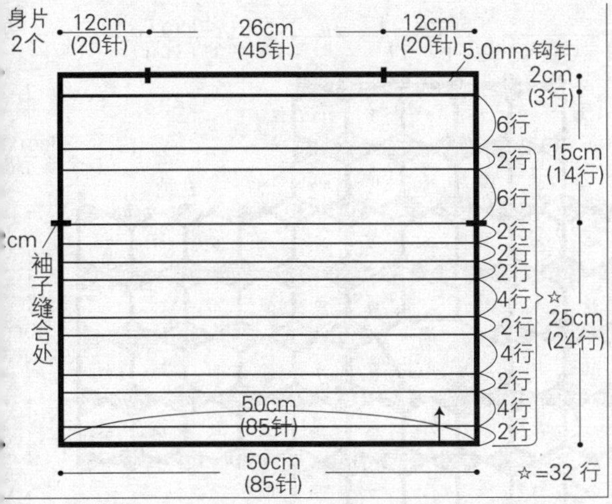
身片
2个
12cm
(20针)
26cm
(45针)
12cm
(20针)
5.0mm钩针
2cm
(3行)
6行
2行
15cm
(14行)
6行
cm
袖子缝合处
2行
2行
2行
4行
☆
2行
25cm
(24行)
4行
2行
4行
2行
50cm
(85针)
50cm
(85针)
☆=32 行

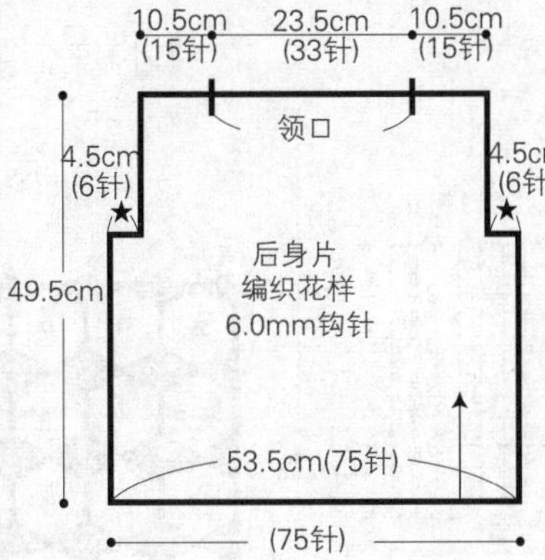
10.5cm
(15针)
23.5cm
(33针)
10.5cm
(15针)
领口
4.5cm
(6针)
4.5cm
(6针)
49.5cm
后身片
编织花样
6.0mm钩针
53.5cm(75针)
(75针)

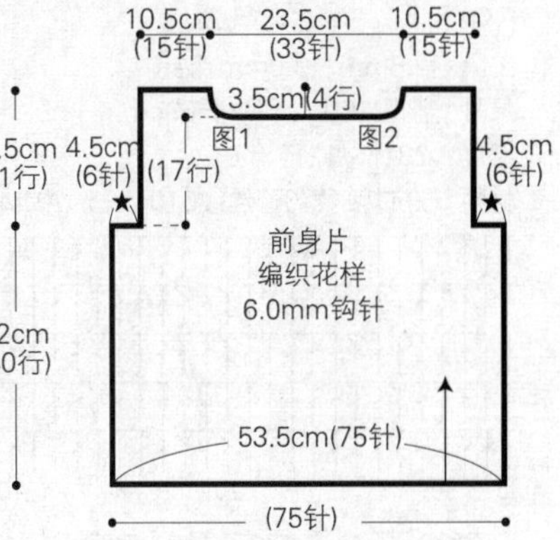
17.5cm
(21行)
32cm
(40行)
10.5cm
(15针)
23.5cm
(33针)
10.5cm
(15针)
3.5cm(4行)
图1
图2
4.5cm
(6针)
(17行)
4.5cm
(6针)
前身片
编织花样
6.0mm钩针
53.5cm(75针)
(75针)

领口袖口编织花样

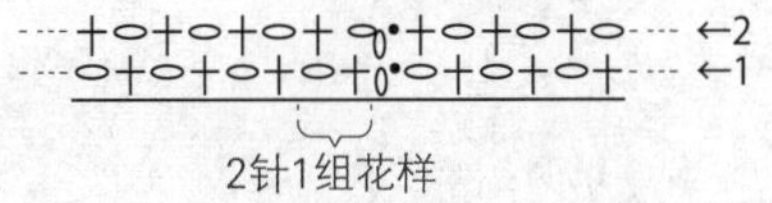
←2
←1
2针1组花样

58 工具：6.0mm钩针

尺寸：胸围107cm，衣长50.5cm，
袖长48.5cm，背肩宽44.5cm

密度：14针×12.5行

材料：进口羊绒线，三种色系各200g

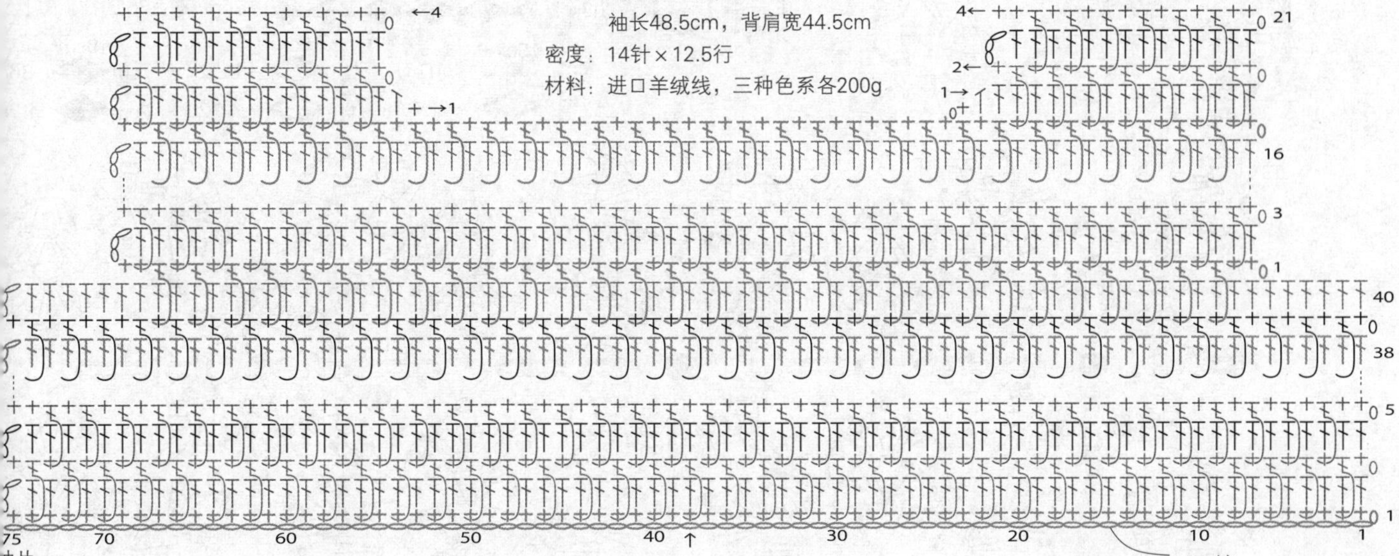
←4
→1
4←
2←
1→
21
16
3
1
40
38
5
1
75
70
60
50
40
30
20
10
1

袖片

59
56
27
20
图
4
10
43
40
30
20
10
1
锁43针

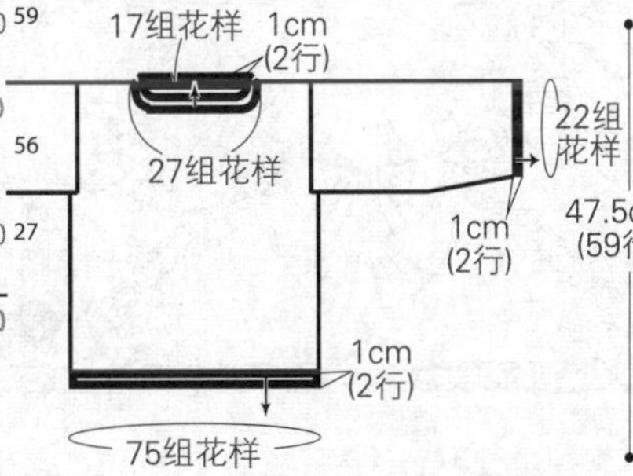
17组花样
1cm
(2行)
27组花样
22组
花样
1cm
(2行)
1cm
(2行)
75组花样

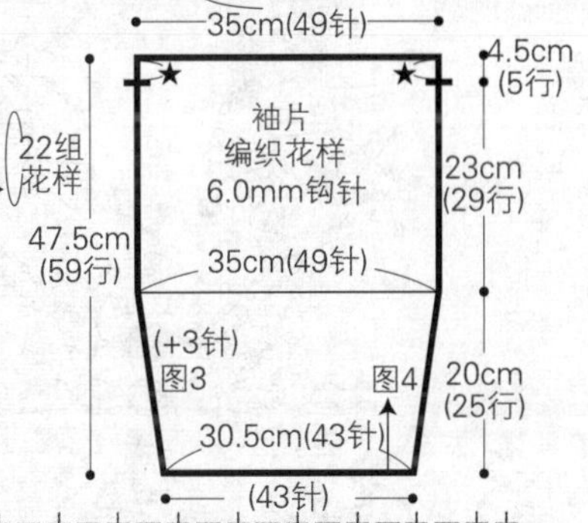
35cm(49针)
4.5cm
(5行)
袖片
编织花样
6.0mm钩针
23cm
(29行)
47.5cm
(59行)
35cm(49针)
(+3针)
图3
图4
20cm
(25行)
30.5cm(43针)
(43针)

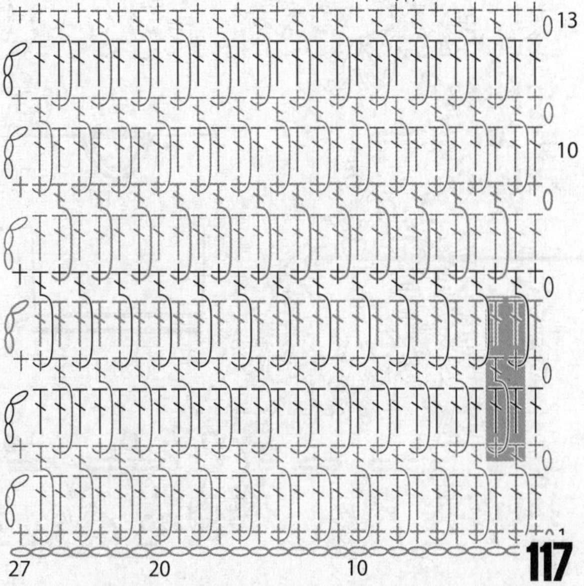
13
10
1
27
20
10

 = 外钩长针

 = 2针4行 1组花样

59

工具：2.5mm、3.0mm钩针

尺寸：胸围100cm，衣长69cm

密度：23针×12行

材料：进口姜黄色蕾丝线510g

= 外钩长针

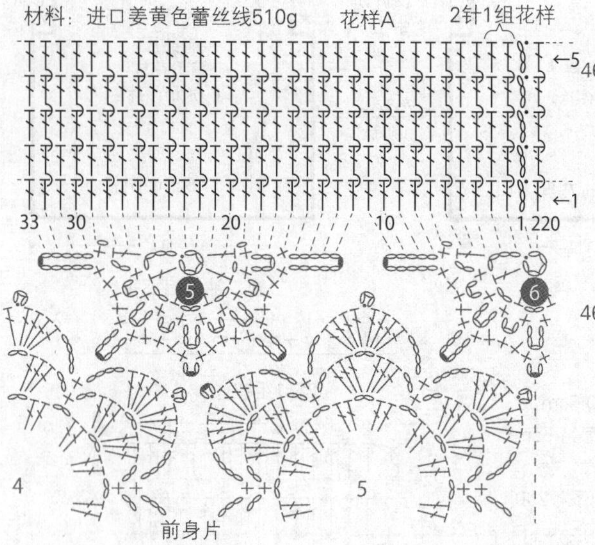

花样A
2针1组花样
←5
←1
33 30 20 10 1 220
5
6
4
5
前身片

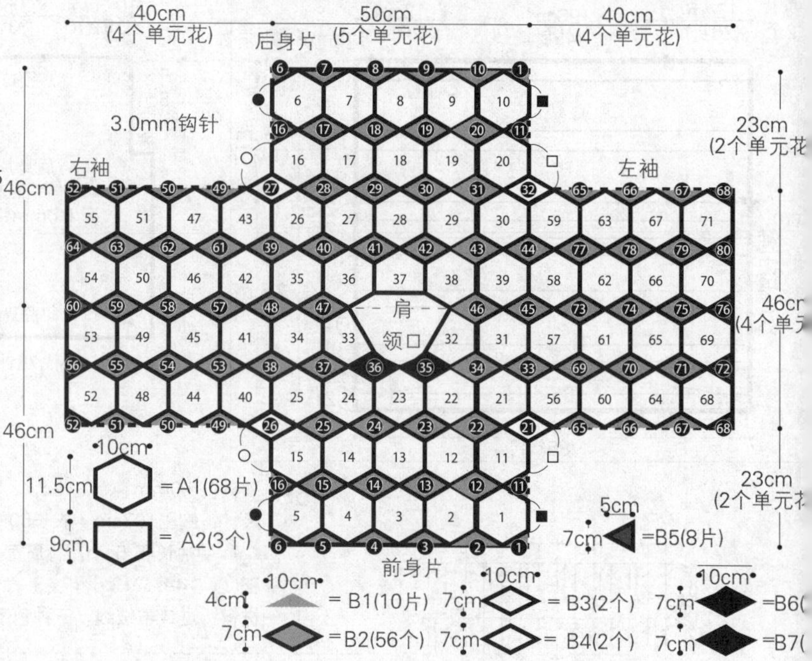

40cm
(4个单元花)
50cm
(5个单元花)
40cm
(4个单元花)
后身片
3.0mm钩针
右袖
左袖
46cm
46cm
23cm
(2个单元花
46cm
(4个单元
23cm
(2个单元花
肩
领口
前身片
10cm
11.5cm
= A1(68片)
9cm
= A2(3个)
5cm
7cm
=B5(8片)
10cm
4cm
= B1(10片)
7cm
= B2(56个)
10cm
7cm
= B3(2个)
7cm
= B4(2个)
10cm
7cm
=B6(
7cm
=B7(

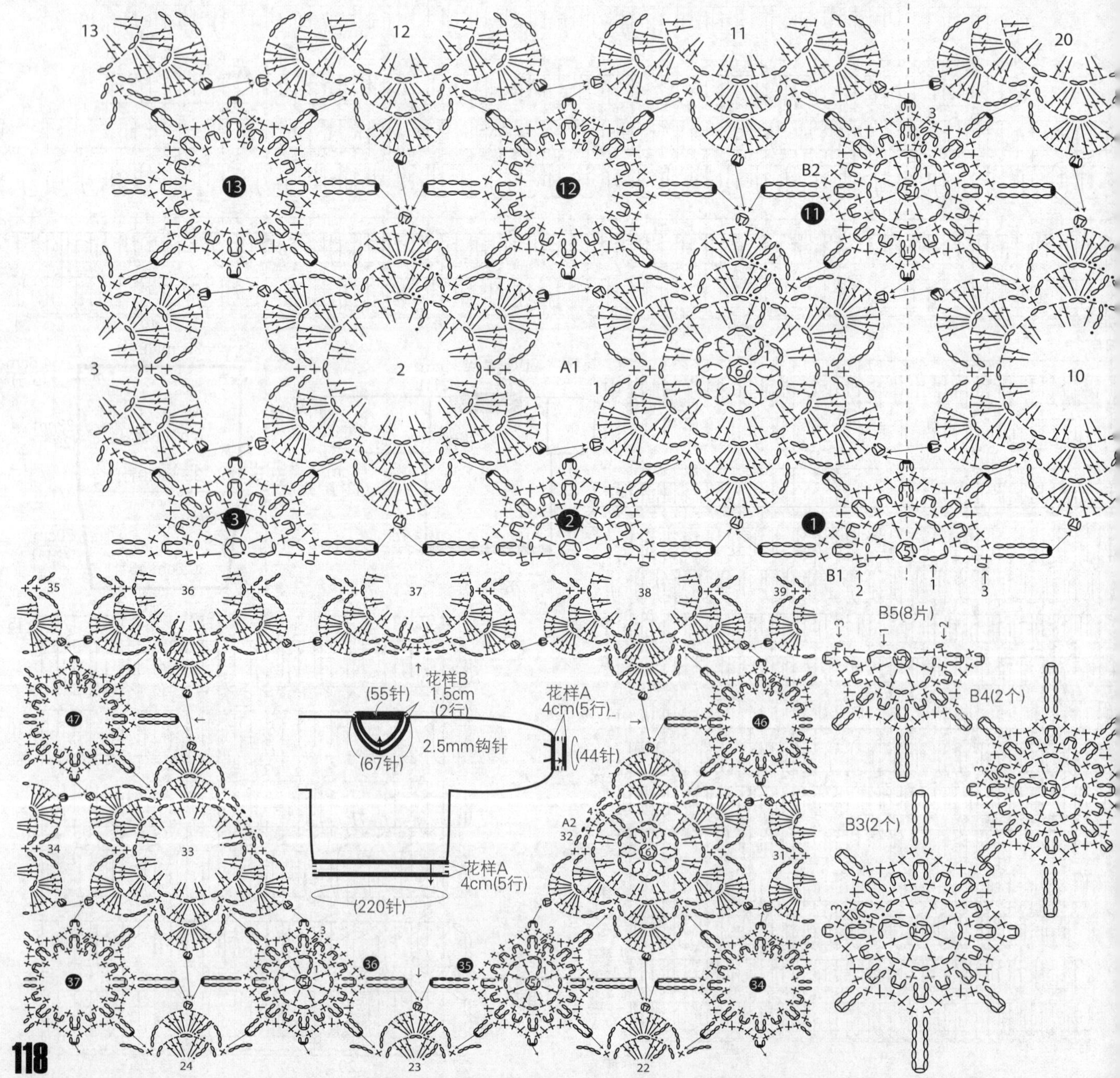

13
12
11
20
B2
A1
3
2
1
10
B1
B5(8片)
B4(2个)
B3(2个)
35
36
37
38
39
47
46
33
34
31
32
A2
花样B
(55针)
1.5cm
(2行)
(67针)
2.5mm钩针
花样A
4cm(5行)
(44针)
花样A
4cm(5行)
(220针)
24
23
22

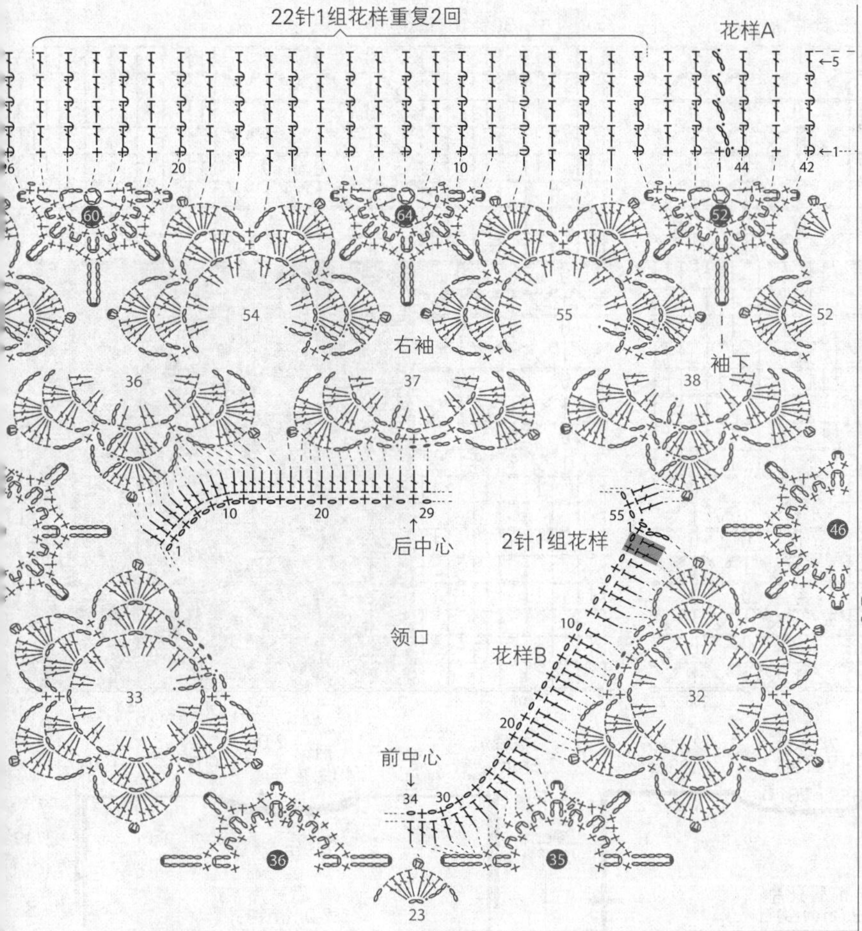
22针1组花样重复2回
花样A
右袖
袖下
后中心
2针1组花样
领口
花样B
前中心

60

工具：2.3mm钩针

尺寸：袖长24.5cm，衣长60.5cm

密度：40针×13行

材料：进口黑色蕾丝线300g

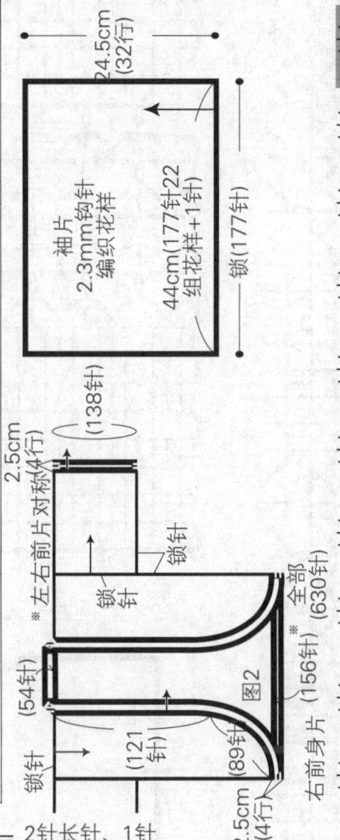
24.5cm(32行)
袖片
2.3mm钩针
编织花样
44cm(177针22组花样+1针)
锁(177针)
(138针)
2.5cm(4行)
※左右前片对称
锁针
锁针
全部(630针)
※(156针)
(54针)
图2
(121针)
(89针)
锁针
右前身片
2.5cm(4行)

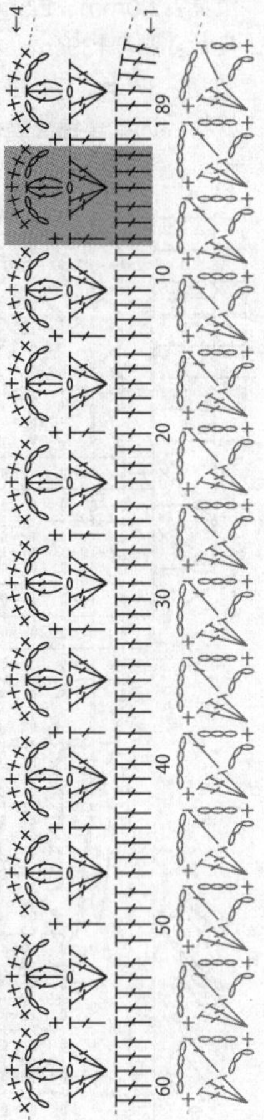

= 3针长针并1针

= 2针长针、1针中长针并1针

= 6针4行1组花样

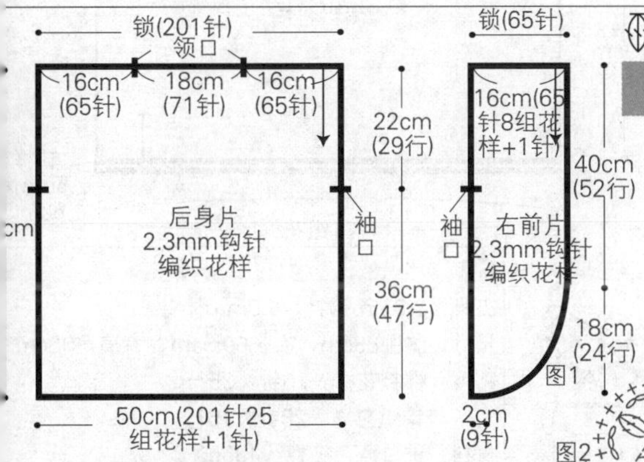
锁(201针)
领口
16cm(65针)
18cm(71针)
16cm(65针)
22cm(29行)
后身片
2.3mm钩针
编织花样
袖口
36cm(47行)
50cm(201针25组花样+1针)
锁(65针)
16cm(65针8组花样+1针)
40cm(52行)
袖口
右前片
2.3mm钩针
编织花样
18cm(24行)
图1
2cm(9针)

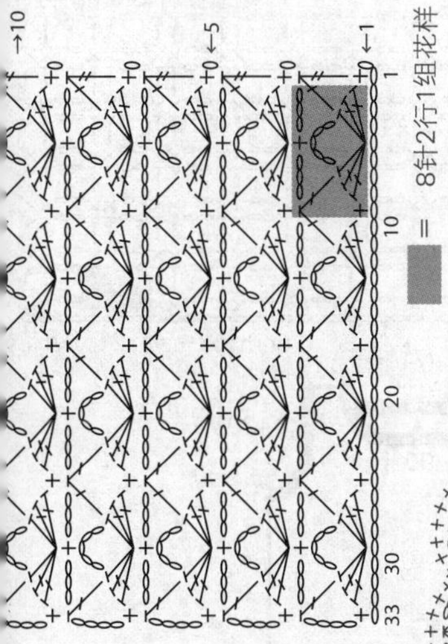
8针2行1组花样

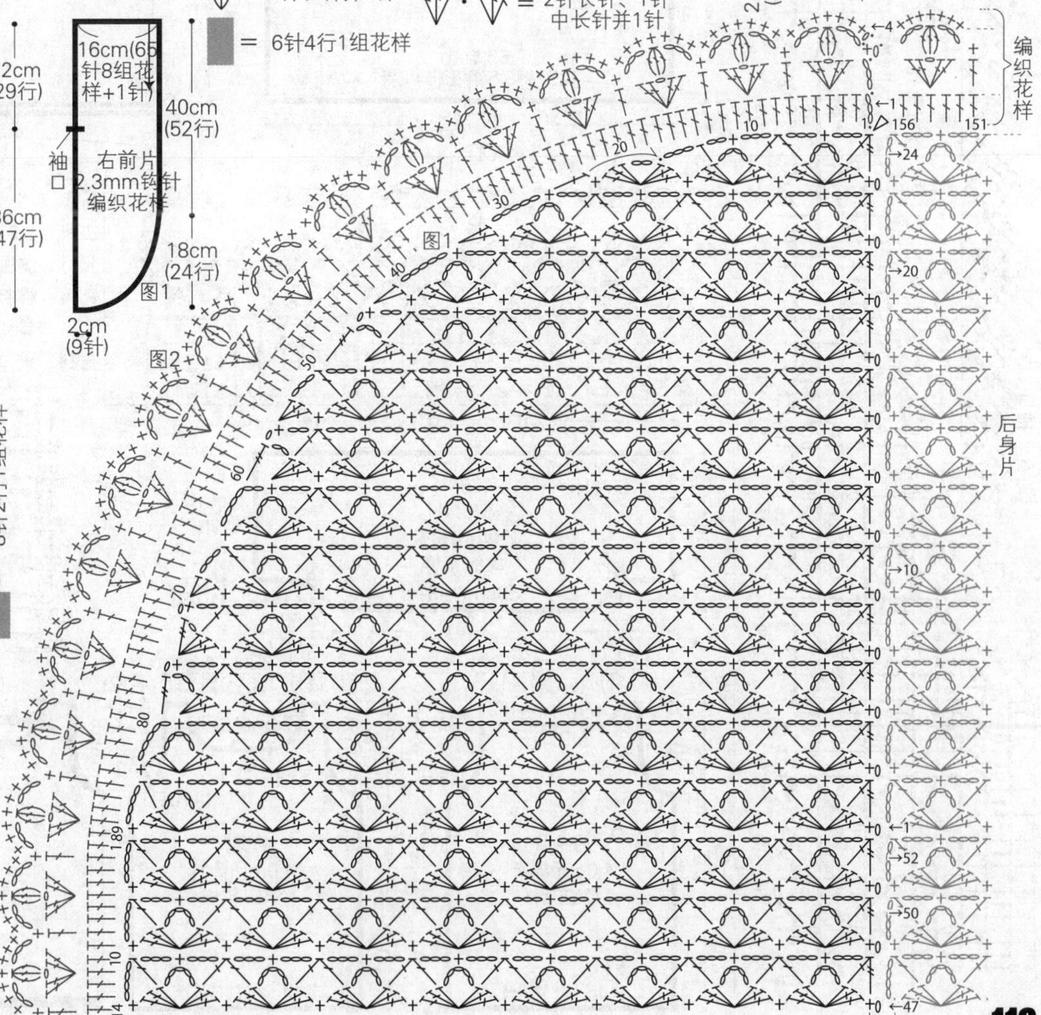
编织花样
图1
图2
后身片

61

工具：2.0mm、2.5mm钩针

尺寸：胸围139cm，衣长50.5cm

密度：37针×17行

材料：进口黑色蕾丝线285g

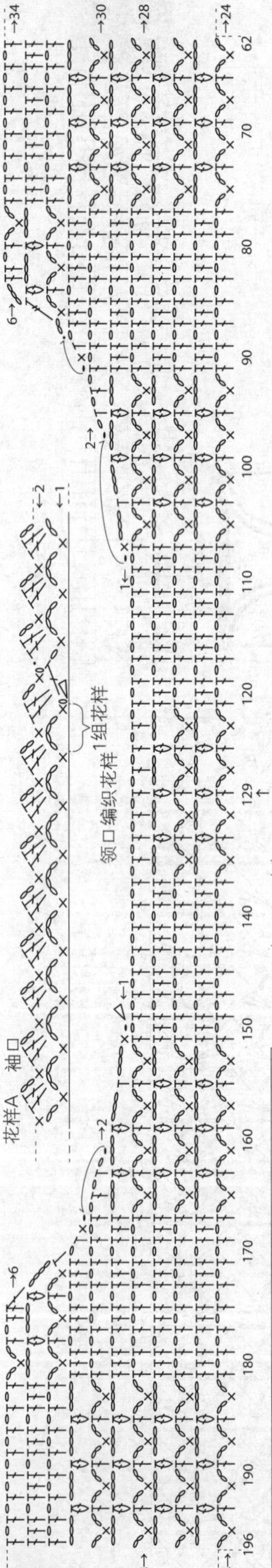

领口编织花样
1组花样
袖口
花样A

编织花样 = 2针长针并1针　　= 30针16行1组花样

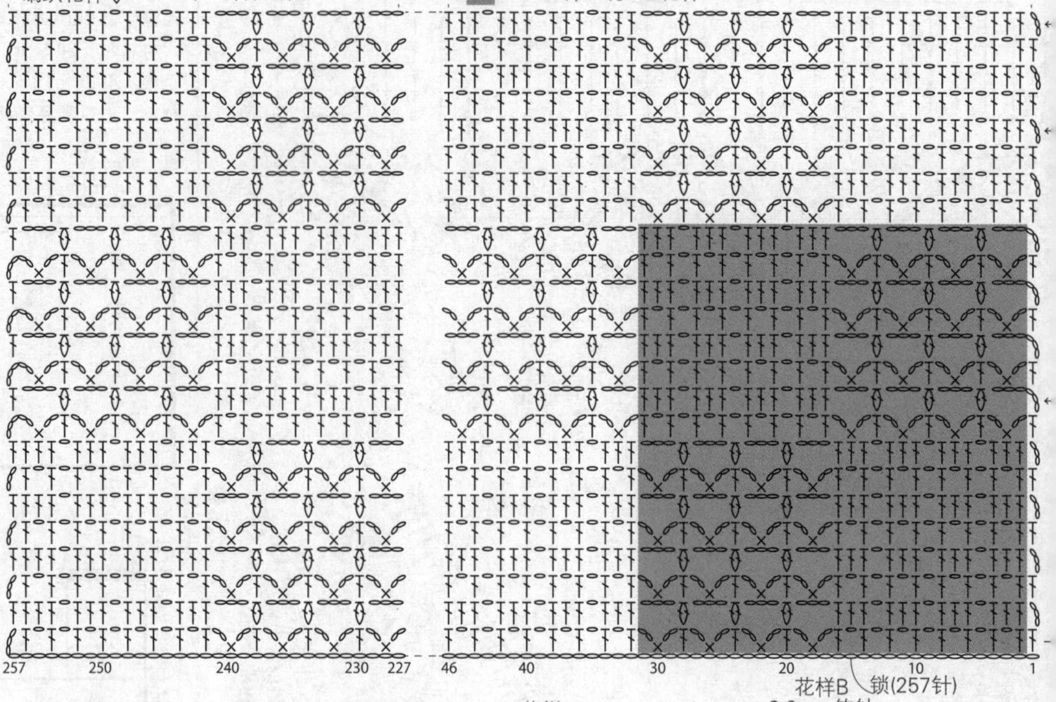

花样B
锁(257针)

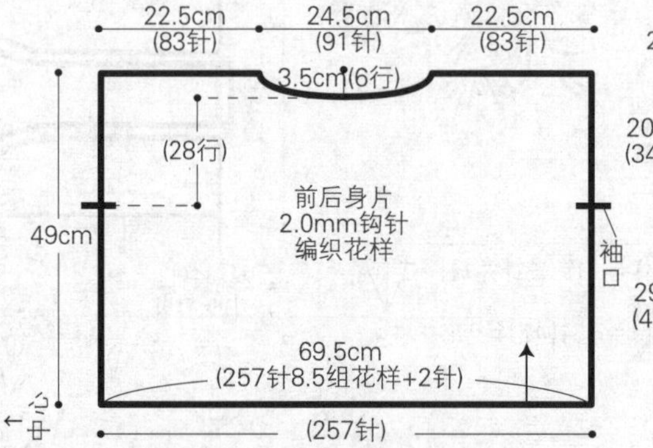

22.5cm
(83针)
24.5cm
(91针)
22.5cm
(83针)
3.5cm(6行)
(28行)
49cm
前后身片
2.0mm钩针
编织花样
袖口
69.5cm
(257针8.5组花样+2针)
中心
(257针)

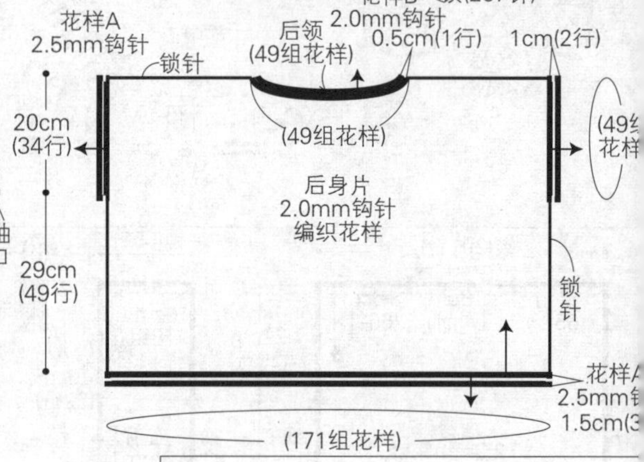

花样A
2.5mm钩针
锁针
后领
(49组花样)
花样B
2.0mm钩针
0.5cm(1行)
1cm(2行)
20cm
(34行)
(49组花样)
后身片
2.0mm钩针
编织花样
29cm
(49行)
锁针
花样A
2.5mm钩针
1.5cm(3行)
(171组花样)

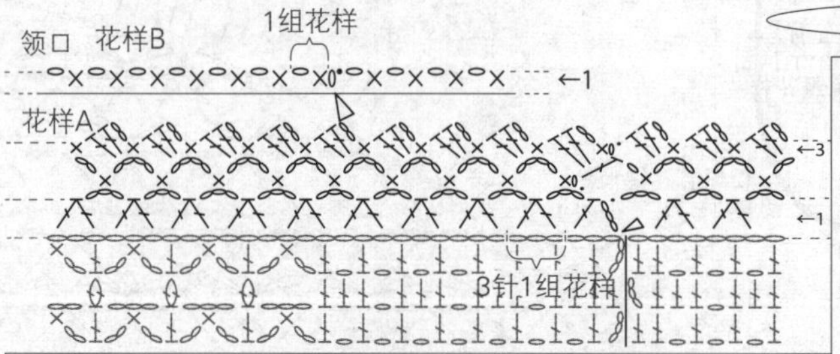

领口
花样B
1组花样
花样A
3针1组花样

62

工具：3.0mm钩针，4.0mm棒针

尺寸：胸围88cm，衣长60.5cm，背肩宽32cm

密度：棒针花样：25针×35行

钩织花样：28针×16行

材料：进口蓝色纯棉线435g

编织花样(3.0mm钩针)

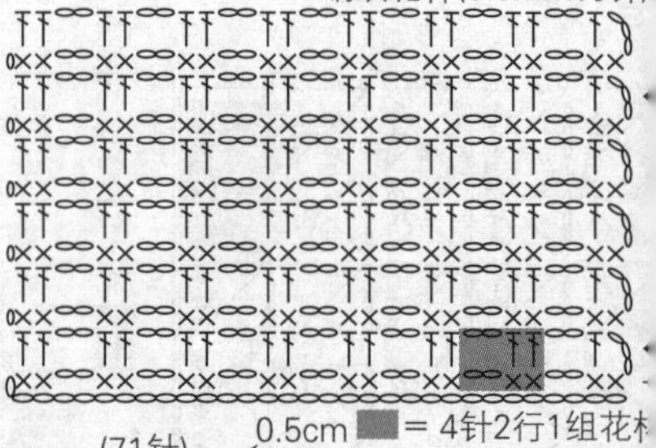

= 4针2行1组花样

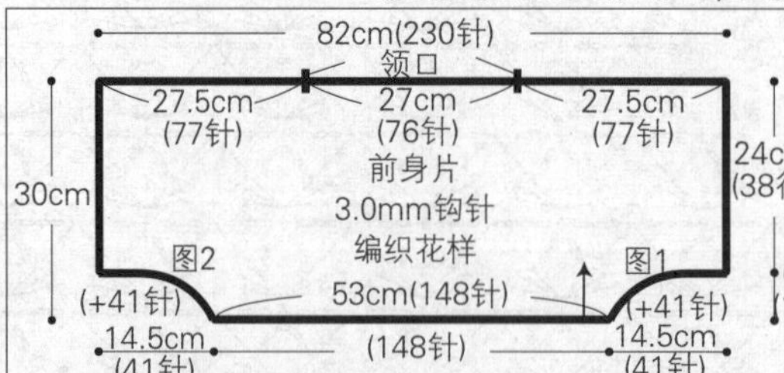

82cm(230针)
领口
27.5cm
(77针)
27cm
(76针)
27.5cm
(77针)
30cm
前身片
3.0mm钩针
编织花样
24cm
(38行)
6cm
(10行)
图2
图1
(+41针)
53cm(148针)
(+41针)
14.5cm
(41针)
(148针)
14.5cm
(41针)

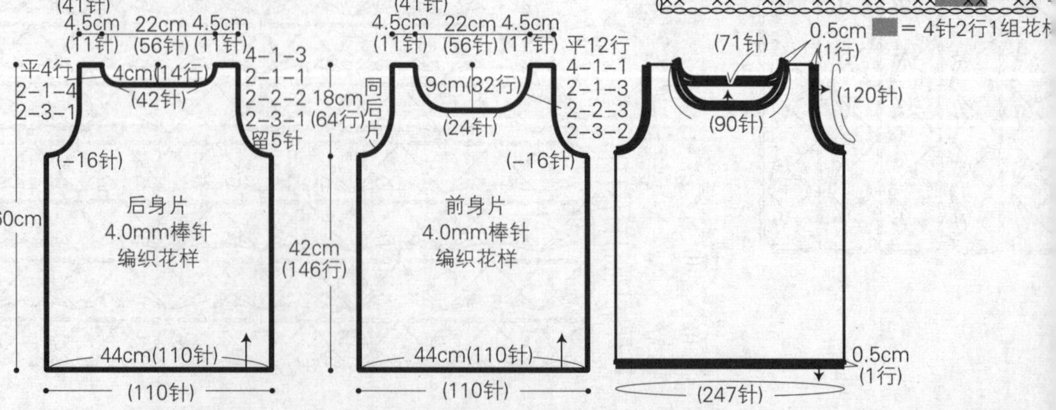

4.5cm
(11针)
22cm
(56针)
4.5cm
(11针)
平4行
2-1-4
2-3-1
4cm(14行)
(42针)
4-1-3
2-1-1
2-2-2
2-3-1
留5针
18cm
(64行)
同后片
(-16针)
后身片
4.0mm棒针
编织花样
60cm
42cm
(146行)
44cm(110针)
(110针)
4.5cm
(11针)
22cm
(56针)
4.5cm
(11针)
平12行
4-1-1
2-1-3
2-2-3
2-3-2
9cm(32行)
(24针)
(-16针)
前身片
4.0mm棒针
编织花样
44cm(110针)
(110针)
(71针)
0.5cm
(1行)
(120针)
(90针)
0.5cm
(1行)
(247针)

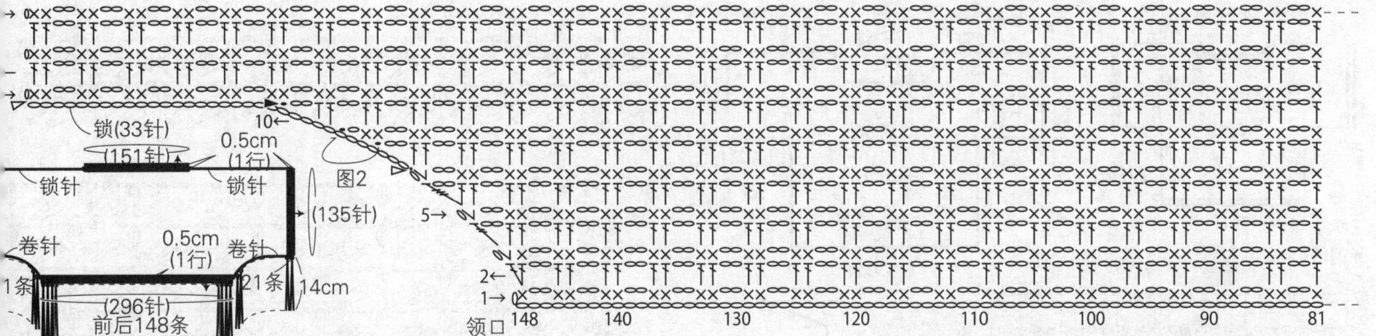
锁(33针)
(151针)
0.5cm
(1行)
锁针
锁针
(135针)
图2
卷针
0.5cm
(1行)
卷针
1条
21条
14cm
(296针)
前后148条
领口
10←
5→
2←
1→
148
140
130
120
110
100
90
81

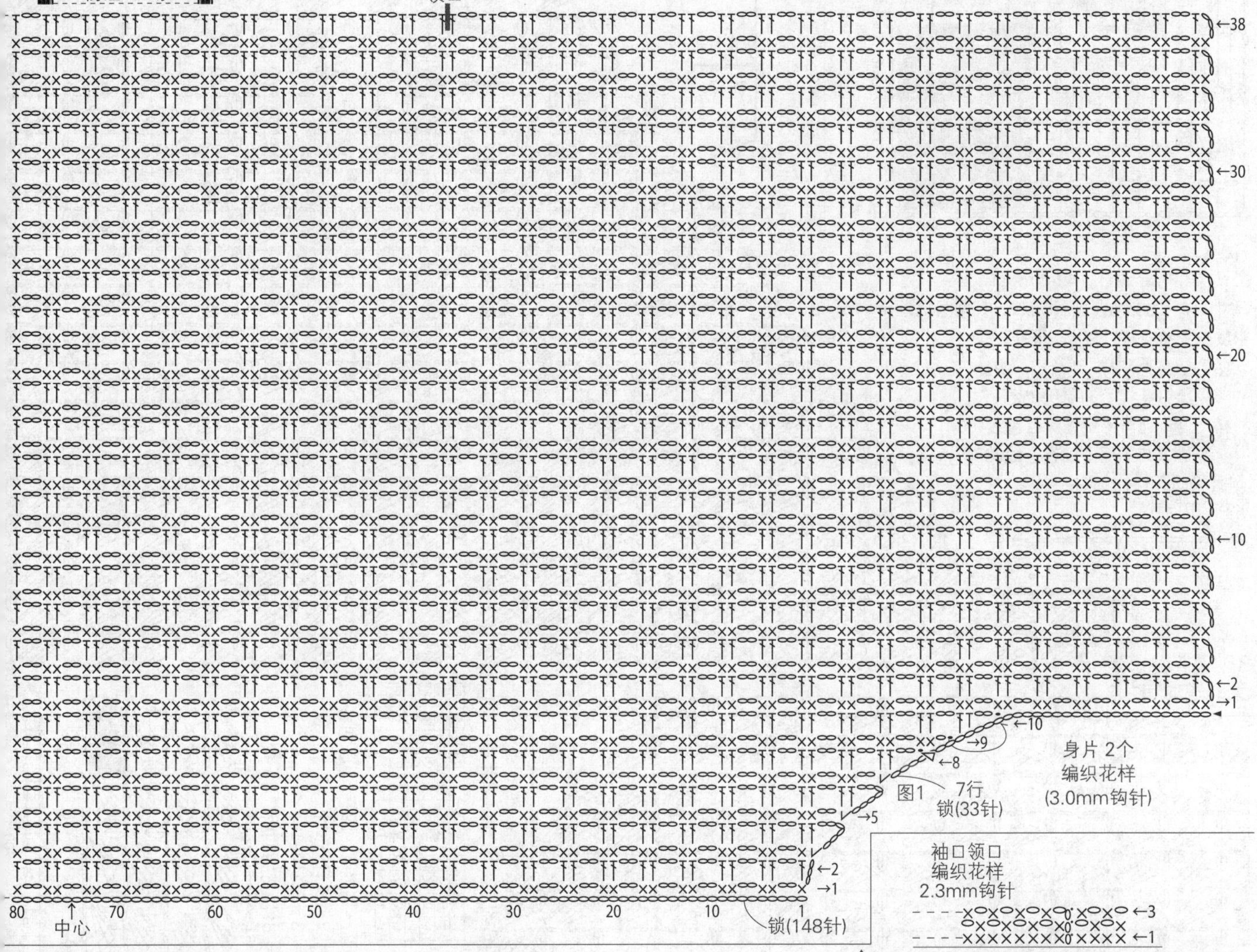
←38
←30
←20
←10
←2
→1
←10
→9
←8
图1
7行
锁(33针)
→5
←2
→1
80
70
60
50
40
30
20
10
1
中心
锁(148针)
←3
←1

身片 2个
编织花样
(3.0mm钩针)

袖口领口
编织花样
2.3mm钩针

63 工具：2.3mm钩针

尺寸：衣长48cm，袖长25.5cm

密度：30针×11行

材料：进口灰色蕾丝线240g

⊲ =开始

◀ =结束

⌒ =过渡线

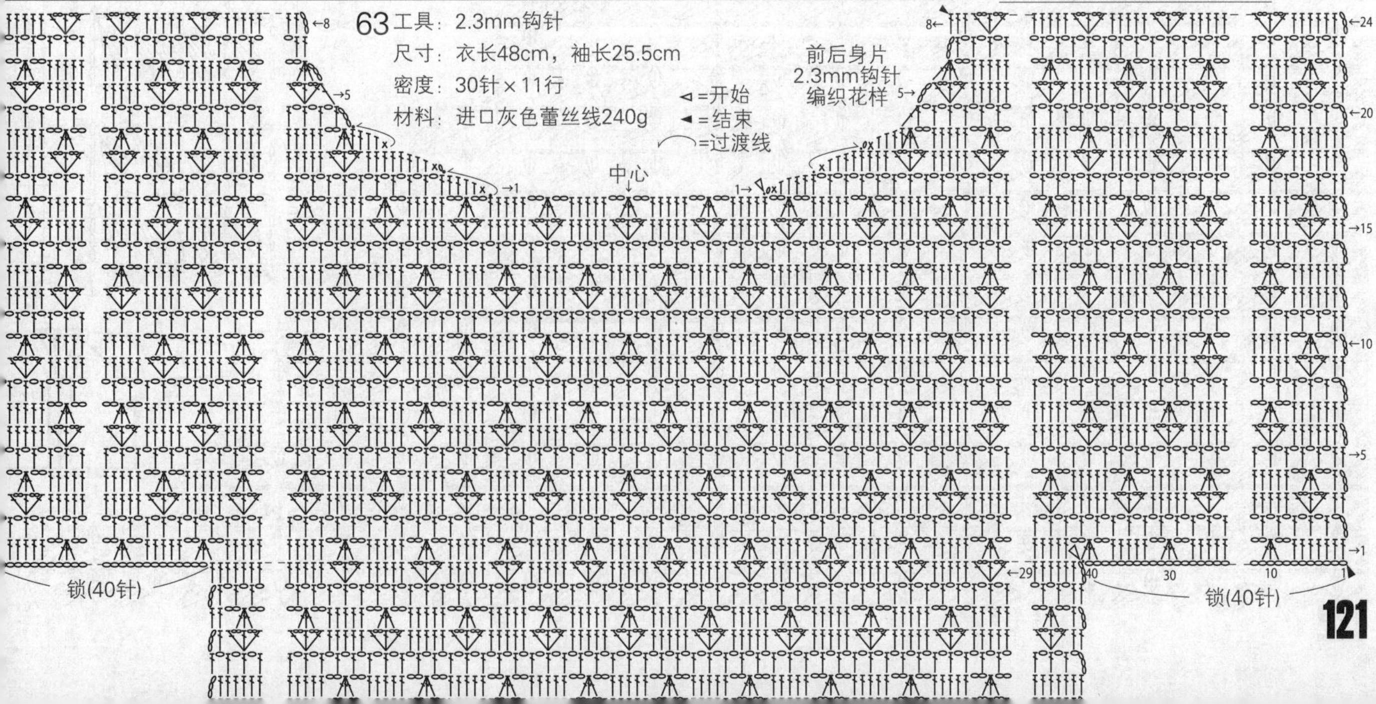
前后身片
2.3mm钩针
编织花样
中心
←8
→5
→1
1→
8←
5→
←24
←20
→15
←10
→5
→1
←29
40
30
10
1
锁(40针)
锁(40针)

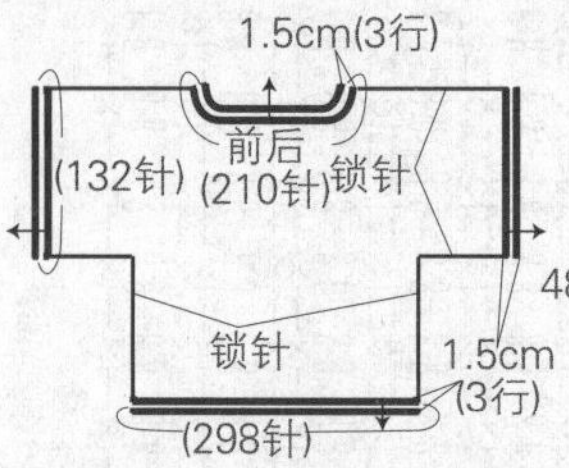

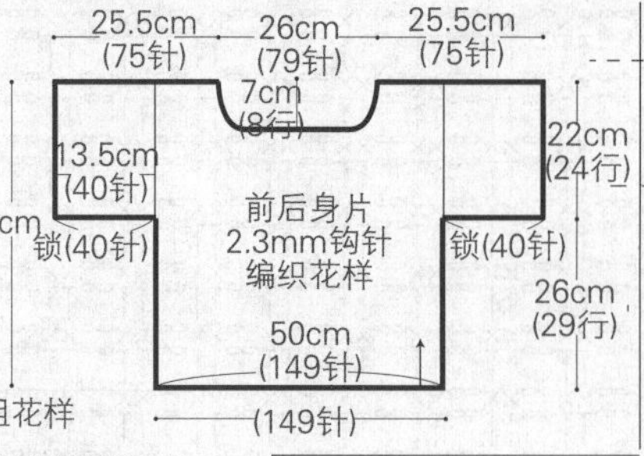

编织花样 = 10针6行1组花样

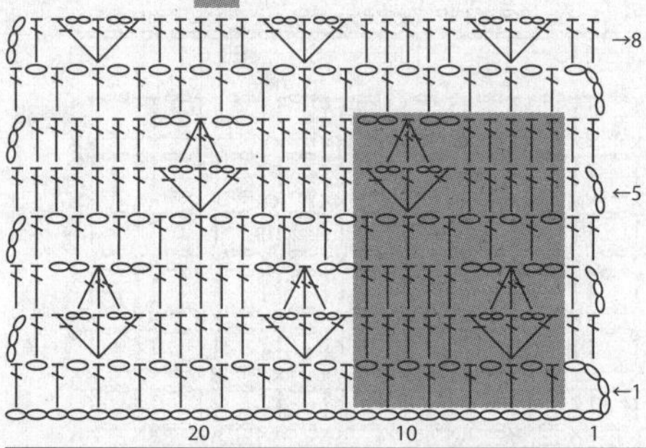

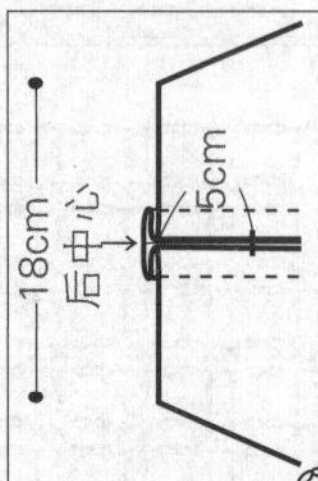

64

工具：2.3mm钩针，4.5mm棒针

尺寸：衣长63cm，袖长82.5cm，胸围112cm

密度：编织花样：39针×19行

前身片花样：17针×40行

腰带花样：31针×21行

材料：进口纯羊毛中细深蓝色线490g，

进口纯羊毛中细杏色线220g

锁针编织花样

2.3mm钩针

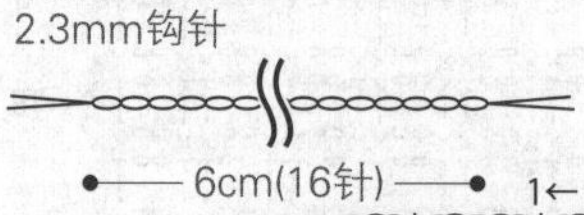

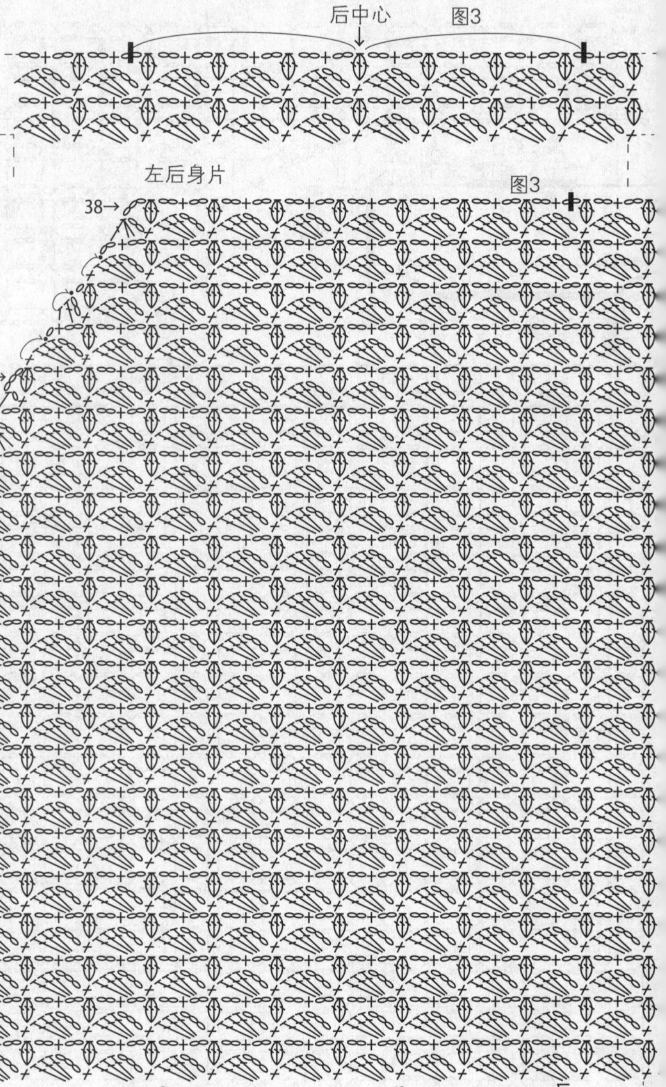

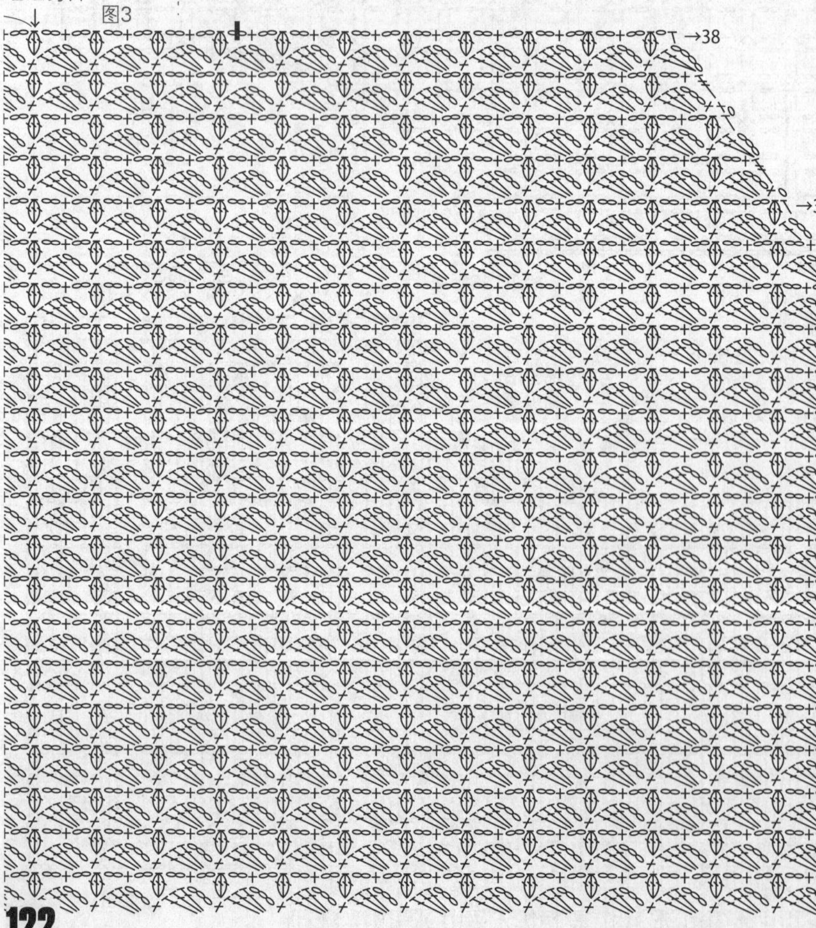

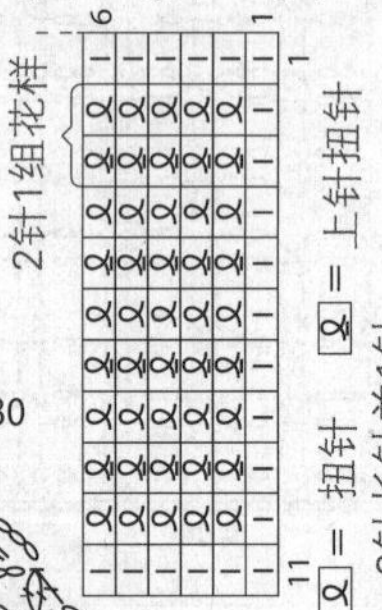

= 扭针　= 上针扭针

= 2针长针并1针

= 3针长针并1针

= 5针2行1组花样

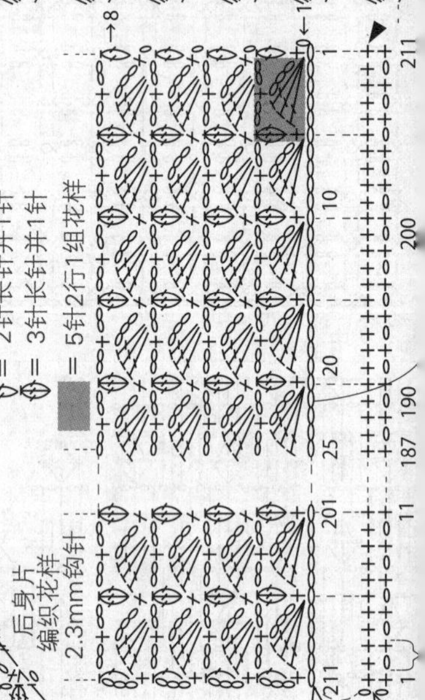

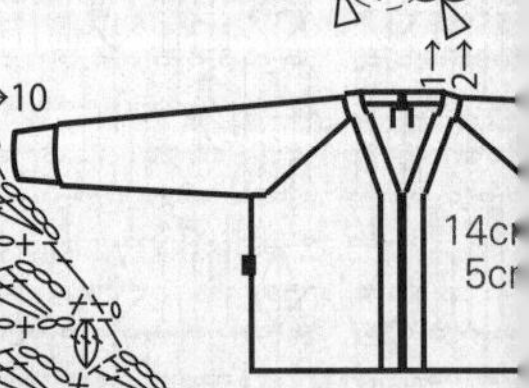

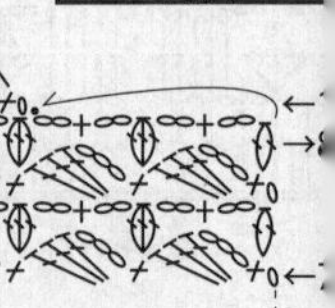

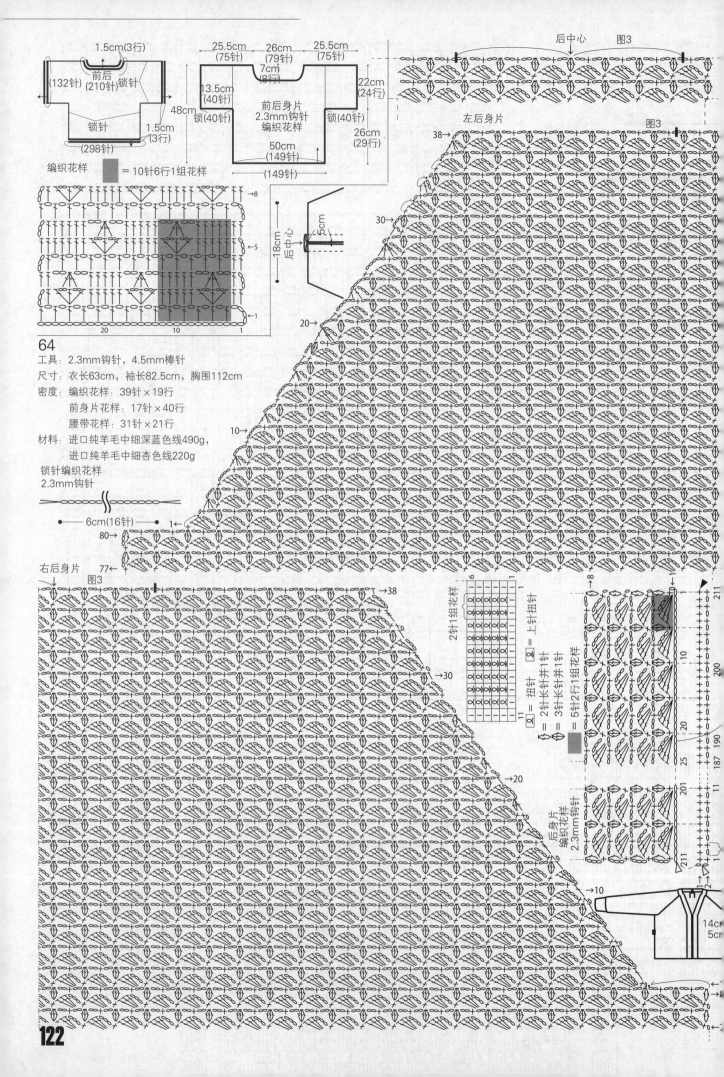

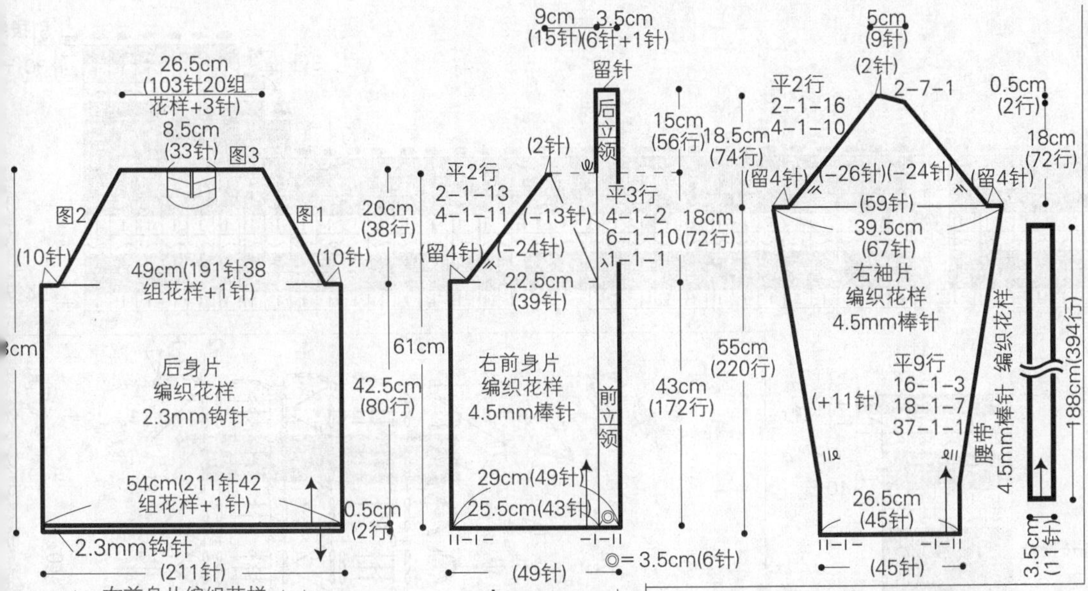

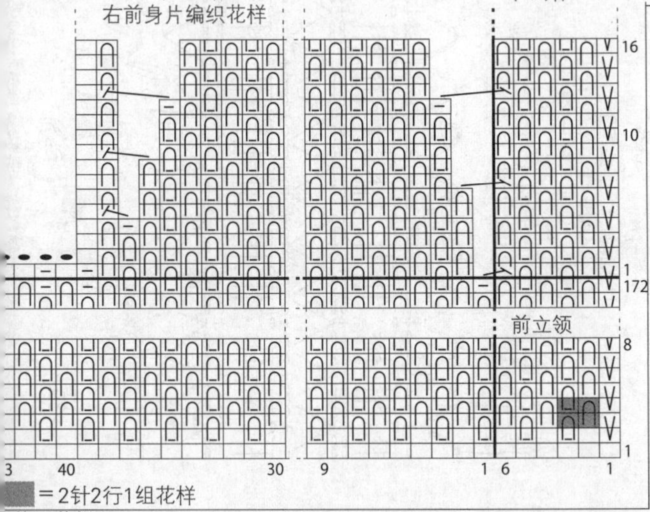

65
工具：3.0mm棒针，4.5mm棒针
尺寸：胸围100.5cm，衣长54cm，袖长53cm，背肩宽43cm
密度：编织花样：22.5针×15.5行
单罗纹花样：28针×40行
材料：进口羊绒线深褐色205g，浅褐色285g，米白色50g
26.5cm
(103针20组花样+3针)
8.5cm
(33针)
图3
图2
图1
(10针)
49cm(191针38组花样+1针)
后身片
编织花样
2.3mm钩针
54cm(211针42组花样+1针)
0.5cm
(2行)
2.3mm钩针
(211针)
9cm
(15针)
3.5cm
(6针+1针)
留针
后立领
前立领
平2行
2-1-13
4-1-11
(2针)
(-13针)
平3行
4-1-2
6-1-10
1-1-1
(留4针)
(-24针)
22.5cm
(39针)
20cm
(38行)
61cm
42.5cm
(80行)
右前身片
编织花样
4.5mm棒针
29cm(49针)
25.5cm(43针)
(49针)
◎=3.5cm(6针)
15cm
(56行)
18.5cm
(74行)
18cm
(72行)
55cm
(220行)
43cm
(172行)
5cm
(9针)
(2针)
2-7-1
平2行
2-1-16
4-1-10
(留4针)
(-26针)
(-24针)
(59针)
39.5cm
(67针)
右袖片
编织花样
4.5mm棒针
平9行
16-1-3
18-1-7
37-1-1
(+11针)
26.5cm
(45针)
(45针)
0.5cm
(2行)
18cm
(72行)
编织花样
腰带
4.5mm棒针
188cm(394行)
3.5cm
(11针)
右前片
(42针)
(12针)
(35针)
(15针)
18cm(50针)
右前身片编织花样
前立领
■=2针2行1组花样
编织花样
锁111针
11.5cm
(26针)
20cm
(45针)
11.5cm
(26针)
2cm(3行)
平1行
1-1-2
1-2-1
(37针)
3cm
(7针)
后身片
编织花样
4.5mm棒针
54cm
49cm(111针)
3.0mm棒针
单罗纹花样
6cm
(24行)
35cm(99针)
11.5cm
(26针)
9.5cm
(21针)
平5行
1-1-18
2-1-2
1-1-1
18.5cm
(28行)
19.5cm
(30行)
28.5cm
(44行)
右前身片
编织花样
4.5mm棒针
29.5cm
(46行)
24cm
(54针)
3.0mm棒针
单罗纹花样
18cm
(50针)
领片门襟
3.0mm棒针
单罗纹花样
引拔针
3.5cm
(14行)
(59针)
(3针)
(56针)
(2针)
(23针)
(94针)
(14针)
= 增加针数
39cm(87针)
3cm
(4行)
袖片
编织花样
4.5mm棒针
(+15针)
4-1-11
6-1-4
53cm
44cm
(68行)
25cm
(57针)
单罗纹花样
3.0mm棒针
6cm
(24行)
23cm
(64针)
右前立领
59针
56针
3针
49针
23针
14针
● = 引拔针
= 增加针数

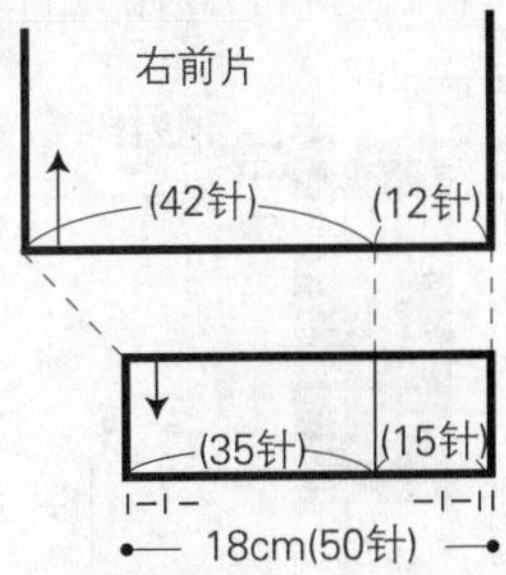

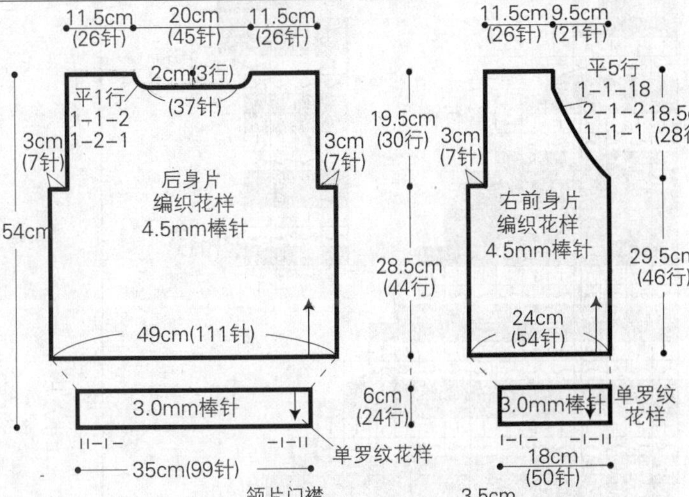

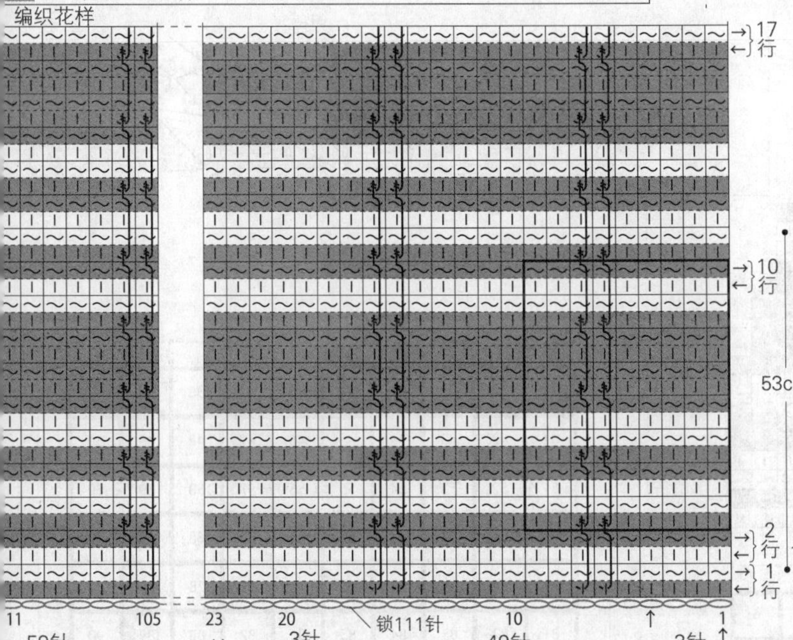

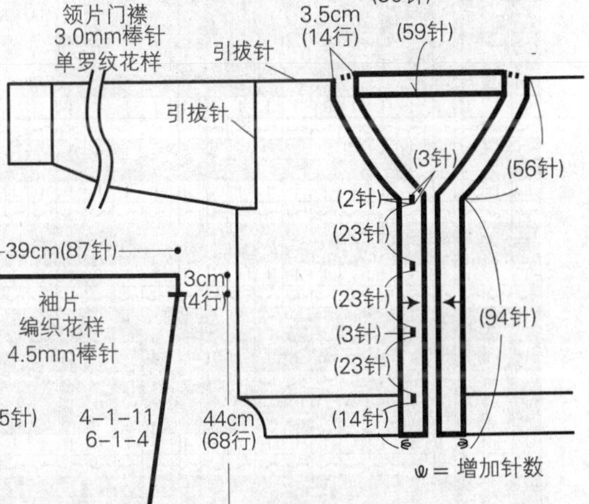

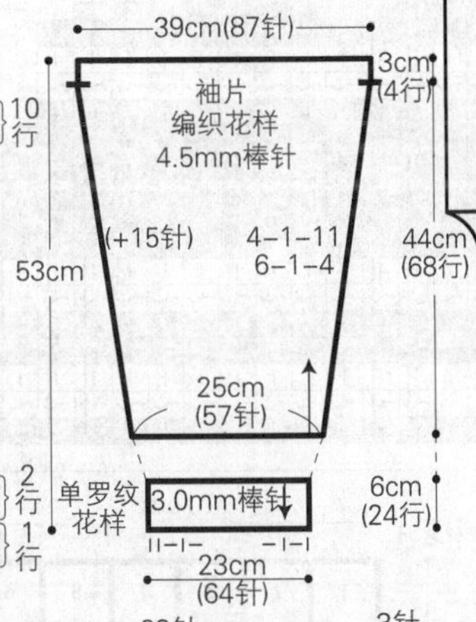

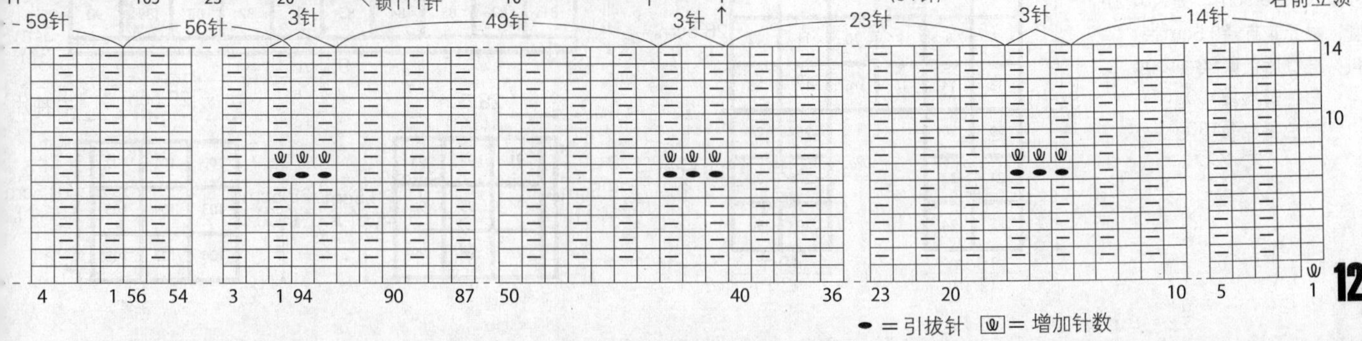

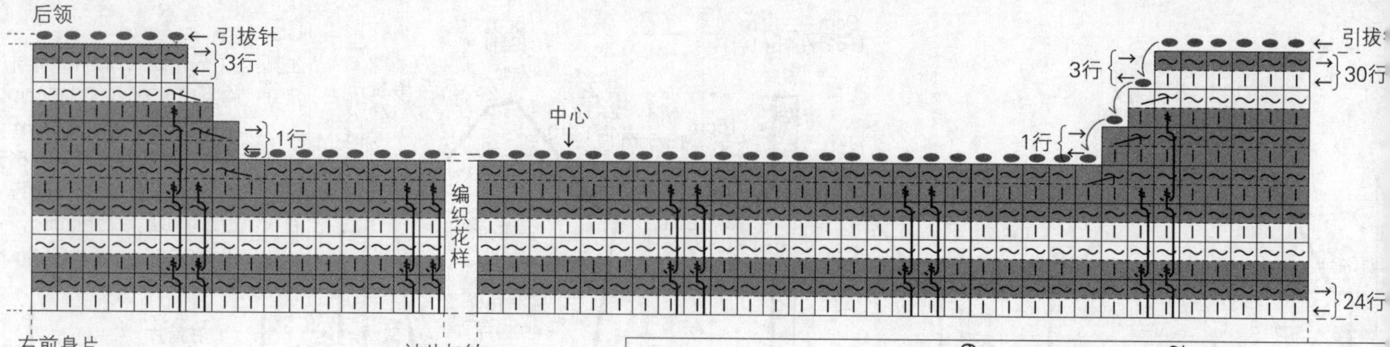

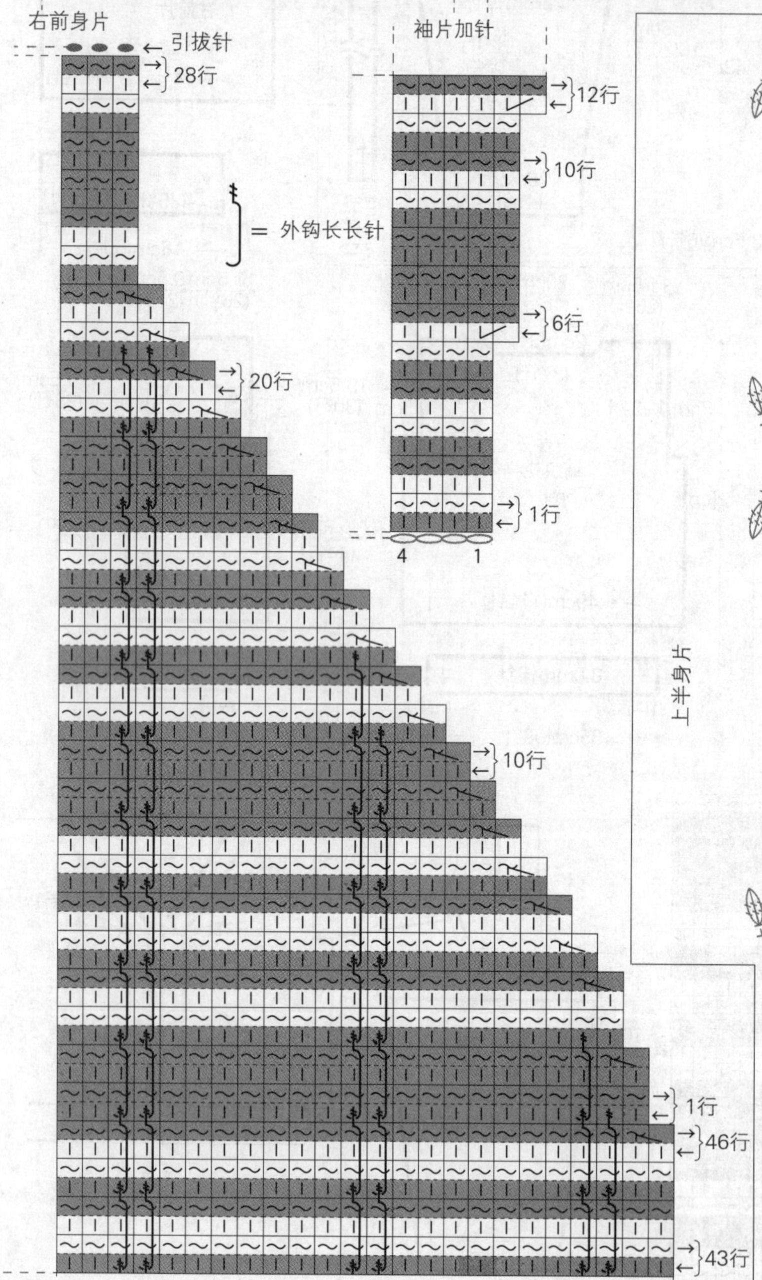

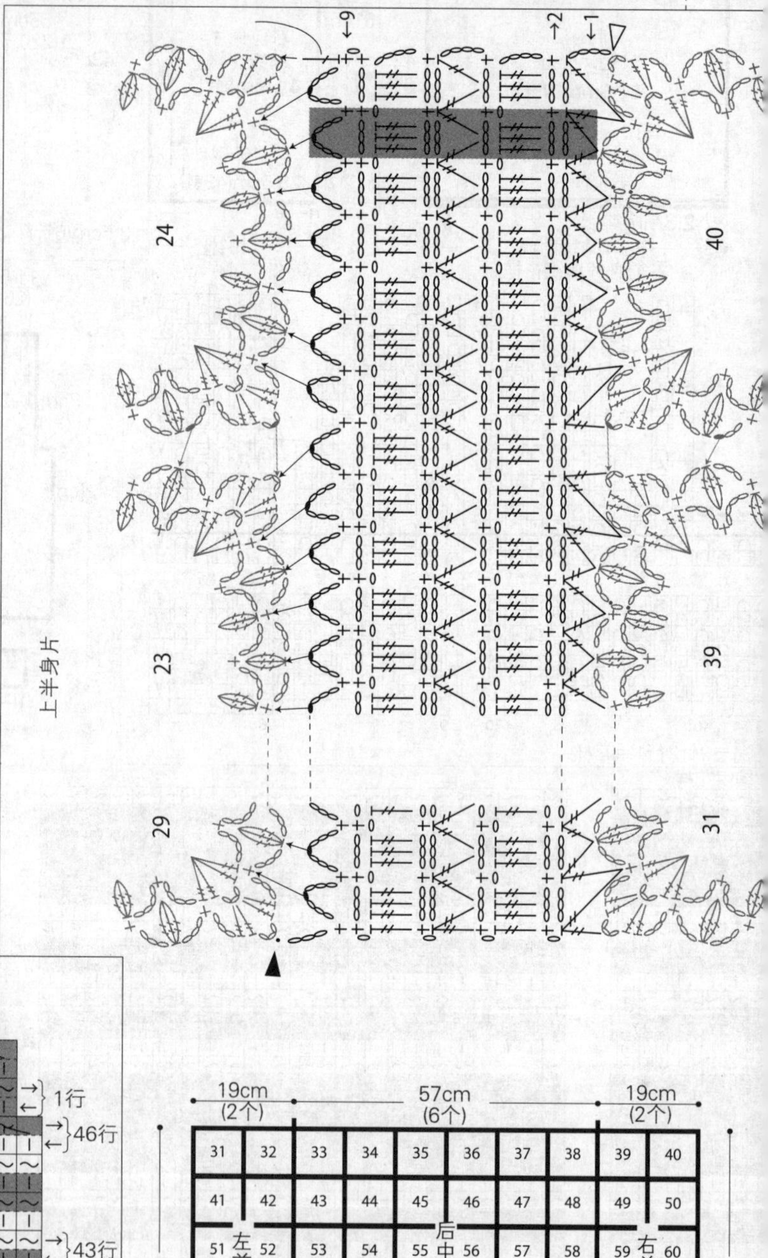

66

工具：2.3mm钩针

尺寸：衣长96.5cm，袖长57cm

密度：单元花直径9.5cm

材料：进口蓝色蕾丝线180g，
白色蕾丝线100g，
粉色蕾丝线130g

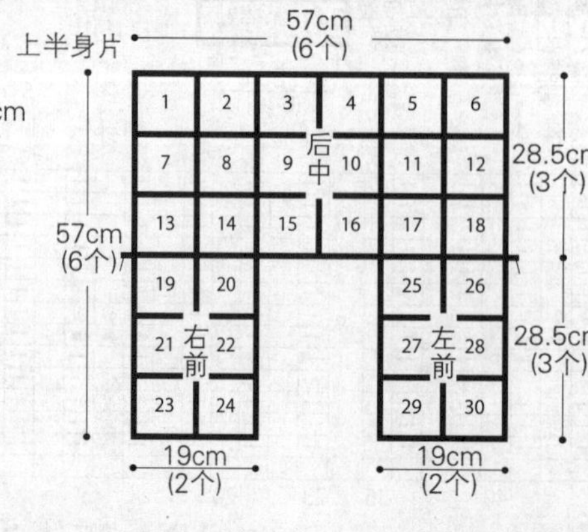

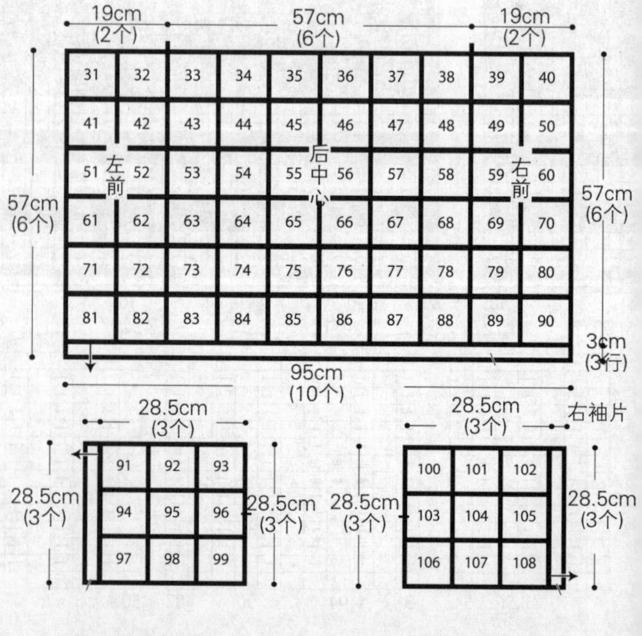

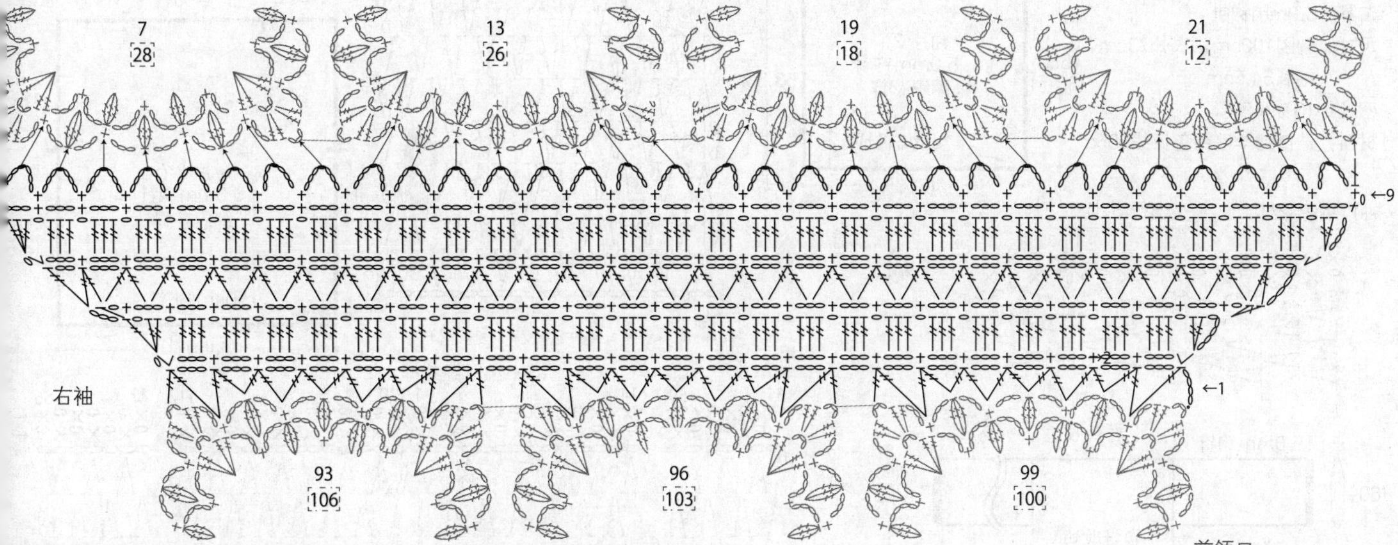

7
28
13
26
19
18
21
12
←9
←2
←1
右袖
93
106
96
103
99
100

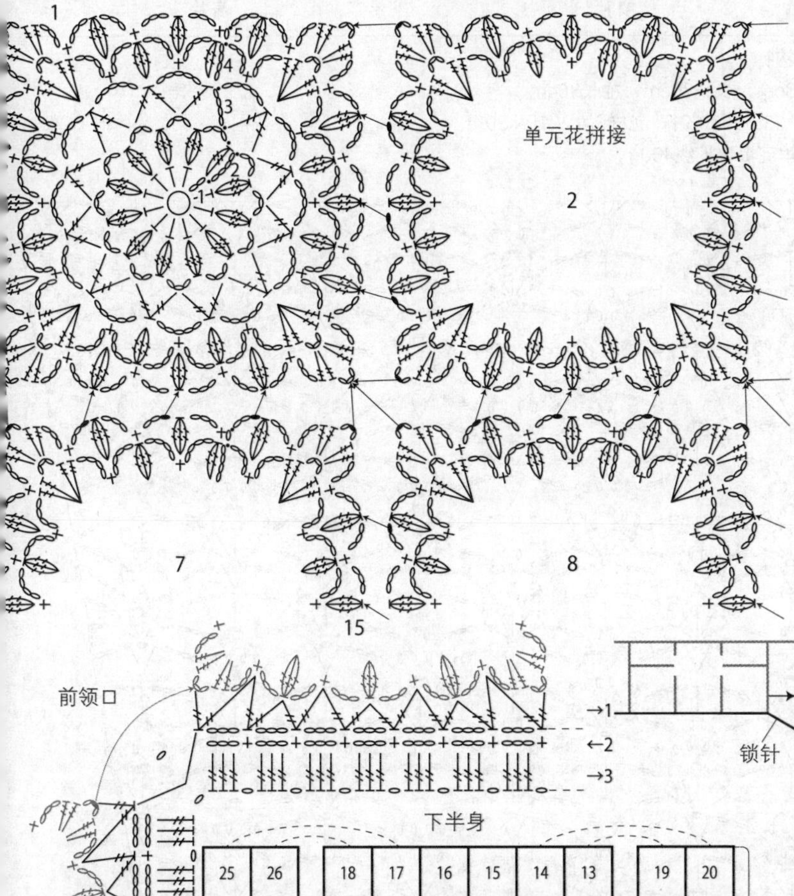

1
5
4
3
2
1
单元花拼接
2
7
8
15

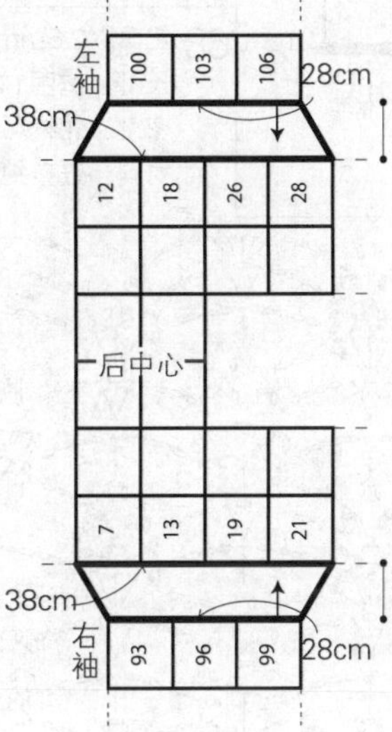

左袖
100
103
106
28cm
38cm
8cm
(9行)
12
18
26
28
后中心
7
13
19
21
38cm
8cm
(9行)
右袖
93
96
99
28cm

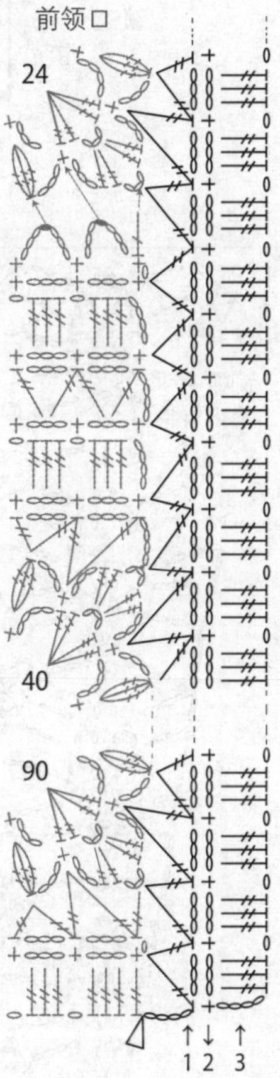

前领口
24
40
90
1
2
3

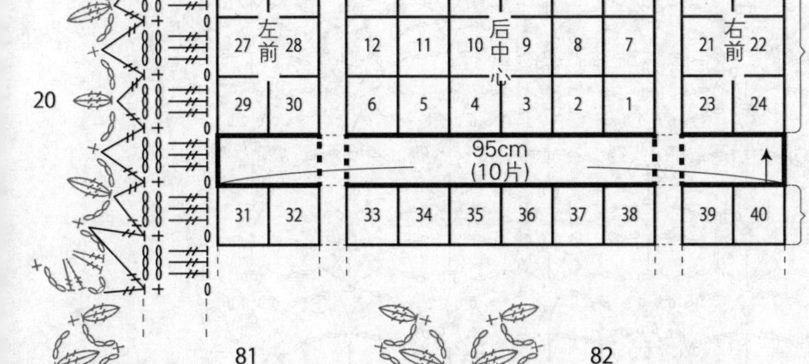

前领口
→1
←2
→3
20
下半身
25
26
左前
27
28
29
30
18
17
16
15
14
13
12
11
10
后中心
9
8
7
6
5
4
3
2
1
19
20
右前
21
22
23
24
95cm
(10片)
8cm
(9行)
31
32
33
34
35
36
37
38
39
40

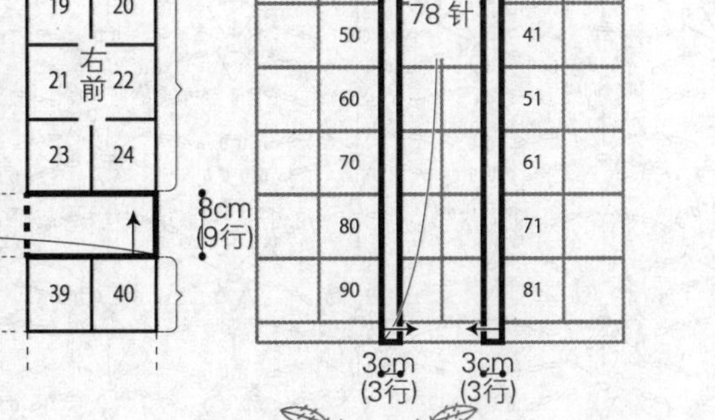

前领口
15针
角1针
20
右前
22
24
15
16
后中心
25
左前
27
29
左袖
锁针
40
50
60
70
80
90
78针
31
41
51
61
71
81
3cm
(3行)
3cm
(3行)

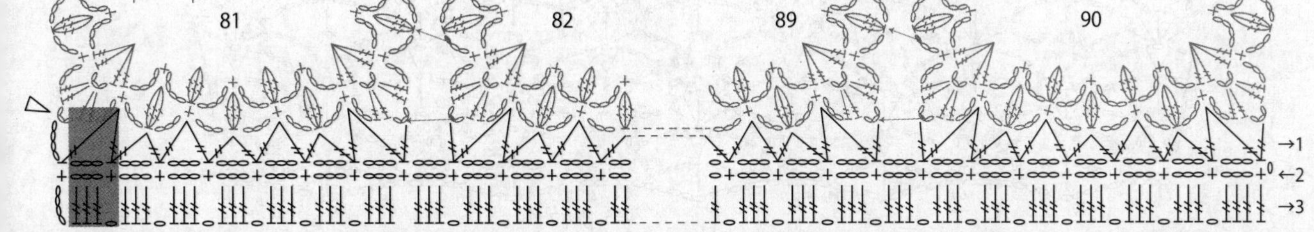

81
82
89
90
→1
←2
→3

67

工具：5.0mm钩针

尺寸：胸围100cm，衣长73cm，袖长54.5cm

密度：13针×8行

材料：进口纯羊毛褐色棉线835g

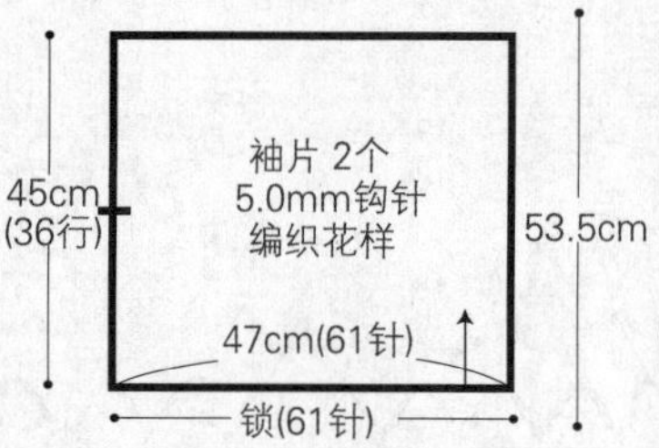

45cm
(36行)
袖片 2个
5.0mm钩针
编织花样
53.5cm
47cm(61针)
锁(61针)

编织花样

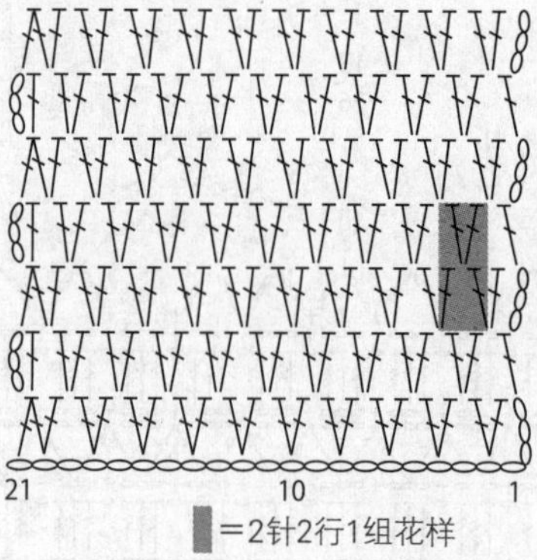

←7
←1
21
10
1
=2针2行1组花样

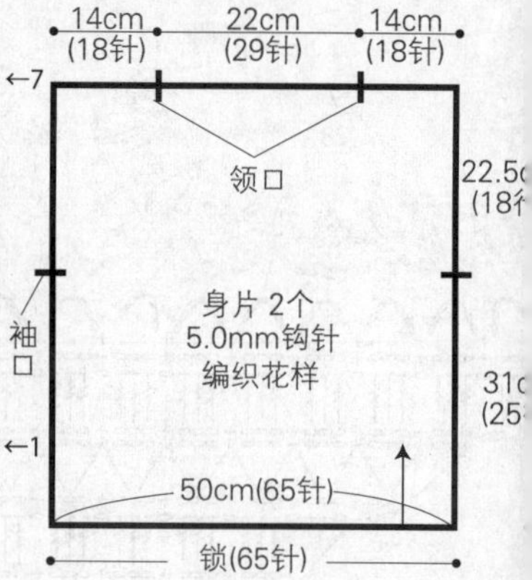

14cm
(18针)
22cm
(29针)
14cm
(18针)
领口
22.5c
(18行
袖口
身片 2个
5.0mm钩针
编织花样
31c
(25
50cm(65针)
锁(65针)

袖口编织花样

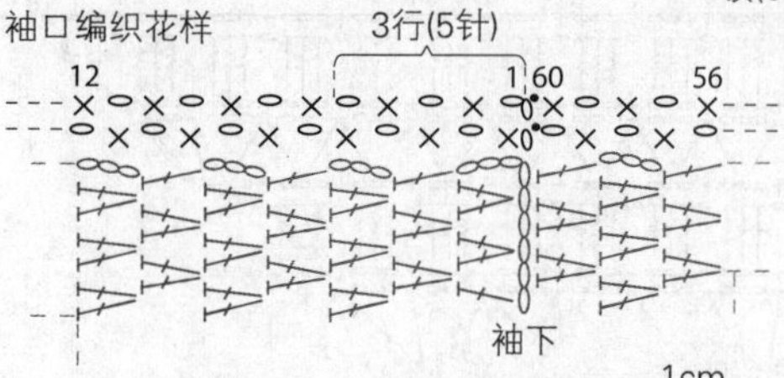

3行(5针)
12
1
60
56
←2
←1
袖下

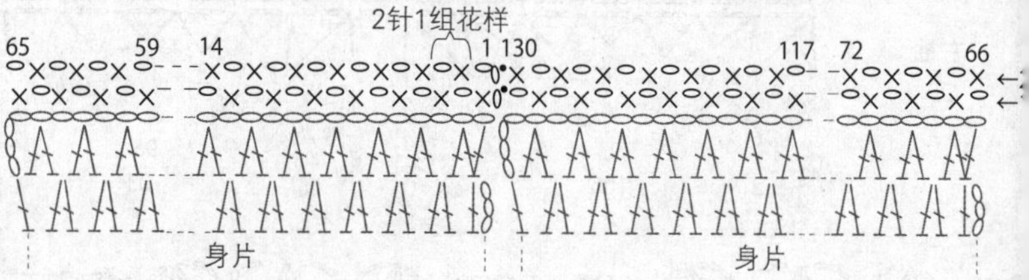

2针1组花样
65
59
14
1
130
117
72
66
身片
身片

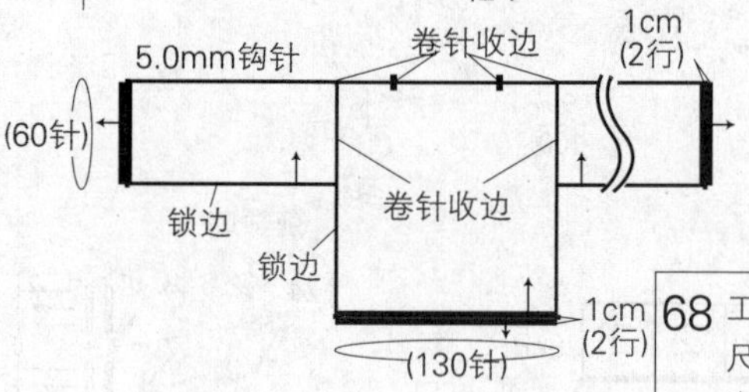

5.0mm钩针
卷针收边
1cm
(2行)
(60针)
卷针收边
锁边
锁边
1cm
(2行)
(130针)

68

工具：2.5mm钩针

尺寸：胸围116cm，衣长70cm，袖长36cm

密度：花样A：23.5针×12行 花样B：22针×30行

材料：进口纯羊毛褐色棉线400g

30
20
10
←1
77
70
60
50
40
30
20
10
1
锁 77 针

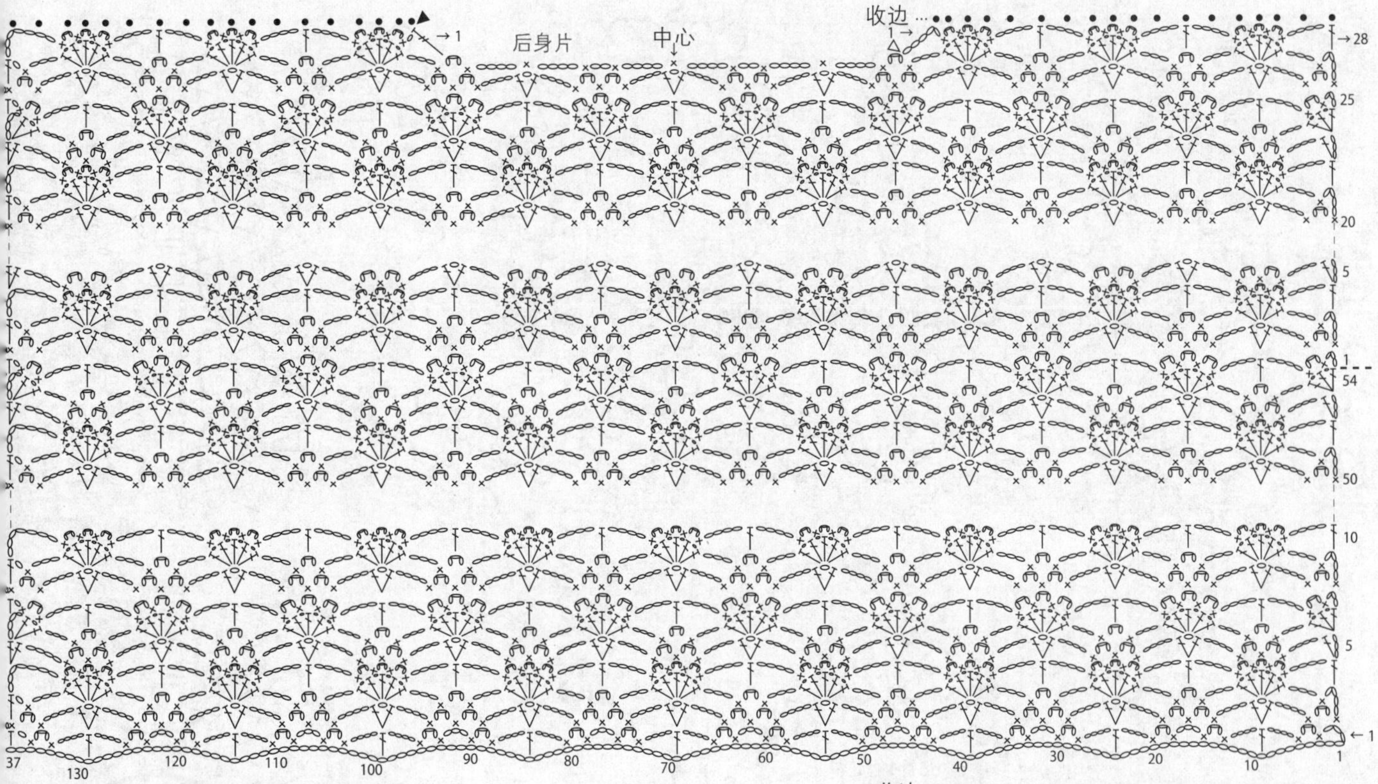
后身片
中心
收边……
→1
1→
→28
25
20
5
1
54
50
10
5
←1
37
130
120
110
100
90
80
70
60
50
40
30
20
10
1

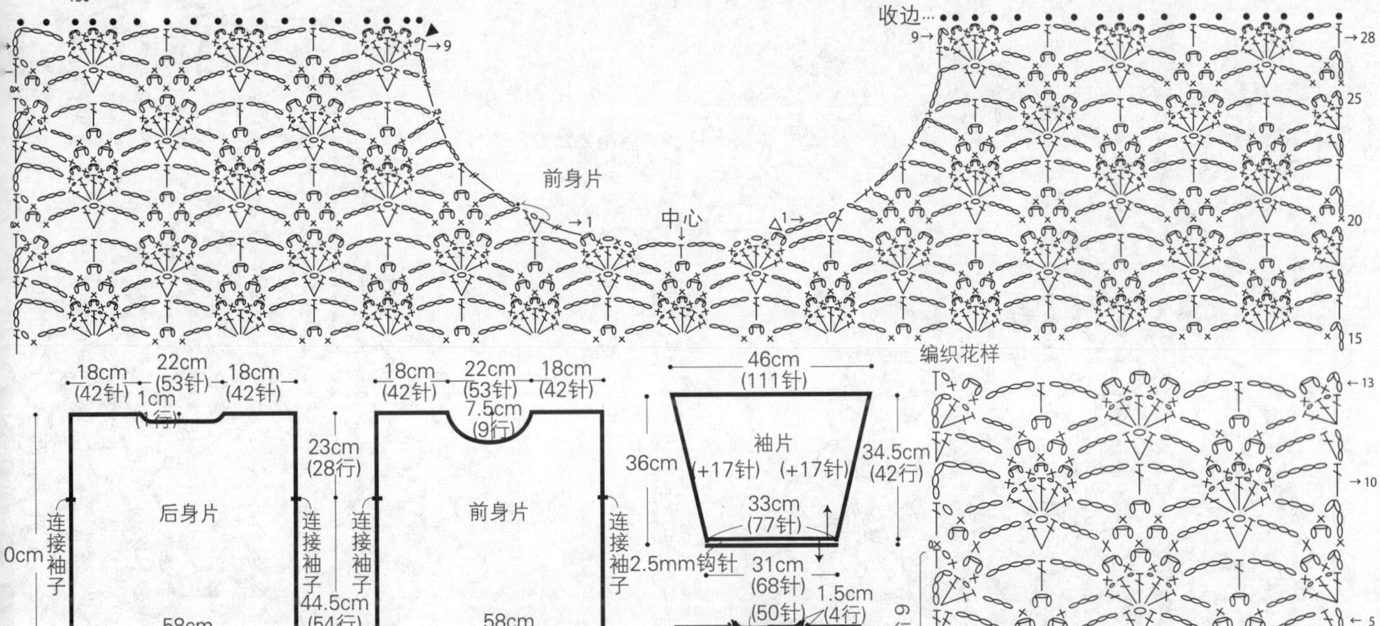
→9
收边……
9→
→28
25
前身片
→1
中心
1→
20
15

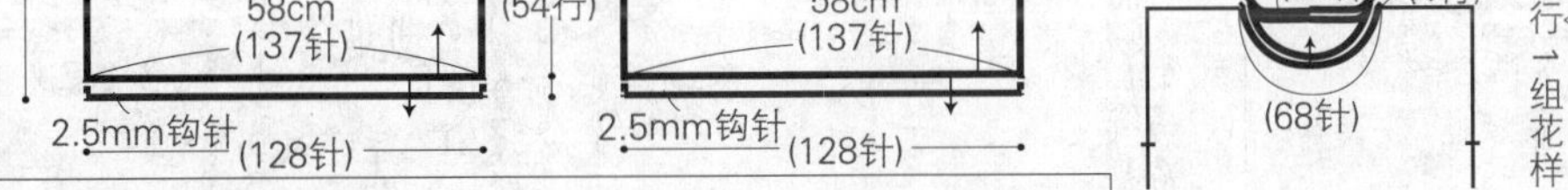
18cm
(42针)
22cm
(53针)
18cm
(42针)
1cm
(1行)
后身片
连接袖子
0cm
连接袖子
58cm
(137针)
2.5mm钩针
(128针)
23cm
(28行)
44.5cm
(54行)
18cm
(42针)
22cm
(53针)
18cm
(42针)
7.5cm
(9行)
前身片
连接袖子
连接袖子
58cm
(137针)
2.5mm钩针
(128针)
46cm
(111针)
袖片
36cm
(+17针)
(+17针)
34.5cm
(42行)
33cm
(77针)
2.5mm钩针
31cm
(68针)
1.5cm
(50针)
(4行)
(68针)

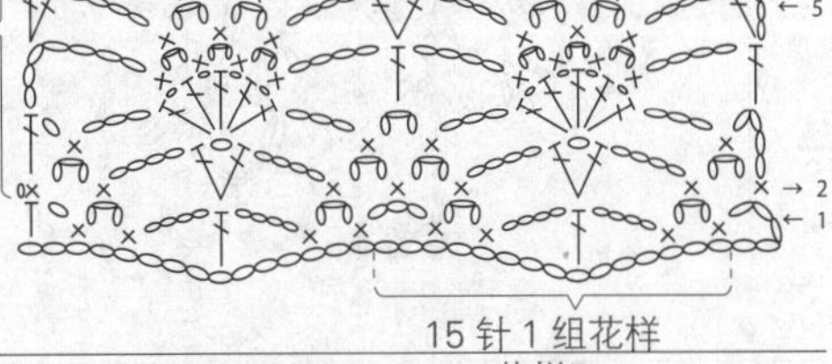
编织花样
←13
→10
←5
→2
←1
6行1组花样
15针1组花样

9

具：1.75mm、2.0mm钩针

寸：胸围96cm，衣长63.5cm

料：进口纯羊毛褐色棉线215g

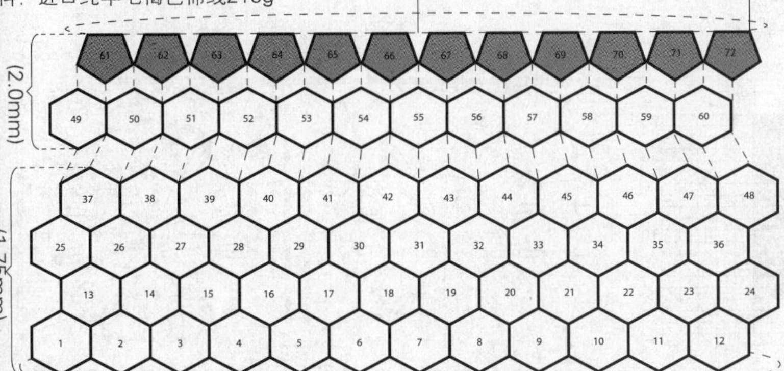
前中心
后中心
(2.0mm)
(1.75mm)
61
62
63
64
65
66
67
68
69
70
71
72
49
50
51
52
53
54
55
56
57
58
59
60
37
38
39
40
41
42
43
44
45
46
47
48
25
26
27
28
29
30
31
32
33
34
35
36
13
14
15
16
17
18
19
20
21
22
23
24
1
2
3
4
5
6
7
8
9
10
11
12

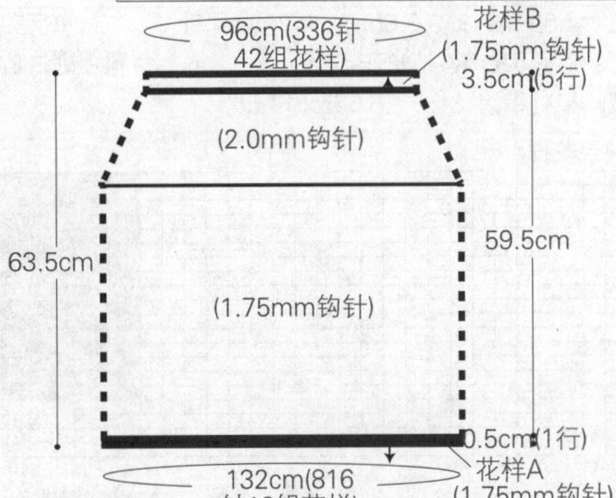
96cm(336针
42组花样)
花样B
(1.75mm钩针)
3.5cm(5行)
(2.0mm钩针)
63.5cm
59.5cm
(1.75mm钩针)
0.5cm(1行)
132cm(816
针12组花样)
花样A
(1.75mm钩针)

71
72
61
62
11
12
1
2

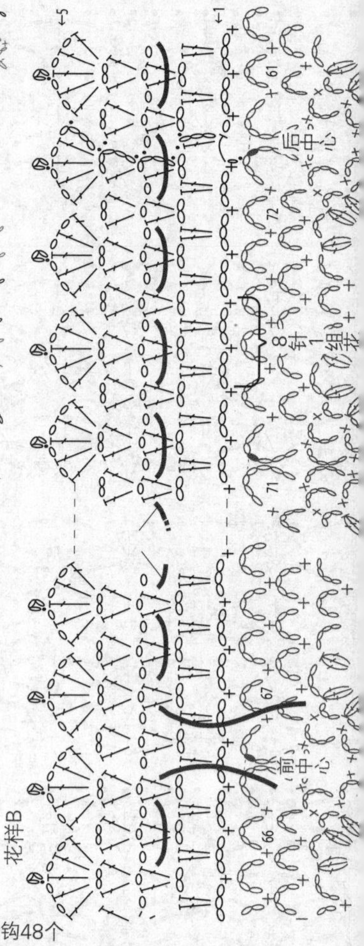
花样B
后中心
前中心
8针1组
72
71
67
66
61

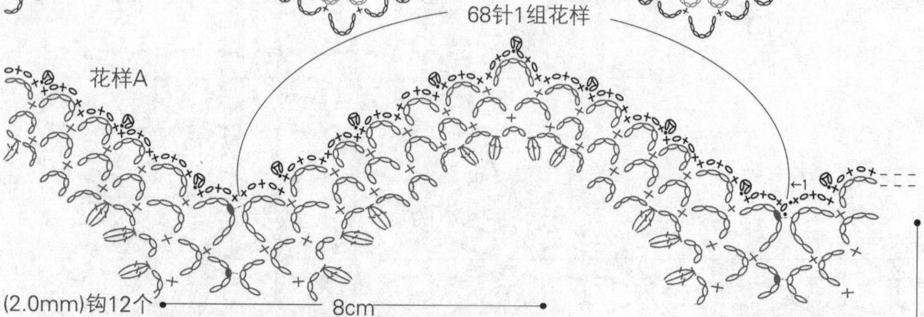
68针1组花样
花样A
(2.0mm)钩12个
8cm

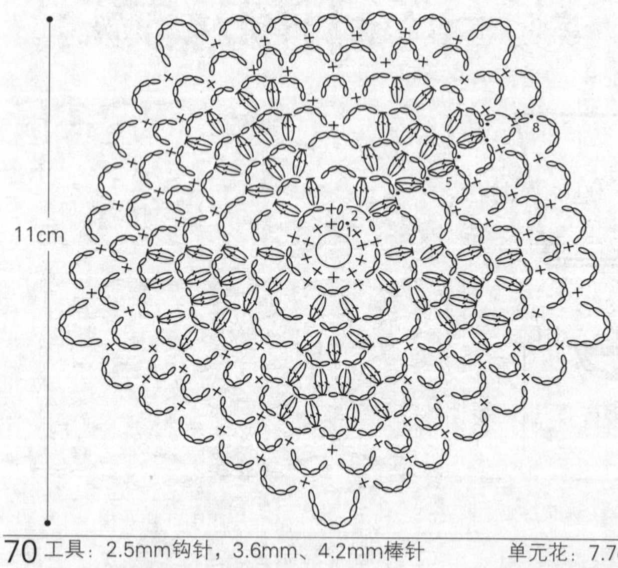
11cm
8
5

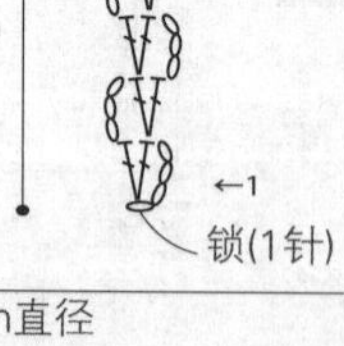
0.5cm
(3针)
140cm
(151行)
←151
→150
←9
←5
←1
锁(1针)

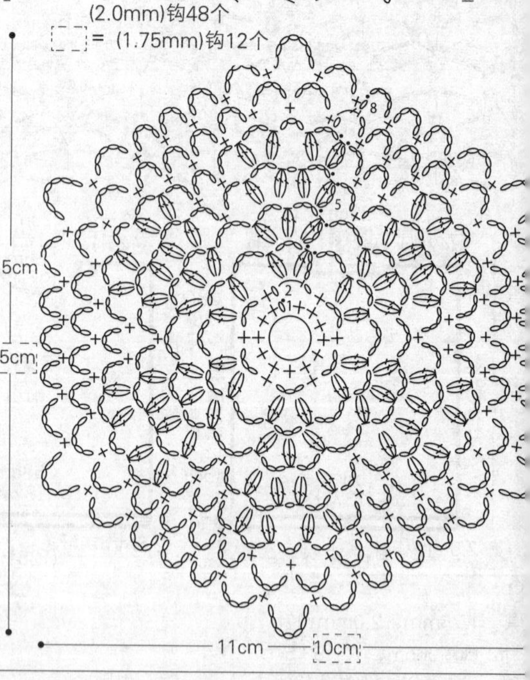
(2.0mm)钩48个
= (1.75mm)钩12个
13.5cm
12.5cm
11cm
10cm
8
5

70 工具：2.5mm钩针，3.6mm、4.2mm棒针　　单元花：7.7cm直径

尺寸：衣长52cm，袖长73.5cm　　材料：进口蓝色羊绒线370g

密度：棒针编织花样：26.5针×14.5行

棒针编织花样

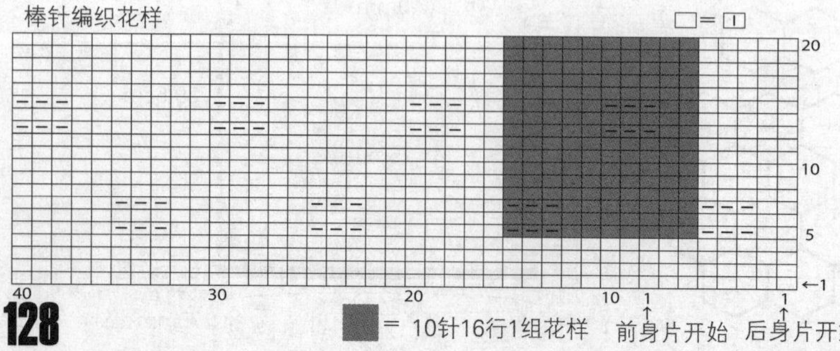
□=□
20
10
5
←1
40
30
20
10
1
1
= 10针16行1组花样
前身片开始
后身片开始

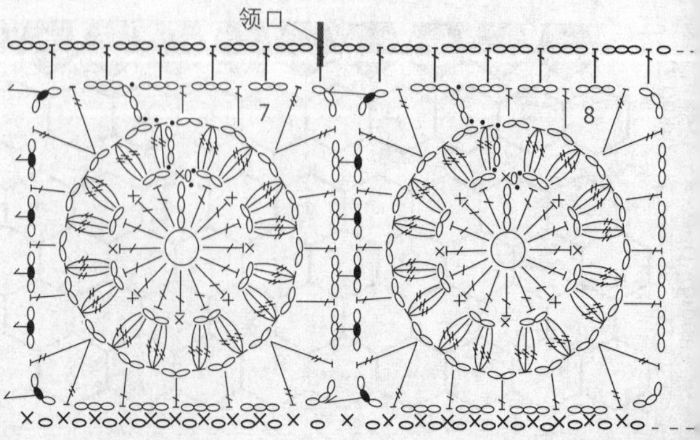
领口
7
8

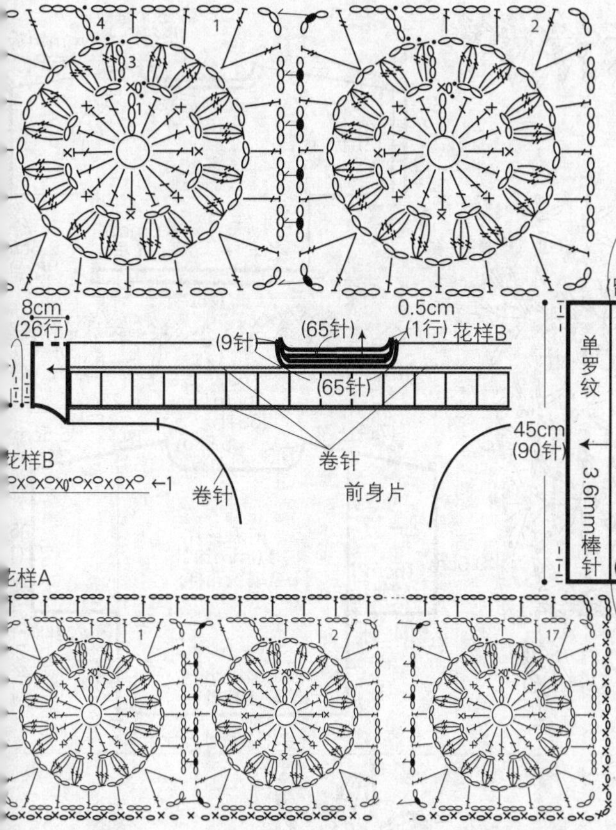

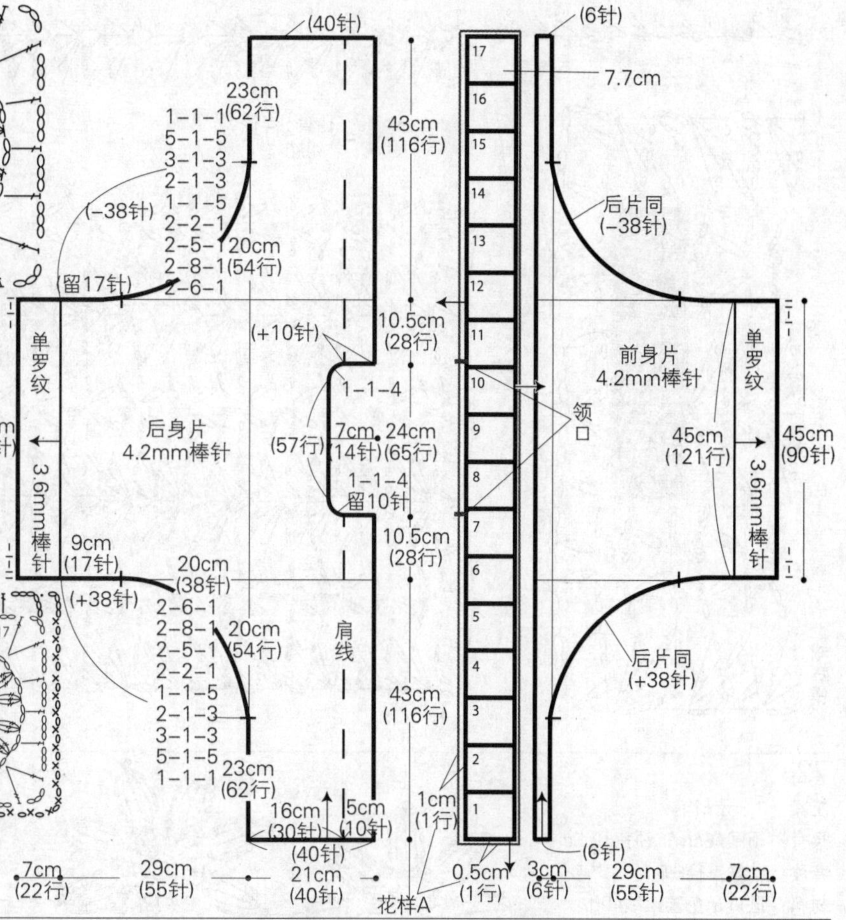

图4

71

工具：3.0mm钩针

尺寸：胸围96cm，衣长49.5cm，袖长27cm

密度：30针×11行

材料：进口粉色蕾丝线400g

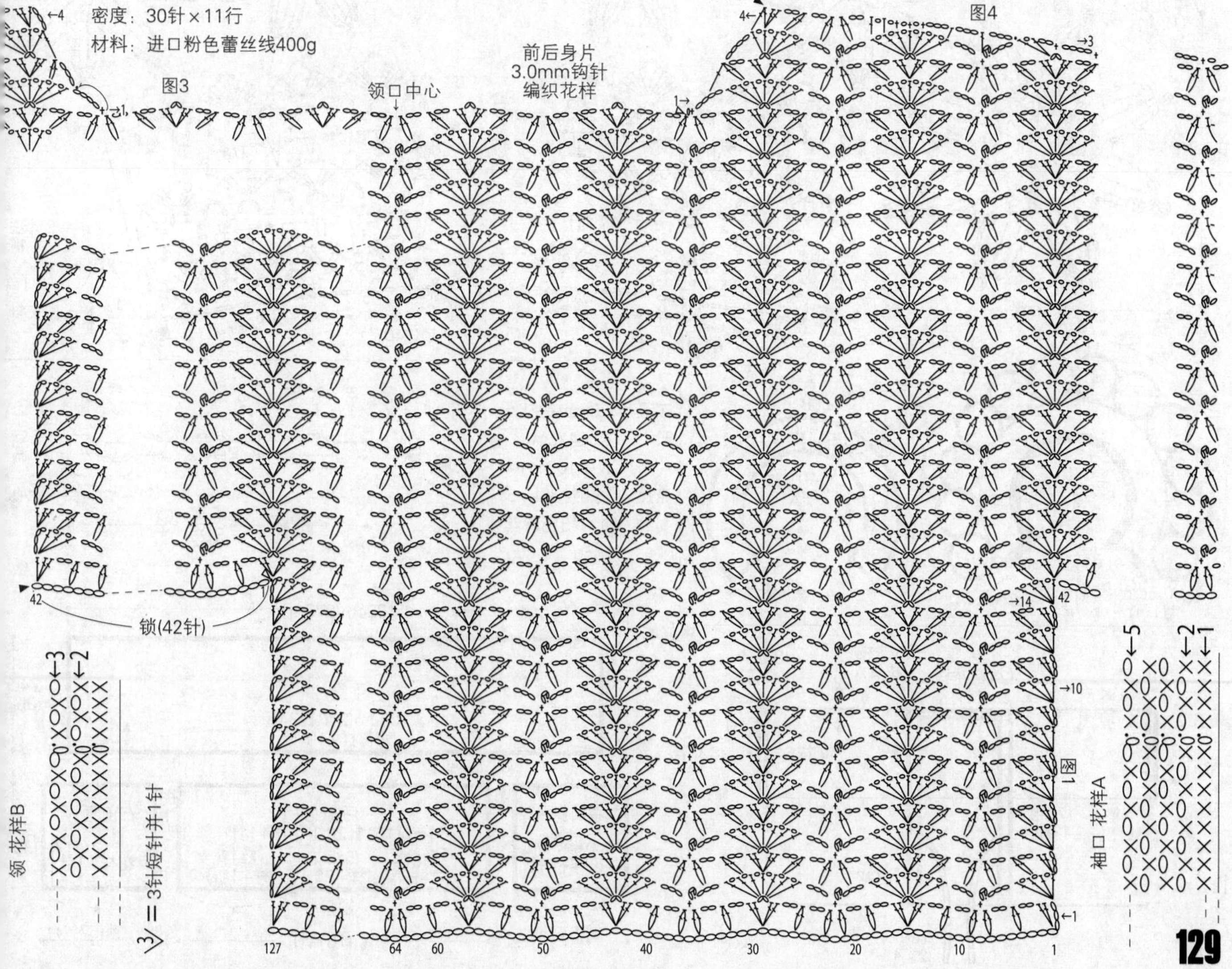

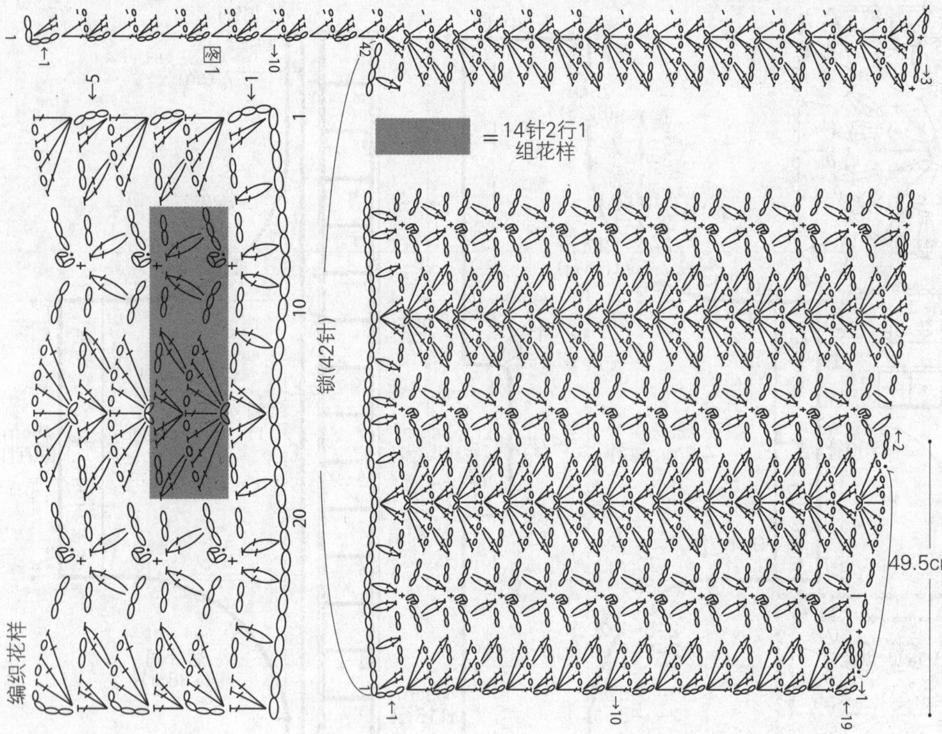
图1
=14针2行1组花样
锁(42针)
编织花样

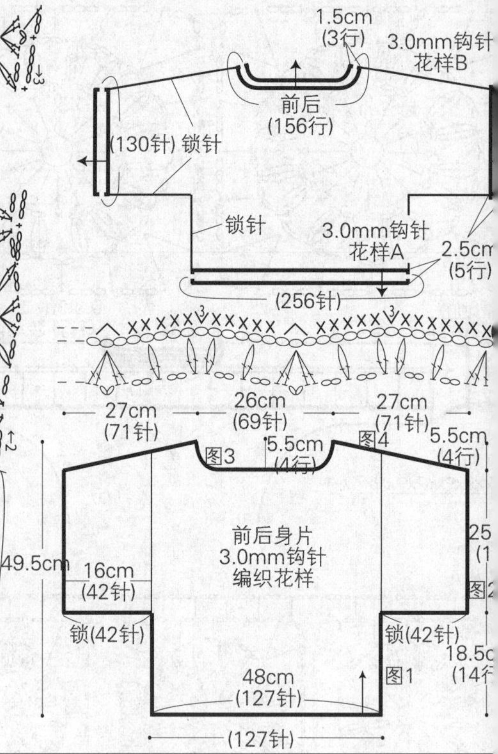
1.5cm
(3行)
3.0mm钩针
花样B
前后
(156行)
(130针) 锁针
锁针
3.0mm钩针
花样A
2.5cm
(5行)
(256针)
27cm
(71针)
26cm
(69针)
27cm
(71针)
5.5cm
(4行)
图3
图4
5.5cm
(4行)
49.5cm
16cm
(42针)
前后身片
3.0mm钩针
编织花样
锁(42针)
锁(42针)
48cm
(127针)
图1
18.5cm
(14行)
(127针)

72

工具：2.3mm钩针

尺寸：领围46cm，领宽12.5cm

密度：花样直径6.5cm

材料：进口米色蕾丝线40g

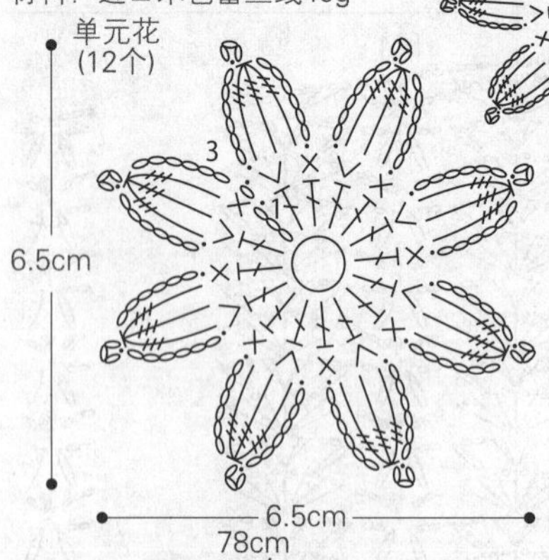
单元花
(12个)
6.5cm
6.5cm

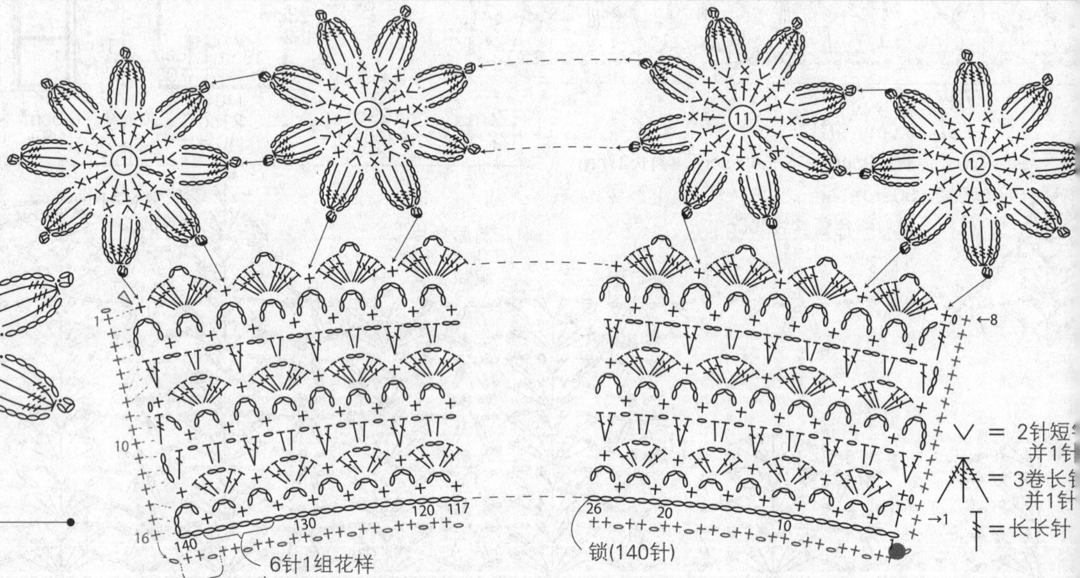
6针1组花样
3针1组花样
锁(140针)
=2针短针并1针
=3卷长针并1针
=长长针

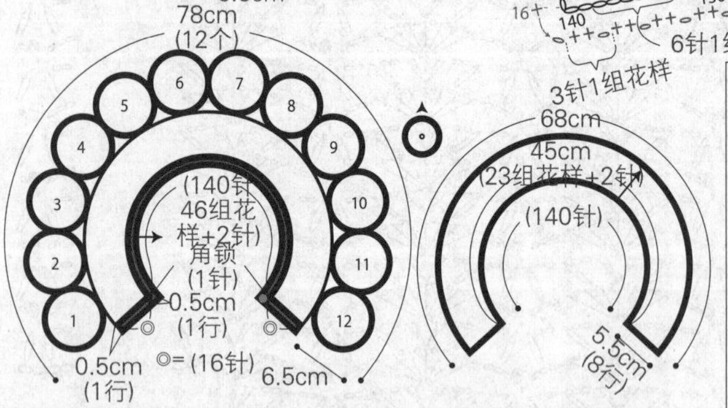
78cm
(12个)
(140针
46组花
样+2针)
角锁
(1针)
0.5cm
(1行)
0.5cm
(1行)
◎=(16针)
6.5cm
68cm
45cm
(23组花样+2针)
(140针)
5.5cm
(8行)

73

工具：2.5mm钩针

尺寸：衣长47cm，

衣宽103cm

密度：26.5针×14.5行

材料：进口粉色蕾丝线

185g

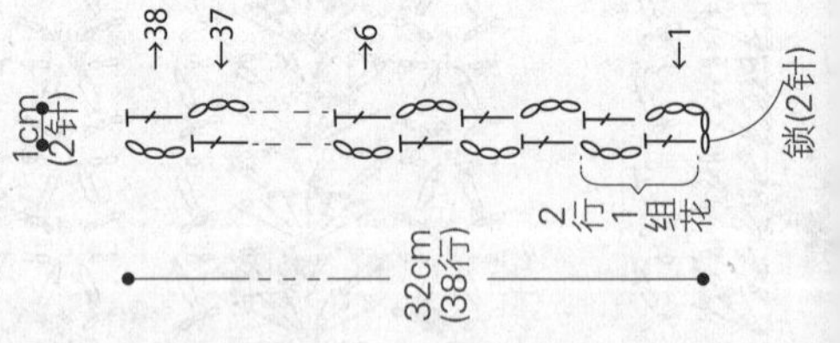
装饰带2根
1cm
(2针)
锁(2针)
2行1组花样
32cm
(38行)

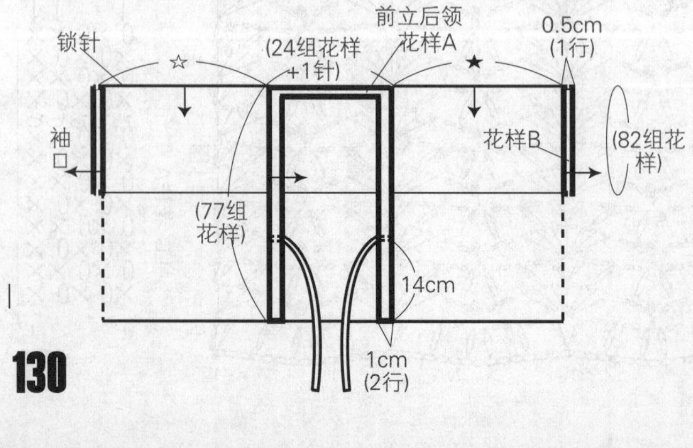
锁针
☆
(24组花样
+1针)
前立后领
花样A
★
0.5cm
(1行)
袖口
花样B
(82组花样)
(77组花样)
14cm
1cm
(2行)

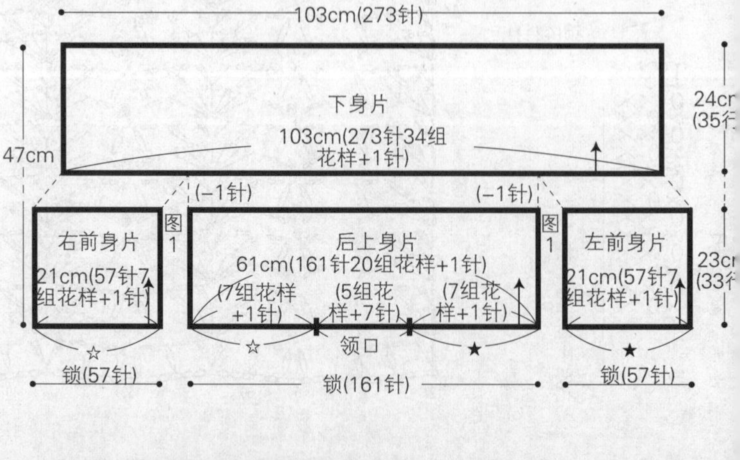
103cm(273针)
下身片
103cm(273针34组
花样+1针)
47cm
24cm
(35行)
(−1针)
(−1针)
右前身片
21cm(57针7组花样+1针)
图1
后上身片
61cm(161针20组花样+1针)
(7组花样
+1针)
(5组花
样+7针)
(7组花
样+1针)
领口
图1
左前身片
21cm(57针7组花样+1针)
23cm
(33行)
锁(57针)
锁(161针)
锁(57针)

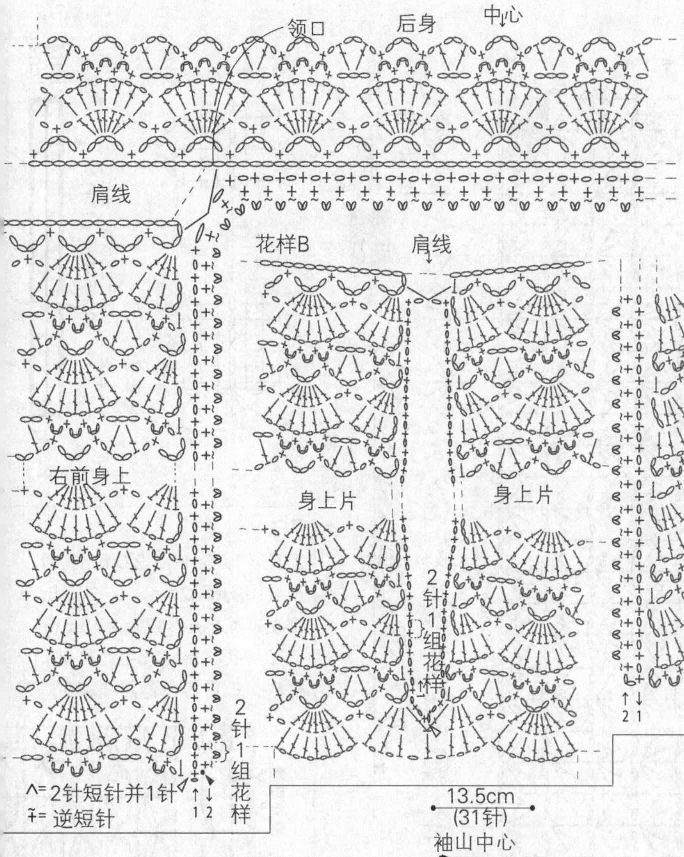

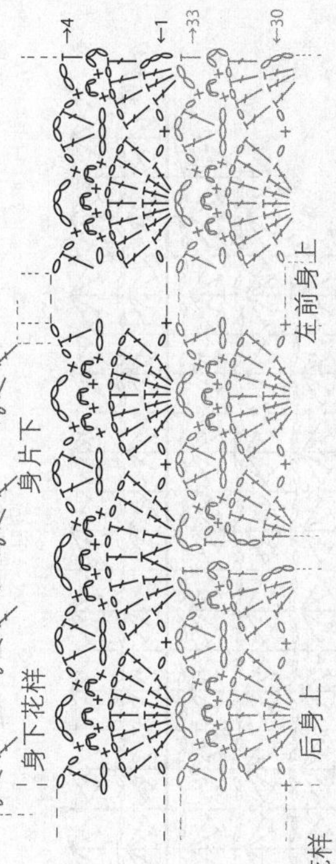

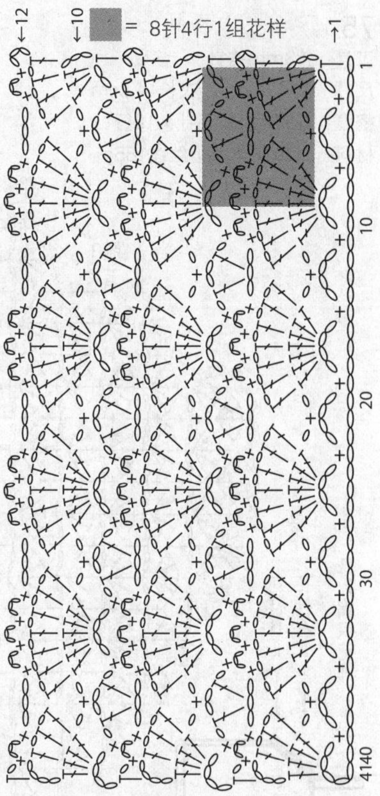

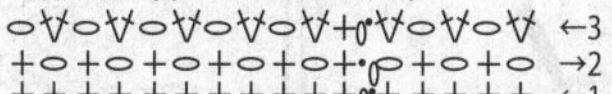

领口
后身
中心
肩线
花样B
肩线
右前身上
身上片
身上片
2针1组花样
2针1组花样
^=2针短针并1针
Ŧ=逆短针
左前身上
身片下
身下花样
后身上
编织花样
8针4行1组花样
编织花样 2.5mm钩针
2针1组花样 ∀=2针短针并1针
13.5cm (31针)
袖山中心
图4
图5
图3
图2
图1
右袖片
花样B
2.5mm钩针
35cm(81针)
30cm(69针)
(70针)
15cm (-20针) (15行)
(8针)
(-14针)
12cm (12行)
6cm (6行)
(+6针)
1.5cm (3行)
※左右袖对称
具：2.5mm钩针，3.6mm棒针
寸：胸围90cm，衣长51.5cm，
袖长22.5cm
度：花样A：22针×28行
花样B：23针×10行
料：进口橘粉色蕾丝线280g
样A 3.6mm棒针
□=□
身片中心 ■=6针12行1组花样
右袖片
花样B
2.5mm钩针
袖山中心
锁(69针)
领口
2.5mm钩针
(48针)
1.5cm (30行)
(30针)
(48针)
前身片
花样A
3.6mm棒针
45cm(100针)
平10行
10-1-6
28-1-1
平1行
1-1-17
2-1-5
20cm (44针)
(-22针)
(留6针)
(-7针)
13cm (31针)
10cm (10行)
18cm
52cm(114针)
5cm
锁(31针)
(120针)
卷针
花样B
10cm (28行)
15cm (42行)
35cm (98行)
1.5cm (3行)
左袖片
花样B
2.5mm钩针
袖山中心
花样B 2.5mm钩针
■=10针4行1组花样
后身片
花样A
3.6mm棒针
45cm (100针)
平10行
10-1-6
28-1-1
平1行
1-1-3
2-1-19
(44针)
(-22针)
(留6针)
(-7针)
52cm (114针)
(120针)
51.5cm

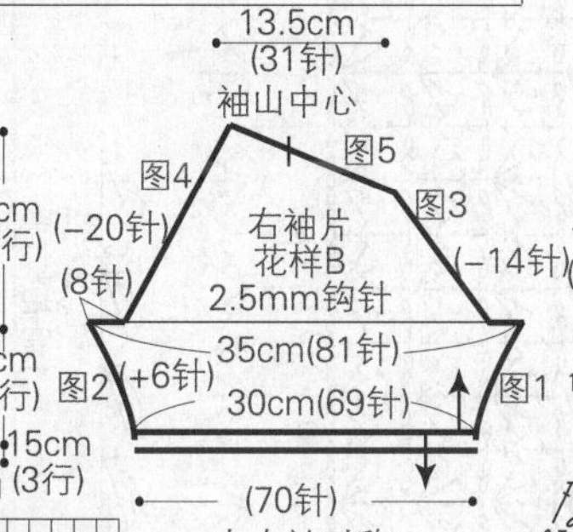

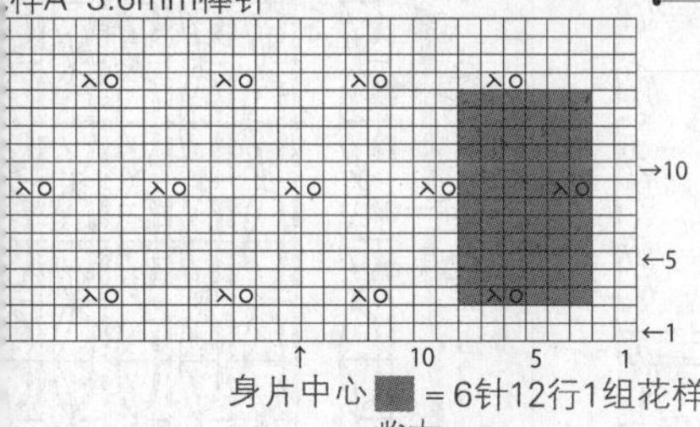

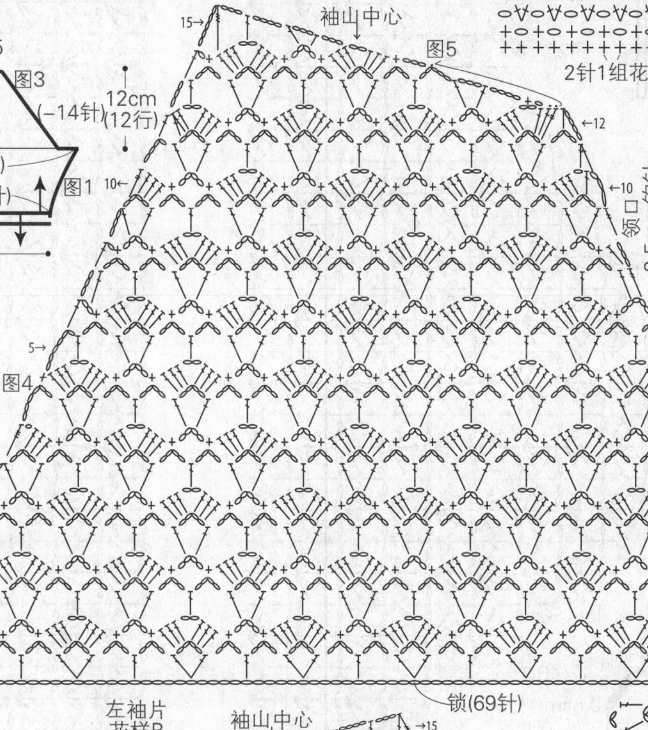

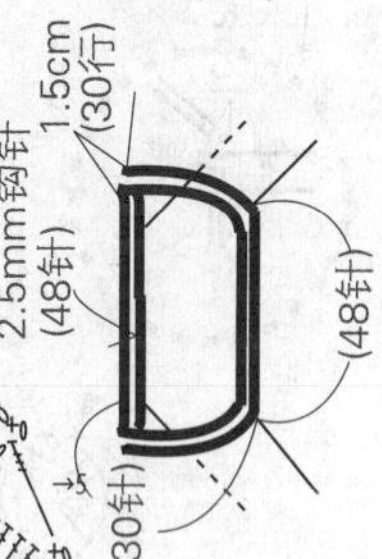

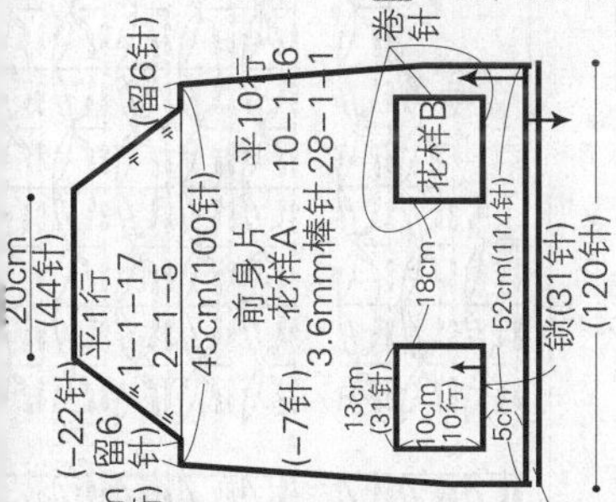

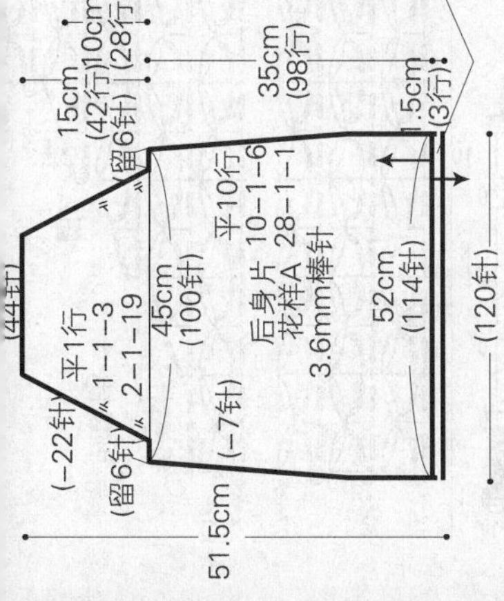

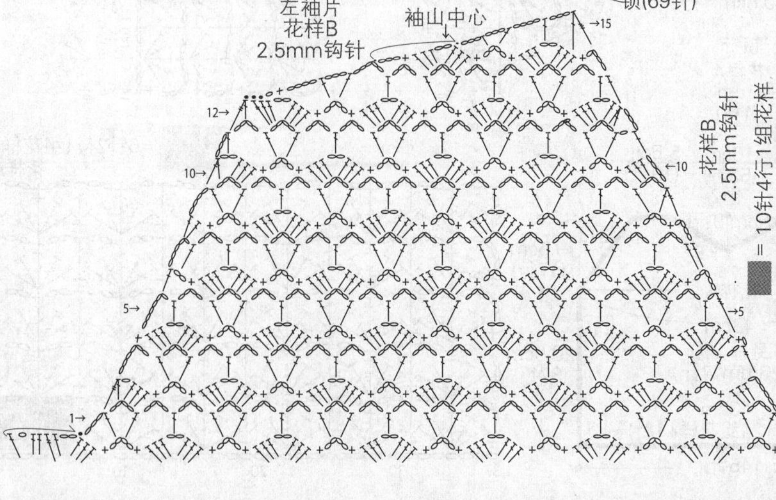

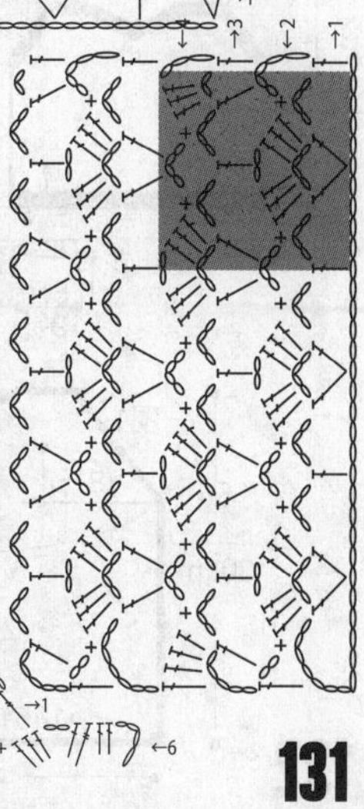

75

工具：2.3mm钩针

尺寸：胸围86cm，衣长44.5cm

密度：花样A：33.5针×18行

材料：进口花黄色蕾丝线185g

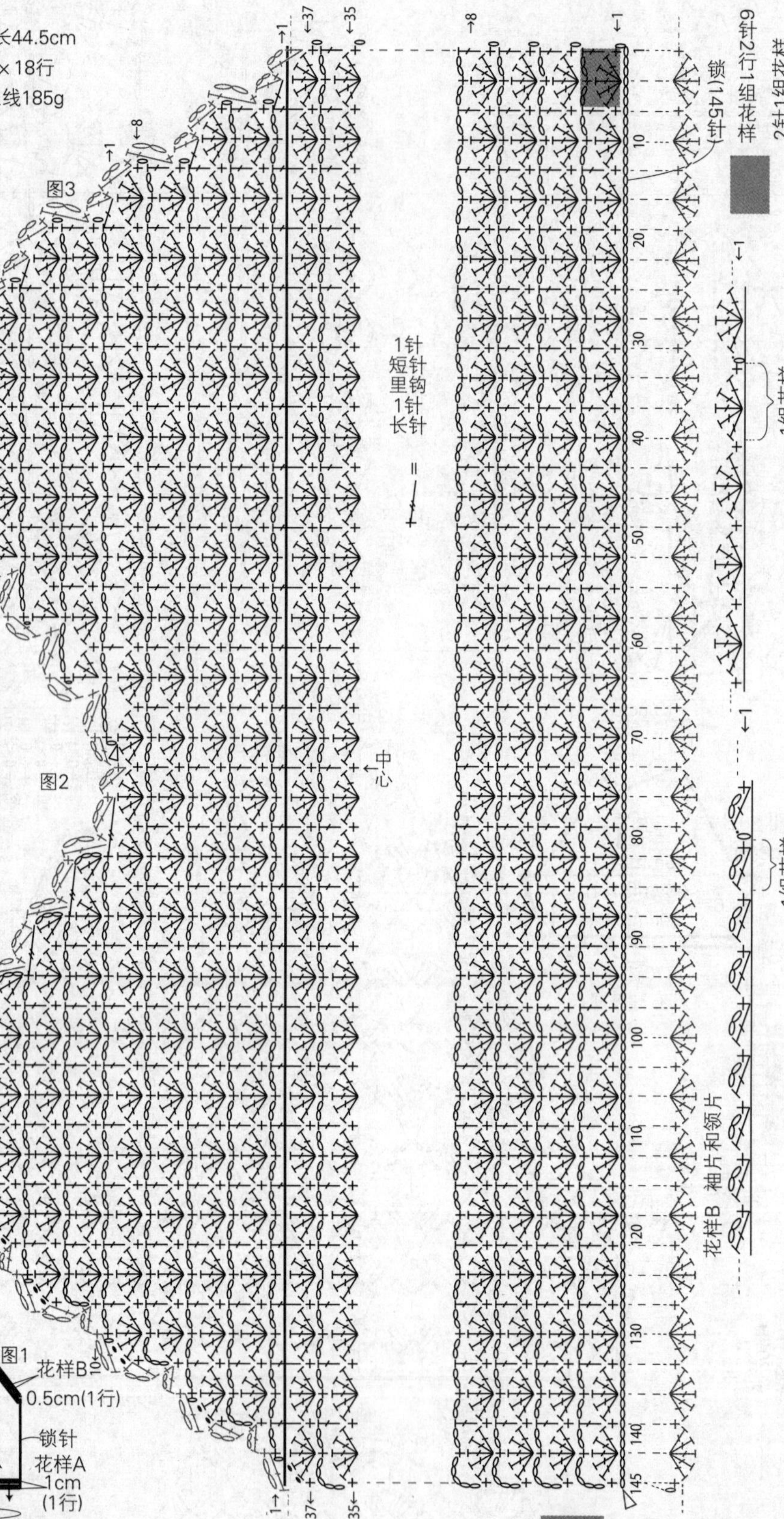

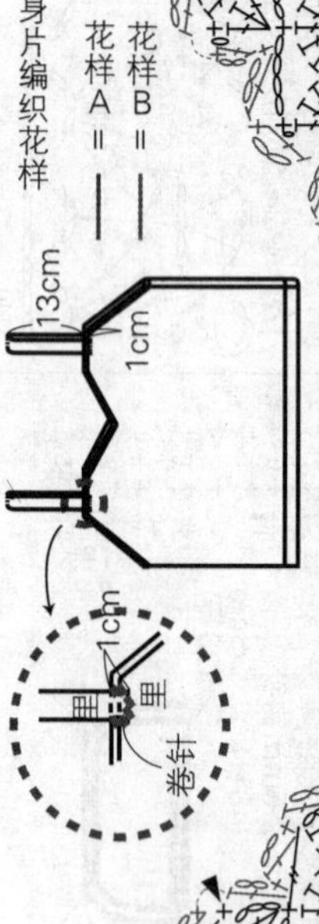

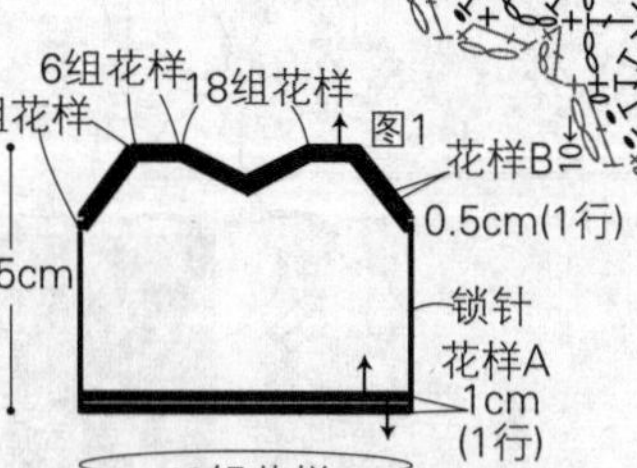

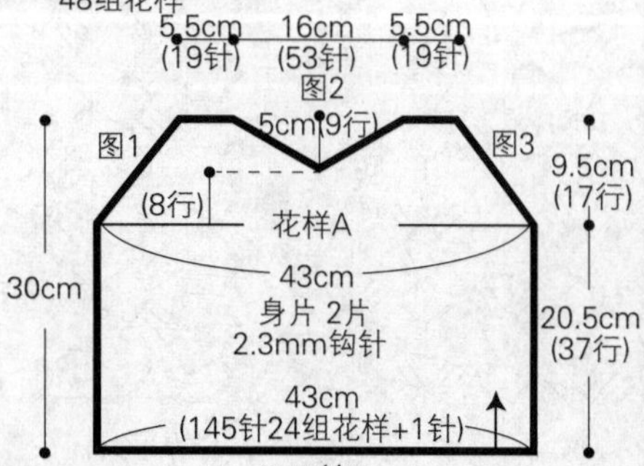

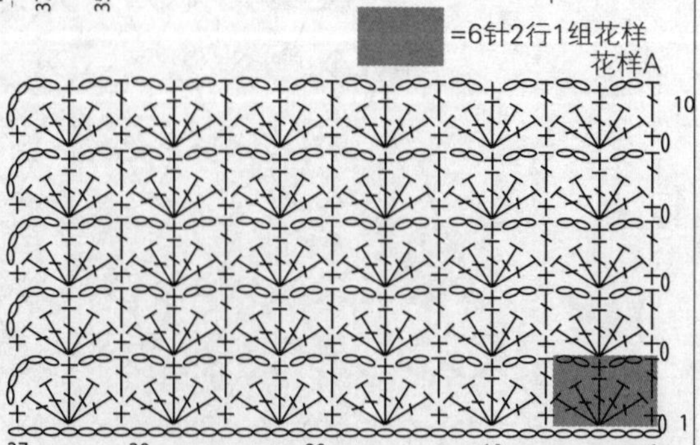

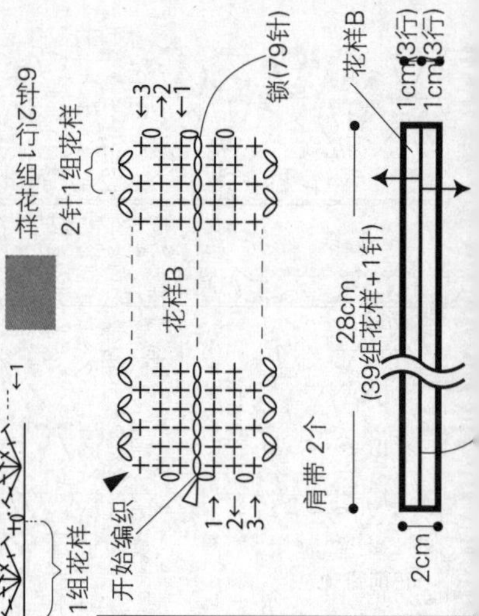

76

工具：1.75mm、2.0mm钩针

尺寸：胸围82cm，衣长50.5cm

密度：花样A：47针×18.5行

花样B：4.5组花样×11行

材料：进口褐色蕾丝线240g

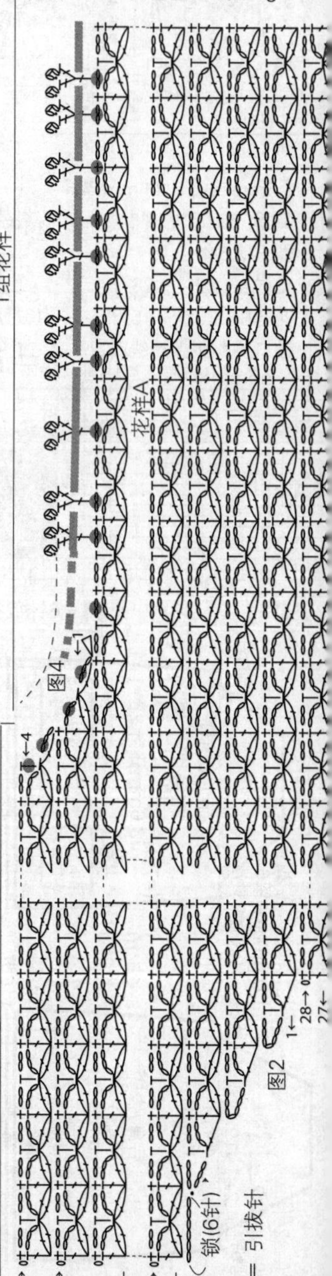

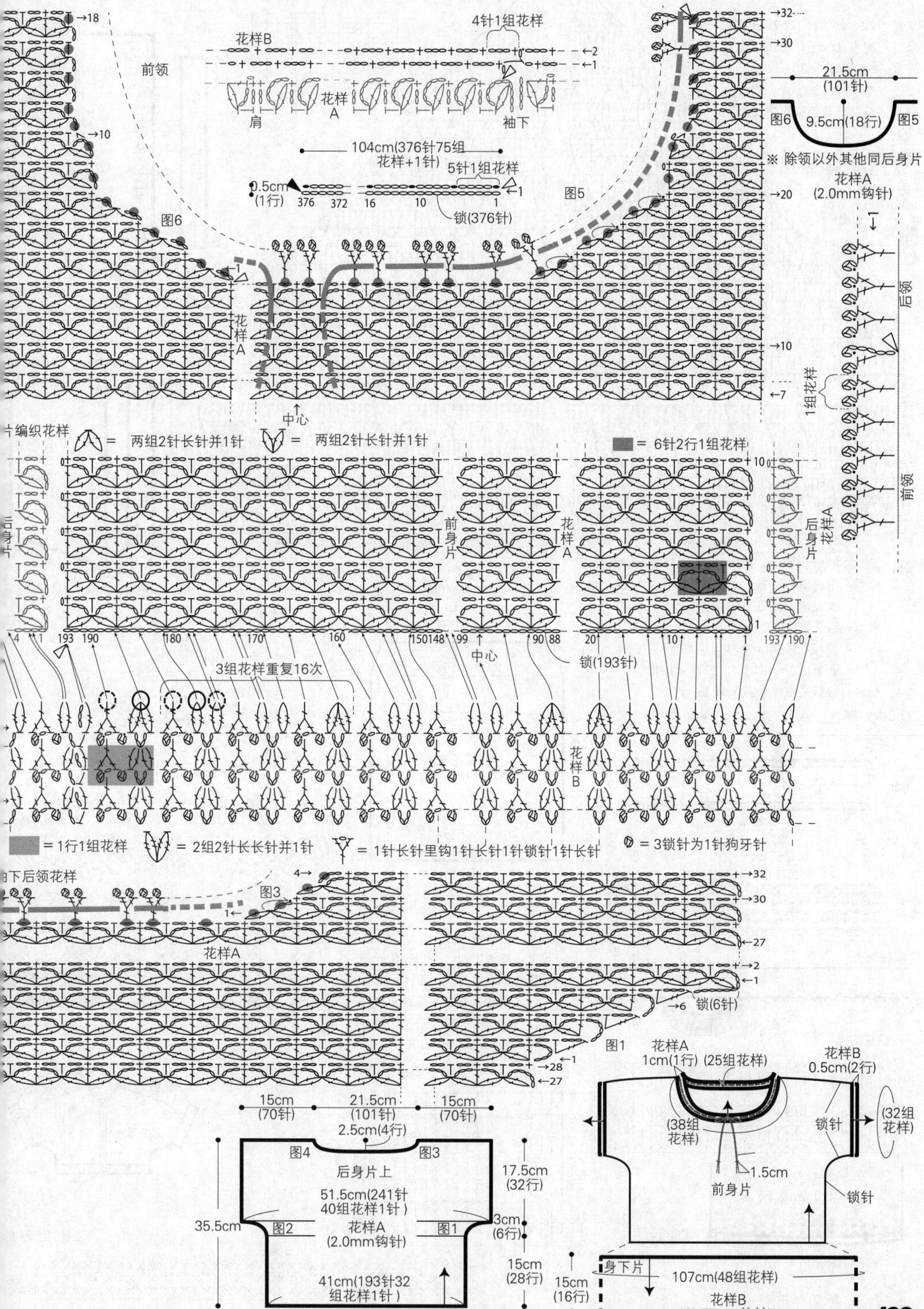

前领
图6
花样B
4针1组花样
肩
花样A
袖下
104cm(376针75组花样+1针)
5针1组花样
0.5cm(1行)
锁(376针)
图5
21.5cm
(101针)
图6 9.5cm(18行) 图5
※ 除领以外其他同后身片
花样A
(2.0mm钩针)
中心
后领
1组花样
前领
后身片
花样A
片编织花样
= 两组2针长针并1针
= 两组2针长针并1针
= 6针2行1组花样
前身片
花样A
后身片
锁(193针)
中心
3组花样重复16次
花样B
= 1行1组花样
= 2组2针长长针并1针
= 1针长针里钩1针长针1针锁针1针长针
= 3锁针为1针狗牙针
袖下后领花样
图3
花样A
锁(6针)
15cm
(70针)
21.5cm
(101针)
15cm
(70针)
2.5cm(4行)
图4
图3
后身片上
51.5cm(241针
40组花样1针)
17.5cm
(32行)
35.5cm
花样A
(2.0mm钩针)
图2
图1
3cm
(6行)
41cm(193针32
组花样1针)
15cm
(28行)
(193针)
图1
花样A
1cm(1行)
(25组花样)
花样B
0.5cm(2行)
(38组
花样)
锁针
(32组
花样)
1.5cm
前身片
锁针
身下片
107cm(48组花样)
花样B
(1.75mm钩针)
15cm
(16行)

77

工具：2.0mm钩针，2.7mm棒针

尺寸：胸围100cm，衣长45cm，袖长27cm

密度：编织花样：30针×14行

单罗纹：30.5针×52行

材料：进口橘黄色蕾丝线280g

在2针长针并1针里钩2针长针并1针

■ ＝6针4行1组花样

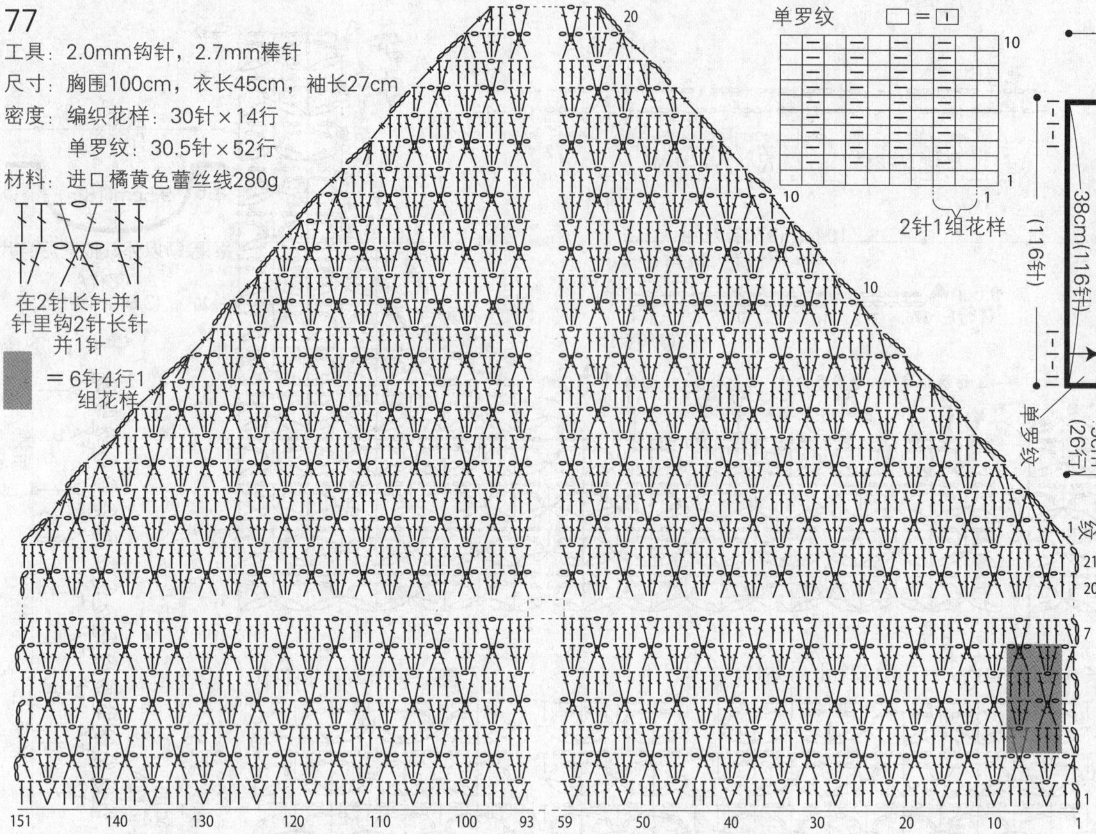

20
10
21
20
7
1
151
140
130
120
110
100
93
59
50
40
30
20
10
1

单罗纹 □＝Ⅰ

2针1组花样

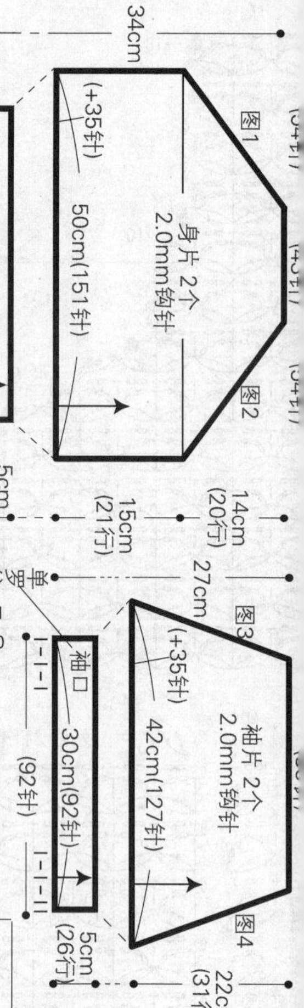

34cm
(+35针)
图1
身片 2个
2.0mm钩针
50cm(151针)
38cm(116针)
(116针)
图2
单罗纹
5cm
(26行)
15cm
(21行)
14cm
(20行)
27cm
单罗纹
1
袖口
(+35针)
图3
袖片 2个
2.0mm钩针
42cm(127针)
30cm(92针)
(92针)
图4
5cm
(26行)
22cm
(31行)

78

工具：2.0mm钩针，3.0mm钩针，11.5mm棒针

尺寸：中码裙长52.5cm，股围70cm，腰围96cm

大码裙长55.5cm，股围76cm，腰围112cm

密度：编织花样(2.0mm钩针)：32.5针×17行

编织花样(3.0mm钩针)：30针×16行

长针(3.0mm钩针)：29针×12行

材料：极细进口棉线270g或350g

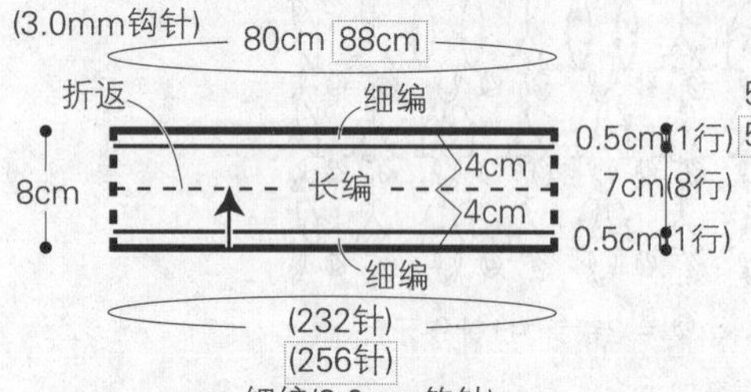

(3.0mm钩针)
80cm 88cm
折返
细编
0.5cm(1行)
54cm
8cm
长编
4cm
7cm(8行)
4cm
0.5cm(1行)
细编
(232针)
(256针)

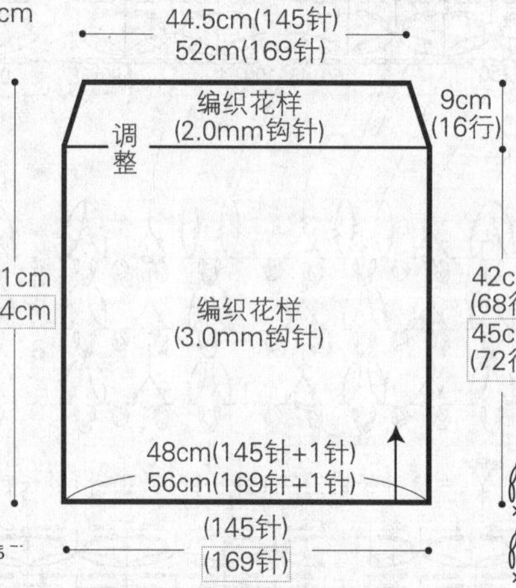

2个
(2.0mm、3.0mm钩针)
44.5cm(145针)
52cm(169针)
编织花样
(2.0mm钩针)
调整
9cm
(16行)
51cm
54cm
编织花样
(3.0mm钩针)
42cm
(68行)
45cm
(72行)
48cm(145针+1针)
56cm(169针+1针)
(145针)
(169针)

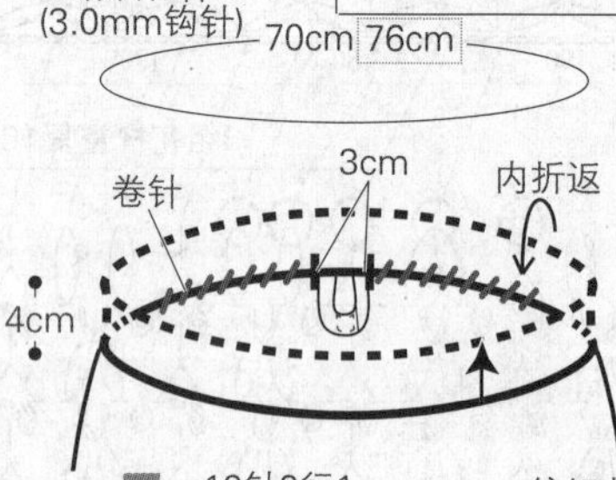

编织花样
(3.0mm钩针)
70cm 76cm
卷针
3cm
内折返
4cm

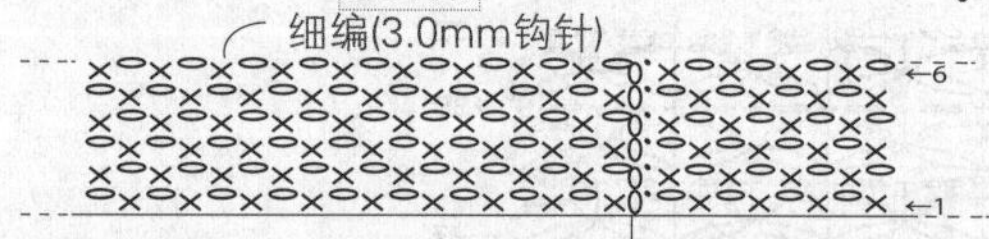

细编(3.0mm钩针)
←6
←1

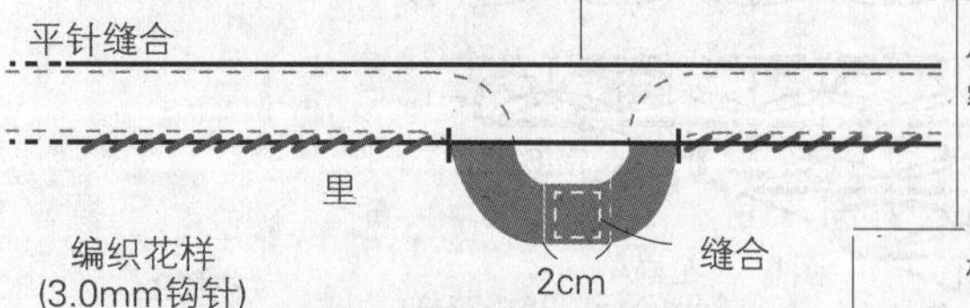

平针缝合
里
2cm
缝合

■ ＝12针2行1组花样

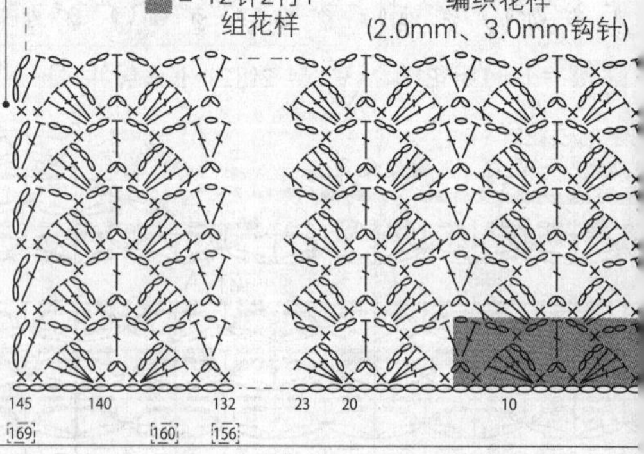

编织花样
(2.0mm、3.0mm钩针)
145
140
132
23
20
10
169
160
156

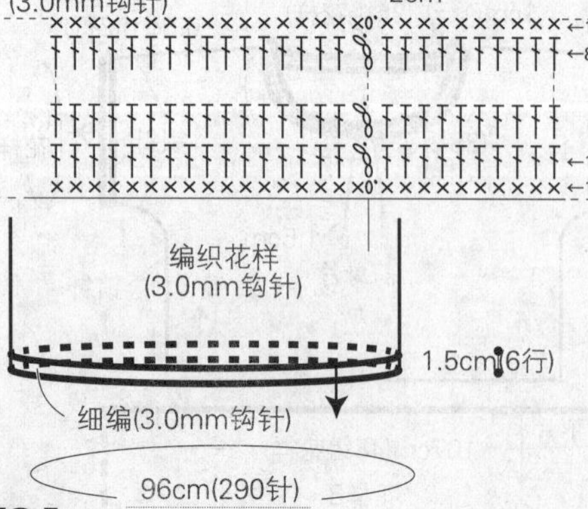

编织花样
(3.0mm钩针)
←1
←8
←1
←1
编织花样
(3.0mm钩针)
1.5cm(6行)
细编(3.0mm钩针)
96cm(290针)
112cm(338针)

79

工具：3.0mm钩针，11.5mm棒针

尺寸：胸围87cm，衣长48cm

密度：编织花样A：30针×15行

编织花样B：32针×14行

编织花样C：32针×10.5行

材料：极细进口棉线300g

袖口 花样A ＝外钩长针

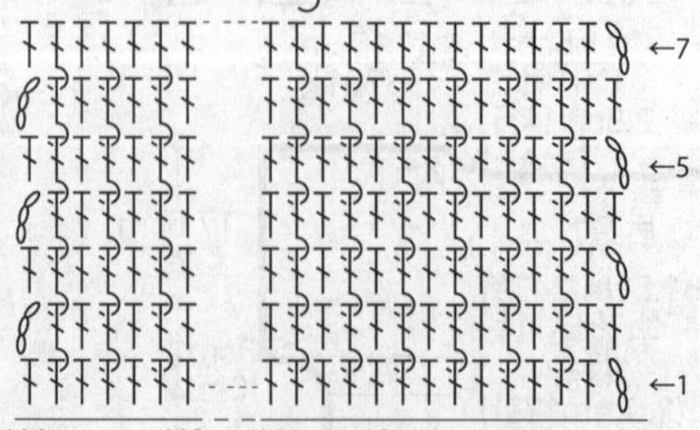

←7
←5
←1
114
108
14
10
1

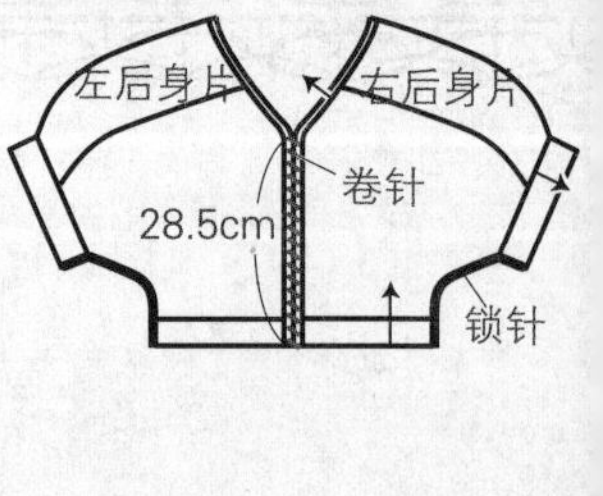

左后身片
右后身片
卷针
28.5cm
锁针

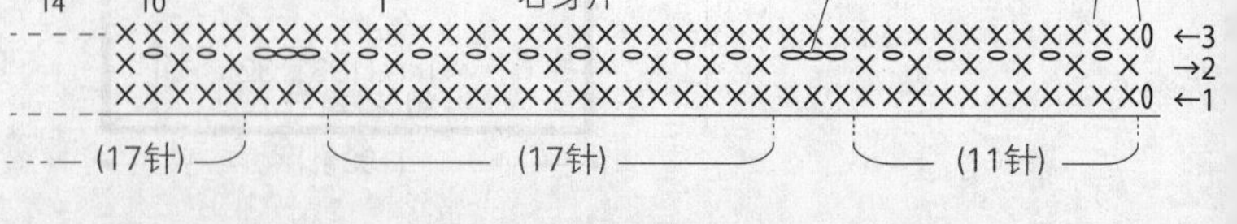

右身片
锁(3针)
2针1组花样
←3
→2
←1
(17针)
(17针)
(11针)

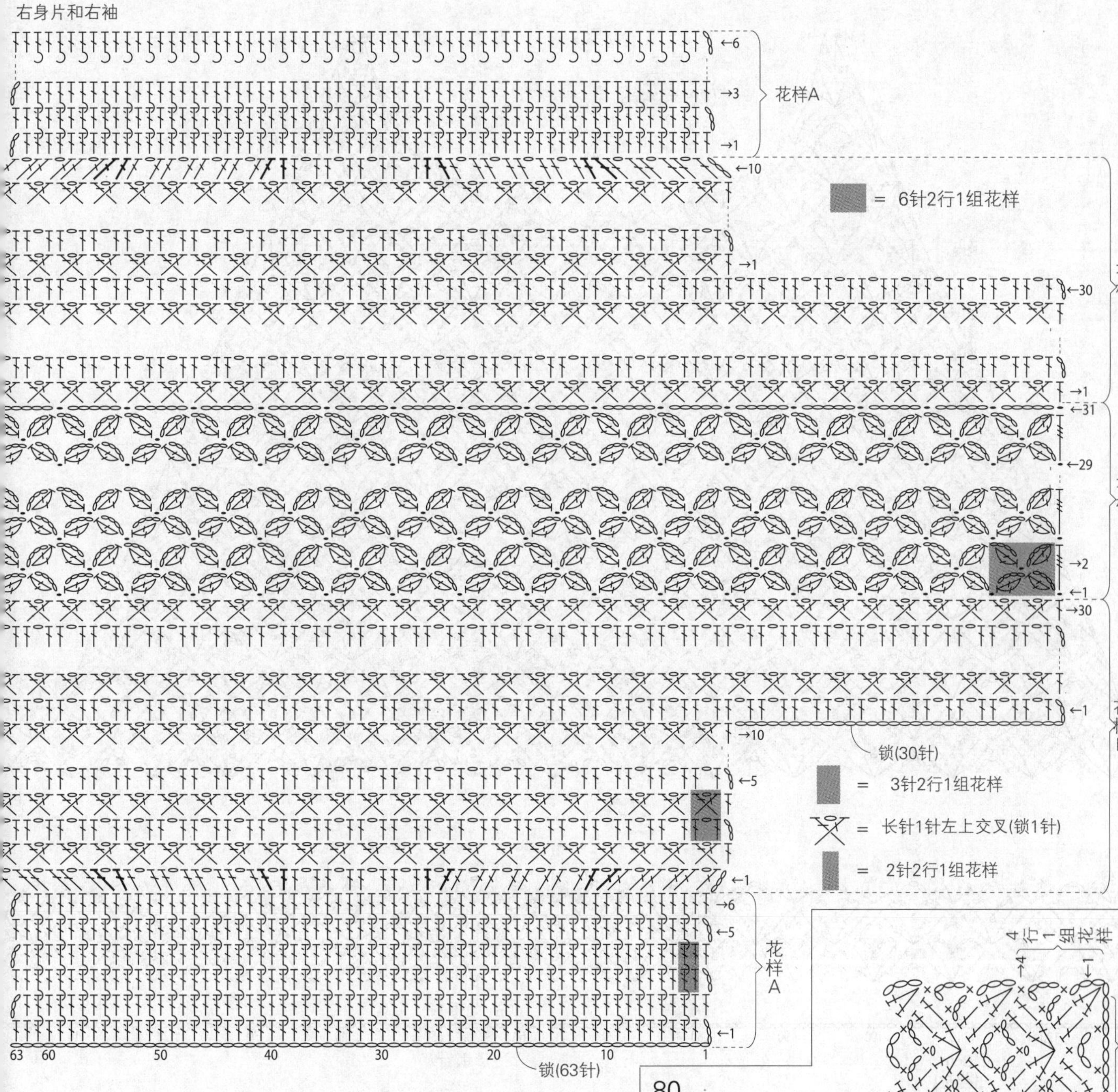
右身片和右袖
花样A
花样B
花样C
= 6针2行1组花样
锁(30针)
= 3针2行1组花样
= 长针1针左上交叉(锁1针)
= 2针2行1组花样
锁(63针)

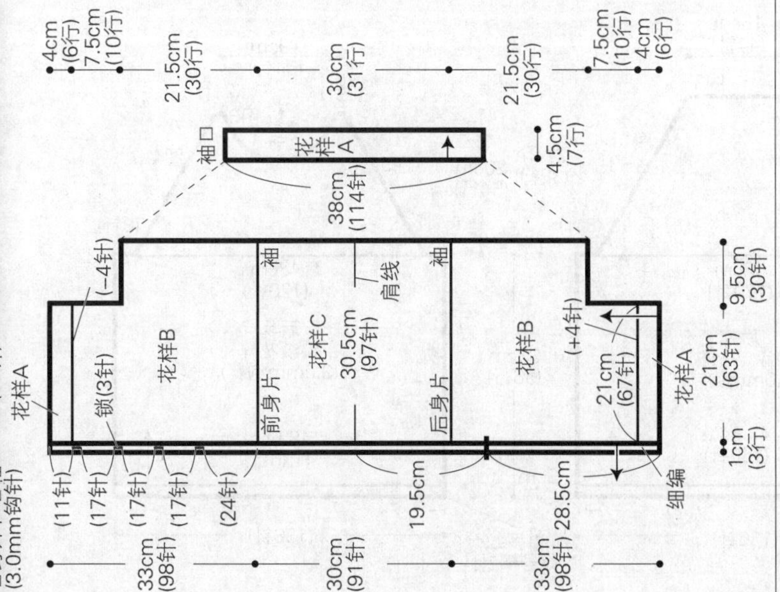
袖口
花样A
38cm (114针)
4.5cm (7行)
4cm (6行)
7.5cm (10行)
21.5cm (30行)
30cm (31行)
(-4针)
(+4针)
花样B
花样C
前身片
后身片
肩线
锁(3针)
30.5cm (97针)
21cm (67针)
21cm (63针)
9.5cm (30行)
1cm (3行)
细编
(3.0mm钩针)
(11针)
(17针)
(24针)
19.5cm
28.5cm
33cm (98针)
30cm (91针)

80

工具：3.0mm钩针，3号棒针

尺寸：胸围97cm，袖长73cm，衣长57cm

密度：单罗纹：28针×42行

编织花样：28针×17行

材料：进口羊绒线455g

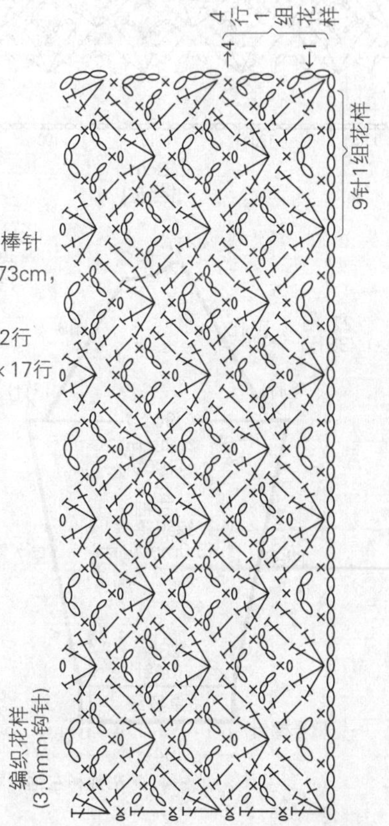
4行1组花样
9针1组花样
编织花样 (3.0mm钩针)

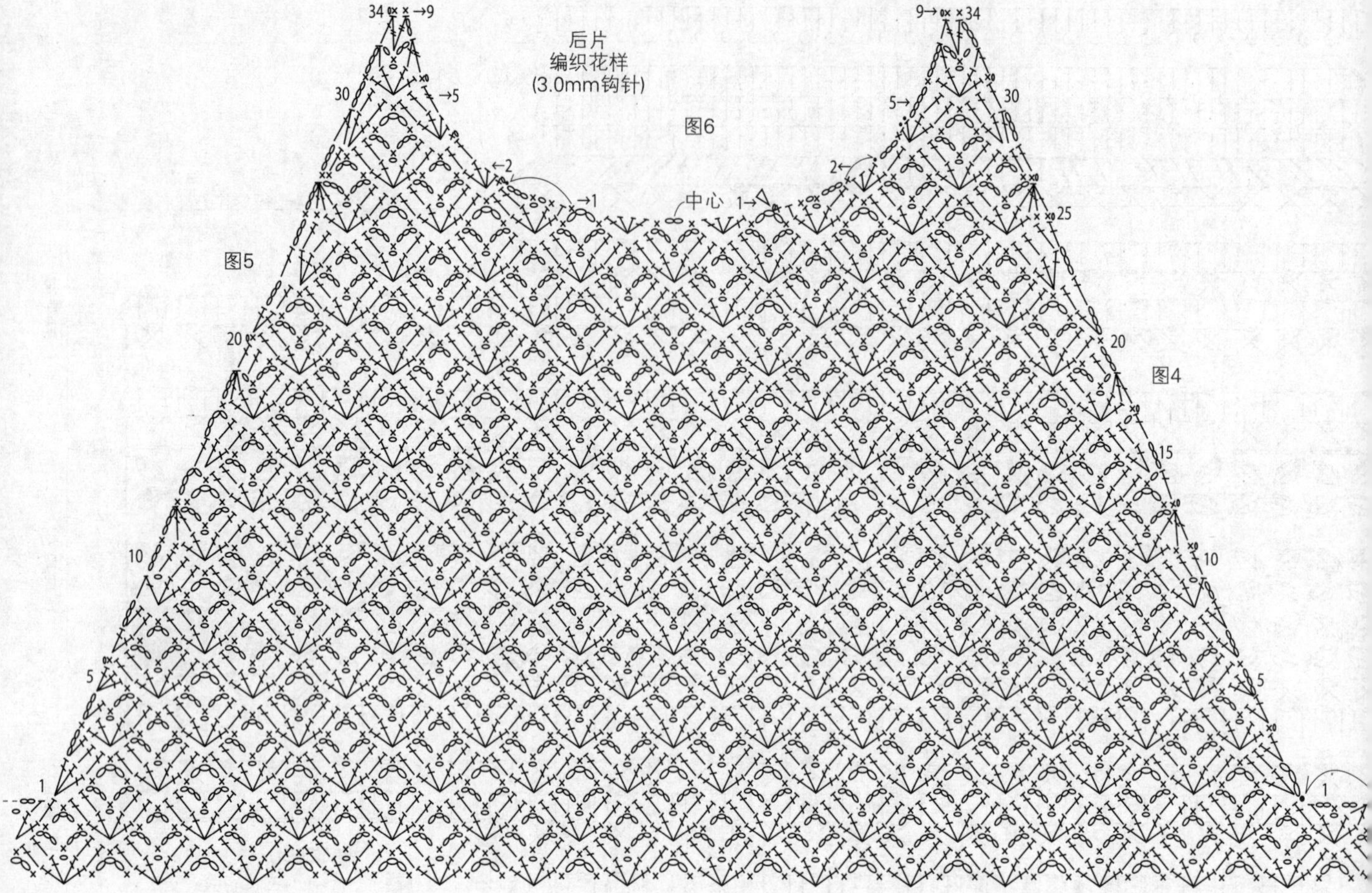
后片
编织花样
(3.0mm钩针)
图6
图5
图4
中心
34
→9
→5
30
←2
→1
1→
9→
34
5→
2←
25
20
15
10
5
1

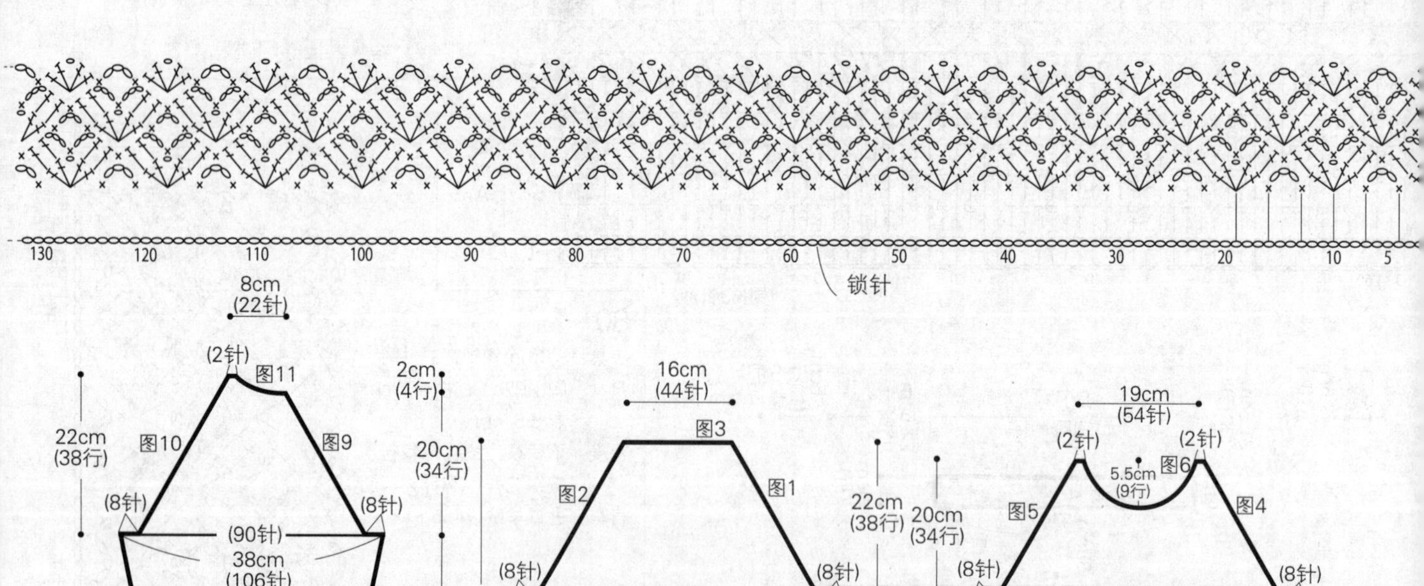
130
120
110
100
90
80
70
60
50
40
30
20
10
5
锁针

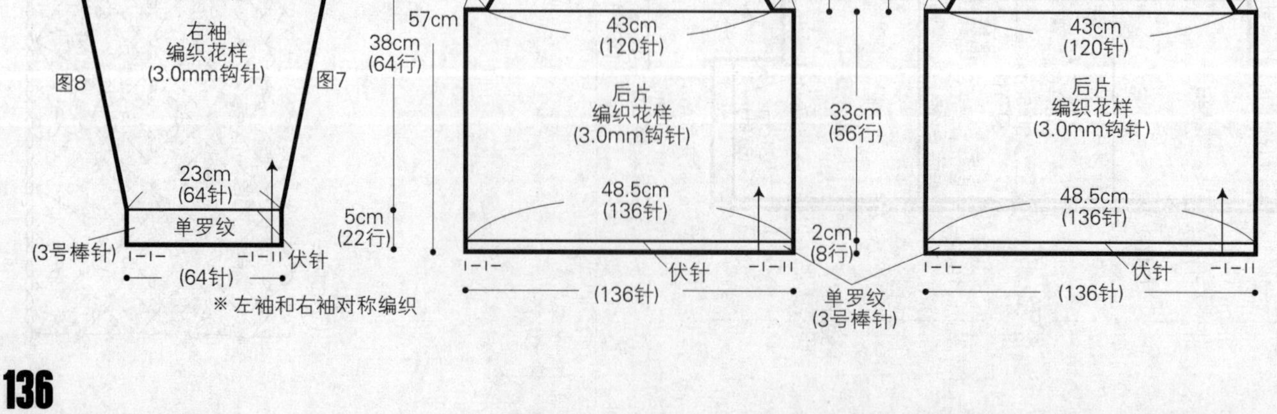
8cm
(22针)
(2针)
图11
22cm
(38行)
图10
图9
(8针)
(8针)
(90针)
38cm
(106针)
右袖
编织花样
(3.0mm钩针)
图8
图7
23cm
(64针)
单罗纹
(3号棒针)
伏针
(64针)
2cm
(4行)
20cm
(34行)
38cm
(64行)
57cm
5cm
(22行)
16cm
(44针)
图3
图2
图1
(8针)
(8针)
43cm
(120针)
后片
编织花样
(3.0mm钩针)
48.5cm
(136针)
伏针
(136针)
22cm
(38行)
20cm
(34行)
33cm
(56行)
2cm
(8行)
单罗纹
(3号棒针)
19cm
(54针)
(2针)
(2针)
5.5cm
(9行)
图6
图5
图4
(8针)
(8针)
43cm
(120针)
后片
编织花样
(3.0mm钩针)
48.5cm
(136针)
伏针
(136针)

※ 左袖和右袖对称编织

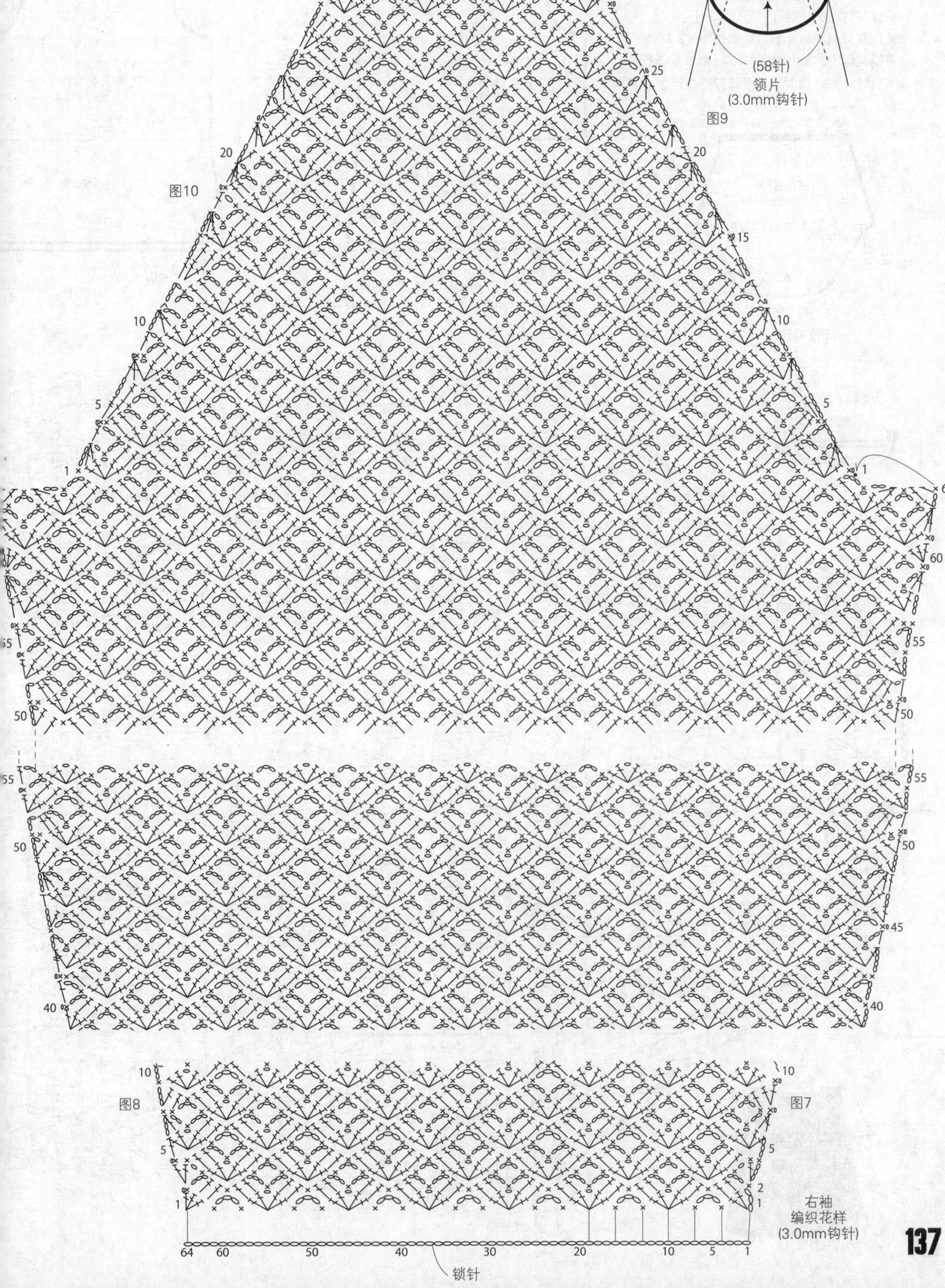
图11
图10
图8
图7
64 60 50 40 30 20 10 5 1
锁针

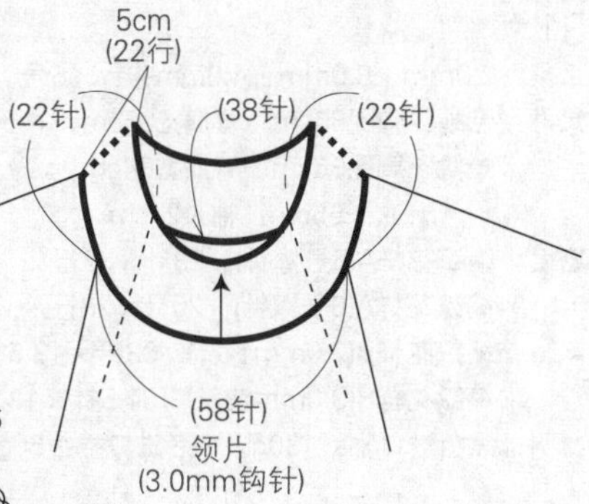
5cm
(22行)
(22针)
(38针)
(22针)
(58针)
领片
(3.0mm钩针)
图9

右袖
编织花样
(3.0mm钩针)

81

工具：2.0mm、3.0mm、4.0mm钩针，5号、6号棒针

尺寸：无袖：胸围86cm，背肩宽35cm，衣长58cm

短袖：胸围86cm，背肩宽34cm，衣长65cm，袖长27cm

密度：编织花样A(5号棒针)：23针×32行

编织花样A(6号棒针)：20针×28行

编织花样B(2.0mm钩针)：33针×13.5行

编织花样B(3.0mm钩针)：31.5针×13.5行

材料：黑色进口棉线130g，白色进口棉线60g

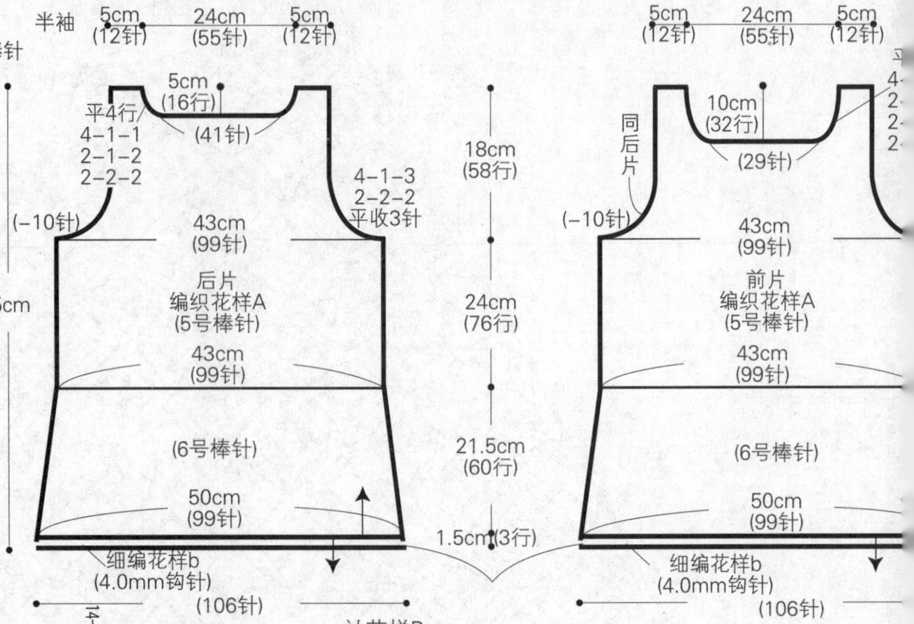

半袖
5cm (12针)
24cm (55针)
5cm (12针)
5cm (16行)
平4行
4-1-1
2-1-2
2-2-2
(41针)
4-1-3
2-2-2
平收3针
(-10针)
43cm (99针)
后片
编织花样A
(5号棒针)
43cm (99针)
(6号棒针)
50cm (99针)
65cm
18cm (58行)
24cm (76行)
21.5cm (60行)
1.5cm (3行)
细编花样b
(4.0mm钩针)
(106针)
10cm (32行)
同后片
(29针)
前片

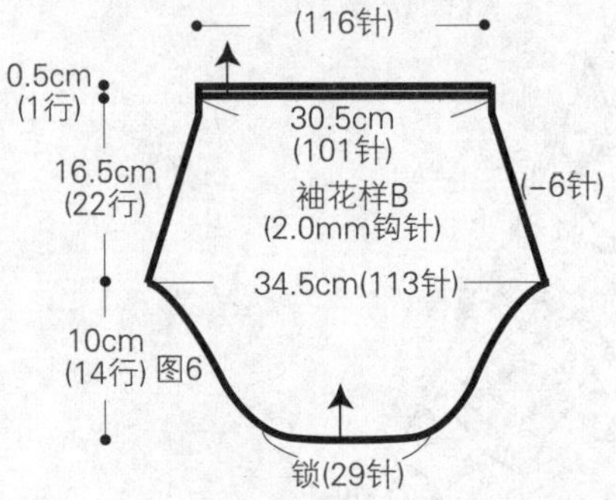

(116针)
0.5cm (1行)
30.5cm (101针)
16.5cm (22行)
袖花样B
(2.0mm钩针)
(-6针)
34.5cm(113针)
10cm (14行)
图6
锁(29针)

领口花样B

袖花样B
(2.0mm钩针)

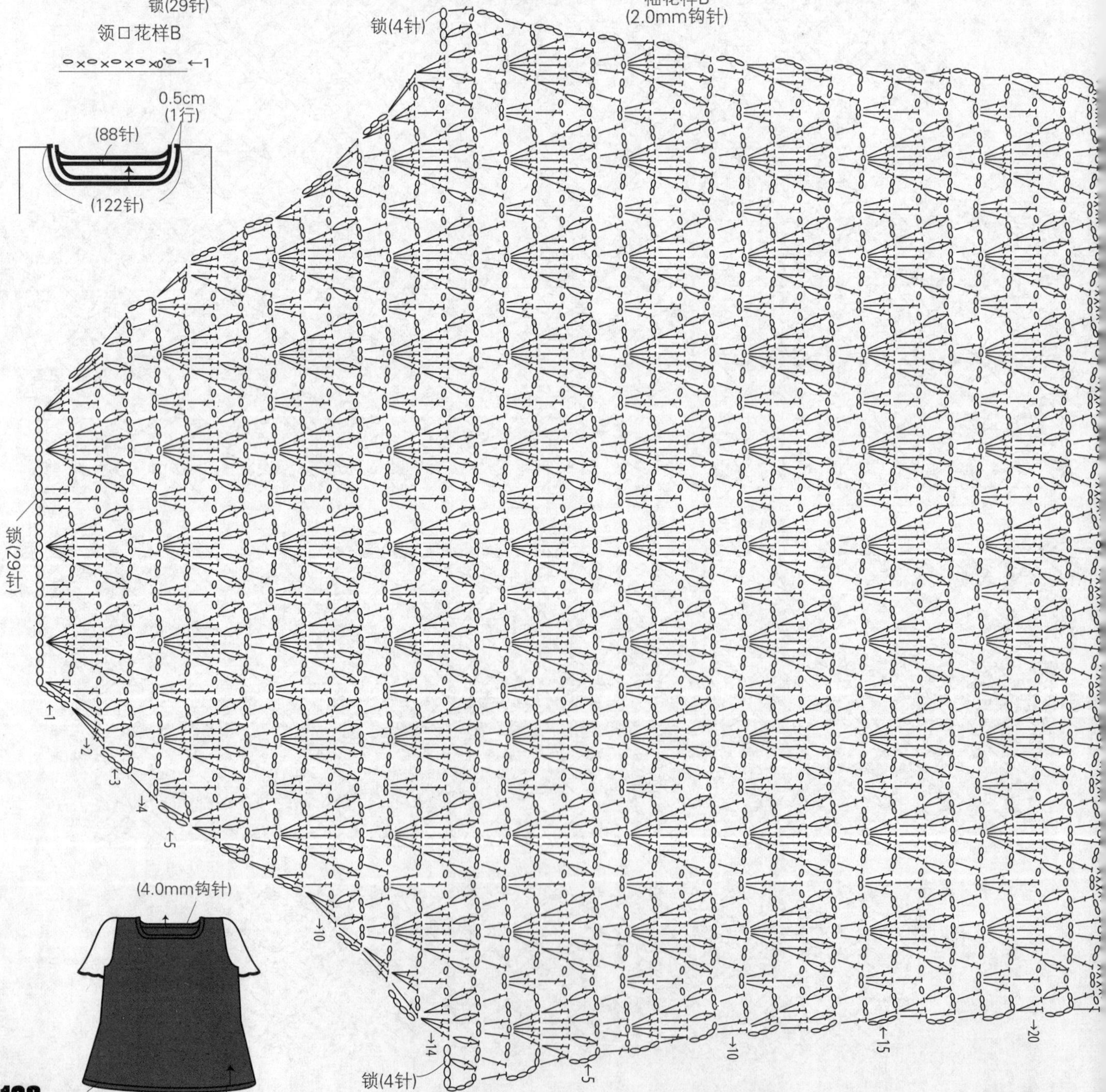

←1
0.5cm (1行)
(88针)
(122针)
锁(4针)
锁(29针)
锁(4针)
(4.0mm钩针)
(4.0mm钩针)

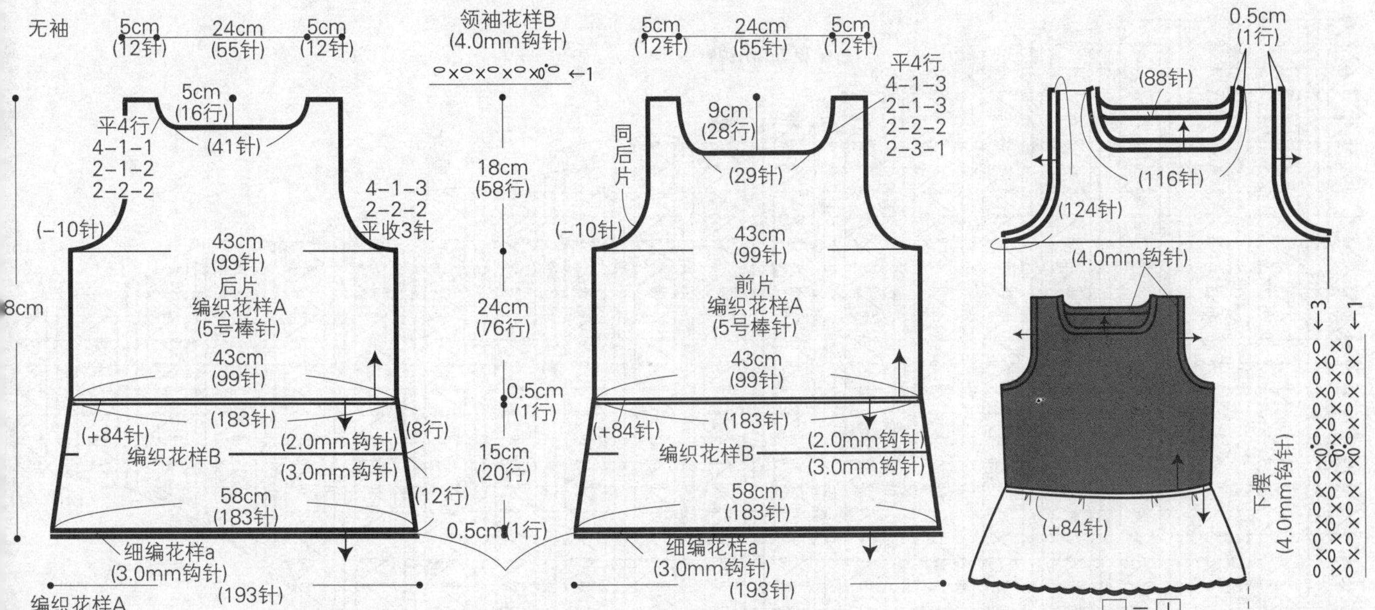
无袖
5cm (12针)
24cm (55针)
5cm (12针)
5cm (16行)
平4行
4-1-1
2-1-2
2-2-2
(41针)
(-10针)
4-1-3
2-2-2
平收3针
43cm (99针)
后片
编织花样A
(5号棒针)
43cm (99针)
(183针)
(+84针)
编织花样B
(2.0mm钩针)
(8行)
(3.0mm钩针)
(12行)
58cm (183针)
细编花样a
(3.0mm钩针)
(193针)
领袖花样B
(4.0mm钩针)
18cm (58行)
24cm (76行)
0.5cm (1行)
15cm (20行)
0.5cm (1行)
同后片
9cm (28行)
(29针)
平4行
4-1-3
2-1-3
2-2-2
2-3-1
前片
0.5cm (1行)
(88针)
(116针)
(124针)
(4.0mm钩针)
(+84针)
下摆
(4.0mm钩针)

编织花样A

(5号和6号棒针)

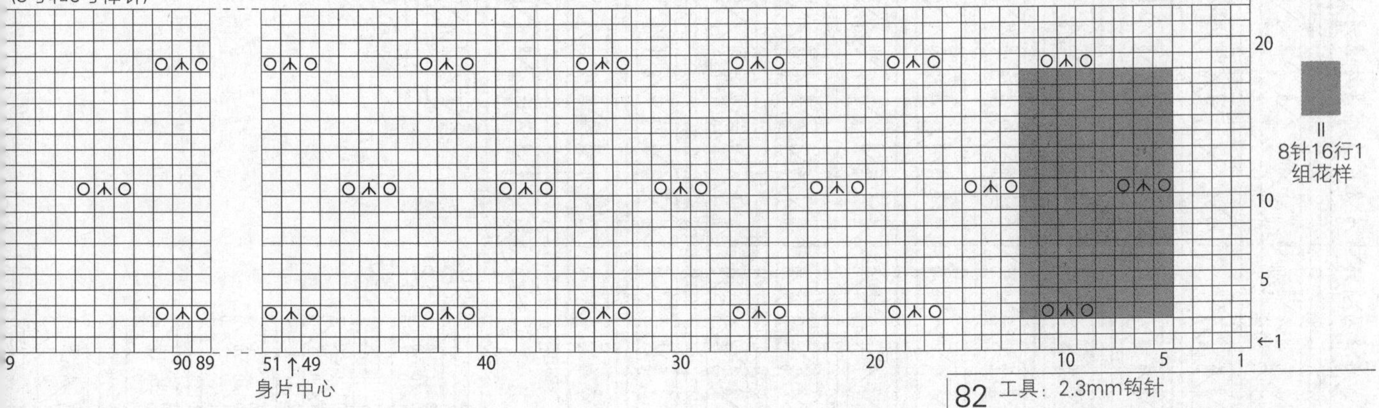
8针16行1组花样
身片中心

编织花样B

(2.0mm钩针)

(3.0mm钩针)

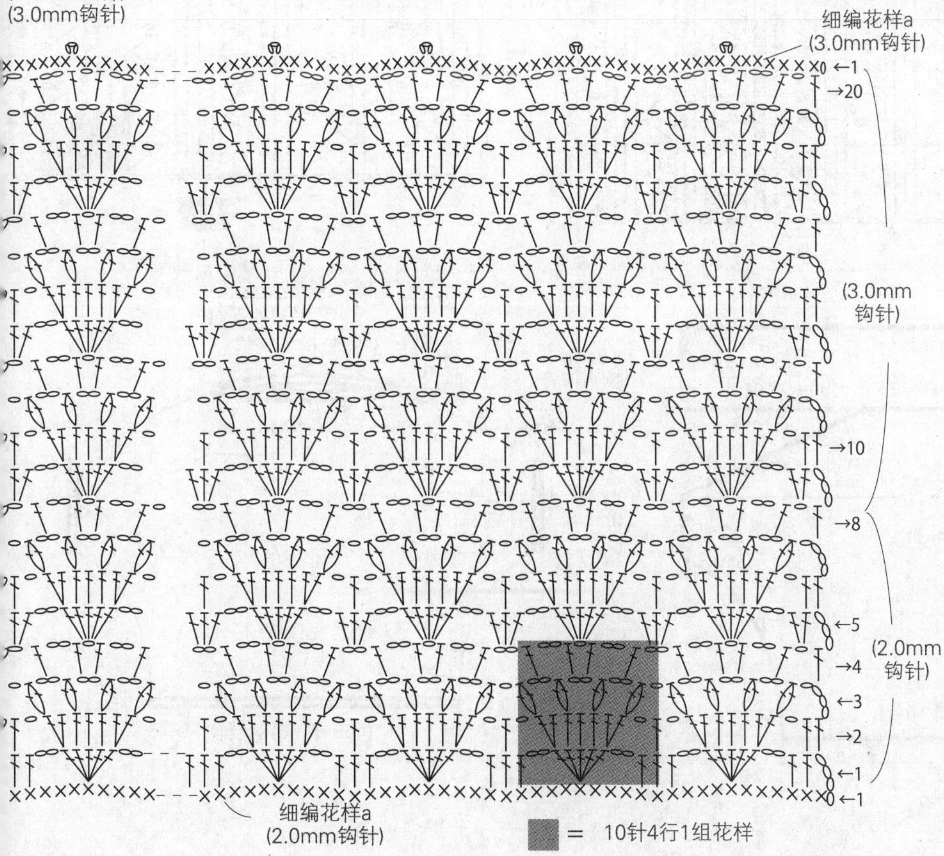
细编花样a
(3.0mm钩针)
(3.0mm钩针)
(2.0mm钩针)
细编花样a
(2.0mm钩针)
= 10针4行1组花样

82 工具：2.3mm钩针

尺寸：胸围110cm，衣长52.5cm

密度：编织花样A：32针×10行

编织花样B：33针×10.5行

材料：进口细羊绒线340g

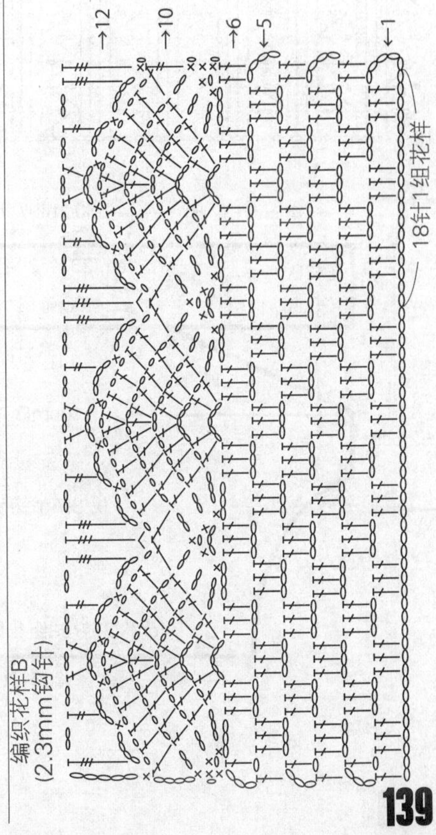
18针1组花样
编织花样B
(2.3mm钩针)

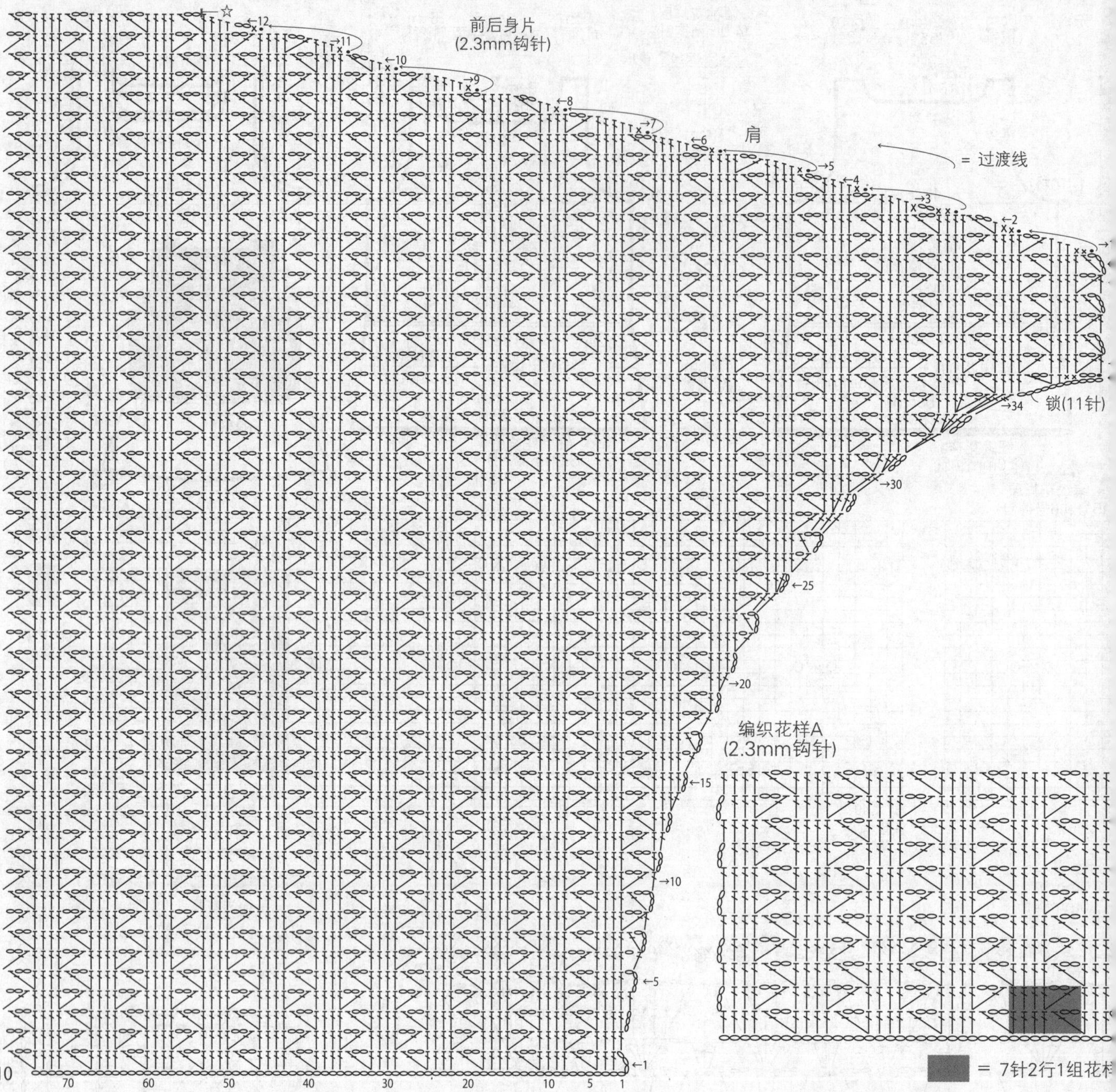
前后身片
(2.3mm钩针)
肩
= 过渡线
锁(11针)
70
60
50
40
30
20
10
5
1
10

编织花样A
(2.3mm钩针)

= 7针2行1组花样

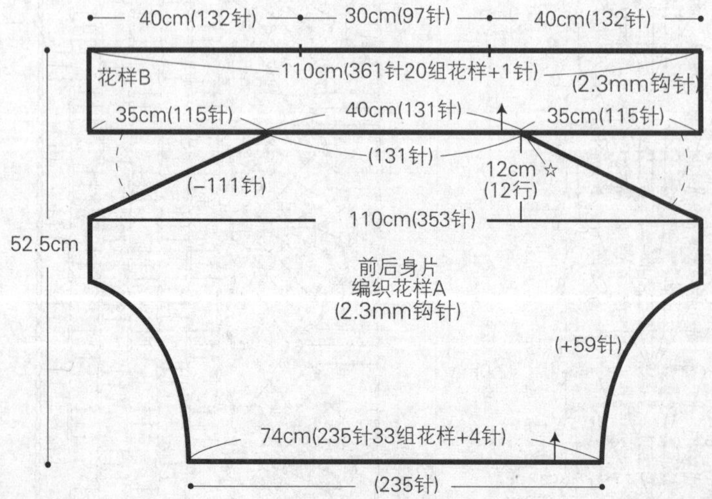
40cm(132针)
30cm(97针)
40cm(132针)
花样B
110cm(361针20组花样+1针)
(2.3mm钩针)
35cm(115针)
40cm(131针)
35cm(115针)
(131针)
12cm ☆
(12行)
(−111针)
52.5cm
110cm(353针)
前后身片
编织花样A
(2.3mm钩针)
(+59针)
74cm(235针33组花样+4针)
(235针)

编织花样
(2.3mm钩针)

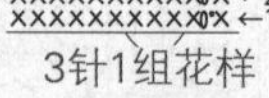

3针1组花样

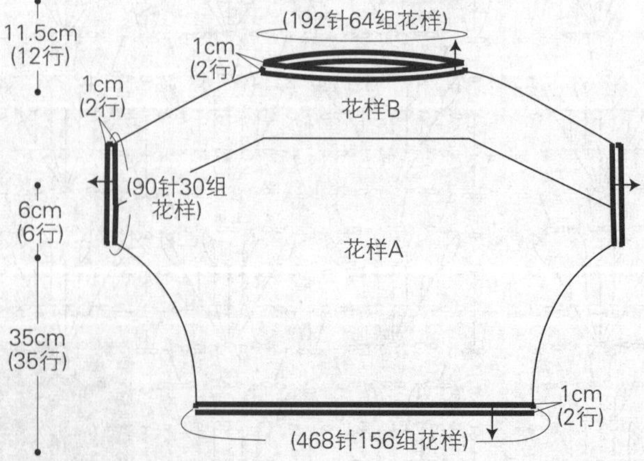
(192针64组花样)
1cm
(2行)
11.5cm
(12行)
1cm
(2行)
花样B
(90针30组
花样)
6cm
(6行)
花样A
35cm
(35行)
1cm
(2行)
(468针156组花样)

3

具：3.0mm钩针

寸：胸围140cm，裙长85cm

度：方眼花样：8针×7.5行

料：进口奶白丝绒线180g，进口深灰色丝绒线60g，进口浅灰丝绒线30g

方眼花样
2个
(3.0mm钩针)

(3.0mm钩针)

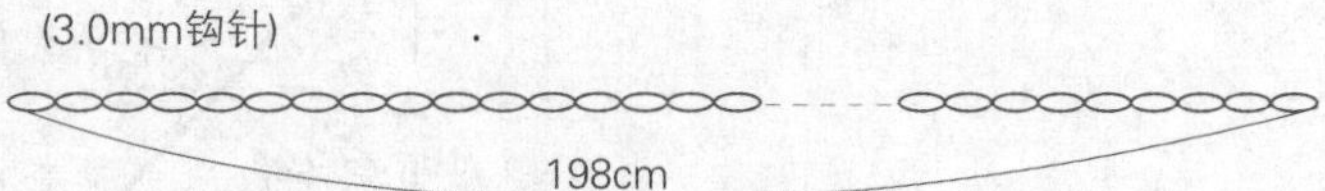

198cm
(523针)

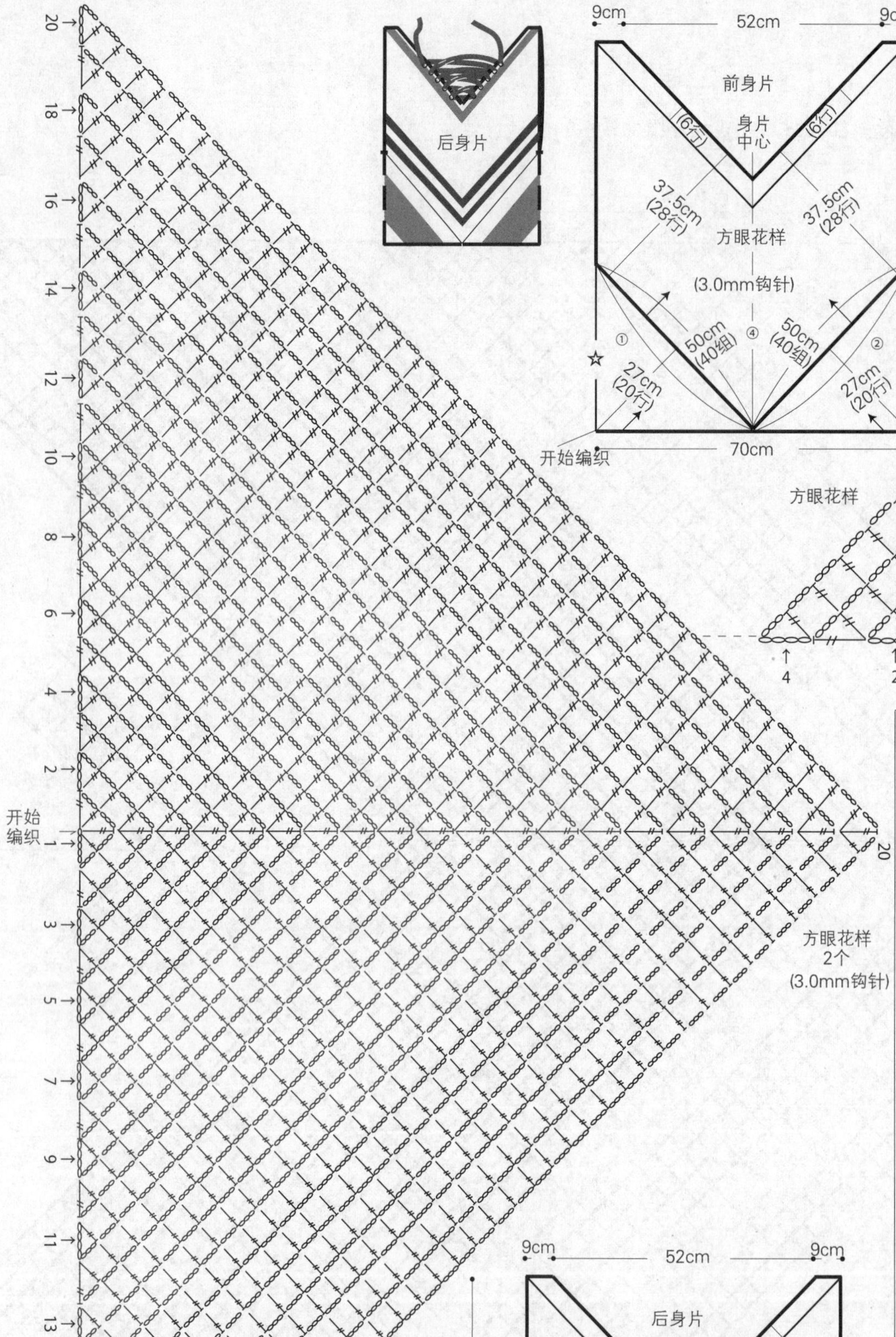
开始编织
方眼花样
2个
(3.0mm钩针)
后身片
9cm
52cm
9cm
前身片
身片中心
(6行)
(6行)
37.5cm (28行)
37.5cm (28行)
方眼花样
(3.0mm钩针)
开始编织
50cm (40组)
50cm (40组)
27cm (20行)
27cm (20行)
开始编织
70cm

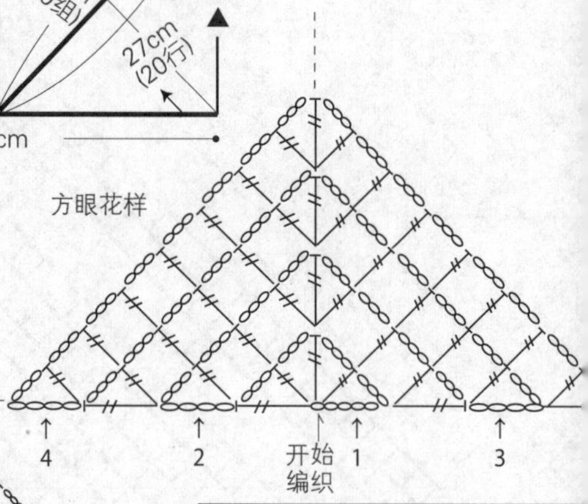
方眼花样
开始编织

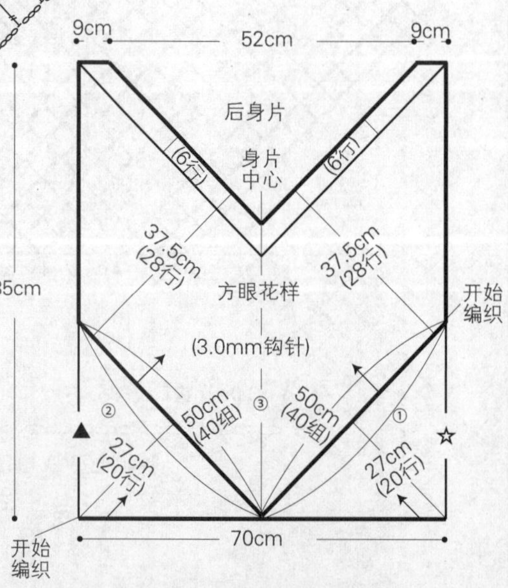
9cm
52cm
9cm
后身片
身片中心
(6行)
(6行)
37.5cm (28行)
37.5cm (28行)
85cm
方眼花样
(3.0mm钩针)
开始编织
50cm (40组)
50cm (40组)
27cm (20行)
27cm (20行)
开始编织
70cm

84

工具：3.0mm钩针

尺寸：胸围100cm，衣长59cm，袖长43cm

密度：编织花样A：26针×14行

材料：进口蓝色蕾丝线320g

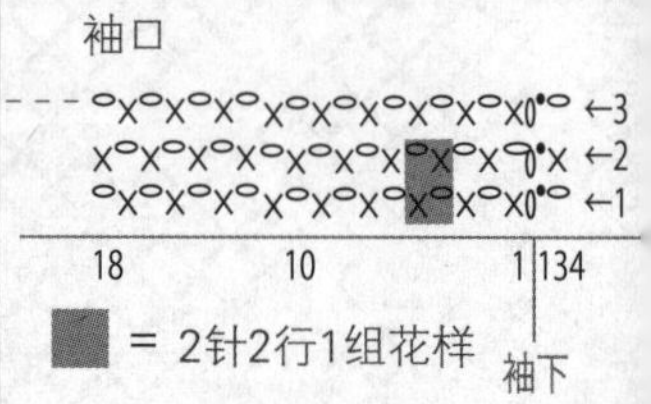
袖口
■ = 2针2行1组花样
袖下

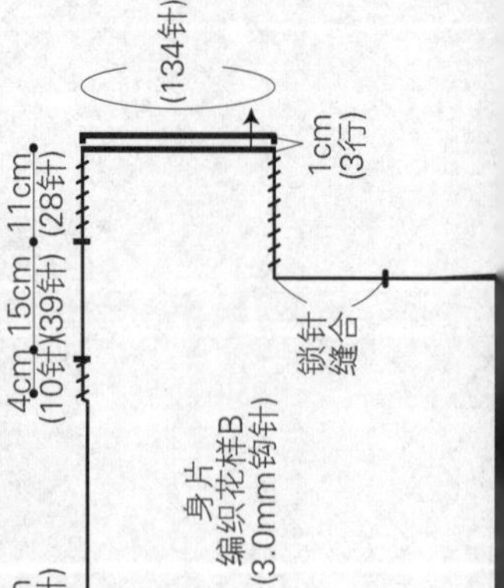
(134针)
1cm (3行)
11cm (28针)
15cm (39针)
4cm (10针)
锁针缝合
身片
编织花样B
(3.0mm钩针)
4cm (10针)
15cm (39针)
11cm (28针)
缝合

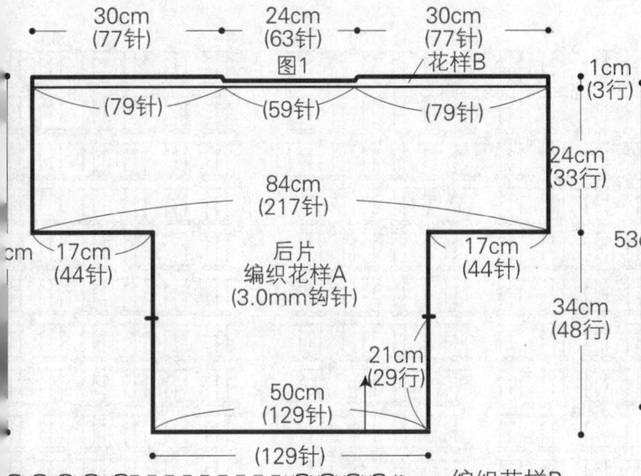
30cm
(77针)
24cm
(63针)
30cm
(77针)
图1
花样B
(79针)
(59针)
(79针)
1cm
(3行)
24cm
(33行)
84cm
(217针)
17cm
(44针)
后片
编织花样A
(3.0mm钩针)
17cm
(44针)
34cm
(48行)
53cm
21cm
(29行)
50cm
(129针)
(129针)

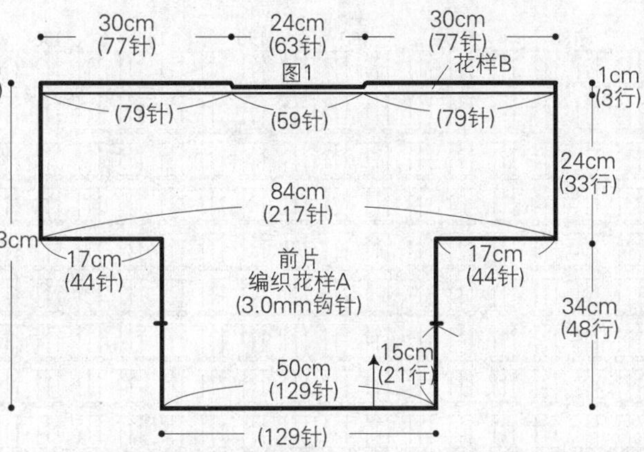
30cm
(77针)
24cm
(63针)
30cm
(77针)
图1
花样B
(79针)
(59针)
(79针)
1cm
(3行)
24cm
(33行)
84cm
(217针)
17cm
(44针)
前片
编织花样A
(3.0mm钩针)
17cm
(44针)
34cm
(48行)
15cm
(21行)
50cm
(129针)
(129针)

85

工具：4.0mm钩针

尺寸：胸围84cm，衣长45.5cm

密度：37针×19行

材料：进口米色蕾丝线255g

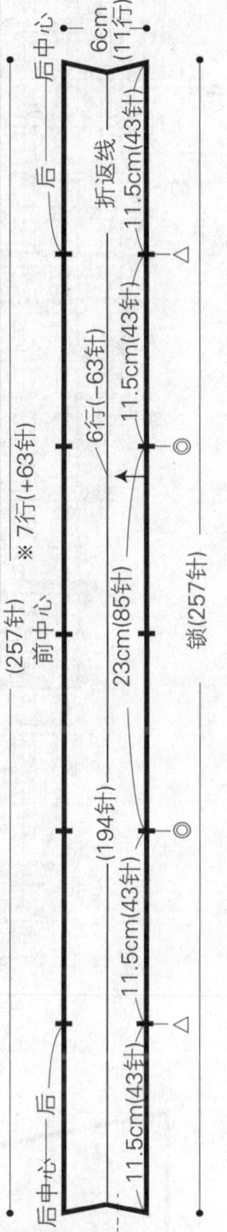
后中心
6cm
(11行)
后
折返线
11.5cm(43针)
11.5cm(43针)
6行(−63针)
※ 7行(+63针)
69cm
(257针)
前中心
23cm(85针)
(194针)
11.5cm(43针)
11.5cm(43针)
后
后中心
锁(257针)

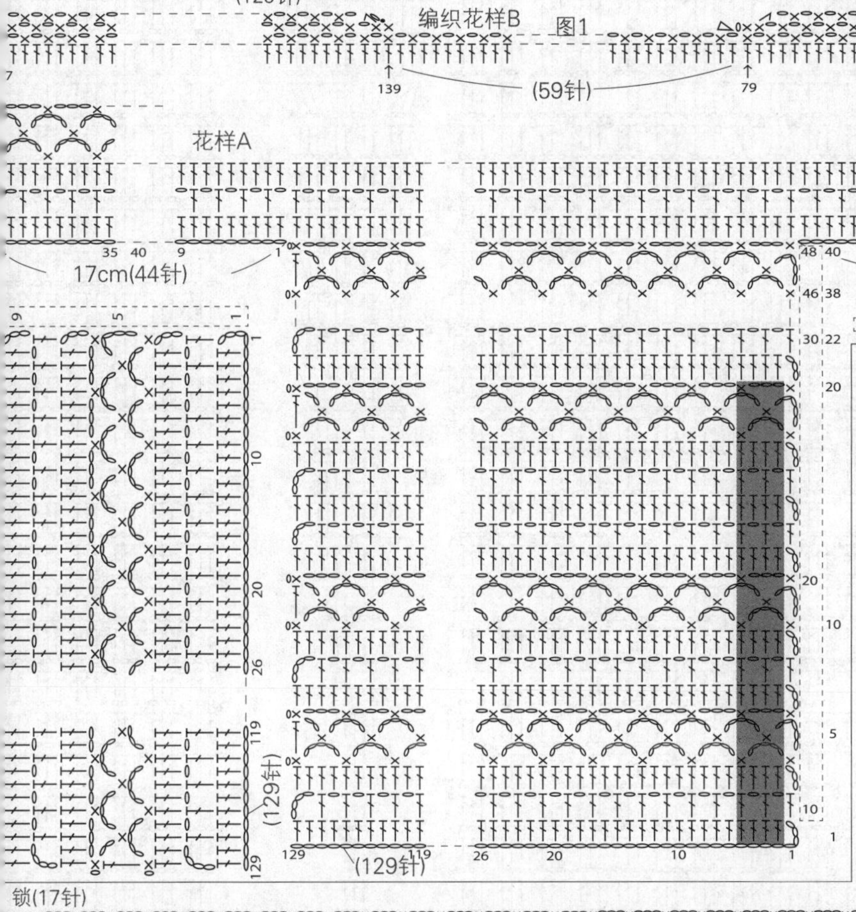
编织花样B
图1
(59针)
139
79
花样A
17cm(44针)
17cm
(44针)
(129针)
(129针)
[ ]=后身片行数
4针20行1组花样

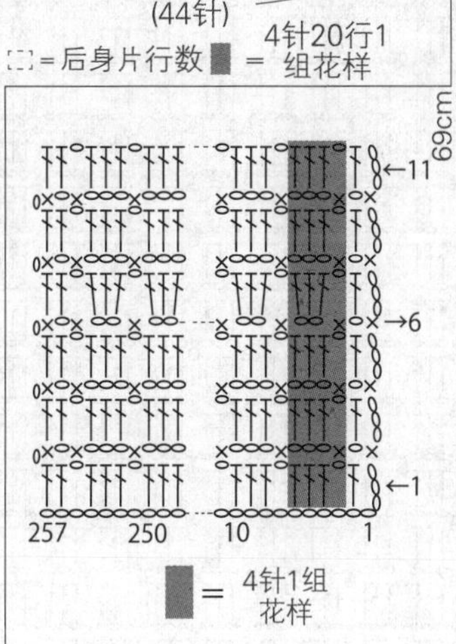
257
250
10
1
4针1组花样

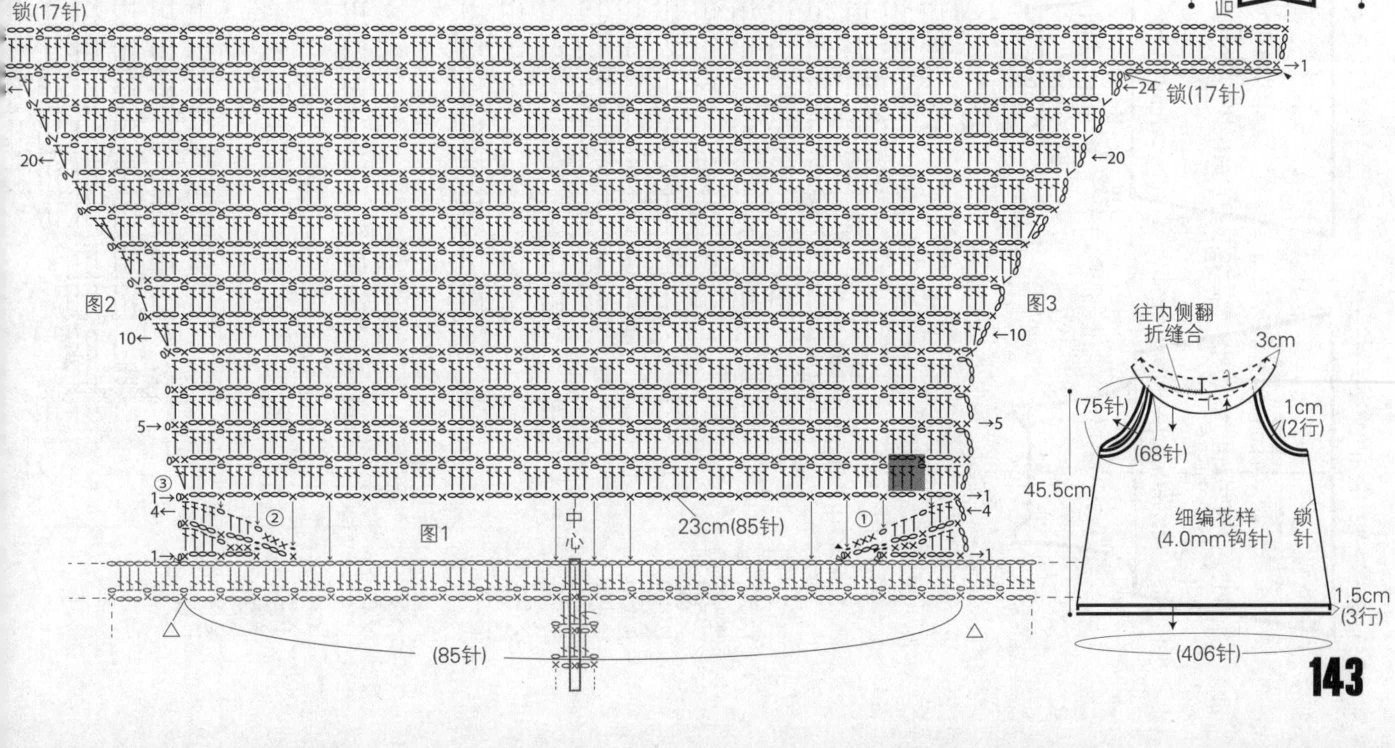
锁(17针)
锁(17针)
图2
图1
中心
23cm(85针)
(85针)
图3
往内侧翻折缝合
3cm
(75针)
(68针)
1cm
(2行)
45.5cm
细编花样
(4.0mm钩针)
锁针
1.5cm
(3行)
(406针)

前身片花样
■ = 2针2行1组花样
中心
图4
图5
图6
图7
(17针)
23cm
(85针)
前片
编织花样A
(4.0mm钩针)
55cm(203针)
42cm(155针)
(+16针)(+8针)(+8针)(+16针)
(+18针)(+18针)
(17针)
29.5cm
(56行)
10.5cm(17针)
(20行)
2cm
(4行)
12.5cm
(24行)
后片
编织花样A
(4.0mm钩针)
44cm
图1
图2
图3
图8
细编花样

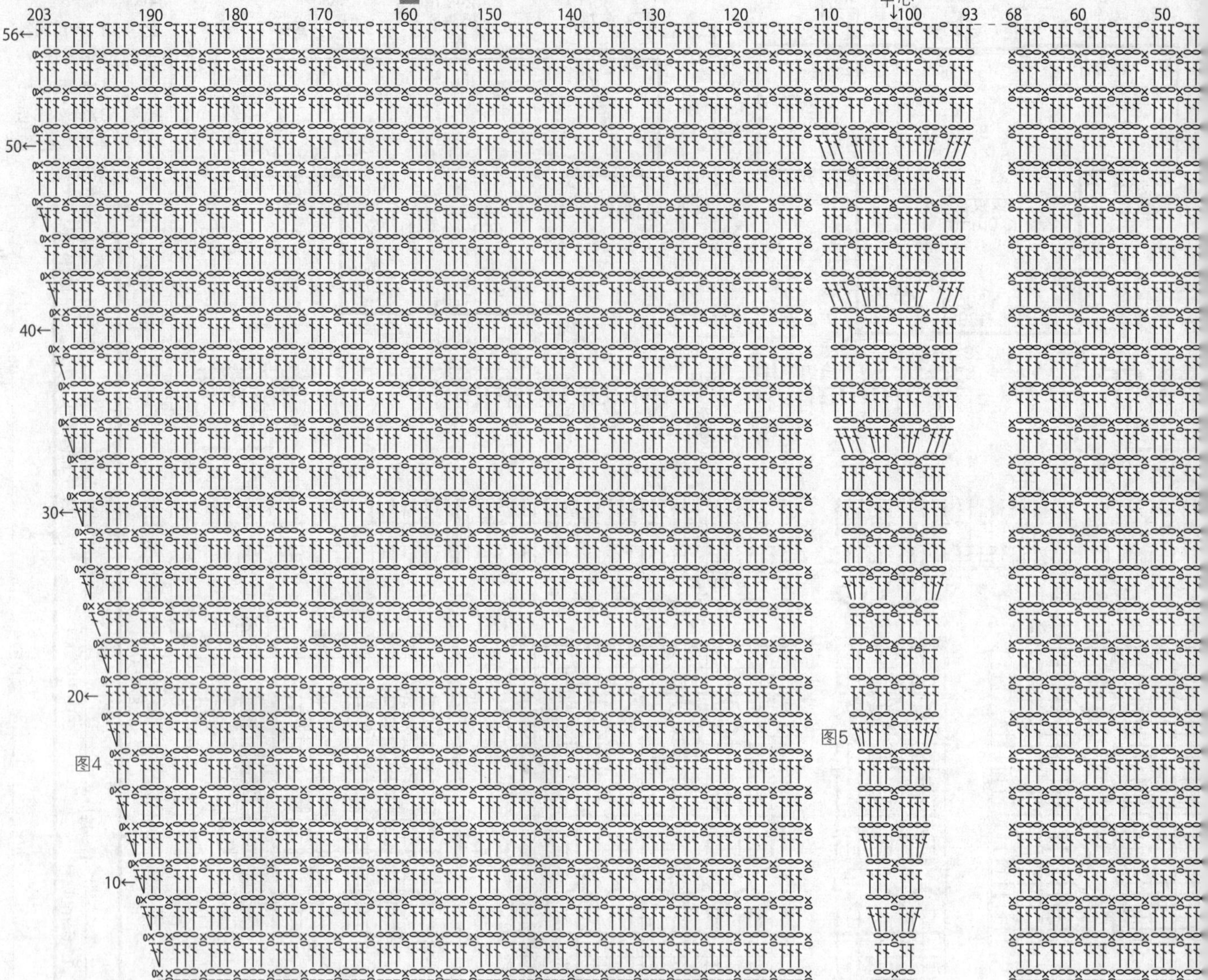

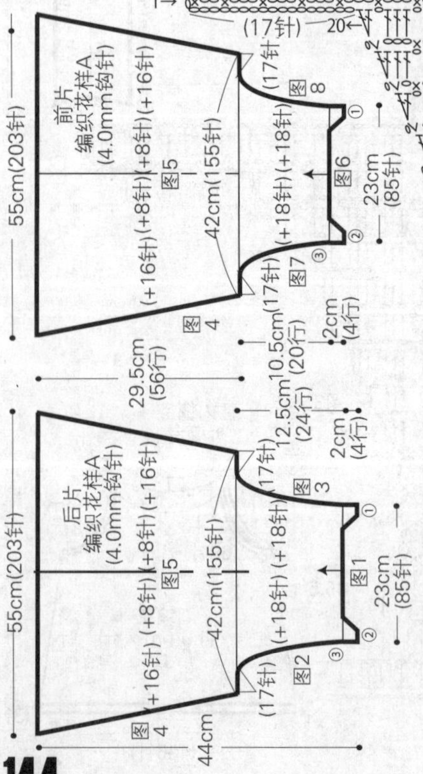

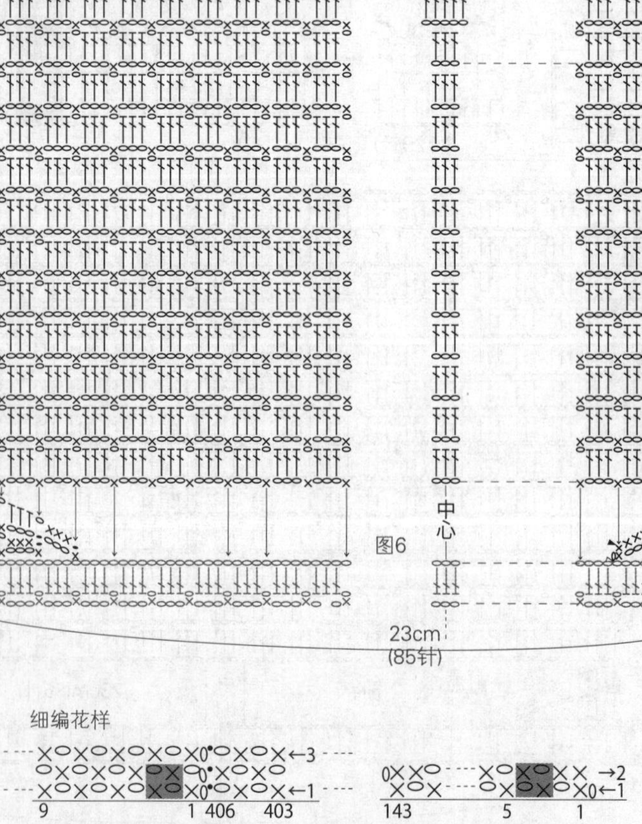

6
具：4.0mm钩针
寸：胸围106cm，衣长51.5cm，
袖长48cm
度：32针×13.5行
料：进口粉色蕾丝线355g
1.5cm(1行)
后领(66针)
卷针缝合
(26针)
(56针)
卷针缝合
16cm (22行)
21cm (28行)
16cm (22行)
2cm(6针)
9.5cm
62针)
cm
后片
编织花样
(4.0mm钩针)
50cm
(161针)
袖口
(161针)
1.5cm
(1行)
18组(+1针)
细编
53cm(72行)
16cm (22行)
21cm (28行)
16cm (22行)
8cm
(26针)
19.5cm
(62针)
前片
编织花样
(4.0mm钩针)
50cm
(161针)
袖口
(161针)
1.5cm
(1行)
细编
18组(+1针)
53cm(72行)
后身片和袖片
编织花样
(4.0mm钩针)
= 连接
= 外钩长针
= 2针外钩长针并1针
= 3针长针并1针
= 袖子针数
前领片 编织花样 (4.0mm钩针)
◀ = 结束
◁ = 起针
锁(26针)
39cm
袖片
编织花样
(4.0mm钩针)
20cm
(65针)
(65针)
21.5cm
1.5cm
(1行)
细编
13组(+1针)
39cm(52行)
锁(161针)
锁(6针)
2行1组花样
24针
1组花样
锁(161针)
锁(65针)
87
16cm
(45针)
23cm
(65针)
6.5cm
(14行)
16cm
(45针)
图1
图2
(27行)
前片
编织花样
(3.0mm钩针)
55cm(155针)
(155针)
袖口
19.5cm
(41行)
34cm
(71行)
袖口
16cm
(45针)
23cm
(65针)
后领
16cm
(45针)
后片
编织花样
(3.0mm钩针)
55cm(155针)
(155针)
53.5cm

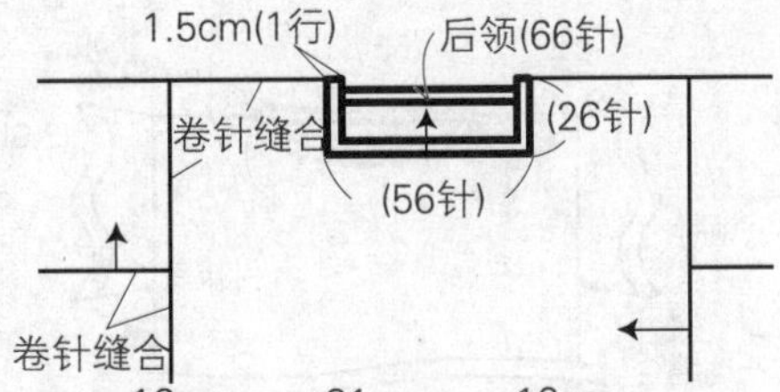

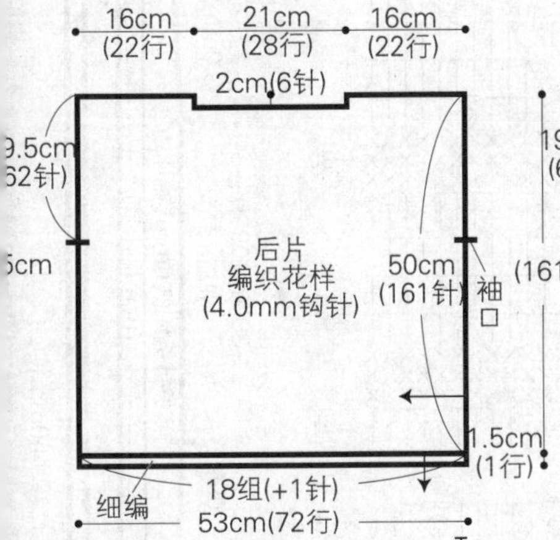

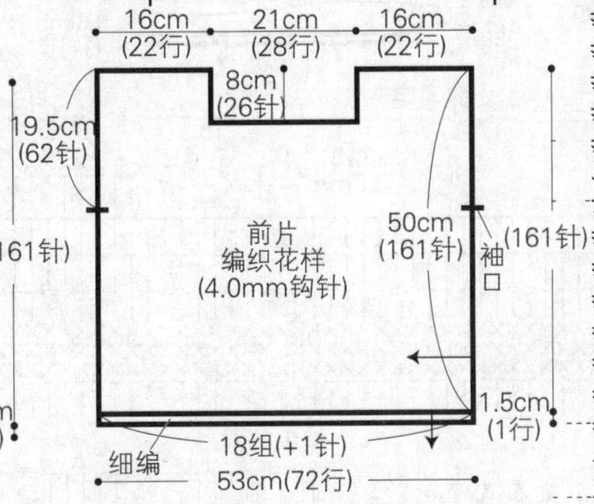

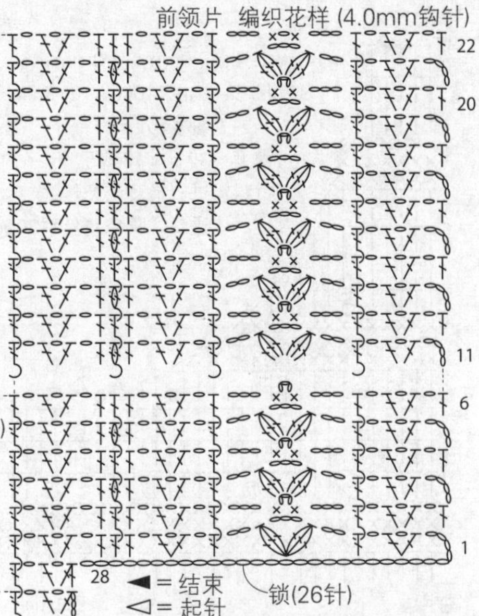

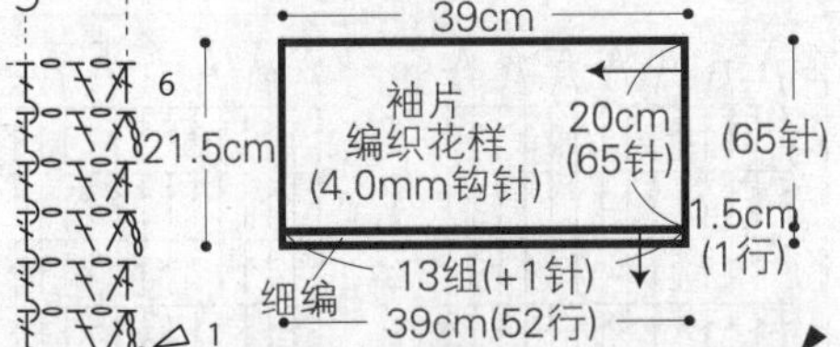

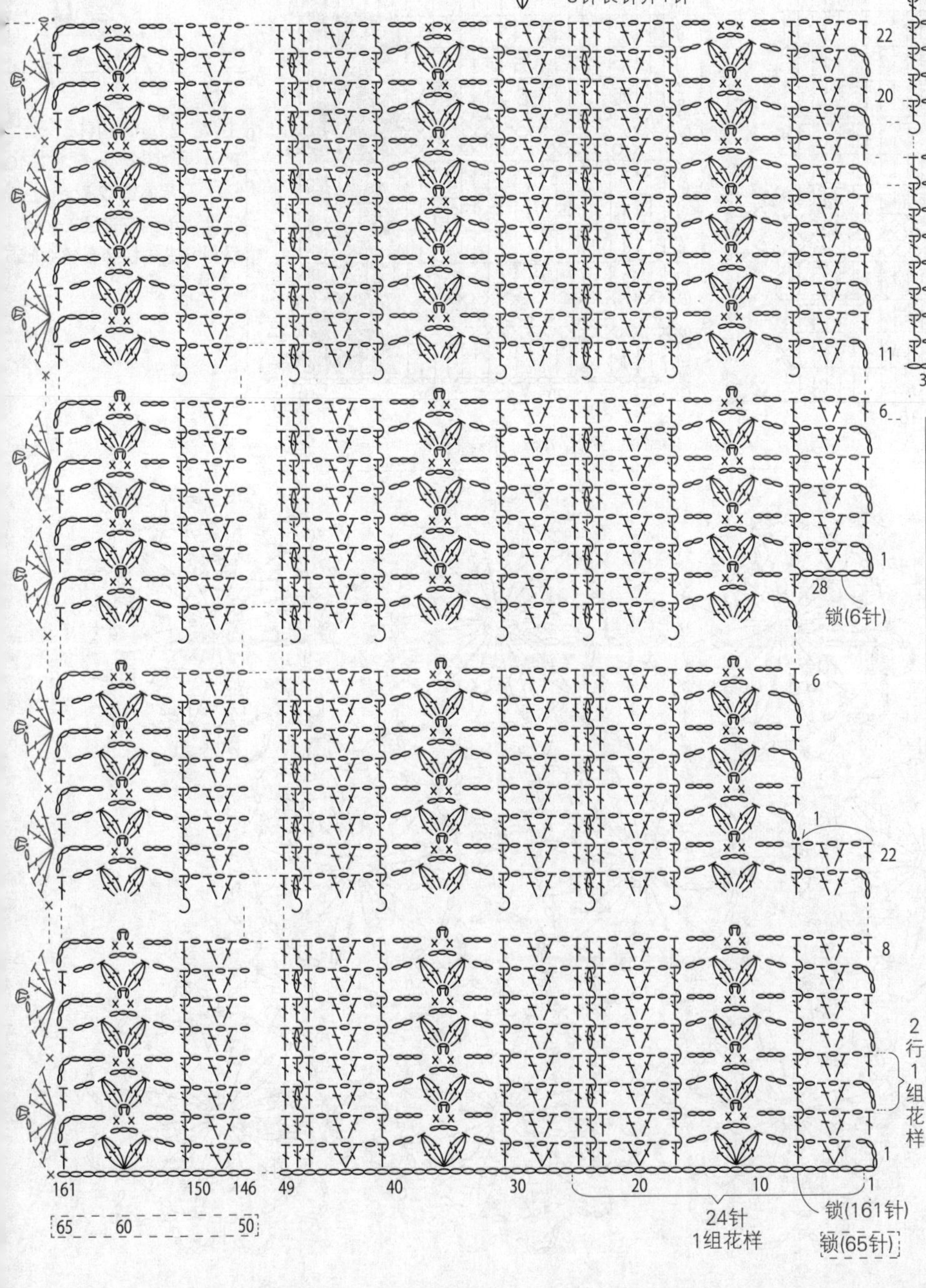

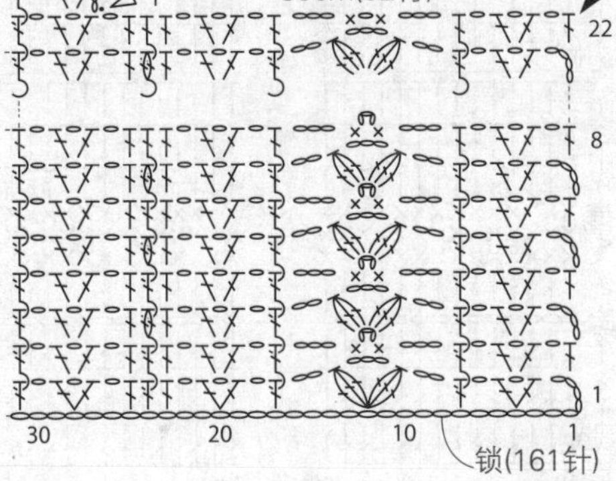

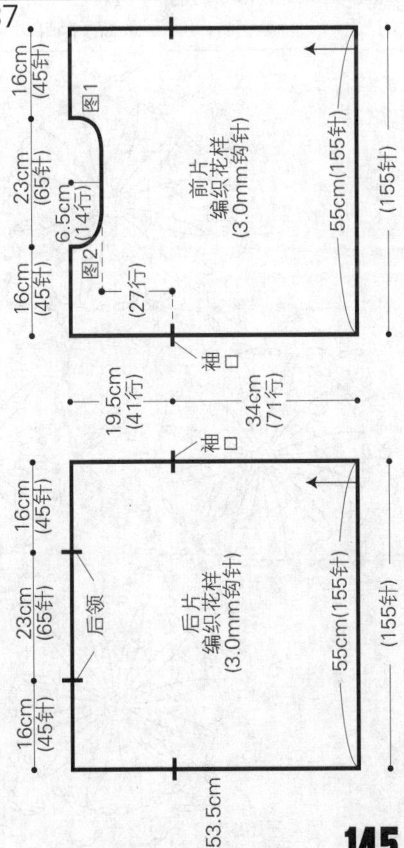

工具：3.0mm、4.0mm钩针
尺寸：胸围110cm，衣长54cm，
袖长37cm
密度：32针×13.5行
材料：进口橘黄色蕾丝线170g，
进口浅黄色蕾丝线300g

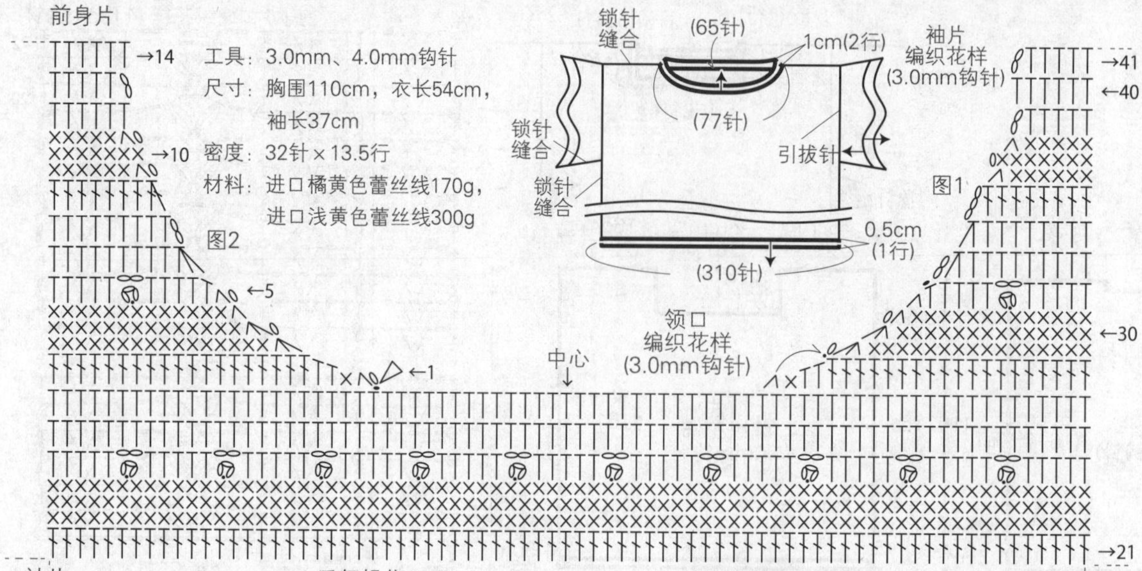
前身片
→14
→10
图2
←5
←1
中心
领口
编织花样
(3.0mm钩针)
图1
←30
→21
←40
→41
锁针
缝合
(65针)
1cm(2行)
袖片
编织花样
(3.0mm钩针)
(77针)
锁针
缝合
引拔针
锁针
缝合
0.5cm
(1行)
(310针)

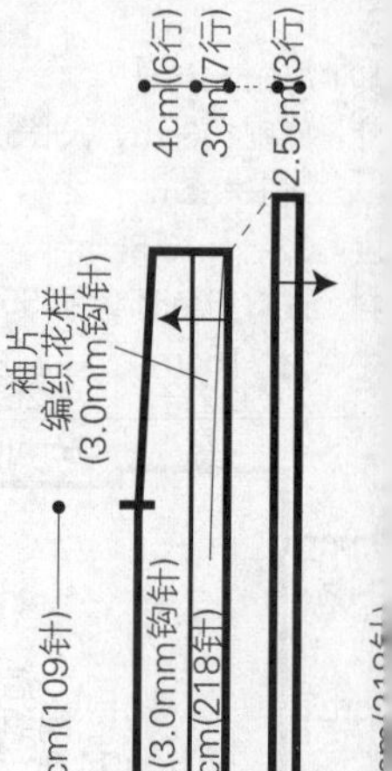
4cm(6行)
3cm(7行)
2.5cm(3行)
袖片
编织花样
(3.0mm钩针)
39cm(109针)
长针编织(3.0mm钩针)
78cm(218针)
(−109针)
长针编织(4.0mm钩针)
9.5cm

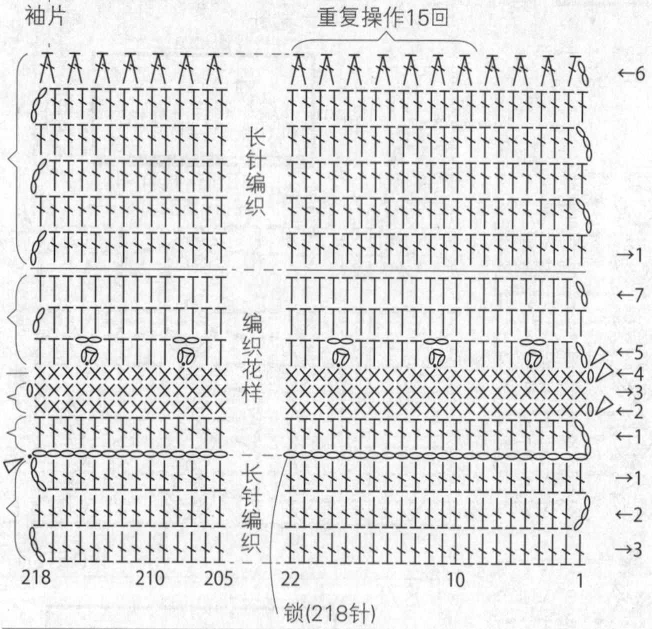
袖片
重复操作15回
←6
长针编织
→1
←7
编织花样
←5
←4
→3
←2
←1
长针编织
→1
←2
→3
218
210
205
22
10
1
锁(218针)

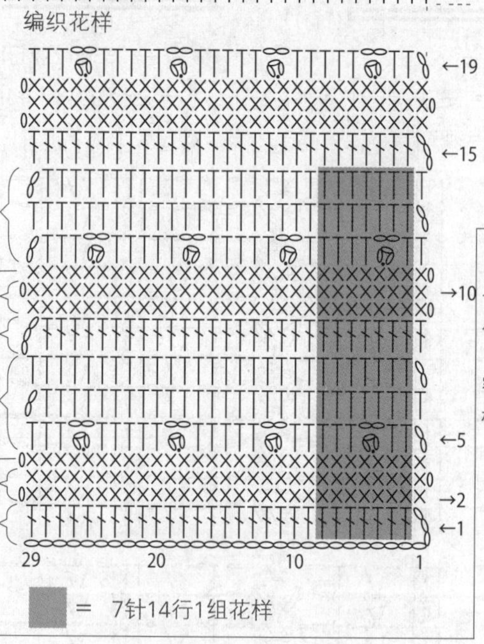
编织花样
←19
←15
→10
←5
→2
←1
29
20
10
1
= 7针14行1组花样

88

工具：2.0mm钩针
尺寸：胸围84cm，衣长46
背肩宽42.5cm
密度：单元花直径3.5cm
材料：进口棕色蕾丝线155

4
5
开始编织
锁(12针)
锁(14针)

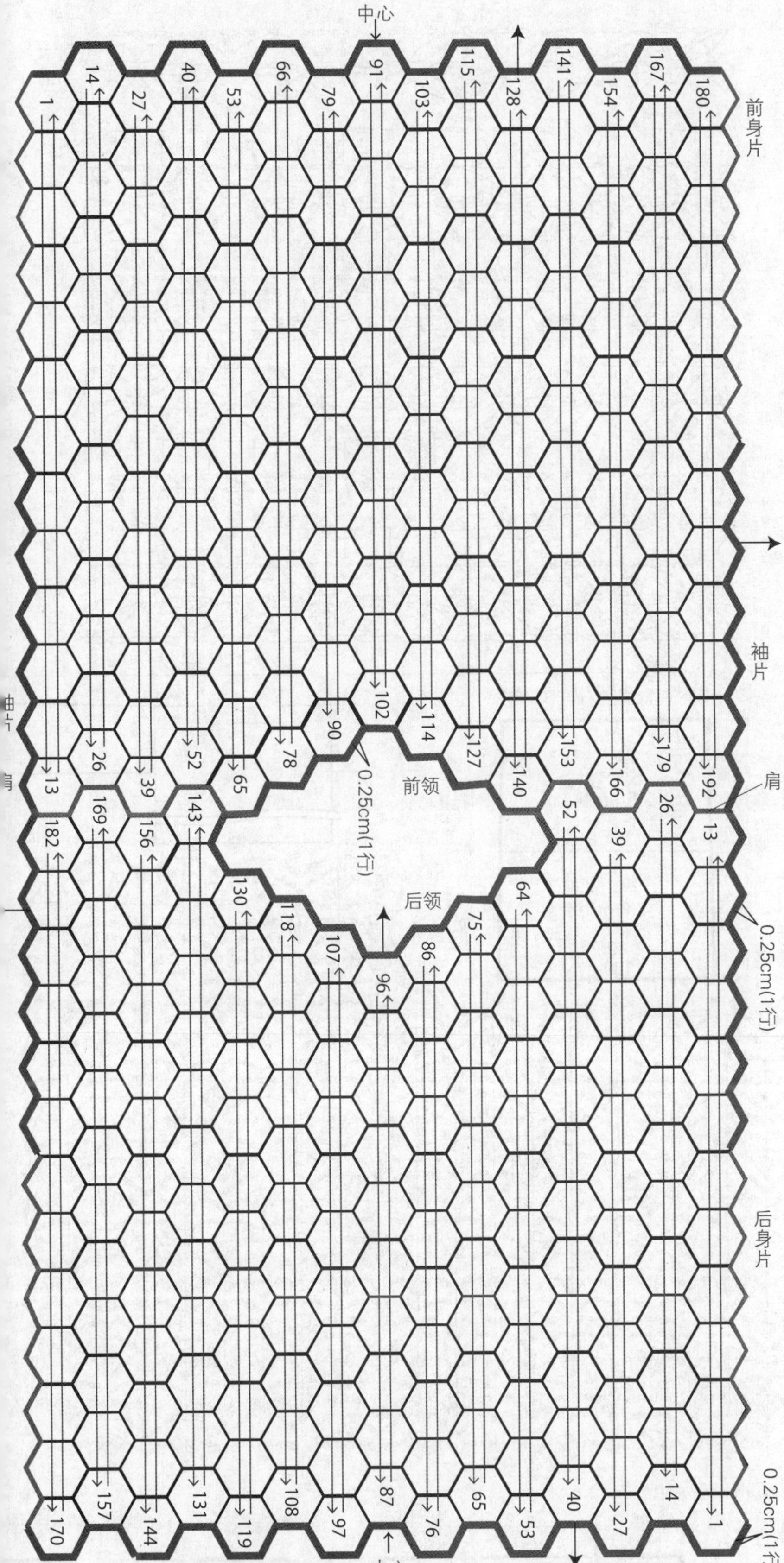
中心
前身片
袖片
肩
前领
后领
0.25cm(1行)
0.25cm(1行)
后身片
0.25cm(1行)
中心

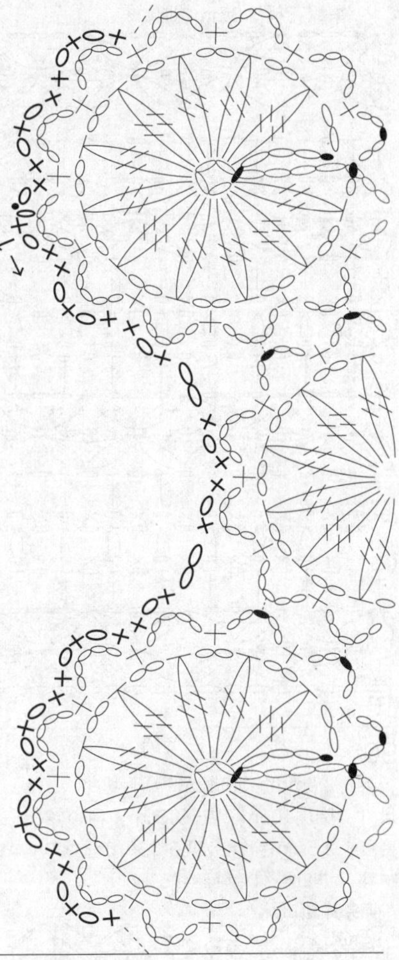

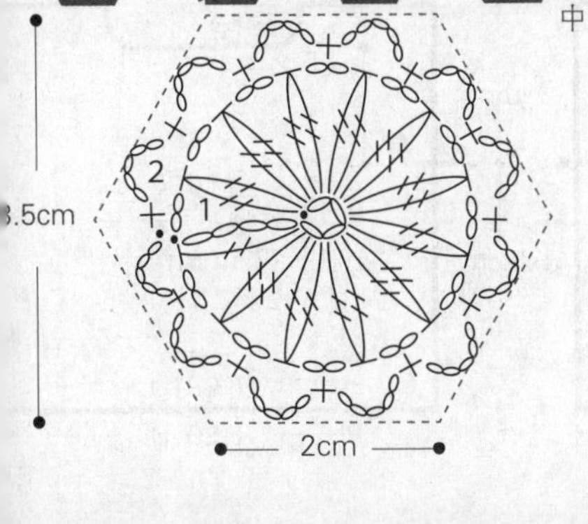
1
2
.5cm
2cm

89

工具：2.3mm钩针，2.7mm棒针

尺寸：衣长57cm，后背长41cm

密度：33.5针×14.5行

材料：进口浅蓝色纯棉线190g

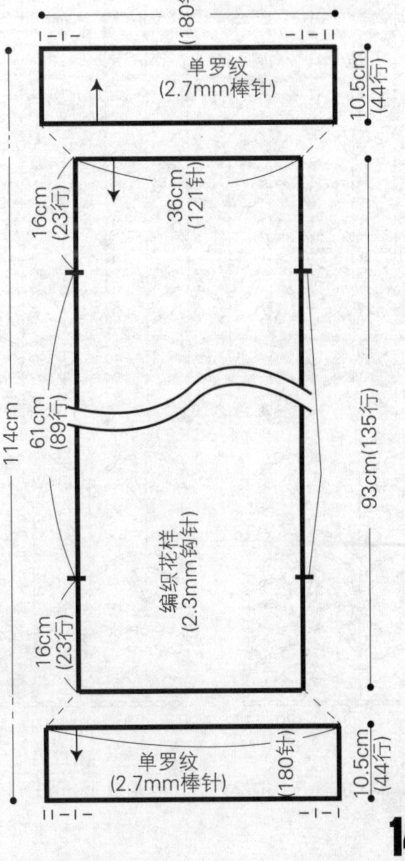
(180针)
单罗纹
(2.7mm棒针)
10.5cm
(44行)
36cm
(121针)
16cm
(23行)
61cm
(89行)
114cm
93cm(135行)
编织花样
(2.3mm钩针)
16cm
(23行)
单罗纹
(2.7mm棒针)
(180针)
10.5cm
(44行)

编织花样(2.3mm钩针)

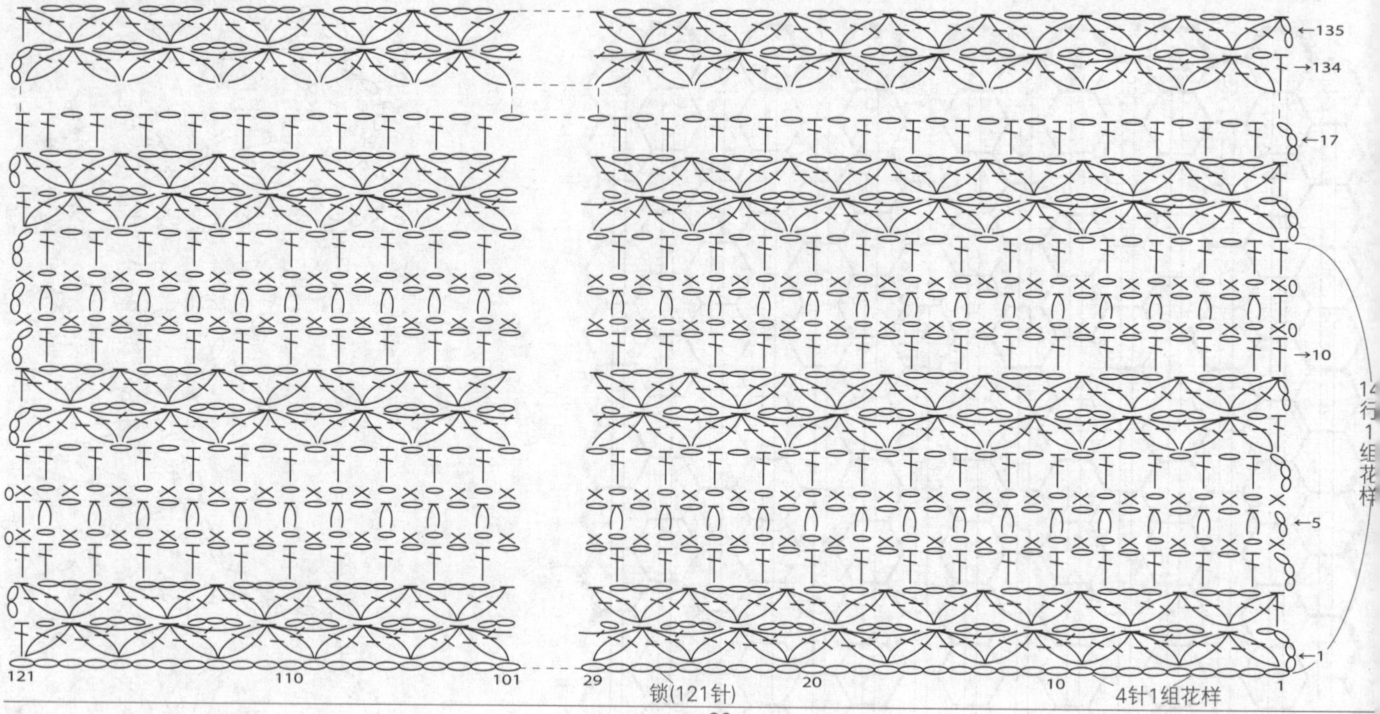

←135
→134
←17
→10
←5
←1
121
110
101
29
20
10
1
锁(121针)
4针1组花样
14行1组花样

90

工具：2.5mm、3.0mm钩针

尺寸：胸围106m，衣长46cm，袖长42cm

密度：2.5mm钩针：24.5针×16行 3.0mm钩针：23针×15行

材料：进口墨绿色蕾丝线510g

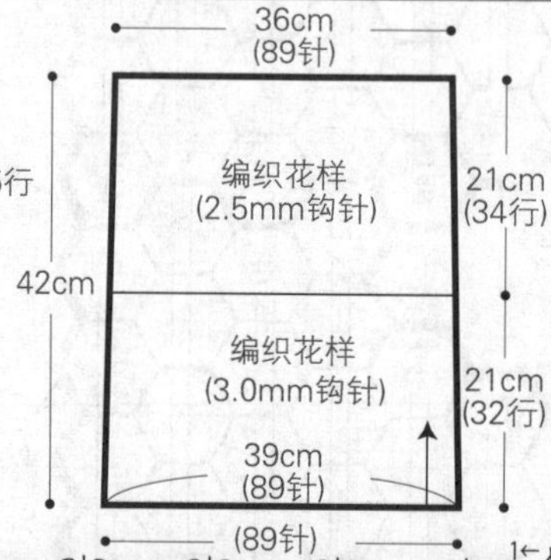

36cm
(89针)
编织花样
(2.5mm钩针)
21cm
(34行)
42cm
编织花样
(3.0mm钩针)
21cm
(32行)
39cm
(89针)
(89针)

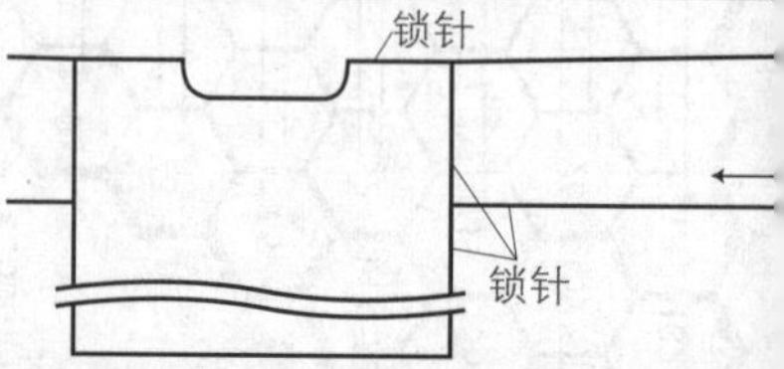

锁针
锁针

前身片领口

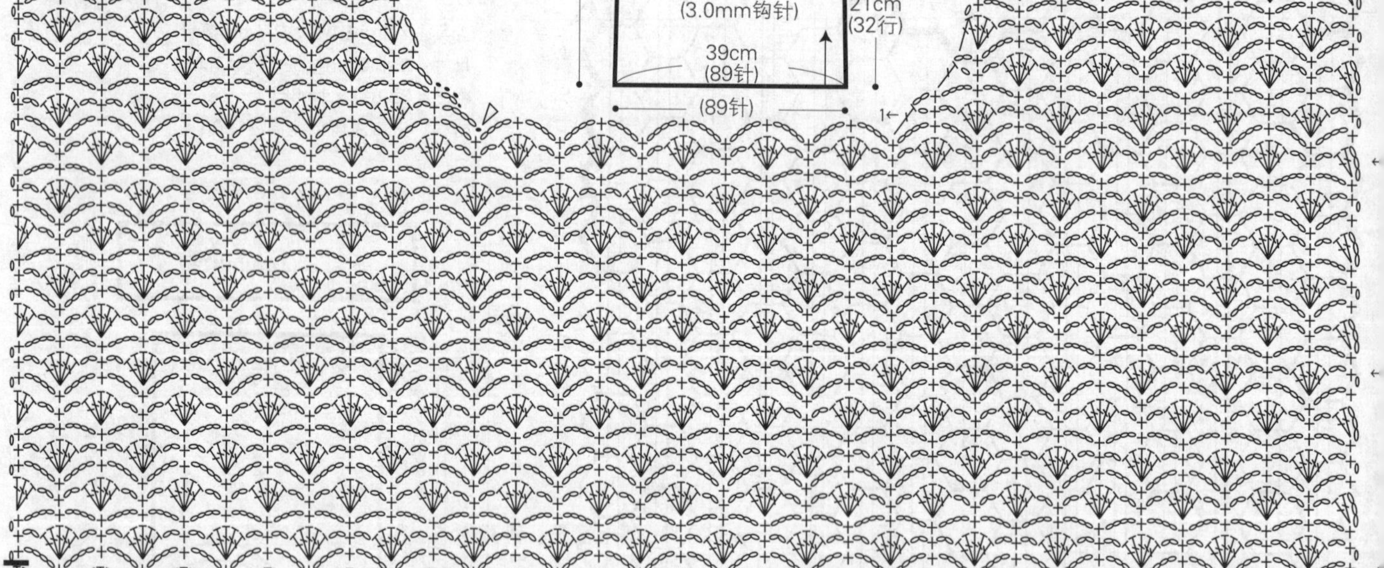

8→
1←
中心
袖口

编织花样

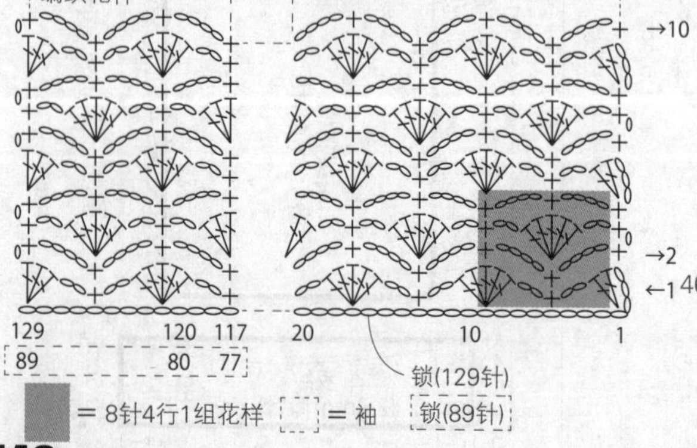

→10
→2
←1
129
120
117
20
10
1
89
80
77
锁(129针)

= 8针4行1组花样 = 袖 锁(89针)

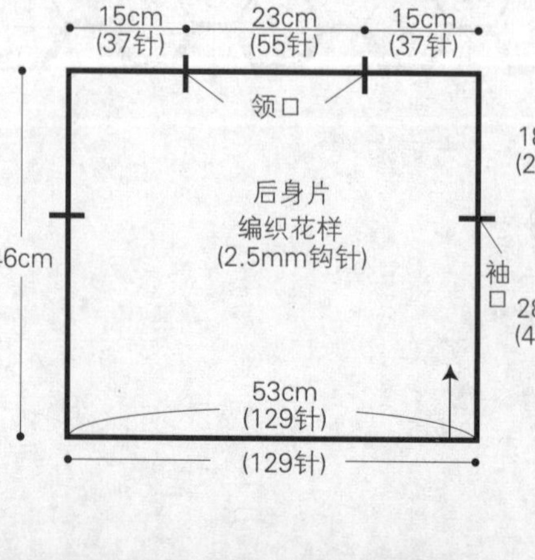

15cm
(37针)
23cm
(55针)
15cm
(37针)
领口
后身片
编织花样
(2.5mm钩针)
袖口
46cm
18cm
(29行)
28cm
(45行)
53cm
(129针)
(129针)

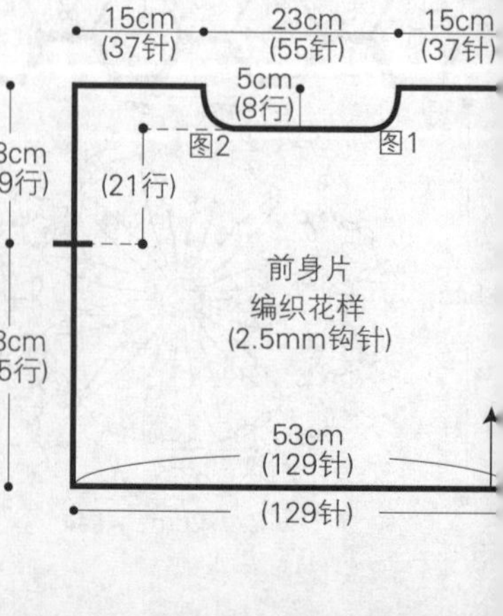

15cm
(37针)
23cm
(55针)
15cm
(37针)
5cm
(8行)
图2
图1
(21行)
前身片
编织花样
(2.5mm钩针)
53cm
(129针)
(129针)

具：2.3mm钩针
寸：胸围105m，衣长55.5cm
度：30.5针×19.5行
料：进口夹花色纯棉线315g

领口花样

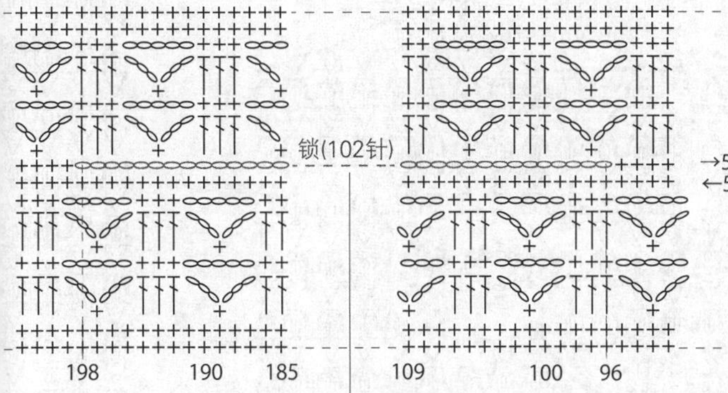

锁(102针)
198
190
185
109
100
96
→52
←51

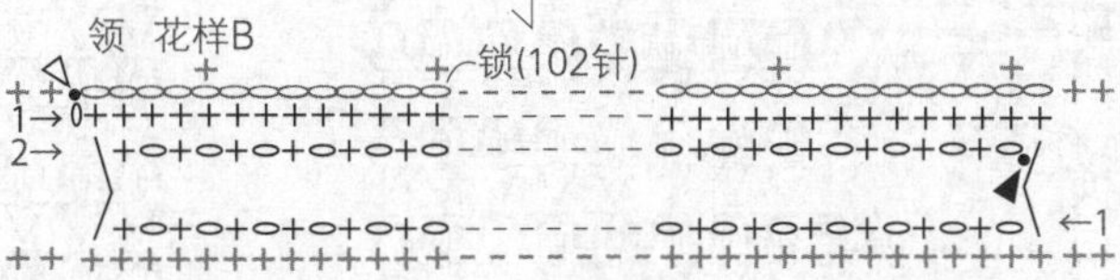

领 花样B
锁(102针)
1→
2→
←1

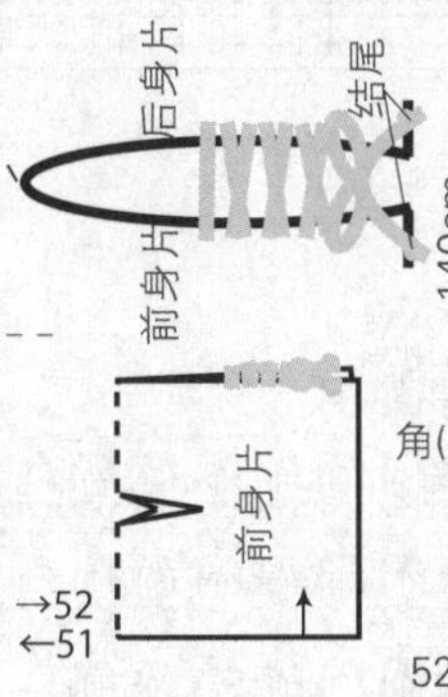

后身片
结尾
前身片
前身片

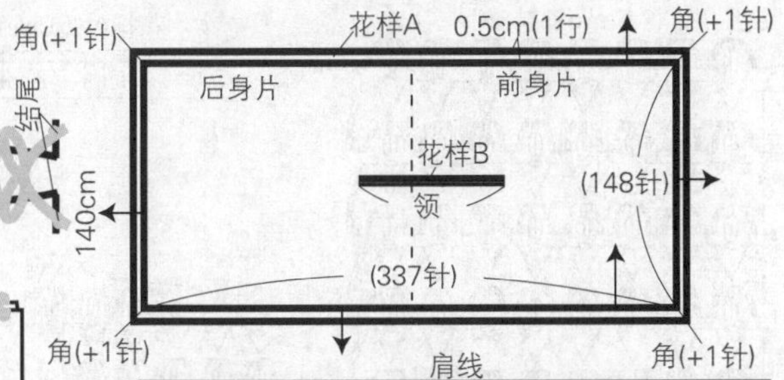

角(+1针)
花样A
0.5cm(1行)
角(+1针)
后身片
前身片
花样B
领
140cm
(148针)
(337针)
角(+1针)
角(+1针)

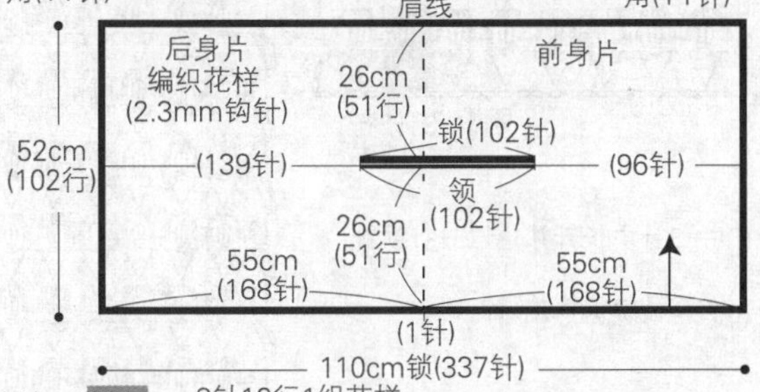

肩线
后身片
编织花样
(2.3mm钩针)
前身片
26cm
(51行)
锁(102针)
52cm
(102行)
(139针)
(96针)
领
(102针)
26cm
(51行)
55cm
(168针)
55cm
(168针)
(1针)
110cm锁(337针)

编织花样 (2.3mm钩针)

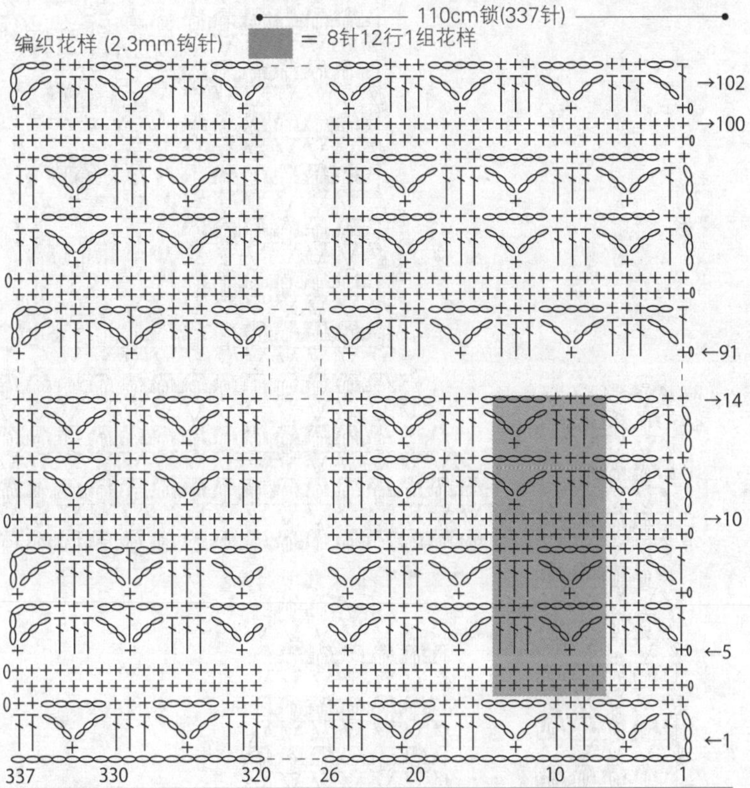

= 8针12行1组花样
→102
→100
←91
→14
→10
←5
←1
337
330
320
26
20
10
1

2

具：2.0mm、2.5mm钩针
寸：M码：胸围90cm，衣长94.5cm，
背肩宽33cm
L码：胸围95cm，衣长94.5cm，
背肩宽33cm
度：23针×15行
料：进口墨绿色蕾丝线410g、450g

领口袖口
编织花样
(2.0mm钩针)

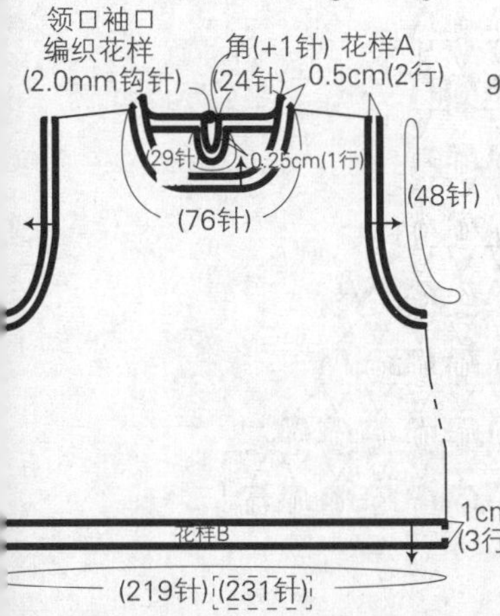

角(+1针)
花样A
(24针)
0.5cm(2行)
(29针)
0.25cm(1行)
(76针)
(48针)
花样B
1cm
(3行)
(219针)
(231针)

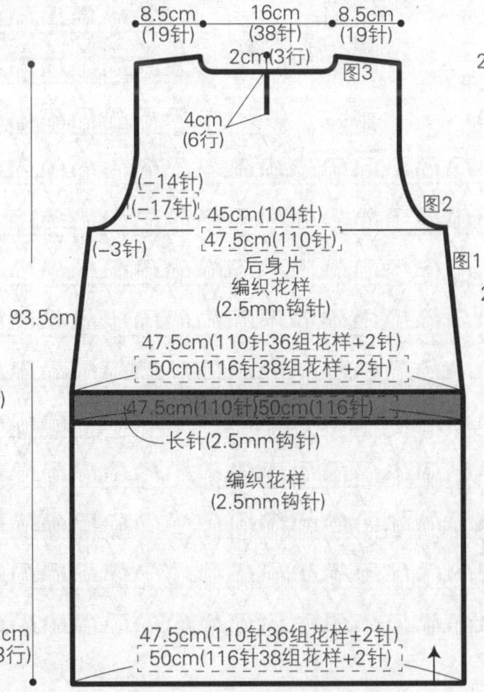

8.5cm
(19针)
16cm
(38针)
8.5cm
(19针)
2cm(3行)
图3
4cm
(6行)
(−14针)
(−17针)
图2
45cm(104针)
47.5cm(110针)
(−3针)
图1
后身片
编织花样
(2.5mm钩针)
93.5cm
47.5cm(110针36组花样+2针)
50cm(116针38组花样+2针)
47.5cm(110针)50cm(116针)
长针(2.5mm钩针)
编织花样
(2.5mm钩针)
47.5cm(110针36组花样+2针)
50cm(116针38组花样+2针)

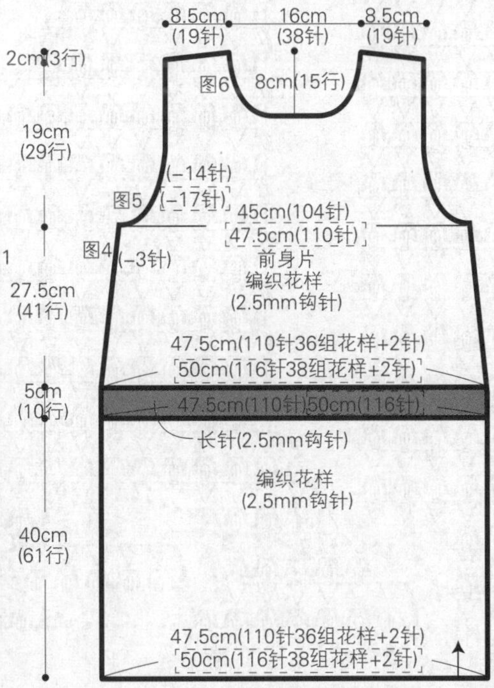

8.5cm
(19针)
16cm
(38针)
8.5cm
(19针)
2cm(3行)
图6
8cm(15行)
19cm
(29行)
(−14针)
(−17针)
图5
45cm(104针)
47.5cm(110针)
图4
(−3针)
前身片
编织花样
(2.5mm钩针)
27.5cm
(41行)
47.5cm(110针36组花样+2针)
50cm(116针38组花样+2针)
5cm
(10行)
47.5cm(110针)50cm(116针)
长针(2.5mm钩针)
编织花样
(2.5mm钩针)
40cm
(61行)
47.5cm(110针36组花样+2针)
50cm(116针38组花样+2针)

编织花样(2.5mm钩针)

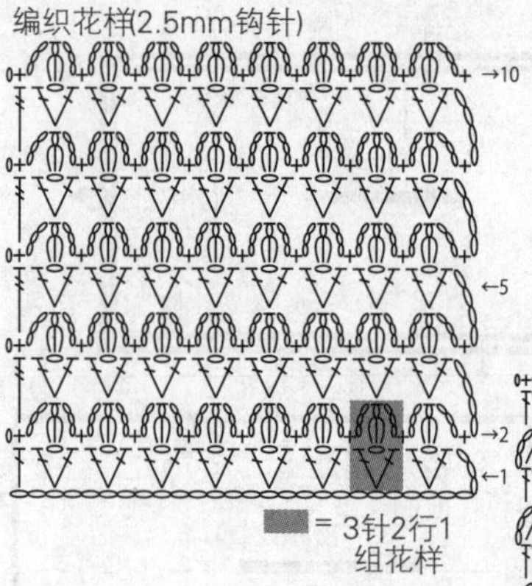

→10
←5
→2
←1
=3针2行1组花样

= 3针中长针并1针加1针锁针

= 3针中长针并1针

花样A (2.0mm钩针)

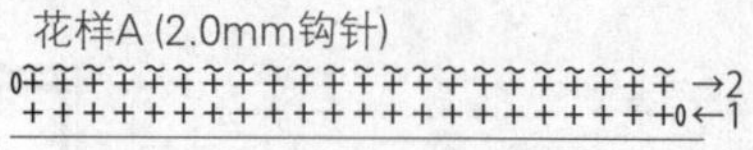

→2
←1

花样B (2.0mm钩针)

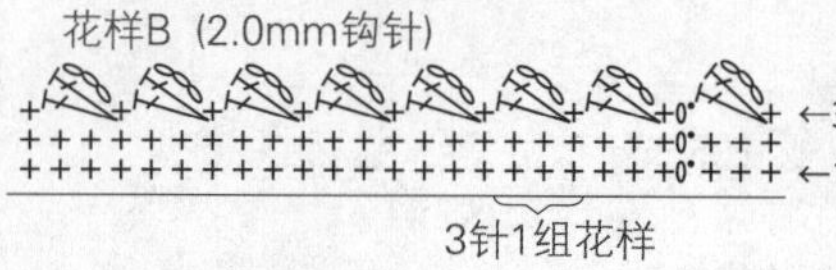

←3
←1
3针1组花样

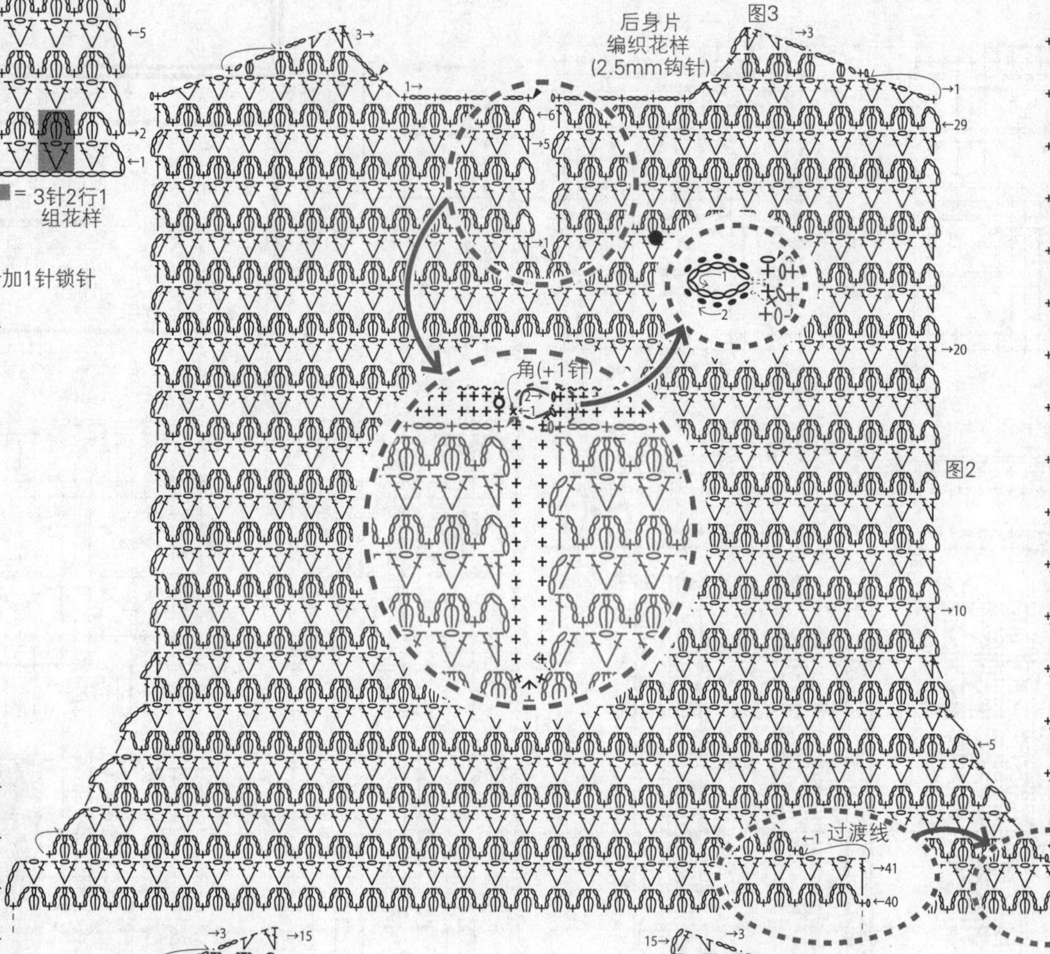

后身片
编织花样
(2.5mm钩针)
图3
3→
→3
1→
→1
←6
→5
→1
←29
1
2
→20
角(+1针)
2→
←1
图2
→10
←5
←1
过渡线
→41
←40
←1
→41
←40

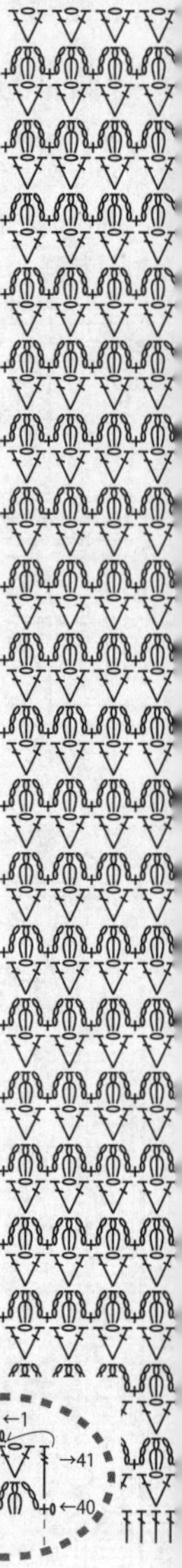

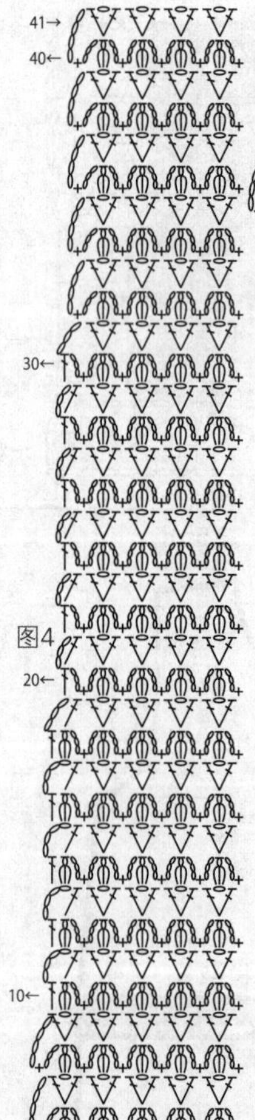

41→
40←
30←
图4
20←
10←
5→
1→
10←

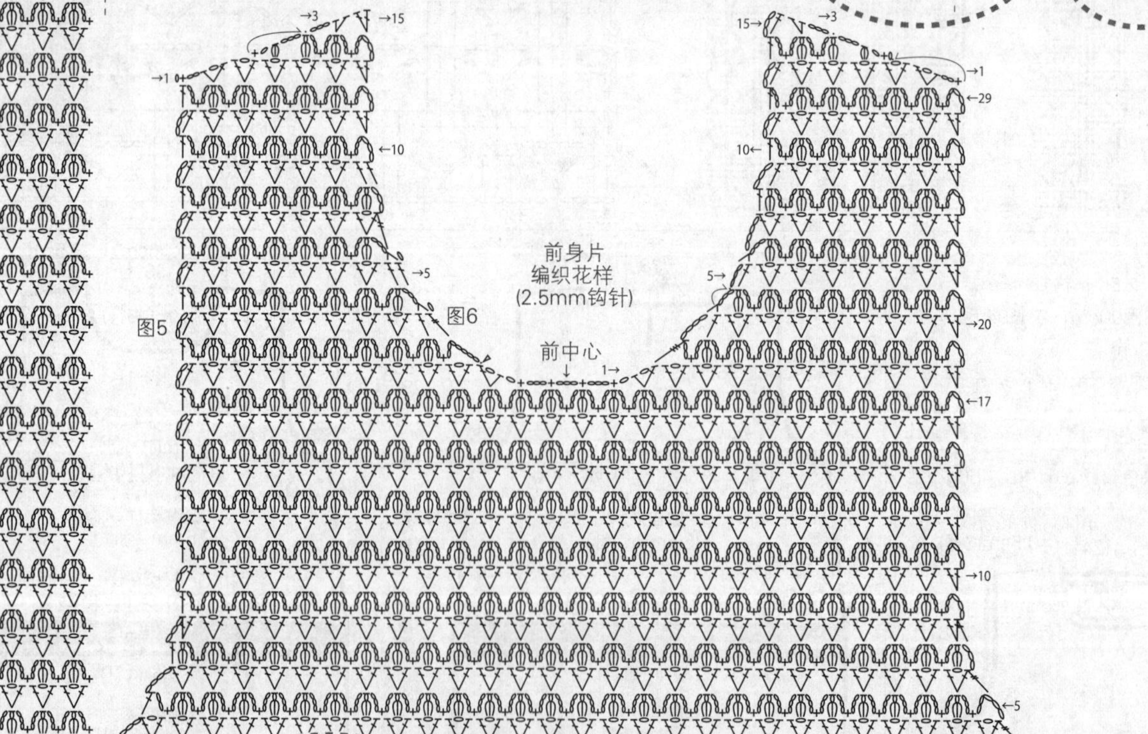

→3
→15
15→
→3
→1
→1
←29
→10
10←
图5
→5
5→
图6
前身片
编织花样
(2.5mm钩针)
前中心
1→
→20
←17
→10
←5
←1
→41
←40

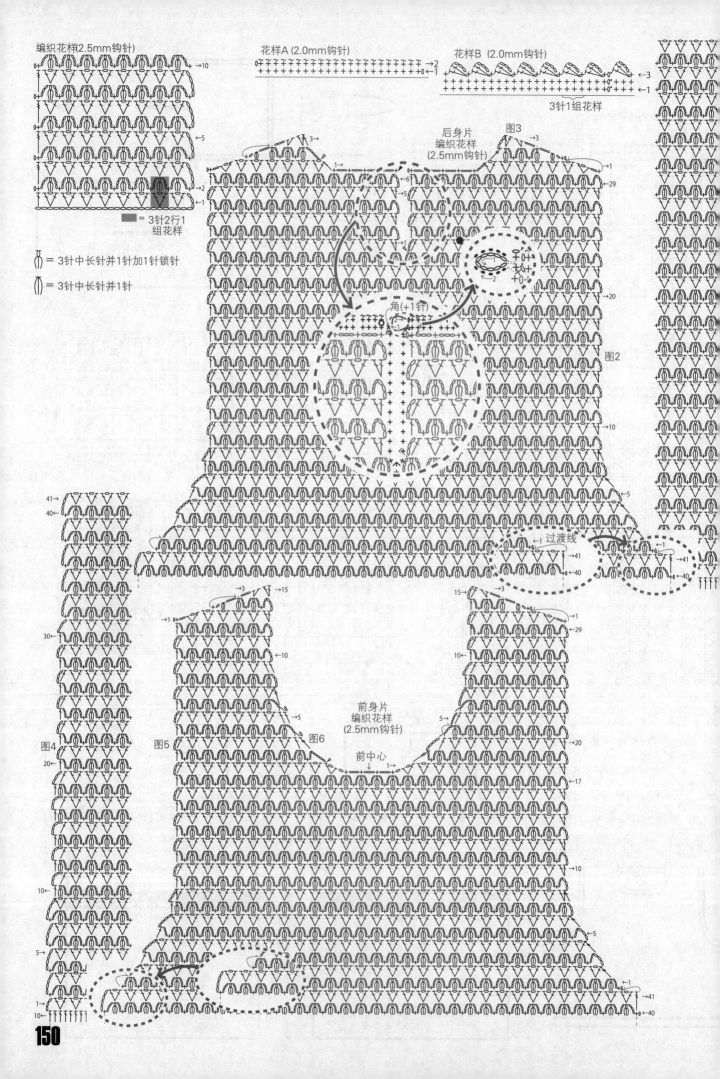

3

具：2.3mm钩针，1.25mm棒针

寸：胸围91.5cm，衣长46cm，
袖长32cm

度：花样A：29针×33.5行
花样B：28.5针×13.5行

料：进口墨绿色蕾丝线210g

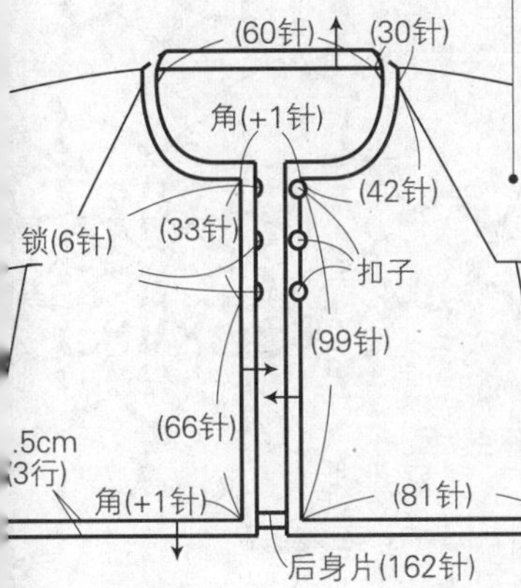
(60针)
(30针)
角(+1针)
锁(6针)
(33针)
(42针)
扣子
(99针)
(66针)
.5cm
3行)
角(+1针)
(81针)
后身片(162针)

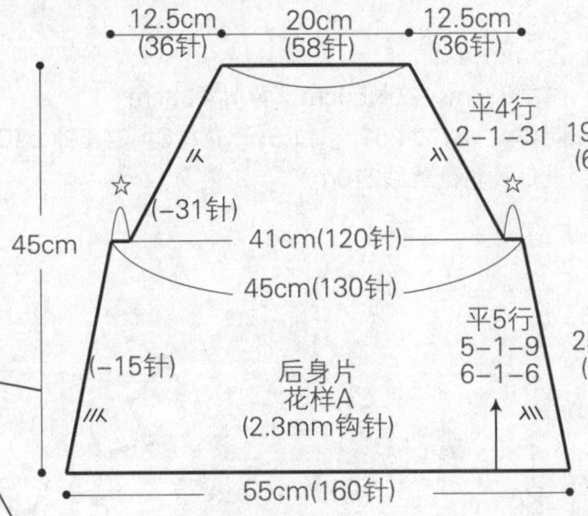
12.5cm
(36针)
20cm
(58针)
12.5cm
(36针)
平4行
2-1-31
☆
(-31针)
41cm(120针)
45cm(130针)
45cm
平5行
5-1-9
6-1-6
(-15针)
后身片
花样A
(2.3mm钩针)
55cm(160针)
19.5cm
(66行)
18cm
(60行)
25.5cm
(86行)
25.5cm
(86行)
☆= 2cm(5针)

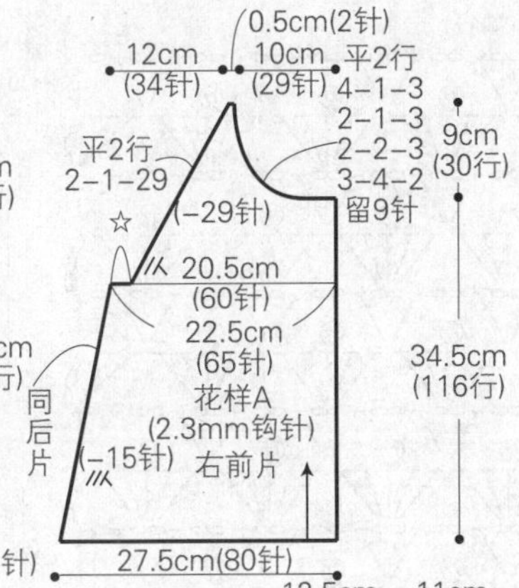
0.5cm(2针)
12cm
(34针)
10cm
(29针)
平2行
4-1-3
2-1-3
2-2-3
3-4-2
留9针
9cm
(30行)
平2行
2-1-29
(-29针)
20.5cm
(60针)
22.5cm
(65针)
花样A
(2.3mm钩针)
右前片
同后片
(-15针)
34.5cm
(116行)
27.5cm(80针)

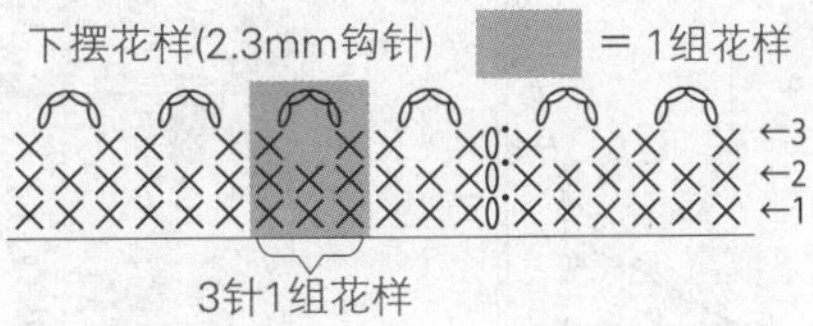
下摆花样(2.3mm钩针)
= 1组花样
←3
→2
←1
3针1组花样

12.5cm
(36针)
11cm
(31针)
12cm
(34针)
(2针)
图4
图2
花样B
(2.3mm钩针)
图3
1.5cm(2行)
16.5cm
(22行)
18cm
(24行)
(5针)
(-31针)
(-29针)
(5针)
32cm(91针18组
花样+1针)
35.5cm(101针20组花样+1针)
13.5cm
(18行)
(-5针)
39cm(111针22
组花样+1针)
图1
1.5cm(3行)
(2.3mm钩针)
(111针)

右袖片(2.3mm钩针)

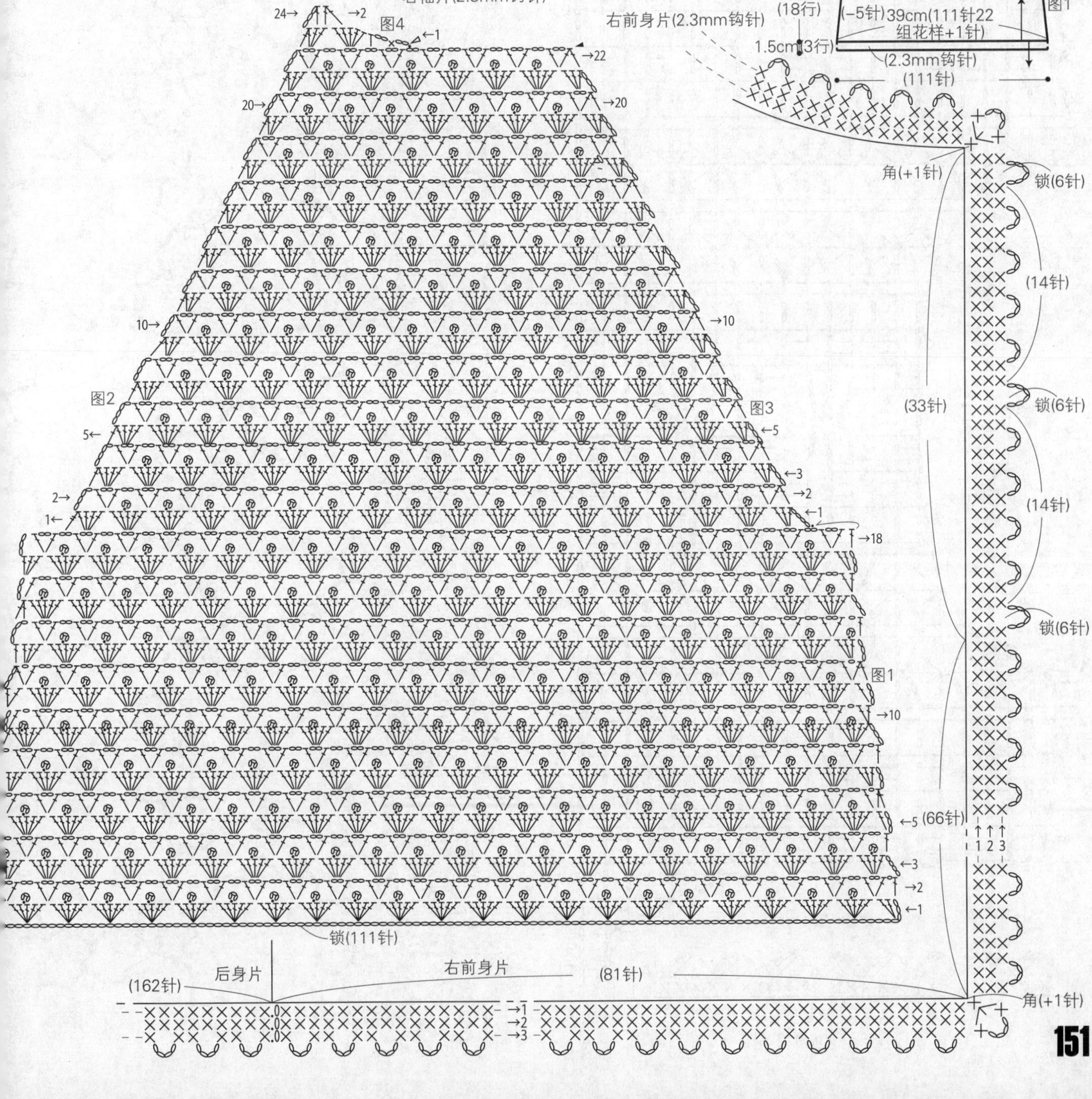
右前身片(2.3mm钩针)
24→
→2
图4
←1
→22
20→
→20
10→
→10
图2
5←
图3
→5
←3
2→
→2
1←
←1
→18
图1
→10
←5
←3
→2
←1
锁(111针)
角(+1针)
锁(6针)
(14针)
(33针)
锁(6针)
(14针)
锁(6针)
(66针)
1 2 3
后身片
右前身片
(162针)
(81针)
→1
→2
→3
角(+1针)

花样B (2.3mm钩针)

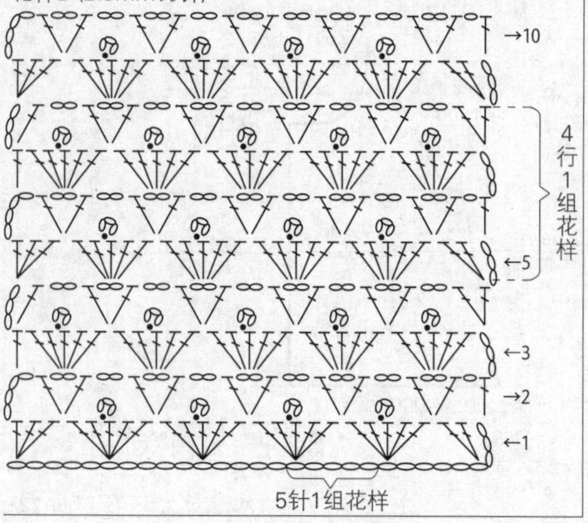

→10
4行1组花样
←5
←3
→2
←1
5针1组花样

94

工具：2.5mm钩针

尺寸：胸围88cm，衣长50cm，背肩宽33cm

密度：花样A、B：24.5针×11.5行 花样C：24.5针×13行

材料：进口黄色蕾丝线210g

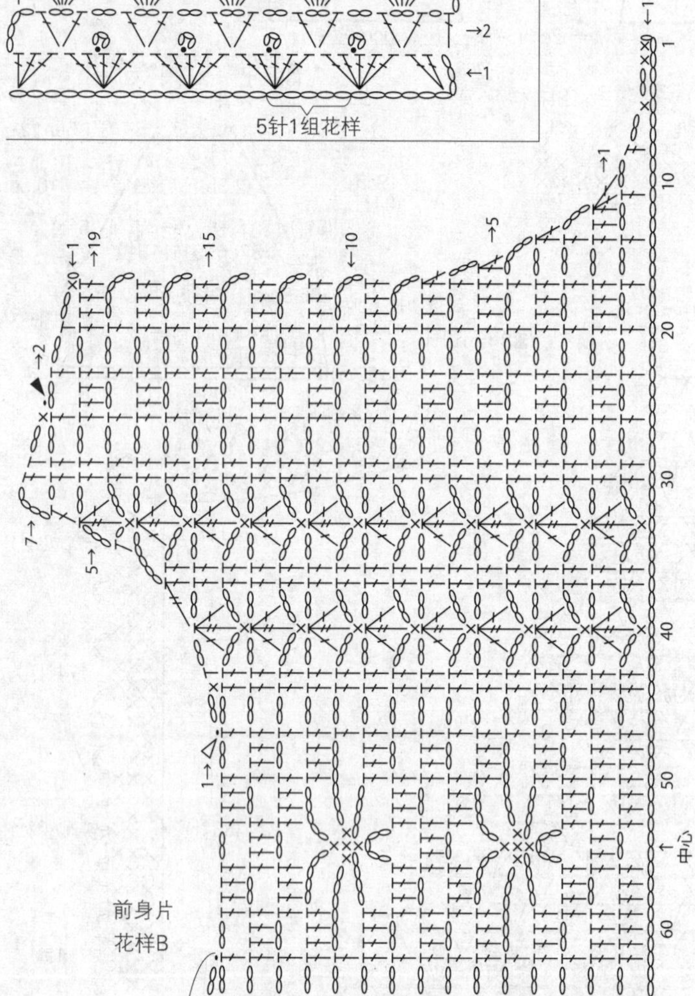

前身片
花样B
中心
←2
←1
3针1组花样

前身片
后身片
中心
前身片

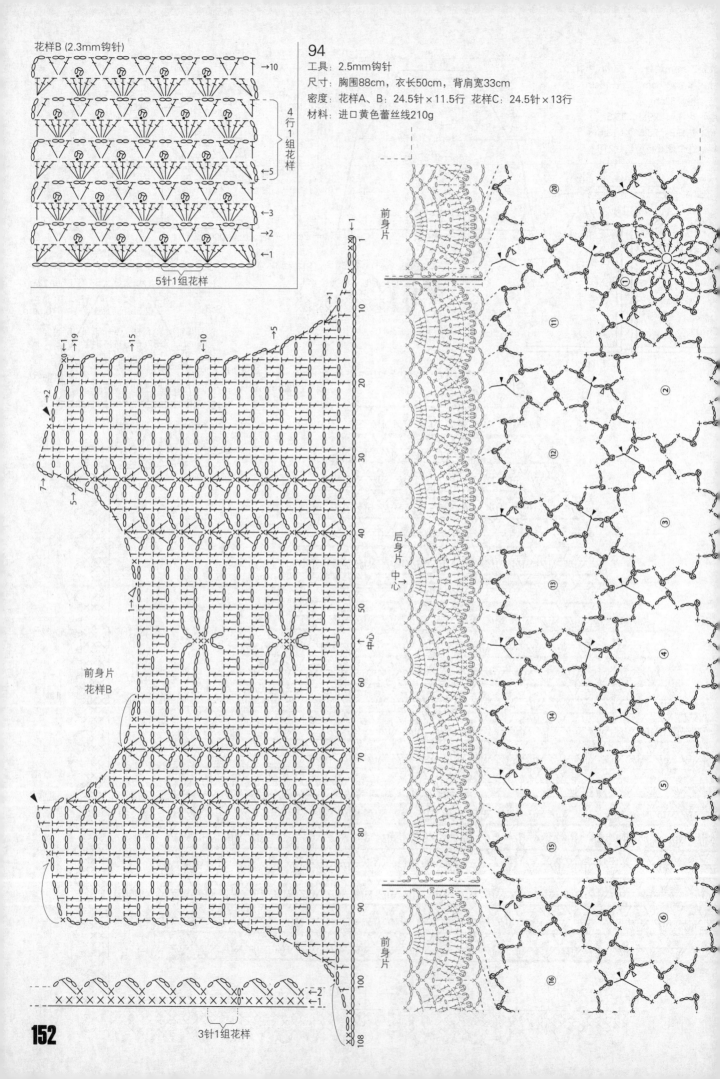

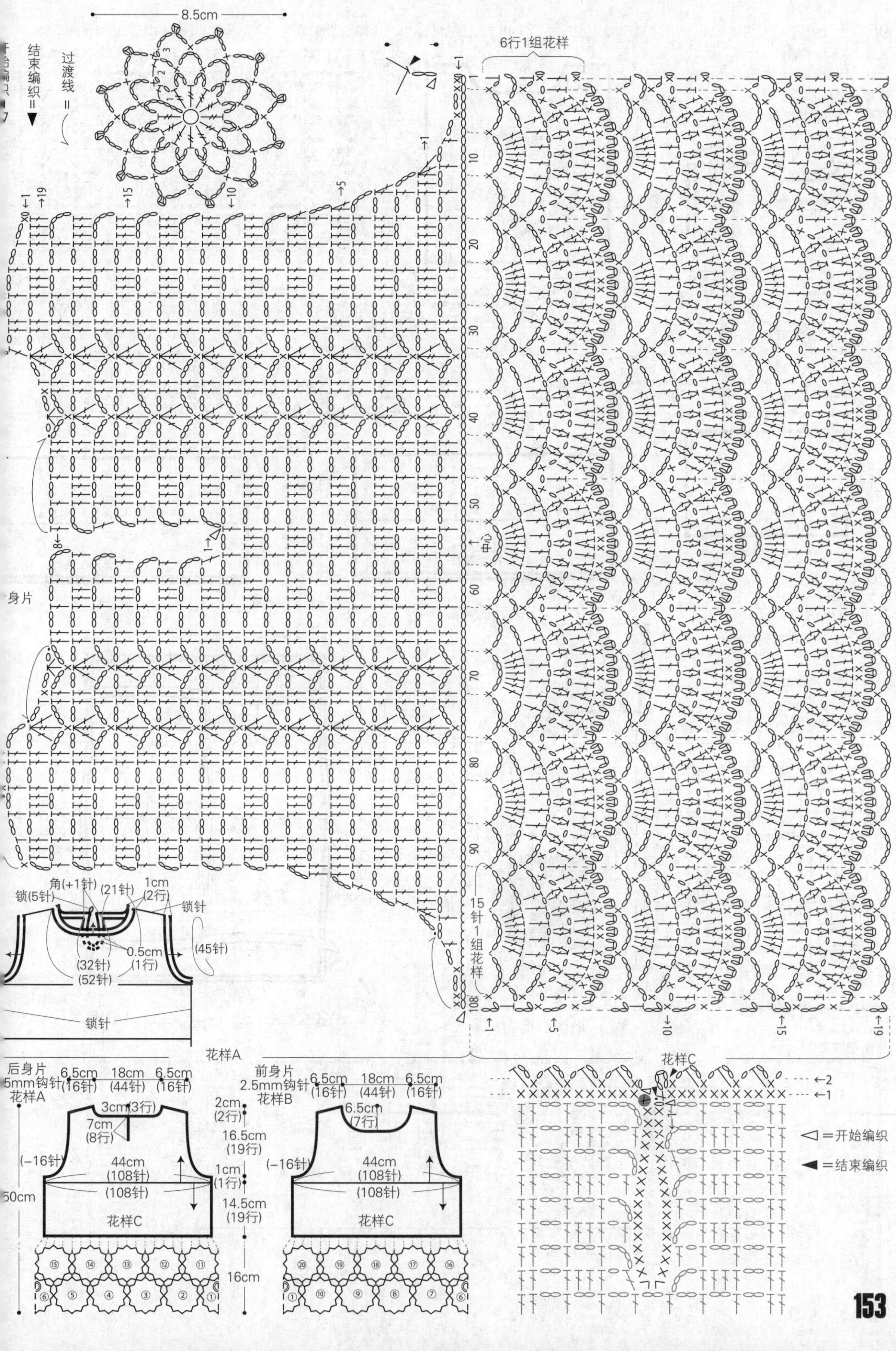
8.5cm
结束编织 = ▼
过渡线 =
6行1组花样
中心
15针1组花样
锁(5针)
角(+1针)
(21针)
1cm
(2行)
锁针
(45针)
0.5cm
(1行)
(32针)
(52针)
锁针
花样A
后身片
5mm钩针
花样A
6.5cm
(16针)
18cm
(44针)
6.5cm
(16针)
3cm(3行)
7cm
(8行)
(−16针)
44cm
(108针)
(108针)
50cm
花样C
前身片
2.5mm钩针
花样B
6.5cm
(16针)
18cm
(44针)
6.5cm
(16针)
6.5cm
(7行)
2cm
(2行)
16.5cm
(19行)
1cm
(1行)
14.5cm
(19行)
16cm
(−16针)
44cm
(108针)
(108针)
花样C
花样C
◁＝开始编织
◀＝结束编织

95

工具：3.5mm钩针

尺寸：胸围90cm，衣长45cm，袖长22cm

密度：21针×12行

材料：进口果绿色蕾丝线420g

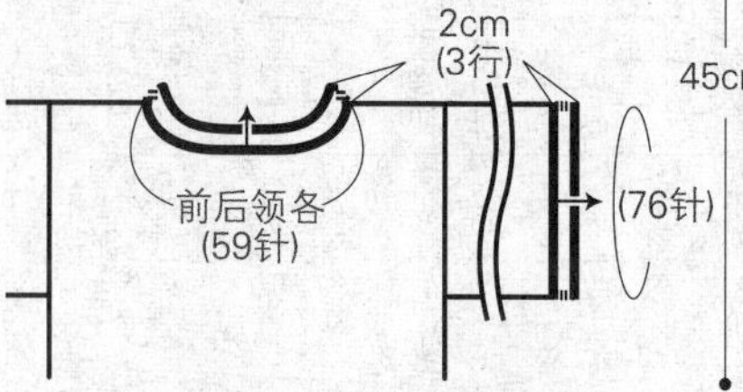

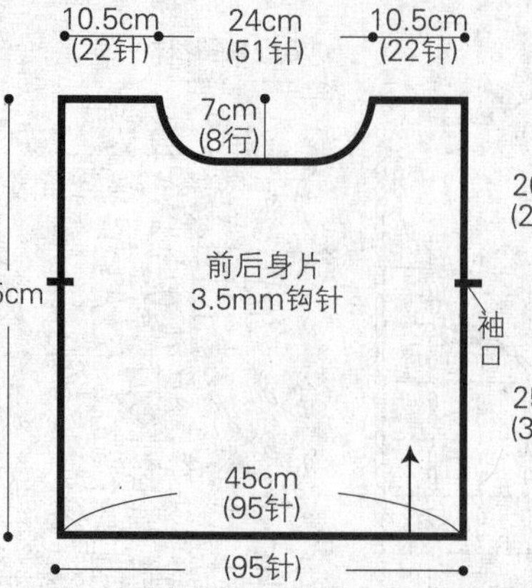

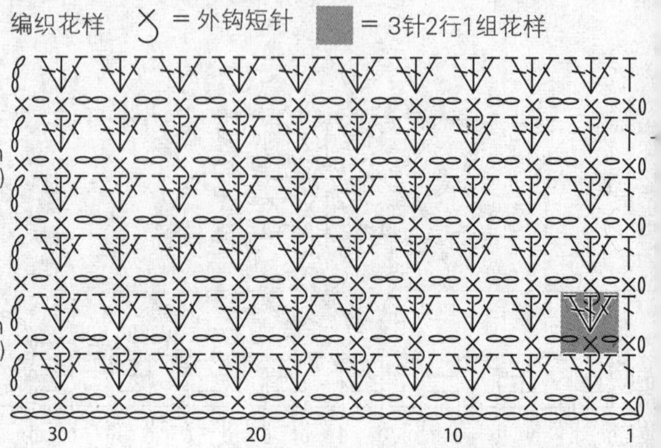

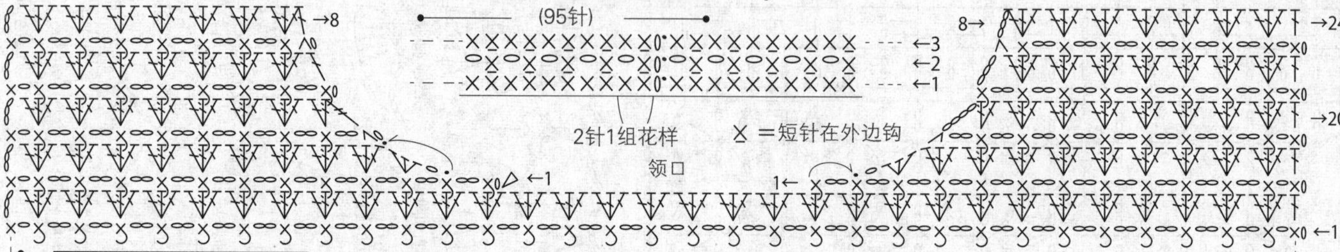

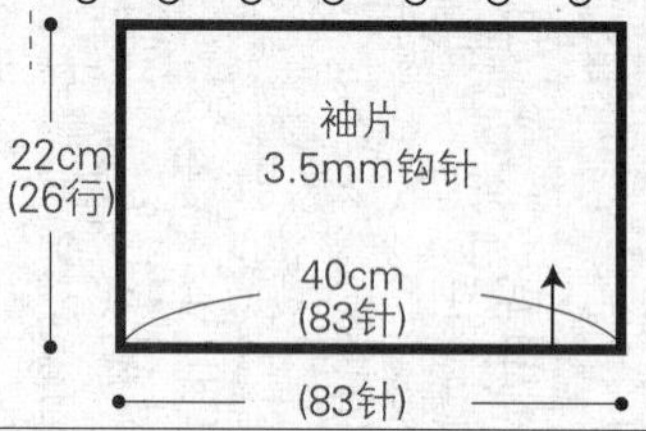

96

工具：2.3mm钩针

尺寸：胸围104cm，衣长54.5cm

密度：花样A：27针×12行

花样B：27针×13.5行

材料：进口姜黄色蕾丝线320g

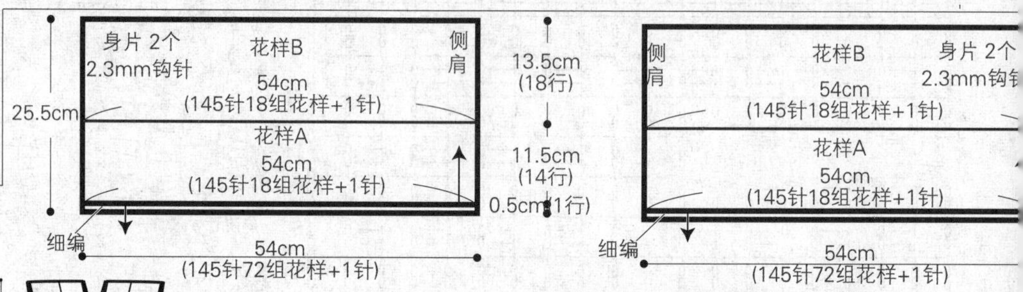

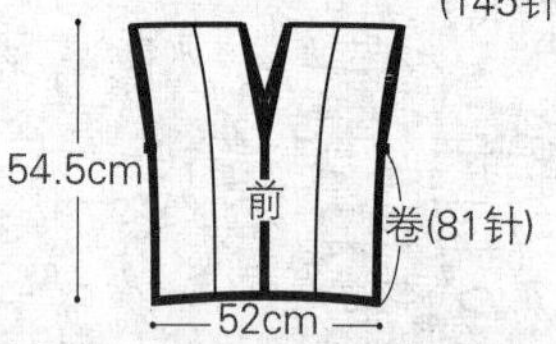

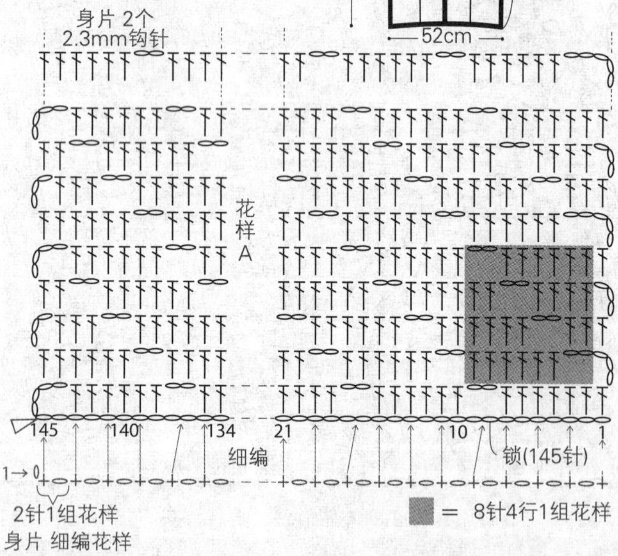

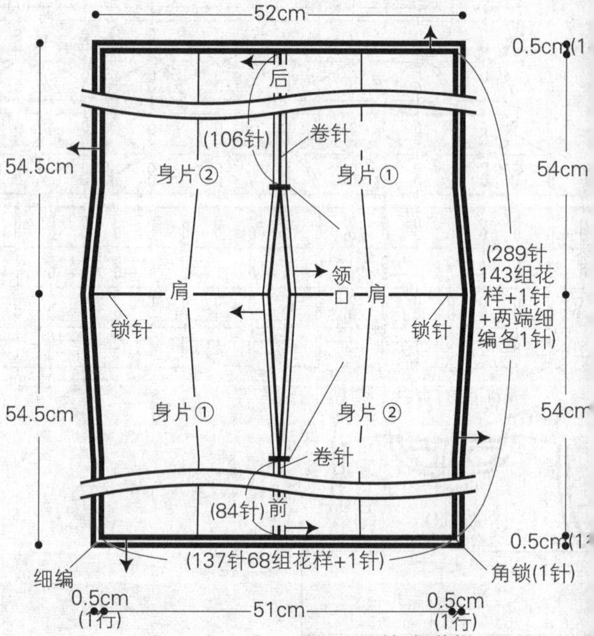

身片 细编花样

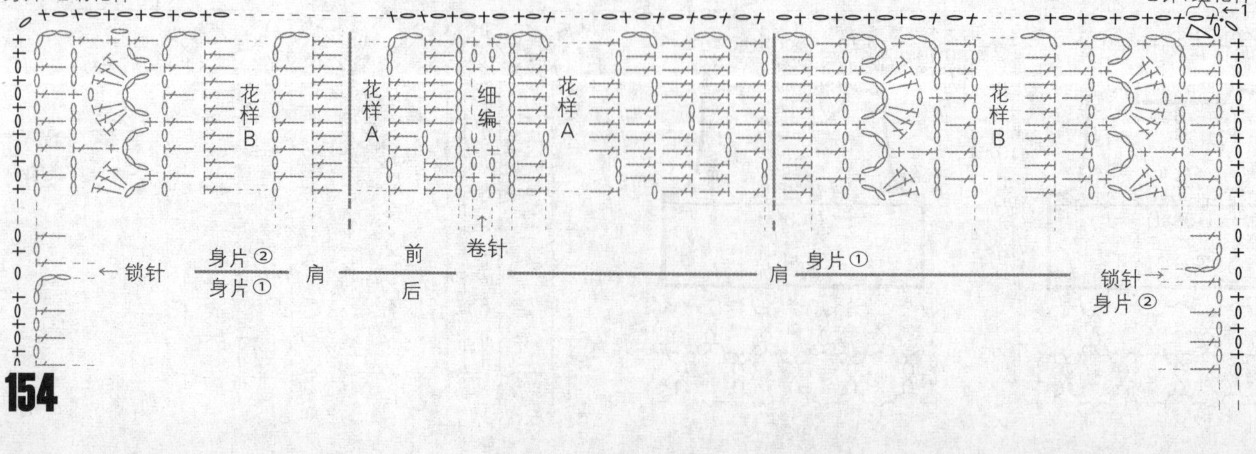

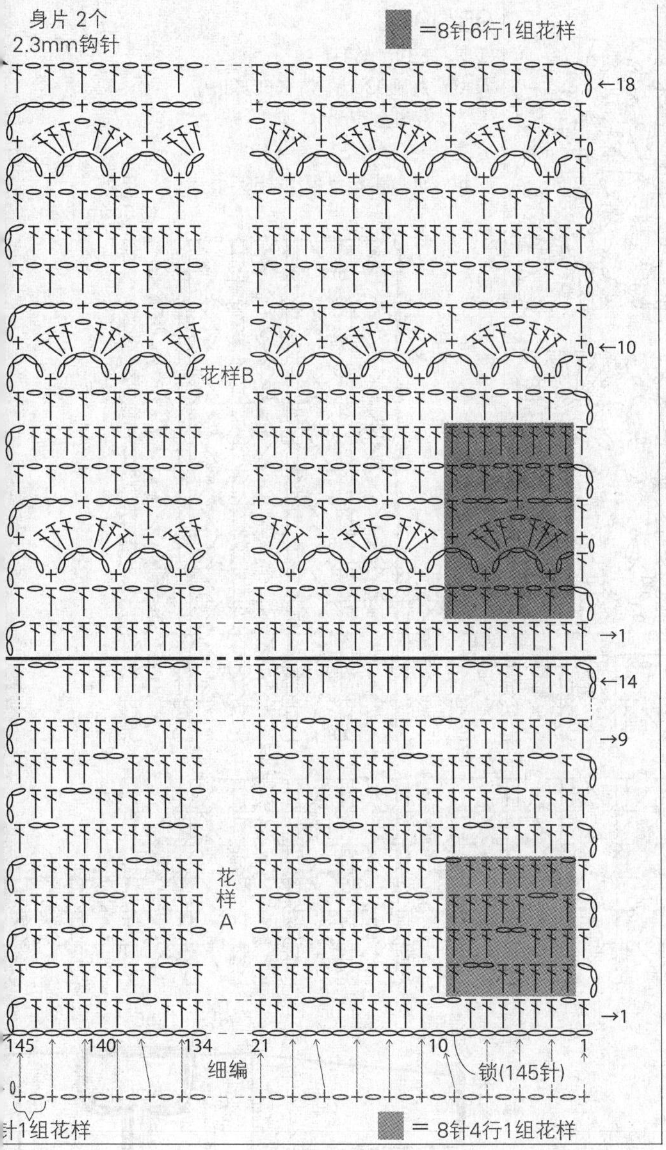
身片 2个
2.3mm钩针
=8针6行1组花样
←18
←10
花样B
→1
←14
→9
花样A
→1
145
140
134
21
10
1
细编
锁(145针)
针1组花样
= 8针4行1组花样

97

工具：2.5mm钩针

尺寸：胸围92.5cm，衣长53.5cm，袖长53.5cm

密度：单元花直径7.5cm

材料：进口棕色蕾丝线320g

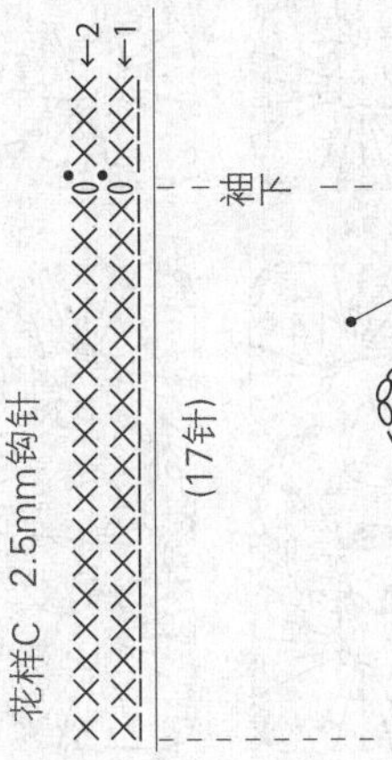
←2
←1
袖下
花样C 2.5mm钩针
(17针)
B

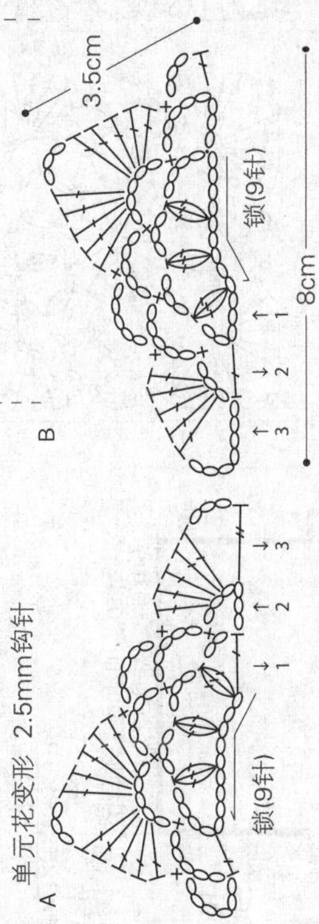
3.5cm
锁(9针)
8cm
1
2
3
单元花变形 2.5mm钩针
锁(9针)
A

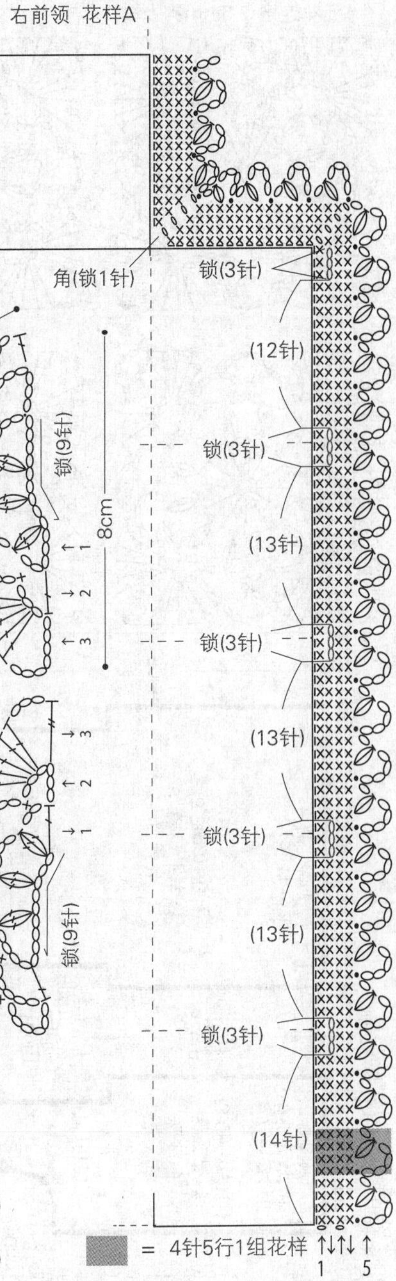
右前领 花样A
角(锁1针)
锁(3针)
(12针)
锁(3针)
(13针)
锁(3针)
(13针)
锁(3针)
(13针)
锁(3针)
(14针)
= 4针5行1组花样
1
5

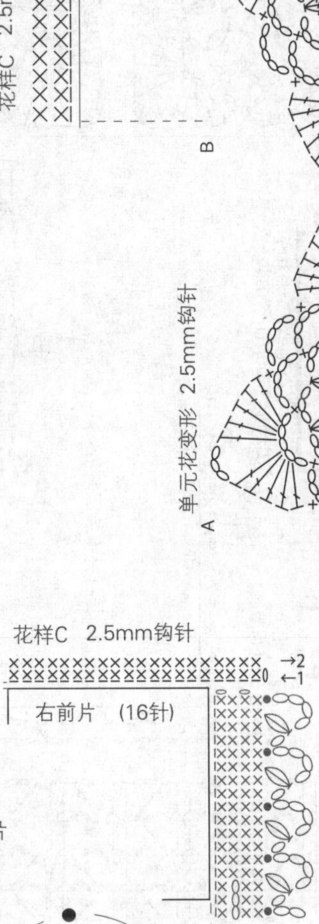
花样C 2.5mm钩针
→2
←1
右前片 (16针)

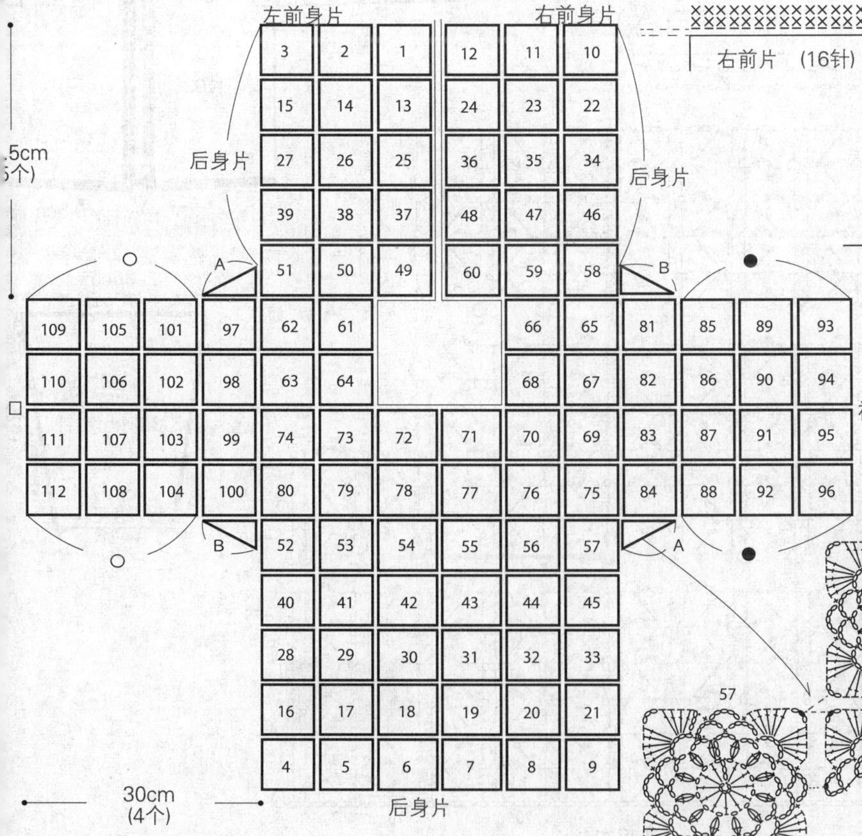
左前身片
右前身片
3 2 1
12 11 10
15 14 13
24 23 22
27 26 25
36 35 34
39 38 37
48 47 46
51 50 49
60 59 58
后身片
后身片
A
B
109 105 101 97 62 61
66 65 81 85 89 93
110 106 102 98 63 64
68 67 82 86 90 94
111 107 103 99 74 73 72 71 70 69 83 87 91 95
112 108 104 100 80 79 78 77 76 75 84 88 92 96
B
A
52 53 54 55 56 57
40 41 42 43 44 45
28 29 30 31 32 33
16 17 18 19 20 21
4 5 6 7 8 9
30cm
(4个)
后身片
30cm
(4个)
袖口

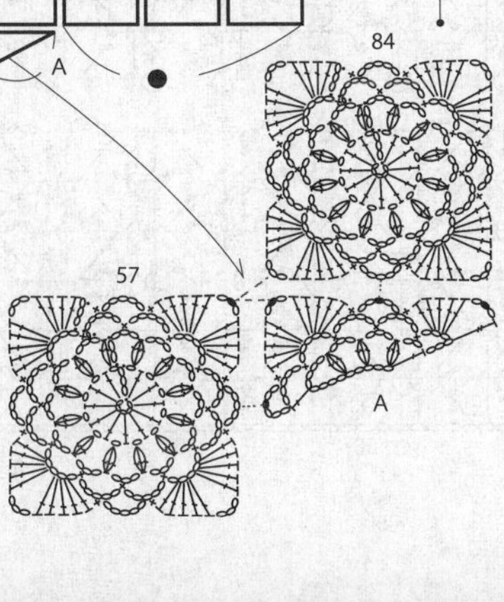
84
57
A

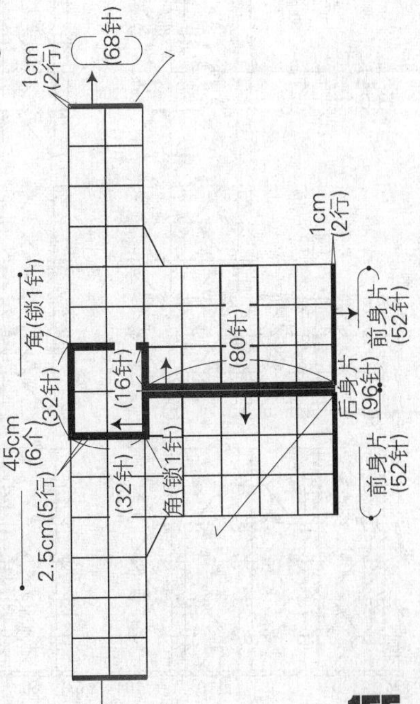
1cm
(2行)
(68针)
1cm
(2行)
角(锁1针)
(32针)
(16针)
(80针)
前身片
(52针)
后身片
(96针)
前身片
(52针)
45cm
(6个)
2.5cm(5行)
(32针)
角(锁1针)

单元花连接 2.5mm钩针

98/99

工具：3.0mm钩针

尺寸：胸围93cm，衣长50.5cm，背肩宽37cm

密度：花样A：27.5针×13行

材料：进口米粉色蕾丝线385g

左前身片
编织花样
(3.0mm钩针)

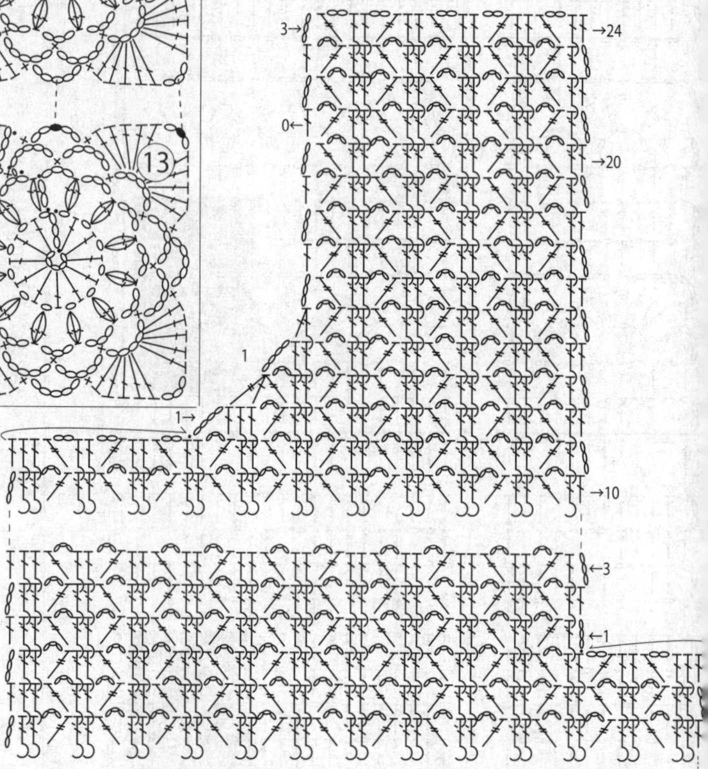

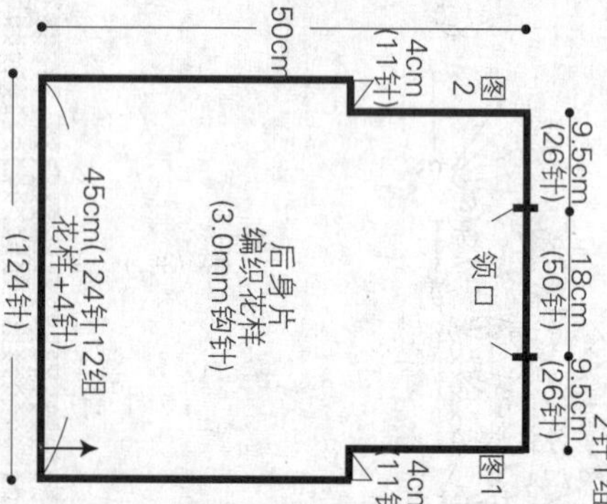

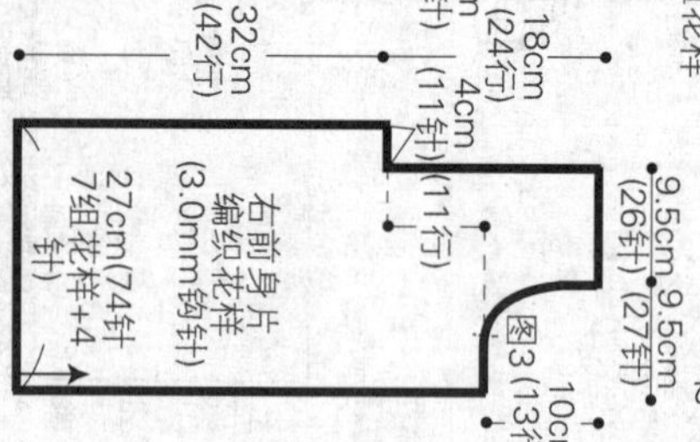

※左前身片右前身片对称

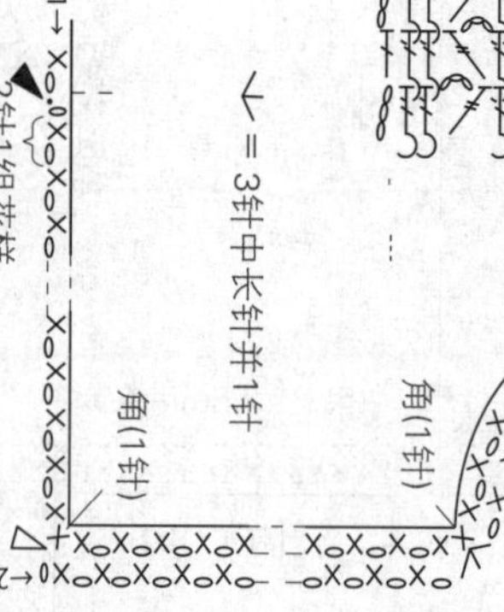

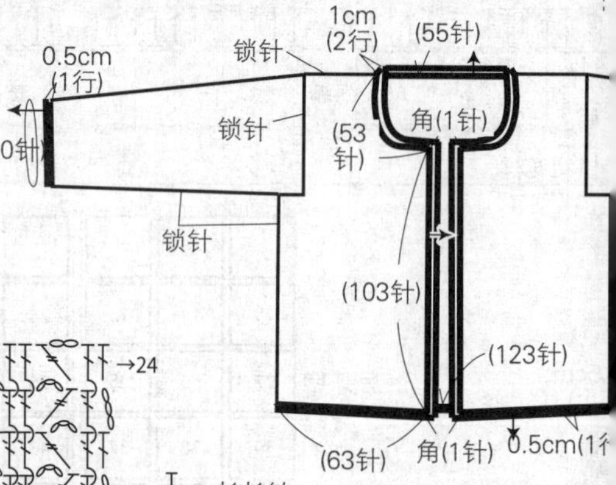

■ = 10针2行1组花样

后身片
编织花样
(3.0mm钩针)

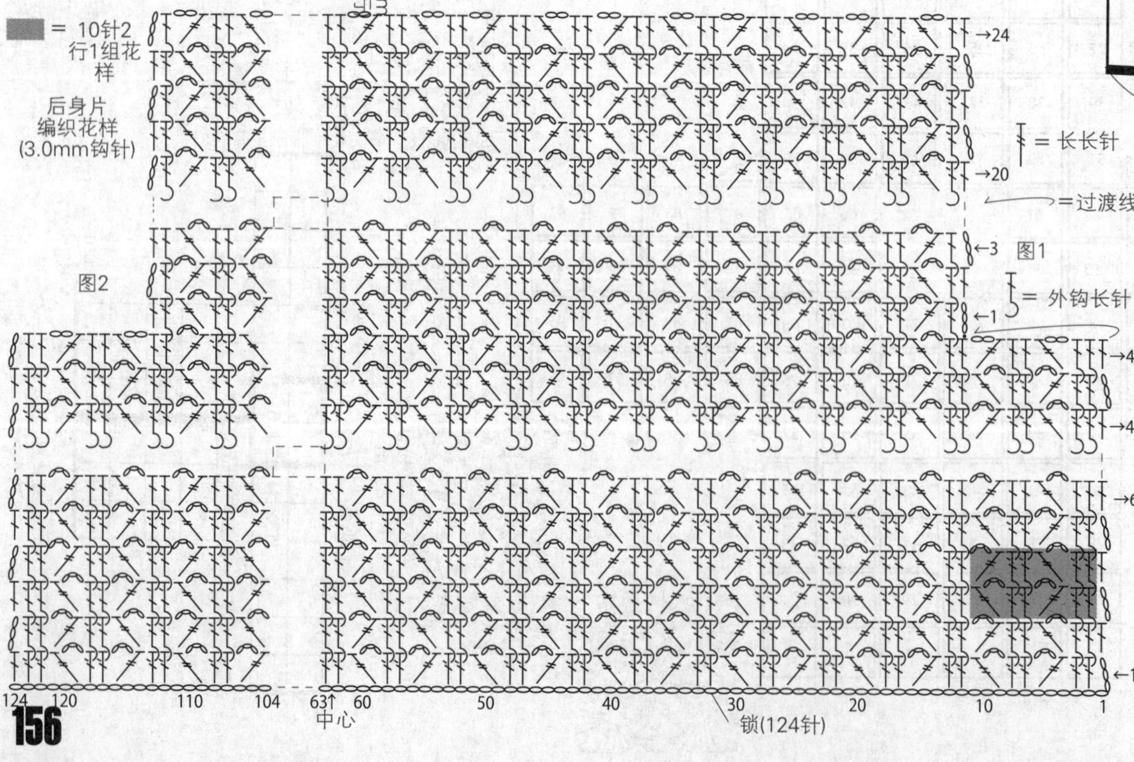

= 长长针

= 过渡线

图1

= 外钩长针

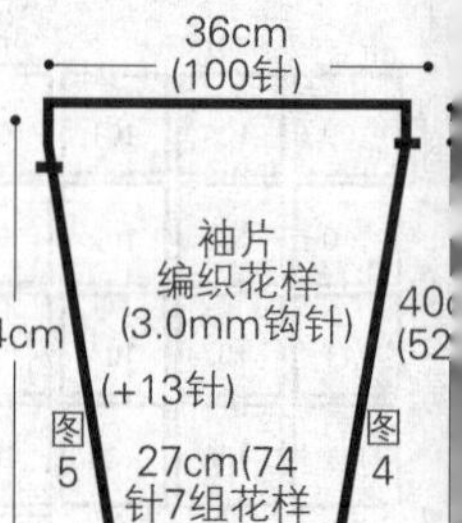

)0

具：2.3mm钩针

寸：胸围96cm，衣长51.5cm，袖长43.5cm

度：花样A：30针×12行 花样B：30针×20行

花样C：30针×10行

料：进口橘粉色蕾丝线420g

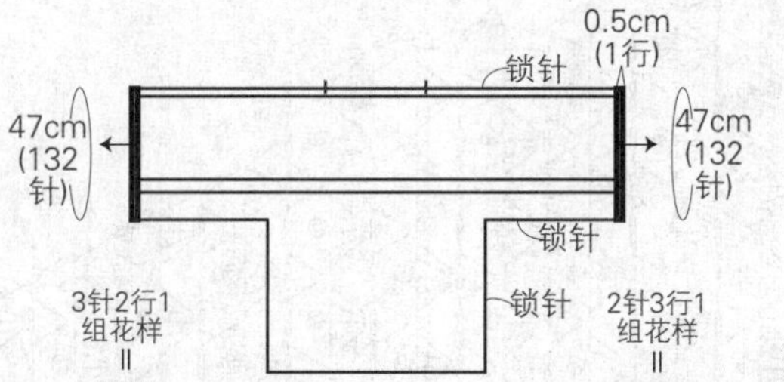

0.5cm
(1行)
锁针
47cm
(132
针)
47cm
(132
针)
锁针
锁针

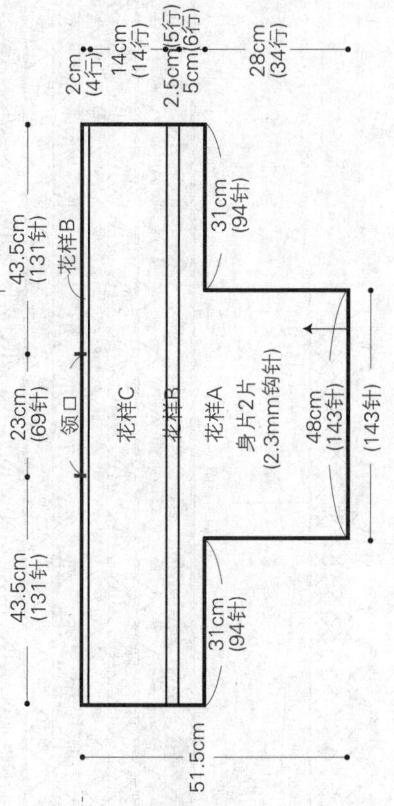

2cm
(4行)
14cm
(14行)
2.5cm(5行)
5cm(6行)
28cm
(34行)
43.5cm
(131针)
花样B
31cm
(94针)
23cm
(69针)
领口
花样C
花样B
花样A
身片2片
(2.3mm钩针)
48cm
(143针)
(143针)
43.5cm
(131针)
31cm
(94针)
51.5cm

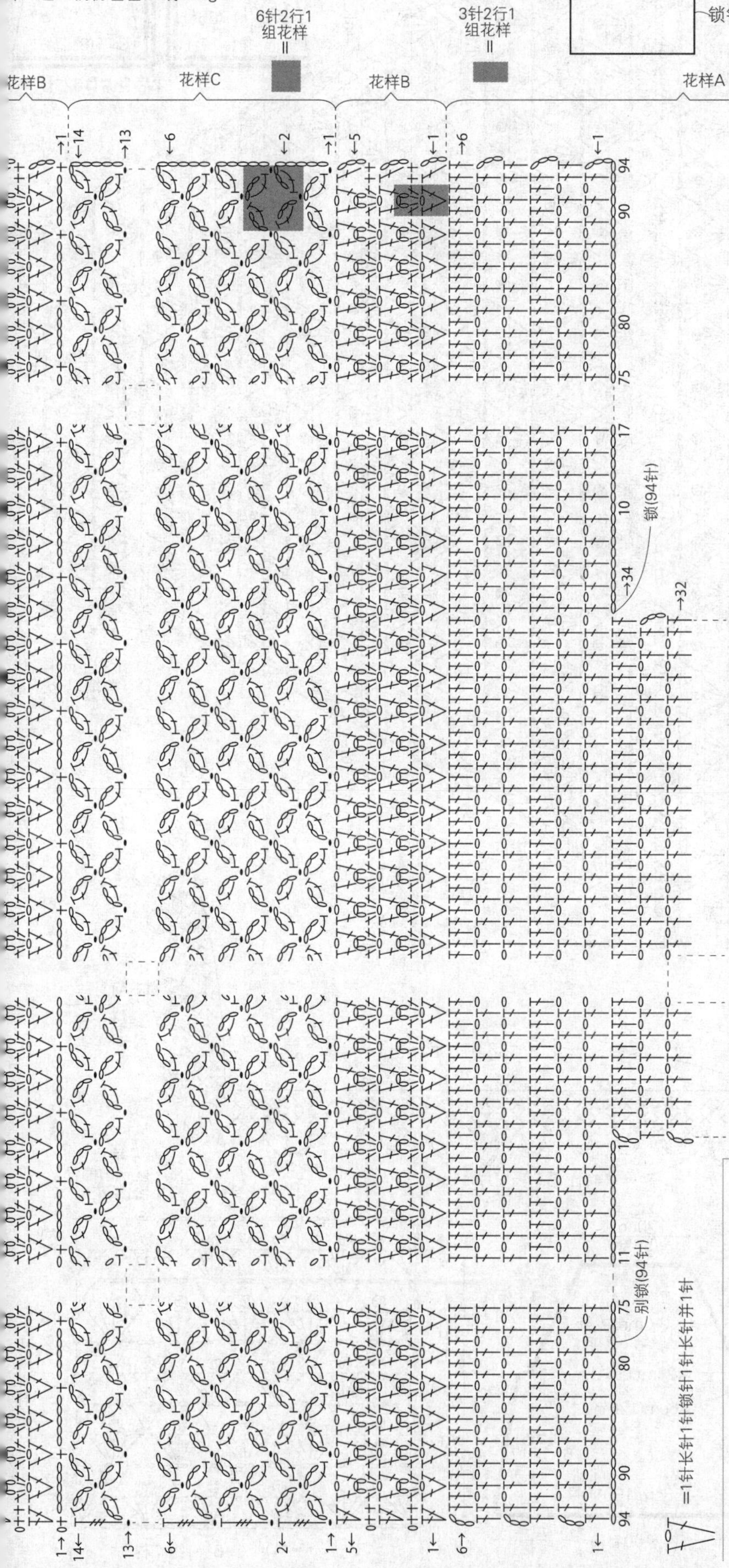

6针2行1
组花样
3针2行1
组花样
2针3行1
组花样
花样B
花样C
花样B
花样A
锁(94针)
锁(143针)
别锁(94针)
=1针长针1针锁针1针长针并1针

101

工具：2.3mm钩针，

3.0mm棒针

尺寸：胸围93.5cm，衣长45cm，

袖长33cm

密度：前后片：27.5针×33.5行

袖片：28.5针×13.5行

材料：进口紫色蕾丝线225g

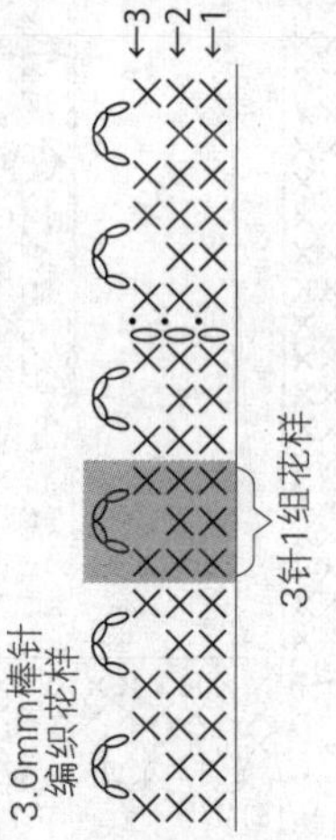

3针1组花样
3.0mm棒针
编织花样

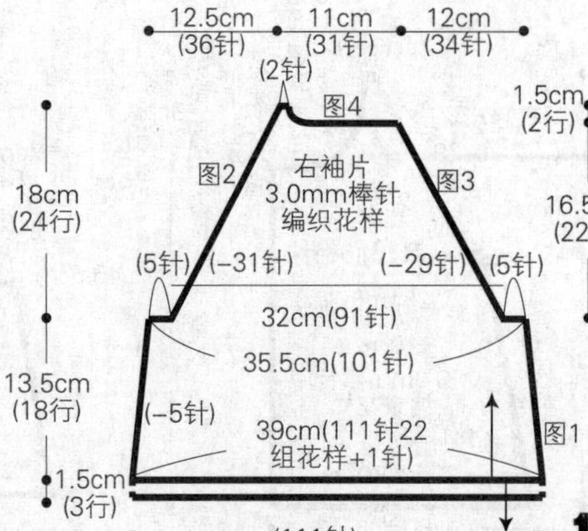

12.5cm
(36针)
11cm
(31针)
12cm
(34针)
(2针)
图4
1.5cm
(2行)
18cm
(24行)
右袖片
3.0mm棒针
编织花样
图2
图3
16.5cm
(22行)
(5针)
(–31针)
(–29针)
(5针)
32cm(91针)
35.5cm(101针)
13.5cm
(18行)
(–5针)
39cm(111针22
组花样+1针)
图1
1.5cm
(3行)
(111针)

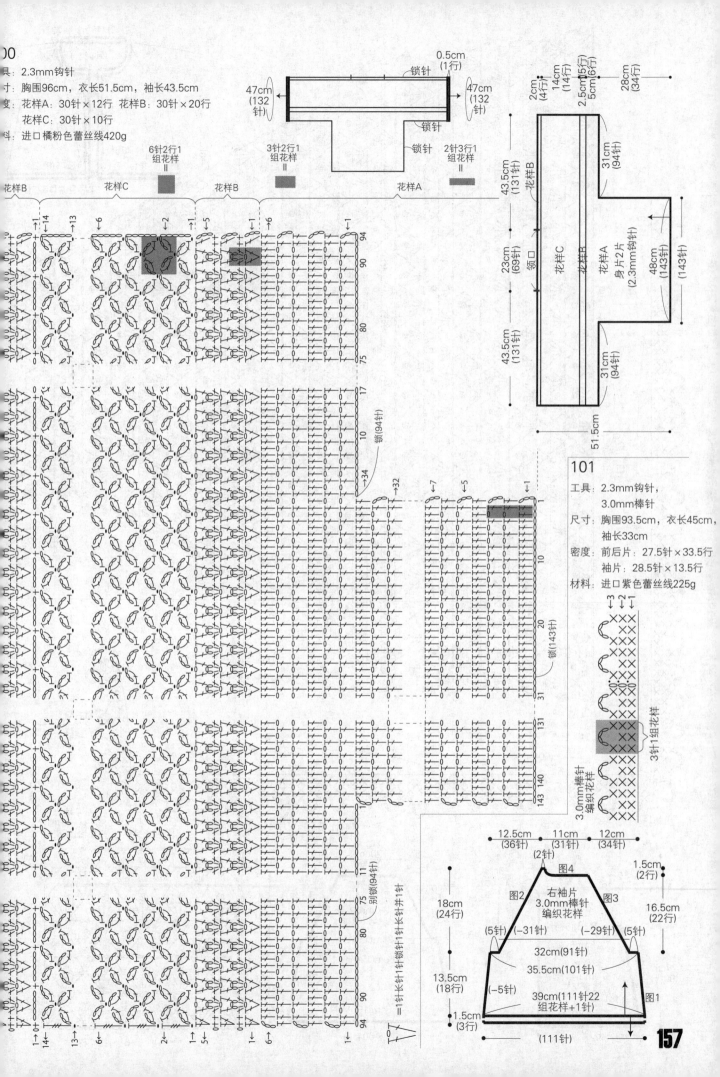

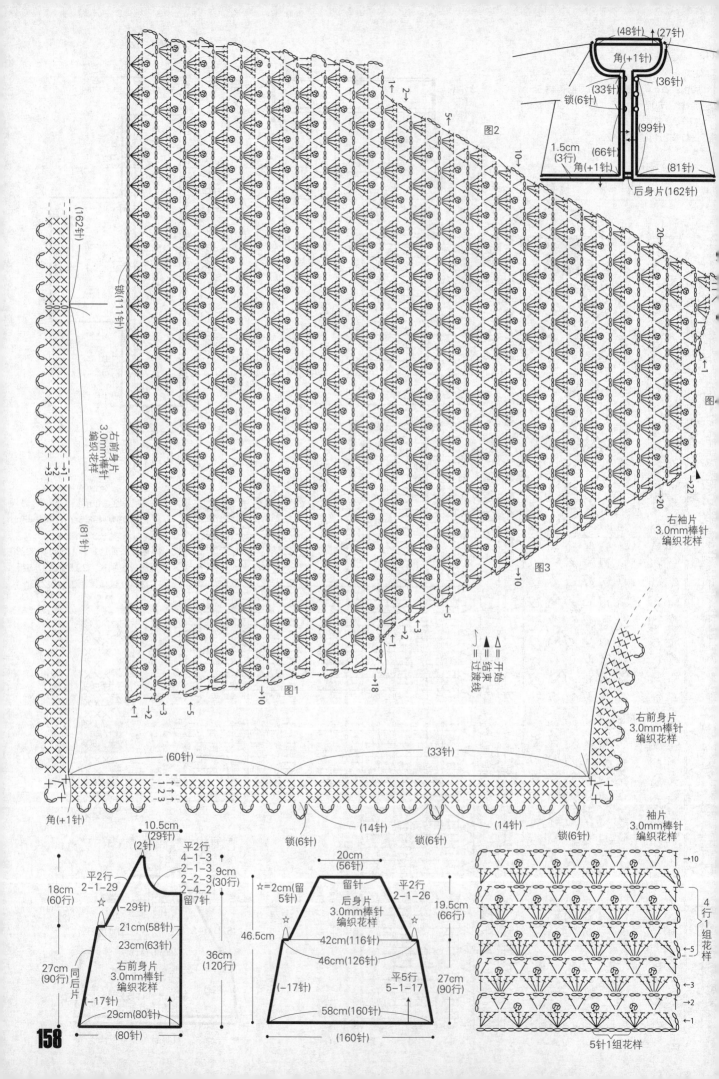

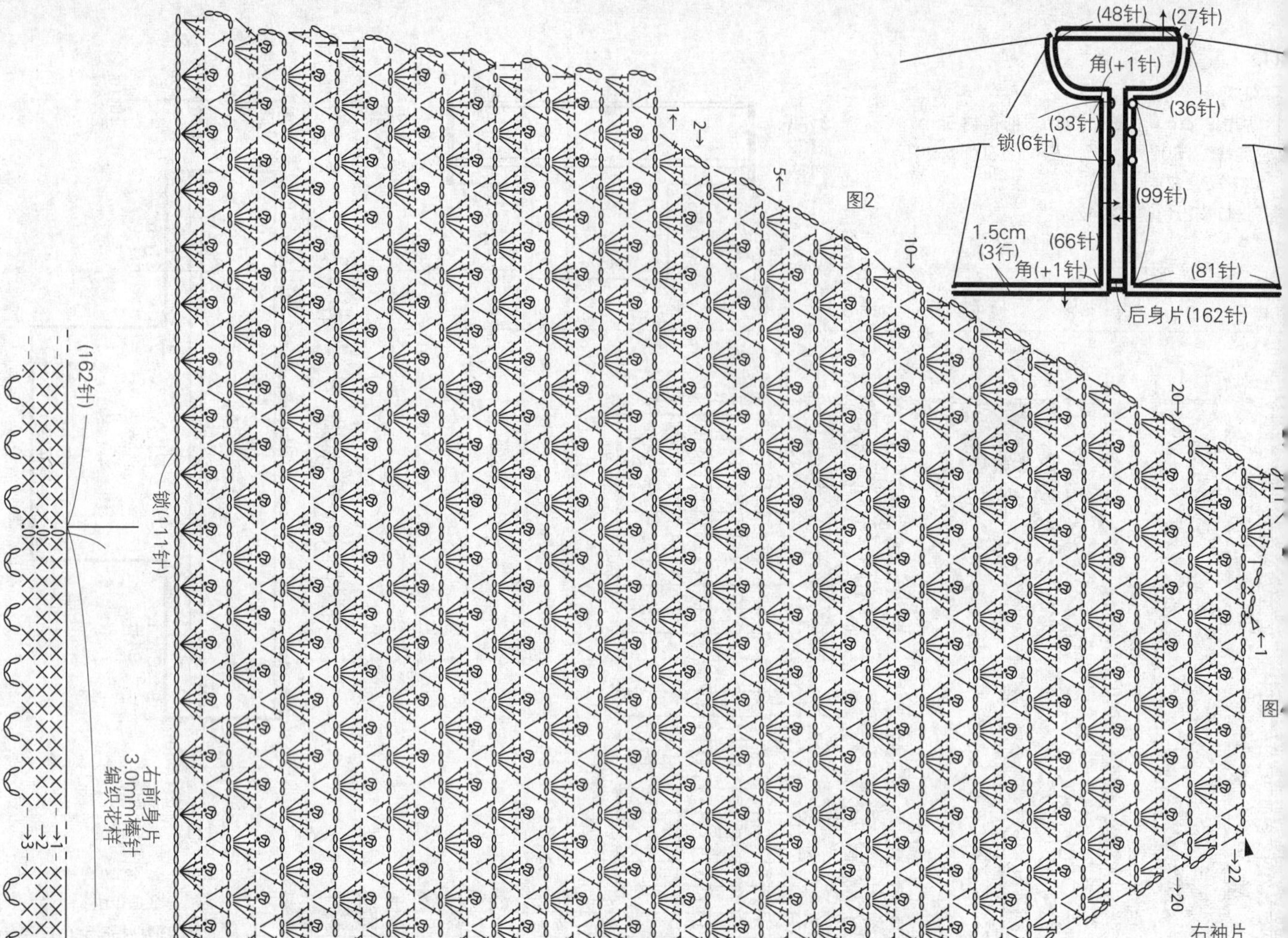

(48针)
(27针)
角(+1针)
(33针)
(36针)
锁(6针)
(99针)
1.5cm
(3行)
(66针)
角(+1针)
(81针)
后身片(162针)
图2
(162针)
锁(111针)
右前身片
3.0mm棒针
编织花样
(81针)
图1
右袖片
3.0mm棒针
编织花样
图3
△=开始
▲=结束
↶=过渡线
右前身片
3.0mm棒针
编织花样
(60针)
(33针)
角(+1针)
锁(6针)
(14针)
锁(6针)
(14针)
锁(6针)
袖片
3.0mm棒针
编织花样

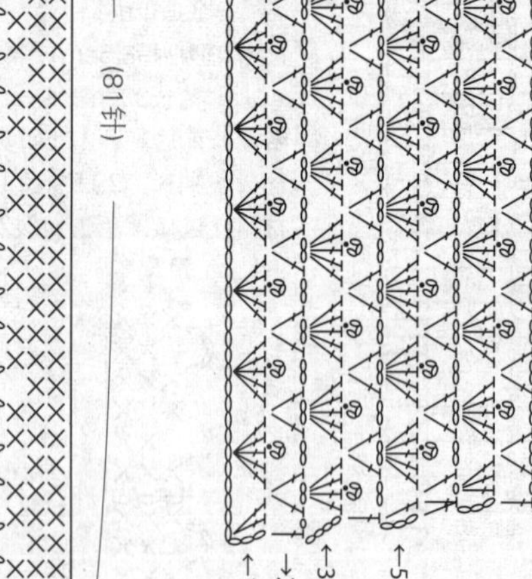

10.5cm
(29针)
(2针)
平2行
4-1-3
2-1-3
2-2-3
2-4-2
留7针
9cm
(30行)
18cm
(60行)
平2行
2-1-29
☆
(-29针)
21cm(58针)
23cm(63针)
右前身片
3.0mm棒针
编织花样
36cm
(120行)
27cm
(90行)
同后片
(-17针)
29cm(80针)
(80针)

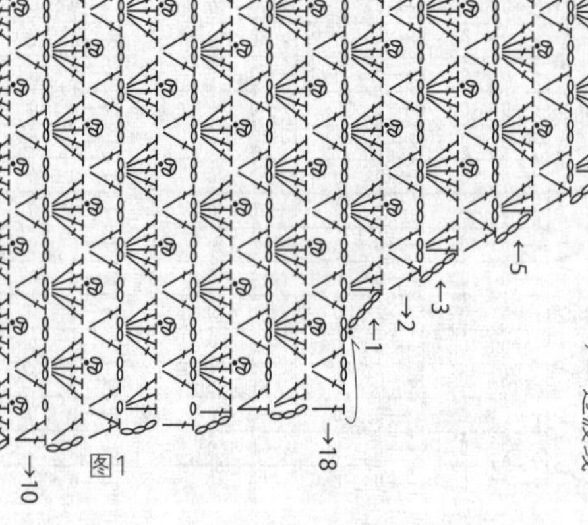

☆=2cm(留5针)
20cm
(56针)
留针
平2行
2-1-26
后身片
3.0mm棒针
编织花样
19.5cm
(66行)
46.5cm
42cm(116针)
46cm(126针)
平5行
5-1-17
(-17针)
27cm
(90行)
58cm(160针)
(160针)

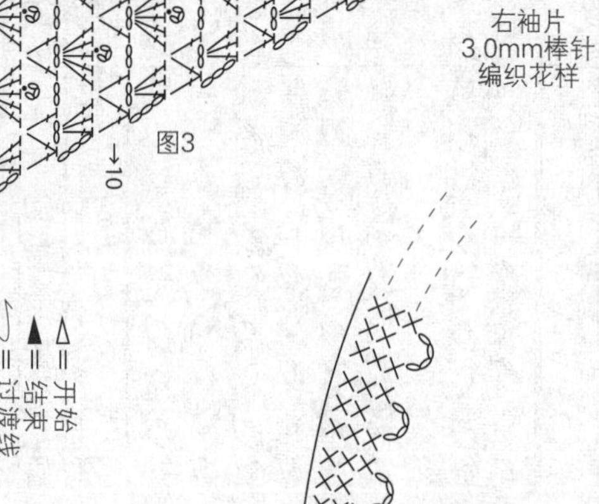

→10
4行1组花样
←5
←3
→2
←1
5针1组花样

02

具：2.0mm钩针，2.3mm钩针

寸：胸围96cm，衣长54cm

度：长编：33.5针×19行

料：细马海绒180g

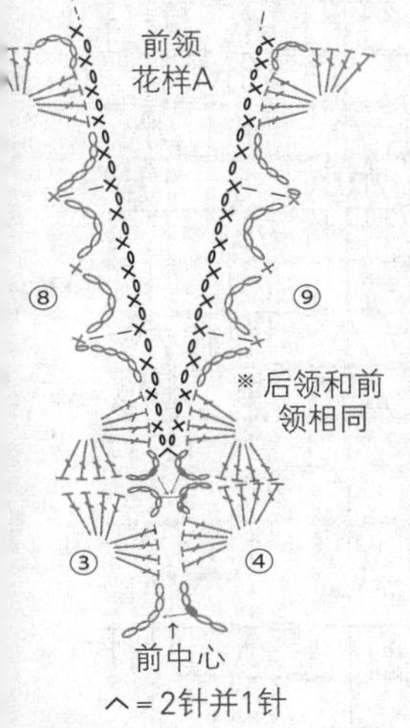

前领
花样A
⑧
⑨
※ 后领和前领相同
③
④
前中心
∧＝2针并1针

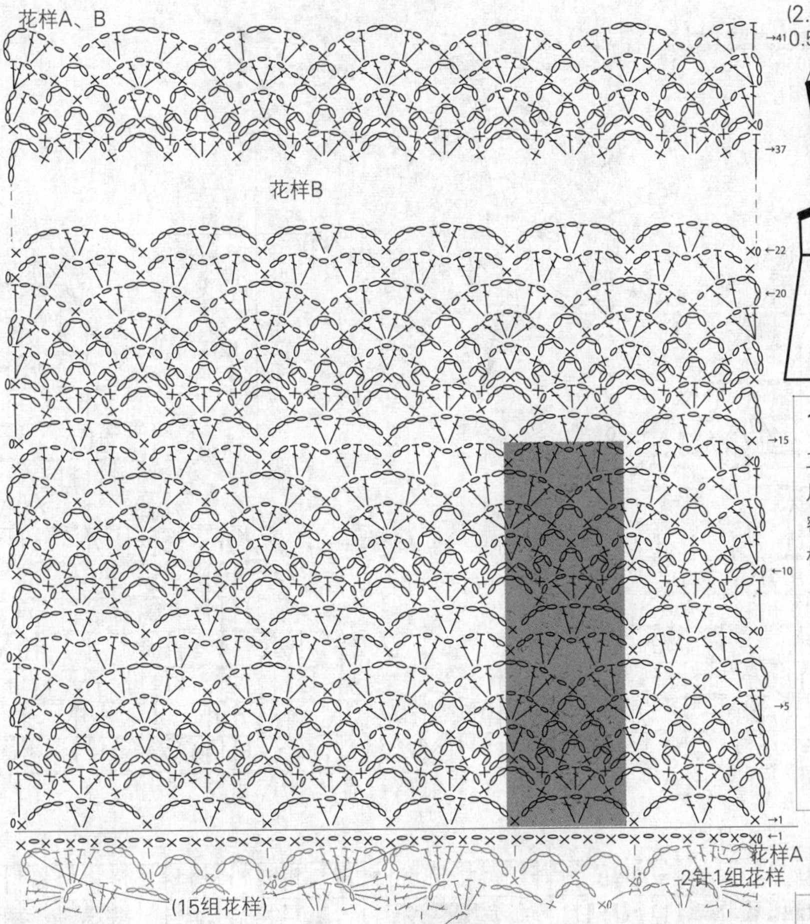

花样A、B
41
37
花样B
22
20
15
10
5
1
1
花样A
2针1组花样
(15组花样)

＝10针14行1组
花样

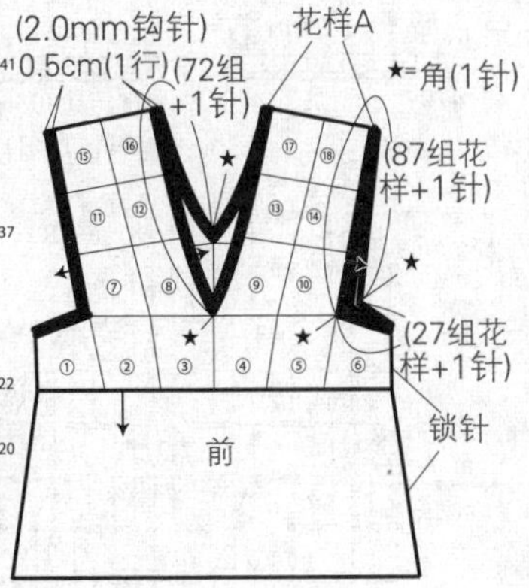

(2.0mm钩针)
0.5cm(1行)
(72组+1针)
花样A
★=角(1针)
(87组花样+1针)
(27组花样+1针)
锁针
前

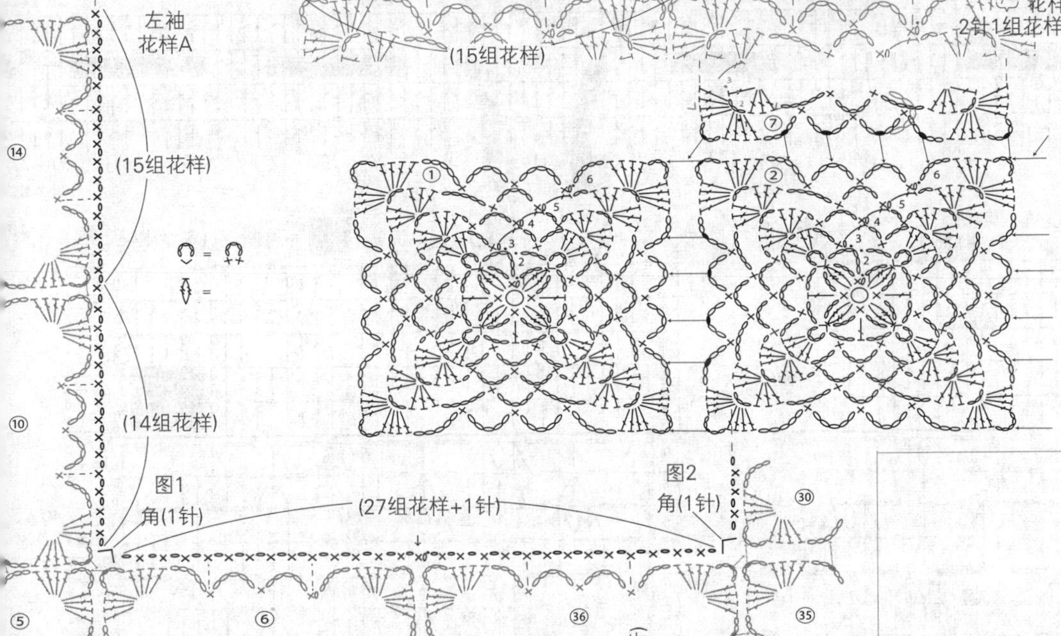

左袖
花样A
(15组花样)
(14组花样)
图1
角(1针)
(27组花样+1针)
图2
角(1针)

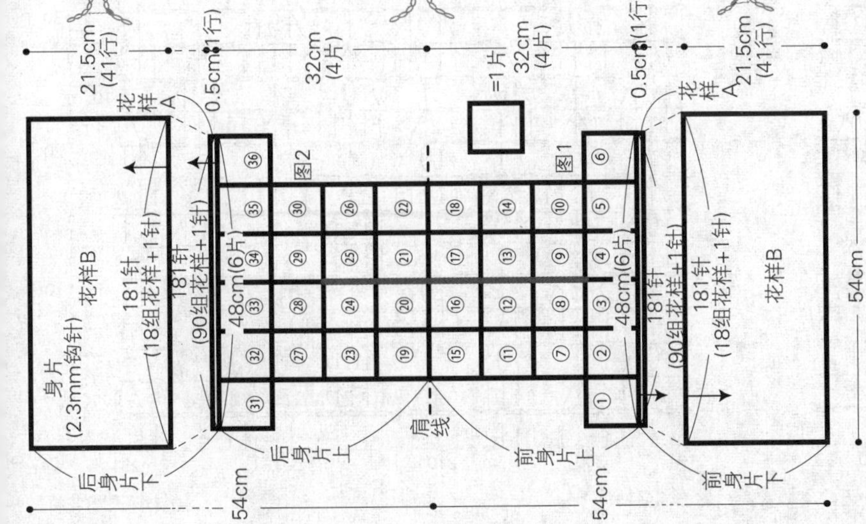

21.5cm
(41行)
0.5cm(1行)
32cm
(4片)
=1片
32cm
(4片)
0.5cm(1行)
21.5cm
(41行)
花样A
花样A
花样B
181针
(18组花样+1针)
身片
(2.3mm钩针)
181针
(90组花样+1针)
48cm(6片)
图2
图1
48cm(6片)
181针
(90组花样+1针)
181针
(18组花样+1针)
花样B
54cm
后身片下
后身片上
肩线
前身片上
前身片下
54cm
54cm

103

工具：2.3mm钩针

尺寸：横幅长79cm，衣长56cm

密度：30针×12行

材料：进口深蓝色蕾丝线420g

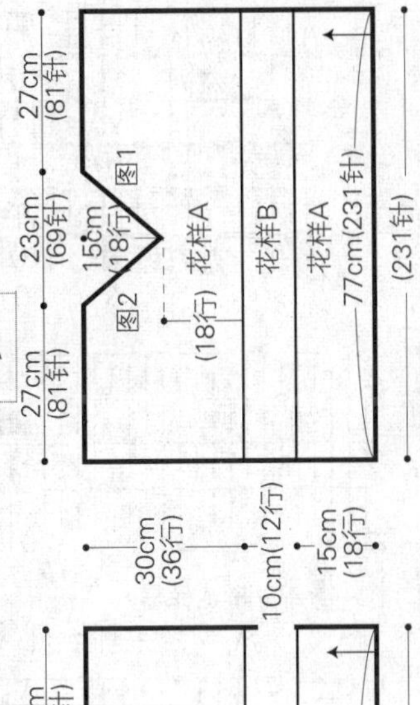

27cm
(81针)
23cm
(69针)
15cm
(18行)
图1
图2
(18行)
27cm
(81针)
花样A
花样B
花样A
77cm(231针)
(231针)
30cm
(36行)
10cm(12行)
15cm
(18行)
27cm
(81针)
23cm
(69针)
领口
27cm
(81针)
花样A
花样B
花样A
77cm(231针)
(231针)
55cm

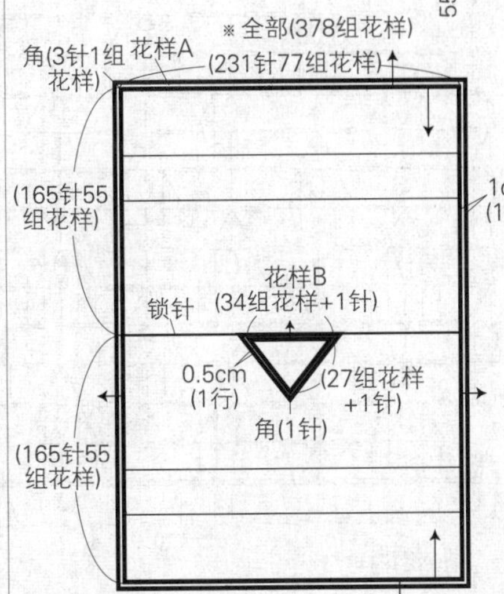

※ 全部(378组花样)
角(3针1组
花样)
花样A
(231针77组花样)
(165针55
组花样)
1cm
(1行)
花样B
(34组花样+1针)
锁针
0.5cm
(1行)
(27组花样
+1针)
角(1针)
(165针55
组花样)

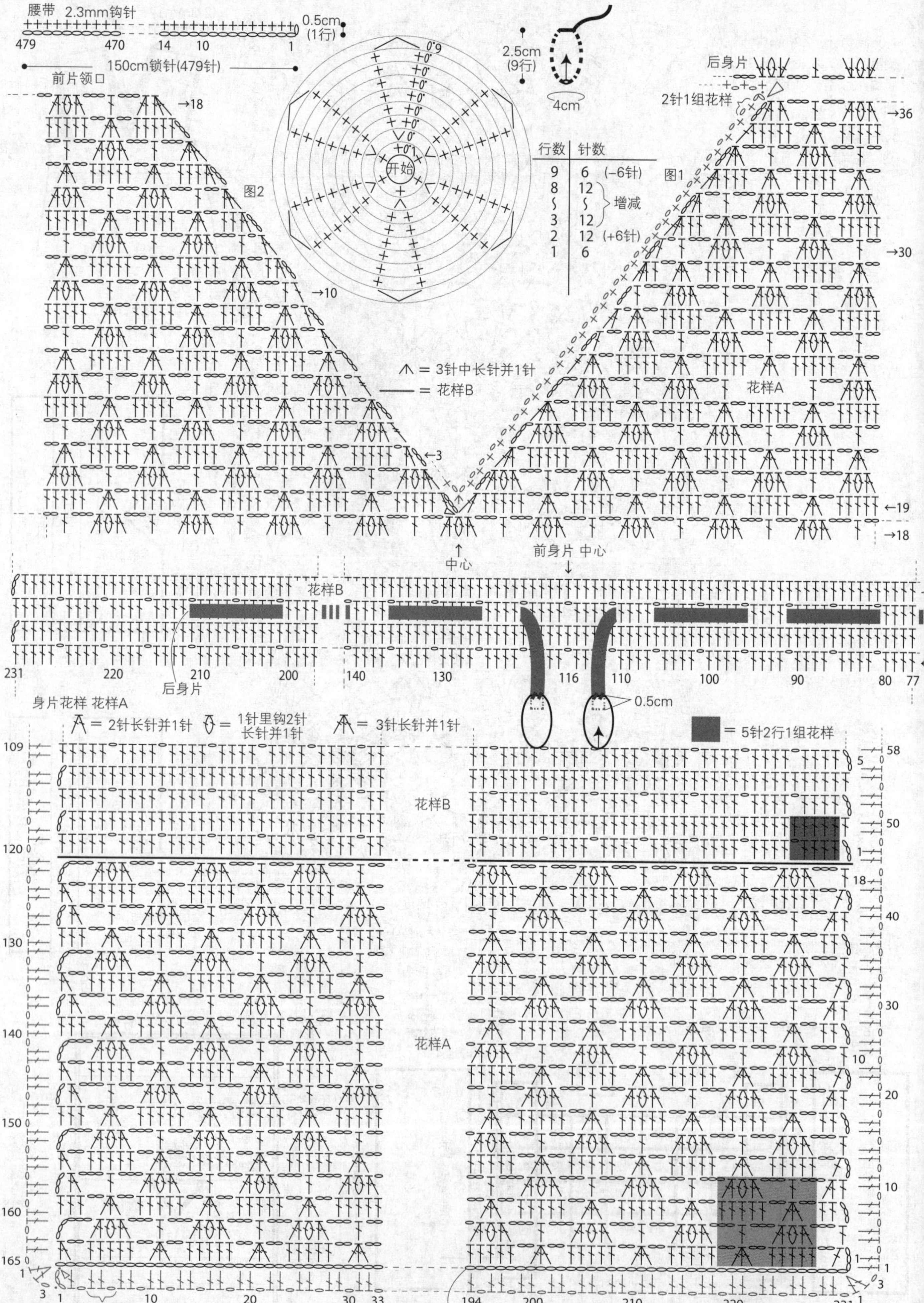

腰带 2.3mm钩针
0.5cm (1行)
479 470 14 10 1
150cm锁针(479针)
前片领口
开始
2.5cm (9行)
4cm
后身片
2针1组花样
行数 针数
9 6 (−6针)
8 12
3 12 增减
2 12 (+6针)
1 6
图1
图2
→18
→10
←3
→36
→30
←19
→18
= 3针中长针并1针
= 花样B
花样A
中心
前身片 中心
花样B
231 220 210 200 140 130 116 110 100 90 80 77
后身片
0.5cm
身片花样 花样A
= 2针长针并1针
= 1针里钩2针长针并1针
= 3针长针并1针
= 5针2行1组花样
花样B
花样A
3针1组花样
锁(231针)
= 10针4行1组花样

04

具：3.0mm钩针

寸：胸围98cm，衣长45.5cm

度：编织花样A：26针×17.5行

编织花样B：26针×2.5行

料：进口冰丝线200g

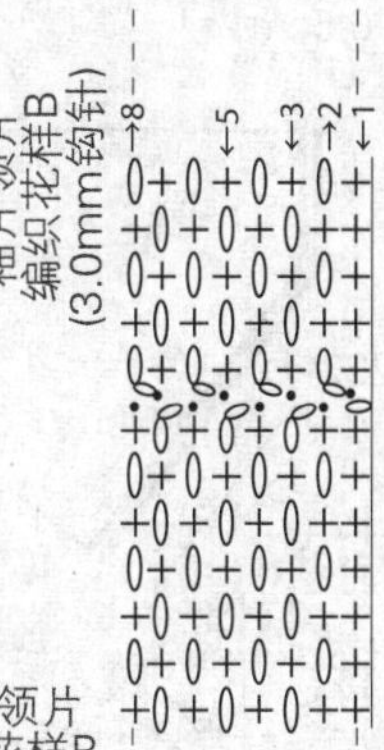

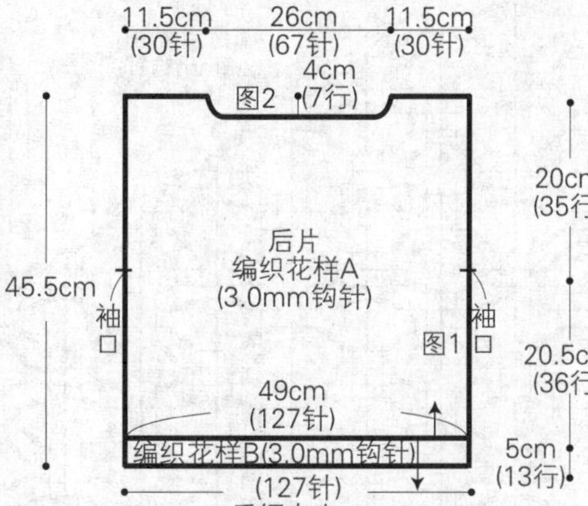

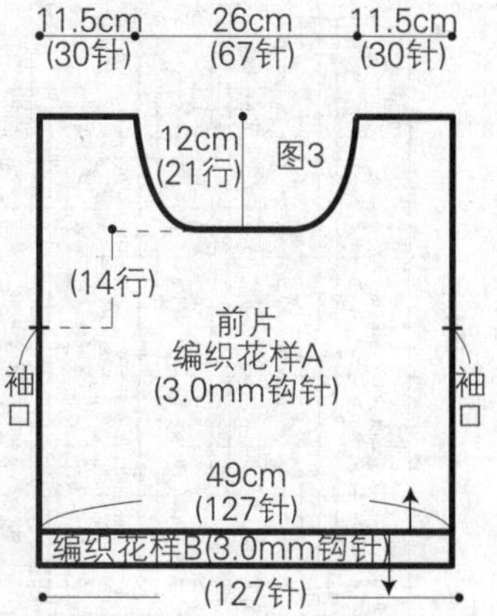

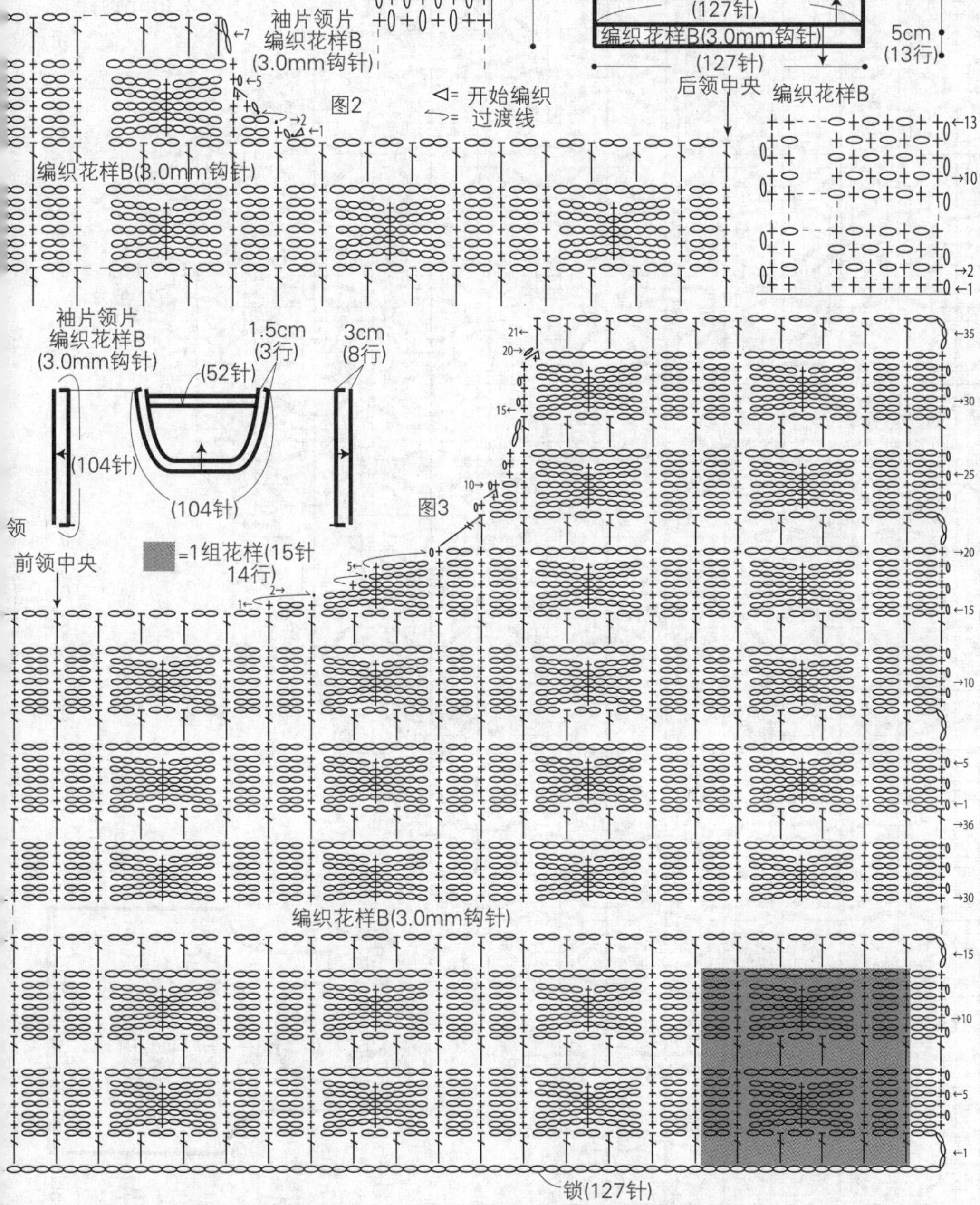

105

工具：2.3mm钩针，3.9mm棒针

尺寸：胸围92cm，衣长49.5cm，袖长41.5cm，背肩宽40cm

密度：2.3mm钩针：22针×29行

3.9mm棒针：31针×20行

材料：进口细牛奶棉线385g

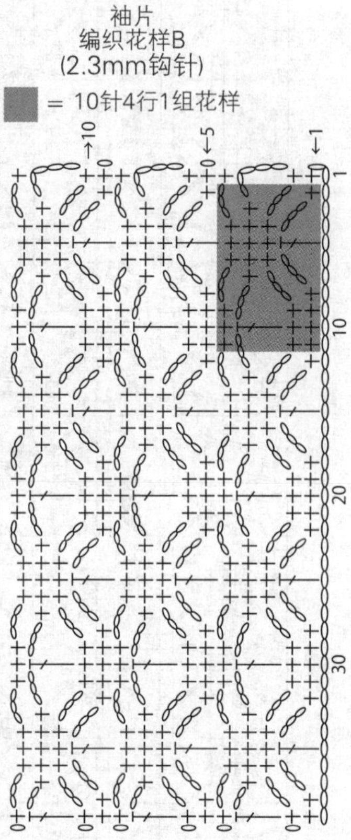

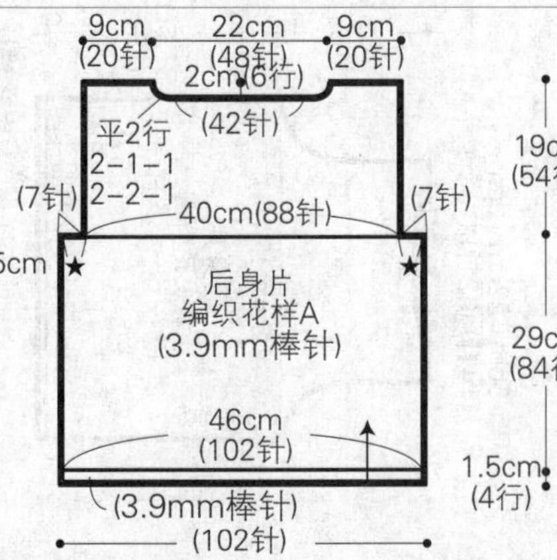

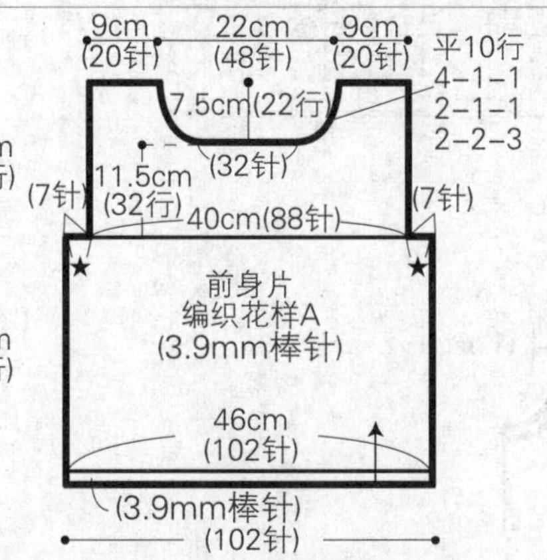

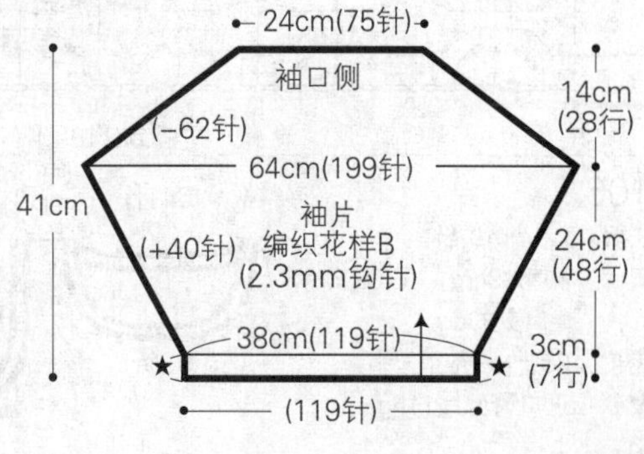

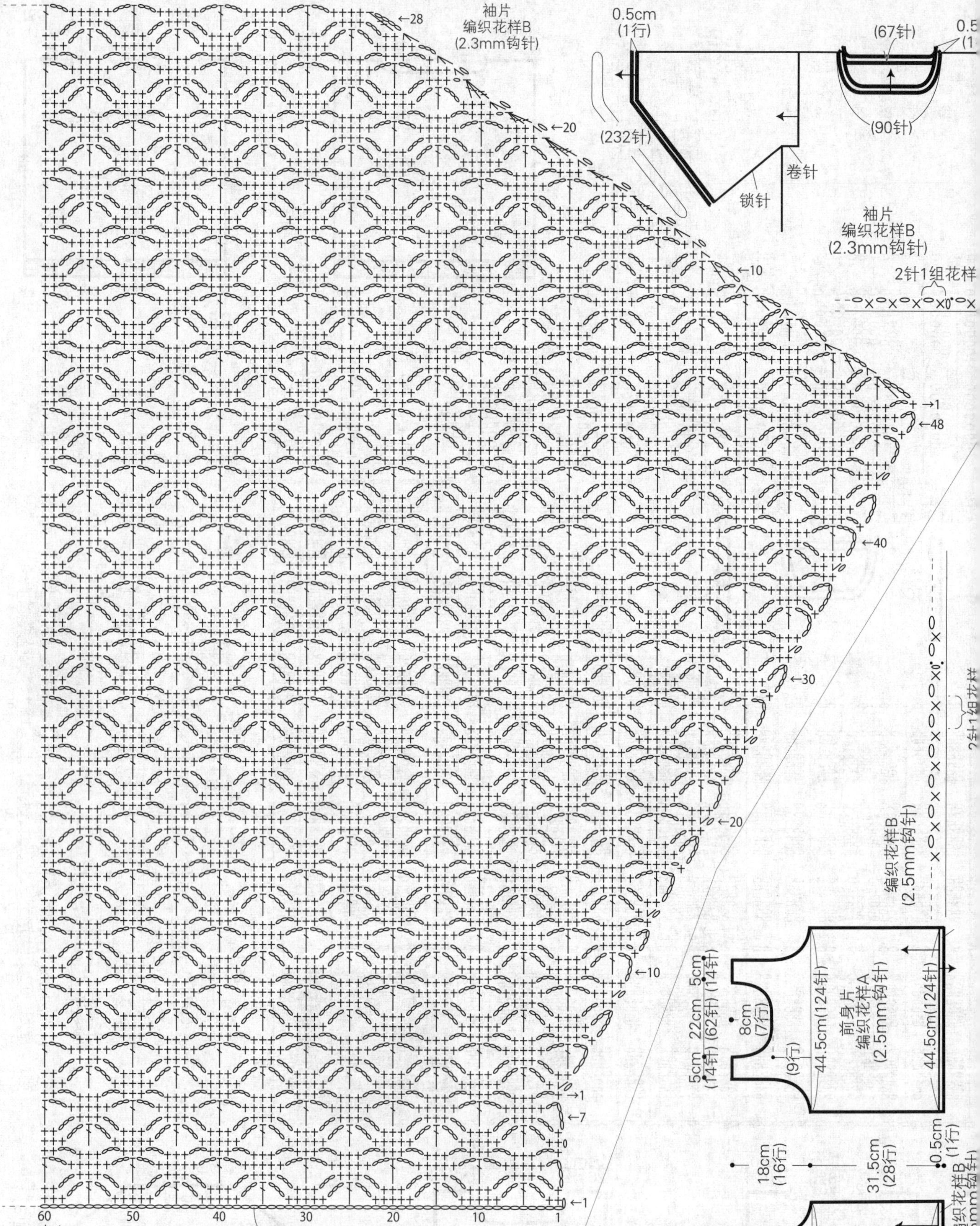

←28
←20
←10
→1
←48
←40
←30
←20
←10
→1
←7
←1
60
中心
50
40
30
20
10
1
锁(119针)
袖片
编织花样B
(2.3mm钩针)
0.5cm
(1行)
(232针)
卷针
锁针
(67针)
(90针)
袖片
编织花样B
(2.3mm钩针)
2针1组花样
编织花样B
(2.5mm钩针)
2针1组花样
前身片
编织花样A
(2.5mm钩针)
5cm (14针)
22cm (62针)
5cm (14针)
8cm (7行)
(9行)
44.5cm(124针)
44.5cm(124针)
18cm (16行)
31.5cm (28行)
0.5cm (1行)
编织花样B (2.5mm钩针)

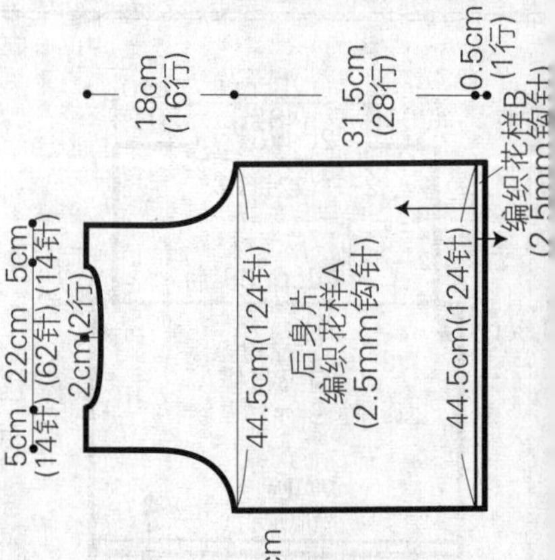

后身片
编织花样A
(2.5mm钩针)
5cm (14针)
22cm (62针)
5cm (14针)
2cm (2行)
44.5cm(124针)
44.5cm(124针)
50cm

106

工具：2.5mm钩针

尺寸：胸围89cm，衣长50cm，背肩宽33cm

密度：28针×9行

材料：进口蕾丝线115g

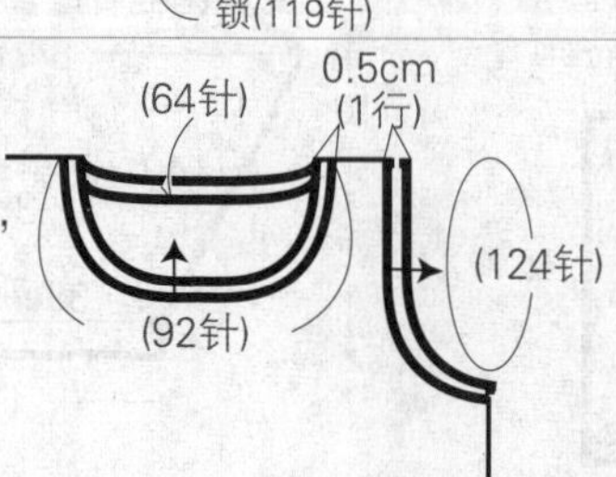

(64针)
0.5cm
(1行)
(92针)
(124针)

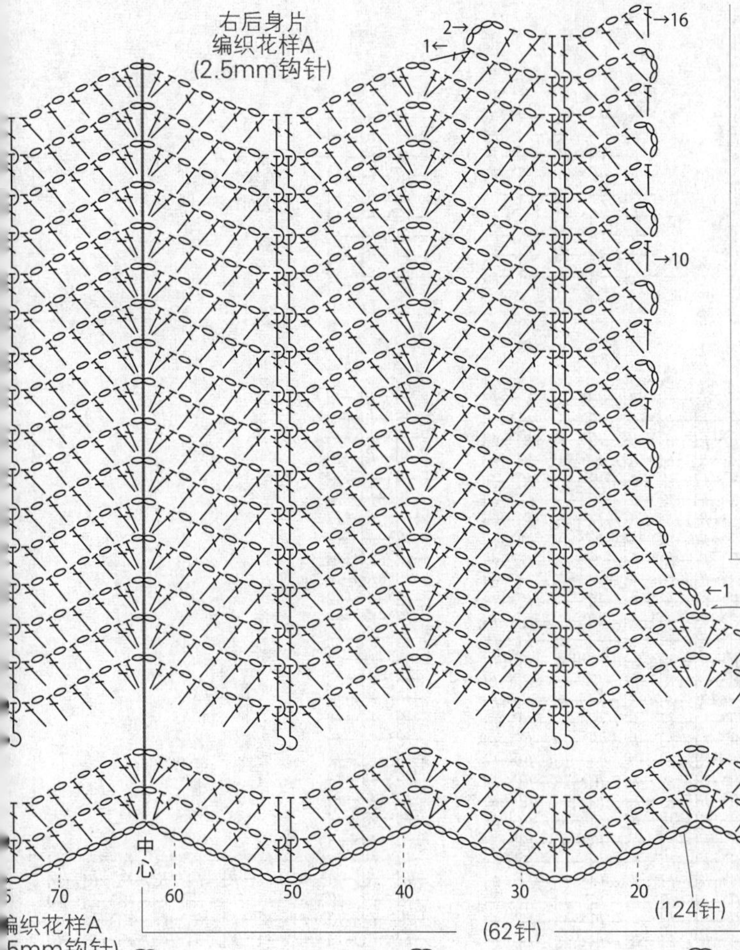
右后身片
编织花样A
(2.5mm钩针)
2→
1←
→16
→10
←1
→28
中
心
70
60
50
40
30
20
10
1
(124针)
(62针)

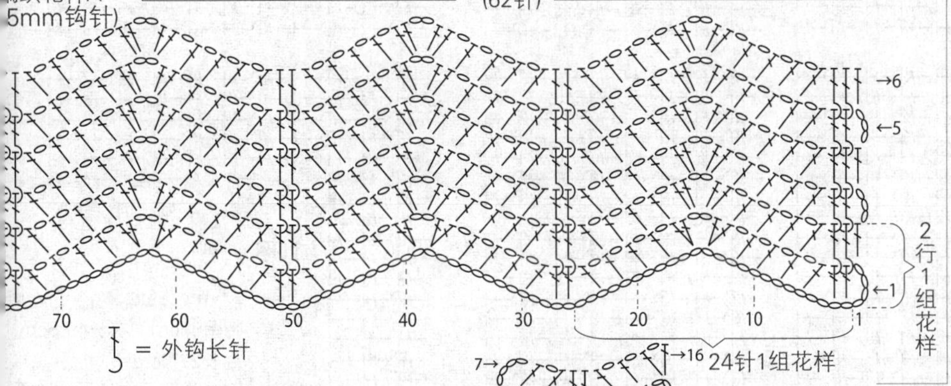
编织花样A
(2.5mm钩针)
→6
←5
2行1组花样
←1
70
60
50
40
30
20
10
1
24针1组花样
= 外钩长针

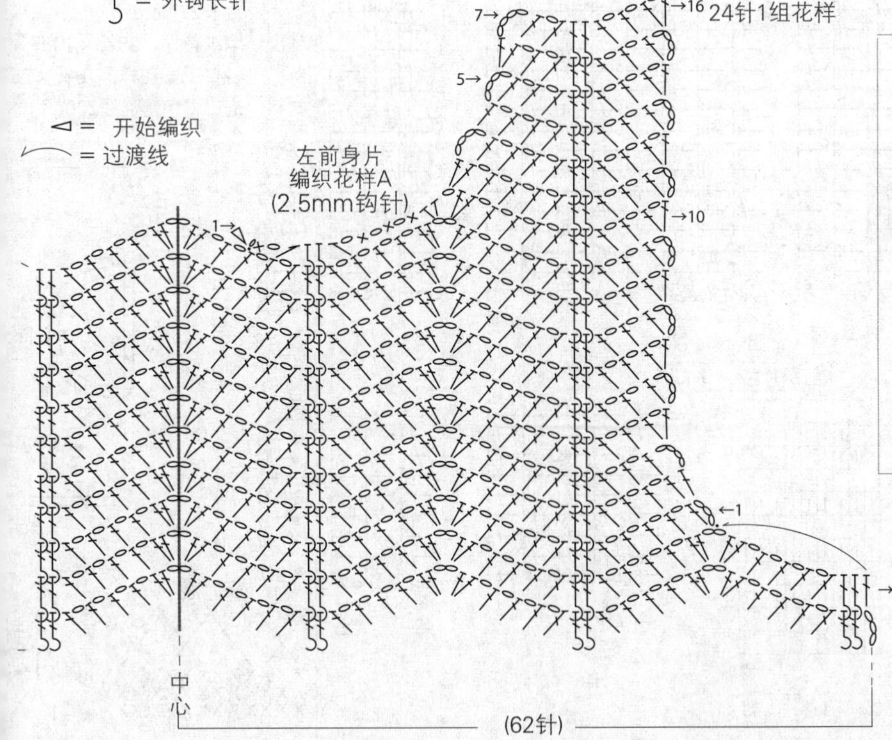
7→
→16
5→
⊲= 开始编织
= 过渡线
左前身片
编织花样A
(2.5mm钩针)
1→
→10
←1
→28
中
心
(62针)

107

工具：3.3mm棒针，3.0mm钩针

尺寸：胸围104cm，衣长72.5cm，后片长63cm

密度：22针×13.5行

材料：进口细羊绒线640g

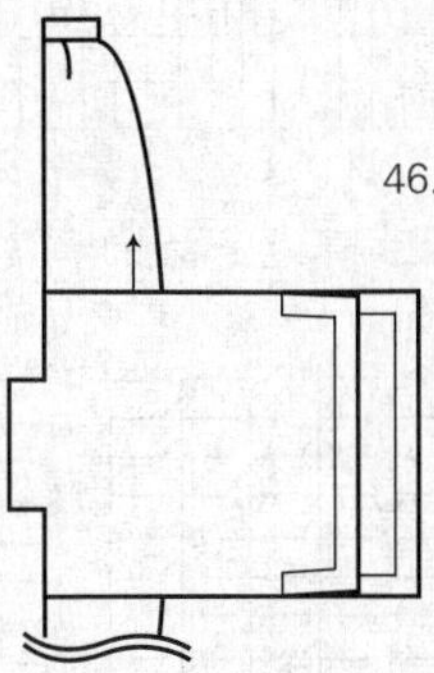

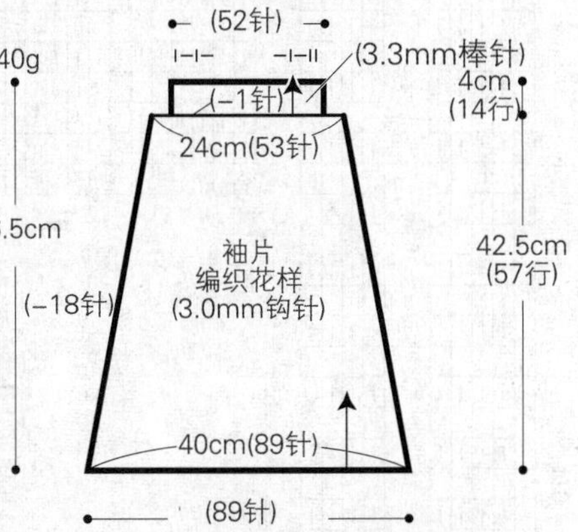
(52针)
(3.3mm棒针)
(−1针)
4cm
(14行)
24cm(53针)
46.5cm
42.5cm
(57行)
袖片
编织花样
(3.0mm钩针)
(−18针)
40cm(89针)
(89针)

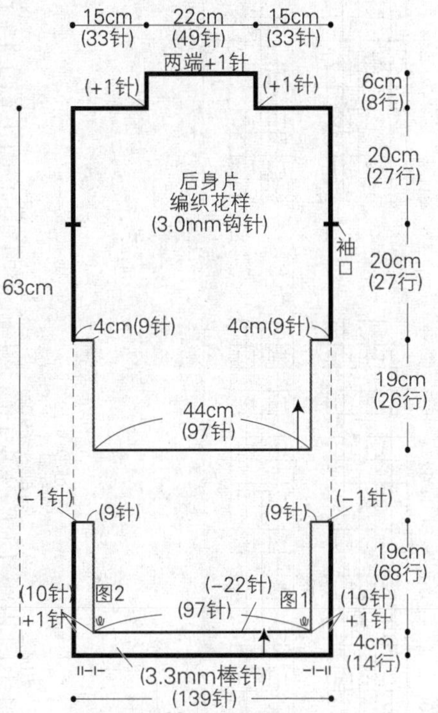
15cm
(33针)
22cm
(49针)
15cm
(33针)
两端+1针
(+1针)
(+1针)
6cm
(8行)
20cm
(27行)
后身片
编织花样
(3.0mm钩针)
63cm
袖口
20cm
(27行)
4cm(9针)
4cm(9针)
19cm
(26行)
44cm
(97针)
(−1针)
(9针)
(9针)
(−1针)
19cm
(68行)
(10针)
+1针
图2
(−22针)
(97针)
图1
(10针)
+1针
4cm
(14行)
(3.3mm棒针)
(139针)

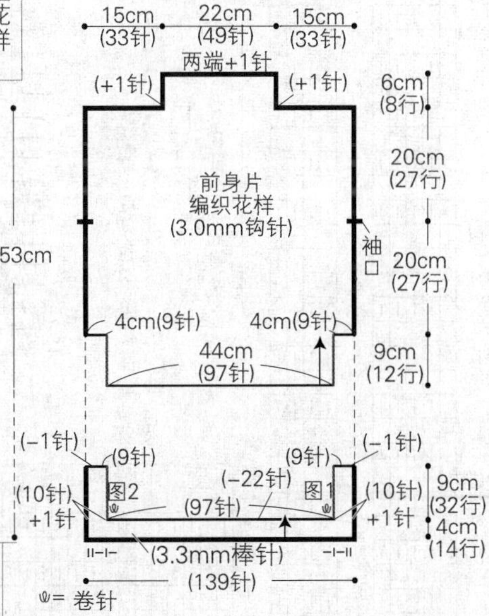
15cm
(33针)
22cm
(49针)
15cm
(33针)
两端+1针
(+1针)
(+1针)
6cm
(8行)
20cm
(27行)
前身片
编织花样
(3.0mm钩针)
53cm
袖口
20cm
(27行)
4cm(9针)
4cm(9针)
44cm
(97针)
9cm
(12行)
(−1针)
(9针)
(9针)
(−1针)
(10针)
+1针
图2
(−22针)
(97针)
图1
(10针)
+1针
9cm
(32行)
4cm
(14行)
(3.3mm棒针)
(139针)

ψ= 卷针

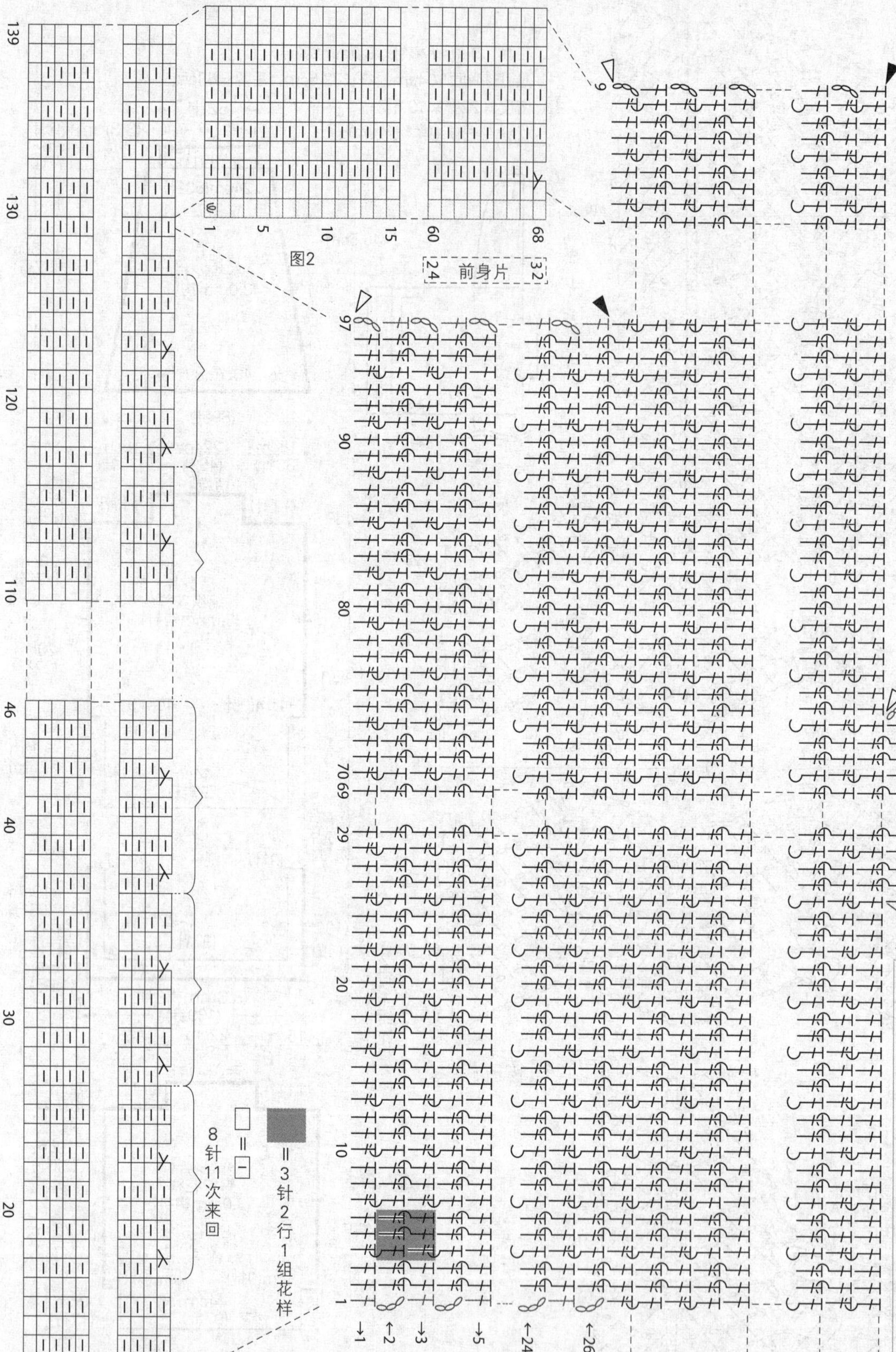
图2
前身片
8针11次来回
=3针2行1组花样
图2
前身片
前身片
前身片

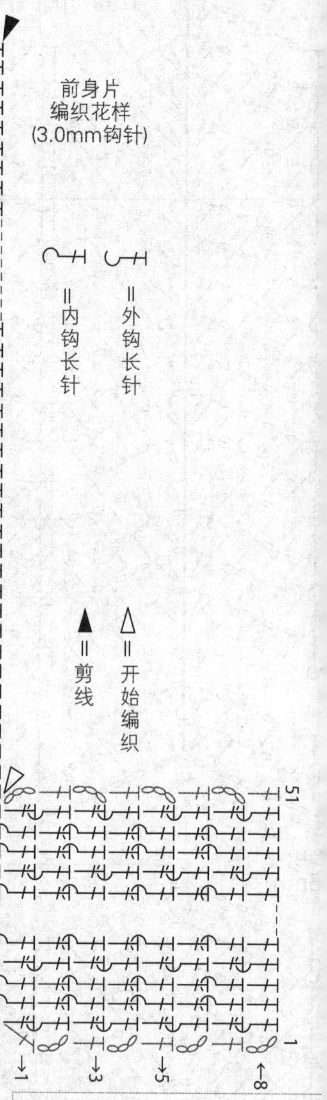
前身片
编织花样
(3.0mm钩针)
=内钩长针
=外钩长针
=剪线
=开始编织

108

工具：2.5mm钩针

尺寸：胸围88cm，衣长49.5cm，袖长22.5cm

密度：编织花样：25针×10行

袖口下摆花样：15针×25

材料：进口褐色蕾丝线200g

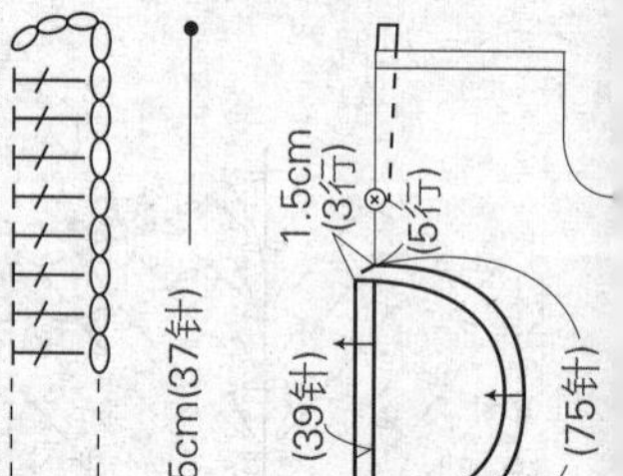
15cm(37针)
1.5cm
(3行)
(5行)
(39针)
(75针)
(107针)

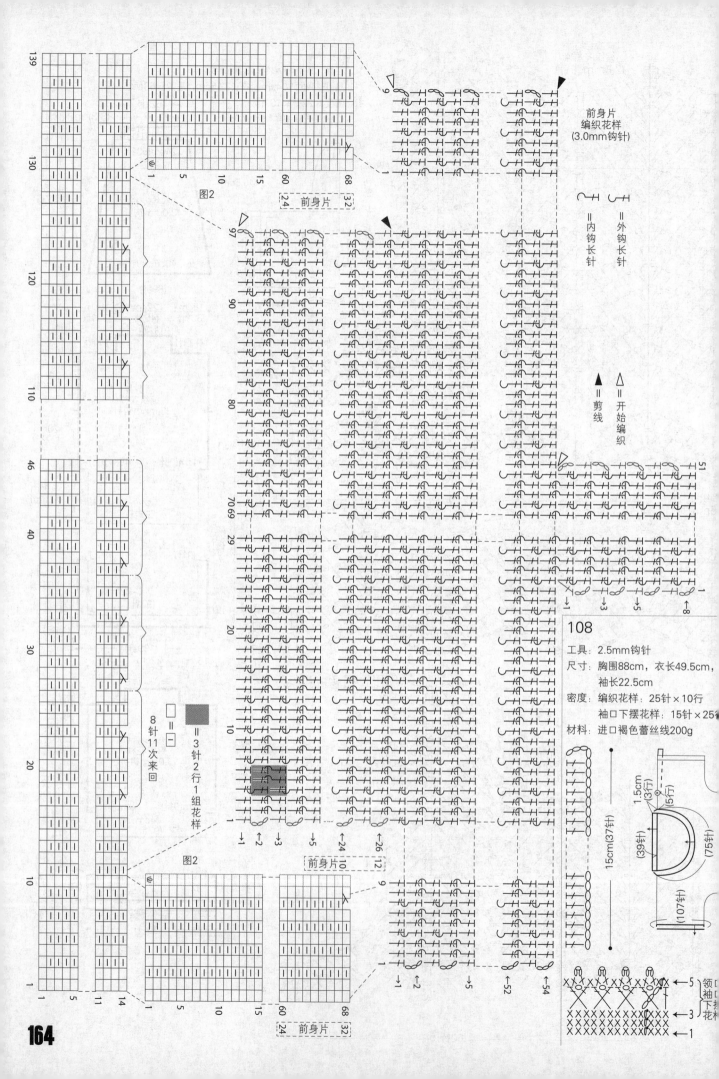

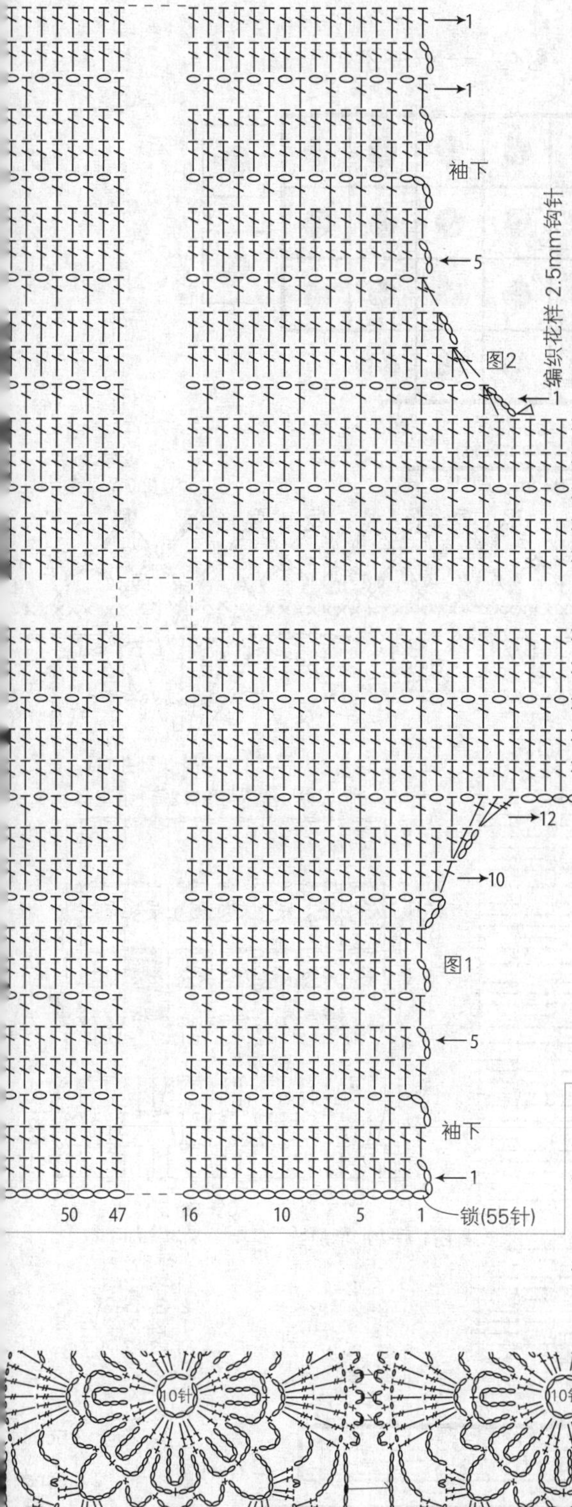
袖下
图2
图1
锁(55针)
锁(58针)
50 47 16 10 5 1

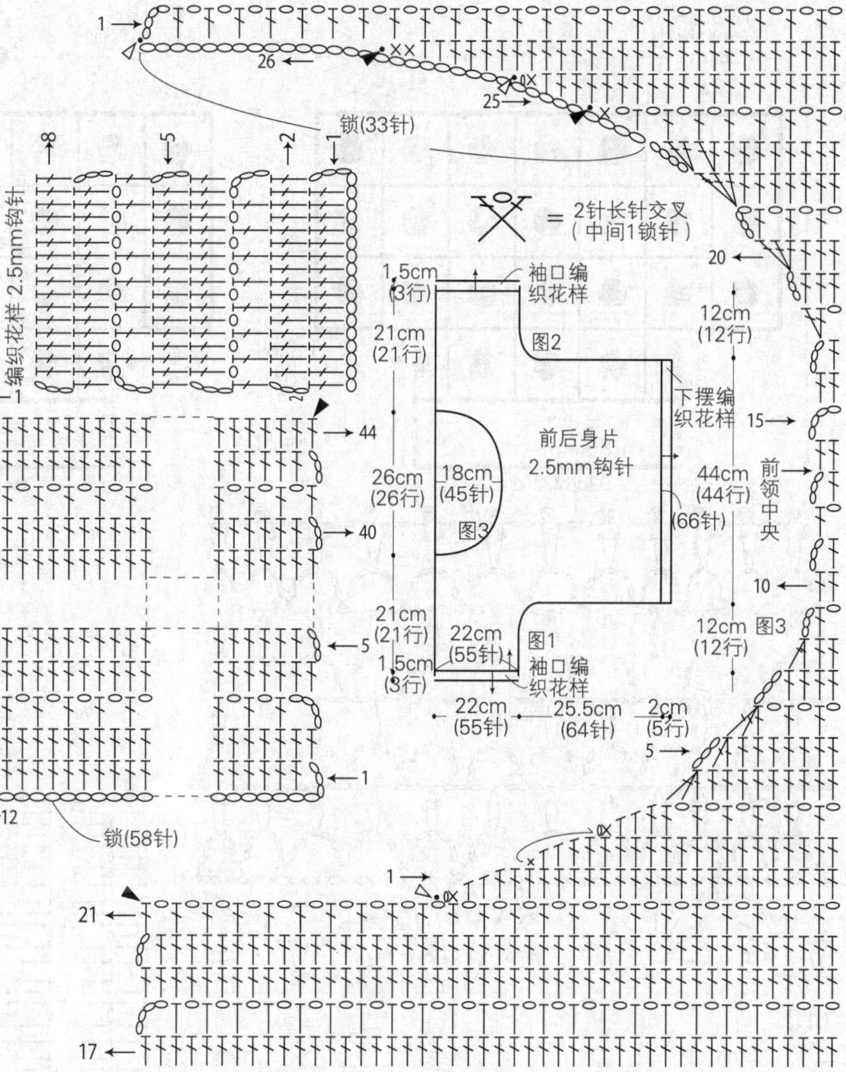
编织花样 2.5mm钩针
锁(33针)
= 2针长针交叉（中间1锁针）
1.5cm (3行)
袖口编织花样
21cm (21行)
图2
下摆编织花样
前后身片 2.5mm钩针
26cm (26行)
18cm (45针)
图3
(66针)
44cm (44行)
12cm (12行)
前领中央
21cm (21行)
22cm (55针)
图1
22cm (55针)
25.5cm (64针)
2cm (5行)

109

工具：2.3mm钩针

尺寸：胸围92cm，衣长54cm，袖长26cm

密度：32针×13.5行

材料：进口蕾丝线120g

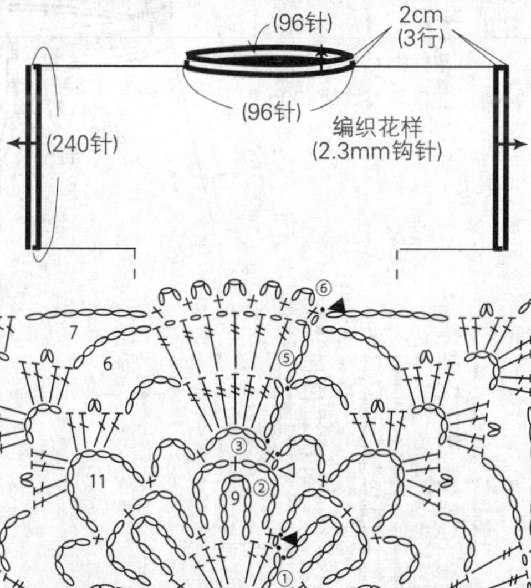
(96针)
2cm (3行)
(96针)
(240针)
编织花样 (2.3mm钩针)

10针
11.5cm

10针

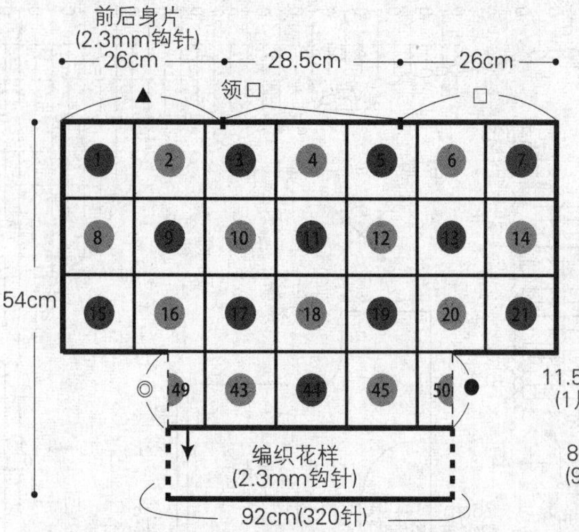
前后身片
(2.3mm钩针)
26cm
28.5cm
26cm
领口
54cm
1 2 3 4 5 6 7
8 9 10 11 12 13 14
15 16 17 18 19 20 21
49 43 44 45 50
编织花样
(2.3mm钩针)
92cm(320针)

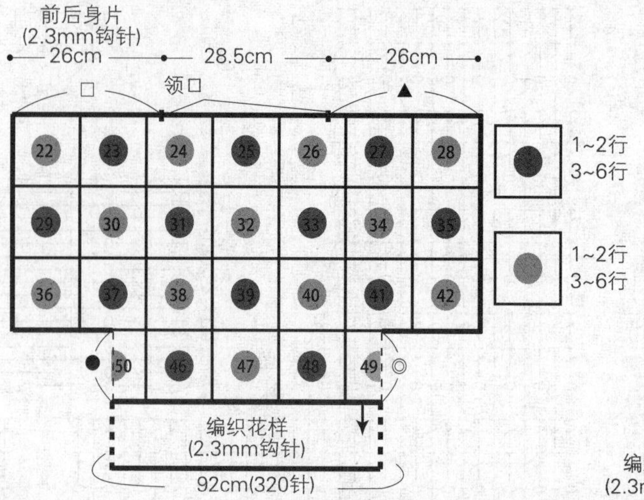
前后身片
(2.3mm钩针)
26cm
28.5cm
26cm
领口
22 23 24 25 26 27 28
29 30 31 32 33 34 35
36 37 38 39 40 41 42
50 46 47 48 49
34.5cm
(3片)
11.5cm
(1片)
8cm
(9行)
编织花样
(2.3mm钩针)
92cm(320针)
1~2行
3~6行
1~2行
3~6行

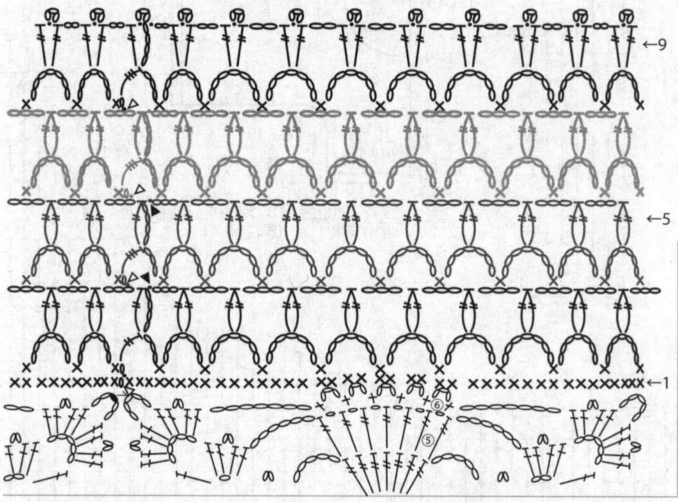
←9
←5
←1

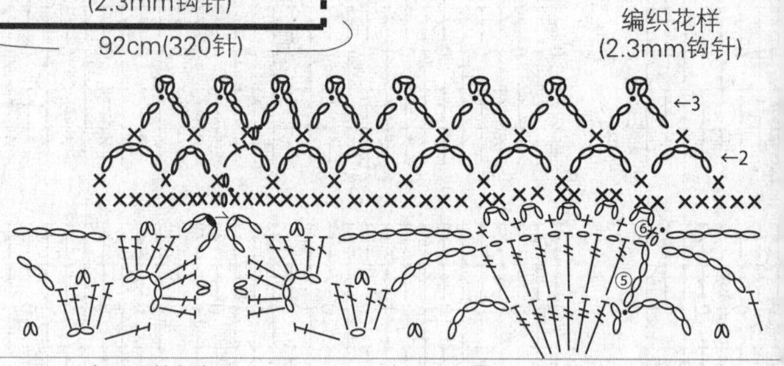
编织花样
(2.3mm钩针)
←3
←2
←1

110

工具：2.3mm钩针

尺寸：胸围72cm，衣长71.5cm

密度：花样A、D：26针×11行

花样B：26针×10行

材料：进口马海绒线490g

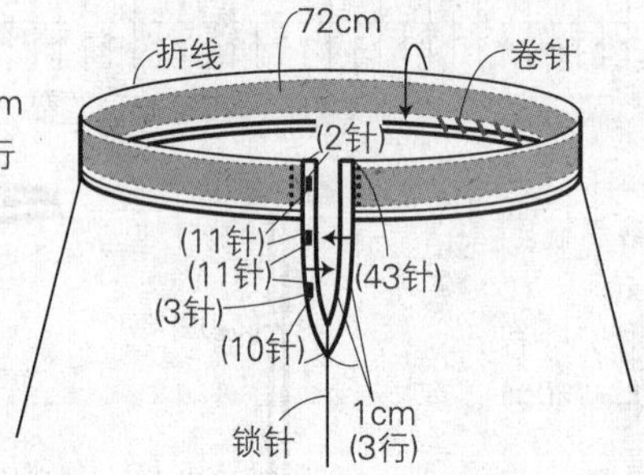
72cm
折线
卷针
(2针)
(11针)
(11针)
(43针)
(3针)
(10针)
1cm
(3行)
锁针

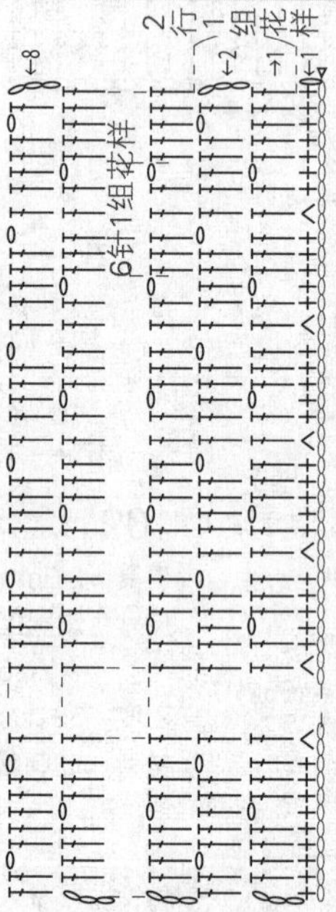
8
2行1组花样
6针1组花样
2
1

图1 后中心增加针

平5行
11-3-2-1
5-3-2-1 往返
11-3-2-1 2回
5-3-2-2
行 针 次 回

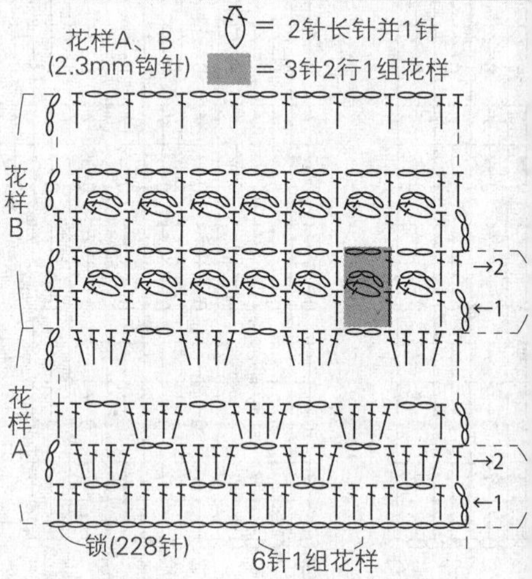
= 2针长针并1针
= 3针2行1组花样
花样A、B
(2.3mm钩针)
花样B
花样A
→2
←1
→2
←1
锁(228针)
6针1组花样

图2 增加针数

平5行
11-3-2-1
2-3-2-2
1-3-2-1 往返
11-3-2-1 2回
2-3-2-2
1-3-2-1
5-3-2-1
行 针 次 回

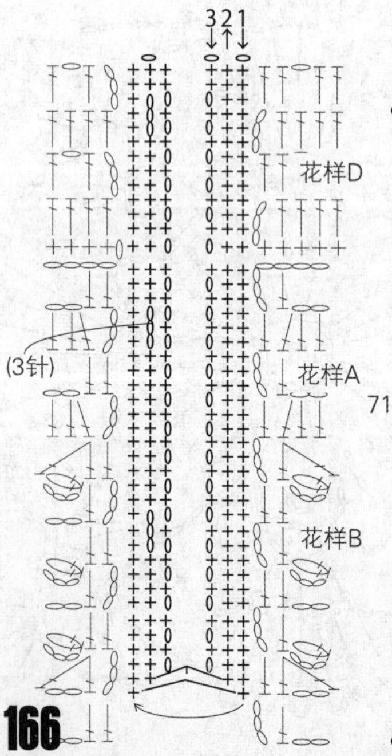
3 2 1
花样D
(3针)
花样A
花样B
71.5cm

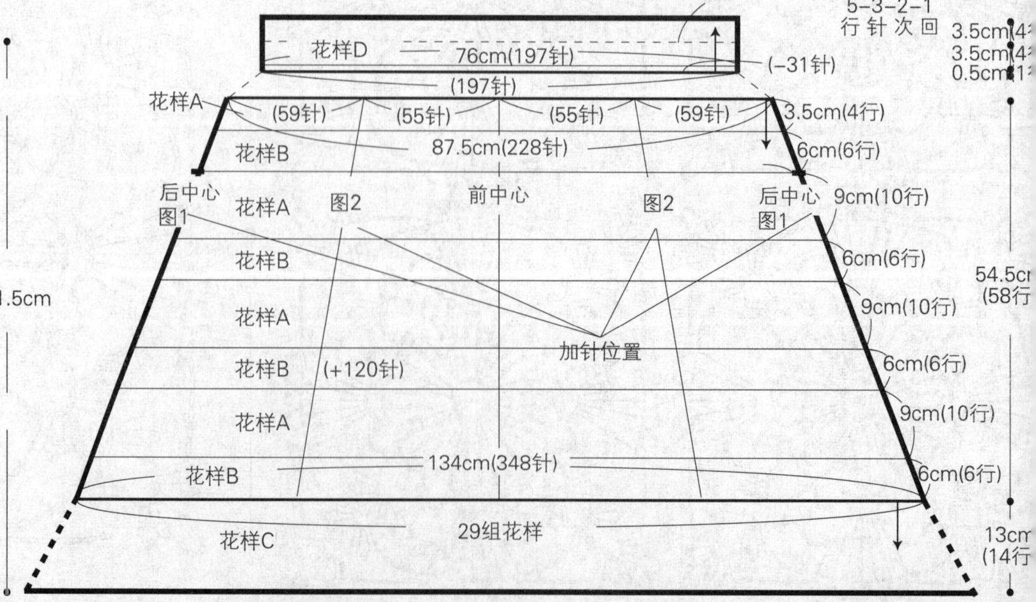
折线
花样D
76cm(197针)
(-31针)
(197针)
花样A
(59针)
(55针)
(55针)
(59针)
3.5cm(4行)
花样B
87.5cm(228针)
6cm(6行)
后中心
图1
花样A
图2
前中心
图2
后中心
图1
9cm(10行)
花样B
6cm(6行)
花样A
9cm(10行)
加针位置
花样B
(+120针)
6cm(6行)
花样A
9cm(10行)
134cm(348针)
花样B
6cm(6行)
花样C
29组花样
3.5cm
3.5cm
0.5cm
54.5c
(58
13cm
(14行

加针方法

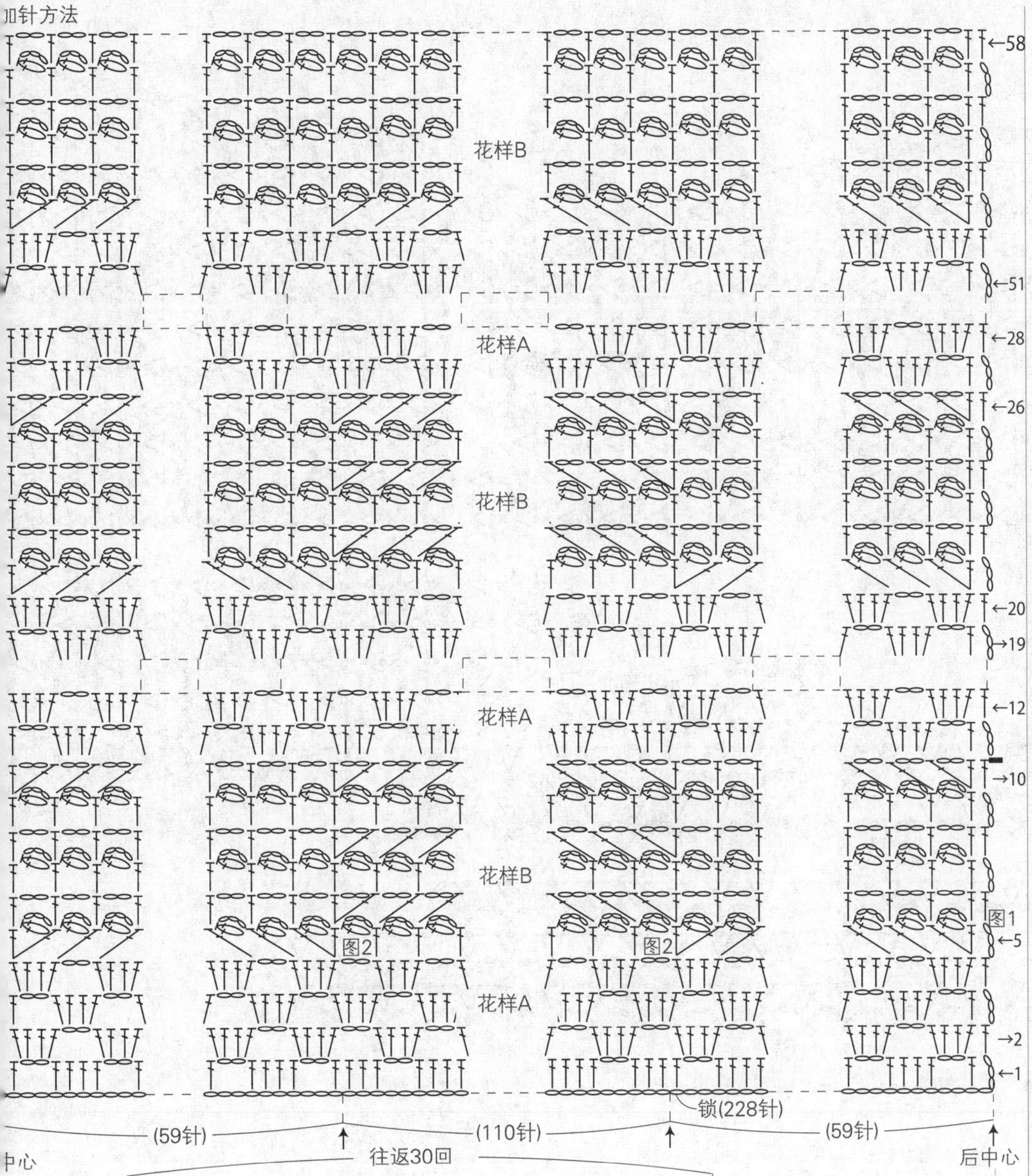

花样B
花样A
花样B
花样A
花样B
图2
图2
图1
花样A
←58
←51
←28
←26
←20
→19
←12
←10
←5
→2
←1
锁(228针)
(59针)
(110针)
(59针)
中心
往返30回
后中心

111

工具：2.3mm钩针

尺寸：胸围95cm，衣长60cm，背肩宽39.5m，袖长43cm

密度：30针×18行

材料：进口青绿色蕾丝线410g

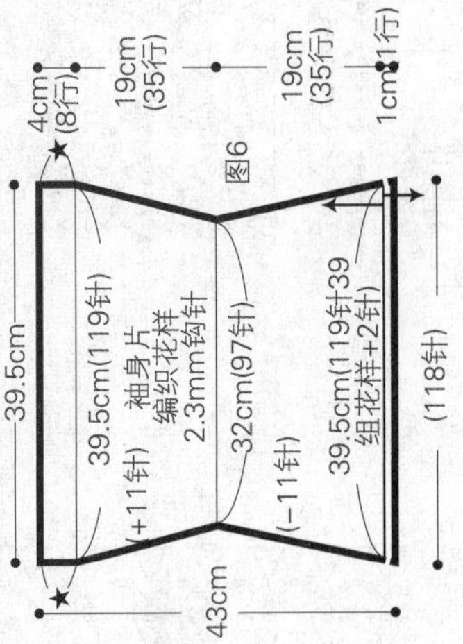

4cm (8行)
19cm (35行)
19cm (35行)
1cm(1行)
图6
39.5cm
39.5cm(119针)
(+11针)
袖片 编织花样 2.3mm钩针
32cm(97针)
(−11针)
39.5cm(119针39组花样+2针)
(118针)
43cm

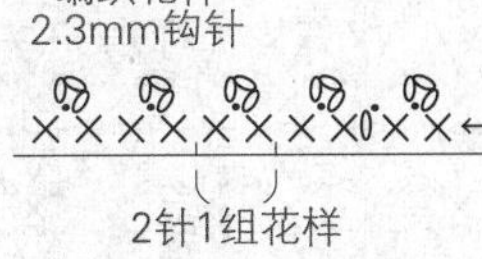

编织花样
2.3mm钩针
←1
2针1组花样

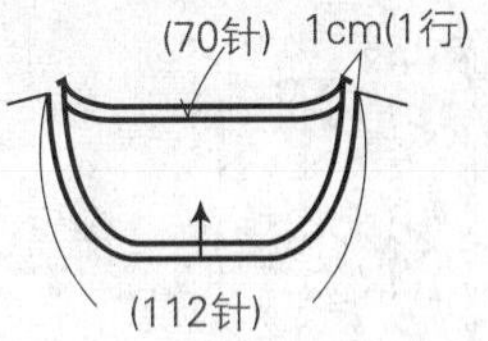

(70针)
1cm(1行)
(112针)

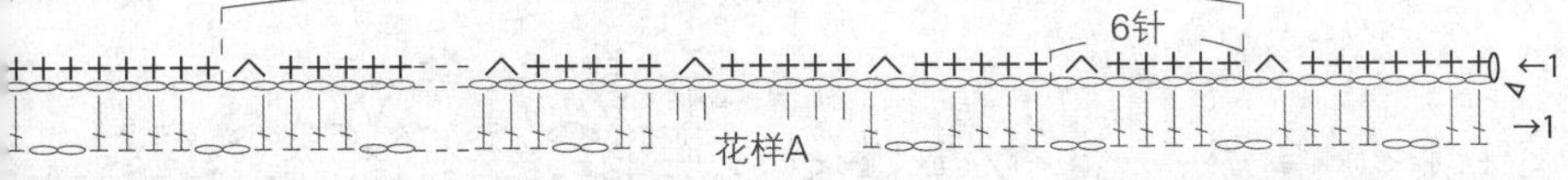

6针
←1
→1
花样A

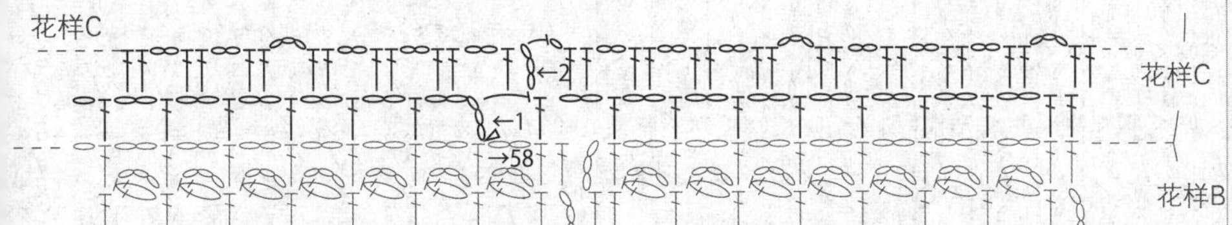

花样C
←2
←1
→58
花样C
花样B

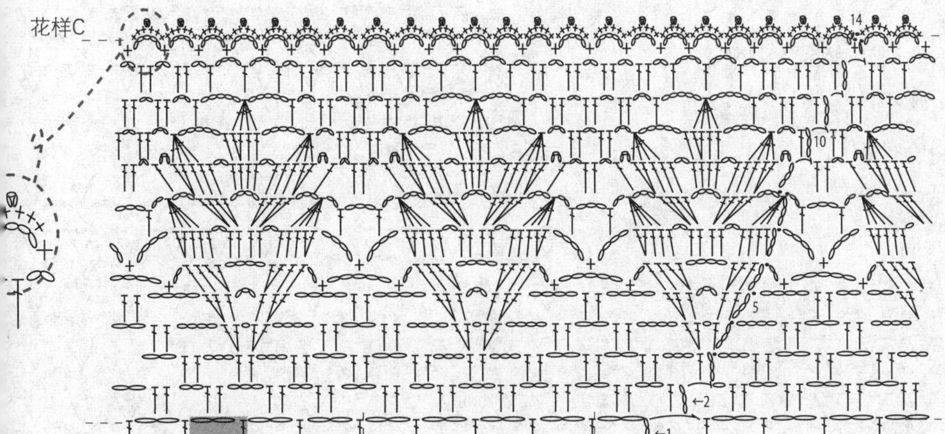

花样C
14
10
5
←2
←1
1组花样

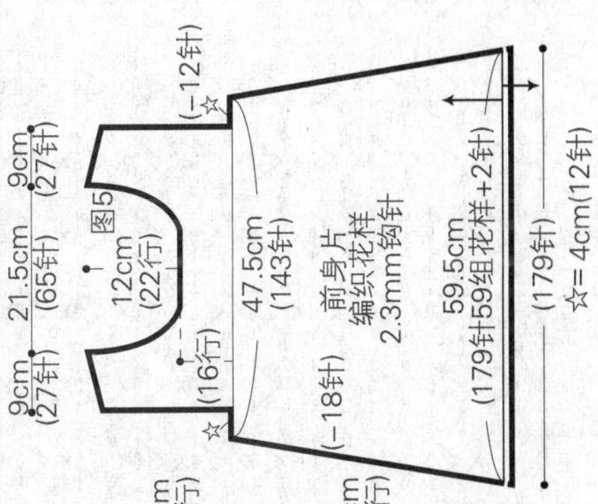

(−12针)
9cm (27针)
图5
21.5cm (65针)
12cm (22行)
9cm (27针)
(16行)
47.5cm (143针)
前身片 编织花样 2.3mm钩针
(−18针)
59.5cm (179针59组花样+2针)
(179针)
☆=4cm(12针)

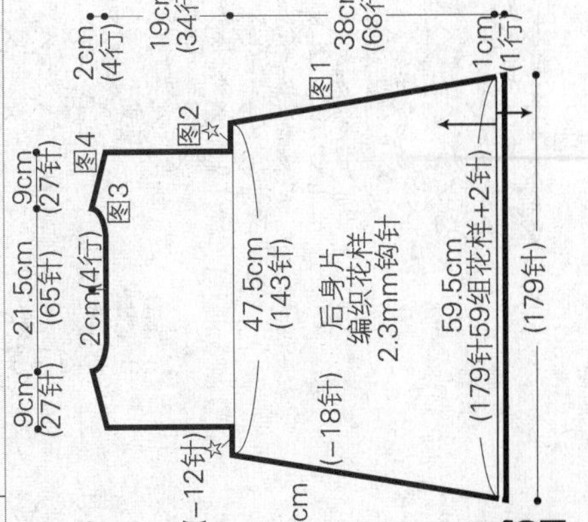

19cm (34行)
38cm (68行)
1cm (1行)
2cm (4行)
图1
图2
图4
9cm (27针)
图3
21.5cm (65针)
2cm(4行)
9cm (27针)
47.5cm (143针)
后身片 编织花样 2.3mm钩针
(−18针)
59.5cm (179针59组花样+2针)
(179针)
(−12针)
60cm

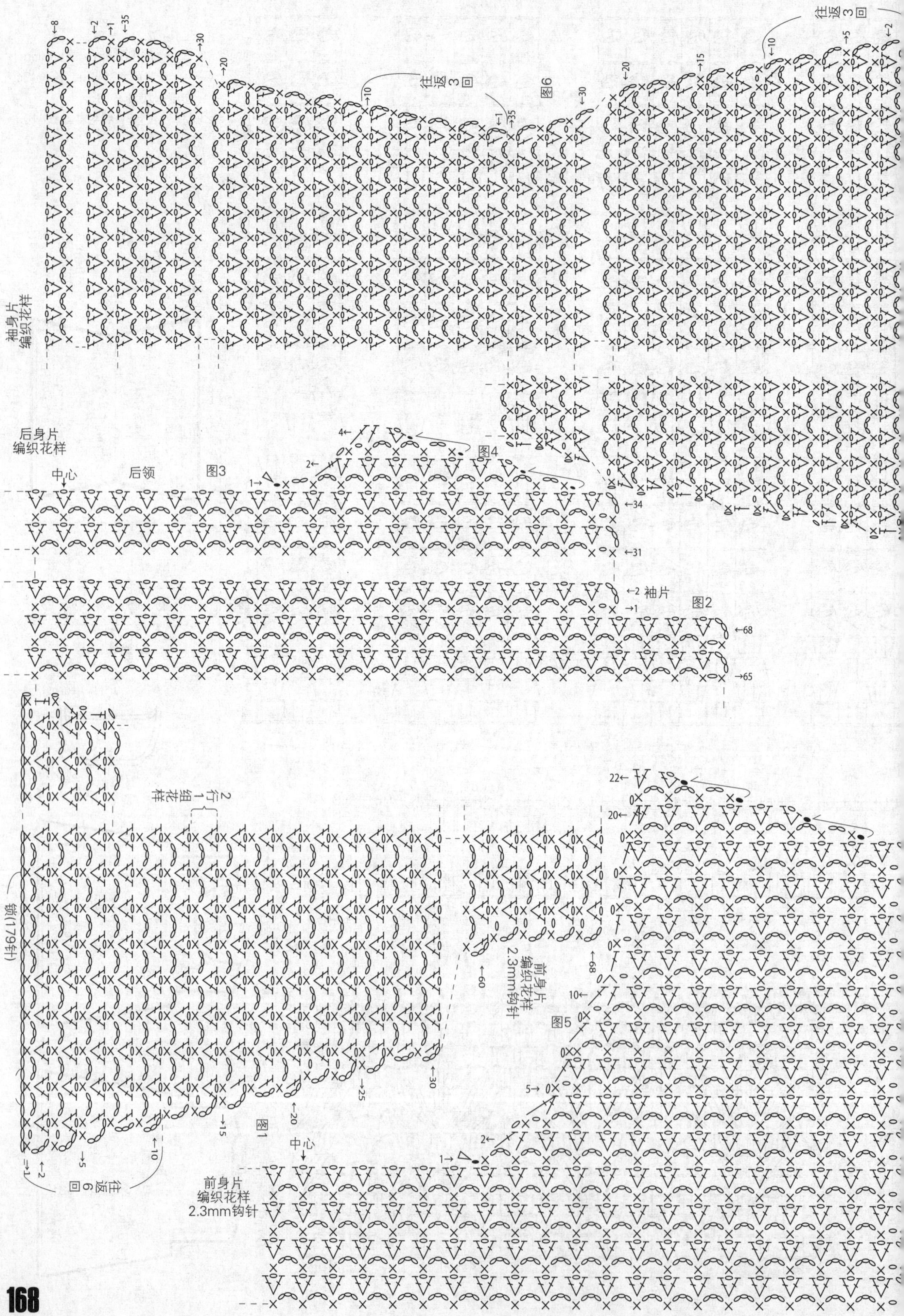
袖身片
编织花样
往返
3
回
图6
后身片
编织花样
中心
后领
图3
图4
袖片
图2
2
行
1
组
花样
锁(179针)
往返
6
回
图1
前身片
编织花样
2.3mm钩针
图5
中心
前身片
编织花样
2.3mm钩针

12 工具：3.0mm钩针，3.9mm棒针

尺寸：胸围92cm，衣长51.5cm，背肩宽36cm

密度：花样A：24针×4行(1.5cm) 花样B：24针×32行

花样C：27针×30行

材料：进口果绿色纯棉线165g，进口米白色纯棉线25g

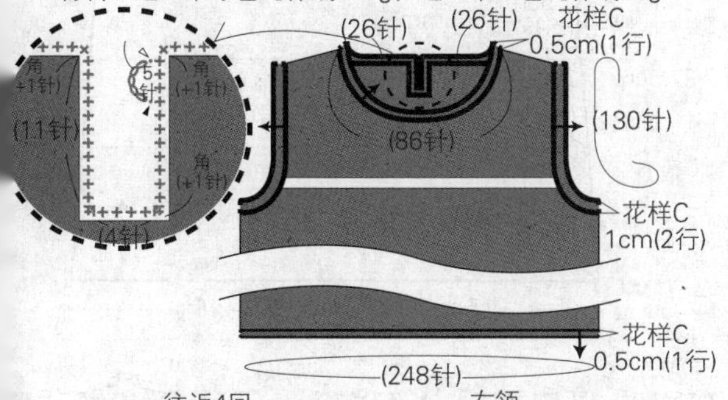

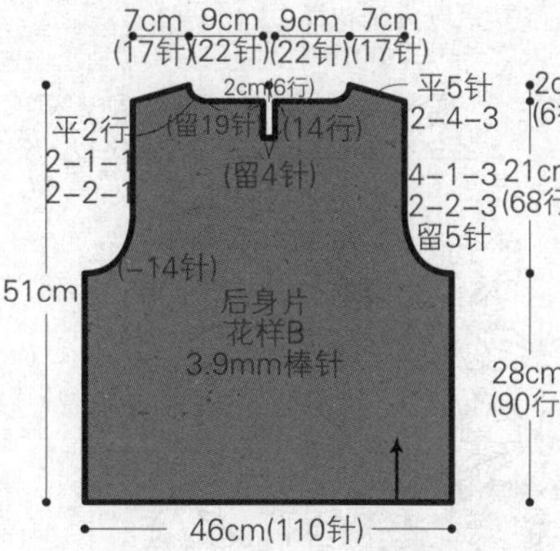

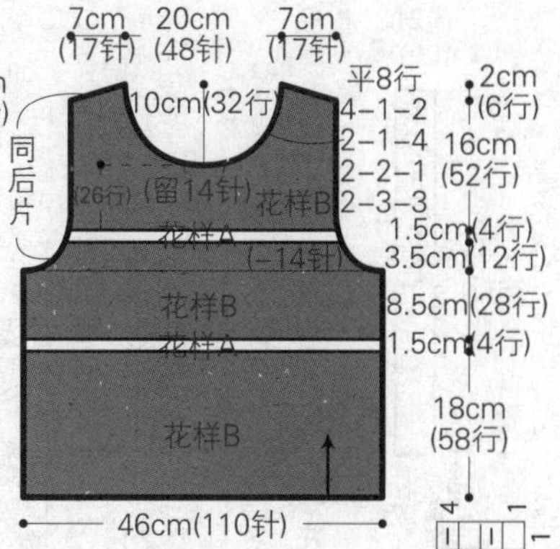

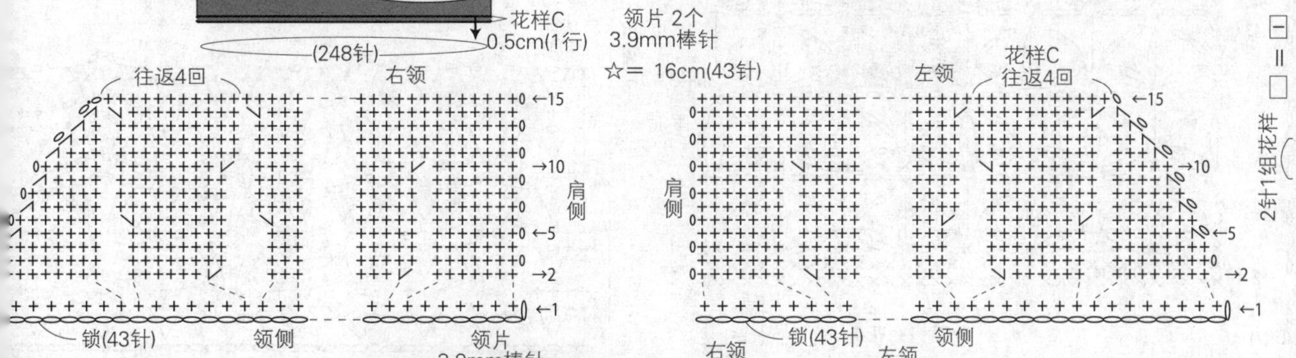

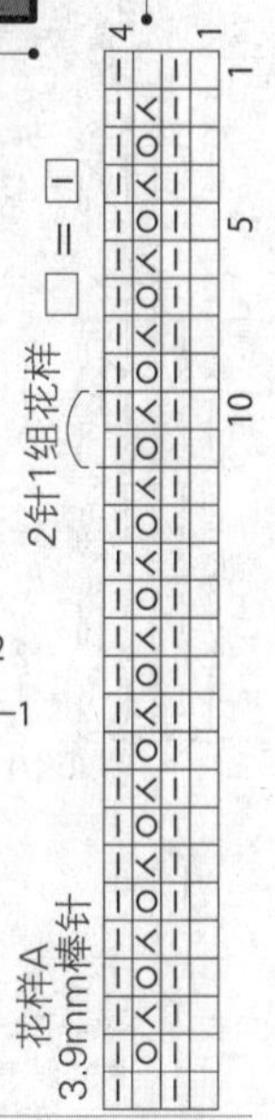

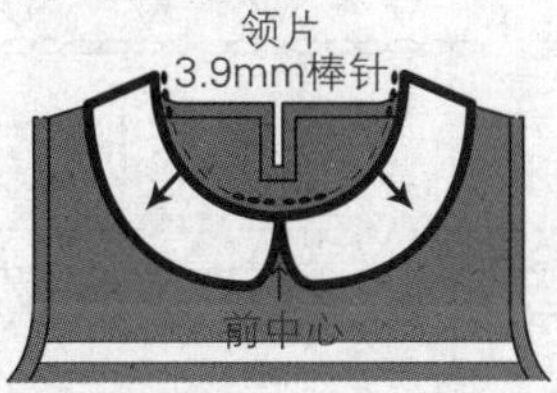

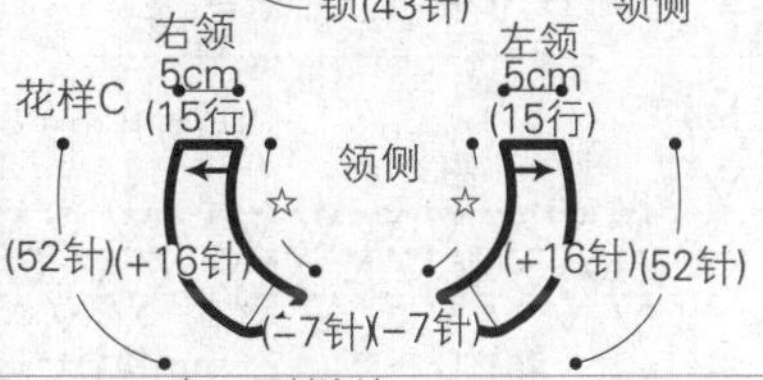

13

具：2.5mm、3.0mm、3.5mm钩针

寸：胸围90cm，衣长53cm

度：花样A：28针×9.5行

花样B：32针×13.5行

料：进口墨绿色蕾丝线150g，进口杏色蕾丝线50g

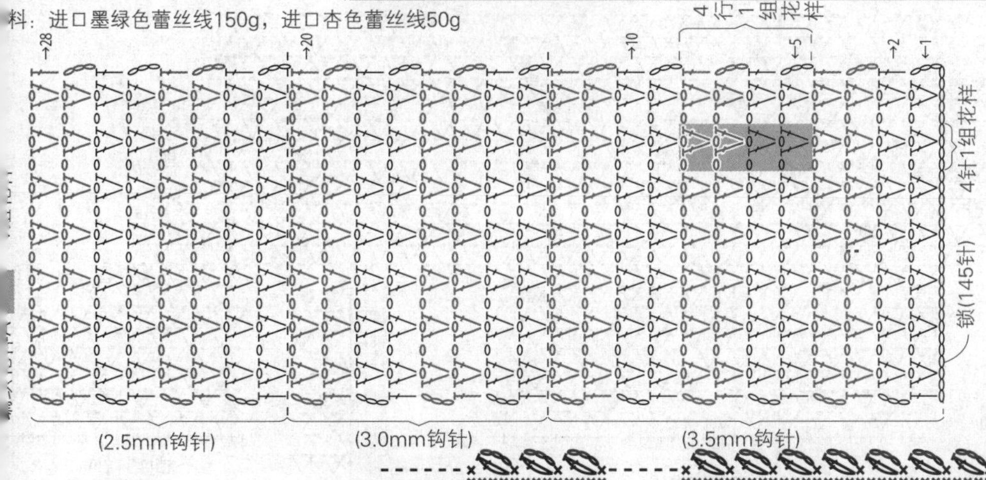

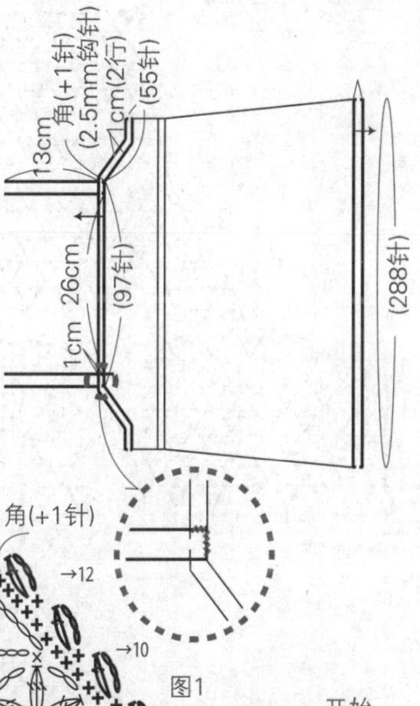

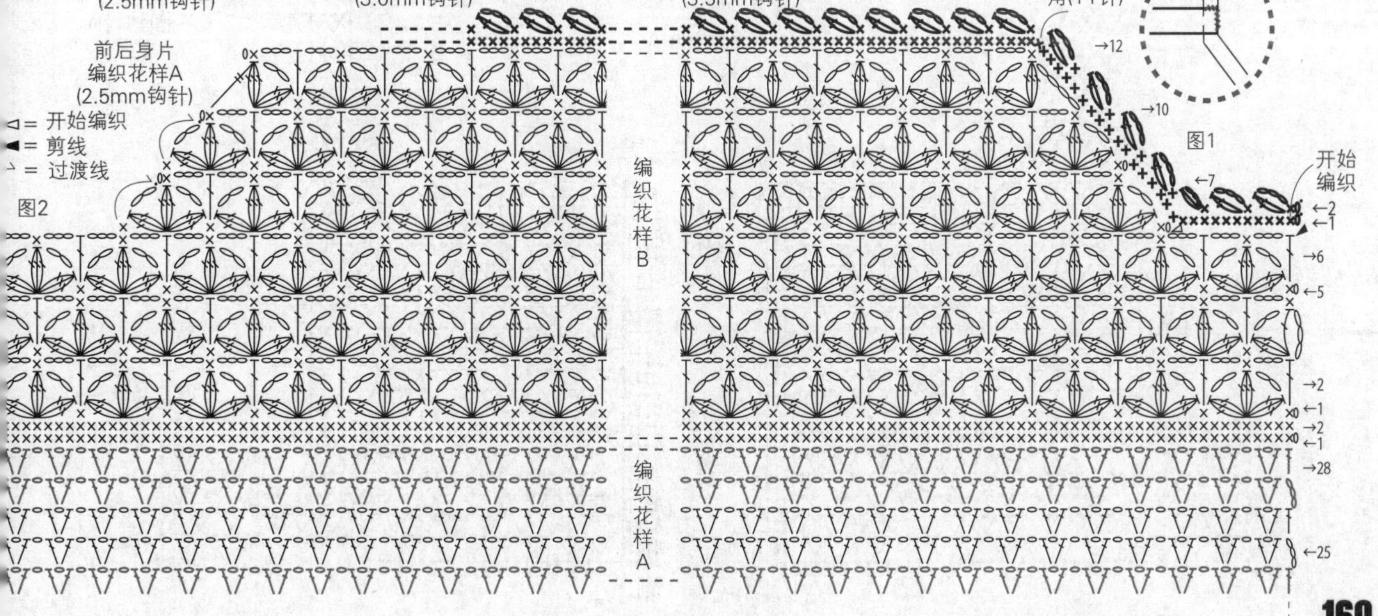

肩2条
(2.5mm钩针)

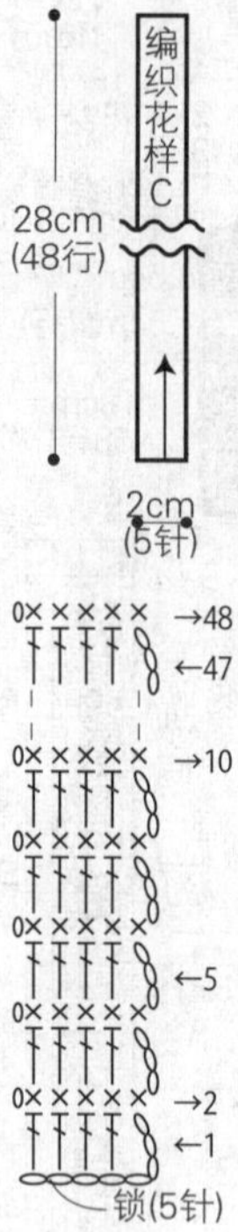
编织花样C
28cm
(48行)
2cm
(5针)
→48
←47
→10
←5
→2
←1
锁(5针)

领袖花样
(2.5mm钩针)

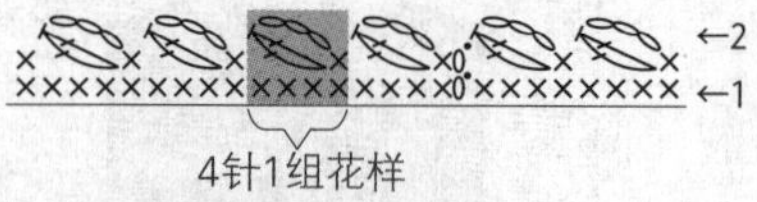
←2
←1
4针1组花样

编织花样B (2.5mm钩针)

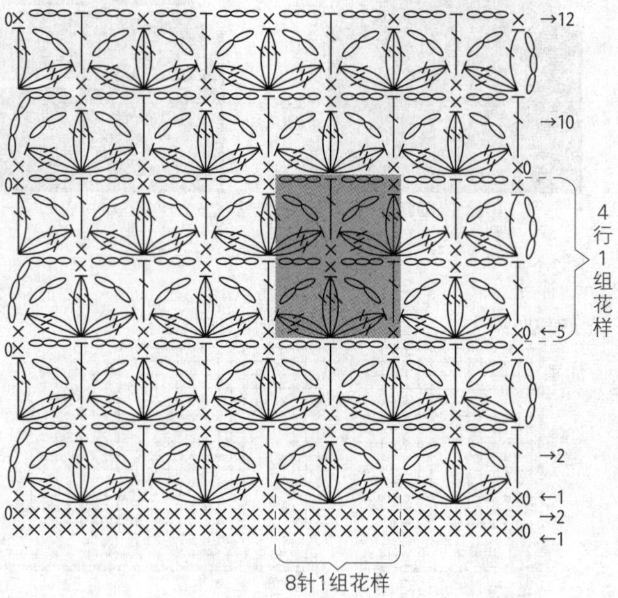
→12
→10
←5
4行1组花样
→2
←1
→2
←1
8针1组花样

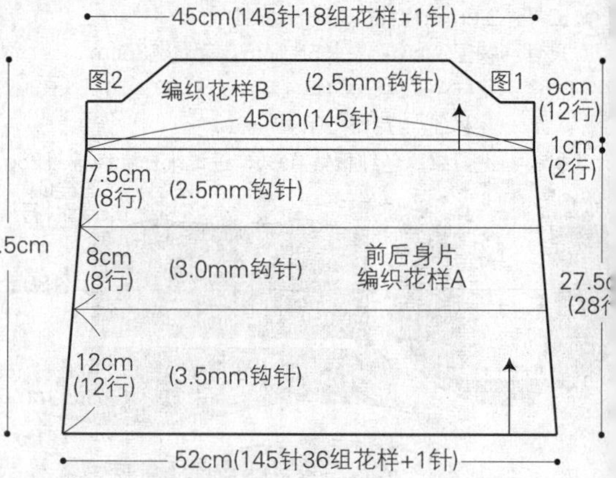
45cm(145针18组花样+1针)
图2
编织花样B (2.5mm钩针)
图1
9cm
(12行)
45cm(145针)
1cm
(2行)
7.5cm
(8行)
(2.5mm钩针)
37.5cm
8cm
(8行)
(3.0mm钩针)
前后身片
编织花样A
27.5cm
(28行)
12cm
(12行)
(3.5mm钩针)
52cm(145针36组花样+1针)

花样A

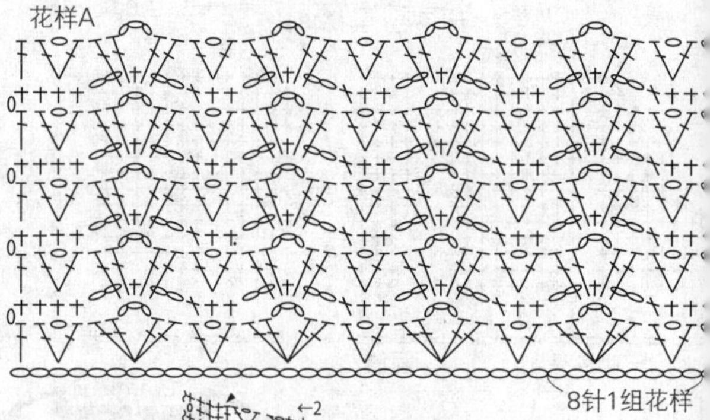
8针1组花样

114

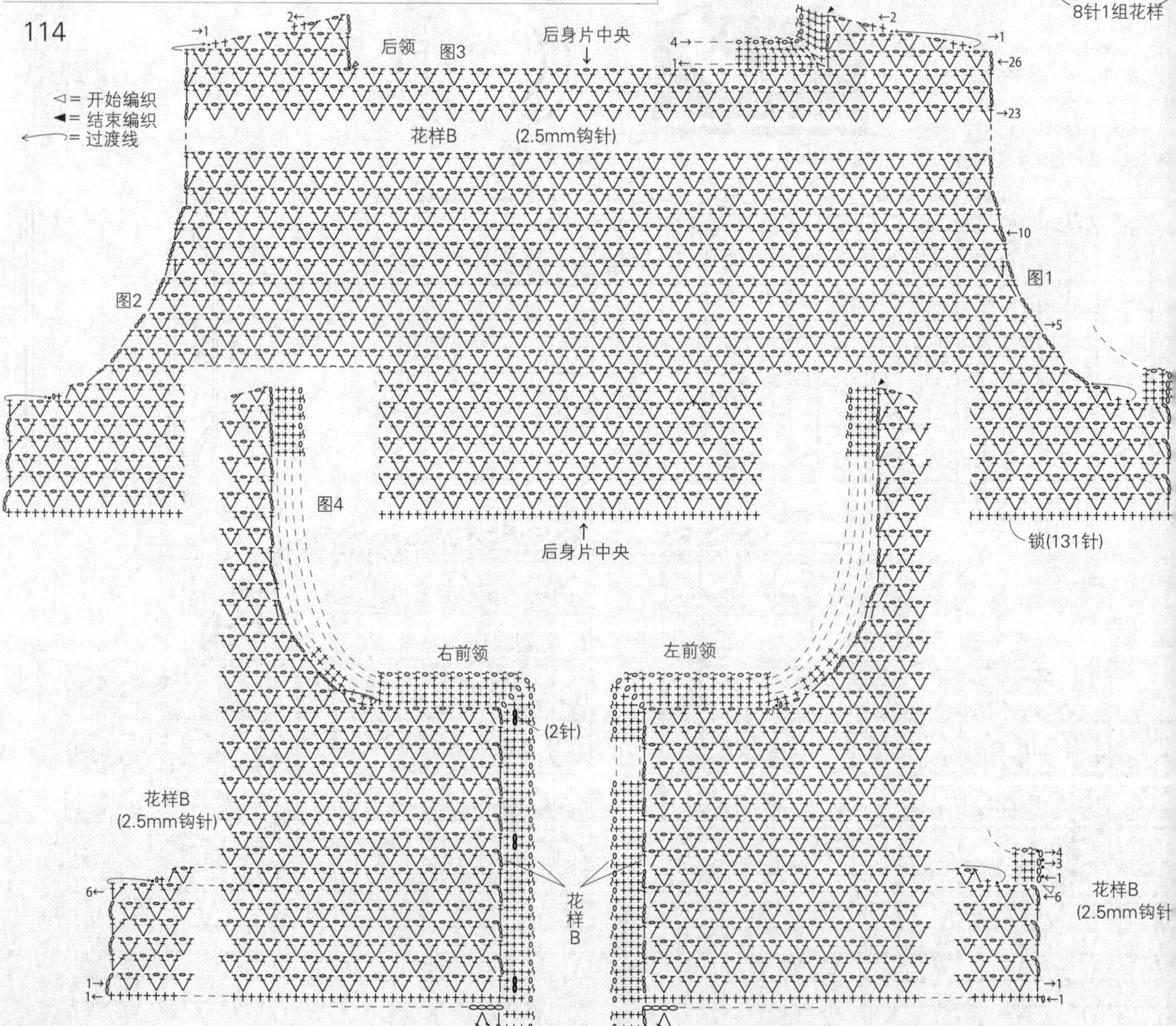
◁= 开始编织
◀= 结束编织
= 过渡线
后领
图3
后身片中央
→1
→26
→23
花样B (2.5mm钩针)
→10
图1
图2
→5
图4
后身片中央
锁(131针)
右前领
左前领
(2针)
花样B
(2.5mm钩针)
花样B
→4
→3
→1
←6
6←
1→
1←
→1
←1
1 4
4 1

：2.5mm、3.0mm、3.5mm钩针
：胸围93.5cm，衣长65.5cm，背肩宽34.5cm
：花样A：29针×16行
花样B：28.5针×13行
：进口灰褐色蕾丝线345g

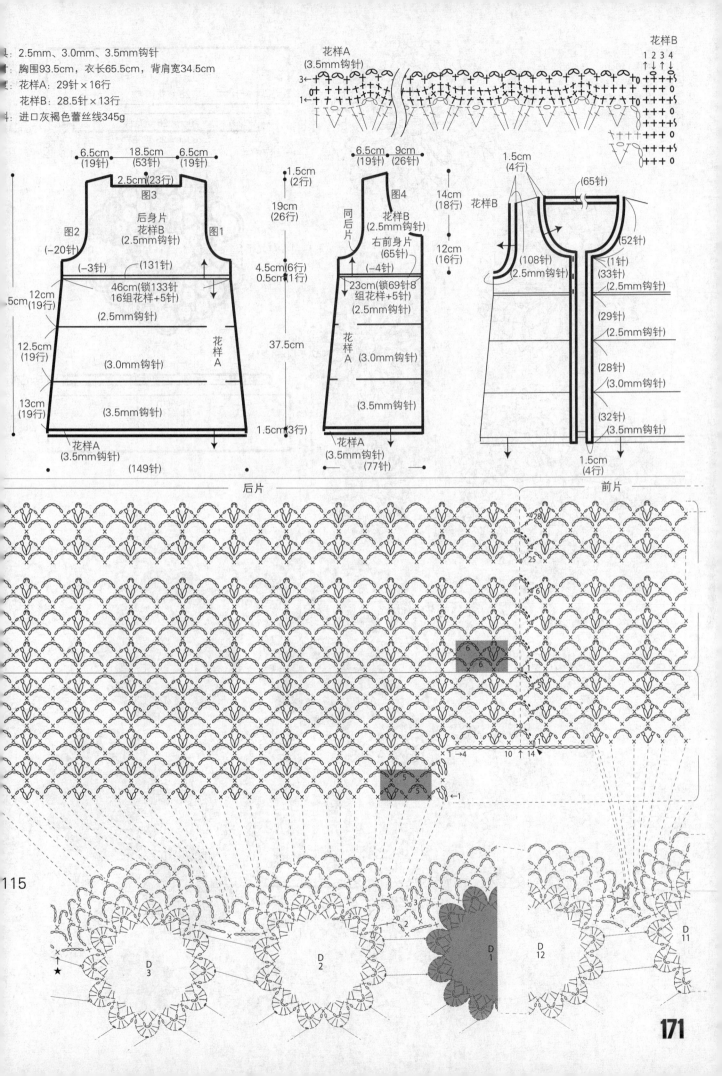

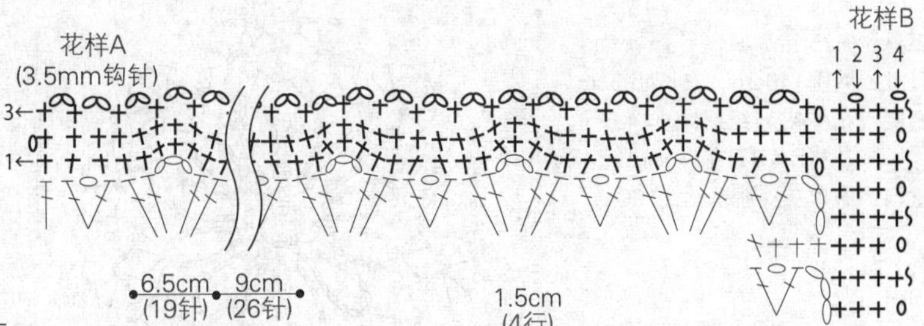

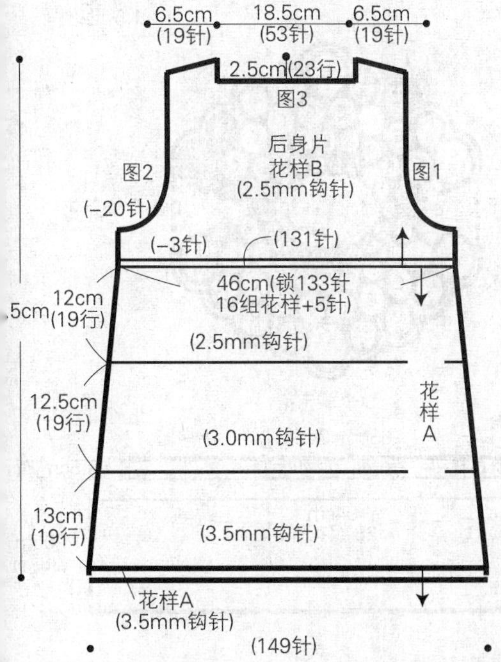

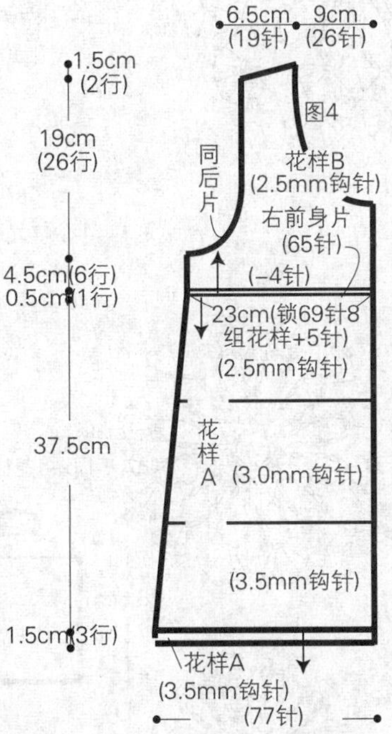

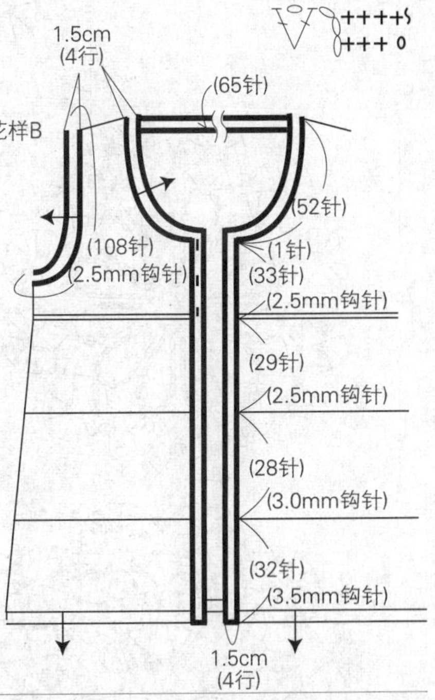

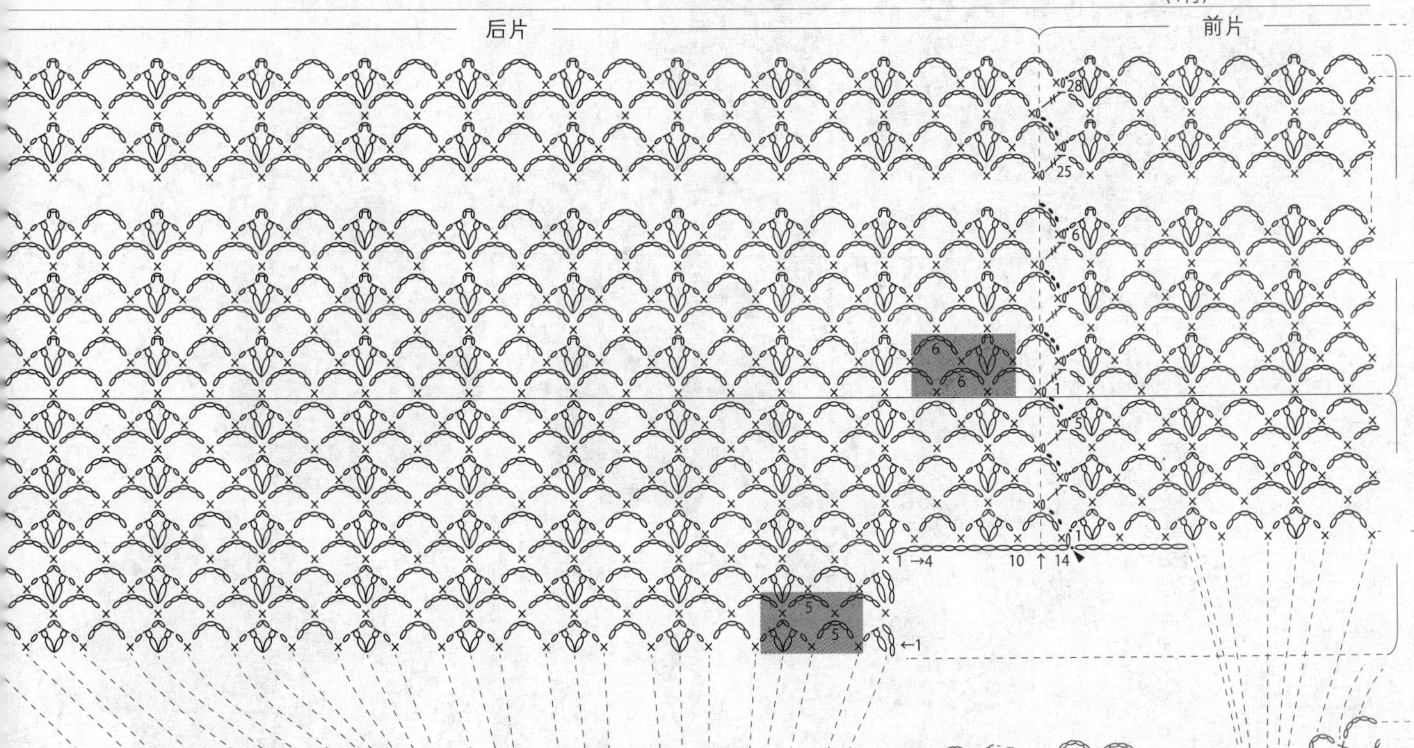

工具：1.75mm钩针
尺寸：胸围140cm，衣长45.5cm
密度：花样A：4组花样×14.5行
花样B：3组花样×14行
材料：进口灰淡蓝蕾丝线160g

6.5cm

7cm
5cm
8cm
3.5cm

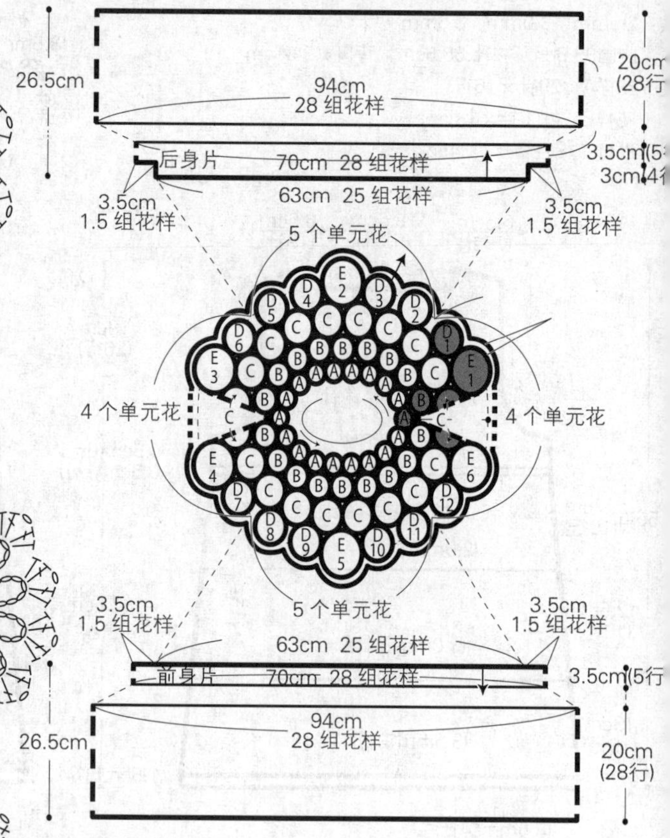
26.5cm
94cm
28 组花样
20cm
(28行)
后身片
70cm 28 组花样
3.5cm(5行)
3cm(4行)
63cm 25 组花样
3.5cm
1.5 组花样
3.5cm
1.5 组花样
5 个单元花
4 个单元花
4 个单元花
5 个单元花
3.5cm
1.5 组花样
3.5cm
1.5 组花样
63cm 25 组花样
前身片
70cm 28 组花样
3.5cm(5行)
26.5cm
94cm
28 组花样
20cm
(28行)

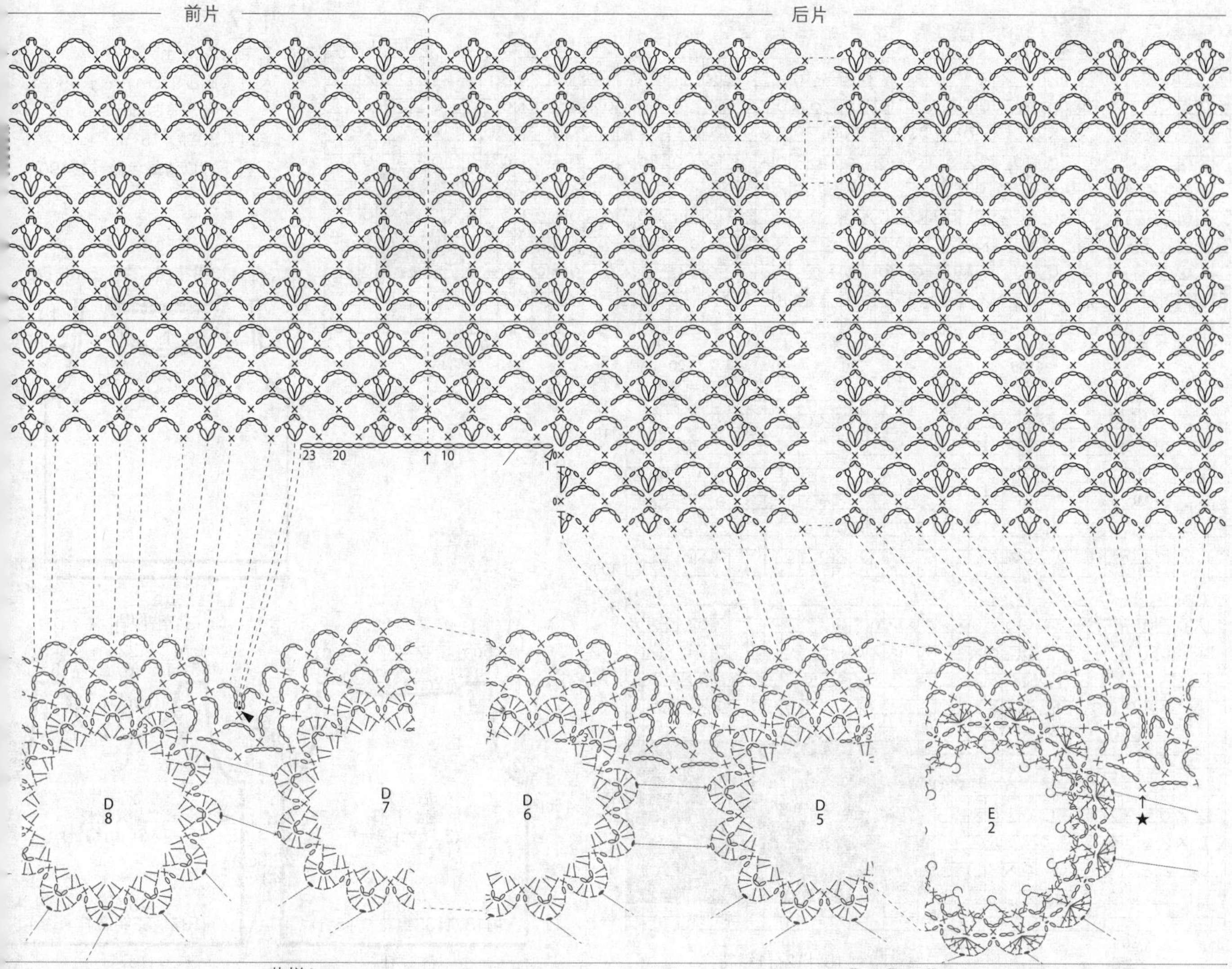

前片
后片
23
20
10
1
D 8
D 7
D 6
D 5
E 2

6

具：3.0mm钩针，3.3mm棒针，
3.9mm棒针
寸：胸围120cm，衣长46.5cm
度：花样A：19针×26行
花样B：20.5针×26行
料：进口红色蕾丝线420g

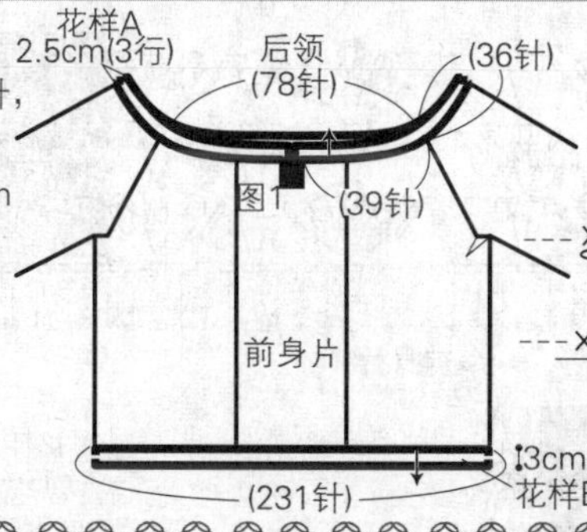

花样A
2.5cm(3行)
后领
(78针)
(36针)
图1
(39针)
前身片
3cm(3行)
(231针)
花样B

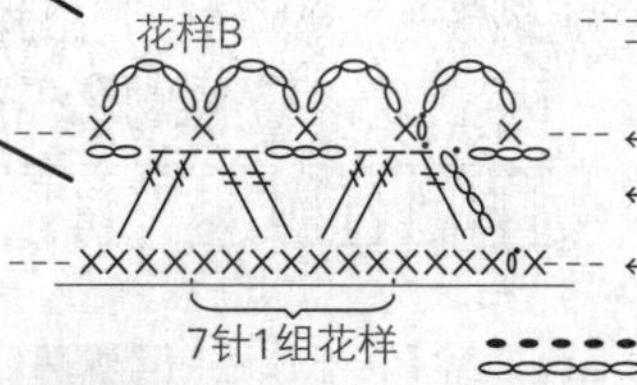

花样B
←3
←2
←1
7针1组花样

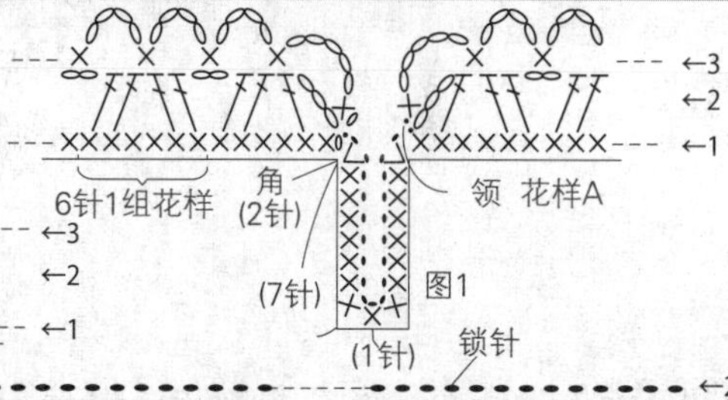

←3
←2
←1
6针1组花样
角
(2针)
领 花样A
(7针)
图1
(1针)

锁针
←2
→1
锁(290针)
130cm(290针)

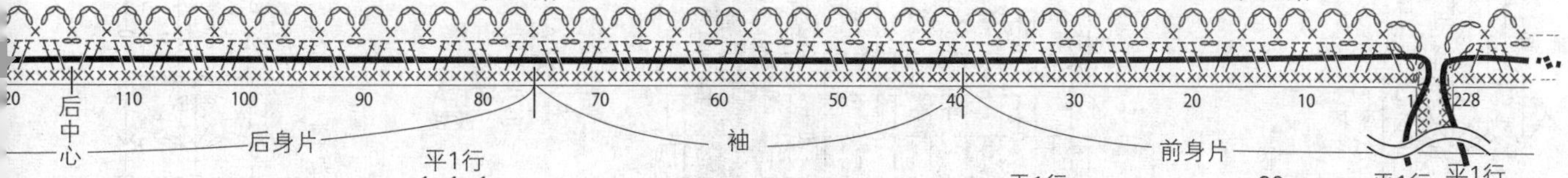

20
110
100
90
80
70
60
50
40
30
20
10
228
后中心
后身片
袖
前身片

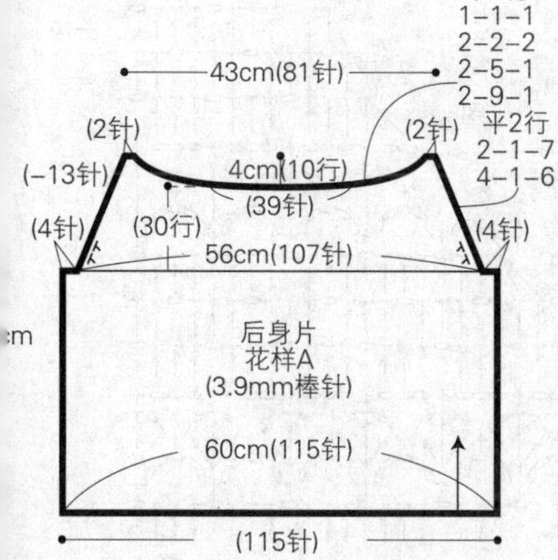

平1行
1-1-1
2-2-2
2-5-1
2-9-1
平2行
2-1-7
4-1-6
43cm(81针)
(2针)
(2针)
(-13针)
4cm(10行)
(39针)
(4针)
(30行)
(4针)
56cm(107针)
后身片
花样A
(3.9mm棒针)
60cm(115针)
(115针)

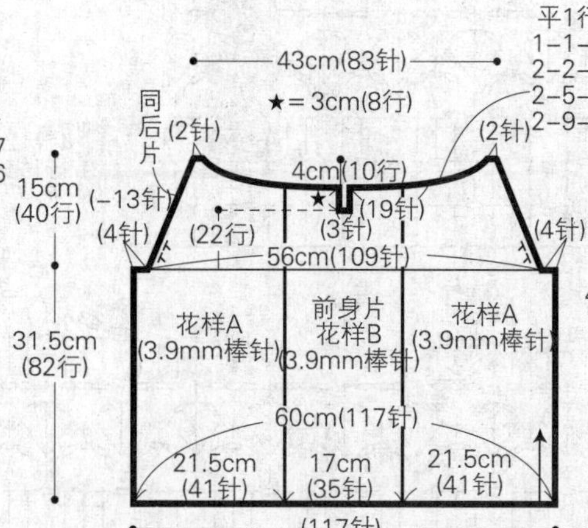

43cm(83针)
平1行
1-1-1
2-2-2
2-5-1
2-9-1
★=3cm(8行)
同后片
(2针)
(2针)
15cm
(40行)
(-13针)
4cm(10行)
(19针)
(3针)
(4针)
(22行)
(4针)
56cm(109针)
花样A
(3.9mm棒针)
前身片
花样B
(3.9mm棒针)
花样A
(3.9mm棒针)
31.5cm
(82行)
46cm
60cm(117针)
21.5cm
(41针)
17cm
(35针)
21.5cm
(41针)
(117针)

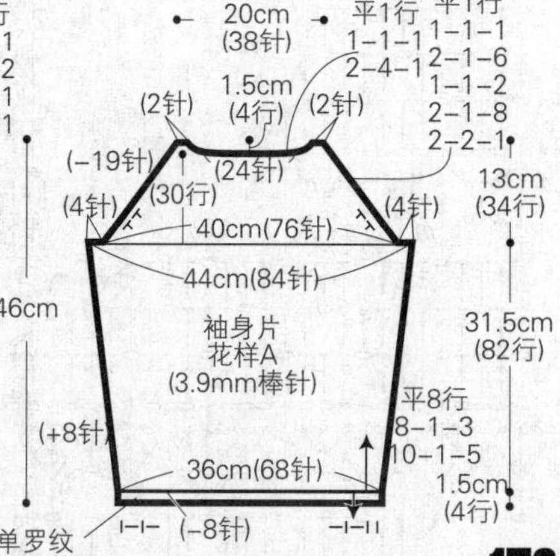

20cm
(38针)
平1行
1-1-1
2-4-1
平1行
1-1-1
2-1-6
1-1-2
2-1-8
2-2-1
1.5cm
(4行)
(2针)
(2针)
(-19针)
(24针)
(30行)
13cm
(34行)
(4针)
(4针)
40cm(76针)
44cm(84针)
袖身片
花样A
(3.9mm棒针)
31.5cm
(82行)
(+8针)
平8行
8-1-3
10-1-5
36cm(68针)
1.5cm
(4行)
(-8针)
单罗纹
(3.3mm棒针)
(60针)

117

工具：2.3mm钩针

尺寸：胸围91cm，衣长49cm，背肩宽34cm

密度：30针×15行

材料：进口淡绿色蕾丝线190g

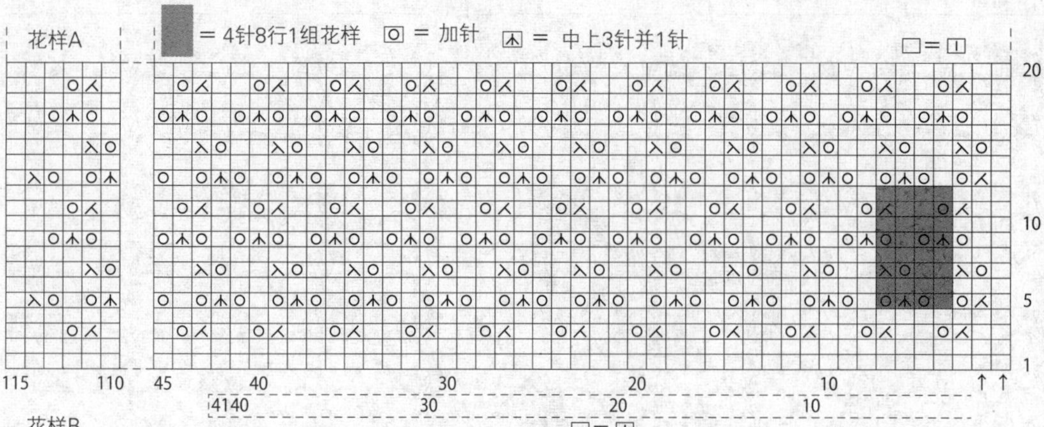

花样A
= 4针8行1组花样
= 加针
= 中上3针并1针
=
20
10
5
1
115
110
45
40
30
20
10
4140
30
20
10

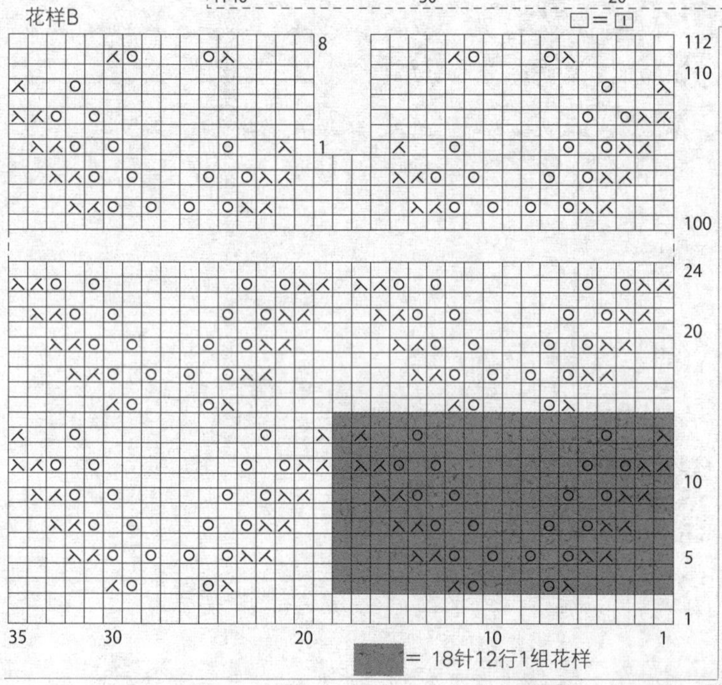

花样B
=
8
1
112
110
100
24
20
10
5
1
35
30
20
10
1
= 18针12行1组花样

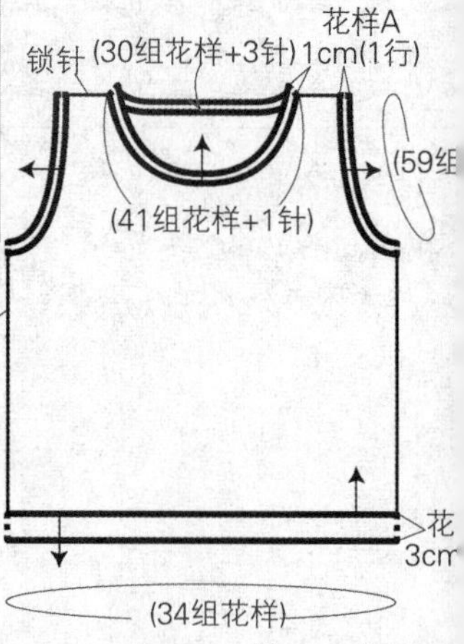

花样A
锁针
(30组花样+3针)
1cm(1行)
(59组
(41组花样+1针)
锁针
花
3cm
(34组花样)

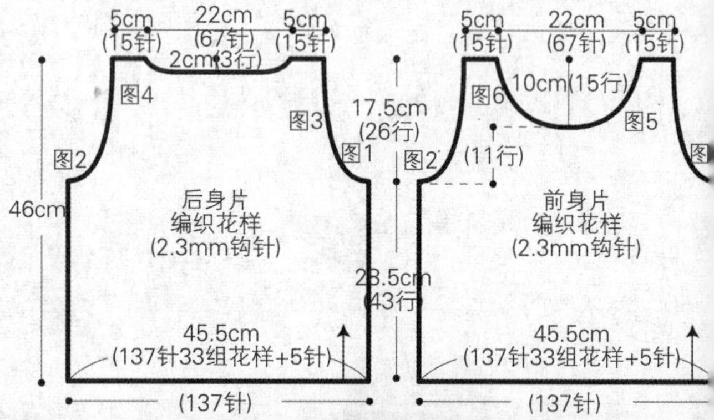

5cm
(15针)
22cm
(67针)
5cm
(15针)
2cm(3行)
图4
图3
图2
图1
17.5cm
(26行)
46cm
后身片
编织花样
(2.3mm钩针)
28.5cm
(43行)
45.5cm
(137针33组花样+5针)
(137针)
5cm
(15针)
22cm
(67针)
5cm
(15针)
10cm(15行)
图6
图5
图2
(11行)
前身片
编织花样
(2.3mm钩针)
45.5cm
(137针33组花样+5针)
(137针)

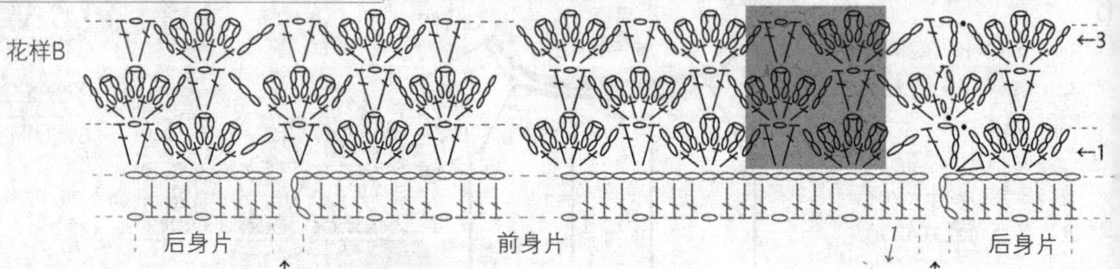

花样B
←3
←1
后身片
前身片
后身片

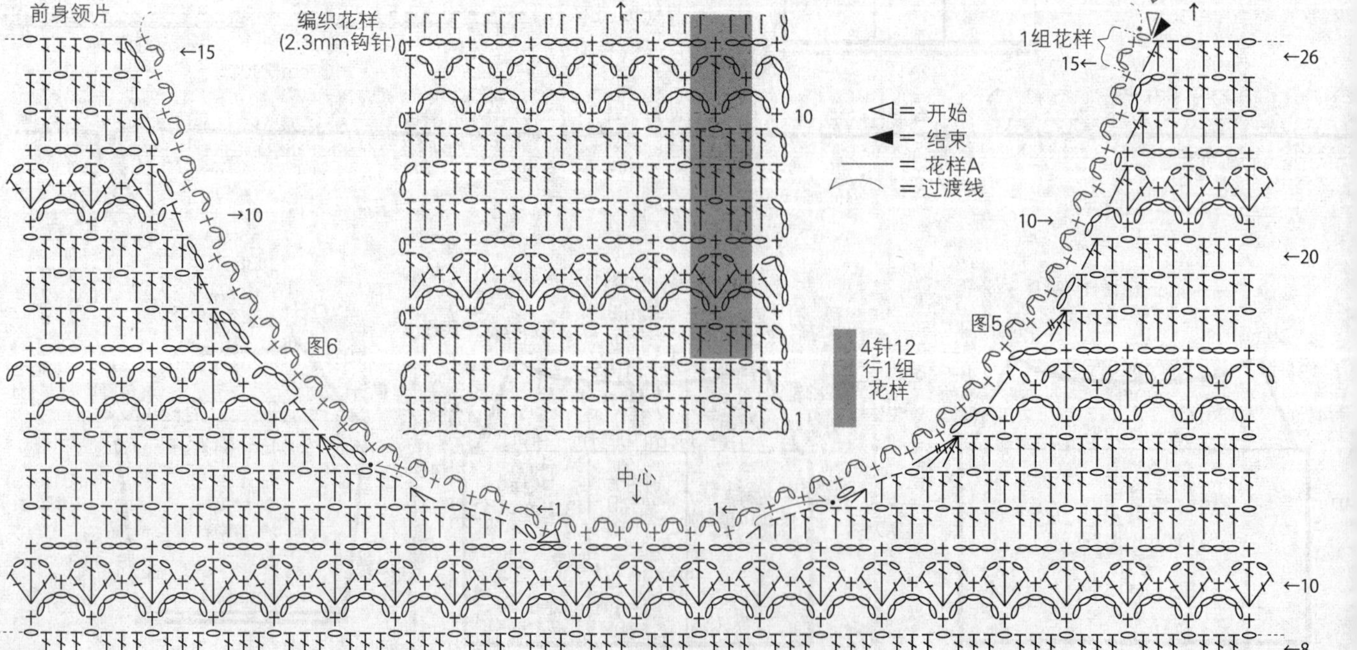

前身领片
←15
→10
图6
编织花样
(2.3mm钩针)
10
1
= 开始
= 结束
= 花样A
= 过渡线
4针12行1组花样
中心
←1
1←
1组花样
15←
←26
10→
←20
图5
←10
←8

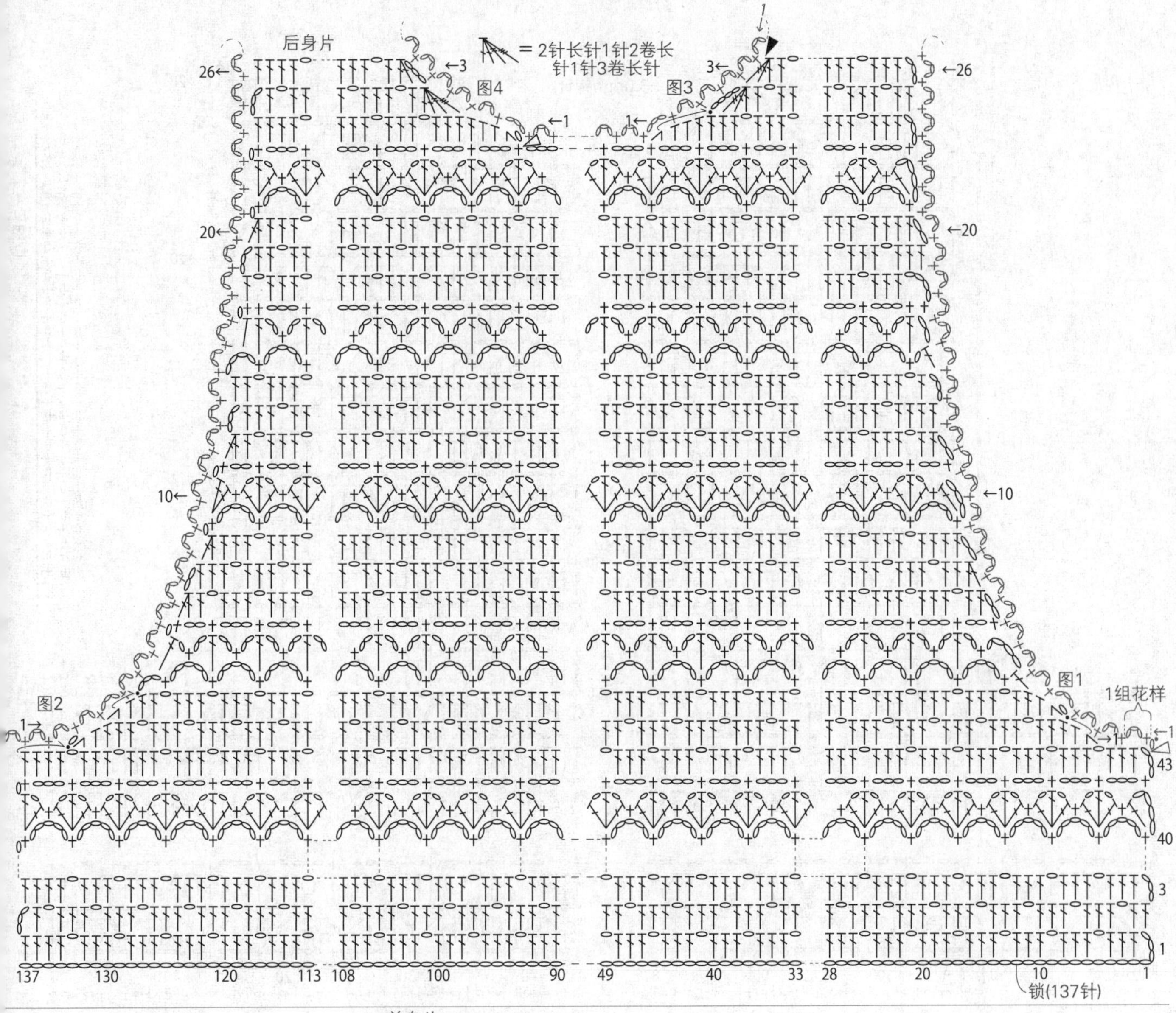

后身片
＝2针长针1针2卷长针1针3卷长针
图4
图3
图2
图1
1组花样
26
20
10
3
1
43
40
137
130
120
113
108
100
90
49
40
33
28
20
锁(137针)

18

具：3.0mm钩针
寸：胸围100cm，衣长50.5cm，
背肩宽40cm
度：24针×14.5行
料：进口白色蕾丝线275g

前身片
编织花样
(3.0mm钩针)

＝6针4行1组花样

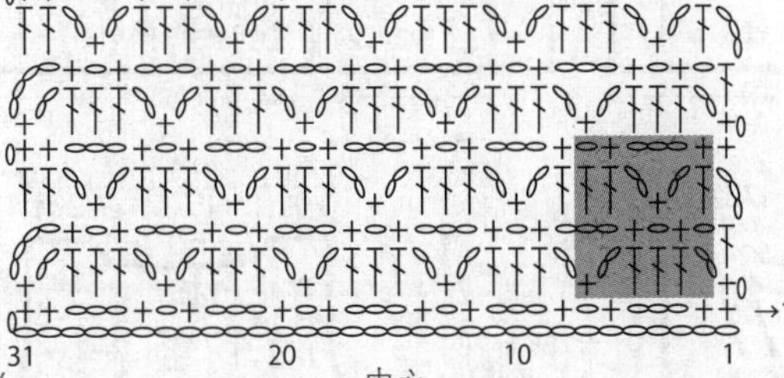

19
10
1
31
20
10
1

＝2针短针并1针
＝1针长长针1长针并1针
＝1针中长针1针长针并1针

前领身片
编织花样
(3.0mm钩针)

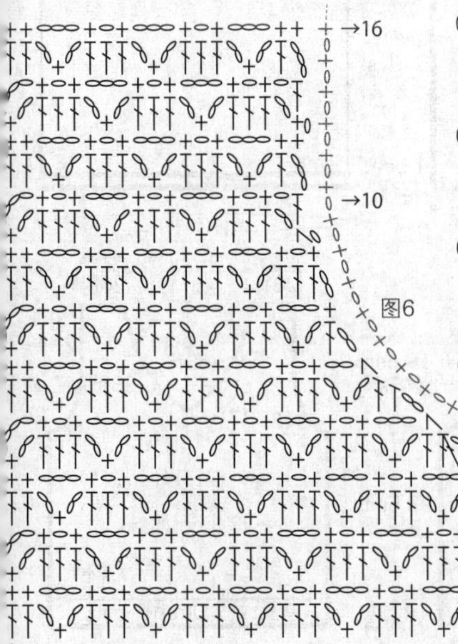
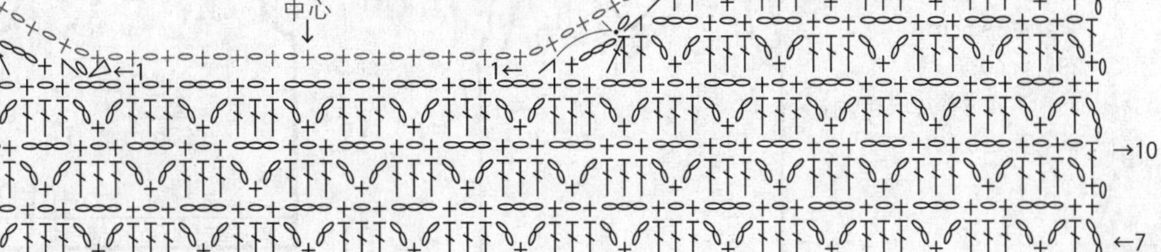
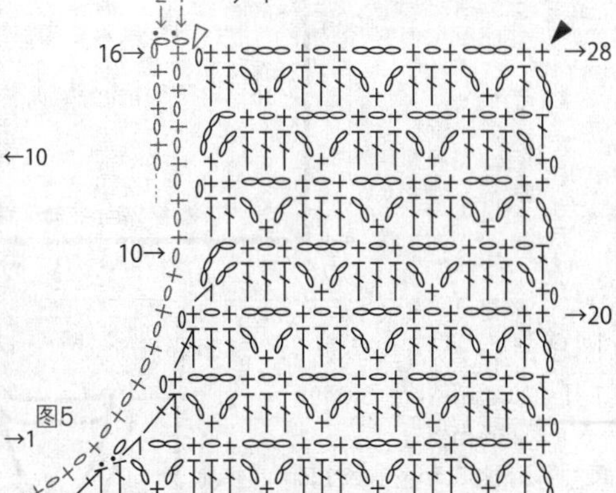

16
10
图6
图5
中心
1
2 1
28
20
10
7

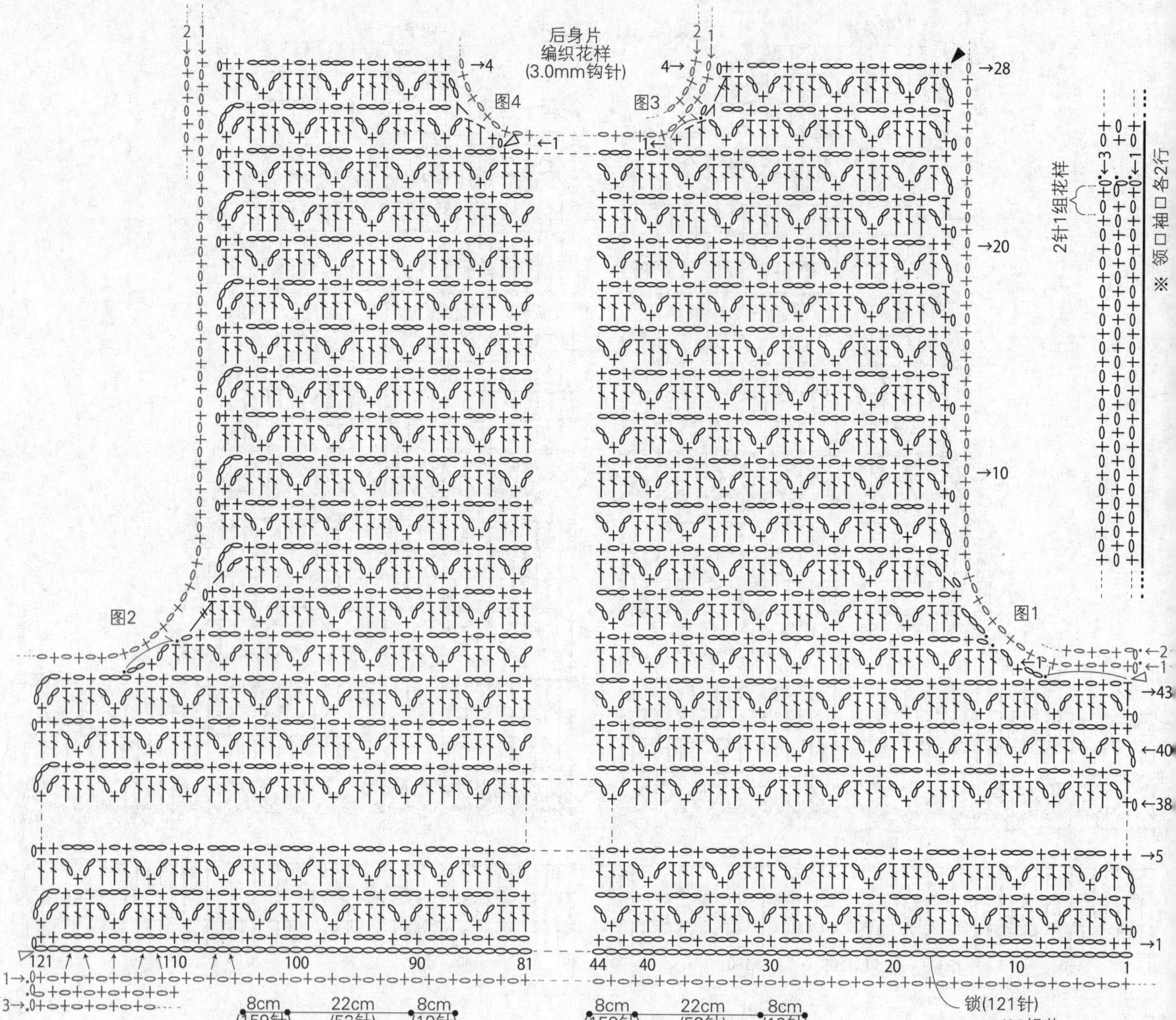
后身片
编织花样
(3.0mm钩针)
图4
图3
图2
图1
2针1组花样
※ 领口袖口各2行
锁(121针)

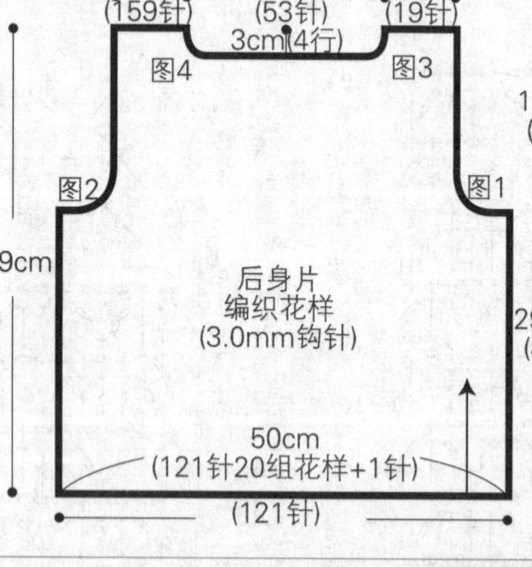
8cm
(19针)
22cm
(53针)
8cm
(19针)
3cm(4行)
图4
图3
图2
图1
49cm
后身片
编织花样
(3.0mm钩针)
50cm
(121针20组花样+1针)
(121针)

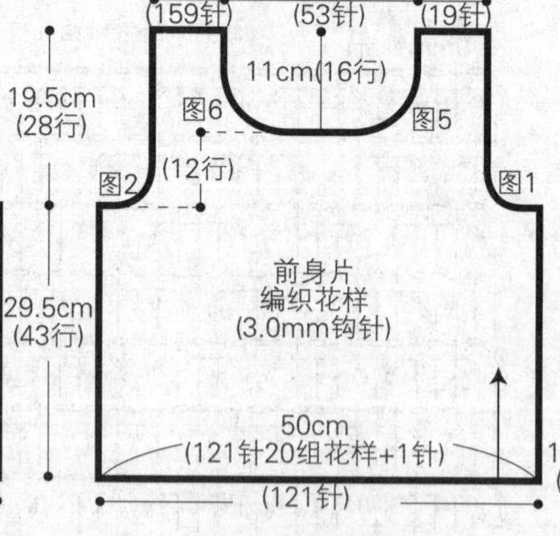
8cm
(19针)
22cm
(53针)
8cm
(19针)
11cm(16行)
19.5cm
(28行)
图6
图5
(12行)
图2
图1
29.5cm
(43行)
前身片
编织花样
(3.0mm钩针)
50cm
(121针20组花样+1针)
(121针)

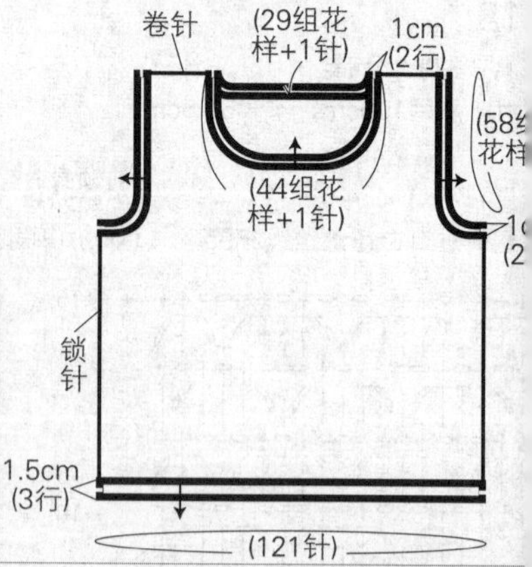
卷针
(29组花样+1针)
1cm
(2行)
(44组花样+1针)
锁针
1.5cm
(3行)
(121针)

119

工具：2.0mm钩针，3.0mm、3.3mm棒针

尺寸：胸围85cm，衣长48cm，背肩宽39.5cm

密度：29针×40行

材料：进口淡蓝色蕾丝线160g，蕾丝花边线20g

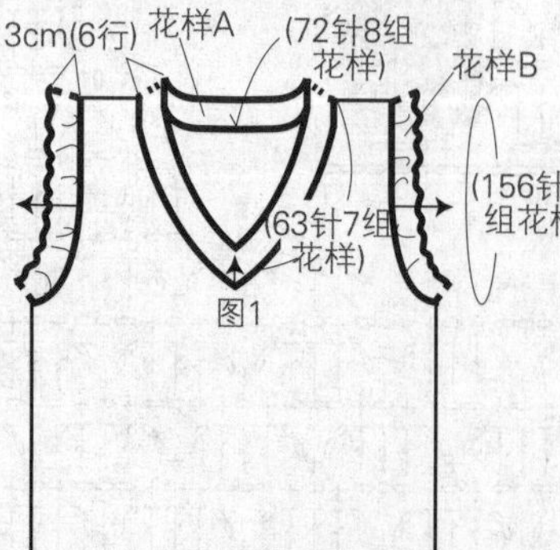
3cm(6行)
花样A
(72针8组花样)
花样B
(156针26组花样)
(63针7组花样)
图1

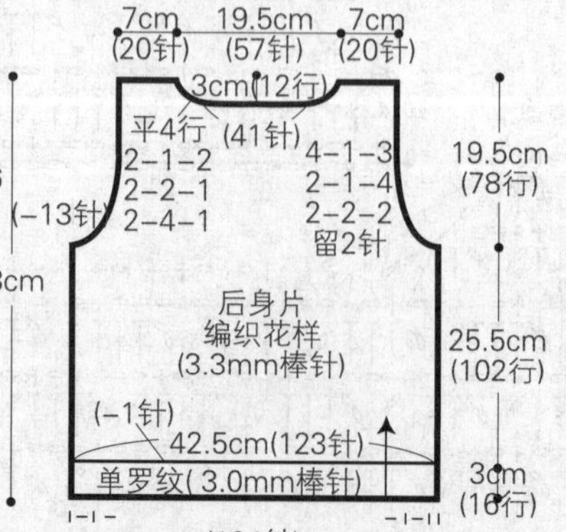
7cm
(20针)
19.5cm
(57针)
7cm
(20针)
3cm(12行)
平4行
(41针)
2-1-2
2-2-1
2-4-1
4-1-3
2-1-4
2-2-2
留2针
(-13针)
48cm
后身片
编织花样
(3.3mm棒针)
(-1针)
42.5cm(123针)
单罗纹(3.0mm棒针)
(124针)
19.5cm
(78行)
25.5cm
(102行)
3cm
(10行)

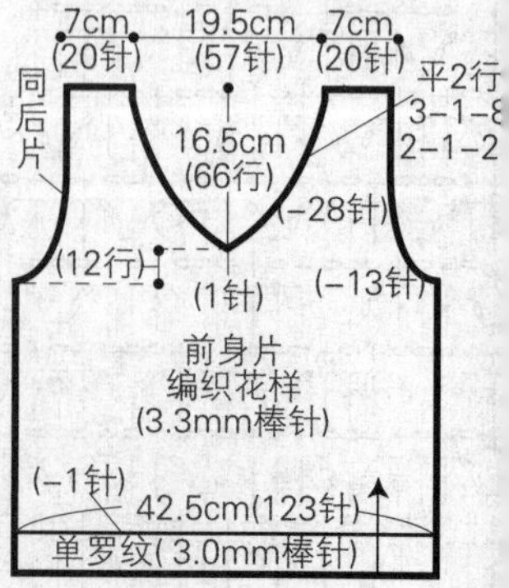
7cm
(20针)
19.5cm
(57针)
7cm
(20针)
同后片
平2行
3-1-8
2-1-2
16.5cm
(66行)
(-28针)
(12行)
(1针)
(-13针)
前身片
编织花样
(3.3mm棒针)
(-1针)
42.5cm(123针)
单罗纹(3.0mm棒针)
(124针)

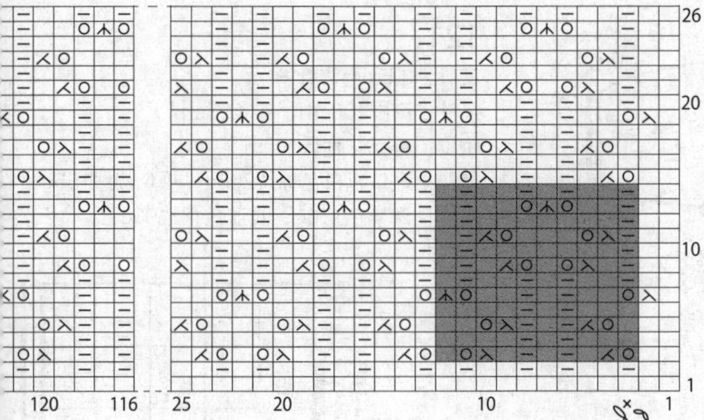

26
20
10
1
120
116
25
20
10
1

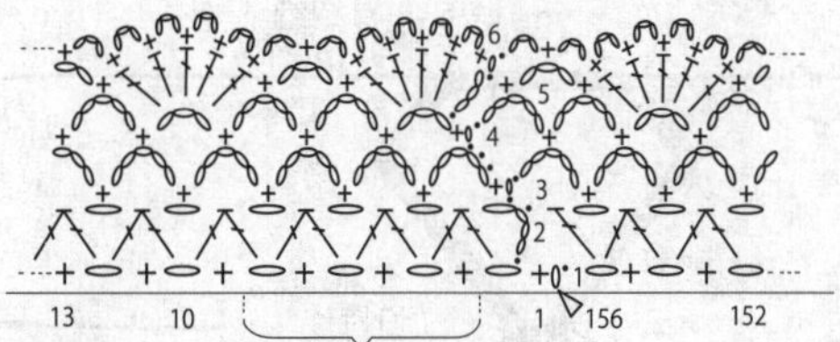

13
10
1
156
152
6针1组花样

= 10针12行1组花样

= 中上3针并1针

= 4针长针并1针

= 2针短针并1针

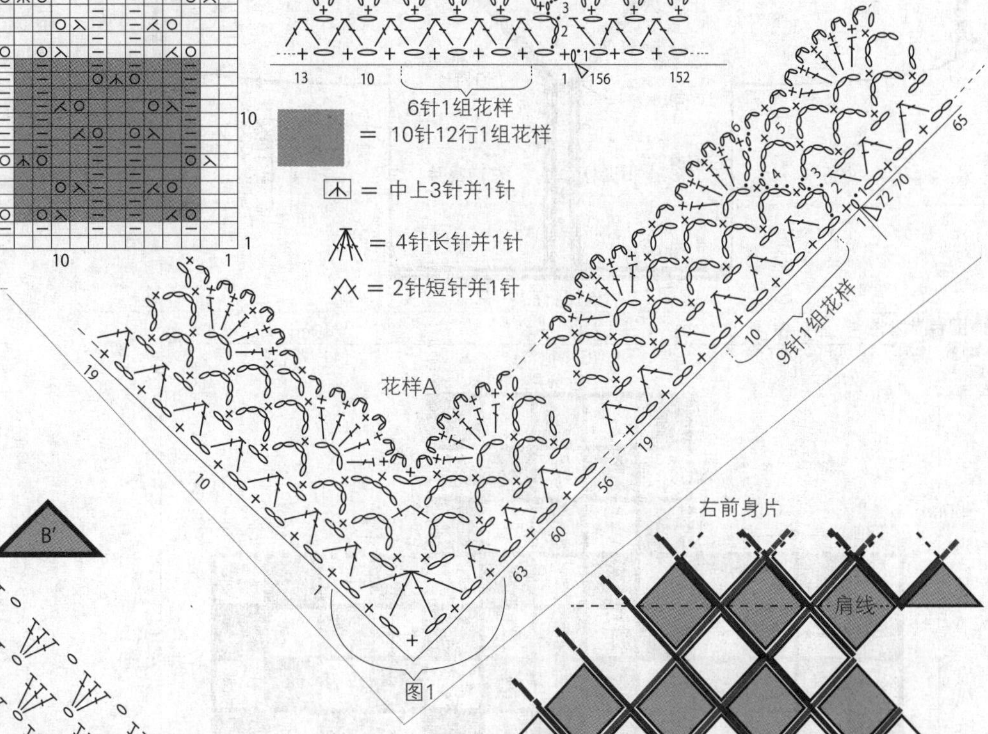

65
72
70
10
9针1组花样
花样A
19
10
19
56
60
63
1
图1

20

具：2.5mm钩针

寸：胸围114cm，衣长50cm，袖长71cm

度：半花直径：7cm×14cm

全花直径：14cm×14cm

料：进口4种颜色蕾丝线各190g

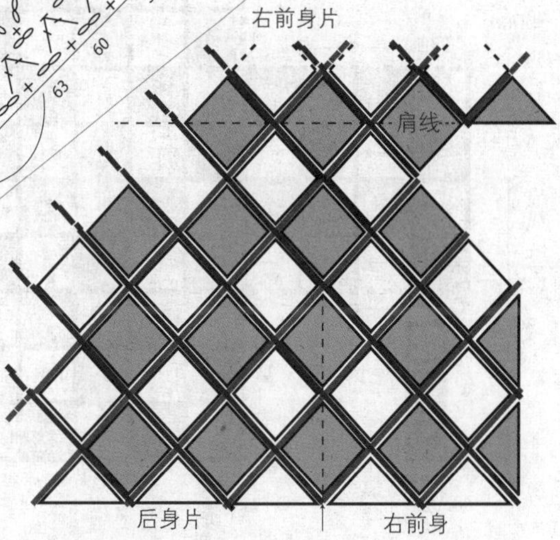

右前身片
肩线
后身片
右前身

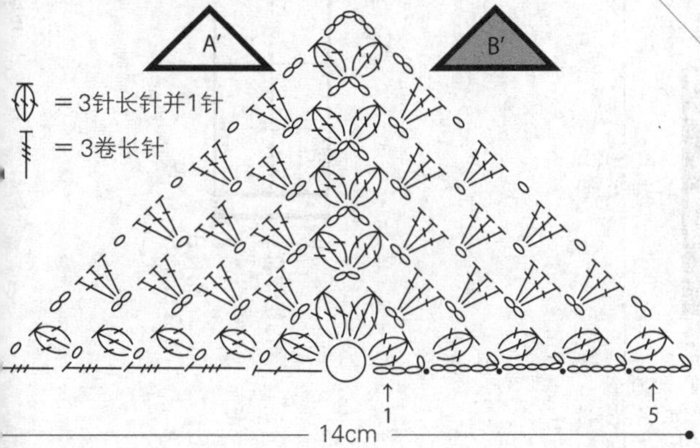

A′
B′
1
5
14cm

= 3针长针并1针

= 3卷长针

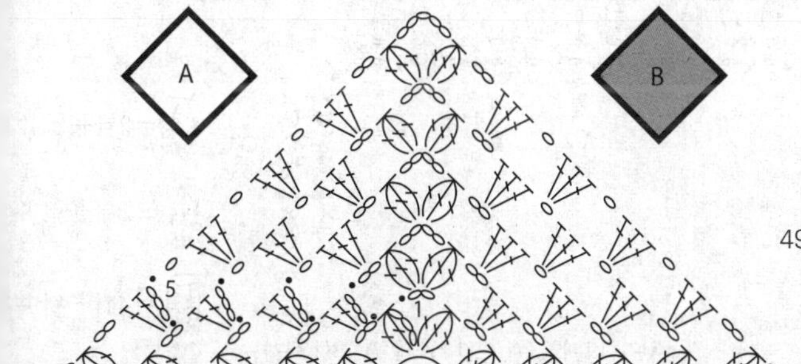

A
B
5
cm
14cm

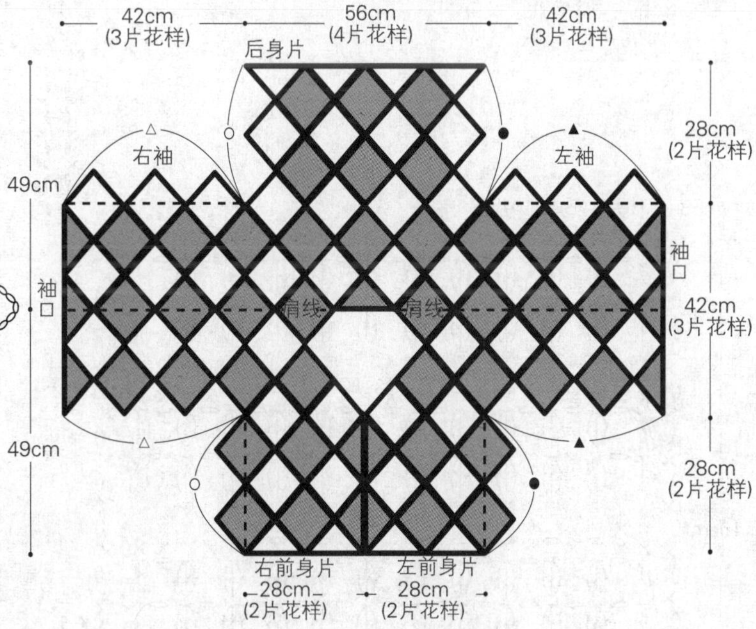

42cm
(3片花样)
56cm
(4片花样)
42cm
(3片花样)
后身片
右袖
左袖
49cm
袖口
肩线
肩线
袖口
28cm
(2片花样)
42cm
(3片花样)
49cm
28cm
(2片花样)
右前身片
左前身片
28cm
(2片花样)
28cm
(2片花样)

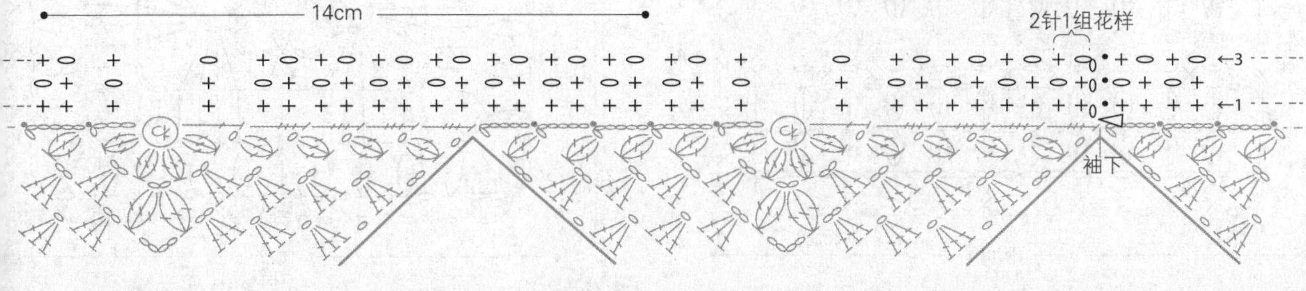

2针1组花样
3
1
袖下

121

工具：3.5mm钩针

尺寸：胸围100cm，衣长53cm

密度：单元花直径10cm

材料：进口米白色棉线290g，褐色棉线155g，深紫色110g，浅蓝色棉线90g

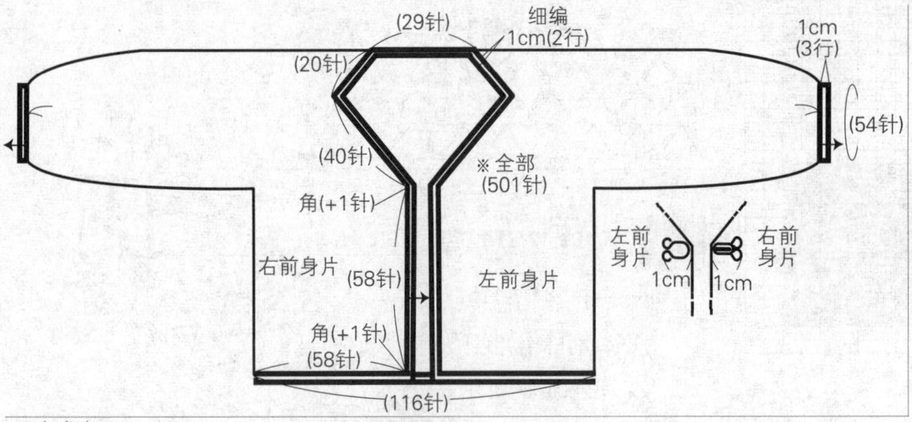

(29针)
细编
1cm(2行)
(20针)
1cm
(3行)
(54针)
(40针)
※全部
(501针)
角(+1针)
右前身片
(58针)
左前身片
角(+1针)
(58针)
(116针)
左前
身片
右前
身片
1cm
1cm

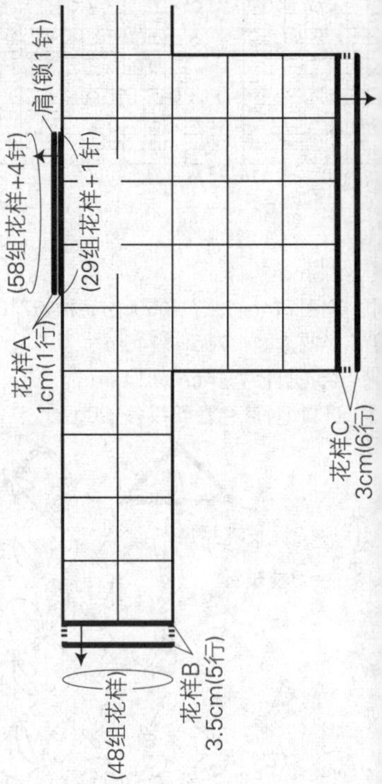

肩(锁1针)
(58组花样+4针)
(29组花样+1针)
花样A
1cm(1行)
花样C
3cm(6行)
(48组花样)
花样B
3.5cm(5行)

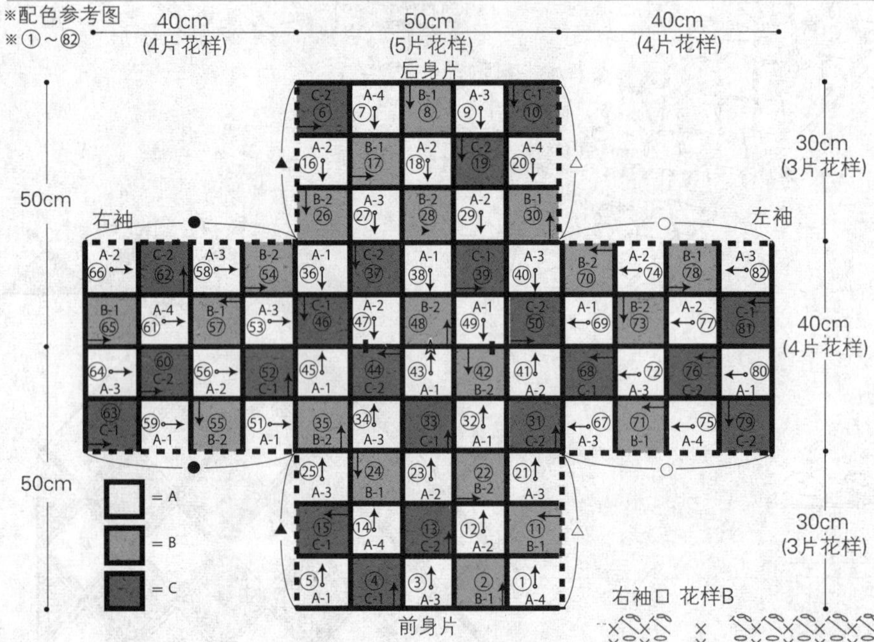

※配色参考图
※①～82
40cm
(4片花样)
50cm
(5片花样)
40cm
(4片花样)
后身片
右袖
左袖
50cm
50cm
30cm
(3片花样)
40cm
(4片花样)
30cm
(3片花样)
前身片
= A
= B
= C

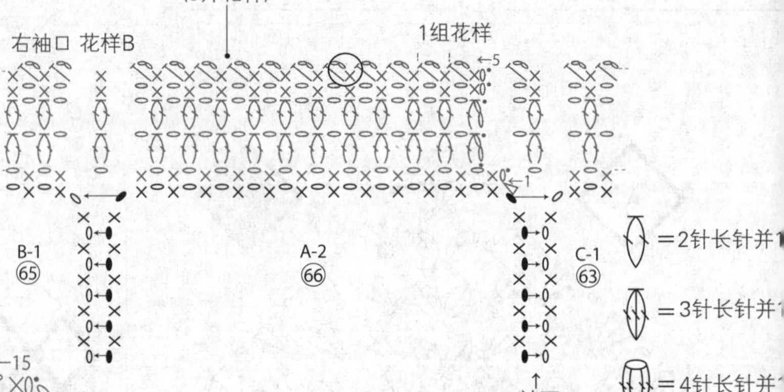

右袖口 花样B
1组花样
B-1
65
A-2
66
C-1
63
袖下
=2针长针并1针
=3针长针并1针
=4针长针并1针

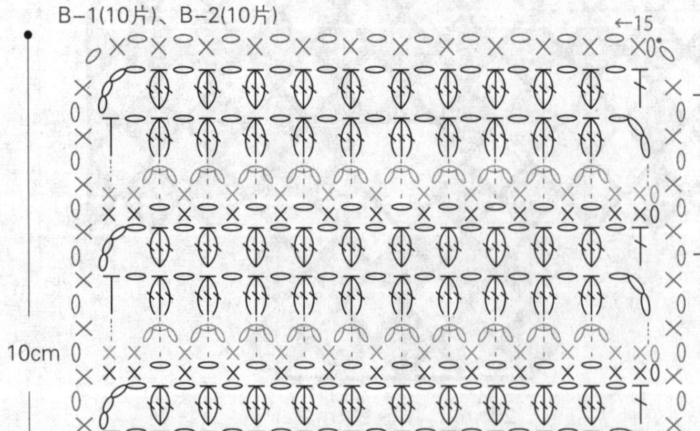

B-1(10片)、B-2(10片)
10cm
锁(23针)
10cm

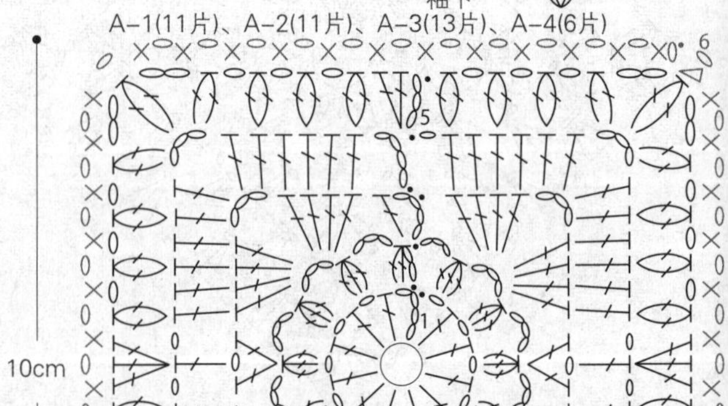

A-1(11片)、A-2(11片)、A-3(13片)、A-4(6片)
10cm
10cm

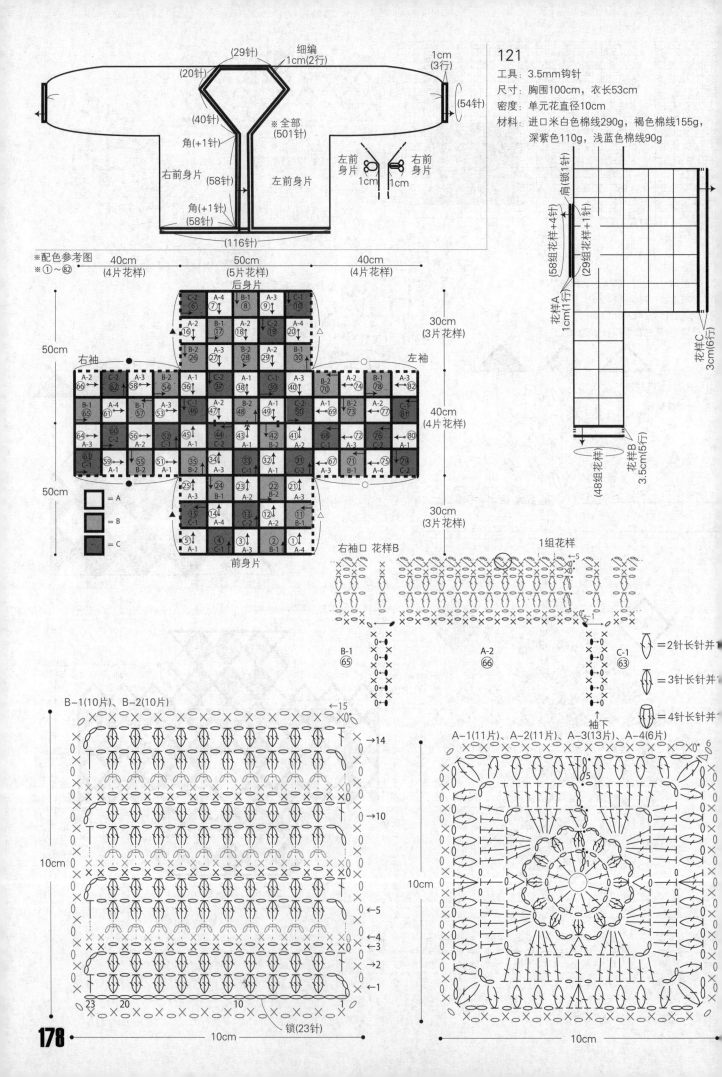

领口连接方法

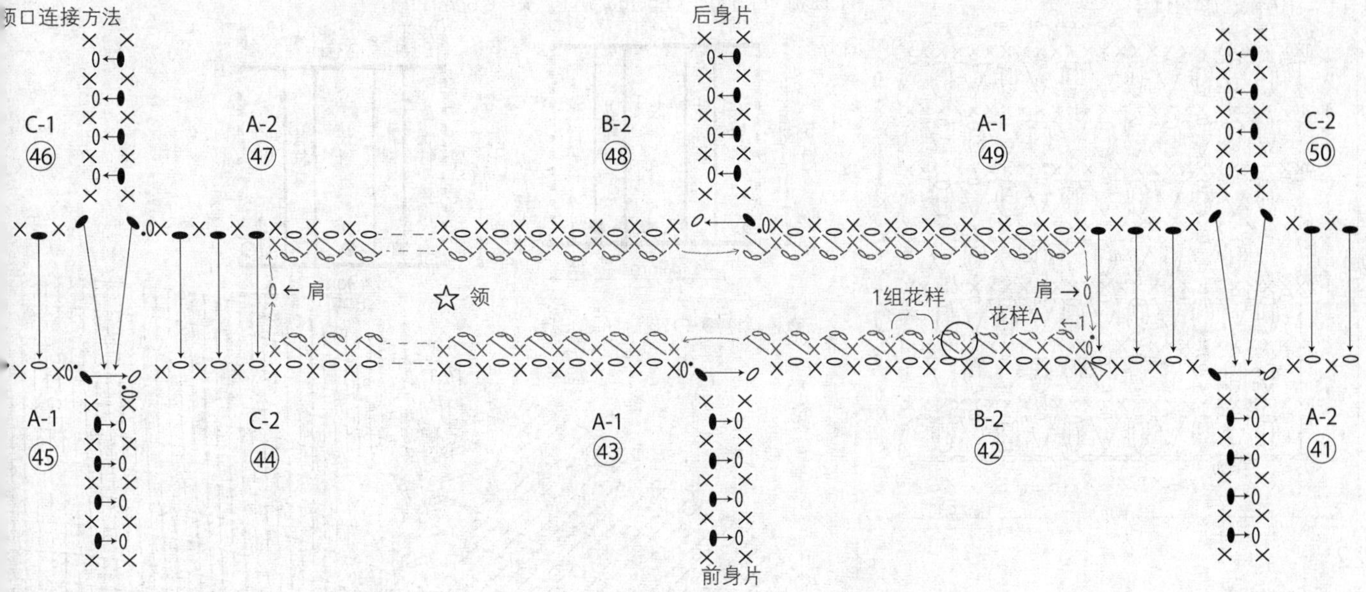
后身片
C-1 ㊻
A-2 ㊼
B-2 ㊽
A-1 ㊾
C-2 ㊿
肩
☆ 领
1组花样
花样A
A-1 ㊺
C-2 ㊹
A-1 ㊸
B-2 ㊷
A-2 ㊶
前身片

身片单元花连接方法

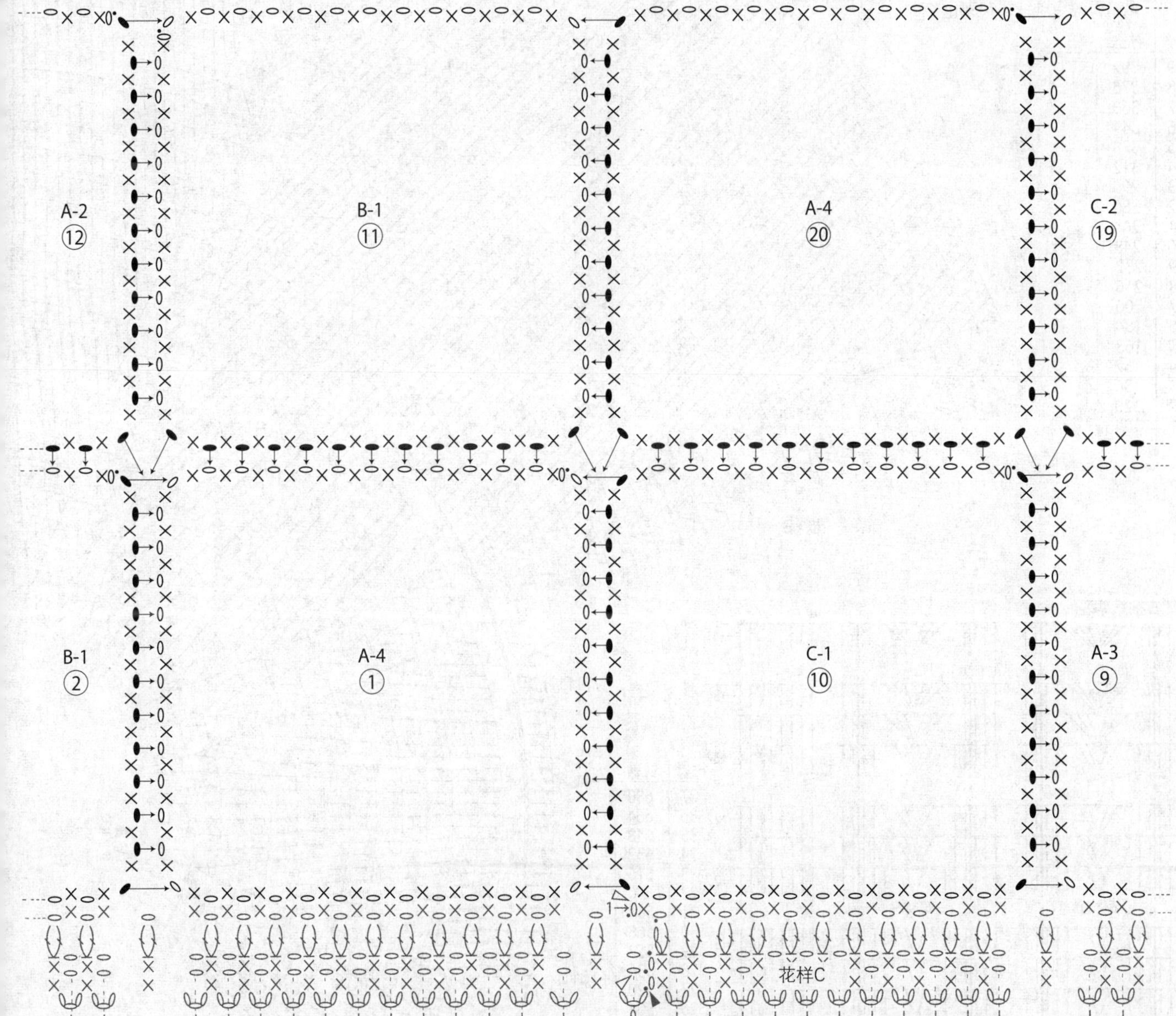
A-2 ⑫
B-1 ⑪
A-4 ⑳
C-2 ⑲
B-1 ②
A-4 ①
C-1 ⑩
A-3 ⑨
花样C
1组花样

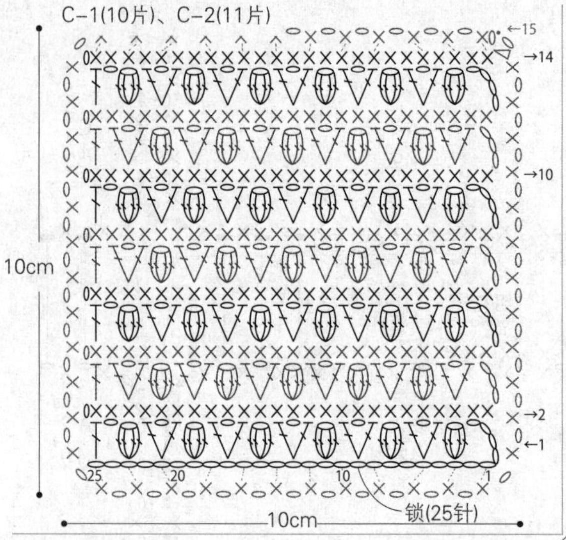
C-1(10片)、C-2(11片)
←15
→14
→10
10cm
→2
←1
25
20
10
1
10cm
锁(25针)

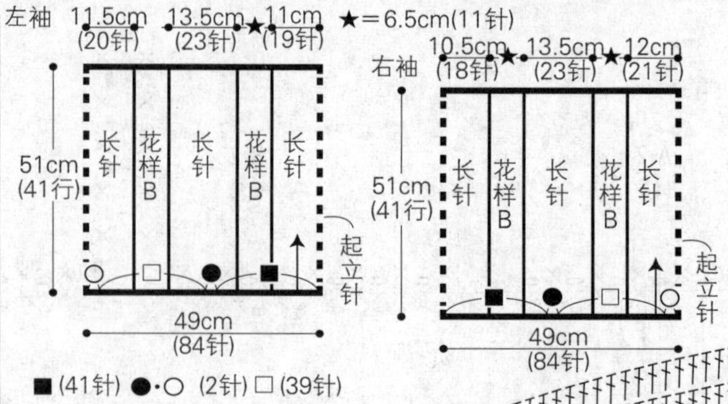
左袖
11.5cm (20针)
13.5cm (23针)
11cm (19针)
★=6.5cm(11针)
51cm (41行)
长针
花样B
长针
花样B
长针
起立针
49cm (84针)
右袖
10.5cm (18针)
13.5cm (23针)
12cm (21针)
51cm (41行)
长针
花样B
长针
花样B
长针
起立针
49cm (84针)
■(41针) ●·○ (2针) □(39针)

122

工具：5.0mm钩针

尺寸：如图

密度：17针×8行

材料：进口墨绿色羊绒线1090g

行数	针数	
19	392	每行(+16针)
18	376	
17	360	
16	344	
15	328	
14	312	
13	296	
12	280	
11	264	
10	248	
9	232	
8	216	
7	200	
6	184	
5	168	
4	152	
3	136	
2	120	
1	104	(−16针)

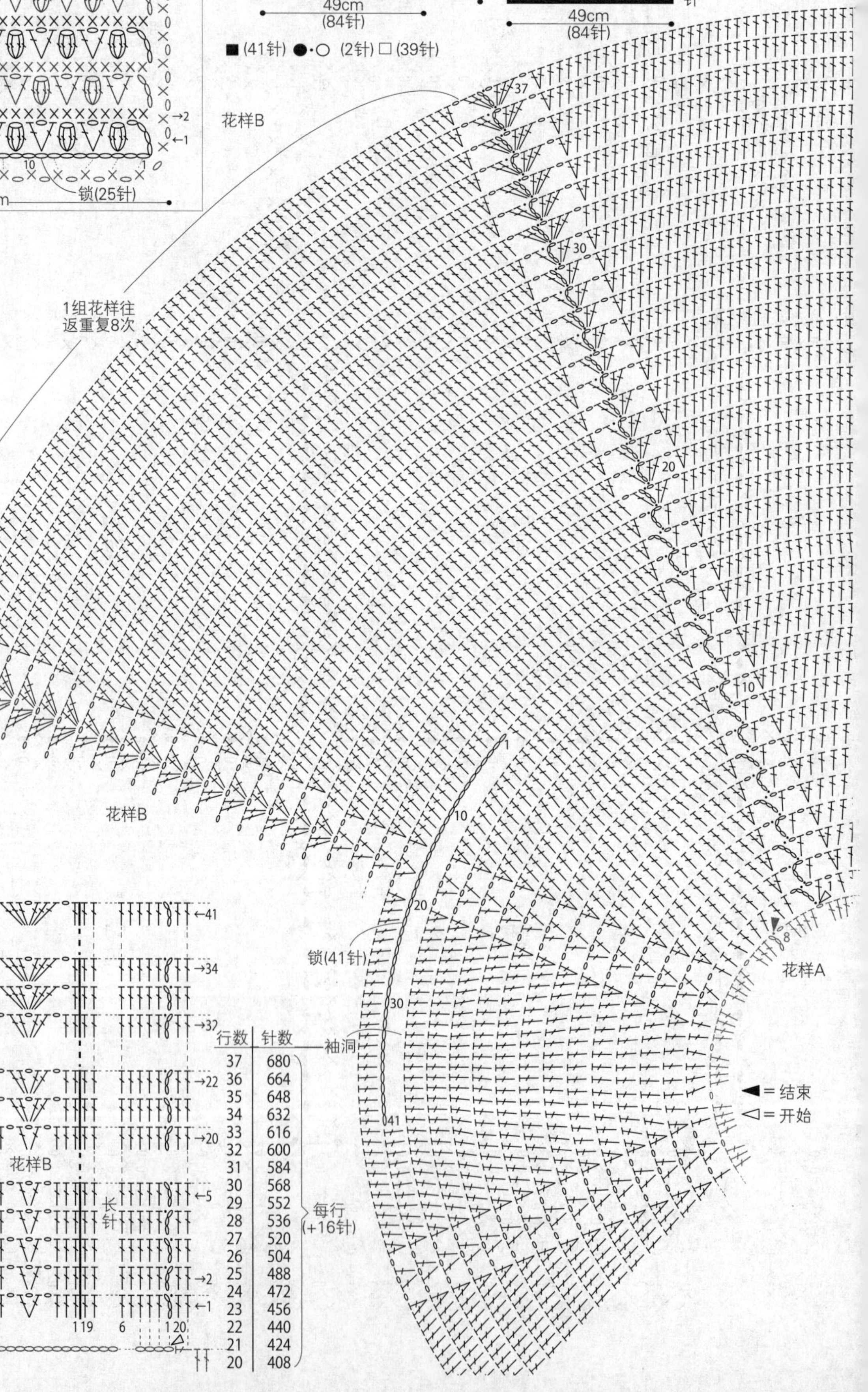
花样B
37
30
1组花样往返重复8次
20
10
花样B
1
10
20
锁(41针)
30
袖洞
41
8
花样A
◀=结束
◁=开始

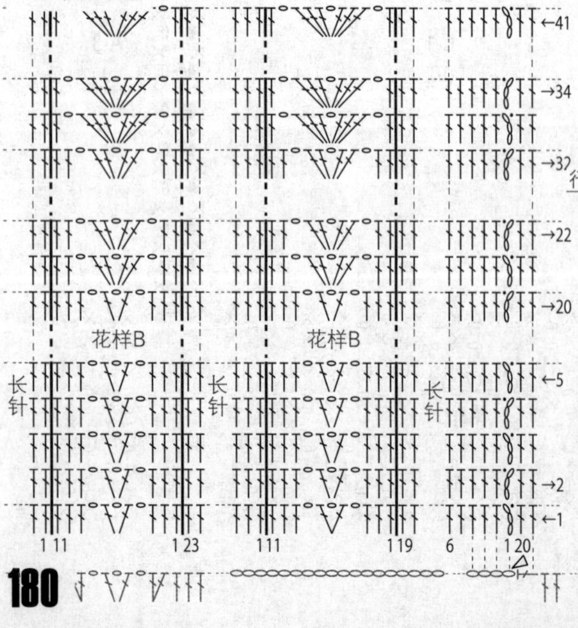
左右袖编织图
←41
→34
→37
→22
→20
花样B
花样B
长针
长针
长针
←5
→2
←1
1 11
1 23
1 11
1 19
6
1 20

行数	针数	
37	680	每行(+16针)
36	664	
35	648	
34	632	
33	616	
32	600	
31	584	
30	568	
29	552	
28	536	
27	520	
26	504	
25	488	
24	472	
23	456	
22	440	
21	424	
20	408	

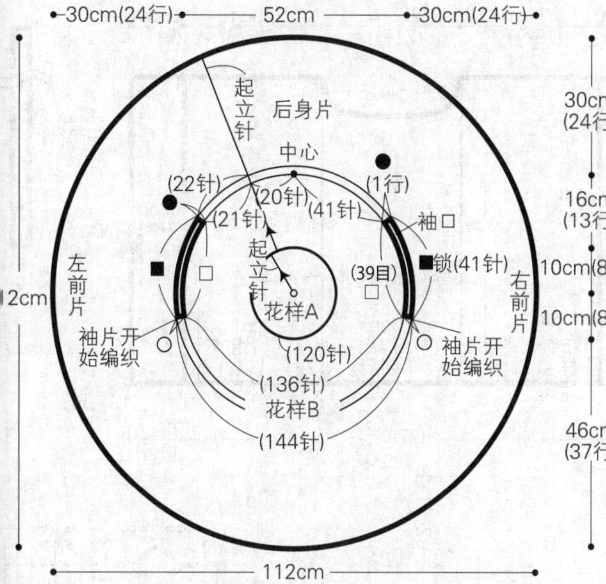

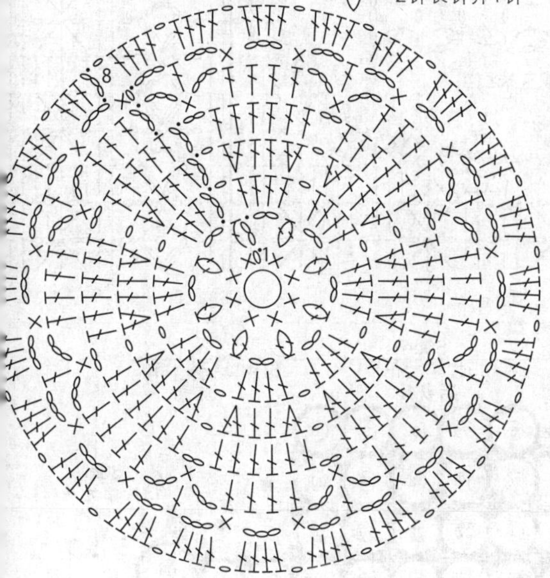

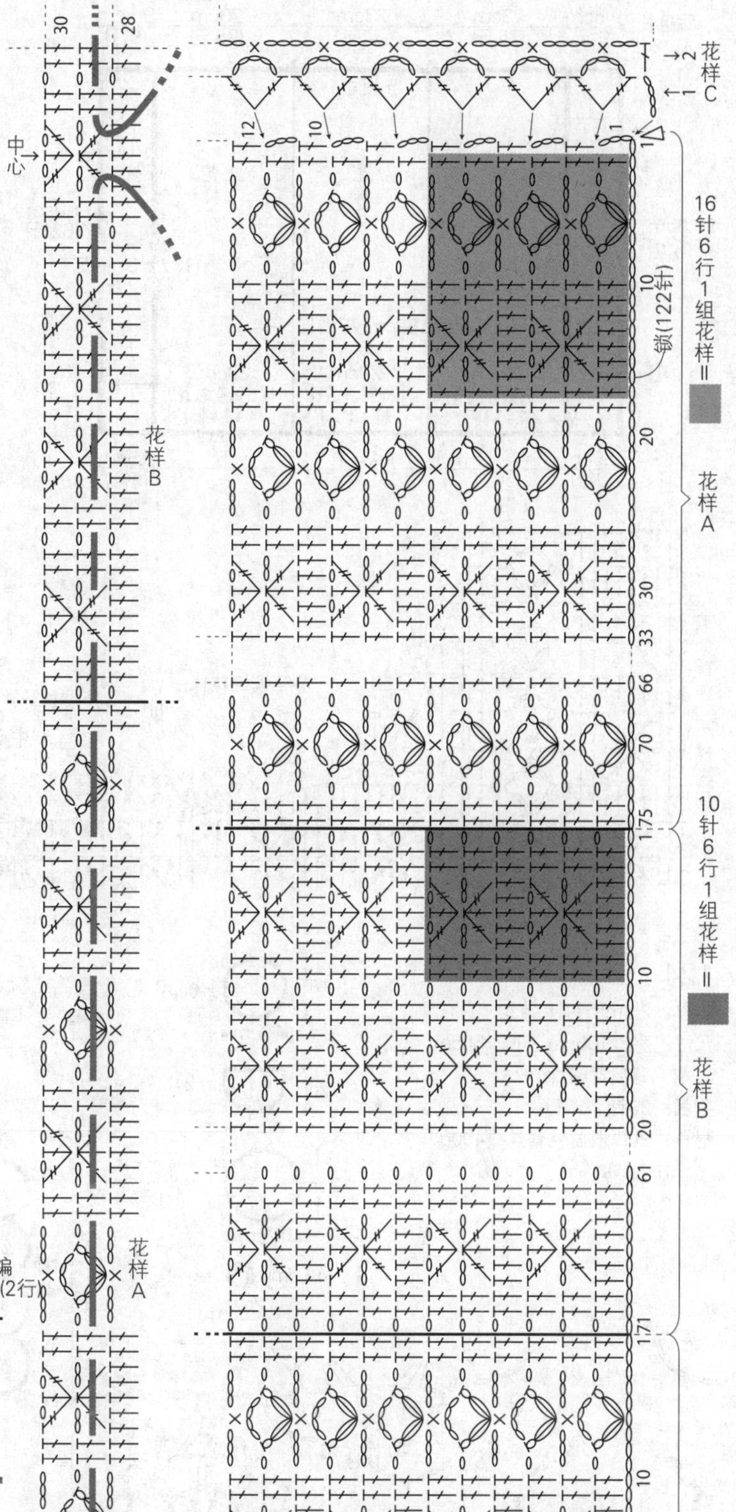

23

具：2.3mm钩针

寸：衣长59.5cm，背肩宽44cm

度：花样A：32.5针×12.5行

花样B：32.5针×12.5行

花样C：31.5针×10行

料：进口极细深蓝色蕾丝线250g

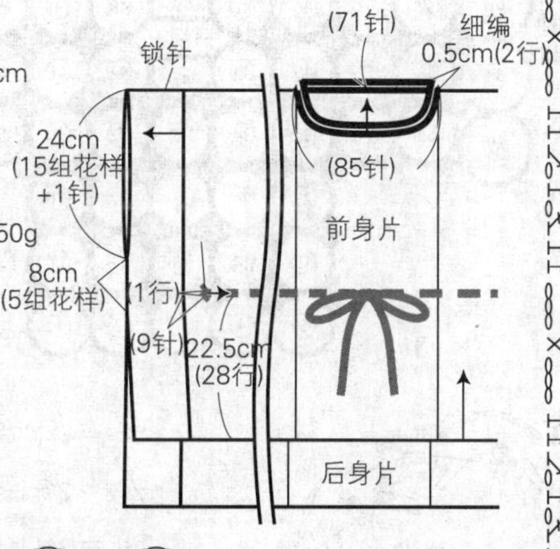

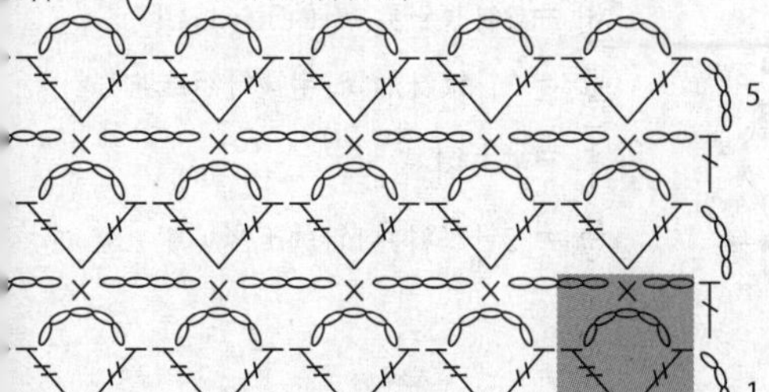

= 长长针　　= 5针2行1组花样

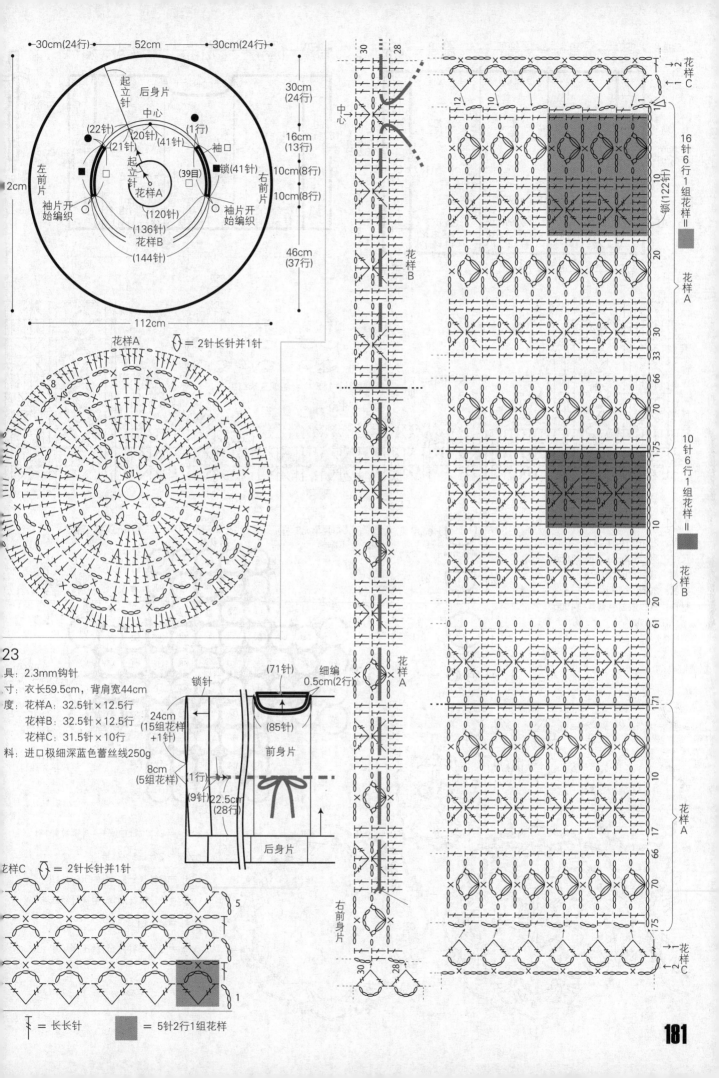

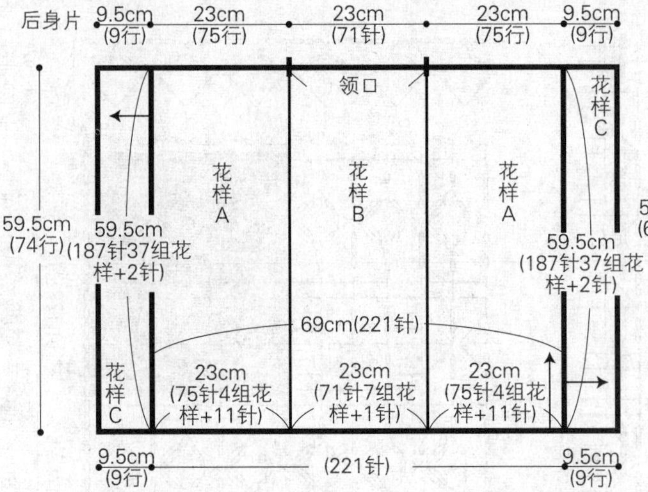
后身片
9.5cm (9行)
23cm (75行)
23cm (71针)
23cm (75行)
9.5cm (9行)
领口
花样C
花样A
花样B
花样A
59.5cm (74行)
59.5cm (187针37组花样+2针)
59.5cm (187针37组花样+2针)
69cm(221针)
23cm (75针4组花样+11针)
23cm (71针7组花样+1针)
23cm (75针4组花样+11针)
9.5cm (9行)
(221针)
9.5cm (9行)

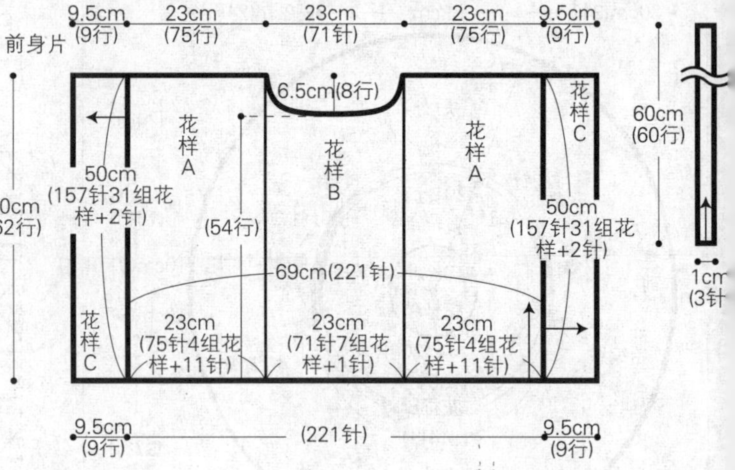
前身片
9.5cm (9行)
23cm (75行)
23cm (71针)
23cm (75行)
9.5cm (9行)
6.5cm(8行)
花样A
花样B
花样A
花样C
50cm (157针31组花样+2针)
50cm (62行)
(54行)
50cm (157针31组花样+2针)
69cm(221针)
23cm (75针4组花样+11针)
23cm (71针7组花样+1针)
23cm (75针4组花样+11针)
9.5cm (9行)
(221针)
9.5cm (9行)
60cm (60行)
1cm (3针)

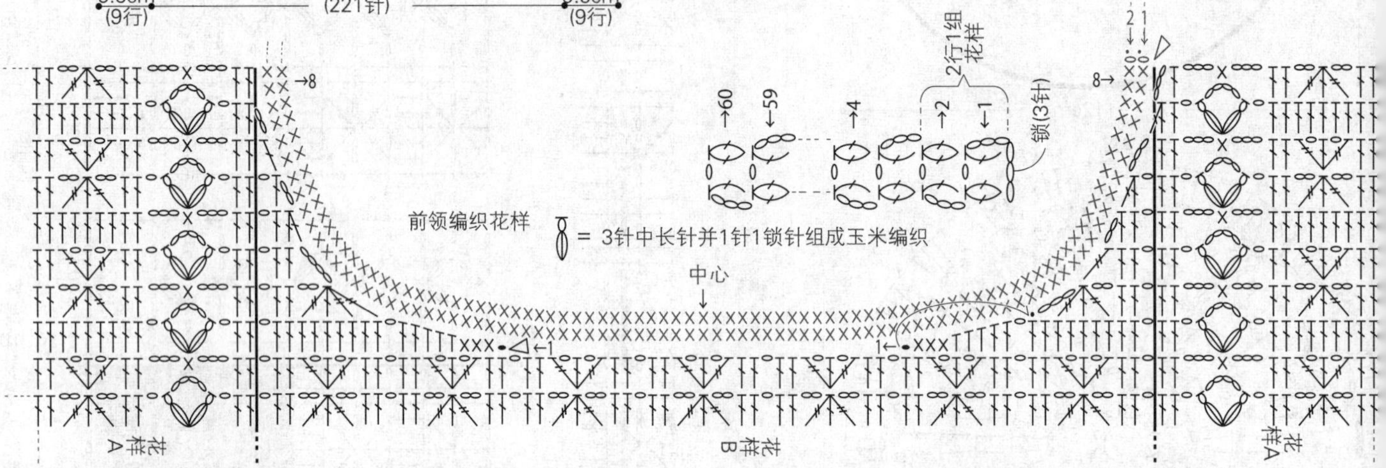
2行1组花样
锁(3针)
前领编织花样
= 3针中长针并1针1锁针组成玉米编织
中心
花样A
花样B
花样A

124

工具：2.3mm钩针

尺寸：胸围100cm，衣长50cm，背肩宽57cm

密度：30针×15行

材料：进口淡蓝色蕾丝线400g

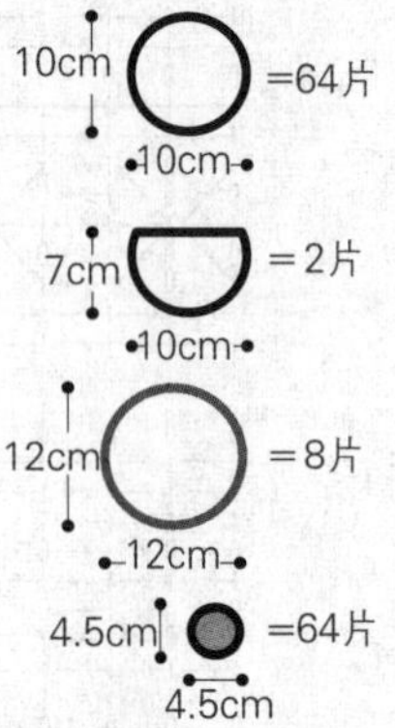
10cm
10cm
=64片
7cm
10cm
=2片
12cm
12cm
=8片
4.5cm
4.5cm
=64片

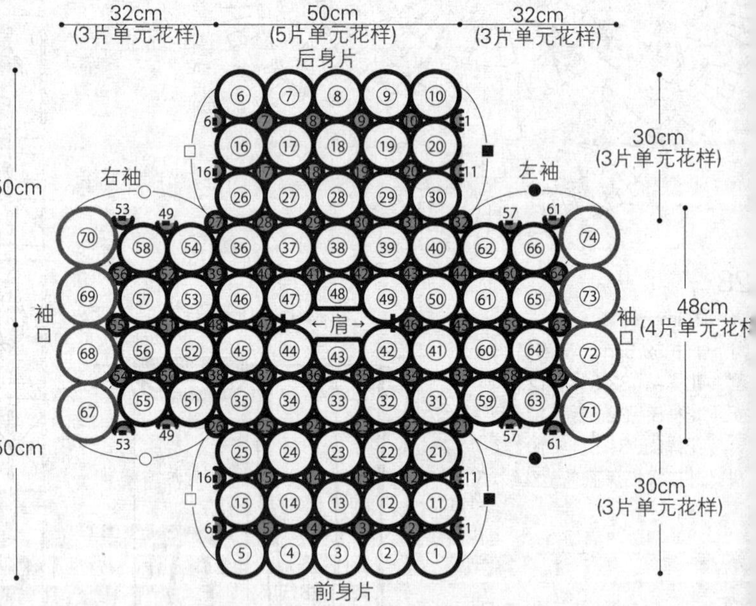
32cm (3片单元花样)
50cm (5片单元花样)
32cm (3片单元花样)
后身片
右袖
左袖
50cm
50cm
袖口
袖口
肩
30cm (3片单元花样)
48cm (4片单元花样)
30cm (3片单元花样)
前身片

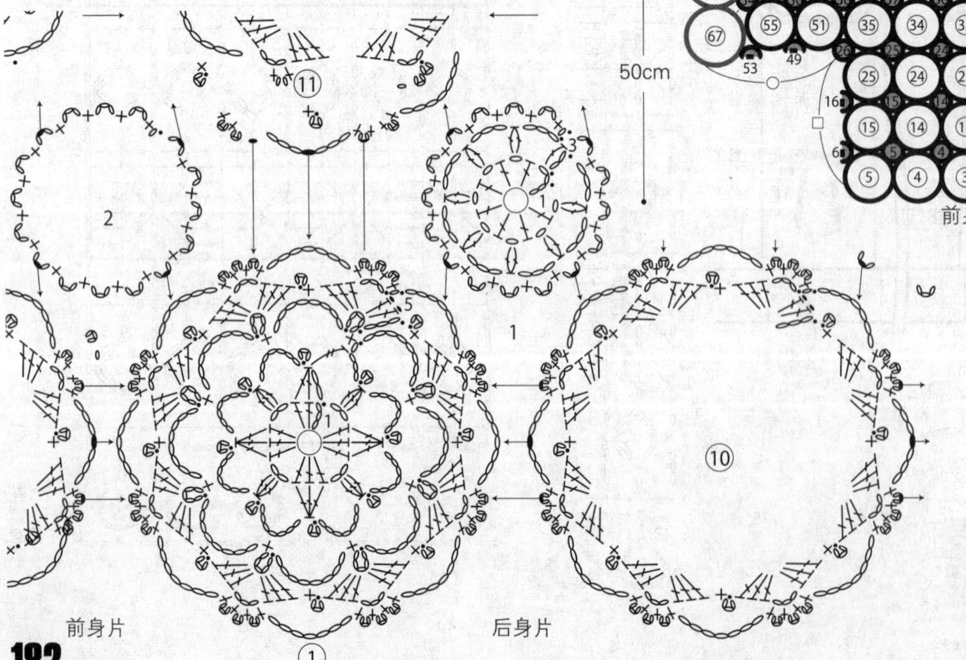
前身片
后身片

— = 2针短针中间夹1针锁针并1针

— = 3针长针并1针

— = 3针长针并1针的玉米编织

— = 3针锁针加1针引拔针组成狗牙针

— = 长长针

— = 2针长针并1针的玉米编织

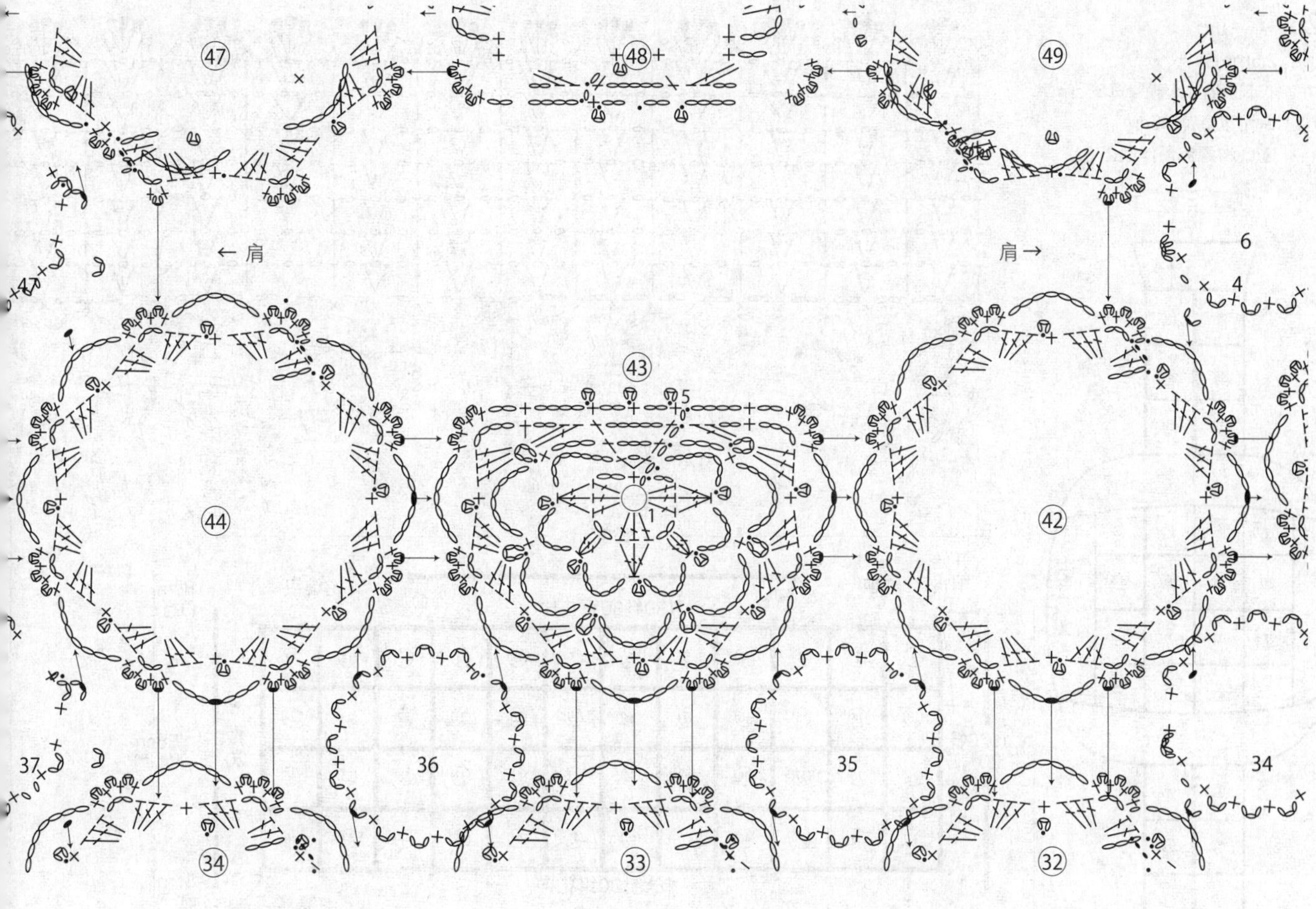
47
48
49
← 肩
肩 →
6
4
47
43
5
1
44
42
37
36
35
34
34
33
32

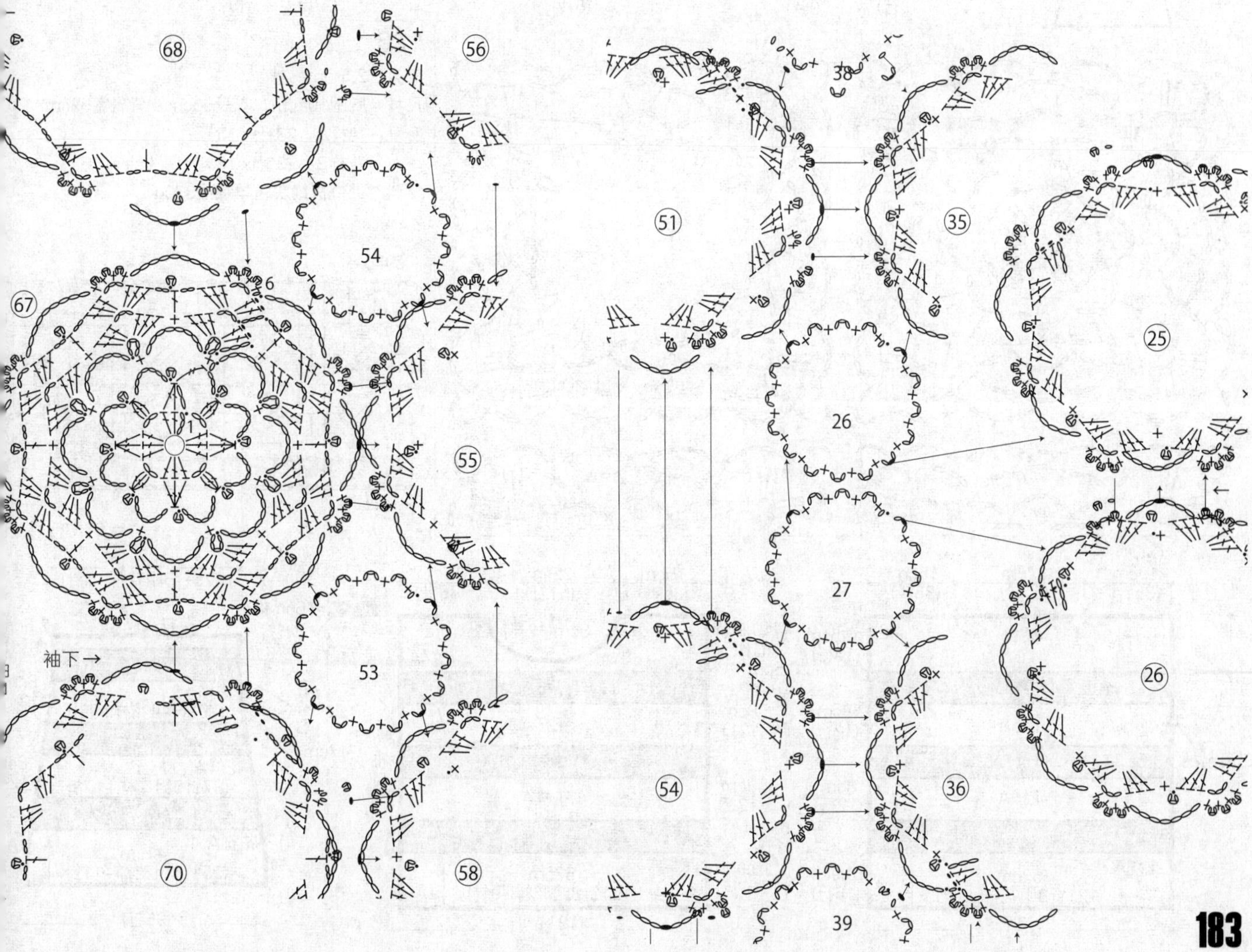
68
56
38
51
35
54
6
67
1
55
25
26
27
26
袖下 →
53
54
36
70
58
39

125

工具：2.5mm钩针

尺寸：衣长46cm，背肩宽65cm

密度：单元花直径9.5cm

材料：进口浅蓝色蕾丝线270g

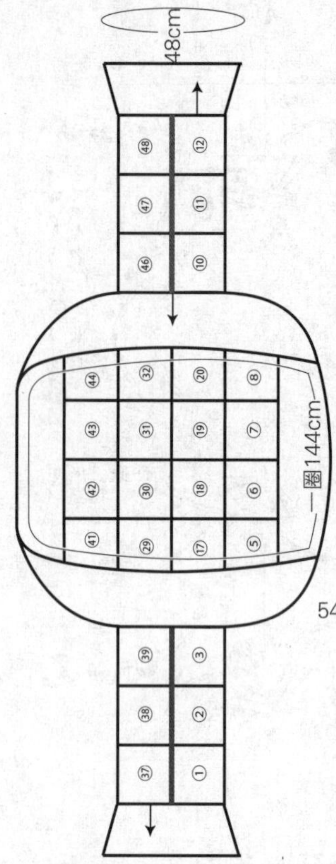

48cm
一圈144cm

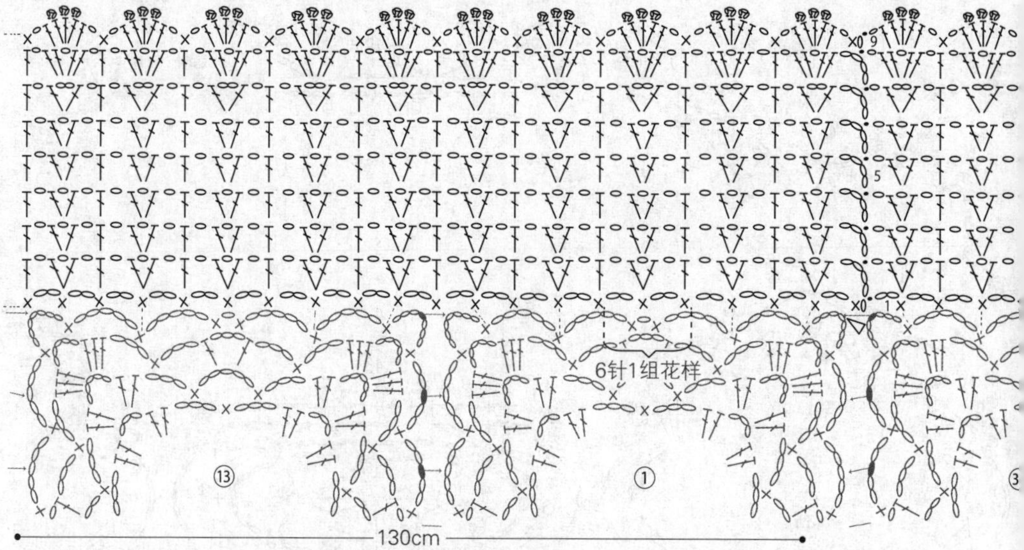

6针1组花样
130cm

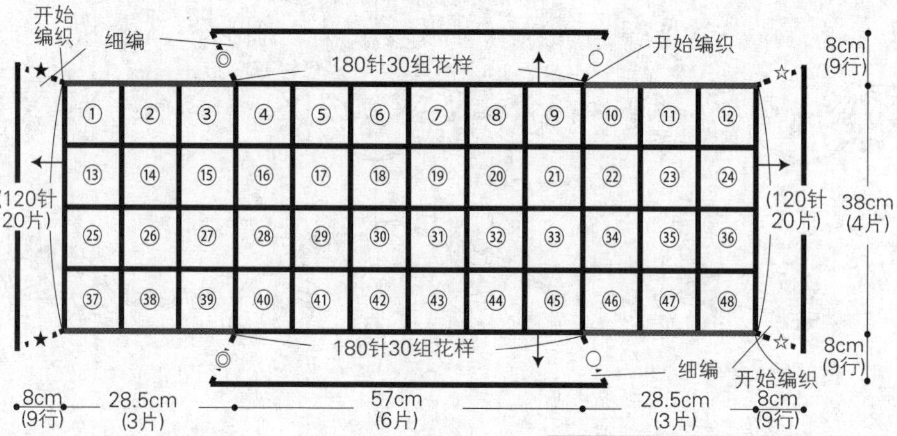

开始编织
细编
180针30组花样
开始编织
8cm (9行)
54cm (120针 20片)
(120针 20片)
38cm (4片)
180针30组花样
细编
开始编织
8cm (9行)
8cm (9行)
28.5cm (3片)
57cm (6片)
28.5cm (3片)
8cm (9行)

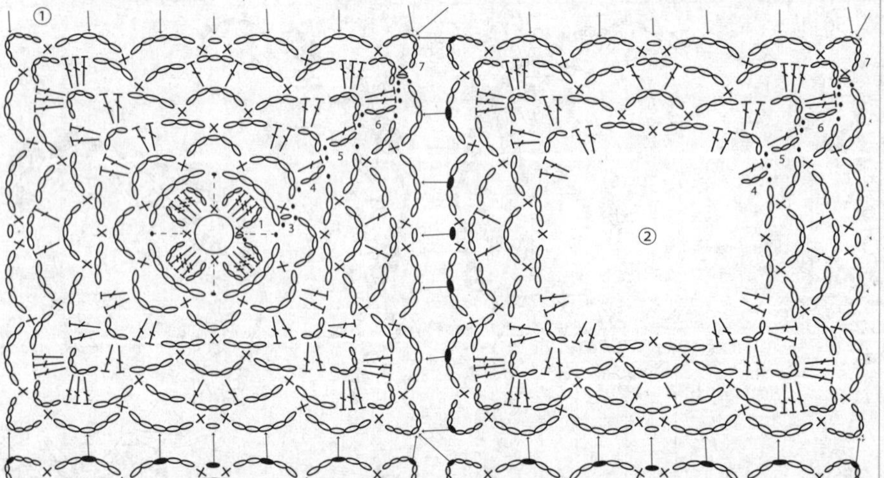

126

工具：2.5mm钩针

尺寸：胸围104cm，衣长55cm，背肩宽52cm

密度：花样A：23针×15行

花样B：23针×13.5行

材料：进口极细灰色羊绒线370g

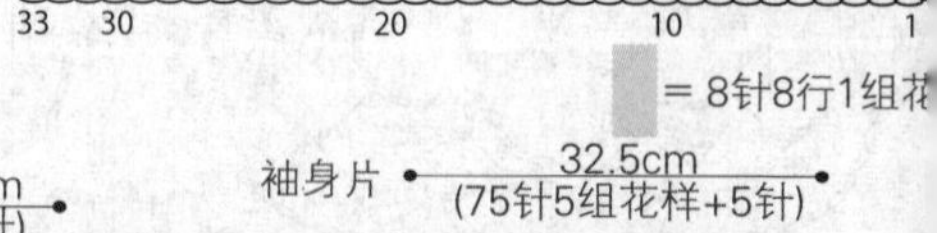

花样B
33
30
20
10
1
= 8针8行1组花

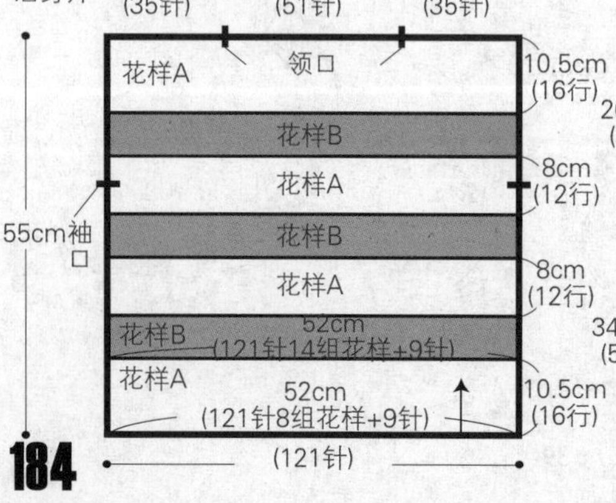

后身片
15cm (35针)
22cm (51针)
15cm (35针)
花样A
领口
10.5cm (16行)
花样B
花样A
8cm (12行)
55cm
袖口
花样B
花样A
8cm (12行)
52cm
花样B
(121针14组花样+9针)
花样A
52cm
(121针8组花样+9针)
10.5cm (16行)
(121针)

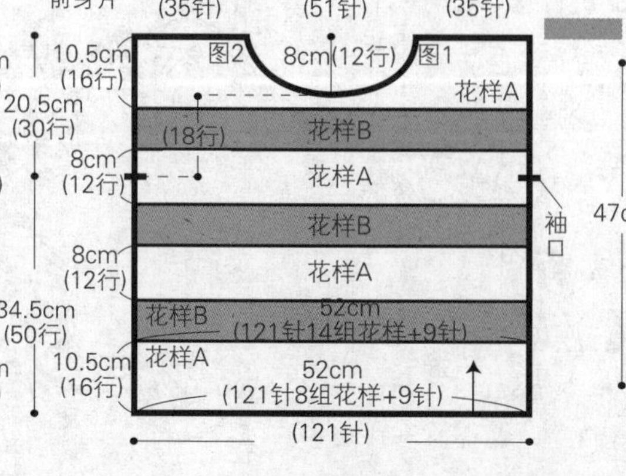

前身片
15cm (35针)
22cm (51针)
15cm (35针)
= 6cm(8行)
10.5cm (16行)
图2
8cm(12行)
图1
花样A
20.5cm (30行)
(18行)
花样B
8cm (12行)
花样A
袖口
花样B
8cm (12行)
花样A
34.5cm (50行)
52cm
花样B
(121针14组花样+9针)
10.5cm (16行)
花样A
52cm
(121针8组花样+9针)
(121针)

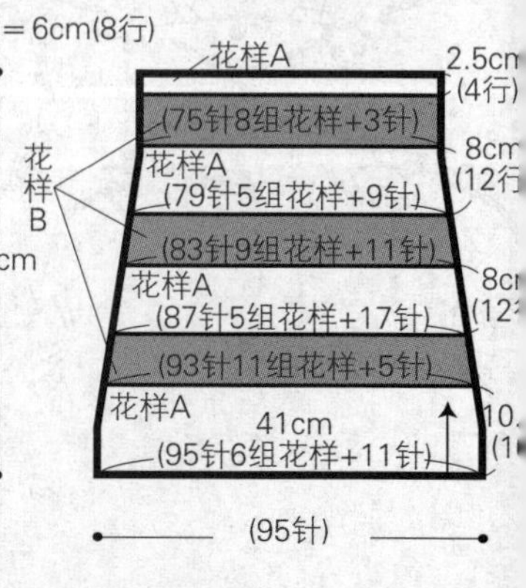

袖身片
32.5cm
(75针5组花样+5针)
花样A
2.5cm (4行)
(75针8组花样+3针)
花样B
花样A
8cm (12行)
(79针5组花样+9针)
47cm
(83针9组花样+11针)
花样A
(87针5组花样+17针)
(93针11组花样+5针)
花样A
41cm
(95针6组花样+11针)
(95针)

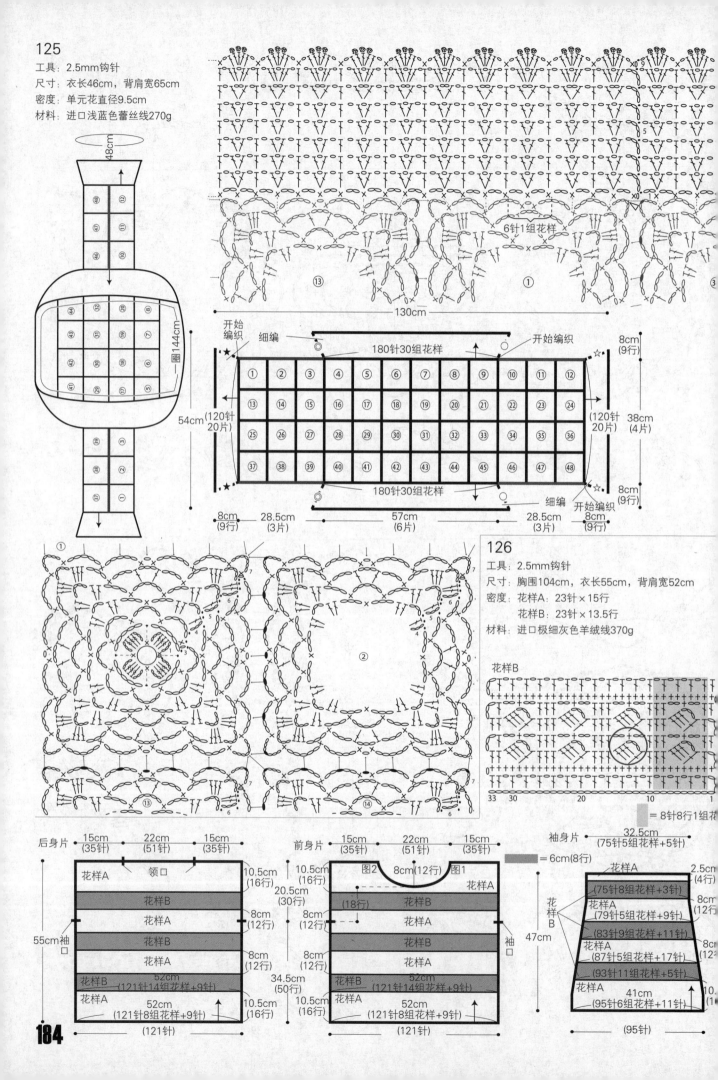

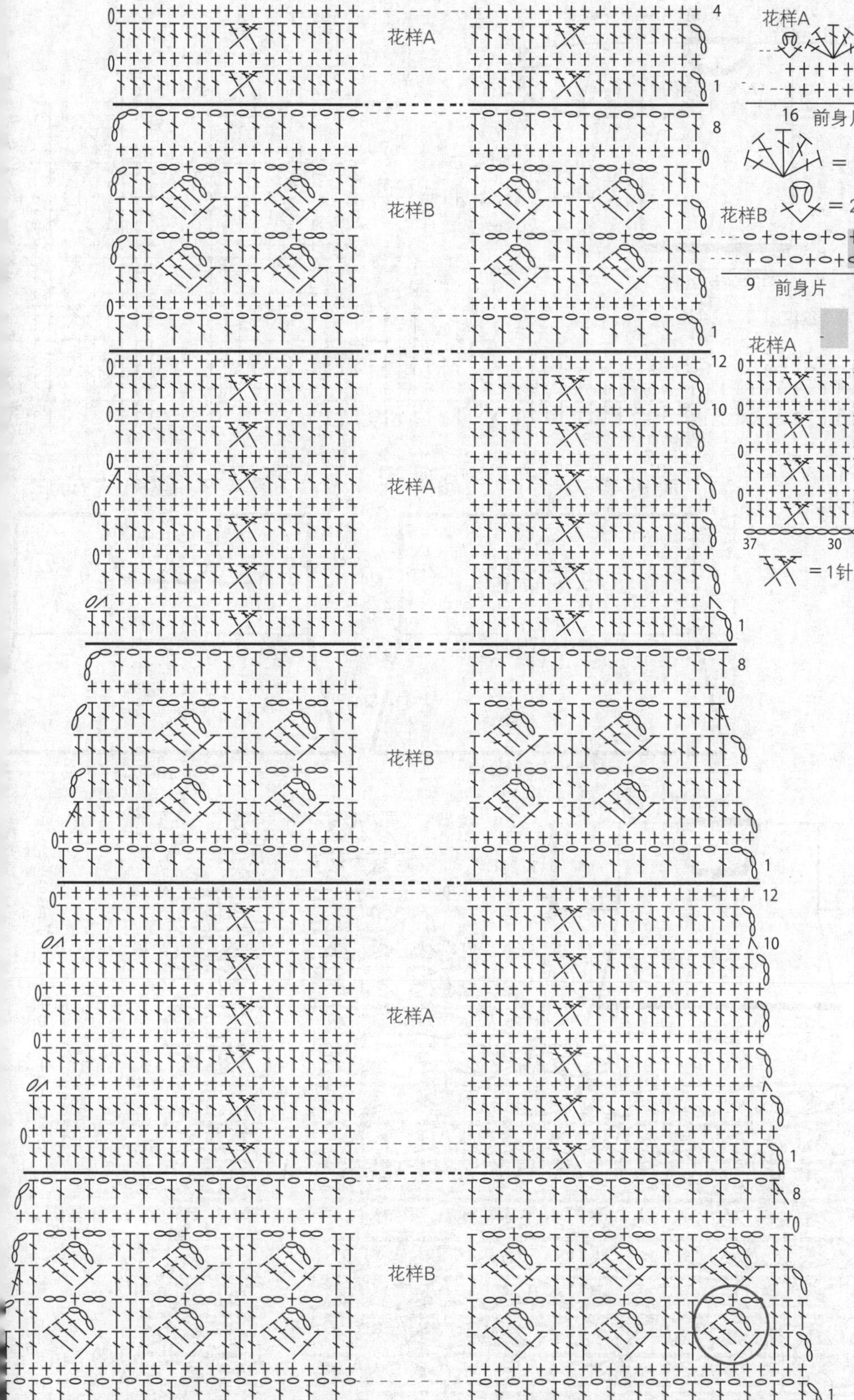
花样A
花样B
花样A
花样B
花样A
花样B
花样A
90 80 70 68
27 20 10 1
锁(95针)

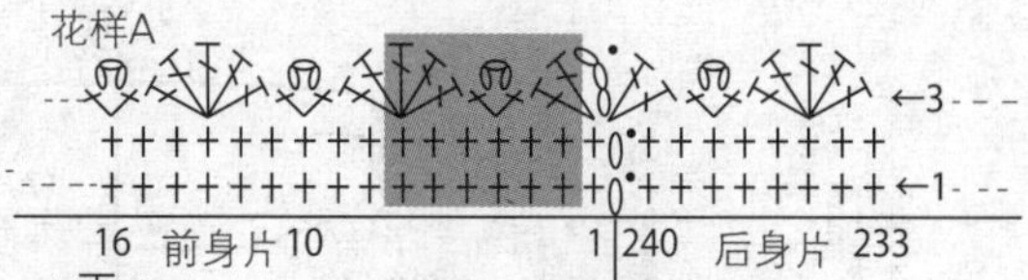
花样A
←3
←1
16 前身片 10
1 240 后身片 233

= 5针长针并1针

= 6针3行1组花样

= 2针短针夹3针锁针

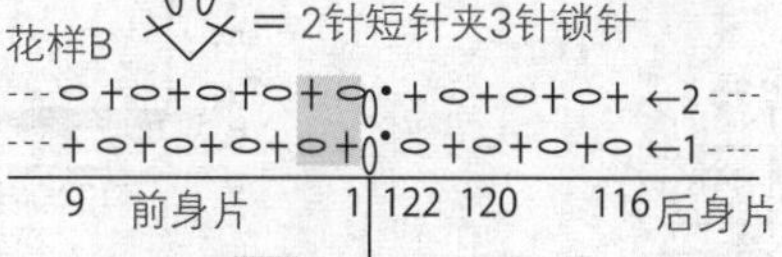
花样B
←2
←1
9 前身片
1 122 120
116 后身片

= 2针2行1组花样

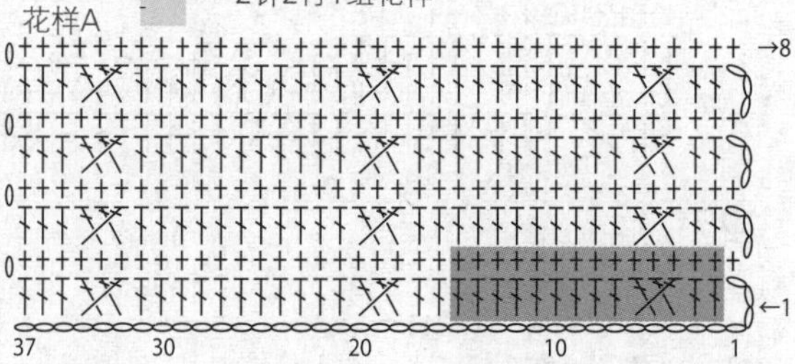
花样A
→8
←1
37 30 20 10 1

=1针长针同左上2针长针交叉

=14针2行1组花样

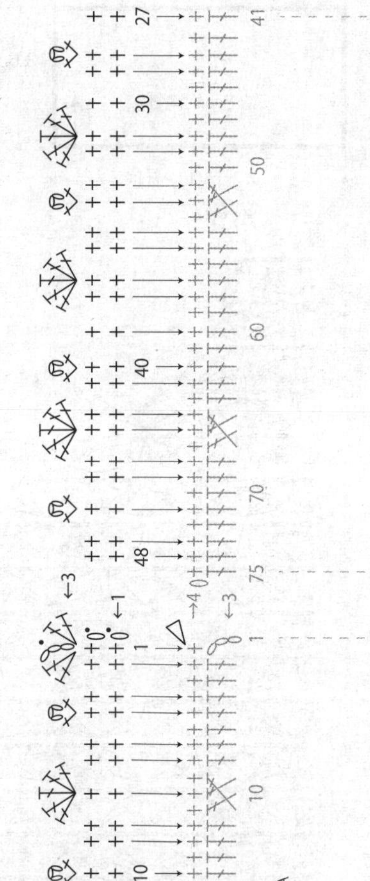
袖身片 花样A
花样A

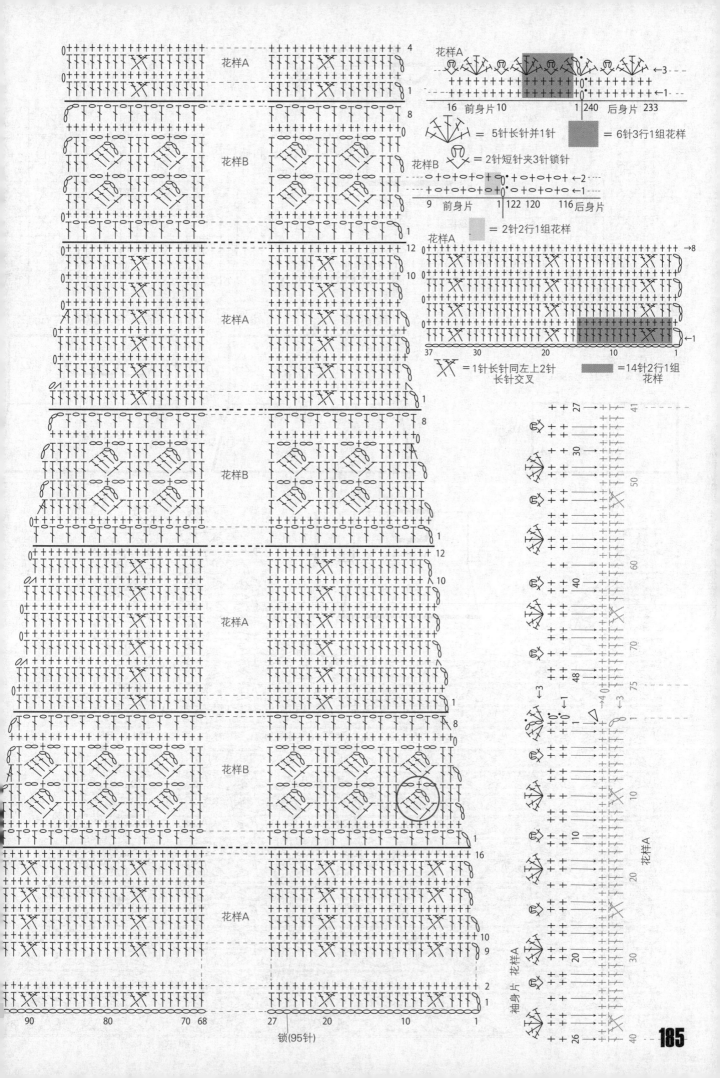

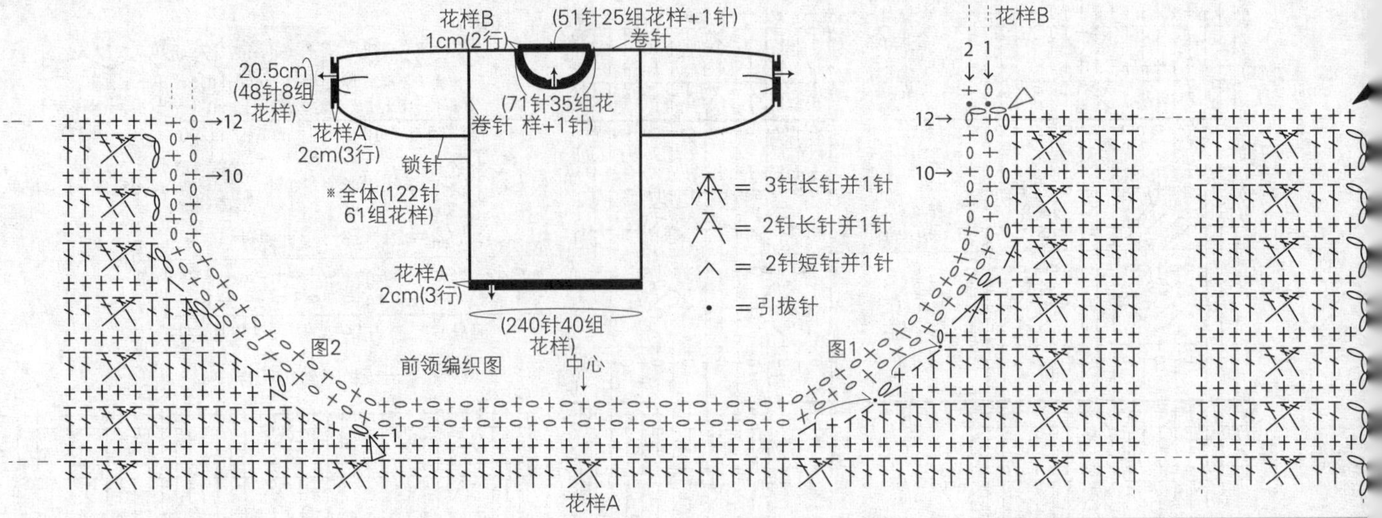

花样B
1cm(2行)
(51针25组花样+1针)
卷针
20.5cm
(48针8组
花样)
(71针35组花
样+1针)
卷针
花样A
2cm(3行)
锁针
※全体(122针
61组花样)
花样A
2cm(3行)
(240针40组
花样)
前领编织图
中心
图2
图1
花样A
花样B
= 3针长针并1针
= 2针长针并1针
= 2针短针并1针
=引拔针

127

工具：3.5mm钩针

尺寸：胸围119cm，衣长44cm

密度：27针×11行

材料：进口深蓝色蕾丝线380g

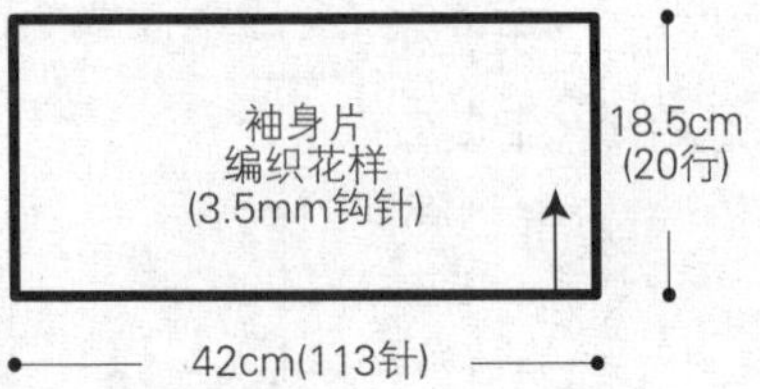

袖身片
编织花样
(3.5mm钩针)
18.5cm
(20行)
42cm(113针)

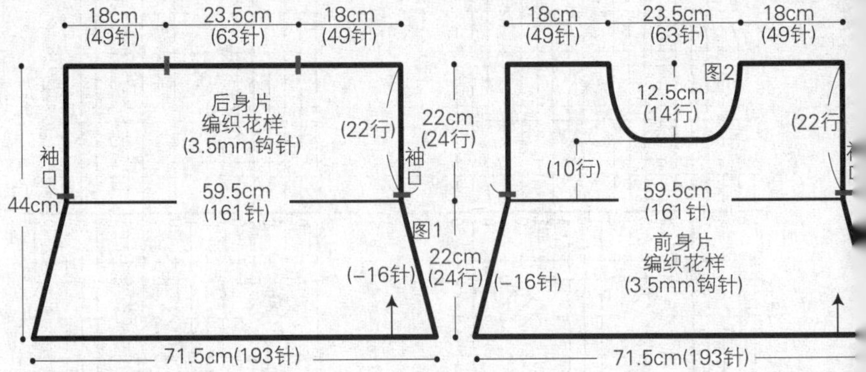

18cm
(49针)
23.5cm
(63针)
18cm
(49针)
后身片
编织花样
(3.5mm钩针)
(22行)
袖口
44cm
59.5cm
(161针)
22cm
(24行)
图1
22cm
(24行)
(−16针)
71.5cm(193针)
图2
12.5cm
(14行)
(10行)
前身片
编织花样
(3.5mm钩针)
71.5cm(193针)

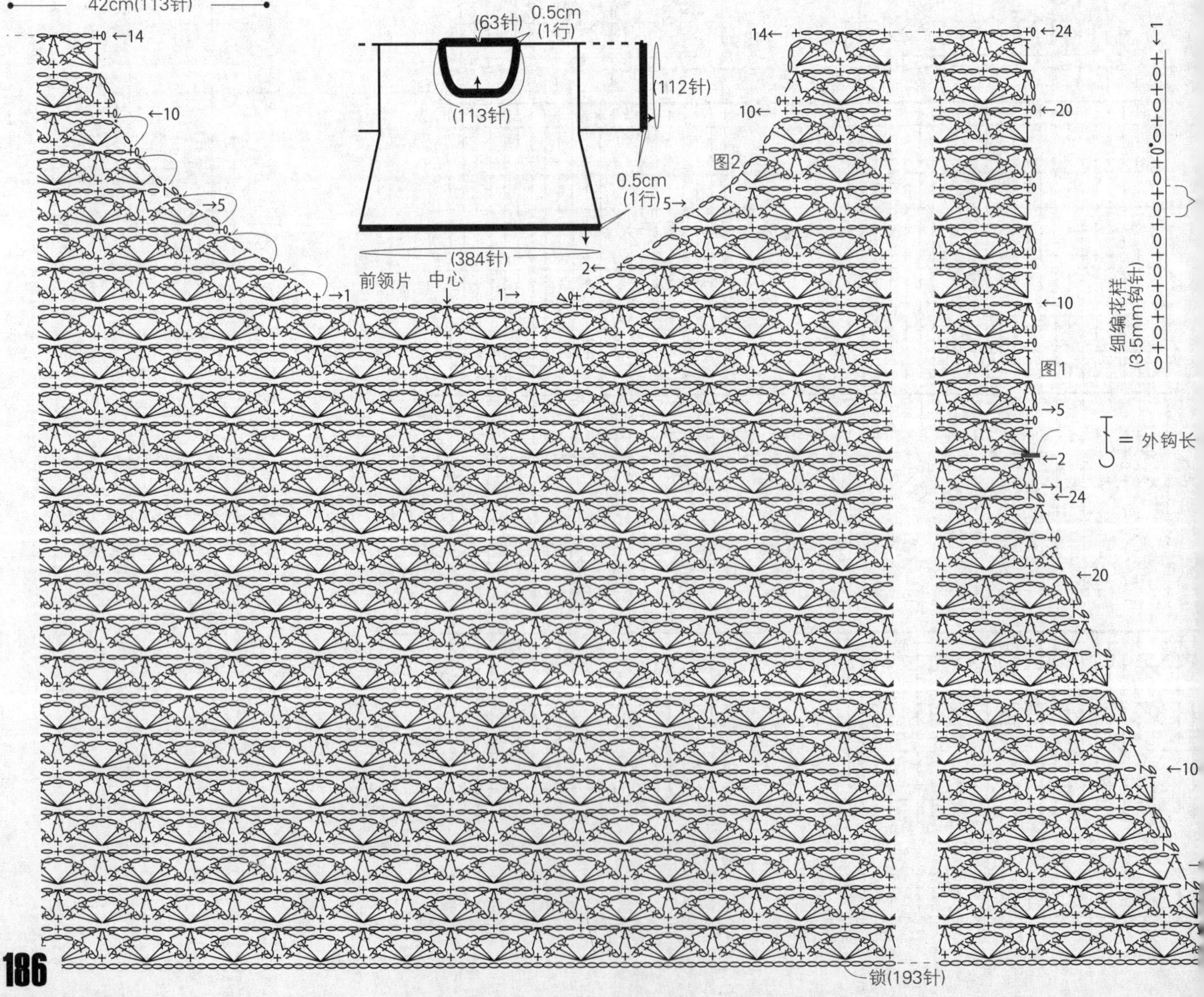

(63针)
0.5cm
(1行)
(112针)
(113针)
0.5cm
(1行)
(384针)
前领片
中心
图2
图1
细编花样
(3.5mm钩针)
= 外钩长针
锁(193针)

编织花样 (3.5mm钩针)

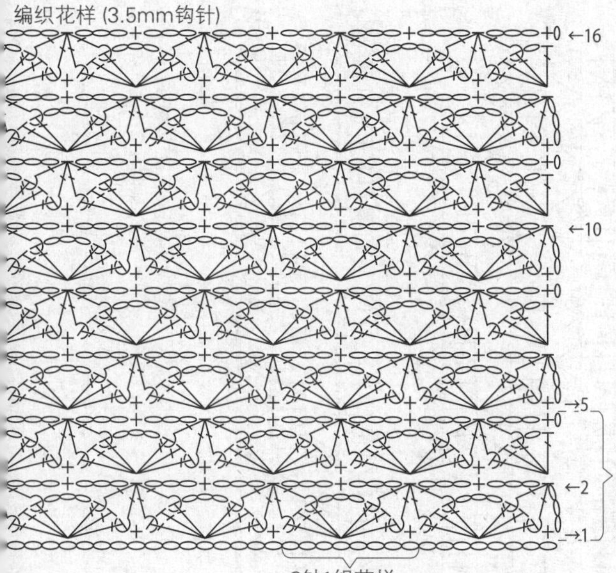

16
10
5
2
1
4行1组花样
8针1组花样

28

具：2.3mm钩针

寸：胸围94cm，衣长51cm，
袖长50cm

度：31.5针×15.5行

料：进口深蓝色蕾丝线610g

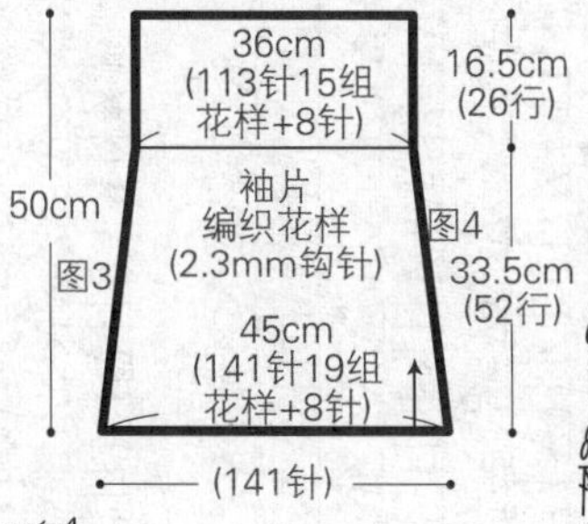

36cm
(113针15组花样+8针)
16.5cm
(26行)
50cm
袖片
编织花样
(2.3mm钩针)
图3
图4
33.5cm
(52行)
45cm
(141针19组花样+8针)
(141针)

花样A 边

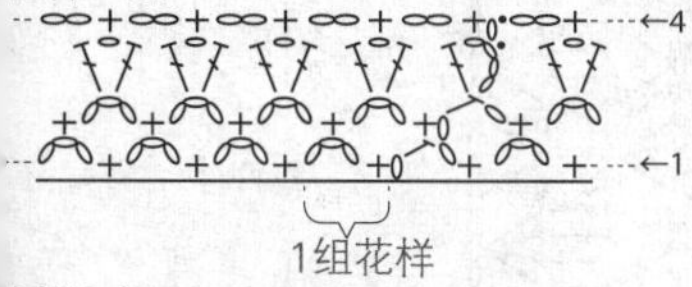

4
1
1组花样

花样A 领口

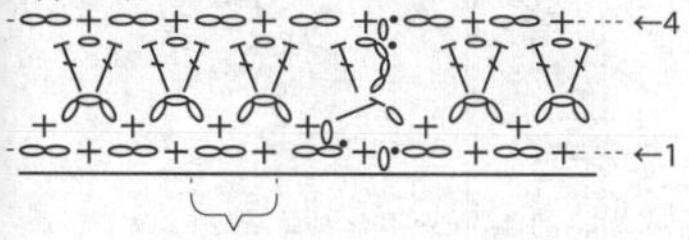

4
1
1组花样

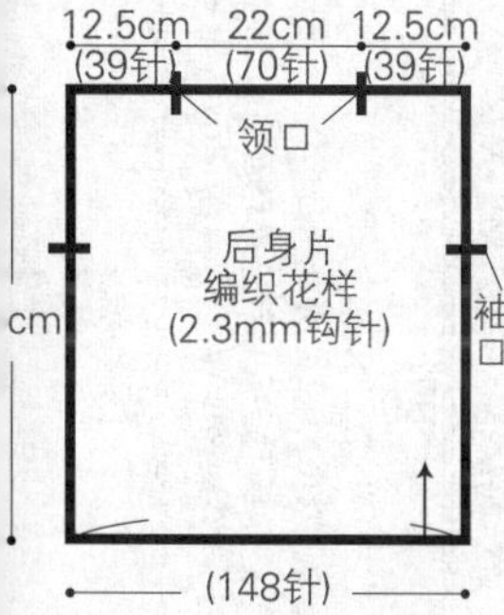

12.5cm
(39针)
22cm
(70针)
12.5cm
(39针)
领口
后身片
编织花样
(2.3mm钩针)
袖口
cm
(148针)

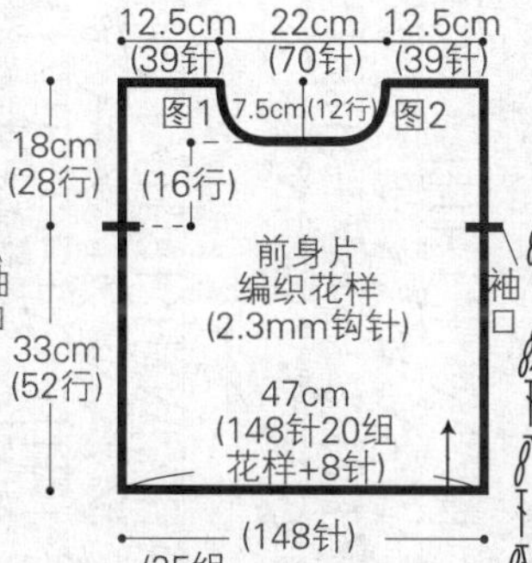

12.5cm
(39针)
22cm
(70针)
12.5cm
(39针)
图1
7.5cm(12行)
图2
18cm
(28行)
(16行)
前身片
编织花样
(2.3mm钩针)
袖口
33cm
(52行)
47cm
(148针20组花样+8针)
(148针)

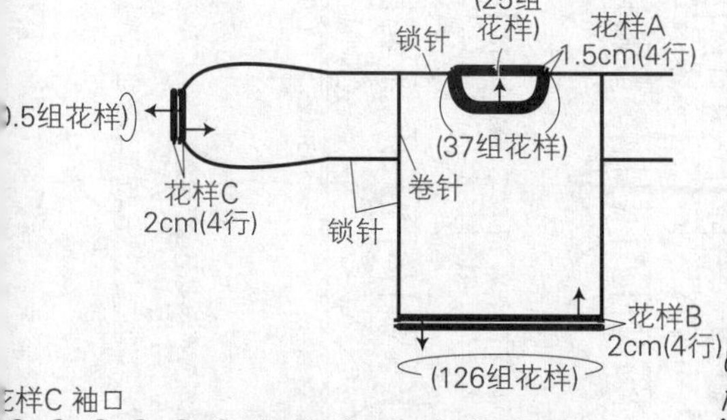

(25组花样)
锁针
花样A
1.5cm(4行)
0.5组花样)
(37组花样)
花样C
2cm(4行)
卷针
锁针
花样B
2cm(4行)
(126组花样)

花样C 袖口

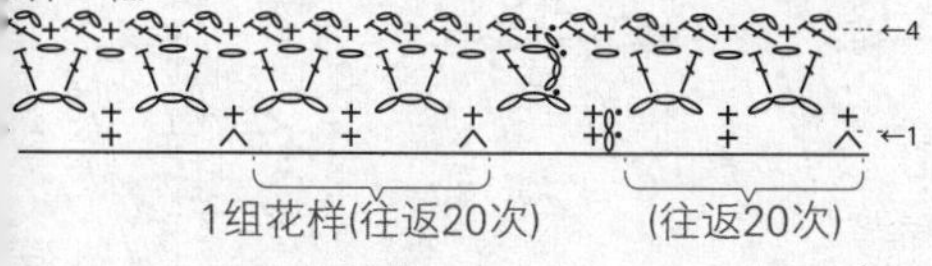

4
1
1组花样(往返20次)
(往返20次)

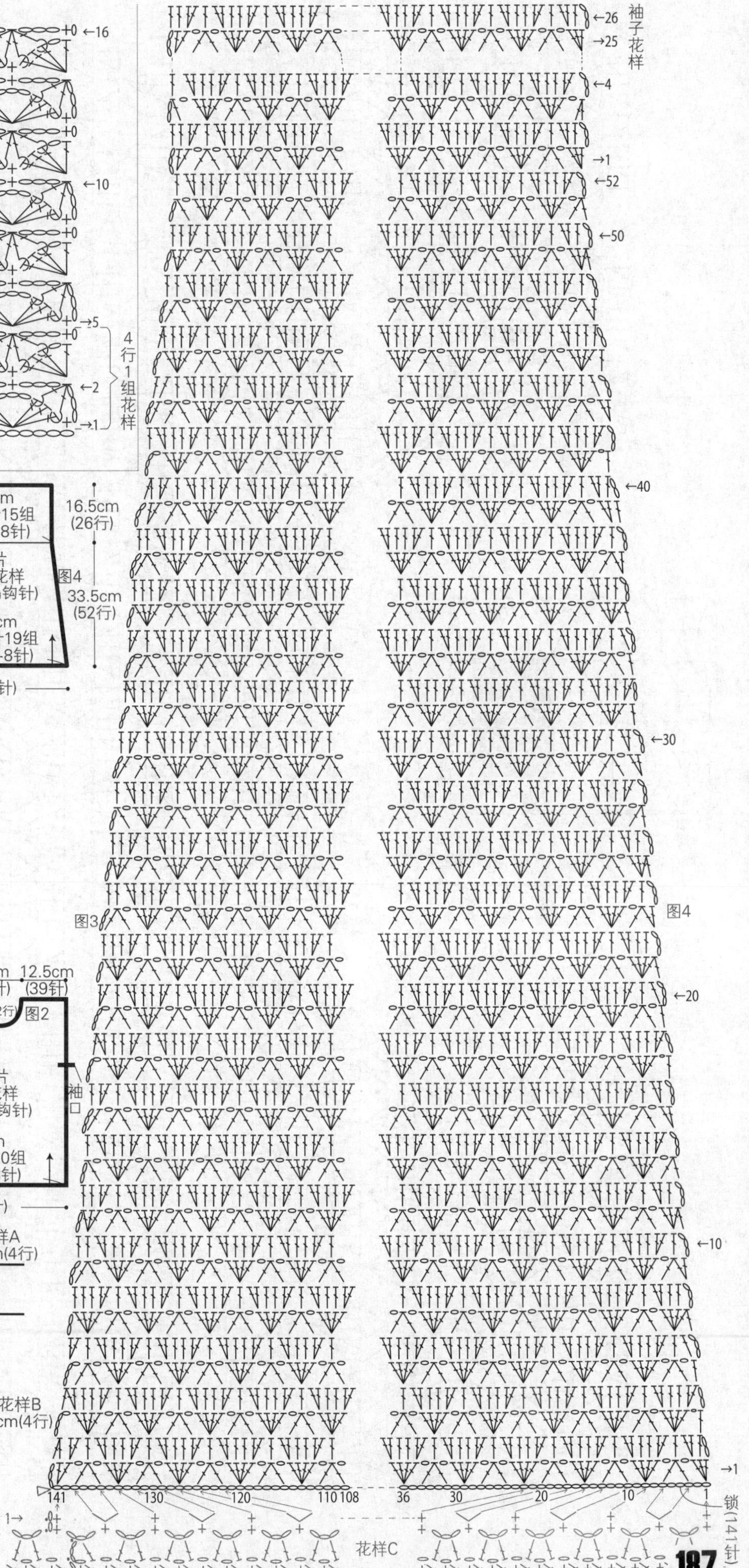

袖子花样
26
25
4
1
52
50
40
30
图3
图4
20
10
1
141
130
120
110
108
36
30
20
10
1
锁(141针)
1
花样C
4

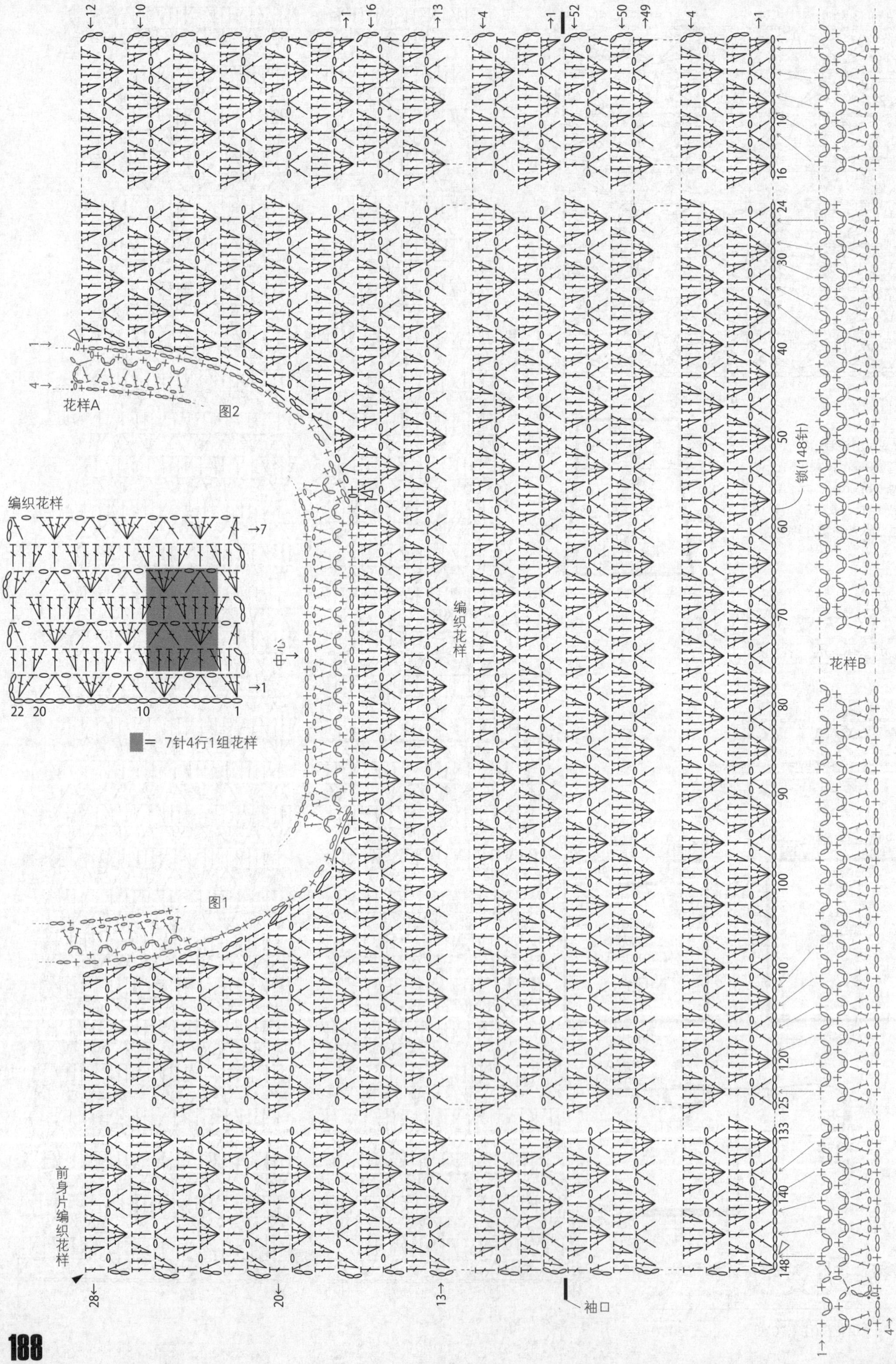

花样A
图2
编织花样
→7
→1
22 20 10 1
= 7针4行1组花样
中心
编织花样
图1
前身片编织花样
袖口
锁(148针)
花样B

29

具：2.5mm、3.0mm、3.5mm、4.0mm钩针

寸：胸围80cm，裙长77cm

度：20针×13行

料：进口褐色蕾丝线300g

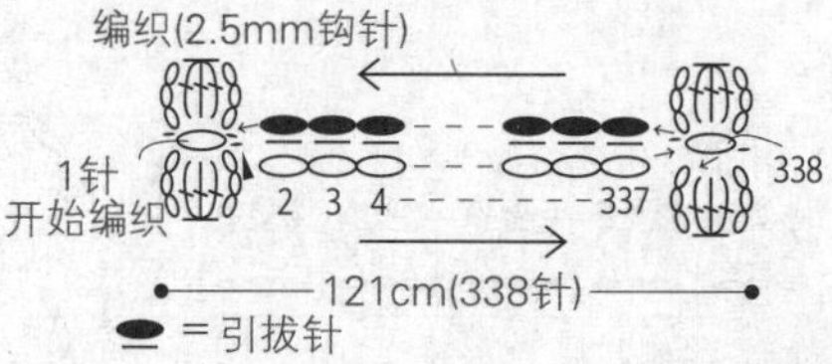

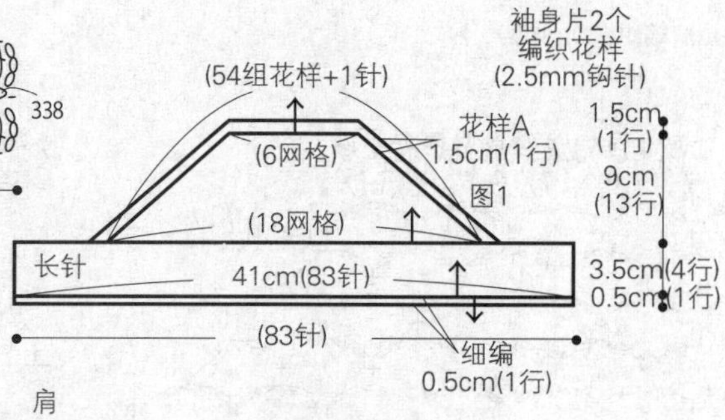

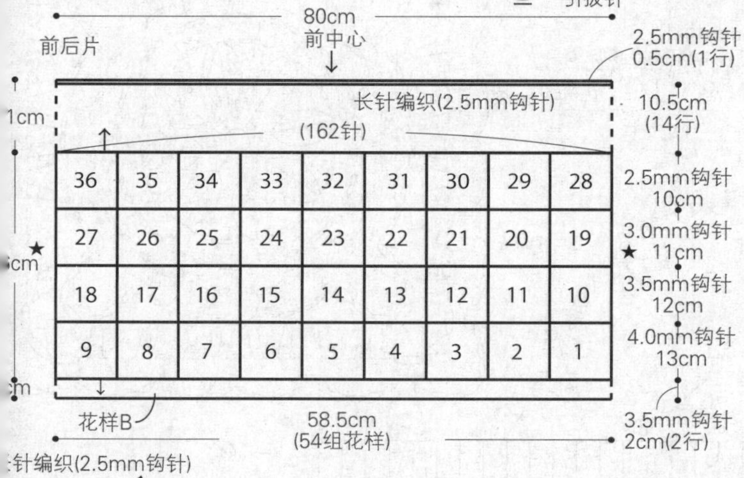

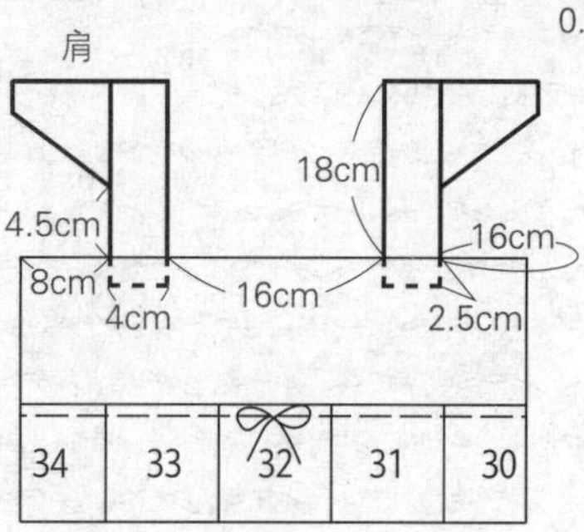

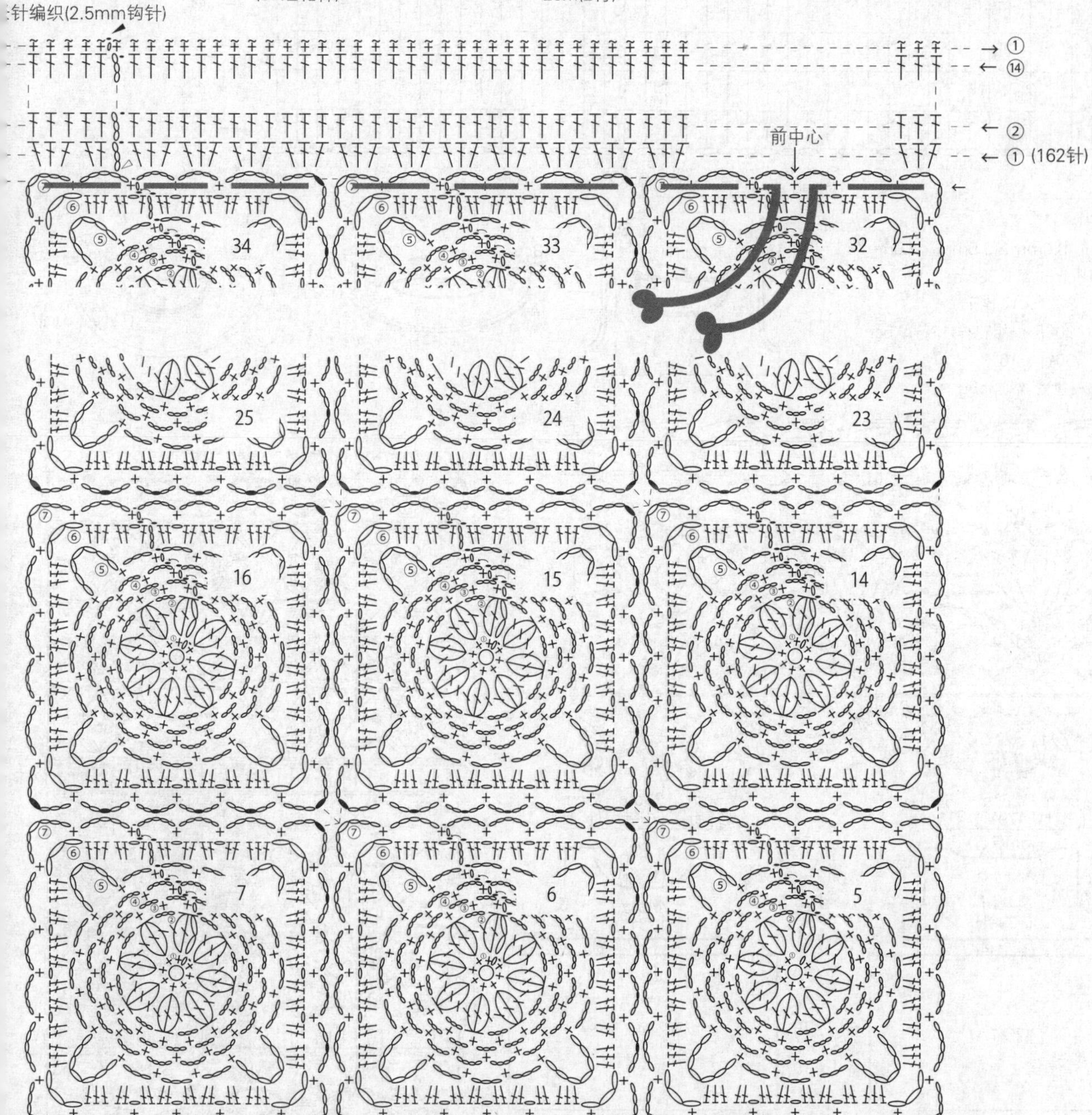

袖肩编织(2.5mm钩针)

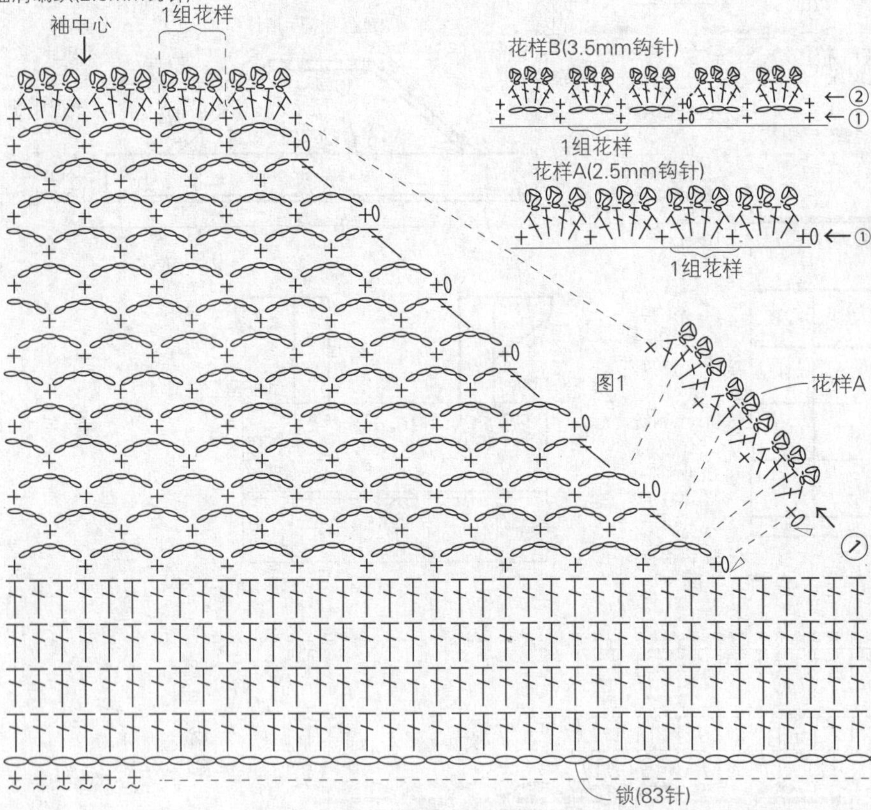
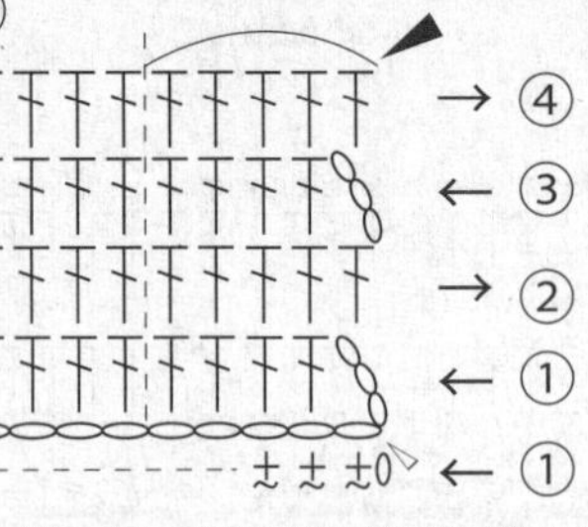

袖中心
1组花样
花样B(3.5mm钩针)
1组花样
花样A(2.5mm钩针)
1组花样
图1
花样A
锁(83针)

单元花
(2.5mm、3.0mm、3.5mm、4.0mm钩针)

130

工具：2.5mm、3.0mm、3.5mm、4.0mm钩针

尺寸：胸围118cm，裙长83cm

密度：花样A：30针×14.5行

花样B：30针×1组花样(13行)9.5cm

花样C：30针×16行

材料：进口浅灰色蕾丝线355g

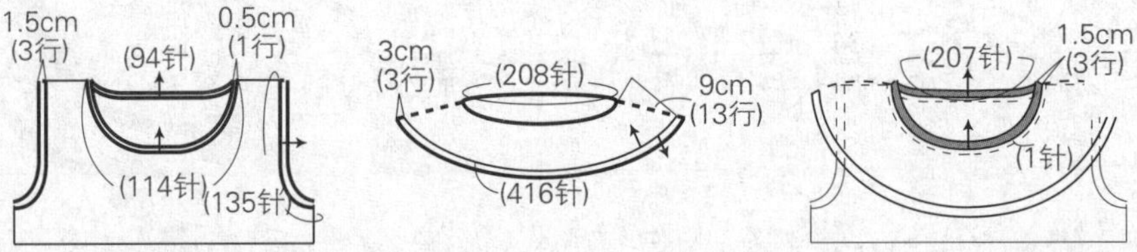

1.5cm
(3行)
(94针)
0.5cm
(1行)
(114针)
(135针)
3cm
(3行)
(208针)
9cm
(13行)
(416针)
(207针)
1.5cm
(3行)
(1针)

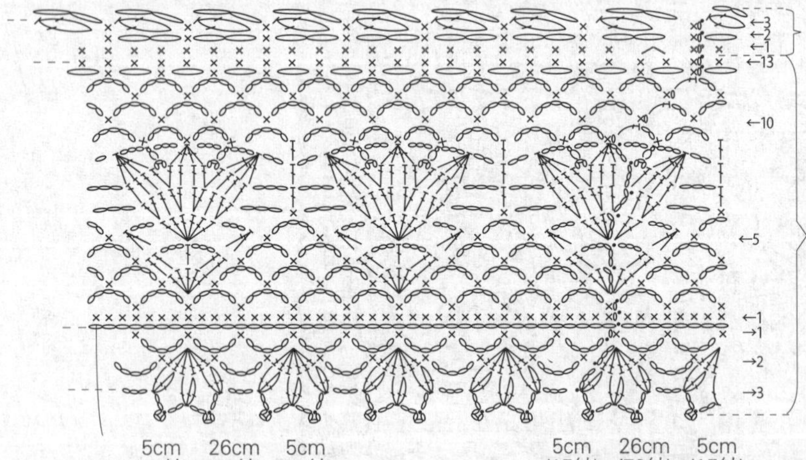

花样A

8针1组花样
花样A
花样B
花样A
中心

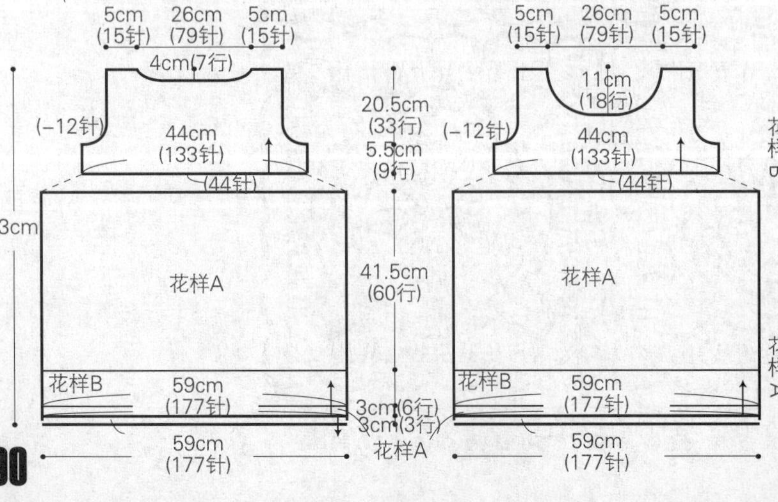

5cm
(15针)
26cm
(79针)
5cm
(15针)
4cm(7行)
(-12针)
44cm
(133针)
(44针)
83cm
花样A
花样B
59cm
(177针)
59cm
(177针)
20.5cm
(33行)
5.5cm
(9行)
41.5cm
(60行)
3cm(6行)
3cm(3行)
花样A
11cm
(18行)

131 工具：2.5mm、3.0mm、3.5mm钩针

尺寸：胸围91cm，裙长73cm，背肩宽34.5cm

密度：花样B：23针×12.5行

花样C：24.5针×12.5行

材料：进口褐色蕾丝线600g

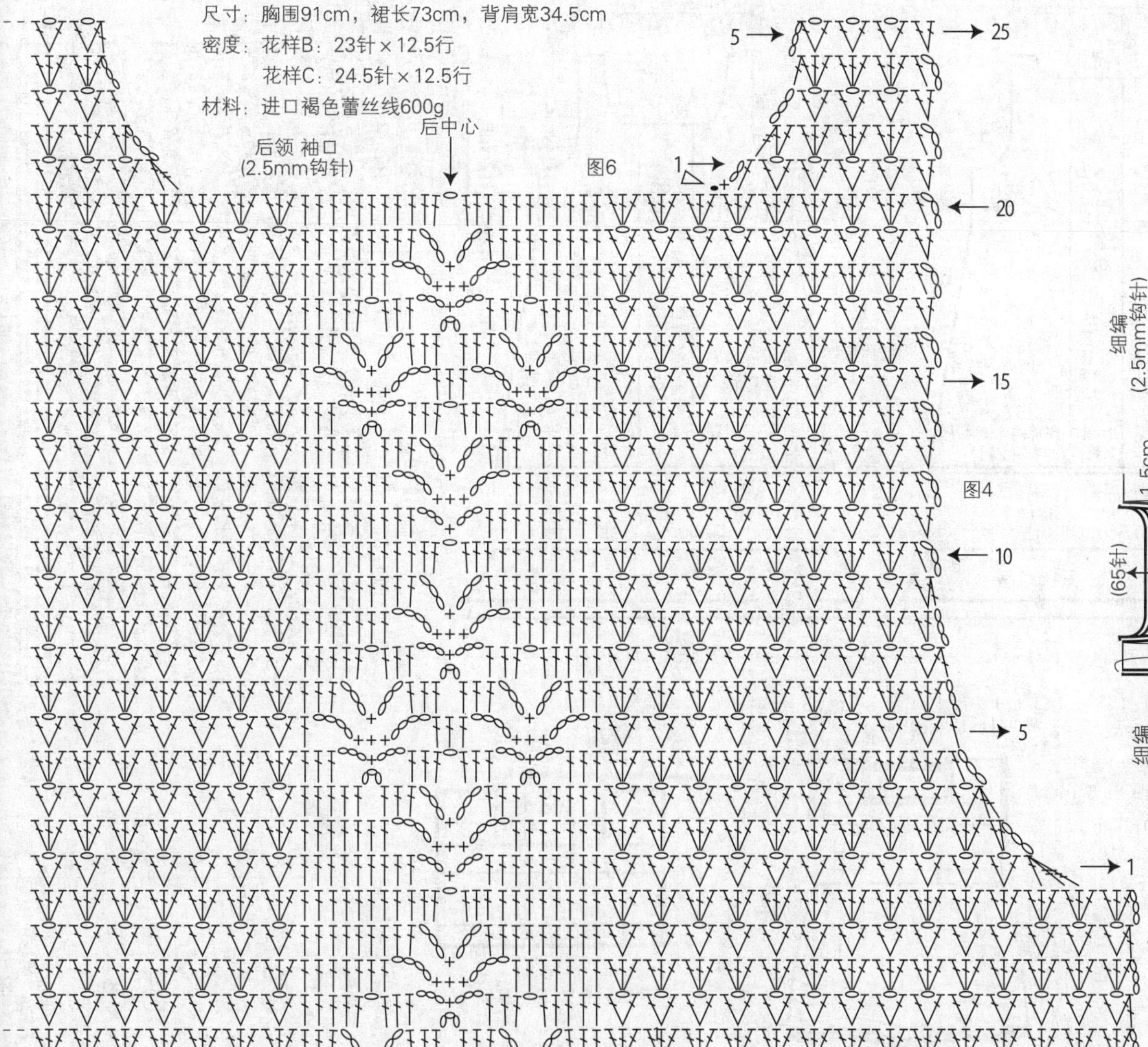

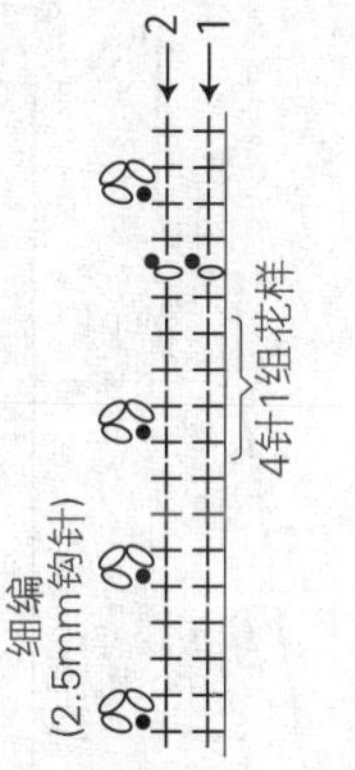

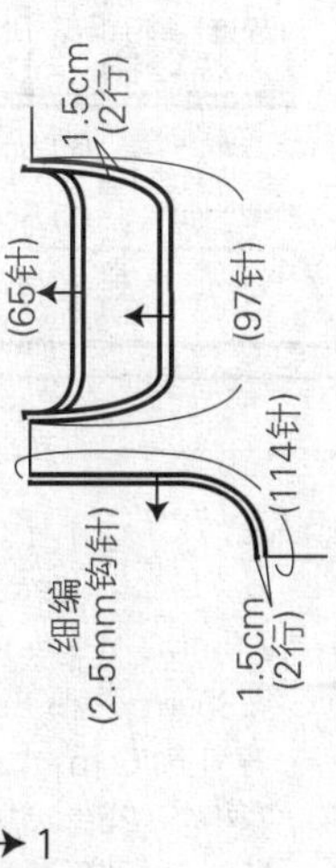

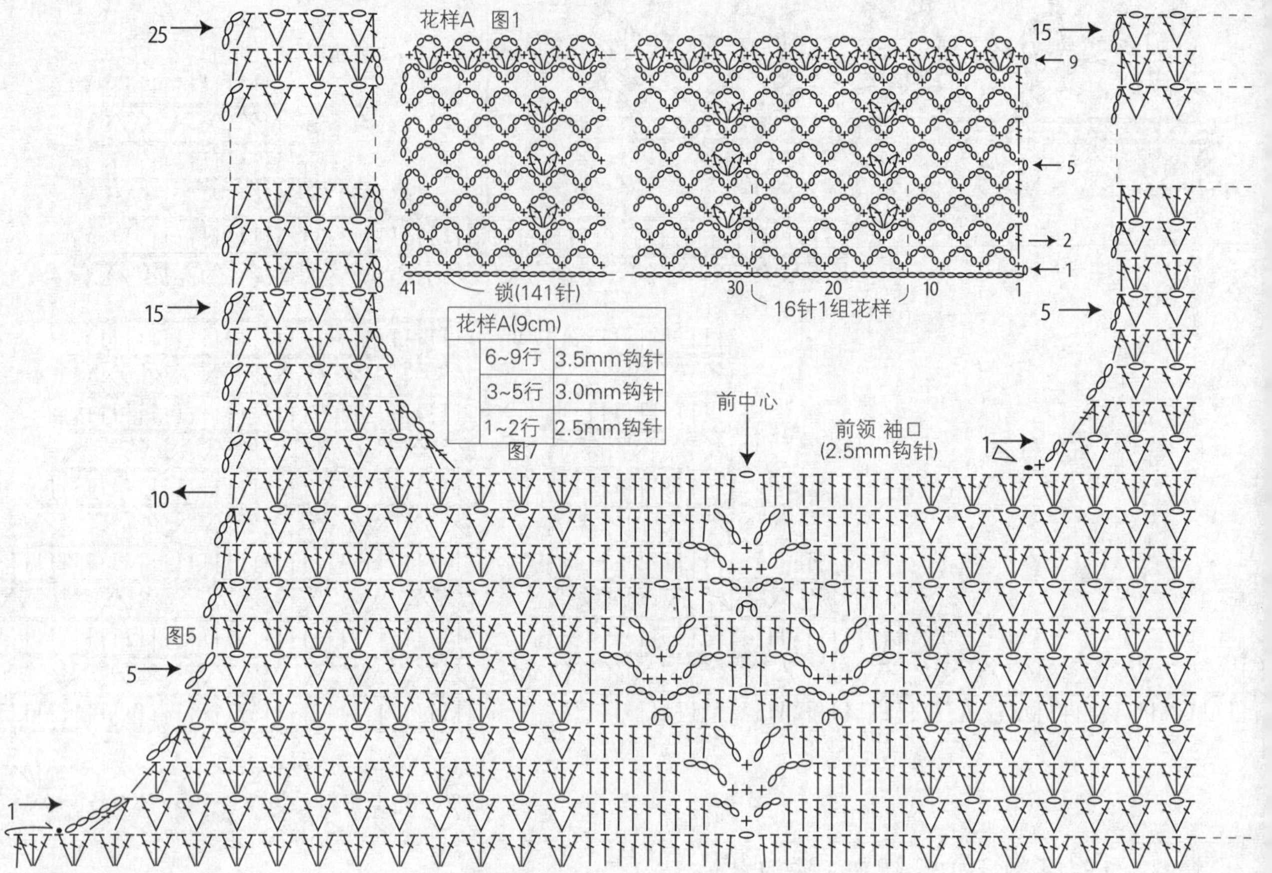

花样A 图1
25
15
10
5
1
9
5
2
1
41
锁(141针)
30
20
10
1
16针1组花样
前中心
前领 袖口
(2.5mm钩针)
图7
图5

花样A(9cm)	
6~9行	3.5mm钩针
3~5行	3.0mm钩针
1~2行	2.5mm钩针

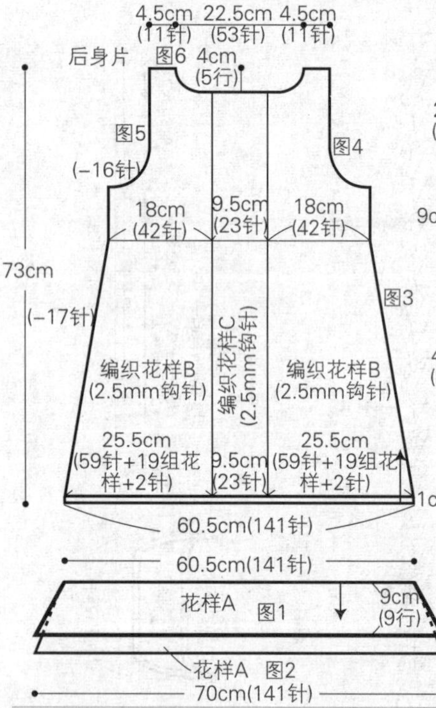

4.5cm 22.5cm 4.5cm
(11针) (53针) (11针)
后身片
图6 4cm
(5行)
图5
图4
(−16针)
18cm
(42针)
9.5cm
(23针)
18cm
(42针)
73cm
(−17针)
图3
编织花样C
(2.5mm钩针)
编织花样B
(2.5mm钩针)
编织花样B
(2.5mm钩针)
25.5cm
(59针+19组花样+2针)
9.5cm
(23针)
25.5cm
(59针+19组花样+2针)
60.5cm(141针)
60.5cm(141针)
花样A
图1
9cm
(9行)
花样A 图2
70cm(141针)

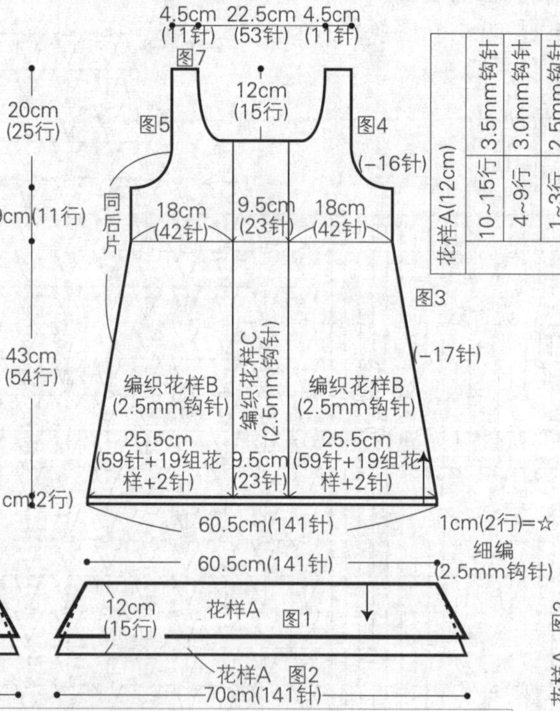

4.5cm 22.5cm 4.5cm
(11针) (53针) (11针)
图7
12cm
(15行)
20cm
(25行)
图5
图4
(−16针)
9cm(11行)
同后片
18cm
(42针)
9.5cm
(23针)
18cm
(42针)
43cm
(54行)
图3
(−17针)
编织花样C
(2.5mm钩针)
编织花样B
(2.5mm钩针)
编织花样B
(2.5mm钩针)
25.5cm
(59针+19组花样+2针)
9.5cm
(23针)
25.5cm
(59针+19组花样+2针)
1cm(2行)
60.5cm(141针)
1cm(2行)=☆
细编
(2.5mm钩针)
60.5cm(141针)
12cm
(15行)
花样A
图1
花样A 图2
70cm(141针)

花样A(12cm)	
10~15行	3.5mm钩针
4~9行	3.0mm钩针
1~3行	2.5mm钩针

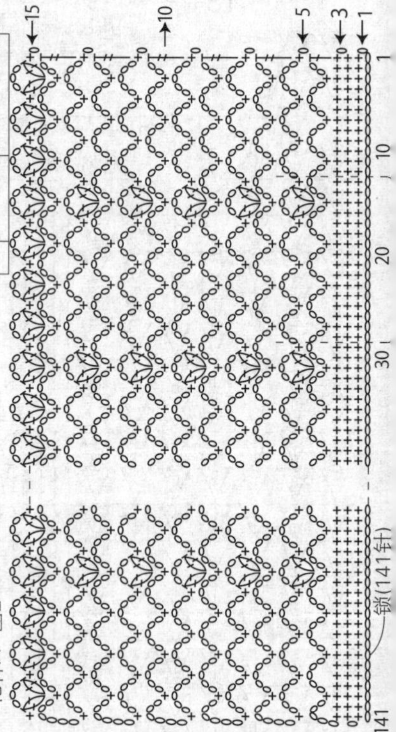

15
10
5
3
1
1
10
20
30
锁(141针)
141
花样A 图2

132

工具：3.0mm、3.5mm钩针

尺寸：胸88cm，裙长58.5cm，背肩宽46cm

密度：花样A：25针×10行

花样B：25针×11行

花样C：25针×7.5行

材料：进口淡绿色蕾丝线405g

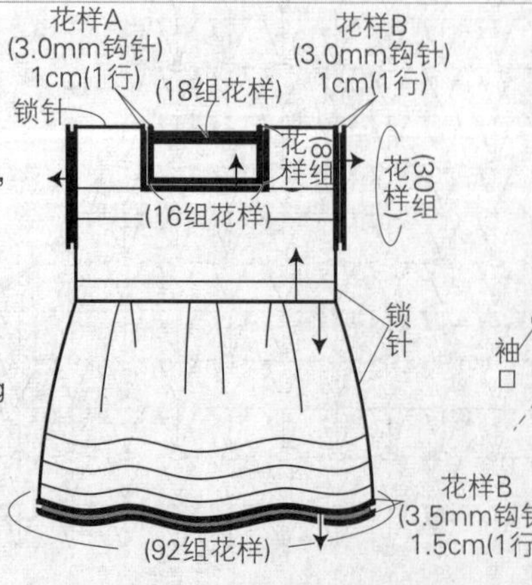

花样A
(3.0mm钩针)
1cm(1行)
锁针
花样B
(3.0mm钩针)
1cm(1行)
(18组花样)
(8组花样)
(16组花样)
(30组花样)
锁针
花样B
(3.5mm钩针)
1.5cm(1行)
(92组花样)

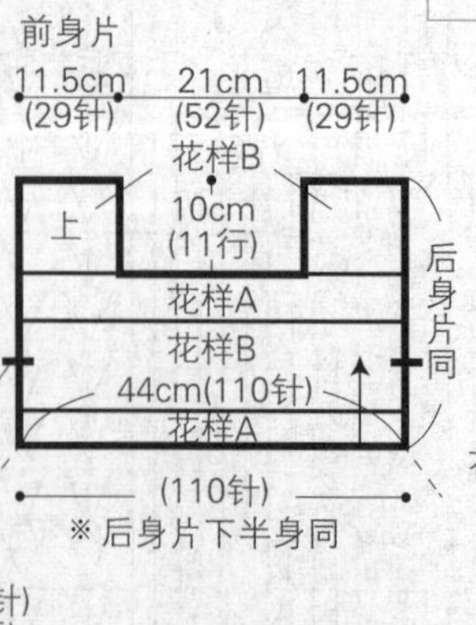

前身片
11.5cm
(29针)
21cm
(52针)
11.5cm
(29针)
花样B
上
10cm
(11行)
后身片同
花样A
花样B
袖口
44cm(110针)
花样A
(110针)
※ 后身片下半身同

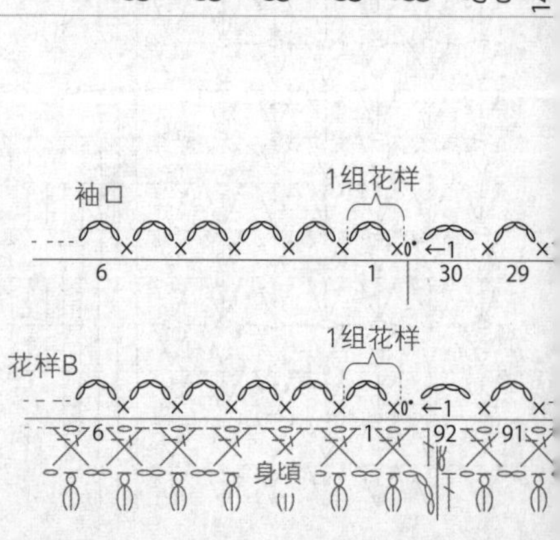

袖口
1组花样
6
1
30
29
1组花样
花样B
6
1
92
91
身頃

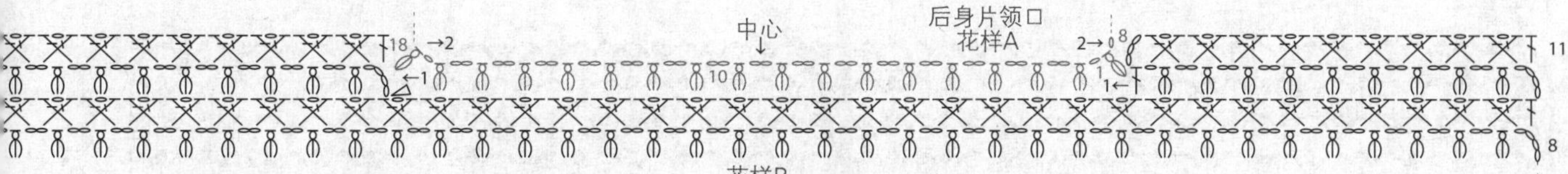
中心
后身片领口
花样A

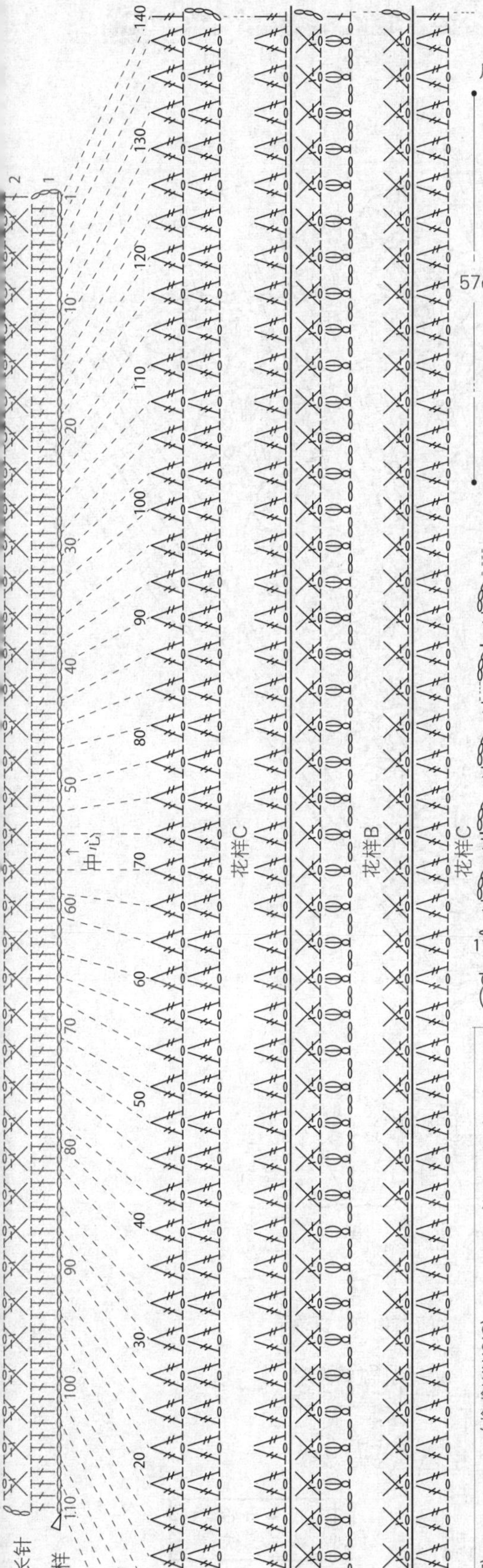
中心
花样C
花样B
花样C
= 长长针
= 3针2行1组花样

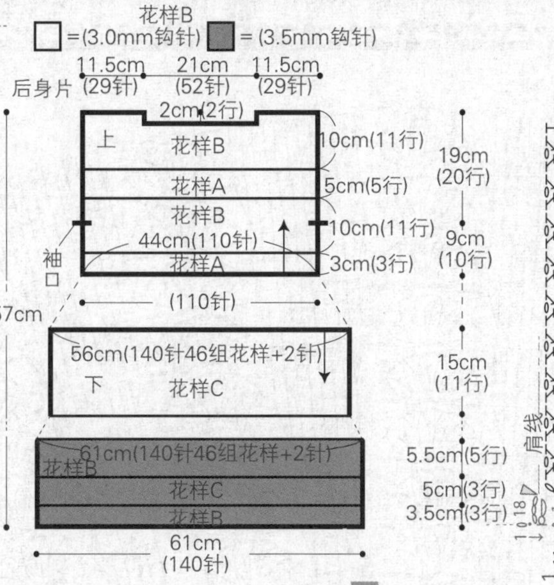
花样B
=(3.0mm钩针)
=(3.5mm钩针)
后身片
11.5cm (29针)
21cm (52针)
11.5cm (29针)
2cm(2行)
上
花样B
花样A
花样B
花样A
10cm(11行)
5cm(5行)
10cm(11行)
3cm(3行)
19cm (20行)
9cm (10行)
44cm(110针)
袖口
57cm
(110针)
56cm(140针46组花样+2针)
下
花样C
15cm (11行)
61cm(140针46组花样+2针)
花样B
花样C
花样B
5.5cm(5行)
5cm(3行)
3.5cm(3行)
61cm (140针)

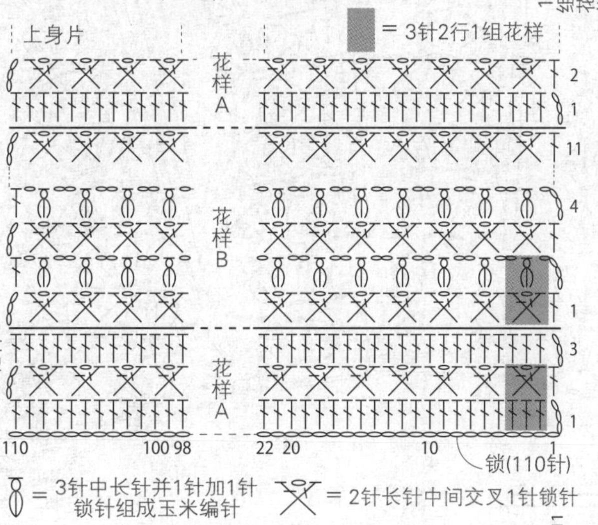
= 3针2行1组花样
上身片
花样A
花样B
花样A
锁(110针)
= 3针中长针并1针加1针锁针组成玉米编针
= 2针长针中间交叉1针锁针

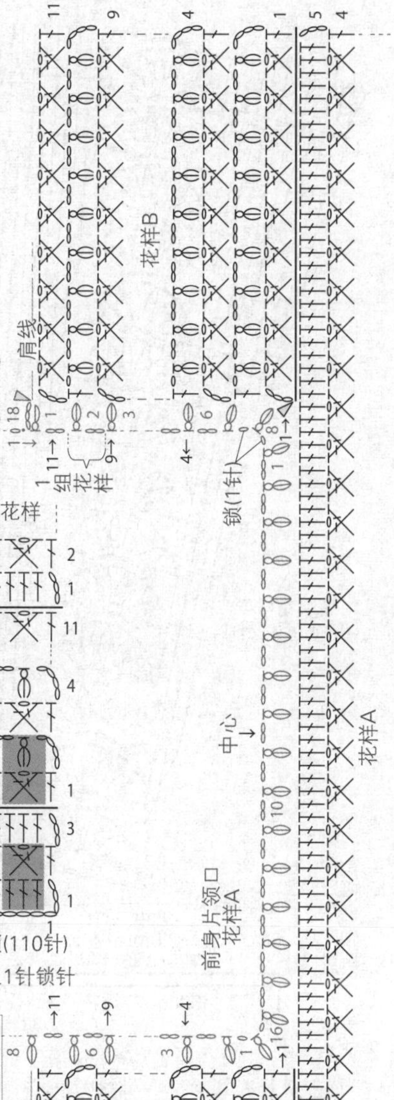
花样B
肩线
1组花样
锁(1针)
中心
花样A
前身片领口
花样A
肩线
花样B

133

工具：2.5mm钩针，3.0mm钩针

尺寸：胸围90cm，衣长76cm

密度：编织花样A：22.5针×13行

编织花样B：5.5组×9行

材料：细马海绒400g

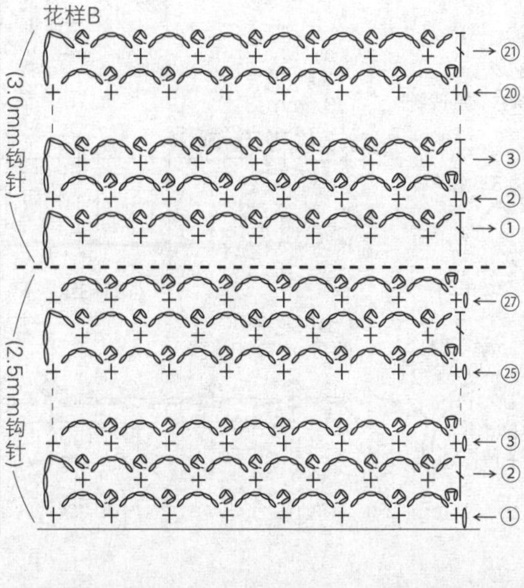
花样B
(3.0mm钩针)
(2.5mm钩针)

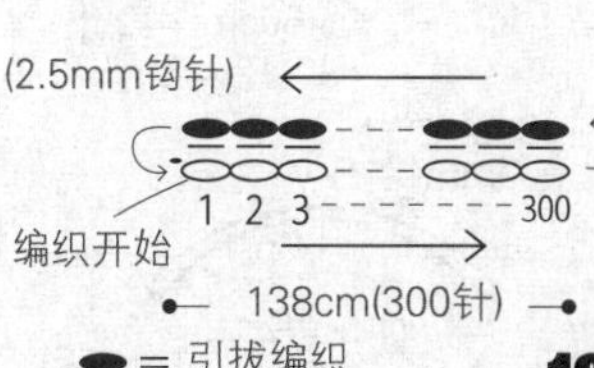
(2.5mm钩针)
编织开始
138cm(300针)
= 引拔编织

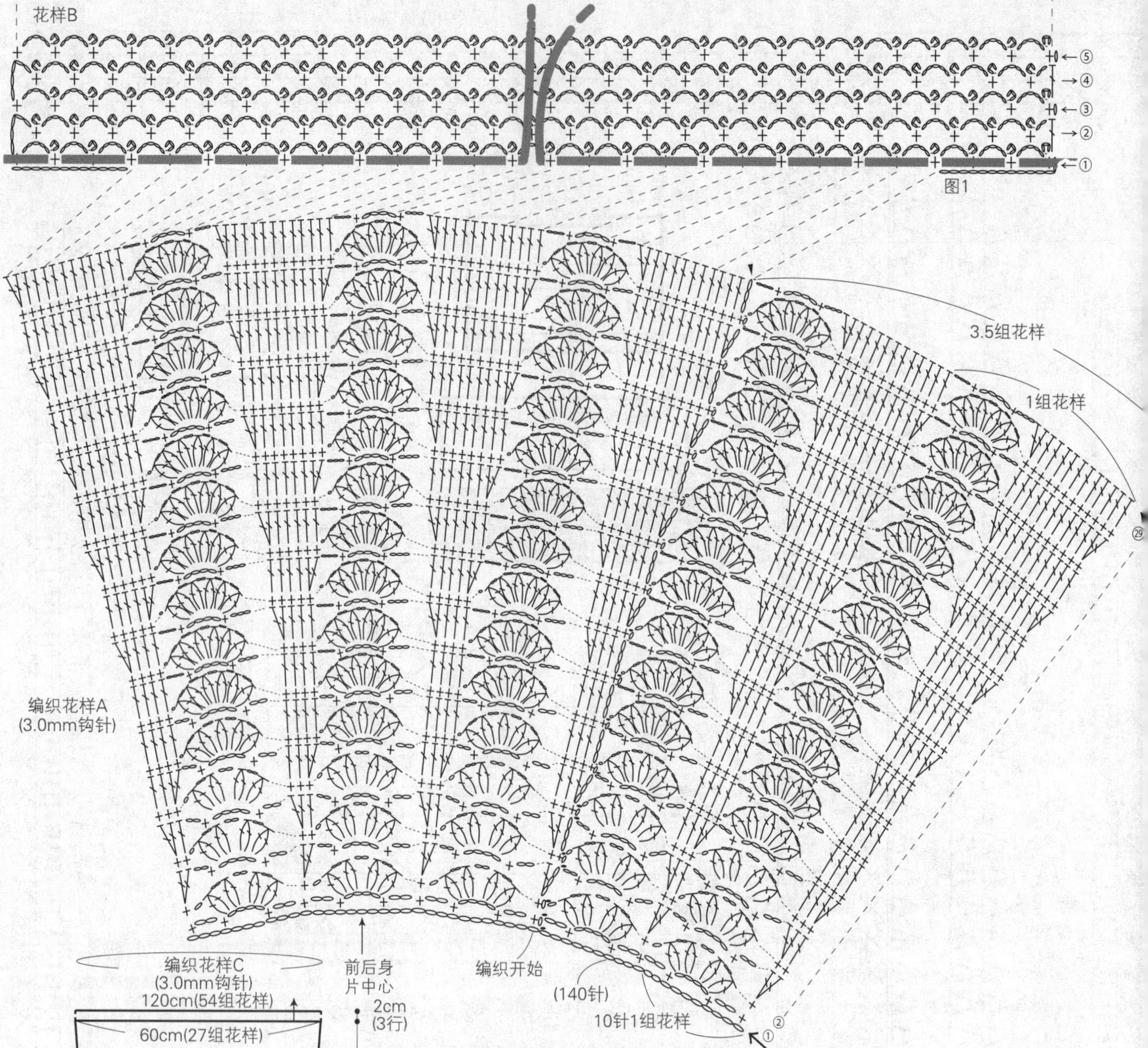

花样B
⑤
④
③
②
①
图1
3.5组花样
1组花样
㉙
编织花样A
(3.0mm钩针)
前后身
片中心
编织开始
(140针)
10针1组花样
②
①

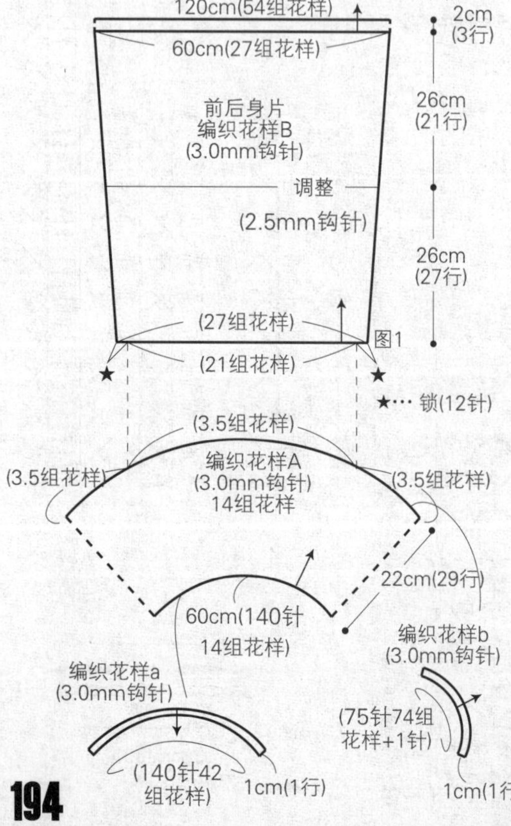

编织花样C
(3.0mm钩针)
120cm(54组花样)
60cm(27组花样)
2cm
(3行)
26cm
(21行)
前后身片
编织花样B
(3.0mm钩针)
调整
(2.5mm钩针)
26cm
(27行)
(27组花样)
图1
(21组花样)
★…锁(12针)
(3.5组花样)
(3.5组花样)
编织花样A
(3.0mm钩针)
14组花样
(3.5组花样)
22cm(29行)
60cm(140针
14组花样)
编织花样a
(3.0mm钩针)
(140针42
组花样)
1cm(1行)
编织花样b
(3.0mm钩针)
(75针74组
花样+1针)
1cm(1行)

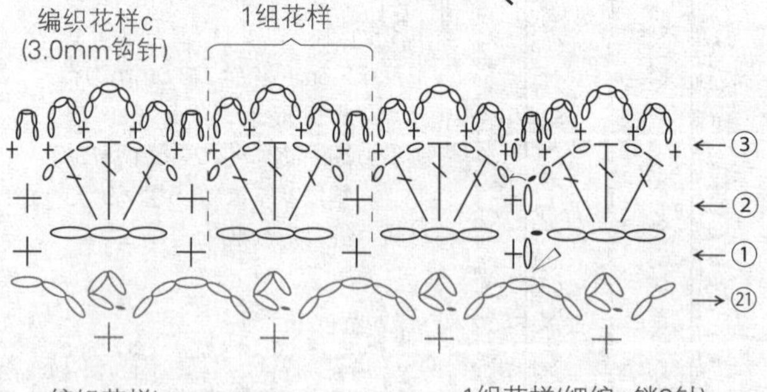

编织花样c
(3.0mm钩针)
1组花样
③
②
①
㉑

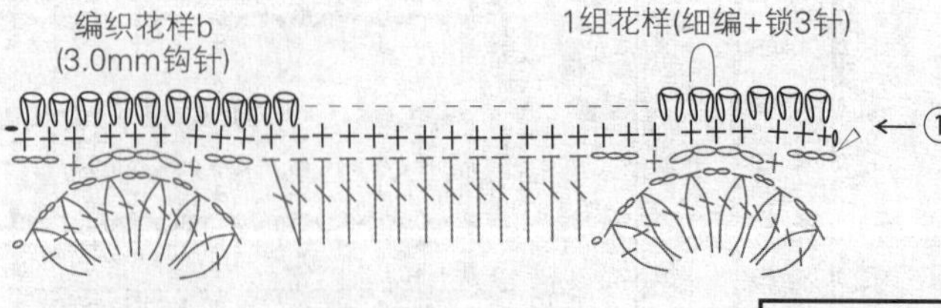

编织花样b
(3.0mm钩针)
1组花样(细编+锁3针)
①

△ = 开始编织
◢ = 剪线

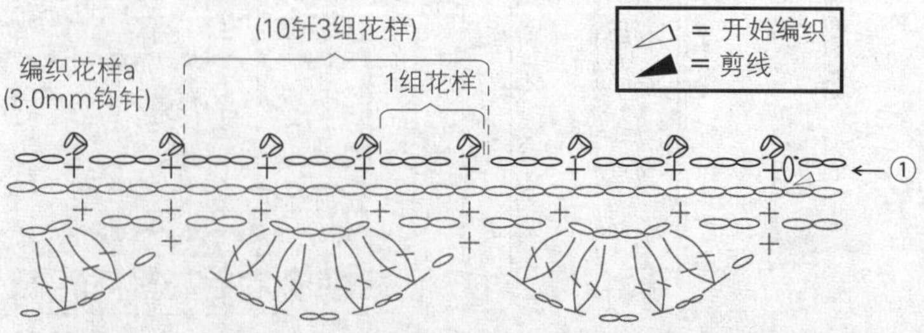

(10针3组花样)
1组花样
编织花样a
(3.0mm钩针)
①

34
具：2.3mm钩针，3.0mm棒针
寸：胸围66.5cm，裙长78.5cm
度：裙片花样：30针×34行
腰围花样：35.5针×18行
料：进口棕色蕾丝线430g
围花样

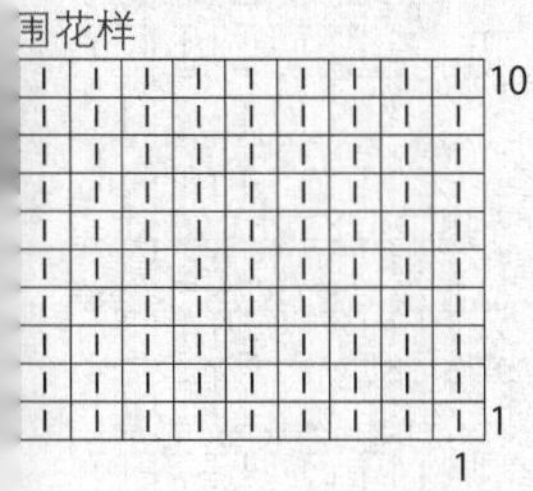

10
1
1

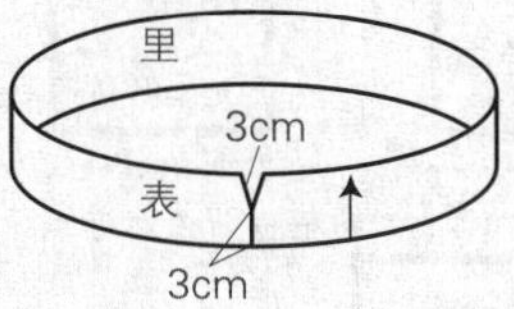

里
3cm
表
3cm

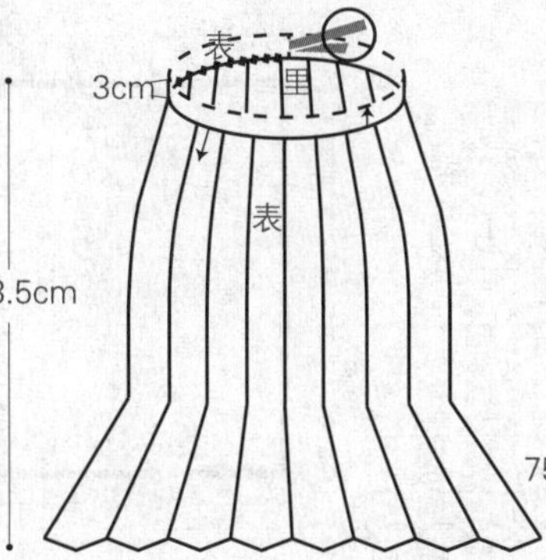

表
里
3cm
表
78.5cm

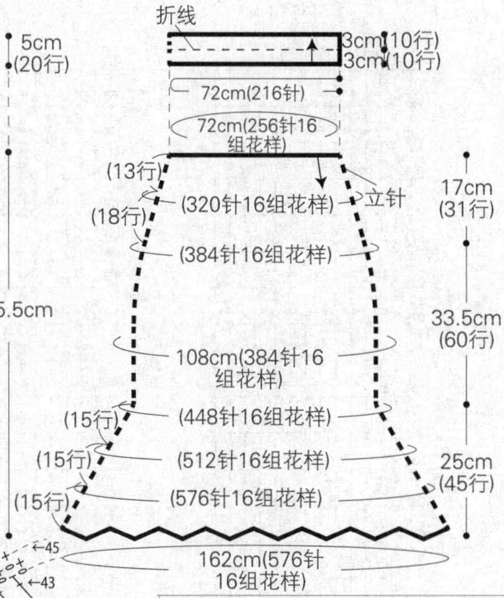

折线
5cm
(20行)
3cm(10行)
3cm(10行)
72cm(216针)
72cm(256针16
组花样)
(13行)
立针
(320针16组花样)
(18行)
(384针16组花样)
17cm
(31行)
75.5cm
33.5cm
(60行)
108cm(384针16
组花样)
(15行)
(448针16组花样)
(15行)
(512针16组花样)
(15行)
(576针16组花样)
25cm
(45行)
162cm(576针
16组花样)

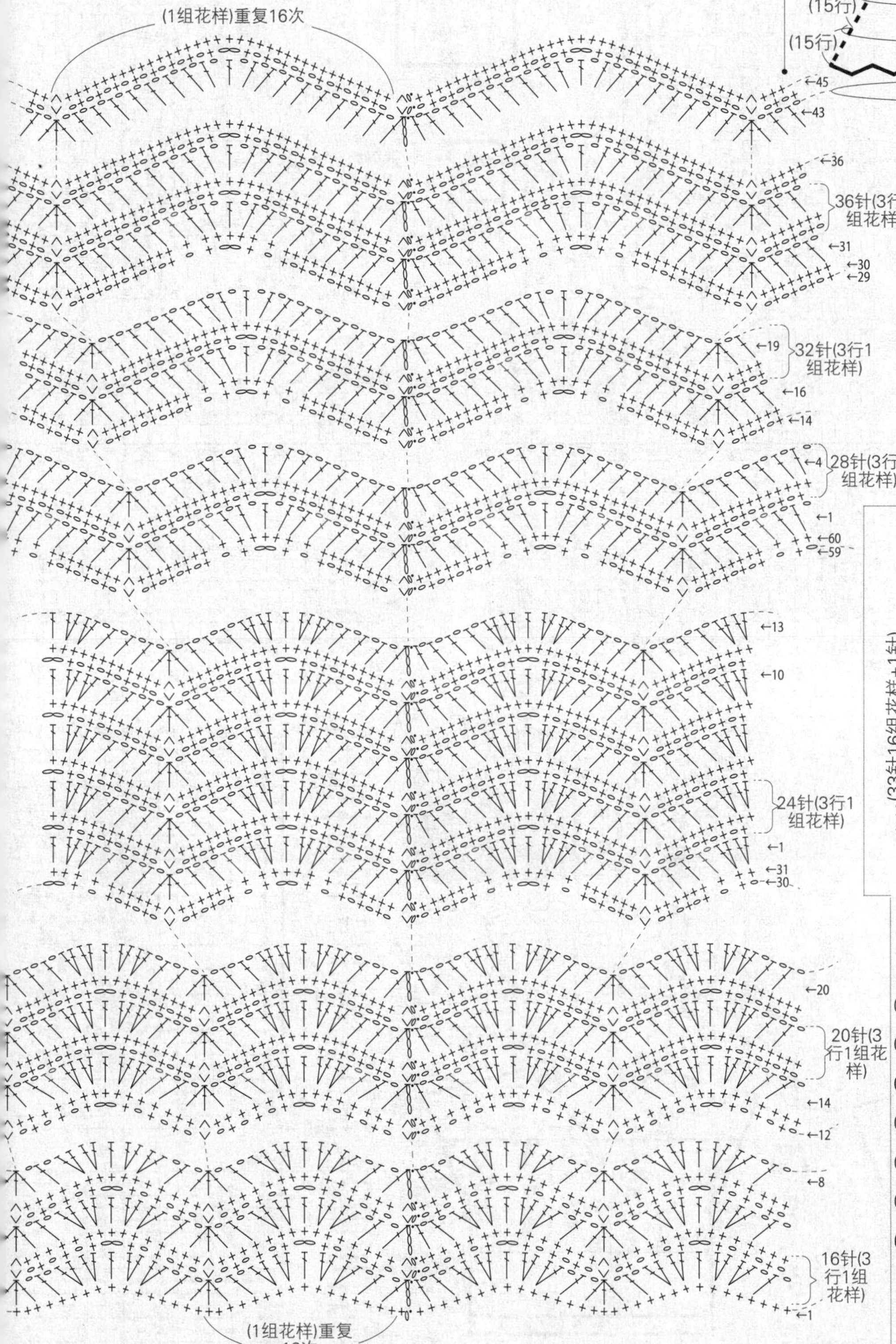

(1组花样)重复16次
45
43
36
36针(3行1
组花样)
31
30
29
19
32针(3行1
组花样)
16
14
4
28针(3行1
组花样)
1
60
59
13
10
24针(3行1
组花样)
1
31
30
20
20针(3
行1组花
样)
14
12
8
16针(3
行1组
花样)
1
(1组花样)重复
16次

135
工具：4.0mm钩针
尺寸：袖长42cm，衣长70.5cm
密度：编织花样：21针×17行
中长针：6.5针×6行
材料：进口白色羊绒线835g，
白色绒绒线60g

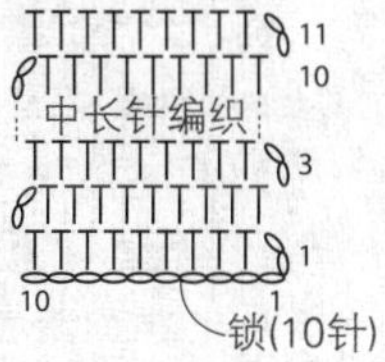

11
10
中长针编织
3
1
10
锁(10针)

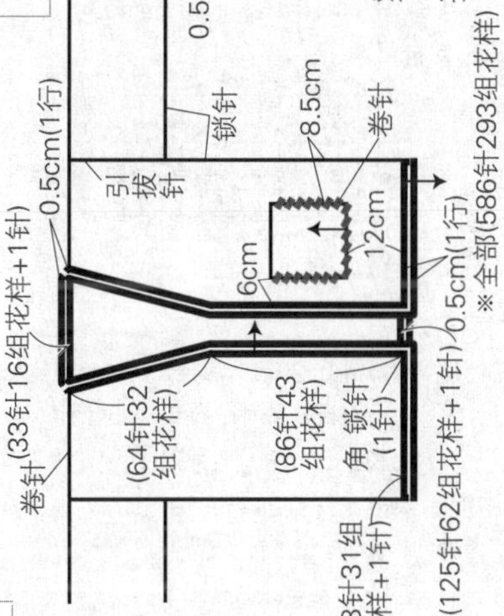

(78针39
组花样)
0.5cm(1行)
锁针
0.5cm(1行)
引拔针
8.5cm
卷针
12cm
6cm
(586针293组花样)
※全部
0.5cm(1行)
(33针16组花样+1针)
卷针
(64针32
组花样)
(86针43
组花样)
角
锁针
(1针)
(63针31组
花样+1针)
(125针62组花样+1针)

编织花样

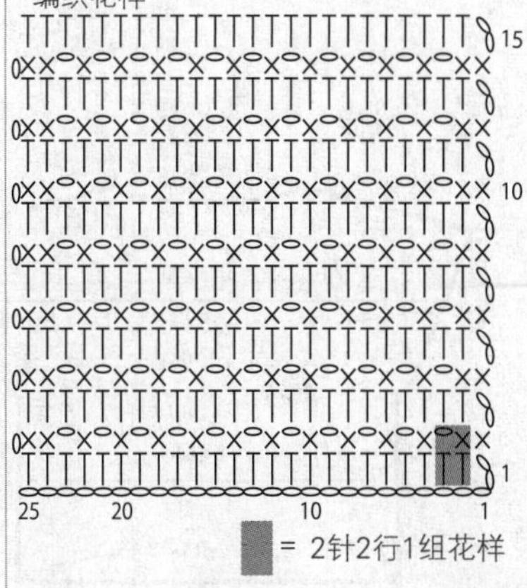

15
10
1
25
20
10
1
= 2针2行1组花样

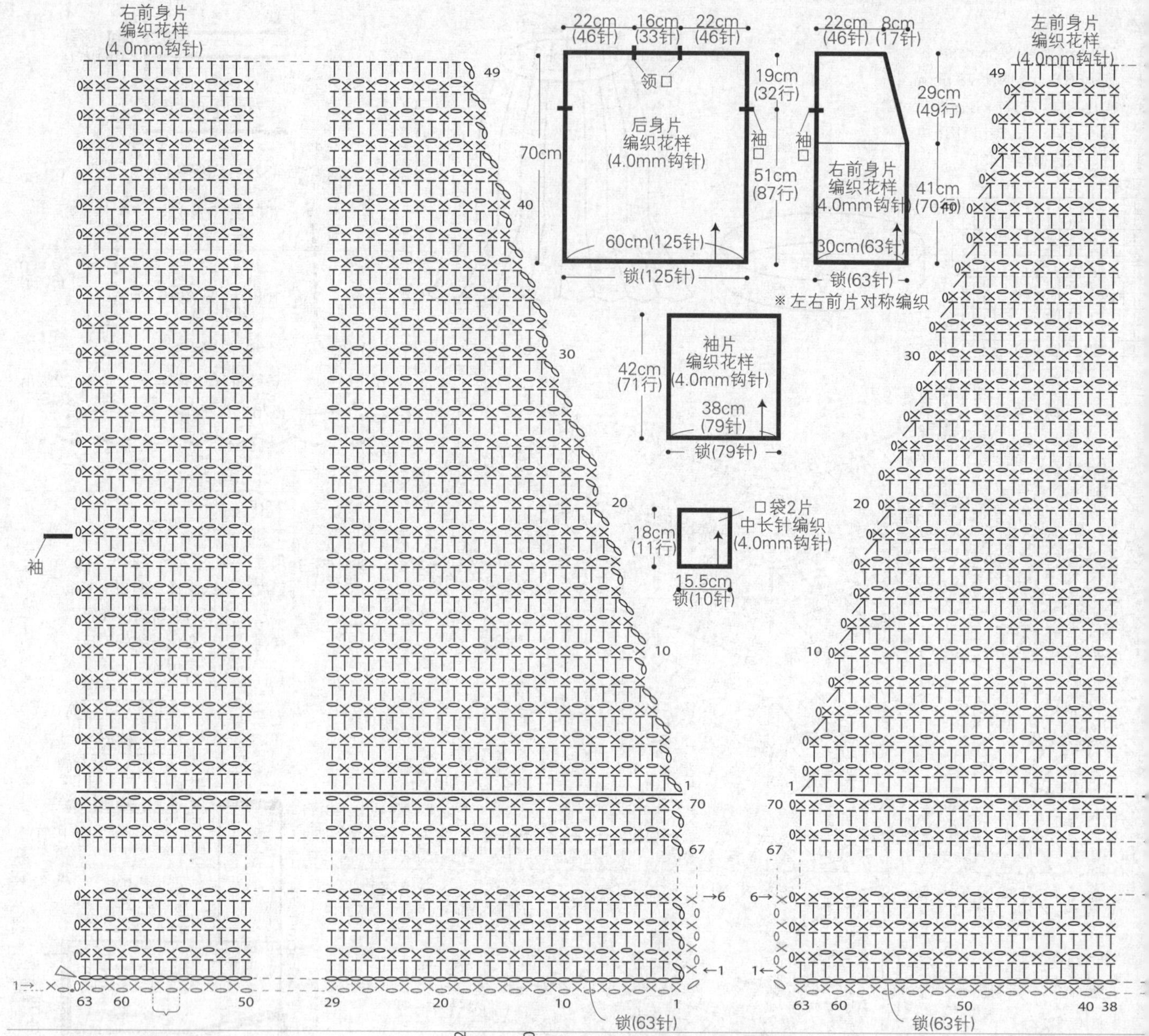
右前身片
编织花样
(4.0mm钩针)
左前身片
编织花样
(4.0mm钩针)
22cm (46针)
16cm (33针)
22cm (46针)
领口
19cm (32行)
70cm
后身片
编织花样
(4.0mm钩针)
袖口
51cm (87行)
60cm(125针)
锁(125针)
22cm (46针)
8cm (17针)
29cm (49行)
右前身片
编织花样
(4.0mm钩针)
41cm (70行)
30cm(63针)
锁(63针)
※左右前片对称编织
袖片
编织花样
(4.0mm钩针)
42cm (71行)
38cm (79针)
锁(79针)
口袋2片
中长针编织
(4.0mm钩针)
18cm (11行)
15.5cm
锁(10针)
袖
锁(63针)
锁(63针)

136

工具：2.3mm、2.5mm钩针，3.3mm钩针

尺寸：上衣胸围97cm，衣长33.5cm，

裙长83.5cm，腰围92cm

密度：编织花样：21针×17行

中长针：6.5针×6行

材料：进口白色羊绒线835g，

白色绒绒线60g

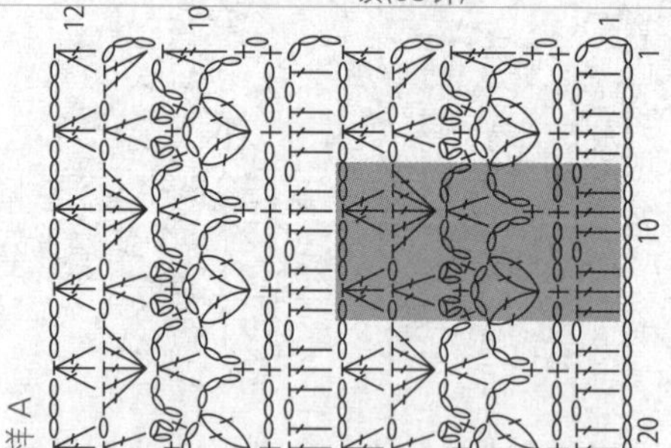
编织花样 A

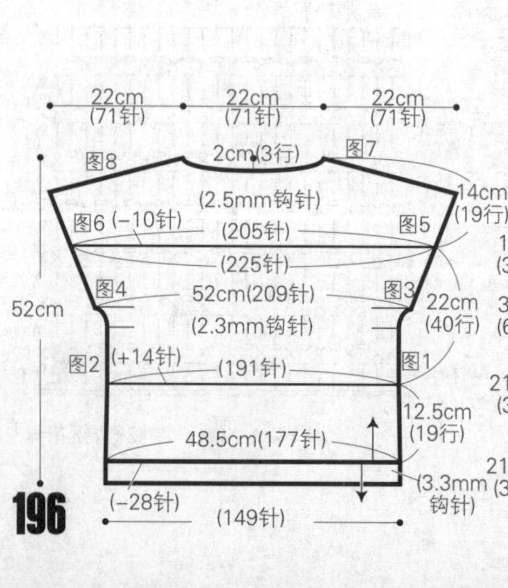
22cm (71针)
22cm (71针)
22cm (71针)
图8
2cm(3针)
图7
(2.5mm钩针)
14cm (19行)
图6 (−10针)
(205针)
图5
(225针)
52cm
图4
52cm(209针)
图3
22cm (40行)
(2.3mm钩针)
图2
(+14针)
(191针)
图1
12.5cm (19行)
48.5cm(177针)
(3.3mm钩针)
(−28针)
(149针)

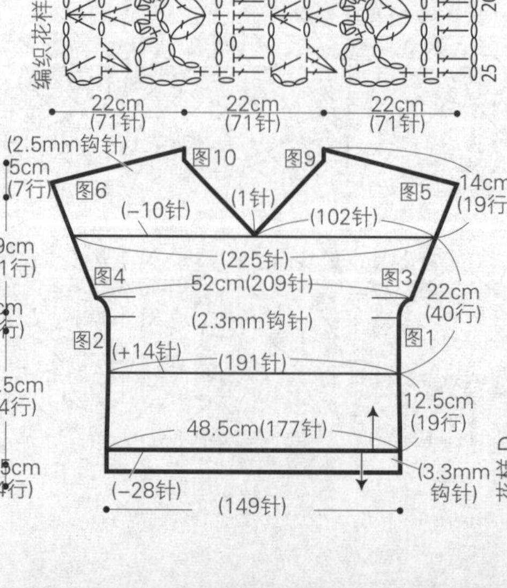
22cm (71针)
22cm (71针)
22cm (71针)
(2.5mm钩针)
5cm (7行)
图10
图9
图6
(−10针)
(1针)
(102针)
图5
14cm (19行)
19cm (31行)
(225针)
图4
52cm(209针)
图3
22cm (40行)
3cm (6行)
(2.3mm钩针)
图2
(+14针)
(191针)
图1
21.5cm (34行)
12.5cm (19行)
48.5cm(177针)
21.5cm (34行)
(3.3mm钩针)
(−28针)
(149针)

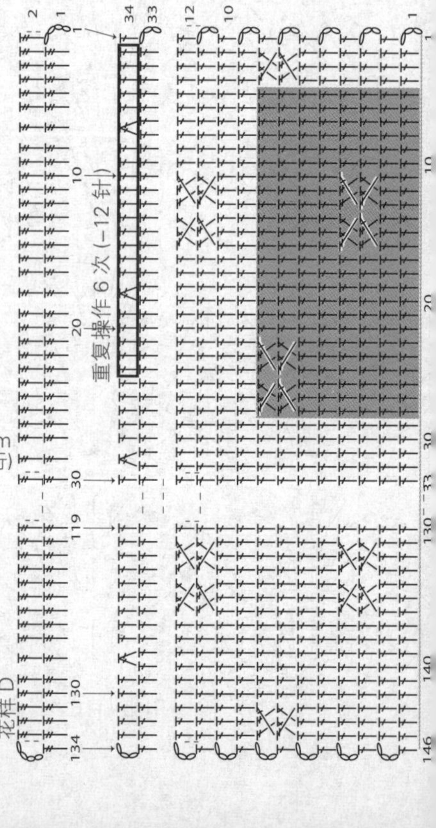
重复操作6次(−12针)
花样 D

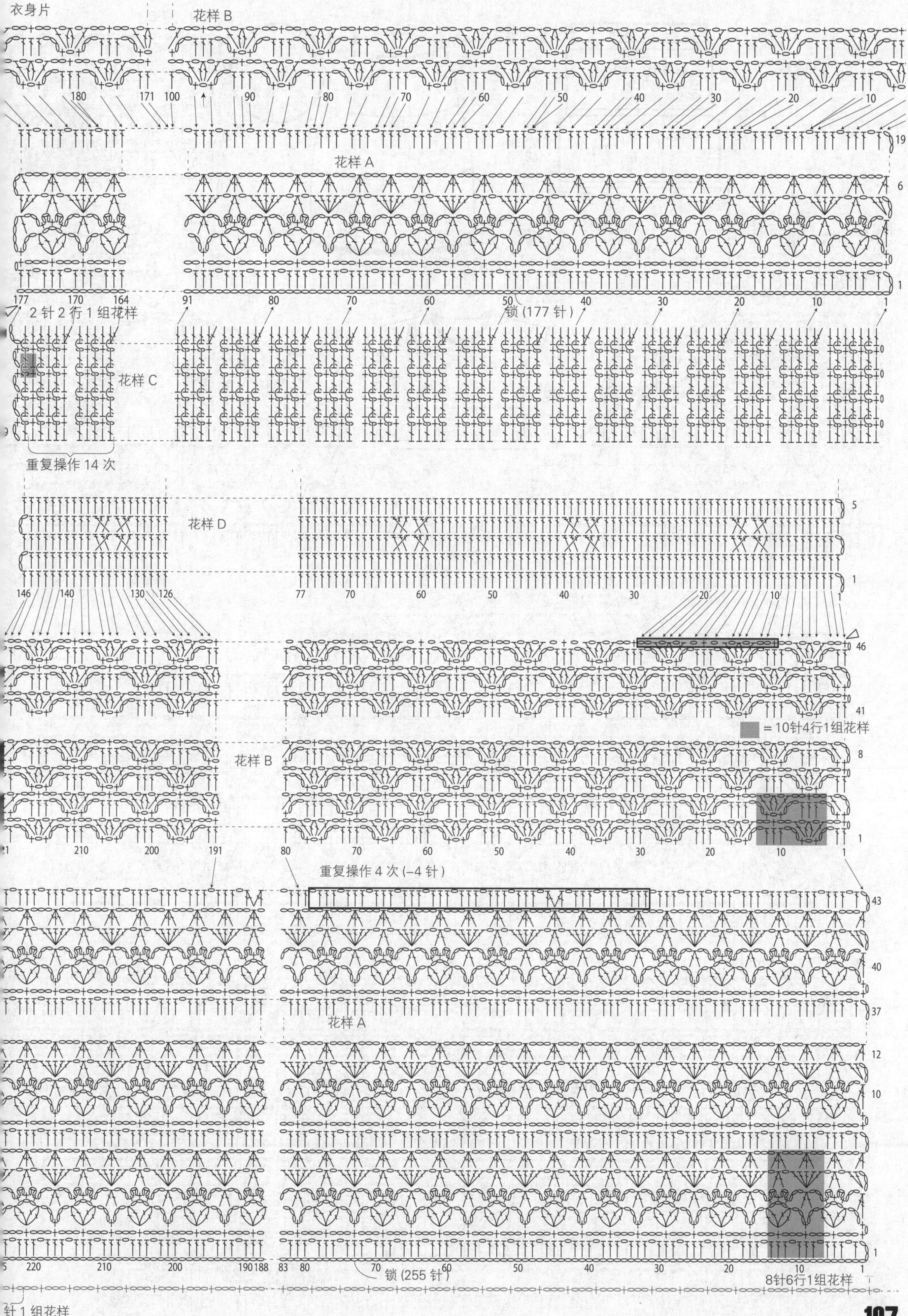
衣身片
花样 B
花样 A
锁 (177 针)
2 针 2 行 1 组花样
花样 C
重复操作 14 次
花样 D
= 10针4行1组花样
花样 B
重复操作 4 次 (-4 针)
花样 A
锁 (255 针)
8针6行1组花样
针 1 组花样

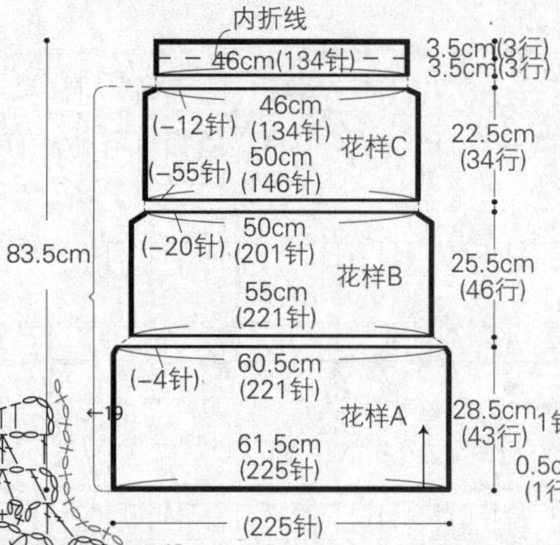
内折线
46cm(134针)
3.5cm(3行)
3.5cm(3行)
46cm
(134针)
(-12针)
50cm
(146针)
(-55针)
花样C
22.5cm
(34行)
83.5cm
50cm
(201针)
(-20针)
花样B
55cm
(221针)
25.5cm
(46行)
60.5cm
(221针)
(-4针)
花样A
61.5cm
(225针)
28.5cm
(43行)
(225针)

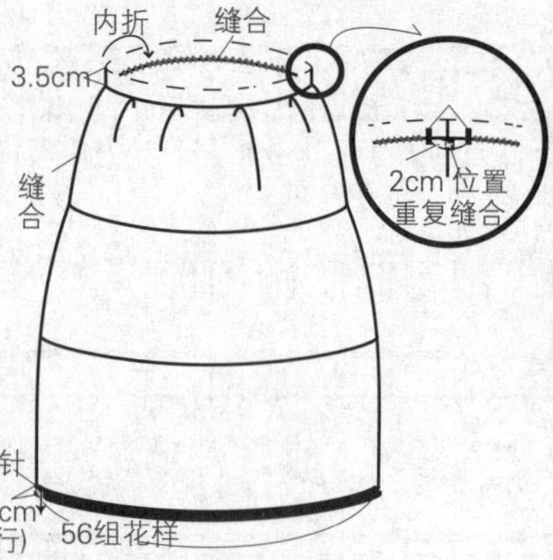
内折
缝合
3.5cm
缝合
2cm 位置
重复缝合
1针
0.5cm
(1行)
56组花样

编织花样 B

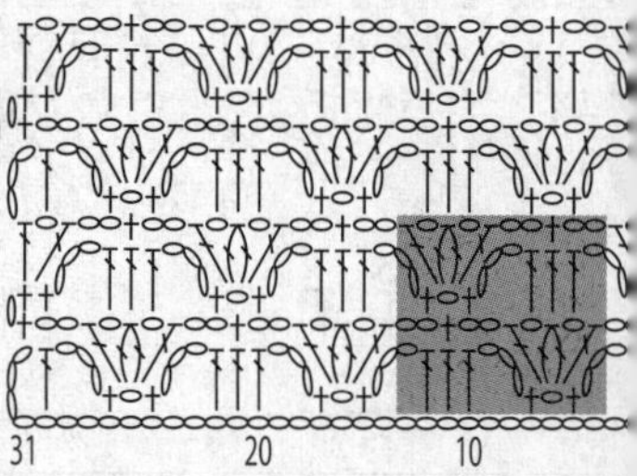
31
20
10

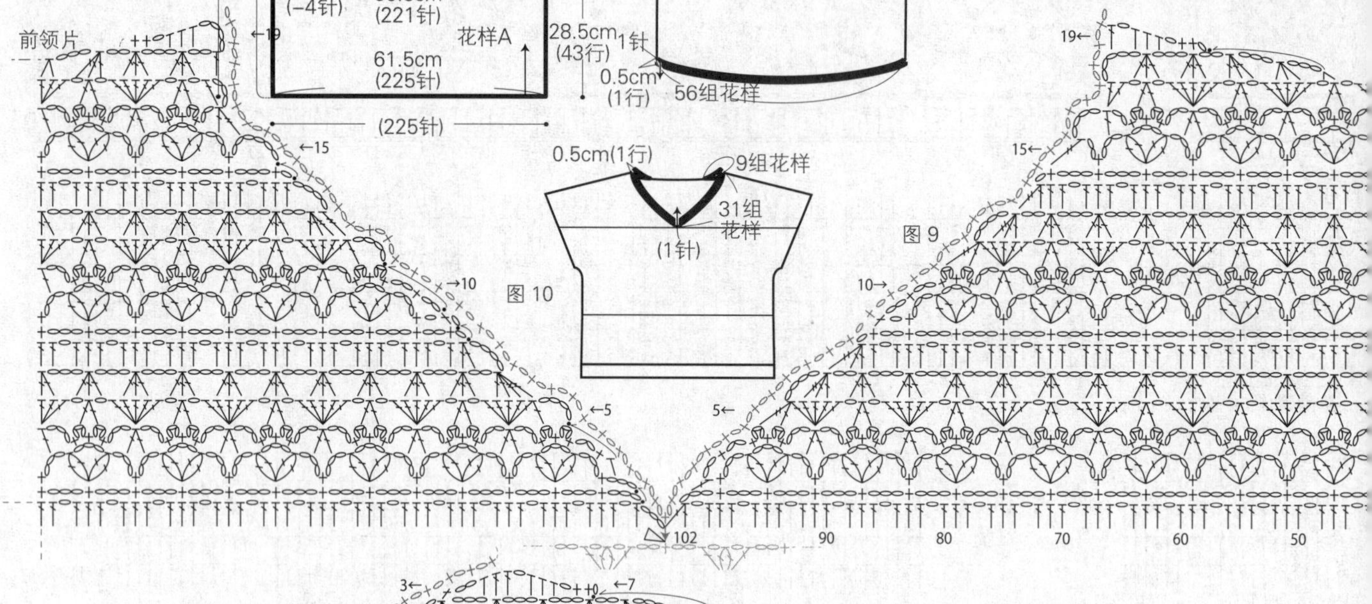
前领片
←19
←15
→10
←5
102
90
80
70
60
50
19←
15←
10→
5←
图 9
0.5cm(1行)
9组花样
31组
花样
(1针)
图 10

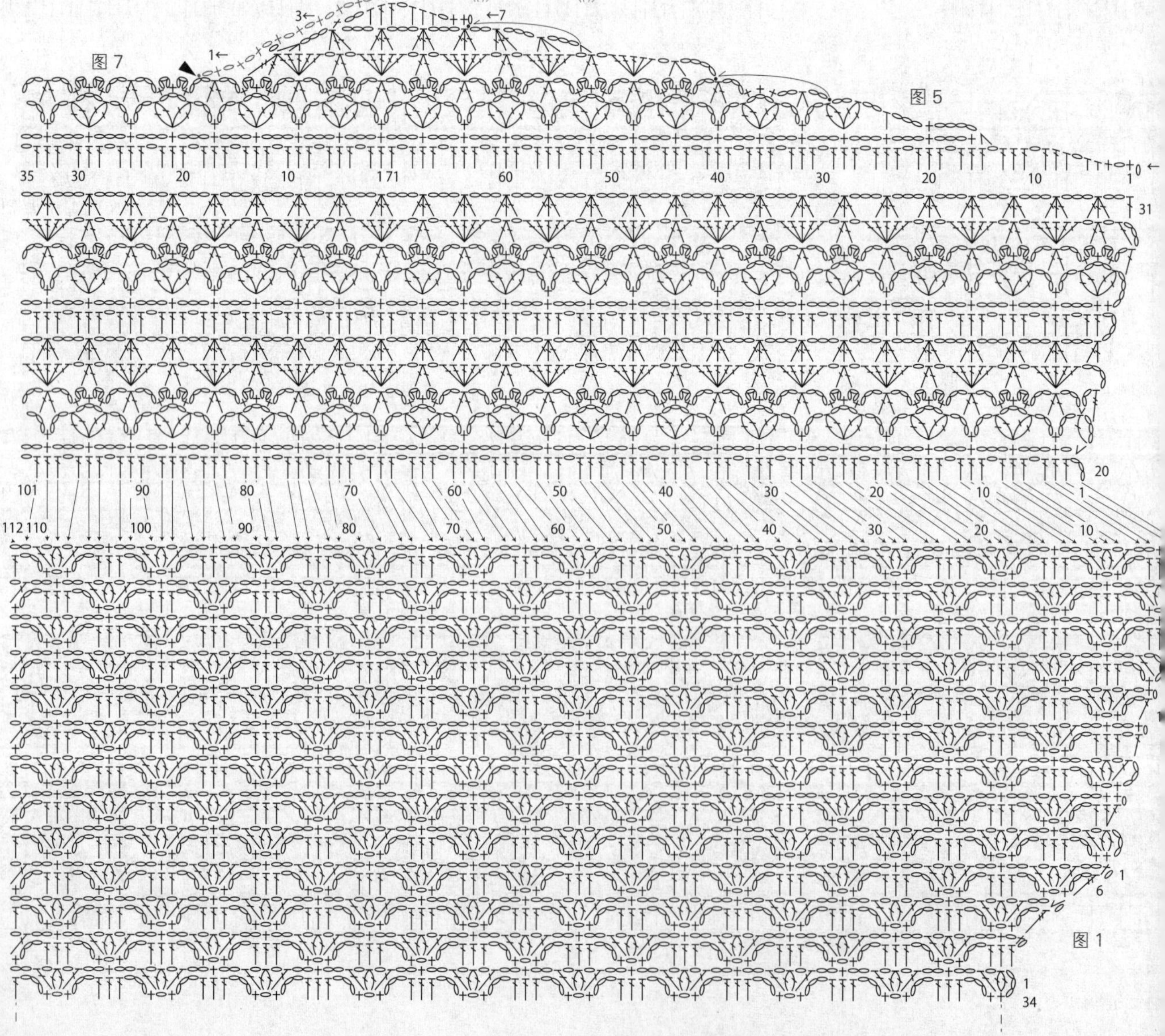
3←
←7
1←
图 7
图 5
35
30
20
10
171
60
50
40
30
20
10
1
31
20
101
90
80
70
60
50
40
30
20
10
1
112
110
100
90
80
70
60
50
40
30
20
10
1
6
图 1
1
34

37

具：2.5mm钩针

寸：衣长62cm，胸围92cm

度：21针×17行

料：红褐色蕾丝线200g

基础花样

服花边

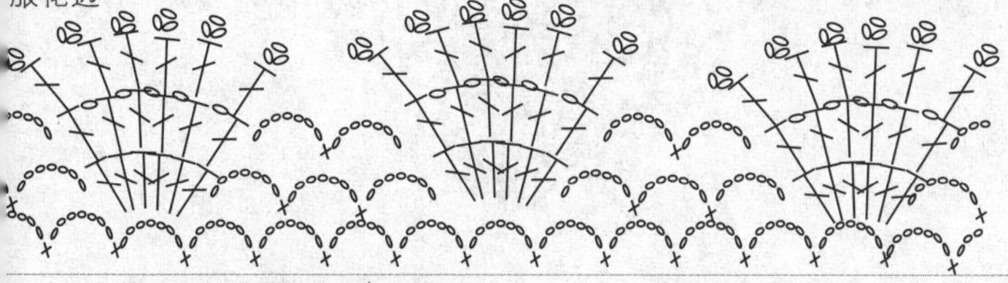

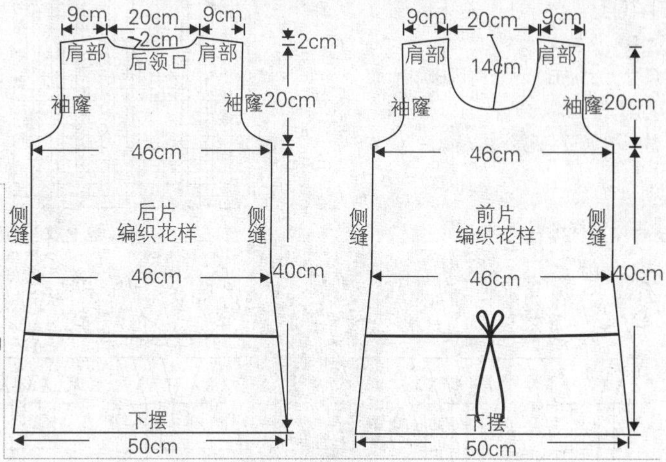

9cm
20cm
9cm
2cm
肩部
后领口
肩部
2cm
袖窿
袖窿
20cm
46cm
侧缝
后片
编织花样
侧缝
46cm
40cm
下摆
50cm
9cm
20cm
9cm
肩部
14cm
肩部
袖窿
袖窿
20cm
46cm
侧缝
前片
编织花样
侧缝
46cm
40cm
下摆
50cm

138

工具：1.5mm钩针

尺寸：参考尺寸图

密度：21针×17行

材料：5股黑色丝光棉300g

○ = 锁针

○○ = 锁针链

= 立针

× = 短针

= 长针

= 长长针

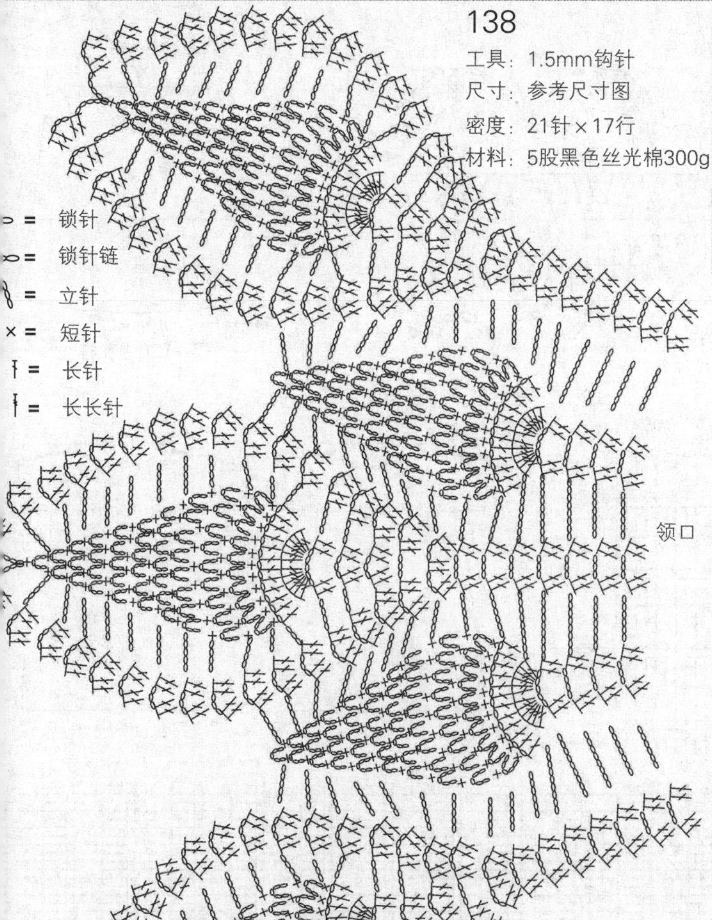

领口

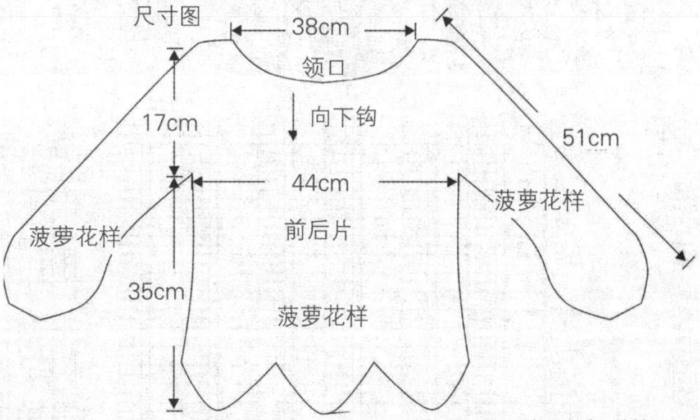

尺寸图
38cm
领口
向下钩
17cm
51cm
44cm
菠萝花样
菠萝花样
前后片
35cm
菠萝花样

1个菠萝花样

139

工具：2.5mm钩针

尺寸：上衣60cm，胸围92cm

密度：21针×17行

材料：橙色蕾丝线250g

花样B

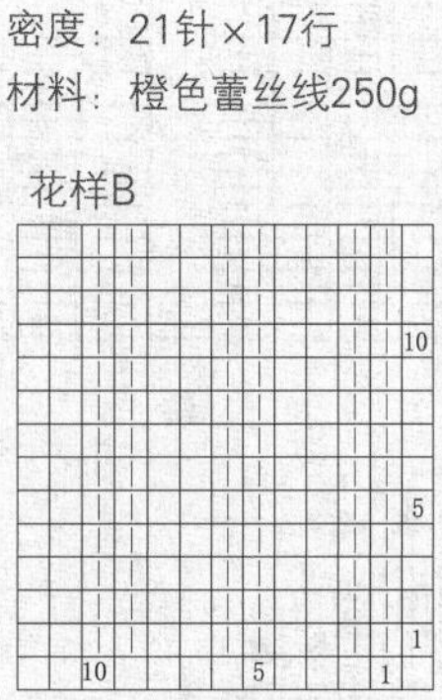

10
5
1
10
5
1
□=⊟

单元花图解

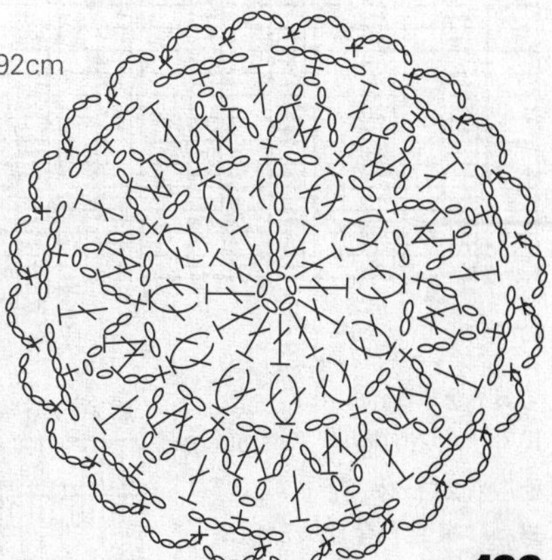

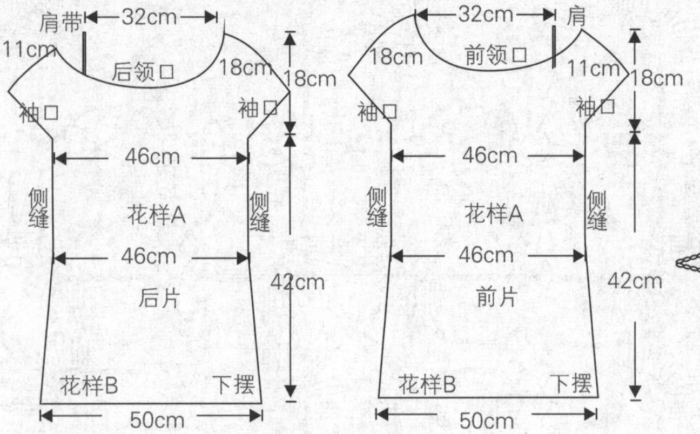

肩带
32cm
11cm
后领口
18cm
18cm
袖口
46cm
侧缝
花样A
46cm
42cm
后片
花样B
下摆
50cm
32cm
肩
18cm
前领口
11cm
18cm
袖口
46cm
侧缝
花样A
46cm
42cm
前片
花样B
下摆
50cm

吊带花样

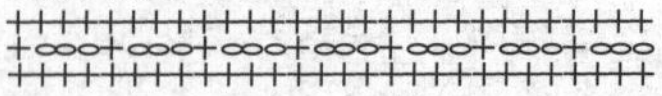

领口袖口花边花样

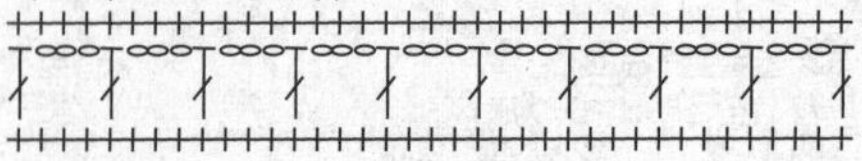

花样A

140

工具：2.5mm钩针

尺寸：上衣60cm，胸围85cm

密度：21针×17行

材料：淡蓝色蕾丝线280g

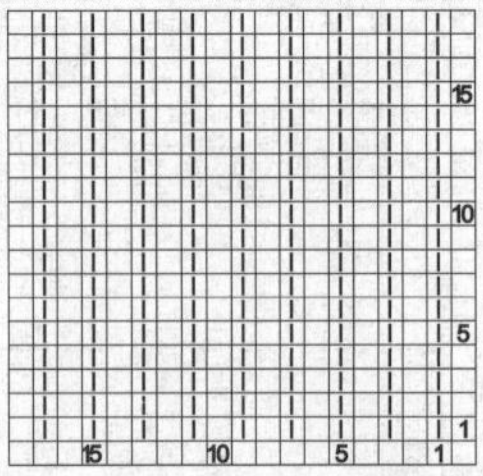

15
10
5
1
15
10
5
1

□=⊟ 单罗纹花样

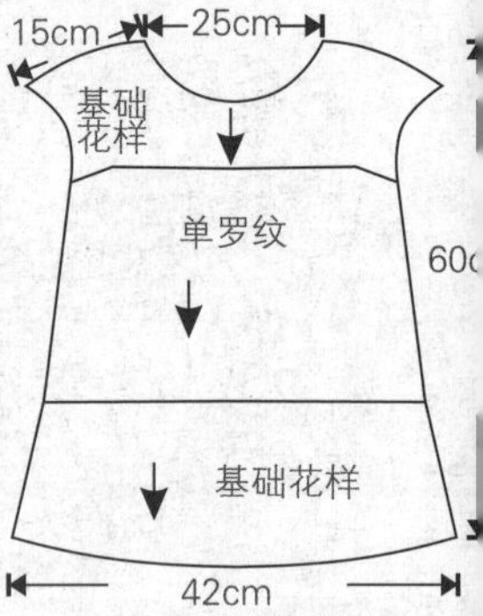

15cm
25cm
基础花样
单罗纹
60cm
基础花样
42cm
环状30组花样

基础花样图解

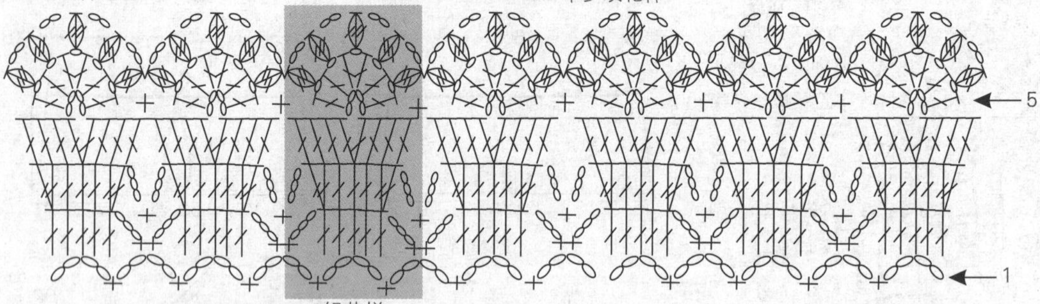

5
1
1组花样

141

前领口袖窿和侧缝图解

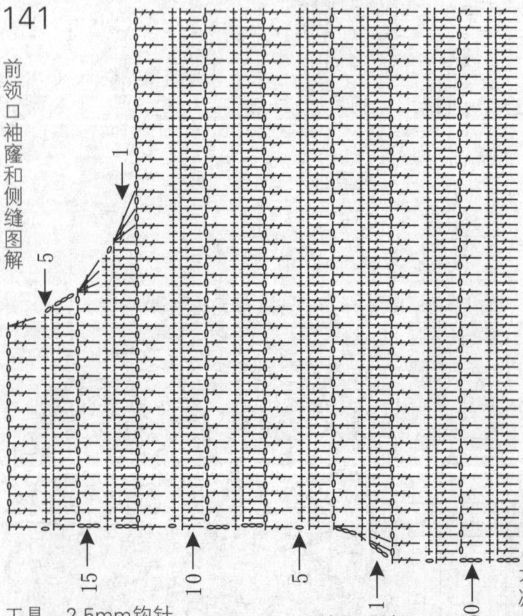

1
5
15
10
5
1

基础花样

6行1组花样

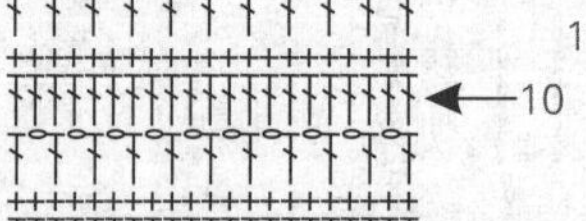

10
5
1

粗线位置不拼合

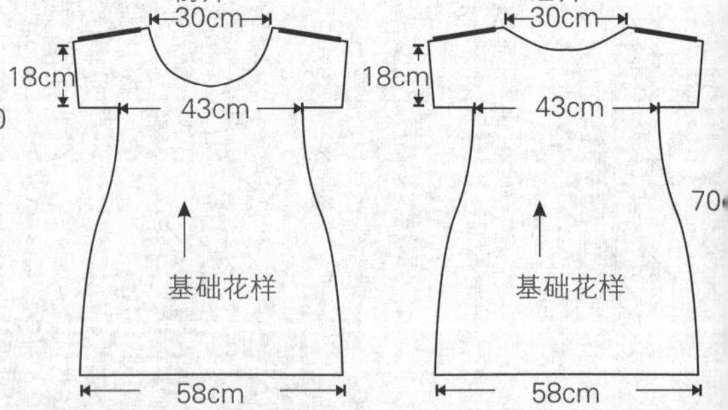

前片
30cm
18cm
43cm
基础花样
58cm
后片
30cm
18cm
43cm
70cm
基础花样
58cm

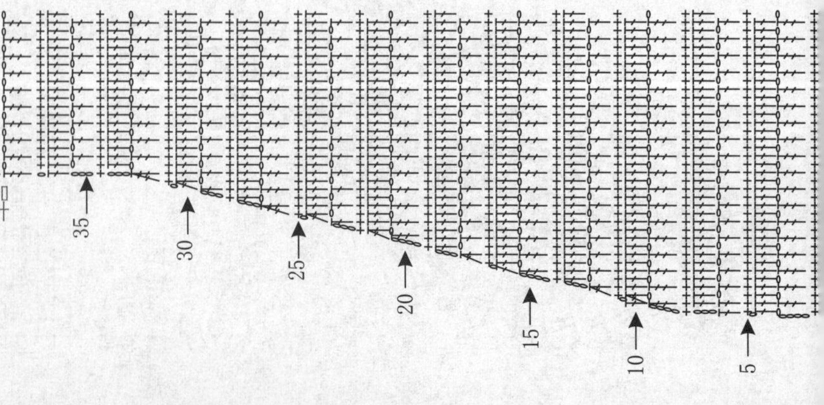

60
不加减针
35
30
25
20
15
10
5

工具：2.5mm钩针

尺寸：上衣70cm，胸围86cm

密度：21针×17行

材料：紫红色蕾丝线250g，亮片少许

后领口图解

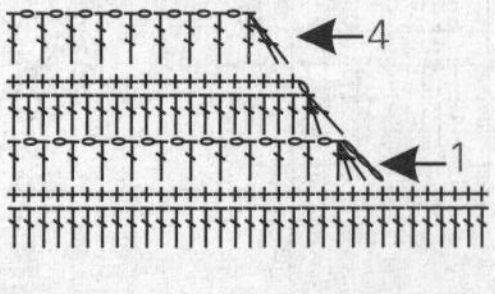

4
1

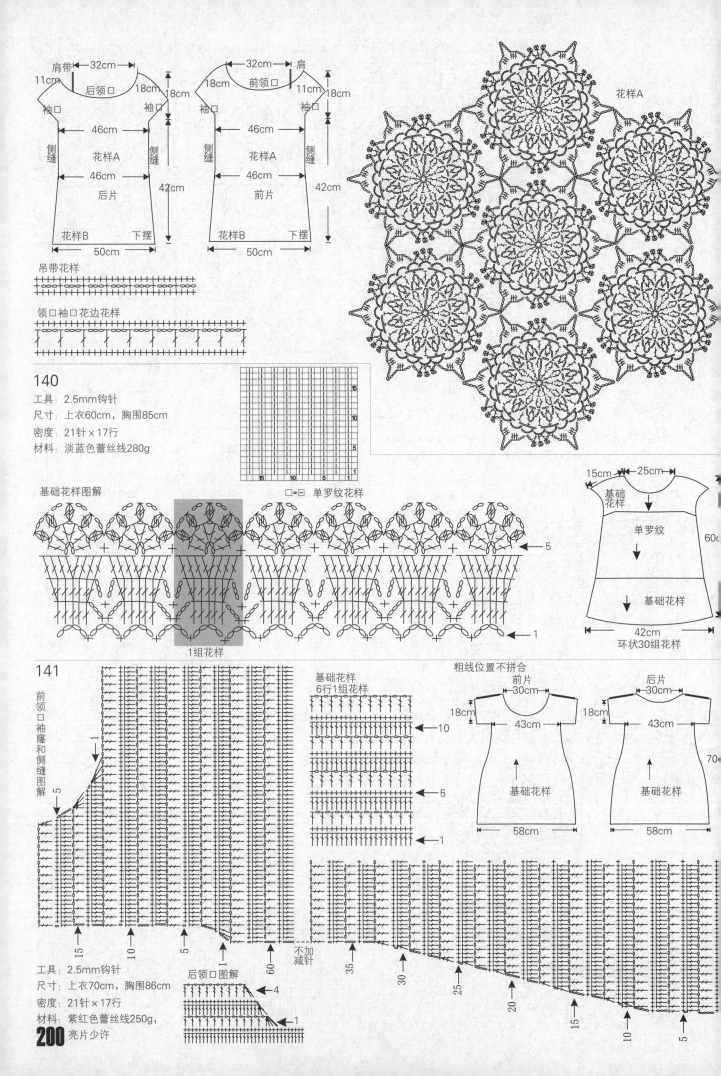

42

具：2.5mm钩针

寸：上衣58cm，胸围90cm

度：21针×17行

料：红色蕾丝线350g

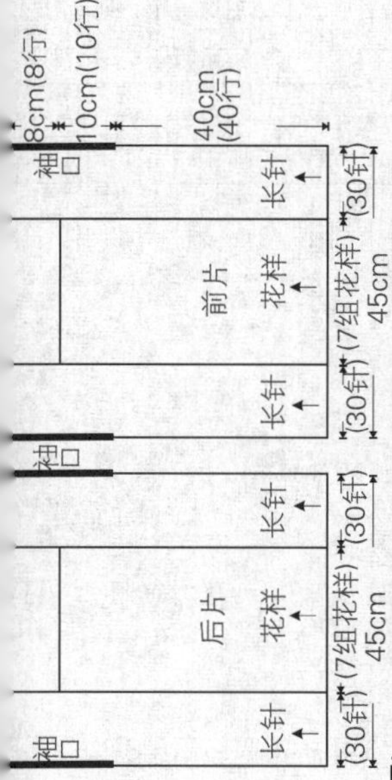
8cm(8行)
10cm(10行)
40cm(40行)
袖口
长针
(30针)
前片
花样
(7组花样)
45cm
长针
(30针)
袖口
长针
(30针)
后片
花样
(7组花样)
45cm
长针
(30针)
袖口

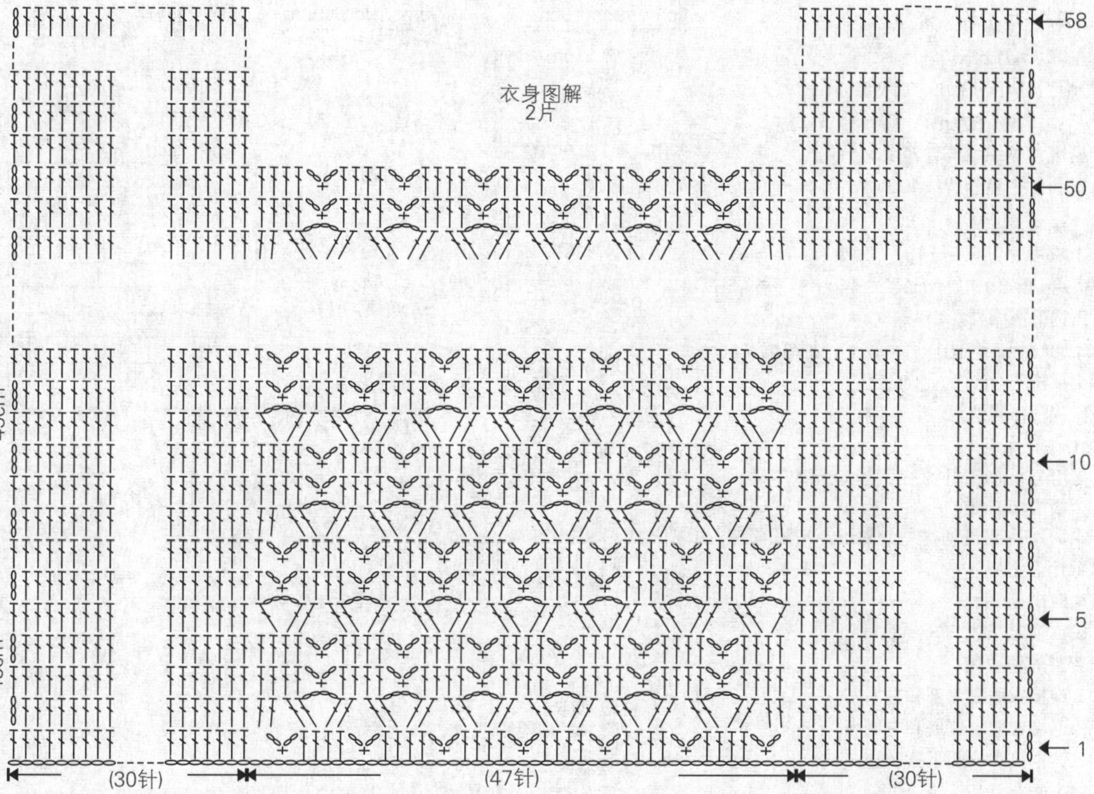
衣身图解
2片
58
50
10
5
1
(30针)
(47针)
(30针)

43

具：1.5mm钩针

寸：上衣62cm，胸围90cm

度：21针×17行

料：白色植物绒棉线200g

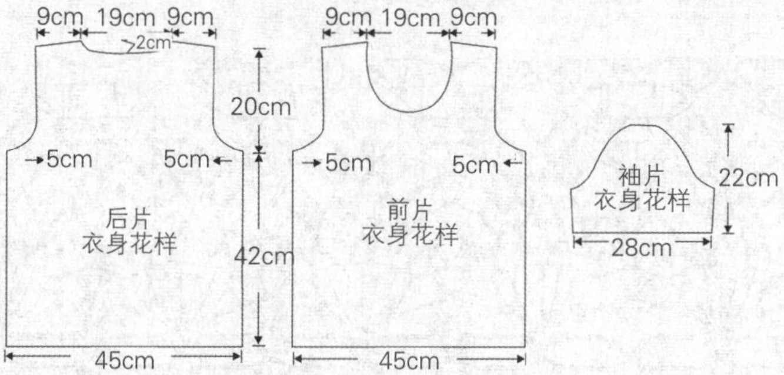
9cm 19cm 9cm
2cm
20cm
5cm
5cm
后片
衣身花样
42cm
45cm
9cm 19cm 9cm
5cm
5cm
前片
衣身花样
45cm
袖片
衣身花样
22cm
28cm

单元花图样

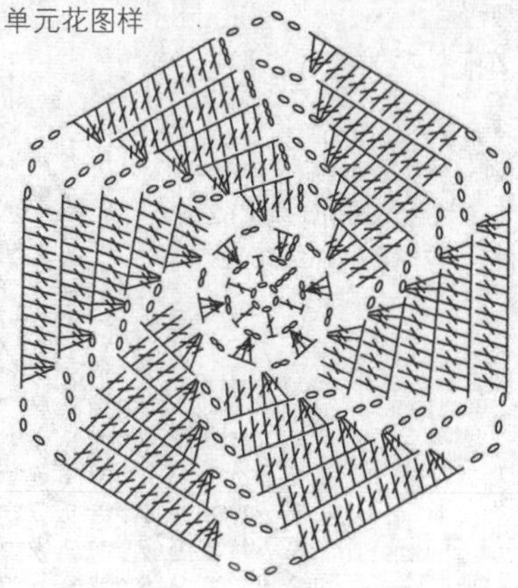

口花边

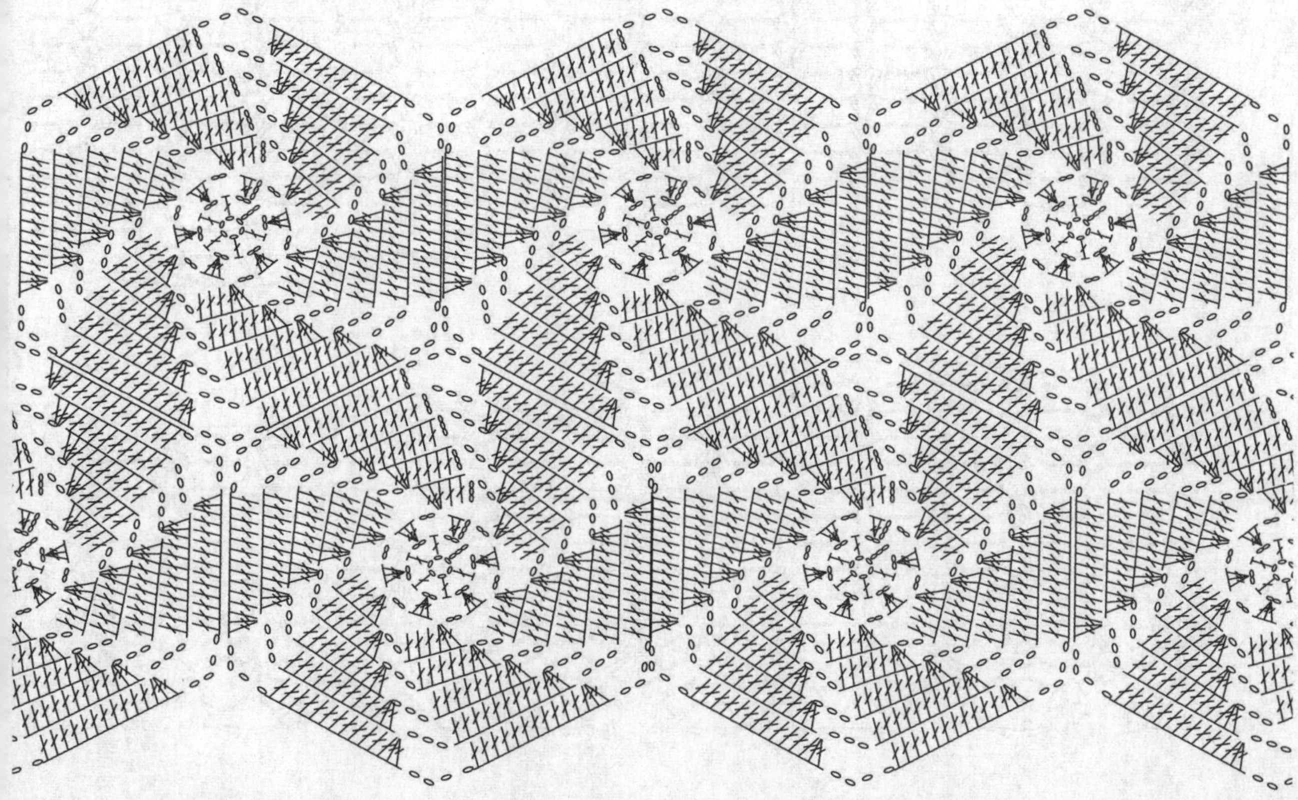

衣身图样

144

工具：4.0mm钩针
尺寸：胸围88cm，肩宽37cm，
衣长52cm
密度：编织花样：21针×17行
材料：杏色蕾丝线400g

【编织要点】
上衣后片：
1.用4.0mm钩针钩长度为44cm的下摆。
2.钩下摆图样。
3.钩16行衣身图样后分领子，袖窿缩减4cm。
4.接拼花4个。
5.钩领口花边。
上衣前片：
1.用4.0mm钩针钩长度为44cm的下摆。
2.钩下摆图样。
3.钩16行衣身图样后分领子，袖窿缩减4cm。
4.接拼花4个。
5.钩领口花边。
整件衣服收尾：
1.连接衣服左肩部和右肩部。
2.连接衣服左侧缝和右侧缝。
3.钩袖口和衣服下摆花边。

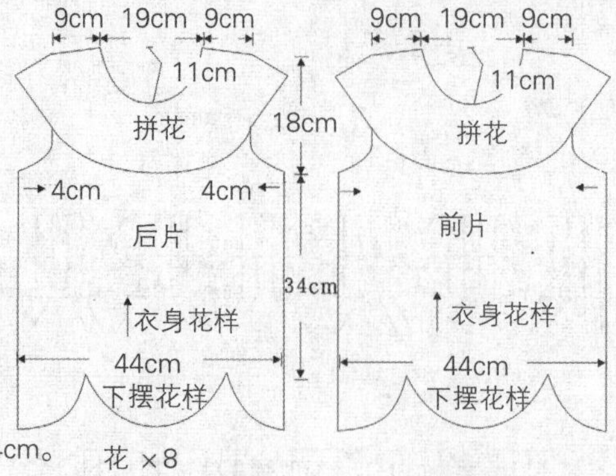

衣身花样

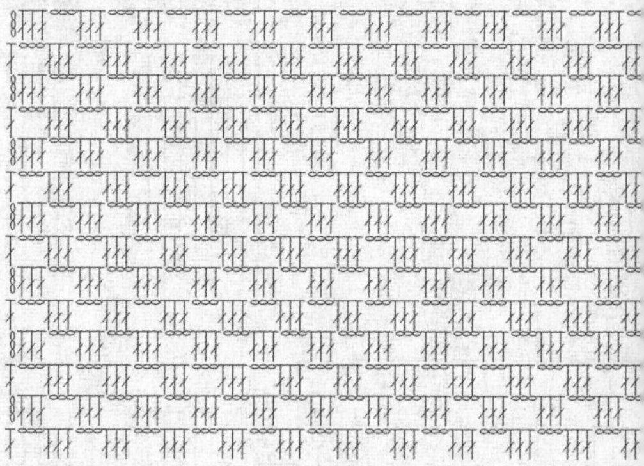

花 ×8

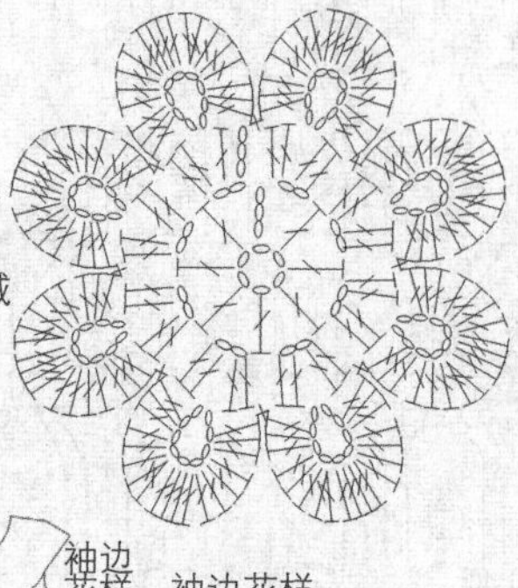

下摆花样

袖边花样

下摆花样

领口花样

145

工具：2.5mm钩针
尺寸：长60cm，肩宽26cm，
袖长52cm，胸宽52cm
材料：浅棕色圆棉线600g

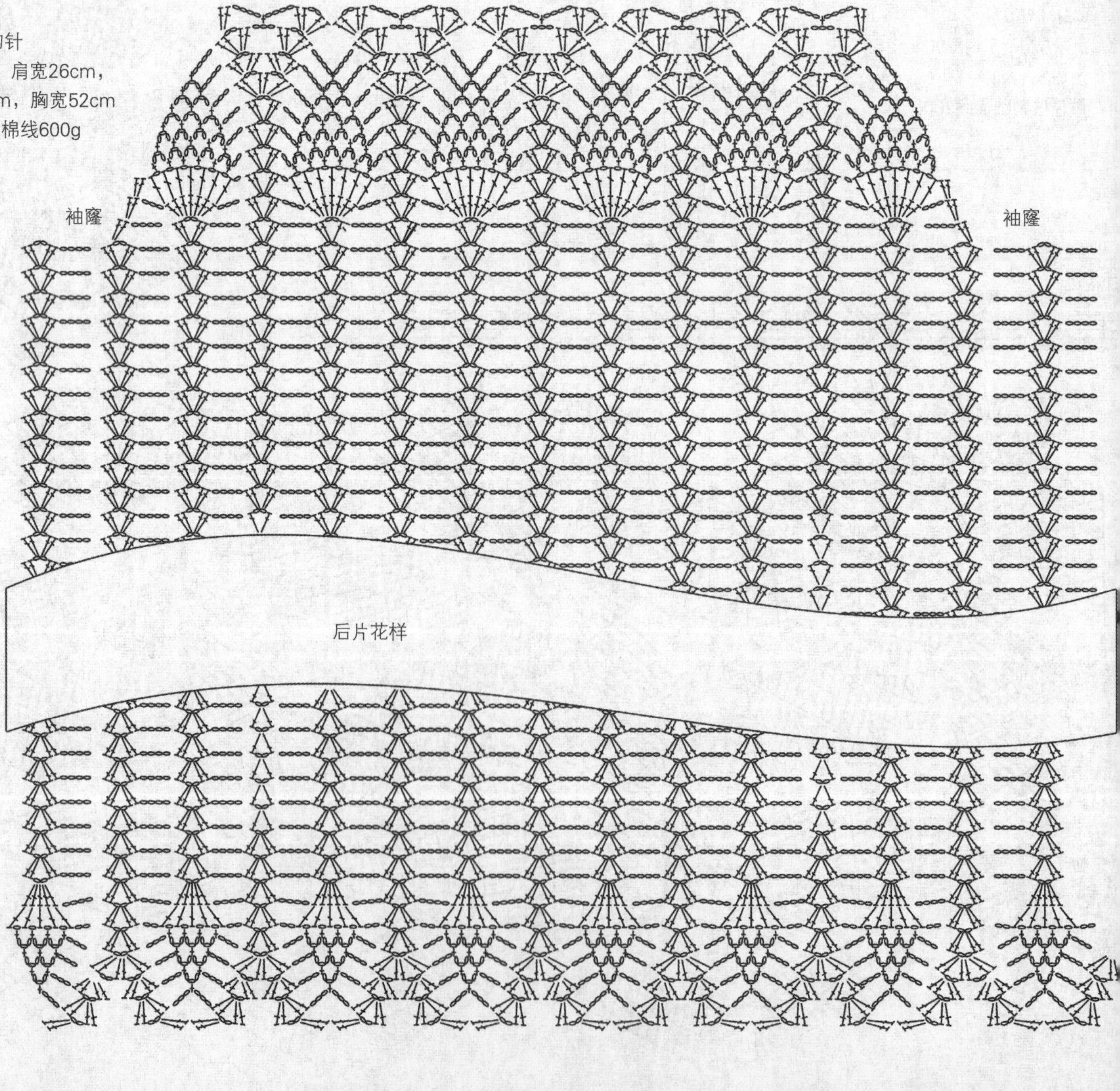

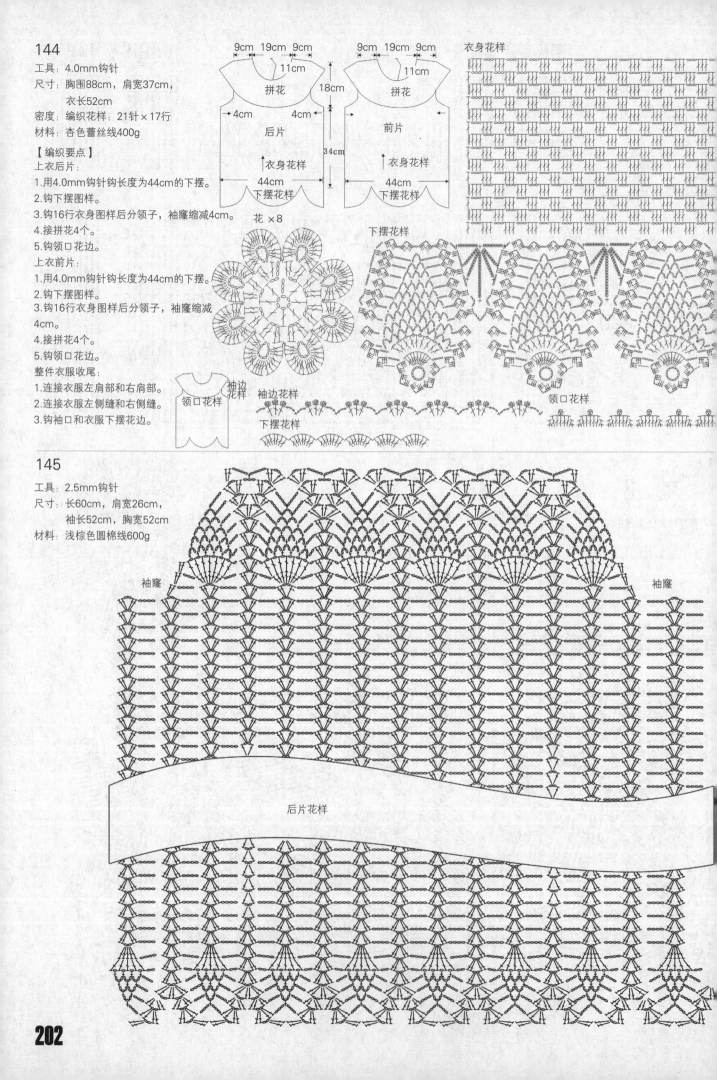

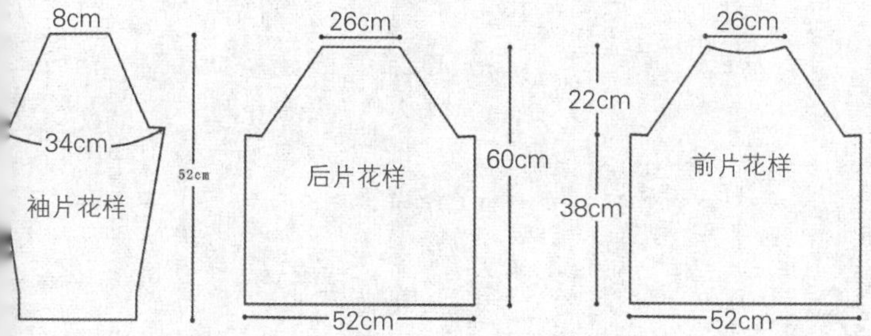
8cm
34cm
袖片花样
52cm
26cm
后片花样
60cm
52cm
26cm
22cm
38cm
前片花样
52cm

袖窿
袖窿
前片花样图解

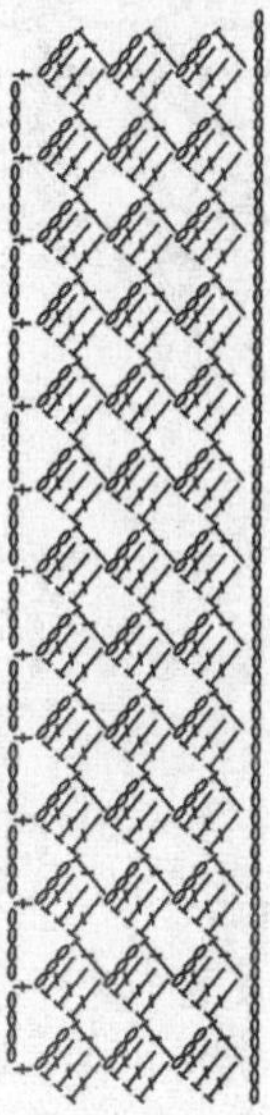
衣领花边花样图解

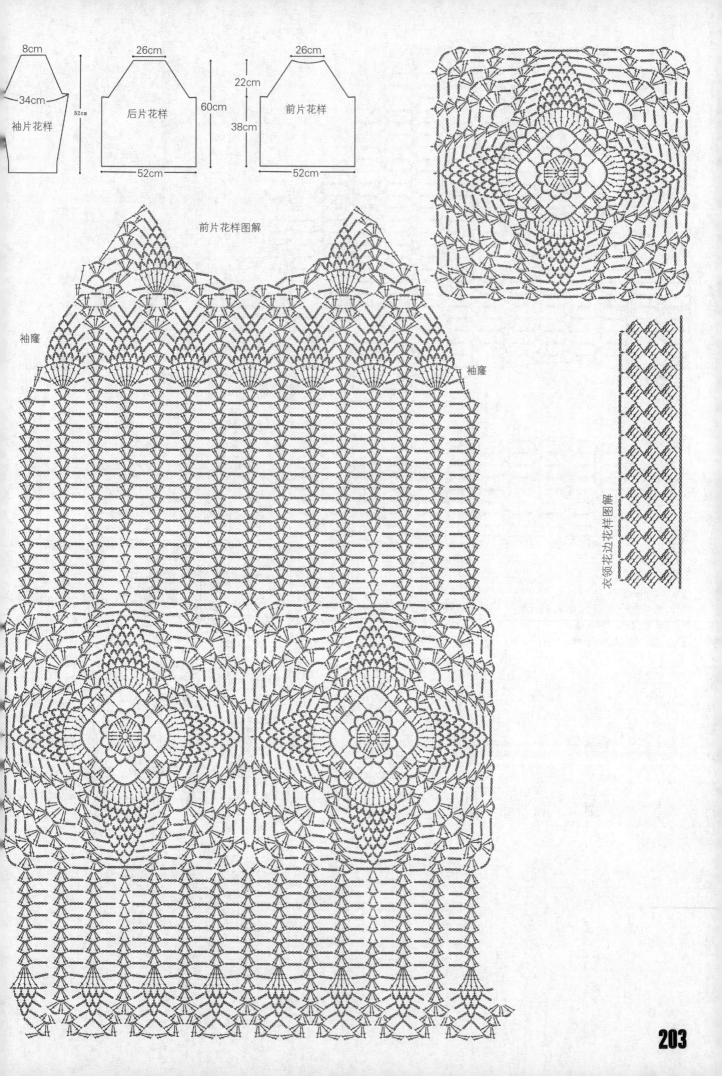

袖片花样图解

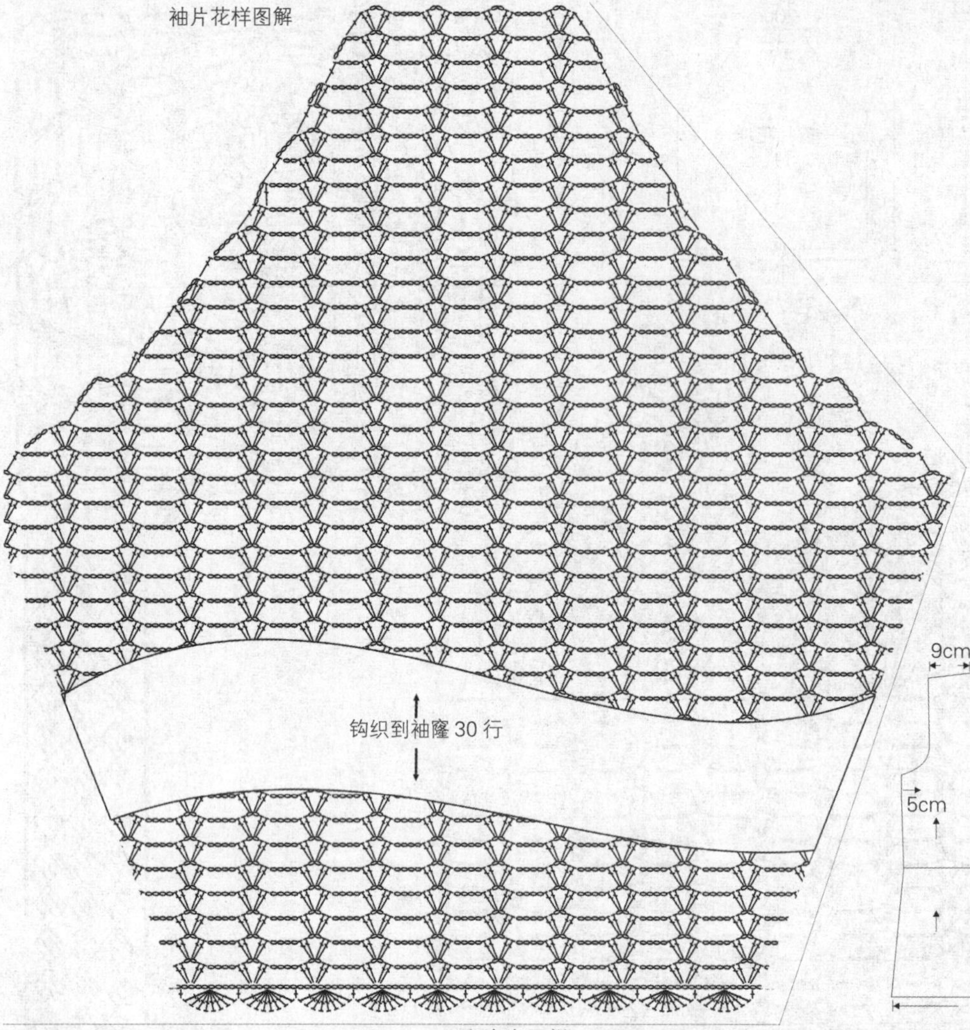
钩织到袖窿30行

领口
花边
图样

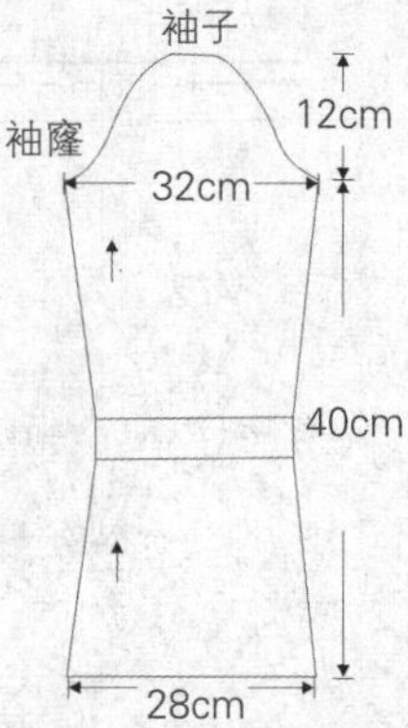
袖子
袖窿
12cm
32cm
40cm
28cm

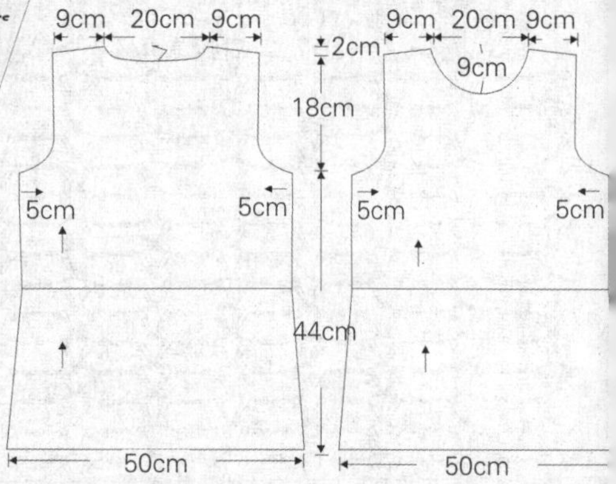
9cm 20cm 9cm
2cm
18cm
5cm
5cm
44cm
50cm
9cm 20cm 9cm
9cm
5cm
5cm
50cm

146

工具：4.0mm钩针

尺寸：胸围90cm，肩宽38cm，衣长62cm，袖长52cm

材料：白色羊绒线500g

上半身图样

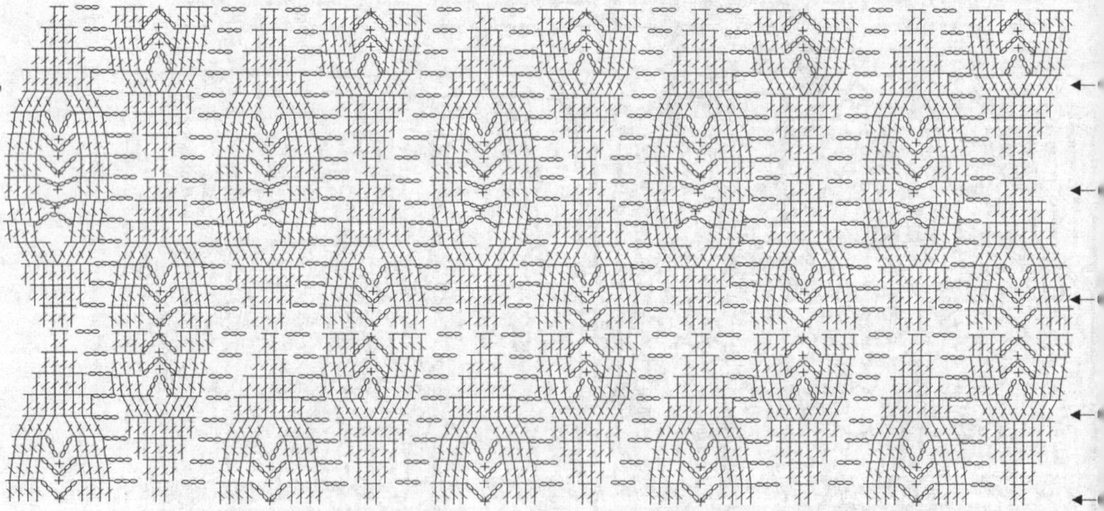

下半身图样

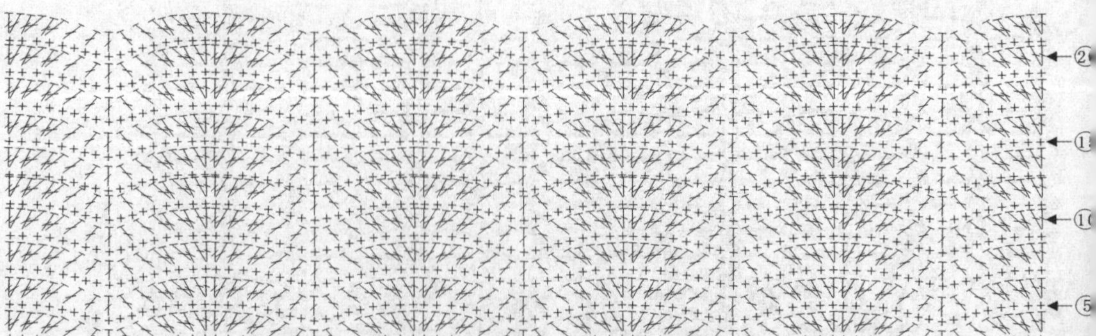
⑤
①

领口花边

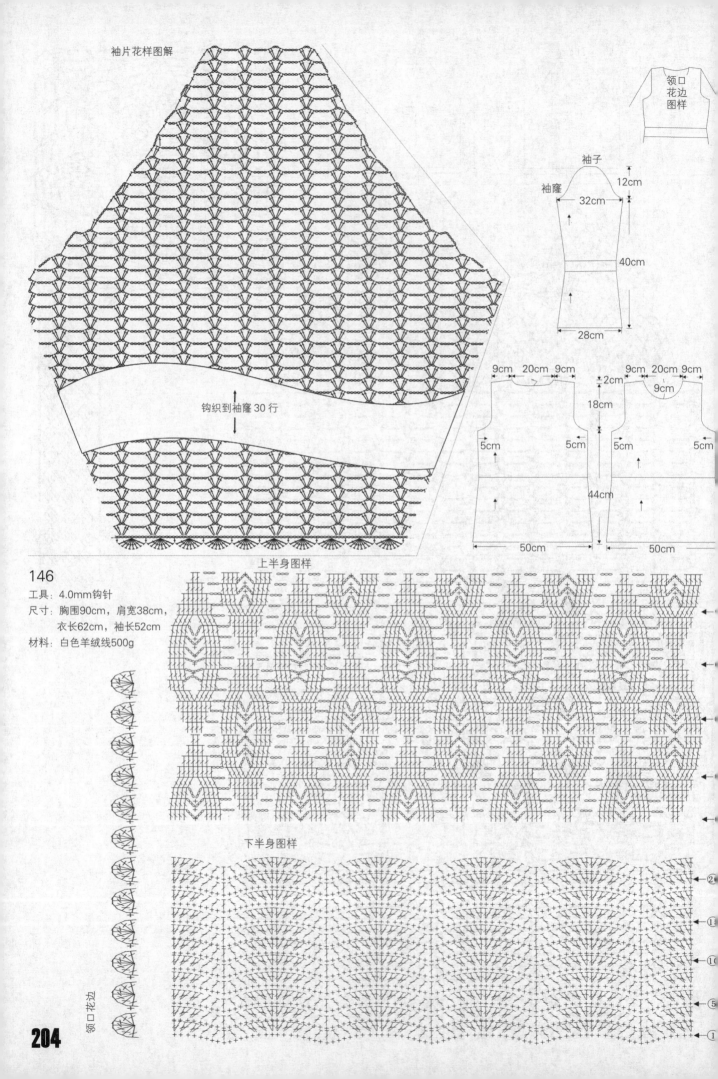

47

具：4.0mm钩针

寸：胸围88cm，肩宽37cm，
衣长60cm

料：白色羊绒线500g

花边图样

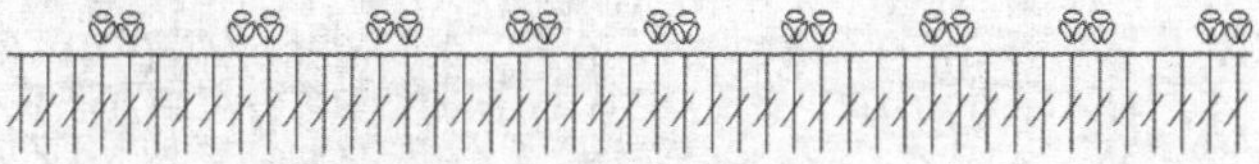

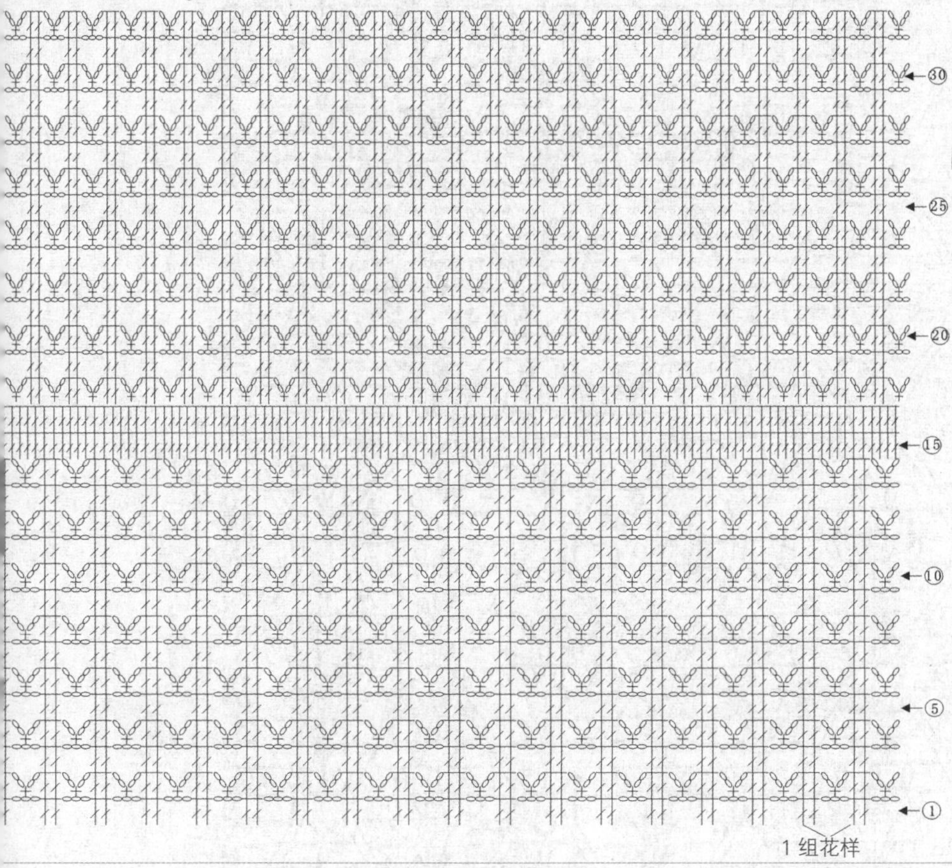

30
25
20
15
10
5
1
1 组花样

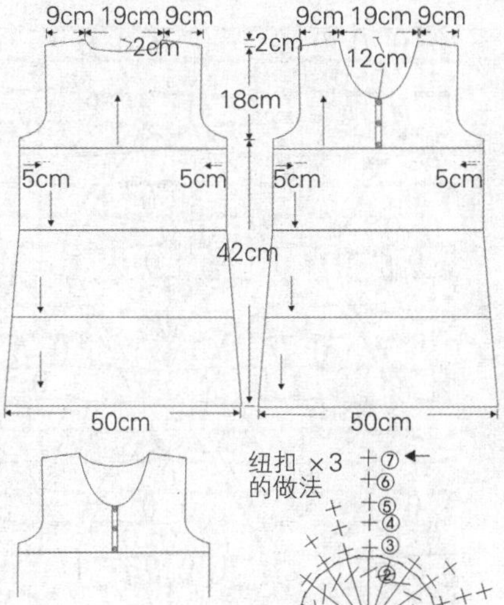

9cm 19cm 9cm
2cm
18cm
5cm
5cm
42cm
50cm
9cm 19cm 9cm
2cm
12cm
5cm
5cm
50cm

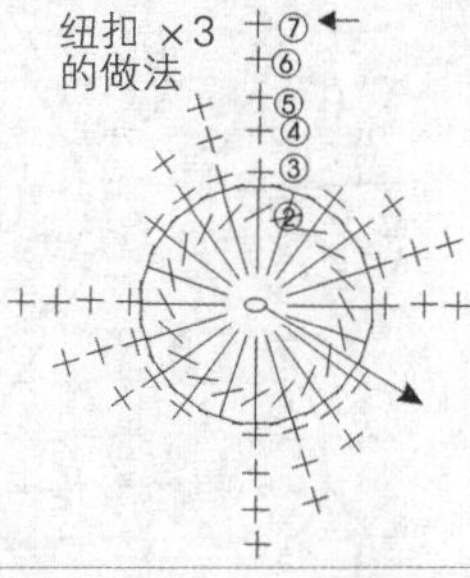

纽扣 ×3
的做法

48

具：2.5mm钩针

寸：衣长64cm，肩宽40cm

料：米黄色纯棉线300g

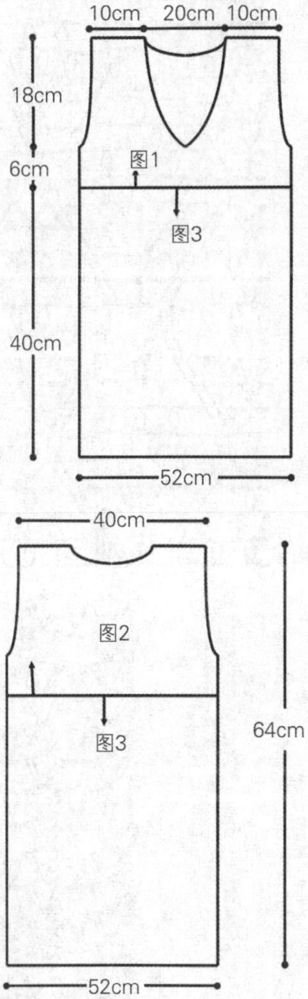

10cm 20cm 10cm
18cm
图1
6cm
图3
40cm
52cm
40cm
图2
图3
64cm
52cm

图 4 花边花样图解

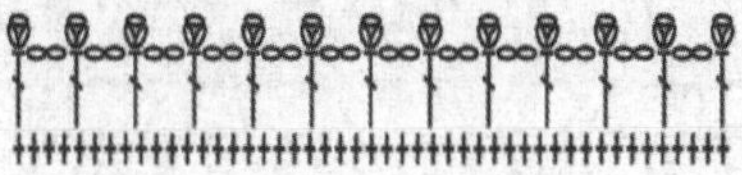

图 2 后片花样图解

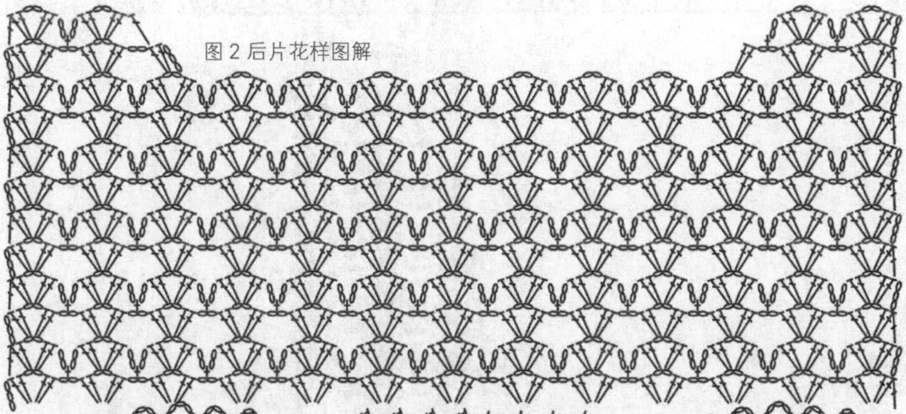

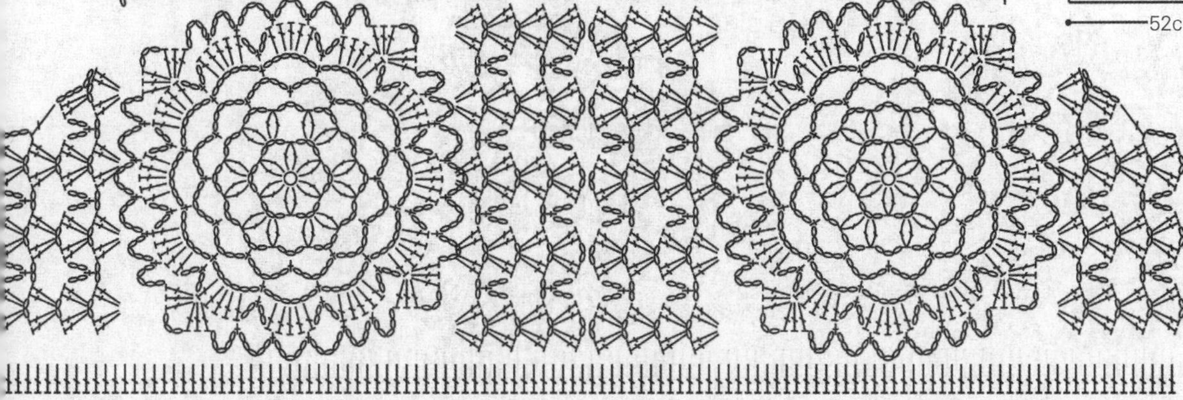

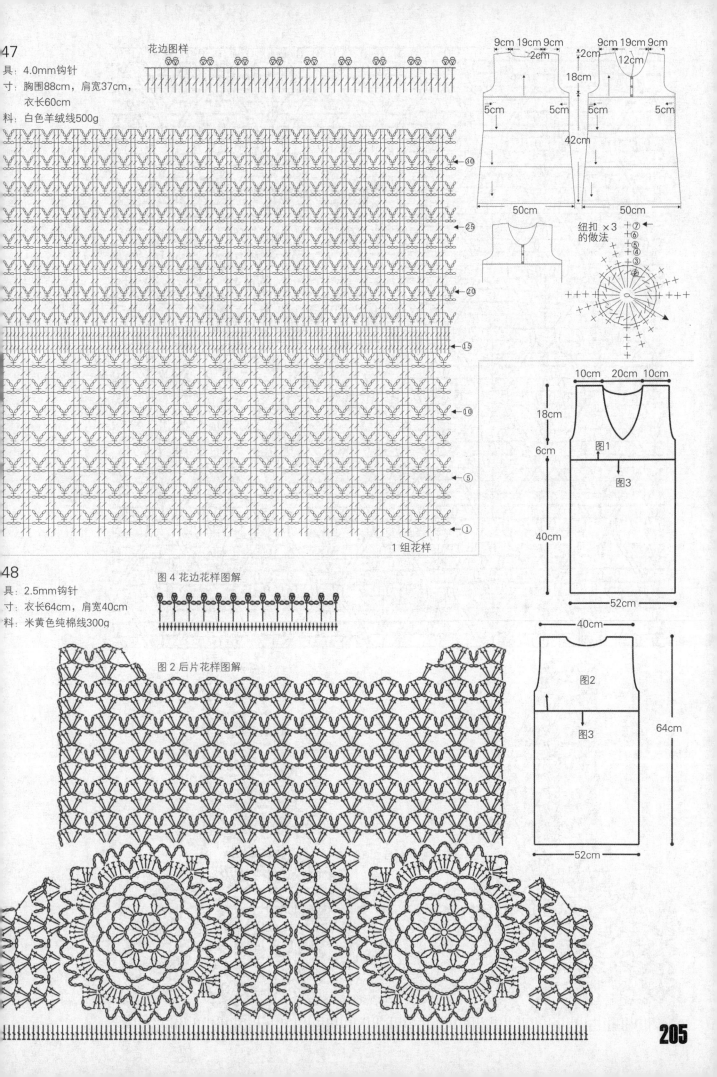

图3 衣摆花样图解

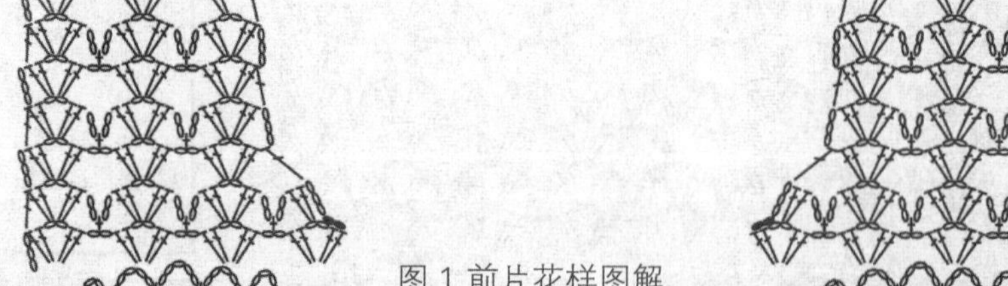

图 1 前片花样图解

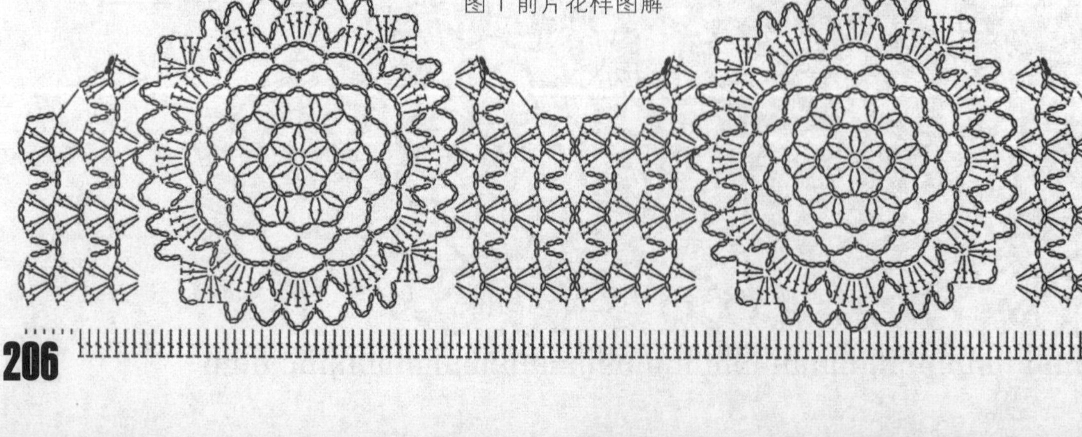

49

具：3.5mm钩针

寸：胸围90cm，衣长55cm

斗：绿色羊绒线600g

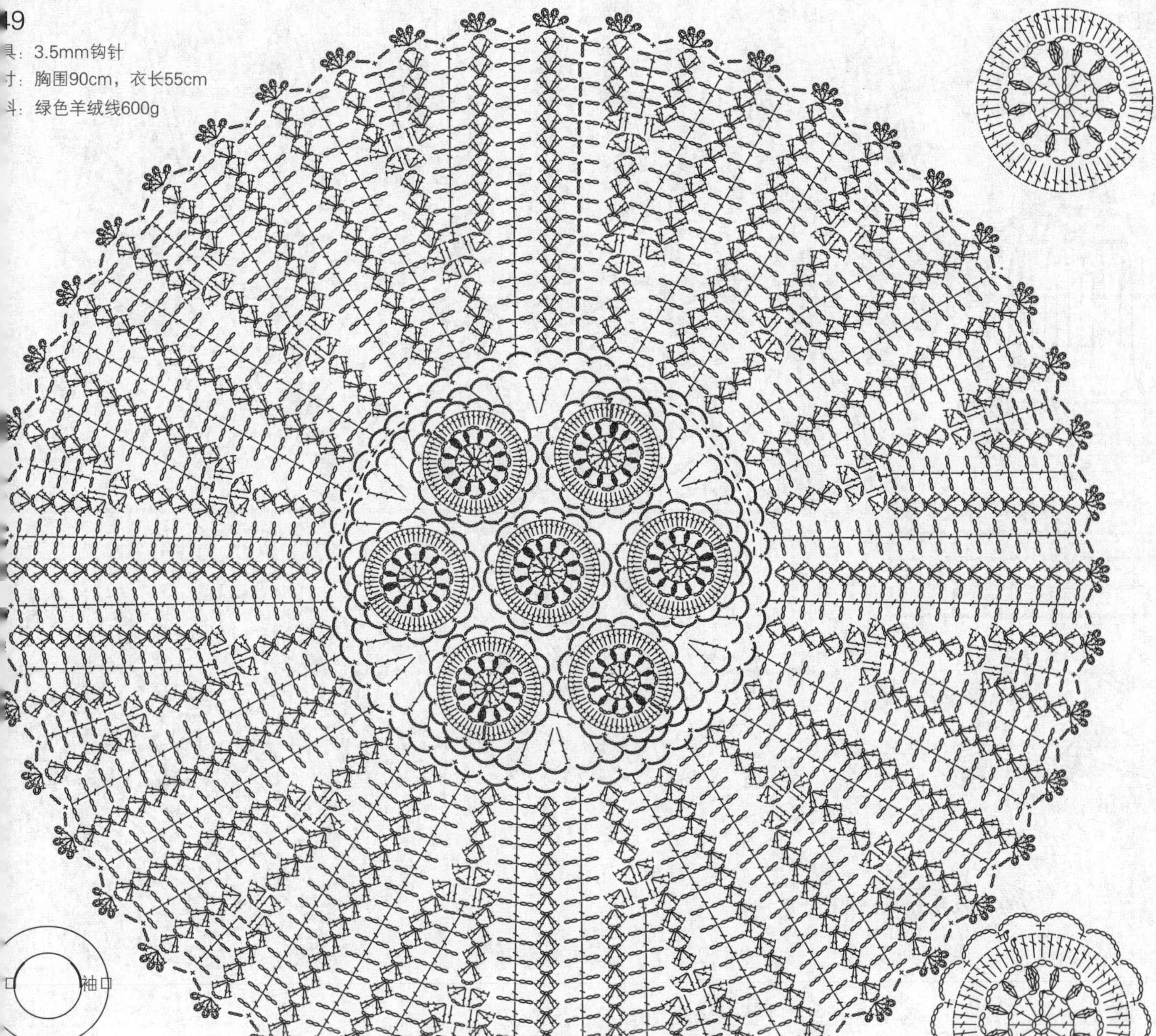

袖口
96cm

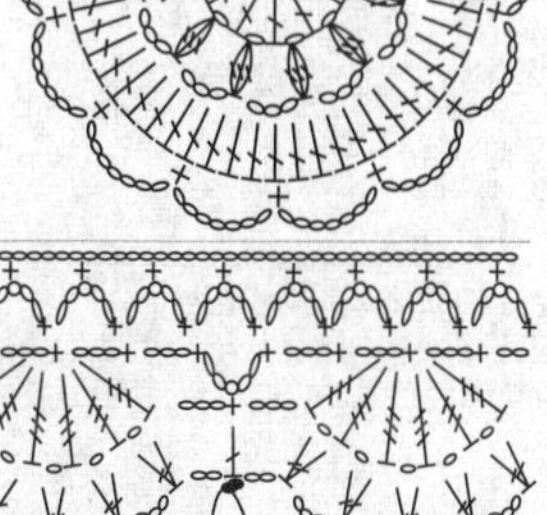

50

具：3.5mm钩针

寸：胸围90cm，衣长45cm

斗：米色羊绒线150g

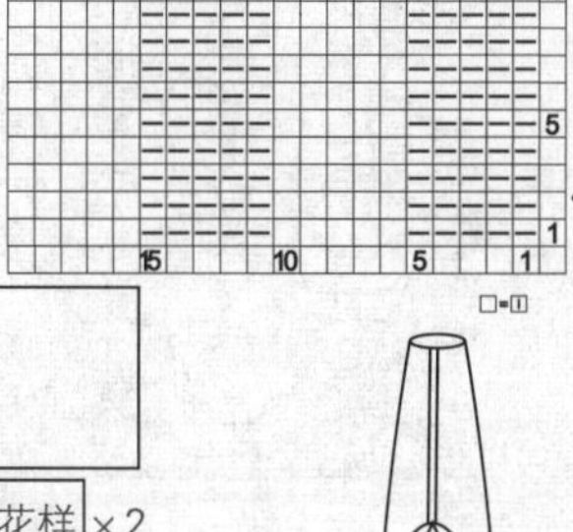

15
10
5
1
15
10
5
1
□=□

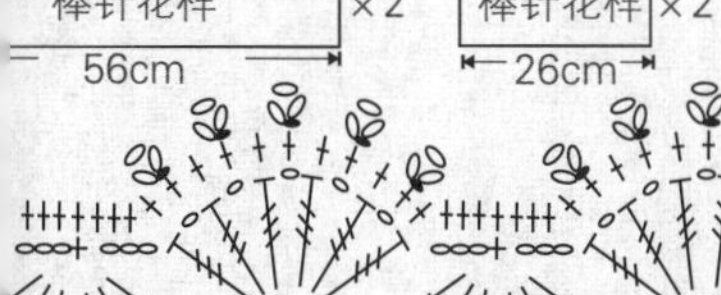

钩针花样
棒针花样
×2
56cm
棒针花样
×2
26cm

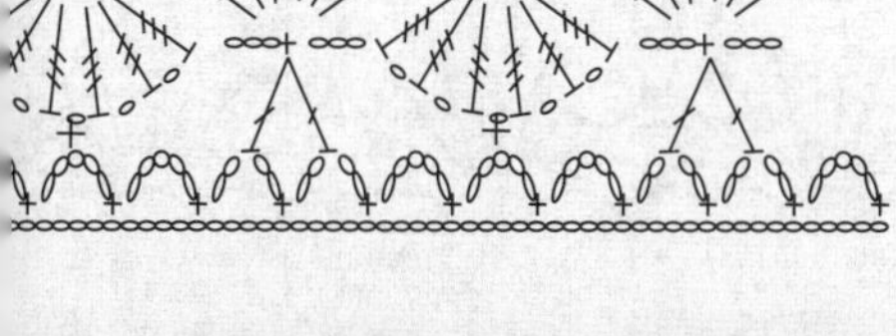

151

工具：2.5mm钩针

尺寸：胸围90cm，衣长45cm

材料：浅灰色羊绒线600g

流苏花边

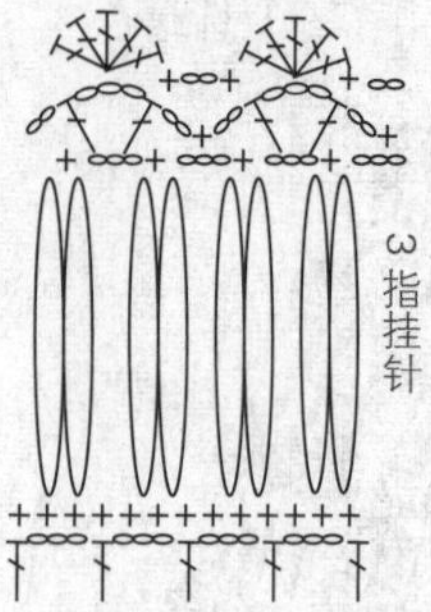
3指挂针

花样 B

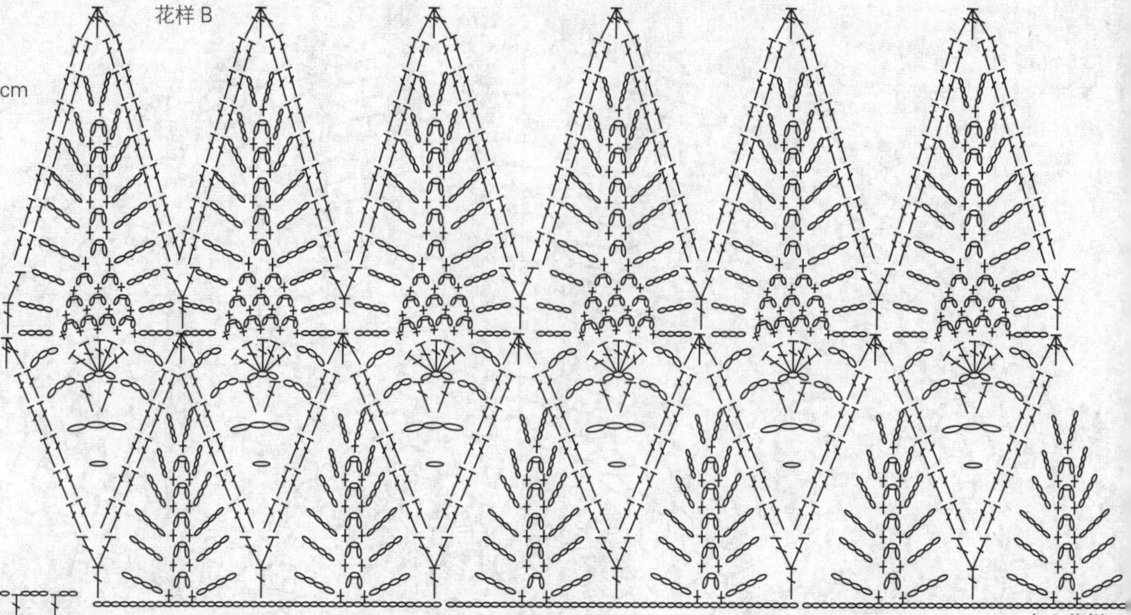

花样间的网眼

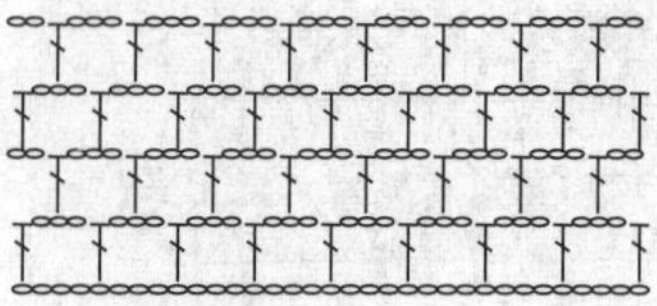

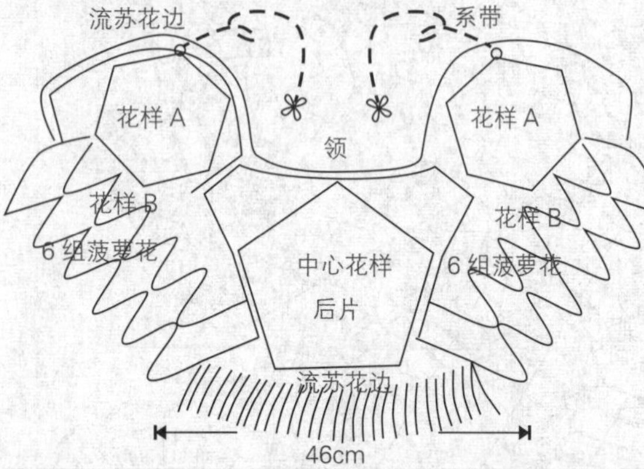
流苏花边
系带
花样 A
领
花样 A
花样 B
花样 B
6 组菠萝花
中心花样
6 组菠萝花
后片
流苏花边
46cm

花样 A

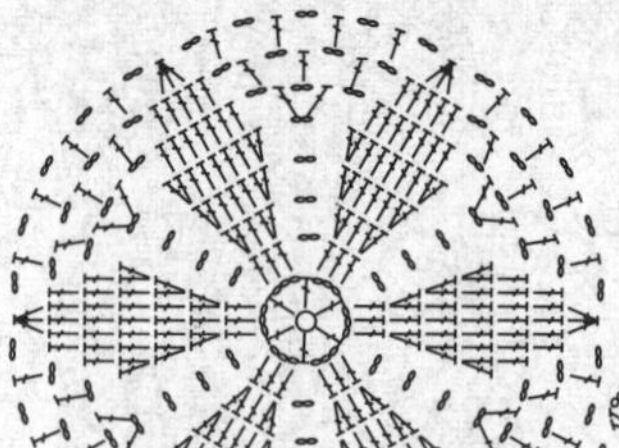

中心花样

(直径 =20c

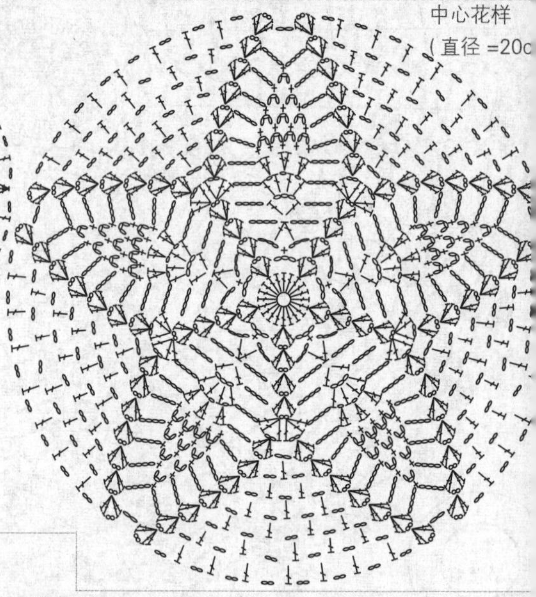

152

工具：5.0mm钩针

尺寸：衣长36cm，肩宽36cm

材料：灰色羊绒线250g

水草花

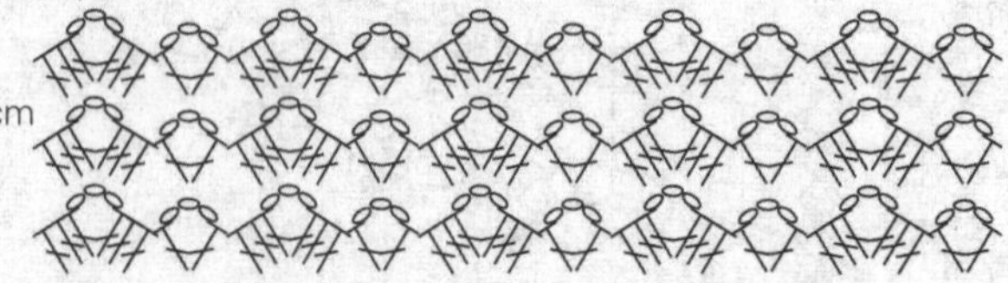

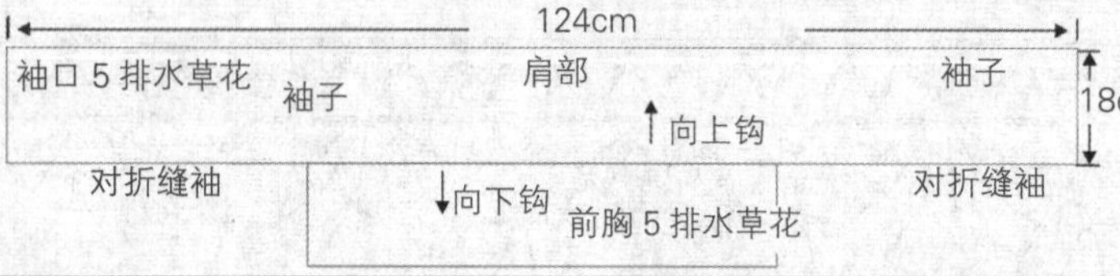
124cm
袖口 5 排水草花
袖子
肩部
袖子
18cm
向上钩
对折缝袖
向下钩
对折缝袖
前胸 5 排水草花

衣身图样

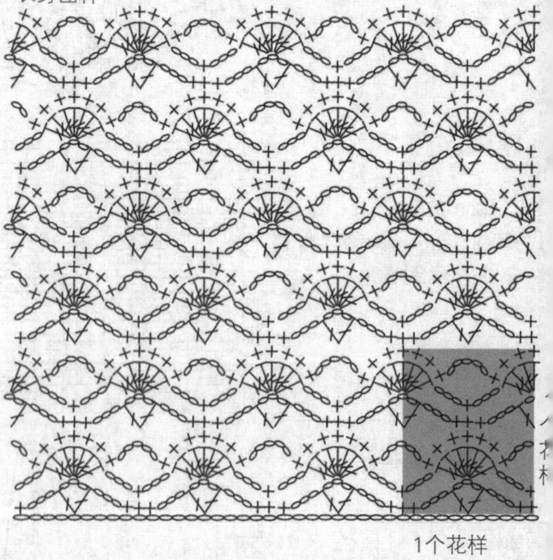

1个花样

153

工具：2.0mm钩针

尺寸：胸围88cm，肩宽37cm

材料：浅驼色棉线350g

结构图

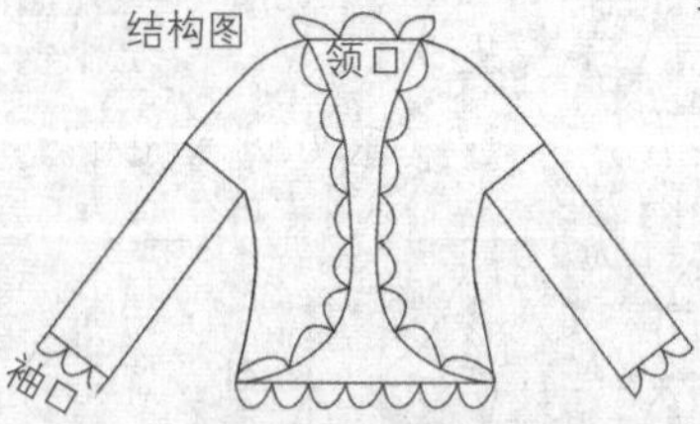
领口
袖口

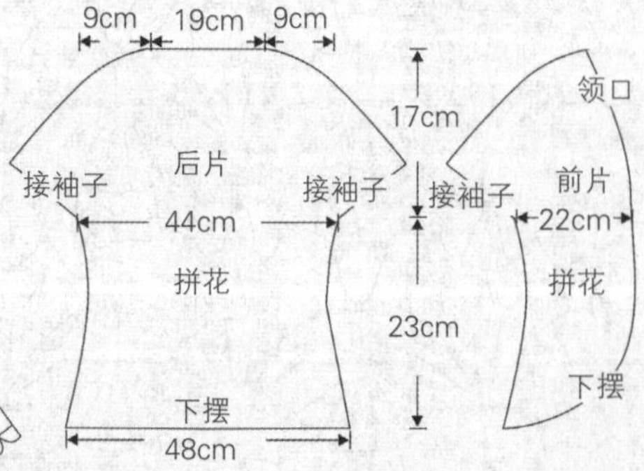
9cm
19cm
9cm
17cm
领口
接袖子
后片
接袖子
接袖子
前片
44cm
22cm
拼花
拼花
23cm
下摆
下摆
48cm

领口袖口花边

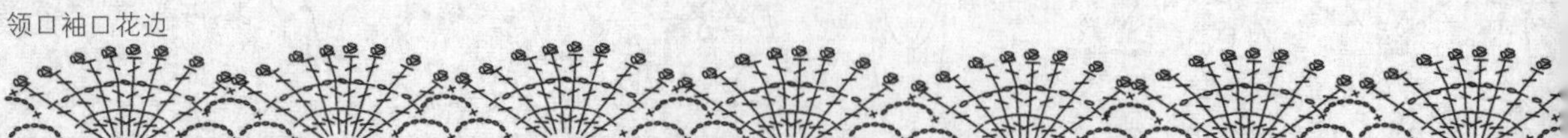

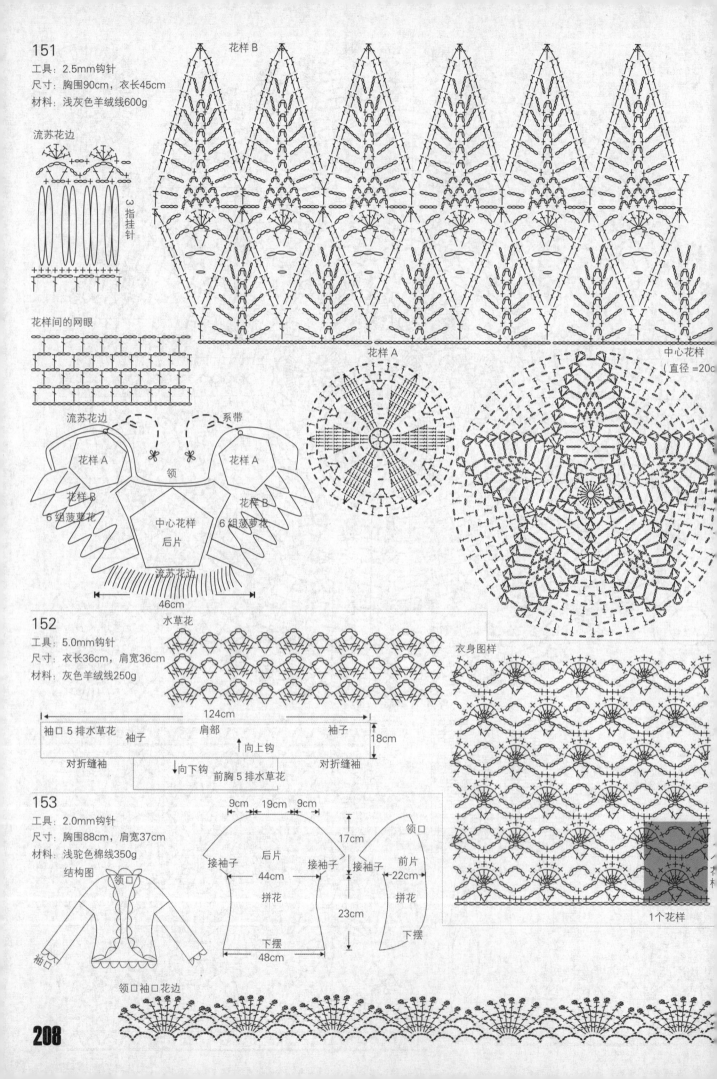

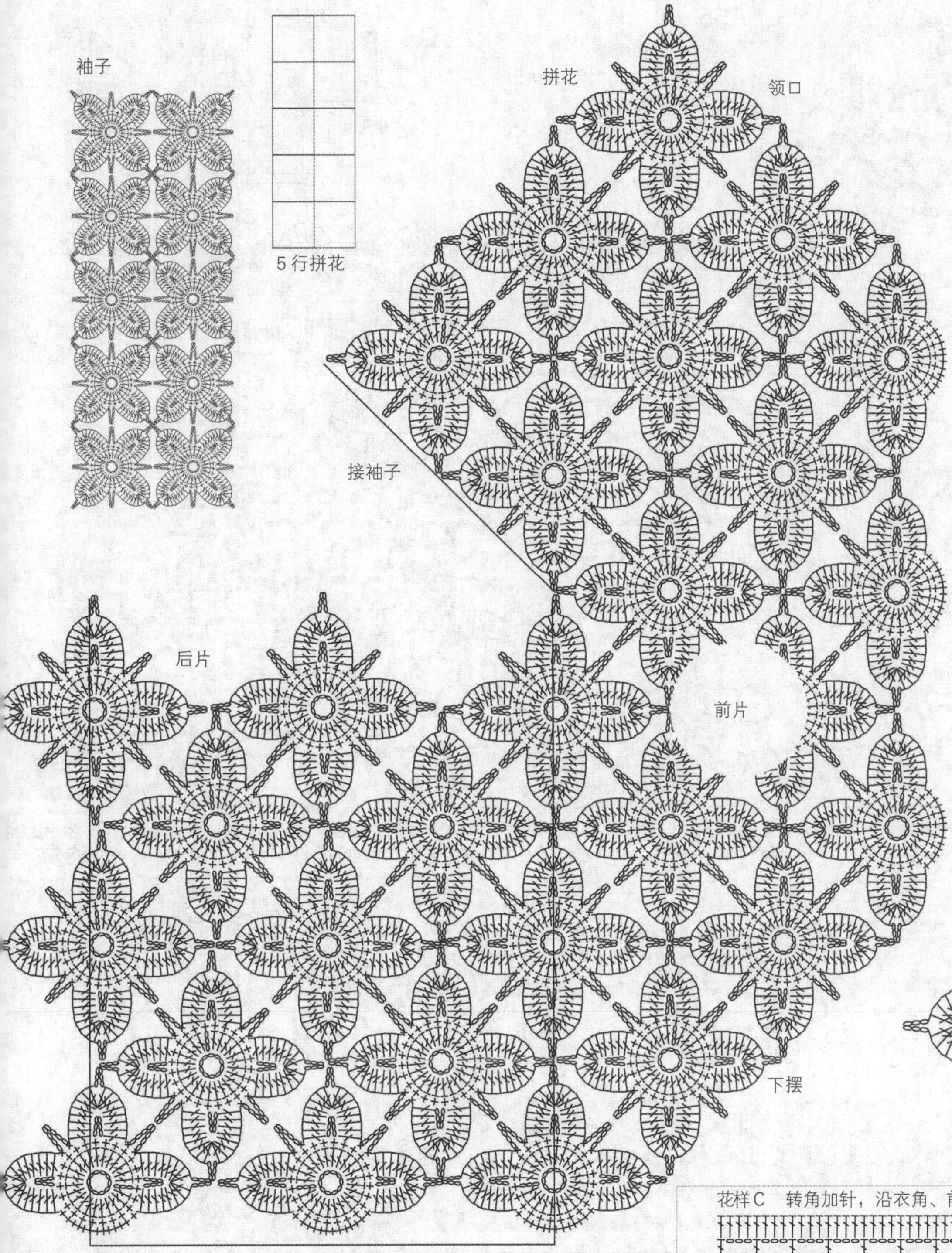
袖子
5行拼花
拼花
领口
接袖子
后片
前片
下摆

单元花钩法（第1步到第3步）

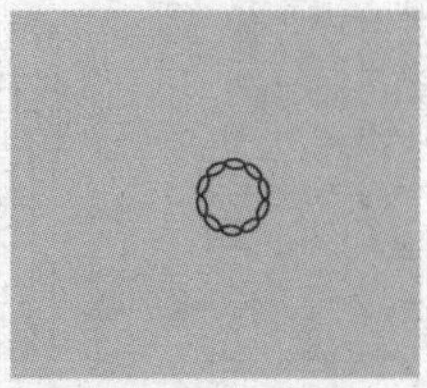

1. 先起10针锁针钩1个圆心。

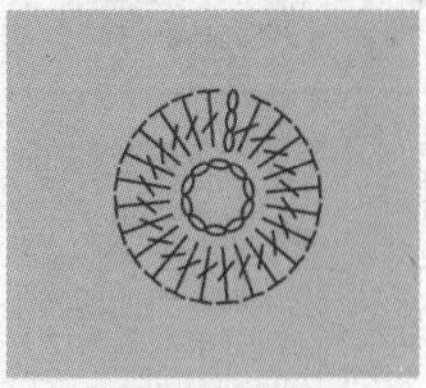

2. 围绕圆心，钩24针长针。

3. 第3圈，钩1针短针，6针锁针，5针短针。重复4次。

半花

54

具：2.0mm钩针

寸：胸围90cm，衣长30cm

料：墨绿色蕾丝线200g

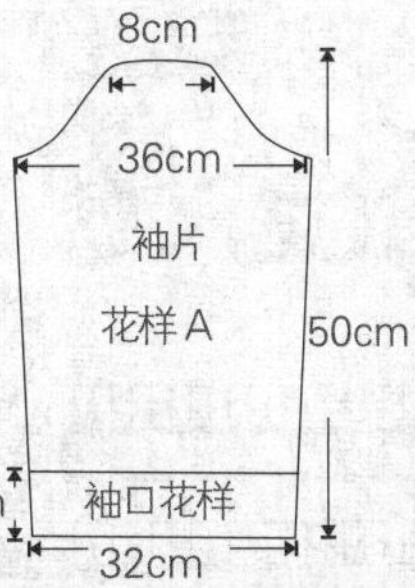
8cm
36cm
袖片
花样A
50cm
8cm
袖口花样
32cm

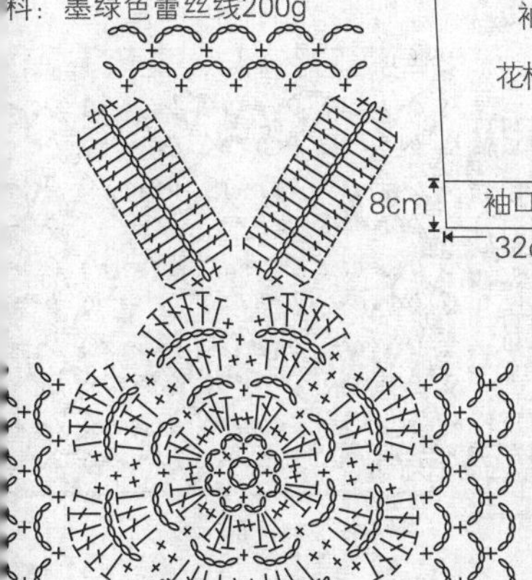

花样A

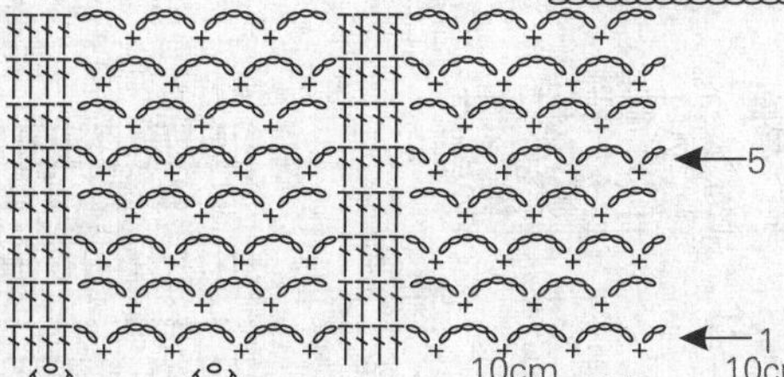
5
1

花样C　转角加针，沿衣角、前衣襟和领口一周，圈钩花样

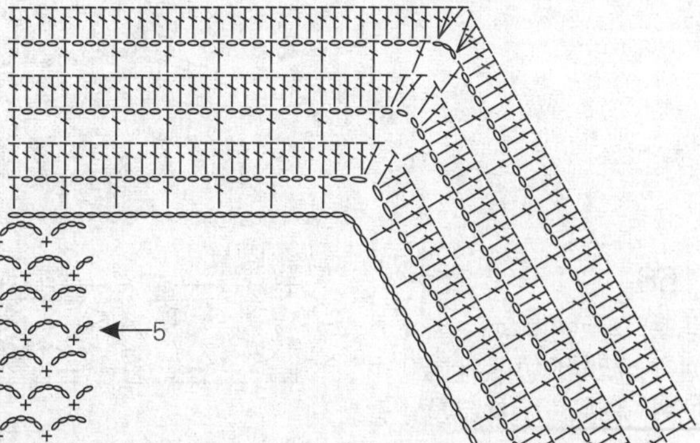

袖口花样

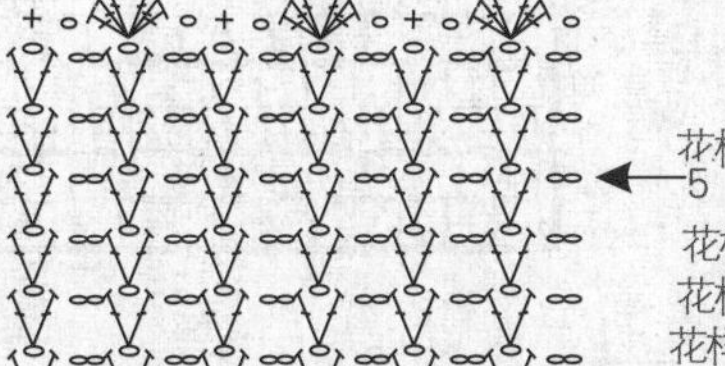
5
1

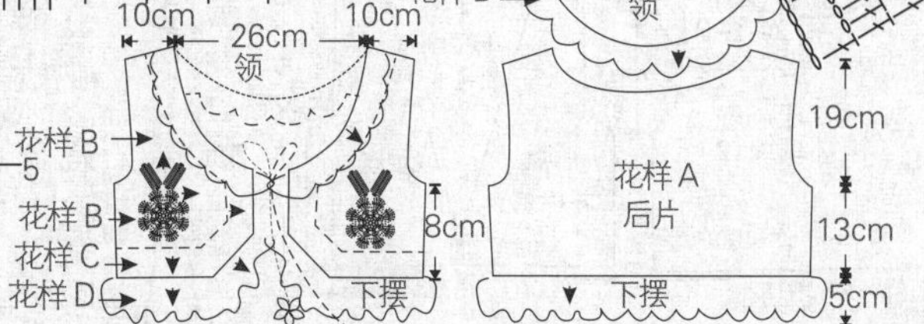
10cm
26cm
10cm
领
花样B
花样B
花样C
花样D
8cm
下摆
丝带
花样D
领
花样A
后片
19cm
13cm
下摆
5cm

花样B

前片花样用网眼针填补立体花和叶子间空位，注意腋下和领口的弧线

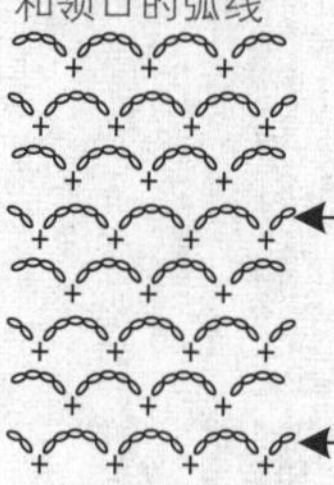
5
1

花样D

沿衣角、前衣襟和领口一周，圈钩花样

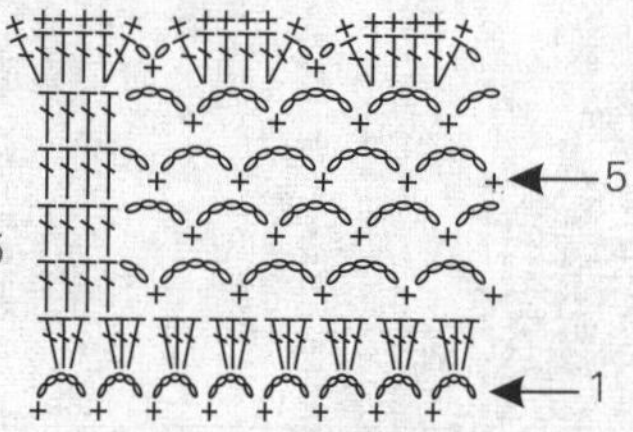
5
1

155

工具：5.0mm钩针

尺寸：衣长40cm，肩宽80cm，袖长22cm

材料：灰色蕾丝线300g

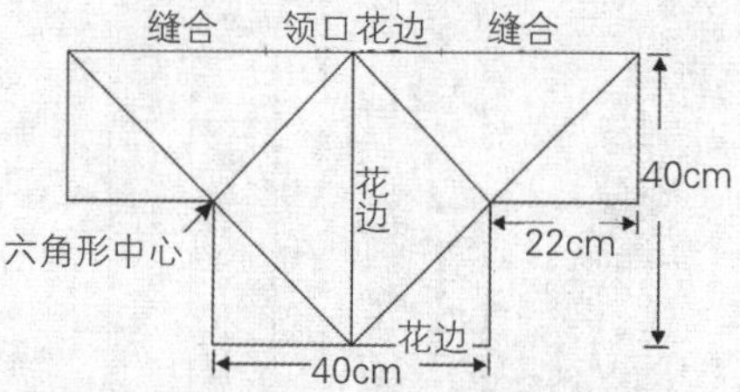
缝合
领口花边
缝合
40cm
花边
六角形中心
22cm
花边
40cm

花边

六角形钩法

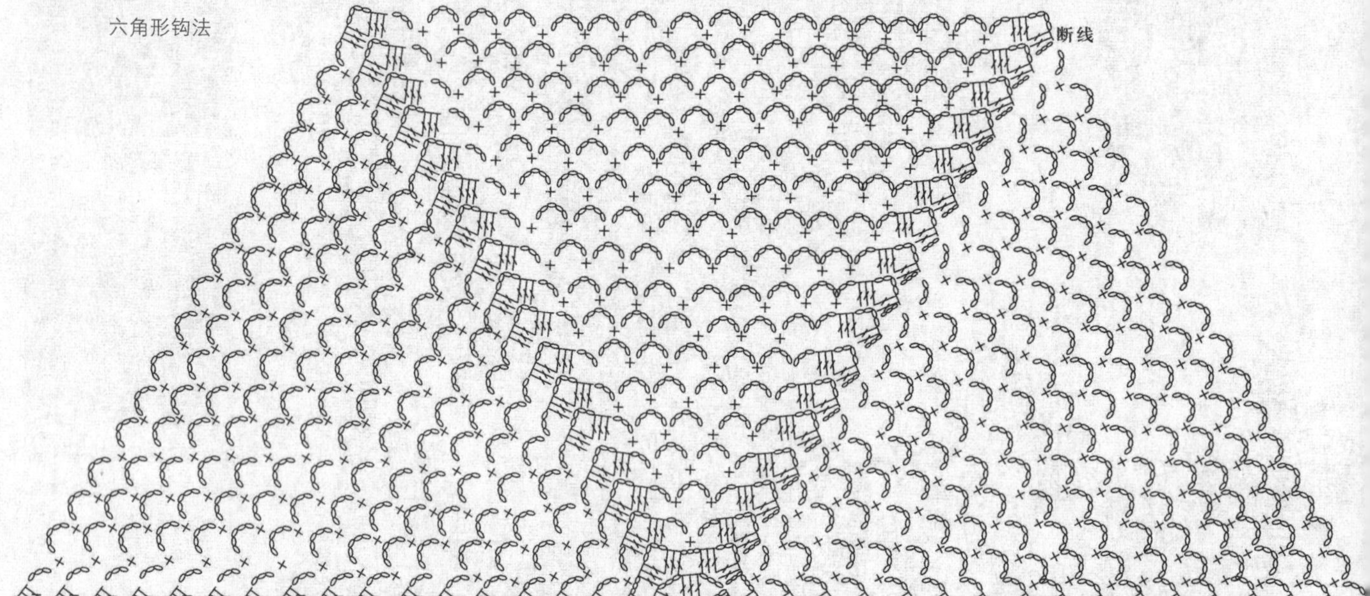
断线

156

工具：2.5mm钩针

尺寸：胸围86cm，衣长39cm

材料：湖蓝色蕾丝线300g

前片系带图解

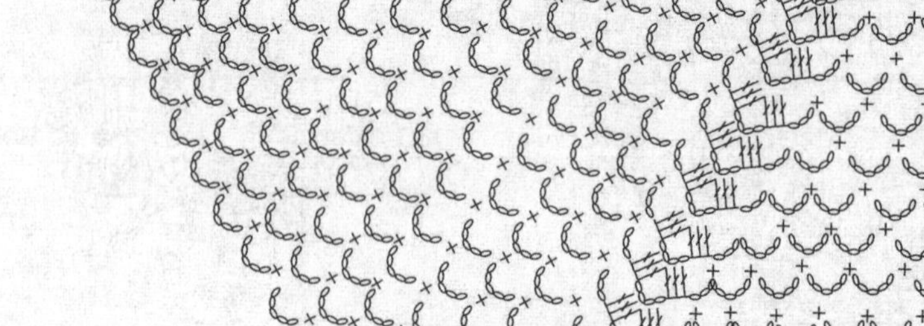
22cm
2-1-2
2-2-2
2-3-1
2-1-2
2-2-2
19cm
后片
钩针编织
20cm
43cm
8cm
8cm
12cm
前片
花样B
花样B
39cm
21cm
花样A
12cm
13cm
袖子
花样A
53cm
28cm

花样A

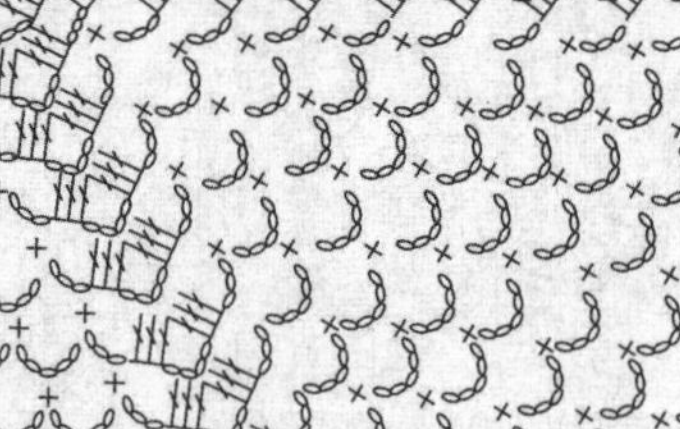

花样B

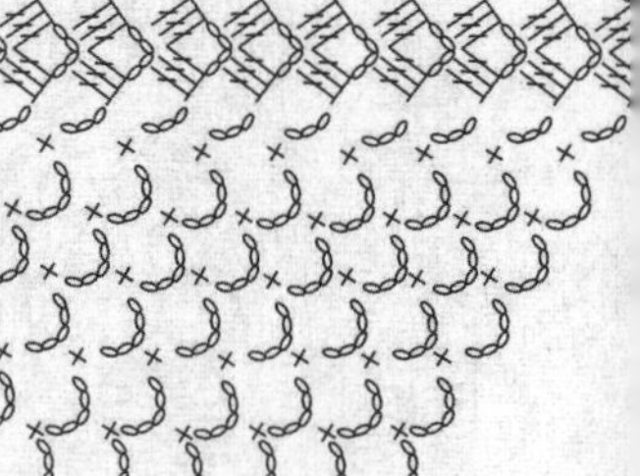

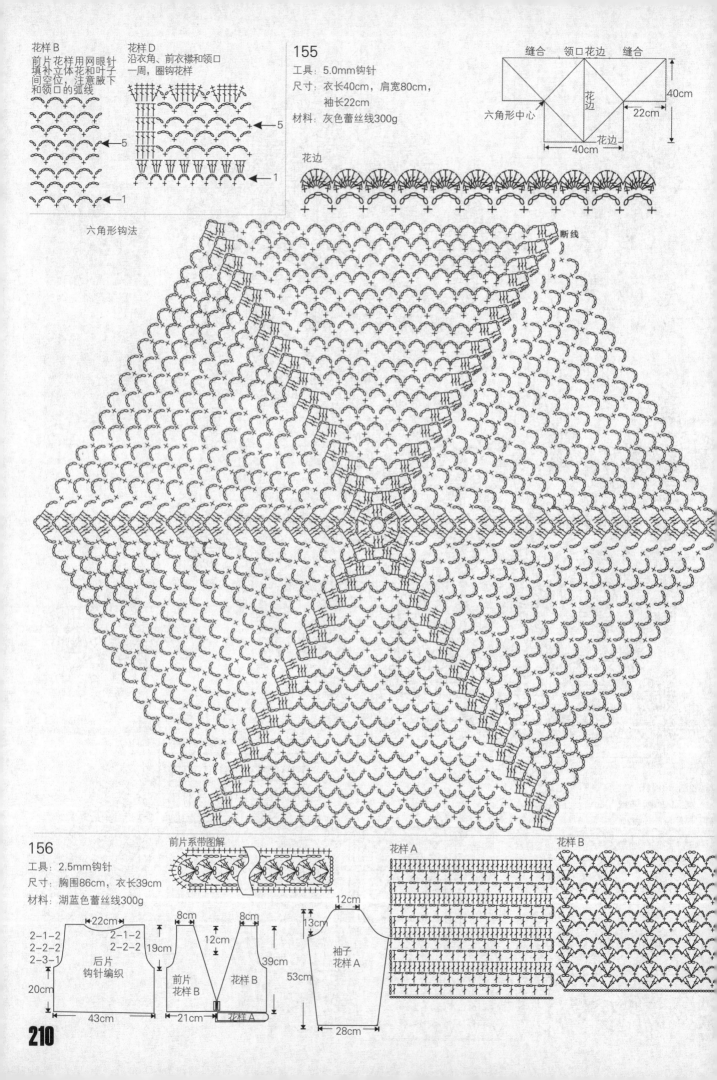

7

：5.0mm钩针

：衣长55cm，胸围90cm

：咖啡色蕾丝线200g

花样

线位置钩左右

，60 针锁针辫

为左右袖口

衣身花样
袖口
中心
袖口
14cm
32cm
92cm
图解
5
1

8

：2.5mm钩针，8号棒针

：胸围90cm，衣长55cm

：白色蕾丝线500g

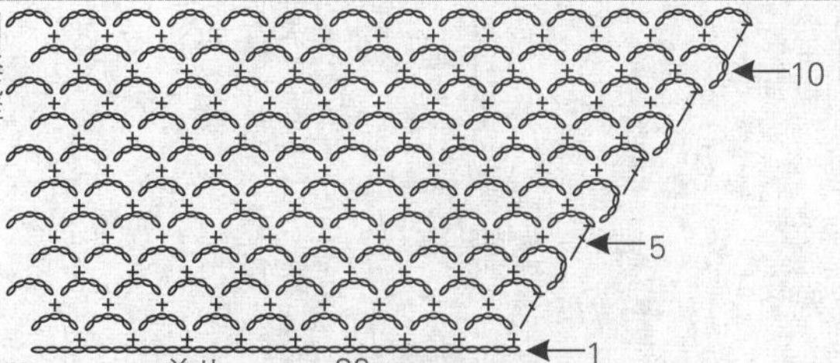

网眼花样
10
5
1

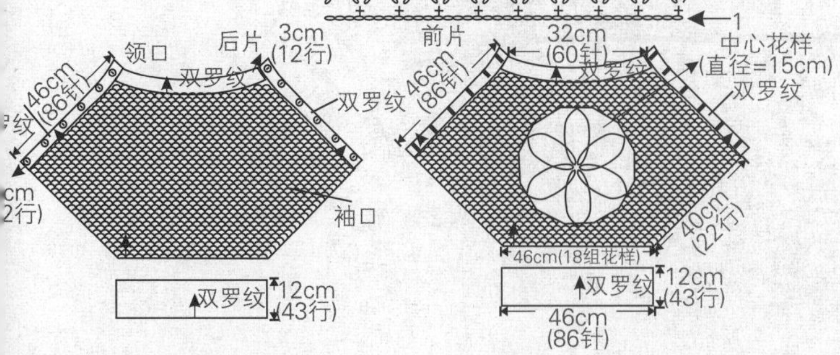

领口
后片
3cm
(12行)
双罗纹
46cm
(86针)
双罗纹
纹
cm
2行)
袖口
双罗纹
12cm
(43行)
前片
32cm
(60针)
双罗纹
中心花样
(直径=15cm)
双罗纹
46cm
(86针)
40cm
(22行)
46cm(18组花样)
双罗纹
12cm
(43行)
46cm
(86针)

双罗纹 □=⊟

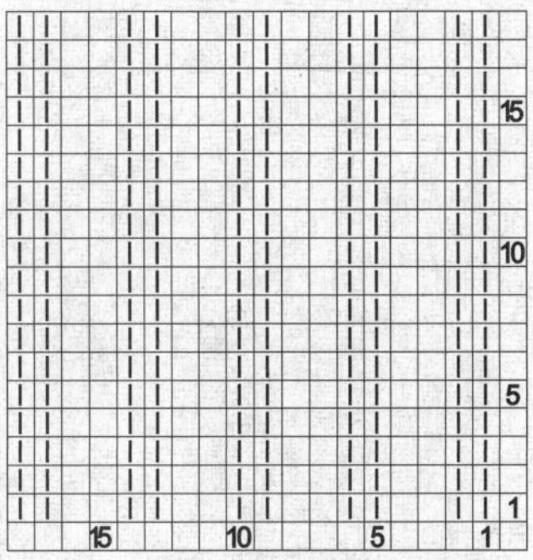

15
10
5
1
15
10
5
1

中心花样
(直径=15cm)
最后1行与网眼
花样连接

159

工具：2.5mm钩针

尺寸：胸围90cm，衣长53cm

材料：白色蕾丝线300g

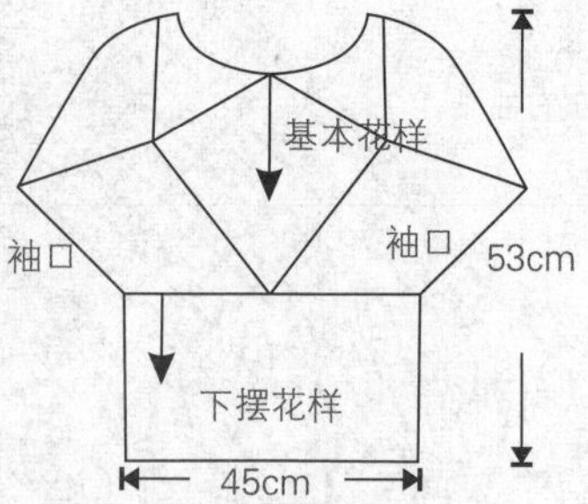
基本花样
袖口
袖口
53cm
下摆花样
45cm

领口花边图解

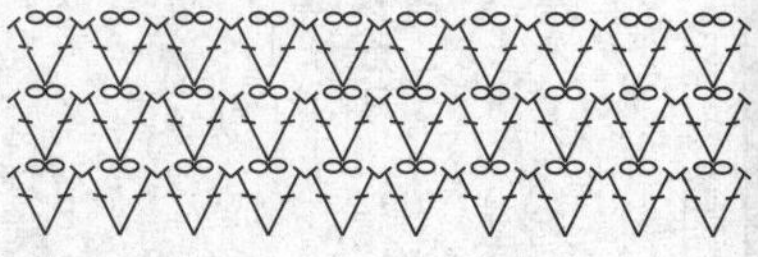

下摆图解

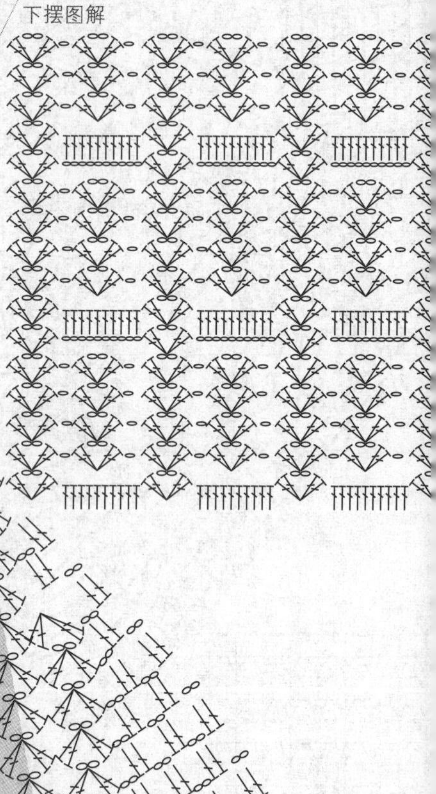

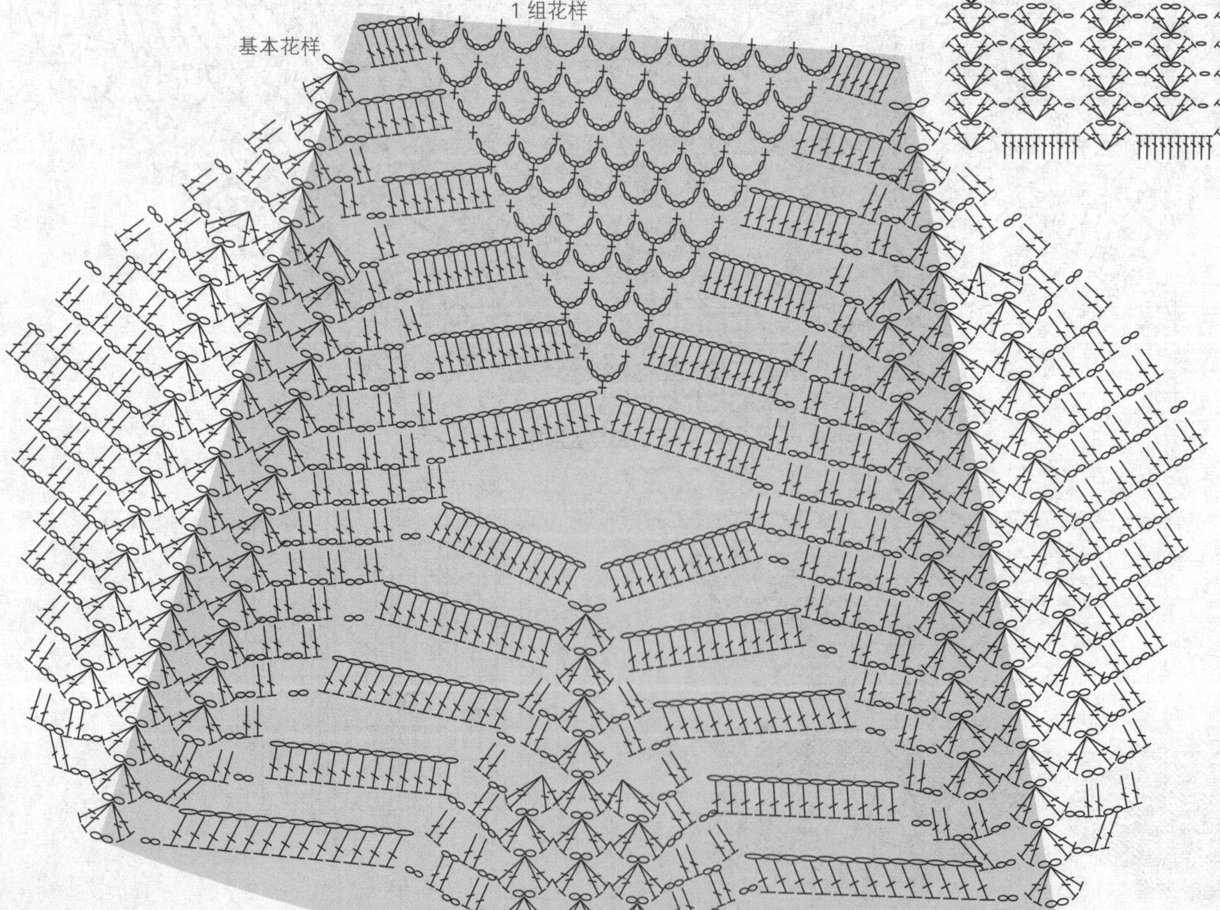
1组花样
基本花样

0

具：2.5mm钩针

寸：胸围86cm，衣长39cm

料：蓝色蕾丝线200g

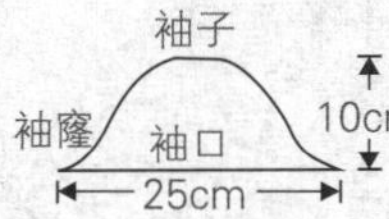

袖子
袖窿
袖口
10cm
25cm

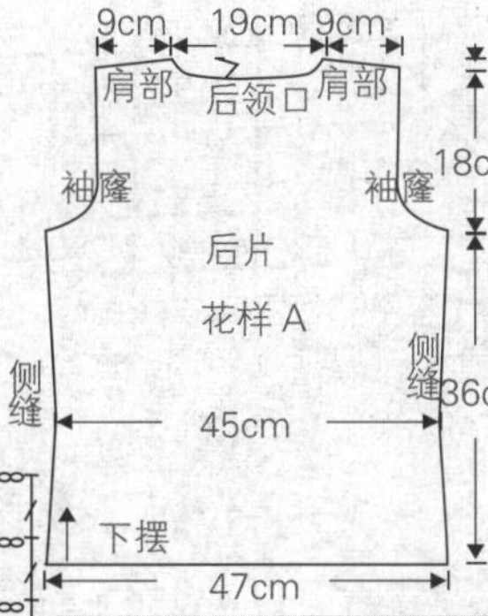

9cm
19cm
9cm
肩部
后领口
肩部
袖窿
袖窿
18cm
后片
花样 A
侧缝
侧缝
36cm
45cm
下摆
47cm

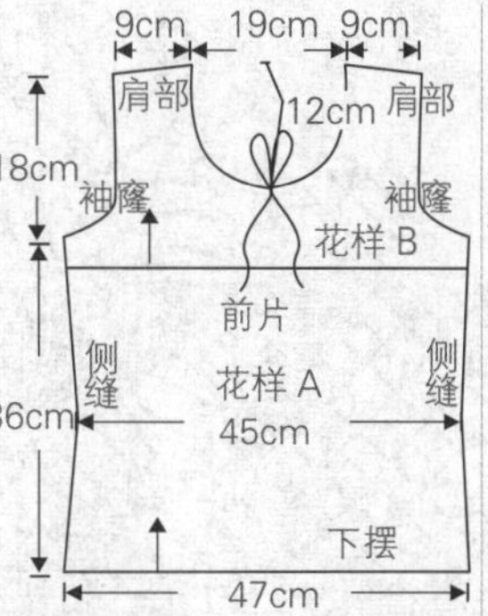

9cm
19cm
9cm
肩部
12cm
肩部
18cm
袖窿
袖窿
花样 B
前片
侧缝
花样 A
侧缝
36cm
45cm
下摆
47cm

和领口花边图解

羊 B

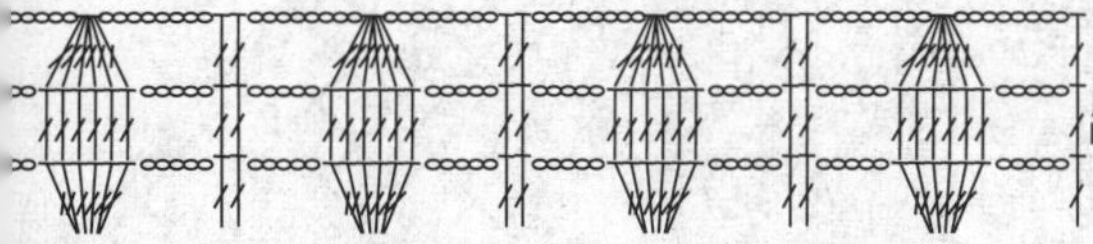

花样A

袖口和领口花边图解

领口22组花样

袖口各12组花样

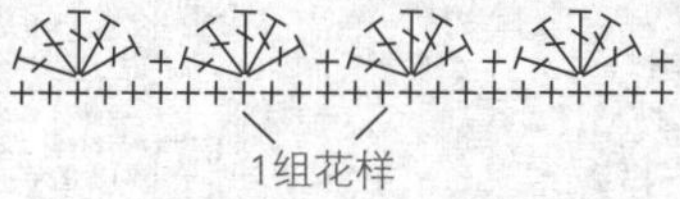

1组花样

161

工具：5.0mm钩针

尺寸：胸围90cm，衣长75cm

材料：黑色蕾丝线300g

下摆花边图解

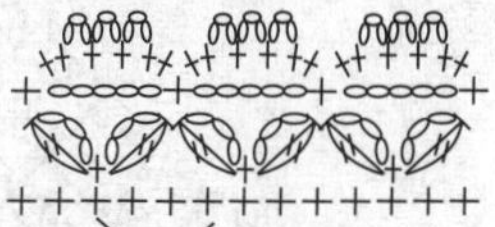

每格4针1组花样

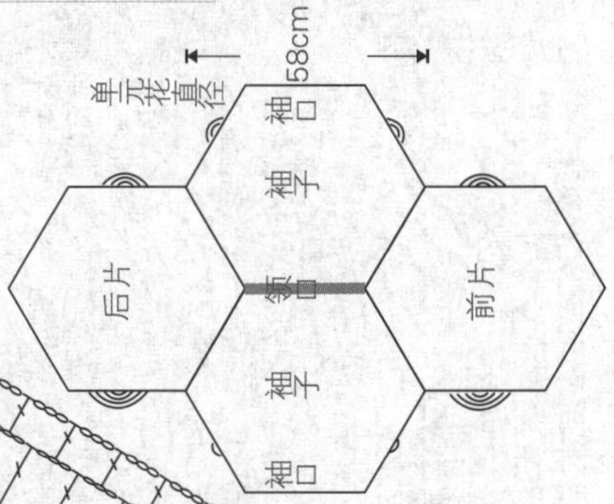

58cm
袖口
袖子
后片
领口
前片
袖子
袖口

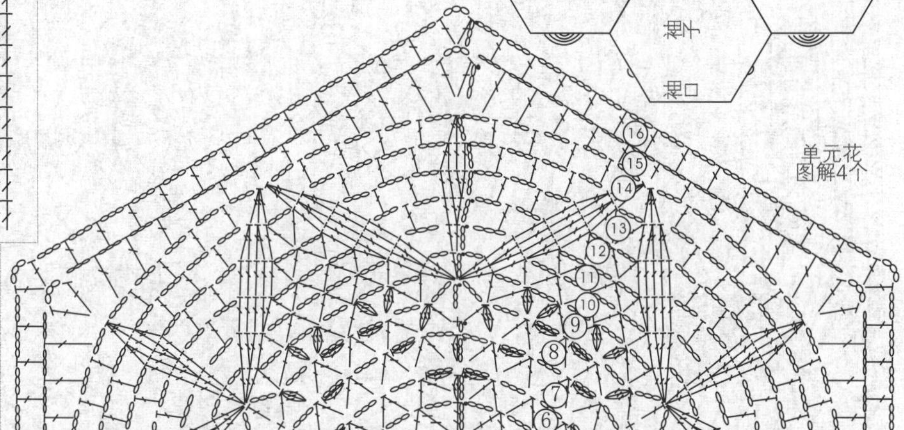

单元花

图解4个

2

寸：2.5mm钩针

寸：胸围100cm，衣长38cm

料：白色蕾丝线250g

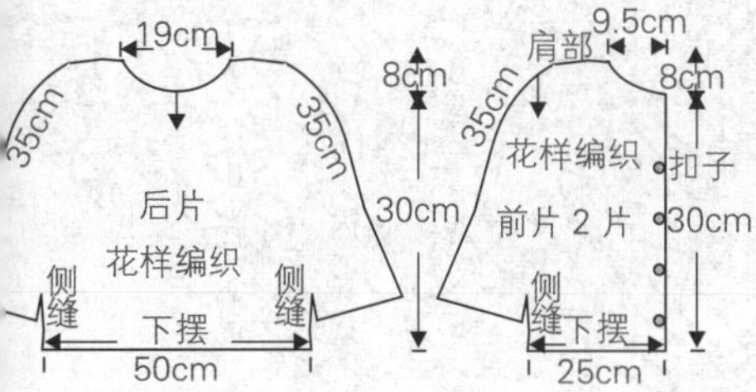

19cm
35cm
35cm
后片
花样编织
侧缝
侧缝
下摆
50cm
8cm
30cm
肩部
9.5cm
8cm
35cm
花样编织
扣子
前片 2 片
30cm
侧缝
下摆
25cm

]、领口、下摆花边图解

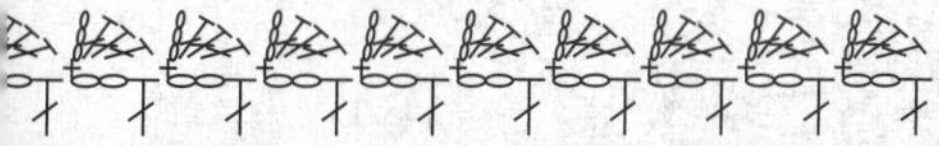

羊编织

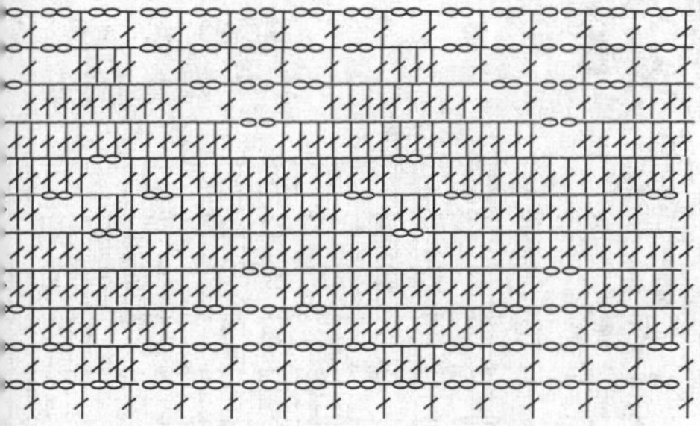

纽扣

4 枚

3

具：2.5mm钩针

寸：胸围92cm，衣长56cm

斗：淡湖蓝色蕾丝线250g

图1

图2

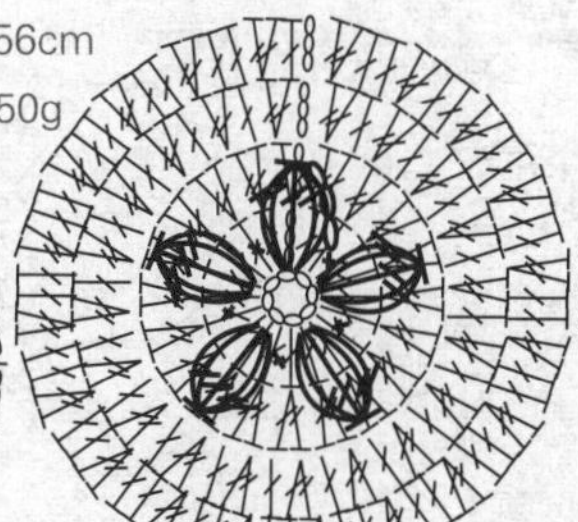

图3

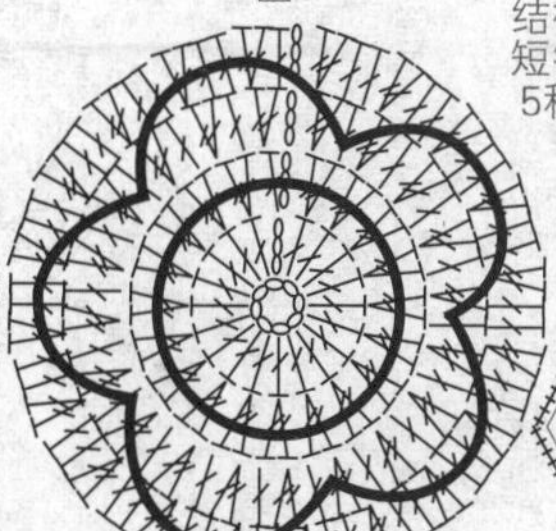

参照衣服的结构图，用短针把以上5种花连接起来

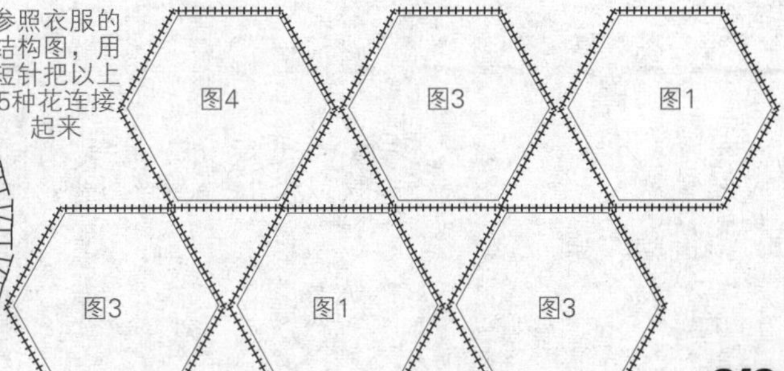

图4
图3
图1
图3
图1
图3

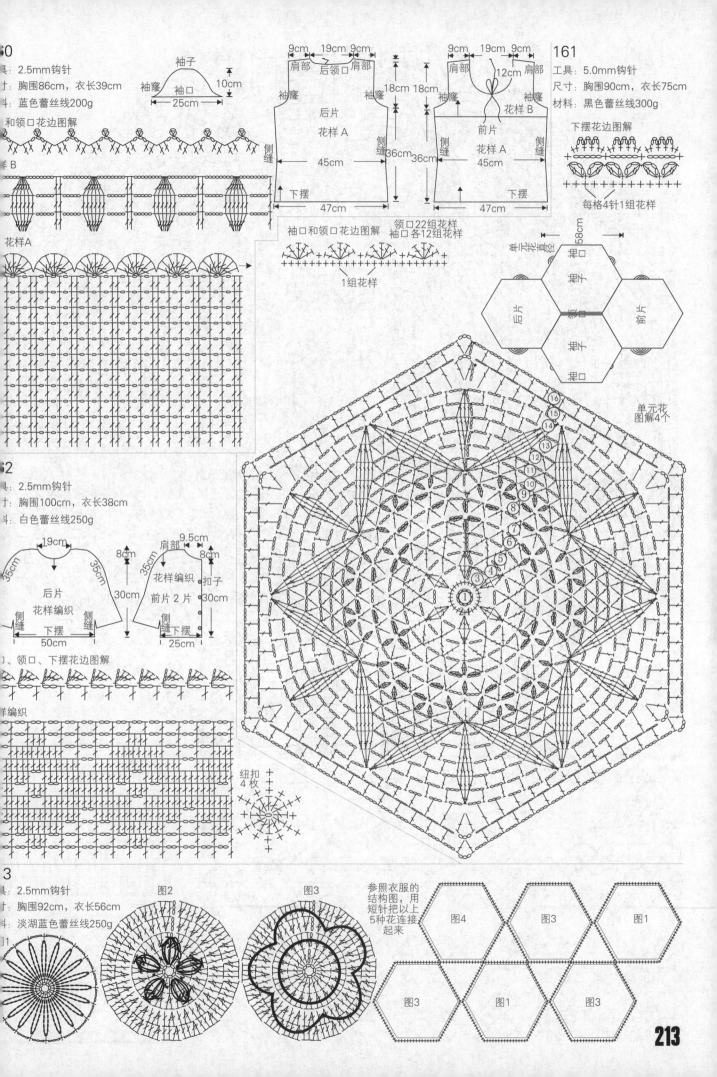

164

工具：2.5mm钩针

尺寸：胸围90cm，裙长106

材料：米白色蕾丝线600g

花样A

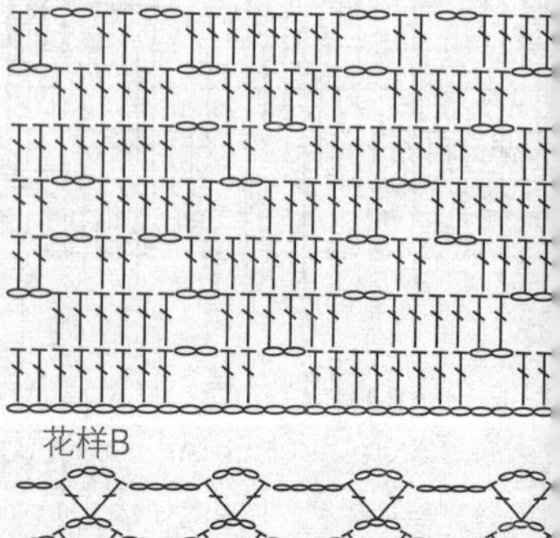

花样B

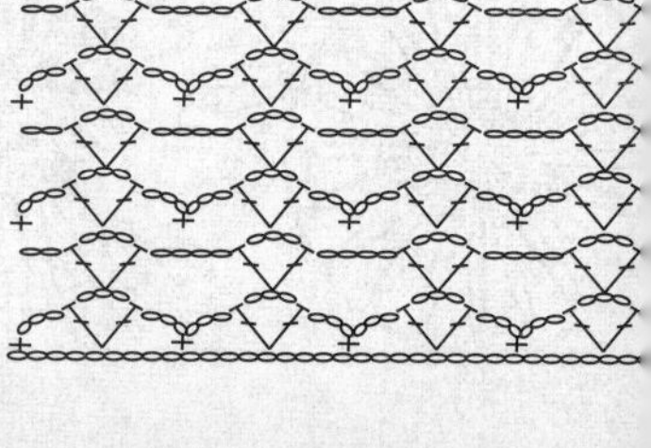

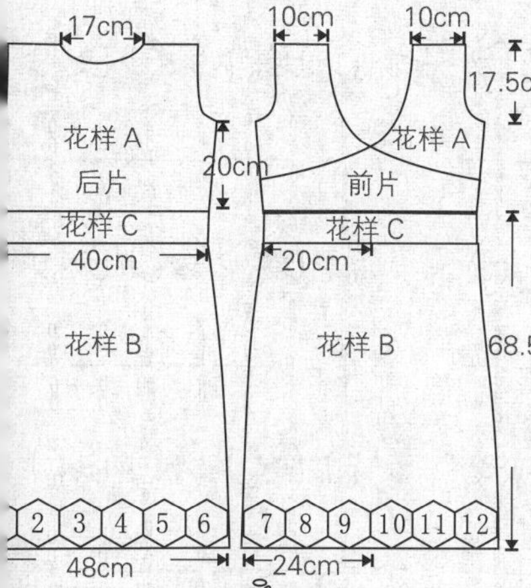
17cm
10cm
10cm
17.5cm
花样 A
后片
20cm
花样 A
前片
花样 C
花样 C
40cm
20cm
花样 B
花样 B
68.5cm
2 3 4 5 6
7 8 9 10 11 12
48cm
24cm

下摆图解

摆单元花

花样 C

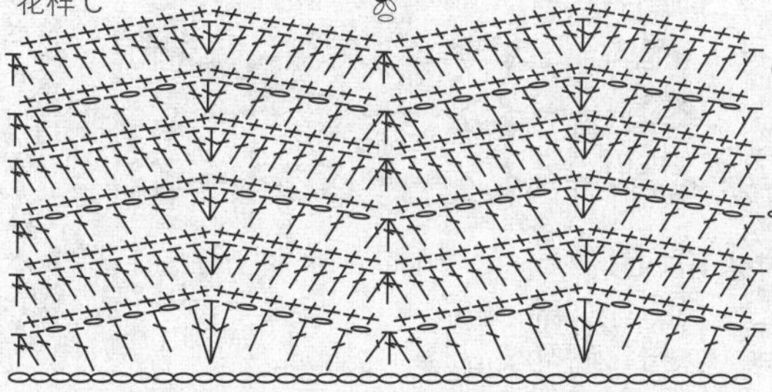

袖口图解

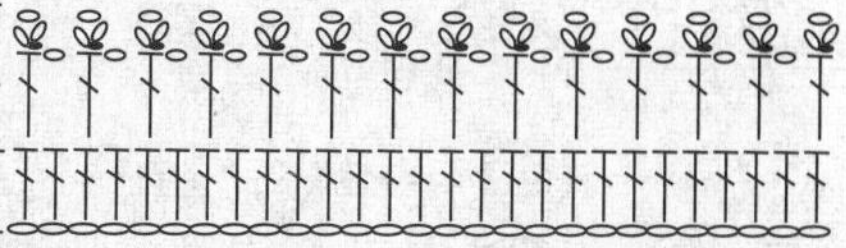

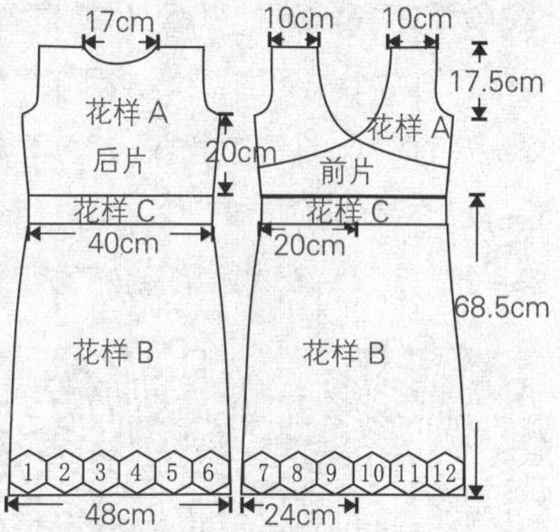
17cm
10cm
10cm
17.5cm
花样 A
后片
20cm
花样 A
前片
花样 C
花样 C
40cm
20cm
花样 B
花样 B
68.5cm
1 2 3 4 5 6
7 8 9 10 11 12
48cm
24cm

花样 B

花样 A

65

具：2.5mm钩针

寸：胸围90cm，裙长106cm

料：米白色蕾丝线600g

花样 C

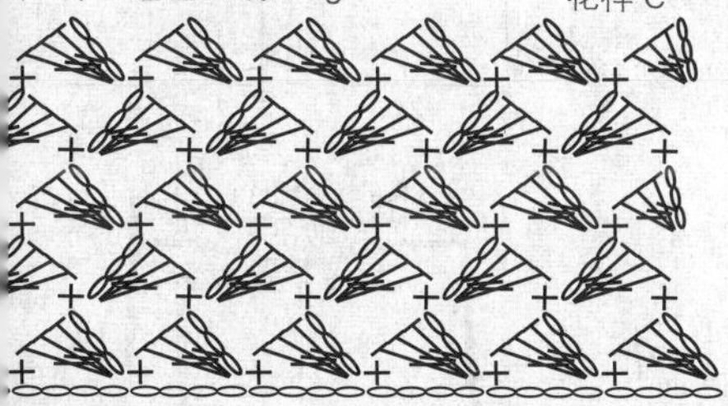

边图解

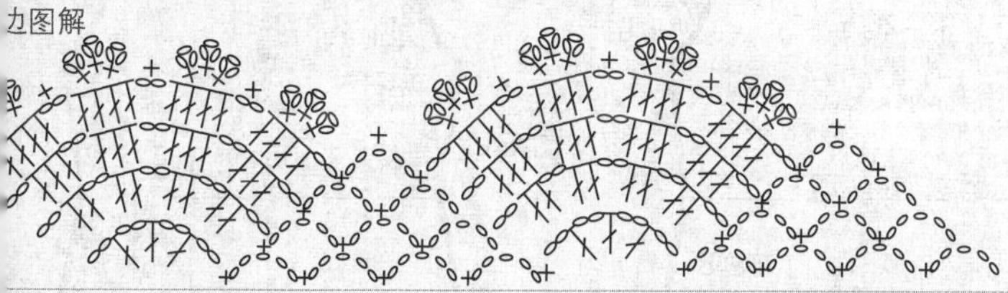

袖口图解

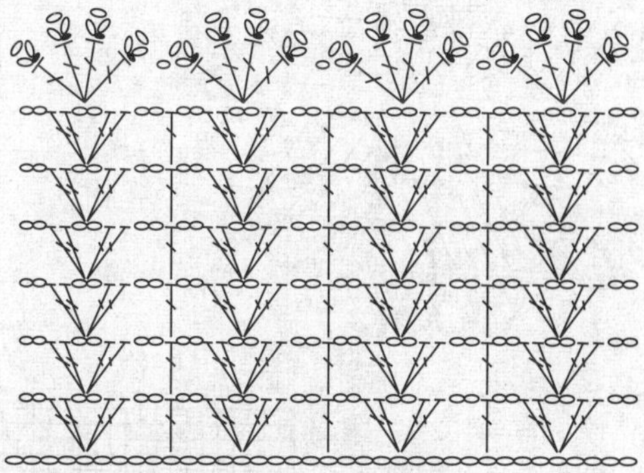

66

具：2.5mm钩针

寸：胸围90cm，裙长86cm

料：白色蕾丝线600g

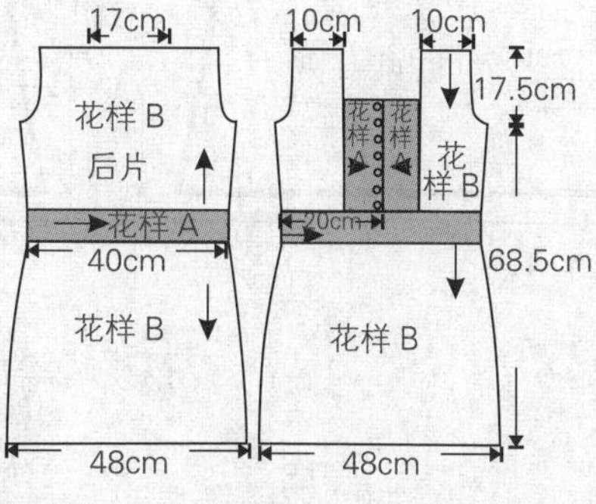
17cm
10cm
10cm
17.5cm
花样 B
后片
花样
花样
花 样 B
花样 A
20cm
40cm
68.5cm
花样 B
花样 B
48cm
48cm

样B

针法到裙边时逐渐从两侧

针，每组每 2 行加 1 次

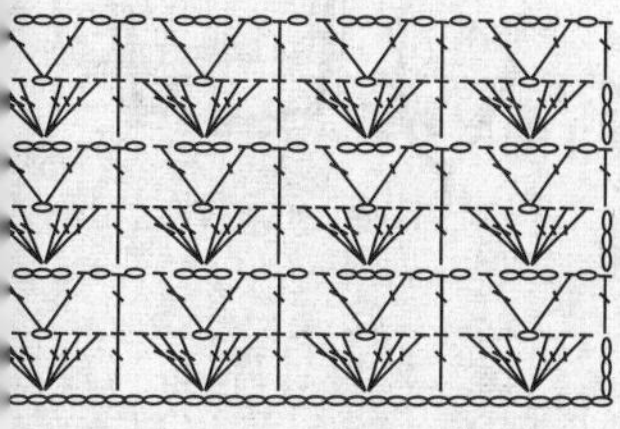

花样 A

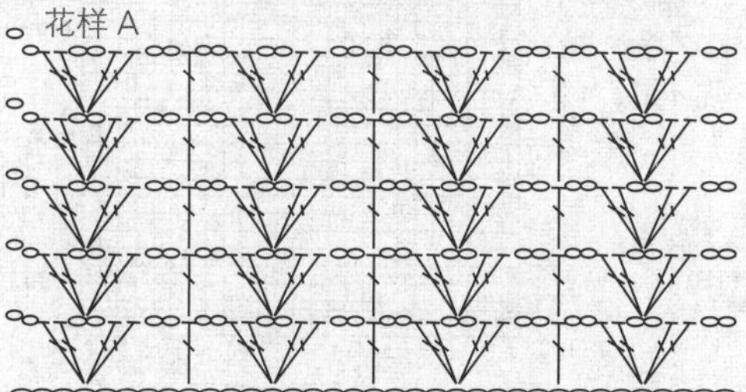

167

工具：2.5mm钩针

尺寸：胸围94cm，裙长84cm

材料：白色蕾丝线250g

花样 B

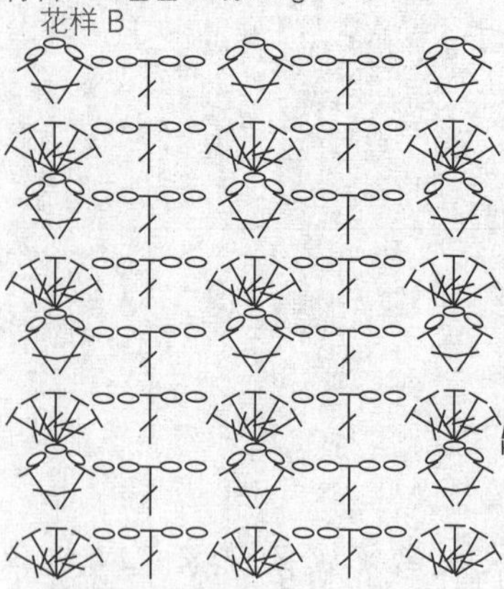

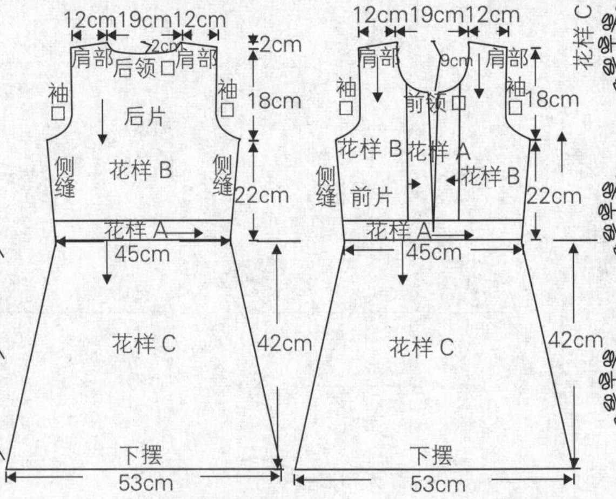
12cm19cm12cm
2cm
肩部
后领口
肩部
袖口
袖口
后片
18cm
侧缝
花样 B
侧缝
22cm
花样 A
45cm
花样 C
42cm
下摆
53cm
12cm19cm12cm
9cm
肩部
前领口
肩部
袖口
袖口
18cm
花样 B
花样 A
花样 B
侧缝
前片
22cm
花样 A
45cm
花样 C
42cm
下摆
53cm

花样 C

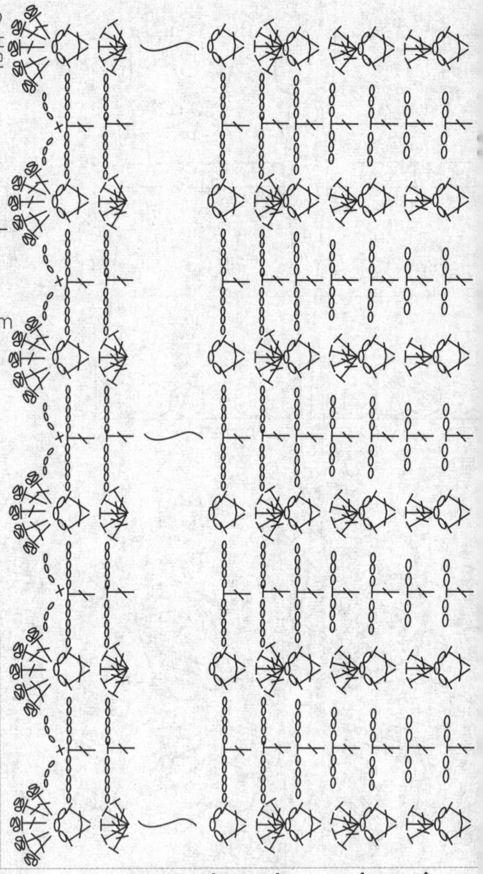

袖口花边

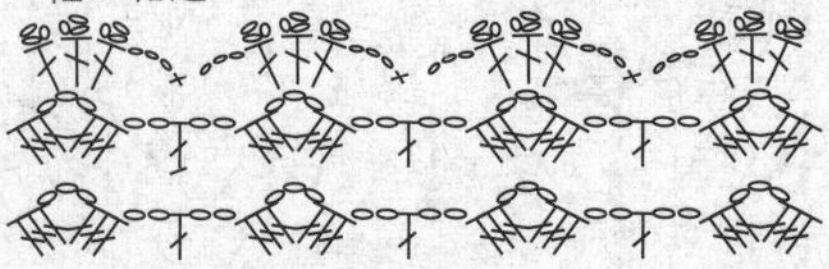

花样 A

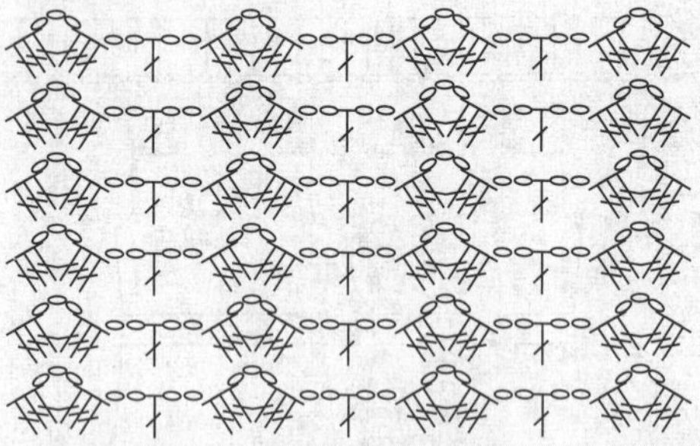

168

工具：2.5mm钩针

尺寸：胸围90cm，裙长98cm

材料：黄色蕾丝线300g

花样 B

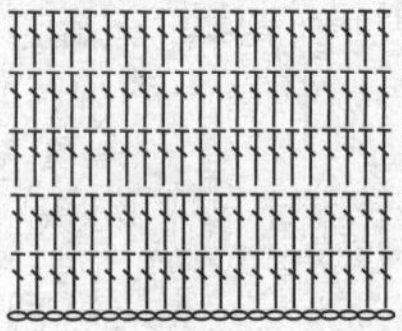

花边编织

肩带

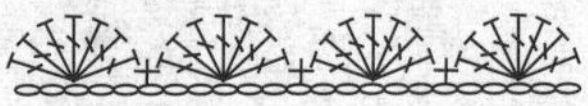

花样 A

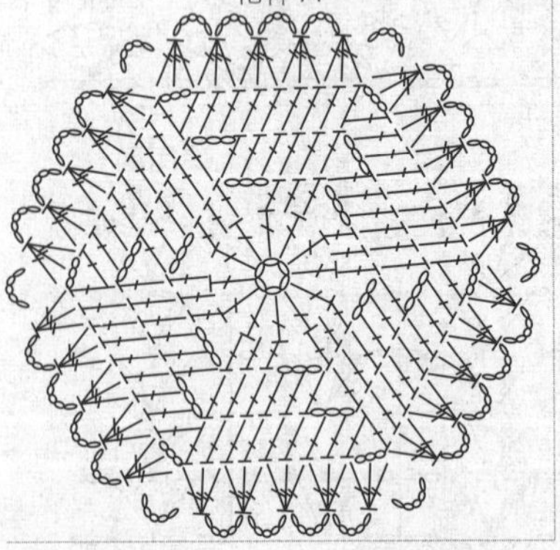

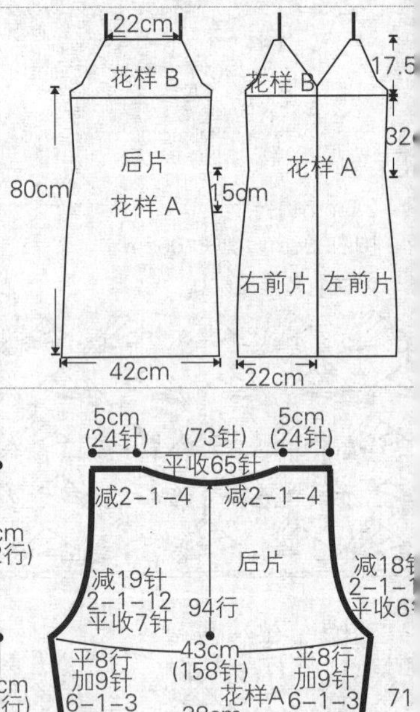
22cm
花样 B
后片
花样 A
80cm
15cm
42cm
花样 B
17.5
32
花样 A
右前片
左前片
22cm

169

工具：1.75mm钩针，13号棒针

尺寸：胸围86cm，裙长71cm，

腰围76cm，下摆宽70cm

材料：咖紫色蕾丝线400g

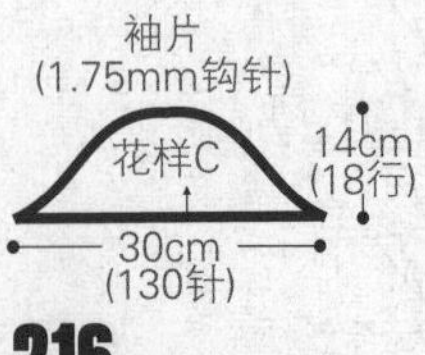
袖片
(1.75mm钩针)
花样C
14cm
(18行)
30cm
(130针)

花样A

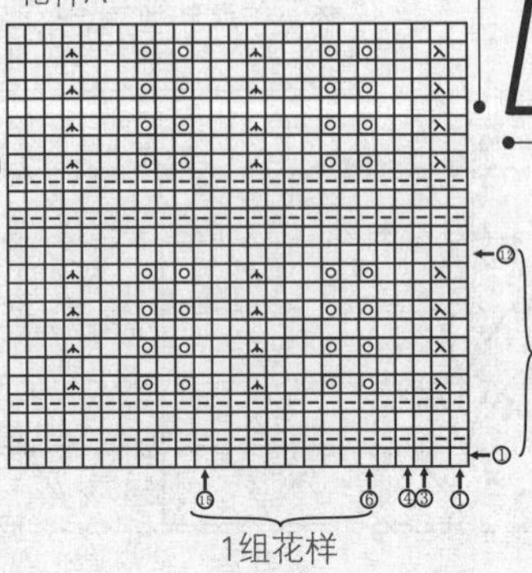
1组花样
1组花样

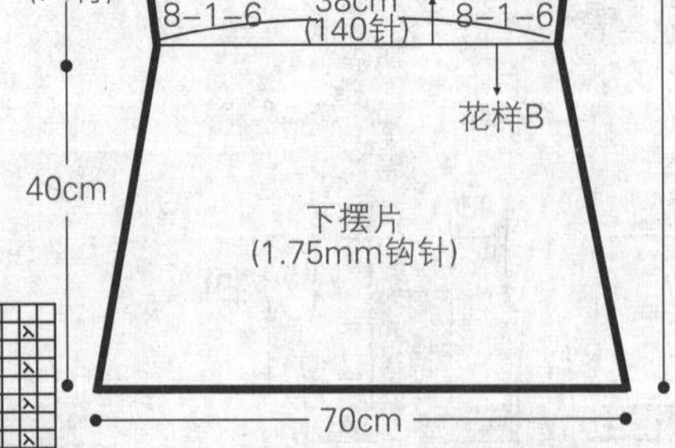
5cm
(24针)
(73针)
5cm
(24针)
前片
(13号棒针)
平收73针
18cm
(102行)
减19针
2-1-12
平收7针
26行
减18针
2-1-12
平收6针
43cm
(158针)
平8行
加9针
6-1-3
8-1-6
平8行
加9针
6-1-3
8-1-6
13cm
(74行)
38cm
(140针)
花样A
花样B
40cm
下摆片
(1.75mm钩针)
70cm

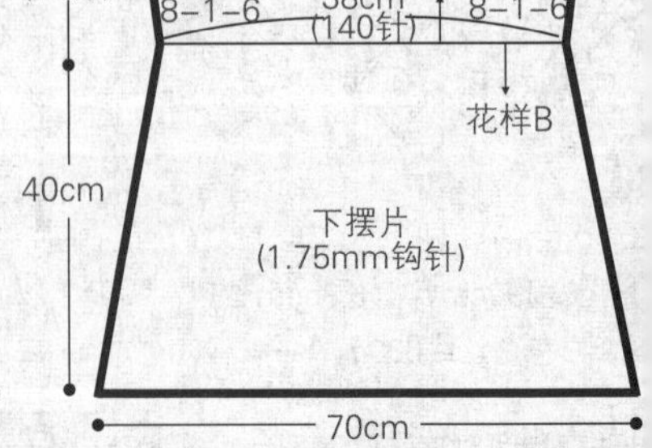
5cm
(24针)
(73针)
5cm
(24针)
平收65针
减2-1-4
减2-1-4
后片
18cm
(102行)
减19针
2-1-12
平收7针
94行
减18针
2-1-1
平收6
71cm
43cm
(158针)
平8行
加9针
6-1-3
8-1-6
平8行
加9针
6-1-3
8-1-6
13cm
(74行)
38cm
(140针)
花样A
71
花样B
40cm
下摆片
(1.75mm钩针)
70cm

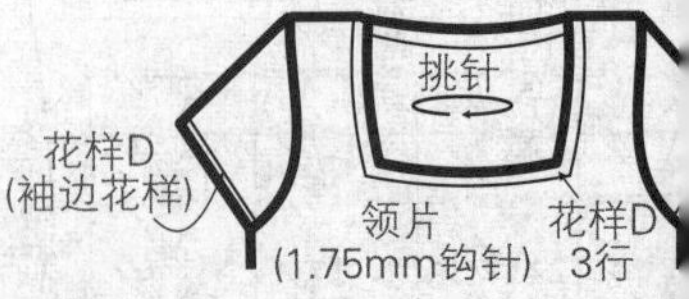
挑针
花样D
(袖边花样)
领片
(1.75mm钩针)
花样D
3行

花样D

(领边花样)

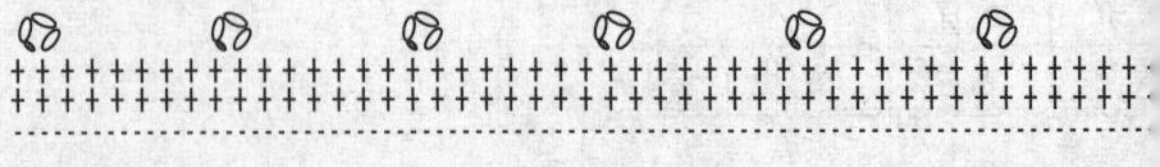

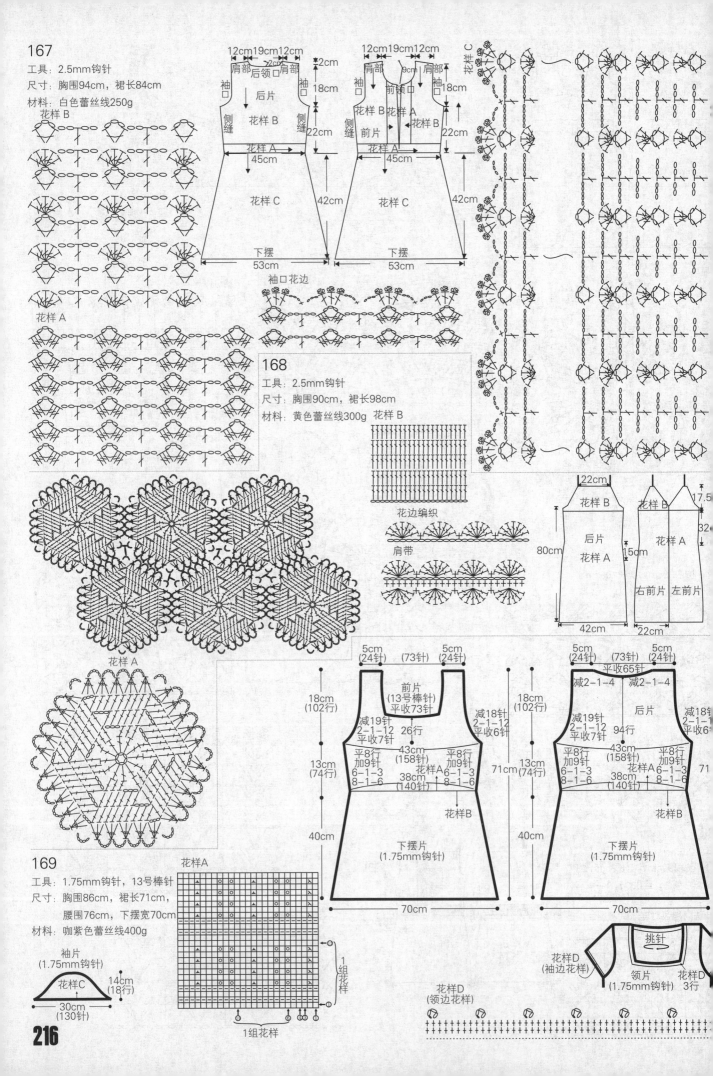

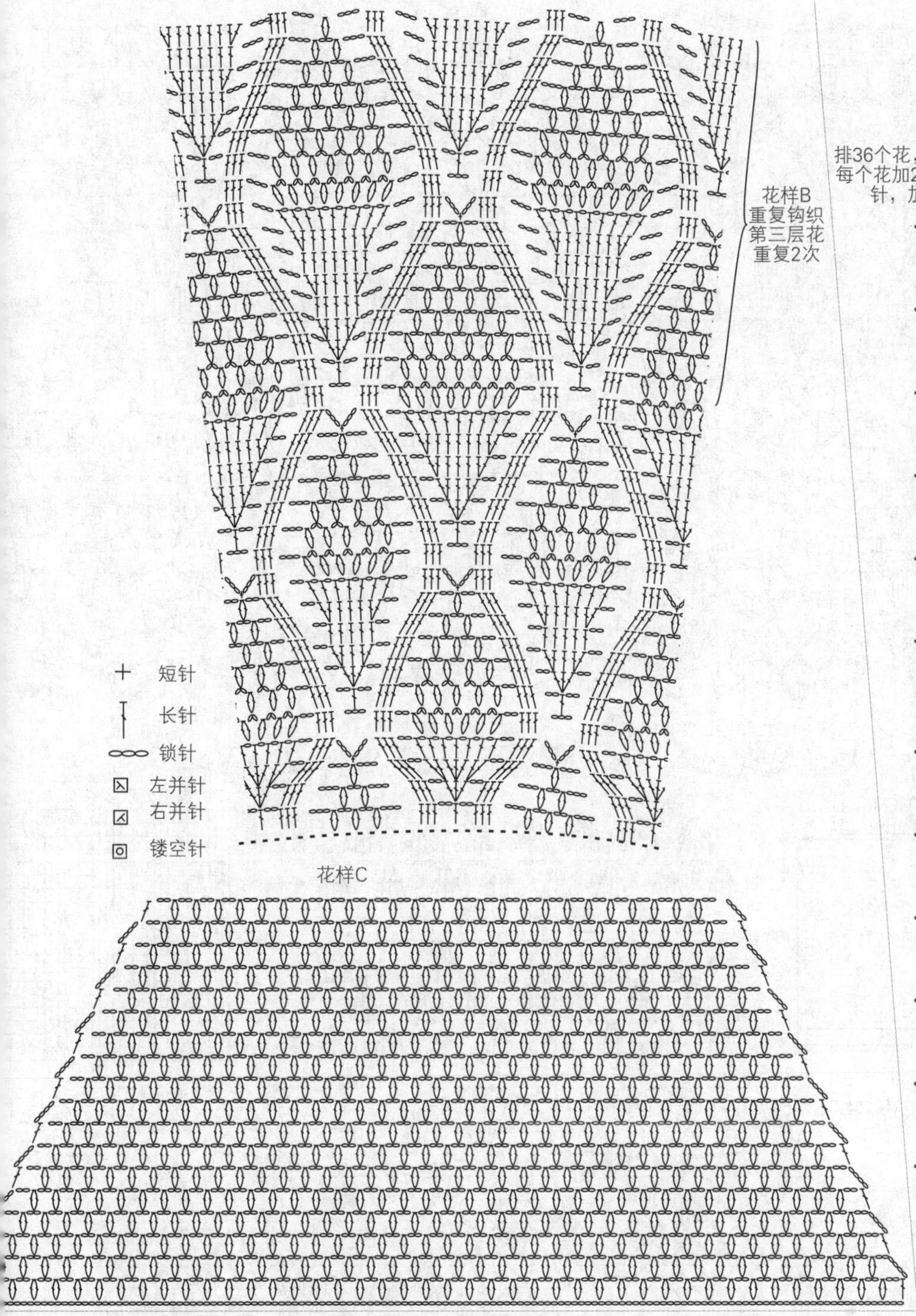
花样B
重复钩织
第三层花
重复2次
花样C
短针
长针
锁针
左并针
右并针
镂空针

170

工具：1.5mm、1.75mm钩针

尺寸：胸围90cm，衣长95cm

材料：紫色蕾丝线500g

3号花图解

排36个花，纵向钩5个花后，换1.75mm钩针，同时每个花加2针，加大的花纵向钩20个后每个花再加2针，加大的花纵向钩5个，加针方法如下。

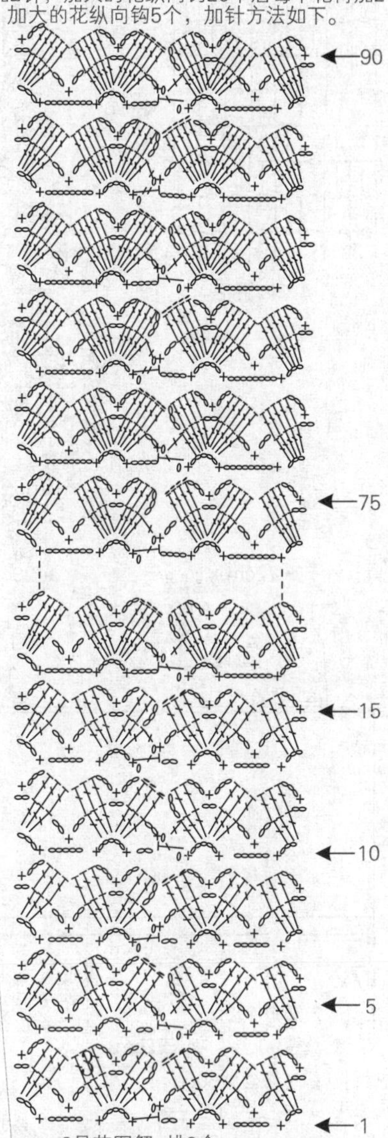
90
75
15
10
5
1

2号花图解 排9个

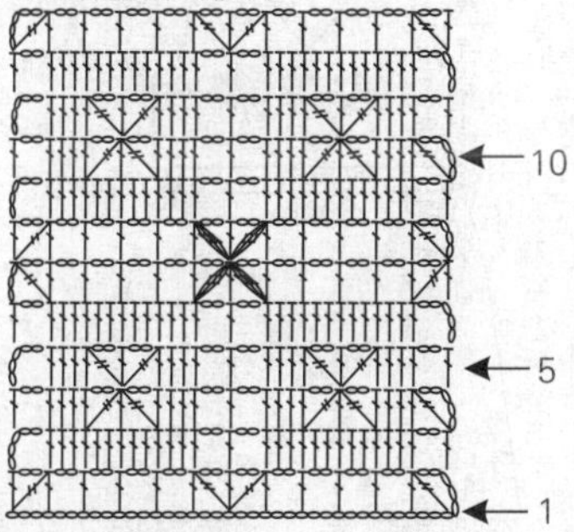
10
5
1

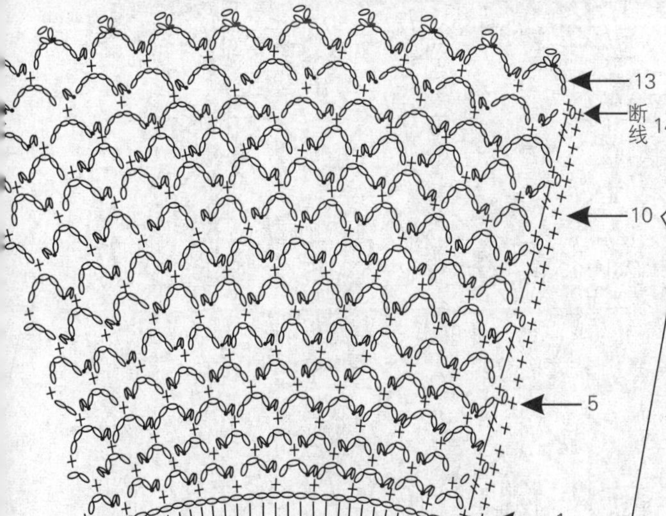
13
断线
10
5
1

领子图解

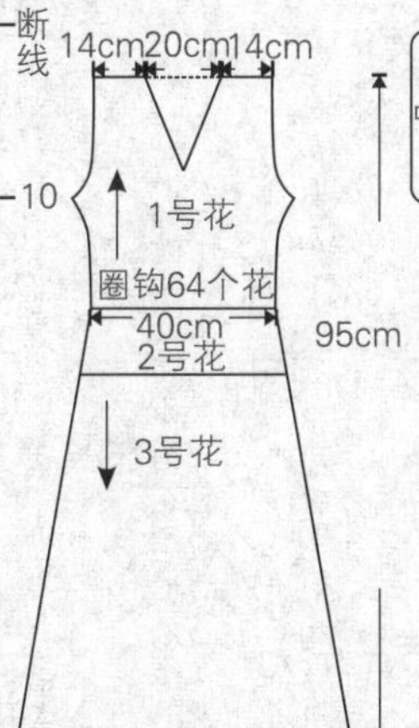
14cm20cm14cm
1号花
圈钩64个花
40cm
2号花
3号花
95cm
67cm

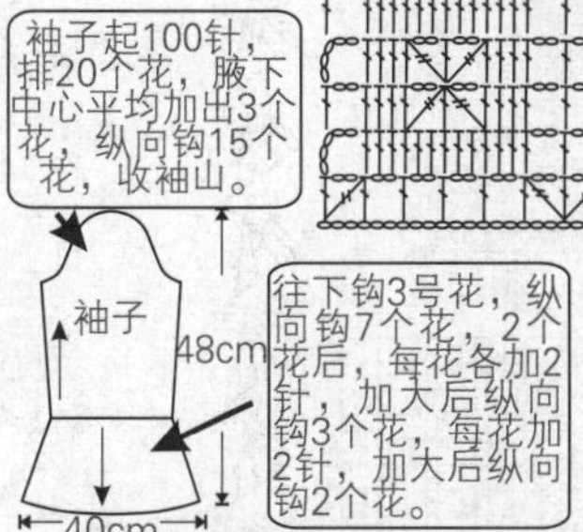
袖子起100针，排20个花，腋下中心平均加出3个花，纵向钩15个花，收袖山。
袖子
48cm
往下钩3号花，纵向钩7个花，2个花后，每花各加2针，加大后纵向钩3个花，每花加2针，加大后纵向钩2个花。
40cm

1号花图解

5针1组花样

171

工具：2.5mm钩针

尺寸：胸围90cm，裙长82cm

材料：蓝色蕾丝线250g

花样图解

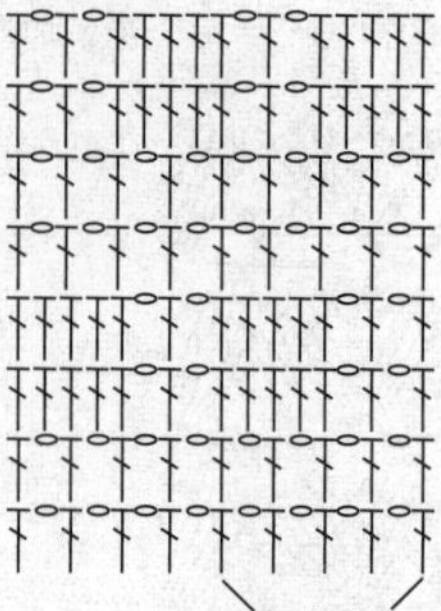

5
1
1组花样

花样图解

1组花样

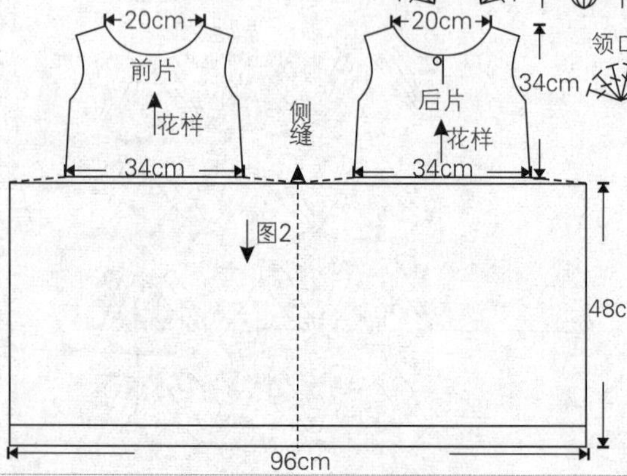

20cm
前片
花样
34cm
侧缝
20cm
后片
花样
34cm
34cm
34cm
图2
48cm
96cm

领口和袖口花边图解

下摆花边图解

5
1

机织部分双罗纹花样

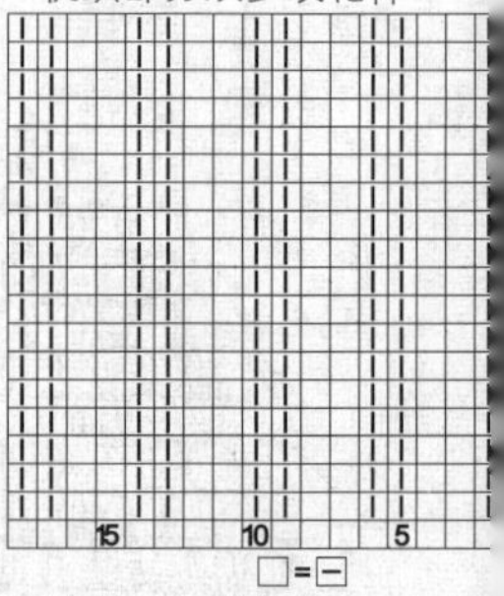

15
10
5
□=－

172

工具：2.5mm钩针

尺寸：胸围90cm，衣长72cm

材料：绿色蕾丝线500g

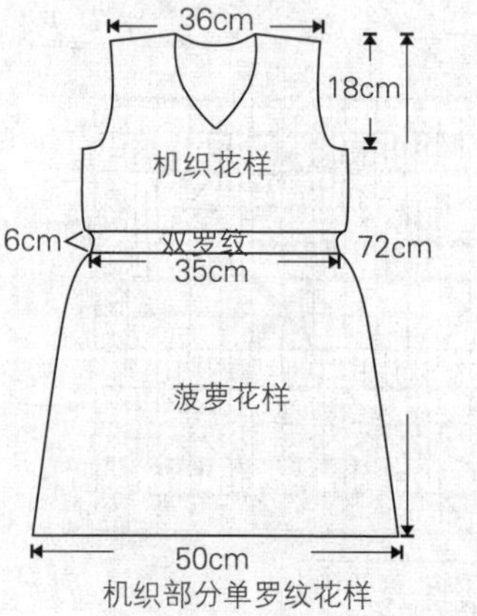

36cm
18cm
机织花样
6cm
双罗纹
35cm
72cm
菠萝花样
50cm

机织部分单罗纹花样

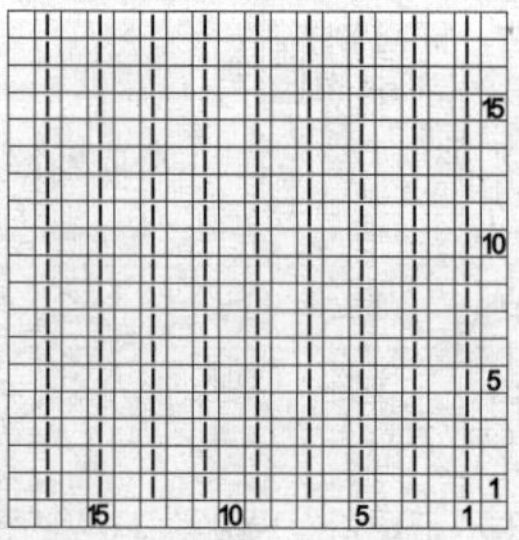

15
10
5
1
15
10
5
1

袖口和领口花边花样

菠萝花样

每行环状钩编15组花样，高度是7组花样。

25
20
5
1
1组
1组花样

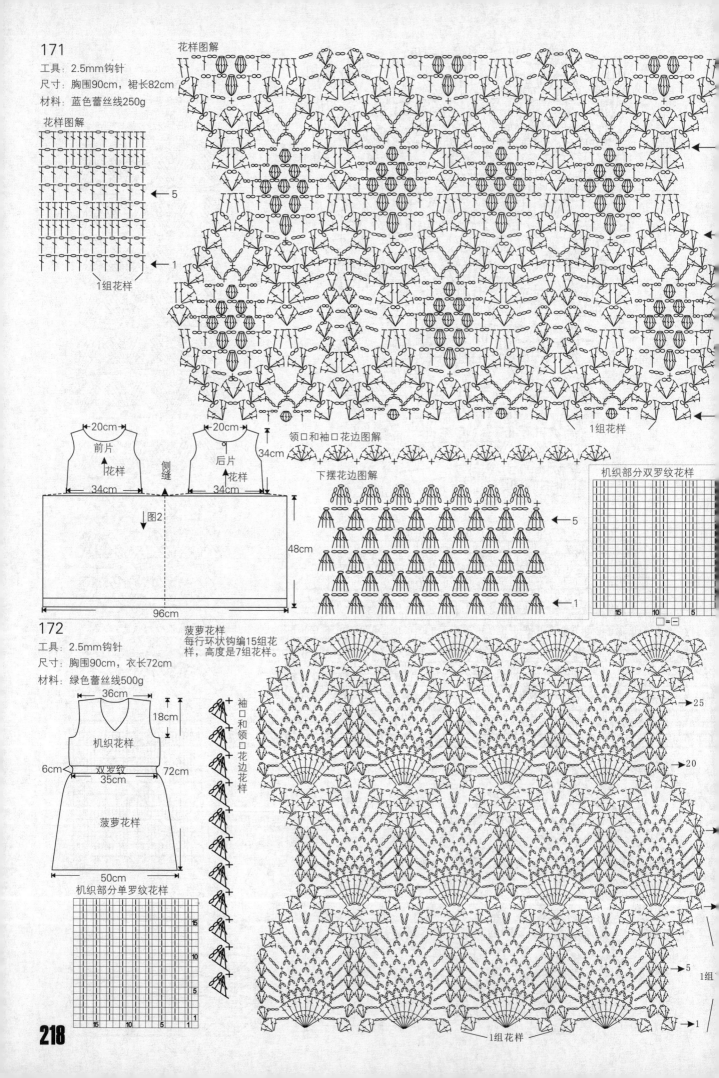

73

具：2.5mm钩针

寸：胸围88cm，衣长70cm，

袖子22cm

料：湖蓝色丝光棉线700g

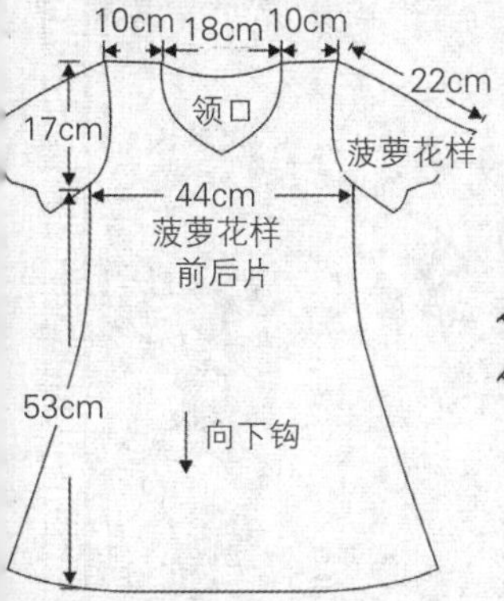

10cm
18cm
10cm
22cm
领口
17cm
菠萝花样
44cm
菠萝花样
前后片
53cm
向下钩

1
2
3
4
5
6
7
8
9
10

74

具：2.5mm钩针

寸：胸围85cm，衣长95cm

料：湖蓝色蕾丝线300g

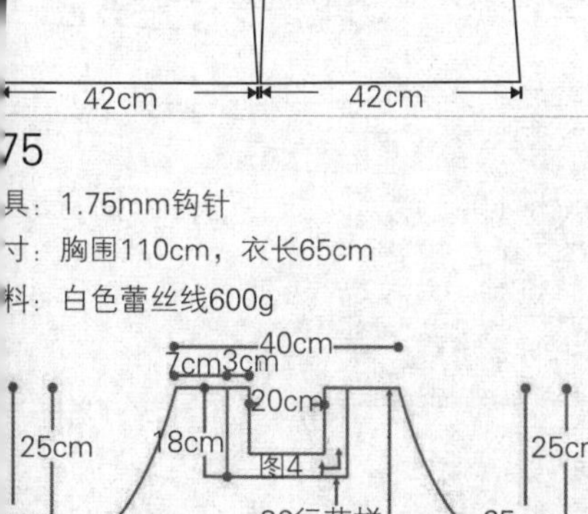

22cm
8cm
8cm
19cm
12cm
花样A
花样A
39cm
10cm
花样B
后片
花样B
前片
42cm
42cm

领口、衣边和袖口花边图解

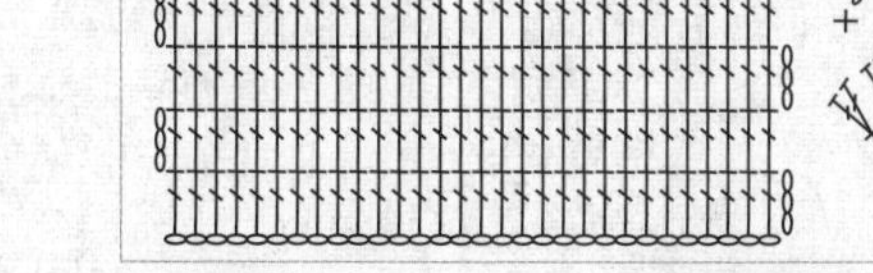

花样B 不加针编织4组花样

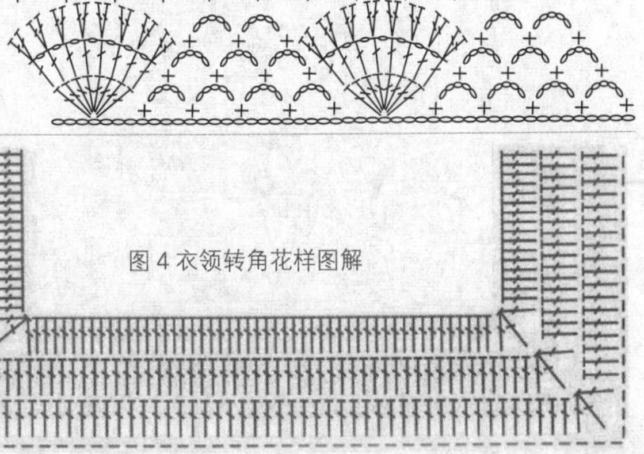

花样A

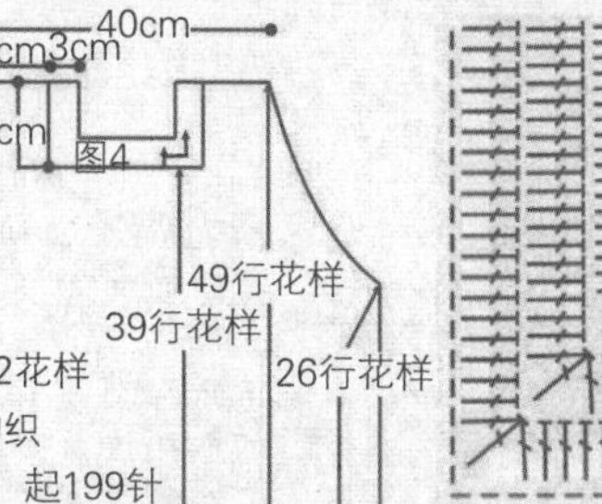

75

具：1.75mm钩针

寸：胸围110cm，衣长65cm

料：白色蕾丝线600g

40cm
7cm
3cm
20cm
25cm
18cm
图4
cm
36行花样
49行花样
40cm
图2花样
26行花样
向上钩织
起199针
向下钩1行长针锁边
55cm

40cm
7cm
3cm
25cm
12cm
图4
65cm
49行花样
39行花样
40cm
图2花样
26行花样
向上钩织
起199针
向下钩1行长针锁边
55cm

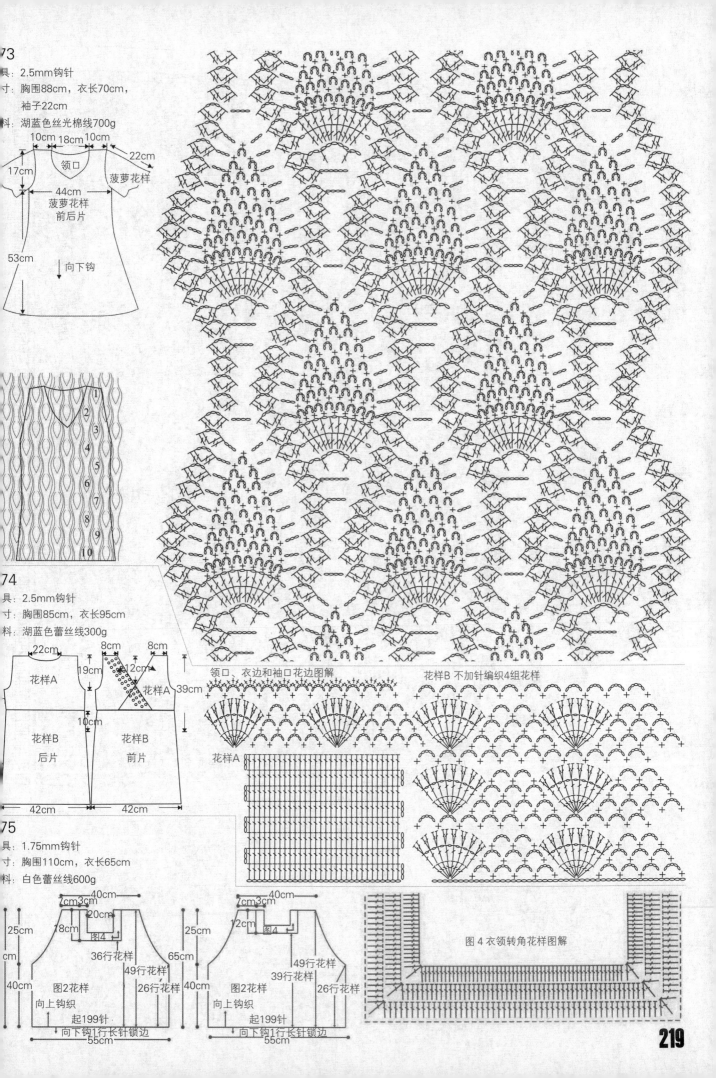

图4 衣领转角花样图解

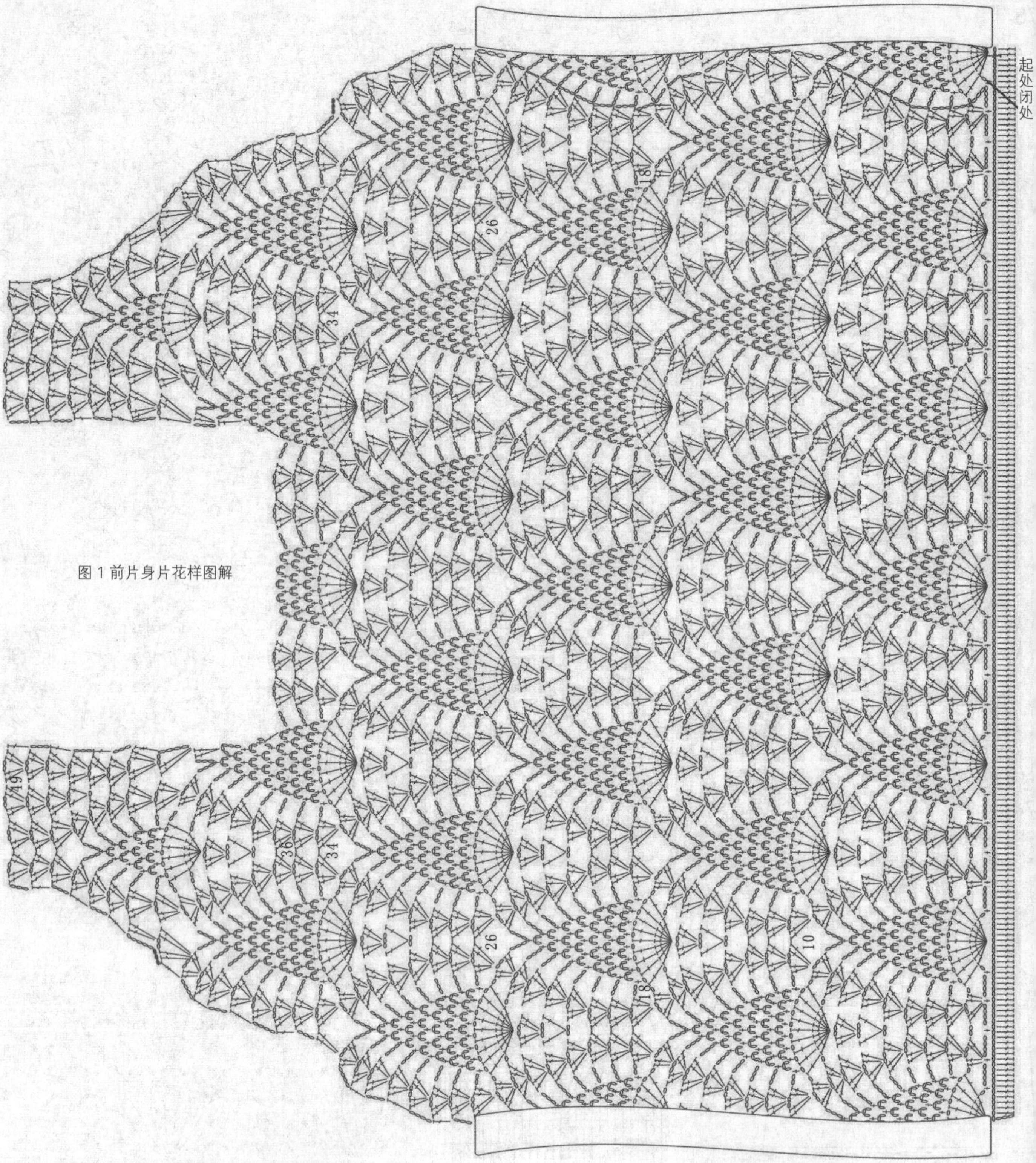

图 1 前片身片花样图解

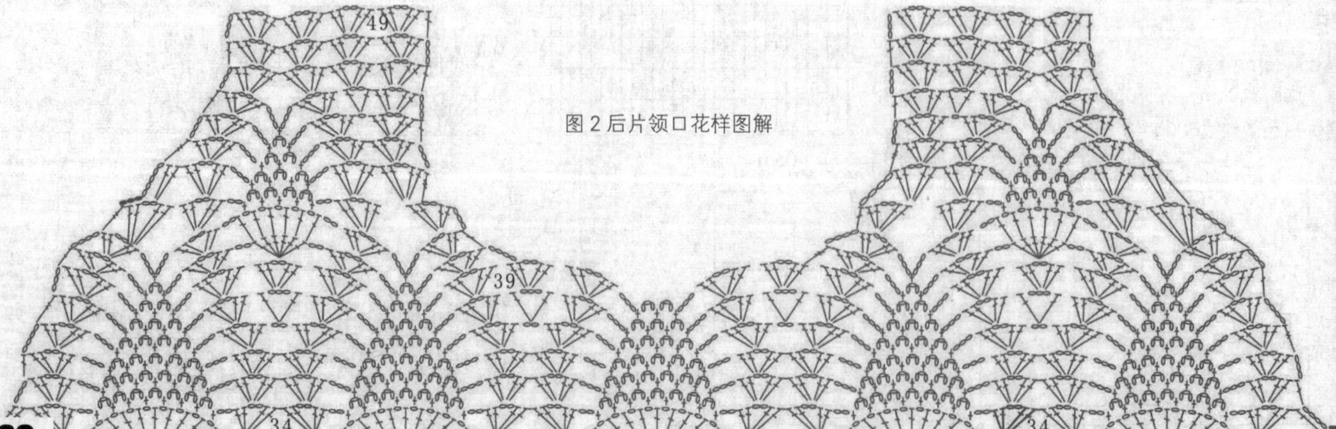

图 2 后片领口花样图解

43
35
26
20
1
圈钩在此闭合

图 3 衣袖花样图解

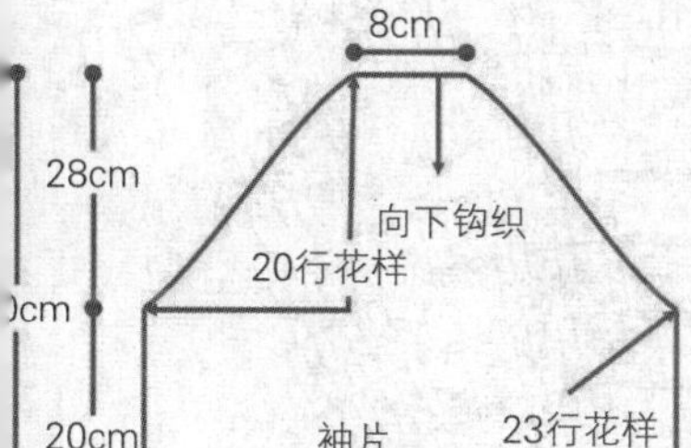
8cm
28cm
向下钩织
20行花样
0cm
20cm
袖片
图3花样
23行花样
37cm
2cm
2行长针
30cm
(120针)

76

具：1.5mm钩针

寸：上衣胸围82cm，肩宽37cm，裙子长60cm，

宽72cm，裙摆宽110cm

料：粉色蕾丝线600g

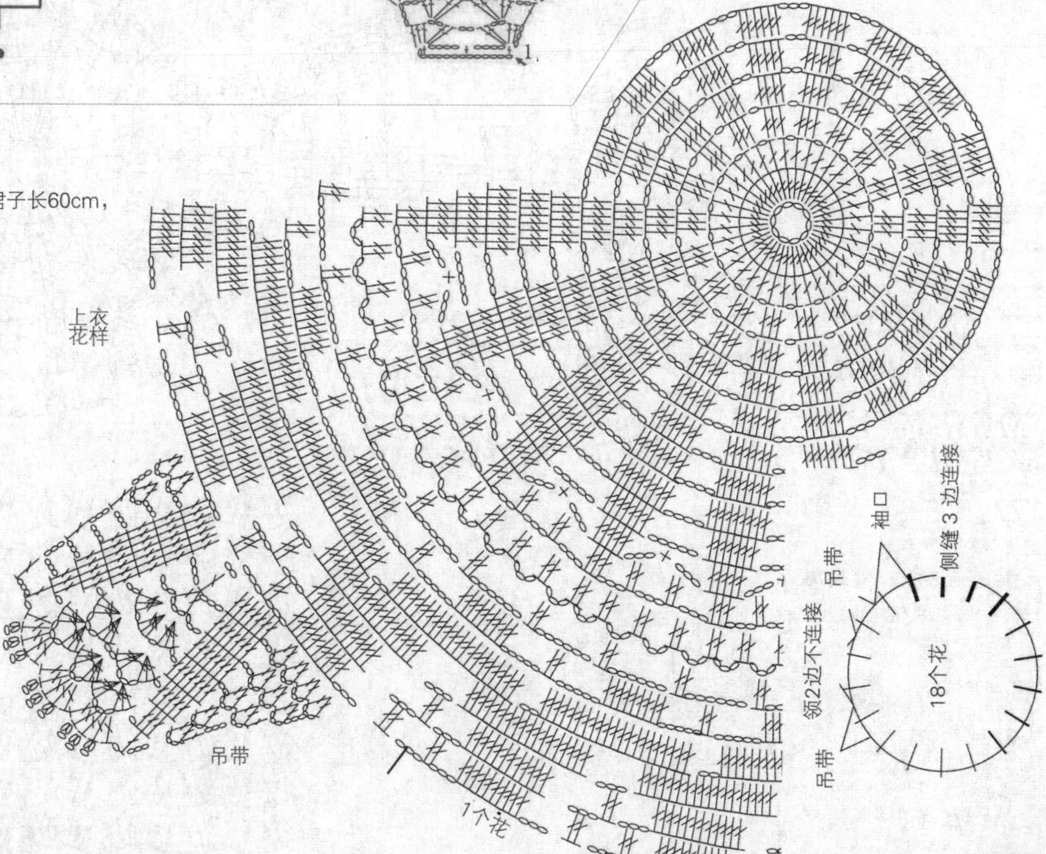
上衣
花样
吊带
1个花
袖口
侧缝 3 边连接
吊带
领2边不连接
18个花
吊带

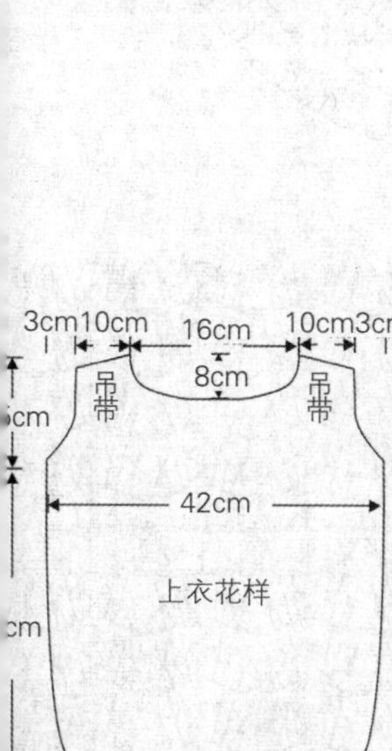
3cm10cm
16cm
10cm3cm
8cm
吊带
吊带
cm
42cm
上衣花样
cm

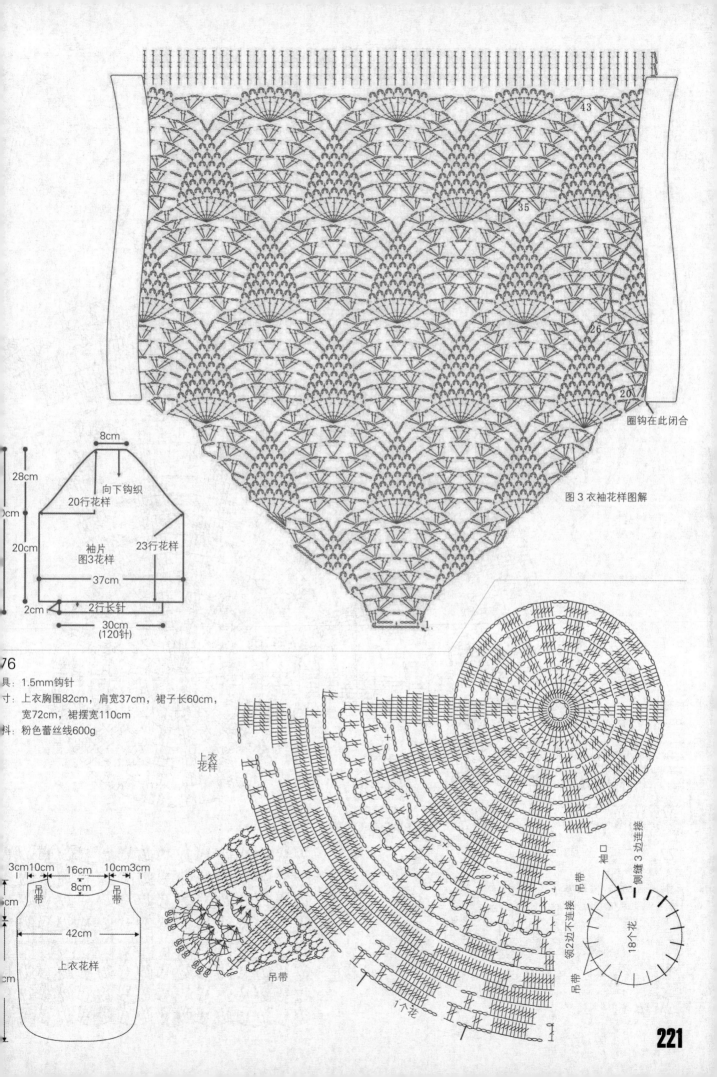

裙子图样

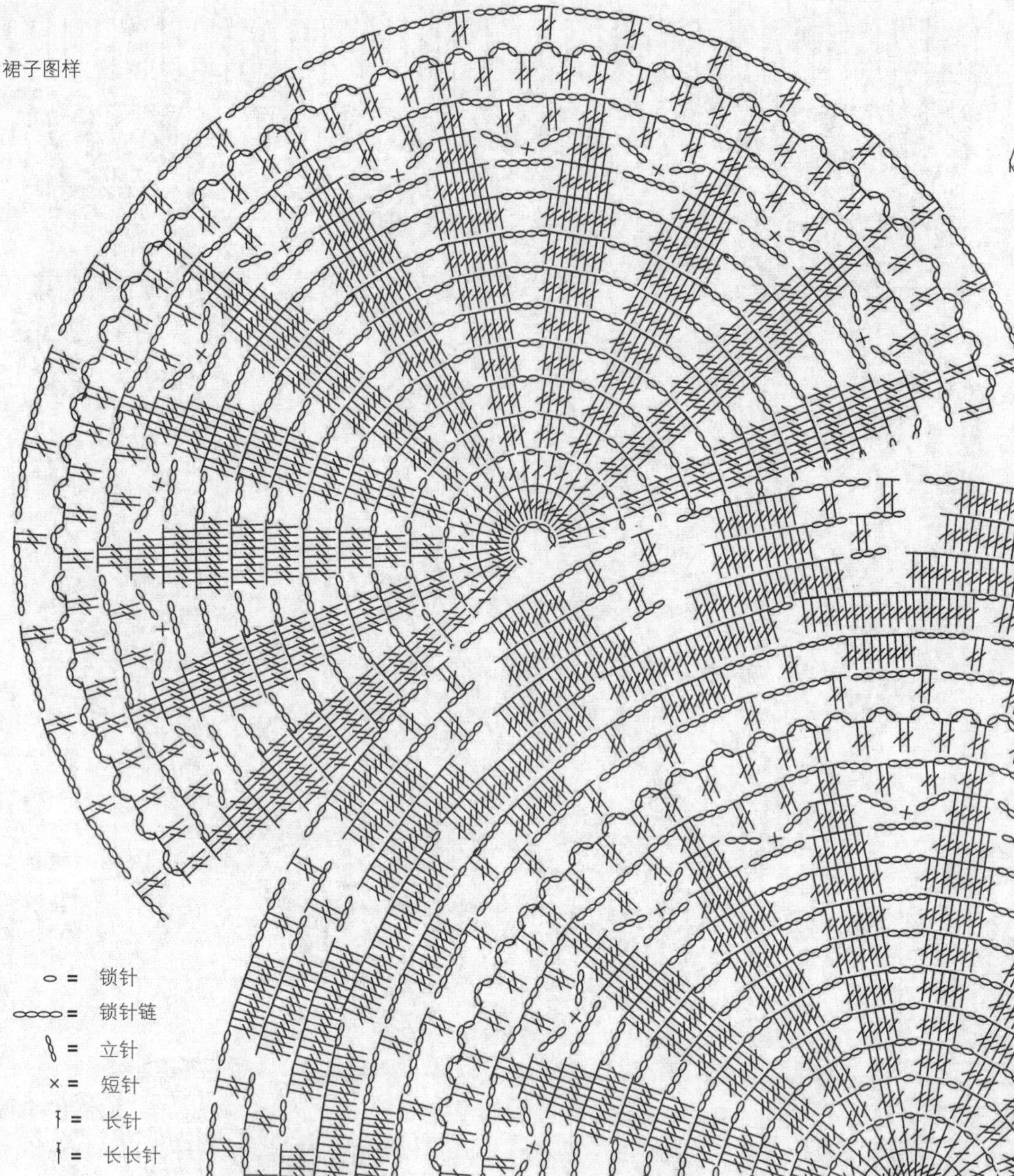

○ = 锁针
○○○ = 锁针链
= 立针
× = 短针
= 长针
= 长长针

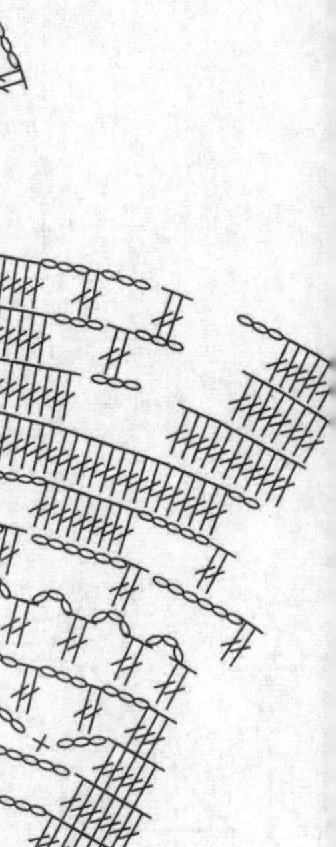

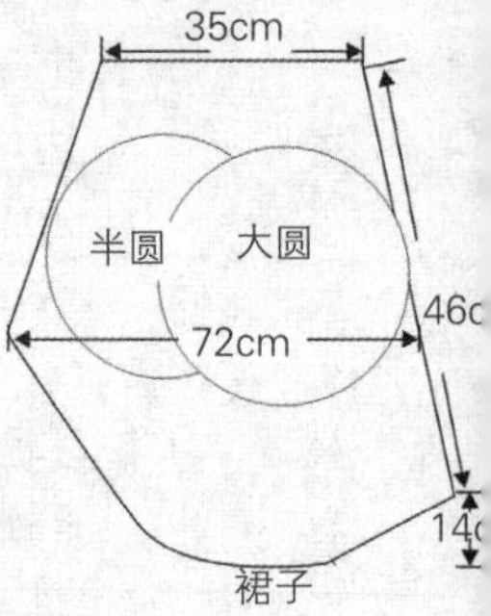

35cm
半圆
大圆
72cm
46c
14c
裙子

下摆花边

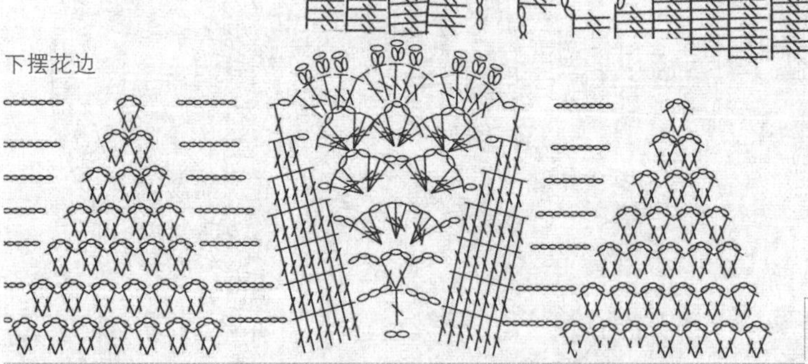

177

工具：2.5mm钩针

尺寸：胸围80cm，裙长76cm

材料：8股粉色植物棉线600g

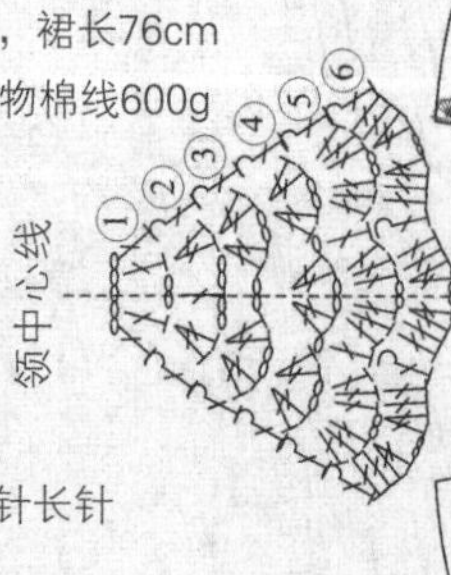

领中心线
1
2
3
4
5
6

下半身(54行)
加针方法：
从第1到第10行，
每个花样如下图

4 针长针

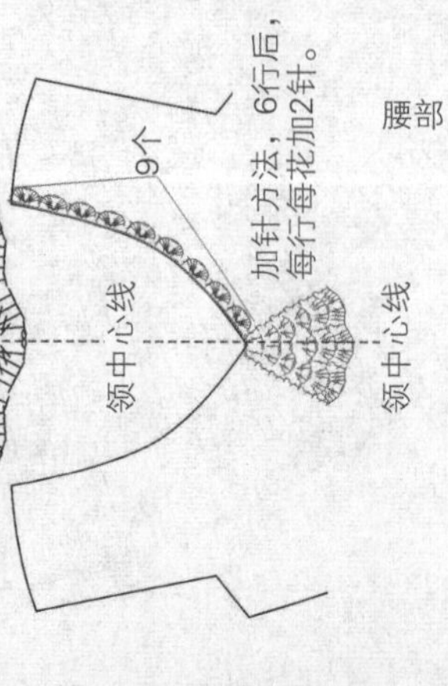

9个
领中心线
加针方法，6行后，每行每花加2针。
领中心线

腰部
下半身钩法
1 组花样

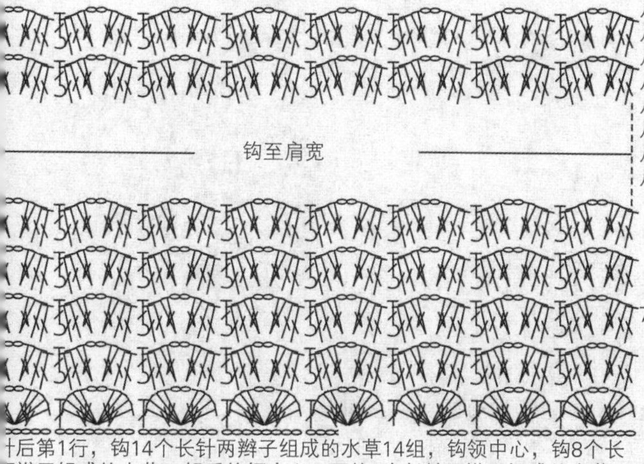

钩至肩宽

从第11到第19行，4针长针变成5针长针
从第20到第27行，5针长针变成6针长针
从第28到第34行，6针长针变成7针长针
从第35到第40行，7针长针变成8针长针
从第41到第45行，8针长针变成9针长针
从第46到第49行，9针长针变成10针长针
从第50到第52行，10针长针变成11针长针
从第53到第54行，11针长针变成12针长针

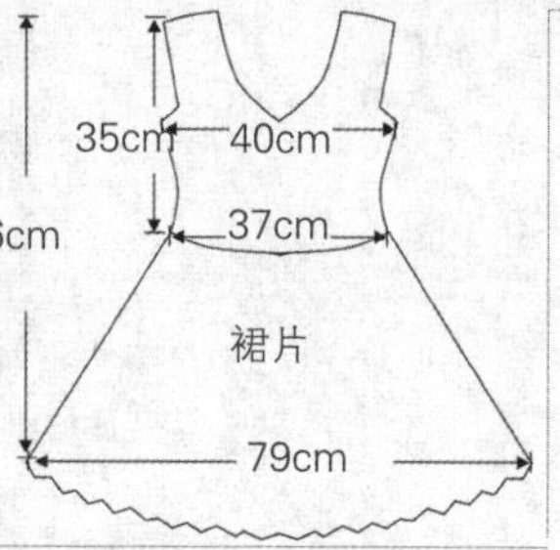

35cm
40cm
76cm
37cm
裙片
79cm

针后第1行，钩14个长针两辫子组成的水草14组，钩领中心，钩8个长针两辫子组成的水草18组后钩领中心，再钩8个长针两辫子组成的水草4组后引拔结束。

178/179

工具：1.25mm钩针
尺寸：胸围74cm，衣长92cm
材料：8号米色或黑色蕾丝线300g

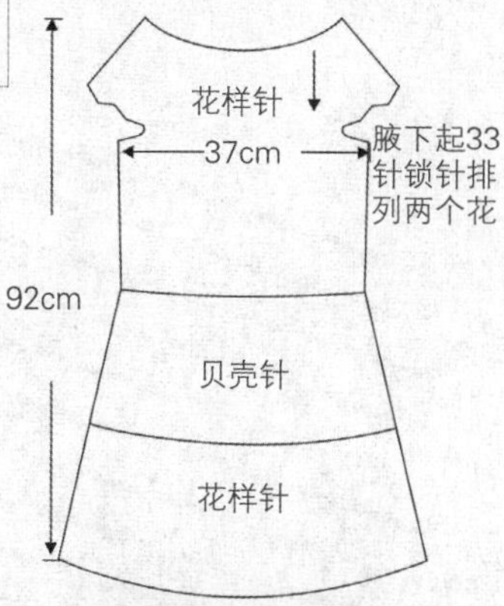

花样针
37cm
腋下起33针锁针排列两个花
92cm
贝壳针
花样针

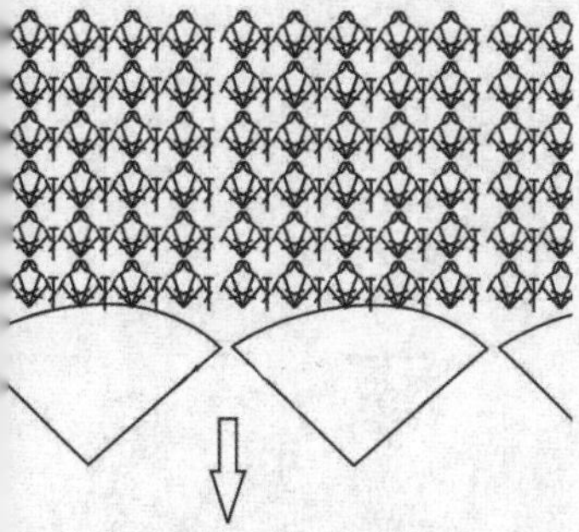

下半身花样

○ = 锁针
○○○○ = 锁针链
立针
× = 短针
长针
长长针

钩够贝壳针后转为花样针 ⇨ 花样是2个贝壳针钩1个扇形花，一共钩8行

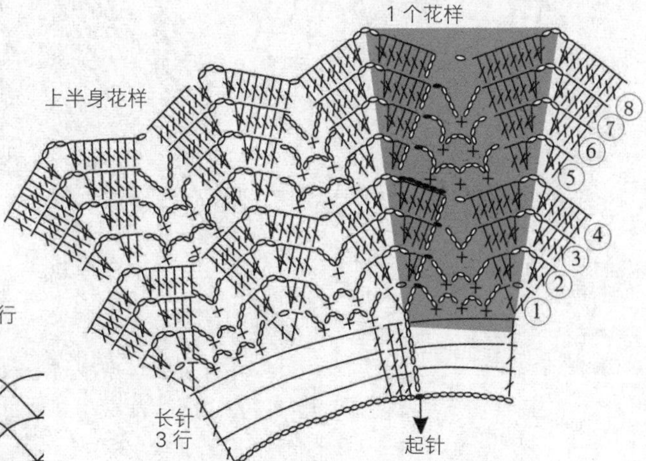

1 个花样
长针
3 行
起针

上半身花样

圈起240针辫子，12针1个花样，20个花样（前片10个花样，后片10个花样）

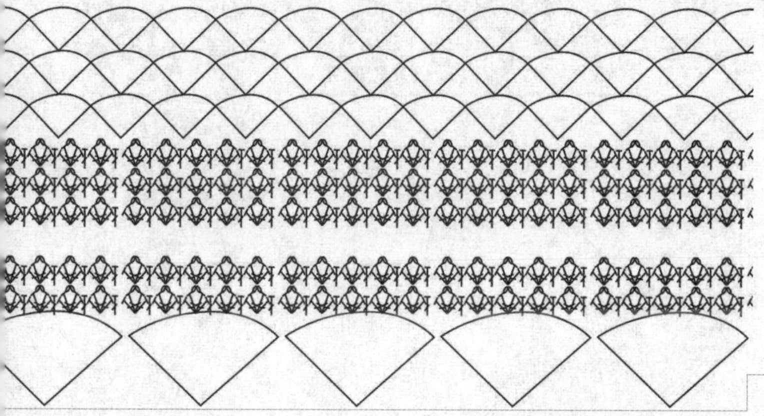

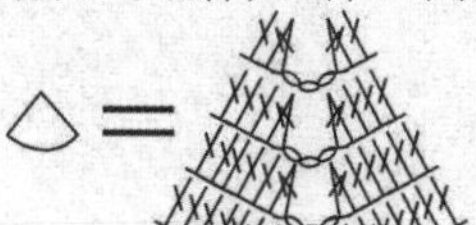

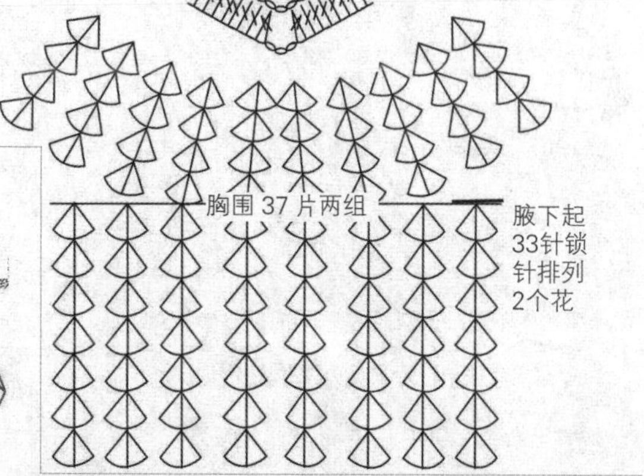

胸围 37 片两组
腋下起33针锁针排列2个花

0
：1.2mm钩针
：上衣衣长60cm，裙子长110cm，胸围90cm
：5股白色丝光棉线800g，白色丝带1卷

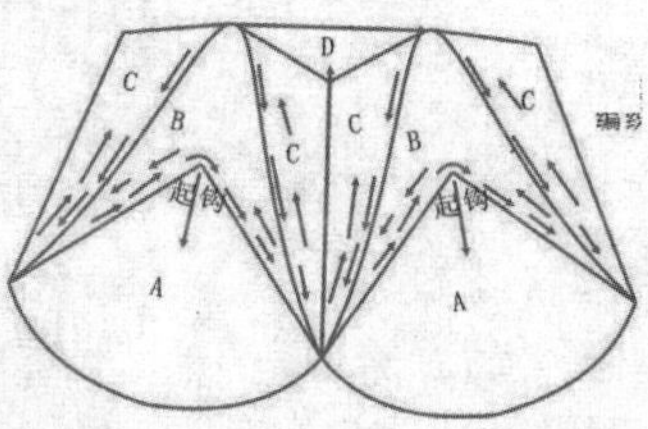

C
B
A
D
起钩

注:裙摆由A、B、C3种花样拼接而成，1圈共8组花样，各自单独完成，然后用线连接，每块之间的凹处，钩织花样D填充。

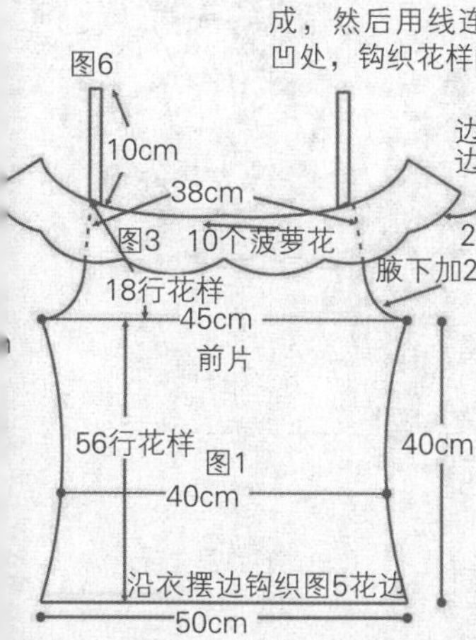

图6
10cm
38cm
边缘钩1圈花边，图解为图4
图3　10个菠萝花
20cm
腋下加20针锁针
18行花样
45cm
前片
56行花样
图1
40cm
40cm
沿衣摆边钩织图5花边
50cm

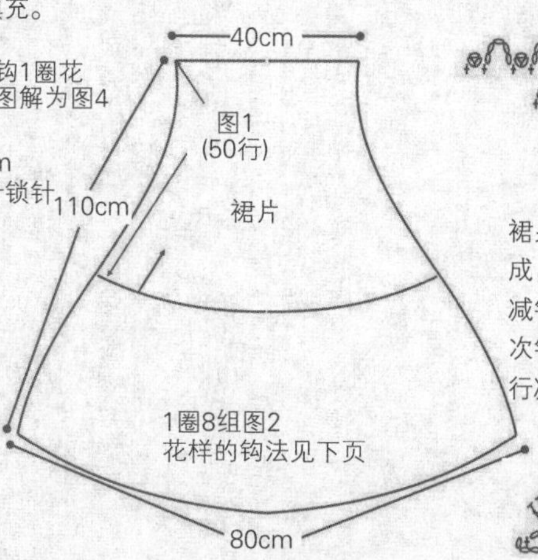

40cm
图1
(50行)
110cm
裙片
1圈8组图2
花样的钩法见下页
80cm

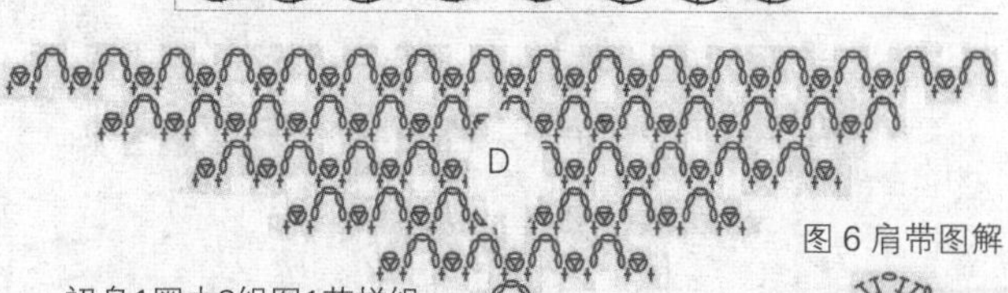

D

裙身1圈由8组图1花样组成，在每个花样的尖角上减针，每3行每个尖角减1次针，减10次，然后每10行减1次针，减2次。

图 6 肩带图解

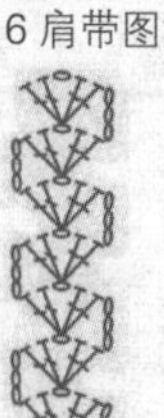

图 4 衣领花边图解

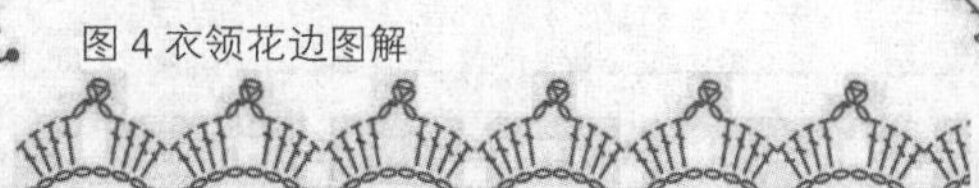

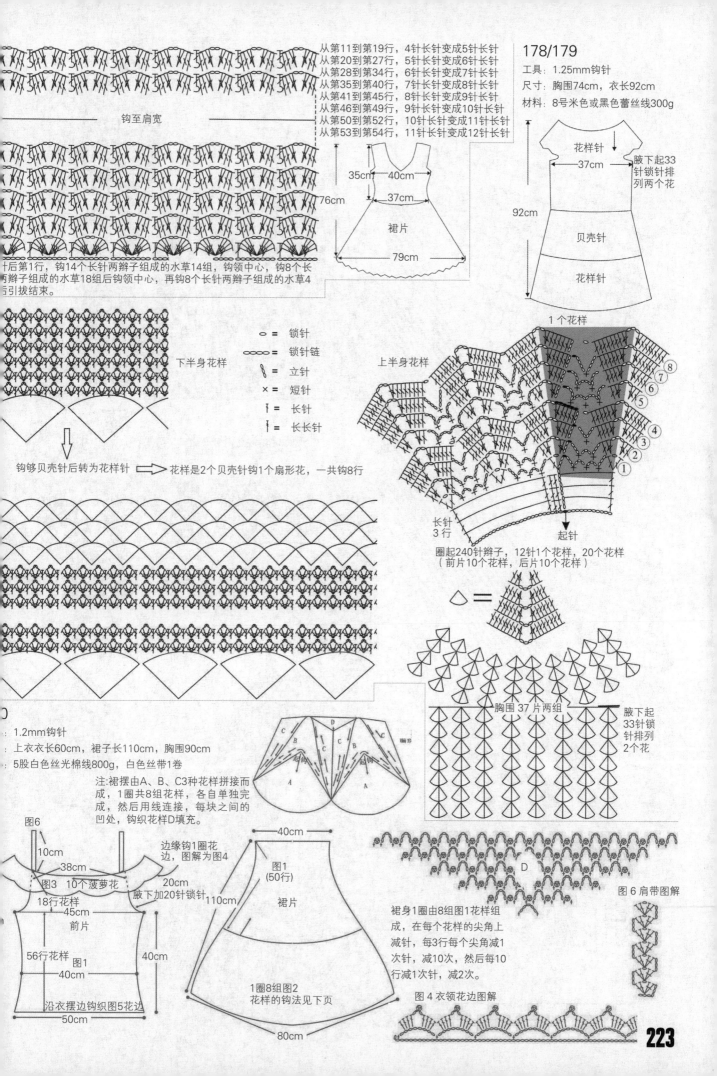

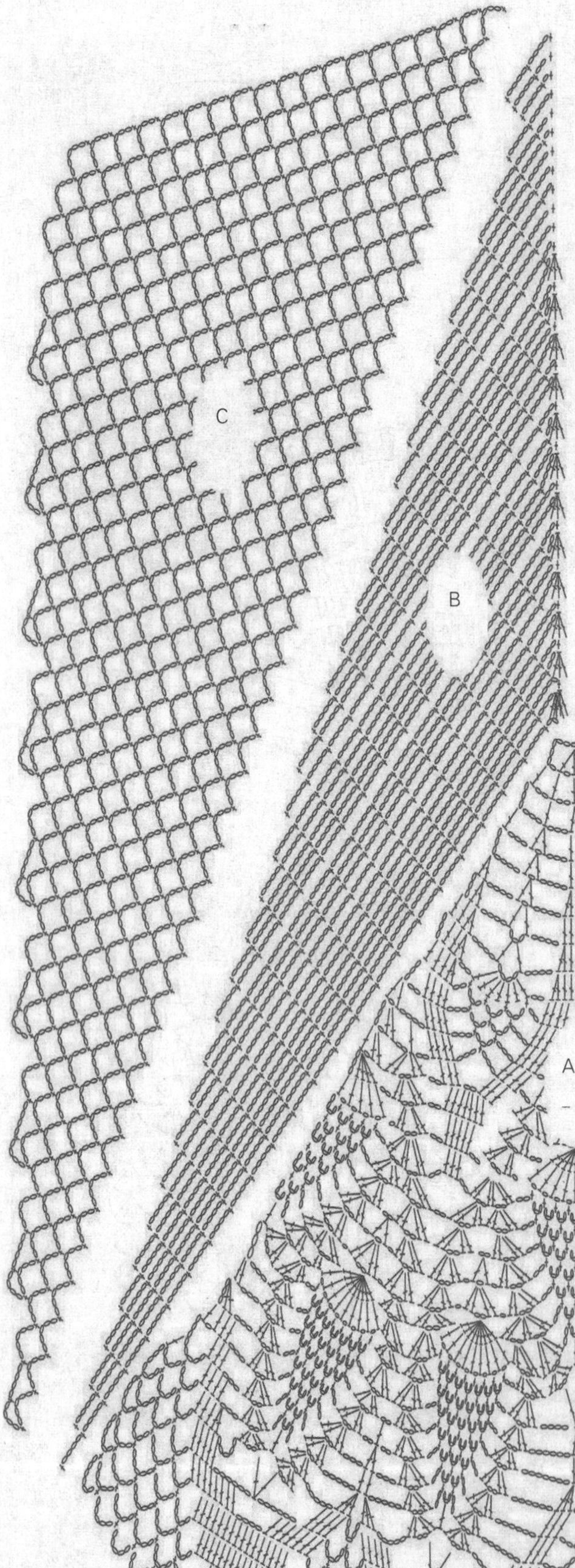

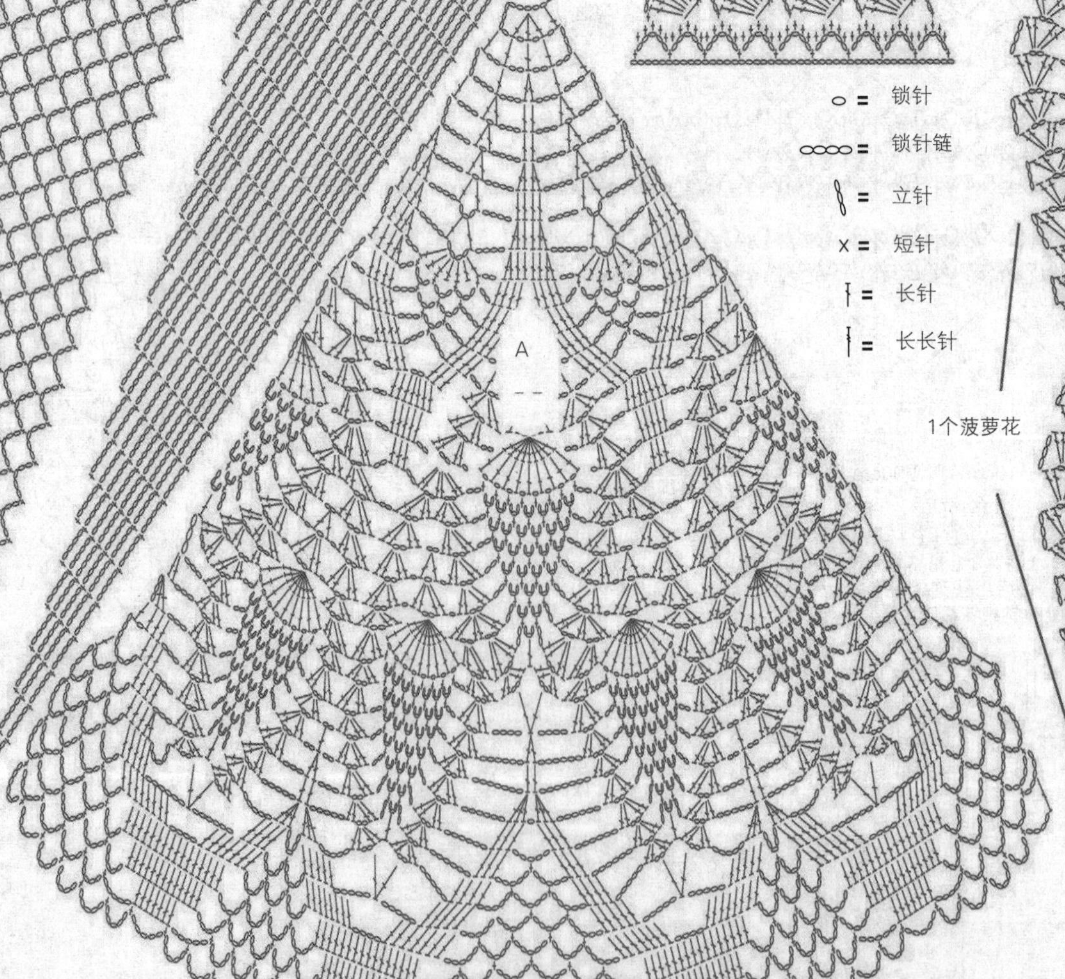

图 1 裙身主体花样图解

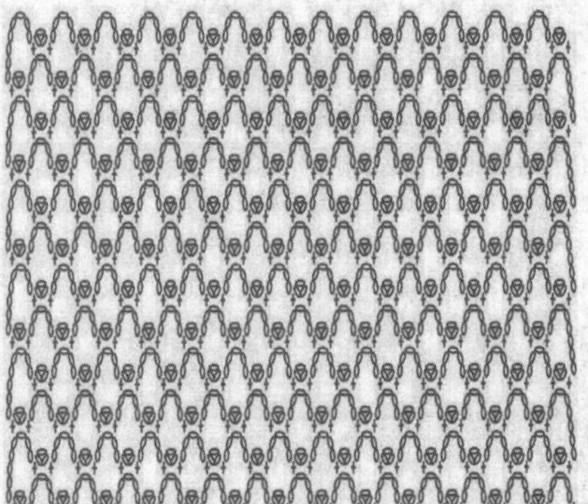

图 5 裙摆花边图解

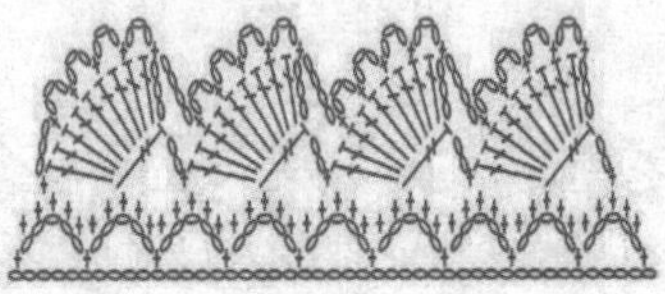

○ = 锁针

○○○○ = 锁针链

= 立针

x = 短针

= 长针

= 长长针

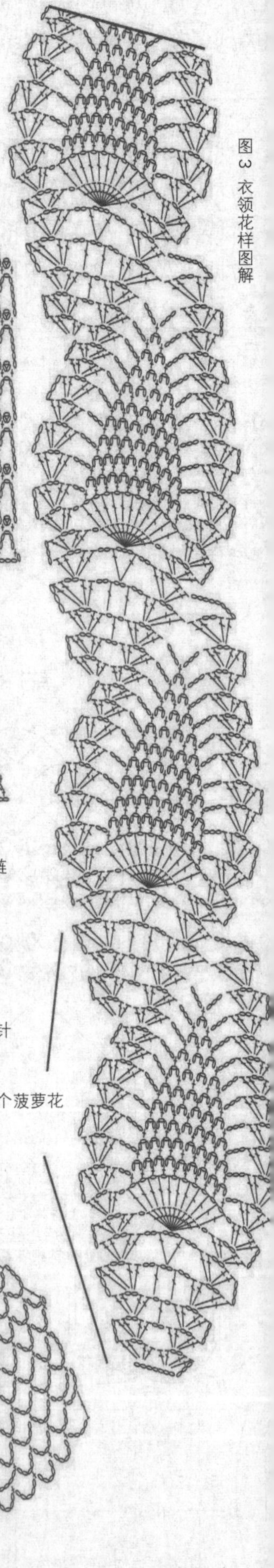

图 3 衣领花样图解

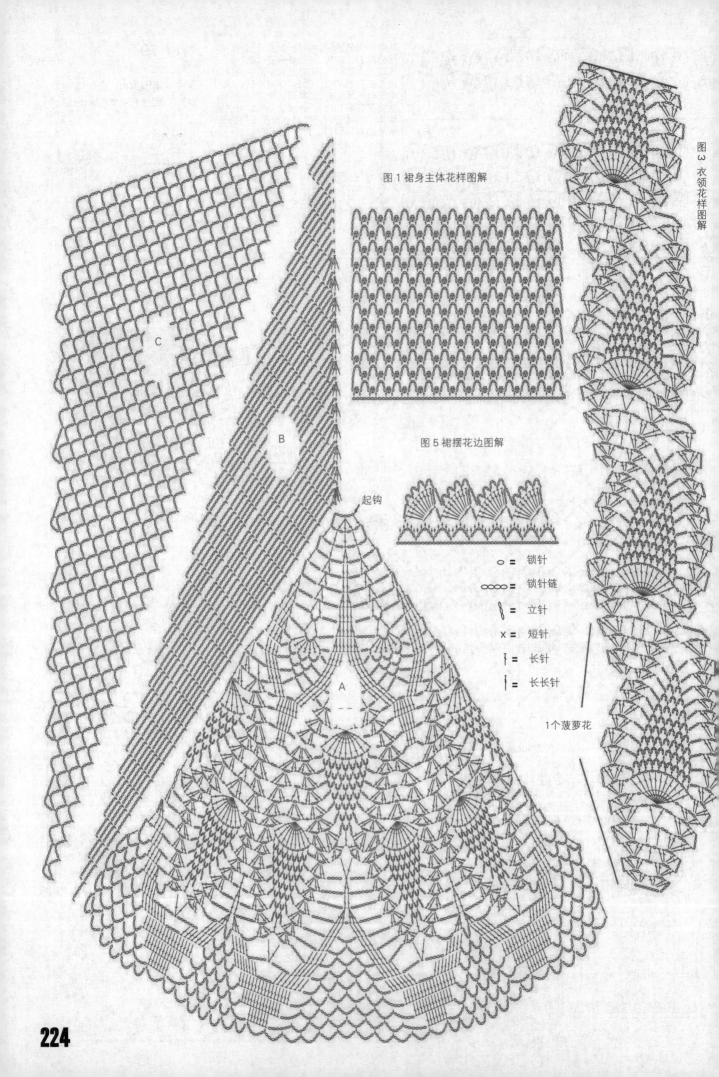

31

具：2.5mm钩针

寸：胸围90cm，衣长58cm

料：白色蕾丝线400g

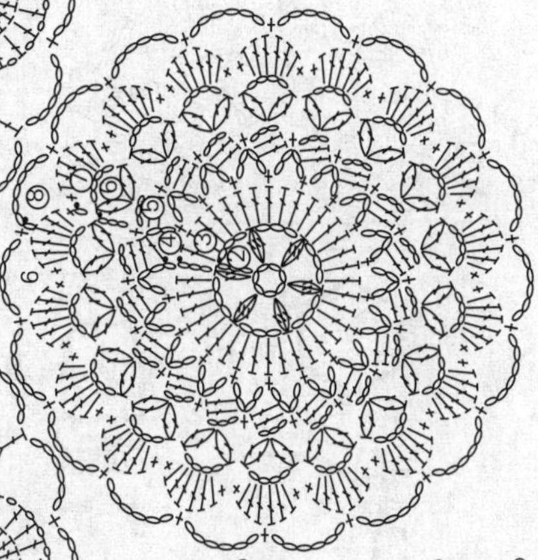

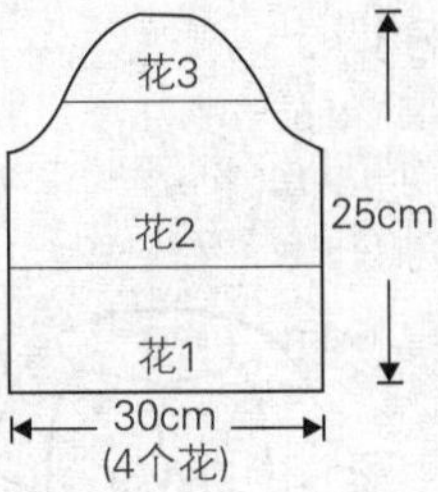

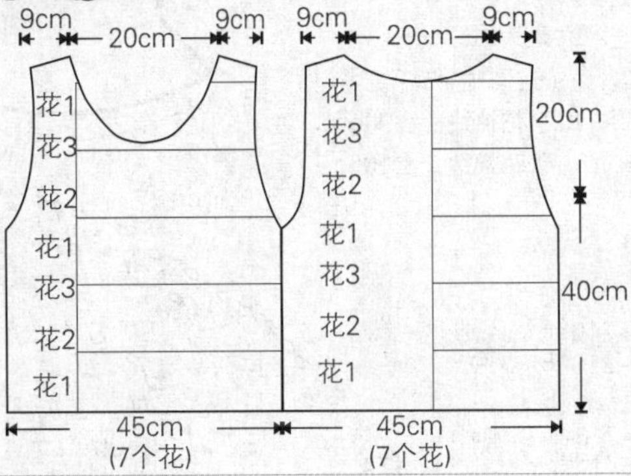

领口和袖口花边图解

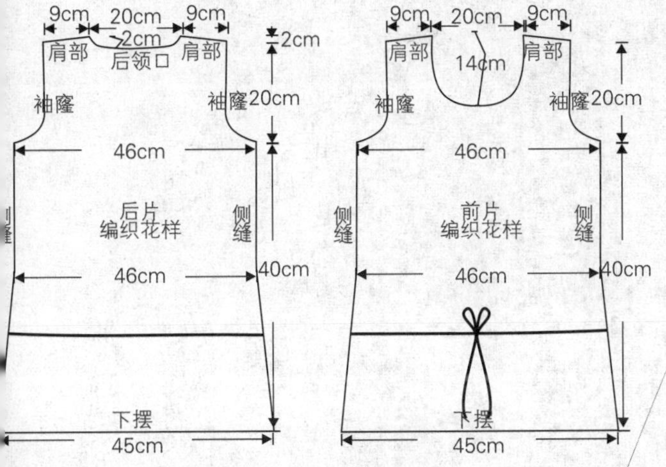

82

具：4.0mm钩针

寸：如图

× 短针

V 1针里钩2针短针

T 长针

V 1针里钩2针长针

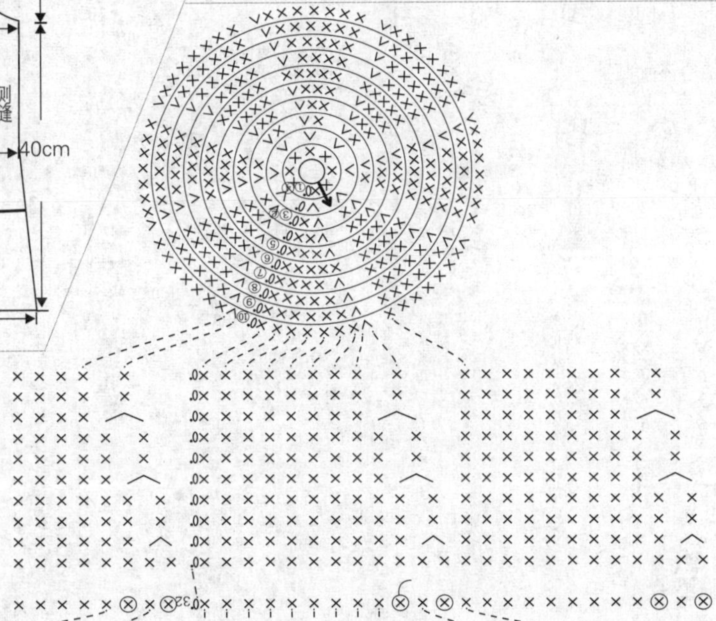

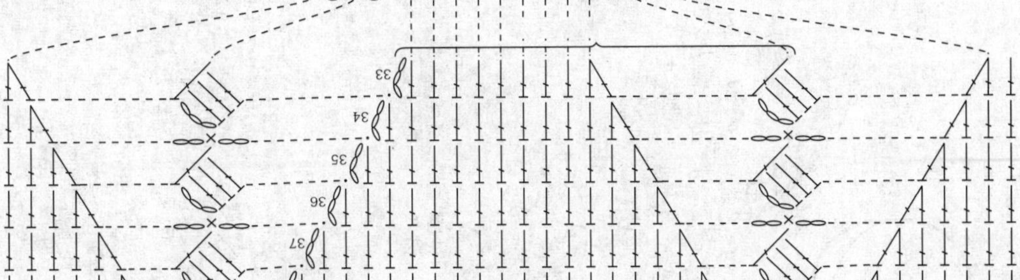

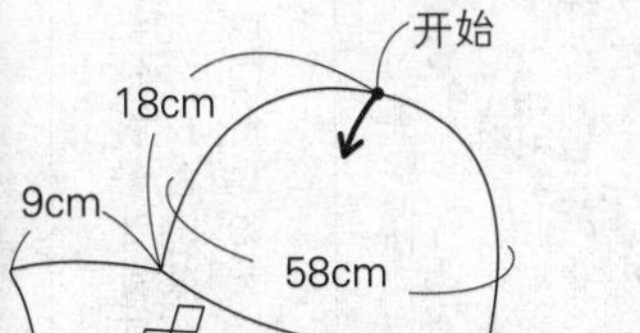

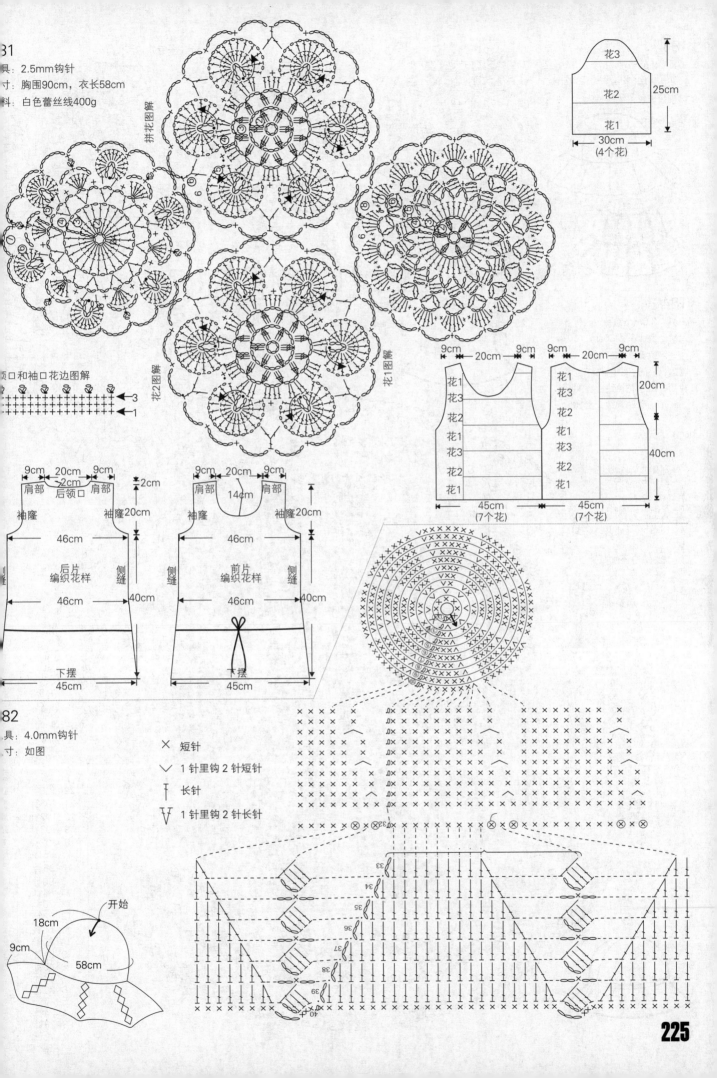

183

工具：3.5mm钩针

尺寸：头围57cm，帽深17cm

材料：褐色蕾丝线120g

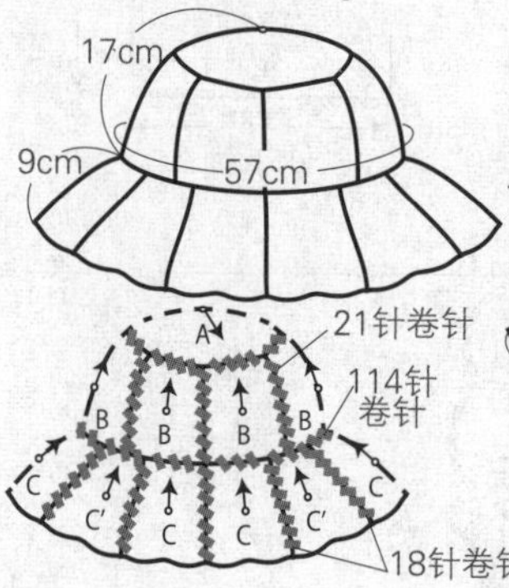
17cm
9cm
57cm
21针卷针
114针
卷针
18针卷针
A
B
C
C'

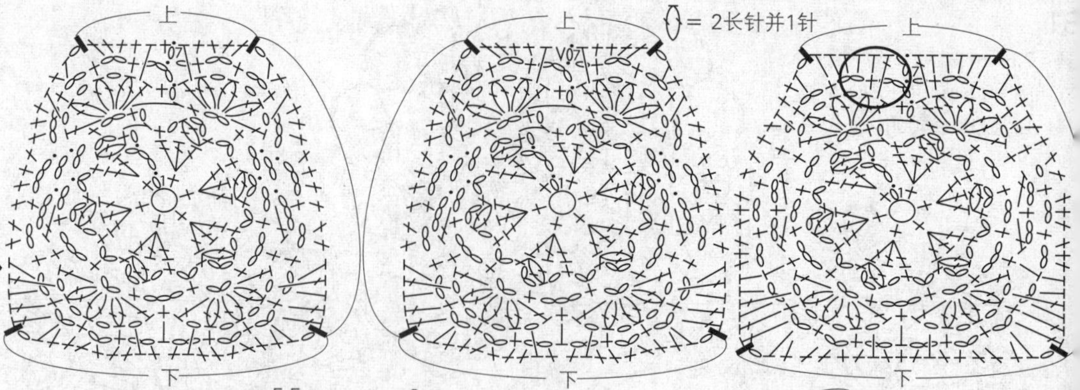
= 2长针并1针
上
下
上
下
上
下

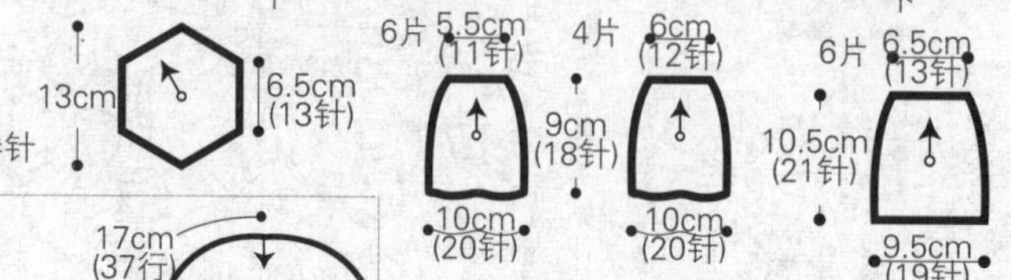
13cm
6.5cm
(13针)
6片 5.5cm
(11针)
9cm
(18针)
10cm
(20针)
4片 6cm
(12针)
10cm
(20针)
6片 6.5cm
(13针)
10.5cm
(21针)
9.5cm
(19针)

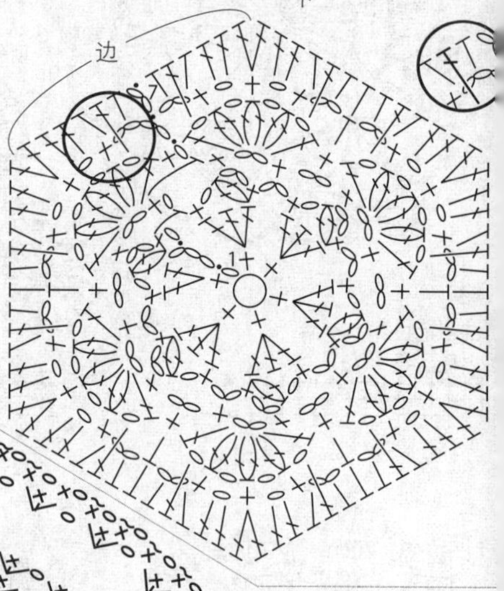
边

184

工具：3.0mm钩针

尺寸：女士头围56cm，

　　　女童头围53cm

密度：19.5针×21.5行

材料：山茶花棉线女童90g，

　　　山茶花棉线女士105g

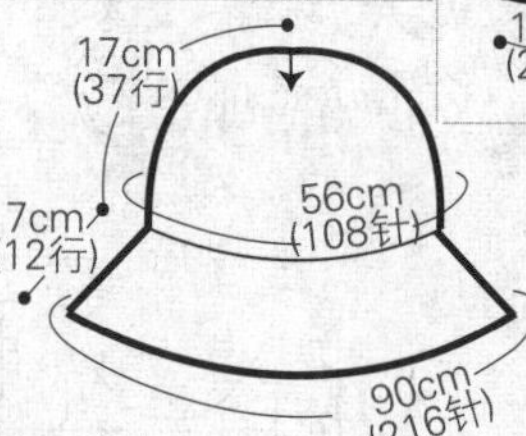
17cm
(37行)
56cm
(108针)
7cm
(12行)
90cm
(216针)

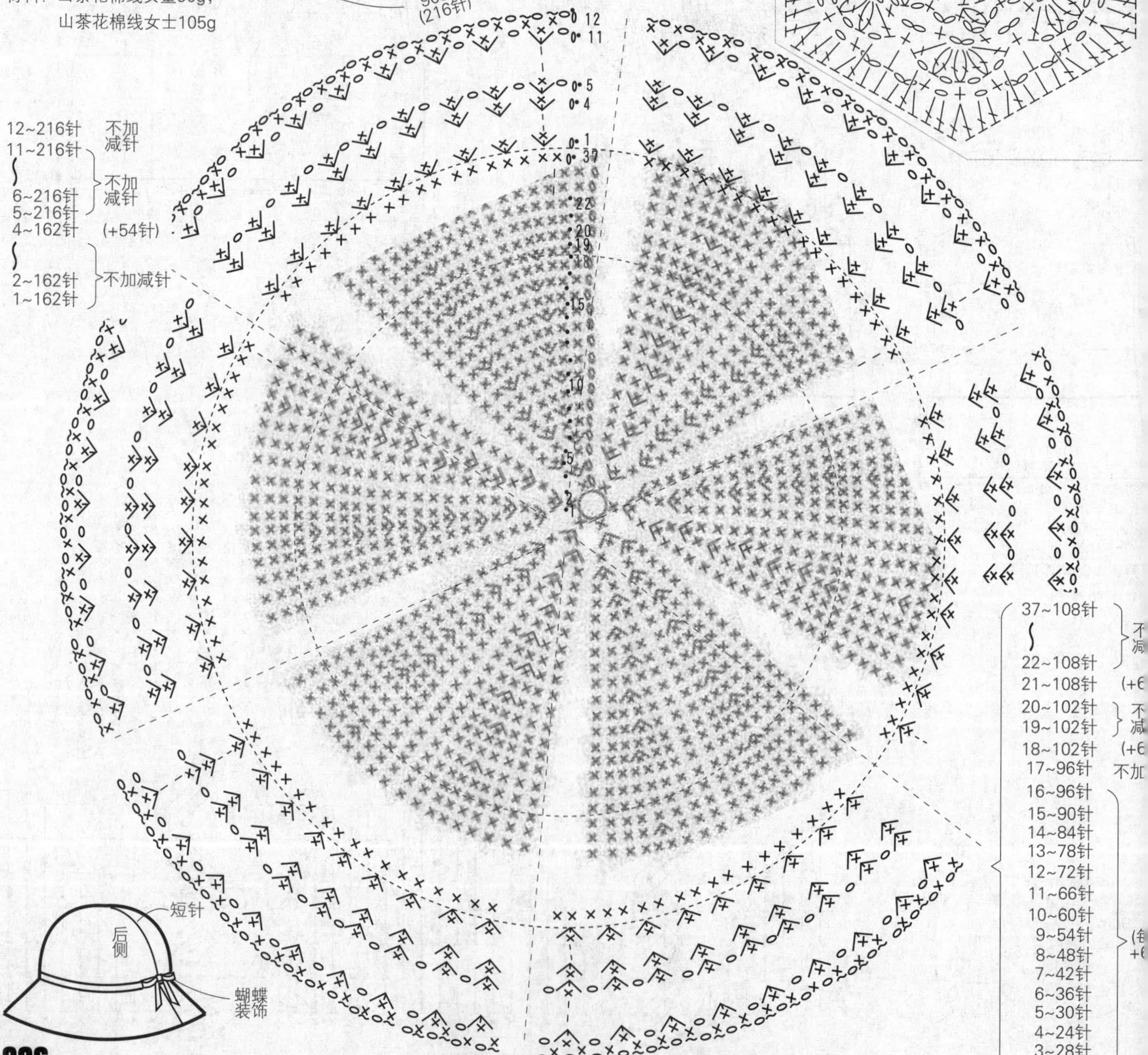
12~216针 不加减针
11~216针
6~216针 不加减针
5~216针
4~162针 (+54针)
2~162针 不加减针
1~162针
12
11
5
4
1
37
22
20
19
18
15
10
5
2
1
37~108针 不减
22~108针
21~108针 (+6
20~102针 不减
19~102针
18~102针 (+6
17~96针 不加
16~96针
15~90针
14~84针
13~78针
12~72针
11~66针
10~60针
9~54针
8~48针
7~42针
6~36针
5~30针
4~24针
3~28针
2~12针
1~6针
(每+6
短针
后侧
蝴蝶装饰

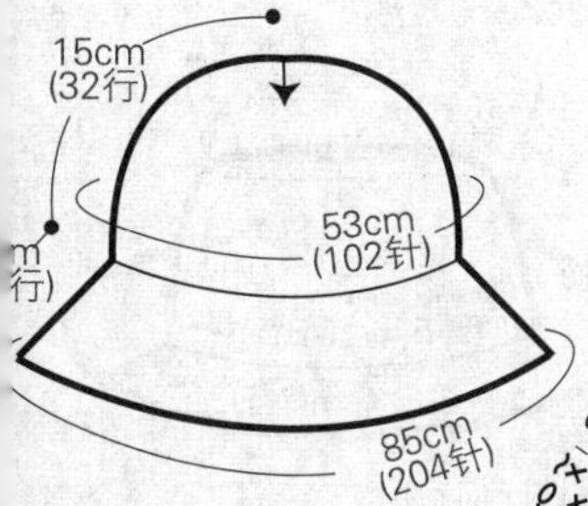
15cm
(32行)
53cm
(102针)
85cm
(204针)

12~204针 不加减针
11~204针 } 不加减针
∫
6~204针
5~204针 (+51针)
4~153针 }
∫
2~153针
1~153针 (+51针)
32~102针 } 不加减针
∫
19~102针
18~102针 (+6针)
17~96针 不加减针
16~96针
15~90针
14~84针
13~78针
12~72针
11~66针
10~60针 } (每行+6针)
9~54针
8~48针
7~42针
6~36针
5~30针
4~24针
3~18针
2~12针
1~6针

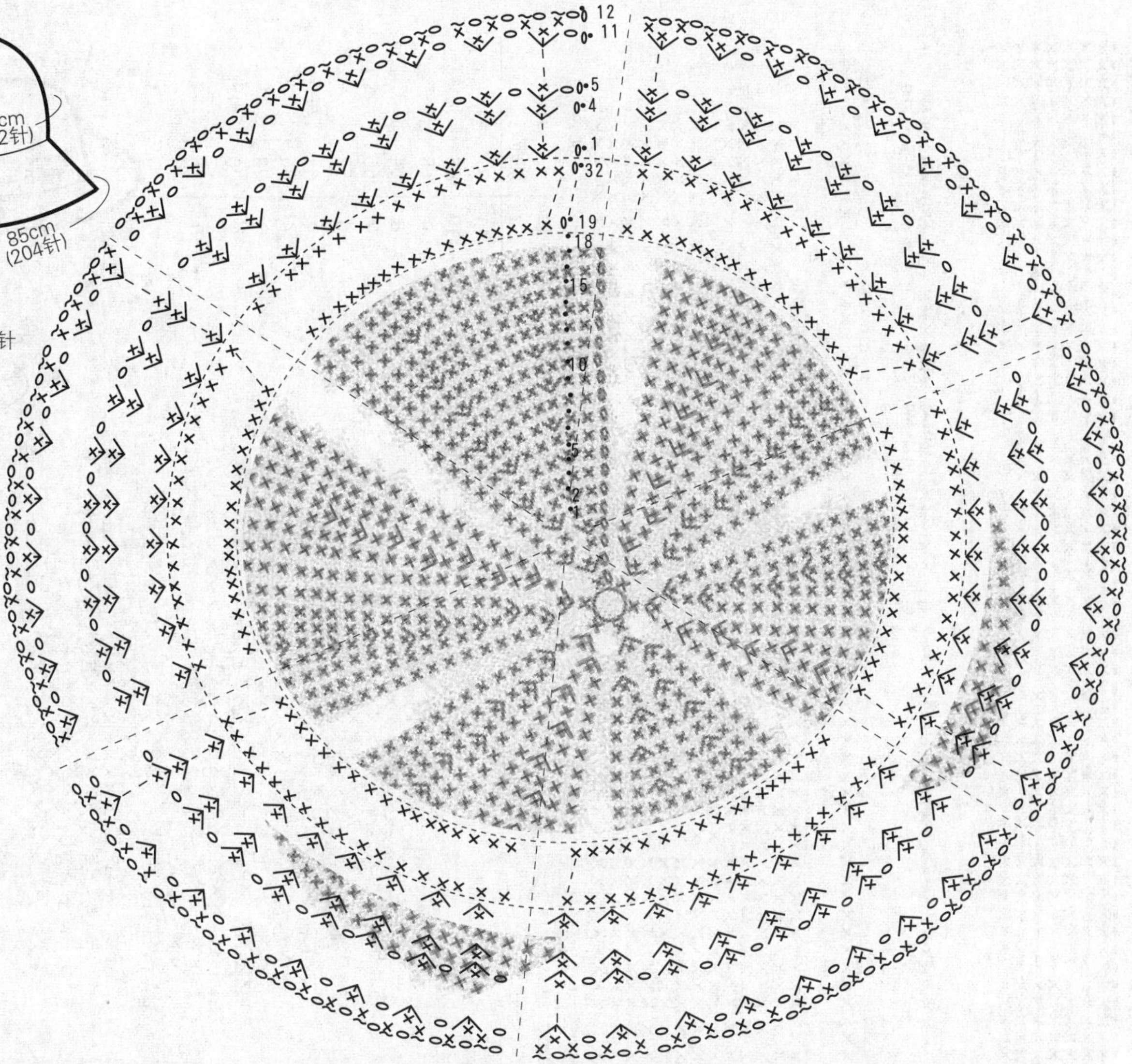
12
11
5
4
1
32
19
18
15
10
5
2
1

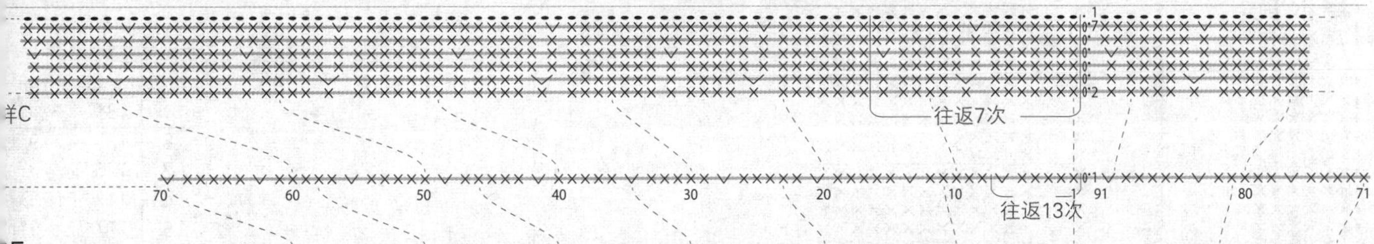
样C
往返7次
70
60
50
40
30
20
10
1
91
80
71
往返13次

35

具：3.5mm钩针

寸：A款：头围61cm，帽深10.5cm

B款：头围54cm，帽深7cm

度：14.5针×17.5行

斗：A款：灰色蕾丝线85g

B款：紫色蕾丝线60g

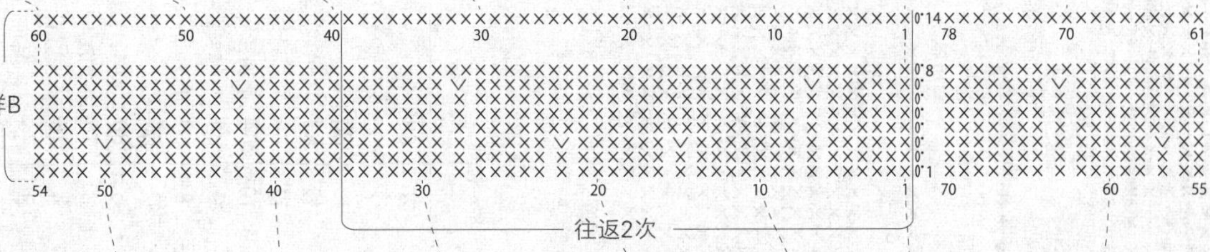
花样B
60
50
40
30
20
10
1
78
70
61
54
50
40
30
20
10
1
70
60
55
往返2次

花样A

行数	针数	
11	70	(+2针)
10	68	不加减针
9	68	(+4针)
8	64	(+8针)
7	56	(+4针)
6	52	每行(+8针)
5	44	
4	36	
3	28	
2	20	(+4针)
1	16	
	锁(6针)	

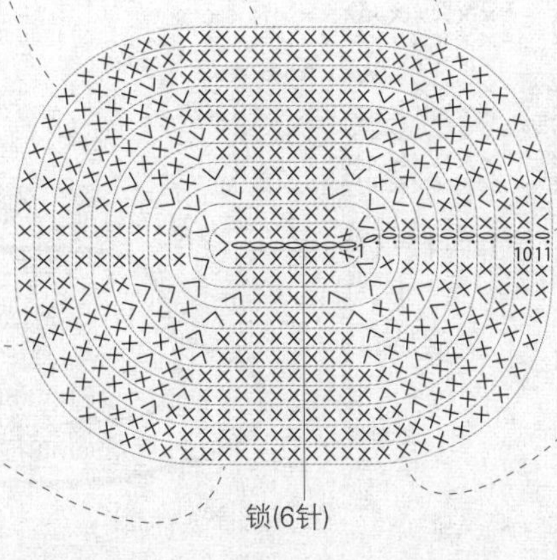
花样A
10
11
锁(6针)

花样C

行数	针数	
1	112	不加减针
7	112	(+7针)
6	105	不加减针
5	105	(+7针)
4	98	不加减针
3	98	(+7针)
2	91	不加减针
1	91	(+13针)

花样B

行数	针数	
14 ∫ 8	78 ∫ 78	不加减针
7	78	(+4针)
6	74	不加减针
5	74	
4	74	
3	74	(+4针)
2	70	不加减针
1	70	不加减针

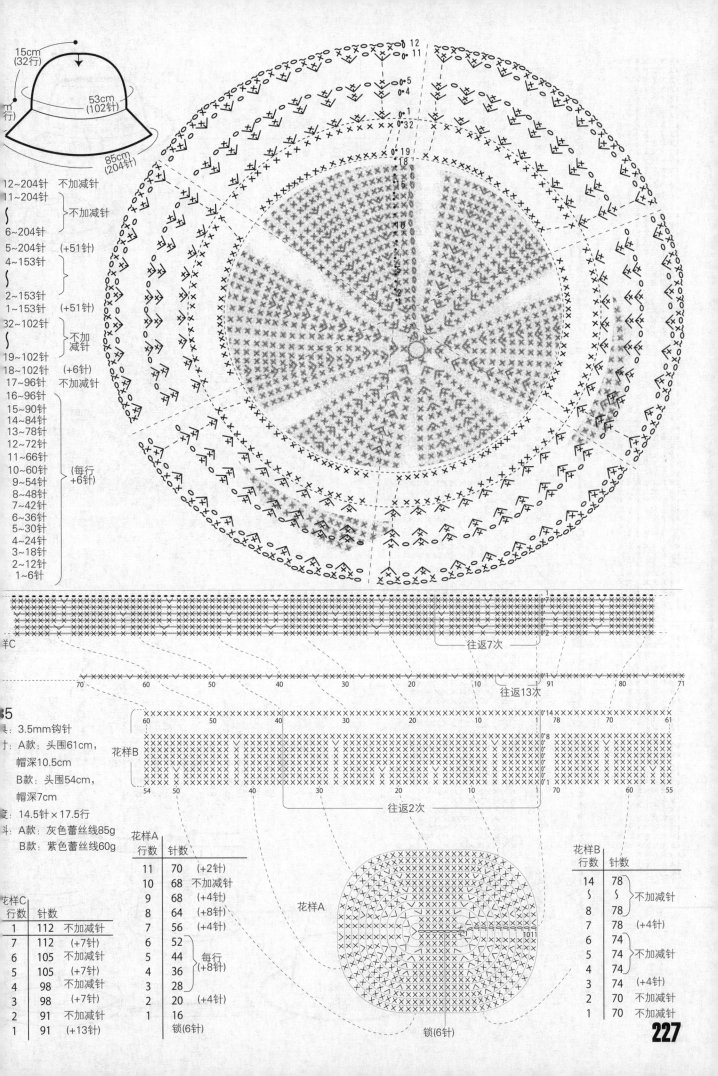

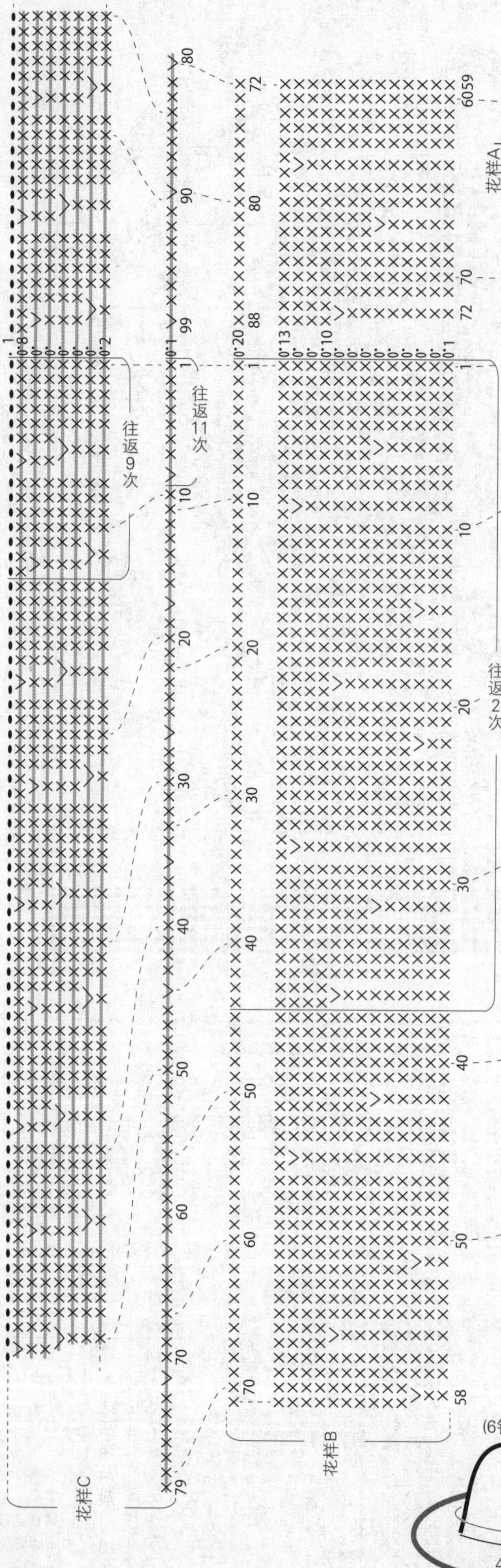

往返9次
往返11次
往返2次
花样C
花样B

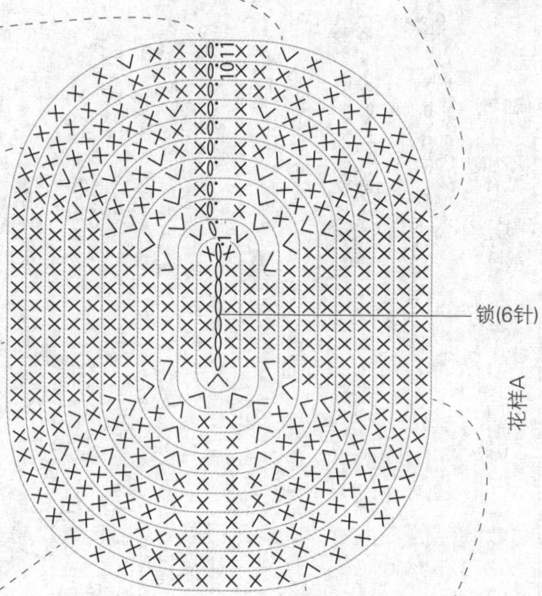

锁(6针)
花样A

花样A 行数	针数	
11	72	(+4针)
10	68	不加减针
9	68	(+4针)
8	64	(+8针)
7	56	(+4针)
6	52	每行(+8针)
5	44	
4	36	
3	28	
2	20	(+4针)
1	16	
	锁(6针)	

花样B 行数	针数	
20～13	88～88	不加减针
12	88	(+4针)
11	84	不加减针
10	84	不加减针
9	84	(+4针)
8	80	不加减针
7	80	不加减针
6	80	(+4针)
5	76	不加减针
4	76	不加减针
3	76	(+4针)
2	72	不加减针
1	72	不加减针

花样C 行数	针数	
1	135	不加减
8	135	(+9针)
7	126	(+9针)
6	117	不加减
5	117	(+9针)
4	108	不加减
3	108	(+9针)
2	99	不加减
1	99	(+11针

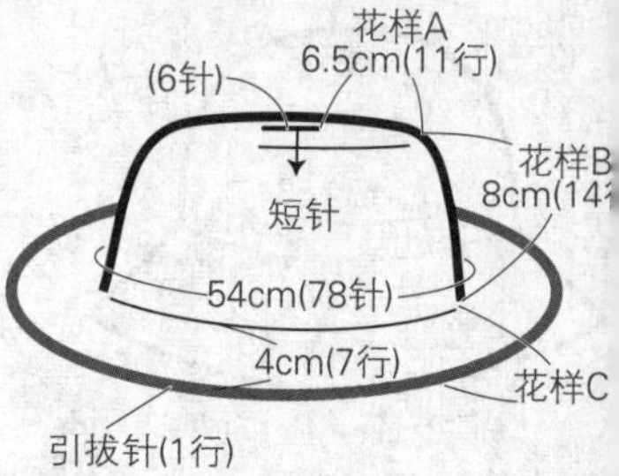

花样A
6.5cm(11行)
(6针)
短针
花样B
8cm(14
54cm(78针)
4cm(7行)
花样C
引拔针(1行)

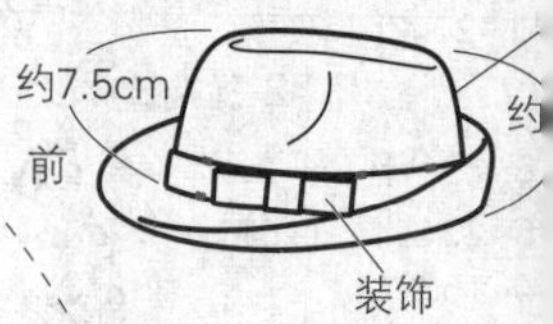

约7.5cm
前
装饰

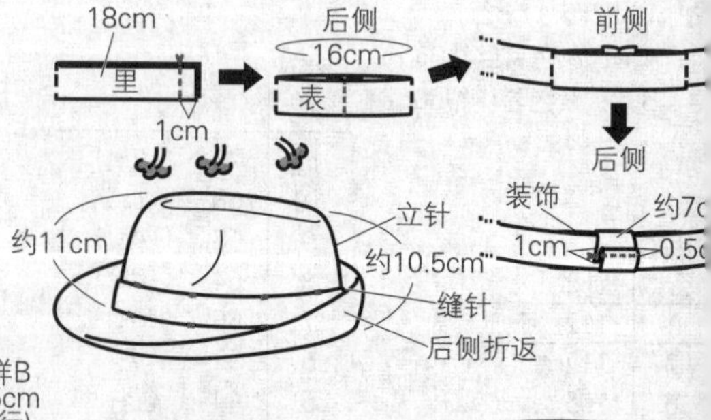

18cm
里
1cm
后侧
16cm
表
前侧
后侧
装饰
1cm
约7
0.5
约11cm
立针
约10.5cm
缝针
后侧折返

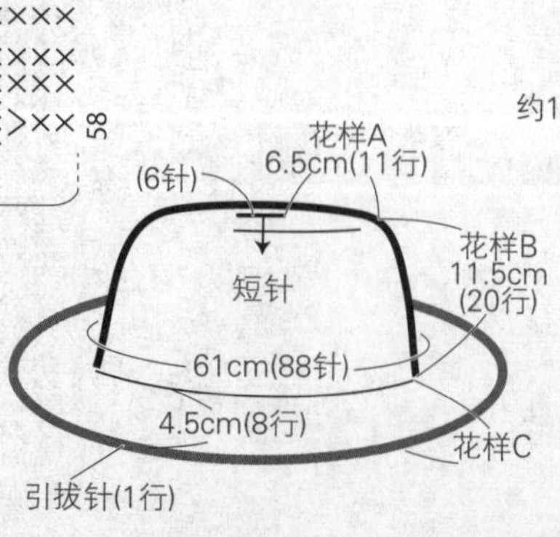

花样A
6.5cm(11行)
(6针)
短针
花样B
11.5cm
(20行)
61cm(88针)
4.5cm(8行)
花样C
引拔针(1行)

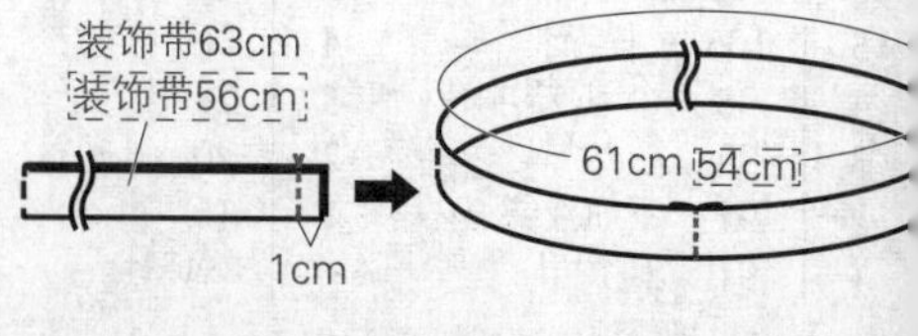

装饰带63cm
装饰带56cm
1cm
61cm 54cm

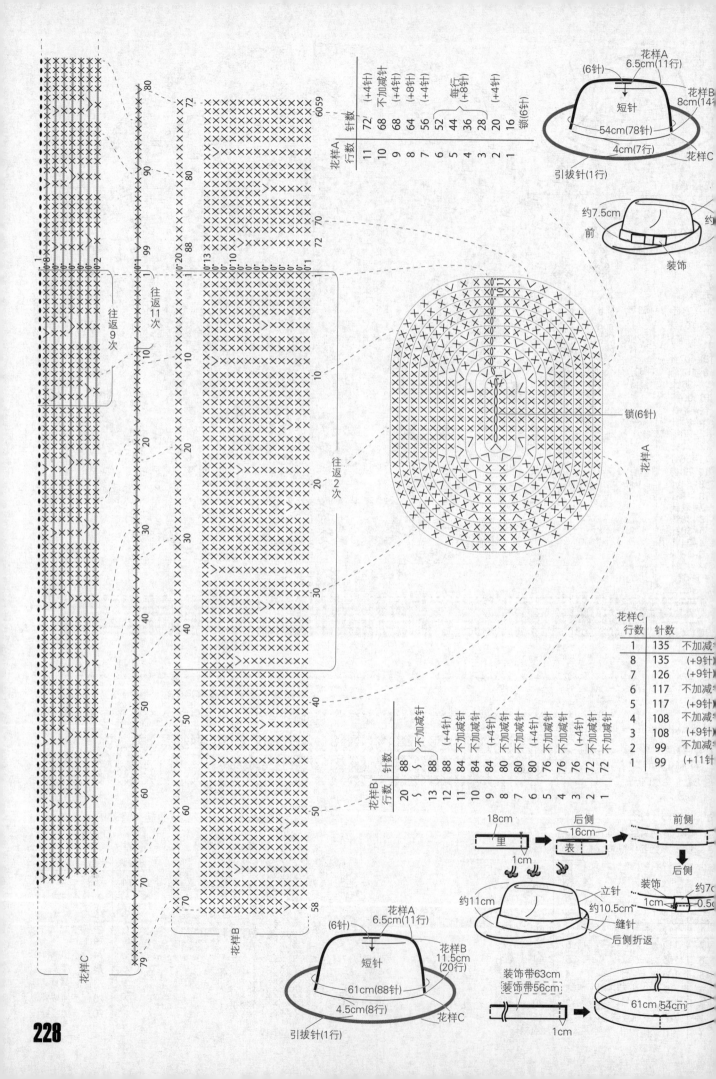

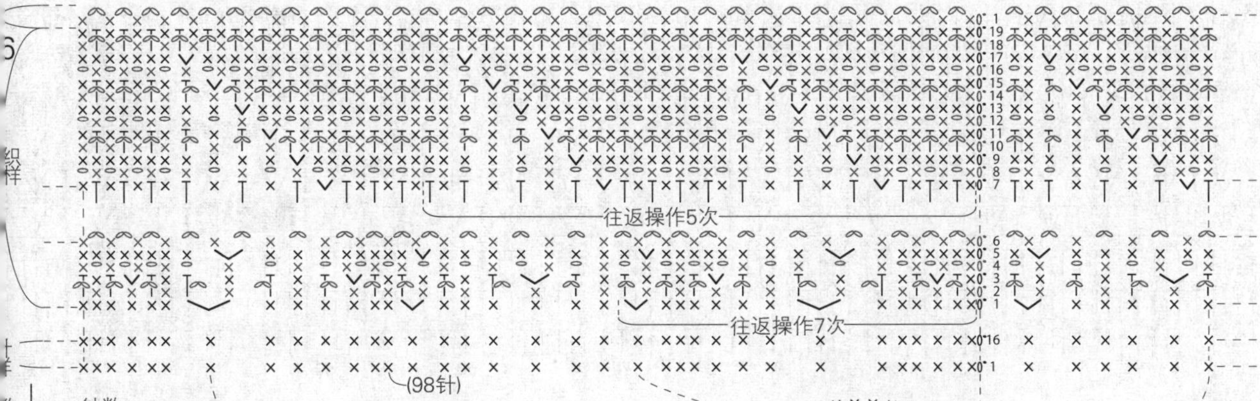
往返操作5次
往返操作7次
(98针)

数	针数
	200 …
	200 不加减针
	200
	200
	190
	190
	180
	180
	170 每2行(+10针)
	170
	160
	160
	150
	150
	140
	140
	126 每2行(+14针)
	126
	112
	112

工具：3.5mm钩针

尺寸：见图

密度：18.5针×21行

材料：咖啡色蕾丝线95g，黑色蕾丝线30g

行数	针数
16 ∫ 1	98 不加减针

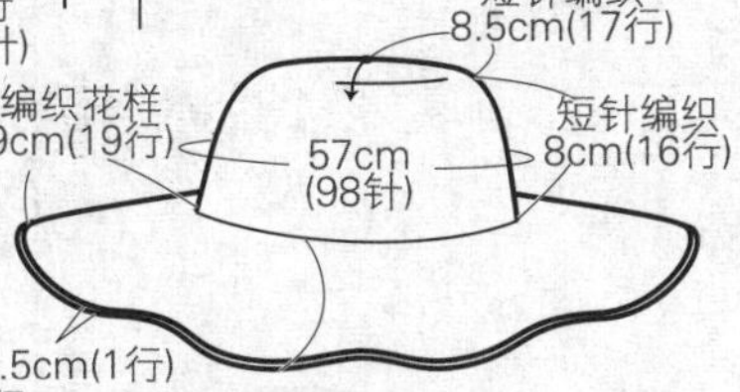
短针编织
8.5cm(17行)
编织花样
9cm(19行)
57cm
(98针)
短针编织
8cm(16行)
0.5cm(1行)

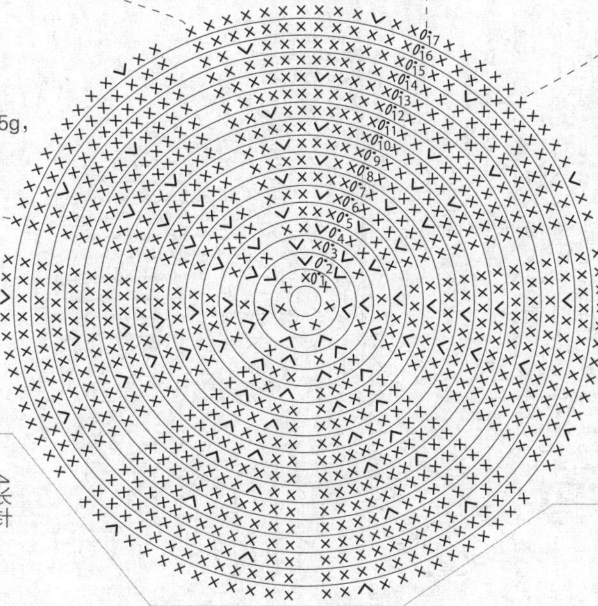

行数	针数	
17	98	(+7针)
16	91	不加减针
15	91	(+7针)
14	84	不加减针
13	84	(+7针)
12	77	不加减针
11	77	每行(+7针)
10	70	
9	63	
8	56	
7	49	
6	42	
5	35	
4	28	
3	21	
2	14	
1	7	

7

：4.0mm钩针

：头围62cm，帽深17cm

：22.5针×26.5行

：蓝色蕾丝线150g

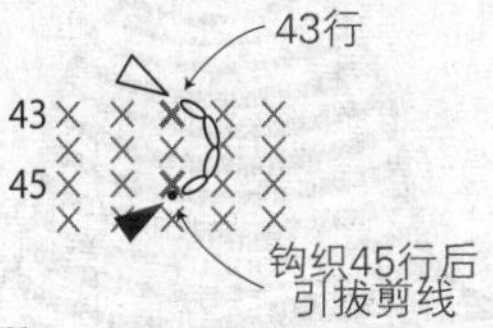
43行
43
45
钩织45行后
引拔剪线

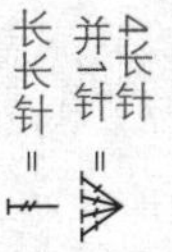
长长针
并4长针

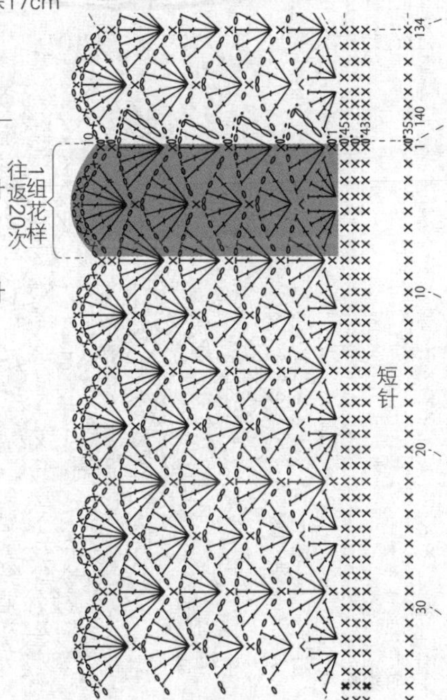
往返20次
1组花样
短针

数	针数	
	119	(+7针)
	112 ∫ 112	不加减针
	112	(+7针)
	105	不加减针
	105	
	105	
	105	每行(+7针)
	98	
	91	
	84	
	77	
	70	
	63	
	56	
	49	
	42	
	35	
	28	
	21	
	14	
	7	

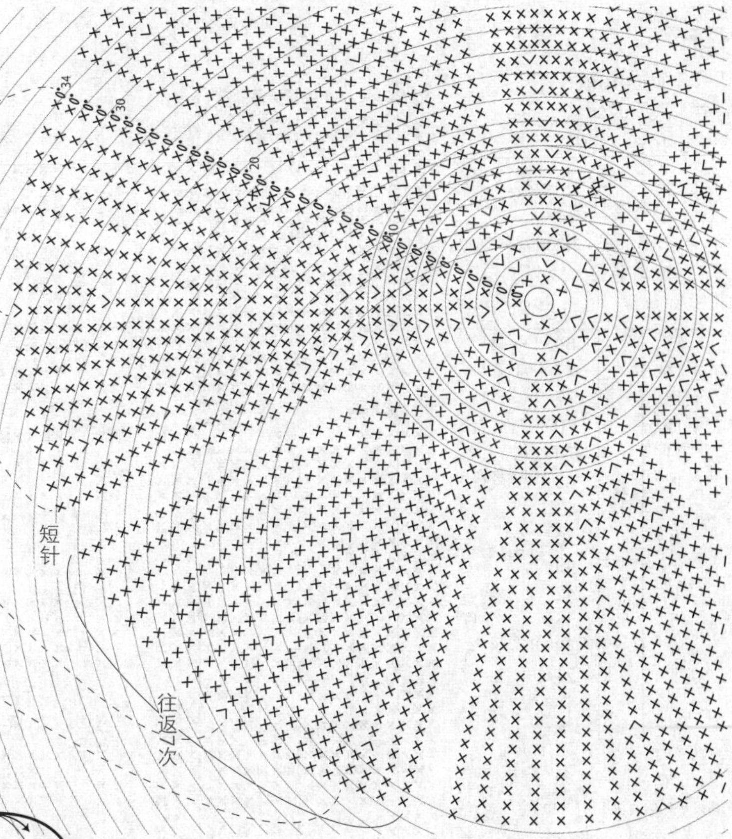
短针
往返7次

数	针数	
	140 ∫ 140	不加减针
	140	(+7针)
	133	不加减针
	133	
	133	(+7针)
	126	不加减针
	126	
	126	(+7针)
	119	不加减针
	119	

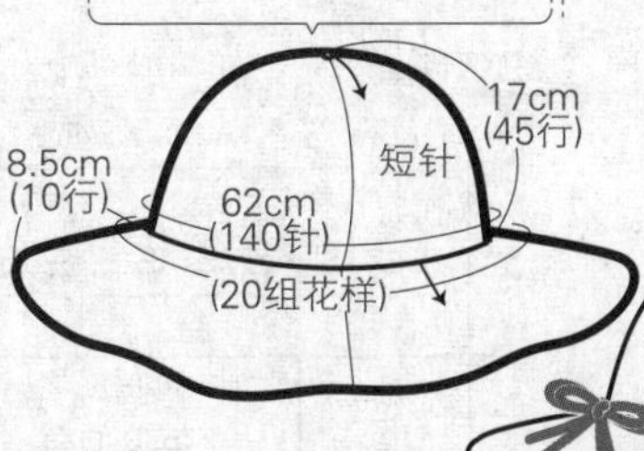
17cm
(45行)
短针
8.5cm
(10行)
62cm
(140针)
(20组花样)

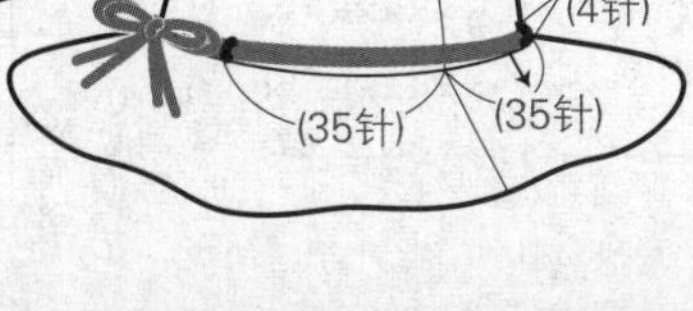
1cm
(4针)
(35针)
(35针)

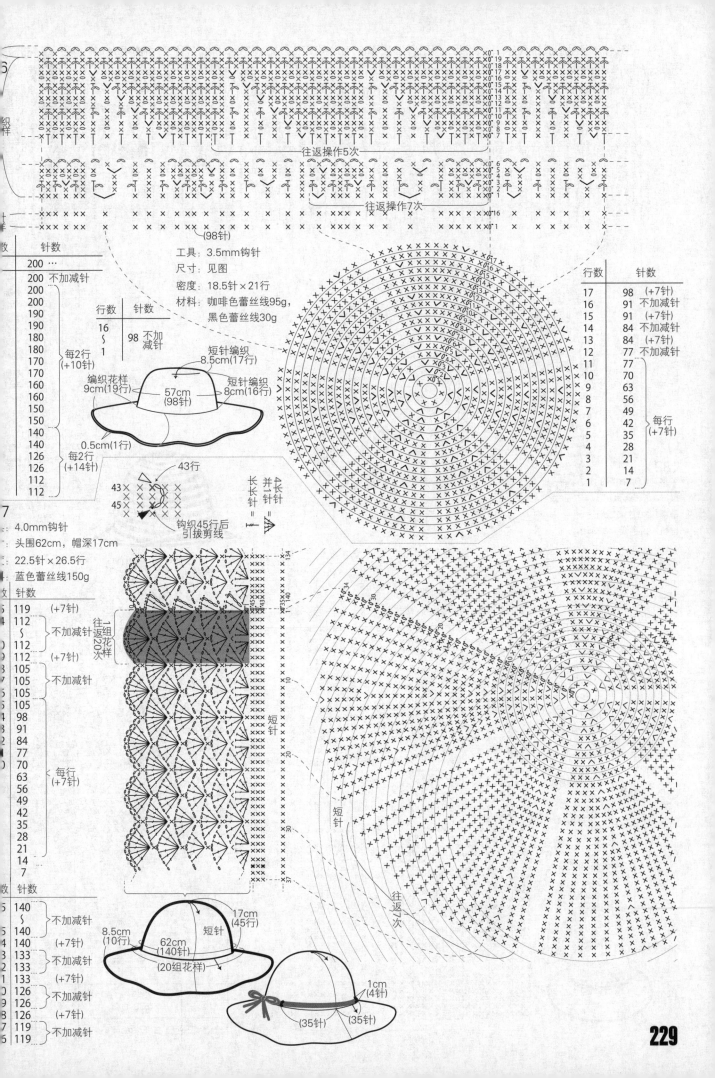

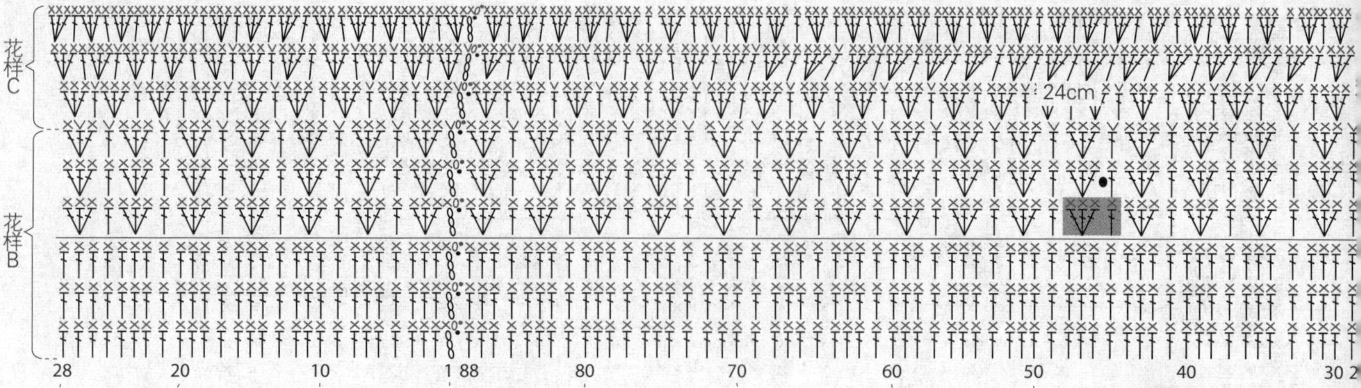

花样C
花样B
24cm
28
20
10
1 88
80
70
60
50
40
30 2

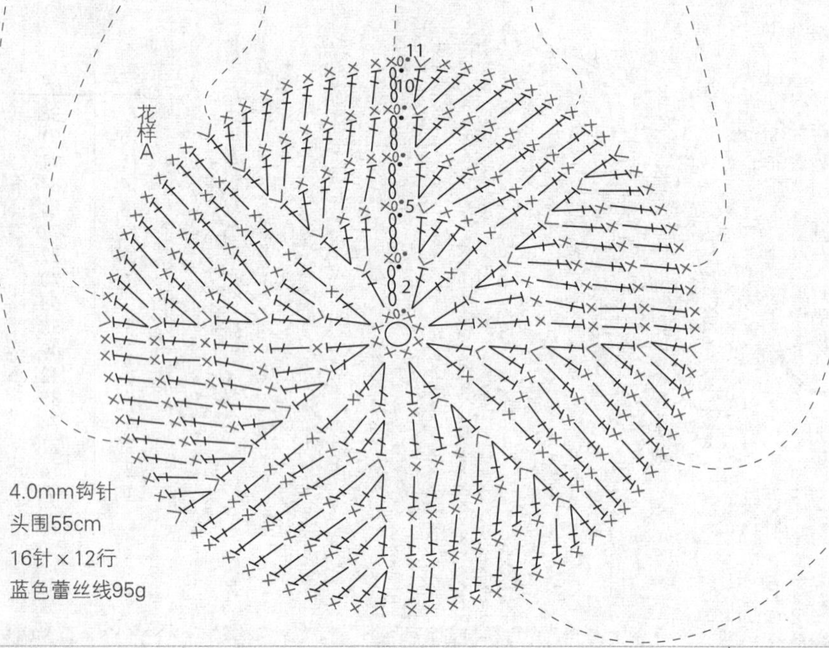

花样A
11
10
5
2

▇ = 4针2行1组花样

	行数	针数	
花样C	7	152	不加
	6	152	
	5	152	(+24针
	4	132	不加减
	3	132	(+24针
	2	112	不加减
	1	112	(+24针
花样B	11 ~ 1	88 ~ 88	不加减针
花样A	11	88	每行(+8针
	10	80	
	9	72	
	8	64	
	7	56	
	6	48	
	5	40	
	4	32	
	3	24	
	2	16	
	1	8	

188

工具：4.0mm钩针

尺寸：头围55cm

密度：16针×12行

材料：蓝色蕾丝线95g

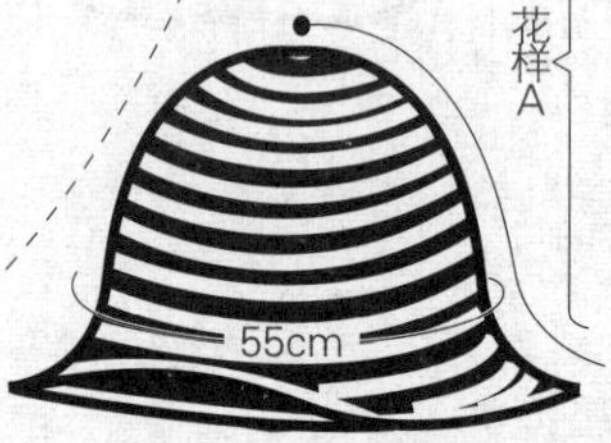

55cm

189

工具：4.0mm钩针

尺寸：头围52cm

密度：16针×19行

材料：A款：咖啡色蕾丝线115g，
紫色蕾丝线20g

B款：淡蓝色蕾丝线90g，
咖啡色蕾丝线45g

花样A

行数		针数
15	短针	84 (+7针)
14		77不加减针
13		77 (+7针)
12		70不加减针
11		70 (+7针)
10		63不加减针
9		63 每2行(+7针)
8		56
7		49
6		42
5		35
4		28
3		21
2		14
1		7

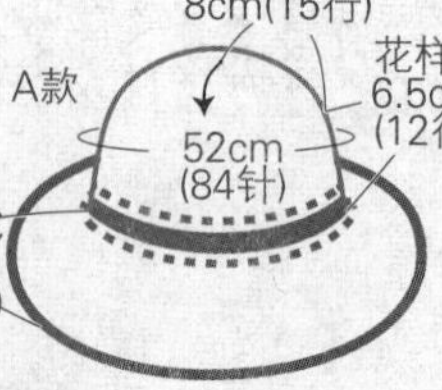

A款
花样A
8cm(15行)
花样B
6.5cm
(12行)
52cm
(84针)
花样C
8cm
(15行)

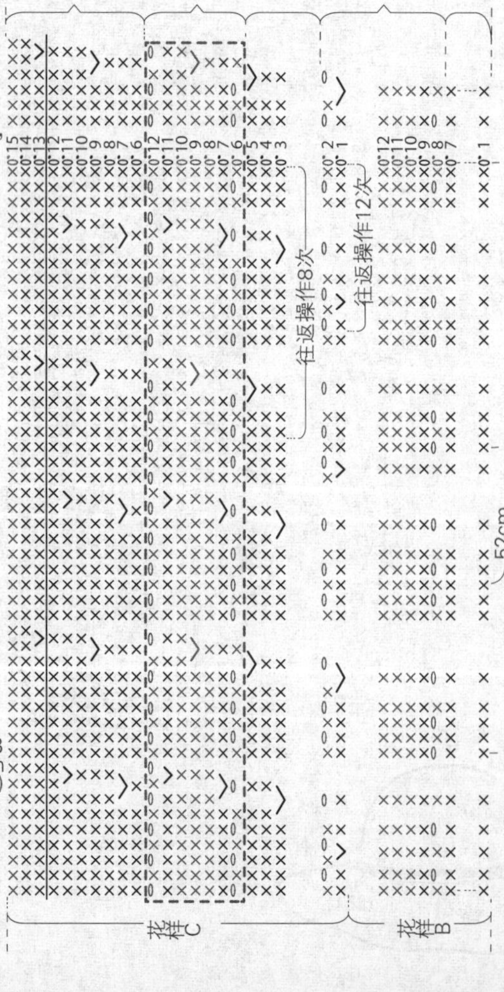

往返操作8次
往返操作12次
花样C
花样B

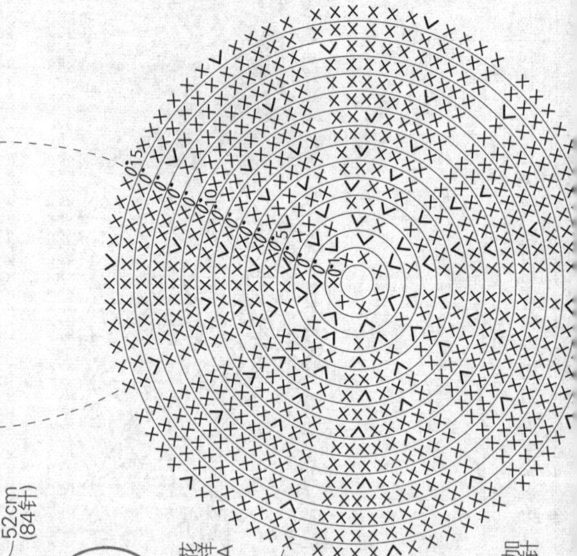

52cm
(84针)
花样A

B款

花样B

行数	针数	
12 ~ 8	84	不加减针
7 ~		

花样C

行数		针数	
15	短针	144	
14		144	每2行(+8针)
13		144	
12	花样A 花样B	136	
11		136	
10		128	
9		128	
8		120	
7		120	
6		112	
5	短针	112	
4		104	
3		104	
2		96	不加减针
1		[illegible]	

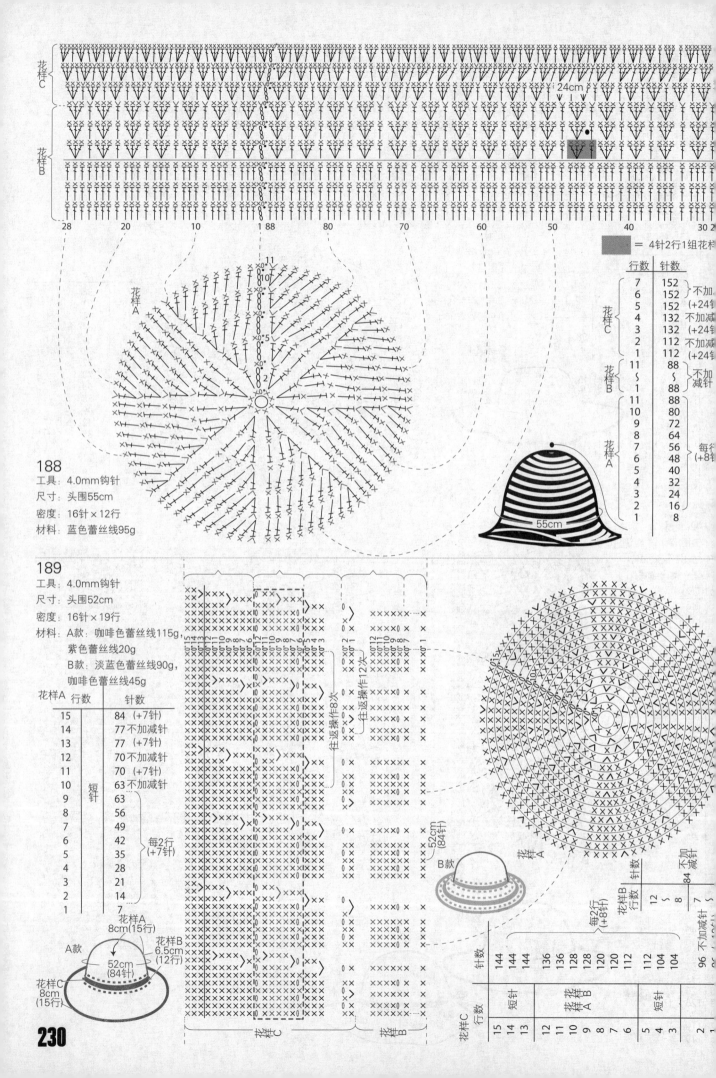

90

具：3.0mm钩针

寸：头围56cm，帽深10.5cm

度：19针×16行

料：咖啡色蕾丝线90g

使用厚纸板

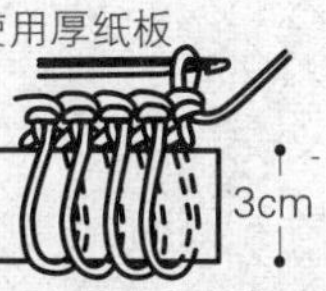
3cm

花样B

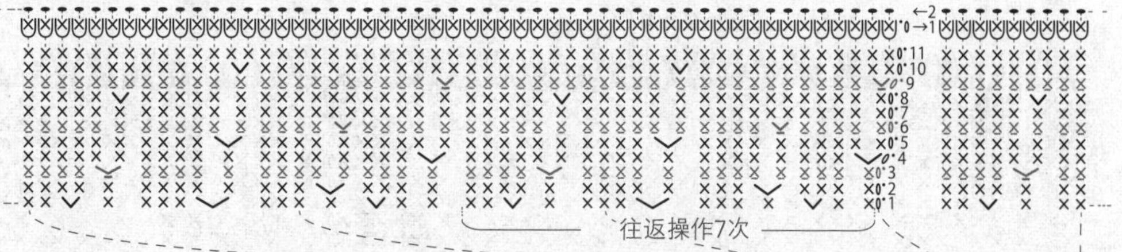
往返操作7次

花样A

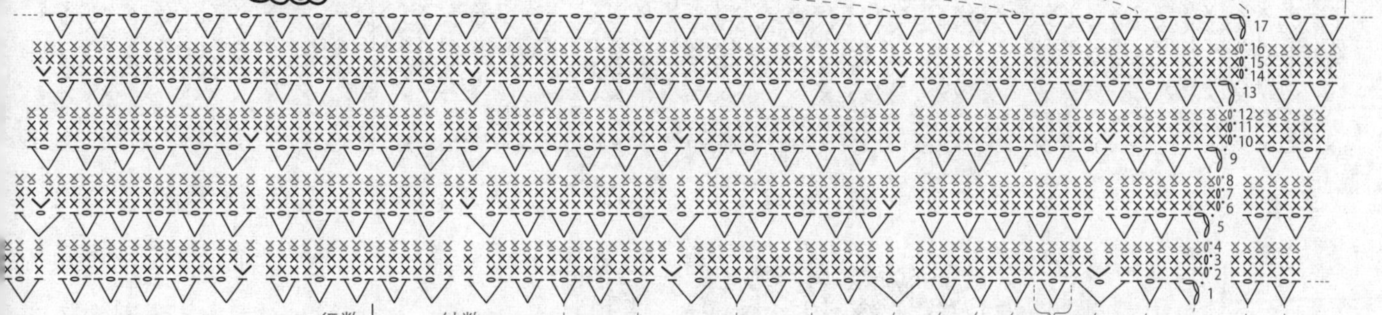
3针1组花样
共31组花样

行数	针数	
7	105	不加减针
6	105	
5	105	
4	105	(+3针)
3	102	不加减针
2	102	
1	102	
0	102	(+3针)
	99	不加减针
	99	
	99	
	99	(+3针)
	96	不加减针
	96	
	96	
	96	(+3针)
	93	

行数	针数	
12	93	(+6针)
11	87	(+6针)
10	81	增减
9	81	(+27针)
8	54	每行(+6针)
7	48	
6	42	
5	36	(+12针)
4	24	每行(+6针)
3	18	
2	12	
1	6	

行数	针数	
2	182	不加减针
1	182	
11	182	不加减针
10	182	每行(+7针)
9	175	
8	168	
7	161	不加减针
6	161	每行(+7针)
5	154	
4	147	
3	140	
2	133	
1	126	(+21针)

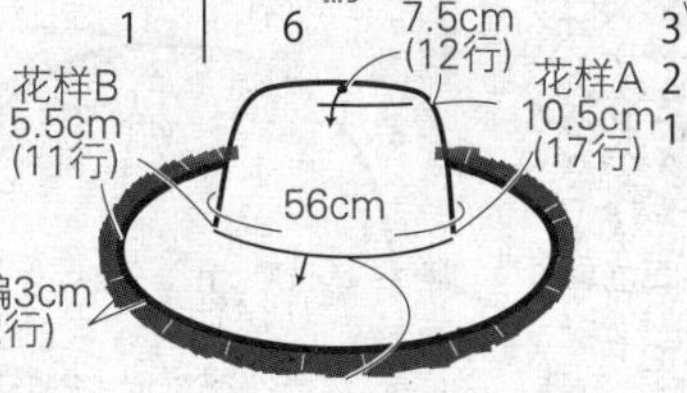
7.5cm
(12行)
花样B
5.5cm
(11行)
花样A
10.5cm
(17行)
56cm
细编3cm
(2行)

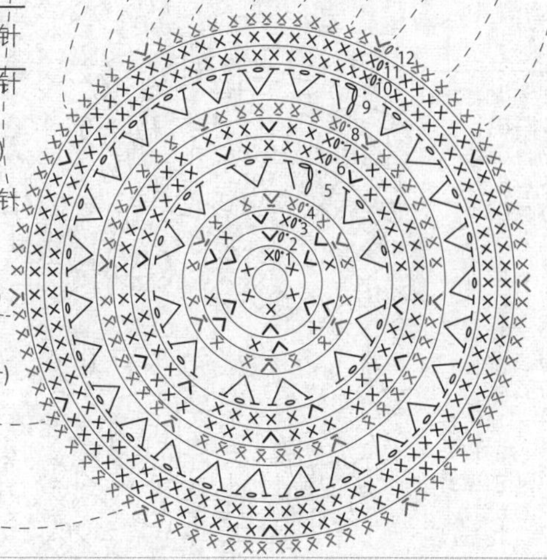
花样A

往返6次

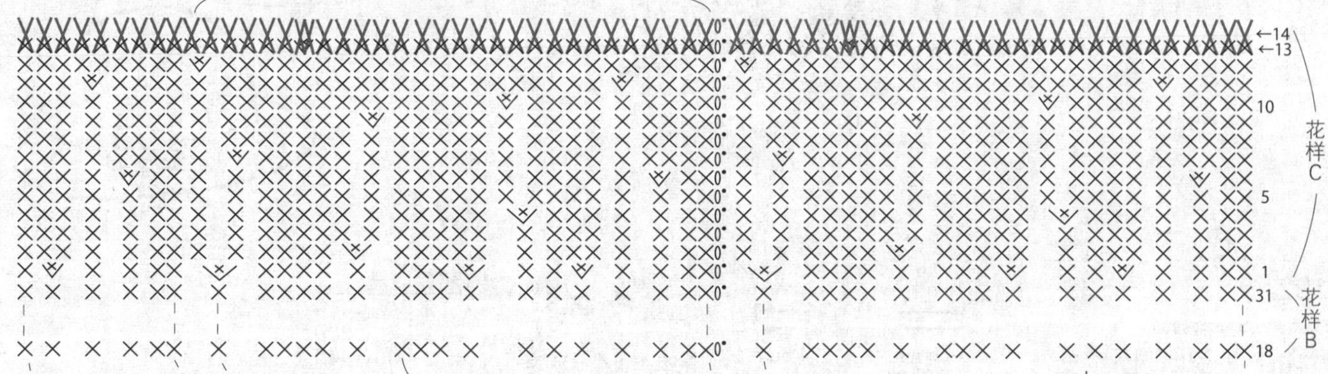
(102针)
花样C
花样B

91

具：4.0mm钩针

寸：参考图解

织密度：19针×21行

料：山茶花棉线女士160g，
山茶花棉线女童130g

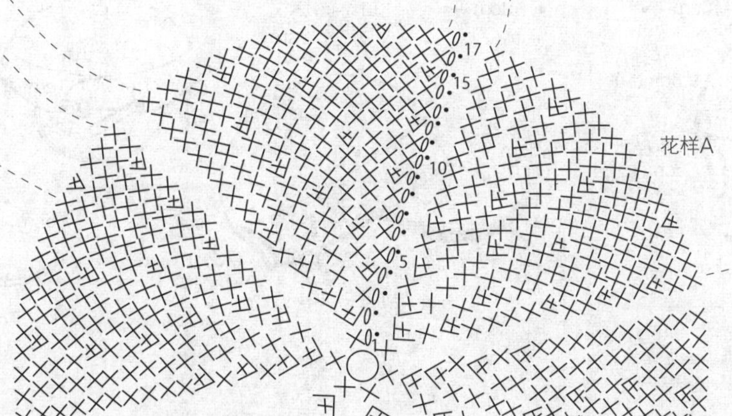
花样A

	行数	针数	
花样C	14	174	不加减针
	13	174	(+6针)
	12	168	(+6针)
	11	162	(+6针)
	10	156	(+6针)
	9	150	(+6针)
	8	144	不加减针
	7	144	(+6针)
	6	138	(+6针)
	5	132	不加减针
	4	132	(+6针)
	3	126	不加减针
	2	126	(+6针)
	1	120	(+18针)
花样B	31 ~ 18	102 ~ 102	不加减针

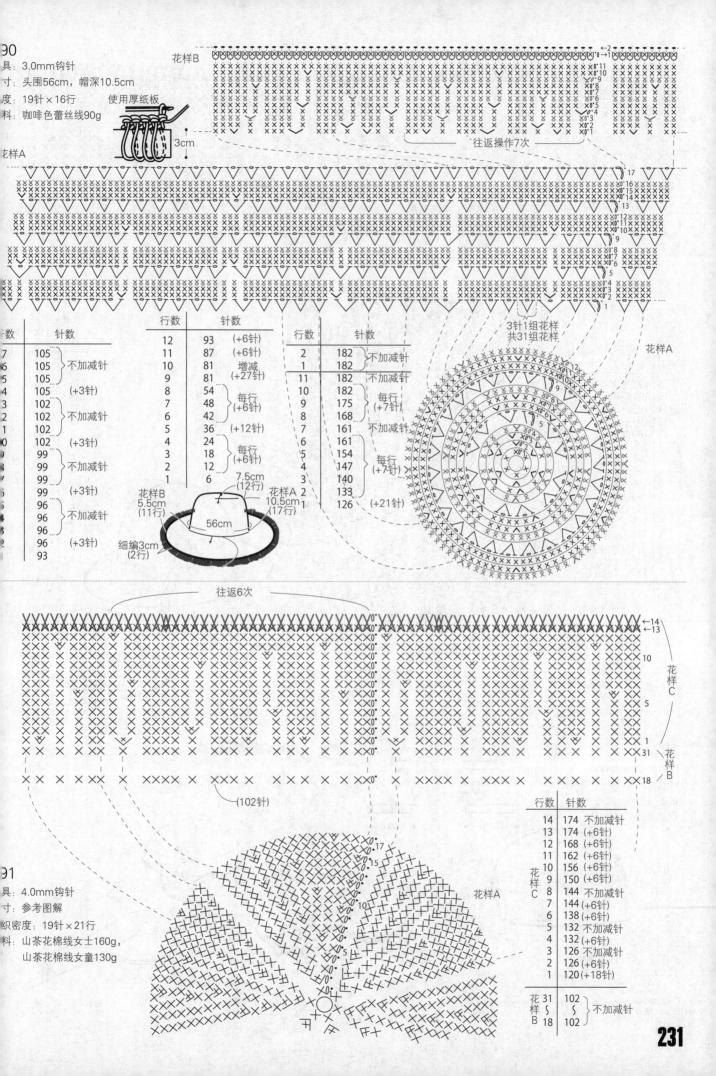

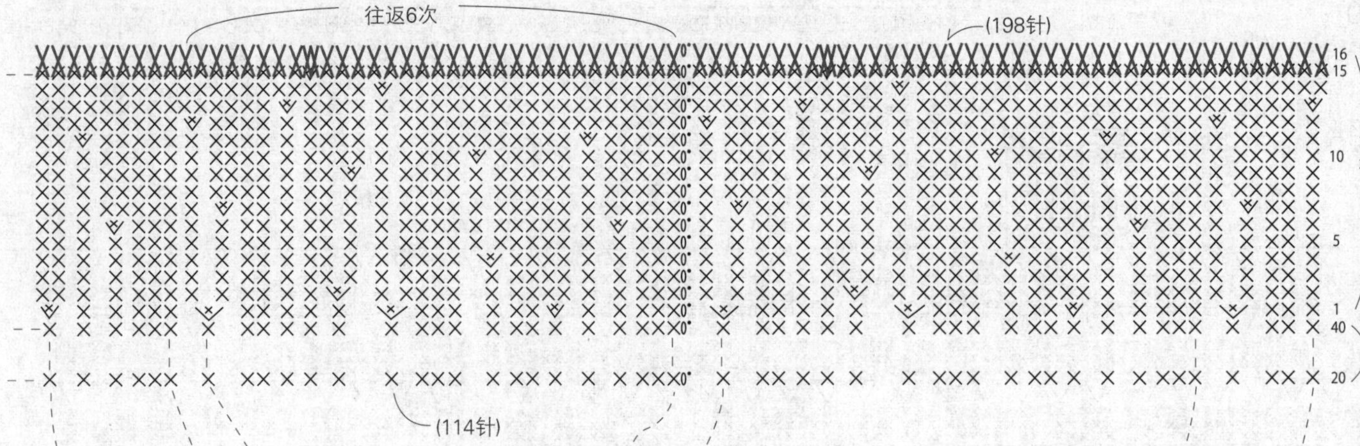

往返6次
(198针)
(114针)
花样C
16
15
10
5
1
40
20

行数	针数
花样C 16	198 不加减针
15	198 (+6针)
14	192 (+6针)
13	186 (+6针)
12	180 (+6针)
11	174 (+6针)
10	168 (+6针)
9	162 (+6针)
8	156 不加减针
7	156 (+6针)
6	150 (+6针)
5	144 不加减针
4	144 (+6针)
3	138 不加减针
2	138 (+6针)
1	132 (+18针)
花样B 40 ∫ 20	114 ∫ 114 不加减针

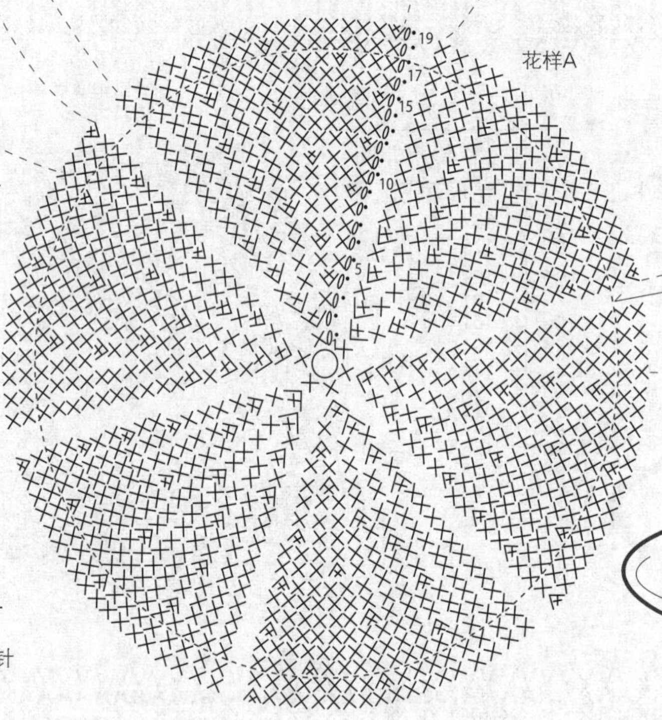

花样A
19
17
15
10
5
17行

花样A

行数	针数	
19	114	
18	108	
17	102	每行(+6针
16	96	
15	90	
14	84	
13	78	
12	72	
11	66	
10	60	
9	54	
8	48	
7	42	
6	36	
5	30	
4	24	
3	18	
2	12	
1	6	

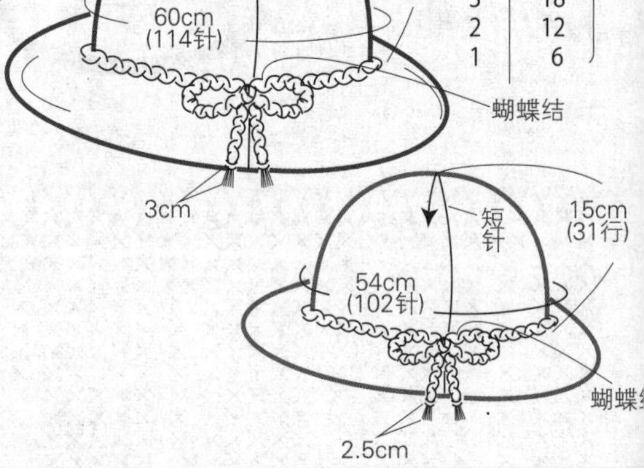

短针
19cm (40行)
60cm (114针)
蝴蝶结
3cm
短针
15cm (31行)
54cm (102针)
蝴蝶结
2.5cm

192

工具：3.5mm钩针

尺寸：头围52cm、帽深17cm

密度：20针×20行

材料：山茶花棉线60g

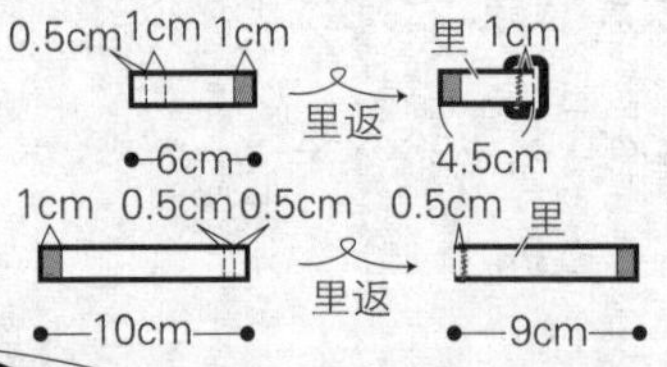

0.5cm
1cm
1cm
里返
里
1cm
6cm
4.5cm
1cm
0.5cm
0.5cm
0.5cm
里
里返
10cm
9cm

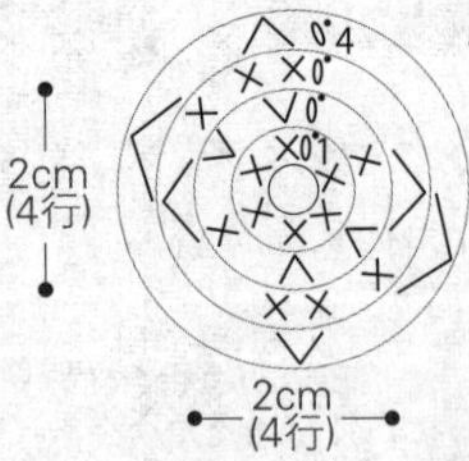

2cm (4行)
2cm (4行)

行数	针数
4	4 (-4针)
3	8 (-2针)
2	10 (+4针)
1	6

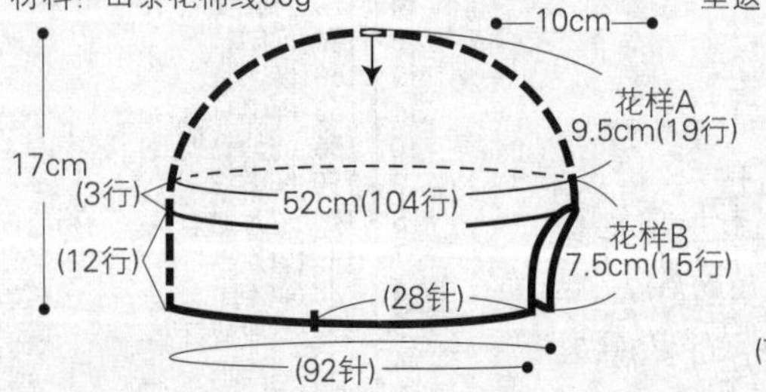

花样A
9.5cm(19行)
17cm
(3行)
52cm(104行)
花样B
7.5cm(15行)
(12行)
(28针)
(92针)

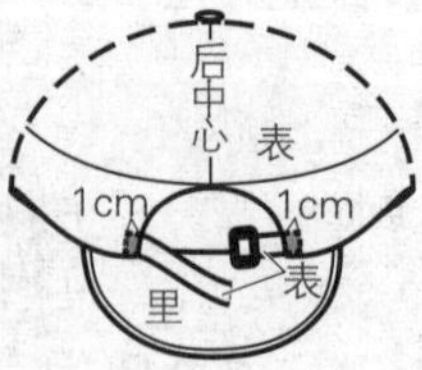

后中心
表
1cm
1cm
表
里

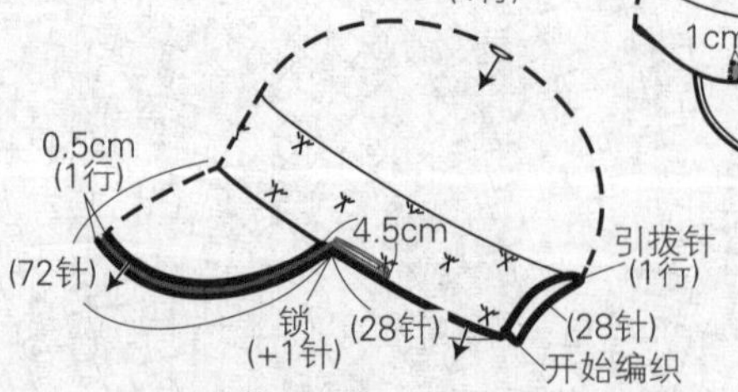

0.5cm
(1行)
(72针)
4.5cm
引拔针
(1行)
锁
(+1针)
(28针)
(28针)
开始编织

※ 总体(158针)

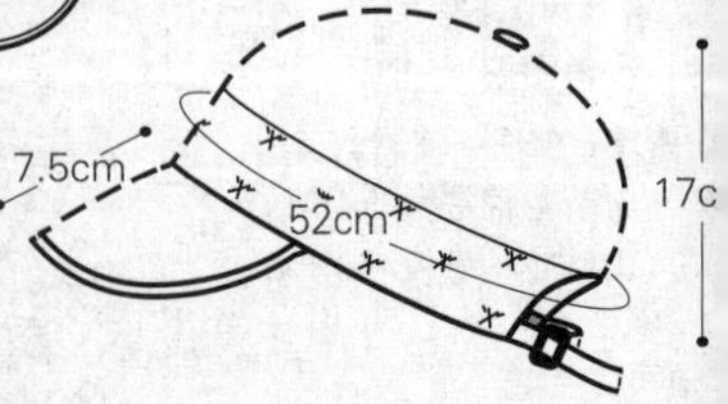

7.5cm
52cm
17c

对折，两端弯曲45cm

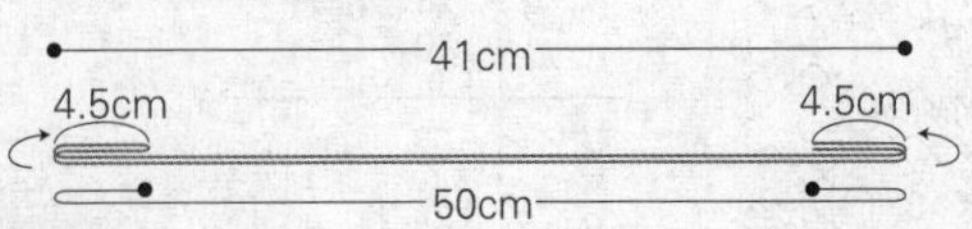

41cm
4.5cm
4.5cm
50cm

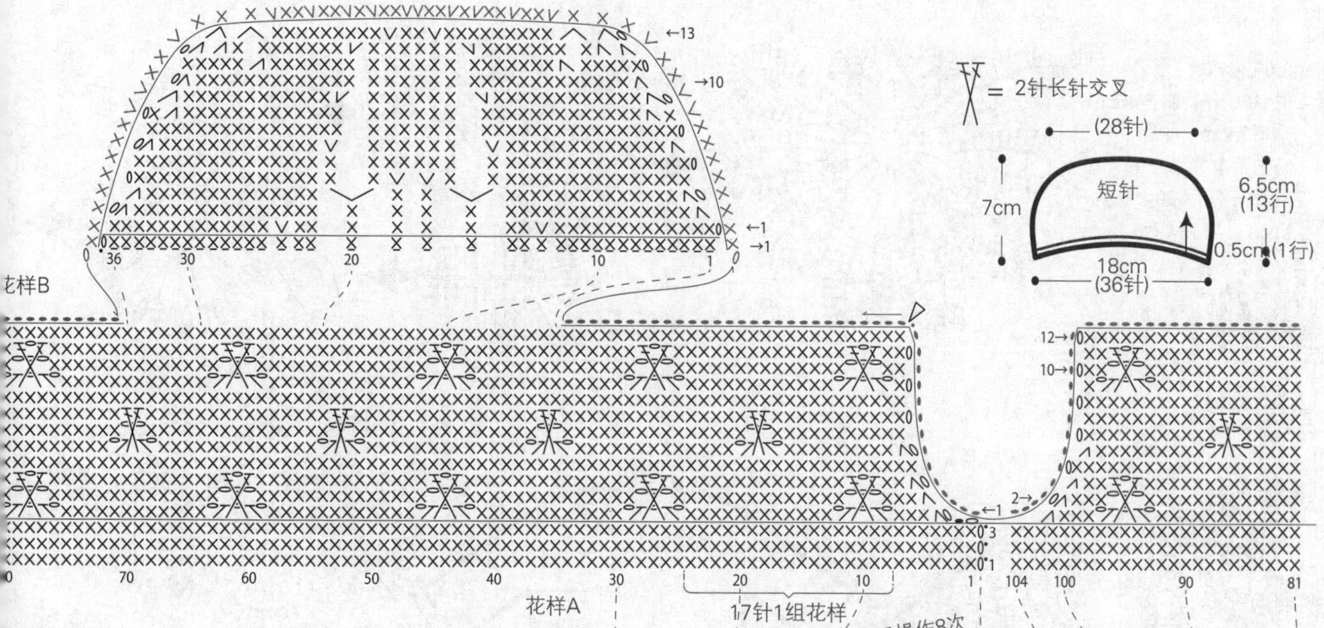
←13
→10
←1
→1
36
30
20
10
1
花样B
12→
10→
2→
←1
70
60
50
40
30
20
10
1
104
100
90
81
17针1组花样
= 2针长针交叉
(28针)
短针
7cm
6.5cm
(13行)
0.5cm(1行)
18cm
(36针)

93

具：2.5mm钩针

寸：披肩长200cm，宽60cm

料：冰山雪绒花绒线2500g

花样A

行数	针数	
19	104	(+8针)
18	96	(+8针)
17	88	每行加(+8针)
16	88	
15	80	
14	80	
13	72	
12	72	
11	64	
10	64	
9	56	(+8针)
8	48	(+8针)
7	40	不加减针
6	40	每行加(+8针)
5	32	
4	24	
3	16	
2	16	(+8针)
1	8	

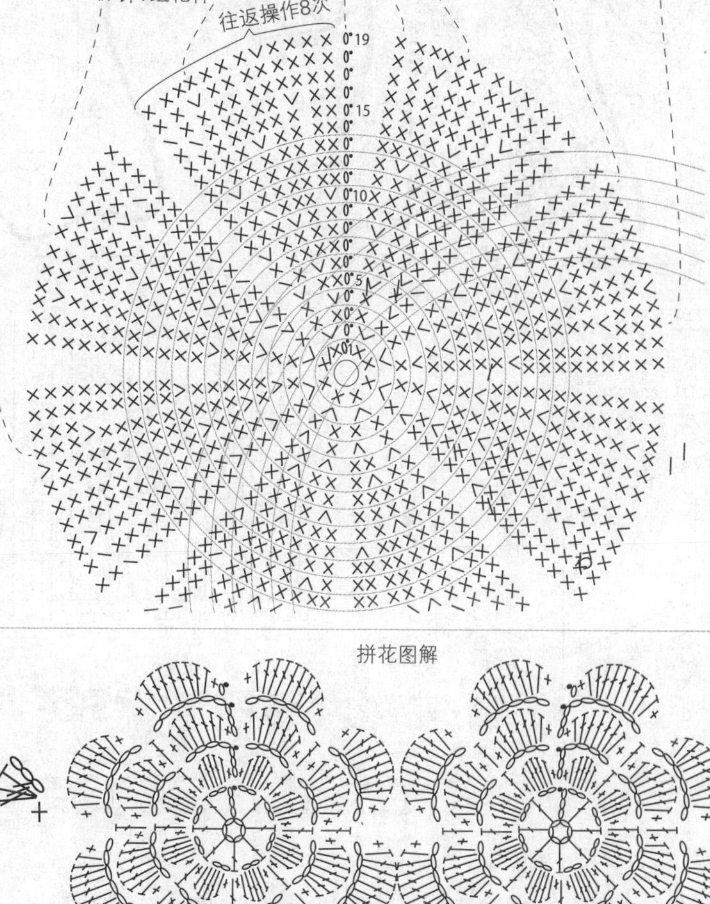
往返操作8次
19
15
10
5

单元花图解

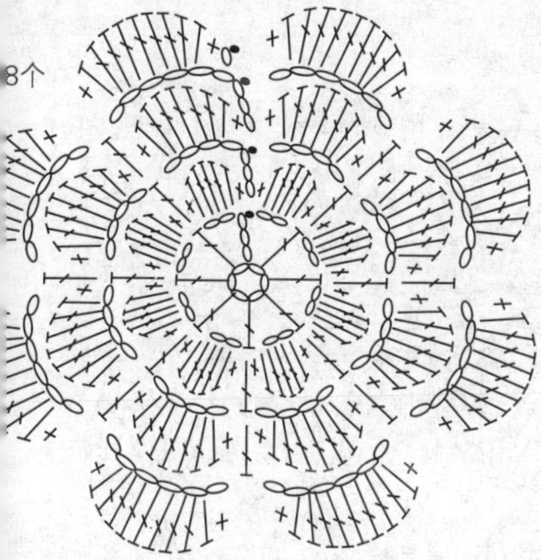
8个

拼花图解

花边图解

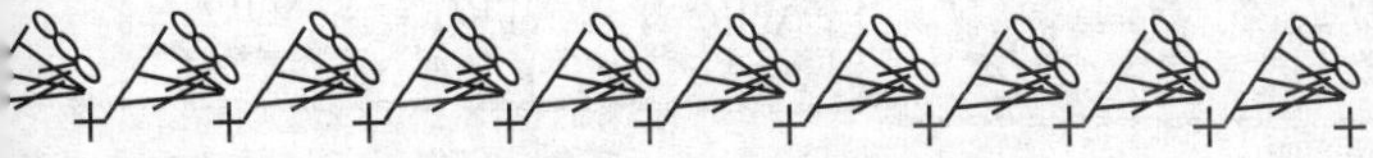

补花图解

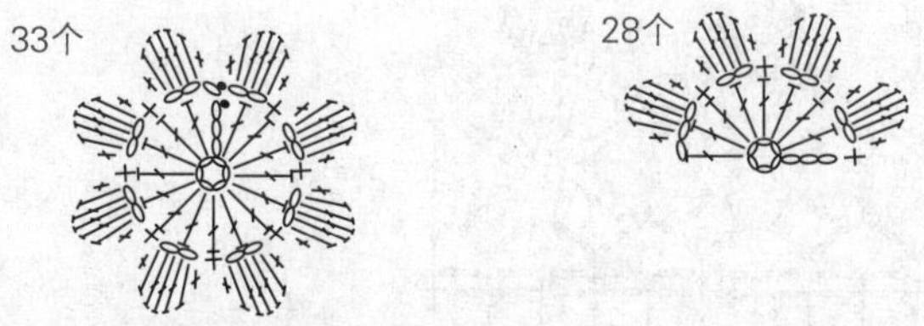
33个
28个

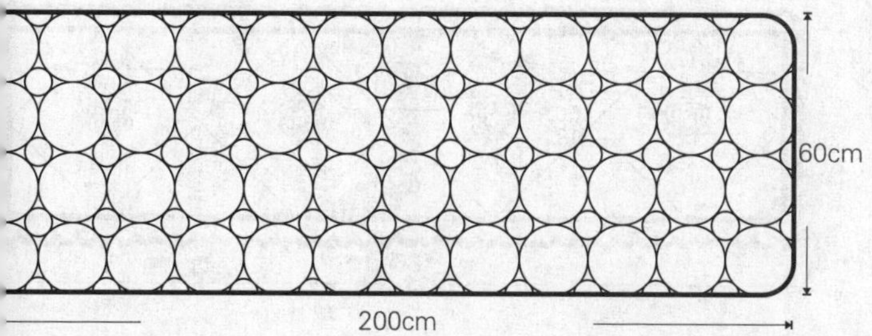
60cm
200cm

194

工具：3.0mm钩针

尺寸：衣长86cm，胸宽46cm，肩宽35cm

材料：马海毛羊绒线250g，丝亮马海毛600g

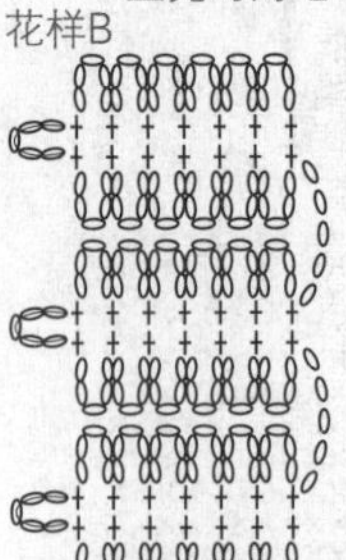

花样B

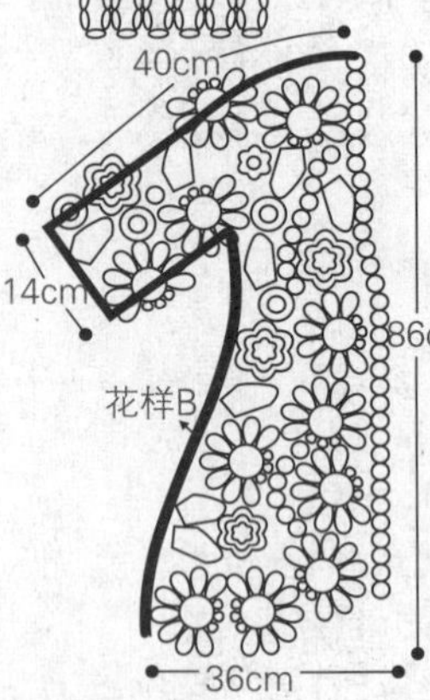

40cm
40cm
14cm
14cm
86cm
花样B
花样B
36cm
36cm

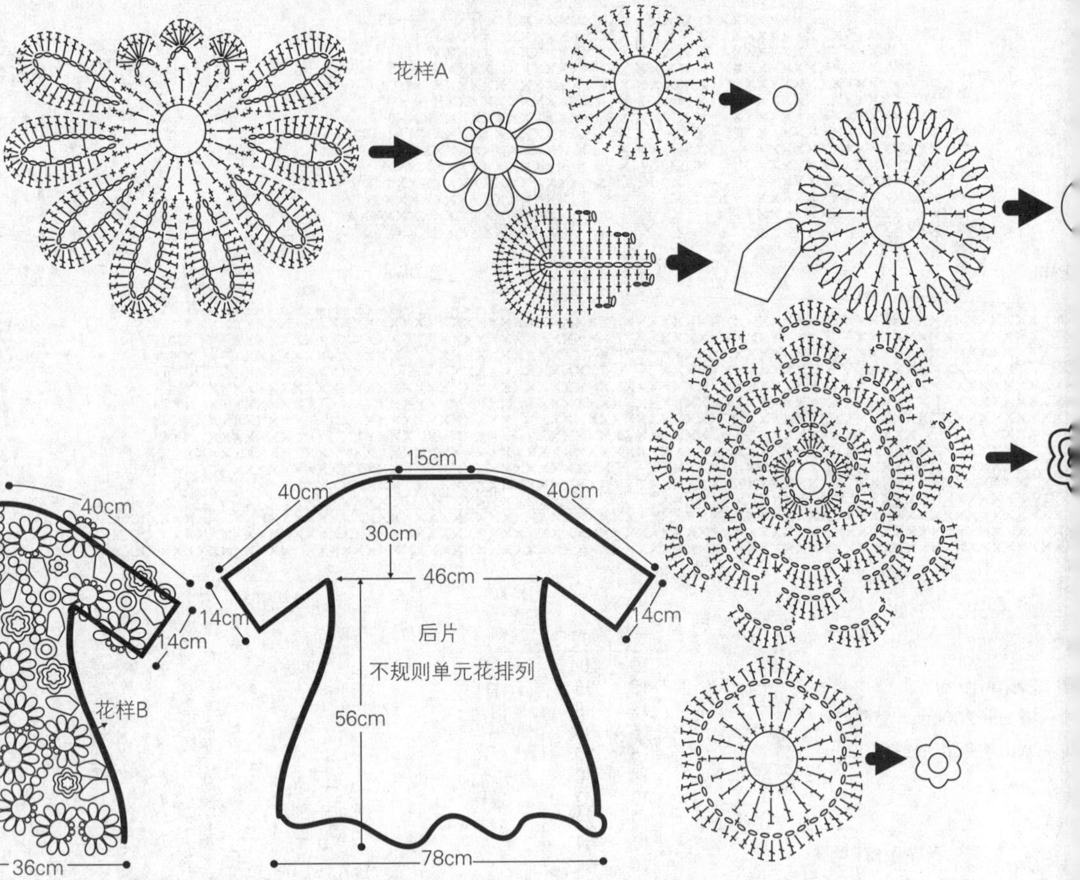

花样A
15cm
40cm
40cm
30cm
46cm
14cm
14cm
后片
不规则单元花排列
56cm
78cm

195

工具：3.0mm钩针

尺寸：披肩长240cm，宽70cm

材料：彩绘貂绒线500g

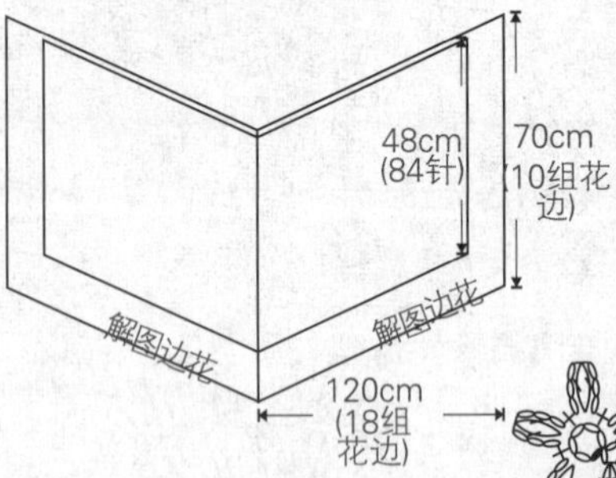

48cm
(84针)
70cm
(10组花边)
解图边花
解图边花
120cm
(18组花边)

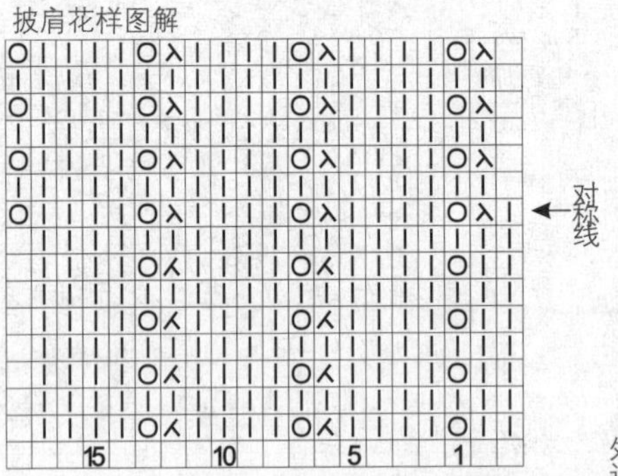

披肩花样图解
对称线
15
10
5
1

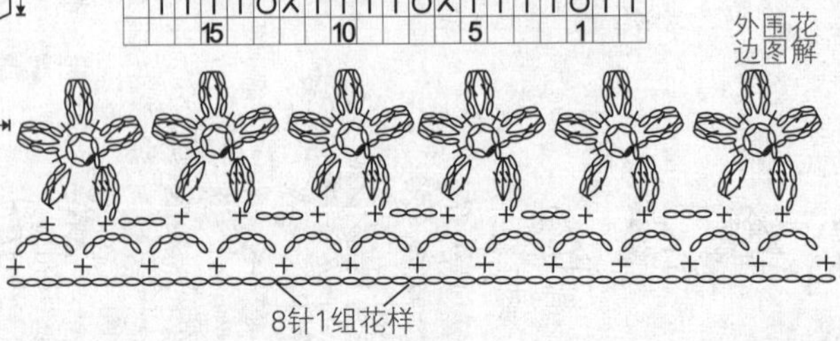

外围花边图解
8针1组花样

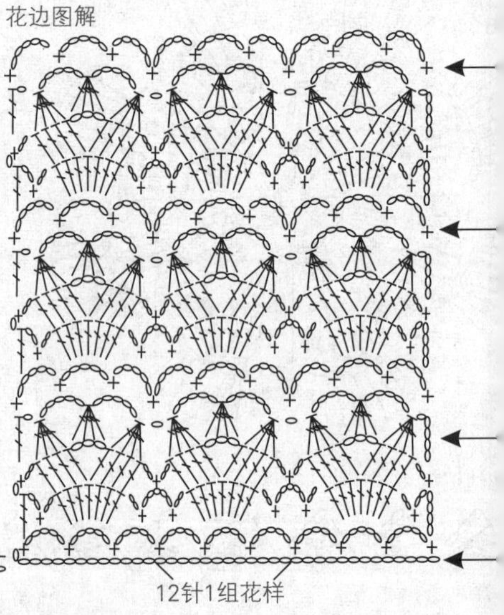

花边图解
12针1组花样

196

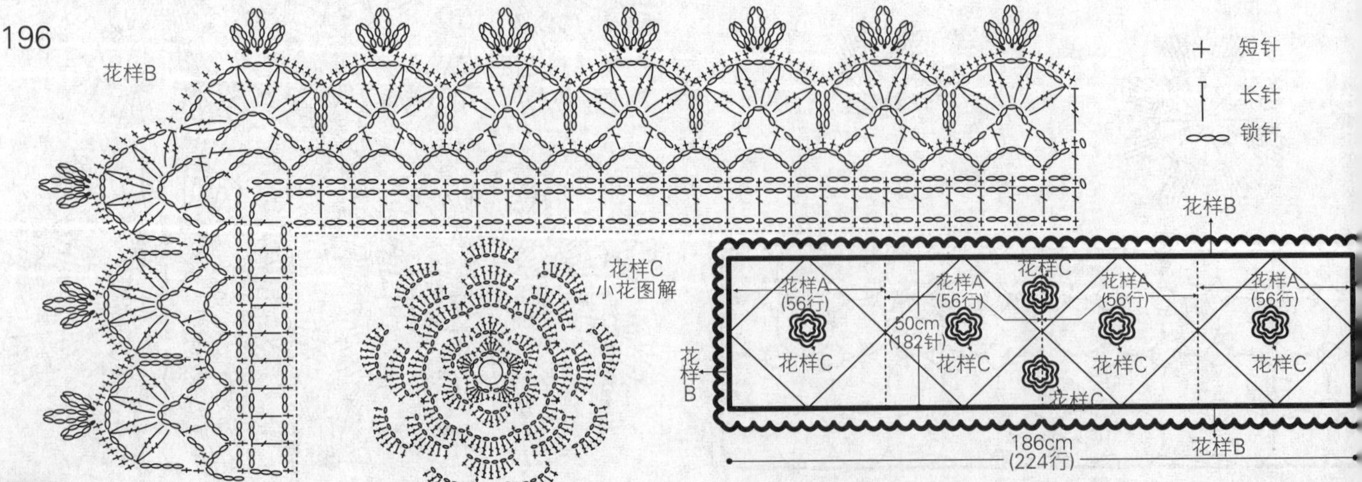

花样B
短针
长针
锁针
花样C
小花图解
花样B
花样A
(56行)
花样C
花样A
(56行)
花样C
花样A
(56行)
花样A
(56行)
50cm
(182针)
花样C
花样C
花样C
花样C
花样C
花样B
186cm
(224行)
花样B

具：3.0mm钩针

寸：披肩长186cm，宽50cm

料：棕色棉线400g

花样A

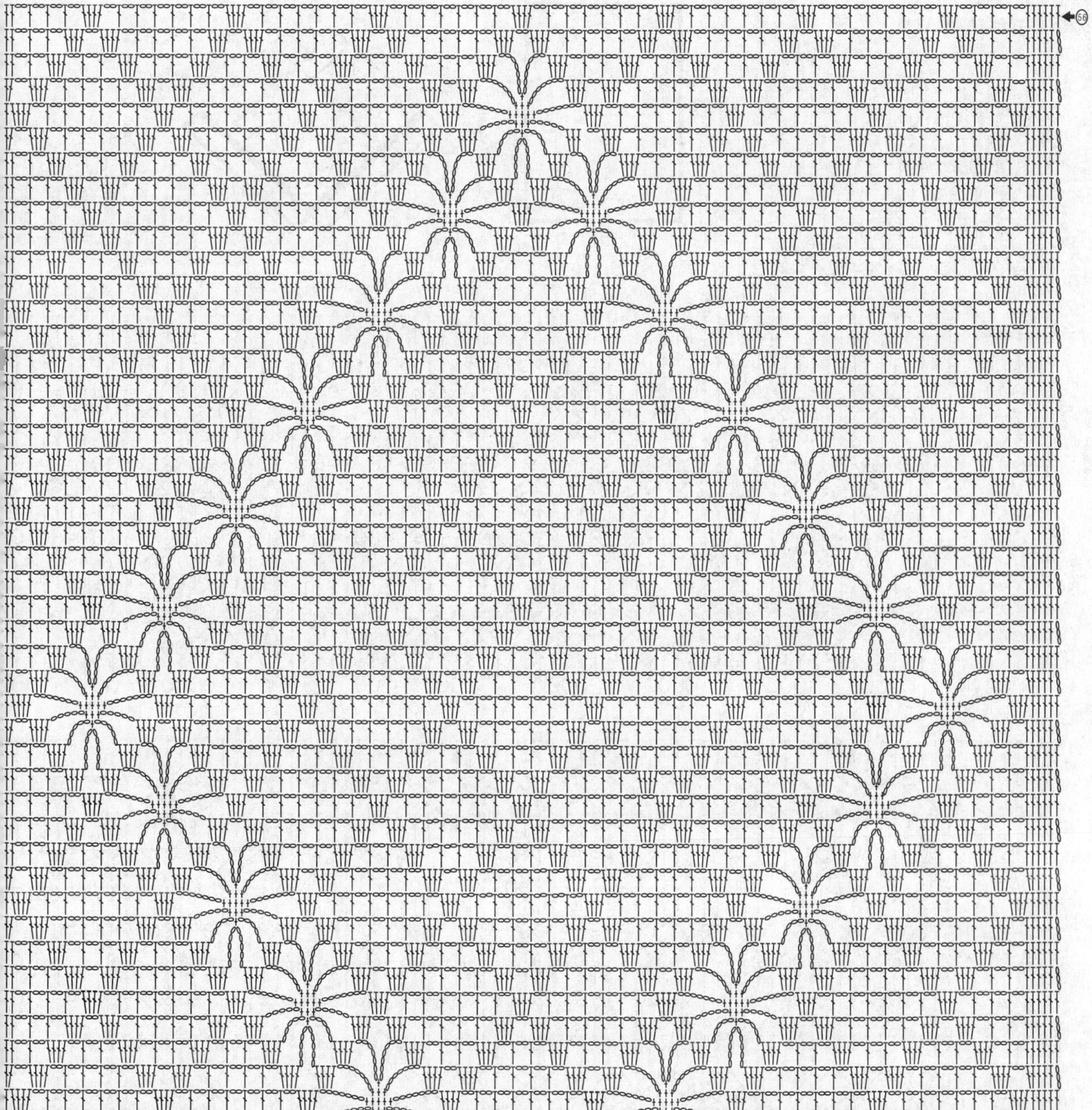

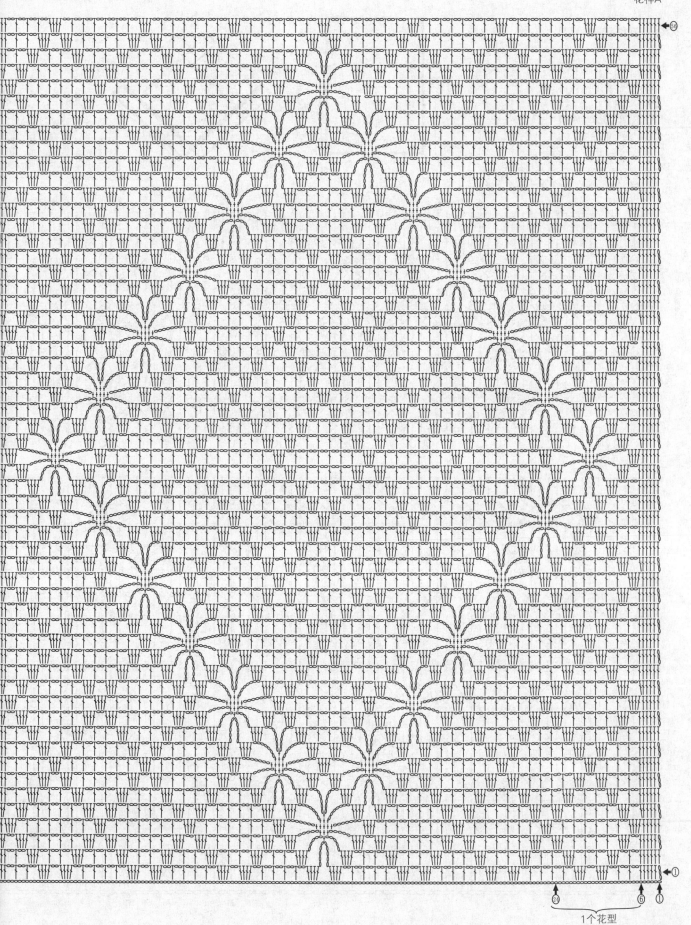

197

工具：5.0mm钩针

尺寸：参考图解

密度：17针×8行

材料：军绿色羊绒线1130g

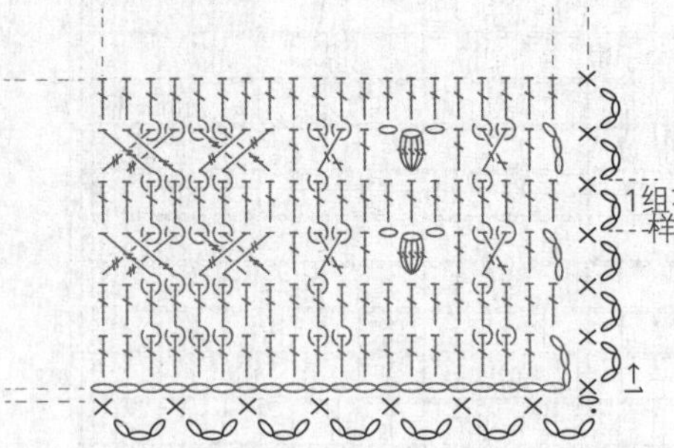

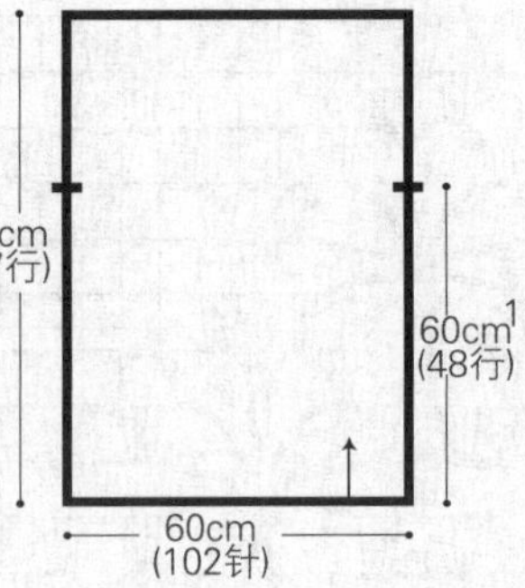

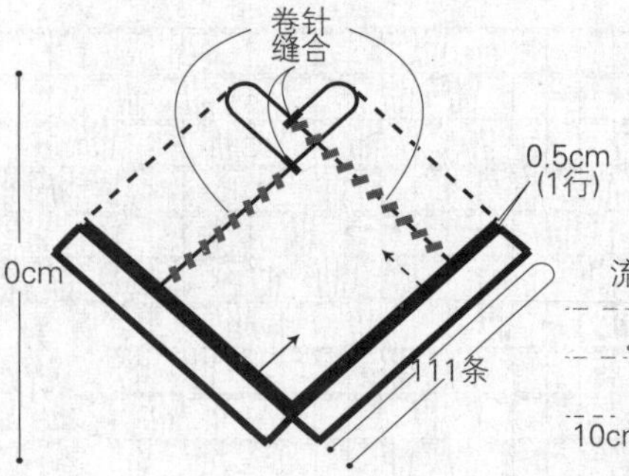

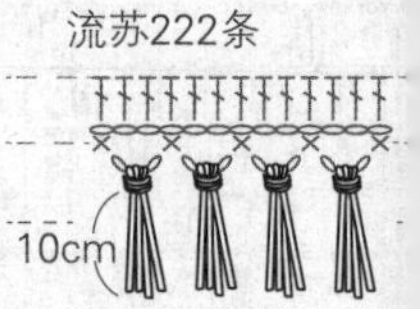

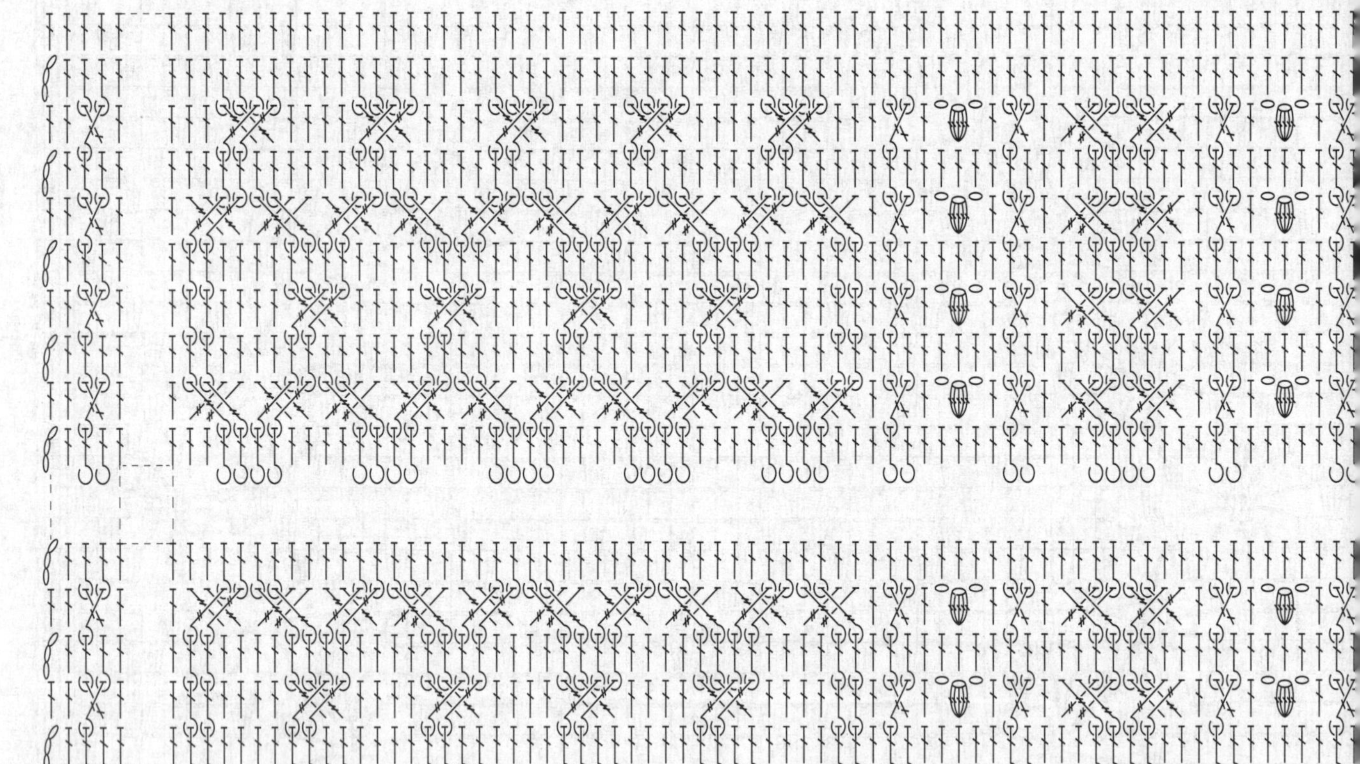

= 外钩长针 = 外钩长长针 = 5针长长针组成的玉

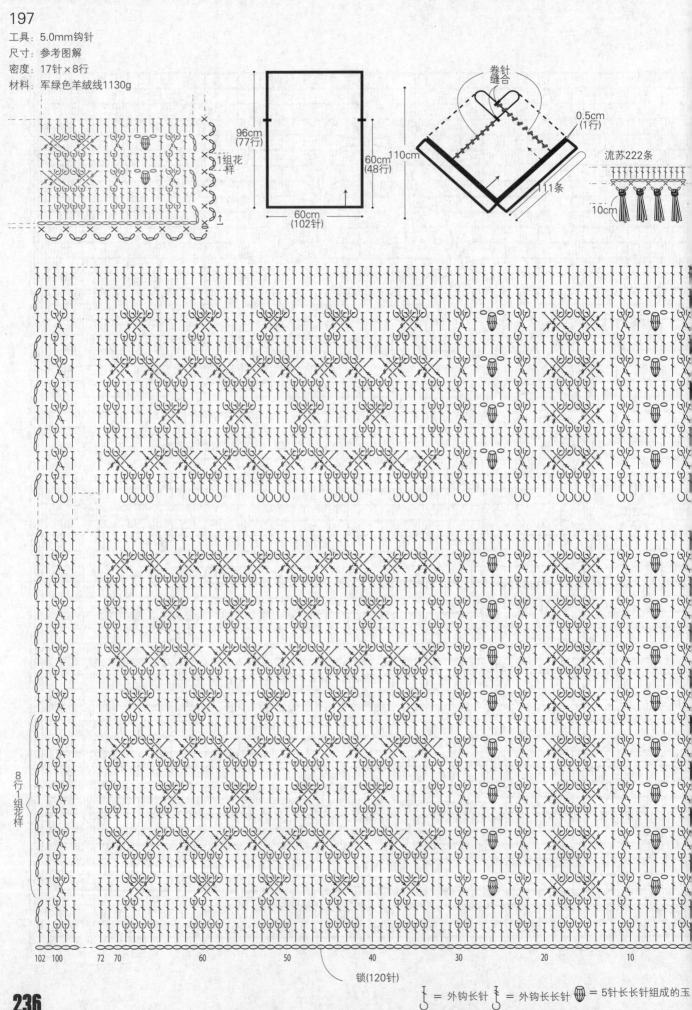

198

工具：1.7mm钩针

尺寸：下摆全长180cm，起织边80cm，宽度42cm

材料：黑色丝光棉线250g

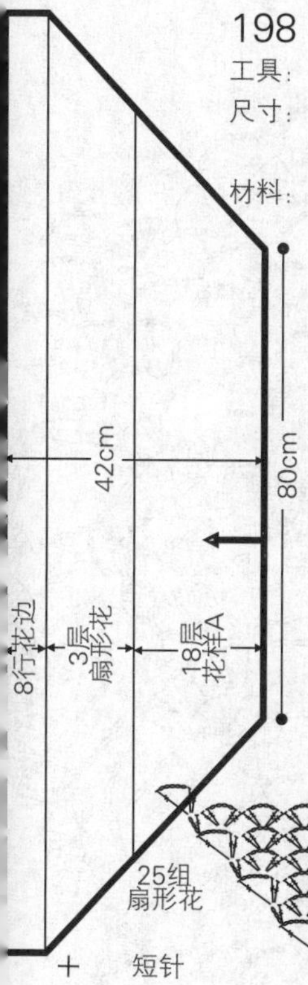

42cm
80cm
8行花边
3层扇形花
18层花样A
25组扇形花

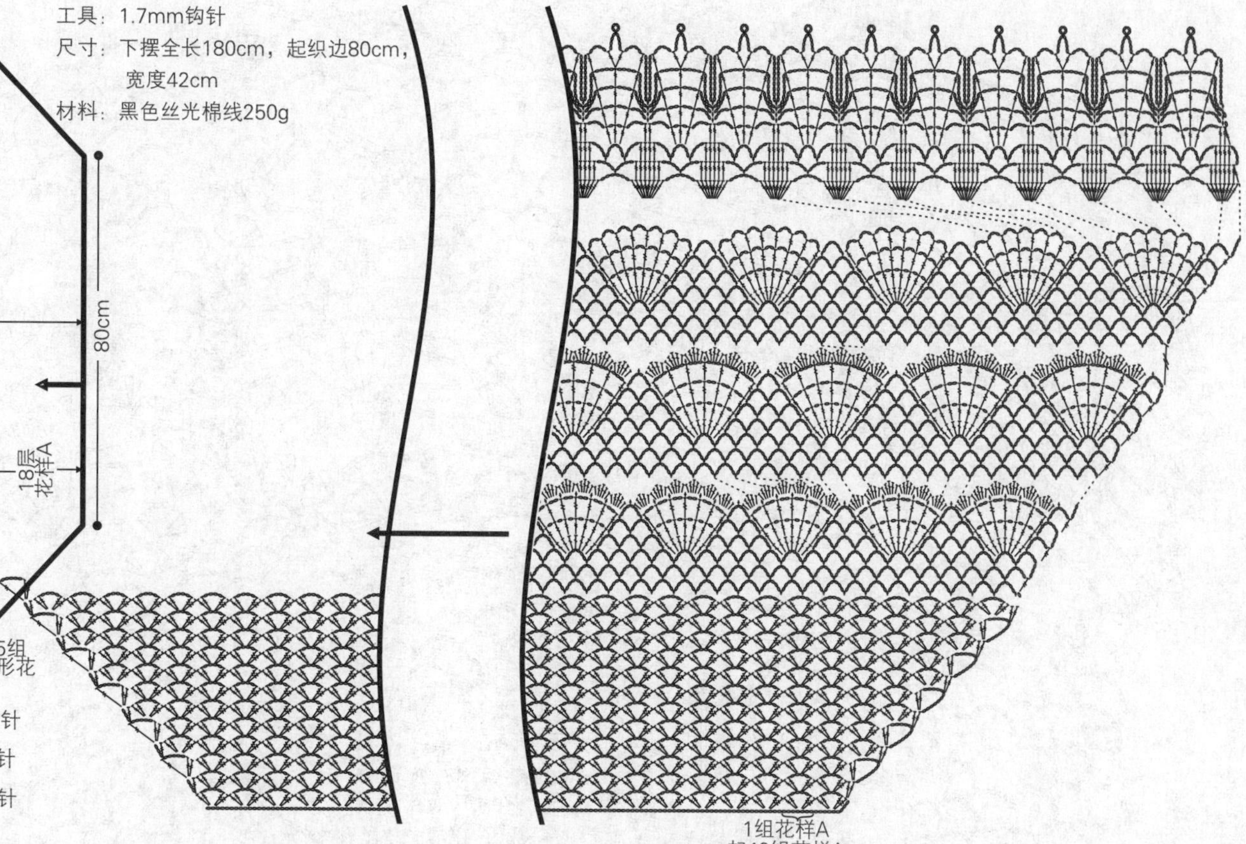

1组花样A
起40组花样A

+ 短针

长针

锁针

9

：3.5mm钩针

：披肩长240cm，宽70cm

：彩色段染线550g

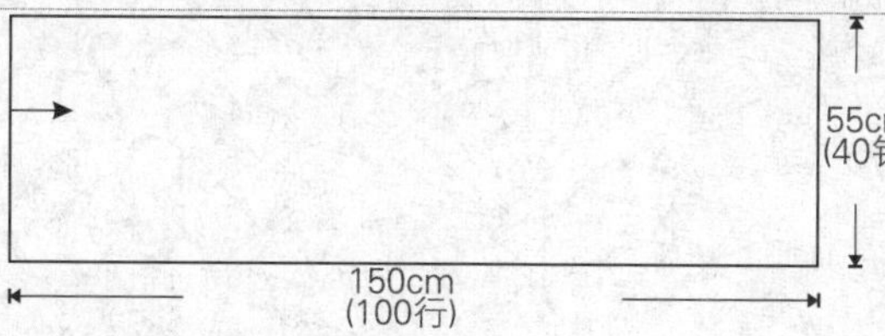

55cm
(40针)
150cm
(100行)

肩图解

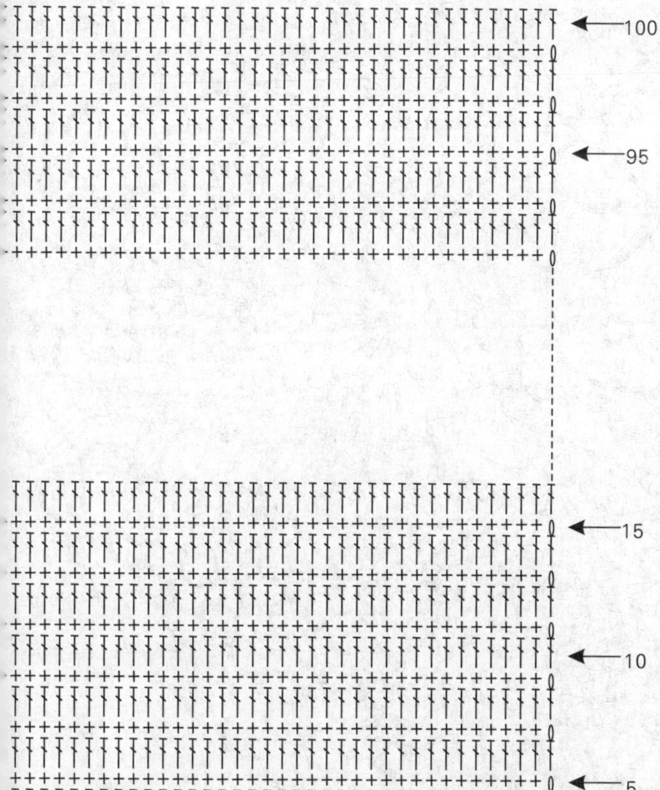

100
95
15
10
5
1

200

工具：3.0mm钩针

尺寸：衣长90cm，胸围90cm

材料：双股白色竹棉线500g

袖子图解

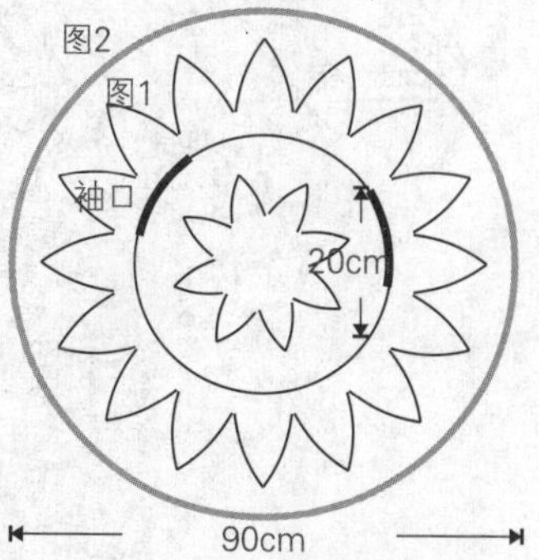

图2
图1
袖口
20cm
90cm

图2

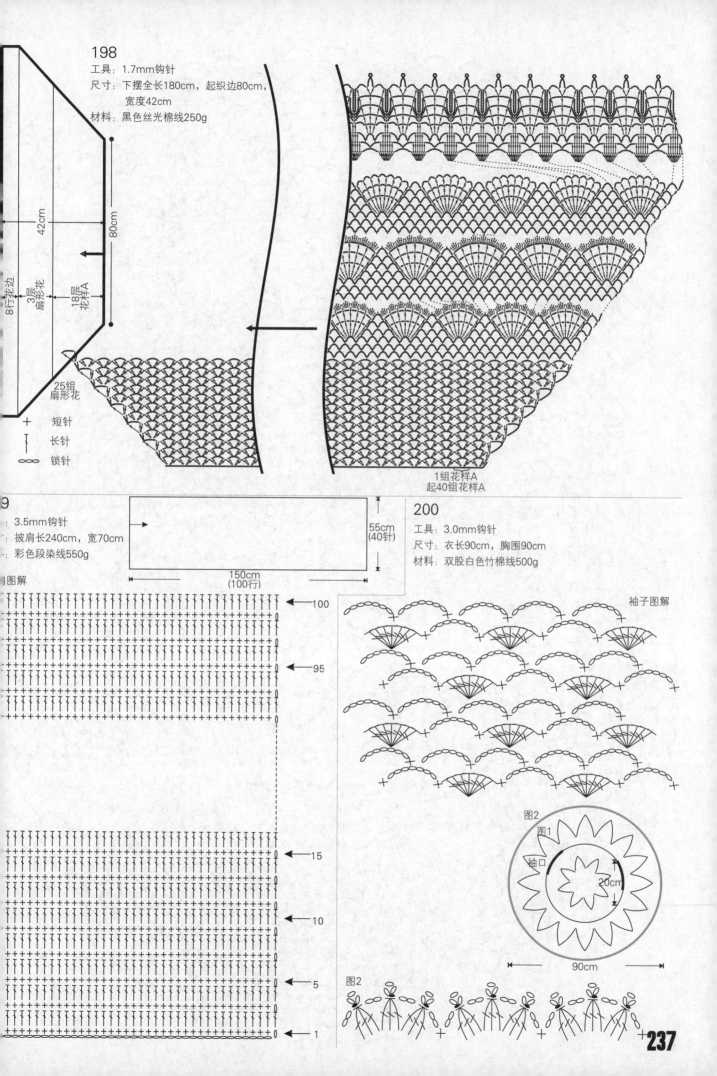

图1

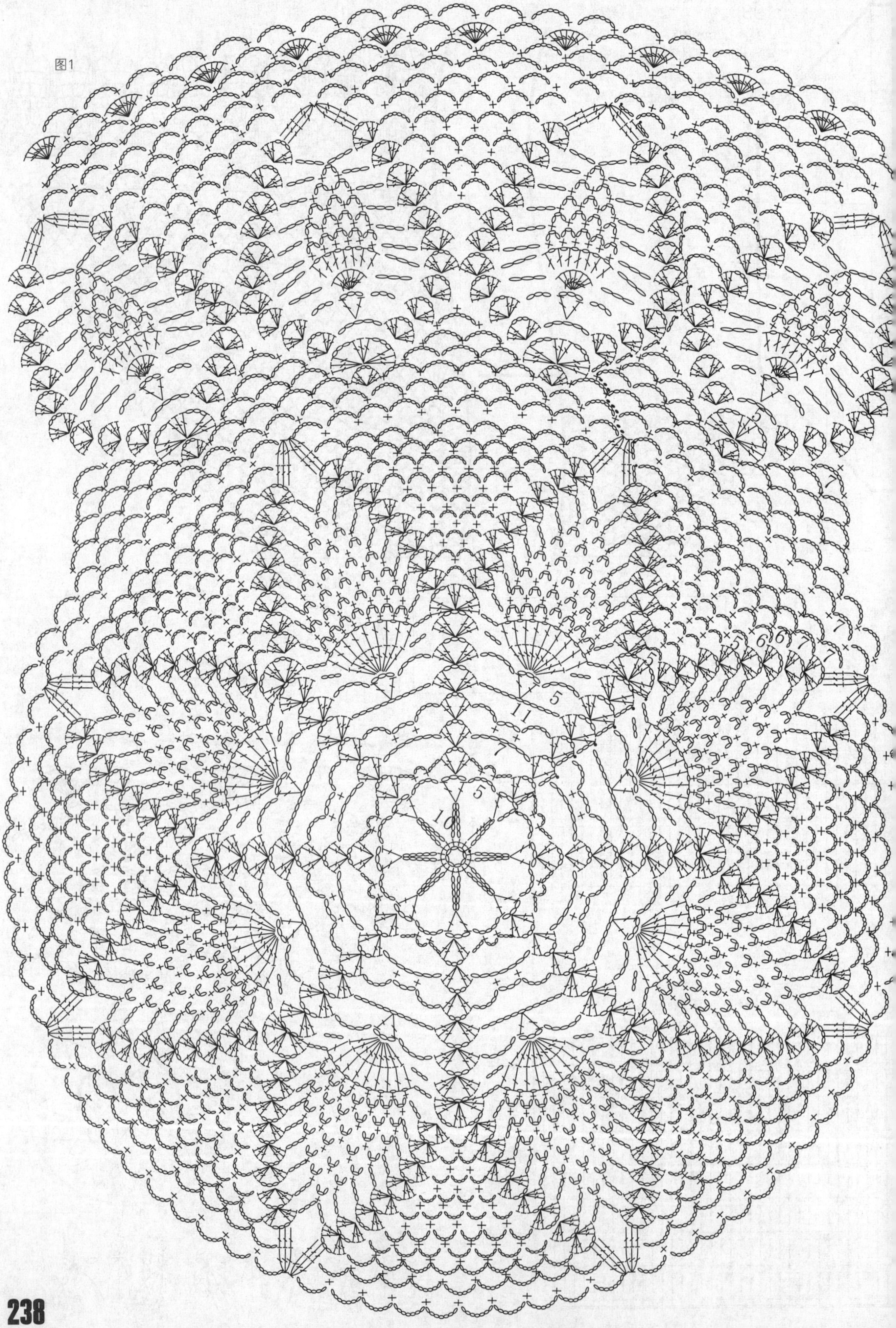

1

：3.5mm钩针

：披肩高67cm，宽131cm

：22.5针×11行

：黑色羊绒线100g，
白色羊绒线70g

中心：5针锁针
第1行：8针短针
第2行：2针锁针1针短针1组，共8组
第3行：3针锁针1针短1组，共8组

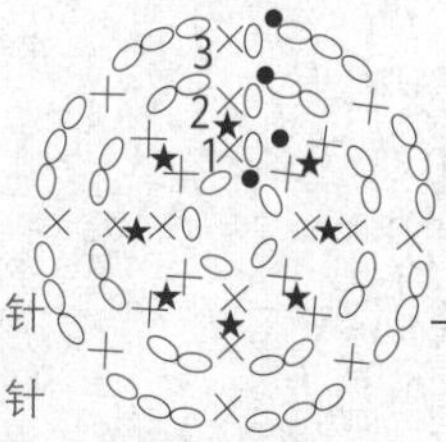

3
2
1

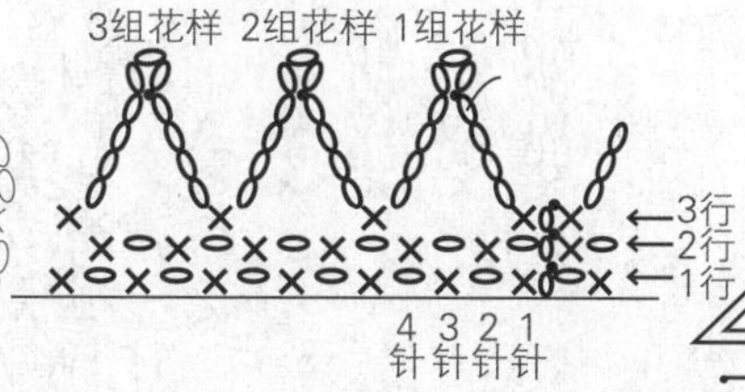

3组花样 2组花样 1组花样
3行
2行
1行
4 3 2 1
针针针针

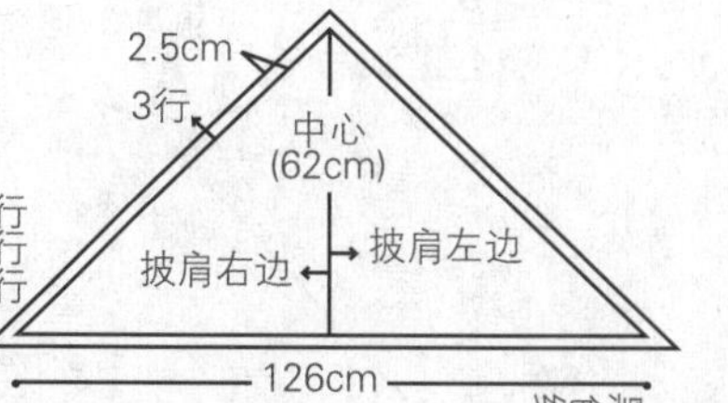

2.5cm
3行
中心
(62cm)
披肩右边
披肩左边
126cm

白色线
左边部分
黑色线
白色线
披肩右边部分
黑色线
白色线
披肩左边部分
黑色
A
★B
8针1组花样
(140针17.5组花样)
1行

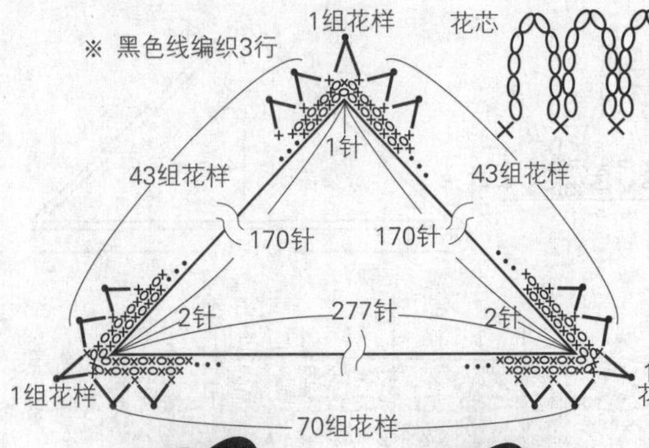
※ 黑色线编织3行
1组花样
43组花样
43组花样
1针
170针
170针
2针
277针
2针
1组花样
1组花样
70组花样

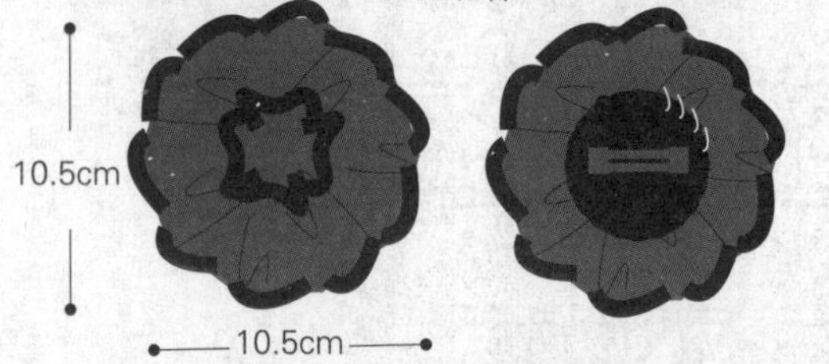
10.5cm
10.5cm

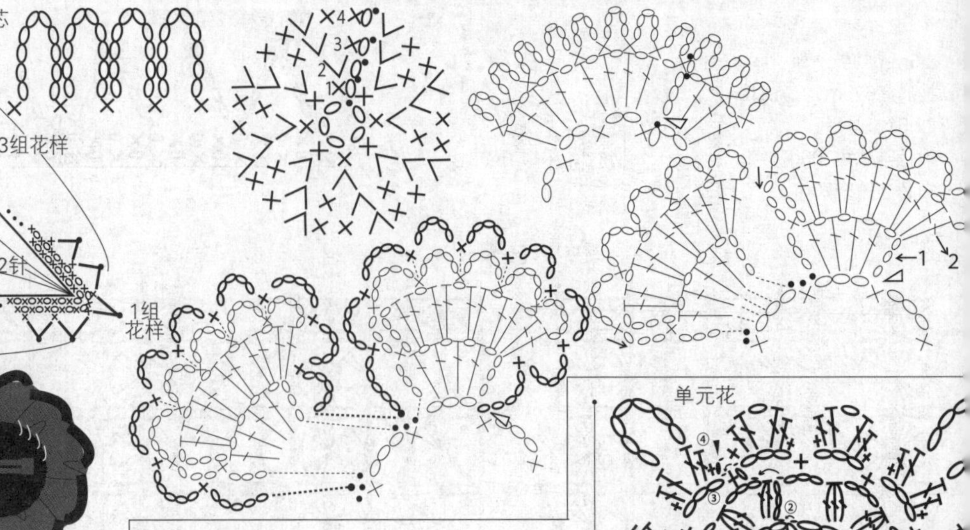
花芯
1组
花样

202

工具：4.0mm钩针

尺寸：参考尺寸图

材料：咖啡羊绒线355g

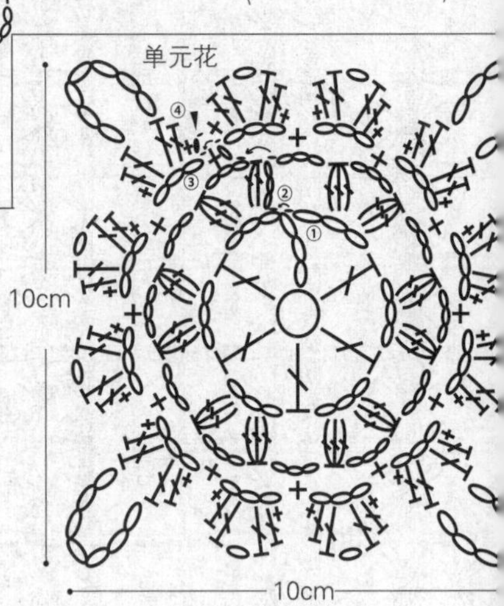
单元花
10cm
10cm

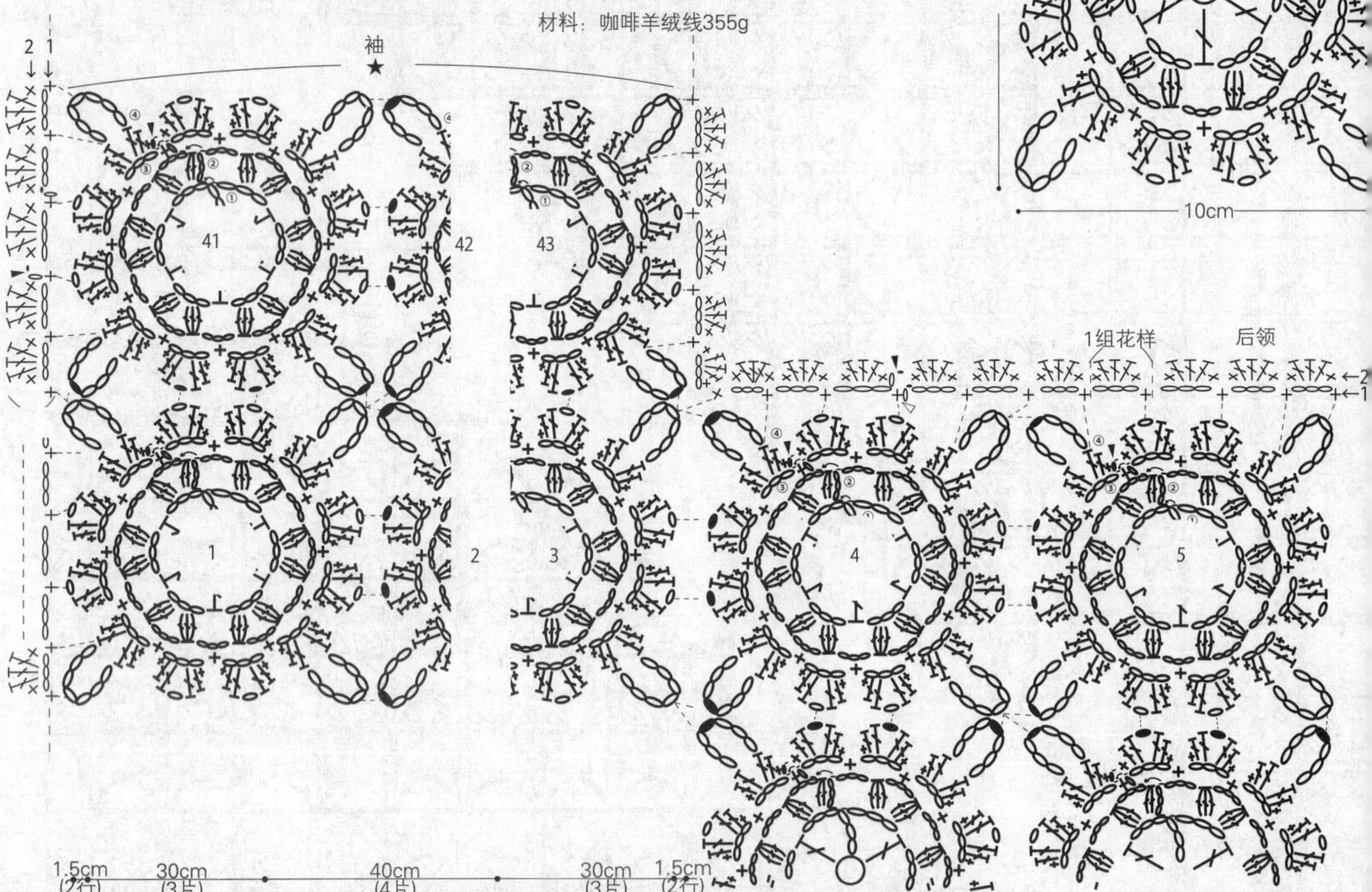
袖
★
41
42
43
1
2
3
4
5
1组花样
后领

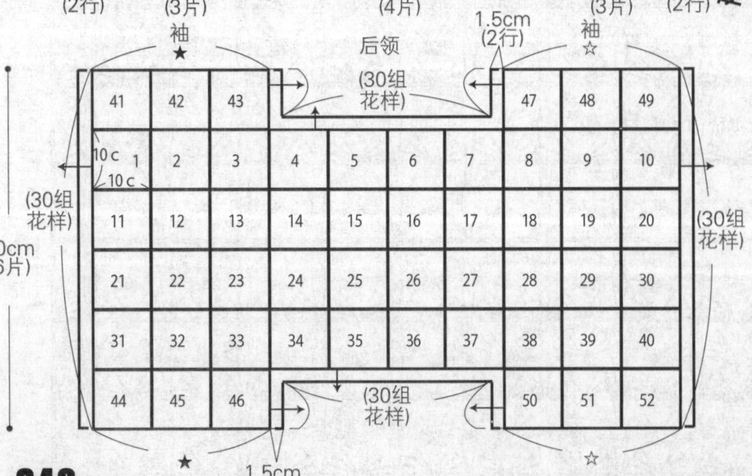
1.5cm
(2行)
30cm
(3片)
40cm
(4片)
30cm
(3片)
1.5cm
(2行)
袖
★
后领
(30组
花样)
1.5cm
(2行)
袖
☆
41 42 43 47 48 49
1 2 3 4 5 6 7 8 9 10
11 12 13 14 15 16 17 18 19 20
21 22 23 24 25 26 27 28 29 30
31 32 33 34 35 36 37 38 39 40
44 45 46 50 51 52
10 c
10 c
(30组
花样)
60cm
(6片)
(30组
花样)
(30组
花样)
★
☆
1.5cm
(2行)

203

工具：3.5mm钩针

尺寸：披肩高46cm，宽163cm

密度：21针×5.5行

材料：蓝色羊绒线130g

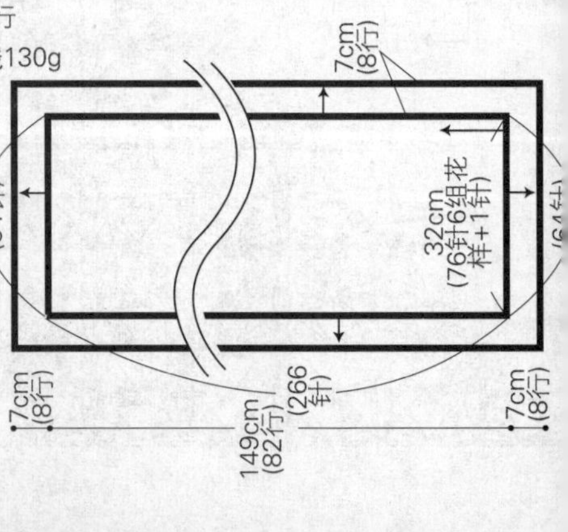
7cm
(8行)
(64针)
32cm
(76针6组花
样+1针)
7cm
(8行)
149cm
(82行)
(266
针)
7cm
(8行)

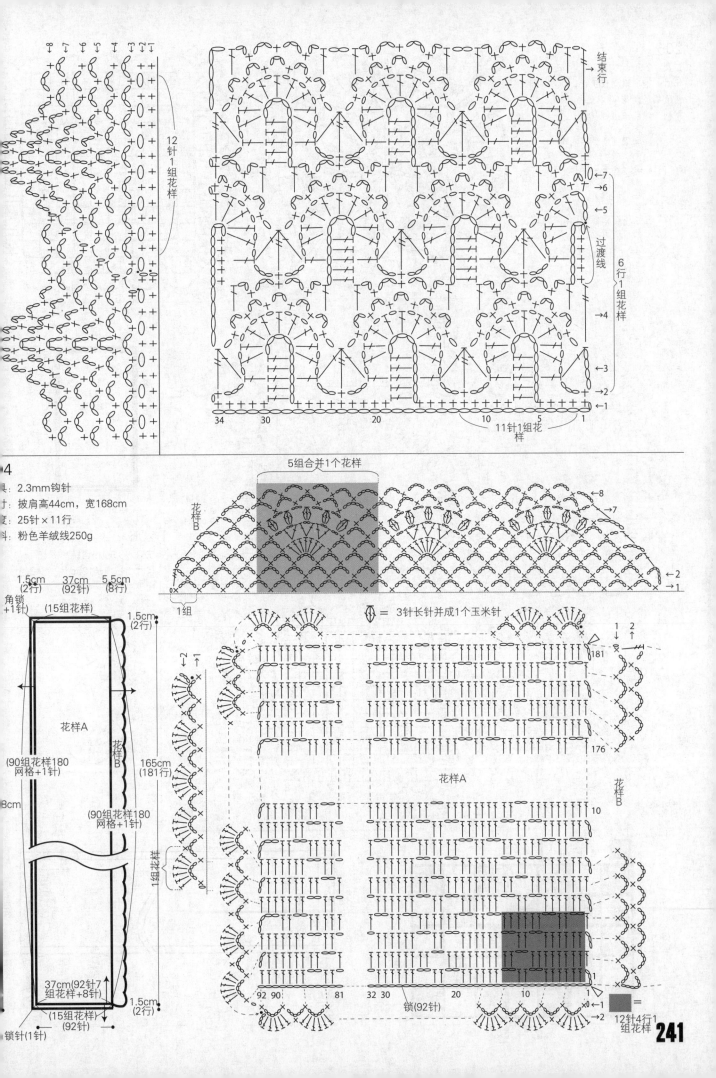

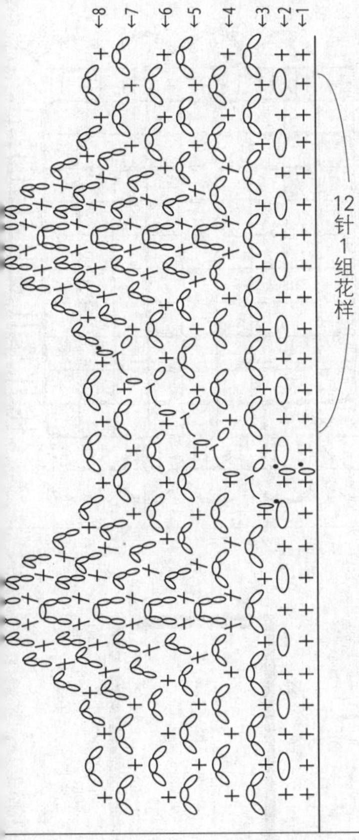

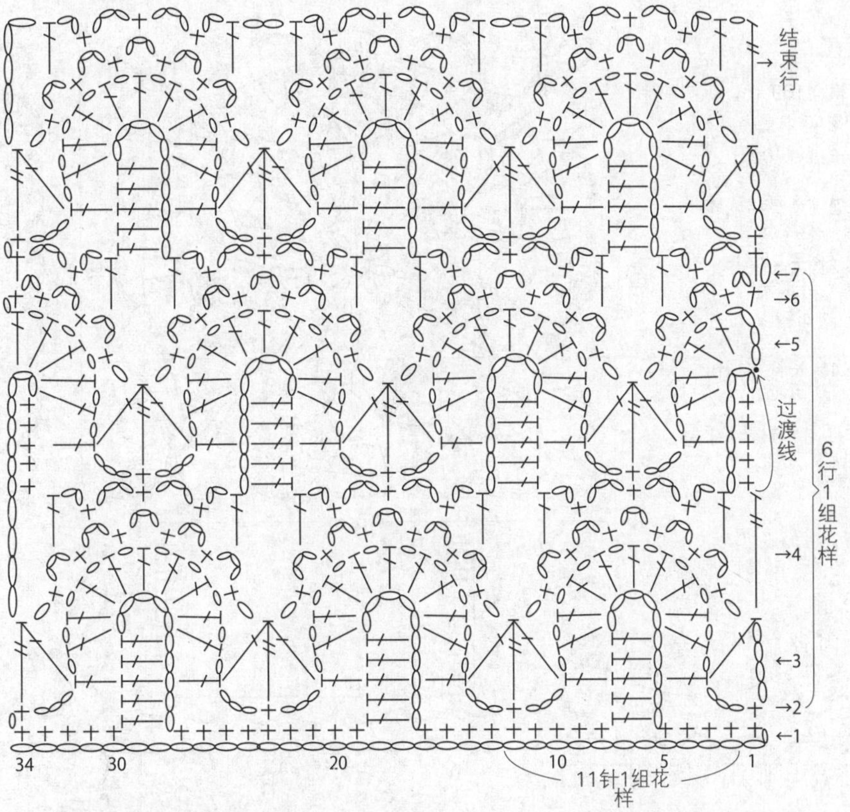

4

具：2.3mm钩针

寸：披肩高44cm，宽168cm

度：25针×11行

料：粉色羊绒线250g

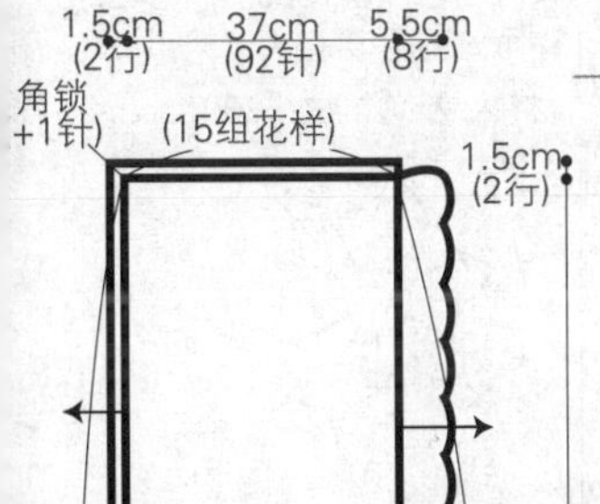

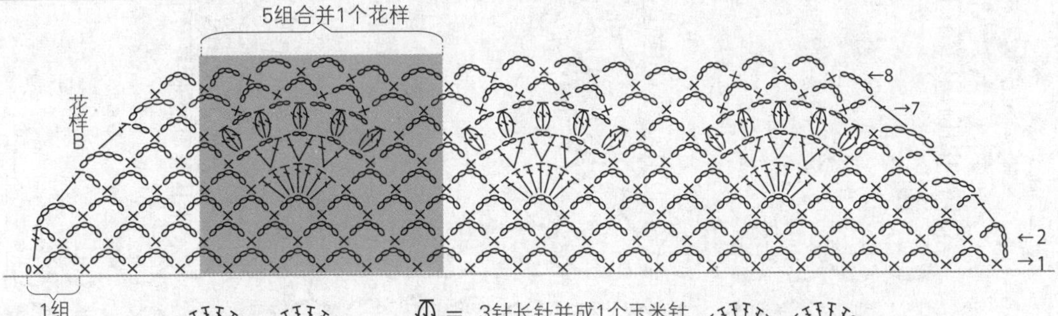

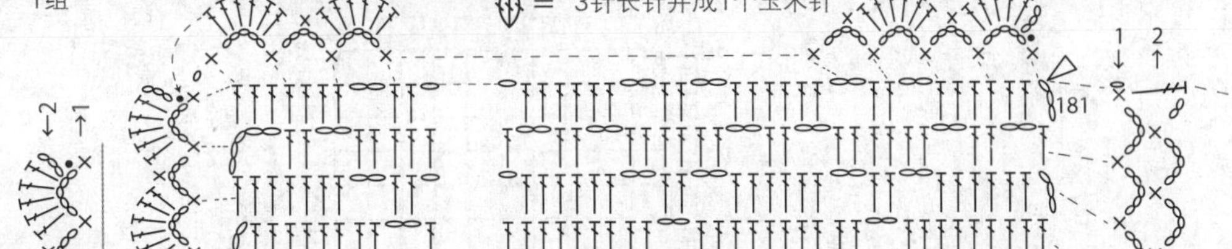

205

工具：2.5mm钩针

尺寸：披肩横向109cm，纵向79cm

密度：单元花A和B直径15cm

材料：米色羊绒线400g

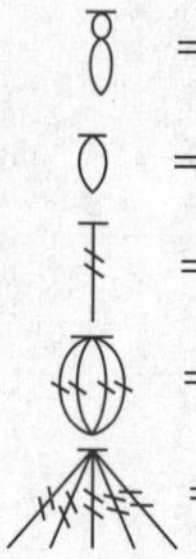

= 2针锁针组成1针中长针

= 2针中长针并1针玉米针

= 长长针

= 4针长针并1针玉米针

= 5针长针并1针

单元花A
15cm

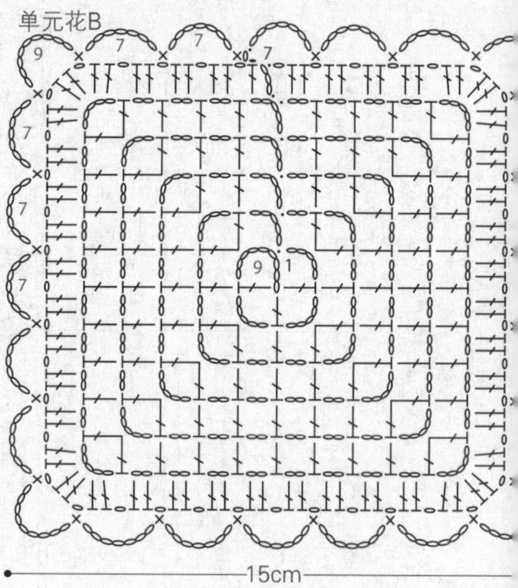

单元花B
15cm

角锁针
(4针)
角锁针(4针) 1组花样

■=单元花A □=单元花B

75cm (5片单元花)

29	30	31	32	33	34	35
22	23	24	25	26	27	28
15	16	17	18	19	20	21
8	9	10	11	12	13	14
1	2	3	4	5	6	7

105cm (7片单元花)

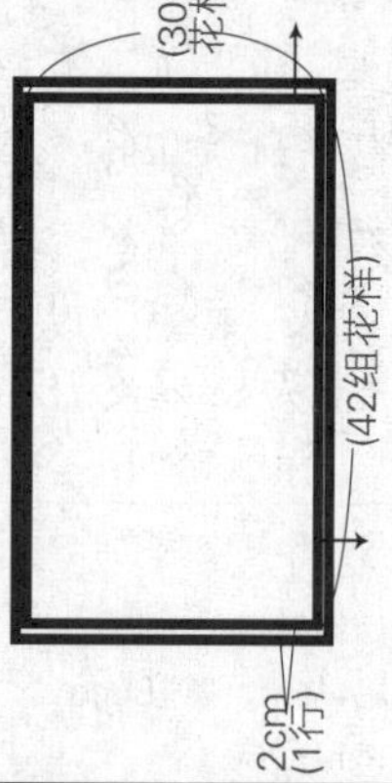

(30组花样)
(42组花样)
2cm (1行)

206

工具：3.5mm钩针

尺寸：披肩长126cm，宽42cm

密度：18针×10行

材料：粉色羊绒线200g

1.8cm

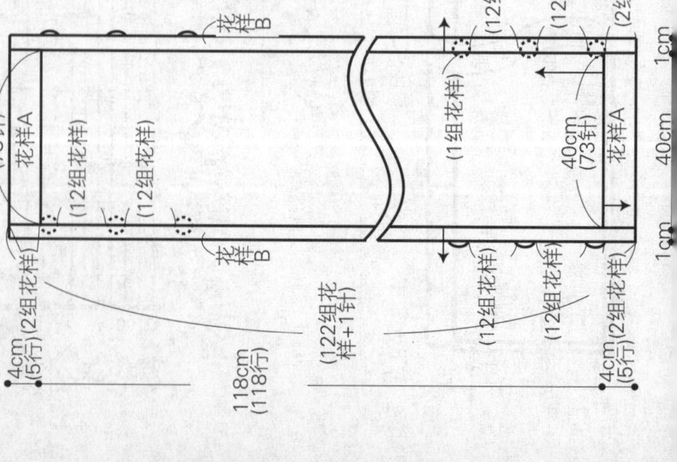

花样B
(12组花样)
(1组花样)
(2组花样)
40cm (73针)
花样A
1cm
4cm (5行)
118cm (118行)
(122组花样+1针)

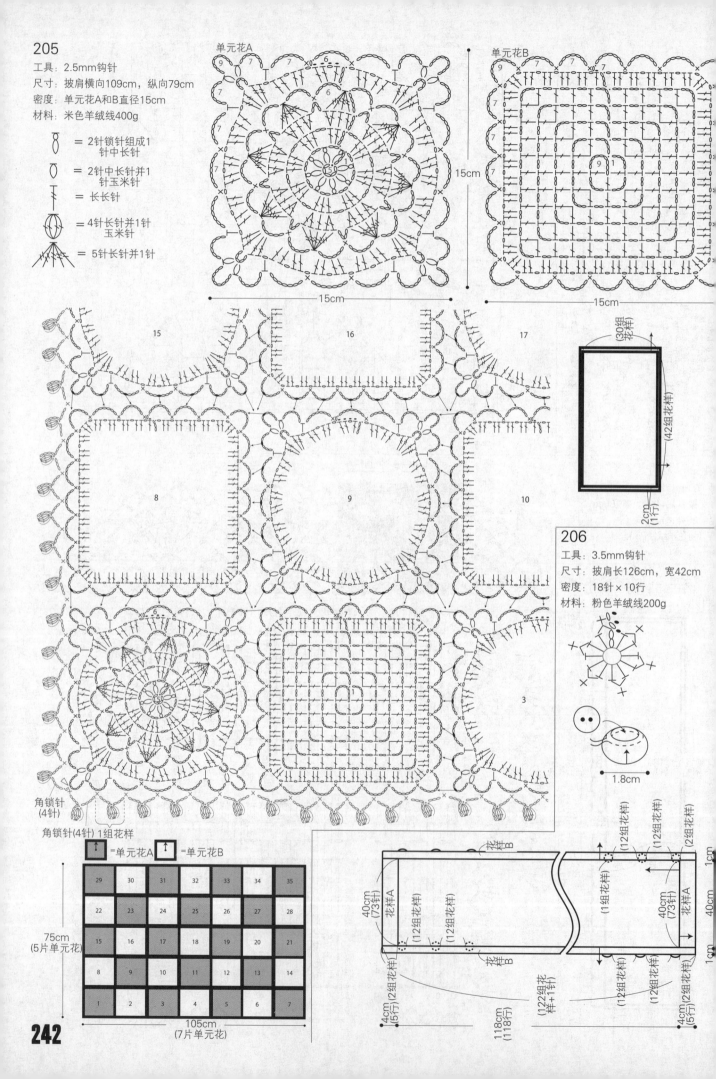

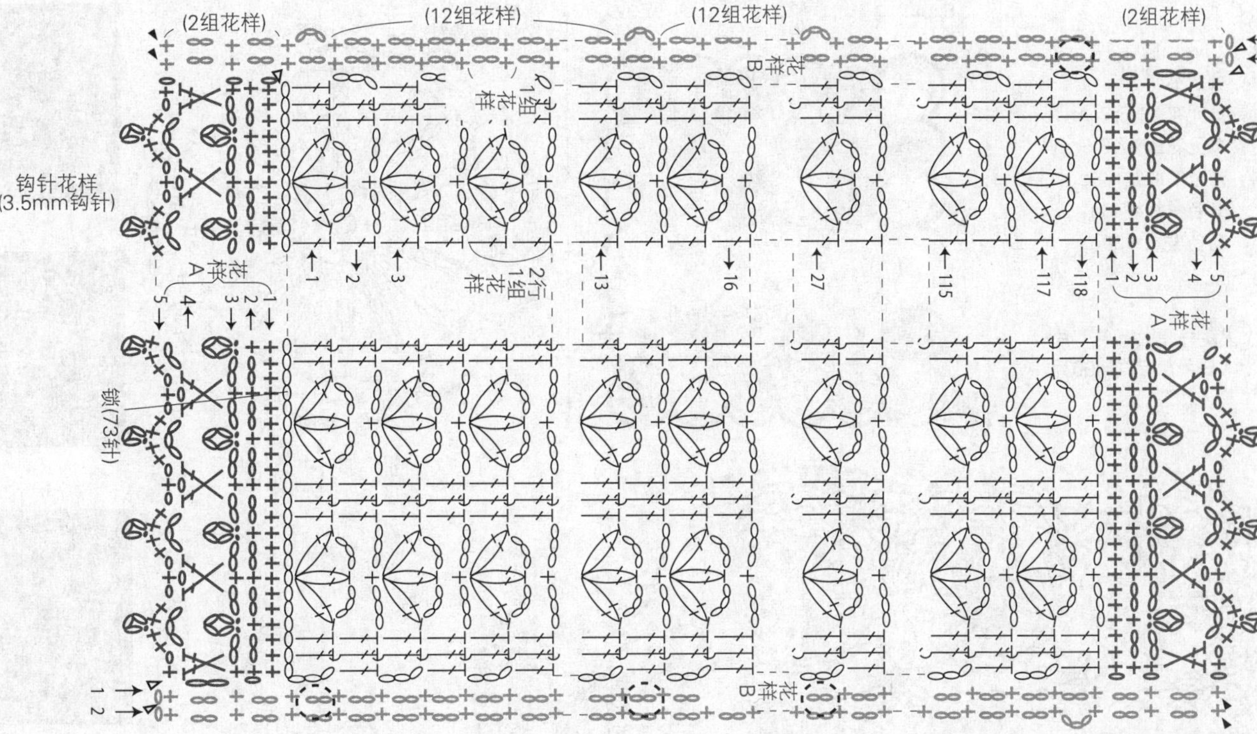
(2组花样)
(12组花样)
(12组花样)
(2组花样)
钩针花样
(3.5mm钩针)
花样B
1组花样
2行1组花样
花样A
锁(73针)

207

工具：2.5mm钩针
尺寸：披肩宽45cm，长160.5cm
密度：32针×15行
材料：白色进口棉线385g

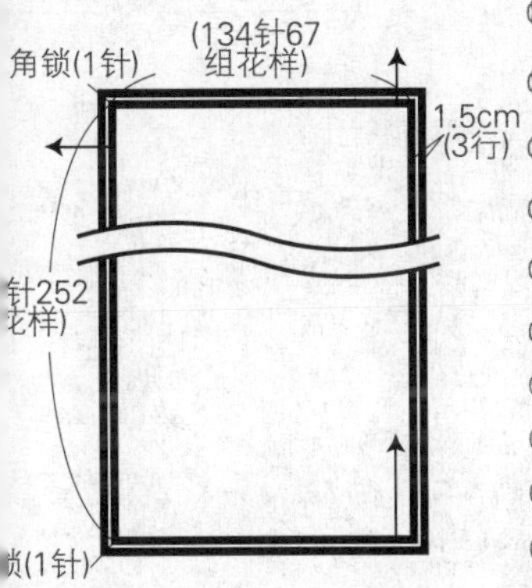
角锁(1针)
(134针67组花样)
1.5cm
(3行)
针252
花样)
锁(1针)

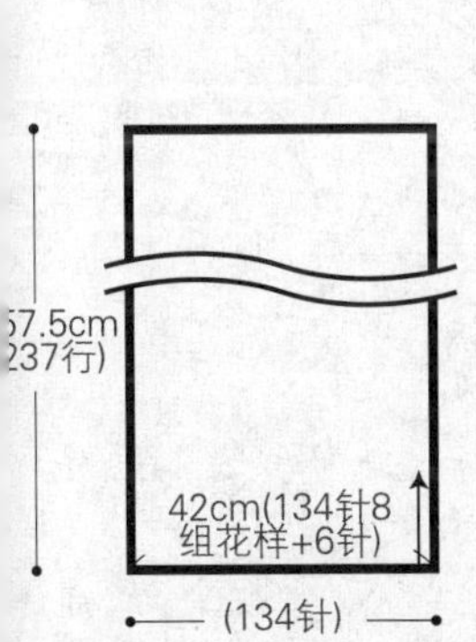
57.5cm
(237行)
42cm(134针8组花样+6针)
(134针)

▮ =2针3行1组花样

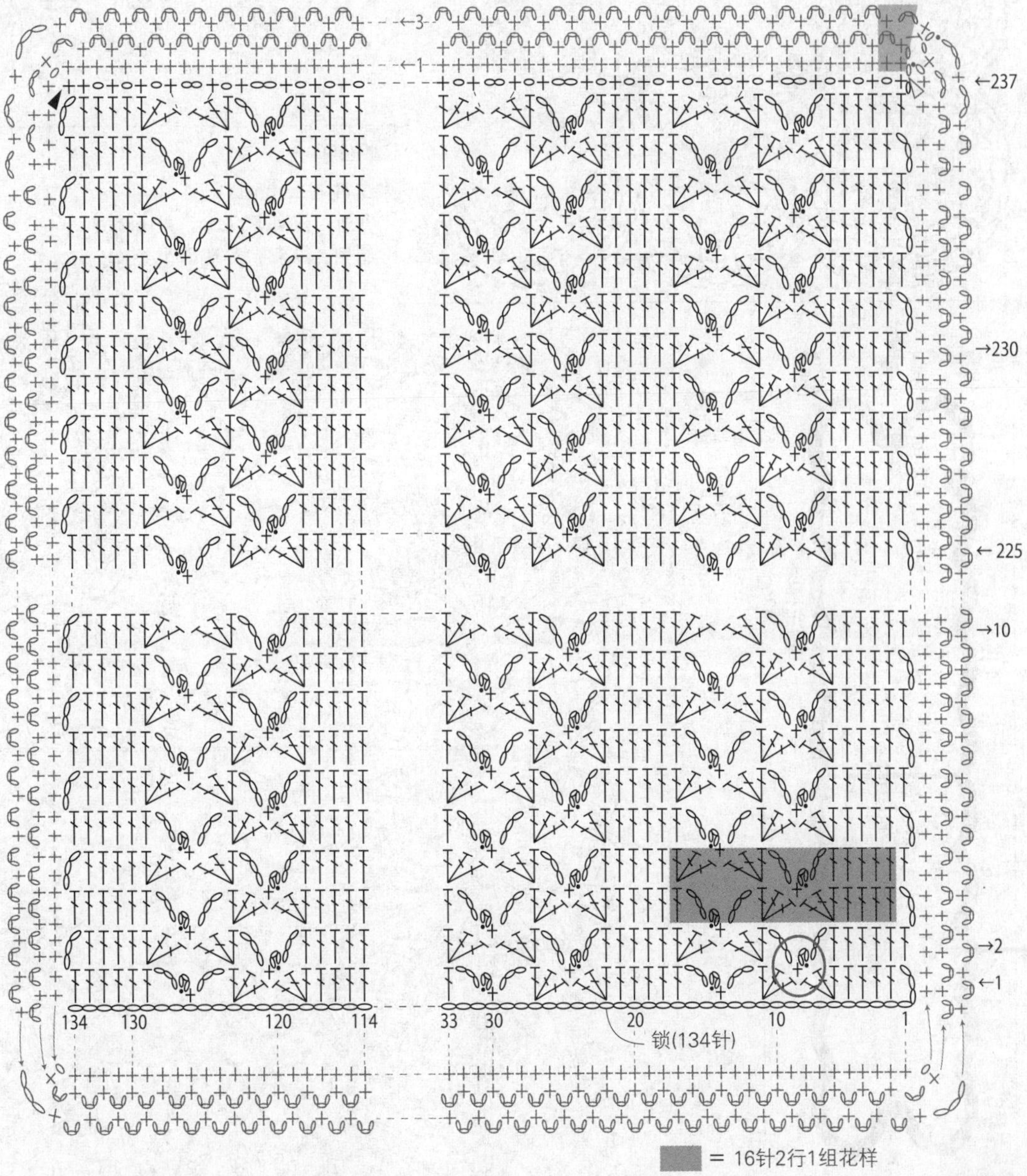
←3
←1
←237
→230
←225
→10
→2
←1
134
130
120
114
33
30
20
10
1
锁(134针)

▮ = 16针2行1组花样

208

工具：2.5mm钩针
尺寸：披肩高47cm，宽138cm
密度：单元花A直径7cm，
　　　单元花B直径3.5cm
材料：米色羊绒线105g，
　　　紫色羊绒线40g，
　　　粉色羊绒线30g

◯●＝单元花A(57片)
B＝单元花B(90片)

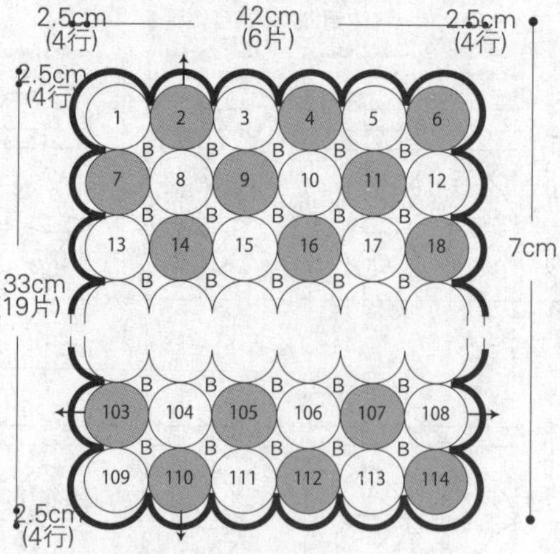

2.5cm (4行)
42cm (6片)
2.5cm (4行)
2.5cm (4行)
133cm (19片)
2.5cm (4行)
7cm
1 2 3 4 5 6
7 8 9 10 11 12
13 14 15 16 17 18
103 104 105 106 107 108
109 110 111 112 113 114
B

单元花A
(2.5mm钩针)

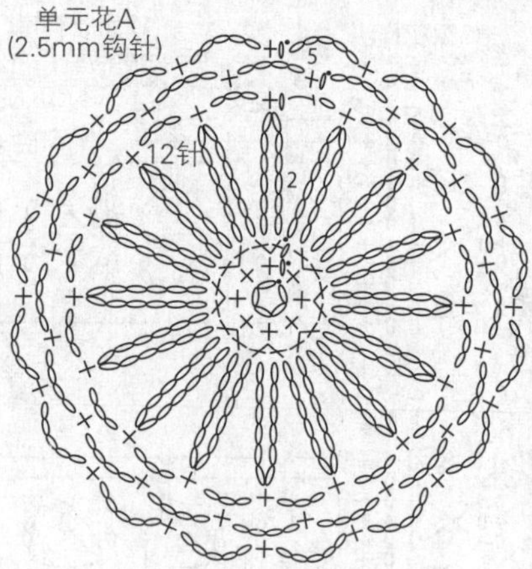

5
12针
2

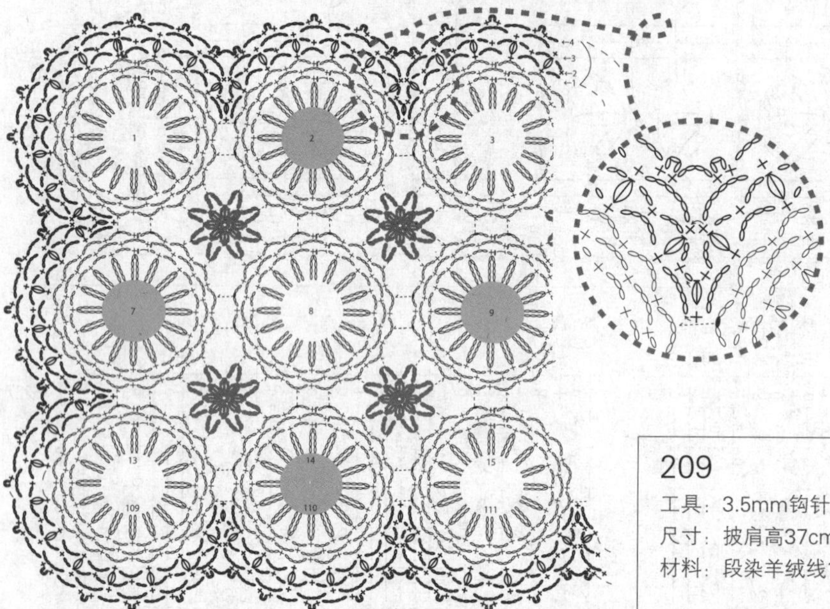

![symbol]＝3针中长针并1针玉米针

![symbol]＝3针长针并1针玉米针

单元花B
(2.5mm钩针)

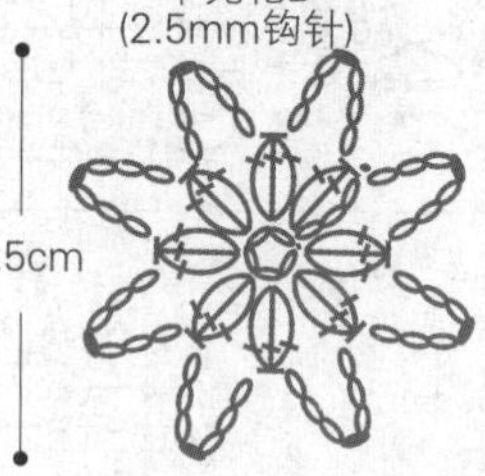

3.5cm

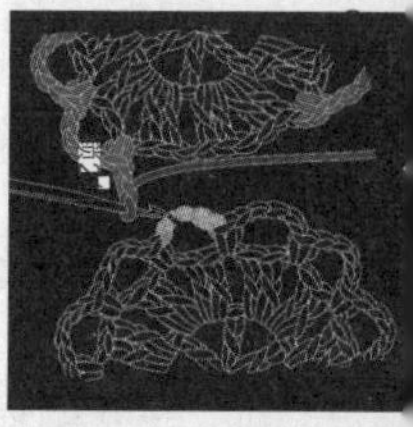

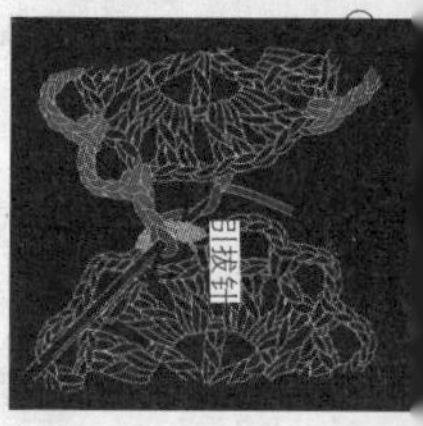

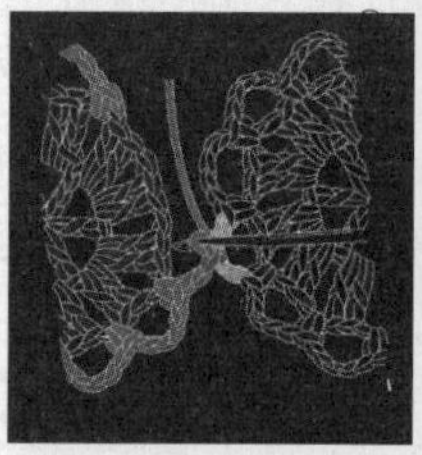

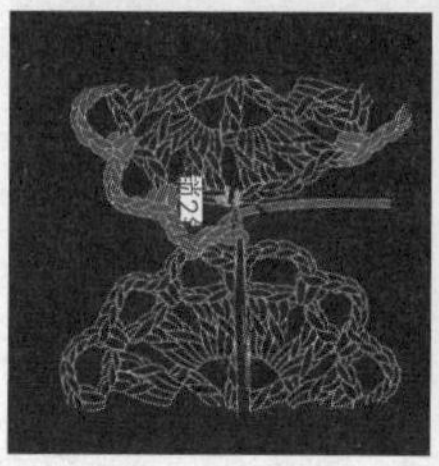

209

工具：3.5mm钩针
尺寸：披肩高37cm，宽168cm
材料：段染羊绒线165g

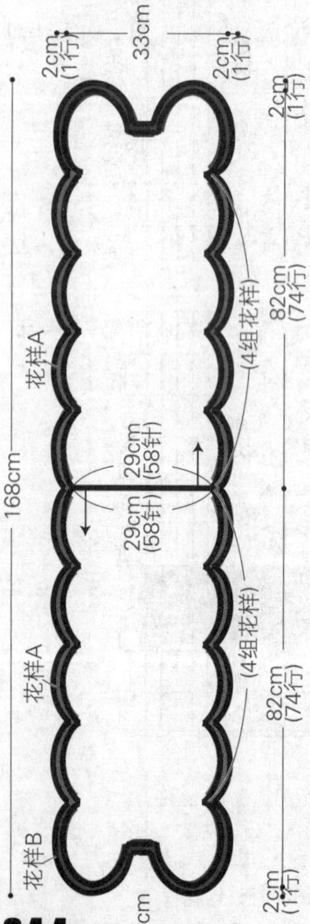

2cm (1行)
33cm
2cm (1行)
2cm (1行)
82cm (74行)
(4组花样)
花样A
168cm
29cm (58针)
29cm (58针)
(4组花样)
花样A
82cm (74行)
花样B
2cm (1行)
37cm

＝2针长针并1针玉米针
＝2针锁针作为1针中长针
←14
←2
→1
←1
→14
58
50
40
30
20
10
1

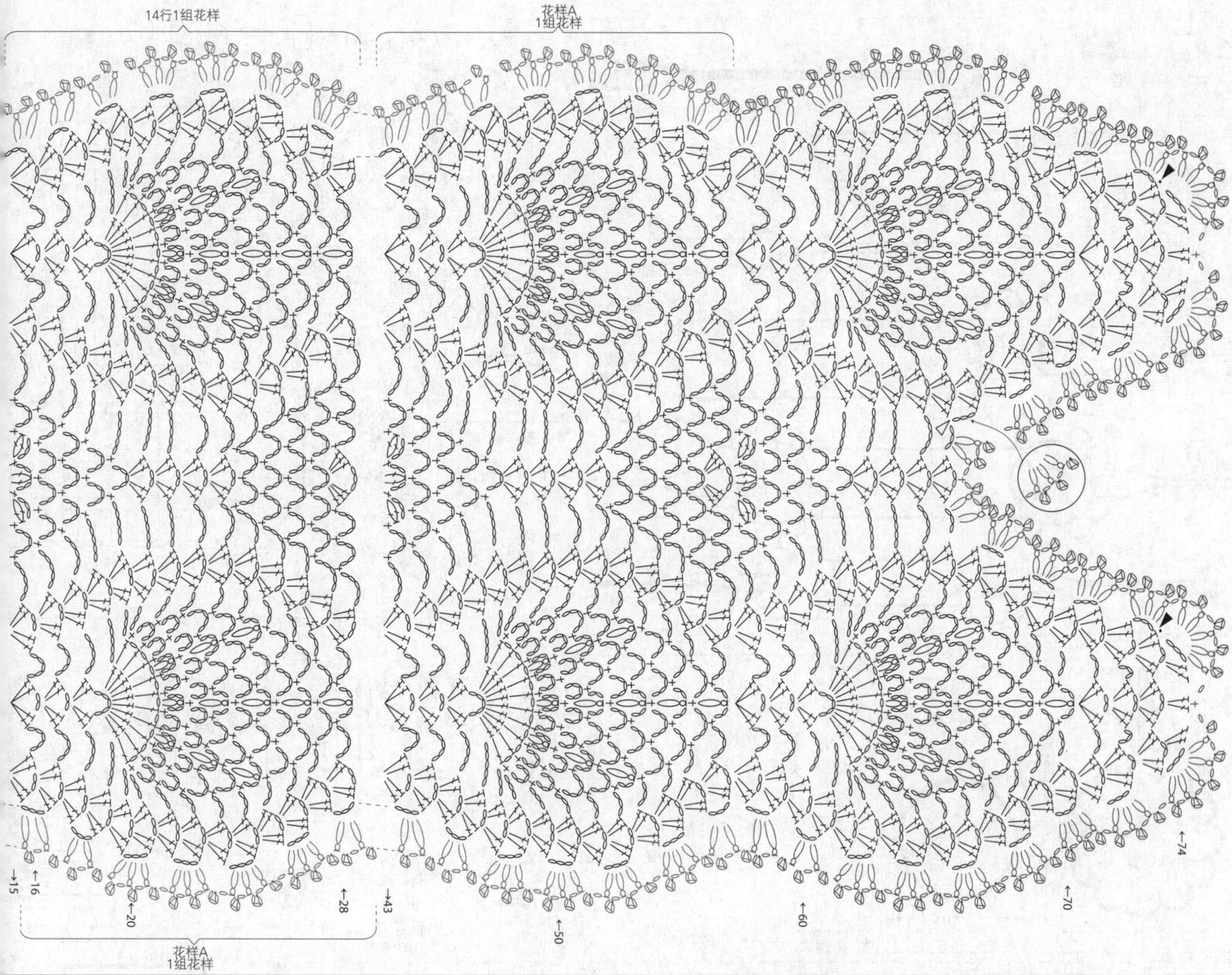
14行1组花样
花样A
1组花样
→15
←16
←20
←28
→43
←50
←60
←70
←74
花样A
1组花样

10

具：5.0mm钩针，8号、10号、12号阿富汗针

寸：参考图解

度：18针×14行

料：咖啡色羊绒线55g，咖啡色绒绒线10g

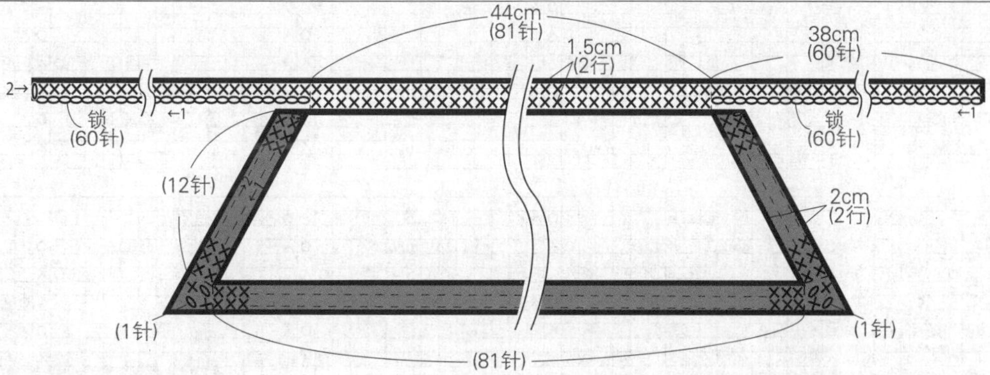
44cm
(81针)
1.5cm
(2行)
38cm
(60针)
2→
←1
锁
(60针)
←1
锁
(60针)
(12针)
2cm
(2行)
(1针)
(1针)
(81针)

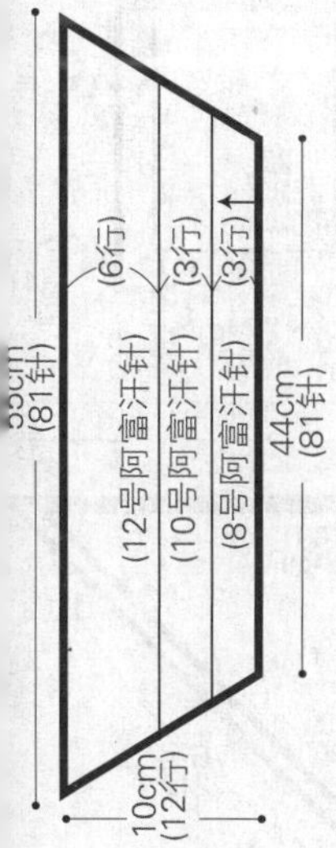
35cm
(81针)
(6行)
(3行)
(3行)
(12号阿富汗针)
(10号阿富汗针)
(8号阿富汗针)
44cm
(81针)
10cm
(12行)

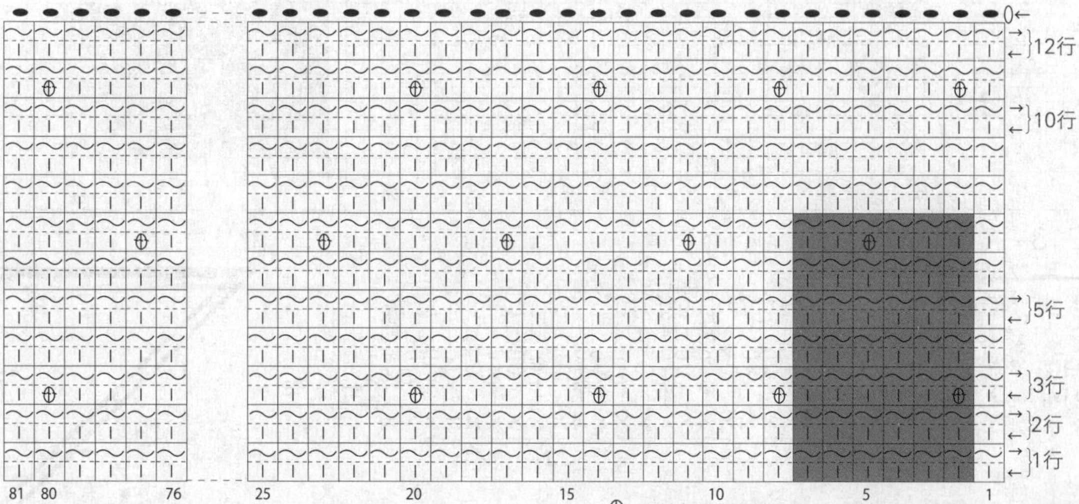
0←
12行
10行
5行
3行
2行
1行
81
80
76
25
20
15
10
5
1

⊕=3针长针并1针玉米针　6针8行1组花样

211

工具：6.0mm钩针

尺寸：参考图解

密度：13针×12行

材料：米白色羊绒线50g

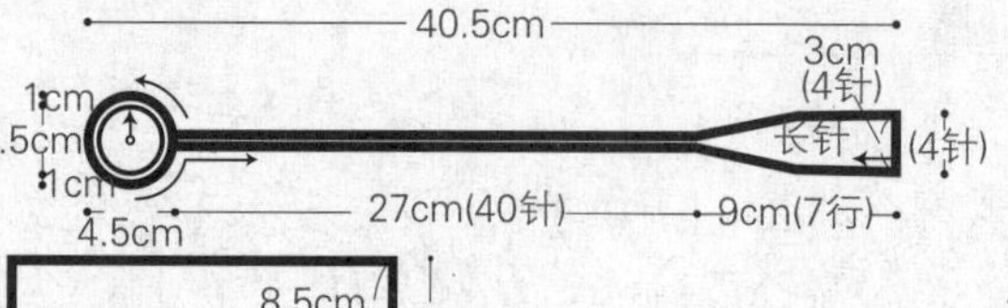

40.5cm
3cm
(4针)
1cm
2.5cm
1cm
长针
(4针)
4.5cm
27cm(40针)
9cm(7行)
8.5cm
(11针)
(11针)
31cm
(37行)

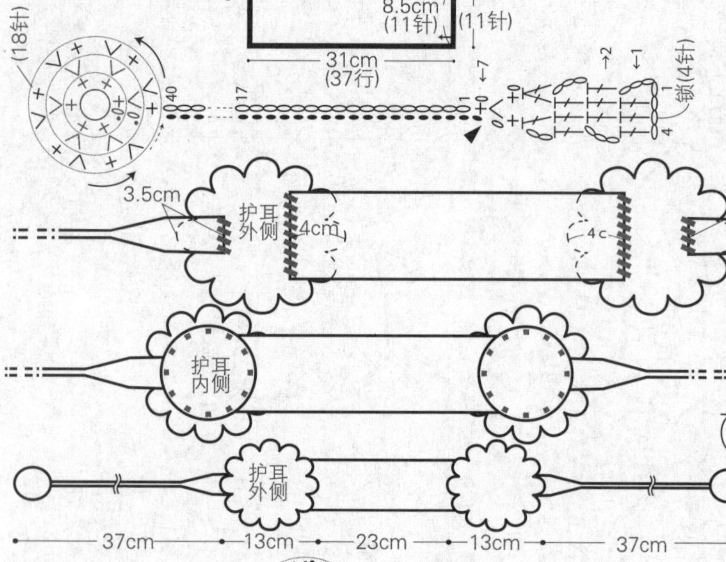

(18针)
锁(4针)
3.5cm
护耳
外侧
4cm
3.5cm
护耳
内侧
护耳
外侧
37cm
13cm
23cm
13cm
37cm

行数	针数	
4	36	(+12针)
3	24	(+12针)
2	12	(+6针)
1	6	

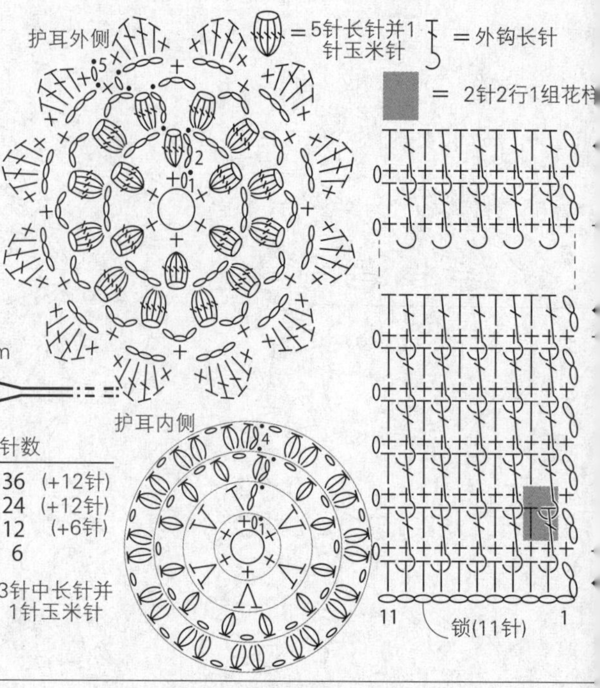

护耳外侧
=5针长针并1针玉米针
=外钩长针
=2针2行1组花样
护耳内侧
锁(11针)
=3针中长针并1针玉米针

行数	针数	
2	12	(+6针)
1	6	

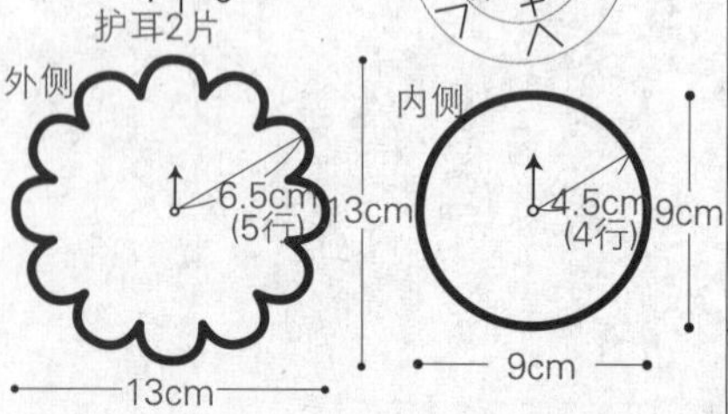

护耳2片
外侧
6.5cm
(5行)
13cm
13cm
内侧
4.5cm
(4行)
9cm
9cm

212

工具：2.5mm钩针，

3.3mm棒针

尺寸：披肩长124cm，

宽34cm

密度：25针×33.5行

材料：米白色羊绒线145g

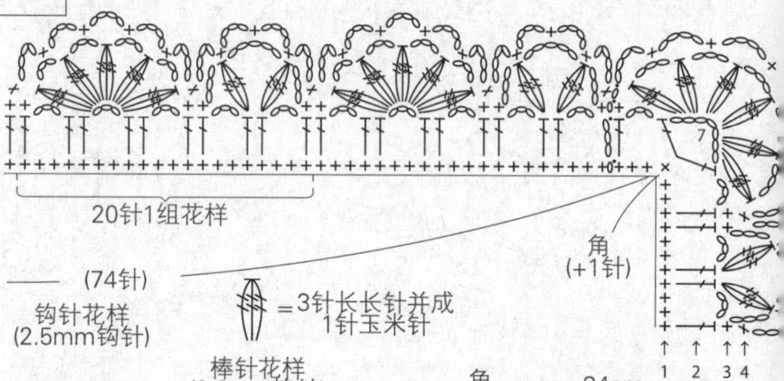

20针1组花样
角
(+1针)
(74针)
钩针花样
(2.5mm钩针)
=3针长长针并成1针玉米针

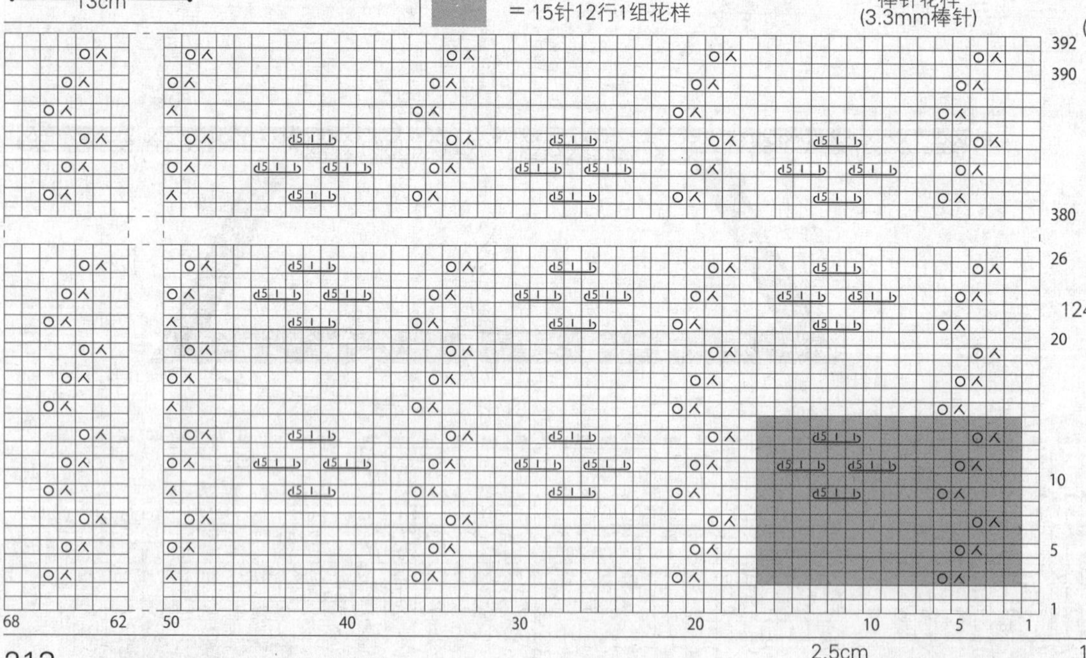

=15针12行1组花样
棒针花样
(3.3mm棒针)

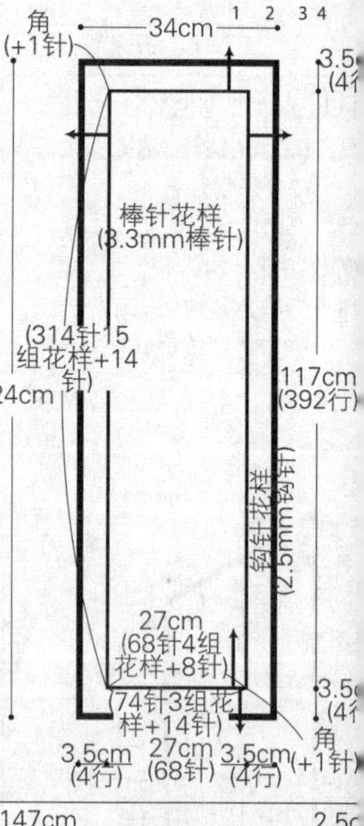

角
(+1针)
34cm
棒针花样
(3.3mm棒针)
(314针15组花样+14针)
124cm
117cm
(392行)
钩针花样
(2.5mm钩针)
27cm
(68针4组花样+8针)
(74针3组花样+14针)
3.5cm
(4行)
27cm
(68针)
3.5cm
(4行)

213

工具：2.3mm钩针

尺寸：披肩高73cm，

宽152cm

密度：30针×17.5行

材料：白色羊绒线315g

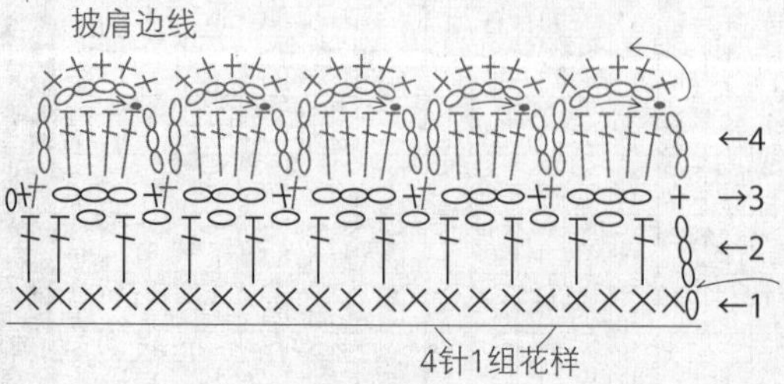

披肩边线
4针1组花样

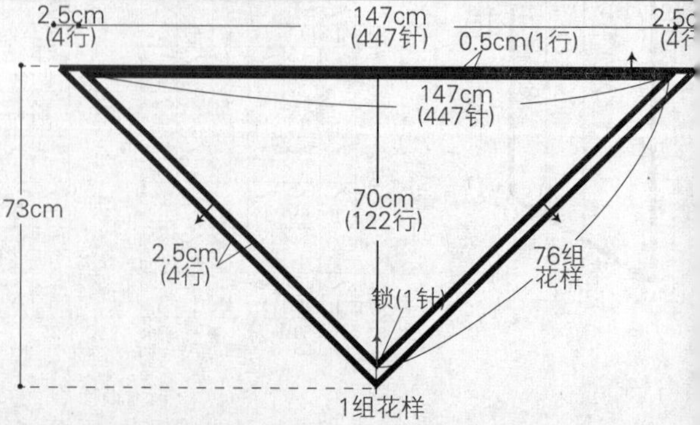

2.5cm
(4行)
147cm
(447针)
0.5cm(1行)
147cm
(447针)
73cm
70cm
(122行)
2.5cm
(4行)
76组
花样
锁(1针)
1组花样

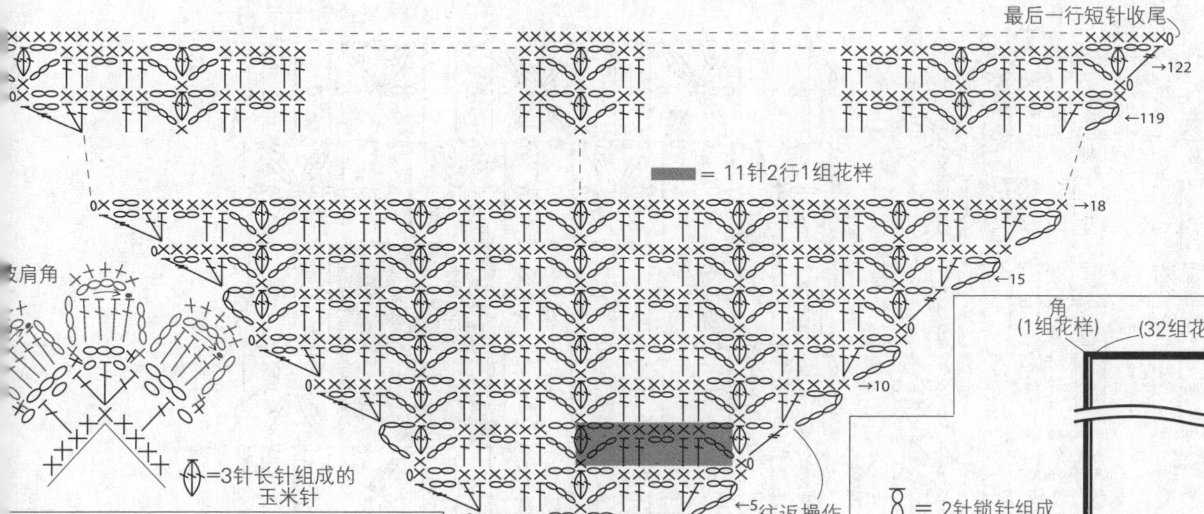

最后一行短针收尾
→122
←119
= 11针2行1组花样
→18
←15
→10
←5
往返操作
→2
←1
披肩角
=3针长针组成的玉米针

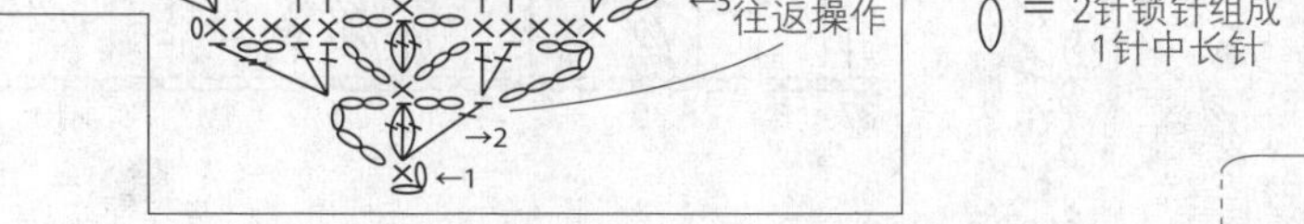

= 2针锁针组成1针中长针

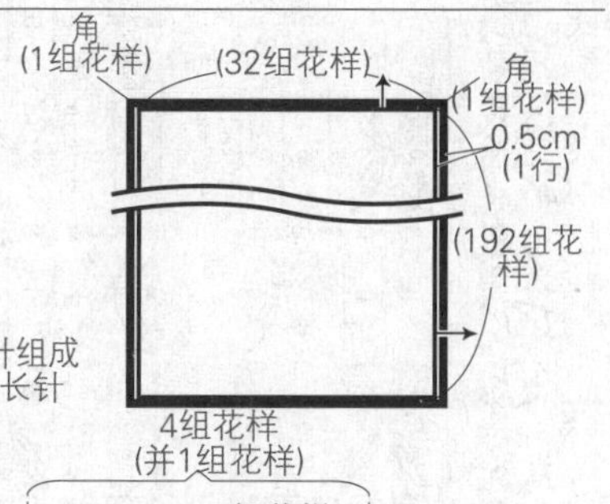

角
(1组花样)
(32组花样)
角
(1组花样)
0.5cm
(1行)
(192组花样)
4组花样
(并1组花样)

4

具：2.0mm钩针

寸：披肩长168.5cm，宽29cm

度：39.5针×23行

料：姜黄色羊绒线170g

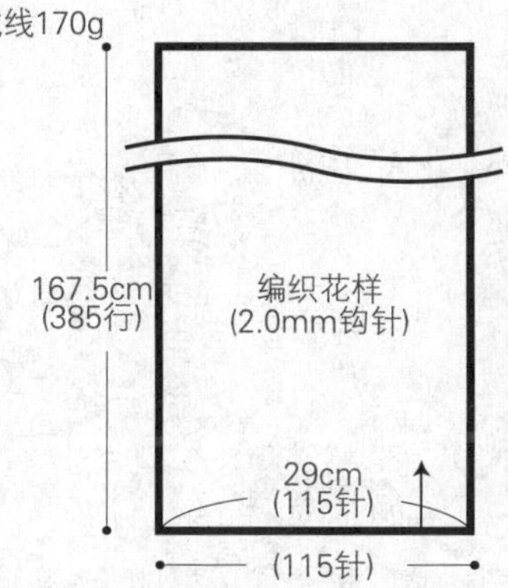

167.5cm
(385行)
编织花样
(2.0mm钩针)
29cm
(115针)
(115针)

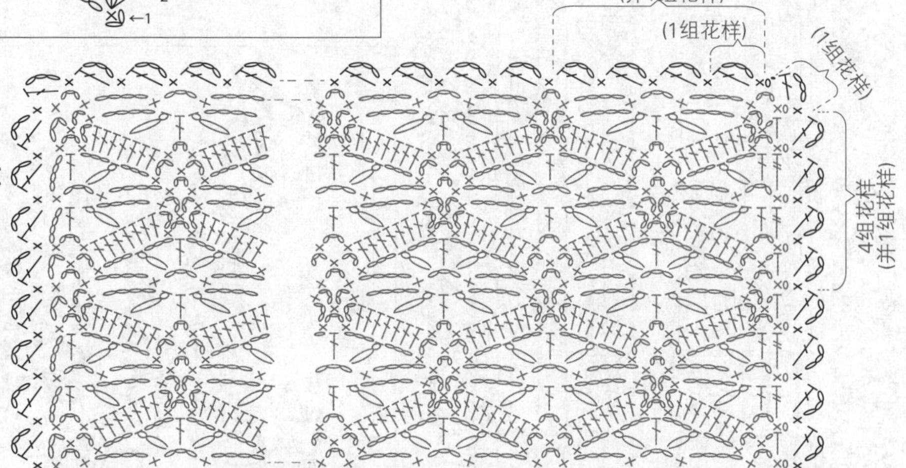

(1组花样)
(1组花样)
4组花样
(并1组花样)

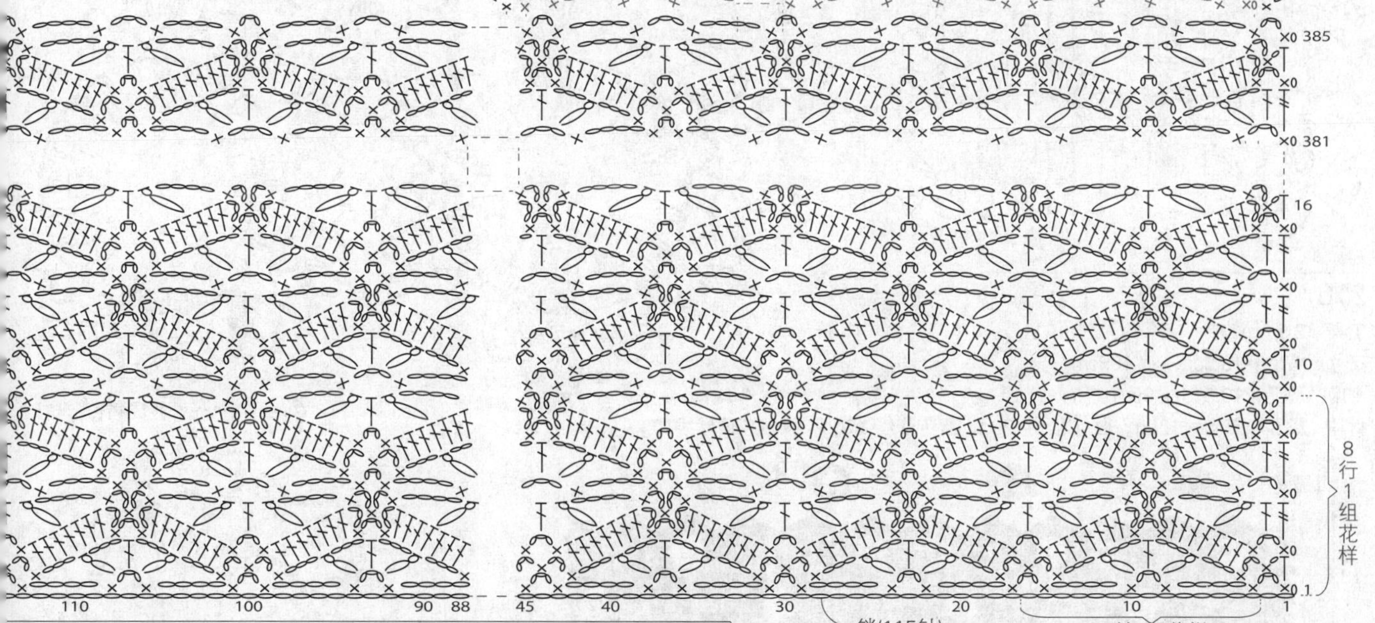

385
381
16
10
8行1组花样
1
110
100
90
88
45
40
30
20
10
1
锁(115针)
14针1组花样

5 工具：2.5mm钩针 密度：27.5针×10行

尺寸：披肩高48cm，宽119cm 材料：粉色羊绒线265g

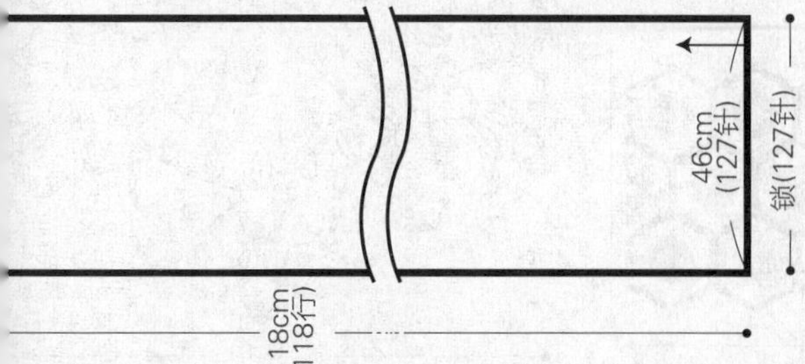

46cm
(127针)
锁(127针)
118cm
(118行)

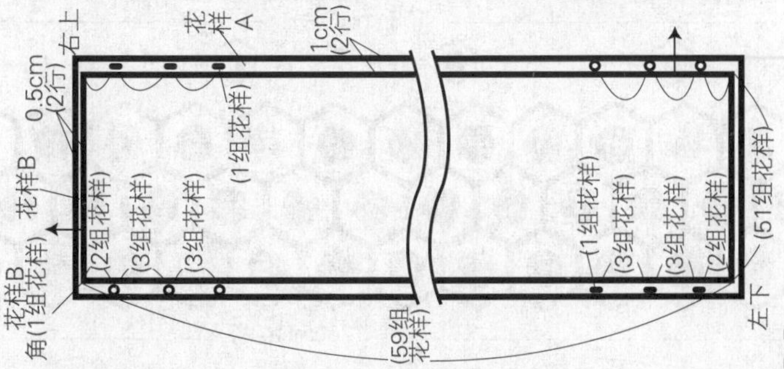

右上
花样A
1cm
(2行)
0.5cm
(2行)
花样B
(1组花样)
(2组花样)
(3组花样)
(3组花样)
(1组花样)
(3组花样)
(3组花样)
(2组花样)
(51组花样)
花样B
角(1组花样)
(59组花样)
左下

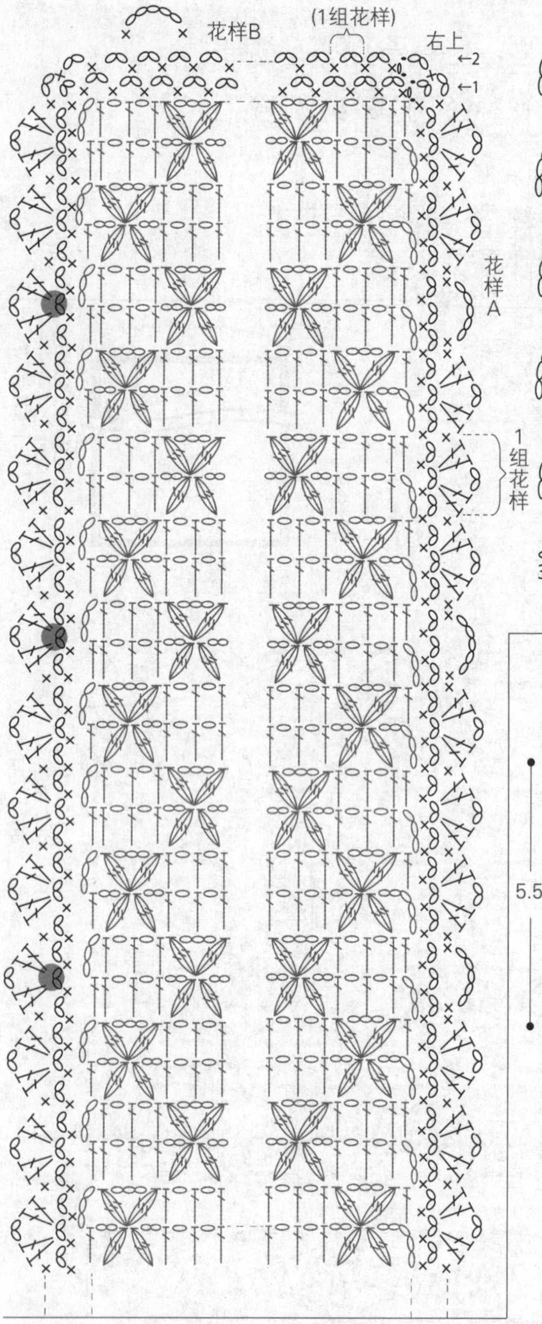

= 3针长针并成1针玉米针

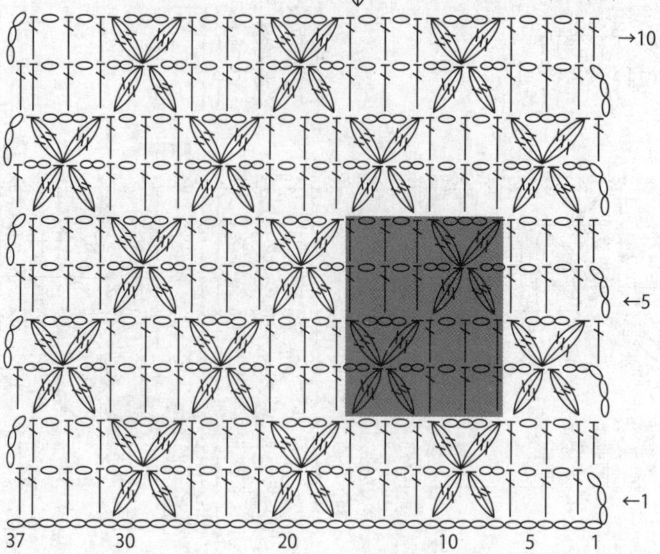

= 10针4行1组花样

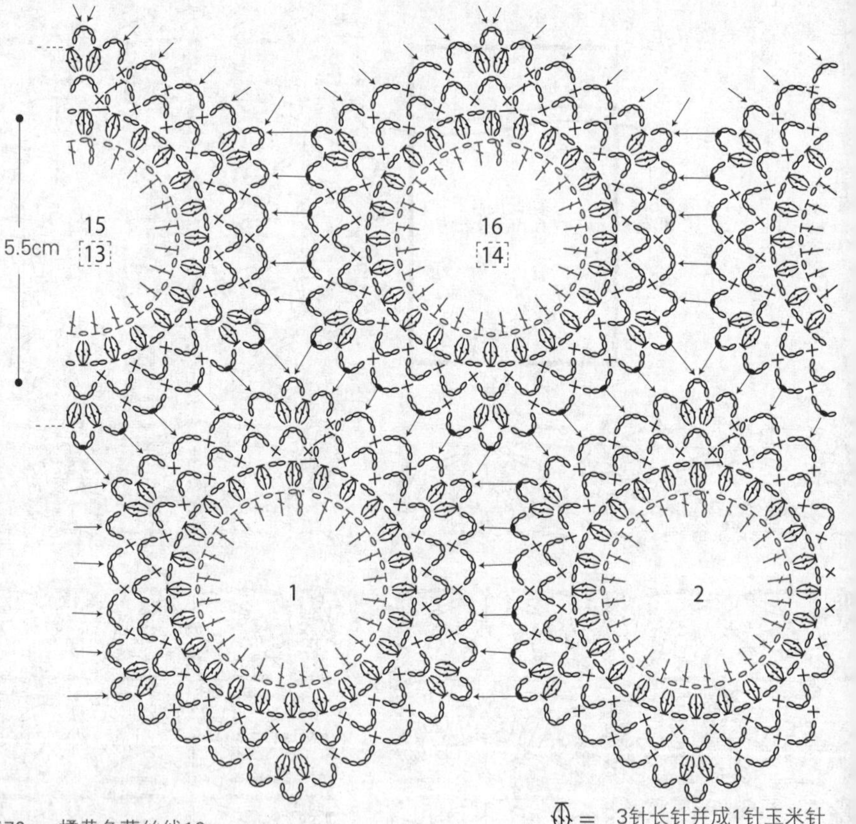

216

工具：2.5mm钩针

尺寸：披肩高18.5cm，宽108cm

密度：单元花10.5cm×9cm

材料：橘红色蕾丝线120g，白色蕾丝线20g，蓝色蕾丝线70g，橘黄色蕾丝线10g

儿童款 =8片 =8片 =8片

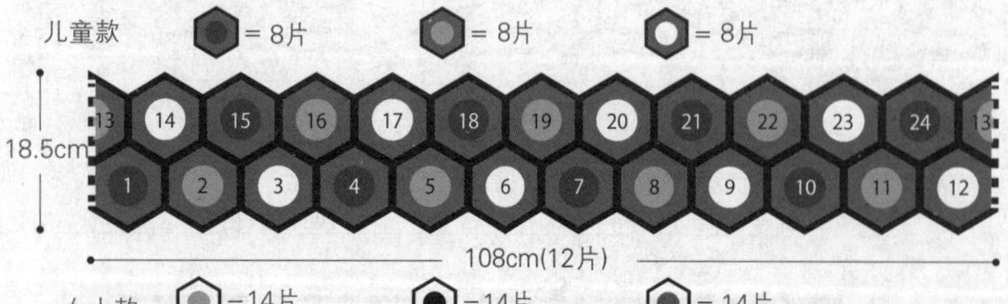

女士款 =14片 =14片 =14片

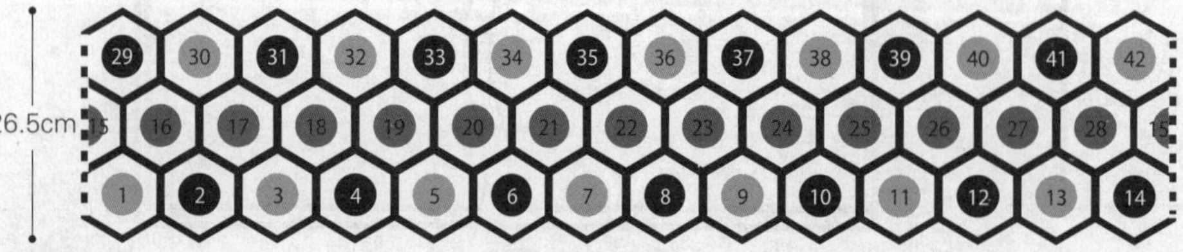

= 3针长针并成1针玉米针

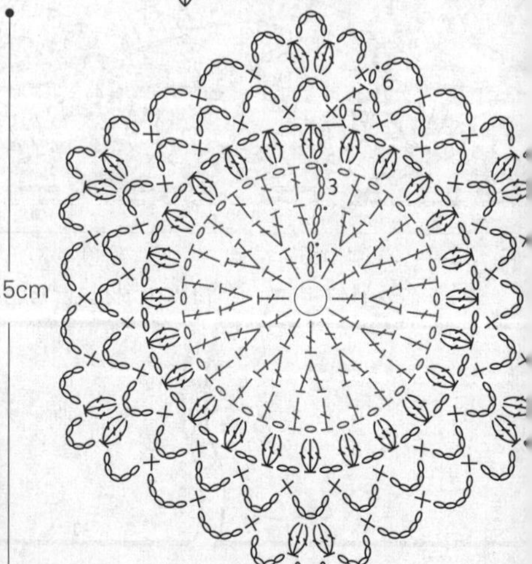

7

：6号棒针

：参考图解

：16针×18行

：咖啡色羊绒线120g

□=Ⅰ

■=空针

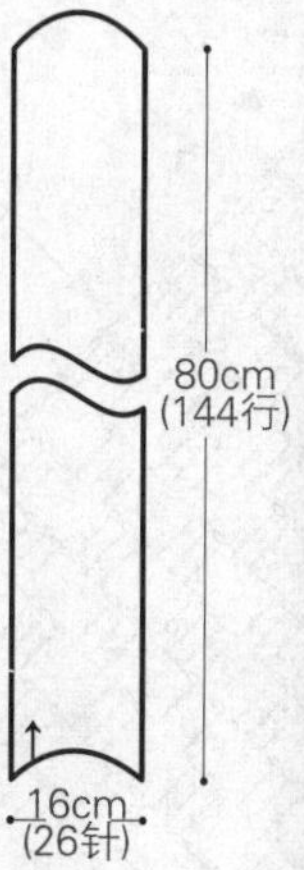
80cm
(144行)
16cm
(26针)

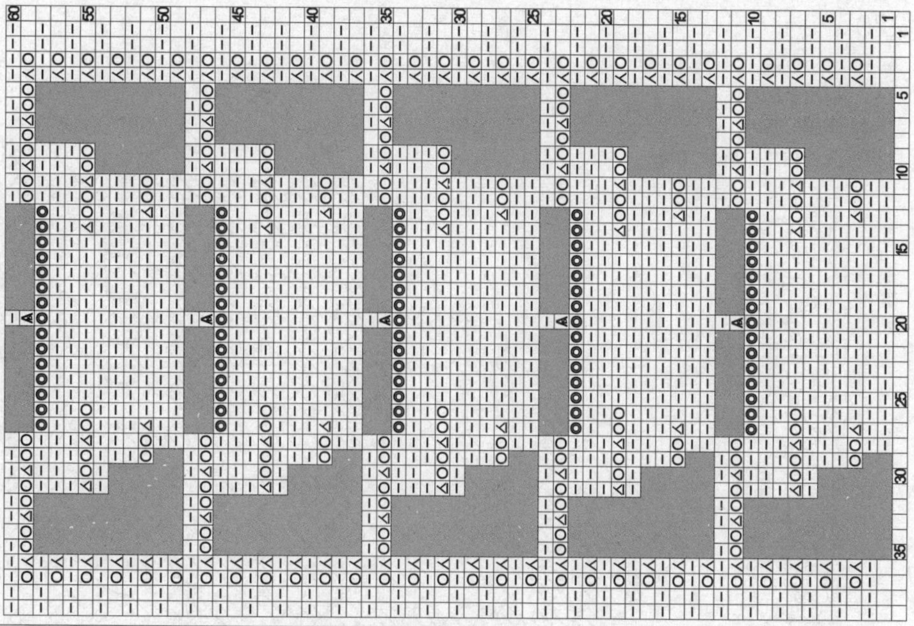

8

：3.5mm钩针

：披肩长25cm，

胸围90cm

：黄色羊绒线230g

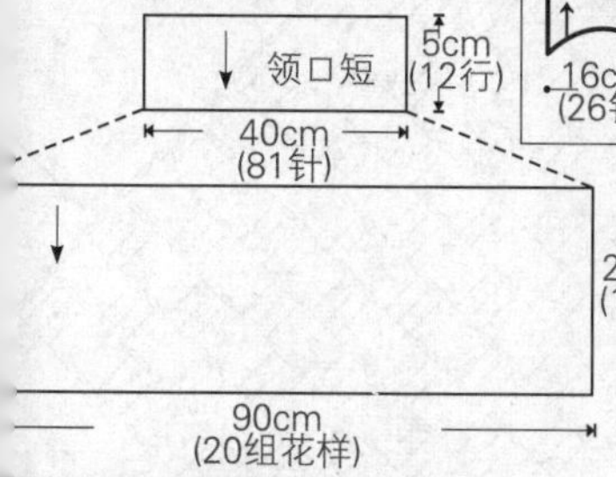
领口短
5cm
(12行)
40cm
(81针)
20cm
(16行)
90cm
(20组花样)

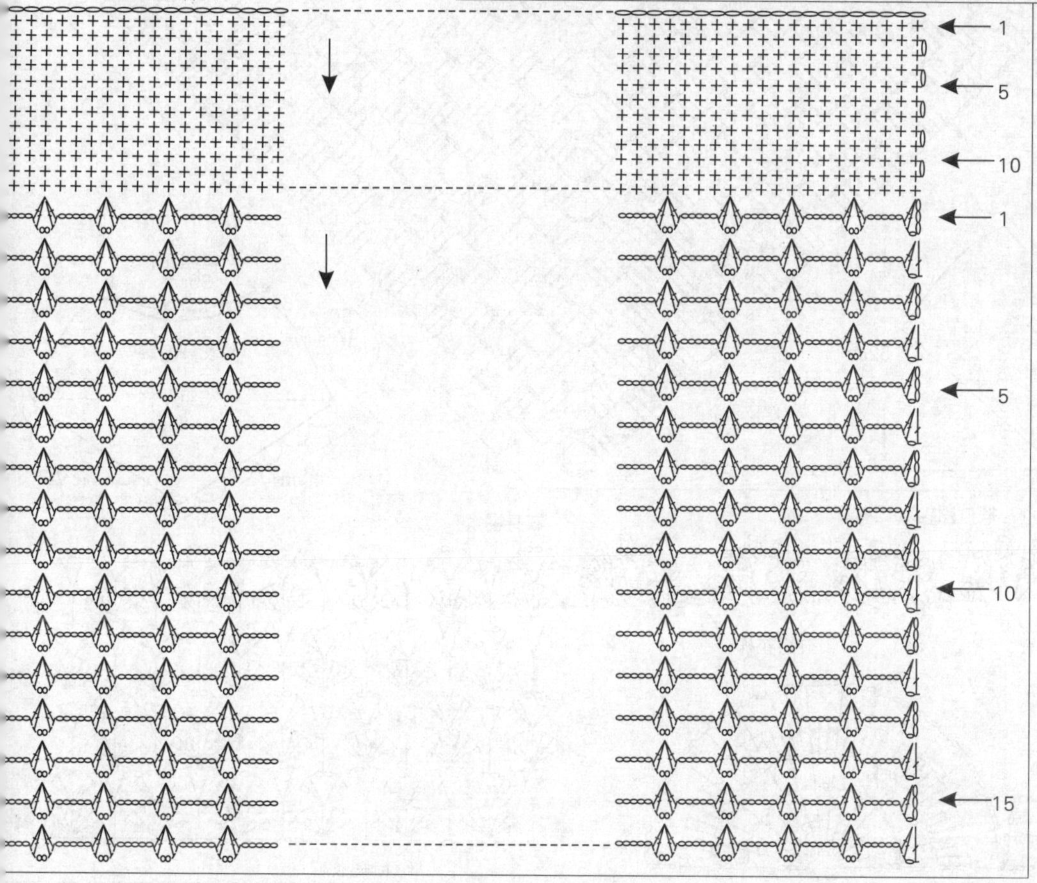
1
5
10
1
5
10
15

219

工具：3.5mm钩针

尺寸：披肩长42cm，

胸围90cm

材料：蓝色羊绒线300g

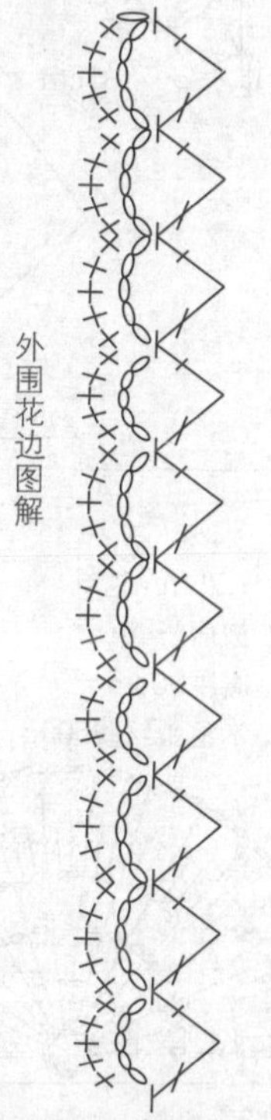
外围花边图解

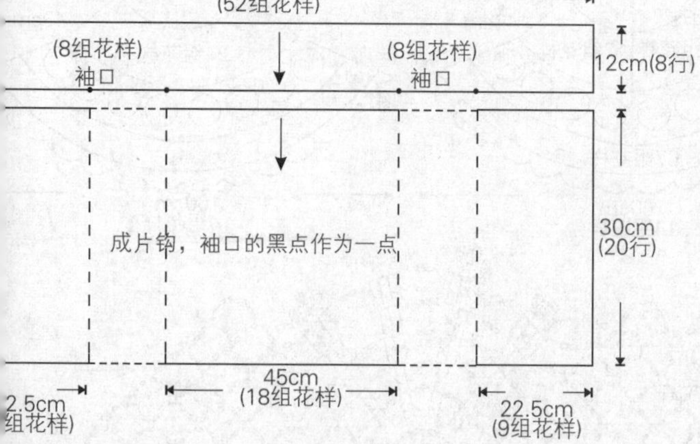
120cm
(52组花样)
(8组花样)
袖口
(8组花样)
袖口
12cm(8行)
成片钩，袖口的黑点作为一点
30cm
(20行)
45cm
(18组花样)
2.5cm
组花样)
22.5cm
(9组花样)

10
5
1
1组花样

220

工具：3.5mm钩针

尺寸：披肩长52cm，

胸围126cm

材料：蓝色段染羊绒线300g

花边图解

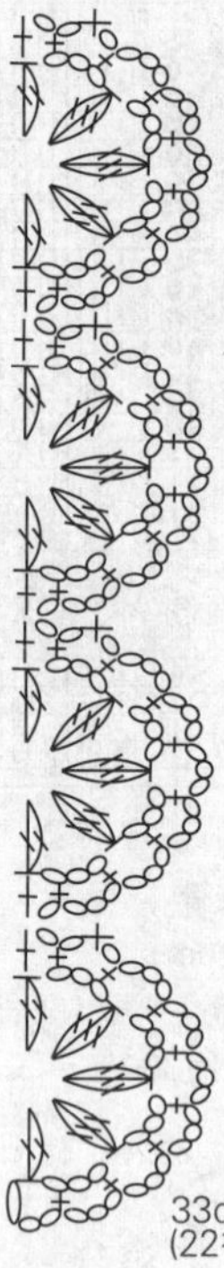

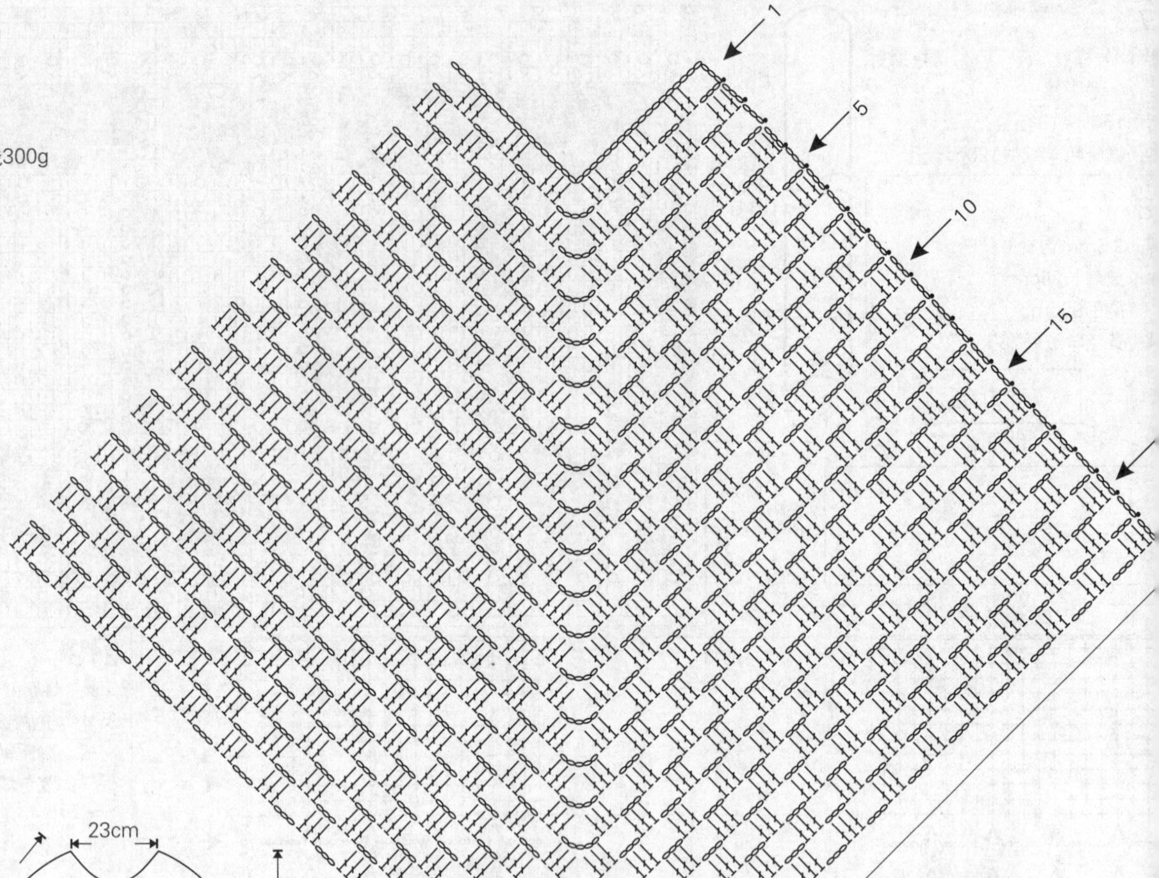

1
5
10
15

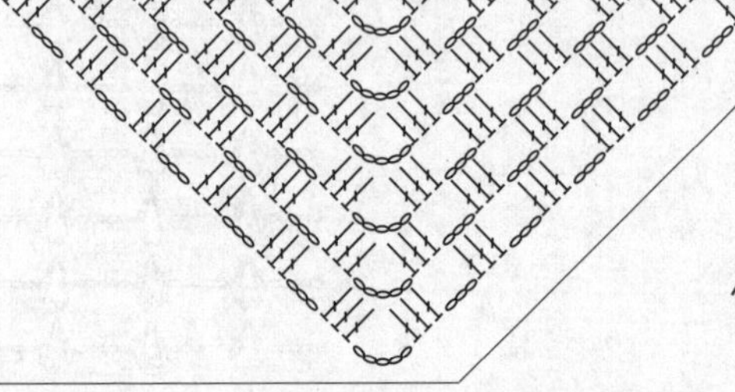

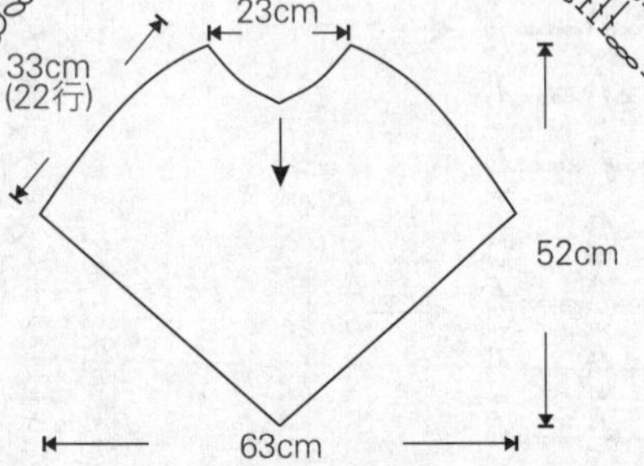

23cm
33cm
(22行)
52cm
63cm

221

工具：1.75mm钩针

尺寸：披肩长48cm，

胸围90cm

材料：米色蕾丝线500g

花边1：领口圈钩26组花样

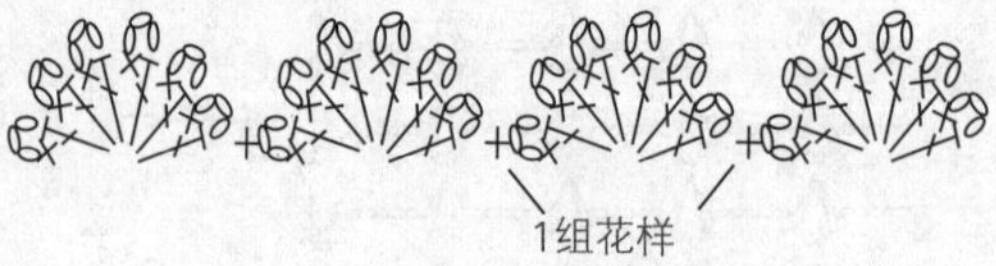

1组花样

衣身图解

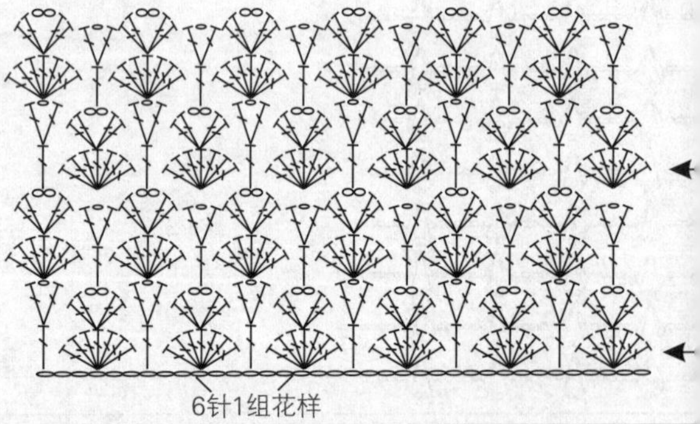

6针1组花样

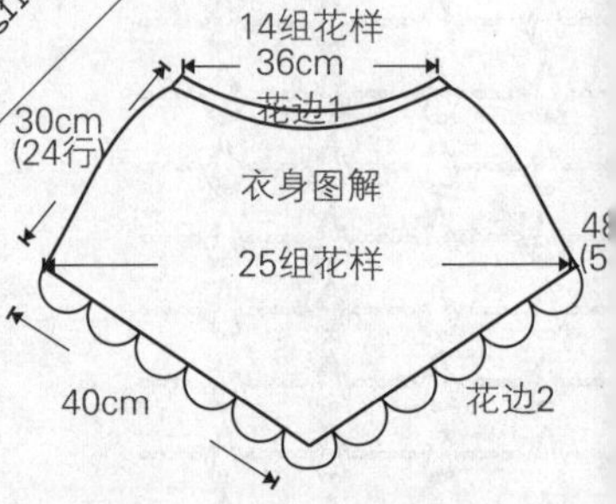

14组花样
36cm
花边1
30cm
(24行)
衣身图解
48
(5
25组花样
40cm
花边2

花边2

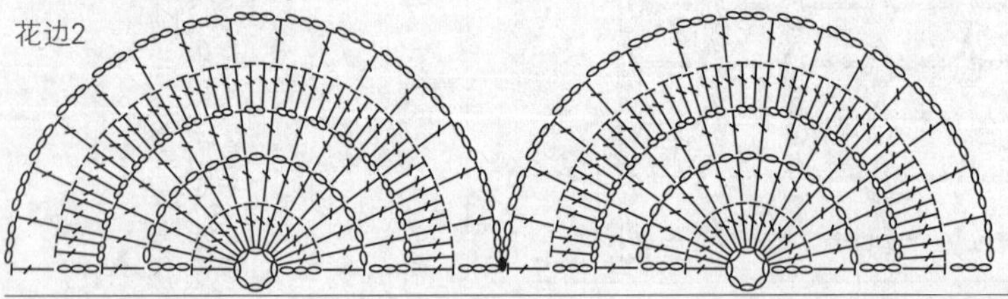

222

工具：1.75mm钩针

尺寸：披肩长40cm，

胸围90cm

材料：白色蕾丝线500g

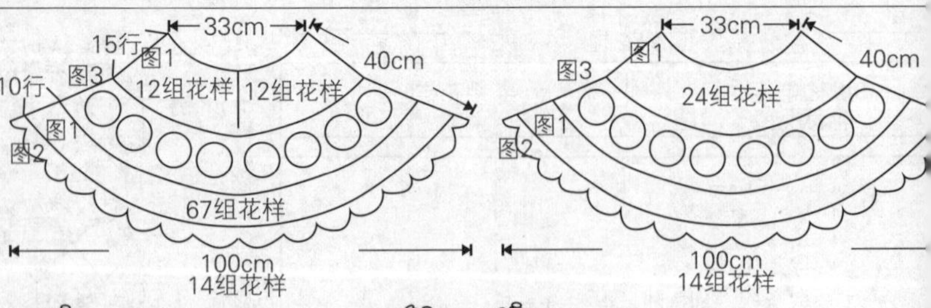

33cm
15行
图1
10行
图3
12组花样
12组花样
40cm
图1
图2
67组花样
100cm
14组花样
33cm
图1
40cm
图3
24组花样
图1
图2
100cm
14组花样

图1

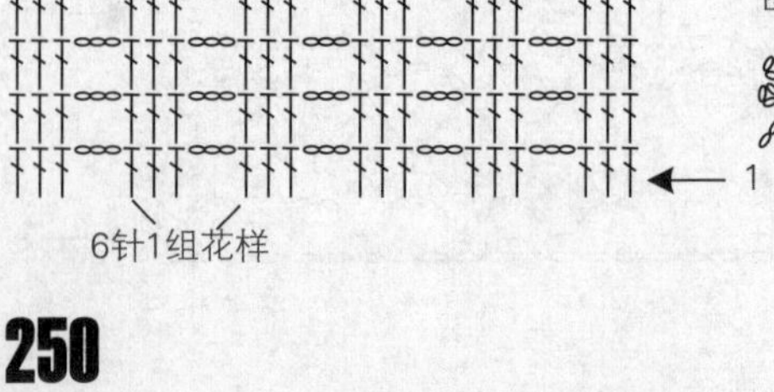

5
1
6针1组花样

图2

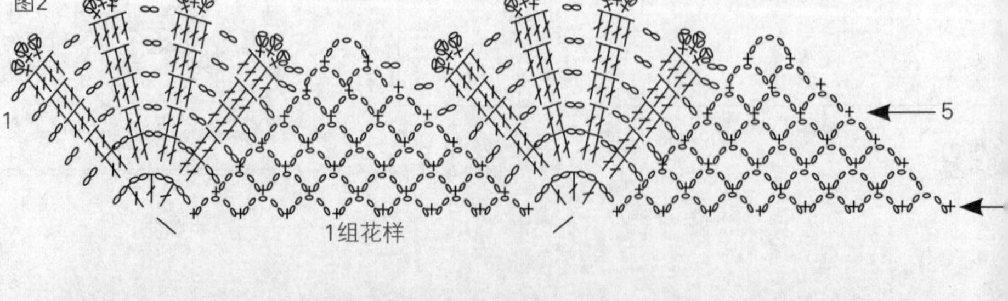

5
1组花样

图3

23

具：1.75mm钩针

寸：披肩长55cm

料：灰色蕾丝线350g

外围花边图解

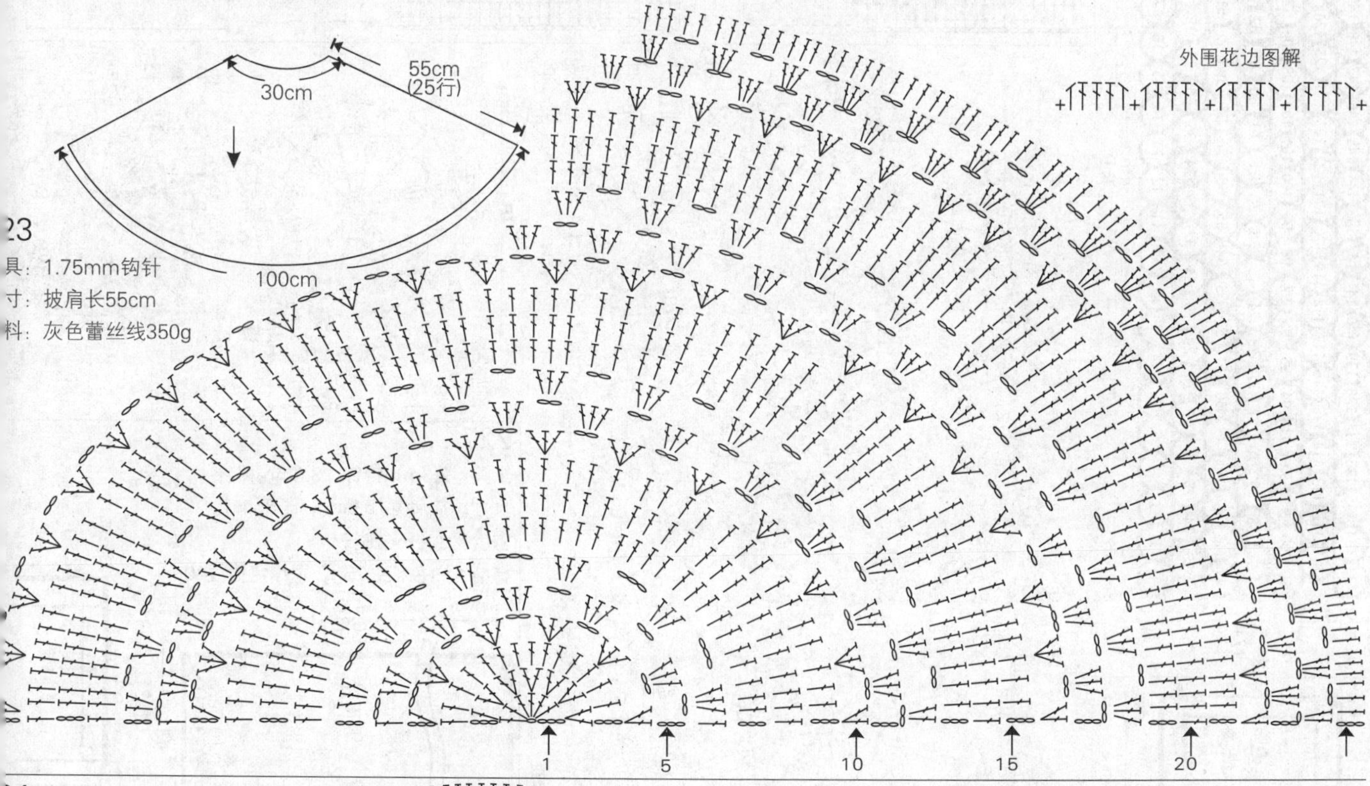
30cm
55cm
(25行)
100cm
1
5
10
15
20

24

具：3.5mm钩针

寸：参考图解

料：白色蕾丝线400g

外围花边图解

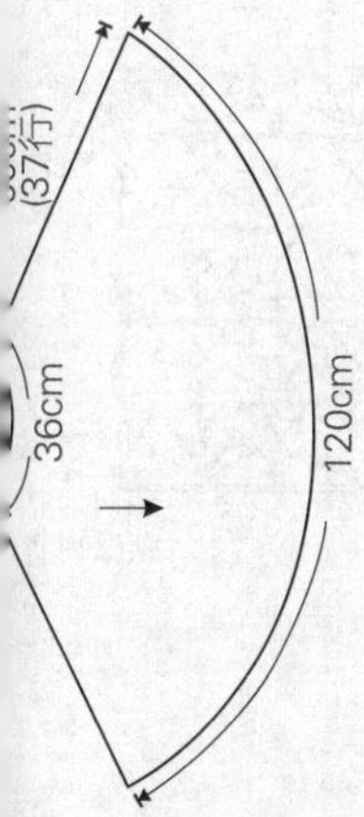
(37行)
36cm
120cm

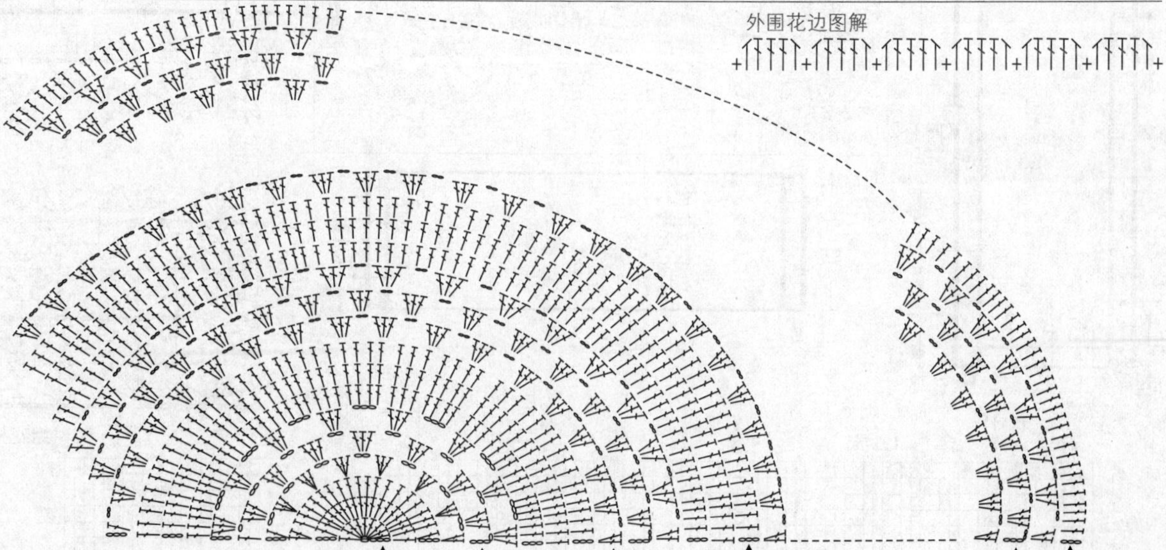
1
5
10
15
35
37

225

工具：6.0mm钩针

尺寸：披肩长160cm，胸围90cm

材料：段染羊绒线450g

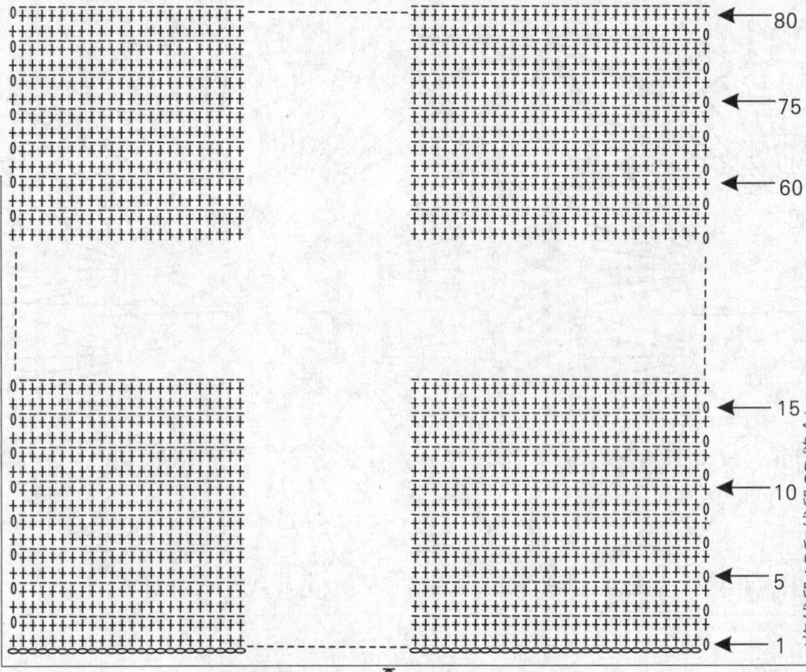

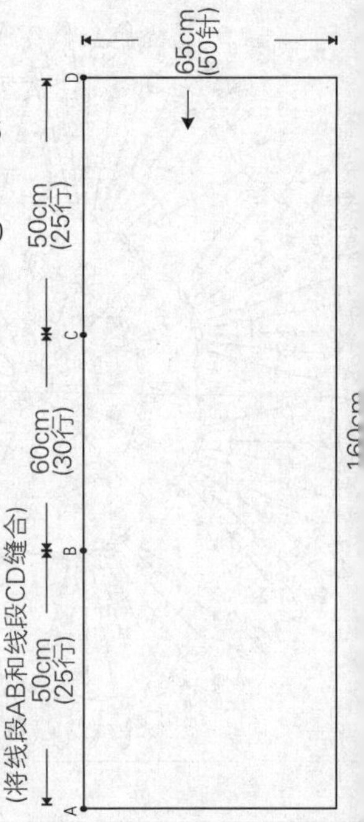

226

工具：2.5mm钩针

尺寸：披肩宽39.5cm，长143cm

密度：单元花直径6.5cm

材料：紫色蕾丝棉线250g

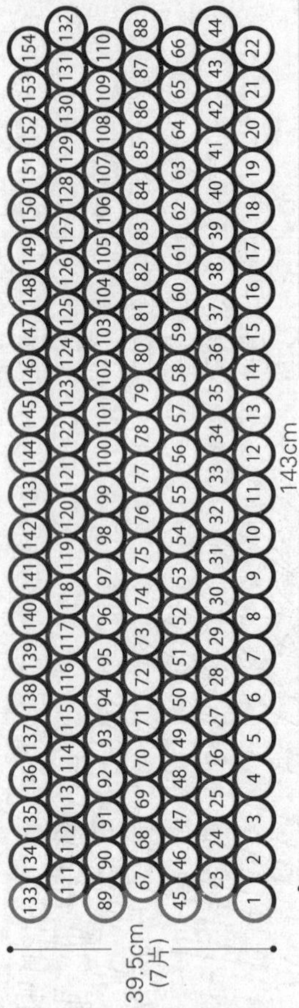

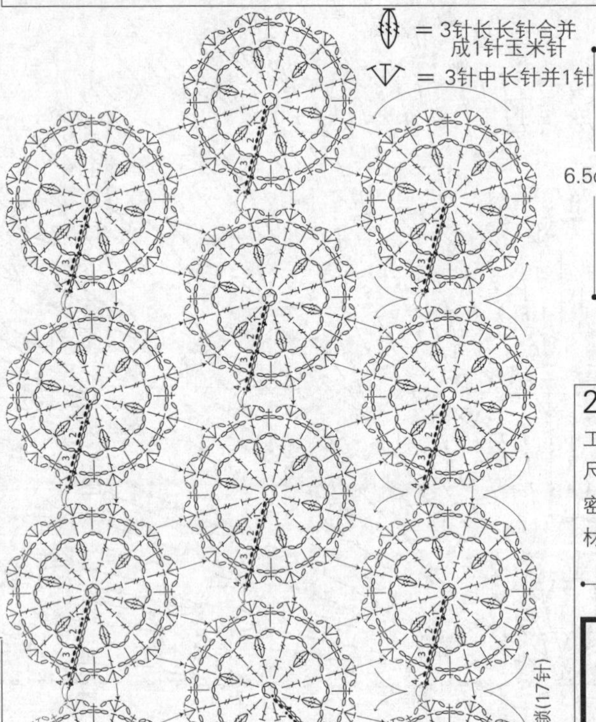

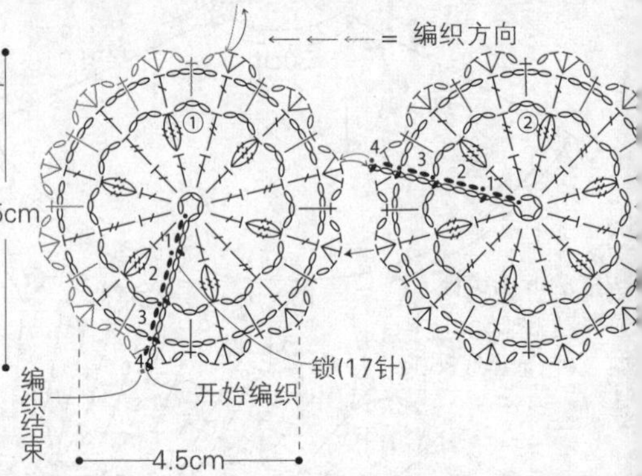

227

工具：2.3mm钩针，3.0mm棒针

尺寸：披肩宽15.5cm，长65cm

密度：30针×16行

材料：白色棉线25g，军绿色棉线40g

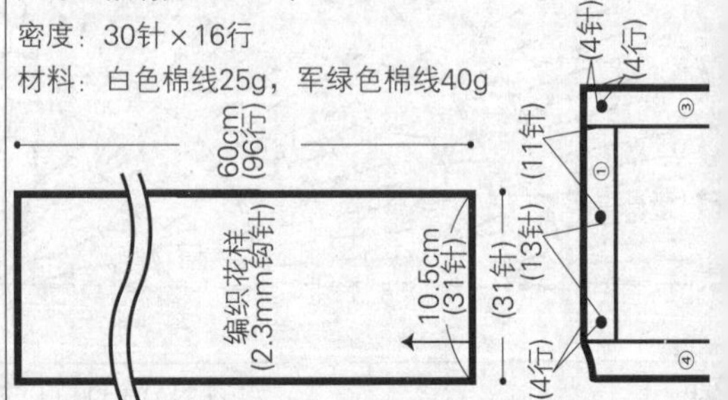

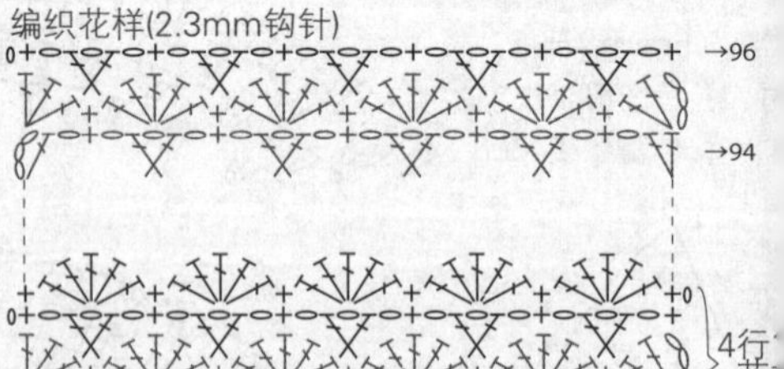

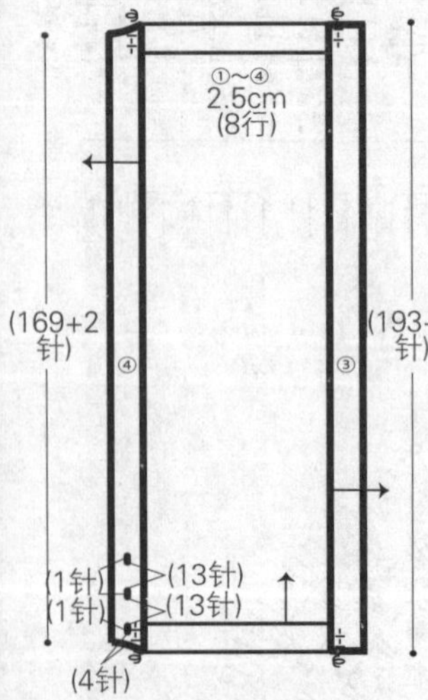

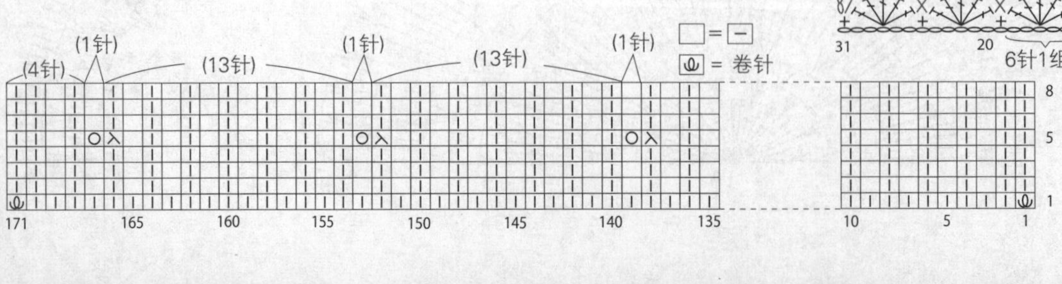

28

具：2.5mm、3.5mm钩针

寸：披肩宽50cm，长108cm

度：7组花样×16.5行

料：段染棉线160g

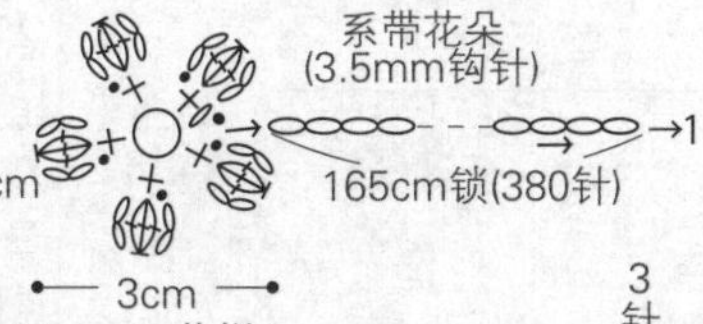

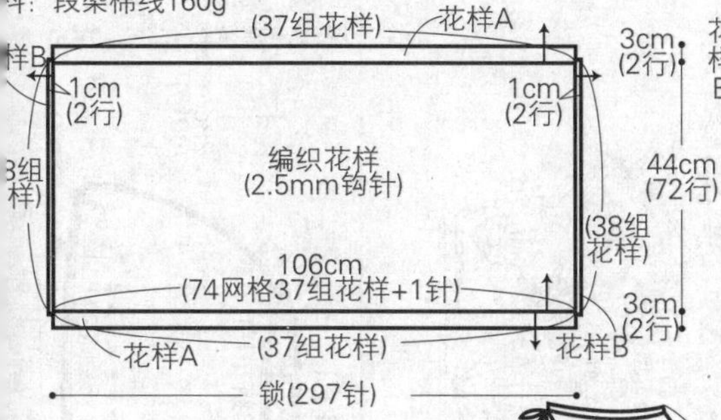

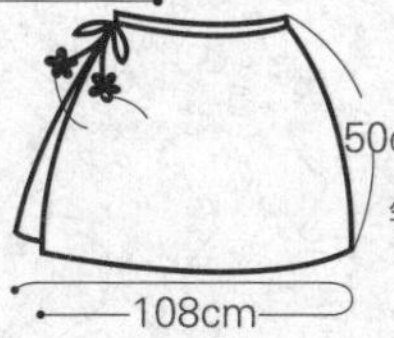

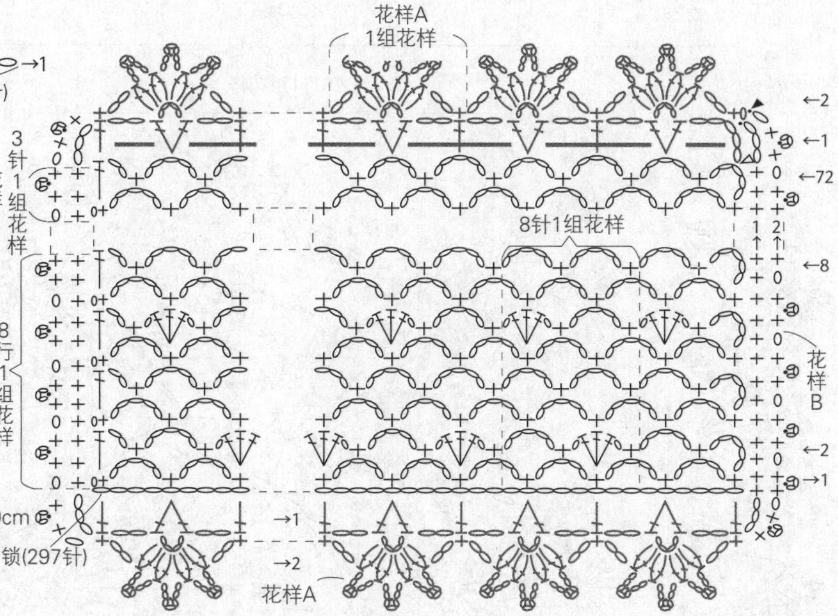

29

具：3.5mm钩针

寸：披肩宽27cm，长160cm

度：26.5针×10行

料：粉丝蕾丝线100g

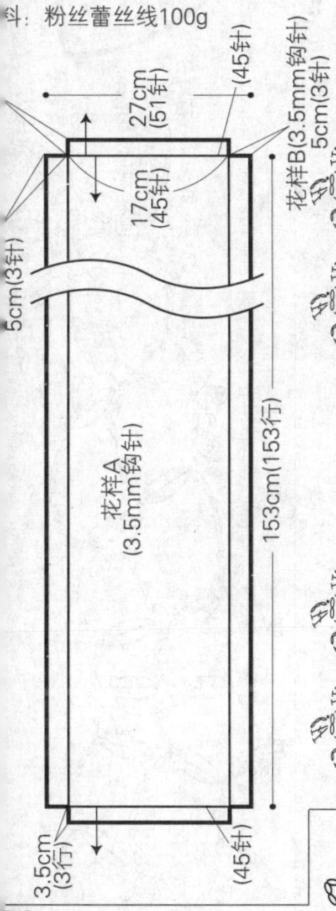

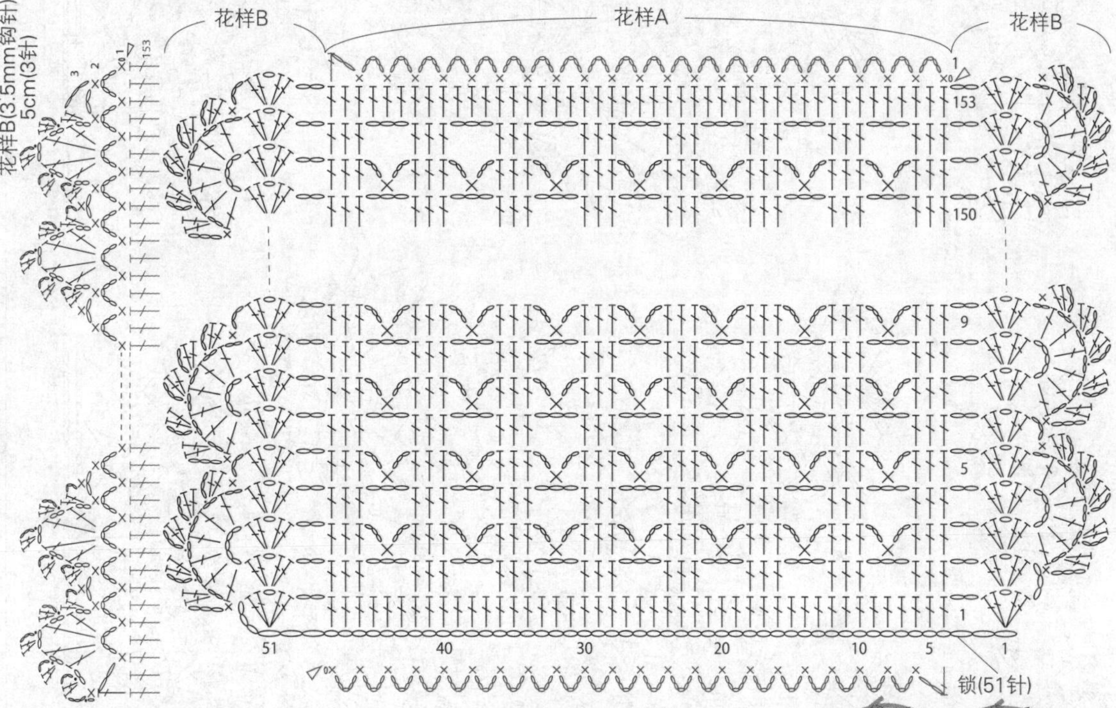

30

具：2.5mm钩针

寸：披肩宽31.5cm，长108cm

度：31.5针×13.5行

料：粉丝蕾丝线205g

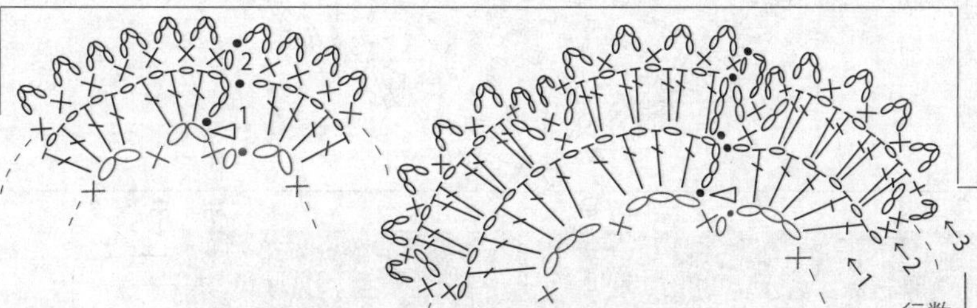

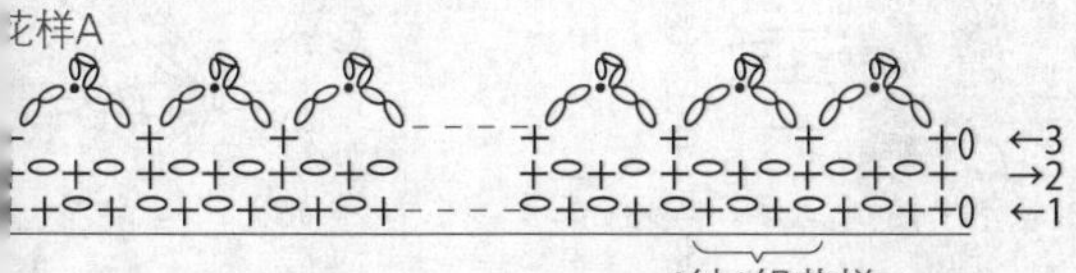

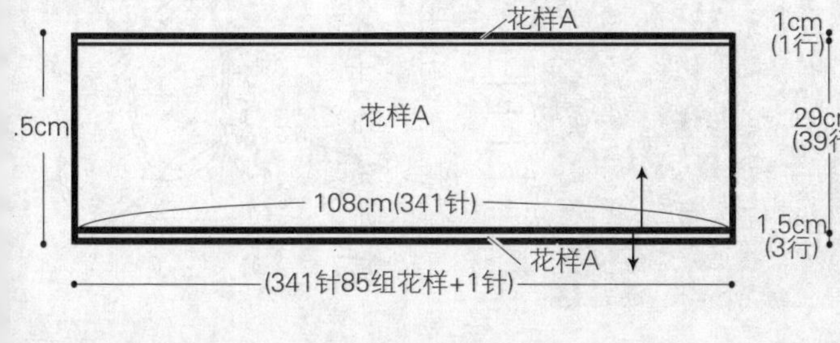

行数	针数
4	32
3	24
2	16
1	8

每行(+8针)

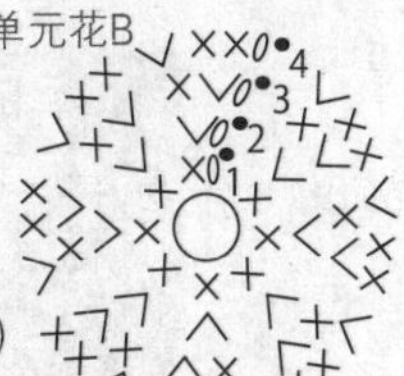

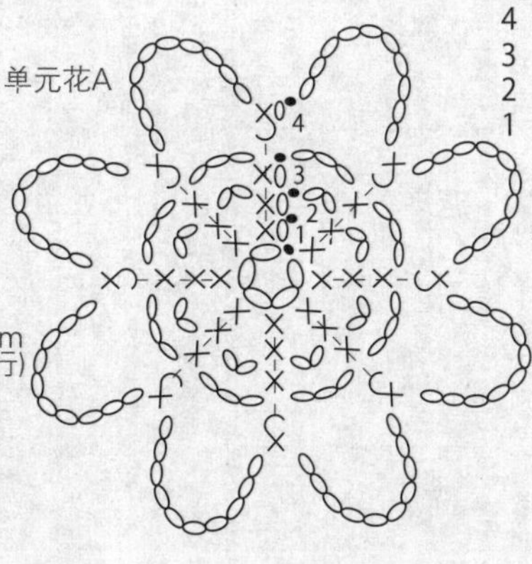

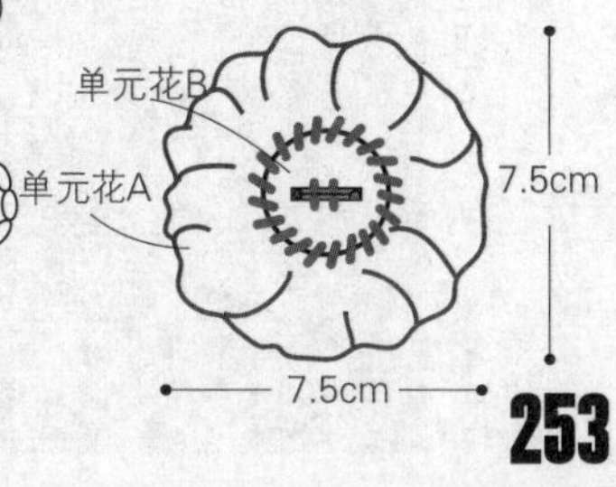

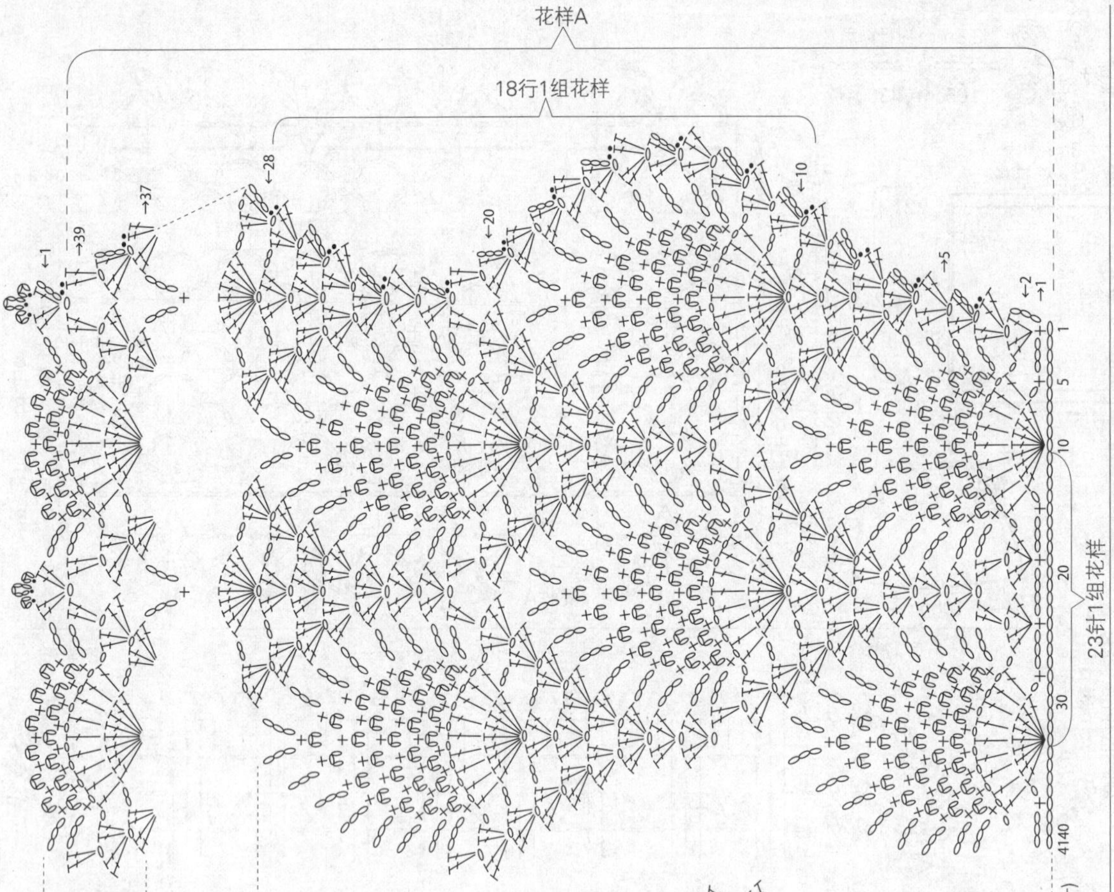
花样A
18行1组花样
23针1组花样
锁(341针)

231

工具：2.7mm钩针

尺寸：披肩高29cm，上围83
　　　下围168cm

密度：10.5针×17.5行

材料：蛋黄色蕾丝线75g

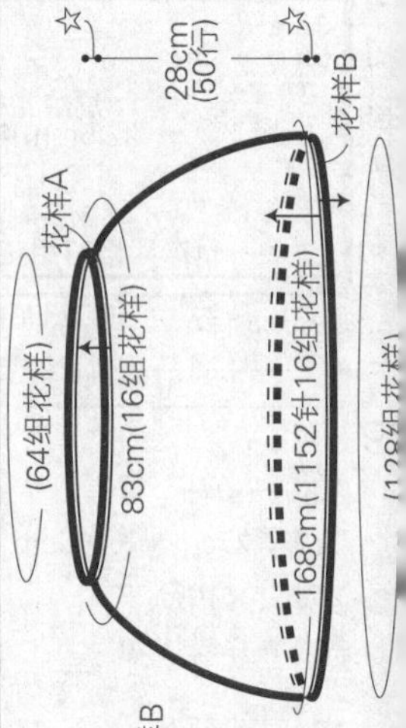
28cm
(50行)
花样B
花样A
(64组花样)
83cm(16组花样)
168cm(1152针16组花样)

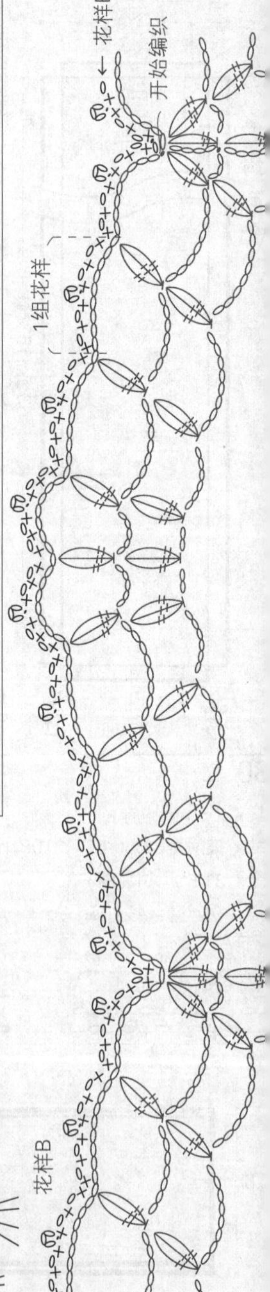
花样B
开始编织
1组花样
花样B

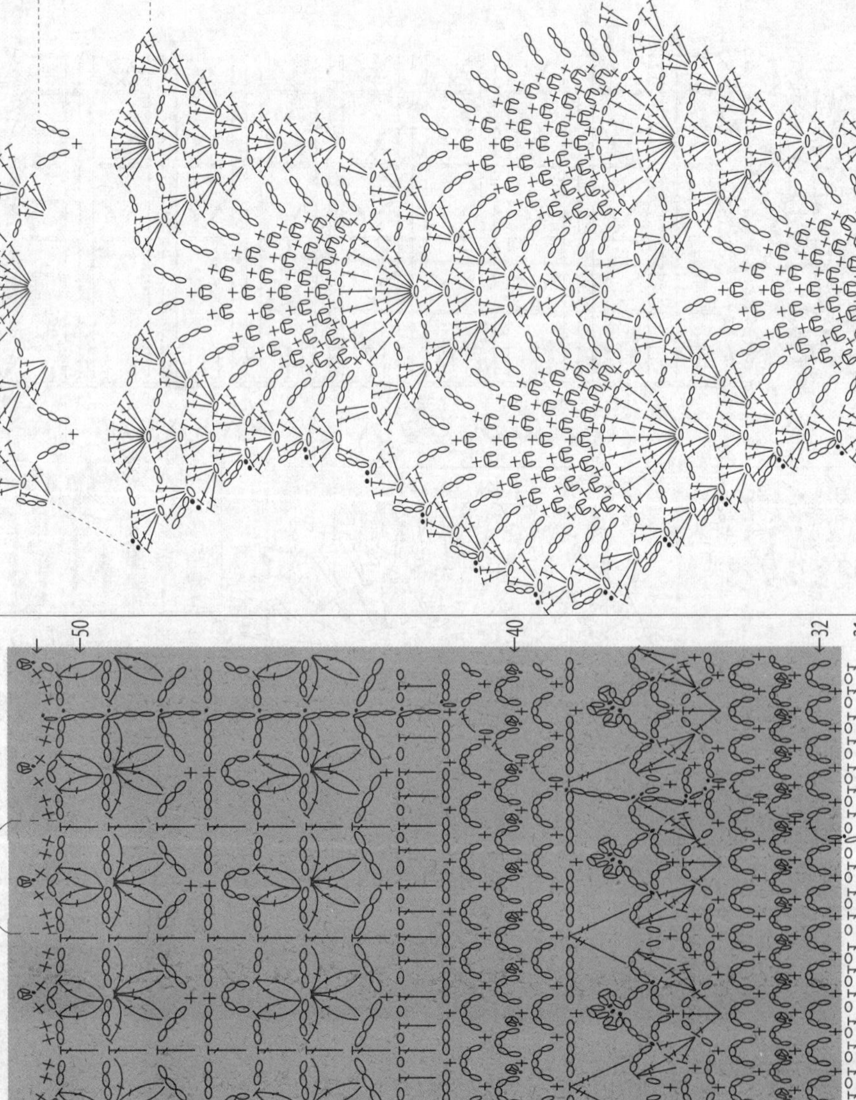
花样A
1组花样

= 3针长长针组成1针玉米针

= 4针长长针并1针

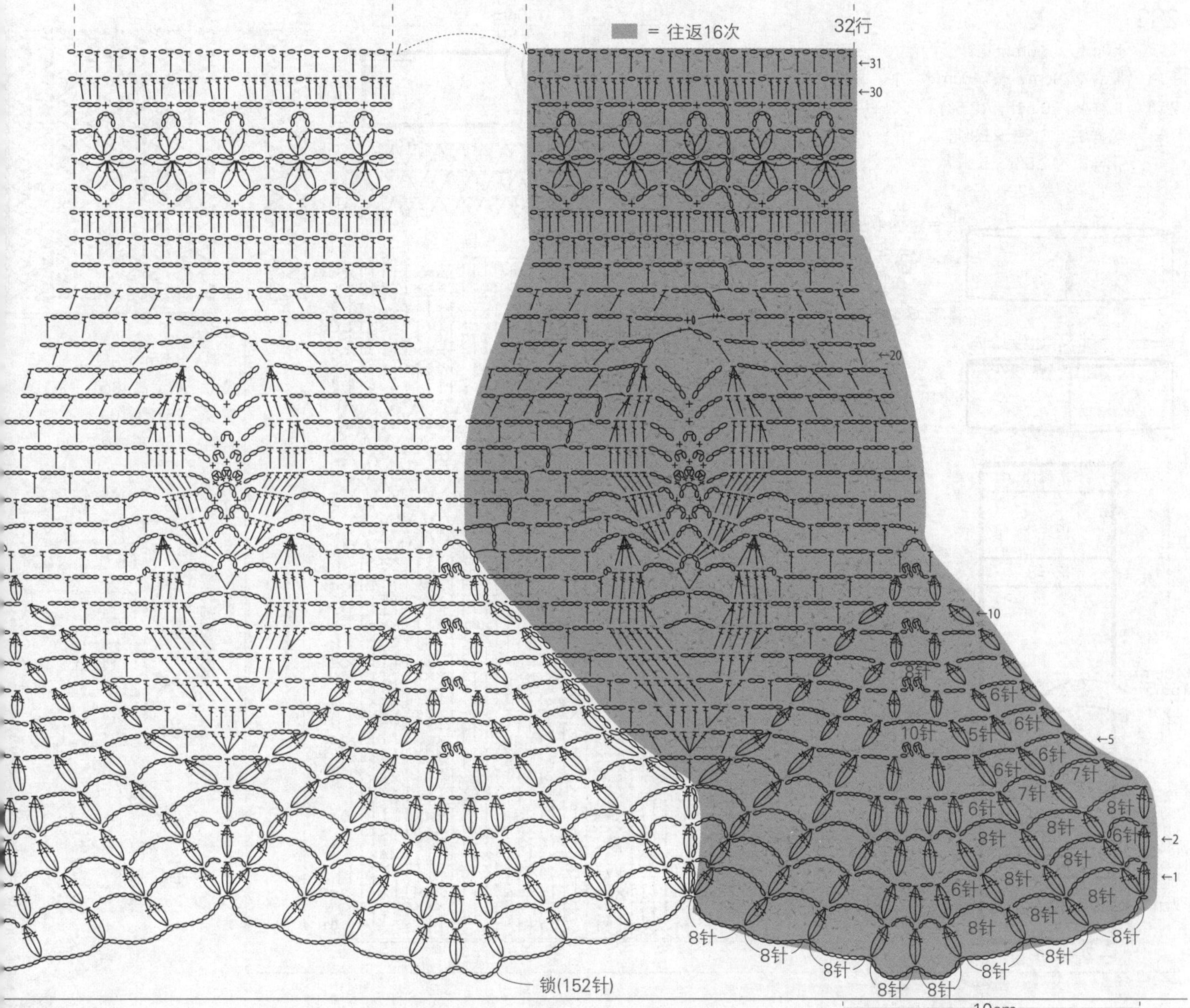

= 往返16次
32行
8针
锁(152针)
32
具：3.6mm钩针
寸：披肩高26cm，上围68cm，
下围141cm
度：4.8针×11行
料：粉丝蕾丝线125g
68cm
(183针)
(83针)
26cm
(29行)
0.5cm
(1行)
141cm
(51针)
(5针)
(83针)
(21针)
(5针)
左前
10cm
183针(14组花样+1针)
14组1组花样
13针
= (锁3针)

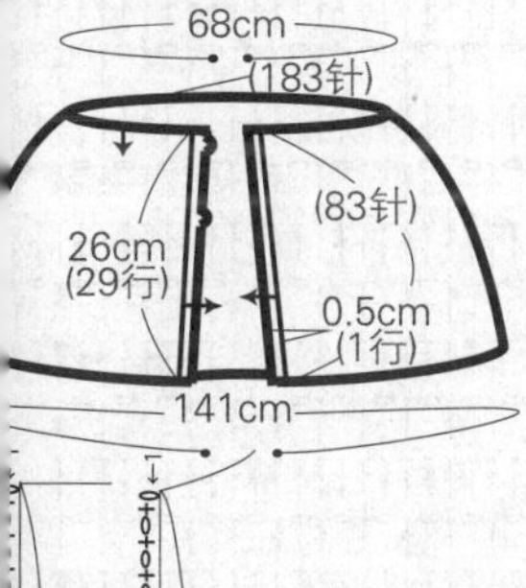

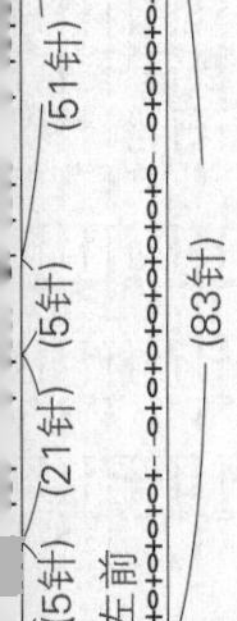

233

工具：4.0mm、6.0mm钩针

尺寸：披肩宽20cm，长140cm

密度：花样A：20.5针×12.5行

花样B：20.5针×8.5行

花样C：12.5针×5.5行

材料：白色羊绒线420g

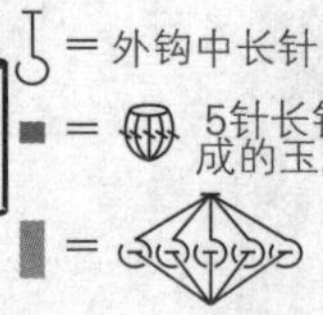

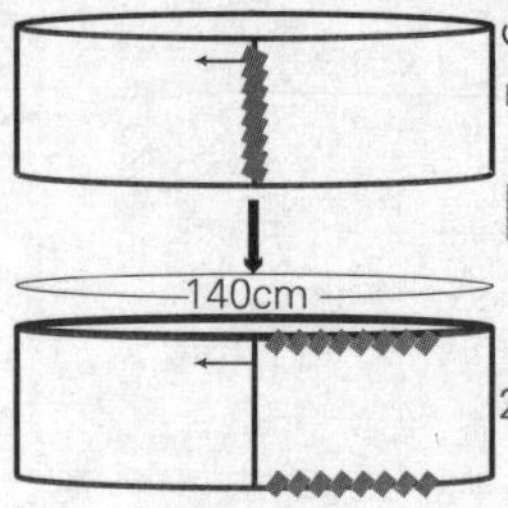

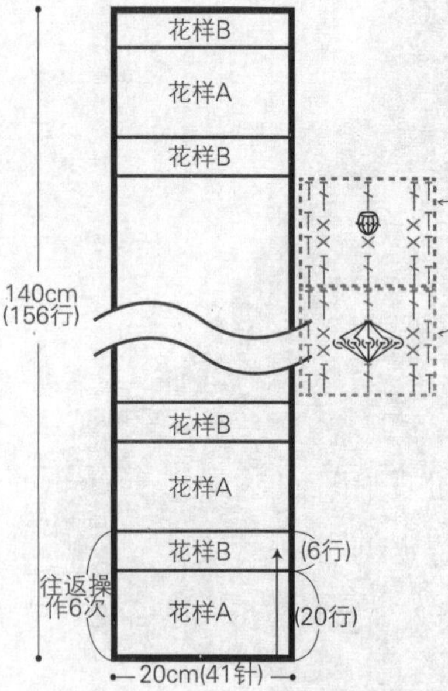

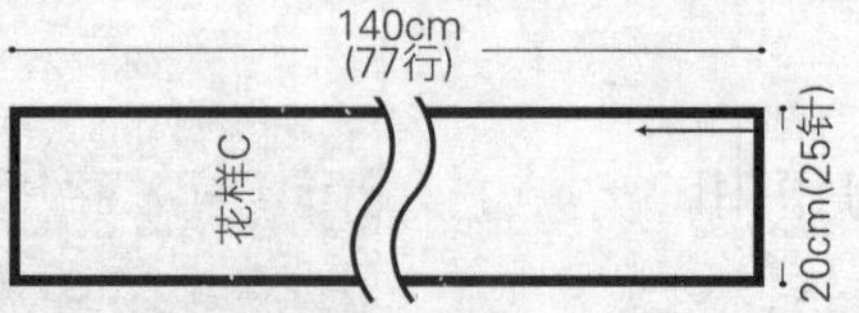

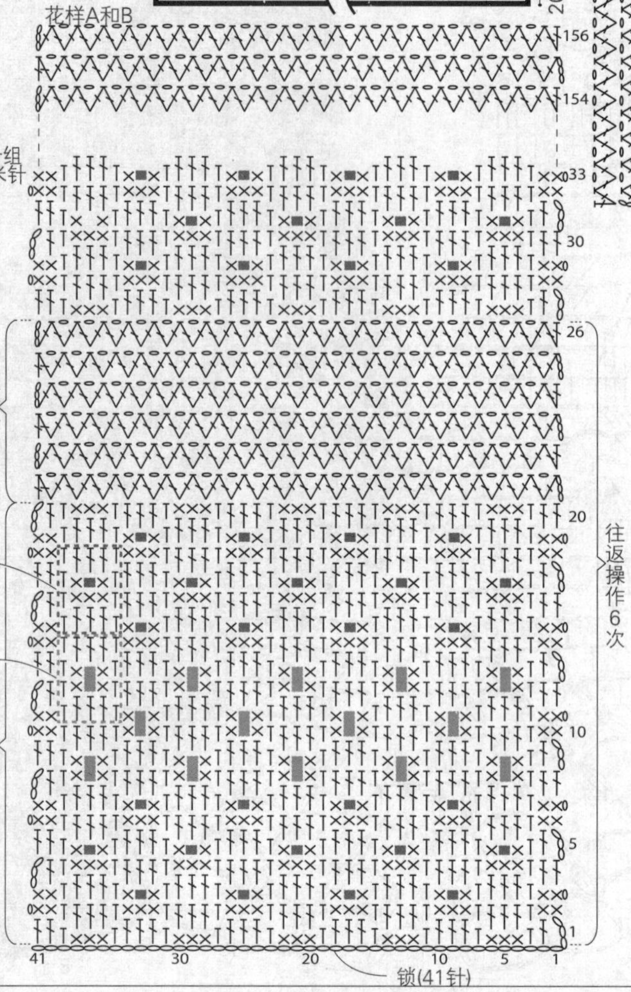

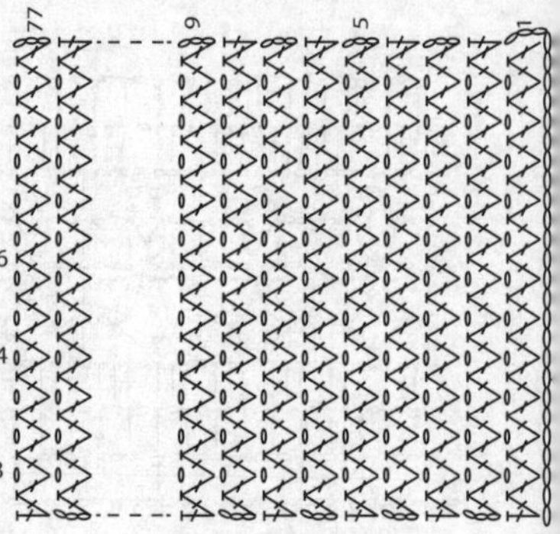

234

工具：3.5mm钩针

尺寸：披肩高46cm，宽194cm

密度：25针×10.5行

材料：蓝色羊绒线210g

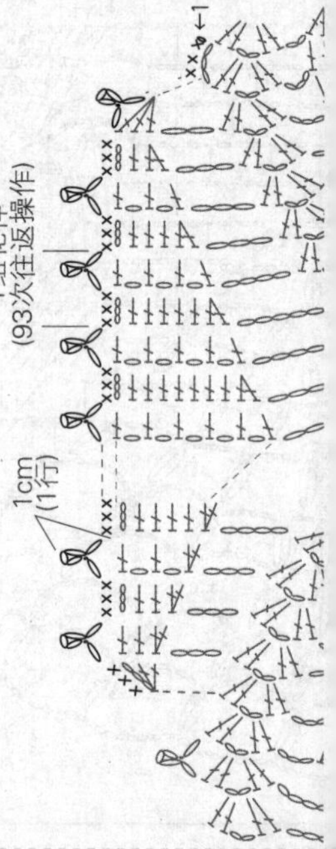

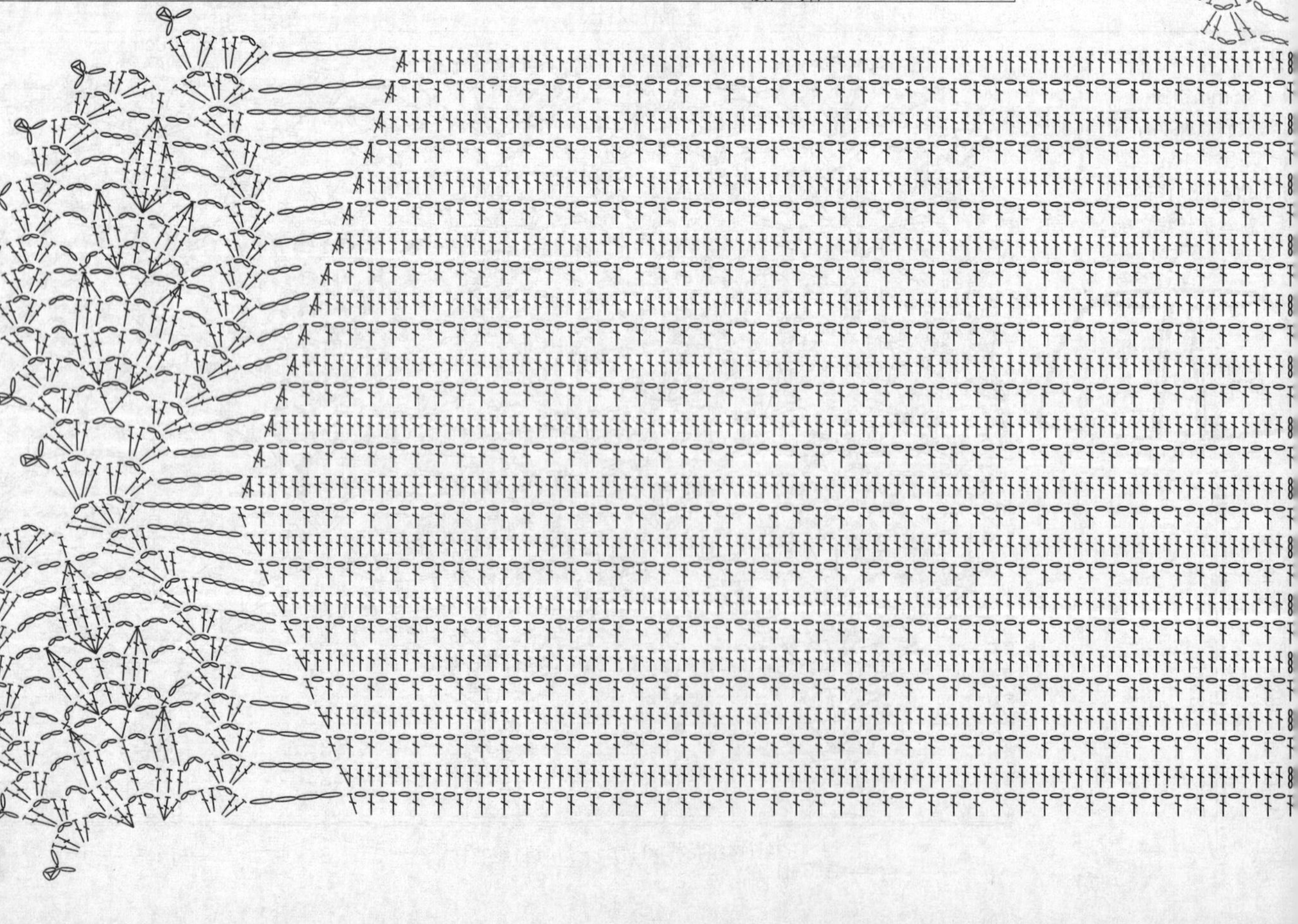

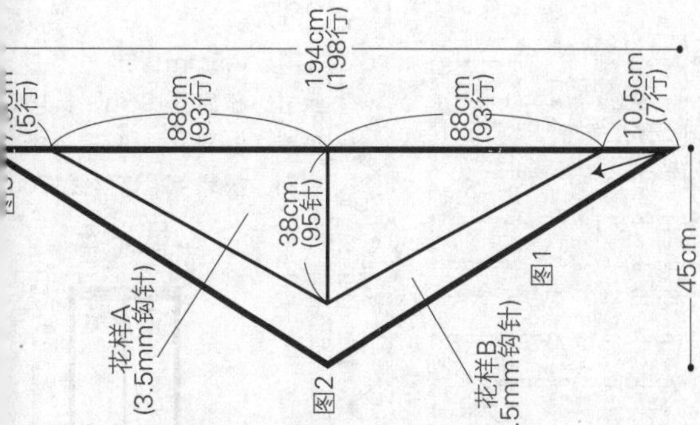

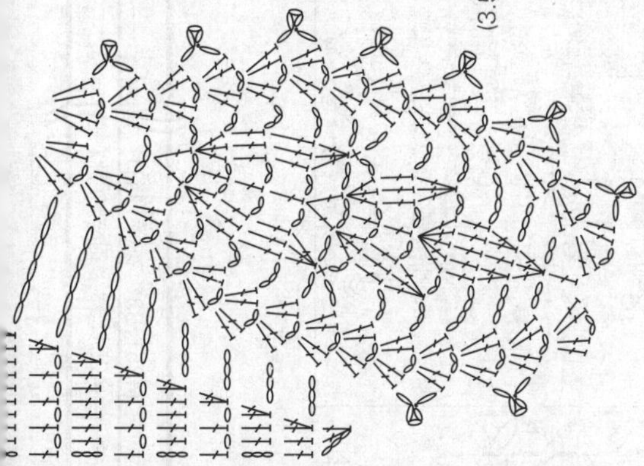

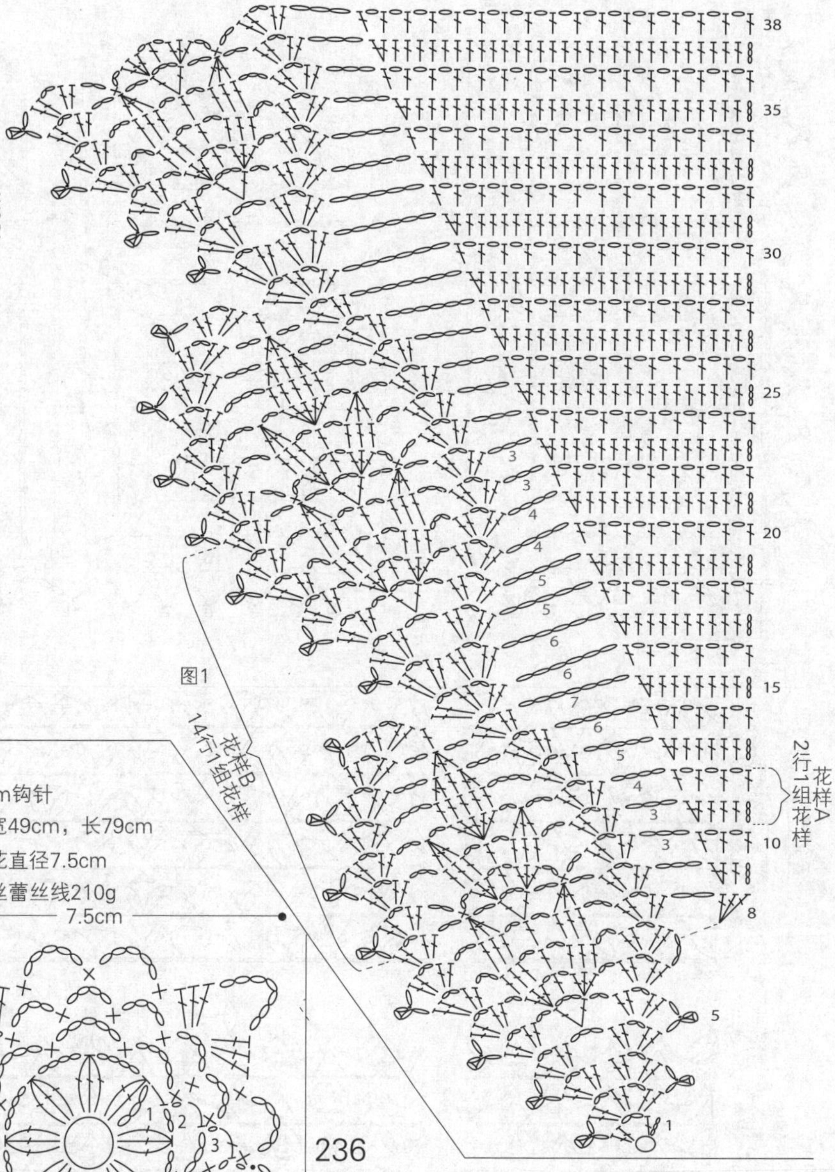

194cm
(198行)
88cm
(93行)
88cm
(93行)
10.5cm
(7行)
(5行)
38cm
(95针)
45cm
图1
图2
花样A
(3.5mm钩针)
花样B
(3.5mm钩针)
图1
花样B
14行1组花样
花样A
2行1组花样
235
工具：3.0mm钩针
尺寸：披肩宽49cm，长79cm
密度：单元花直径7.5cm
材料：浅粉丝蕾丝线210g
角(1组花样)
(30组花样)
角(1组花样)
2cm
(2行)
75cm
(10片)
2cm
(2行)
2cm
(2行)
45cm
(6片)
2cm
(2行)
角(1组花样)
7.5cm
7.5cm
1组花样
236
工具：2.0mm钩针
尺寸：披肩宽37cm，长142cm
密度：单元花直径7cm
材料：淡蓝色蕾丝线160g
角(1组花样)
(34组花样)
角(1组花样)
1cm
(1行)
140cm
(20片)
(139组花样)
1cm
(1行)
角(1组花样)
角(1组花样)
1cm
(1行)
35cm
(5片)
1cm
(1行)
7cm
7cm

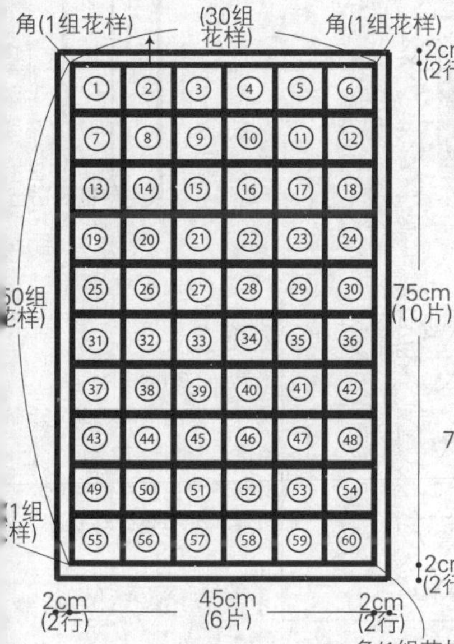

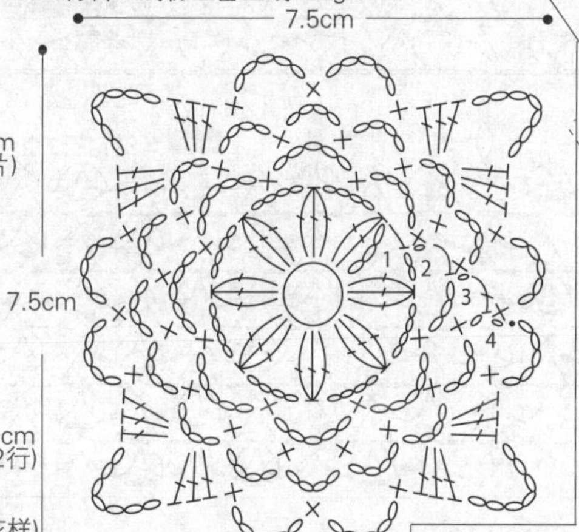

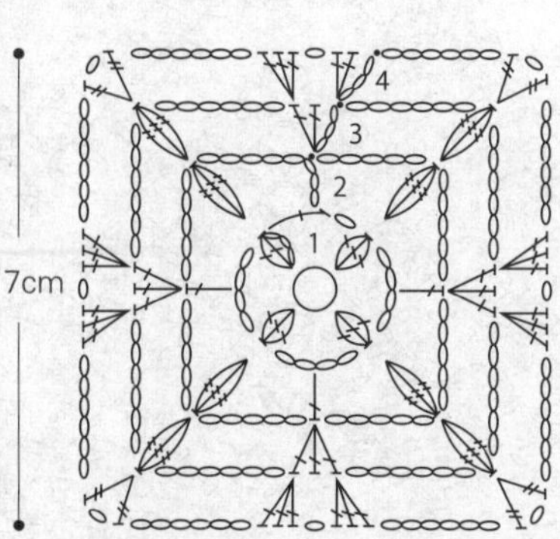

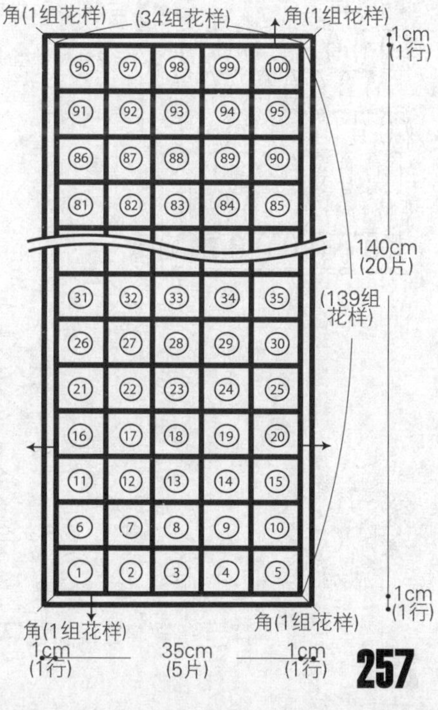

97
96
7
6
2
1
角(1组花样)

237

工具：3.5mm钩针
尺寸：披肩宽19cm，长180
密度：24针×11.5行
材料：墨绿色粗蕾丝线170g

9.5cm (11行)
9.5cm (11行)
1.5cm (1行)
177cm (425针53组花样+1针)
(425针53组花样+1针)
177cm
1.5cm (1行)
5组花样
19cm

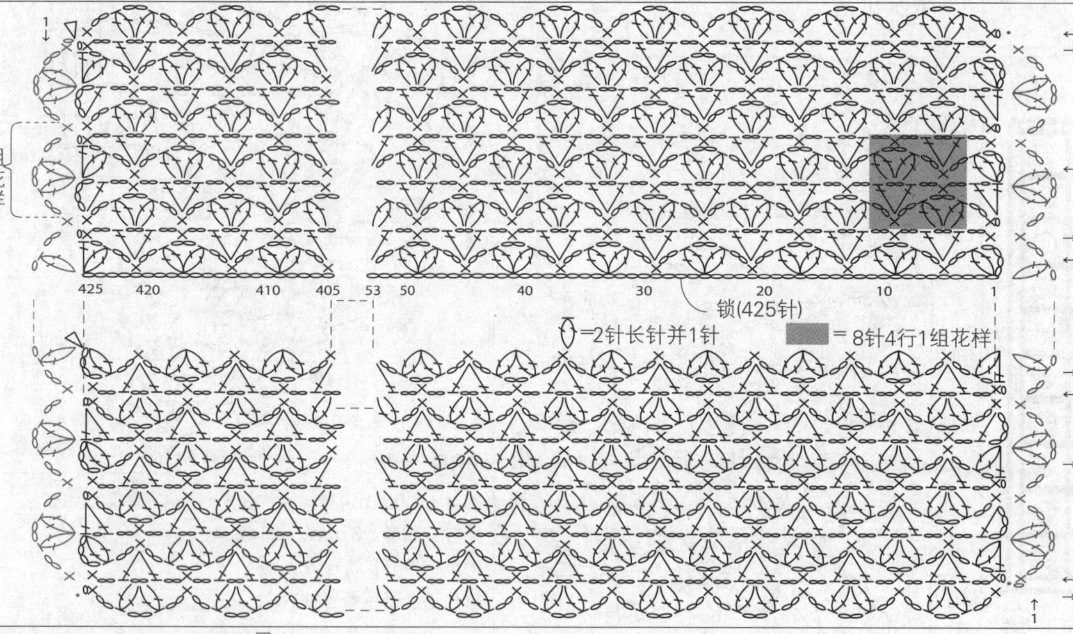
1组花样
425
420
410
405
53
50
40
30
20
10
1
锁(425针)
=2针长针并1针
=8针4行1组花样

238

工具：3.0mm钩针
尺寸：披肩高82.5cm，长1
密度：25针×12.5行
材料：白色蕾丝线170g，
紫色蕾丝线40g

编织花样

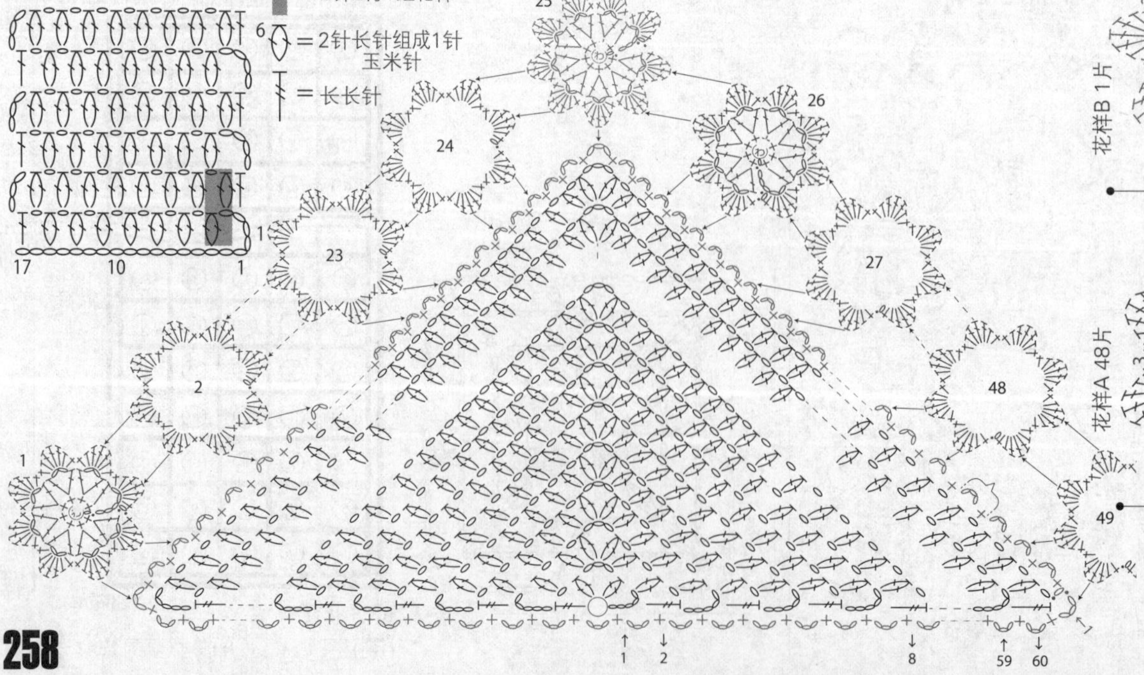
17
10
1
6
1
=2针2行1组花样
=2针长针组成1针
玉米针
=长长针
25
24
26
23
27
2
48
1
49
1
2
8
59
60

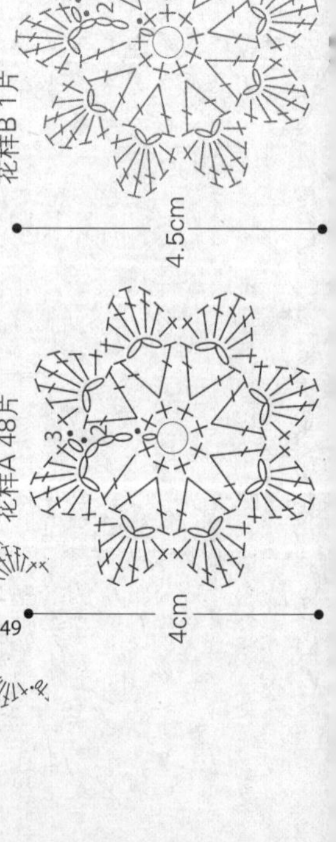
花样B 1片
4.5cm
花样A 48片
4cm

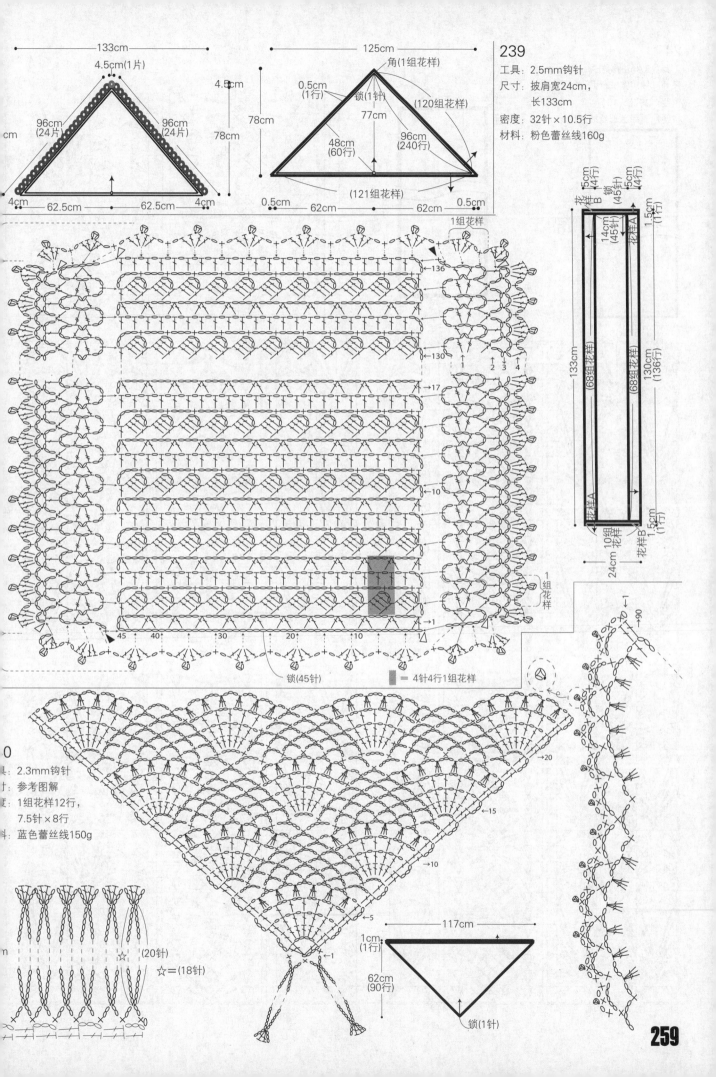

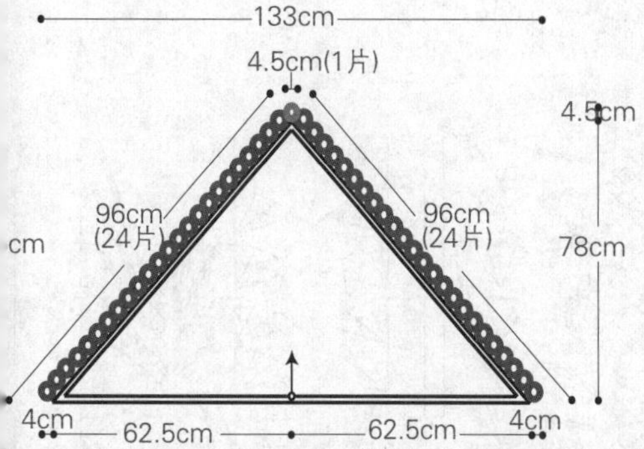

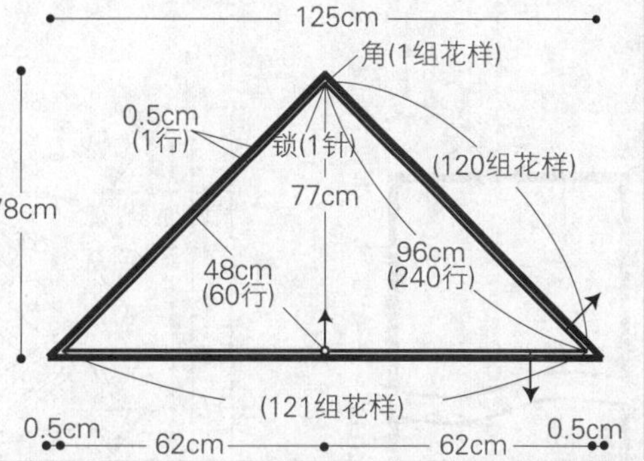

239

工具：2.5mm钩针

尺寸：披肩宽24cm，

长133cm

密度：32针×10.5行

材料：粉色蕾丝线160g

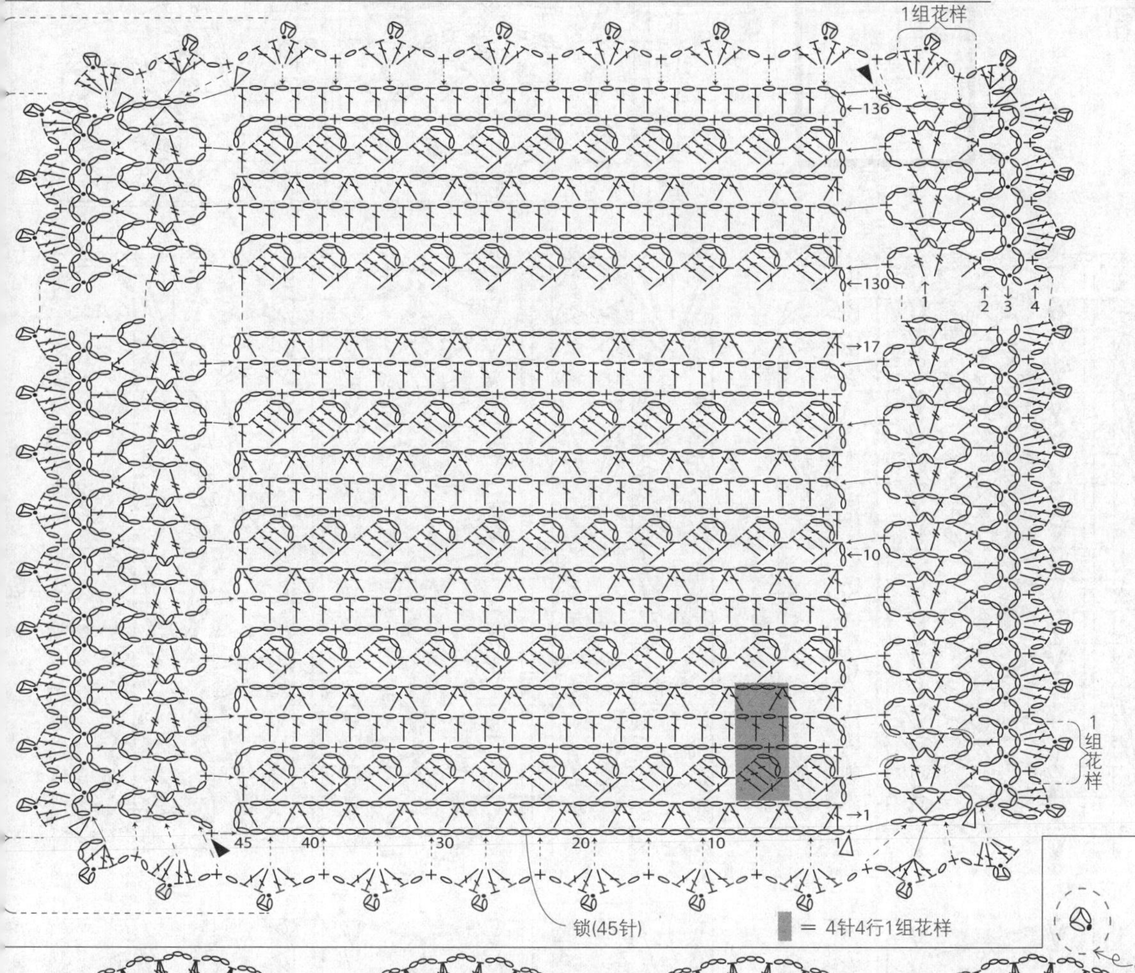

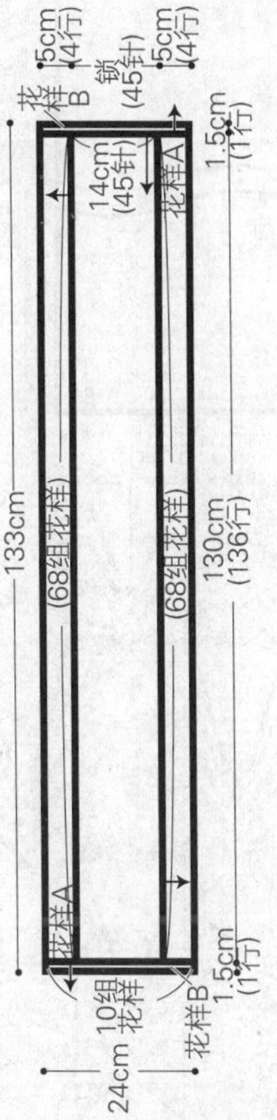

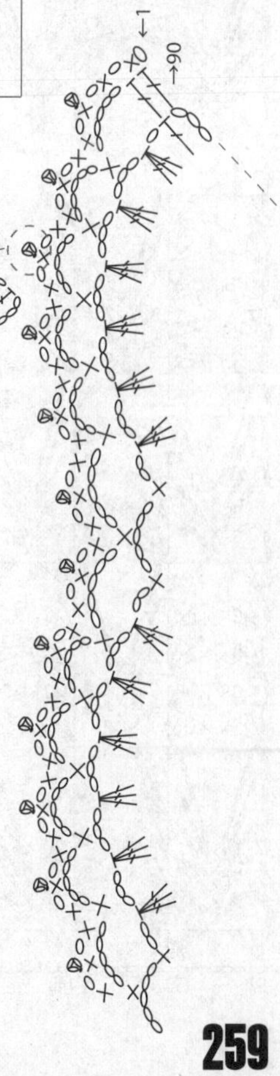

0

具：2.3mm钩针

寸：参考图解

度：1组花样12行，

7.5针×8行

料：蓝色蕾丝线150g

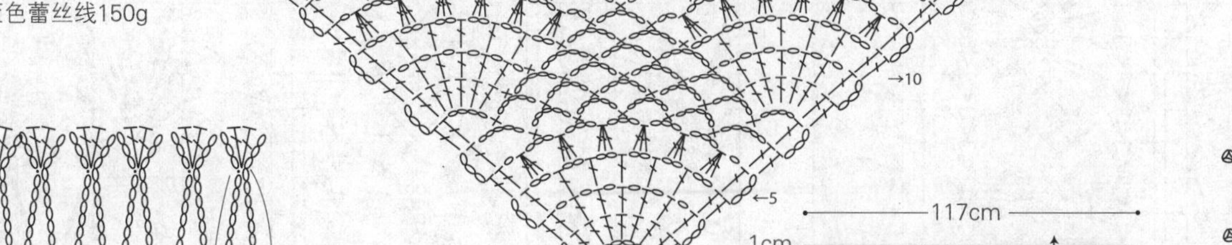

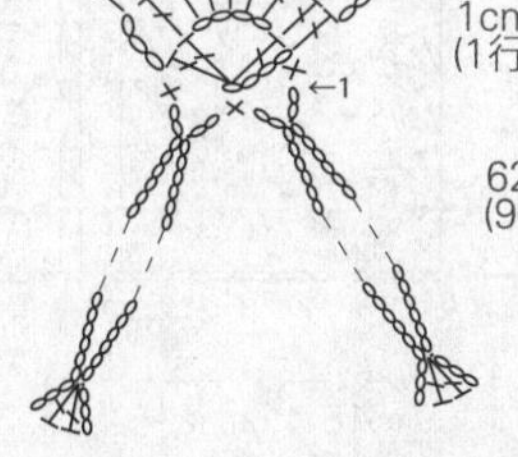

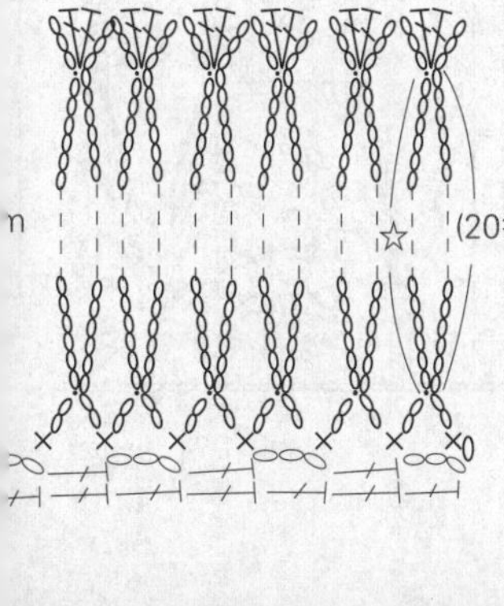

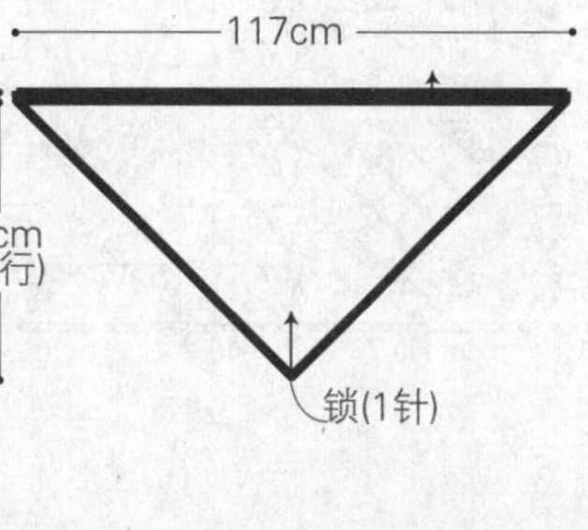

241

工具：2.3mm钩针

尺寸：披肩宽55cm，长171cm

密度：29针×10行

材料：墨绿色蕾丝线355g

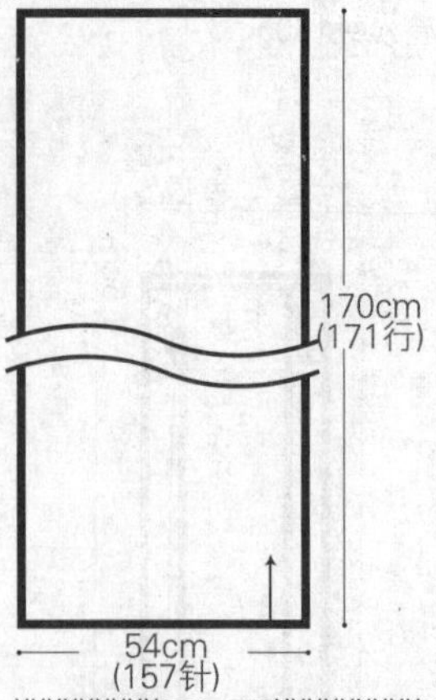

170cm
(171行)
54cm
(157针)

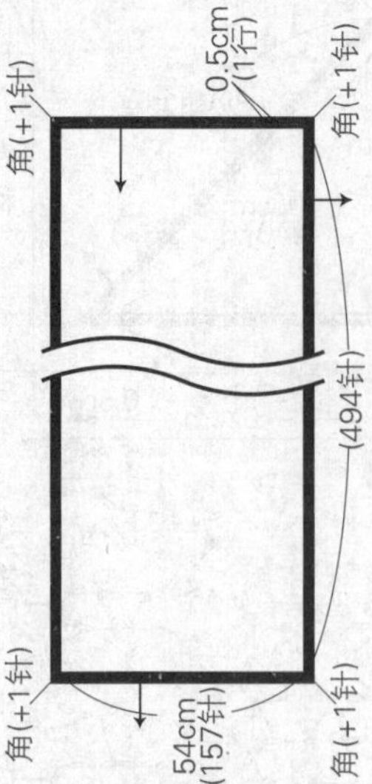

0.5cm
(1行)
角(+1针)
角(+1针)
(494针)
角(+1针)
角(+1针)
54cm
(157针)

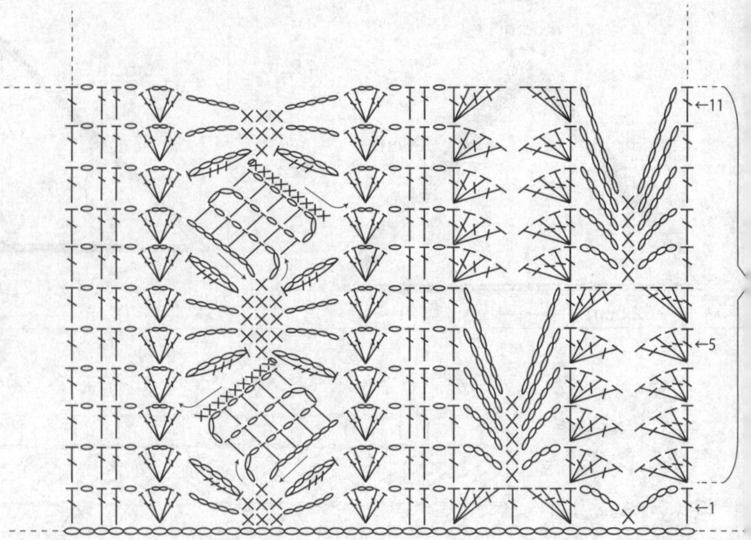

←11
←5
←1

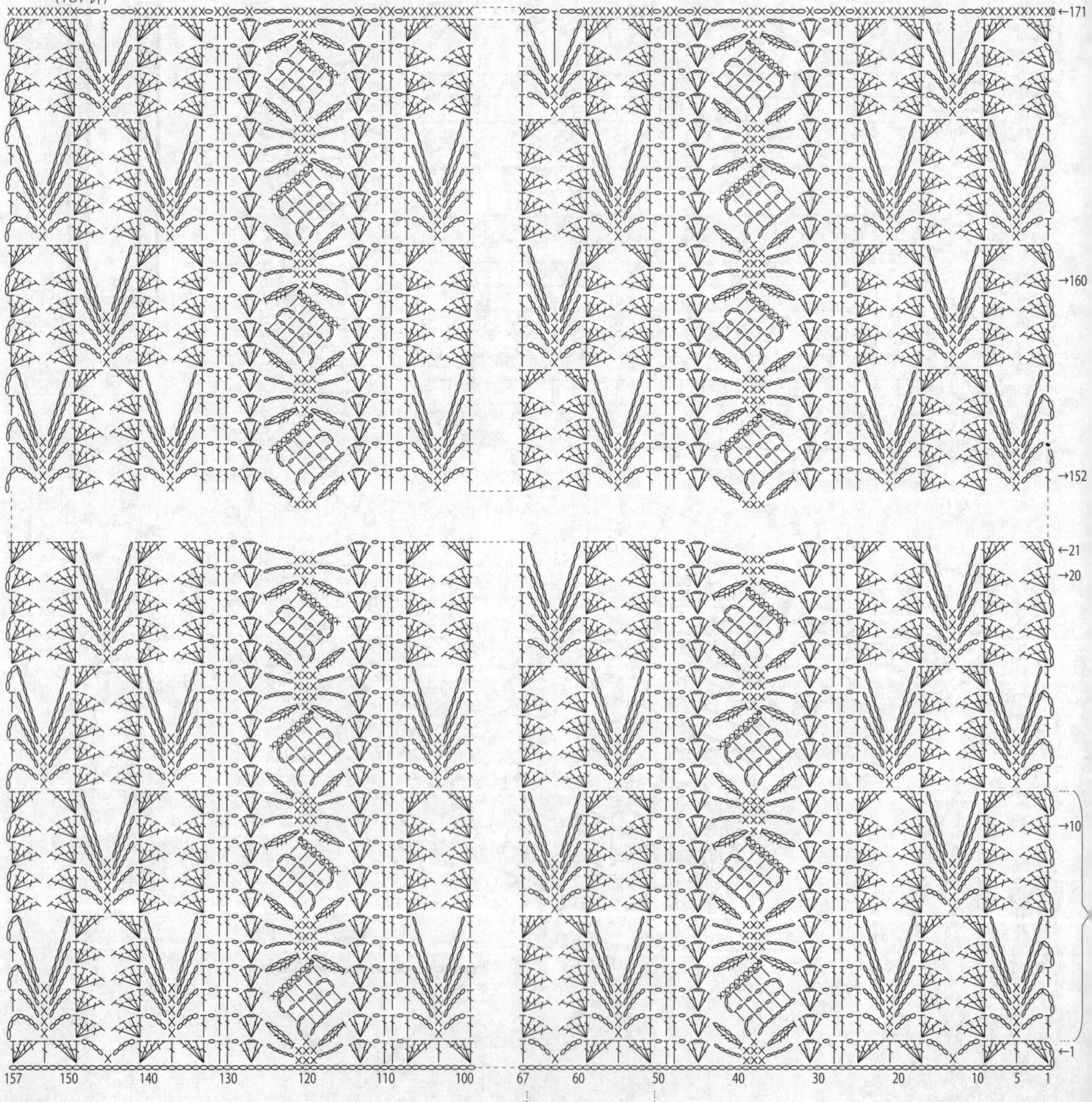

←171
→160
→152
←21
→20
→10
←1
157
150
140
130
120
110
100
67
60
50
40
30
20
10
5
1
18针1组花样

2

：2.0mm钩针

：披肩宽48cm，长147cm

：7cm×8cm

：橘黄色蕾丝线320g

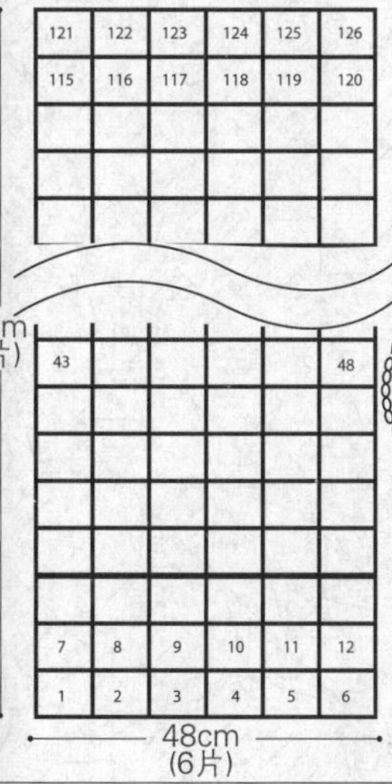
121 122 123 124 125 126
115 116 117 118 119 120
43 48
7 8 9 10 11 12
1 2 3 4 5 6
48cm
(6片)

(17针)
(15针)
(15针)
(17针)

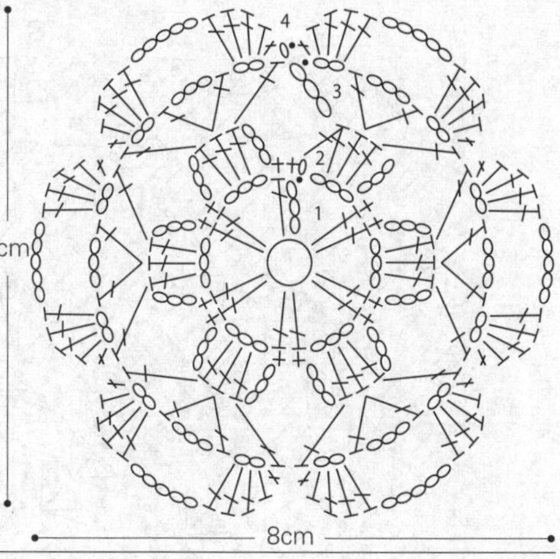
7cm
8cm

243

工具：2.5mm钩针

尺寸：披肩高95cm，宽190cm

密度：25针×7.5行

材料：粉色段染羊绒线280g

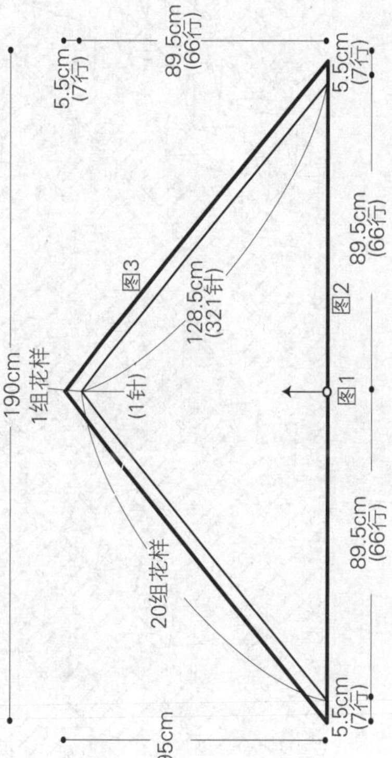
89.5cm
(66行)
5.5cm
(7行)
图3
128.5cm
(321针)
图2
190cm
1组花样
(1针)
图1
20组花样
95cm

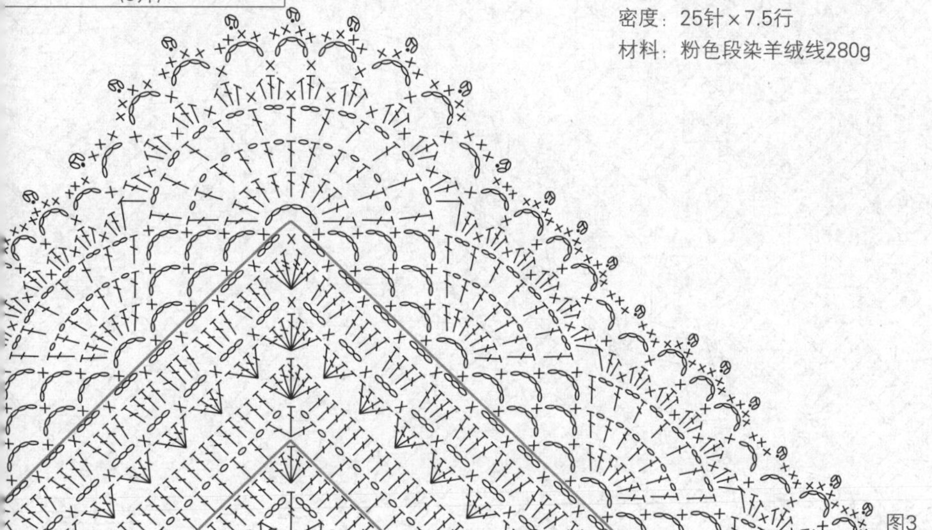
图3

66
60
50
40

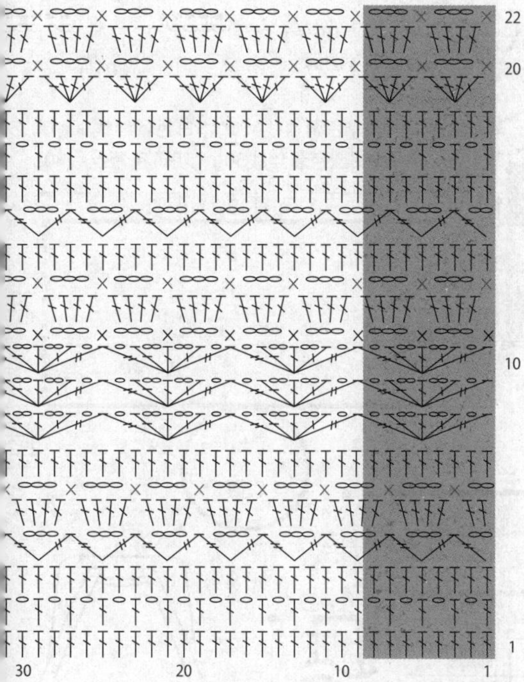

22
20
10
1
30
20
10
1

= 8针22行1组花样

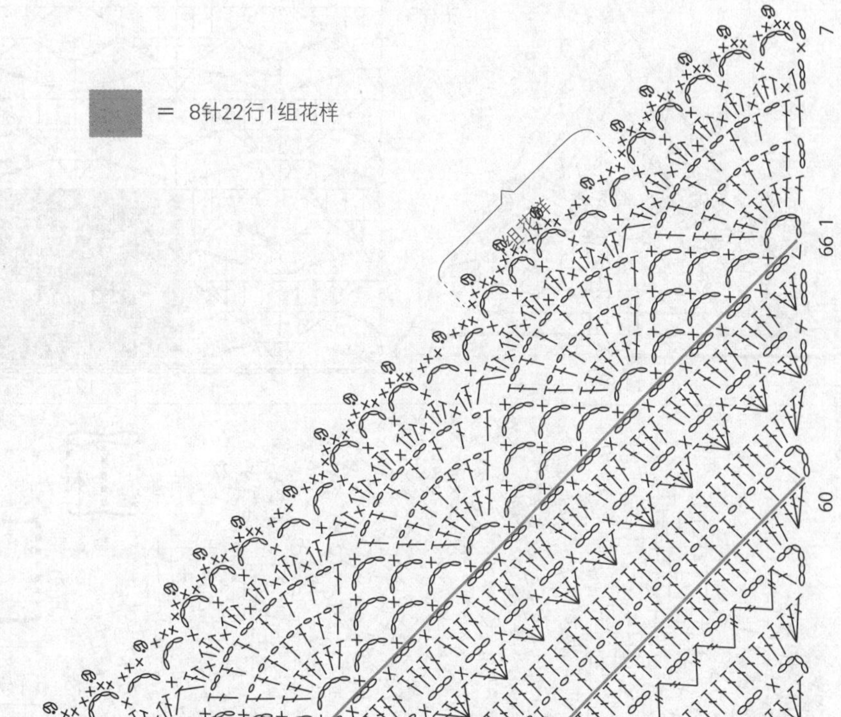

1组花样
7
1
66
60
50
40

244

工具：2.0mm钩针

尺寸：披肩宽18cm，

长142cm

密度：34针×14行

材料：橘黄色蕾丝线120g

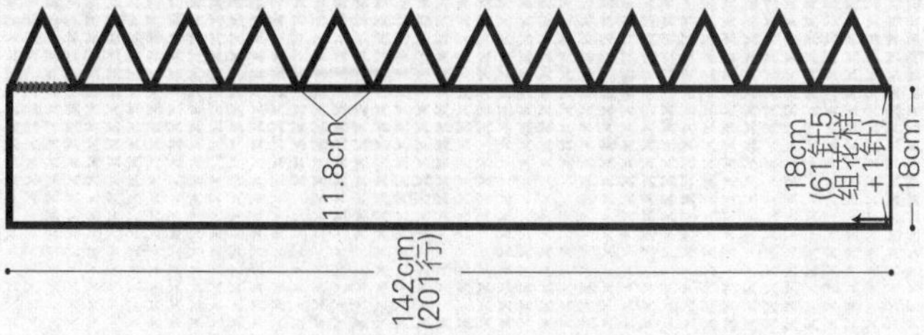

11.8cm
18cm
(61针5组花样+1针)
18cm
142cm
(201行)

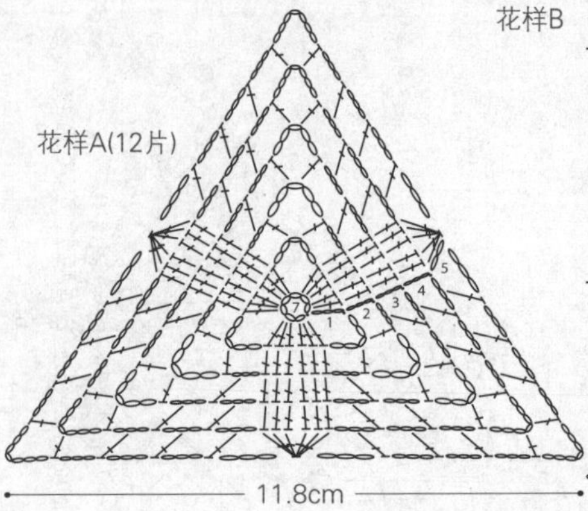
花样A(12片)
11.8cm

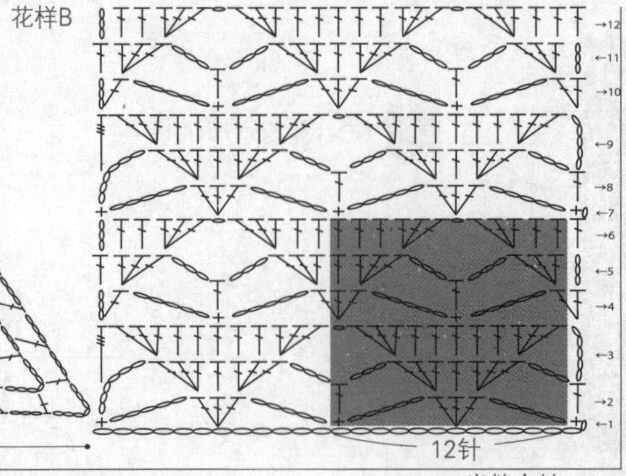
花样B
12针

245

工具：3.5mm钩针

尺寸：参考图解

密度：20针×20行

材料：咖啡色蕾丝线100g，白色蕾丝线50g，浅湖蓝色蕾丝线50g，明黄色蕾丝线50g

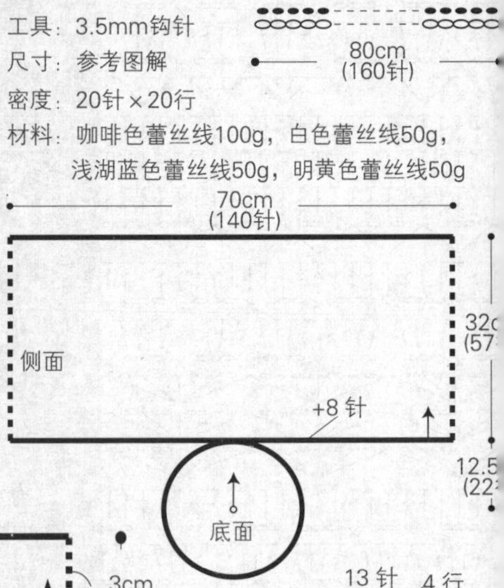
80cm
(160针)
70cm
(140针)
侧面
+8针
底面
12.5
32c
(57

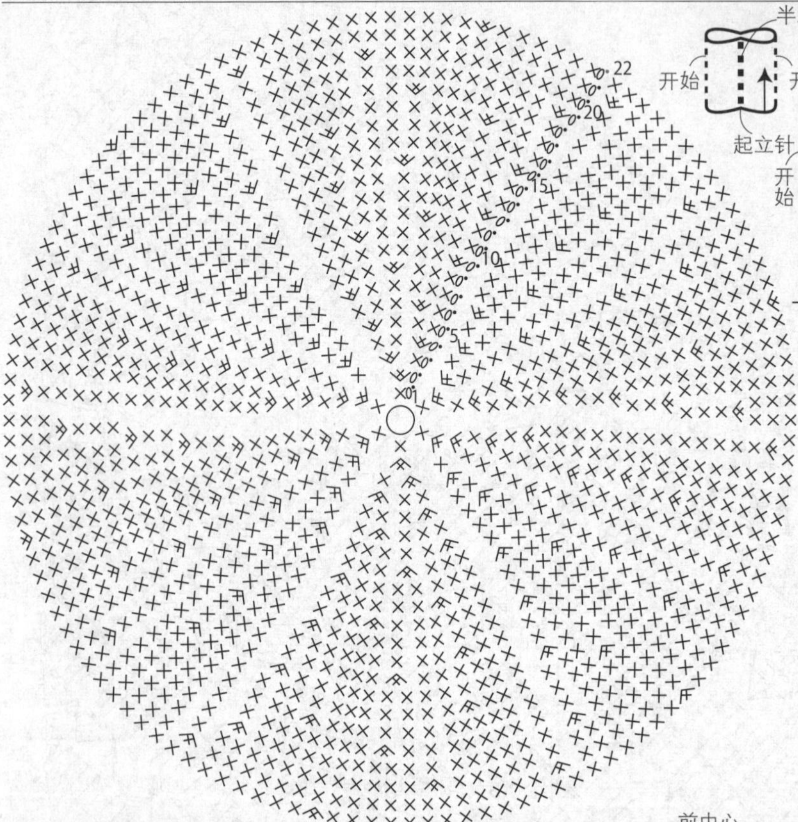

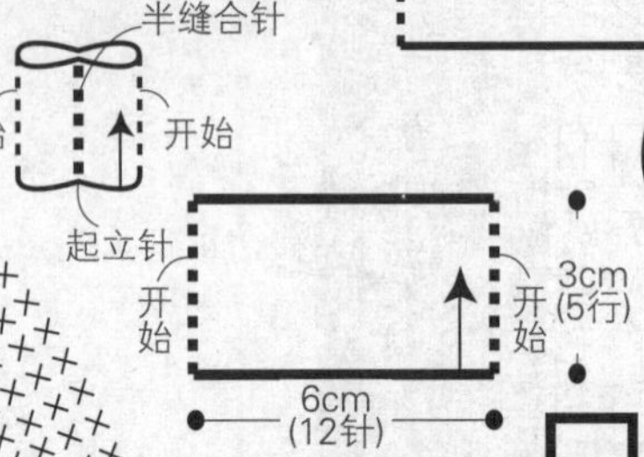
半缝合针
开始
开始
起立针
开始
开始
3cm
(5行)
6cm
(12针)

行数	针数
22	132
21	126
20	120
19	114
18	108
17	102
16	96
15	90
14	84
13	78
12	72
11	66
10	60
9	54
8	48
7	42
6	36
5	30
4	24
3	18
2	12
1	6

每行加6针

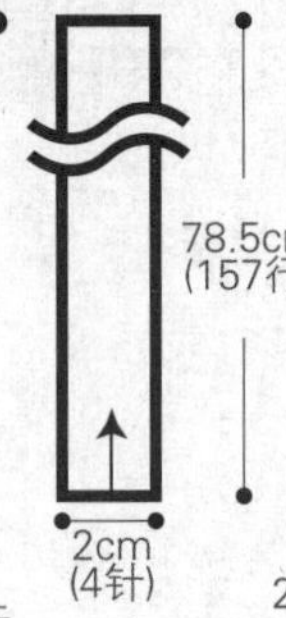
78.5cm
(157行)
2cm
(4针)

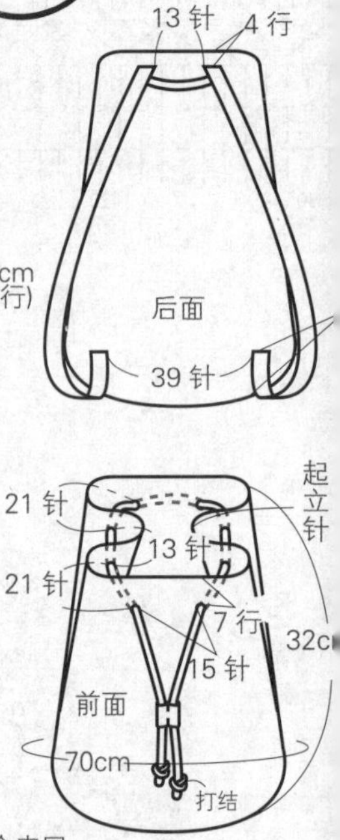
13针
4行
后面
39针
21针
13针
21针
起立针
7行
15针
32c
前面
70cm
打结

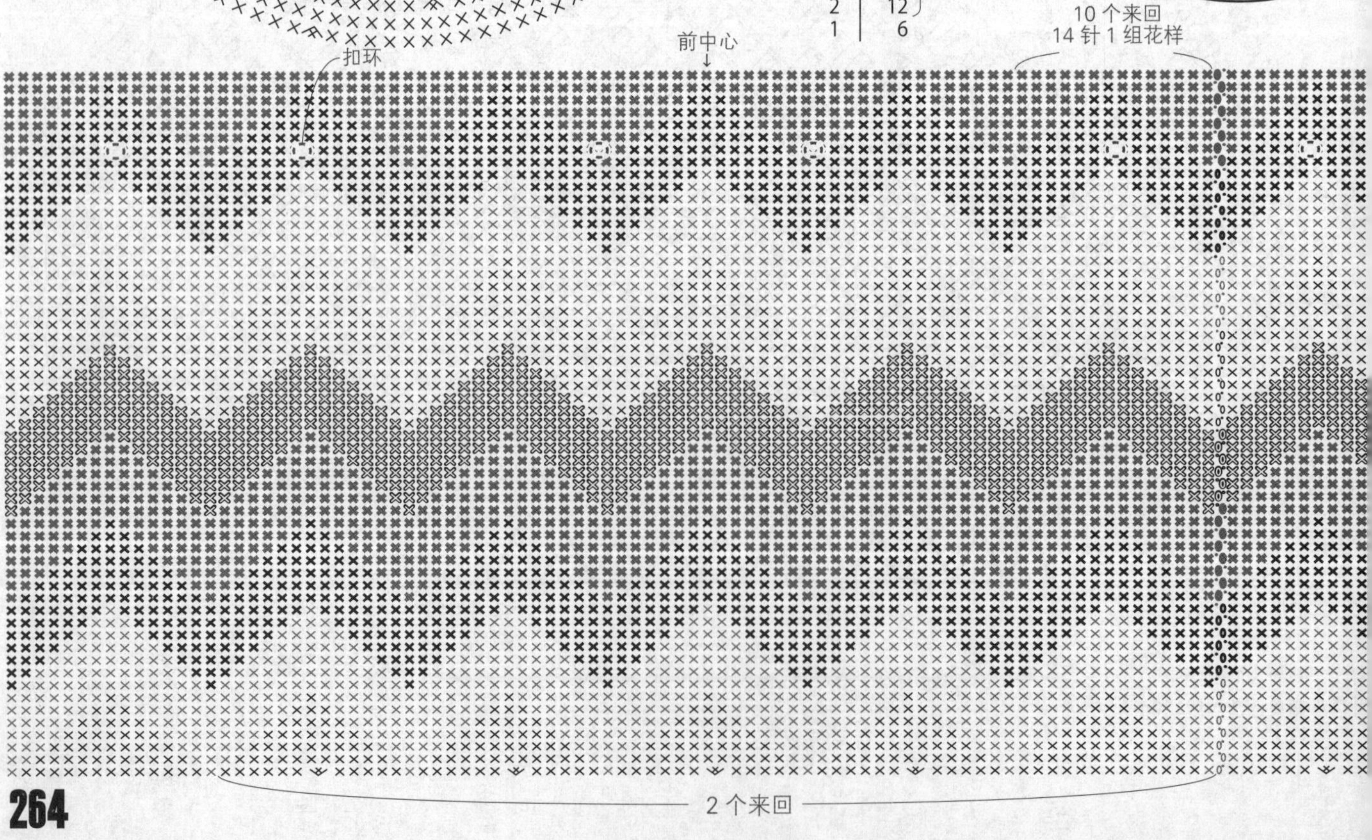
10个来回
14针1组花样
前中心
扣环
2个来回

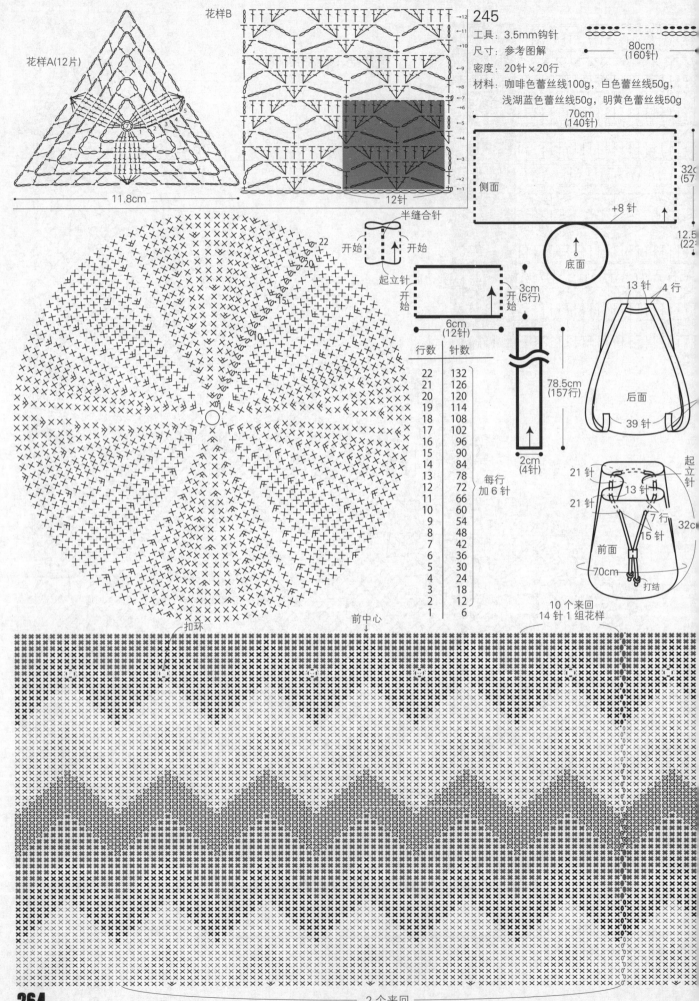

46

具：3.5mm钩针

寸：参考图解

度：43.5针×45行

料：咖啡色牛奶棉线40g

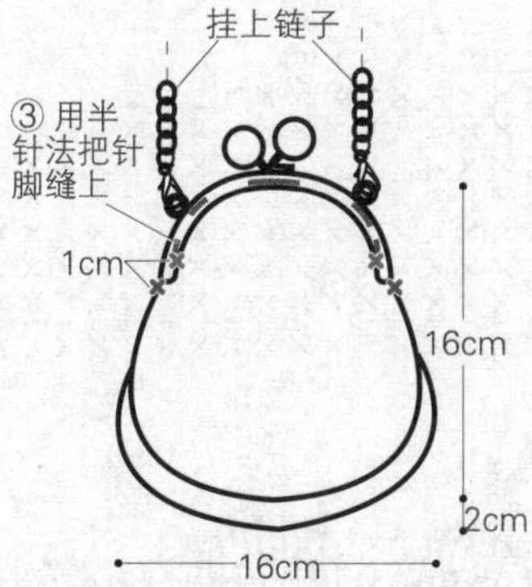

挂上链子
③用半针法把针脚缝上
1cm
1cm
16cm
2cm
16cm

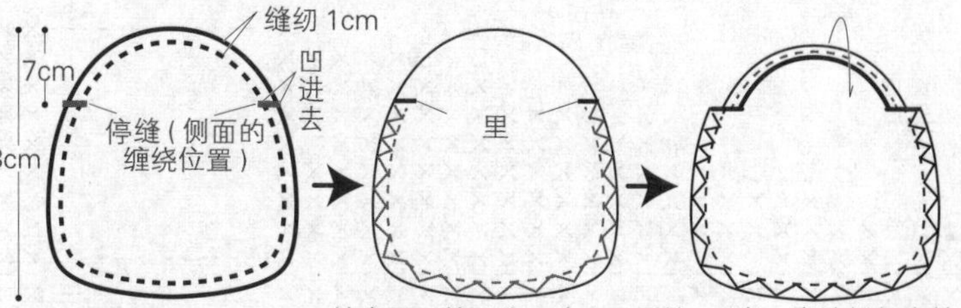

缝纫 1cm
7cm
凹进去
停缝（侧面的缠绕位置）
18cm
16cm
里

根据编织的大小剪两张

结合图，缝到停止为止，用缝纫机（锯齿形缝纫机）缝上

一张一张地折起来缝

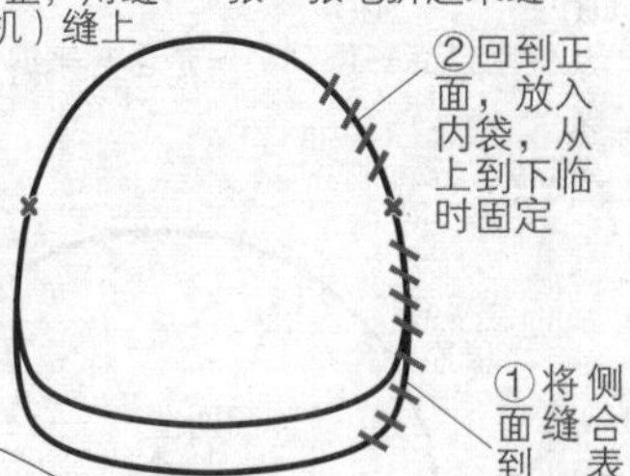

②回到正面，放入内袋，从上到下临时固定
①将侧面缝合表面到表面，按顺序卷起来

18、21行=第一针由3针锁针组成

13行=10、11、12行向前倒，编在第9行上

衔接位置
24
21
18
15
13
5
底面位置
环绕位置

15、18行=把前一行向前倒，编在前一行上

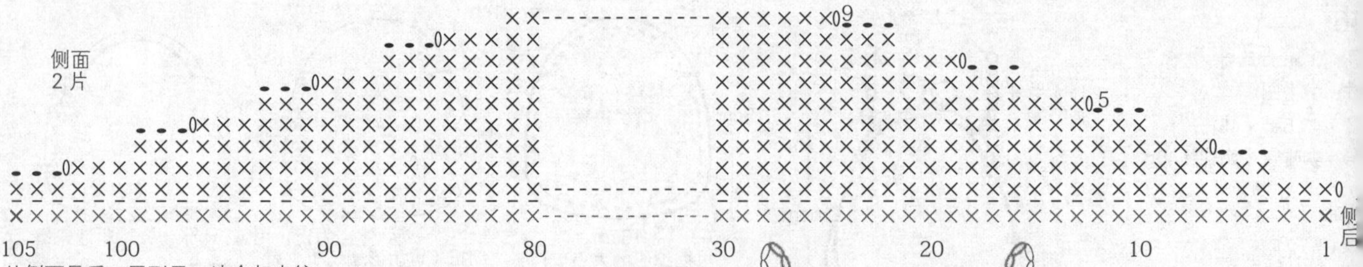
侧面
2片
9
5
105
100
90
80
30
20
10
1

从侧面最后一层到另一边合起来编

侧面 2 片
13~24 行

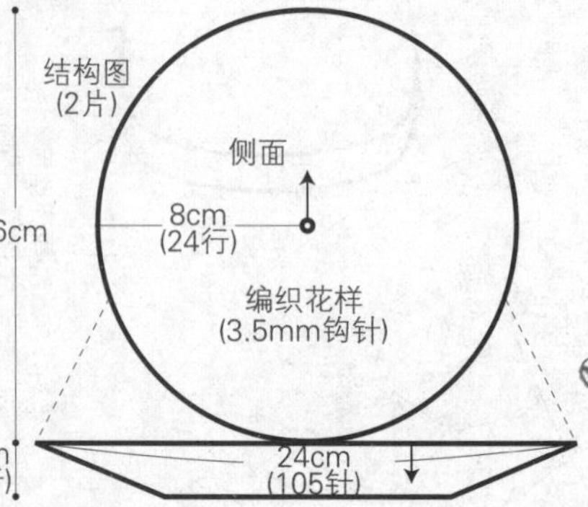
结构图
(2片)
侧面
16cm
8cm
(24行)
编织花样
(3.5mm钩针)
2cm
(9行)
24cm
(105针)

侧面 2 片
1~12 行
13
12
10
5
1

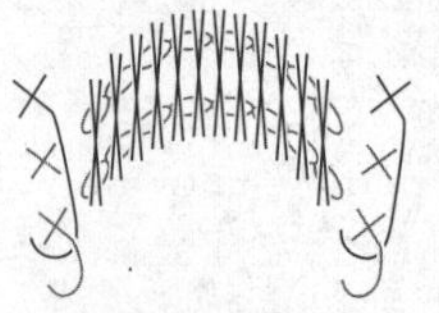

12 行＝第 10 层和第 11 层的锁链用细编第 12 层包住

11 行 10 行）8 针锁链针

外钩短针

外钩中长针

外钩长针

9 行＝把前一行向前倒，编成前一行

247

工具：2.5mm钩针

尺寸：参考图解

密度：23.5针×21.5行

材料：藏蓝色蕾丝线50g，白色蕾丝线50g

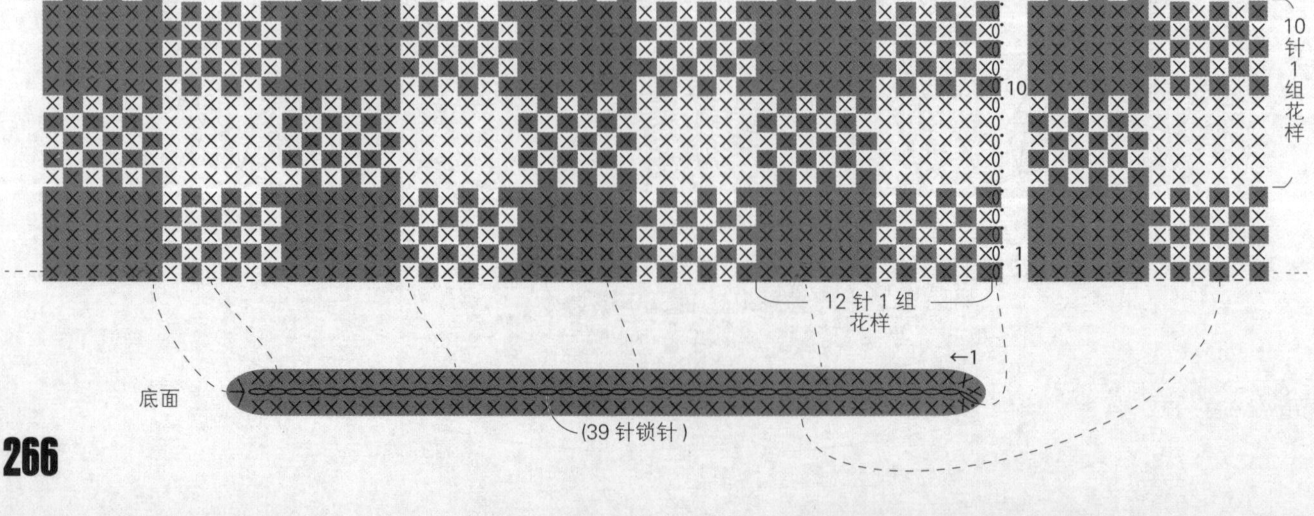
2
1
44
40
19
10
1
1
10针1组花样
12 针 1 组花样
←1
底面
(39 针锁针)

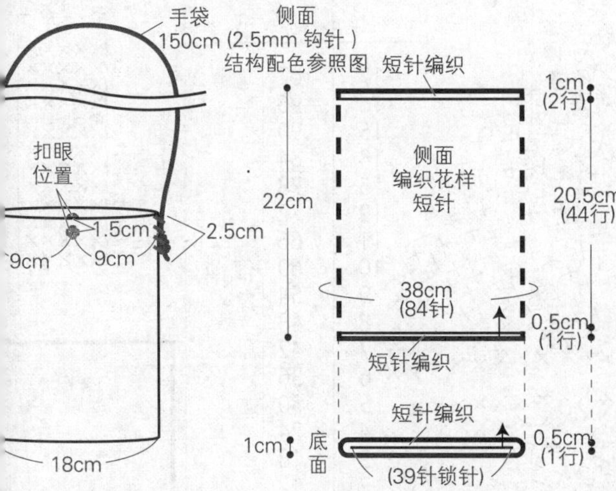
手袋
150cm
侧面
(2.5mm 钩针)
结构配色参照图
扣眼
位置
1.5cm
2.5cm
9cm
9cm
18cm
短针编织
侧面
编织花样
短针
22cm
38cm
(84针)
1cm
(2行)
20.5cm
(44行)
0.5cm
(1行)
短针编织
短针编织
1cm
底面
(39针锁针)
0.5cm
(1行)

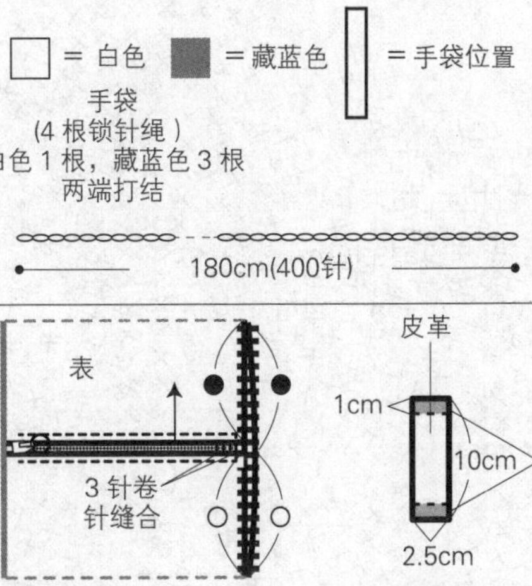
= 白色
= 藏蓝色
= 手袋位置
手袋
(4 根锁针绳)
白色 1 根，藏蓝色 3 根
两端打结
180cm(400针)
表
3 针卷
针缝合

248

工具：2.5mm钩针

尺寸：参考图解

编织密度：14针×14行

材料：卡其色牛奶棉150g

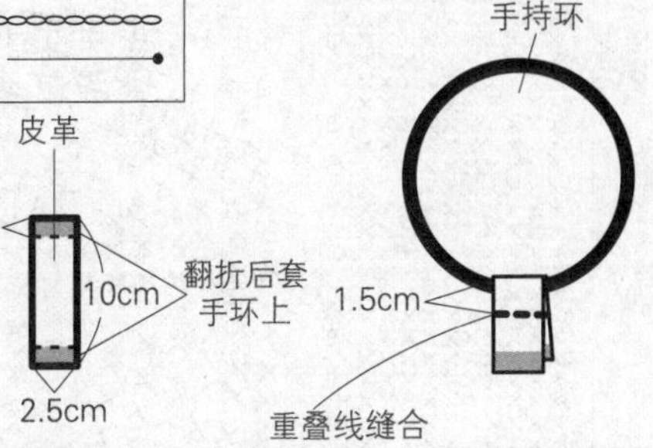
手持环
皮革
1cm
10cm
翻折后套
手环上
2.5cm
1.5cm
重叠线缝合

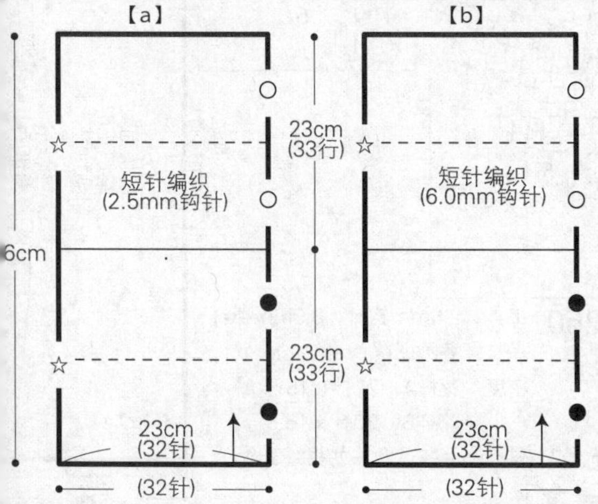
【a】
【b】
短针编织
(2.5mm钩针)
短针编织
(6.0mm钩针)
23cm
(33行)
23cm
(33行)
23cm
(32针)
23cm
(32针)
(32针)
(32针)

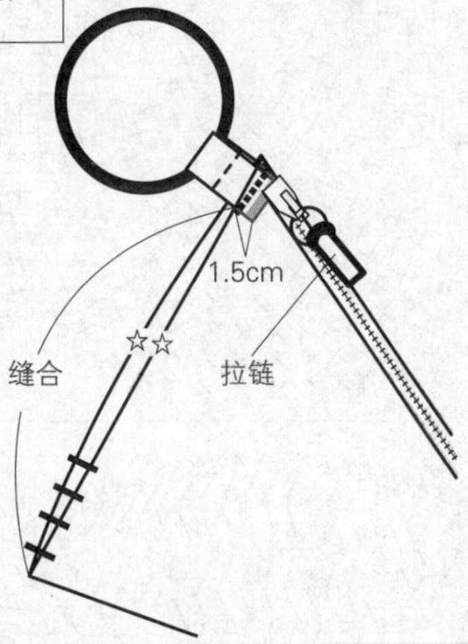
1.5cm
缝合
拉链

249

工具：4.0mm钩针

尺寸：参考图解

密度：15针×15行

材料：淡灰蓝色牛奶棉360g，淡蓝色牛奶棉85g，酒红色牛奶棉80g

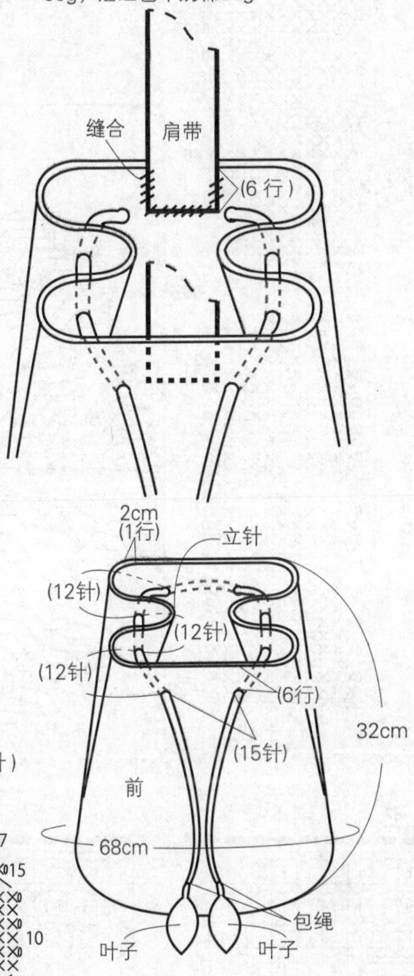
缝合
肩带
(6 行)
2cm
(1行)
立针
(12针)
(12针)
(12针)
(6行)
(15针)
32cm
前
68cm
包绳
叶子
叶子

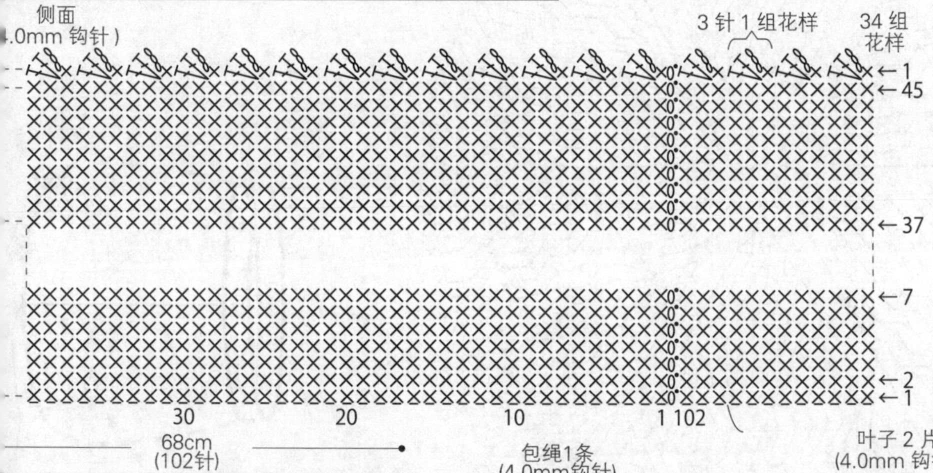
侧面
(4.0mm 钩针)
3 针 1 组花样
34 组
花样
← 1
← 45
← 37
← 7
← 2
← 1
30
20
10
1 102

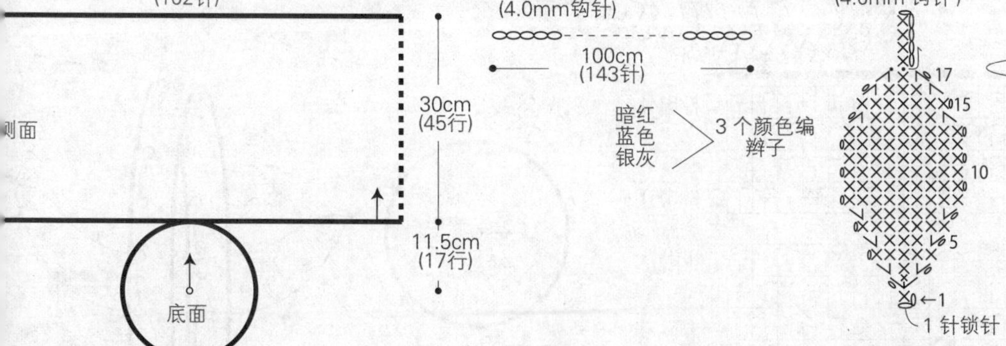
68cm
(102针)
侧面
30cm
(45行)
11.5cm
(17行)
底面
包绳1条
(4.0mm钩针)
100cm
(143针)
暗红
蓝色
银灰
3 个颜色编
辫子
叶子 2 片
(4.0mm 钩针)
17
15
10
5
← 1
1 针锁针

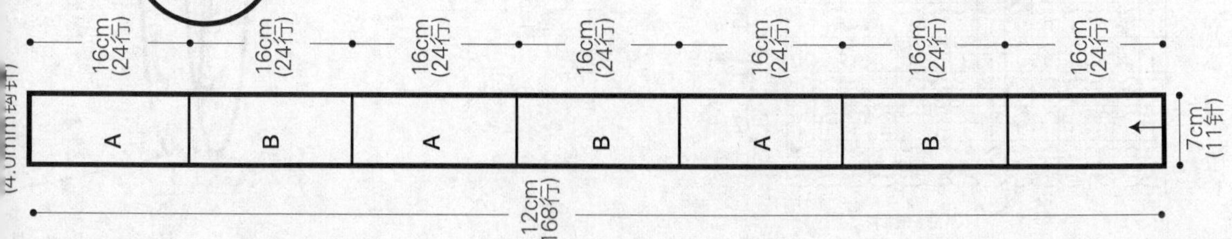
16cm
(24行)
A
B
A
B
A
B
7cm
(11针)
112cm
(168行)

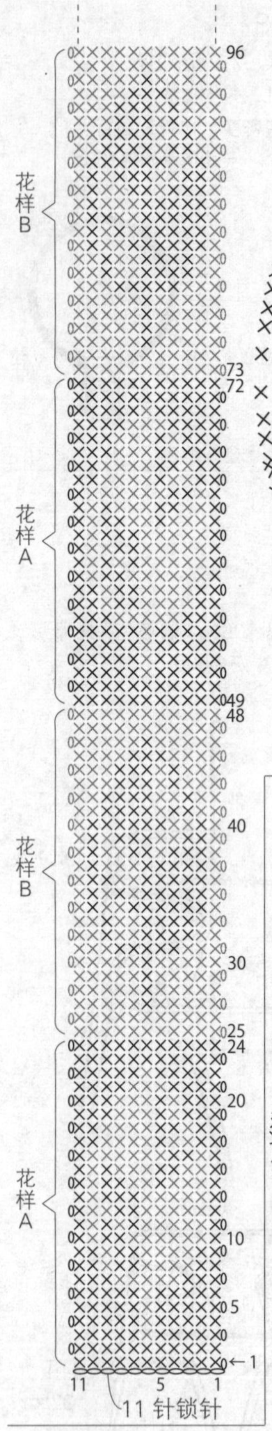
96
花样B
73
72
花样A
49
48
40
花样B
30
25
24
20
花样A
10
5
1
11
5
1
11 针锁针

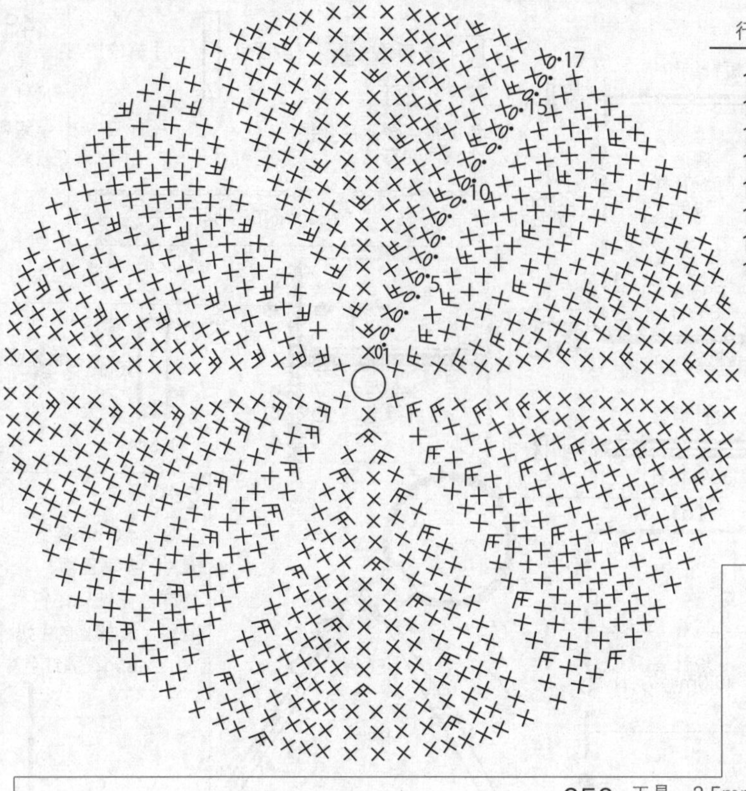
17
15
10
5
1

行数	针数	
17	102	每行(+6针)
16	96	
15	90	
14	84	
13	78	
12	72	
11	66	
10	60	
9	54	
8	48	
7	42	
6	36	
5	30	
4	24	
3	18	
2	12	
1	6	

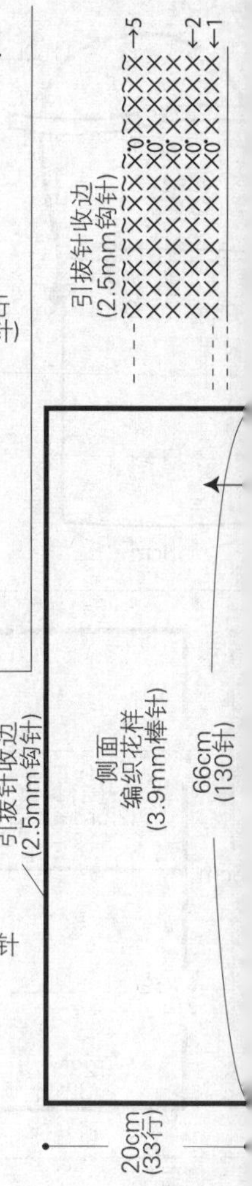
5
2
1
引拔针收边
(2.5mm钩针)
侧面
编织花样
(3.9mm棒针)
66cm
(130针)
20cm
(33行)

250

工具：2.5mm钩针，3.9mm棒针

尺寸：参考图解

密度：花样A：22针×15行

花样B：20针×16.5行

材料：淡灰蓝色牛奶棉线360g

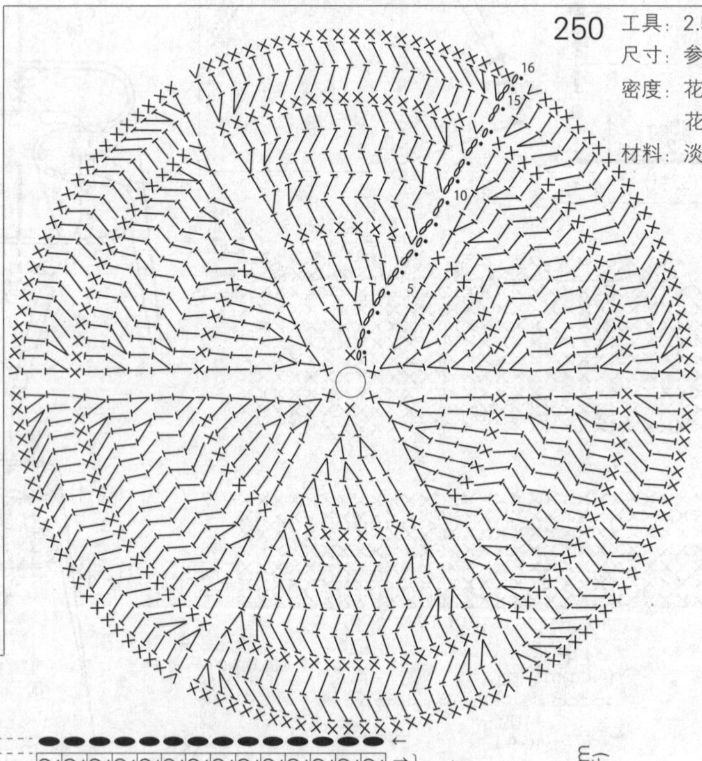
16
15
10
5
1

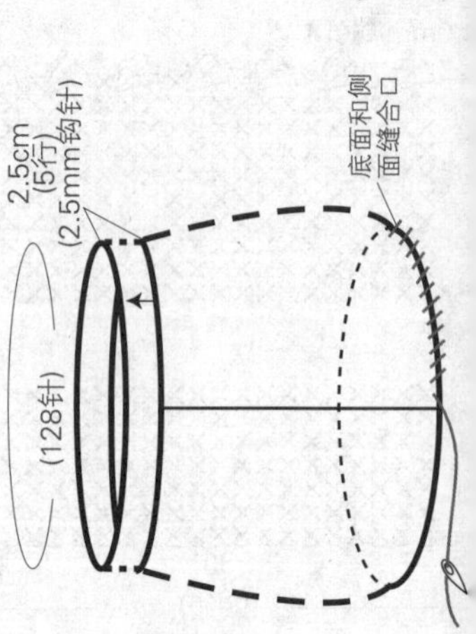
2.5cm
(5行)
(2.5mm钩针)
(128针)
底面和侧面缝合口

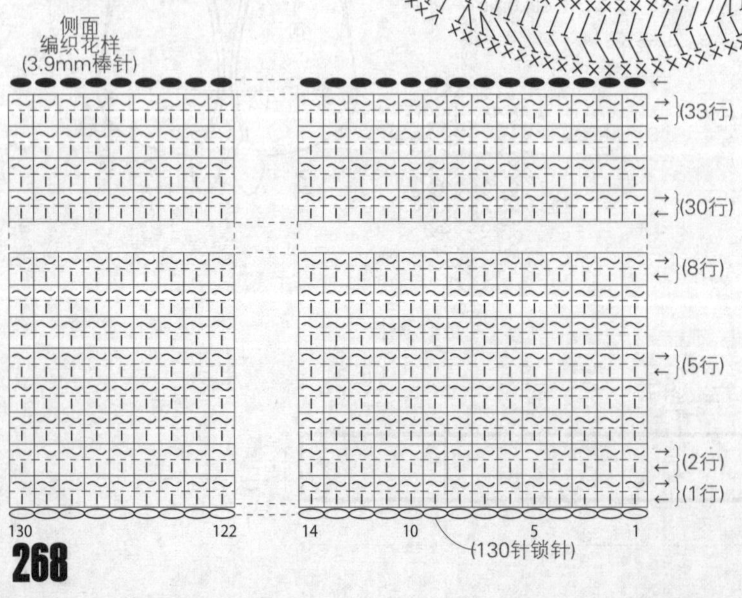
侧面
编织花样
(3.9mm棒针)
(33行)
(30行)
(8行)
(5行)
(2行)
(1行)
130
122
14
10
5
1
(130针锁针)

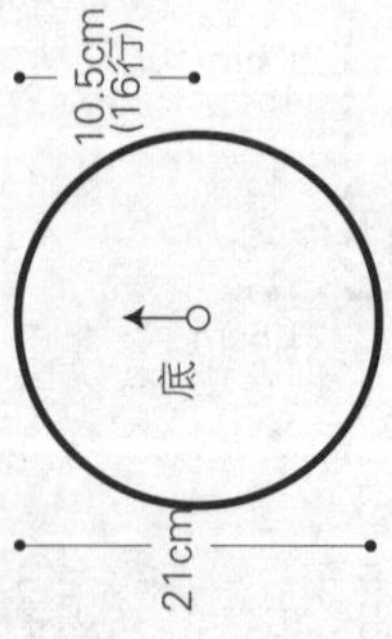
10.5cm
(16行)
底
21cm

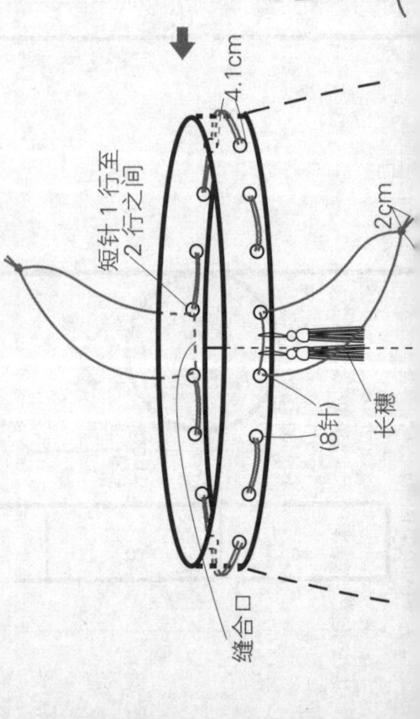
4.1cm
短针 1 行至 2 行之间
2cm
(8针)
长穗
缝合口

51

具：3.0mm钩针
寸：参考图解
度：编织花样：23.5针×14.5行=10cm²
短针编织：27针×37行=10cm²
料：青蓝色牛奶棉线180g

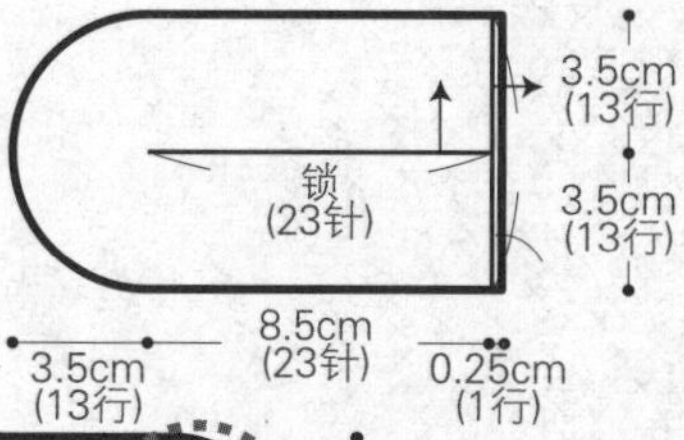
3.5cm
(13行)
锁
(23针)
3.5cm
(13行)
3.5cm
(13行)
8.5cm
(23针)
0.25cm
(1行)

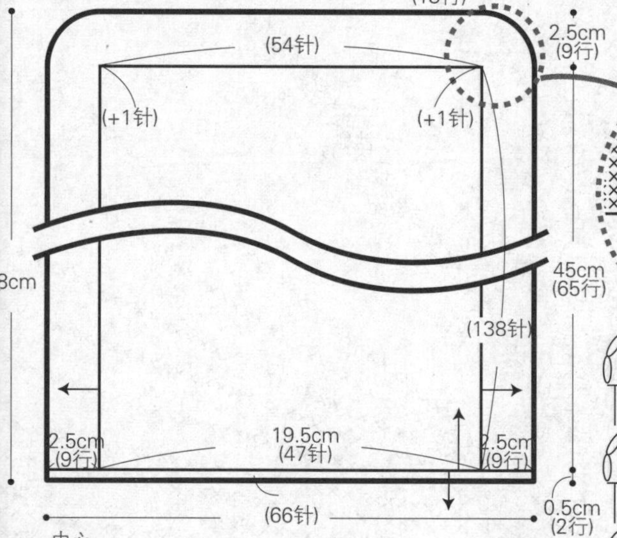
(54针)
(+1针)
(+1针)
2.5cm
(9行)
8cm
45cm
(65行)
(138针)
2.5cm
(9行)
19.5cm
(47针)
2.5cm
(9行)
(66针)
0.5cm
(2行)

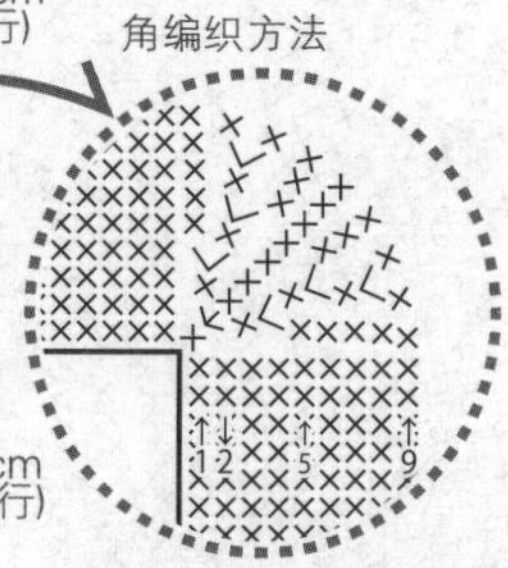
角编织方法
1
2
5
9

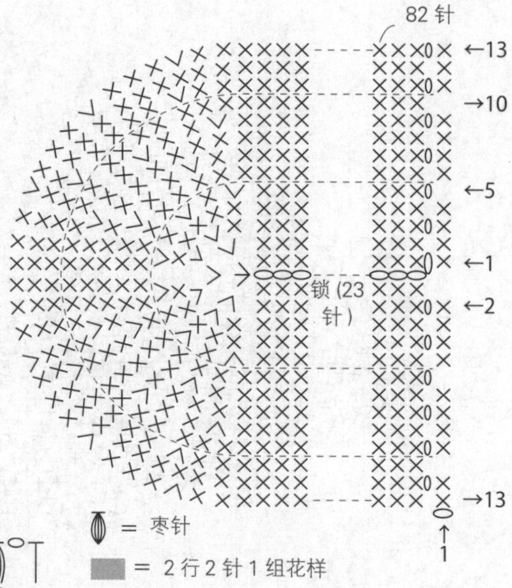
82针
←13
→10
←5
←1
锁(23针)
←2
→13
1
= 枣针
= 2行2针1组花样

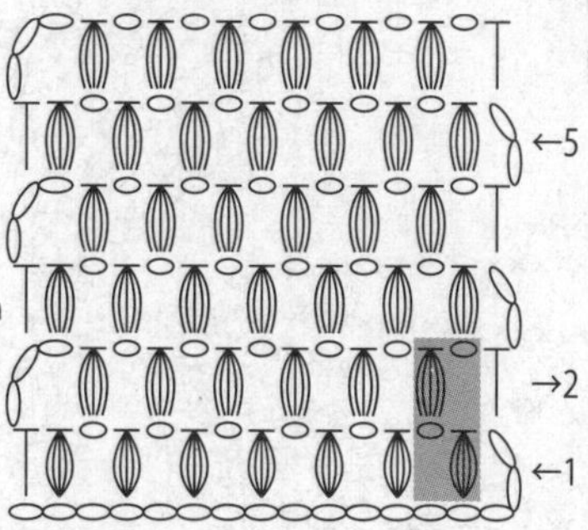
←5
→2
←1

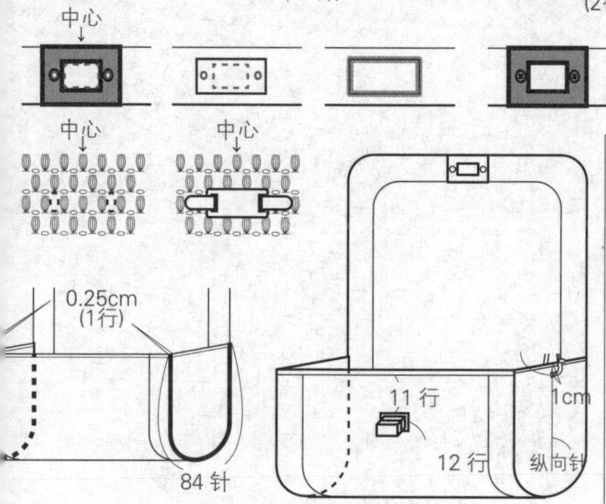
中心
中心
中心
0.25cm
(1行)
84针
11行
12行
1cm
纵向针

252

工具：5.0mm钩针
尺寸：参考图解
密度：9针×10.5行=10cm²
材料：米白色牛奶棉线150g，
藏蓝色牛奶棉90g，
咖啡色牛奶棉线90g

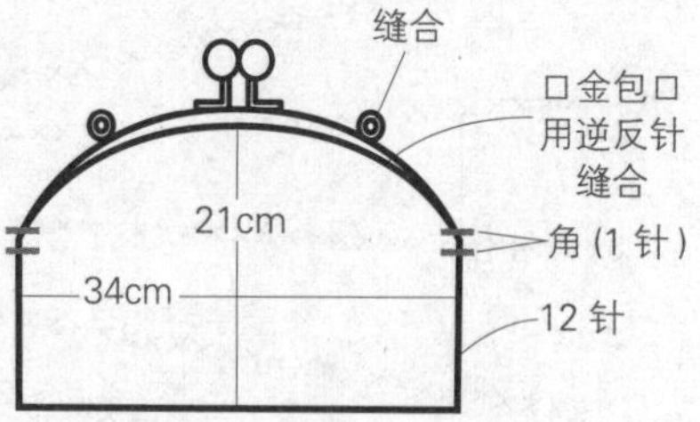
缝合
口金包口
用逆反针
缝合
21cm
34cm
角(1针)
12针

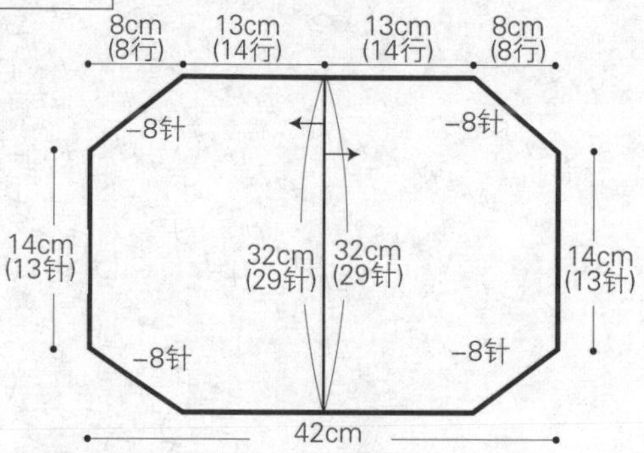
8cm
(8行)
13cm
(14行)
13cm
(14行)
8cm
(8行)
-8针
-8针
14cm
(13针)
32cm
(29针)
32cm
(29针)
14cm
(13针)
-8针
-8针
42cm

行数	●	●
46~49行	墨绿色	墨绿色
40~45行	浅蓝色	橙色
29~39行	橙色	浅蓝色
22~28行	墨绿色	墨绿色
12~21行	浅蓝色	橙色
1~11行	橙色	浅蓝色

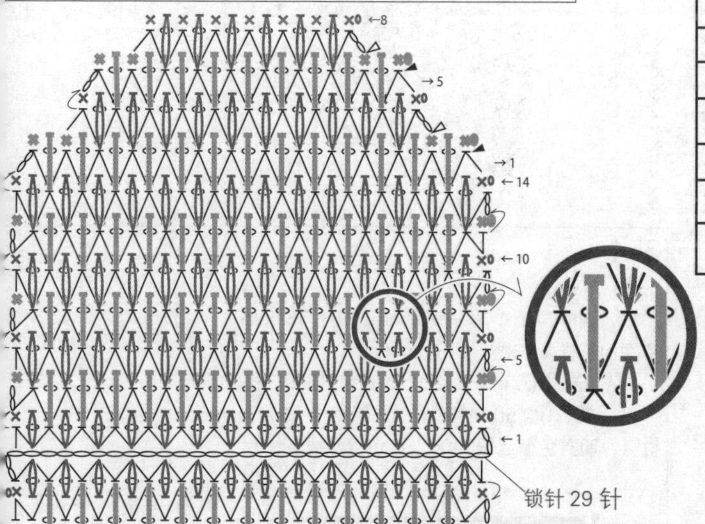
←8
→5
→1
←14
←10
←5
→1
锁针29针

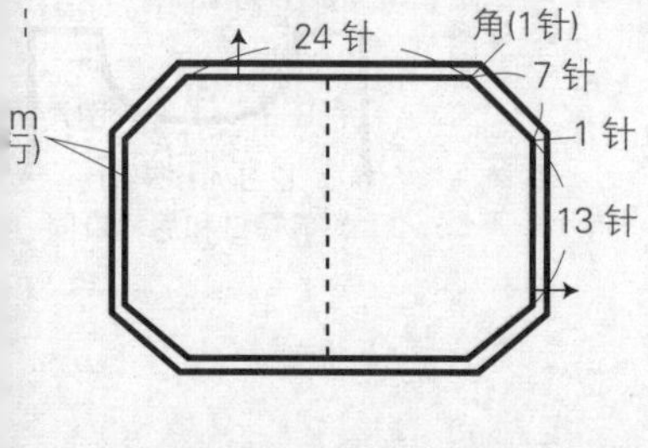
24针
角(1针)
7针
1针
13针

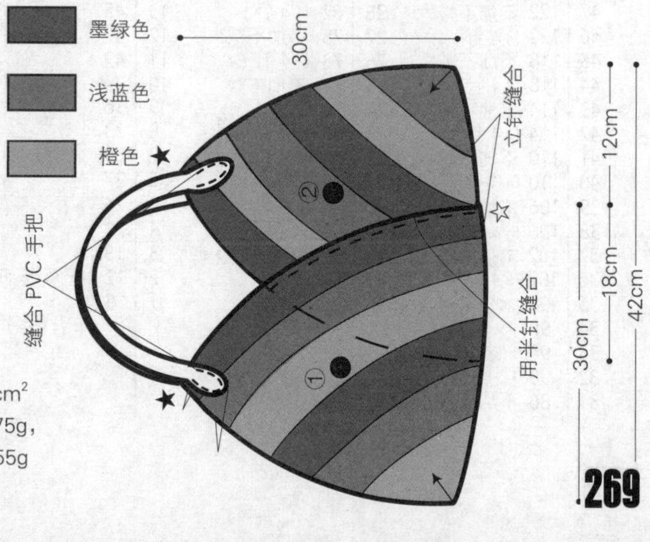
墨绿色
浅蓝色
橙色
30cm
立针缝合
12cm
缝合PVC手把
用半针缝合
18cm
42cm
30cm
②
①

253

工具：3.0mm钩针
尺寸：参考图解
密度：16针×18行=10cm²
材料：青蓝色牛奶棉线75g，
橙黄色牛奶棉线55g

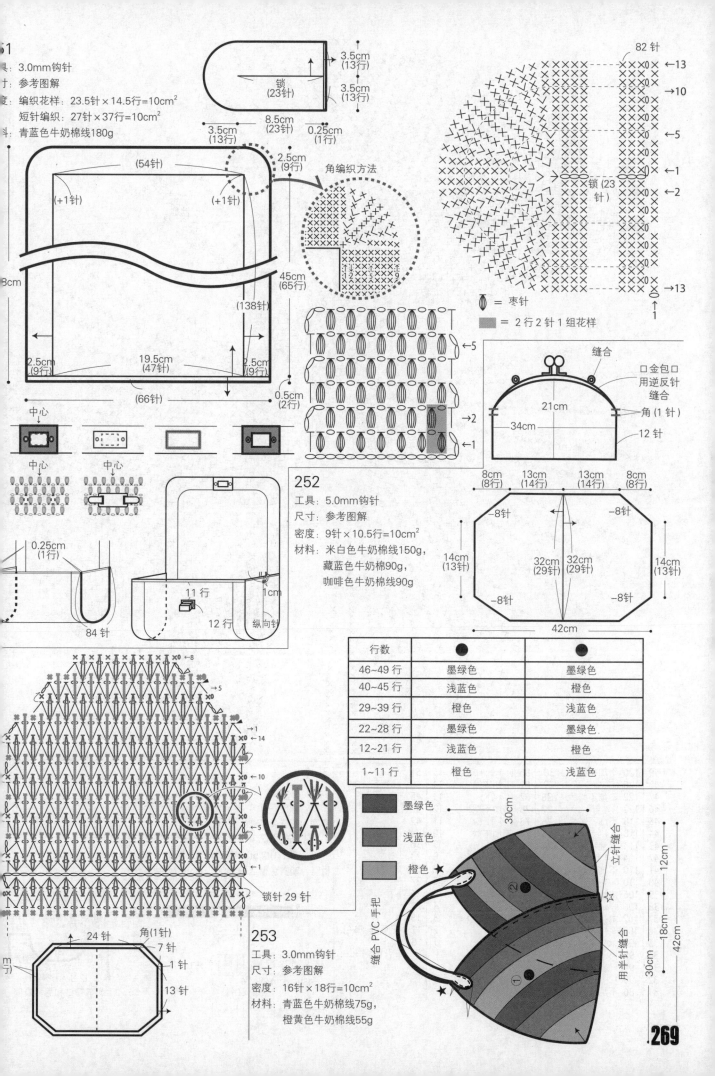

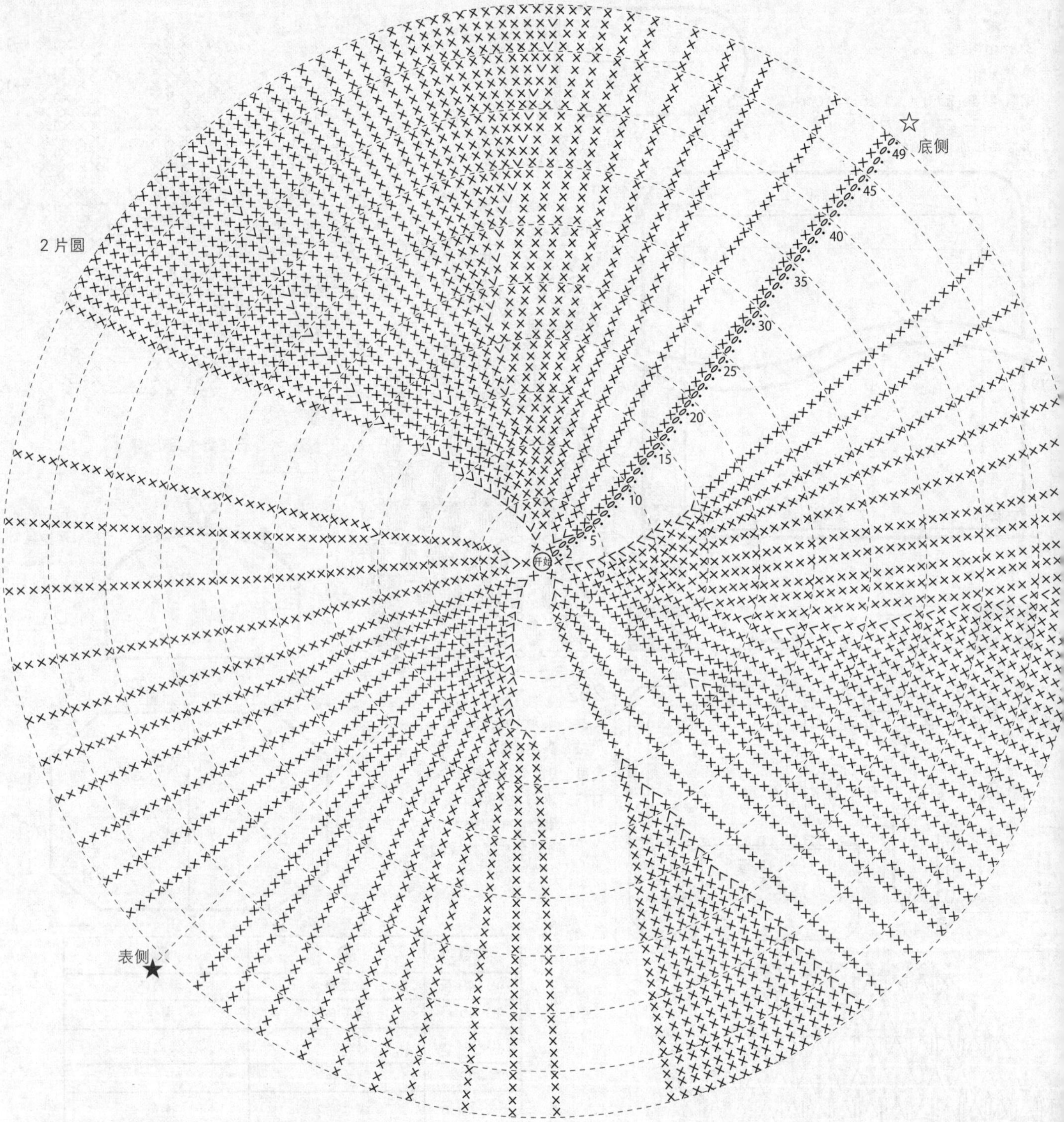
2 片圆
底侧
表侧
开始
2
5
10
15
20
25
30
35
40
45
49

49	126	不加不减	30	86	(+4 针)	15	51	
48	126	(+4 针)	29	82	不加不减	14	48	(每行 +3 针)
47	122	不加不减	28	82	(+4 针)	13	45	
46	122	(+4 针)	27	78	不加不减	12	42	不加不减
45	118	不加不减	26	78	(+4 针)	11	42	
44	118	(+4 针)	25	74	不加不减	10	39	
43	114	不加不减	24	74	(每行 +4 针)	9	36	
42	114	(+4 针)	23	70		8	33	(每行 +3 针)
41	110	不加不减	22	66	不加不减	7	30	
40	110	(+4 针)	21	66		6	27	
39	106	不加不减	20	66	(+5 针)	5	24	
38	106	(+4 针)	19	61		4	21	
37	102	不加不减	18	59	(每行 +2 针)	3	18	
36	102	(+4 针)	17	57		2	12	(每行 +6 针)
35	98	不加不减	16	55	(+4 针)	1	6	
34	98							开始编织
33	94	(每行 +4 针)						
32	90							
31	86	不加不减						

254

工具：2.3mm、2.5mm钩针

尺寸：胸围74cm，背肩宽28cm，裙长56.5cm

密度：花样A：30针×18行=$10cm^2$

花样B(2.3mm钩针)：2.9组花样×37行=$10cm^2$

花样B(2.5mm钩针)：2.5组花样×37行=$10cm^2$

材料：明黄色蕾丝线240g，蓝色蕾丝线50g

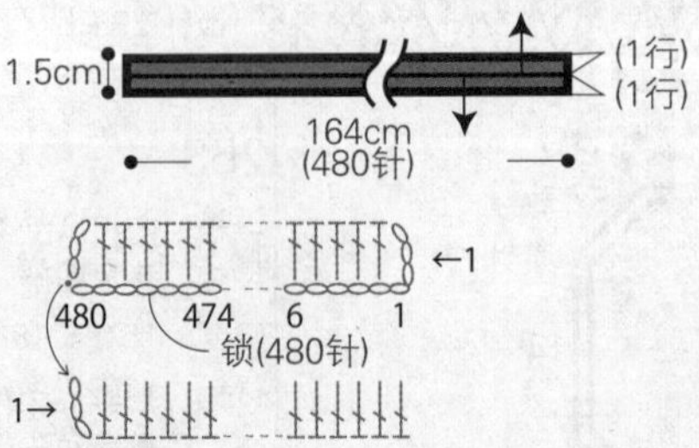
1.5cm
(1行)
(1行)
164cm
(480针)
←1
480
474
6
1
锁(480针)
1→

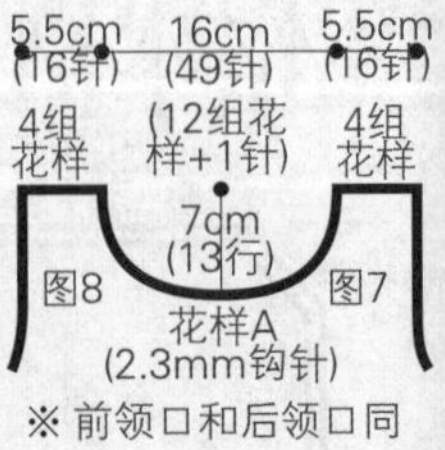
5.5cm
(16针)
16cm
(49针)
5.5cm
(16针)
4组
花样
(12组花
样+1针)
4组
花样
7cm
(13行)
图8
图7
花样A
(2.3mm钩针)

※ 前领口和后领口同

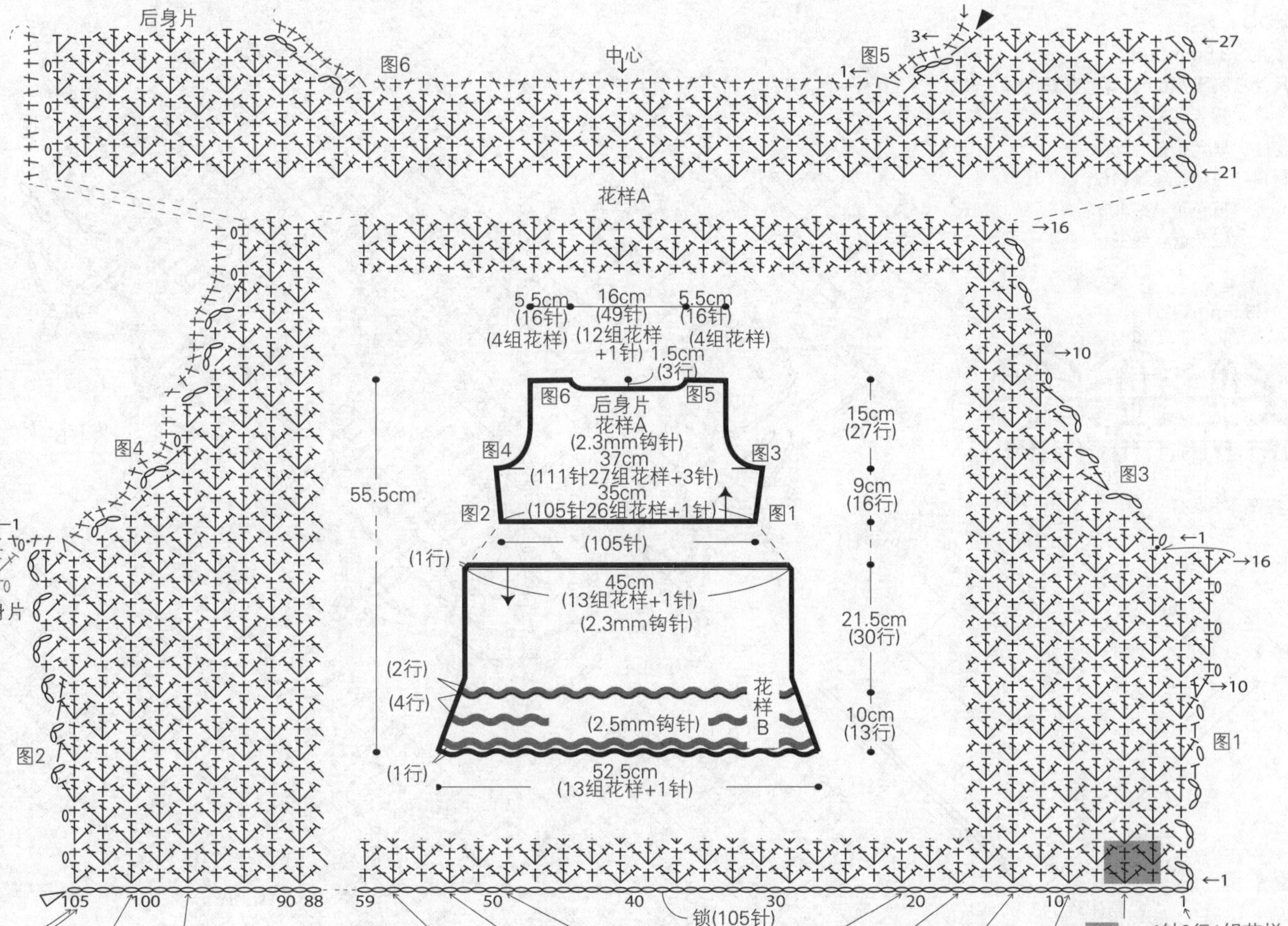
后身片
图6
中心
图5
花样A
图4
图3
图2
图1
5.5cm (16针) (4组花样)
16cm (49针) (12组花样+1针)
5.5cm (16针) (4组花样)
1.5cm (3行)
后身片
花样A
(2.3mm钩针)
37cm
(111针27组花样+3针)
35cm
(105针26组花样+1针)
55.5cm
(105针)
(1行)
45cm
(13组花样+1针)
(2.3mm钩针)
(2行)
(4行)
(2.5mm钩针)
花样B
(1行)
52.5cm
(13组花样+1针)
15cm (27行)
9cm (16行)
21.5cm (30行)
10cm (13行)
身片
锁(105针)
= 4针2行1组花样

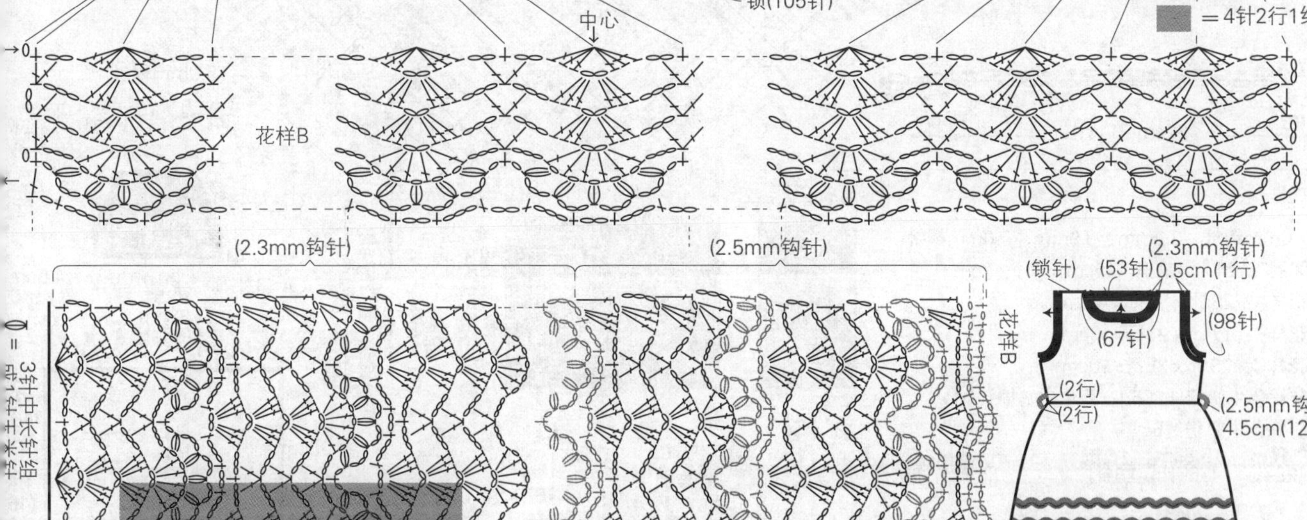
中心
花样B

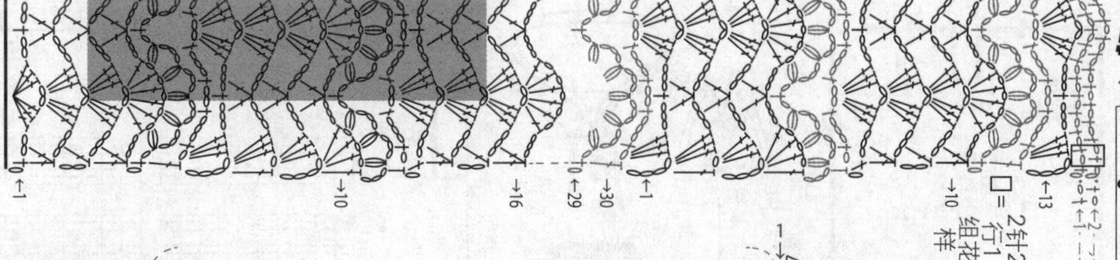
(2.3mm钩针)
(2.5mm钩针)
花样B
= 2针2行1组花样

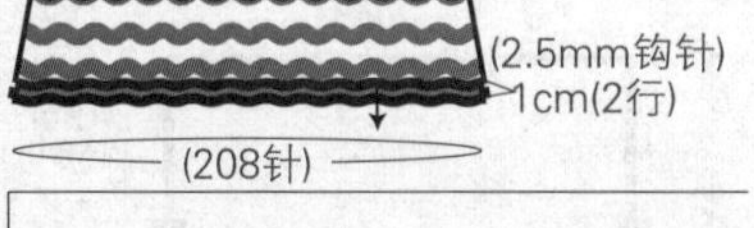
(2.3mm钩针)
(锁针)
(53针)
0.5cm(1行)
(98针)
(67针)
(2行)
(2行)
(2.5mm钩针)
4.5cm(12针)
(2.5mm钩针)
1cm(2行)
(208针)

图8
图7
花样A
中心
前领

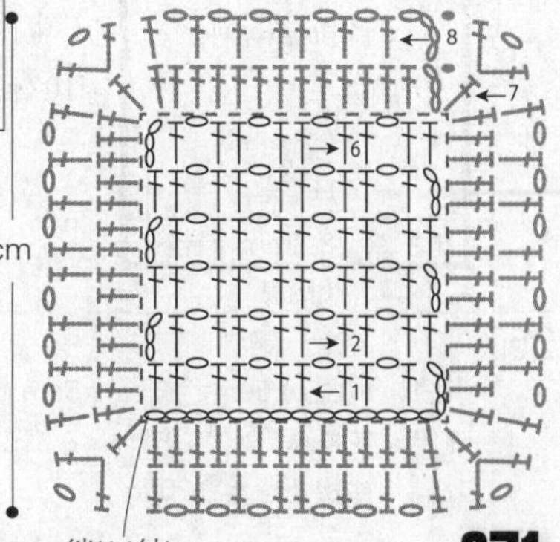
9cm
锁(14针)

= 3针中长针组

= 12行1组

255

工具：3.5mm钩针

尺寸：胸围74cm，背肩宽28cm，

裙长56.5cm

密度：单元花直径9cm

材料：白色蕾丝线115g，

蓝色蕾丝线40g，

红色蕾丝线35g

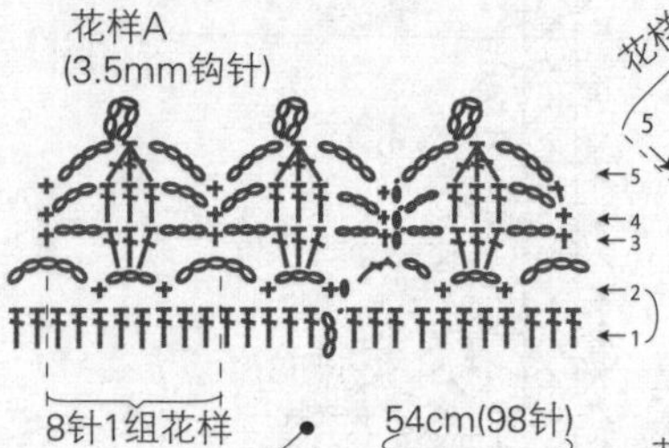
花样A
(3.5mm钩针)
5
4
3
2
1
8针1组花样

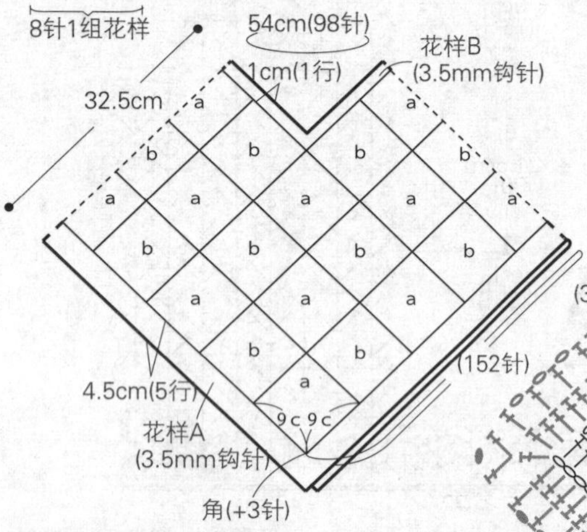
54cm(98针)
1cm(1行)
花样B
(3.5mm钩针)
32.5cm
a
b
4.5cm(5行)
花样A
(3.5mm钩针)
9c 9c
(152针)
角(+3针)

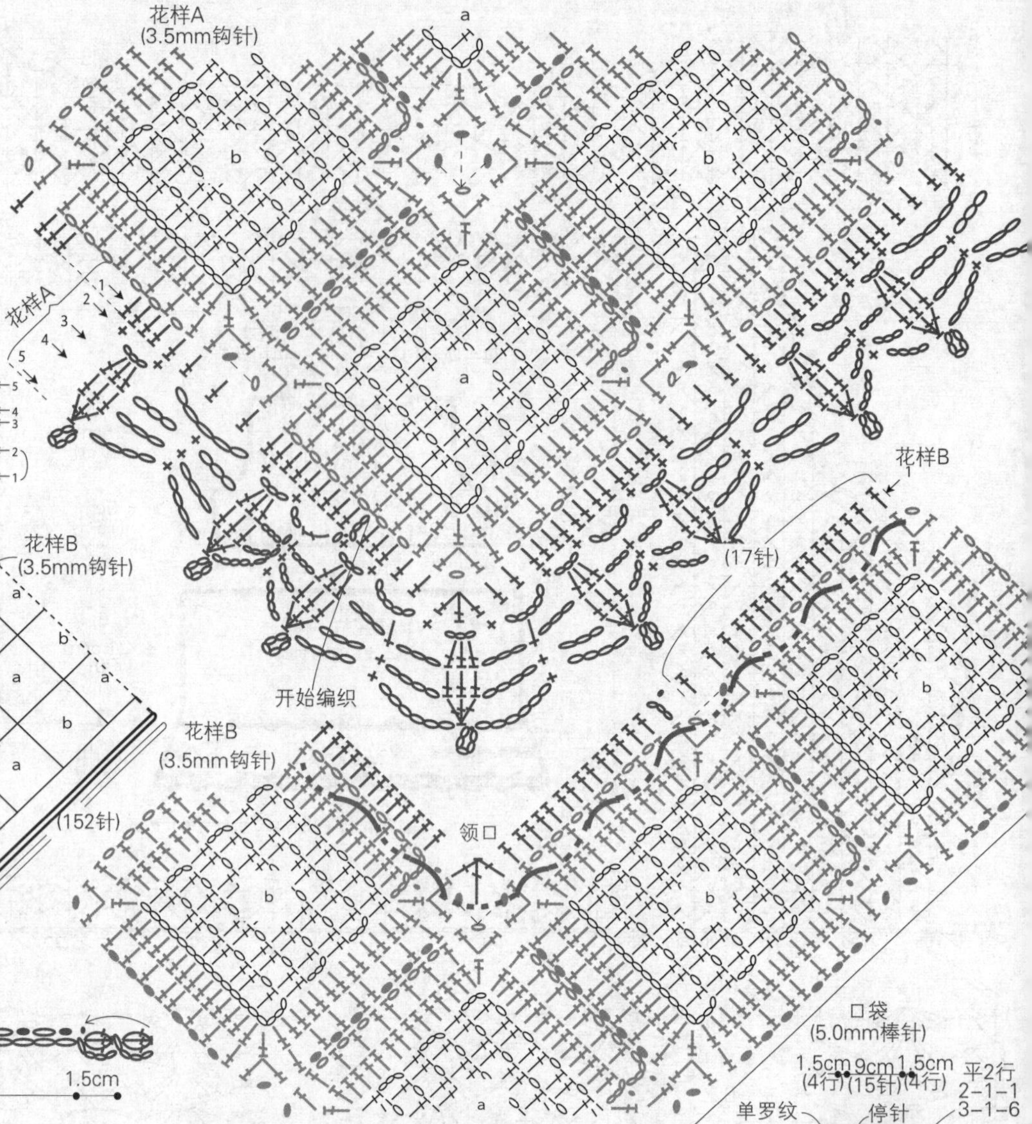
花样A
(3.5mm钩针)
a
b
花样A
1
2
3
4
5
开始编织
花样B
(17针)
花样B
(3.5mm钩针)
领口

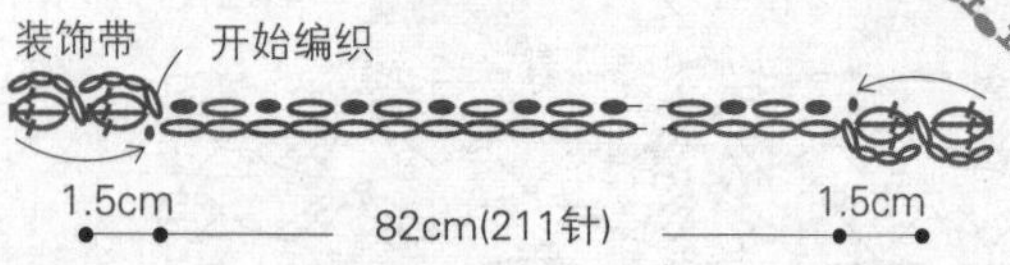
装饰带
开始编织
1.5cm
82cm(211针)
1.5cm

256

工具：3.0mm钩针，3.3mm、3.9mm、5.0mm棒针

尺寸：胸围75cm，背肩宽23.5cm，裙长47cm

密度：花样A：23针×35行=10cm²

花样B：17针×26行=10cm²

花样C：23针×36行=10cm²

材料：灰褐色牛奶棉线305g，蓝色牛奶棉线10g，

明黄色牛奶棉线5g

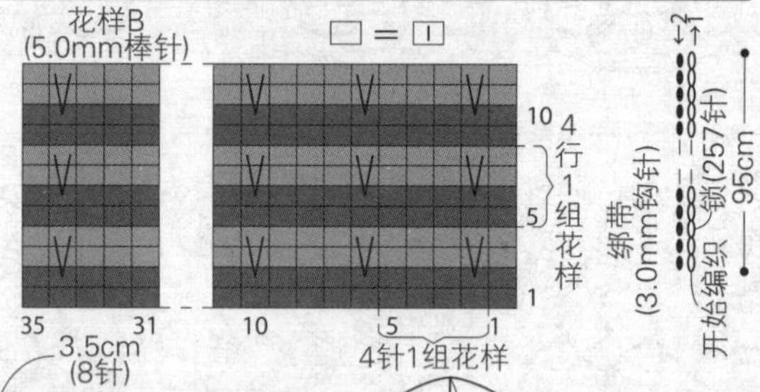
花样B
(5.0mm棒针)
□ = 丨
35
31
10
5
1
10
5
1
4行1组花样
4针1组花样
绑带
(3.0mm钩针)
锁(257针)
95cm
开始编织

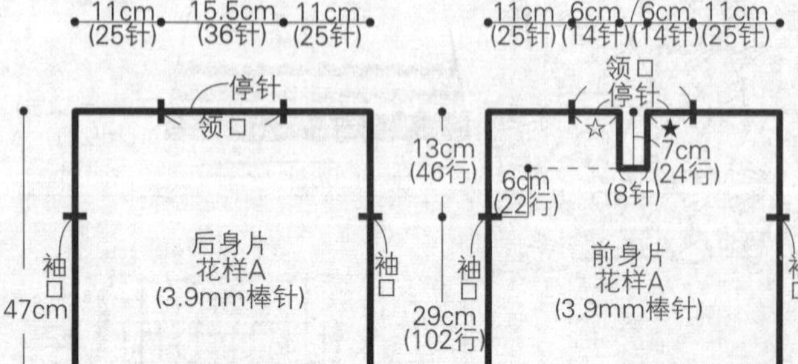
11cm (25针)
15.5cm (36针)
11cm (25针)
停针
领口
后身片
花样A
(3.9mm棒针)
袖口
47cm
37.5cm
(86针21组花样+2针)
单罗纹 (3.3mm棒针)
(86针)
3.5cm
(8针)
11cm (25针)
6cm (14针)
6cm (14针)
11cm (25针)
领口
停针
13cm
(46行)
7cm
(24行)
6cm
(22行)
(8针)
前身片
花样A
(3.9mm棒针)
29cm
(102行)
37.5cm
(86针21组花样+2针)
5cm
(18行)
单罗纹 (3.3mm棒针)
(86针)

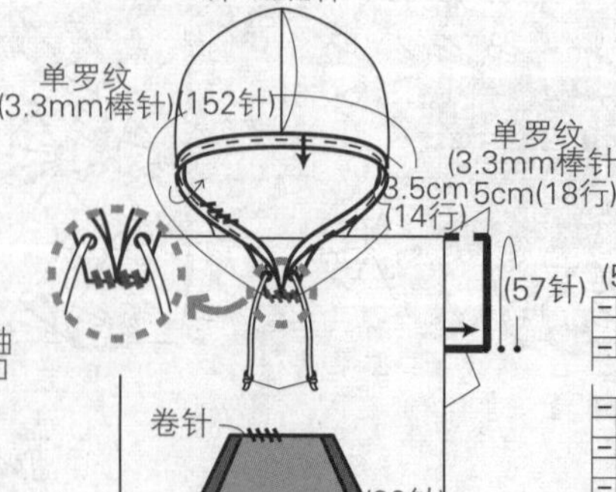
单罗纹
(3.3mm棒针)
(152针)
单罗纹
(3.3mm棒针)
3.5cm
(14行)
5cm(18行)
(57针)
卷针
(20针)
卷针
(22行)

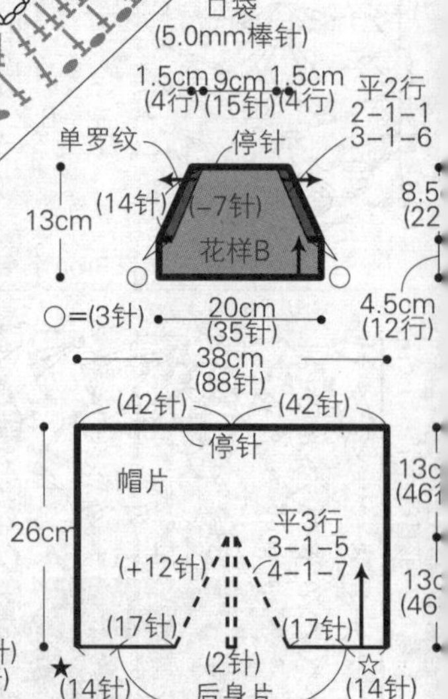
口袋
(5.0mm棒针)
1.5cm (4行)
9cm (15针)
1.5cm (4行)
平2行
2-1-1
3-1-6
单罗纹
停针
13cm
(14针)
(-7针)
花样B
○=(3针)
20cm
(35针)
8.5
(22
4.5cm
(12行)
38cm
(88针)
(42针)
(42针)
停针
帽片
13c
(46
26cm
平3行
3-1-5
4-1-7
(+12针)
(17针)
(17针)
13c
(46
(2针)
(14针)
(14针)
后身片
(36针)

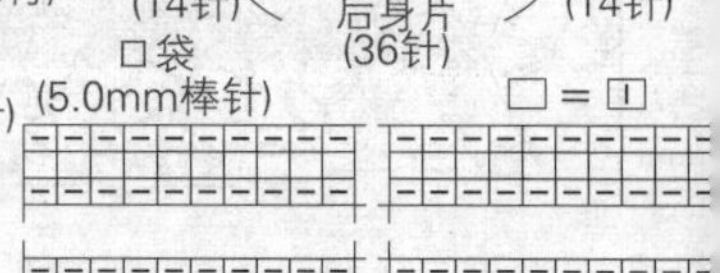
口袋
(5.0mm棒针)
□ = 丨
152
150
146
143
10
5
1

257

工具：3.0mm钩针

尺寸：胸围74.5cm，衣长62.5cm

密度：花样A、B：22.5针×10.5行=10cm²

材料：褐粉色蕾丝线300g

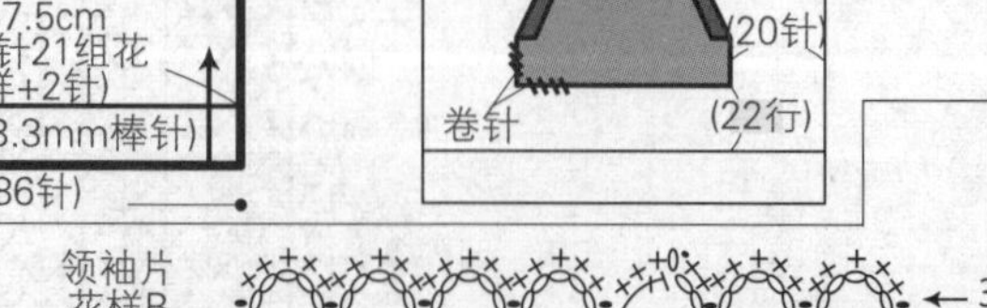
领袖片
花样B
(3.0mm钩针)
3
2
1
3针1组花样

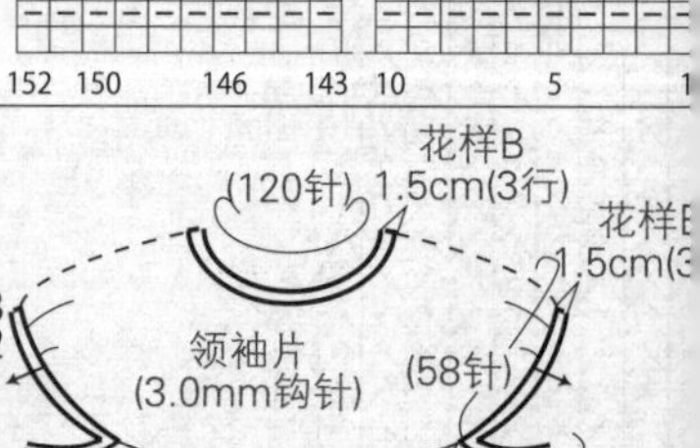
花样B
(120针)
1.5cm(3行)
花样B
1.5cm(3
领袖片
(3.0mm钩针)
(58针)
(10针)

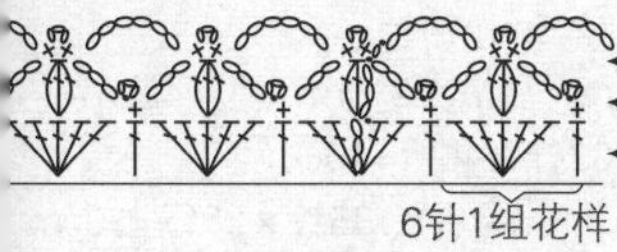
编织花样
.0mm钩针)
3
2
1
6针1组花样

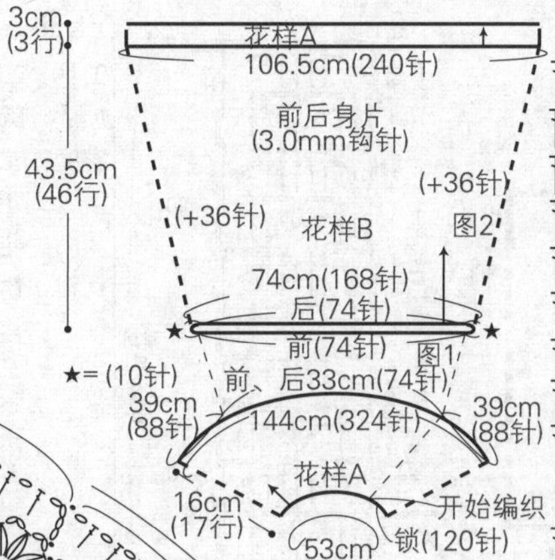
3cm
(3行)
花样A
106.5cm(240针)
前后身片
(3.0mm钩针)
43.5cm
(46行)
(+36针)
(+36针)
花样B
图2
74cm(168针)
后(74针)
前(74针)
图1
★=(10针)
前、后33cm(74针)
39cm
(88针)
144cm(324针)
39cm
(88针)
花样A
16cm
(17行)
开始编织
53cm
(120针)
锁(120针)

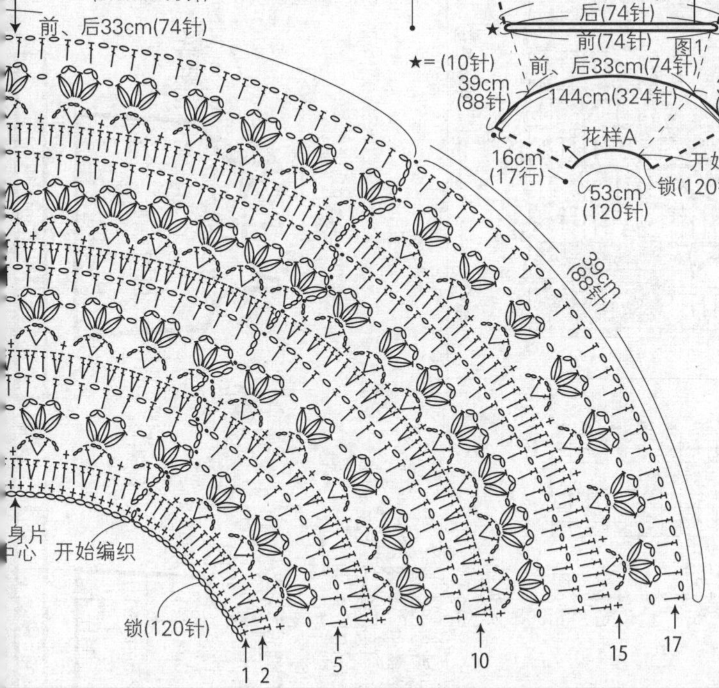
后身片
(3.0mm钩针)
身片中心
前、后33cm(74针)
39cm
(88针)
身片
中心
开始编织
锁(120针)
1
2
5
10
15
17

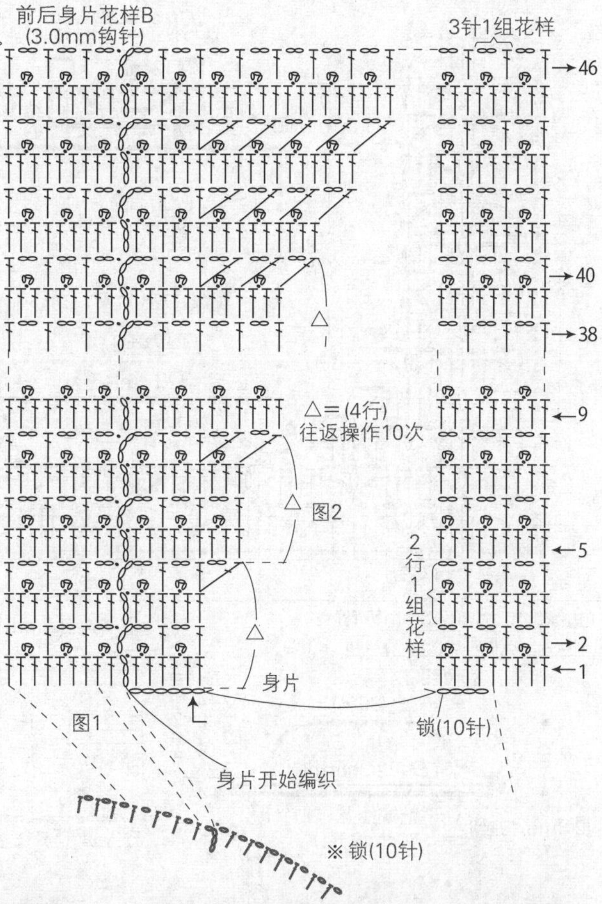
前后身片花样B
(3.0mm钩针)
3针1组花样
46
40
38
△
△=(4行)
往返操作10次
△
图2
9
5
2
行
1
组
花
样
2
1
△
身片
锁(10针)
图1
身片开始编织
※ 锁(10针)

8

具：2.5mm钩针

寸：背肩宽27cm，裙长56.5cm

度：27针×18行=10cm²，单元花直径3.5cm

料：明黄色蕾丝线70g，蓝色蕾丝线60g，
橙色蕾丝线65g，淡蓝色蕾丝线35g，
白色蕾丝线85g

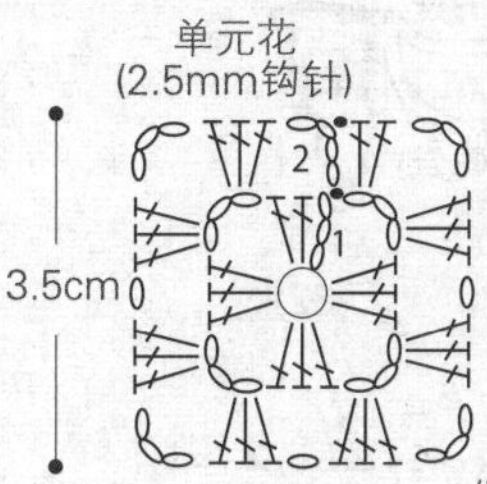
单元花
(2.5mm钩针)
3.5cm
2
1

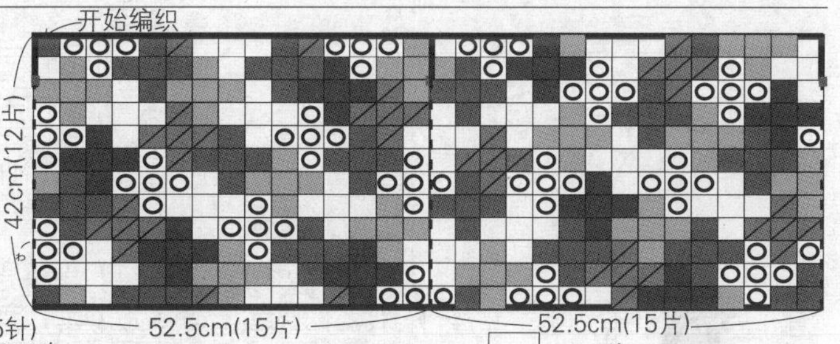
开始编织
42cm(12片)
52.5cm(15片)
52.5cm(15片)

= 74片	= 71片
= 62片	○ = 75片
= 39片	= 39片

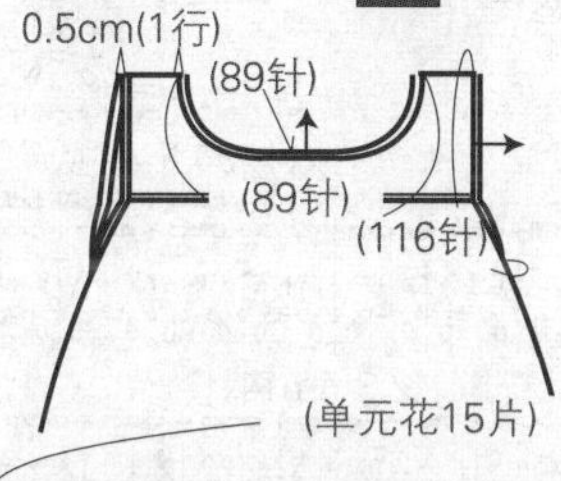
0.5cm(1行)
(89针)
(89针)
(116针)

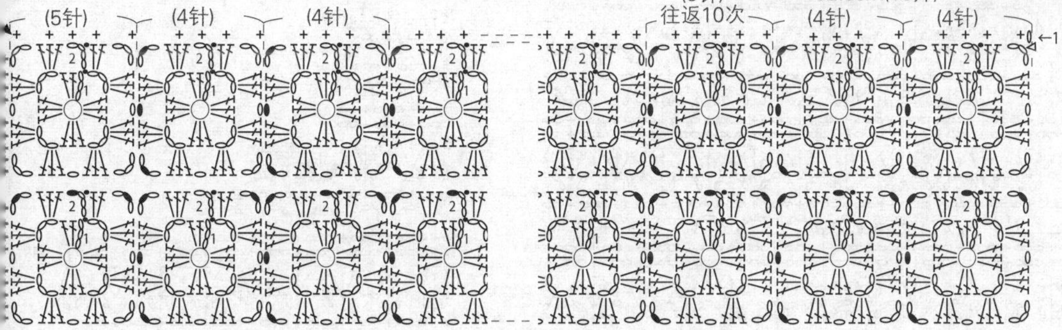
(5针)
(4针)
(4针)
(5针)
往返10次
(4针)
(4针)
1
2
1

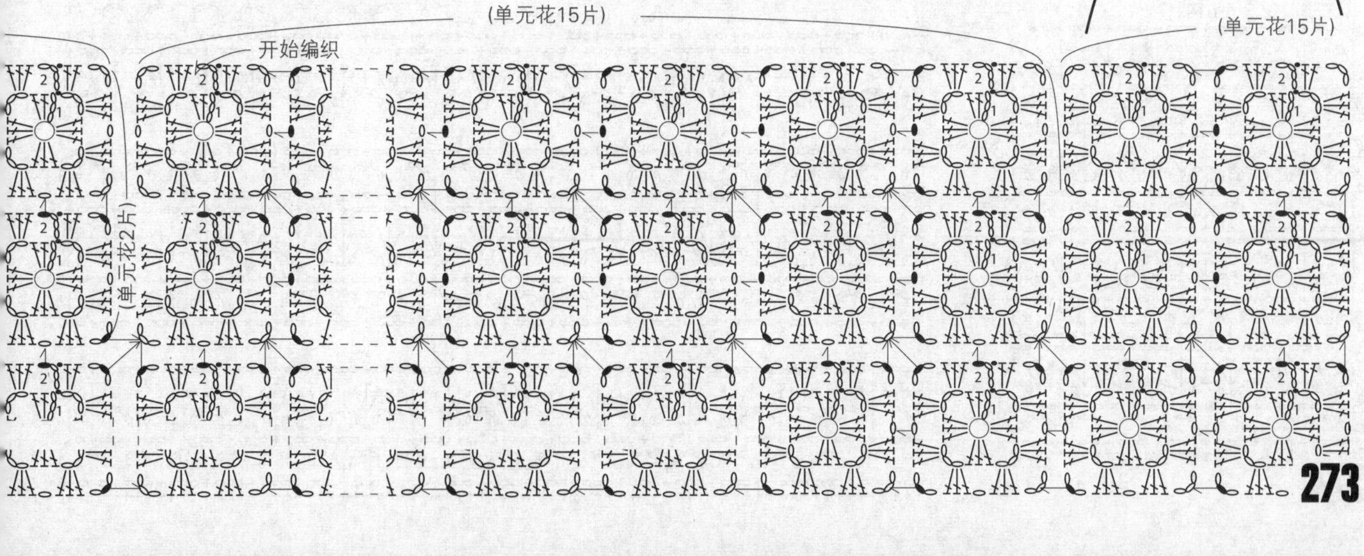
(单元花15片)
(单元花15片)
开始编织
(单元花2片)
2
1

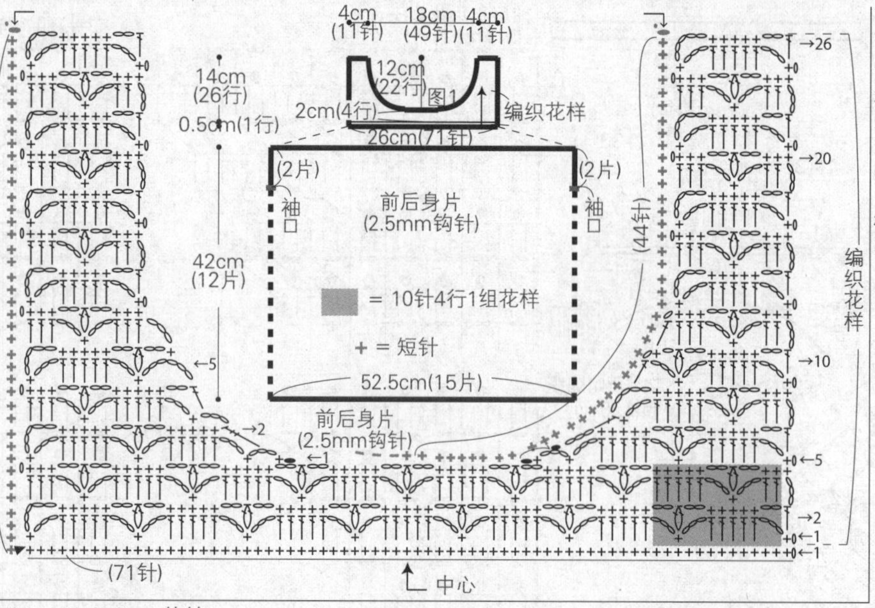

259

工具：2.3mm、2.5mm钩针

尺寸：胸围67cm，背肩宽21cm，裙长42cm

密度：花样A：32针×45行=10cm²

花样B(2.3mm钩针)：36针×23行=10cm²

花样B(2.5mm钩针)：33针×22行=10cm²

材料：粉色蕾丝线130g

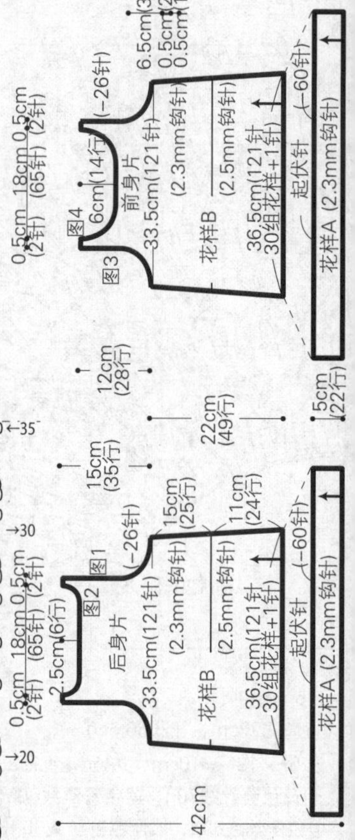

边缘编织方法 (2.3mm钩针)

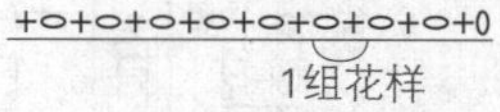

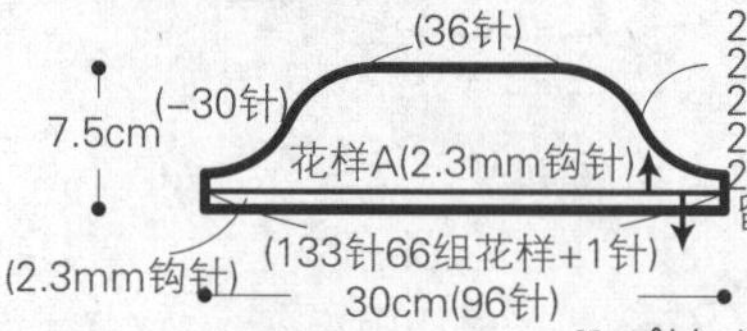

花样A (2.3mm钩针)

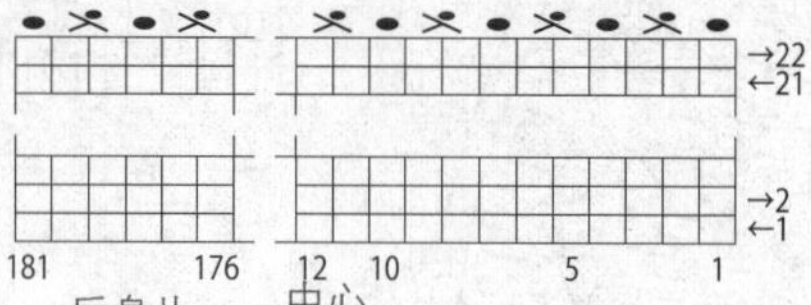

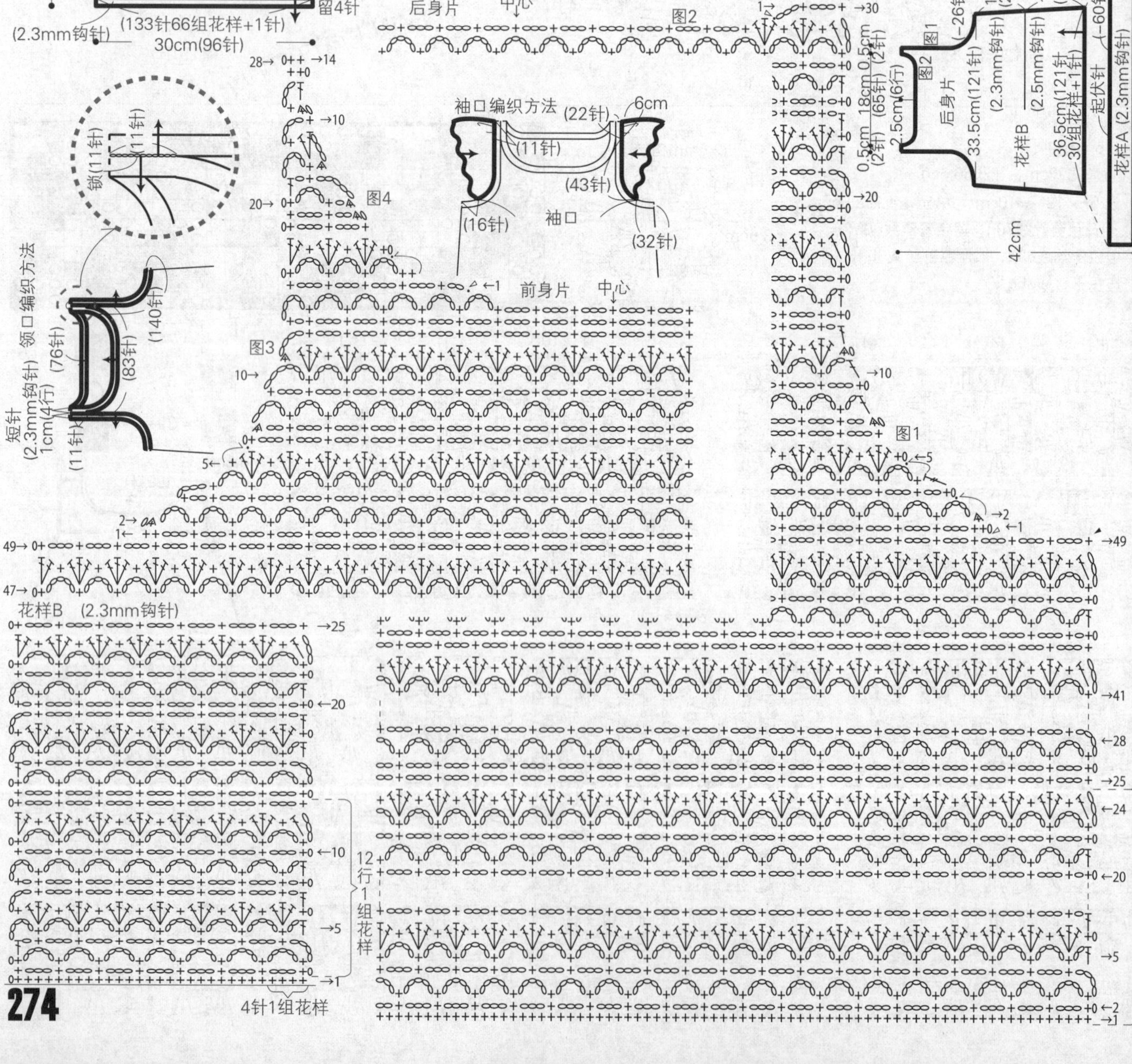

0

具：2.5mm、3.0mm钩针

寸：胸围72cm，背肩宽27cm，裙长42cm

度：2.5mm钩针：31针×10.5行=10cm^2

3.0mm钩针：29针×9.5行=10cm^2

料：橙黄色蕾丝线160g

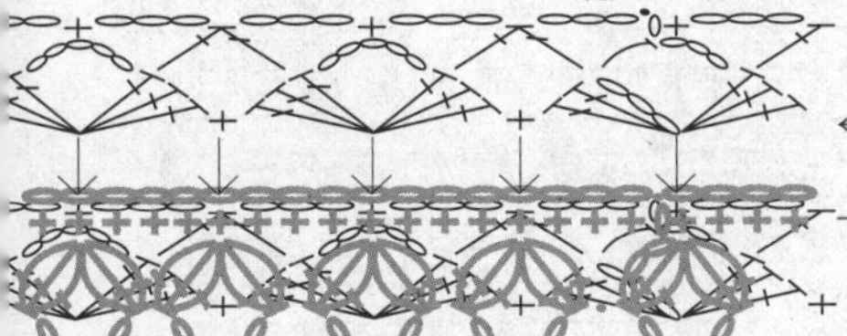

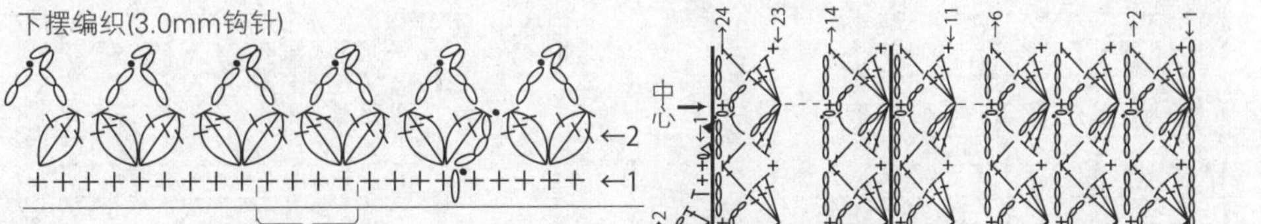

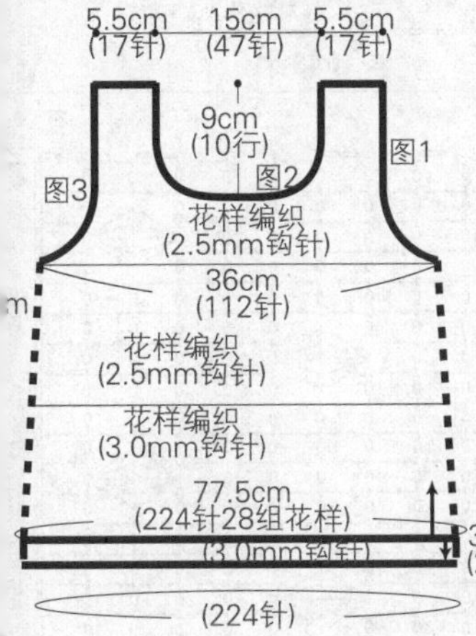

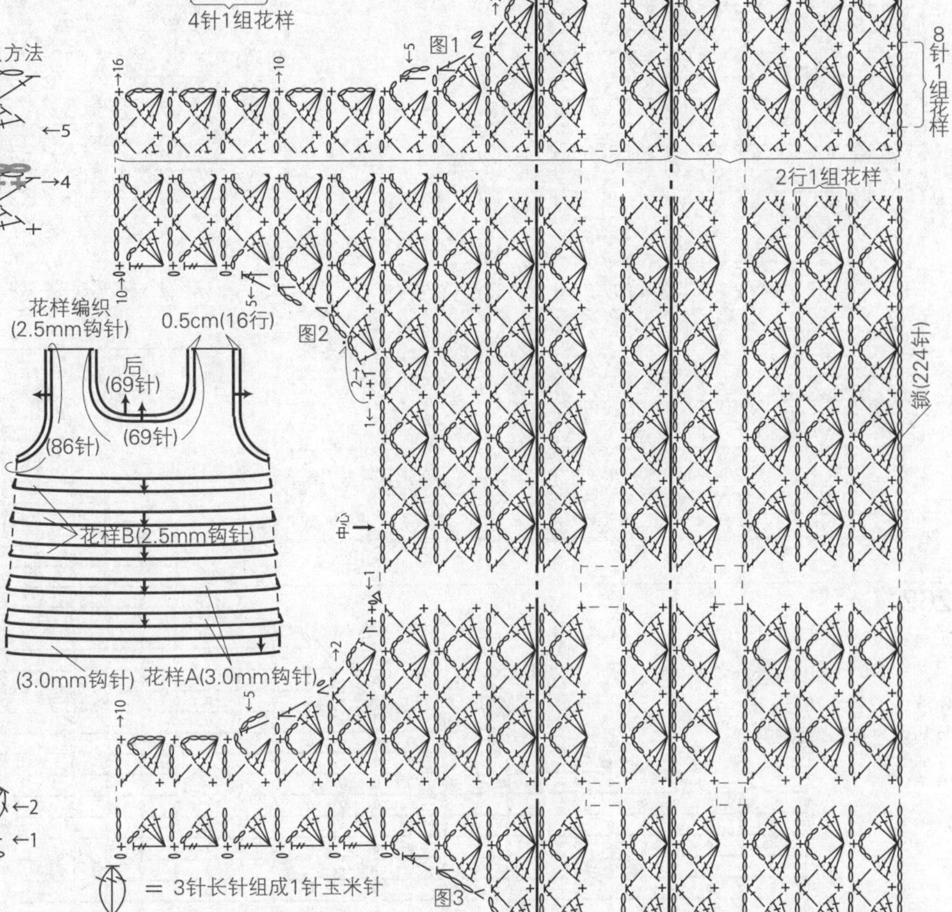

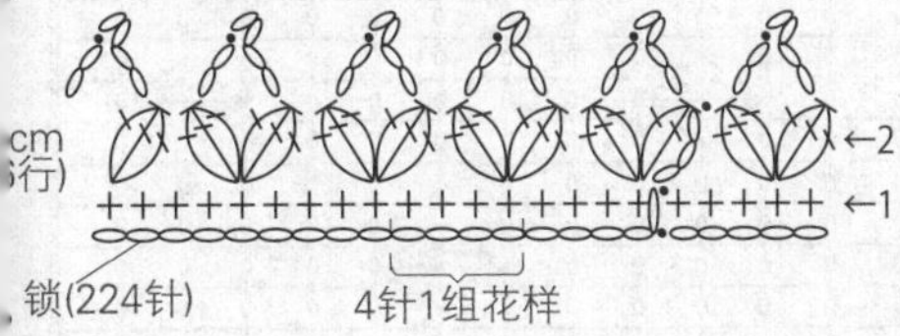

= 3针长针组成1针玉米针

= 3针中长针组成1针玉米针

1

具：3.5mm钩针

寸：胸围62cm，袖长18.5cm，

衣长34cm

度：22针×10.5行=10cm^2

料：蓝色蕾丝线220g

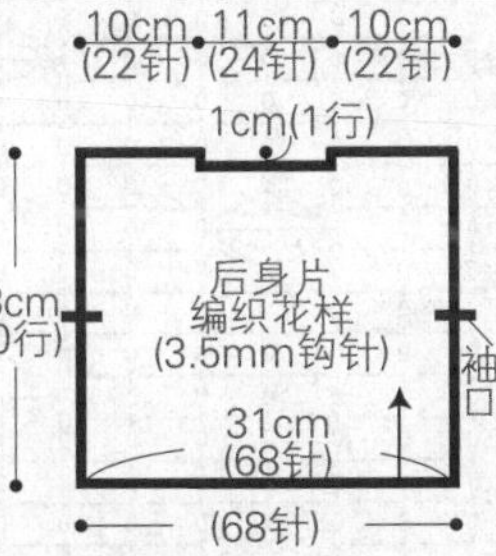

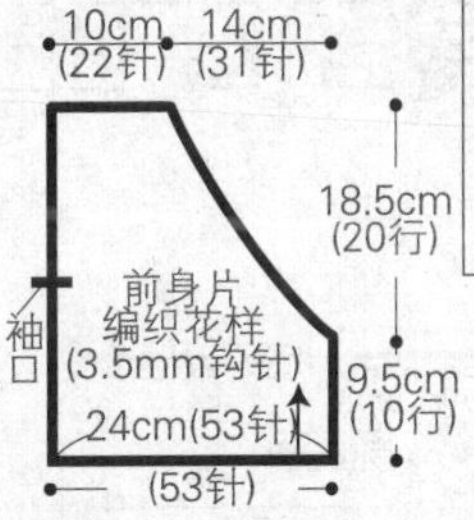

※左右身片对称

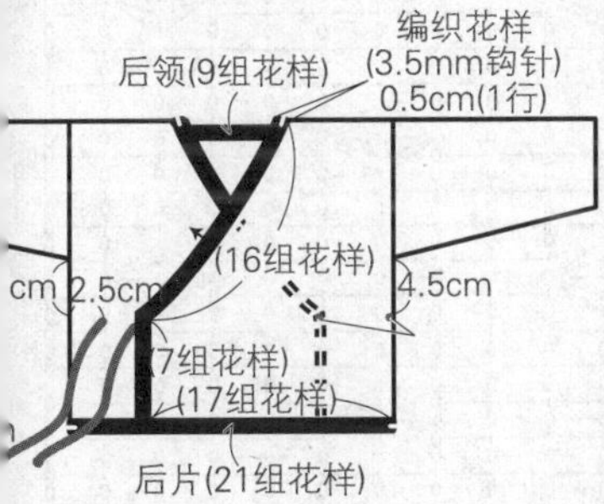

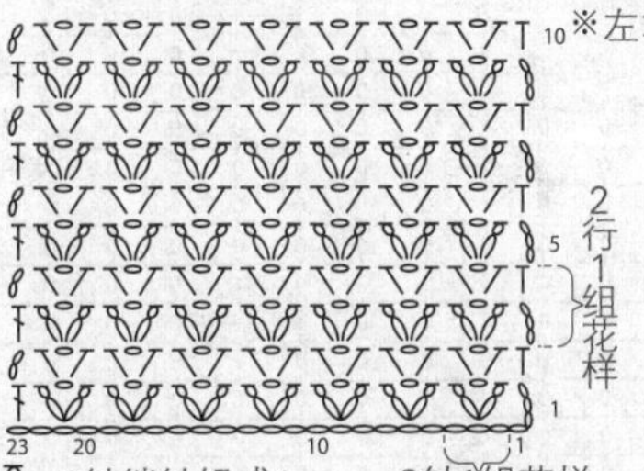

=2针锁针组成1针中长针

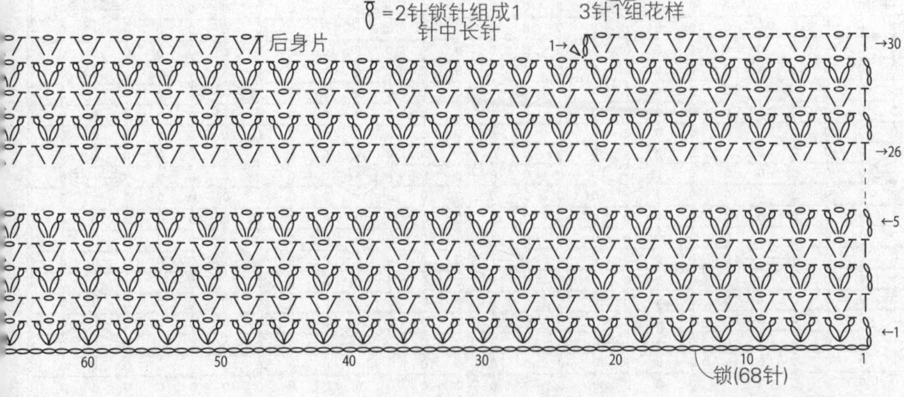

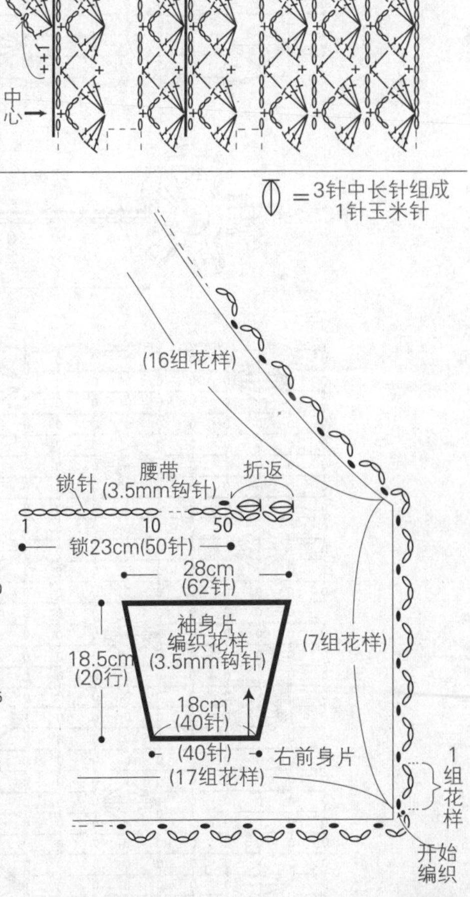

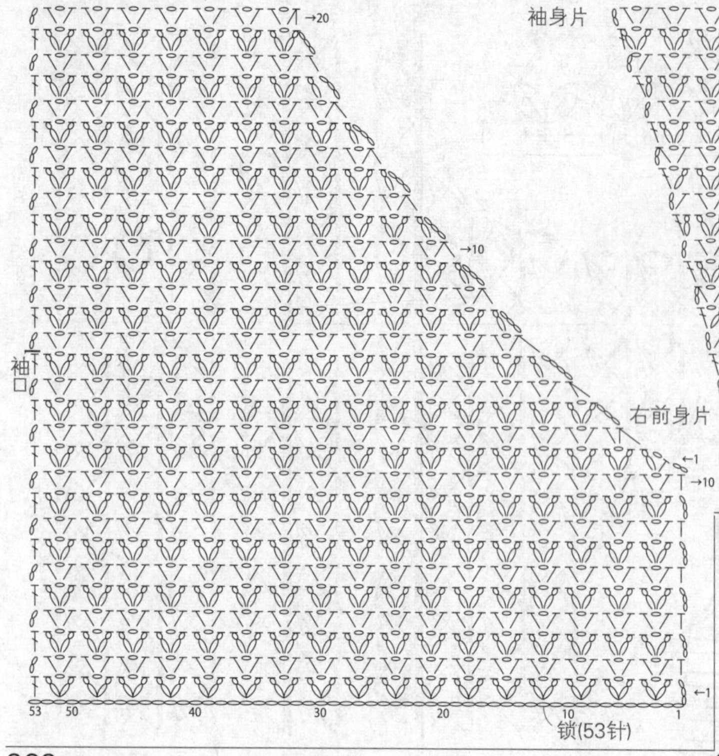
袖身片
袖口
→20
→10
←1
→10
←1
53 50 40 30 20 10 1
锁(53针)

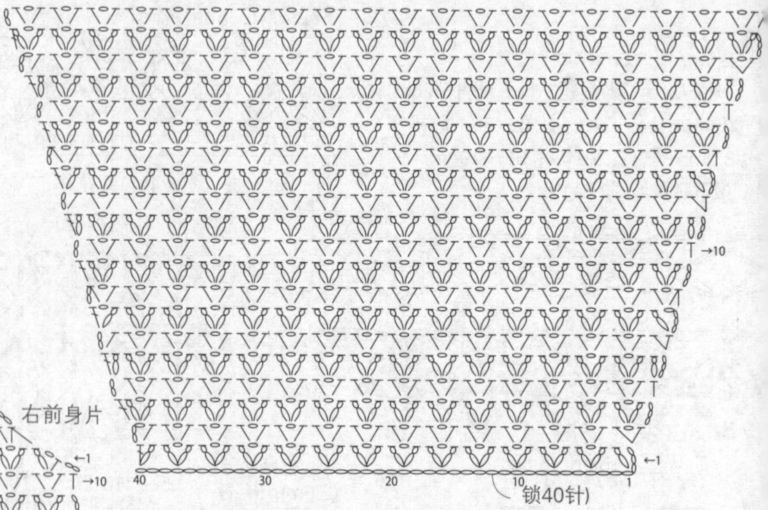
右前身片
→10
←1
40 30 20 10 1
锁40针)

262

工具：2.3mm钩针

尺寸：胸围60cm，背肩宽24.5cm，背心长28.5cm

密度：32针×13行=10cm^2

材料：米色蕾丝线85g

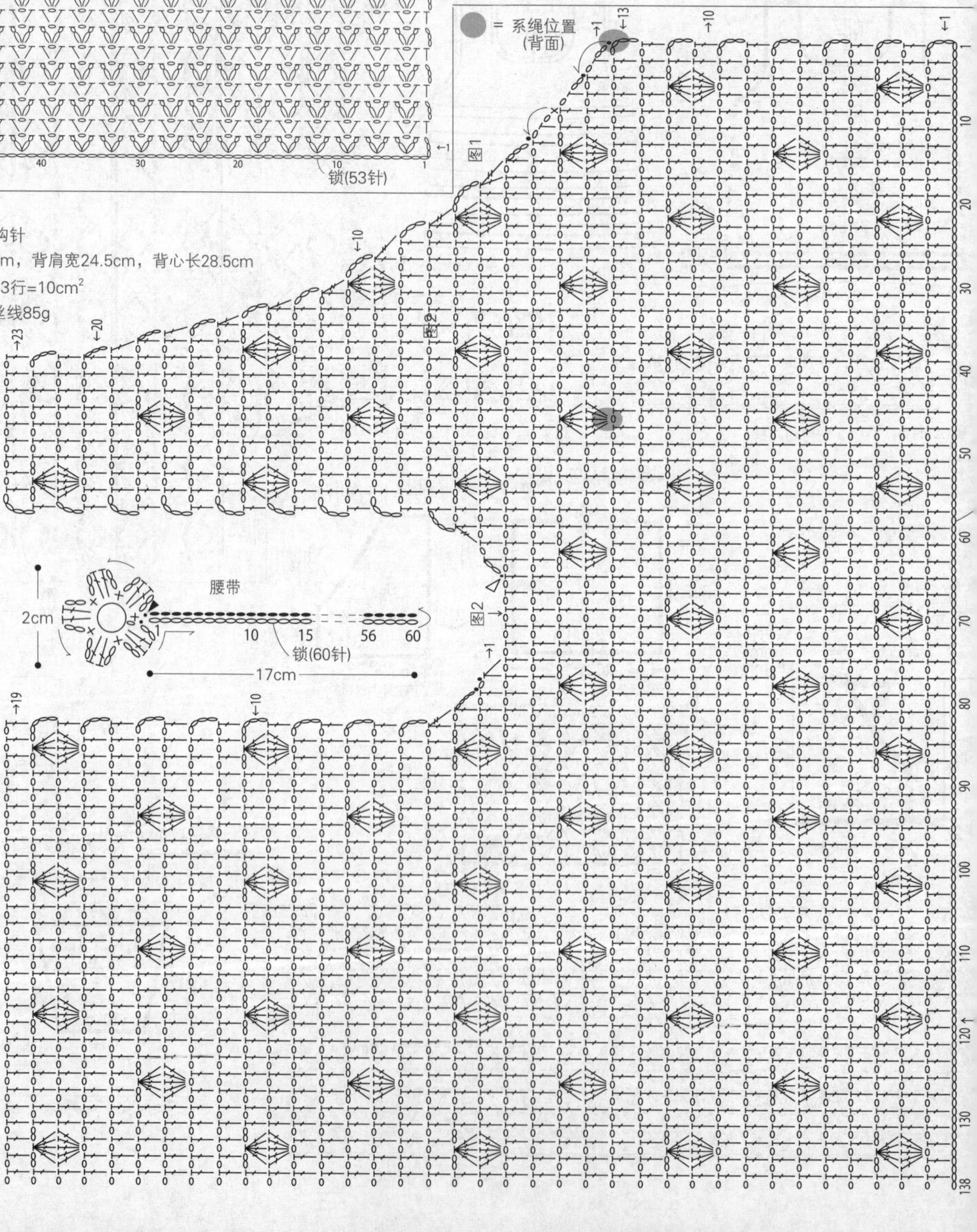
= 系绳位置
(背面)
→1 ←13 →10 ←1
图1
图2
→23 ←20 ←10 →19 ←10 →1
1 10 20 30 40 50 60 70 80 90 100 110 120 130 138
腰带
2cm
10 15 56 60
锁(60针)
17cm

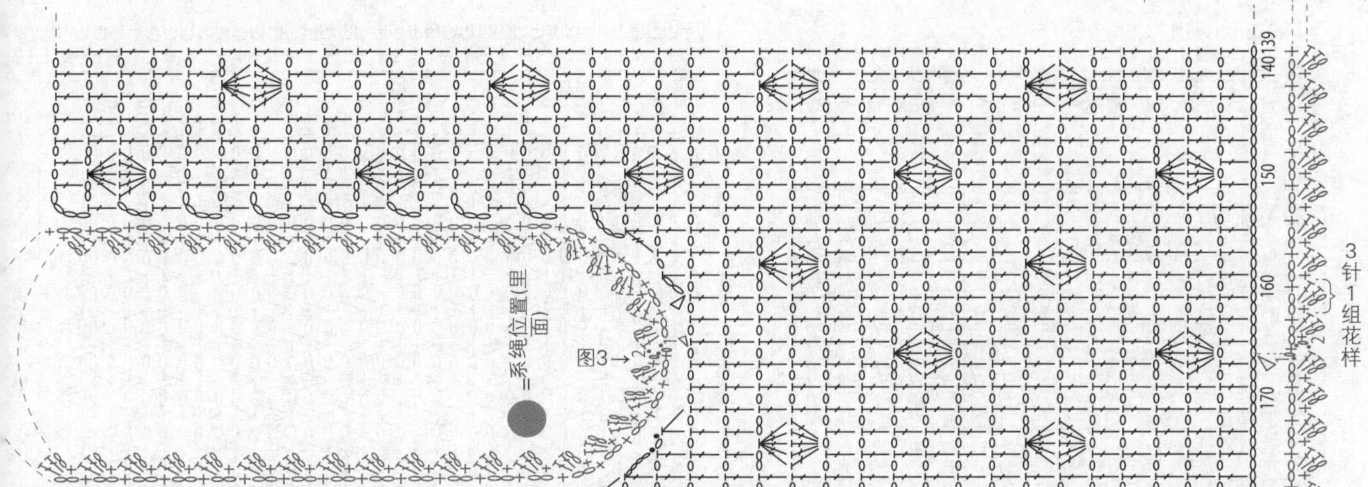

=系绳位置(里面)
图3
图4
139
140
150
160
170
180
190
200
210
220
230
235
3针1组花样

编织花样
mm钩针)

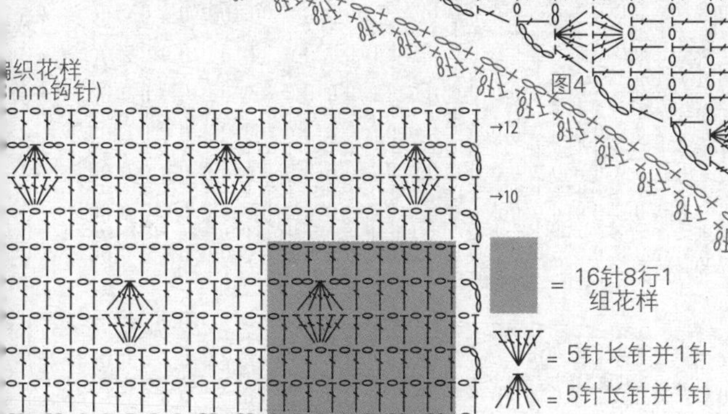

→12
→10
←1
40
30
20
10
1
= 16针8行1组花样
= 5针长针并1针
= 5针长针并1针

3

具：3.5mm钩针

寸：围巾：长50cm，宽15cm

帽子：帽围50cm，帽深19cm

度：花样A：22针×19行=10cm²

料：明黄色牛奶棉线105g，

咖啡色牛奶棉线80g

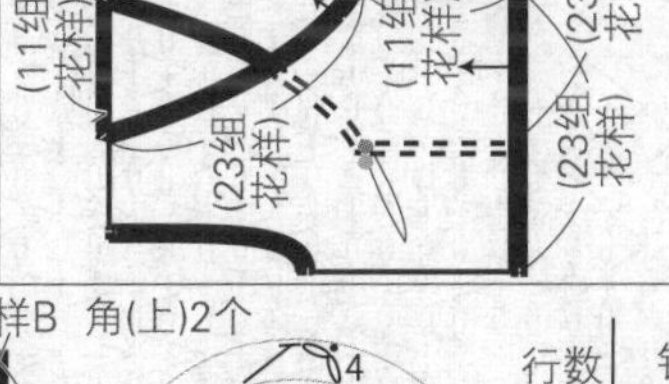

(36组花样)
(32组花样)
(11组1cm(2行)花样)
(11组花样)
(23组花样)
(23组花样)
(23组花样)

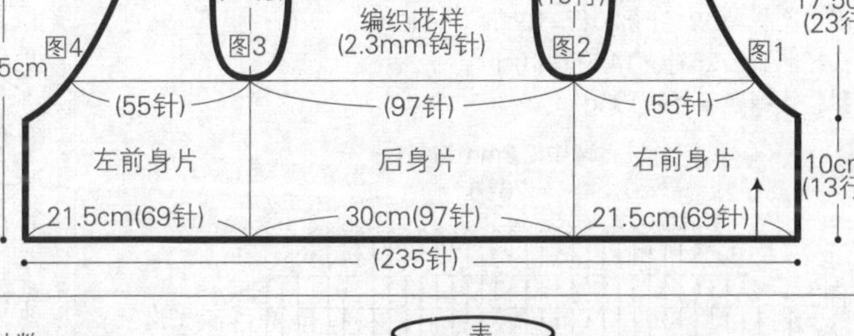

6cm
(19针)
6cm
(19针)
10.5cm
(33针)
6cm
(19针)
6cm
(19针)
领口
4.5cm
(19行)
4.5cm
(19行)
编织花样
(2.3mm钩针)
17.5cm
(23行)
27.5cm
图4
图3
图2
图1
(55针)
(97针)
(55针)
左前身片
后身片
右前身片
10cm
(13行)
21.5cm(69针)
30cm(97针)
21.5cm(69针)
(235针)

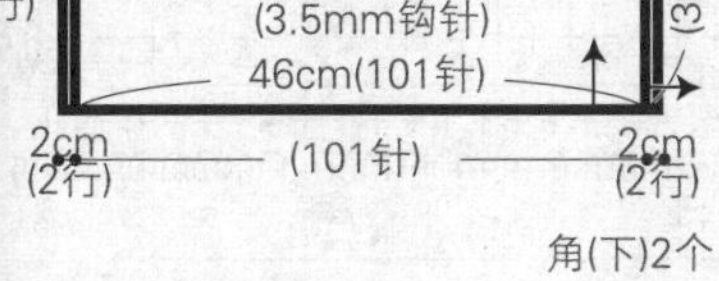

花样B
(53针)
花样B
全部(-48针)
帽子
花样A
(3.5mm钩针)
(39针)
46cm(101针)
2cm
(2行)
(101针)
2cm
(2行)

角(上)2个

行数	针数
4	5 (-5针)
3	10 (-10针)
2	20
1	20

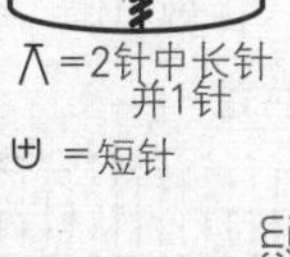

表
里

⋀=2针中长针并1针

⊎ =短针

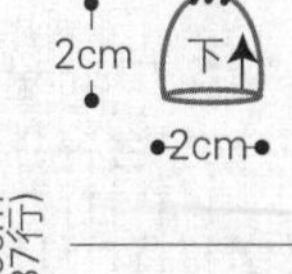

3cm
上
2cm
下
2cm

角(下)2个

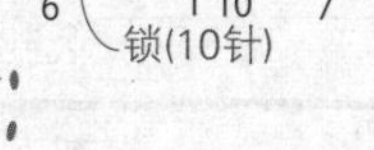

←2
←1
6
1
10
7
锁(10针)

耳2个

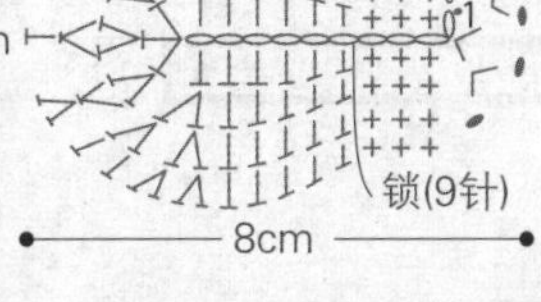

4
1
锁(9针)
8cm

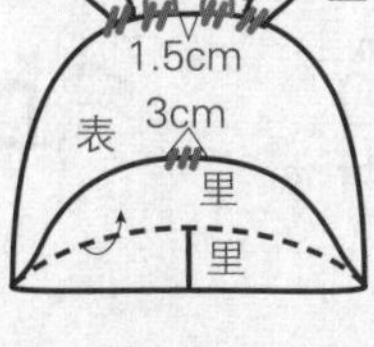

表
耳
角
里
1.5cm
3cm
表
里
里

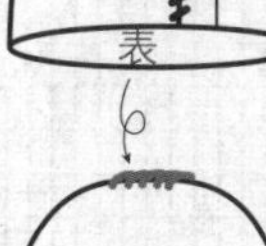

里
表

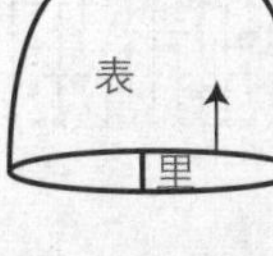

表
里

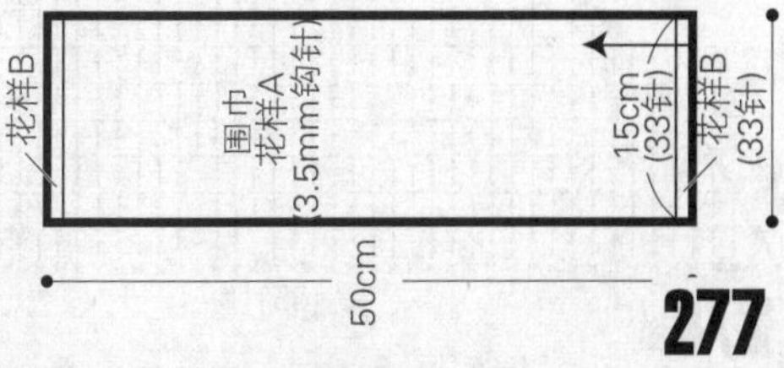

2cm
(2行)
46cm
(87行)
2cm
(2行)
花样B
围巾
花样A
(3.5mm钩针)
15cm
(33针)
花样B
(33针)
50cm

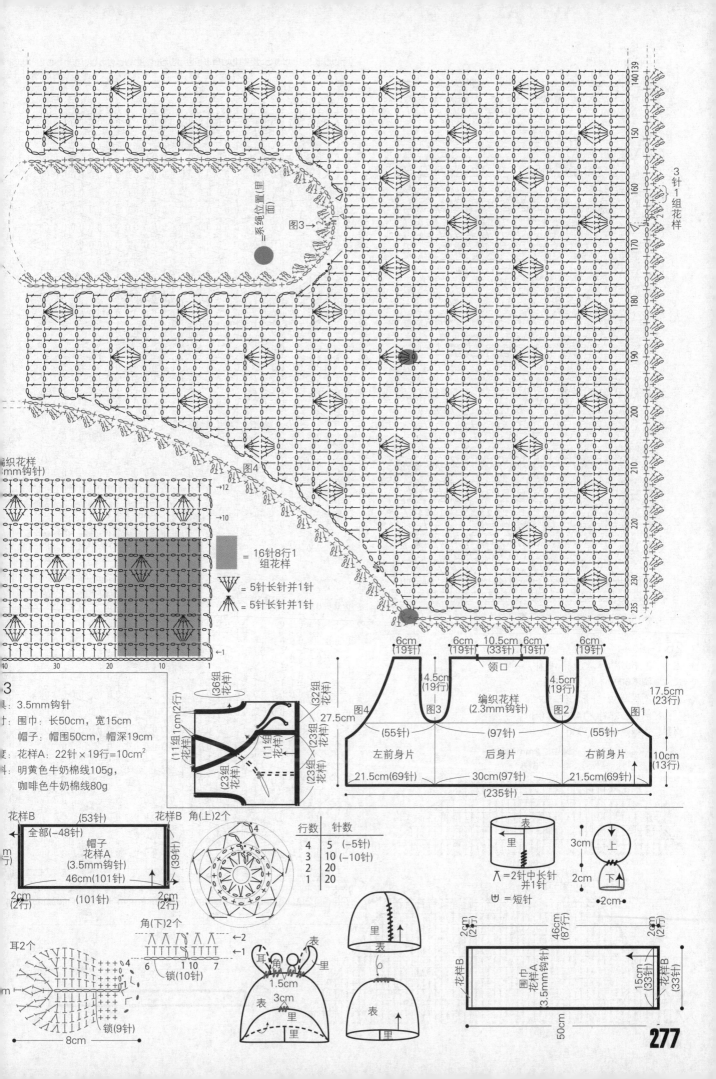

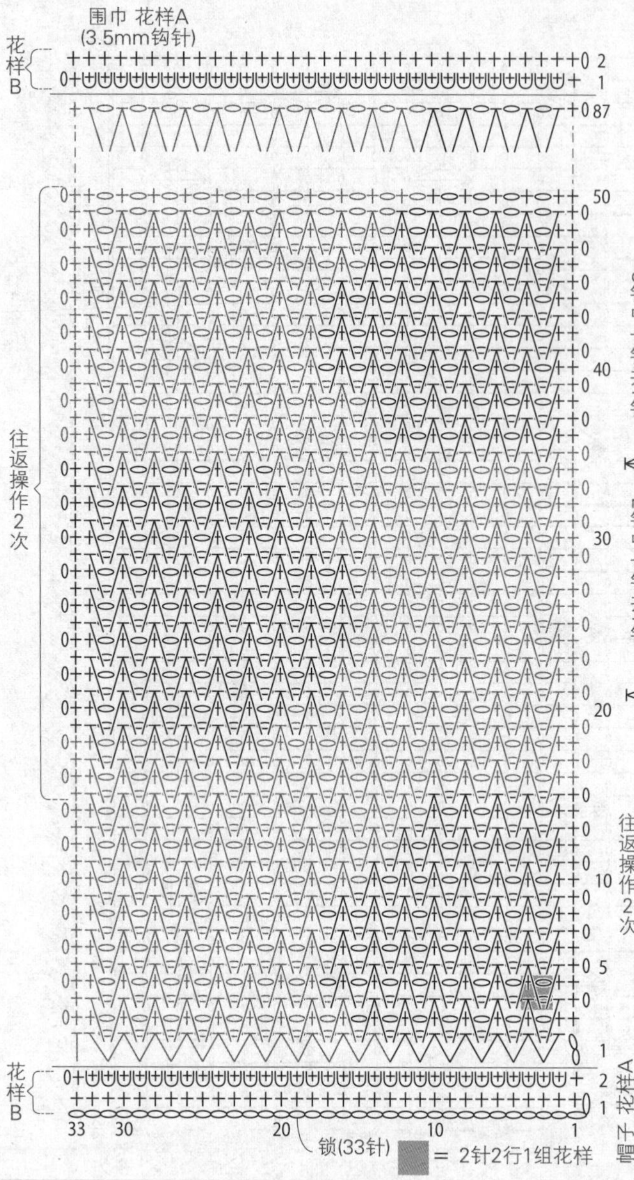
围巾 花样A
(3.5mm钩针)
花样B
往返操作2次
花样B
锁(33针)
= 2针2行1组花样

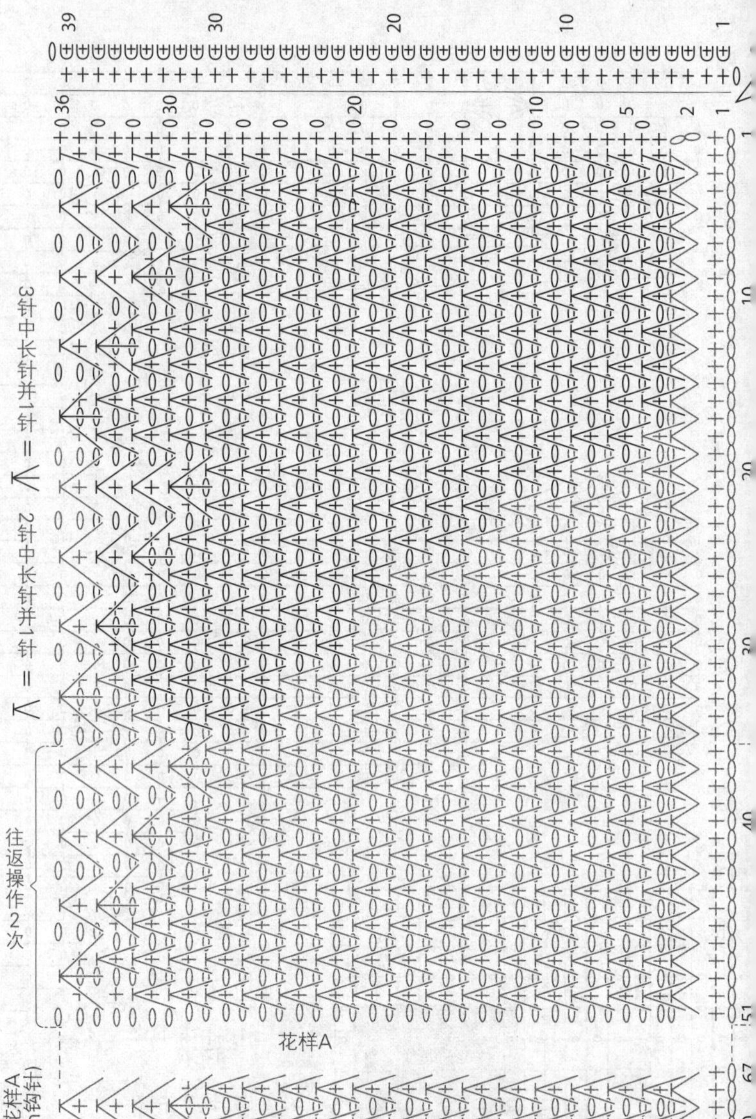
3针中长针并1针
2针中长针并1针
往返操作2次
花样A
帽子 花样A
(3.5mm钩针)
花样B

264

工具：2.3mm钩针，3.3mm棒针

尺寸：胸围60cm，后裤长38.5cm

密度：花样A：24针×20行=10cm²

长针：25针×14.5行=10cm²

材料：浅绿色蕾丝线135g

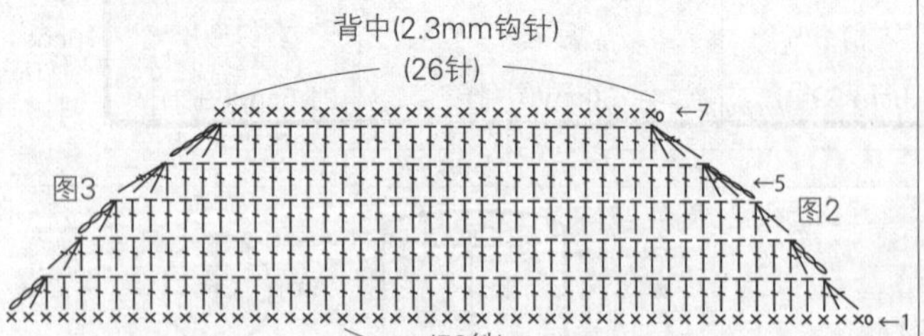
背中(2.3mm钩针)
(26针)
图3
图2
(50针)

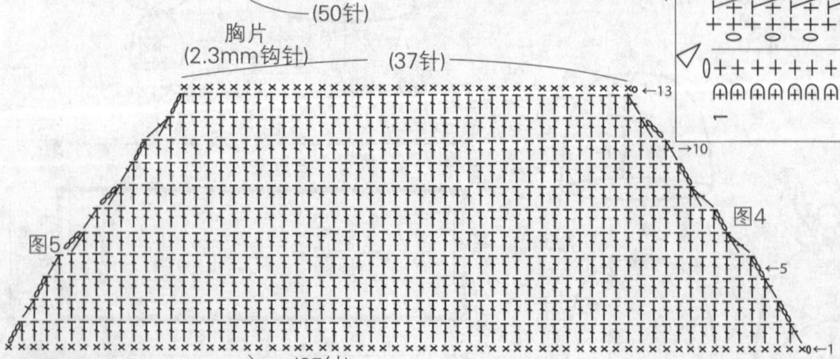
胸片
(2.3mm钩针)
(37针)
图5
图4
(65针)

肩带
(2.3mm钩针)
28cm
(35行)
长针
2cm
(6针)

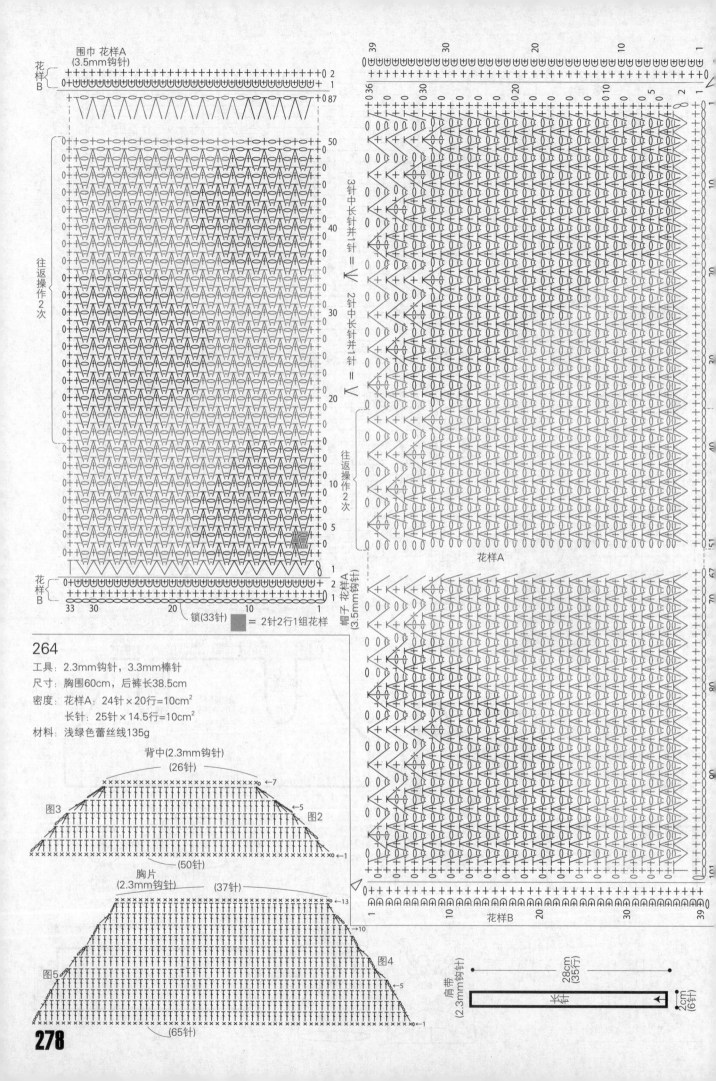

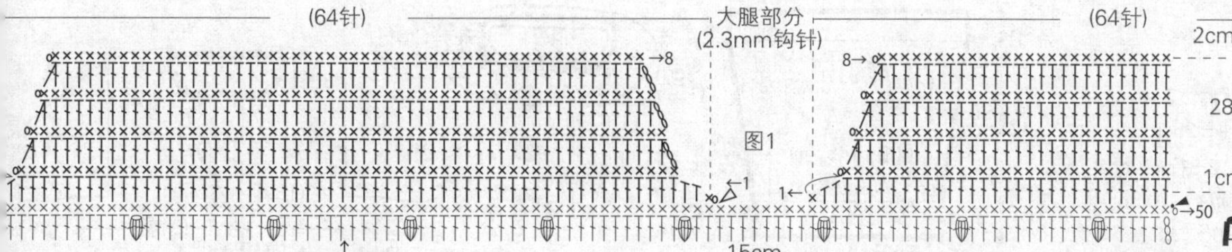

(64针)
大腿部分
(2.3mm钩针)
(64针)
图1
→8
8→
1←
→50

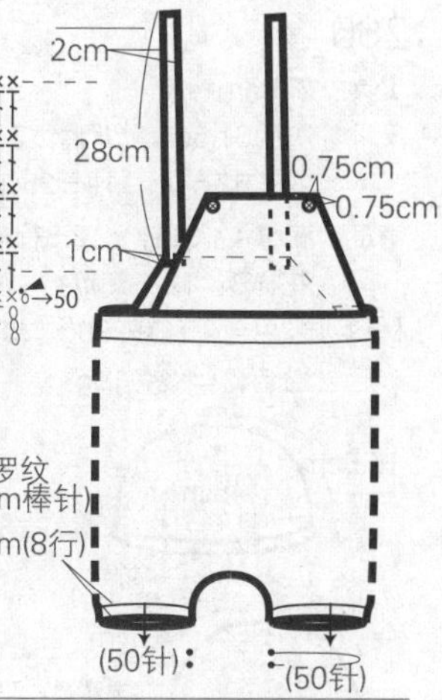

2cm
28cm
0.75cm
0.75cm
1cm
单罗纹
(3.3mm棒针)
2cm(8行)
(50针)
(50针)

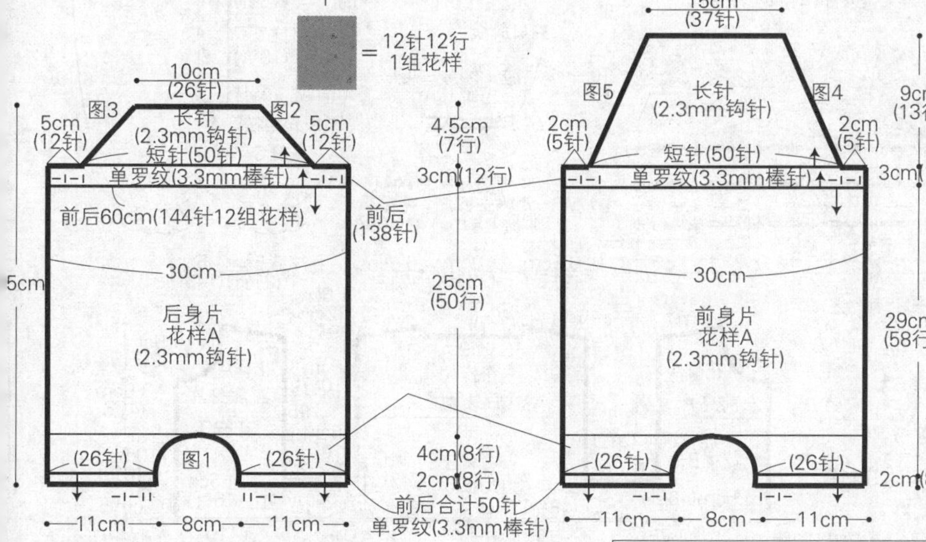

= 12针12行
1组花样
10cm
(26针)
图3
图2
长针
(2.3mm钩针)
5cm
(12针)
短针(50针)
5cm
(12针)
单罗纹(3.3mm棒针)
前后60cm(144针12组花样)
前后
(138针)
30cm
后身片
花样A
(2.3mm钩针)
5cm
(26针)
图1
(26针)
11cm
8cm
11cm
4.5cm
(7行)
3cm(12行)
25cm
(50行)
4cm(8行)
2cm(8行)
前后合计50针
单罗纹(3.3mm棒针)
15cm
(37针)
图5
图4
长针
(2.3mm钩针)
2cm
(5针)
2cm
(5针)
短针(50针)
单罗纹(3.3mm棒针)
3cm(12行)
30cm
前身片
花样A
(2.3mm钩针)
(26针)
(26针)
11cm
8cm
11cm
9cm
(13行)
29cm
(58行)
2cm(8行)

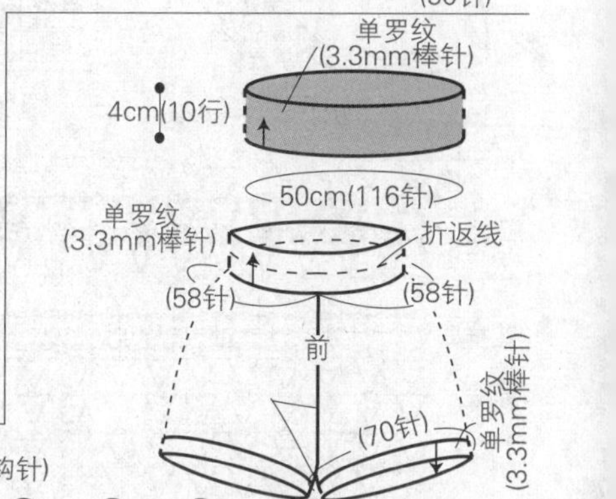

单罗纹
(3.3mm棒针)
4cm(10行)
50cm(116针)
单罗纹
(3.3mm棒针)
折返线
(58针)
(58针)
前
(70针)
单罗纹
(3.3mm棒针)

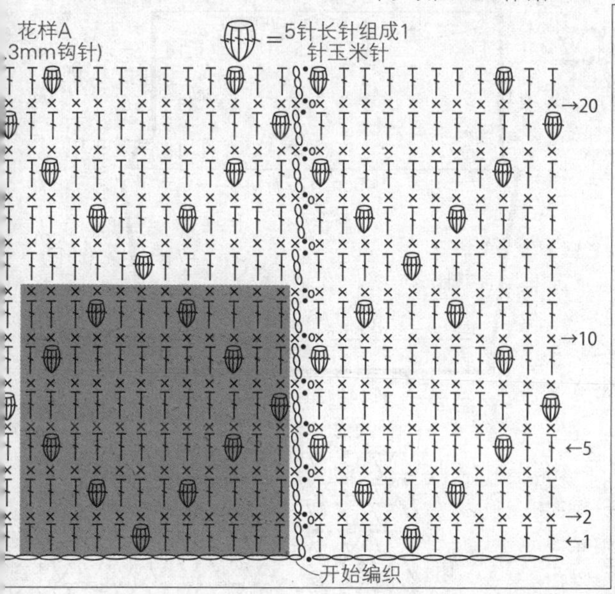

花样A
(2.3mm钩针)
=5针长针组成1
针玉米针
→20
→10
←5
→2
←1
开始编织

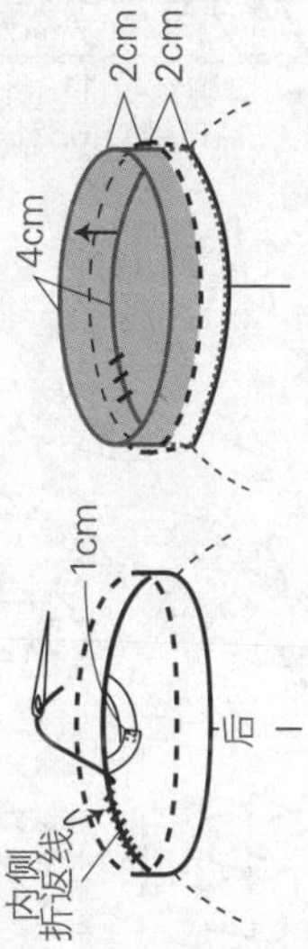

2cm
2cm
4cm
1cm
后
内侧
折返线

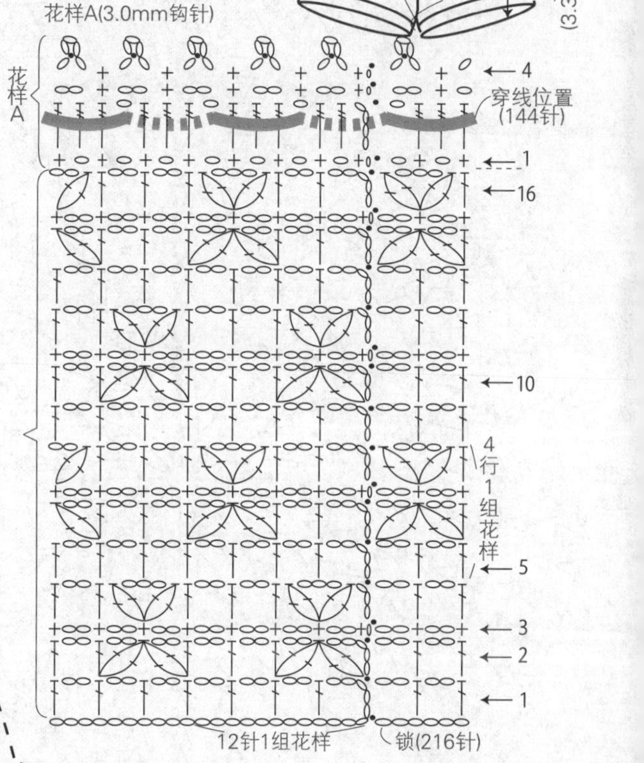

花样A(3.0mm钩针)
花样A
←4
穿线位置
(144针)
←1
←16
←10
4行1组花样
←5
←3
←2
←1
12针1组花样
锁(216针)

5

：3.0mm钩针，3.3mm、3.6mm棒针

：裤子：腰围50cm，身长23cm

裙子：身长19cm

：花样A：21针×27.5行=10cm²

单罗纹：22.5针×28行=10cm²

花样B：26.5针×14行=10cm²

：裤子：咖啡色纯棉线70g，

粉色纯棉线15g

裙子：明黄色蕾丝线65g

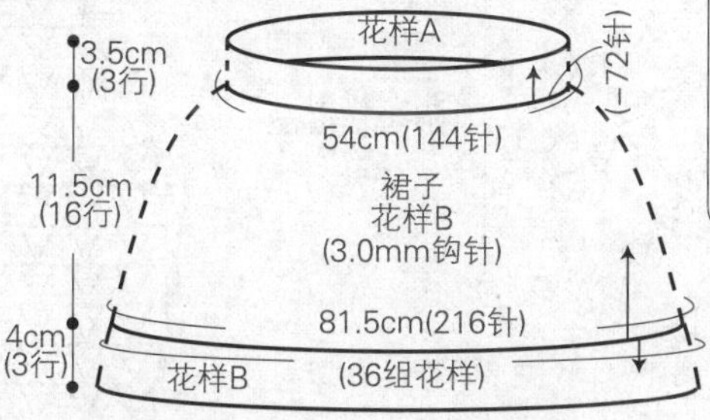

花样A
3.5cm
(3行)
(-72针)
54cm(144针)
裙子
花样B
(3.0mm钩针)
11.5cm
(16行)
81.5cm(216针)
4cm
(3行)
花样B
(36组花样)

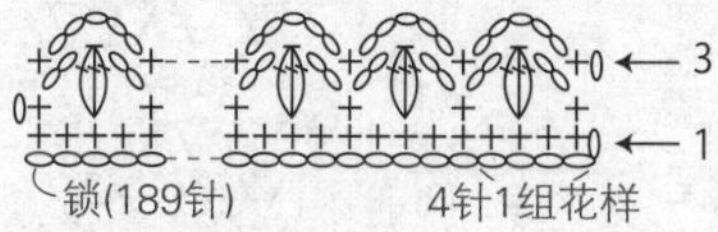

→3
←1
锁(189针)
4针1组花样
90cm(189针)

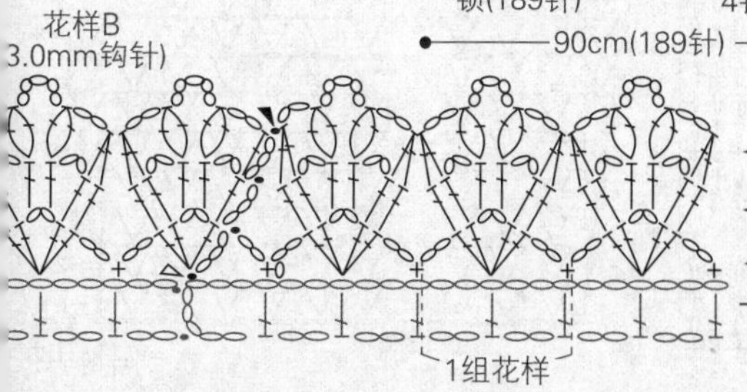

花样B
3.0mm钩针)
←3
←2
←1
→1
1组花样

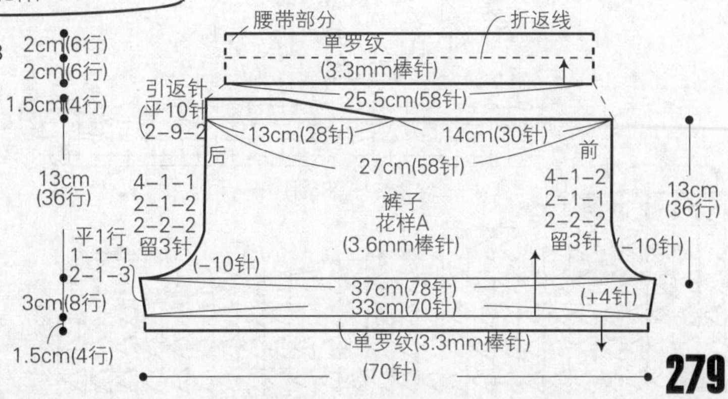

腰带部分
折返线
单罗纹
(3.3mm棒针)
25.5cm(58针)
2cm(6行)
2cm(6行)
1.5cm(4行)
引返针
平10针
2-9-2
13cm(28针)
14cm(30针)
后
前
27cm(58针)
4-1-1
2-1-2
2-2-2
留3针
裤子
花样A
(3.6mm棒针)
4-1-2
2-1-1
2-2-2
留3针
13cm
(36行)
(-10针)
13cm
(36行)
平1行
1-1-1
2-1-3
(-10针)
37cm(78针)
33cm(70针)
(+4针)
3cm(8行)
单罗纹(3.3mm棒针)
1.5cm(4行)
(70针)

266

工具：2.5mm钩针

尺寸：胸围61.5cm，背肩宽23cm，

衣长62.5cm，袖长25cm

密度：花样A：32针×12.5行=10cm²

花样B：32针×17行=10cm²

材料：米白色蕾丝线290g，绿色、黄色、粉色蕾丝线各10g

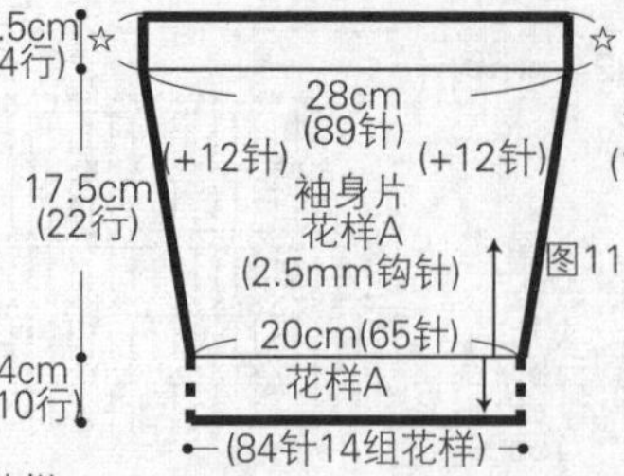

3.5cm
(4行)
28cm
(89针)
(+12针)
(+12针)
17.5cm
(22行)
袖身片
花样A
(2.5mm钩针)
图11
20cm(65针)
4cm
(10行)
花样A
(84针14组花样)

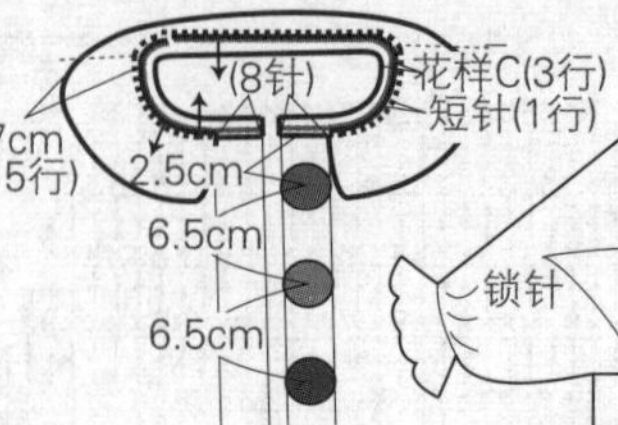

(8针)
花样C(3行)
短针(1行)
7cm
(15行)
2.5cm
6.5cm
6.5cm

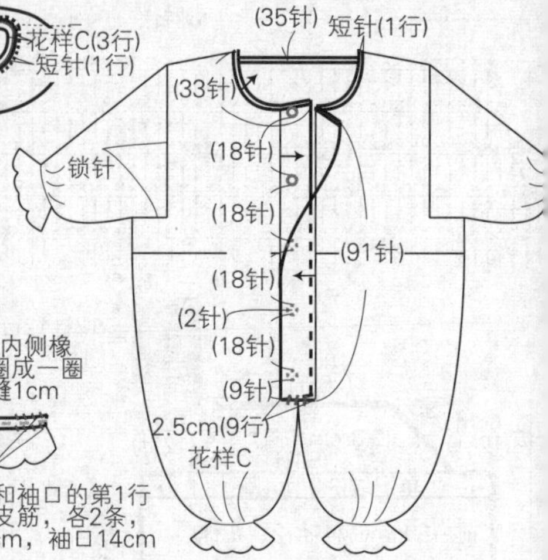

(35针)
短针(1行)
(33针)
锁针
(18针)
(18针)
(91针)
(18针)
(2针)
(18针)
(9针)
2.5cm(9行)
花样C

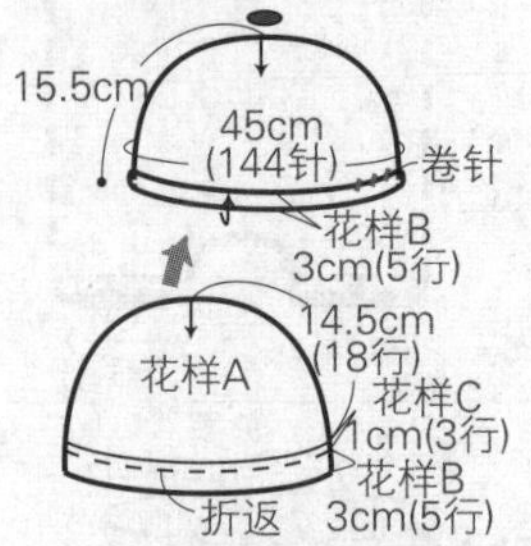

15.5cm
45cm
(144针)
卷针
花样B
3cm(5行)
14.5cm
(18行)
花样A
花样C
1cm(3行)
花样B
3cm(5行)
折返

下摆花样

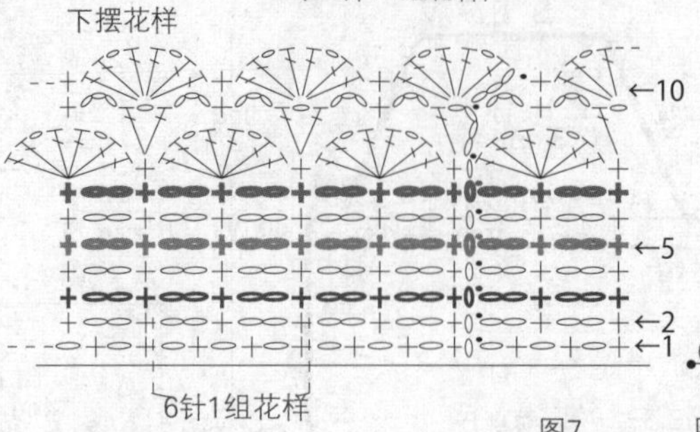

←10
←5
←2
←1
6针1组花样

袖口脚腕
穿过内侧橡胶，圈成一圈再缝1cm
在脚腕和袖口的第1行处缠上皮筋，各2条，脚腕16cm，袖口14cm

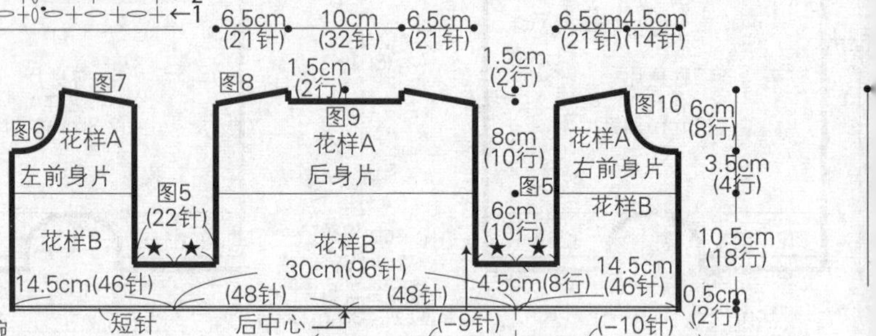

6.5cm
(21针)
10cm
(32针)
6.5cm
(21针)
6.5cm
(21针)
4.5cm
(14针)
1.5cm
(2行)
1.5cm
(2行)
图7
图8
图9
图10
图6
花样A
左前身片
花样A
后身片
8cm
(10行)
花样A
右前身片
6cm
(8行)
3.5cm
(4行)
图5
(22针)
图5
6cm
(10行)
花样B
花样B
花样B
花样B
10.5cm
(18行)
30cm(96针)
14.5cm(46针)
(48针)
(48针)
4.5cm(8行)
14.5cm
(46针)
0.5cm
(2行)
短针
后中心
(-9针)
(-10针)
(57针)
(56针)
后侧
35cm(113针)
前侧
62.5
图4
图3
16cm
(20行)
留4针
4.5cm
(6行)
(-6针)
(-4针)
40cm(127针)
花样A
(+7针)
(+7针)
17.5cm
(22行)
图2
图1
35cm(113针)
下摆花样
4cm
(10行)
(144针24组花样)

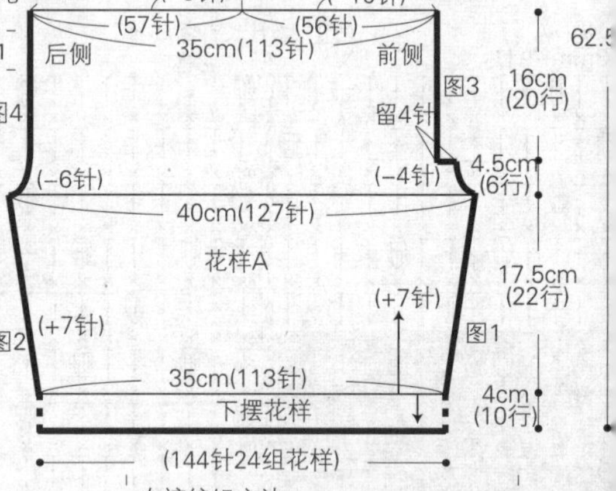

帽子编织方法

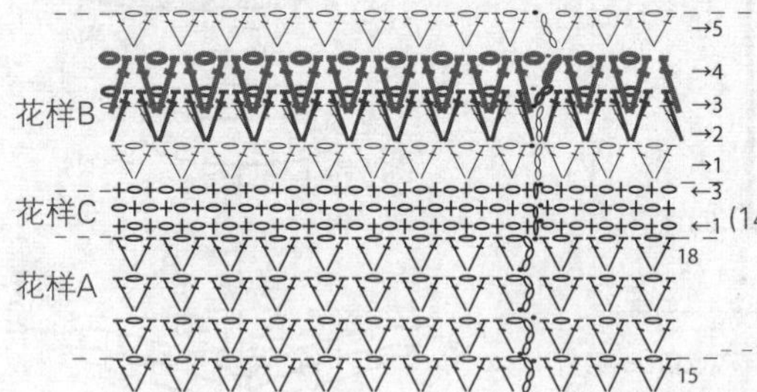

花样B
花样C
花样A
→5
←4
→3
←2
→1
←3
←1
(144针)
18
15

袖口脚腕

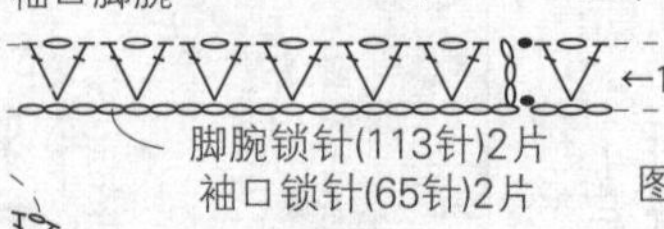

←1
脚腕锁针(113针)2片
袖口锁针(65针)2片

重复操作6次
14
10
5

行数	针数
18	48组花样
~	
14	48组花样
13	48组花样(+6组花样)
12	42组花样
11	42组花样(+6组花样)
10	36组花样
9	36组花样(+6组花样)
8	30组花样
7	30组花样(+6组花样)
6	24组花样
5	24针(+6组花样)
4	54针18组花样(+12针)
3	36针 (+12针)
2	24针 (+8针)
1	16针

右裤编织方法

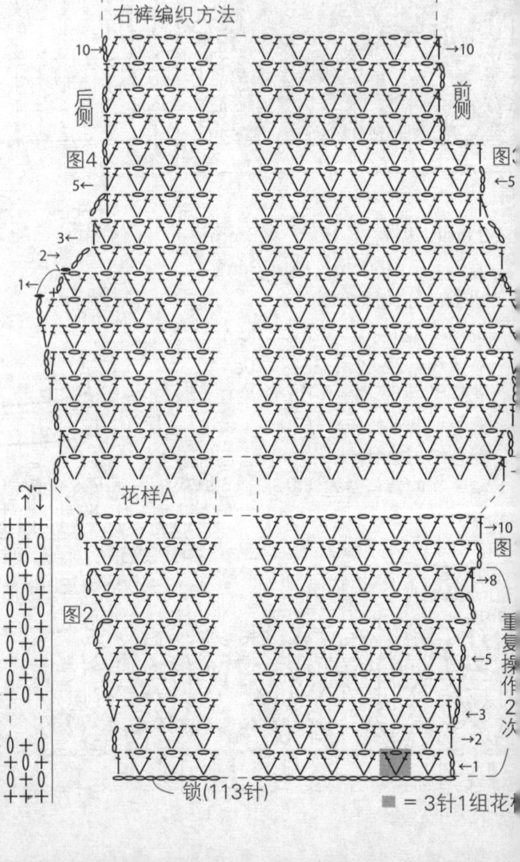

10
→10
后侧
前侧
图4
图3
5←
←5
3←
2←
1←
花样A
→10
图
→8
图2
重复操作2次
←5
→3
→2
←1
锁(113针)

■＝3针1组花样

领片编织方法　★＝3.5cm(11针)

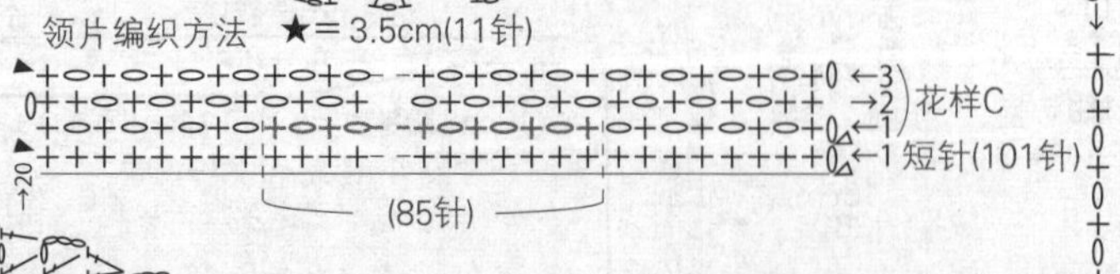

←3
→2
←1
→1
花样C
短针(101针)
(85针)

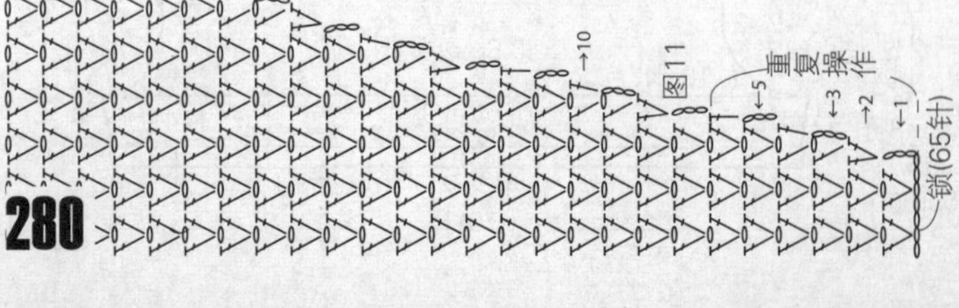

→4
→2
←1
→22
→20
→10
图11
重复操作
←5
→3
→2
←1
锁(65针)

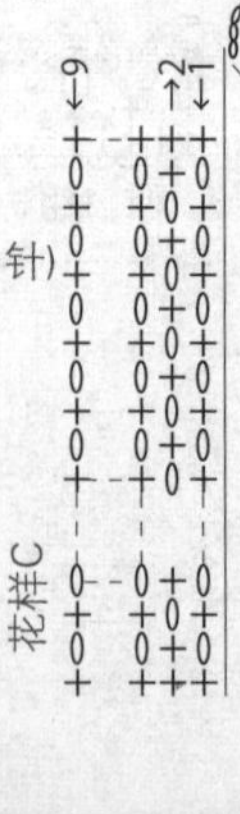

←6
→2
←1
花样C

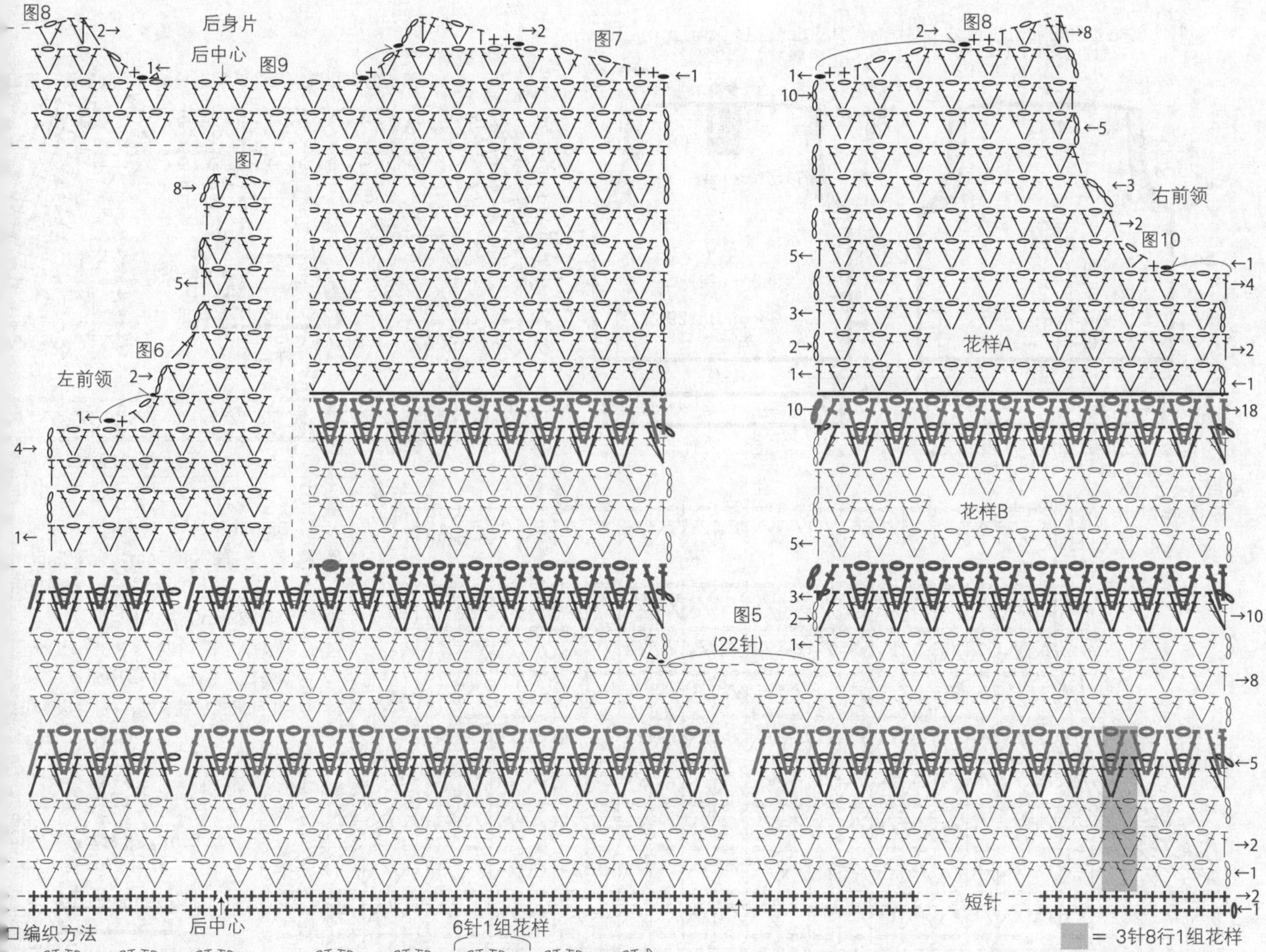
图8
后身片
后中心
图9
图7
右前领
图10
左前领
图6
花样A
花样B
图5
(22针)
后中心
短针
= 3针8行1组花样

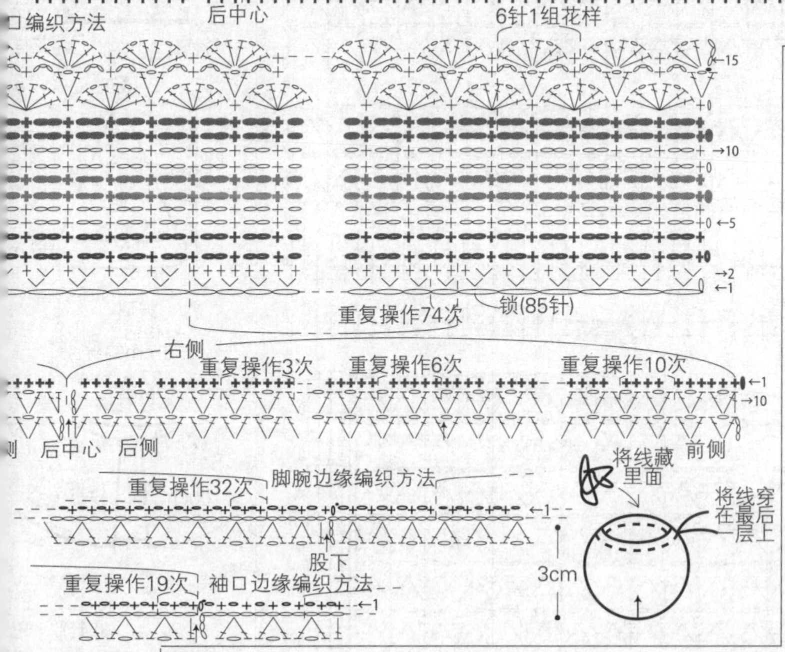
口编织方法
6针1组花样
锁(85针)
重复操作74次
右侧
重复操作3次
重复操作6次
重复操作10次
后中心
后侧
前侧
重复操作32次
脚腕边缘编织方法
股下
将线藏里面
将线穿在最后一层上
3cm
重复操作19次
袖口边缘编织方法

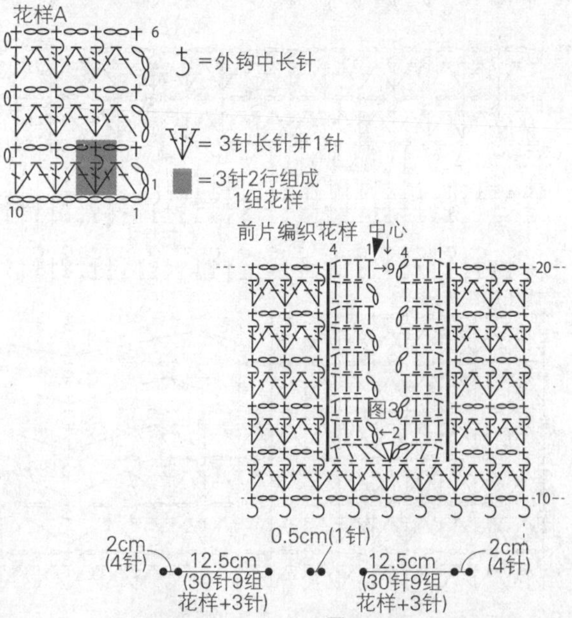
花样A
=外钩中长针
= 3针长针并1针
= 3针2行组成 1组花样
前片编织花样
中心
图3

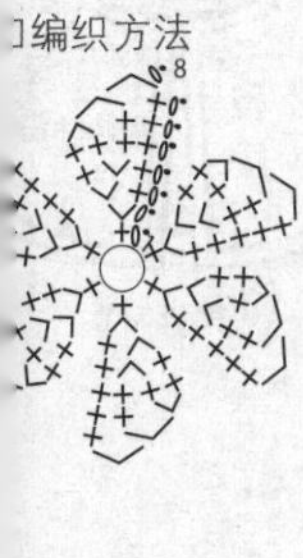
口编织方法

267

工具：4.0mm钩针

尺寸：胸围76cm，背肩宽28.5cm，衣长41.5cm

密度：花样A：24针×13行=10cm²

花样B：20针×20行=10cm²

材料：姜黄色牛奶棉线340g

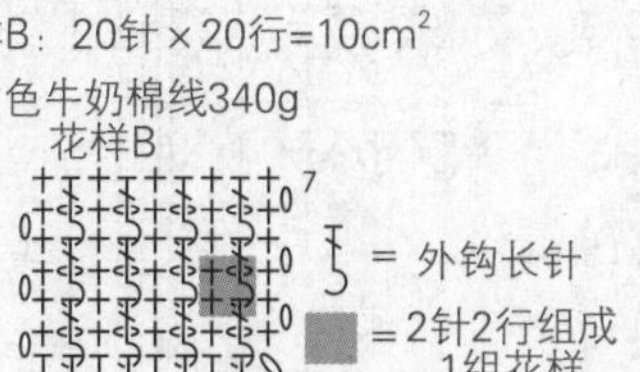
花样B
= 外钩长针
=2针2行组成 1组花样

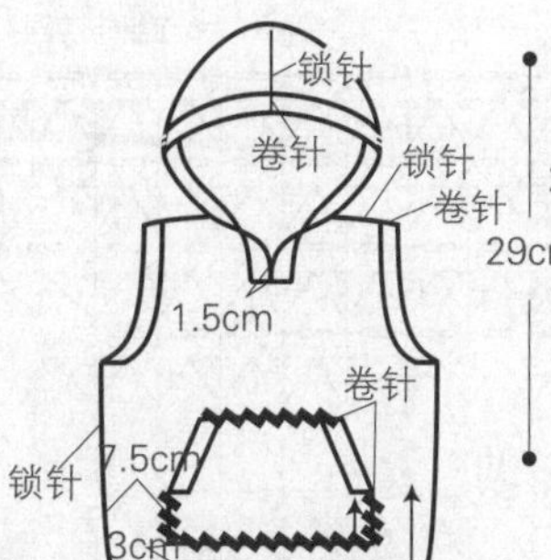
锁针
卷针
锁针
卷针
1.5cm
卷针
锁针
7.5cm
3cm

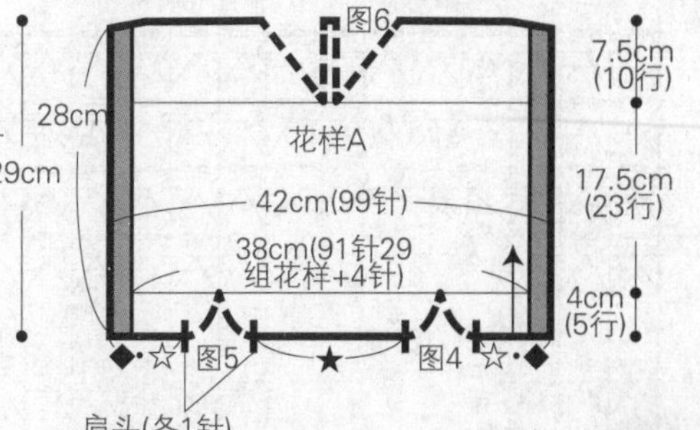
2cm (4针)
12.5cm (30针9组花样+3针)
0.5cm(1针)
12.5cm (30针9组花样+3针)
2cm (4针)
图6
28cm
29cm
花样A
7.5cm (10行)
17.5cm (23行)
42cm(99针)
38cm(91针29组花样+4针)
4cm (5行)
图5
图4
肩头(各1针) (各3针)

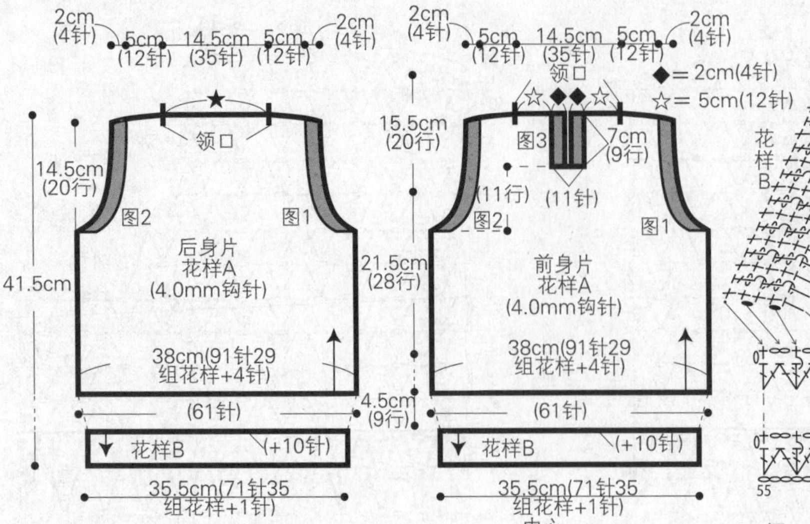

口袋编织花样

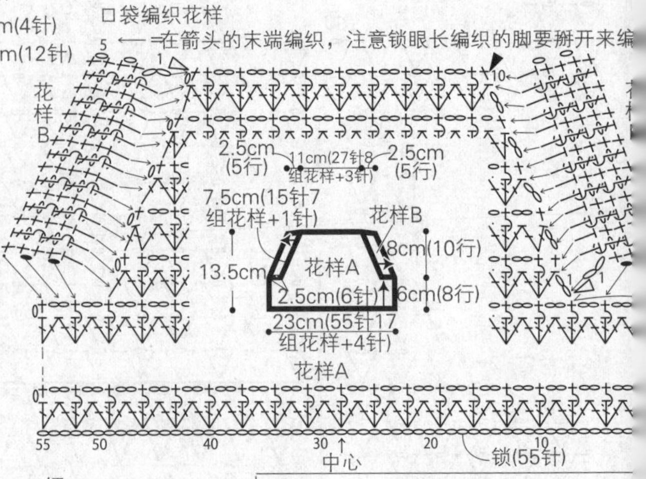

后身片花样A
(4.0mm钩针)

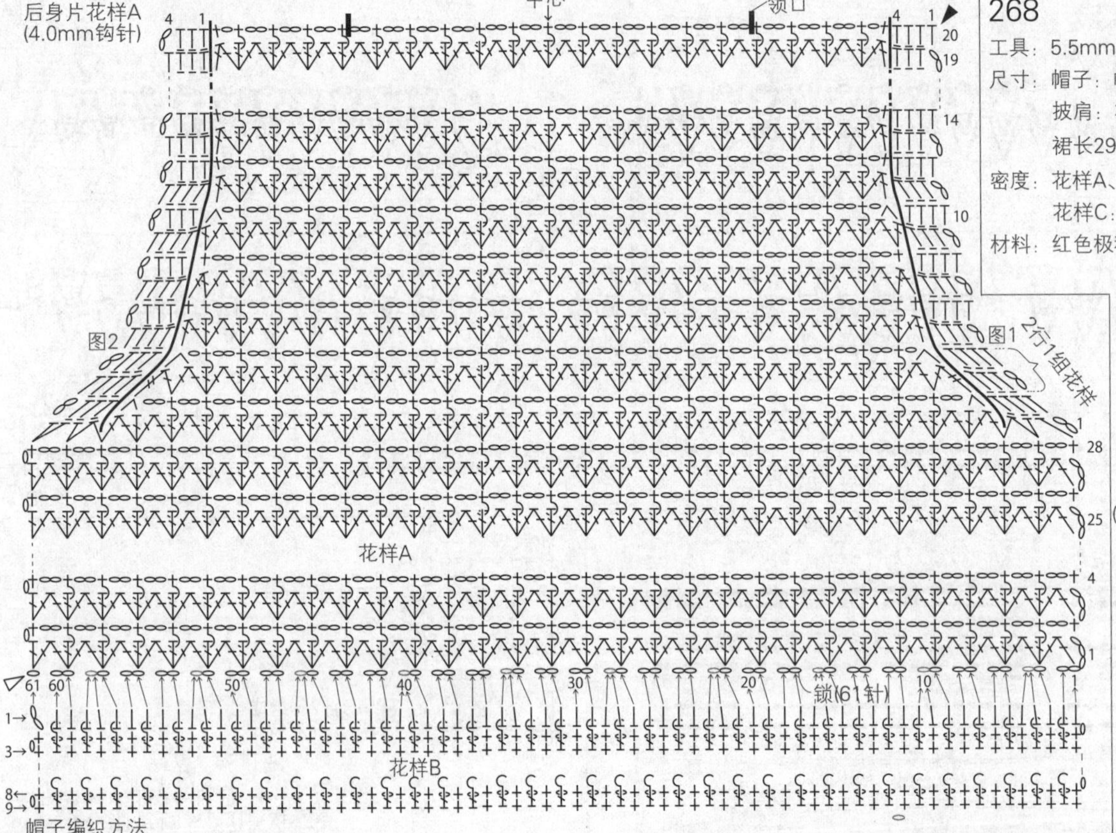

268

工具：5.5mm钩针

尺寸：帽子：帽围46.5cm，帽深30.5cm

披肩：衣长31cm 裙子：腰围50c

裙长29cm(含腰带)

密度：花样A、B：12针×8.5行=10cm²

花样C：9针×6行=10cm²

材料：红色极粗绒线600g，白色极粗绒

帽子编织方法

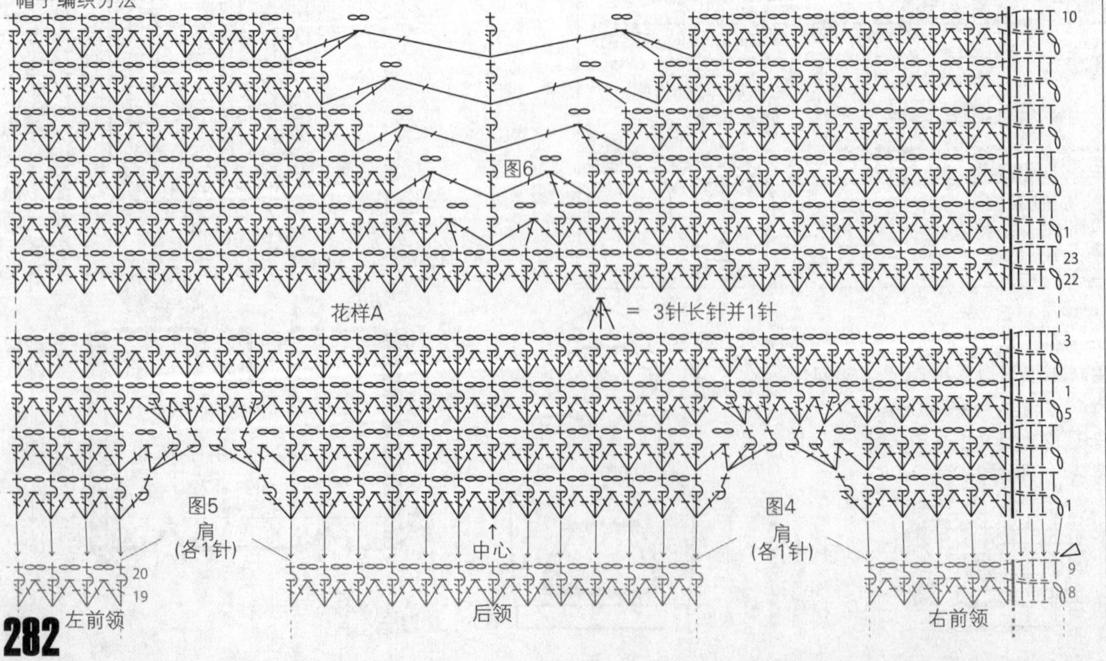

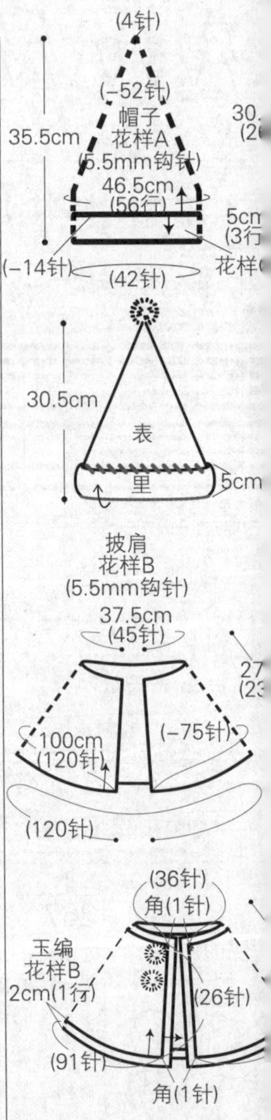

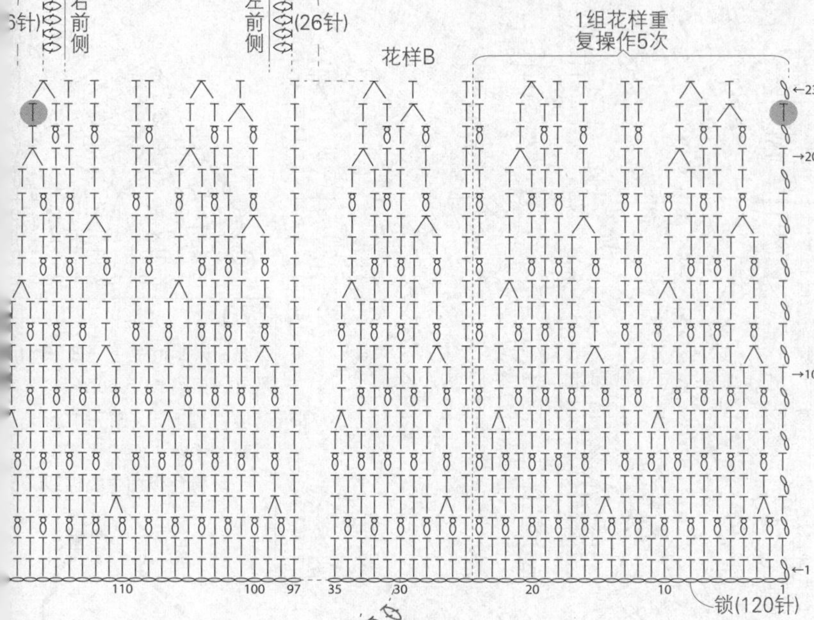

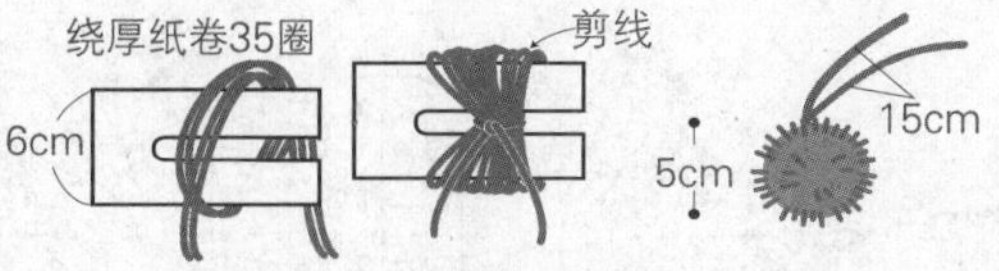

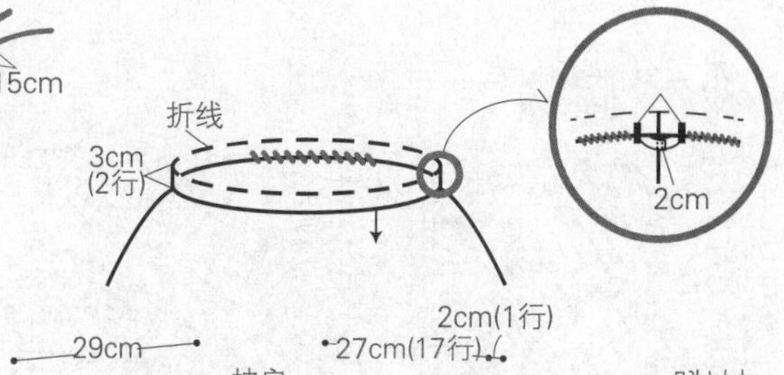

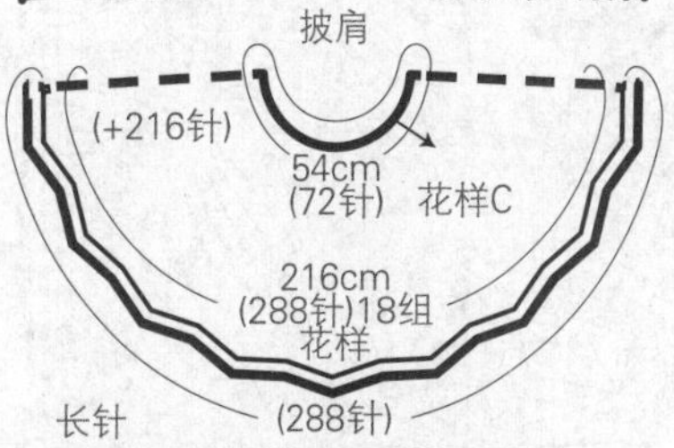

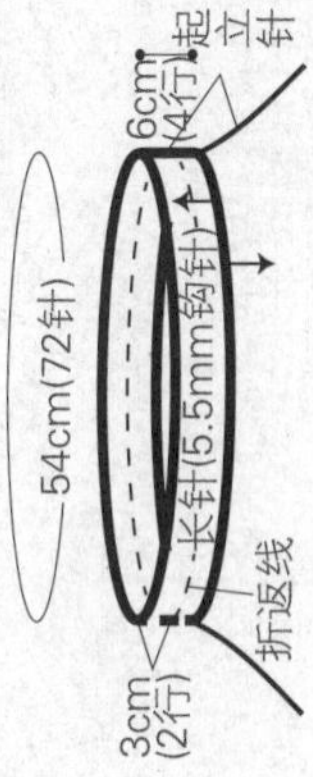

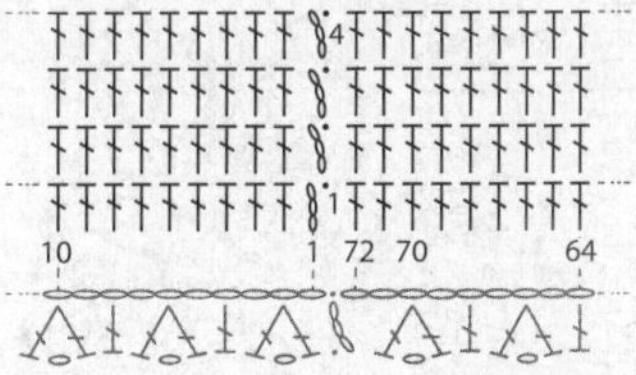

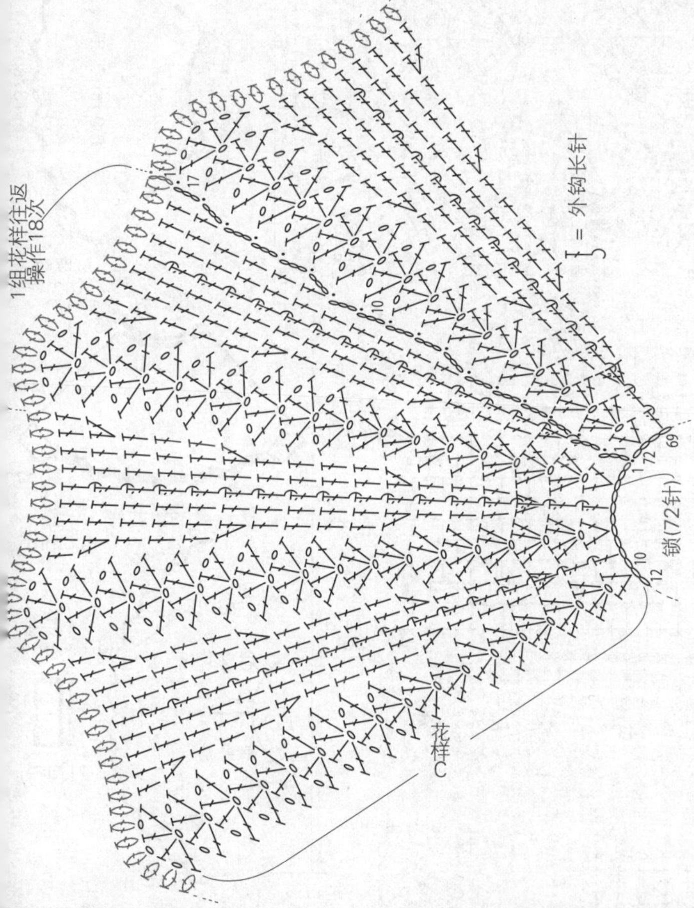

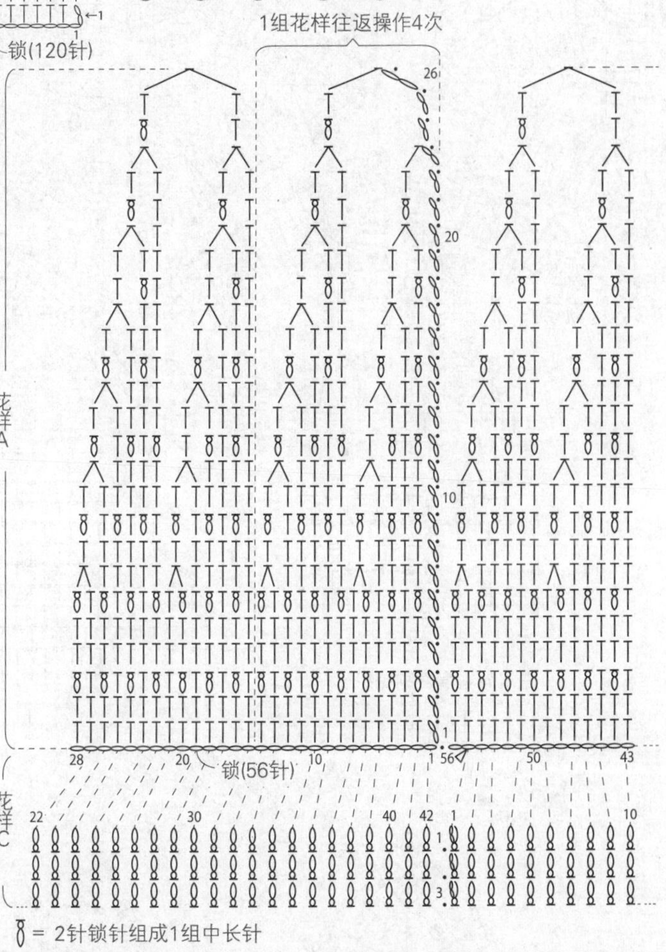

69

具：2.3mm钩针

寸：胸围76cm，背肩宽42cm，衣长38cm

度：三角单元花：底边9.5cm×高8.5cm

斗：深蓝色、橘色、浅蓝色蕾丝线各40g，
白色蕾丝线60g

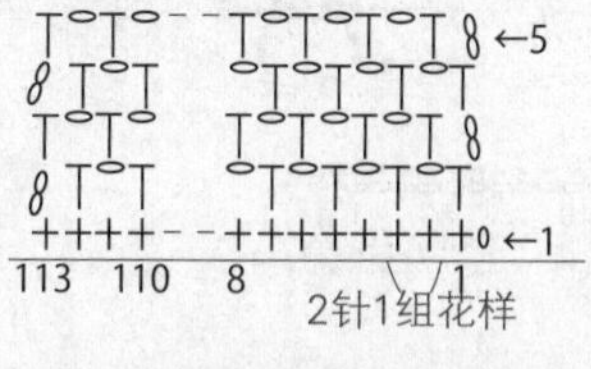

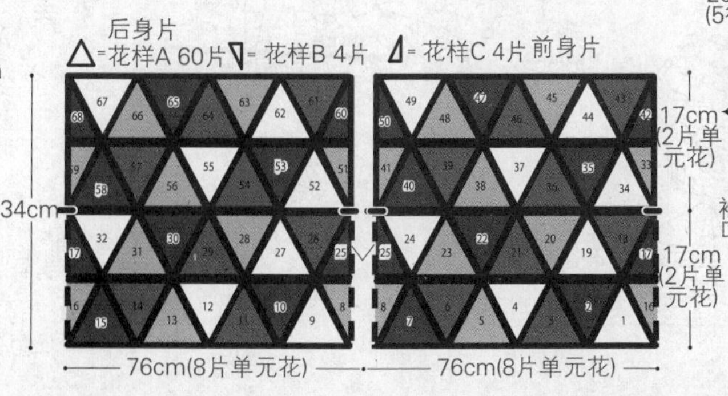

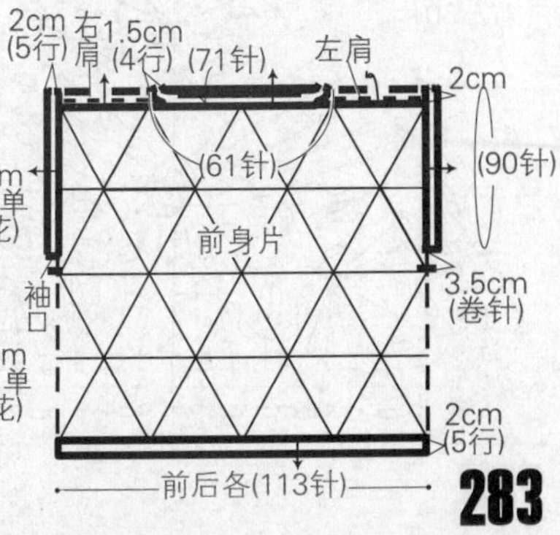

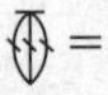

=3针长针组成
1组玉米针

领口袖口
2针1组花样
左肩与右肩对称编织
卷针
后
前
肩线
后面
(29针)
前面
(36针)

花样C 4片

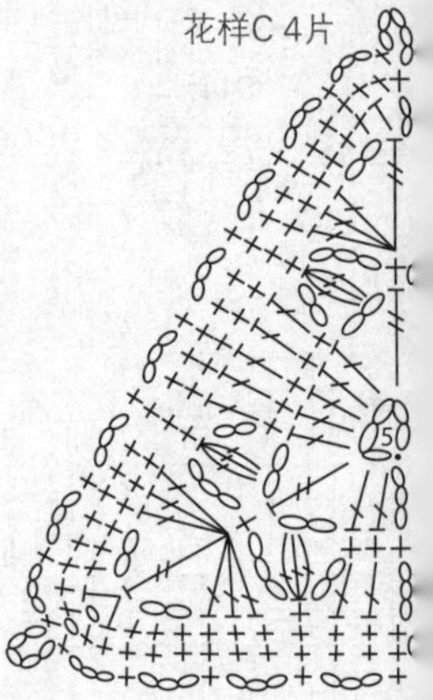

270

工具：6.0mm钩针，3.25mm

尺寸：披肩长36.5cm

密度：13.5针×6行=10cm^2

材料：粉色牛奶棉线320g，
粉色极细牛奶棉线50g

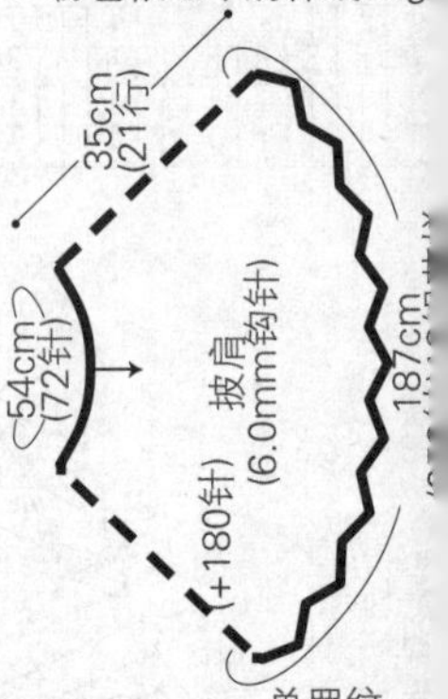

35cm
(21行)
54cm
(72针)
披肩
(6.0mm钩针)
(+180针)
187cm
单罗纹

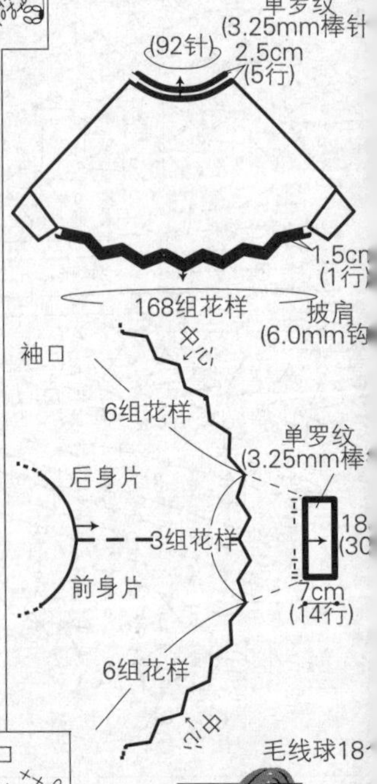

(3.25mm棒针
(92针)
2.5cm
(5行)
1.5cm
(1行)
168组花样
披肩
(6.0mm钩
袖口
6组花样
单罗纹
(3.25mm棒
后身片
3组花样
前身片
7cm
(14行)
6组花样

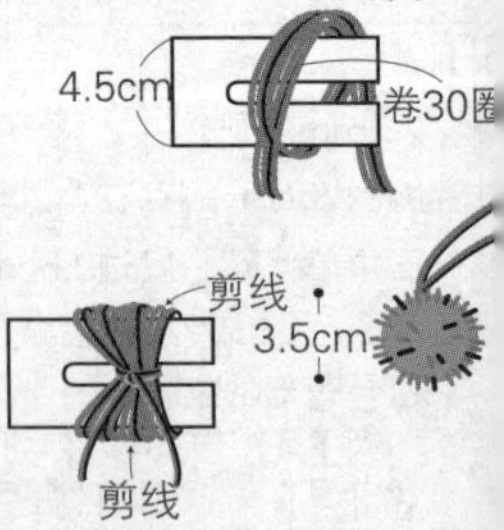

毛线球18
4.5cm
卷30圈
剪线
3.5cm
剪线

花样A 60片

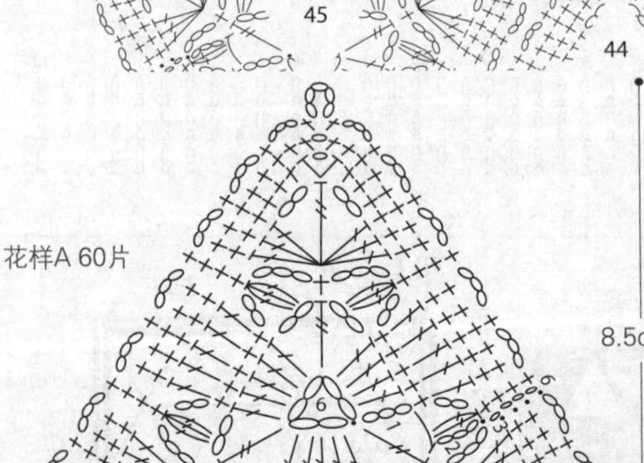

9.5cm

花样B 4片

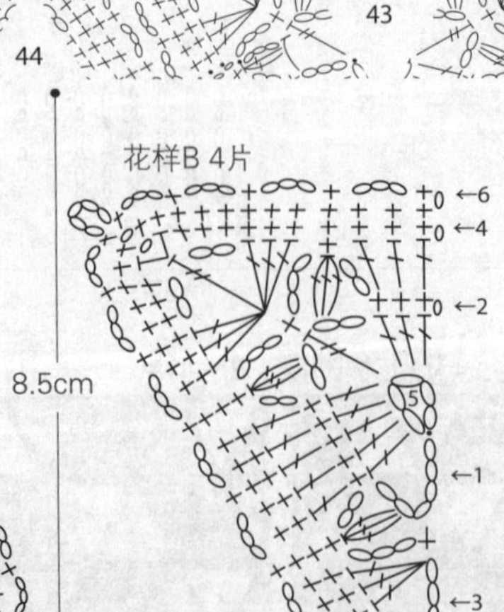

8.5cm

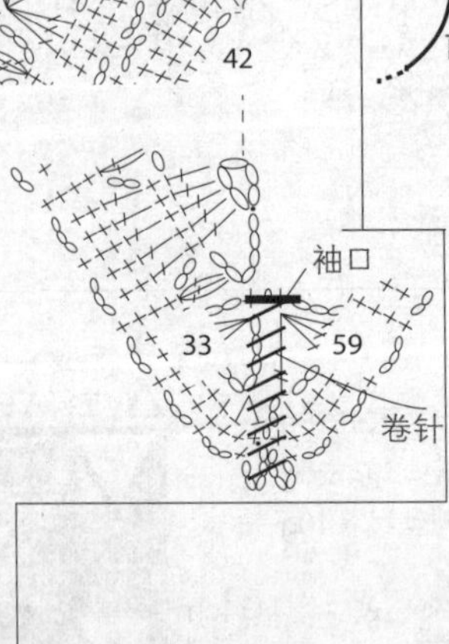

袖口
卷针

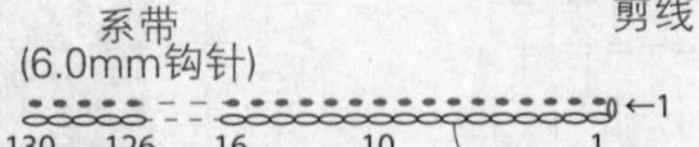

系带
(6.0mm钩针)
90cm(130针)
锁(130针)

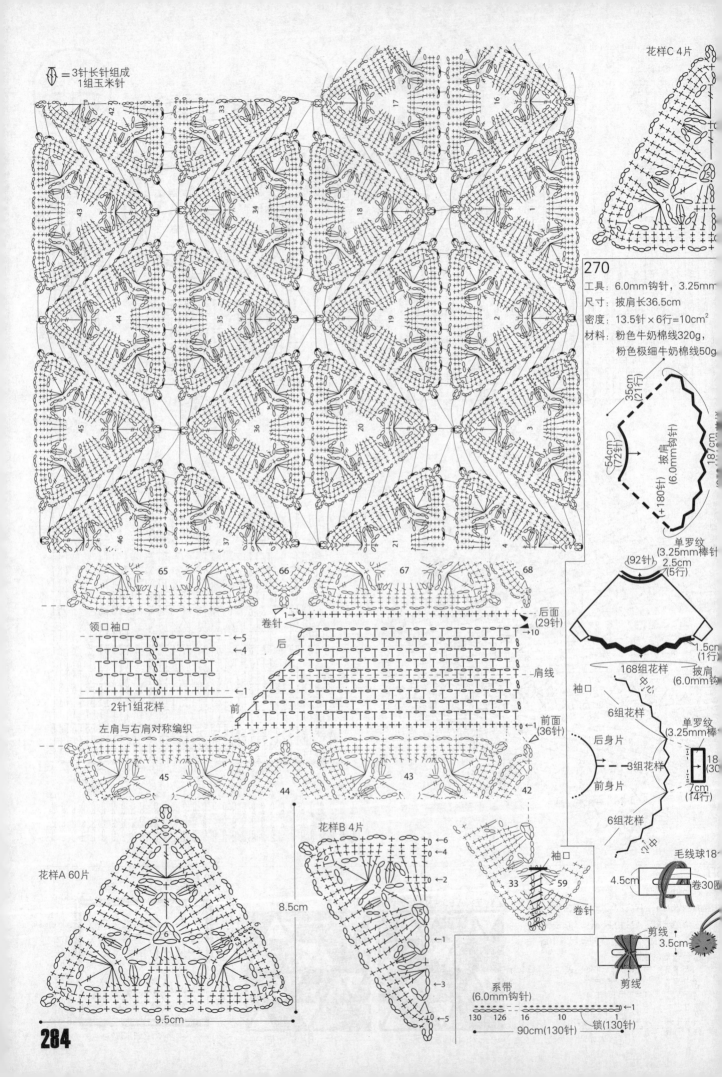

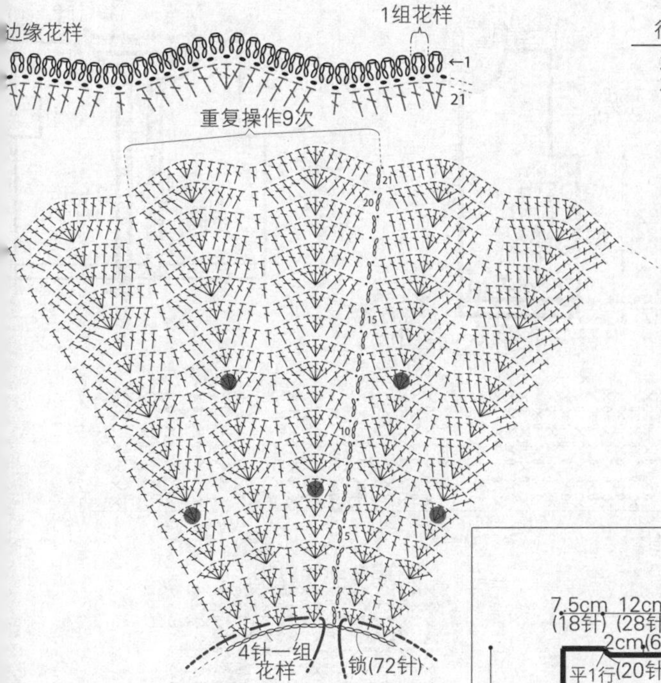

边缘花样
1组花样
←1
21
重复操作9次
21
20
15
10
5
1
4针一组
花样
锁(72针)

行数	针数	
21	252	不增减针
20	252	(+36针)
19	216	不增减针
18	216	
17	216	
16	216	(+36针)
15	180	不增减针
14	180	
13	180	
12	180	(+36针)
11	144	不增减针
10	144	
9	144	
8	144	(+36针)
7	108	不增减针
6	108	
5	108	
4	108	(+36针)
3	72	不增减针
2	72	
1	72	
	锁(72针)	

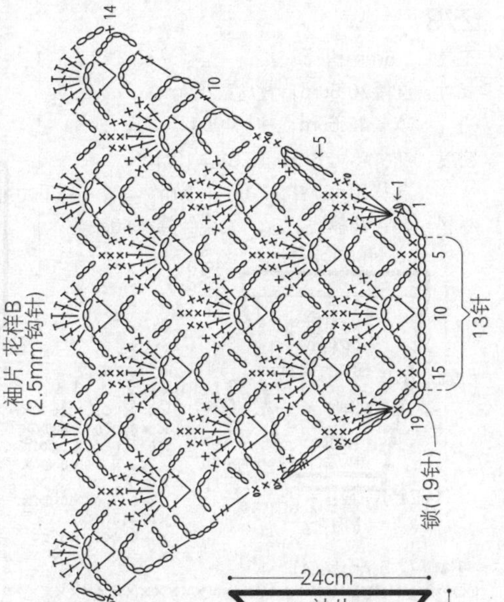

袖片 花样B
(2.5mm钩针)
14
10
←5
←1
1
5
10
15
19
13针
锁(19针)

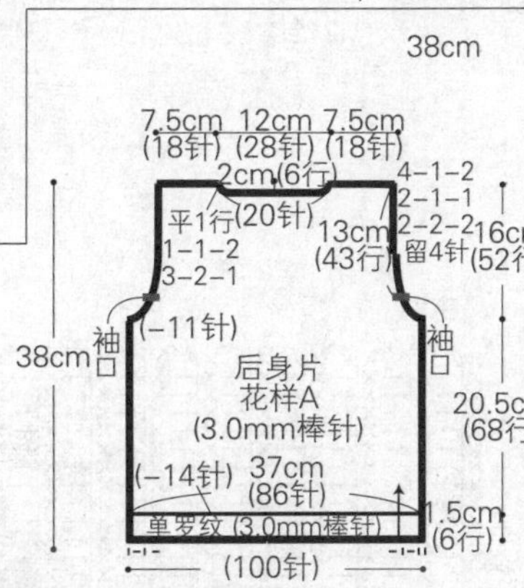

38cm
7.5cm 12cm 7.5cm
(18针) (28针) (18针)
2cm(6行)
(20针)
平1行
1-1-2
3-2-1
4-1-2
2-1-1
2-2-2
留4针
13cm
(43行)
16cm
(52行)
袖口
(-11针)
38cm
后身片
花样A
(3.0mm棒针)
20.5cm
(68行)
37cm
(86针)
(-14针)
单罗纹(3.0mm棒针)
1.5cm
(6行)
(100针)

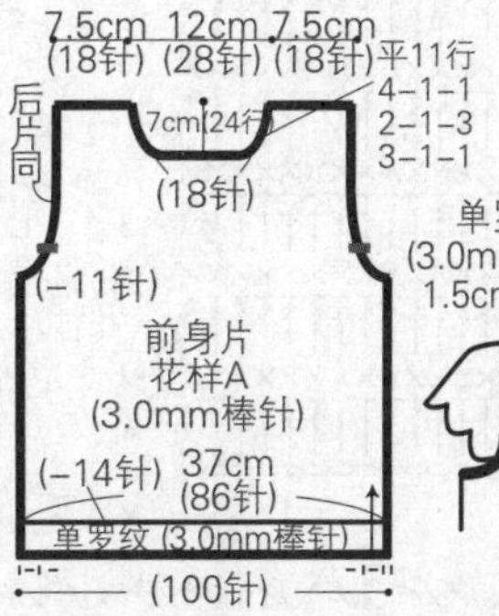

7.5cm 12cm 7.5cm
(18针) (28针) (18针)
平11行
4-1-1
2-1-3
3-1-1
后片同
7cm(24行)
(18针)
(-11针)
前身片
花样A
(3.0mm棒针)
37cm
(86针)
(-14针)
单罗纹(3.0mm棒针)
(100针)

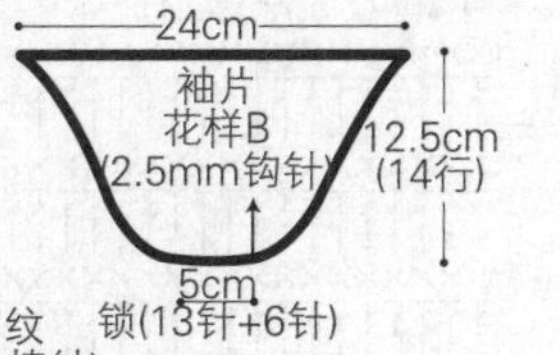

24cm
袖片
花样B
(2.5mm钩针)
12.5cm
(14行)
5cm
锁(13针+6针)

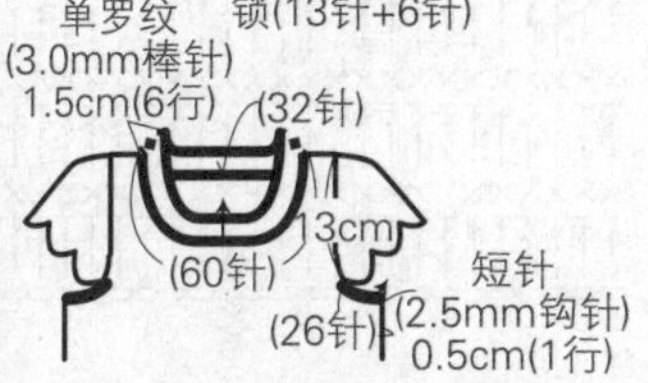

单罗纹
(3.0mm棒针)
1.5cm(6行)
(32针)
13cm
(60针)
(26针)
短针
(2.5mm钩针)
0.5cm(1行)

71

具：2.5mm钩针，3.0mm、3.6mm棒针

寸：胸围74cm，背肩宽27cm，

衣长38cm，袖长12.5cm

度：花样A：23针×33行=10cm²

花样B：24针×11.5行=10cm²

料：蓝色纯棉线170g

72

具：2.3mm钩针

寸：腰围50cm，裙长32.5cm

度：花样A：25针×8行=10cm²

花样B：25针×11.5行=10cm²

料：蓝色蕾丝线250g

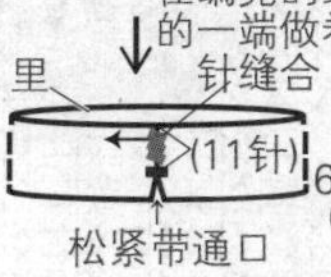

在编完的线
的一端做卷
针缝合
里
(11针)
松紧带通口

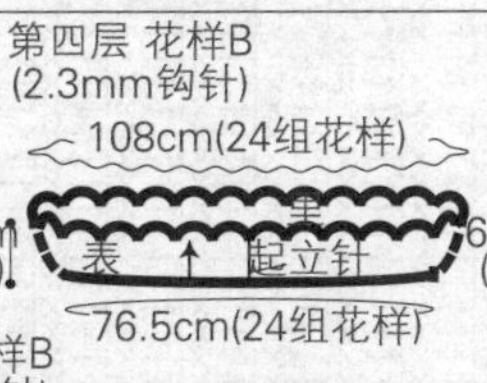

第四层 花样B
(2.3mm钩针)
108cm(24组花样)
里
6.5cm
(7行)
表
起立针
76.5cm(24组花样)

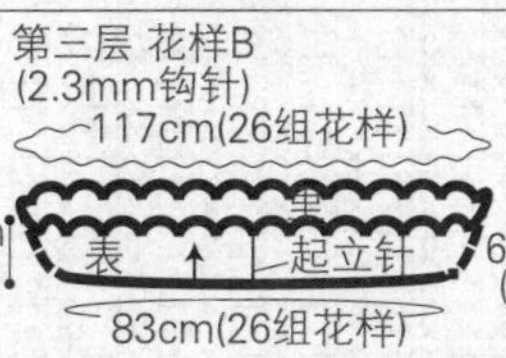

第三层 花样B
(2.3mm钩针)
117cm(26组花样)
里
6.5cm
(7行)
表
起立针
83cm(26组花样)

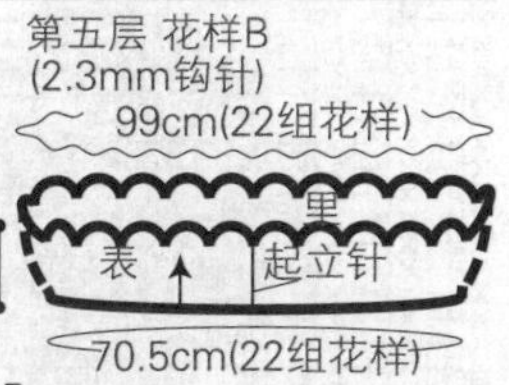

第五层 花样B
(2.3mm钩针)
99cm(22组花样)
里
6.5cm
(7行)
表
起立针
70.5cm(22组花样)

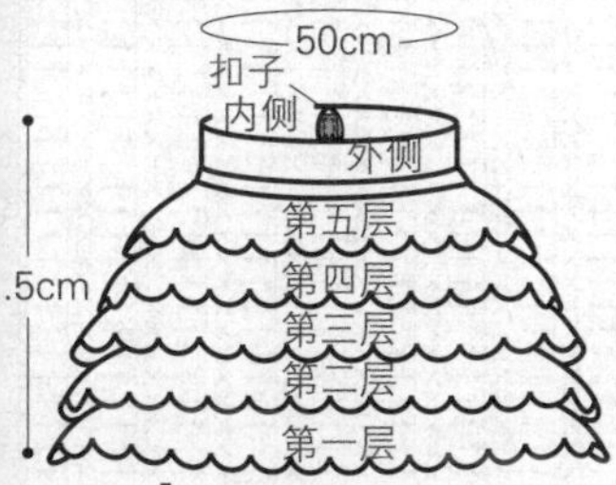

50cm
扣子
内侧
外侧
第五层
第四层
第三层
第二层
第一层
.5cm

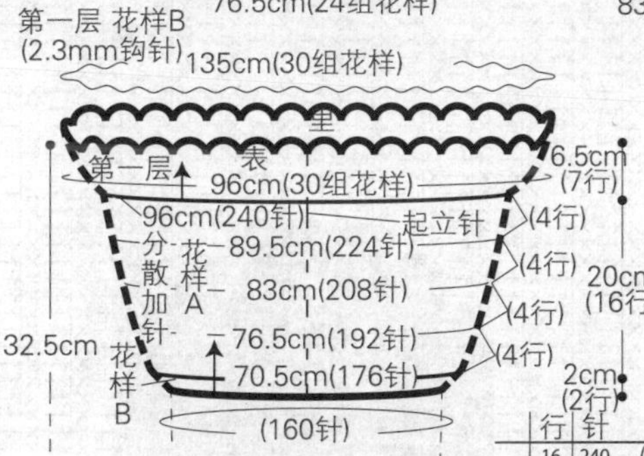

第一层 花样B
(2.3mm钩针)
135cm(30组花样)
里
表
6.5cm
(7行)
第一层
96cm(30组花样)
96cm(240针)
起立针
(4行)
分散加针
89.5cm(224针)
花样A
(4行)
83cm(208针)
20cm
(16行)
(4行)
32.5cm
76.5cm(192针)
(4行)
花样B
70.5cm(176针)
2cm
(2行)
(160针)

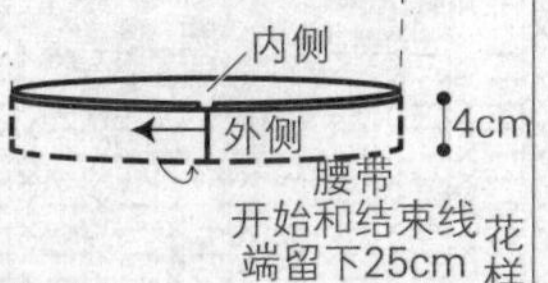

内侧
外侧
4cm
腰带
开始和结束线
端留下25cm
花样B
(2.3mm钩针)

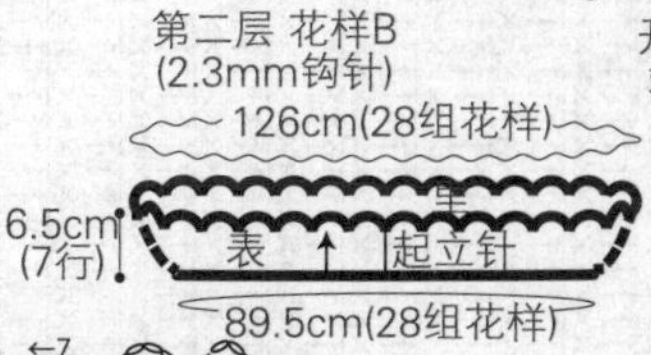

第二层 花样B
(2.3mm钩针)
126cm(28组花样)
里
6.5cm
(7行)
表
起立针
89.5cm(28组花样)

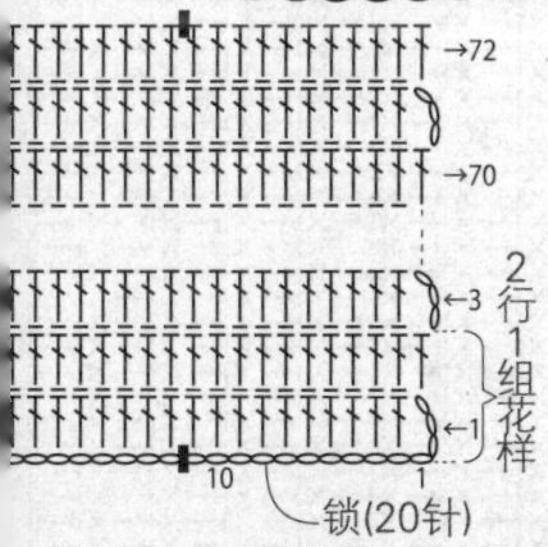

→72
→70
←3
2行1组花样
←1
10
1
锁(20针)

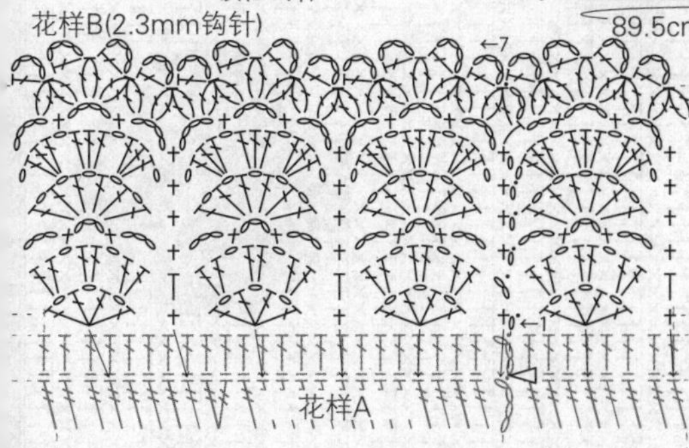

花样B(2.3mm钩针)
←7
←1
←13
←12
花样A

(11针)
62.5cm
(72行)
8cm
(20针)

行	针	
16	240	(+16针)
15	224	不加不减针
14	224	
13	224	
12	224	(+16针)
11	208	不加不减针
10	208	
9	208	
8	208	(+16针)
7	192	不加不减针
6	192	
5	192	
4	192	(+16针)
3	176	不加不减针
2	176	
1	176	
长针 2	176	(+16针)
1	160	(72行)

花样A

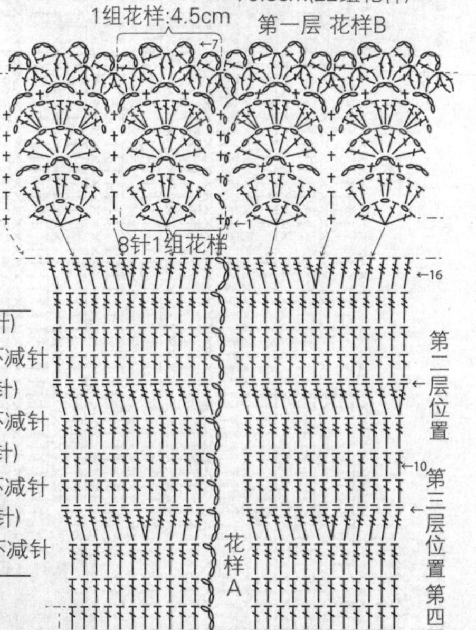

1组花样:4.5cm
第一层 花样B
←7
←1
8针1组花样
←16
第二层位置
←10
第三层位置
第四层位置
第五层位置
花样A

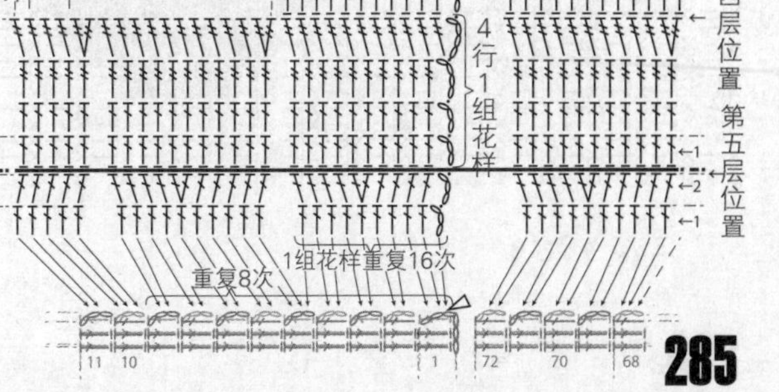

4行1组花样
←1
←2
←1
重复8次
1组花样重复16次
11
10
1
72
70
68

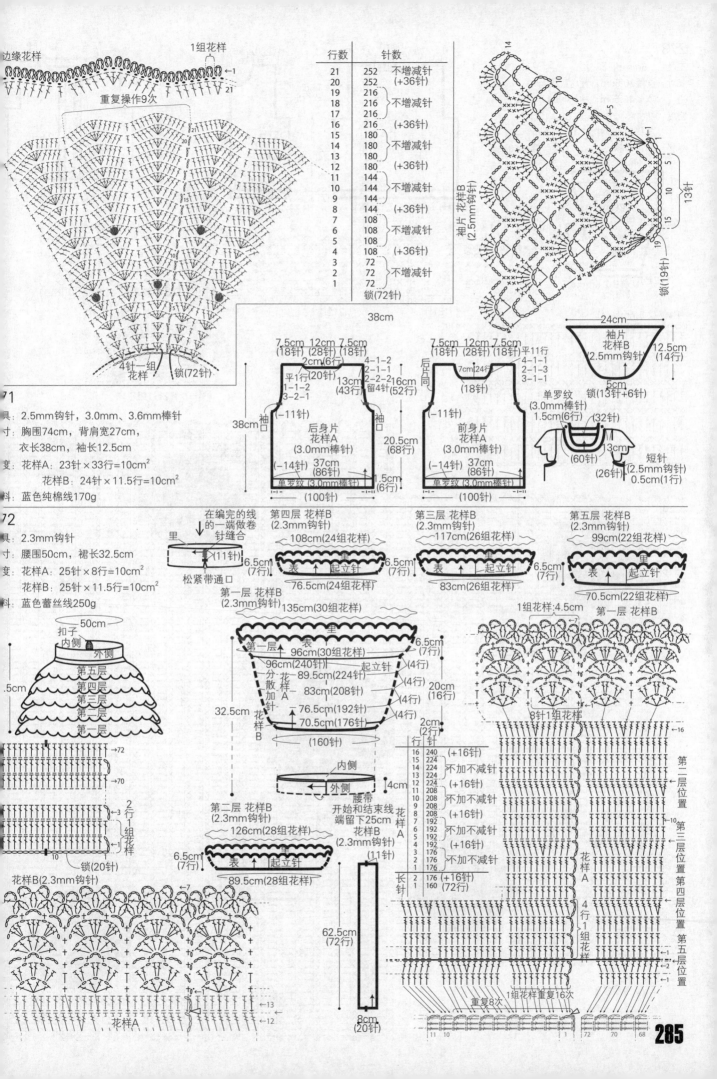

273

工具：2.5mm钩针

尺寸：胸围76.5cm，背肩宽29cm，衣长42.5cm，袖长40cm

密度：花样A：26针×18.5行=10cm^2

花样B：27针×28行=10cm^2

材料：粉色纯棉线275g，白色纯棉线40g

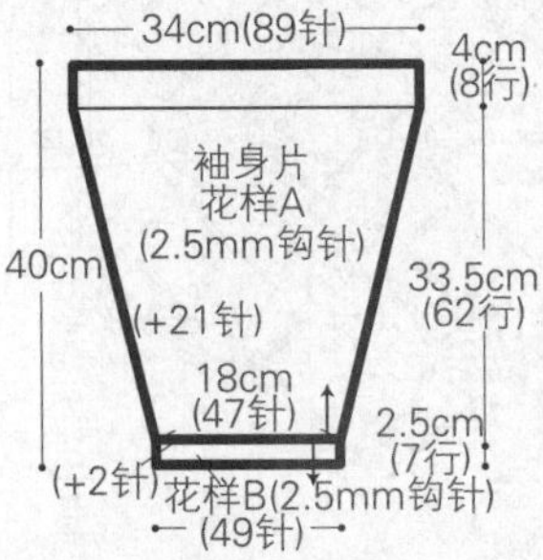
34cm(89针)
4cm (8行)
袖身片
花样A
(2.5mm钩针)
40cm
(+21针)
33.5cm (62行)
18cm (47针)
2.5cm (7行)
(+2针)
花样B(2.5mm钩针)
(49针)

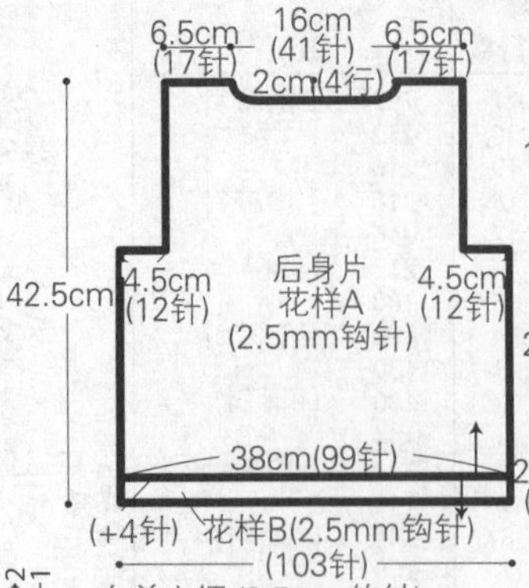
6.5cm (17针)
16cm (41针)
6.5cm (17针)
2cm(4行)
42.5cm
4.5cm (12针)
后身片
花样A
(2.5mm钩针)
4.5cm (12针)
17.5cm (32行)
22.5cm (42行)
38cm(99针)
2.5cm (7行)
(+4针)
花样B(2.5mm钩针)
(103针)

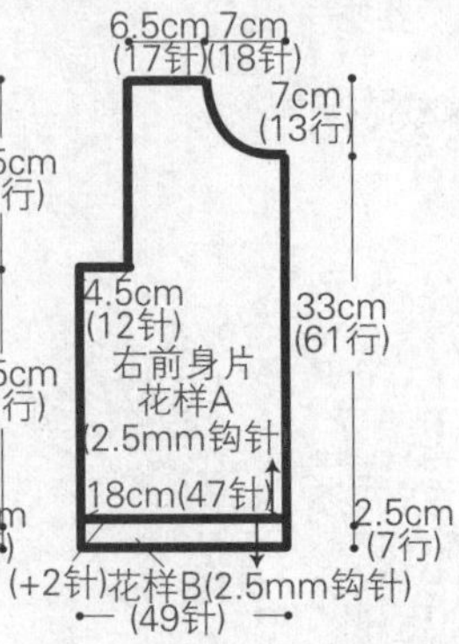
6.5cm (17针)
7cm (18针)
7cm (13行)
4.5cm (12针)
右前身片
花样A
(2.5mm钩针)
33cm (61行)
18cm(47针)
2.5cm (7行)
(+2针)
花样B(2.5mm钩针)
(49针)

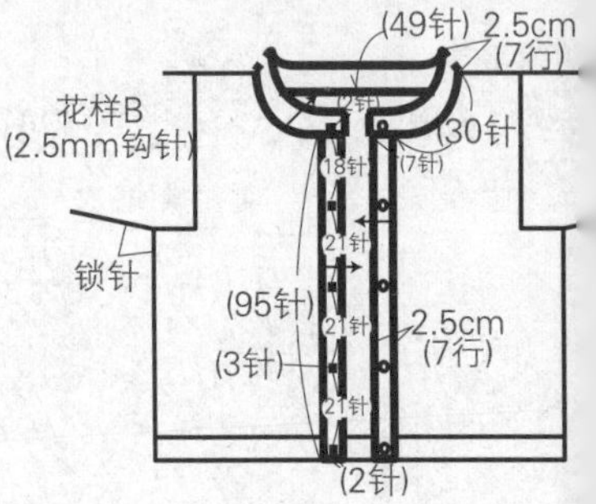
(49针)
2.5cm (7行)
花样B
(2.5mm钩针)
(30针)
(7针)
锁针
(95针)
(3针)
2.5cm (7行)
(2针)

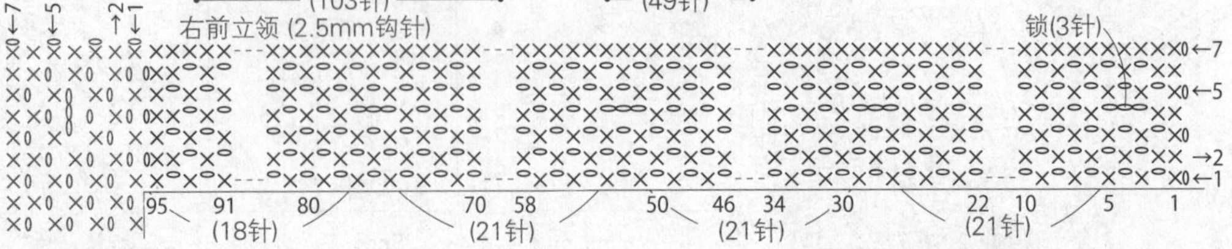
右前立领 (2.5mm钩针)
锁(3针)
95
91
(18针)
80
70
58
(21针)
50
46
34
(21针)
30
22
10
(21针)
5
1

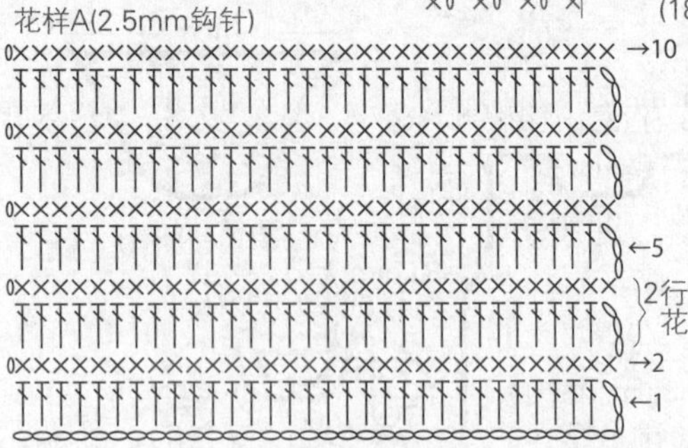
花样A(2.5mm钩针)
2行1组
花样

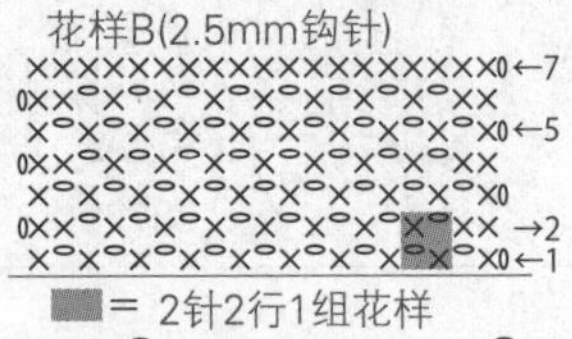
花样B(2.5mm钩针)
= 2针2行1组花样

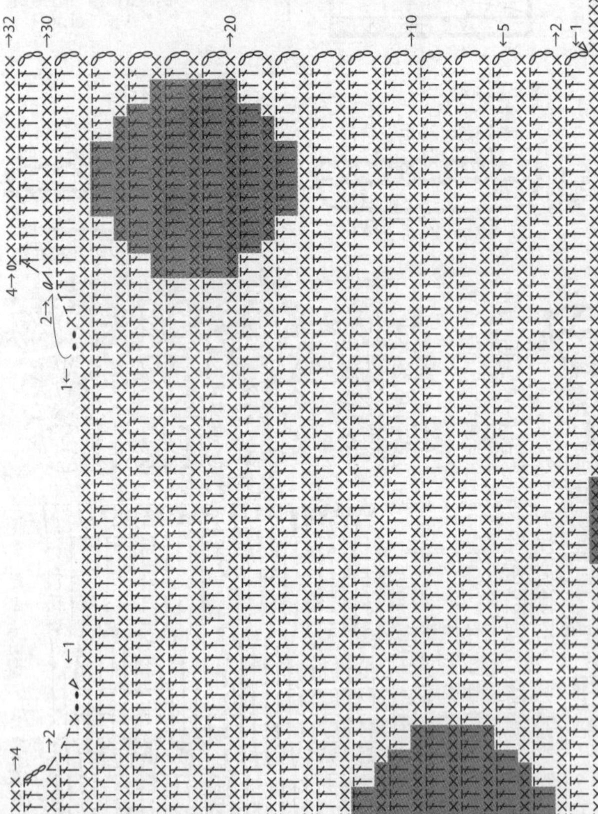

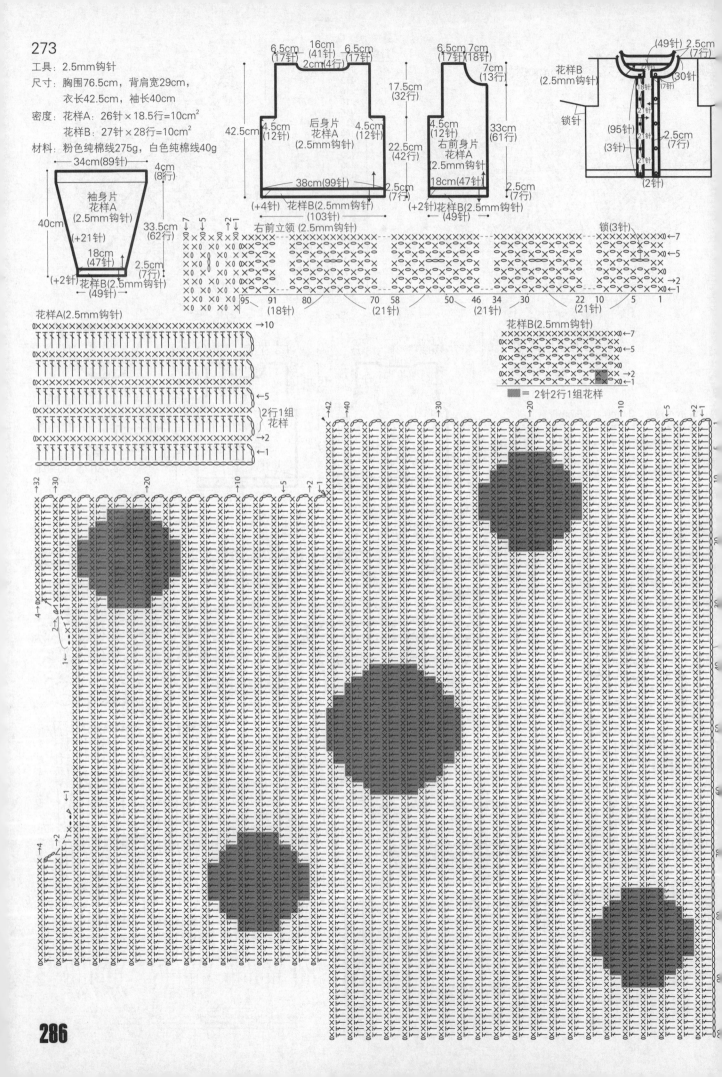

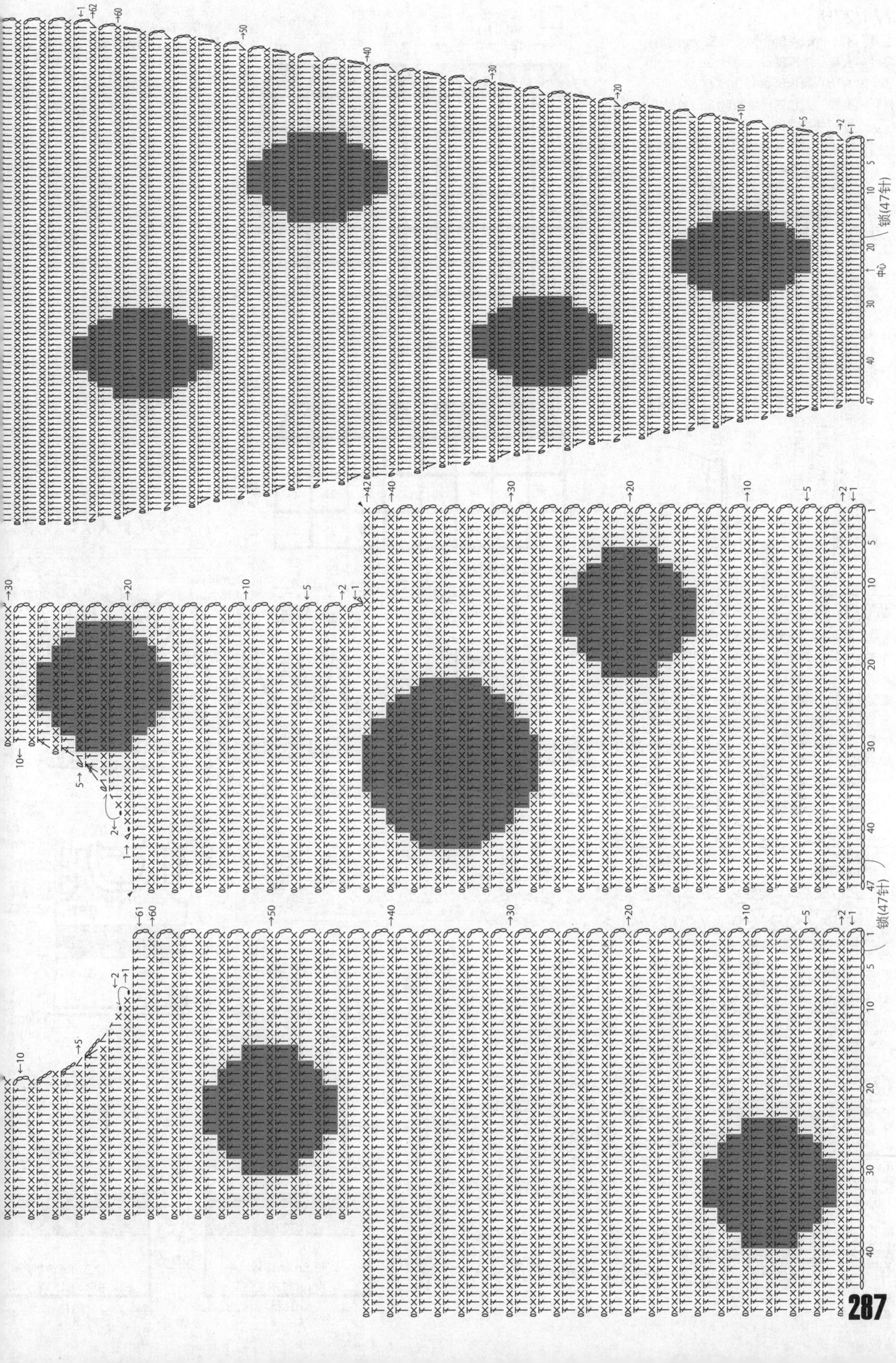
锁(47针)
中心
锁(47针)
锁(47针)

274/275

工具：3.5mm、4.0mm钩针，3.9mm棒针

尺寸：女童：腰围68cm，裙长37.5cm

女士：腰围85cm，裙长66cm

材料：女童：蓝色纯棉线125g，白色纯棉线70g，红色纯棉线25g

女士：蓝色纯棉线145g，白色纯棉线50g，红色纯棉线125g

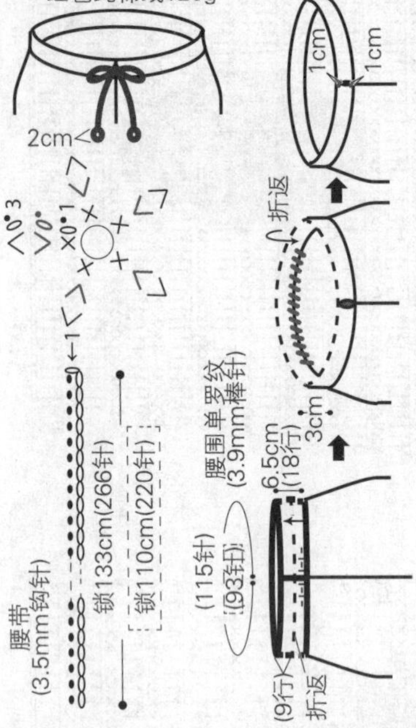
2cm
1cm
1cm
折返
腰围单罗纹（3.9mm棒针）
3cm
6.5cm（18行）
（115针）
（93针）
（9行）
折返
前中心
腰带（3.5mm钩针）
锁133cm(266针)
锁110cm(220针)

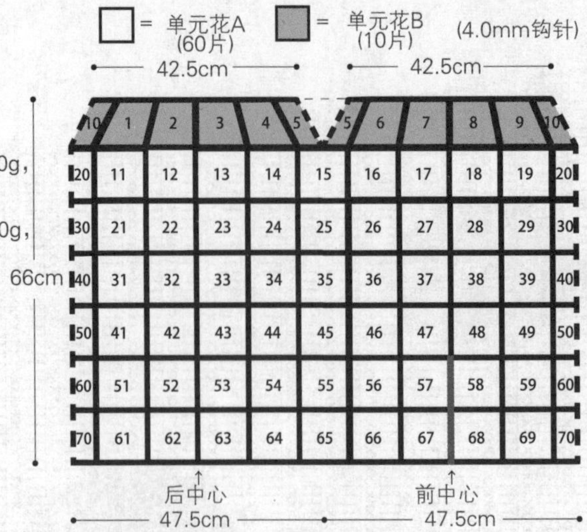
= 单元花A（60片）
= 单元花B（10片）
（4.0mm钩针）
42.5cm
42.5cm
66cm
9cm（1片）
57cm（6片）
后中心
前中心
47.5cm
47.5cm

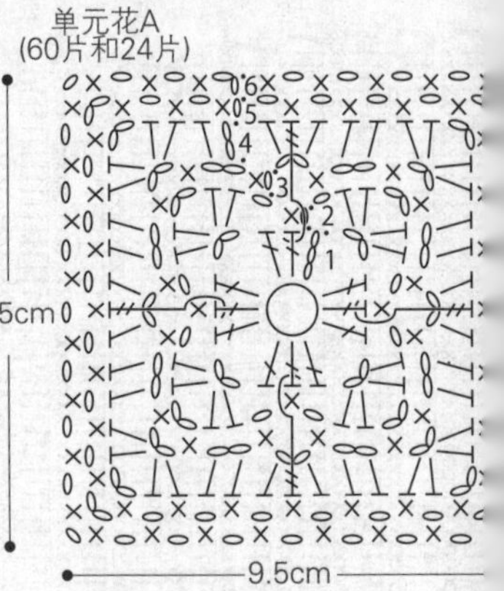
单元花A（60片和24片）
9.5cm
9.5cm

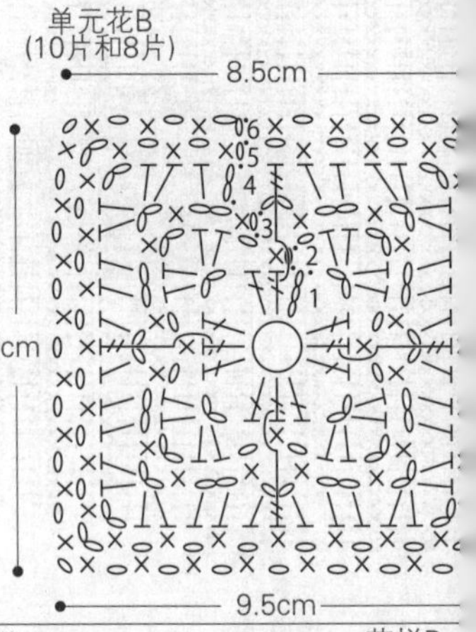
单元花B（10片和8片）
8.5cm
9cm
9.5cm

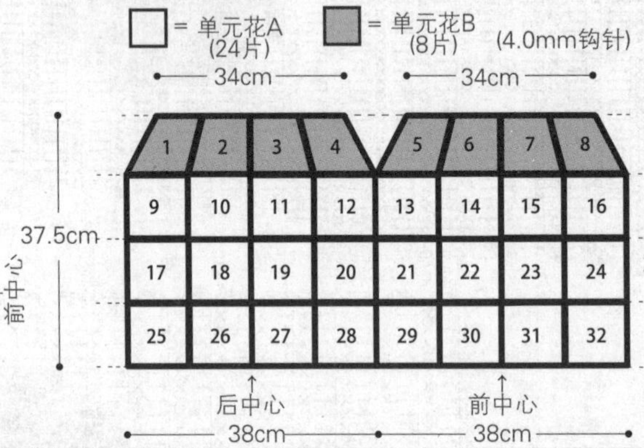
= 单元花A（24片）
= 单元花B（8片）
（4.0mm钩针）
34cm
34cm
37.5cm
9cm（1片）
28.5cm（3片）
前中心
后中心
前中心
38cm
38cm

276/277

工具：2.3mm、2.5mm、3.5mm钩针

尺寸：女童：胸围72cm，背肩宽29.5cm，衣长38.5cm

密度：2.3mm钩针：29针×13.5行=10cm²

2.5mm钩针：30针×14行=10cm²

材料：橘黄色蕾丝线230g，淡蓝色蕾丝线20g

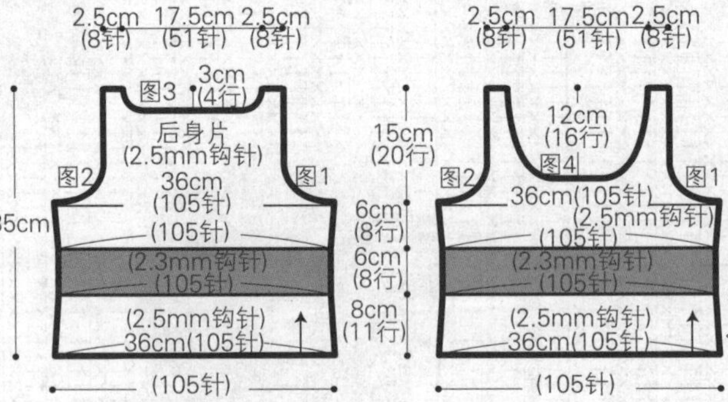
2.5cm（8针）
17.5cm（51针）
2.5cm（8针）
3cm（4行）
图3
后身片（2.5mm钩针）
图2
图1
36cm（105针）
（105针）
（2.3mm钩针）
（105针）
（2.5mm钩针）
36cm（105针）
35cm
（105针）
15cm（20行）
6cm（8行）
6cm（8行）
8cm（11行）
12cm（16行）
图4
36cm(105针)
(2.5mm钩针)
(105针)
(2.3mm钩针)
(105针)
(2.5mm钩针)
36cm(105针)
(105针)

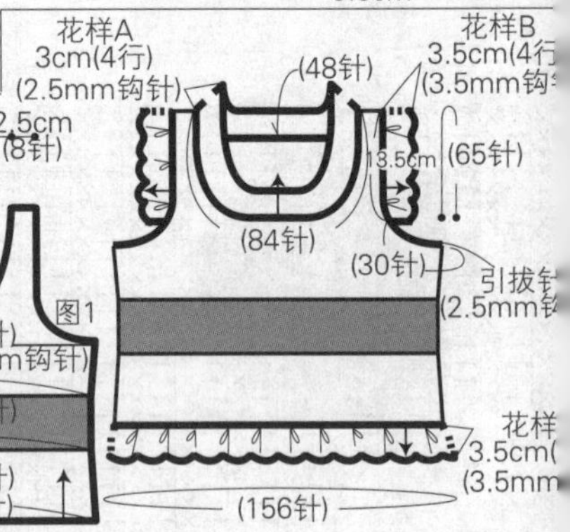
花样A 3cm(4行) (2.5mm钩针)
(48针)
花样B 3.5cm(4行) (3.5mm钩针)
13.5cm
(65针)
(84针)
(30针)
引拔针 (2.5mm钩针)
花样B 3.5cm (3.5mm钩针)
(156针)

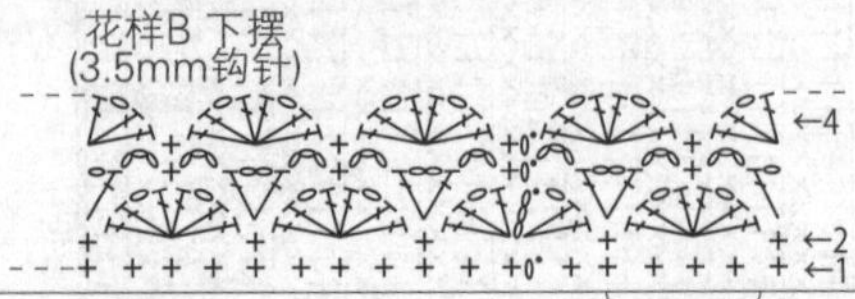
花样B 下摆
（3.5mm钩针）
4针1组花样

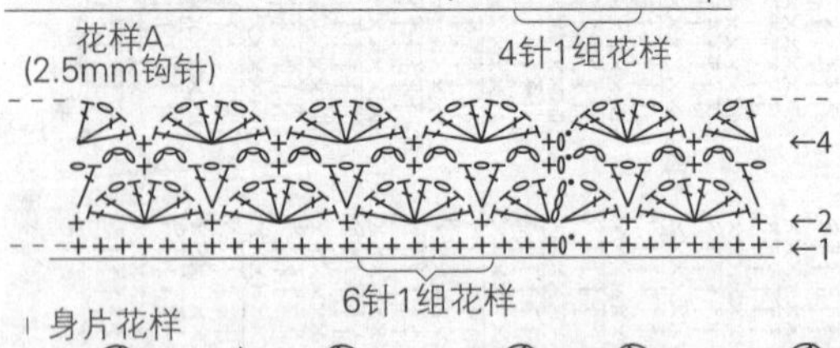
花样A
（2.5mm钩针）
6针1组花样

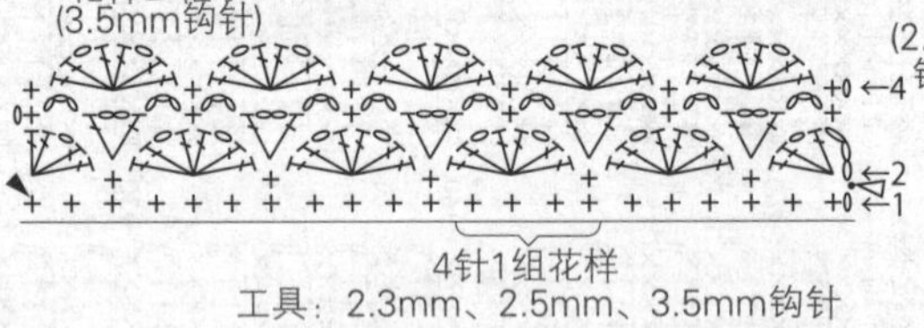
花样B 袖子
（3.5mm钩针）
4针1组花样

工具：2.3mm、2.5mm、3.5mm钩针

尺寸：女士：胸围90cm，背肩宽37cm，衣长58cm

密度：2.3mm钩针：30针×14行=10cm²

2.5mm钩针：29针×13.5行=10cm²

材料：蓝灰色蕾丝线180g，明黄色蕾丝线55g

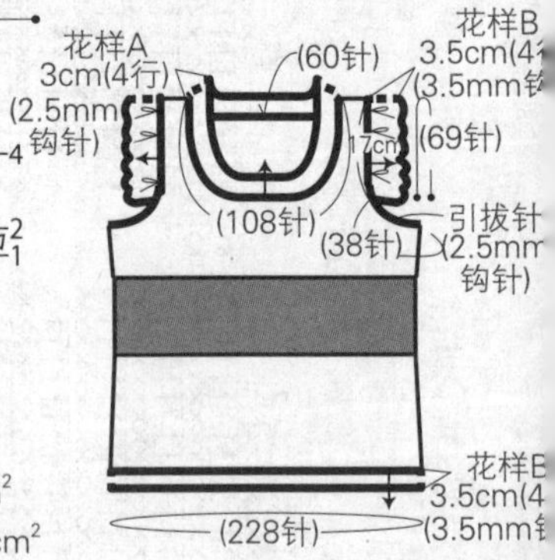
花样A 3cm(4行) (2.5mm钩针)
(60针)
花样B 3.5cm(4行) (3.5mm钩针)
17cm
(69针)
(108针)
(38针)
引拔针 (2.5mm钩针)
花样B 3.5cm(4行) (3.5mm钩针)
(228针)

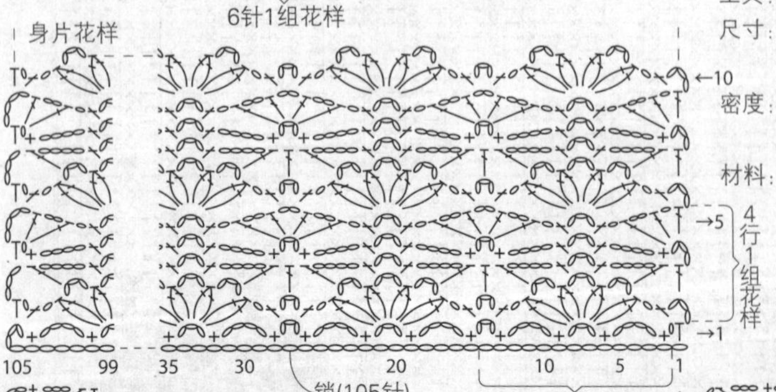
身片花样
4行1组花样
105
99
35
30
20
10
5
1
锁(105针)
13针1组花样

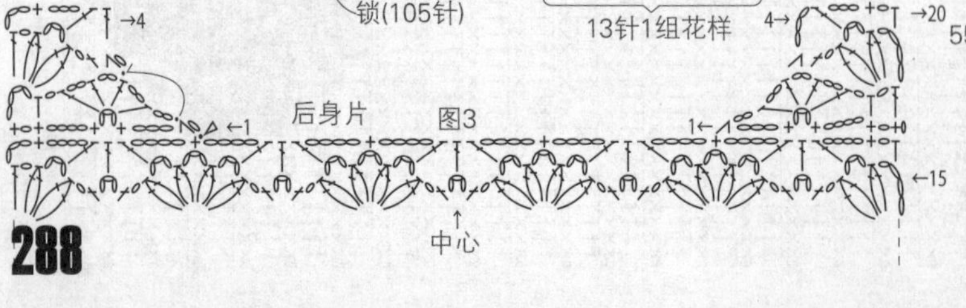
后身片
图3
中心

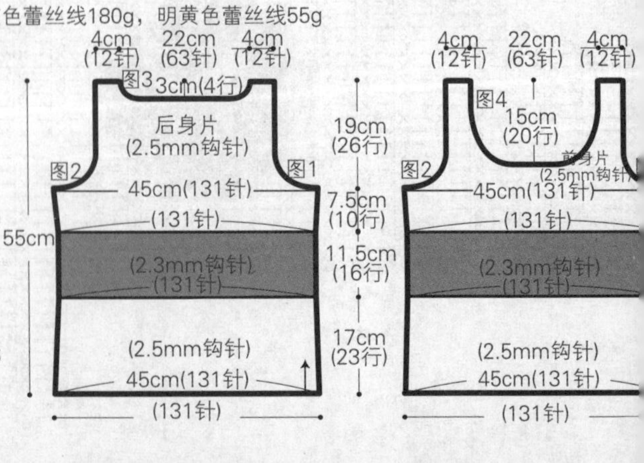
4cm（12针）
22cm（63针）
4cm（12针）
图3
3cm（4行）
后身片（2.5mm钩针）
图2
图1
45cm(131针)
(131针)
(2.3mm钩针)
(131针)
(2.5mm钩针)
45cm(131针)
55cm
(131针)
19cm（26行）
7.5cm（10行）
11.5cm（16行）
17cm（23行）
图4
15cm（20行）
前身片（2.5mm钩针）
45cm(131针)
(131针)
(2.3mm钩针)
(131针)
(2.5mm钩针)
45cm(131针)
(131针)

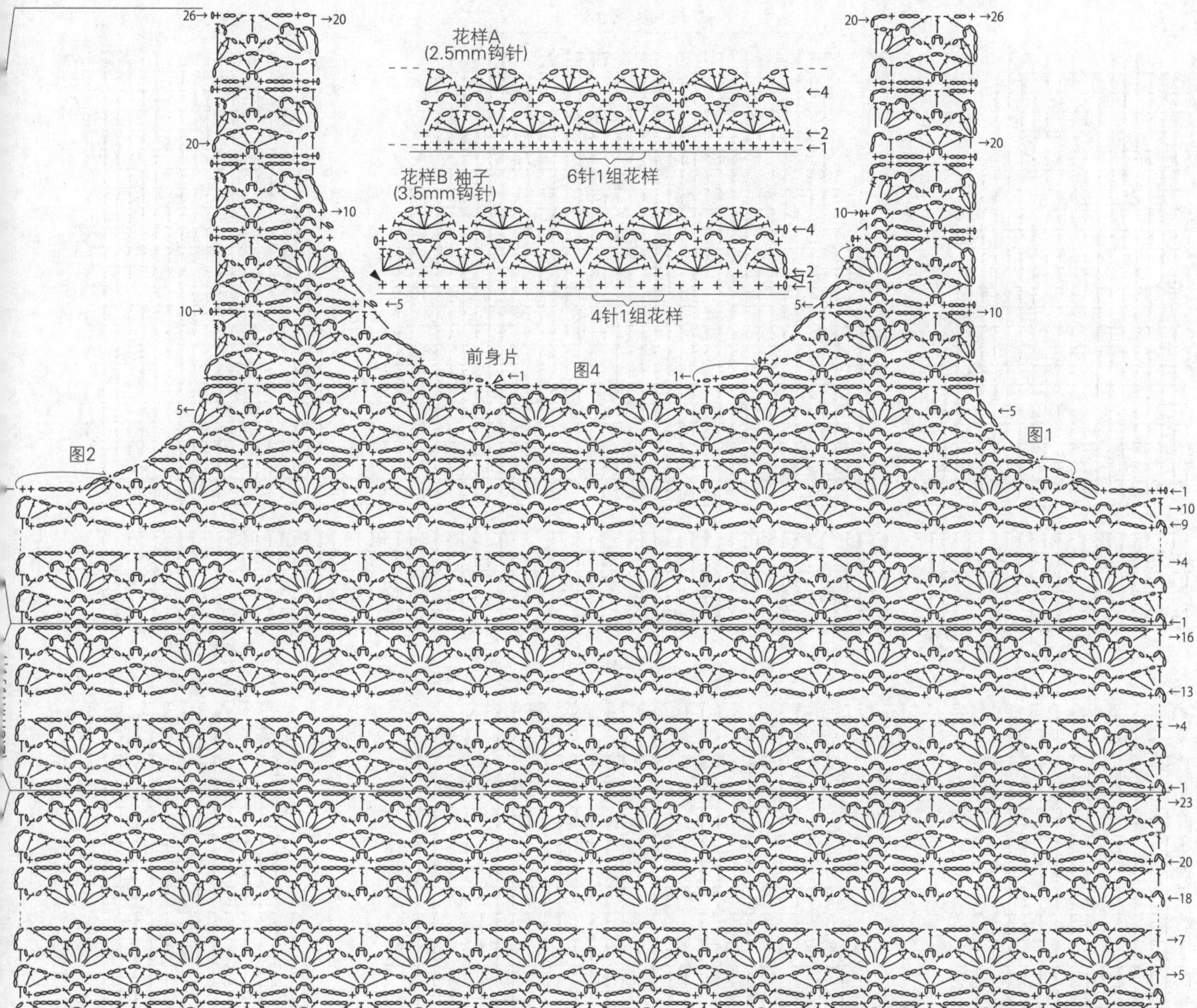
花样A
(2.5mm钩针)
6针1组花样
花样B 袖子
(3.5mm钩针)
4针1组花样
前身片
图4
图1
图2
中心
锁(131针)

身片

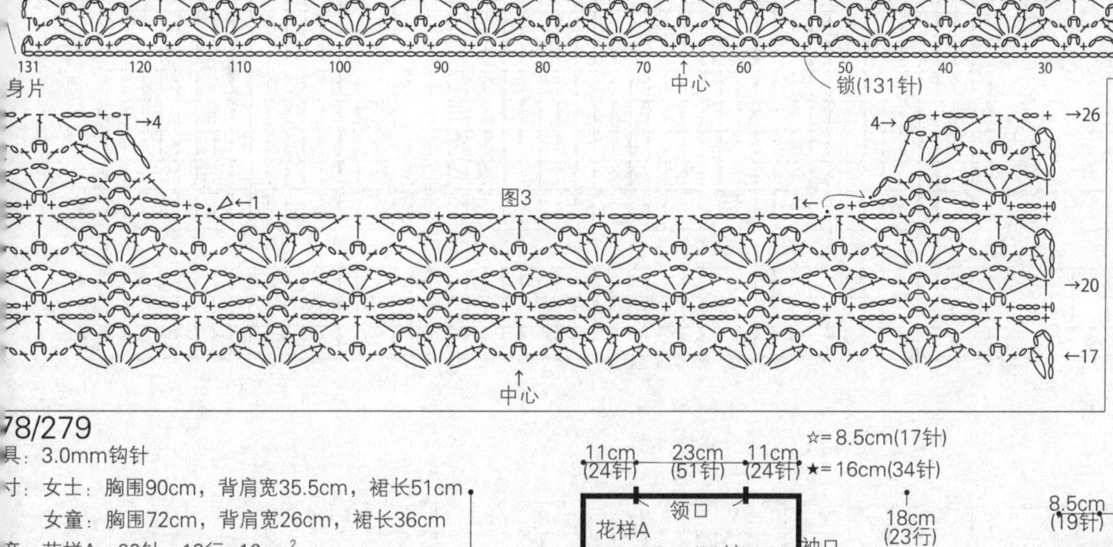
图3
中心

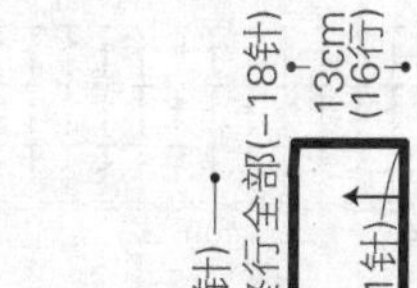
锁针
锁针
锁针

78/279

具：3.0mm钩针

寸：女士：胸围90cm，背肩宽35.5cm，裙长51cm

女童：胸围72cm，背肩宽26cm，裙长36cm

度：花样A：22针×13行=10cm^2

花样B：26针×12行=10cm^2

长针：21针×11.5行=10cm^2

料：女士：明黄色蕾丝线245g，白色蕾丝线125g

女童：浅绿色蕾丝线80g，白色蕾丝线125g

30cm
(78针)
口
最终行全部(-15针)
花样B
8cm
(10行)
36cm(93针)
36cm(93针)

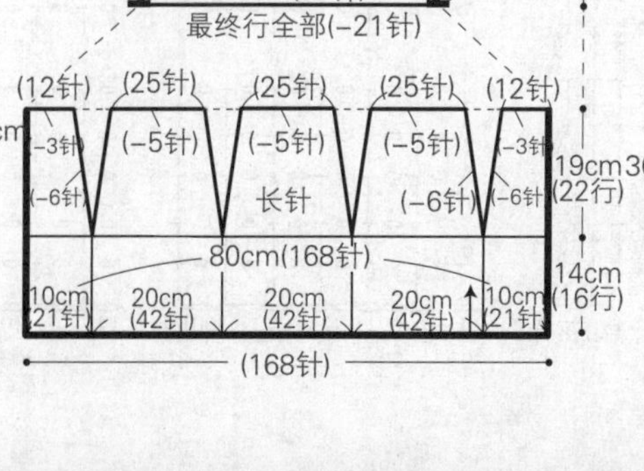
11cm
(24针)
23cm
(51针)
11cm
(24针)
☆=8.5cm(17针)
★=16cm(34针)
领口
花样A
45cm(99针)
袖口
最终行全部(-21针)
18cm
(23行)
51cm
(12针)
(25针)
(25针)
(25针)
(12针)
(-3针)
(-5针)
(-5针)
(-5针)
(-3针)
(-6针)
长针
(-6针)
(-6针)
19cm
(22行)
80cm(168针)
14cm
(16行)
10cm
(21针)
20cm
(42针)
20cm
(42针)
20cm
(42针)
10cm
(21针)
(168针)

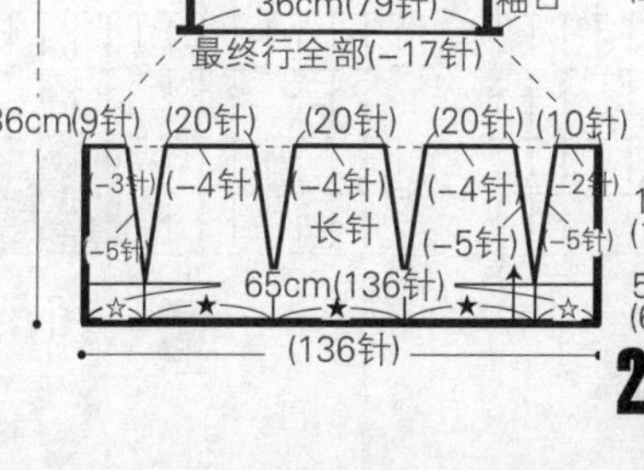
8.5cm
(19针)
19cm
(41针)
8.5cm
(19针)
领口
花样A
36cm(79针)
袖口
最终行全部(-17针)
36cm
(9针)
(20针)
(20针)
(20针)
(10针)
(-3针)
(-4针)
(-4针)
(-4针)
(-2针)
(-5针)
长针
(-5针)
(-5针)
65cm(136针)
(136针)

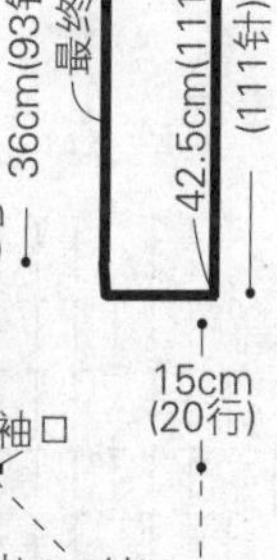
13cm
(16行)
36cm(93针)
最终行全部(-18针)
42.5cm(111针)
(111针)
15cm
(20行)
16cm
(18行)
5cm
(6行)

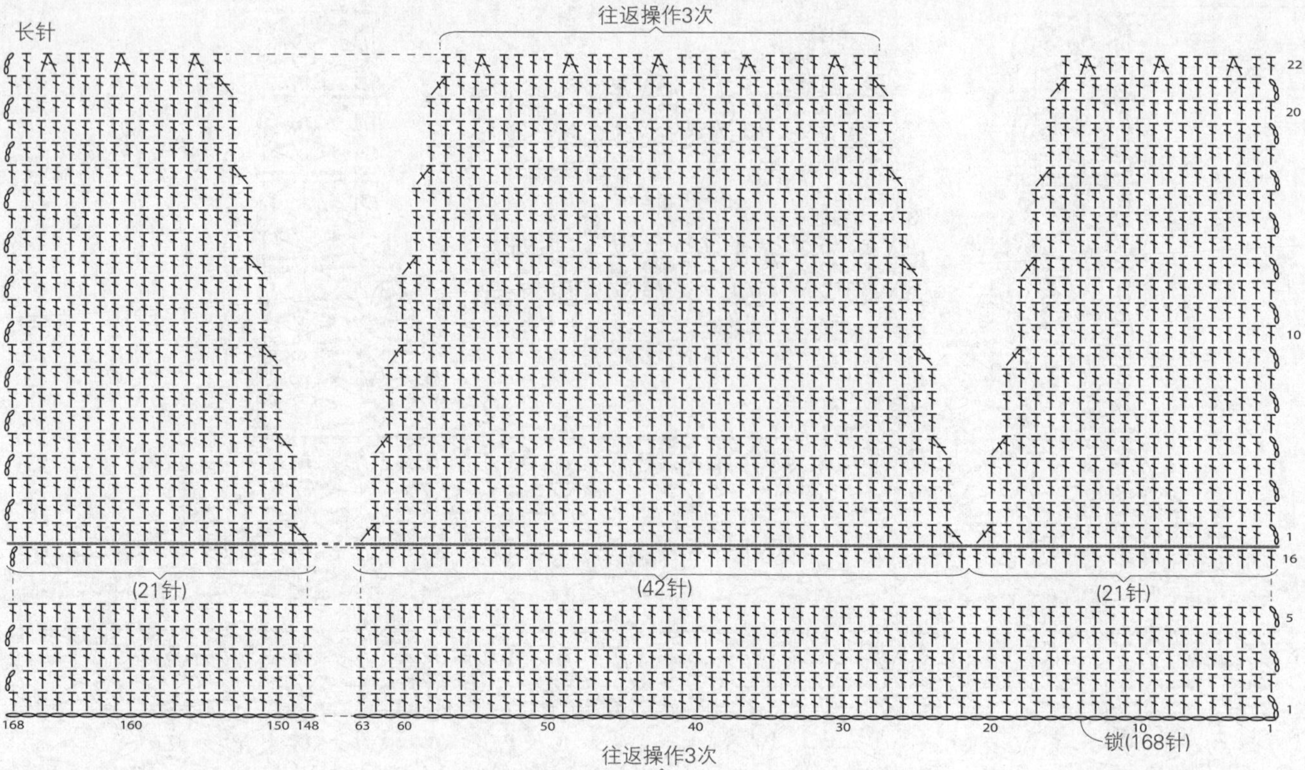
长针
往返操作3次
(21针)
(42针)
(21针)
锁(168针)

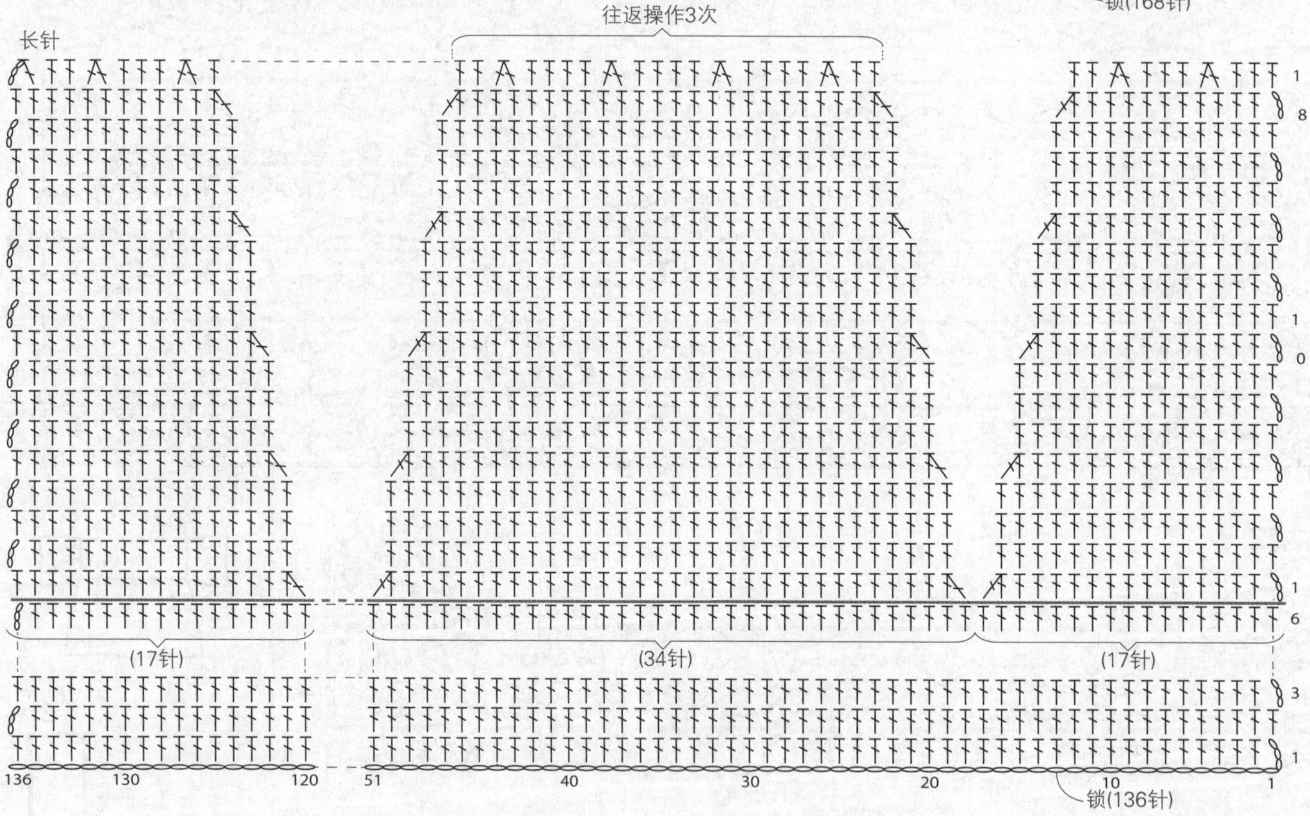
长针
往返操作3次
(17针)
(34针)
(17针)
锁(136针)

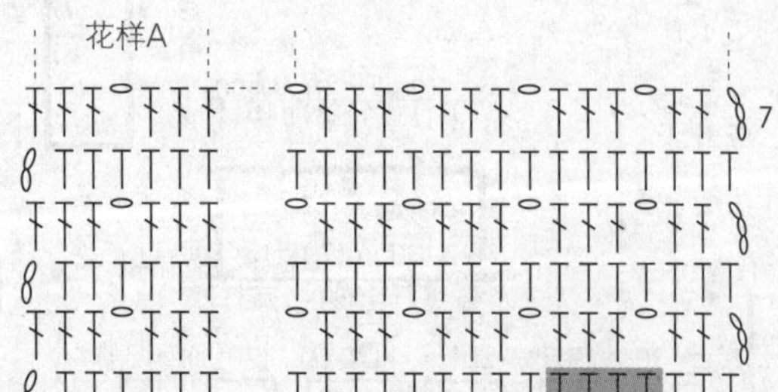
花样A

= 4针2行1组花样

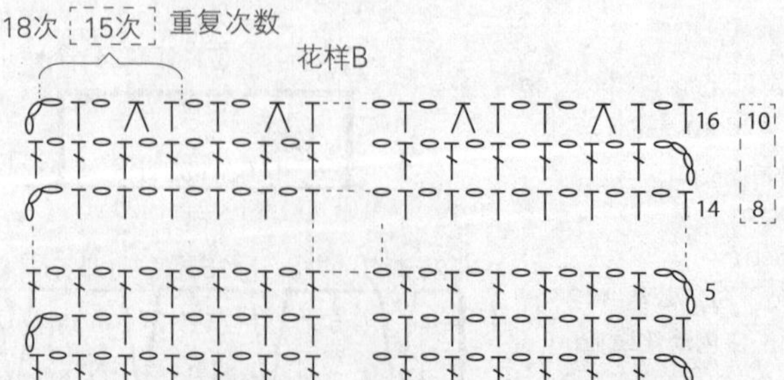
18次
15次
重复次数
花样B

= 2针2行1组花样

30/281

：2.3mm钩针，3.0mm、3.3mm棒针

：胸围72cm，袖长29.5cm，衣长38cm

：花样A：29针×36行=10cm²

花样B：27针×10行=10cm²

单罗纹：31针×36行=10cm²

：明黄色全棉线140g

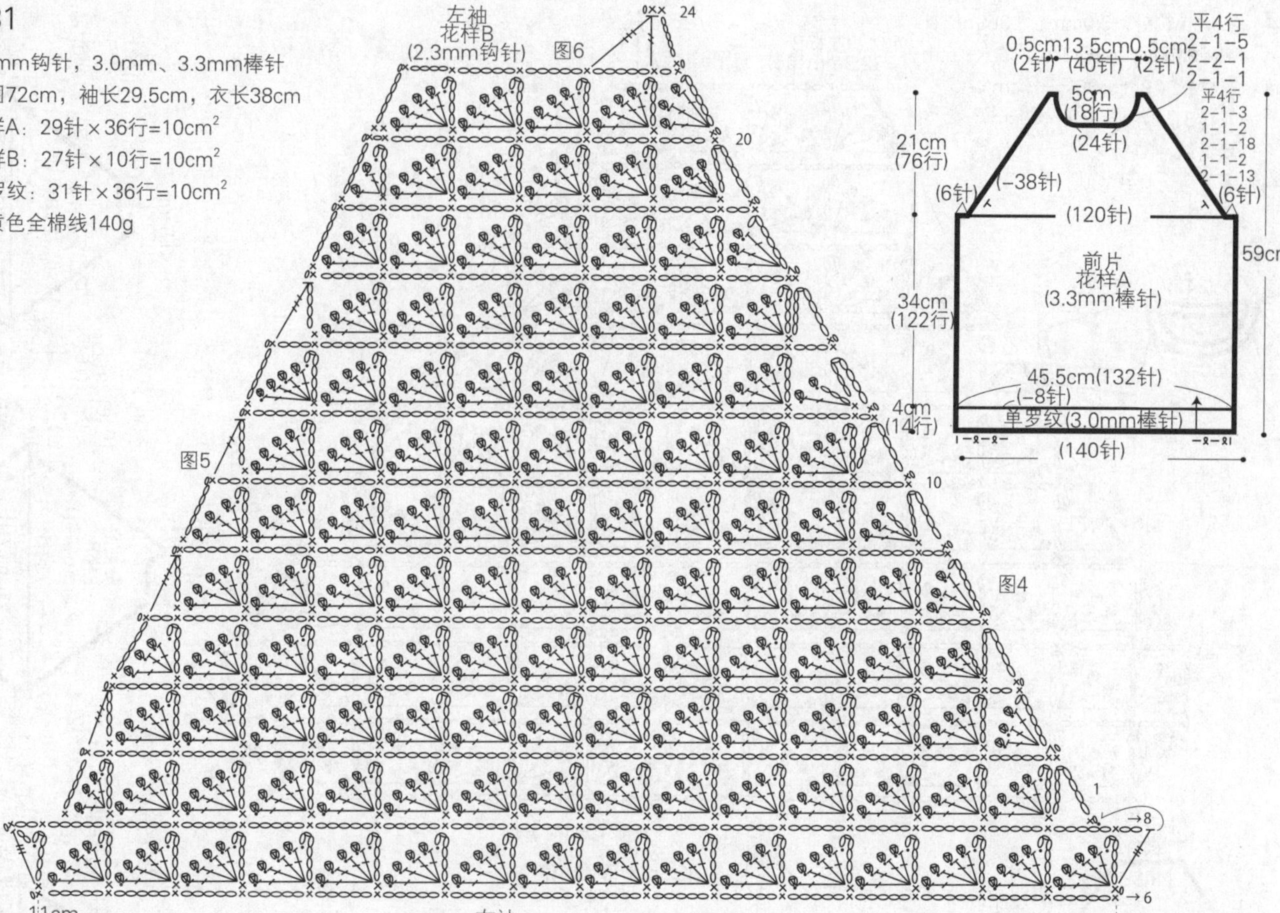

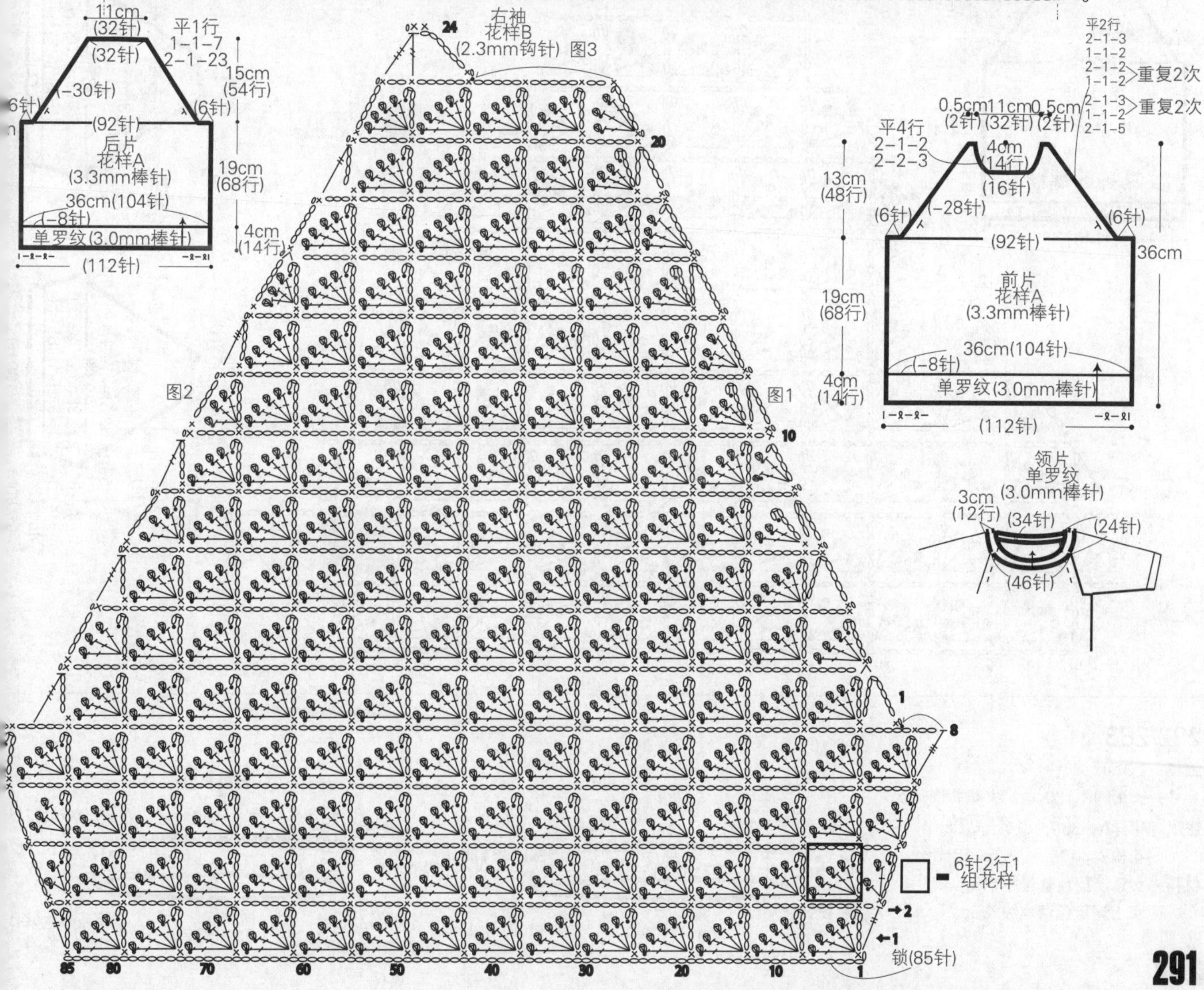

工具：2.3mm钩针，3.0mm、3.3mm棒针
尺寸：胸围91cm，袖长43cm，衣长61cm
密度：花样A：29针×36行=10cm²
花样B：27针×10行=10cm²
单罗纹：31针×36行=10cm²
材料：深蓝色全棉线180g

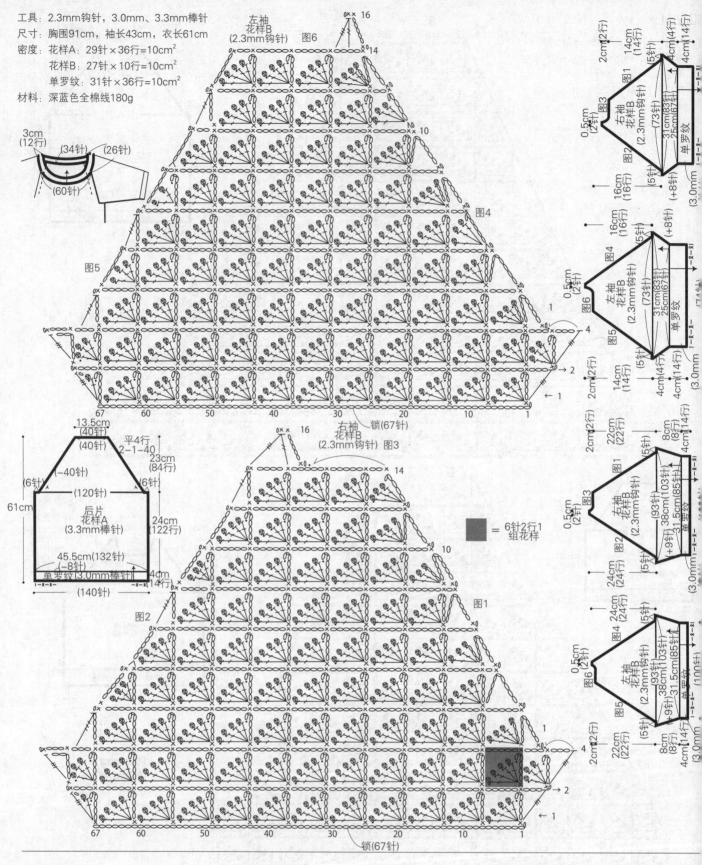

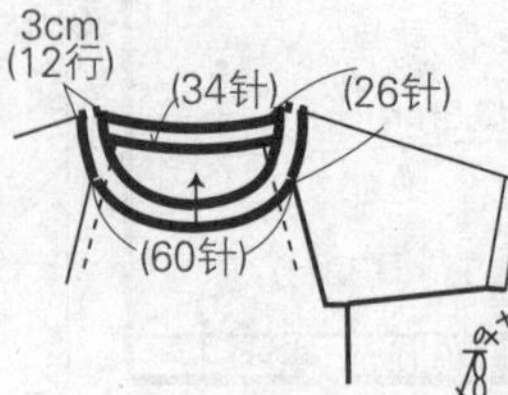

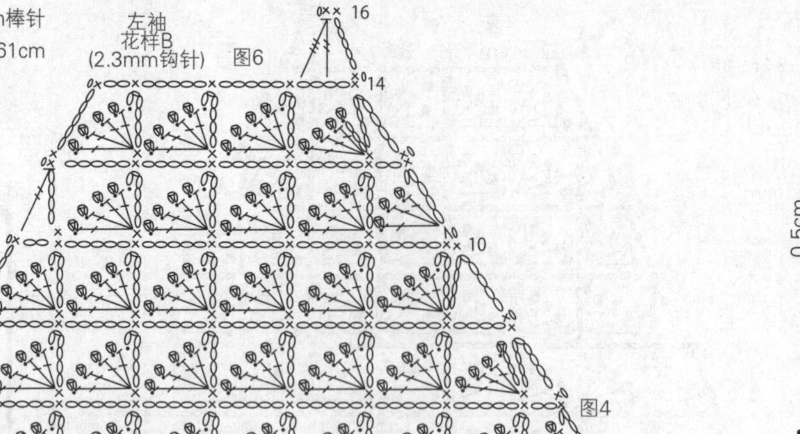

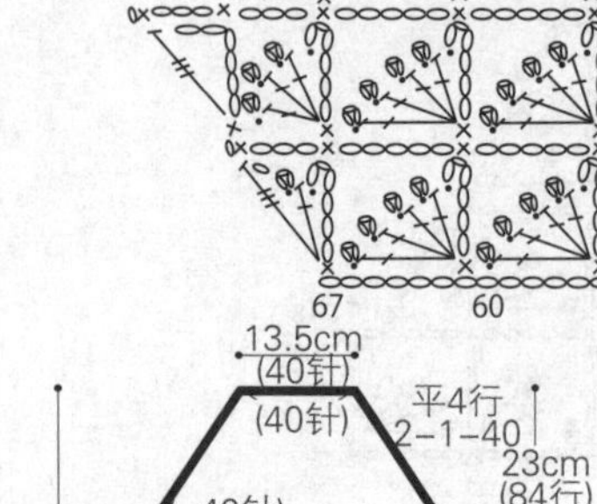

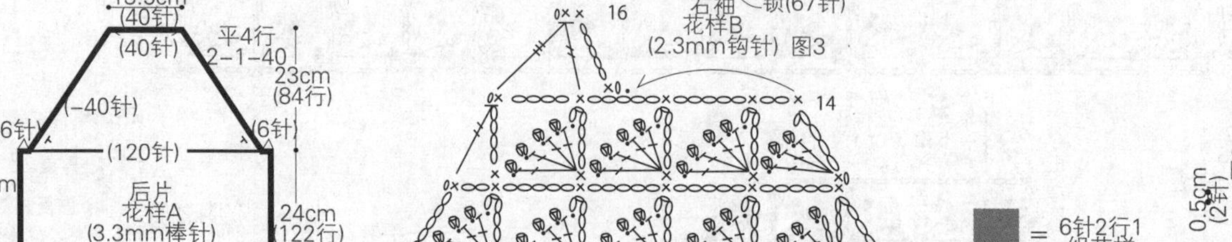

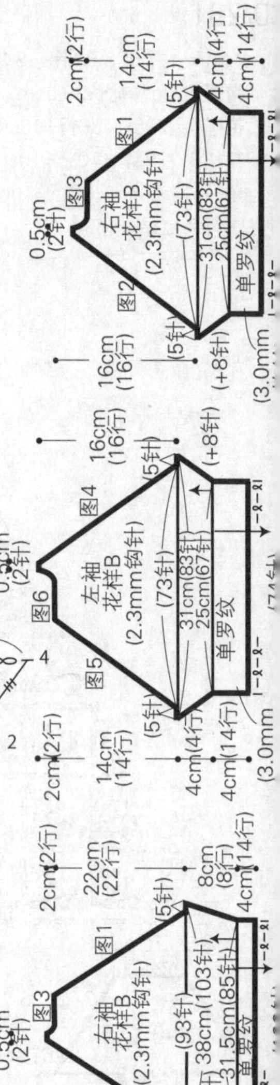

■ = 6针2行1组花样

282/283

工具：2.3mm钩针
尺寸：女士胸围120cm，女童胸围90cm
密度：花样A：33针×14行=10cm²
花样B：30针×15行=10cm²
材料：女童淡蓝色蕾丝线145g，
女士深蓝色蕾丝线285g

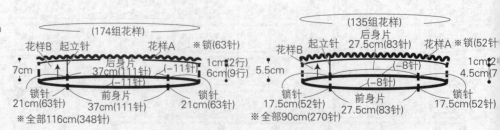

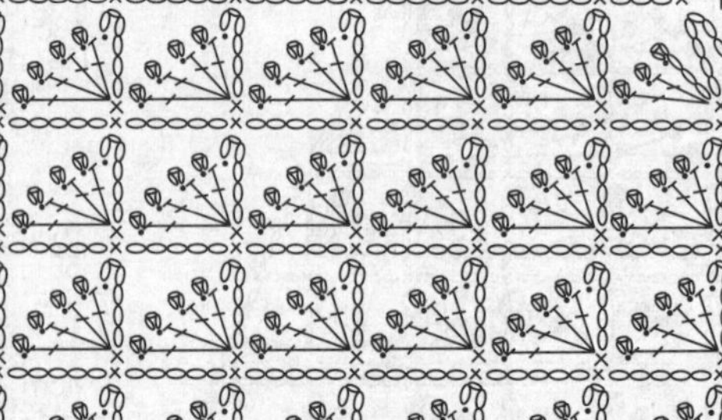

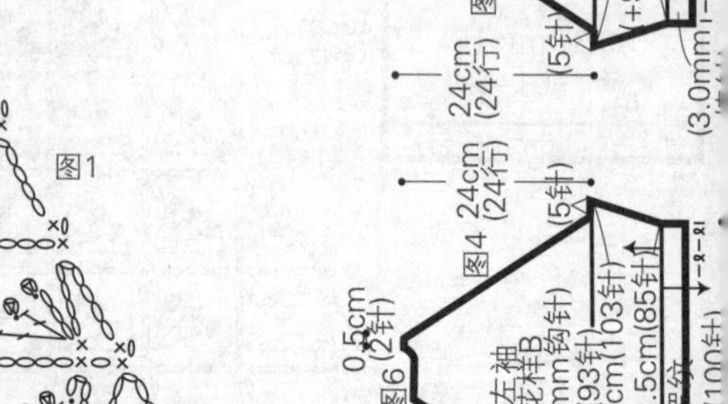

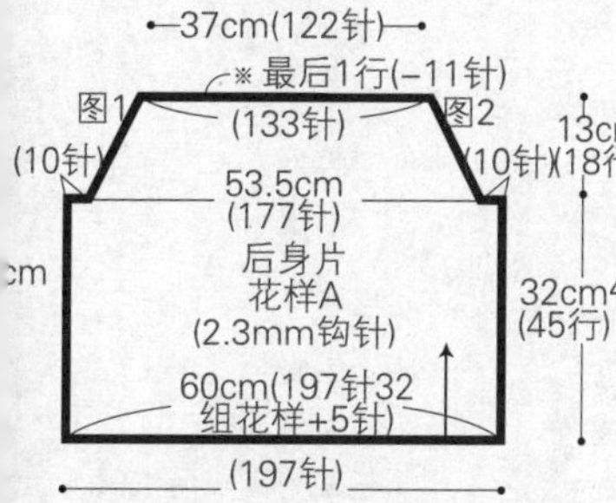
37cm(122针)
※最后1行(-11针)
图1
(133针)
图2
(10针)
(10针)
13cm
(18行)
53.5cm
(177针)
后身片
花样A
(2.3mm钩针)
32cm
(45行)
43.5cm
60cm(197针32组花样+5针)
(197针)

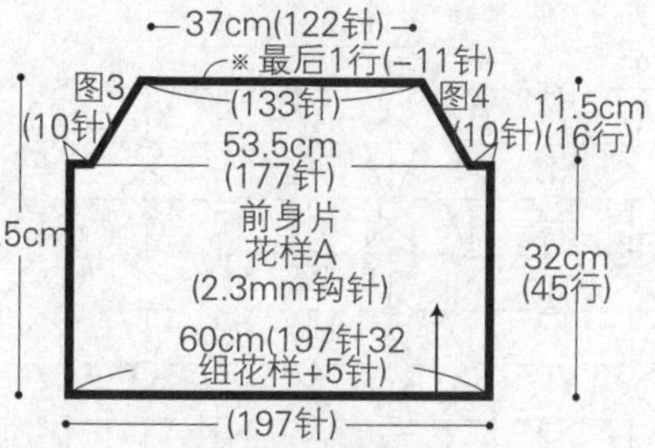
37cm(122针)
※最后1行(-11针)
图3
(133针)
图4
(10针)
(10针)
11.5cm
(16行)
53.5cm
(177针)
前身片
花样A
(2.3mm钩针)
32cm
(45行)
60cm(197针32组花样+5针)
(197针)

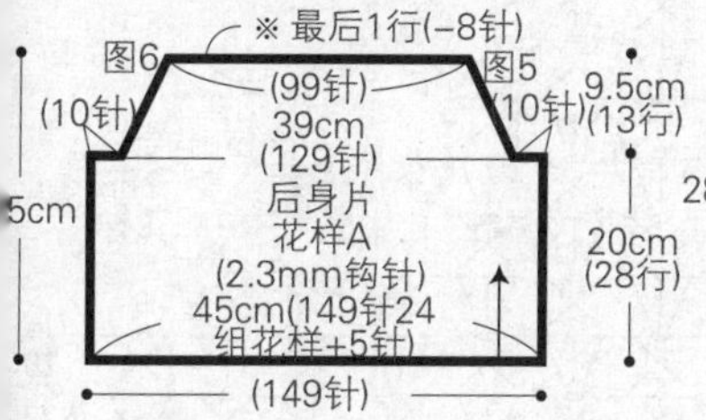
27.5cm(91针)
※最后1行(-8针)
图6
(99针)
图5
(10针)
(10针)
9.5cm
(13行)
39cm
(129针)
后身片
花样A
(2.3mm钩针)
20cm
(28行)
45cm(149针24组花样+5针)
(149针)

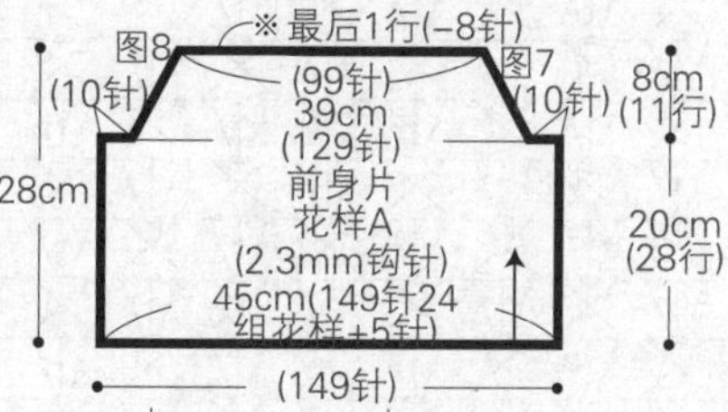
27.5cm(91针)
※最后1行(-8针)
图8
(99针)
图7
(10针)
(10针)
8cm
(11行)
39cm
(129针)
28cm
前身片
花样A
(2.3mm钩针)
20cm
(28行)
45cm(149针24组花样+5针)
(149针)

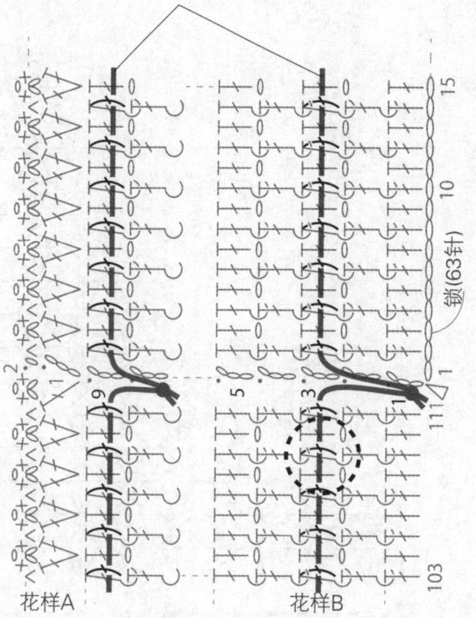
15
10
锁(63针)
5
3
1
9
2
1
111
103
花样A
花样B

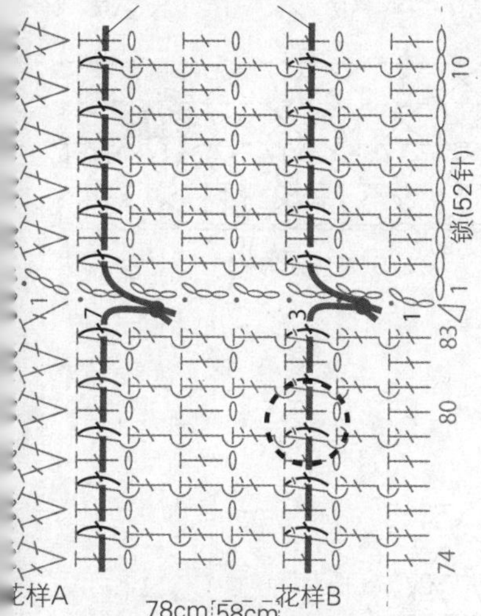
10
锁(52针)
1
7
3
83
80
74
花样A
花样B

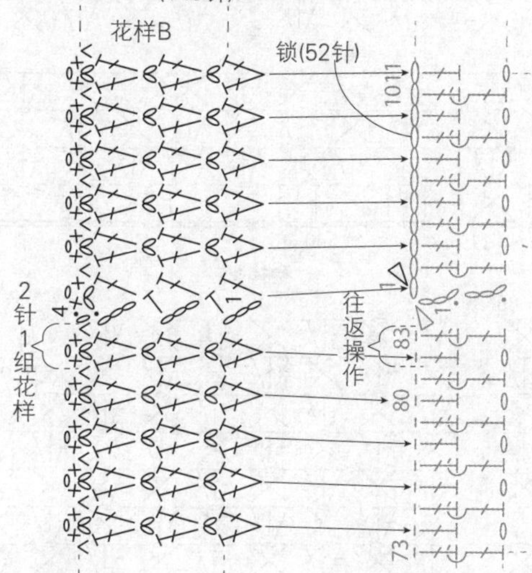
花样B
锁(52针)
101
2针1组花样
4
往返操作
83
80
73

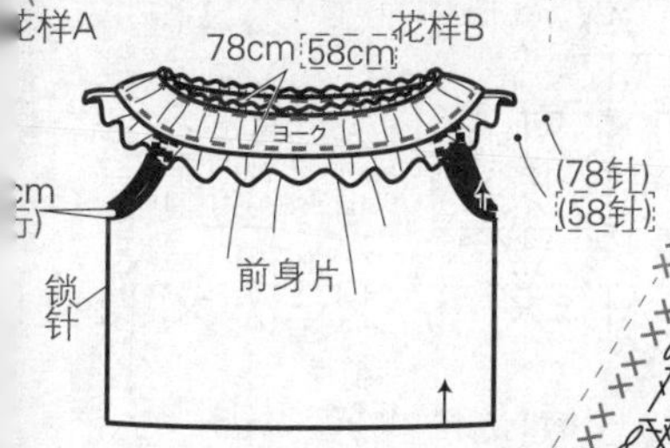
78cm
58cm
ヨーク
(78针)
(58针)
前身片
锁针

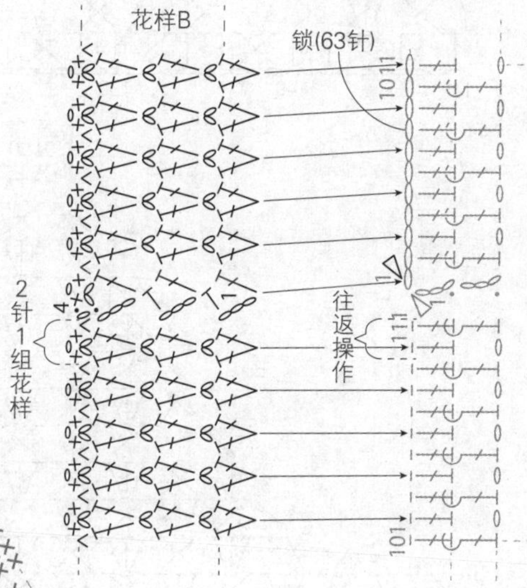
花样B
锁(63针)
101
2针1组花样
4
往返操作
111
101

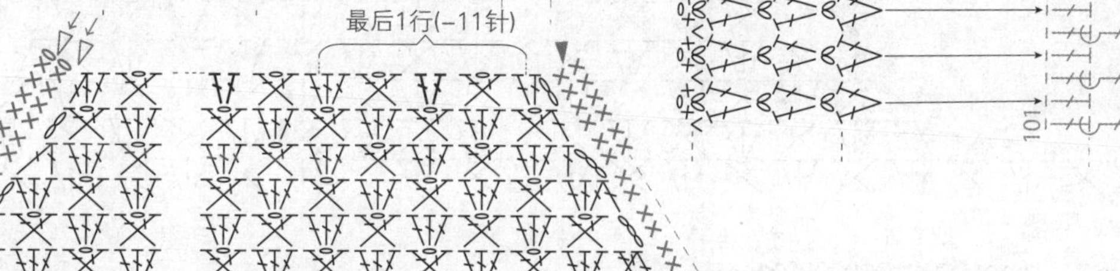

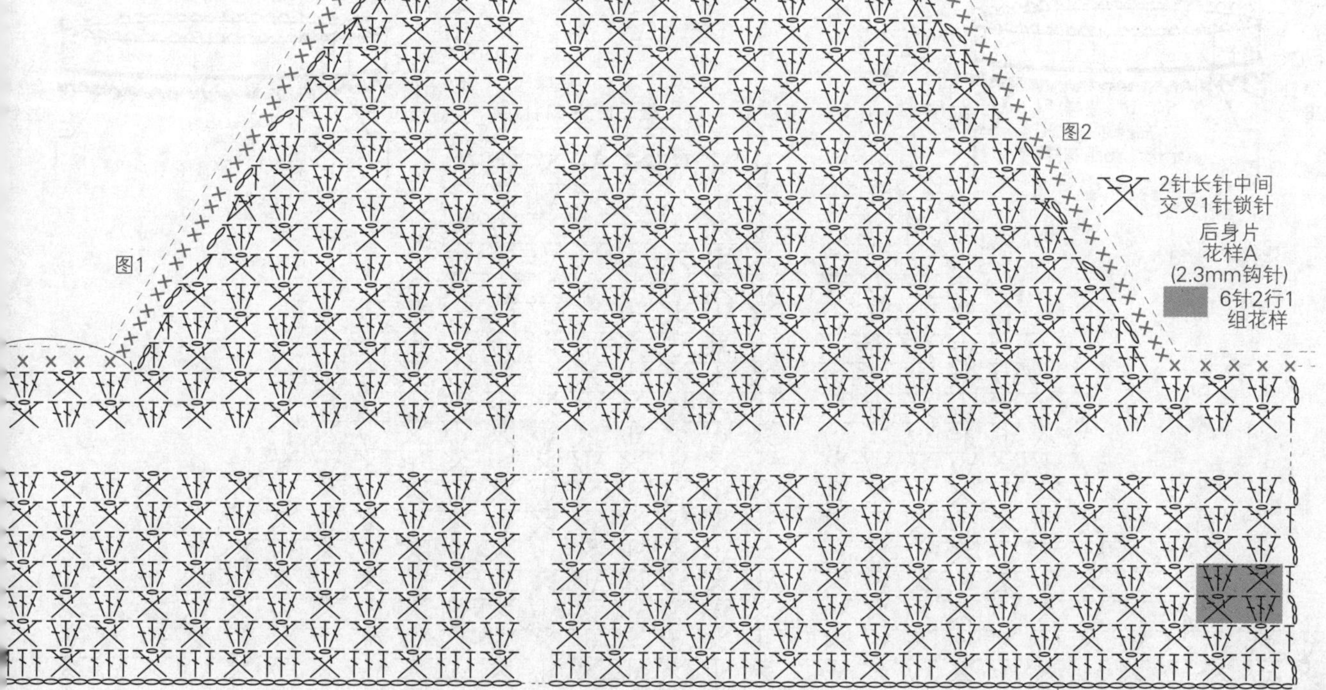
最后1行(-11针)
图1
图2
锁(197针)

2针长针中间交叉1针锁针

后身片
花样A
(2.3mm钩针)

6针2行1组花样

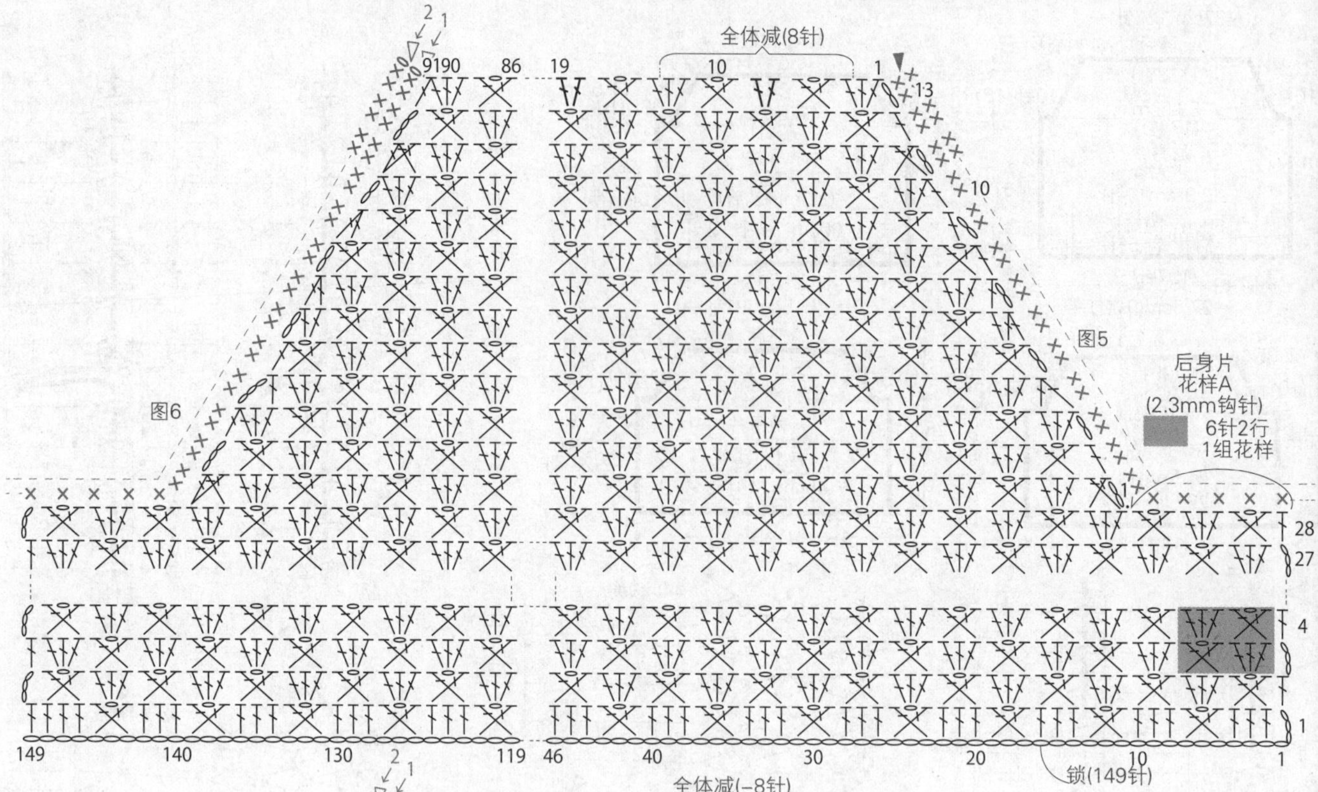
2
1
91 90
86
19
全体减(8针)
10
1
13
10
图6
图5
后身片
花样A
(2.3mm钩针)
6针2行
1组花样
28
27
4
1
149
140
130
119
46
40
30
20
10
1
锁(149针)

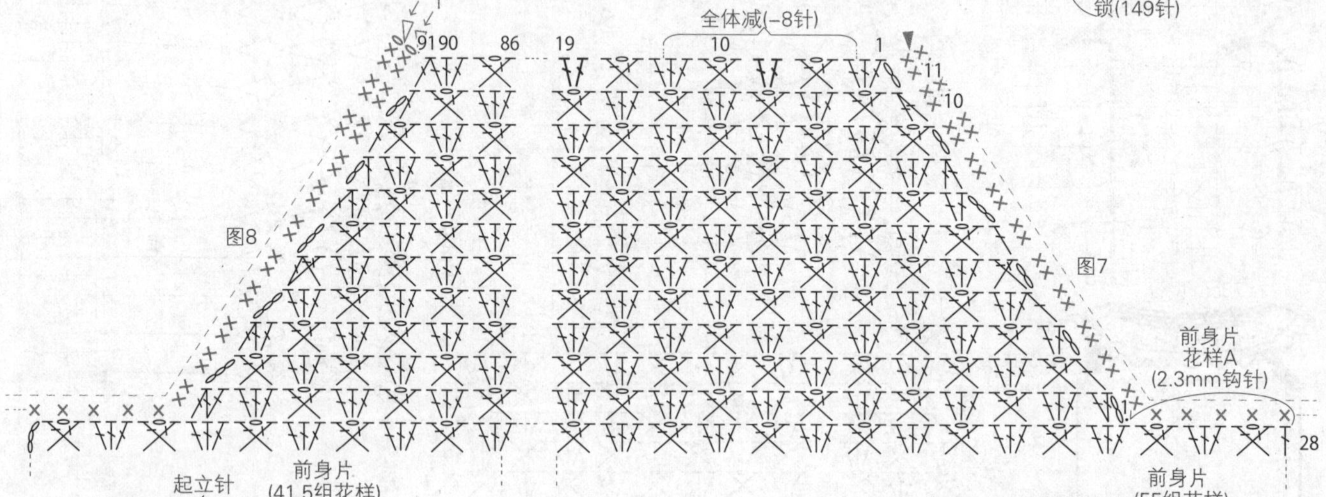
2
1
91 90
86
19
全体减(-8针)
10
1
11
10
图8
图7
前身片
花样A
(2.3mm钩针)
28

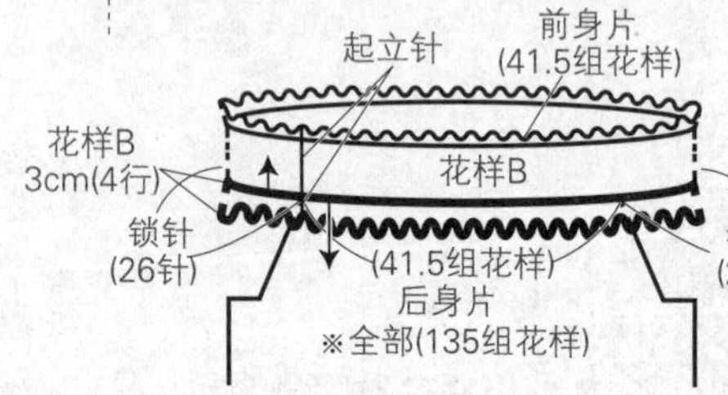
起立针
前身片
(41.5组花样)
花样B
3cm(4行)
花样B
锁针
(26针)
锁针
(26针)
(41.5组花样)
后身片
※全部(135组花样)

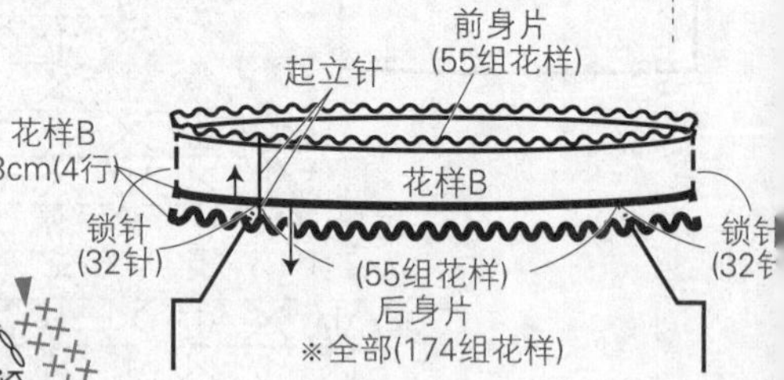
前身片
(55组花样)
起立针
花样B
3cm(4行)
花样B
锁针
(32针)
锁针
(55组花样)
后身片
※全部(174组花样)

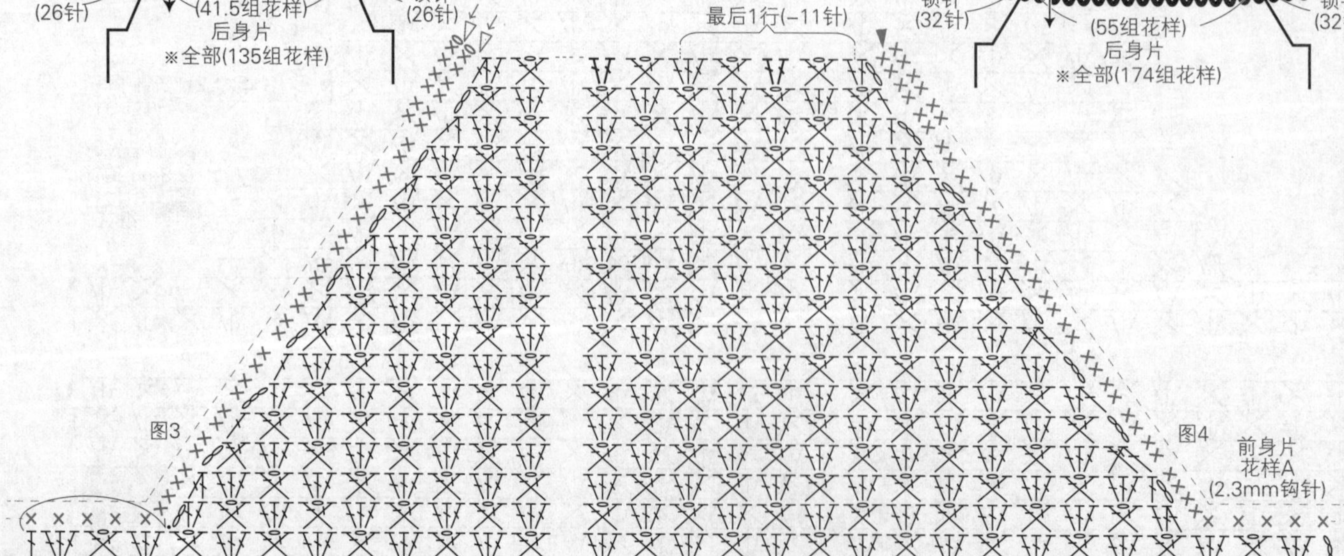
最后1行(-11针)
图3
图4
前身片
花样A
(2.3mm钩针)

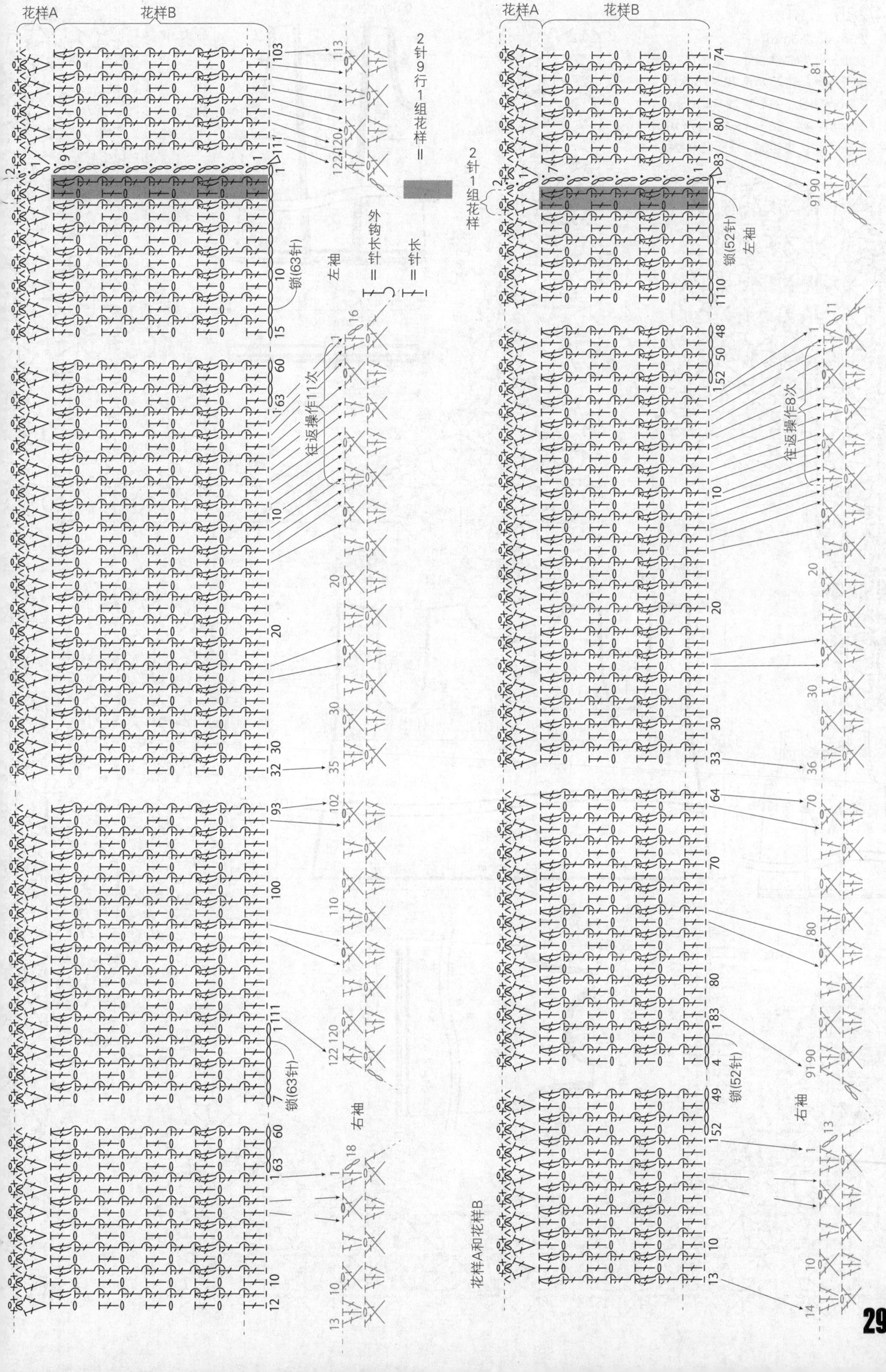
花样A
花样B
2针9行1组花样
=
= 外钩长针
= 长针
锁(63针)
左袖
往返操作11次
右袖
2针1组花样
锁(52针)
往返操作8次
花样A和花样B

284/285

工具：2.3mm、2.5mm钩针

尺寸：女士：背肩宽44.5cm，裙长118.5cm

女童：背肩宽28cm，裙长75.5cm

密度：2.5mm钩针：31针×12行=10cm²

2.3mm钩针：35.5针×12.5行=10cm²

材料：灰褐色蕾丝线440g，浅粉色蕾丝线190g

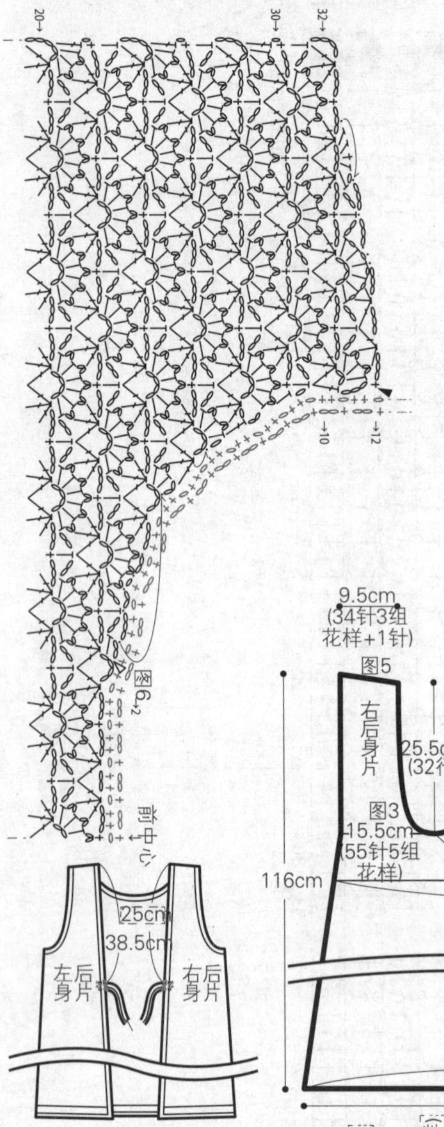

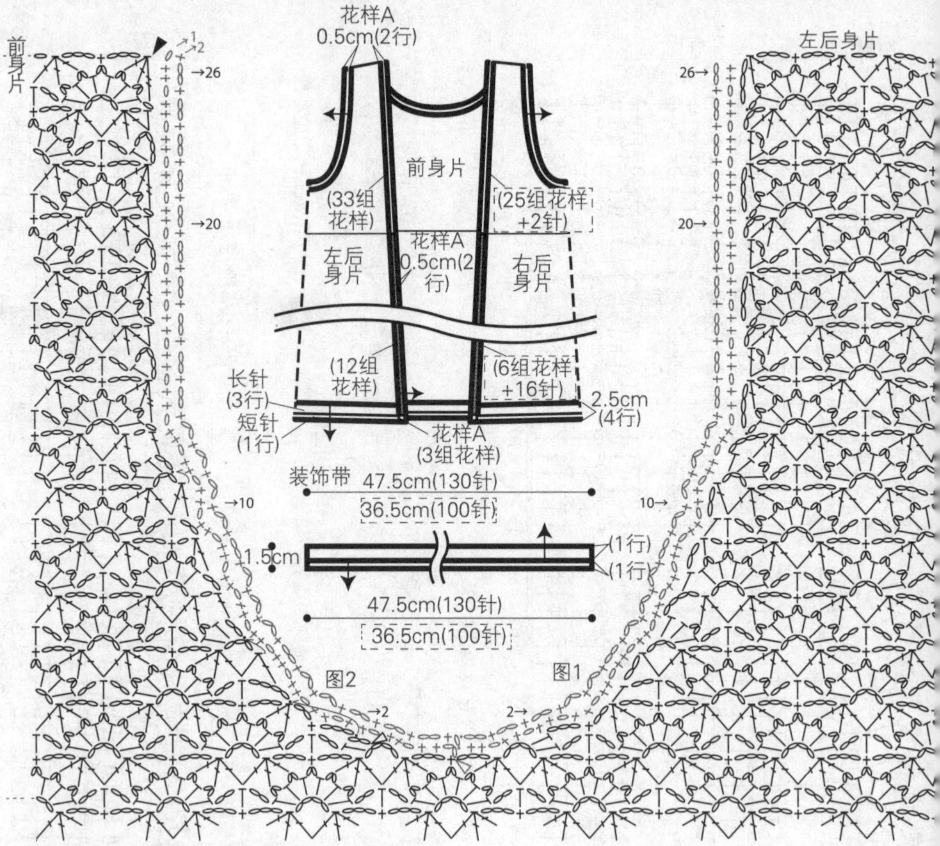

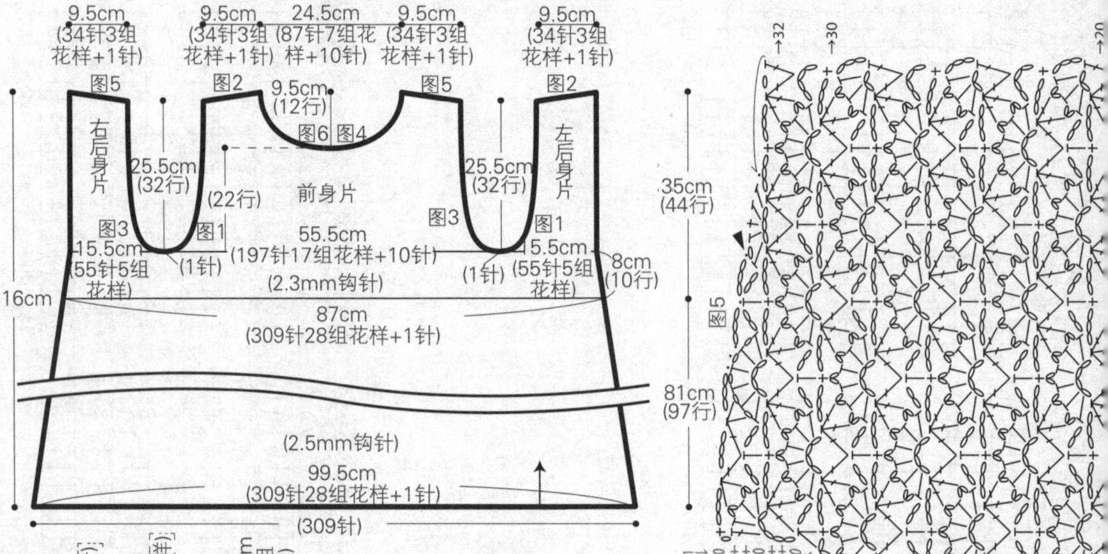

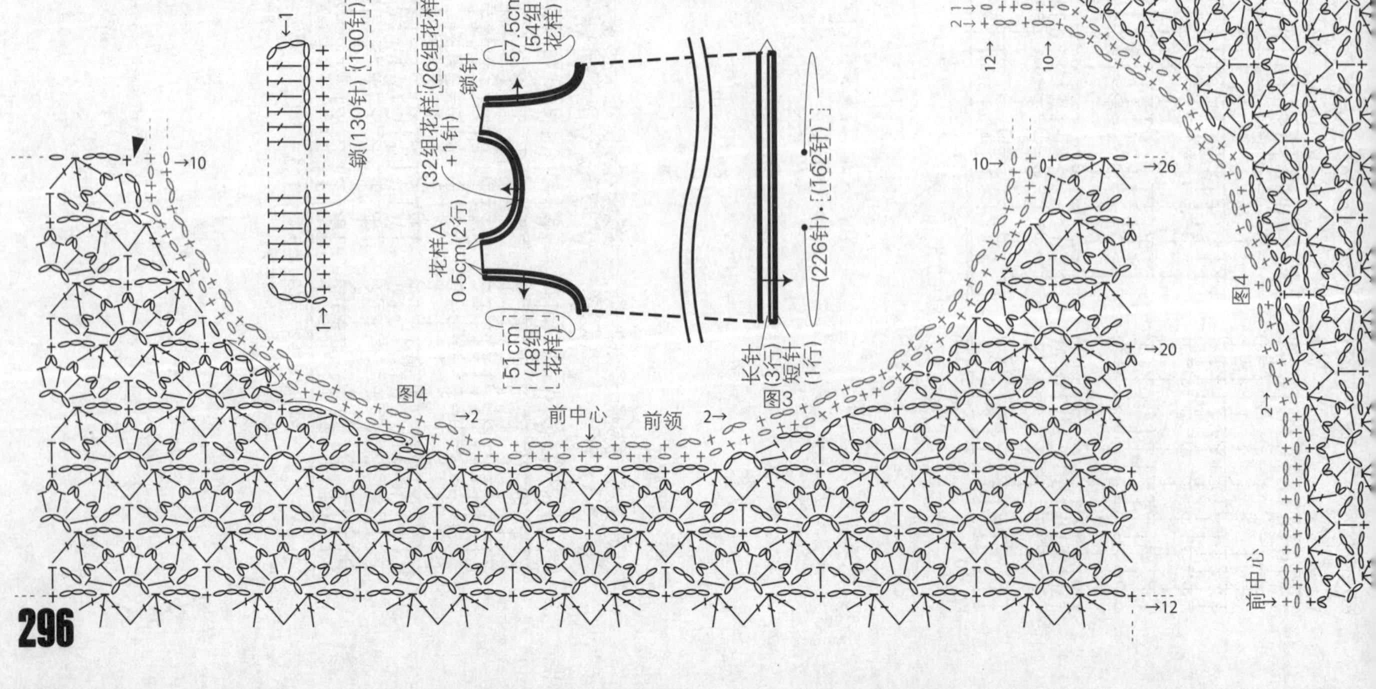

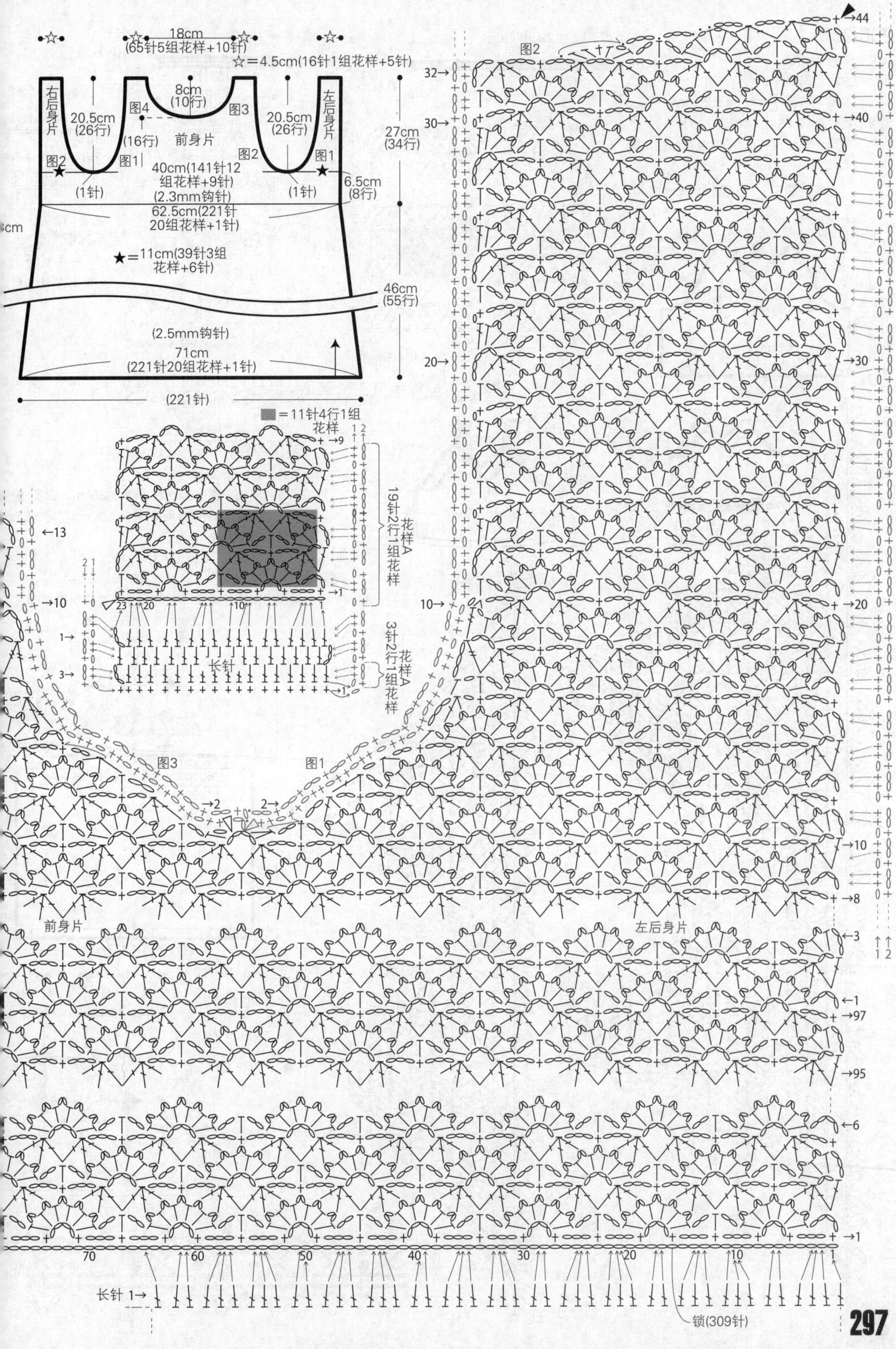

18cm
(65针5组花样+10针)
☆=4.5cm(16针1组花样+5针)
右后身片
左后身片
8cm
(10行)
图4
图3
20.5cm
(26行)
(16行)
前身片
27cm
(34行)
图2
图1
40cm(141针12
组花样+9针)
(2.3mm钩针)
(1针)
6.5cm
(8行)
62.5cm(221针
20组花样+1针)
★=11cm(39针3组
花样+6针)
46cm
(55行)
(2.5mm钩针)
71cm
(221针20组花样+1针)
(221针)
■=11针4行1组花样
花样A
19针2行1组花样
长针
花样A
3针2行1组花样
前身片
左后身片
长针 1→
锁(309针)

286/287

工具：3.0mm钩针

尺寸：女士：胸围90cm，衣长42cm

　　　女童：胸围70cm，衣长27.5cm

密度：花样A：24.5针×10行=10cm²

材料：浅绿色蕾丝线75g，浅紫色蕾丝线135g

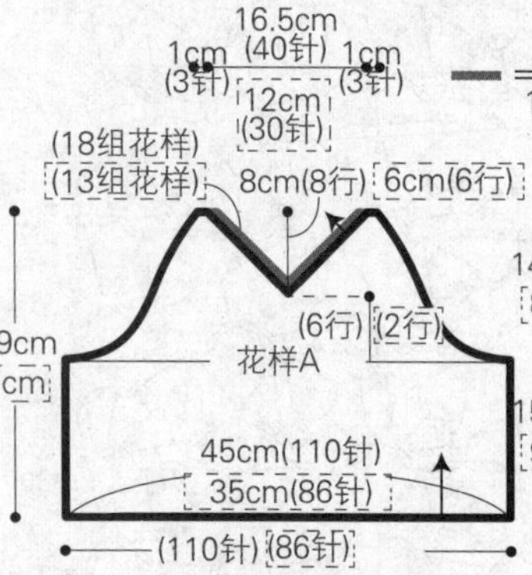

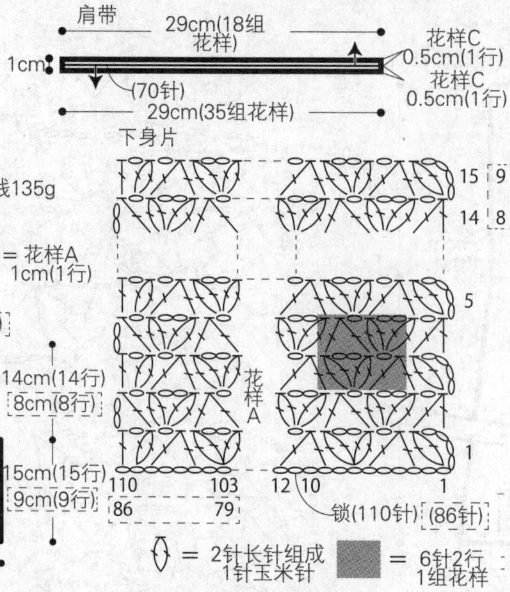

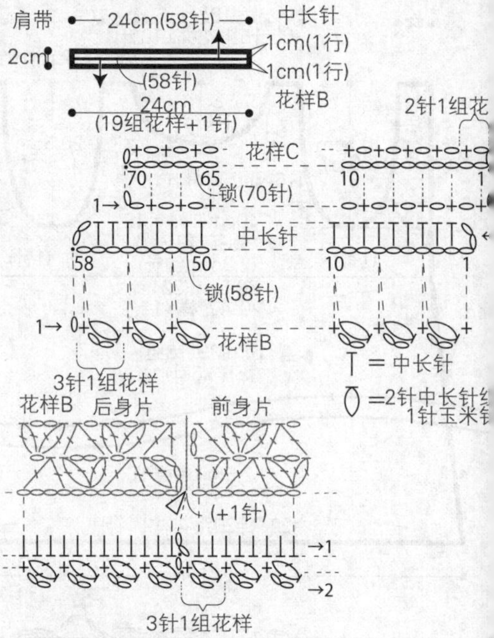

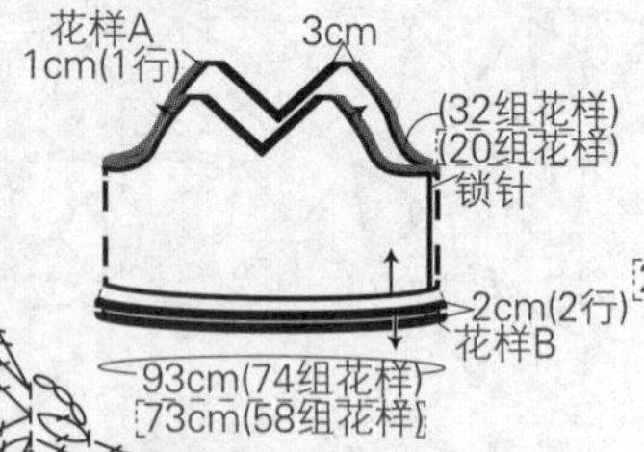

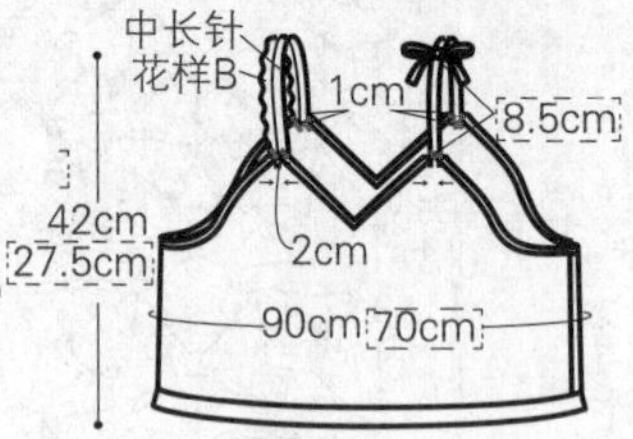

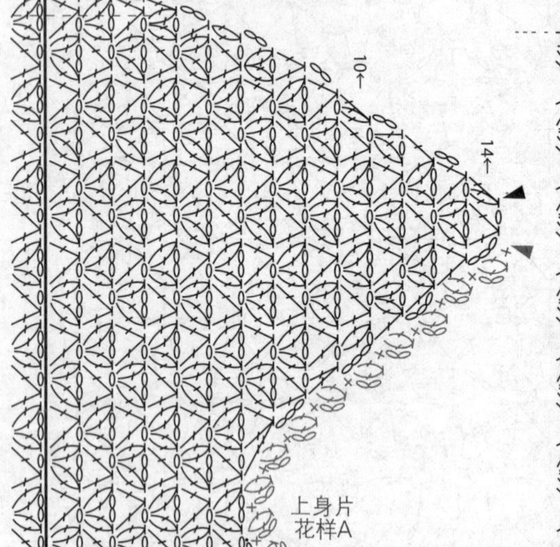

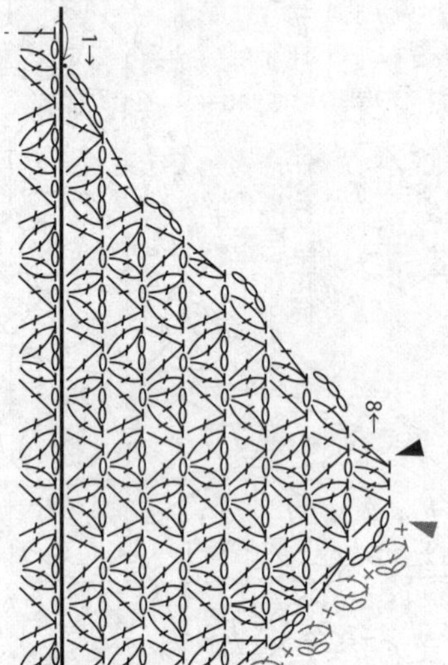

288/289

工具：2.5mm钩针

尺寸：女士：胸围90cm，背肩宽38cm，裙长76.5c

　　　女童：胸围68cm，背肩宽30cm，裙长53.5c

密度：单元花A：直径9cm

　　　单元花C：直径7cm

　　　编织花样：21针×10.5行=10cm²

材料：咖啡色蕾丝线485g，青草色蕾丝线240g

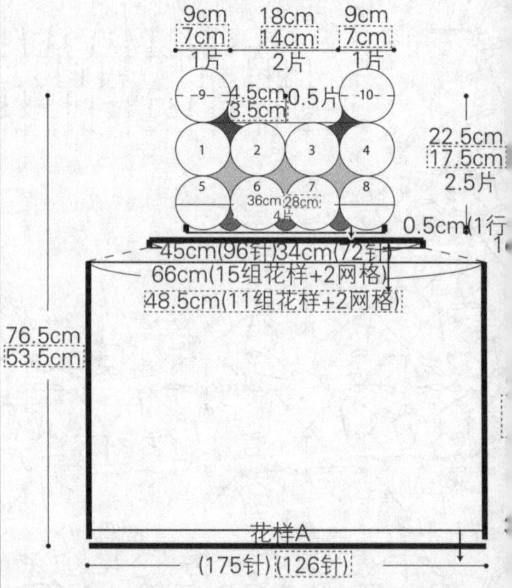

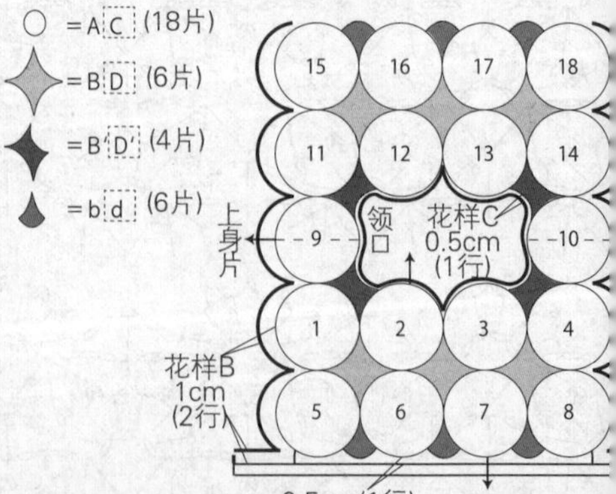

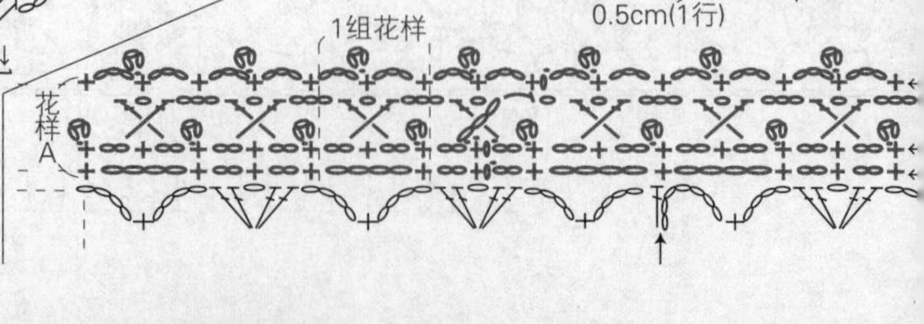

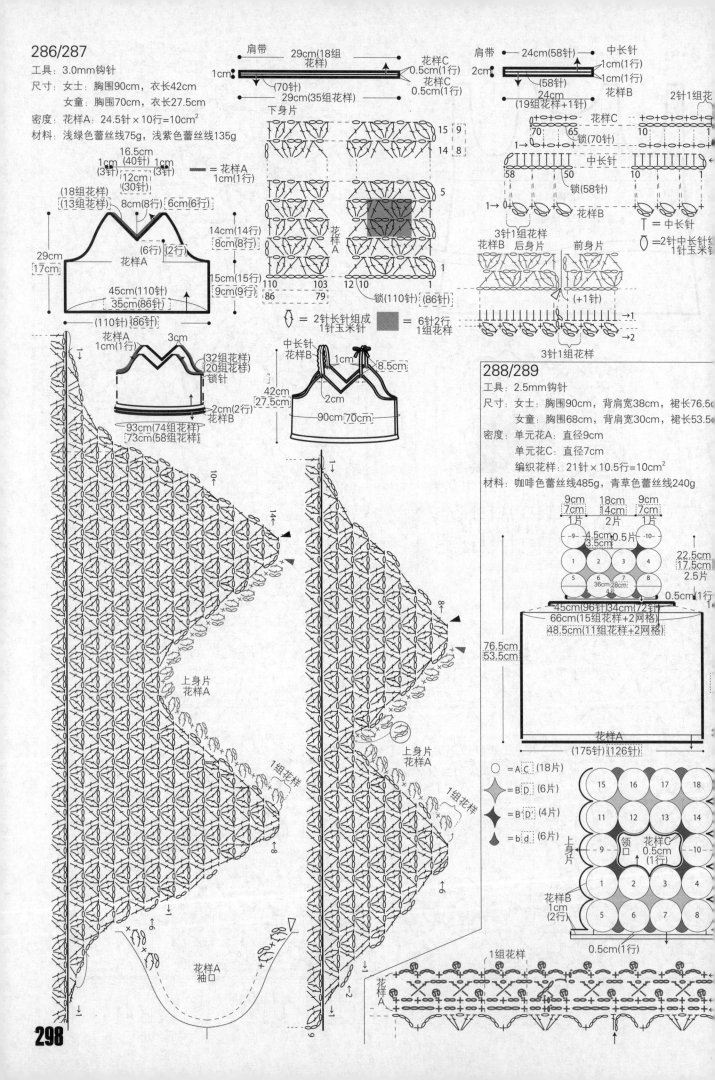

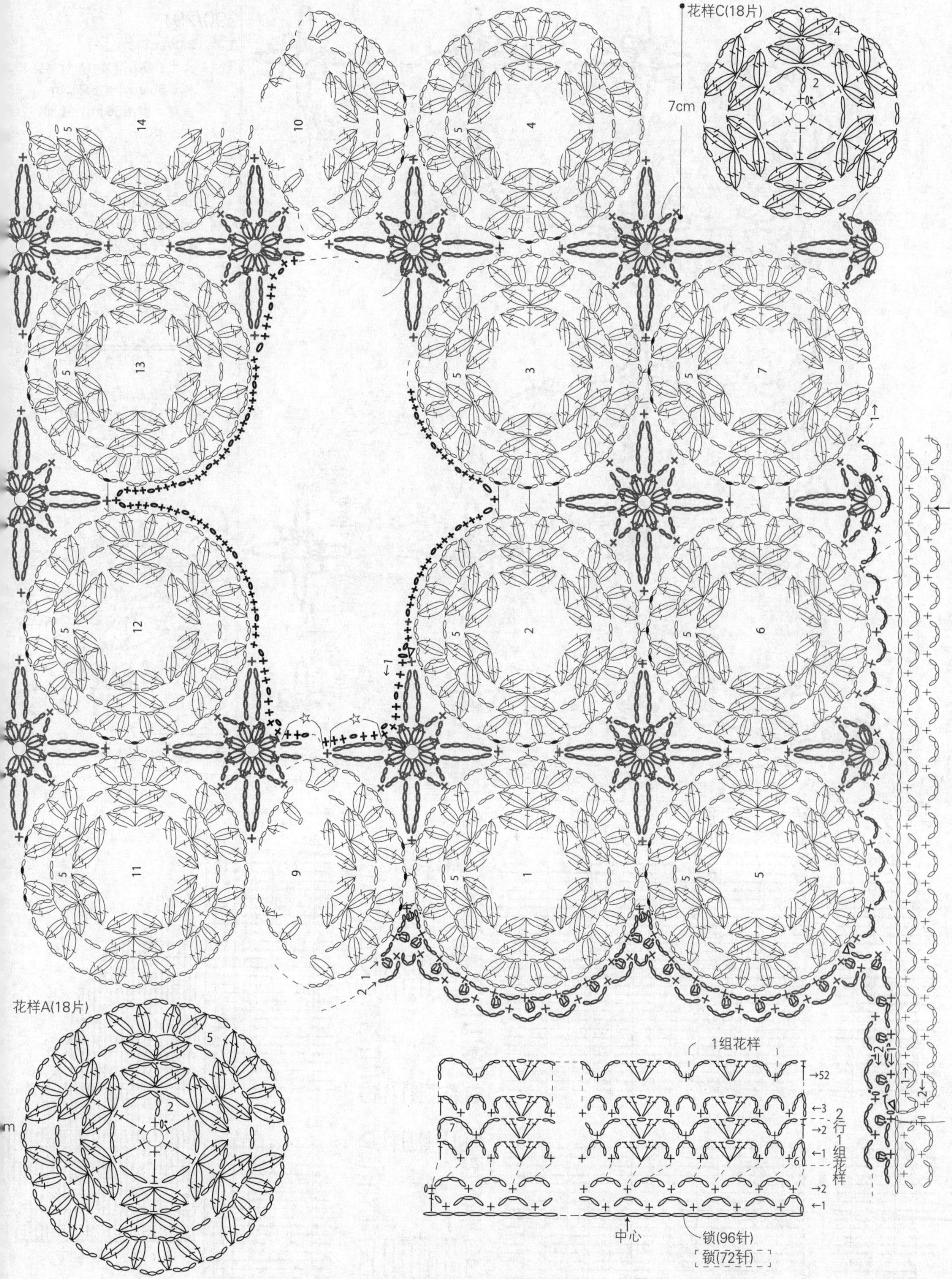

花样C(18片)
7cm
花样A(18片)
1组花样
2行1组花样
中心
锁(96针)
锁(72针)

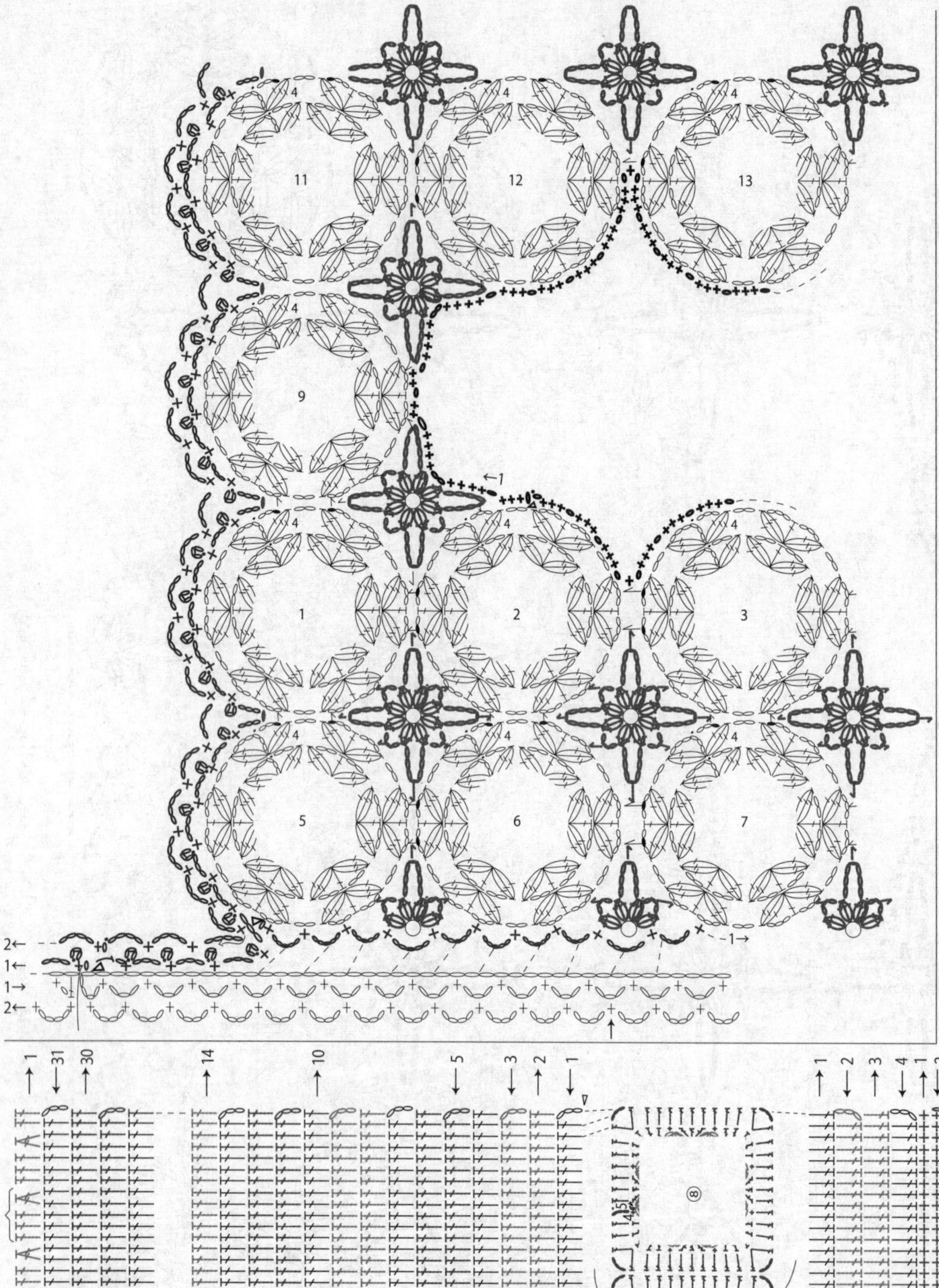

290/291

工具：3.0mm钩针

尺寸：女士：胸围90cm，背肩宽36c

裙长55cm，袖长21cm

女童：胸围66cm，腰围112cr

裙长48cm

密度：长针：20针×10行

短针：20针×30行

单元花直径：7cm

材料：黑色蕾丝线150g，白色蕾丝线

粉色蕾丝线220g

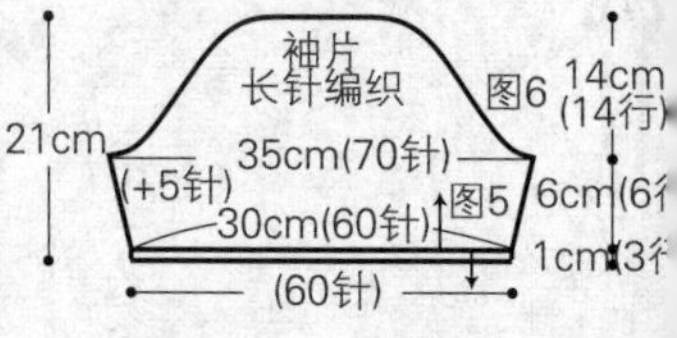

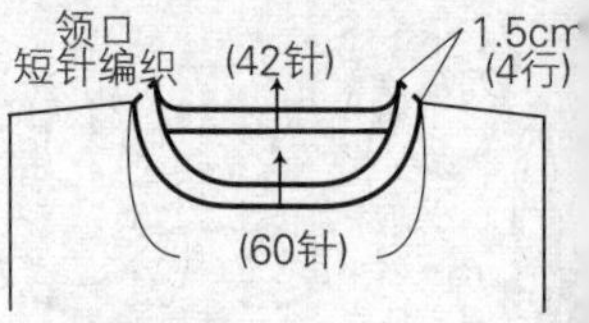

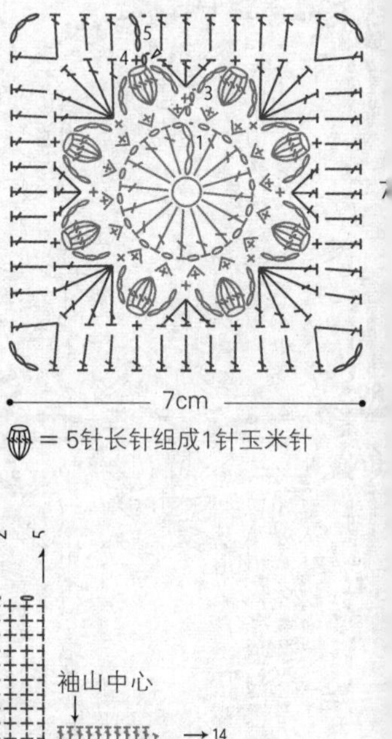

= 5针长针组成1针玉米针

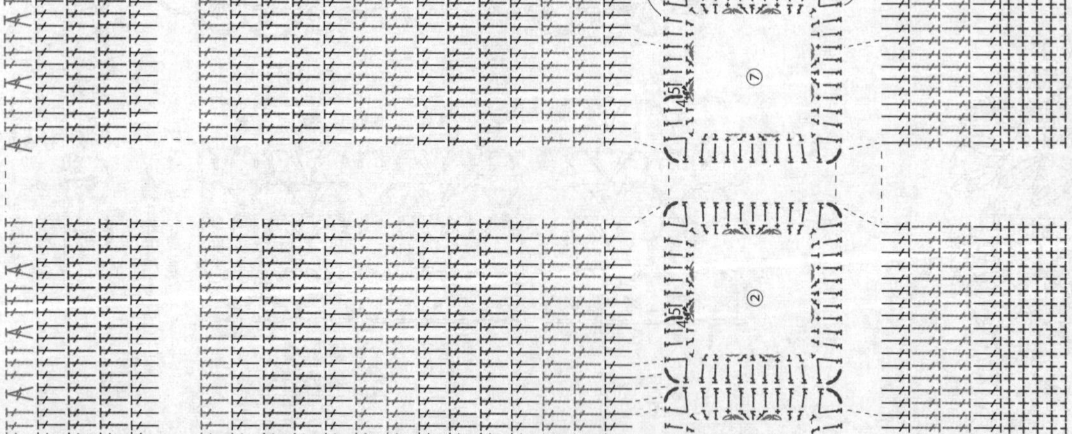

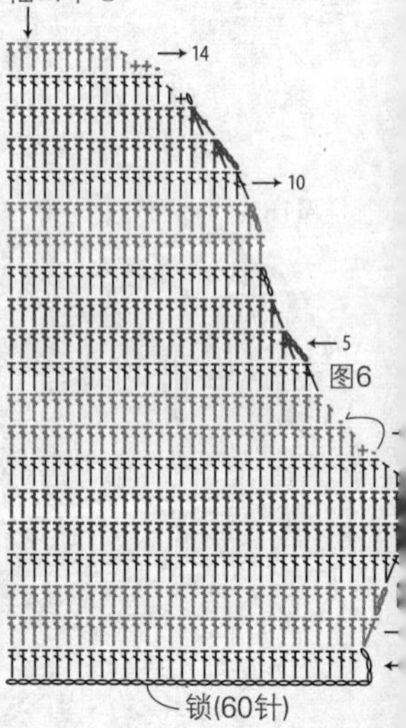

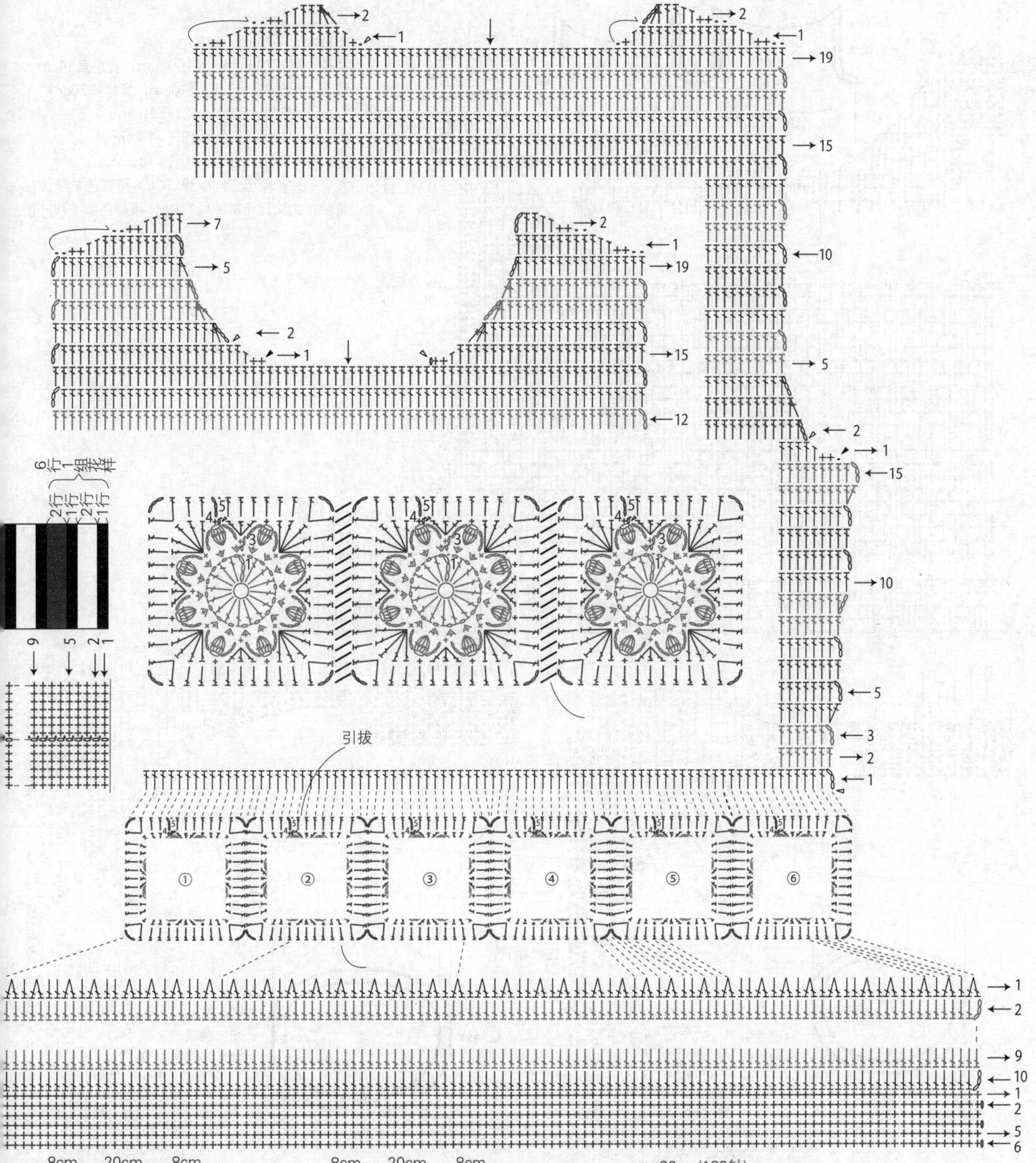
6行1组花样
2行
1行
2行
1行
引拔

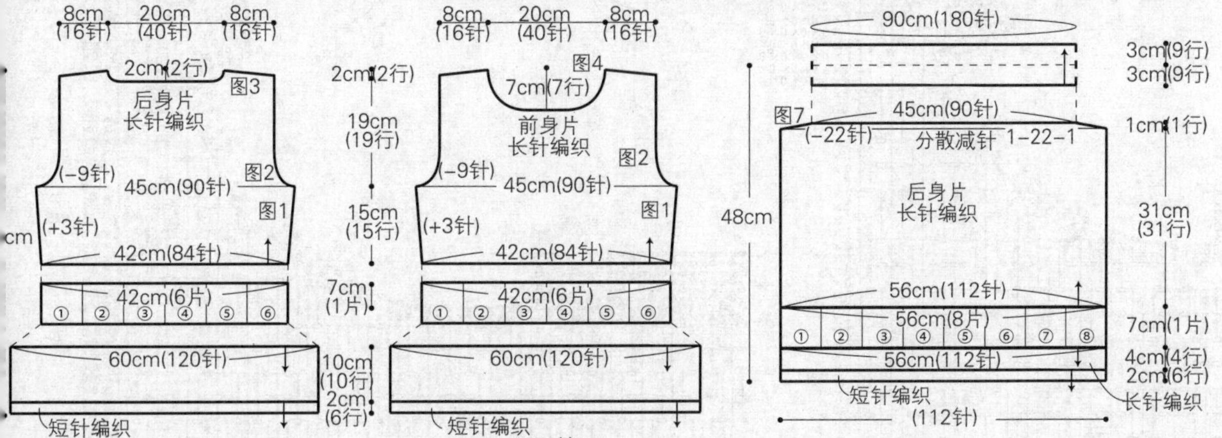
8cm(16针)
20cm(40针)
8cm(16针)
2cm(2行)
图3
后身片
长针编织
图2
(-9针)
45cm(90针)
图1
(+3针)
cm
42cm(84针)
42cm(6片)
① ② ③ ④ ⑤ ⑥
60cm(120针)
短针编织
(120针)
8cm(16针)
20cm(40针)
8cm(16针)
2cm(2行)
图4
7cm(7行)
19cm(19行)
前身片
长针编织
图2
(-9针)
45cm(90针)
15cm(15行)
图1
(+3针)
42cm(84针)
7cm(1片)
42cm(6片)
① ② ③ ④ ⑤ ⑥
60cm(120针)
10cm(10行)
2cm(6行)
短针编织
(120针)
90cm(180针)
3cm(9行)
3cm(9行)
图7
45cm(90针)
(-22针)
分散减针 1-22-1
1cm(1行)
48cm
后身片
长针编织
31cm(31行)
56cm(112针)
56cm(8片)
① ② ③ ④ ⑤ ⑥ ⑦ ⑧
7cm(1片)
56cm(112针)
4cm(4行)
2cm(6行)
短针编织
长针编织
(112针)

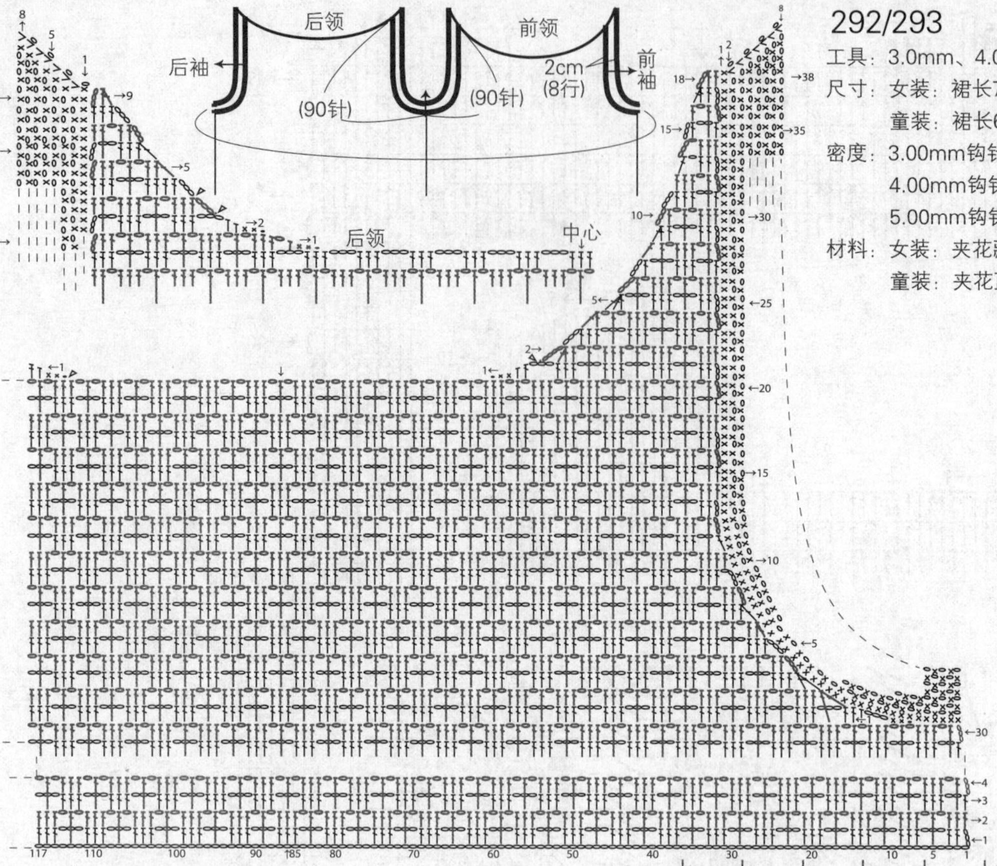
后领
前领
后袖
前袖
2cm
(8行)
(90针)
(90针)
后领
中心

292/293

工具：3.0mm、4.0mm、5.00mm钩针

尺寸：女装：裙长79.5cm，胸围92cm，背肩宽34cm

童装：裙长62cm，胸围70cm，背肩宽26cm

密度：3.00mm钩针：37针×18行=10cm^2

4.00mm钩针：32针×16行=10cm^2

5.00mm钩针：29针×15行=10cm^2

材料：女装：夹花藏蓝色羊绒线160g，藏蓝色羊绒线130g

童装：夹花蓝色羊绒线110g，藏蓝色羊绒线80g

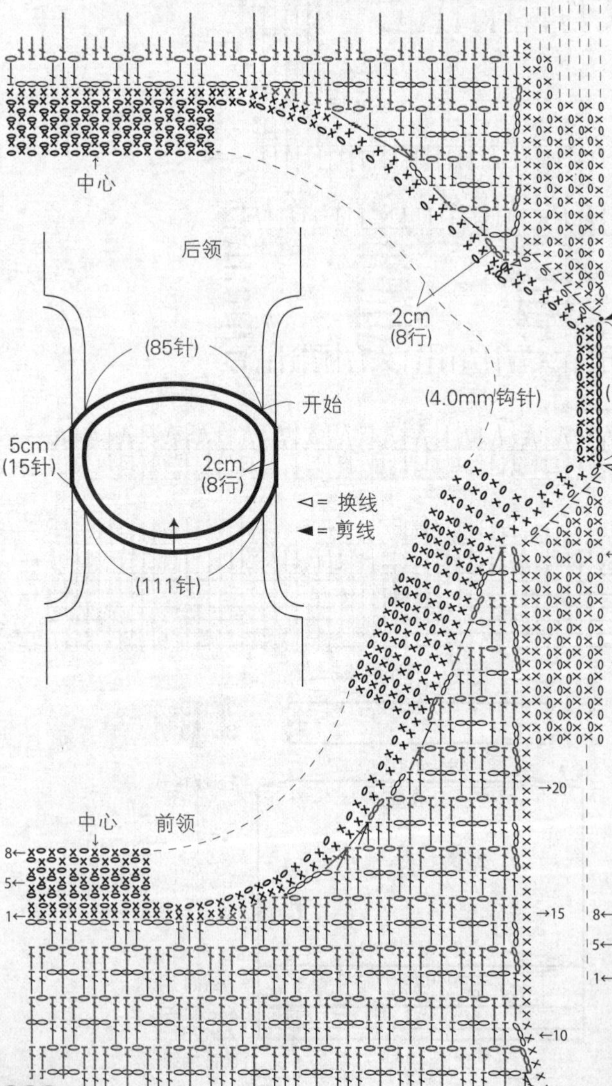
中心
后领
(85针)
开始
5cm
(15针)
2cm
(8行)
◁＝换线
◀＝剪线
(111针)
2cm
(8行)
(4.0mm钩针)
(15针锁针)
中心
前领

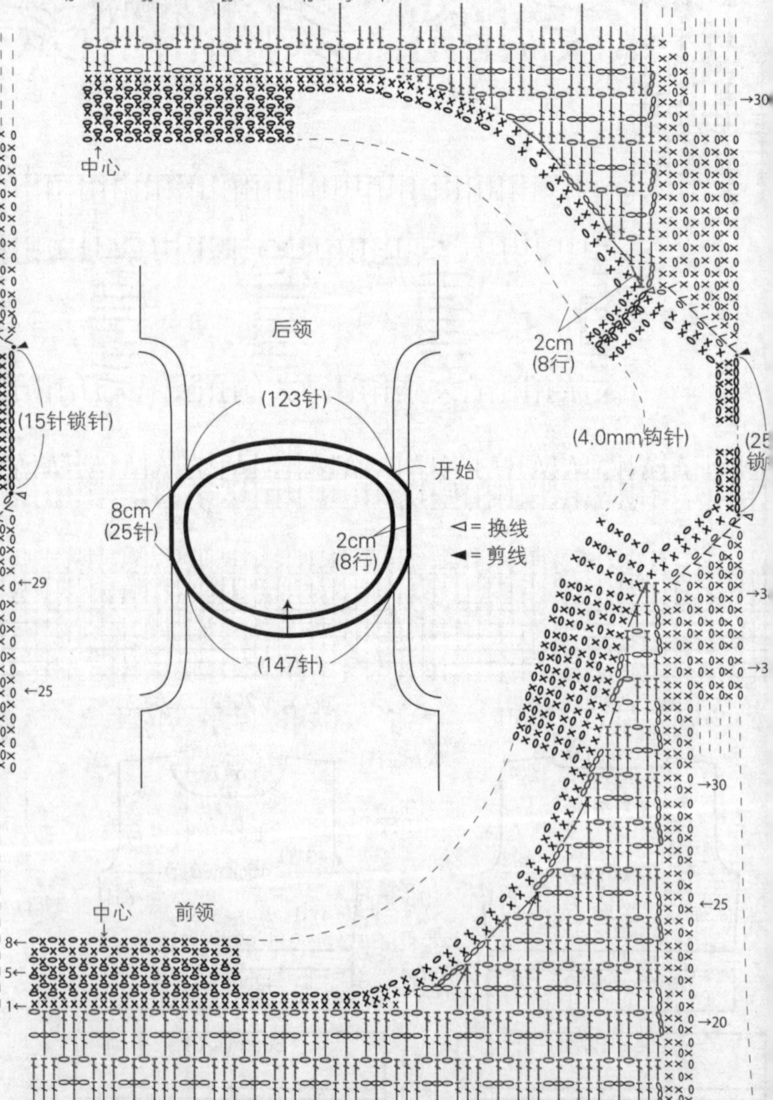
中心
后领
(123针)
开始
8cm
(25针)
2cm
(8行)
◁＝换线
◀＝剪线
(147针)
2cm
(8行)
(4.0mm钩针)
中心
前领

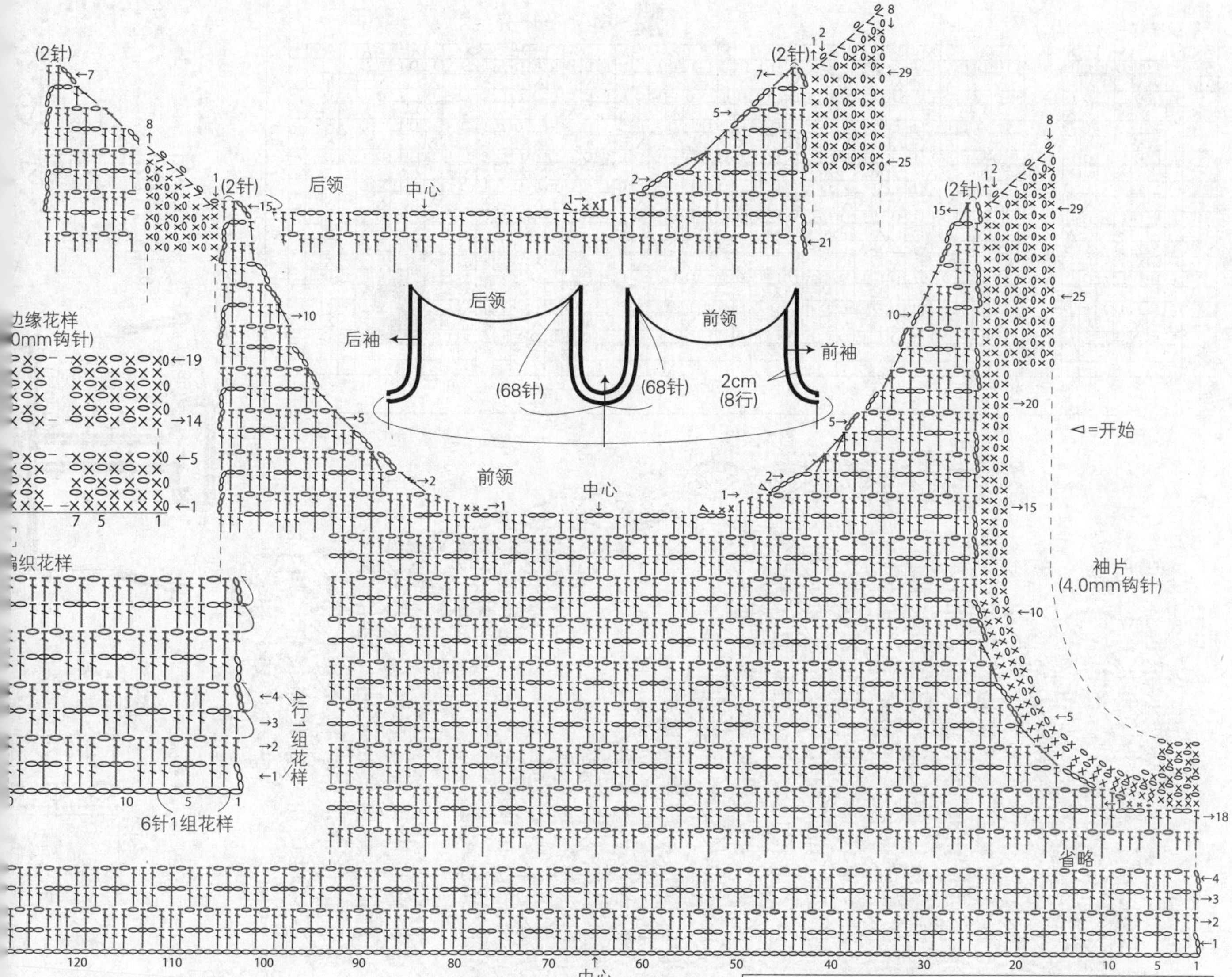

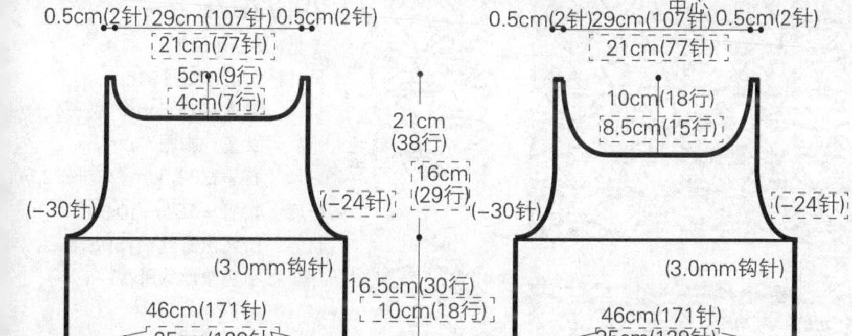

工具：4.0mm钩针，5.1mm、5.4mm棒针

尺寸：女士：胸围92cm，背肩宽35cm，裙长54cm

女童：胸围70cm，背肩宽25cm，裙长38cm

密度：5.1mm棒针：19针×20行=$10cm^2$

5.4mm棒针：17.5针×18行=$10cm^2$

材料：灰褐色蕾丝线

140g和75g

294/295

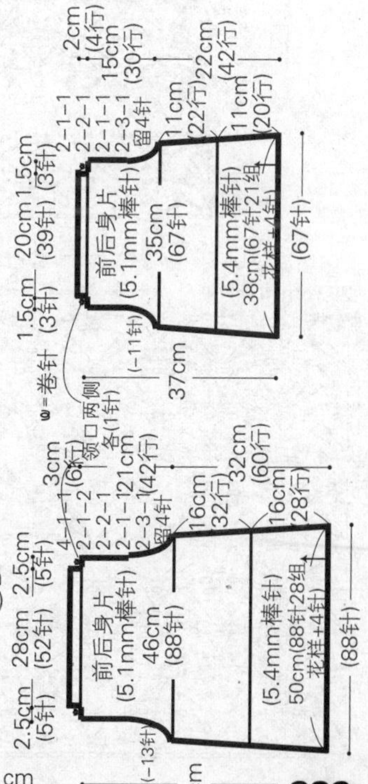

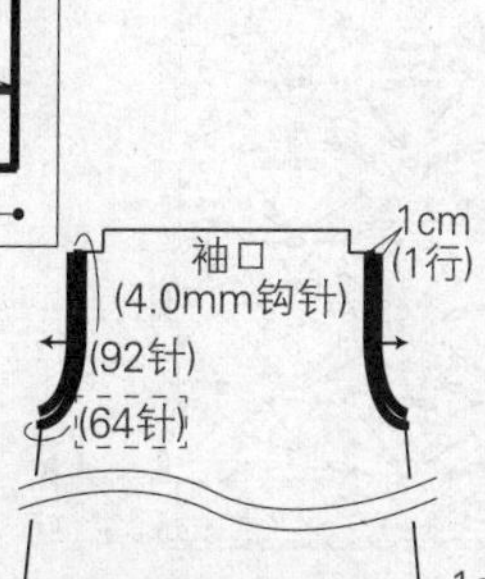

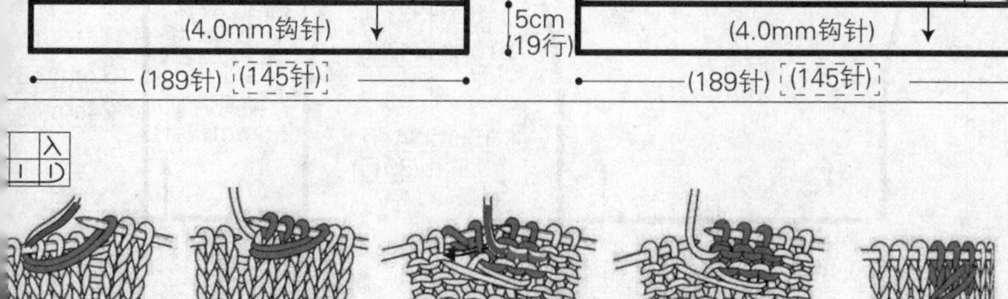

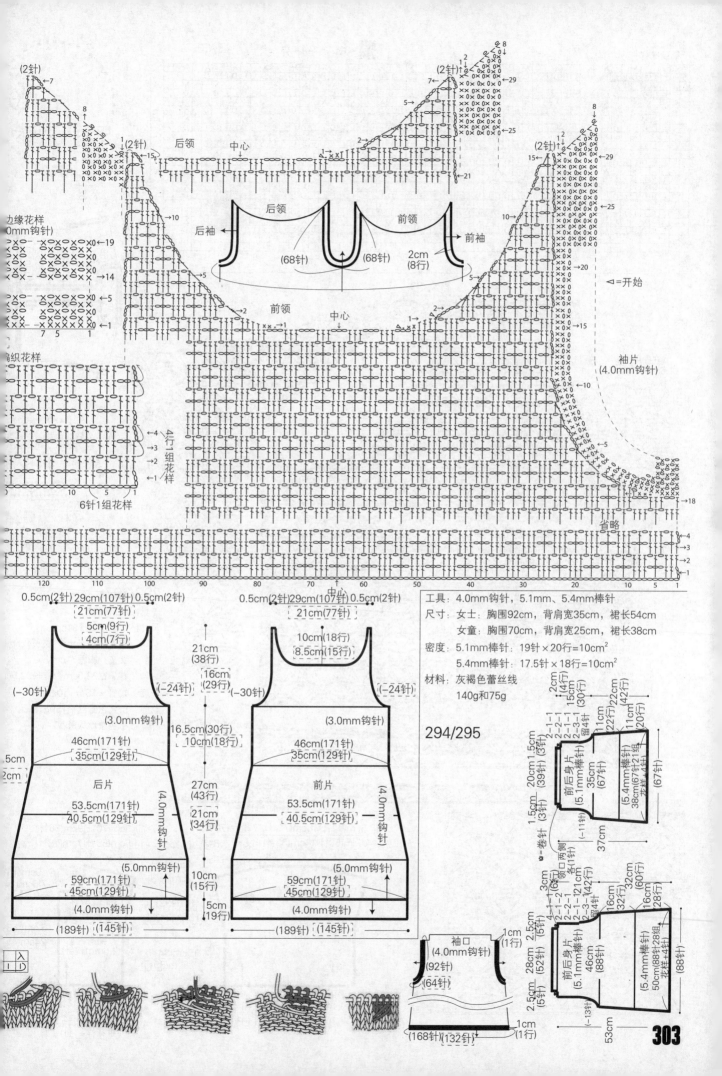

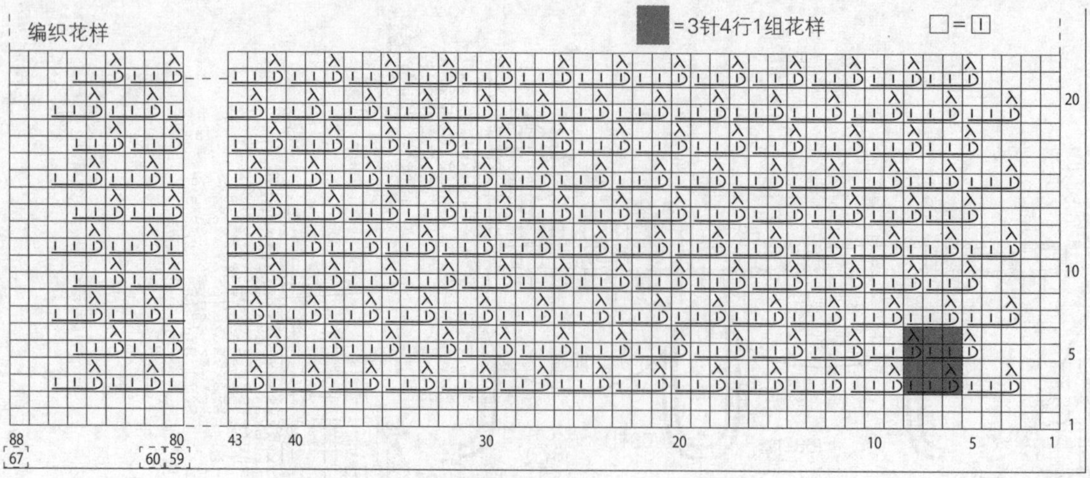
编织花样
=3针4行1组花样
□=|
20
10
5
1
88 80 43 40 30 20 10 5 1
67 60 59

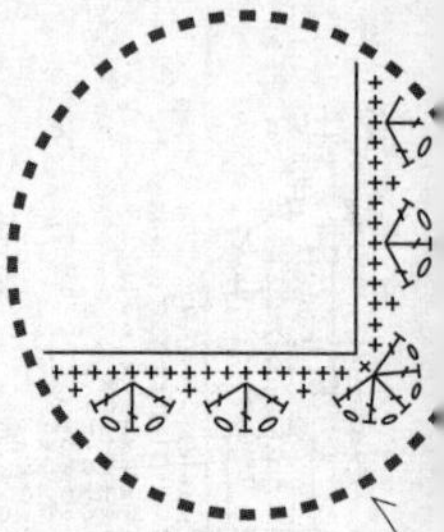

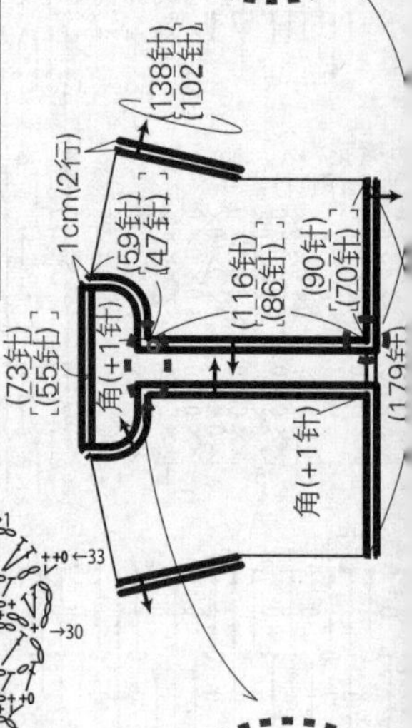
138针
(102针)
1cm(2行)
59针
(47针)
(116针)
(86针)
(90针)
(70针)
(73针)
(55针)
角(+1针)
角(+1针)

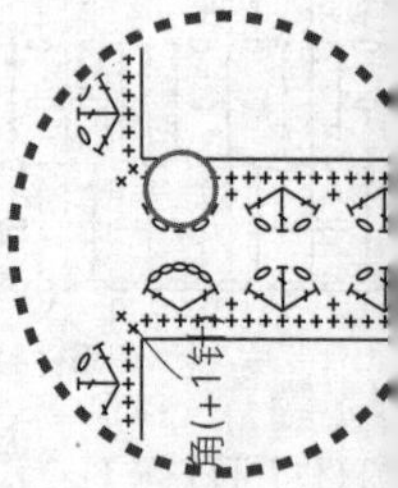
角(+1针)

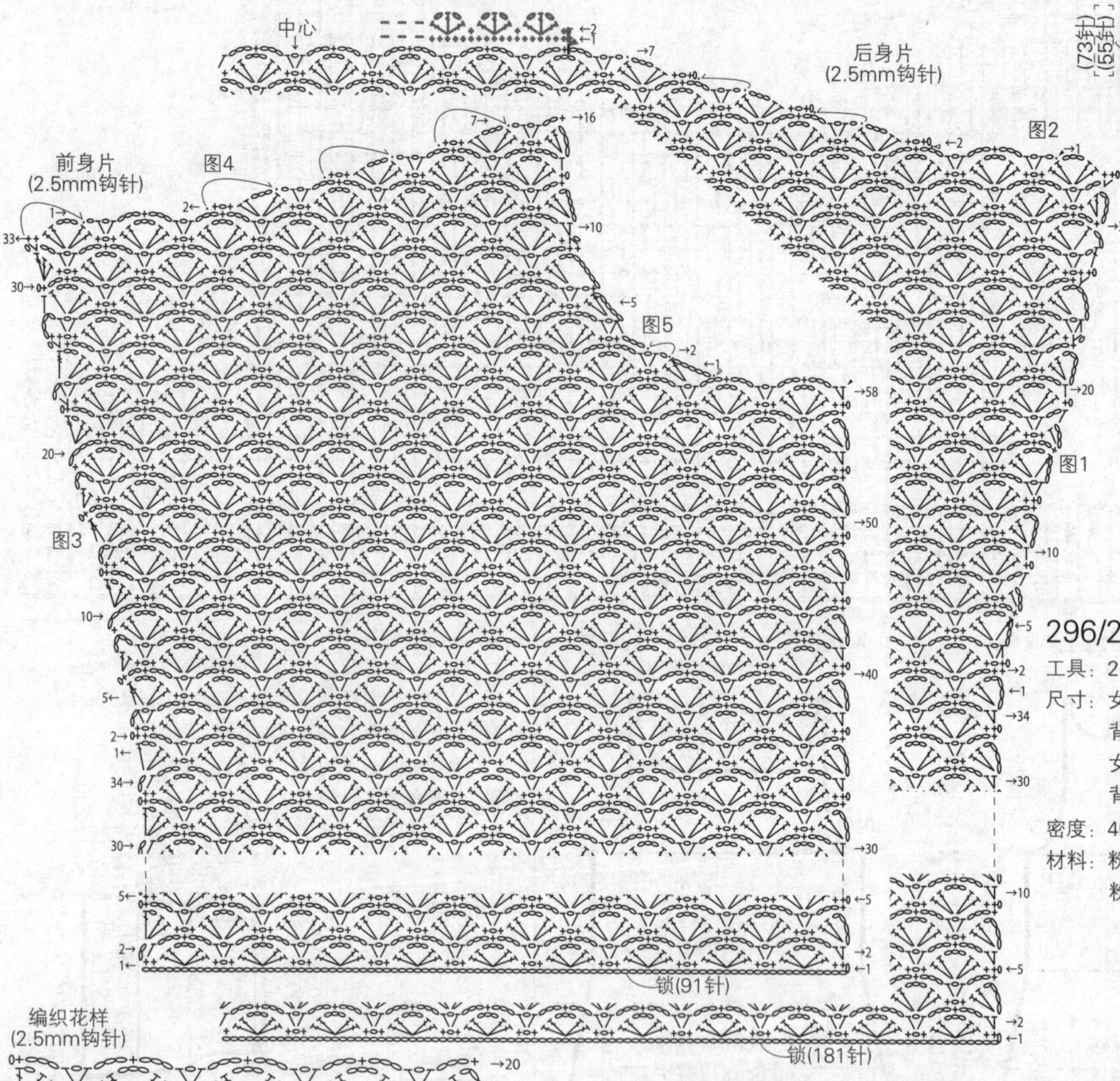
中心
后身片
(2.5mm钩针)
前身片
(2.5mm钩针)
图1
图2
图3
图4
图5
锁(91针)
锁(181针)

296/297

工具：2.5mm钩针

尺寸：女士：胸围91cm，

背肩宽27.5cm，衣长42cm

女童：胸围71cm，

背肩宽22.5cm，衣长32.5cm

密度：40针×18行=10cm²

材料：粉紫色蕾丝线150g，

粉色蕾丝线95g

编织花样
(2.5mm钩针)
4行1组花样
10针1组花样

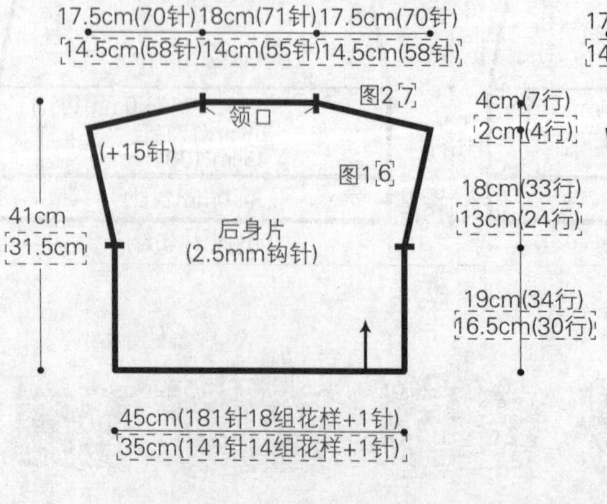
17.5cm(70针)18cm(71针)17.5cm(70针)
14.5cm(58针)14cm(55针)14.5cm(58针)
领口
图2 7
(+15针)
图1 6
41cm
31.5cm
后身片
(2.5mm钩针)
45cm(181针18组花样+1针)
35cm(141针14组花样+1针)
4cm(7行)
2cm(4行)
18cm(33行)
13cm(24行)
19cm(34行)
16.5cm(30行)

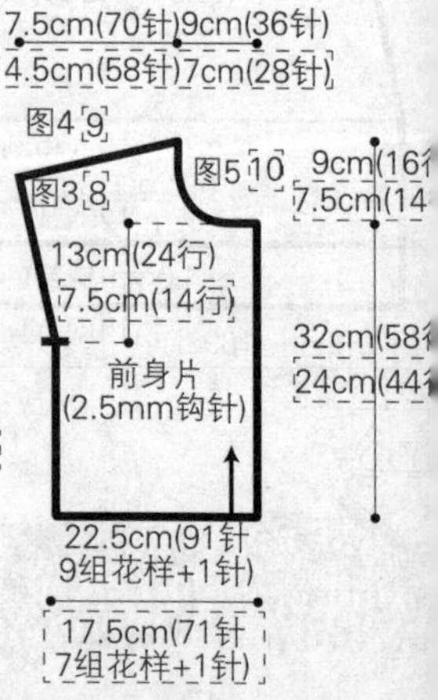
17.5cm(70针)9cm(36针)
14.5cm(58针)7cm(28针)
图4 9
图5 10
图3 8
13cm(24行)
7.5cm(14行)
前身片
(2.5mm钩针)
22.5cm(91针
9组花样+1针)
17.5cm(71针
7组花样+1针)

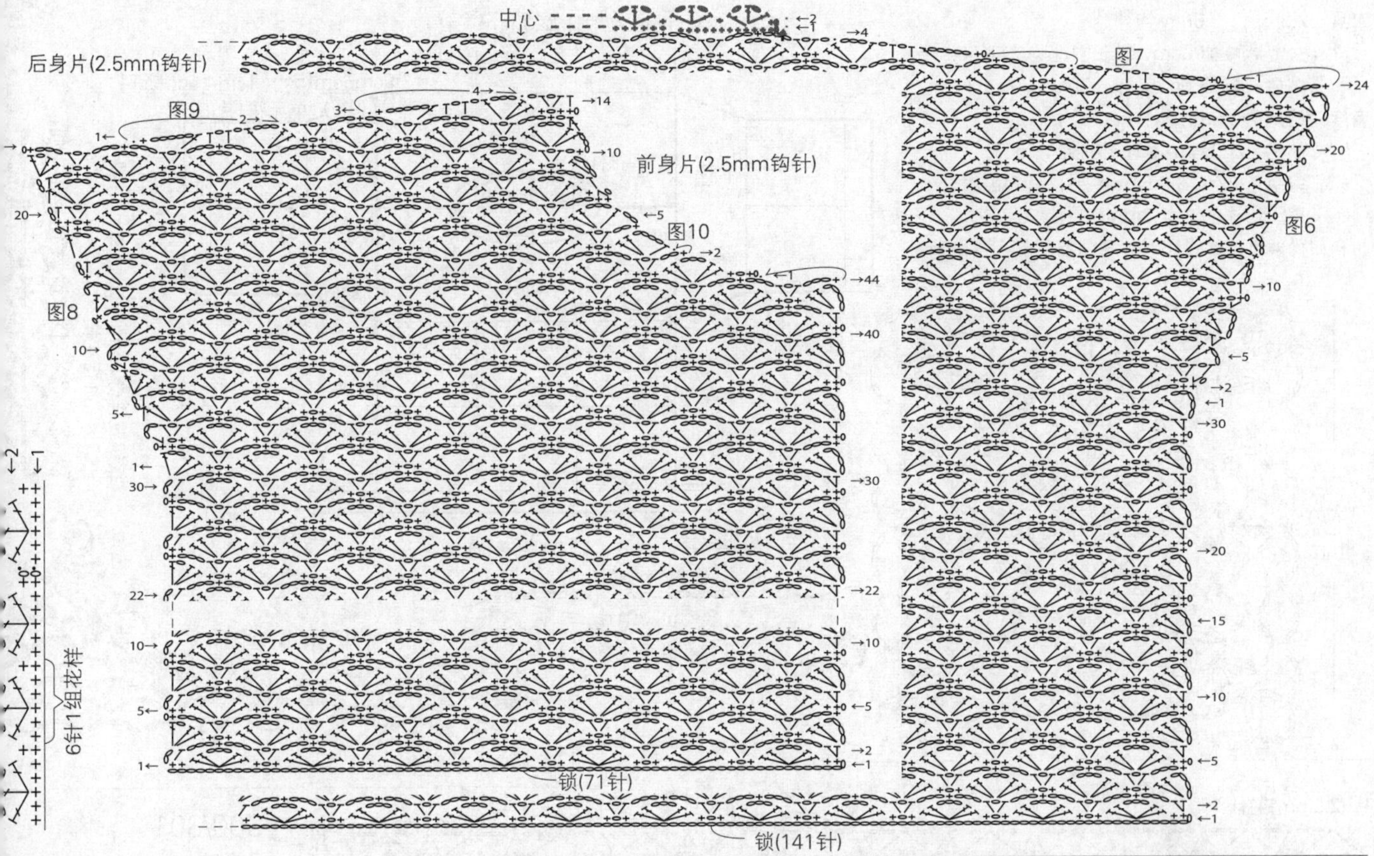
中心
后身片(2.5mm钩针)
图9
前身片(2.5mm钩针)
图10
图8
图7
图6
6针1组花样
锁(71针)
锁(141针)

98/299

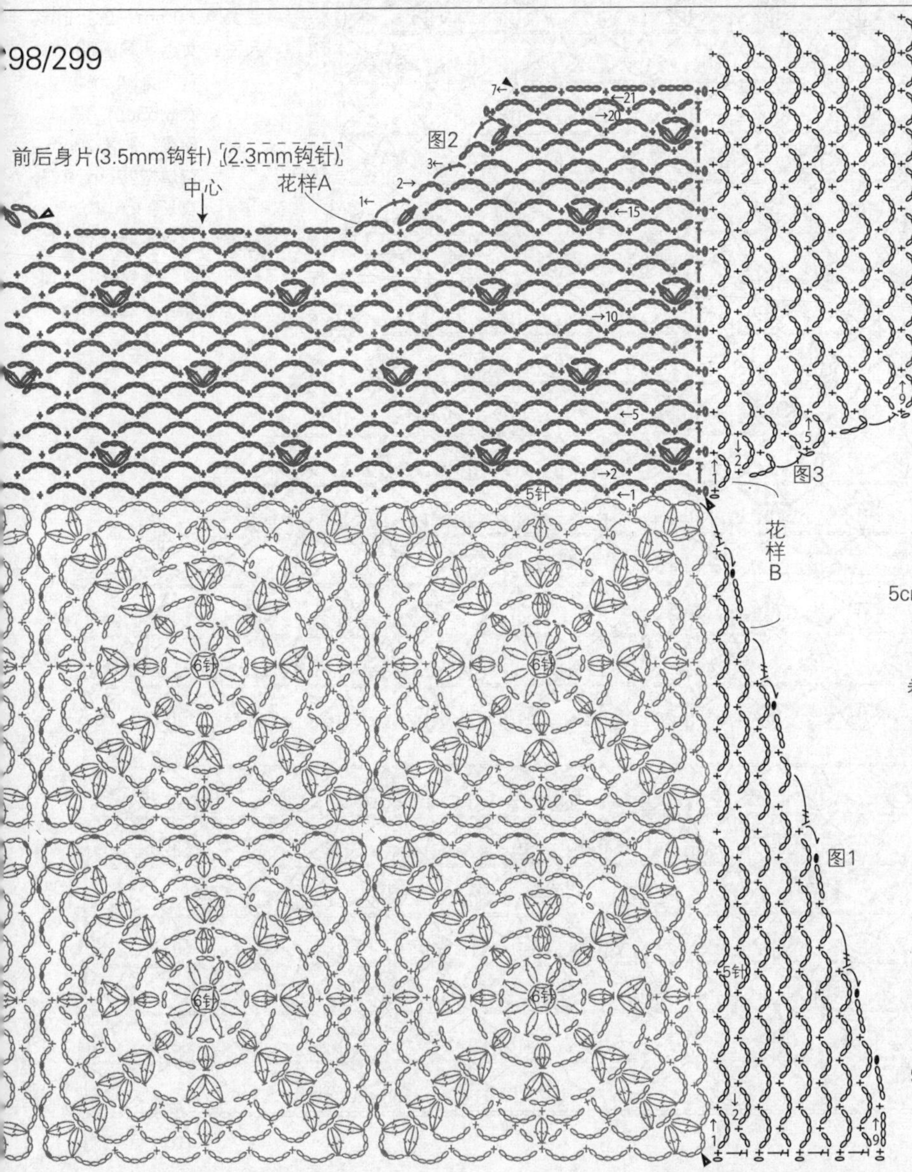
前后身片(3.5mm钩针) [2.3mm钩针]
中心
花样A
图2
图3
花样B
图1
5针
6针

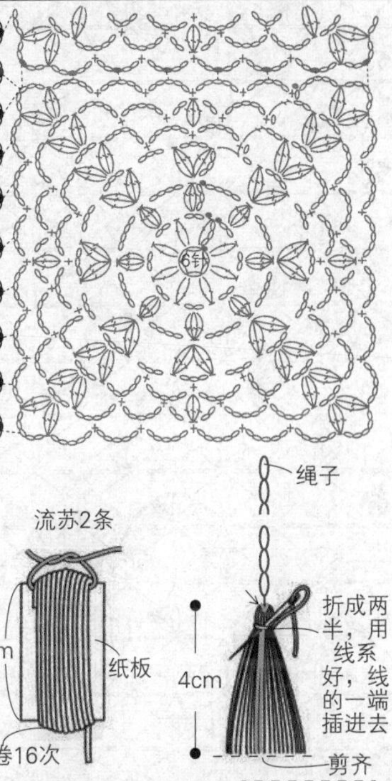
6针

流苏2条
5cm
纸板
卷16次
绳子
折成两半，用线系好，线的一端插进去
4cm
剪齐

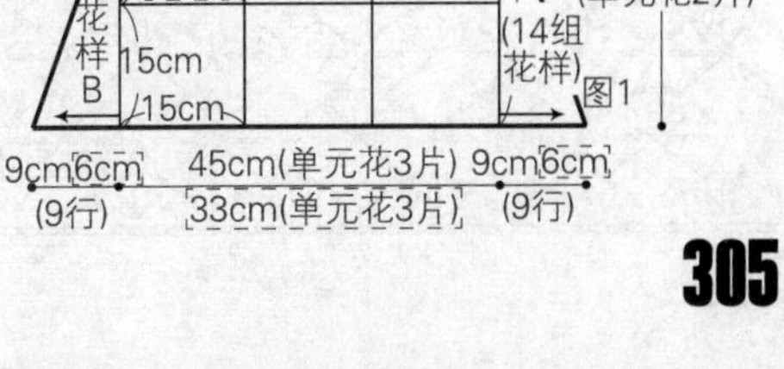
前后身片(3.5mm钩针) [2.3mm钩针]
9cm[6cm] 27cm[20cm] 9cm[6cm]
(4组花样) (13组花样) (4组花样)
7.5cm[4.5cm]
(7行)
图2
花样A
21cm[14cm]
(21行)
(21组花样)
11cm
11cm
花样B
15cm
15cm
30cm[22cm]
(单元花2片)
(14组花样)
图1
9cm[6cm] 45cm(单元花3片) 9cm[6cm]
(9行) [33cm(单元花3片)] (9行)

工具：2.3mm、3.5mm钩针
尺寸：女士：胸围90cm，袖长51cm，衣长55.5cm
女童：胸围66cm，袖长36cm，衣长39cm
密度：单元花(3.5mm钩针)：直径15cm
单元花(2.3mm钩针)：直径11cm
编织花样A、B(3.5mm钩针)：4.5组花样×10行
编织花样A、B(2.3mm钩针)：7组花样×15行
材料：粉紫色蕾丝线160g，深湖蓝色蕾丝线285g

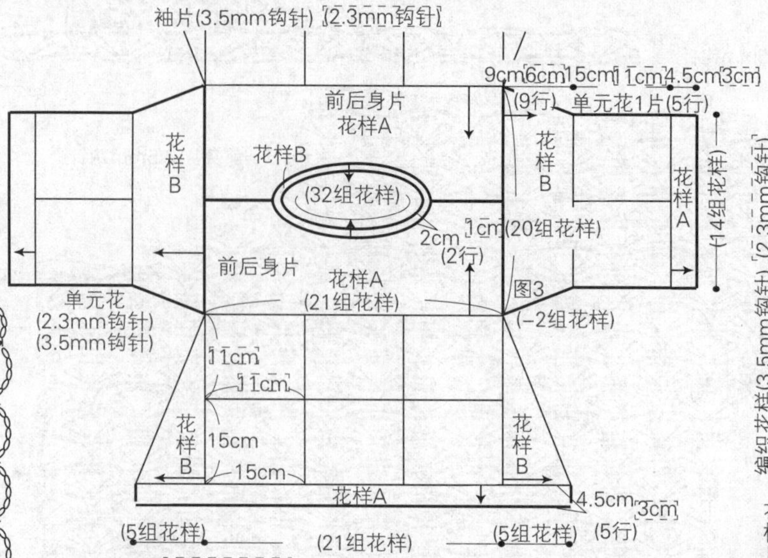
袖片(3.5mm钩针)[2.3mm钩针]
9cm[6cm]
15cm[11cm]
4.5cm[3cm]
(9行)
单元花1片(5行)
前后身片
花样A
花样B
(32组花样)
花样B
2cm
1cm
(20组花样)
(2行)
前后身片
花样A
(21组花样)
图3
(−2组花样)
(14组花样)
单元花
(2.3mm钩针)
(3.5mm钩针)
11cm
[11cm]
15cm
15cm
花样B
花样A
4.5cm[3cm]
(5行)
(5组花样)
(21组花样)
(5组花样)

花样A
编织花样(3.5mm钩针)[2.3mm钩针]
1组花样

15cm
[11cm]
6针
5针

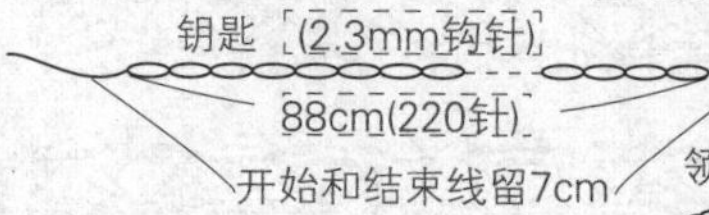
钥匙[2.3mm钩针]
88cm(220针)
开始和结束线留7cm

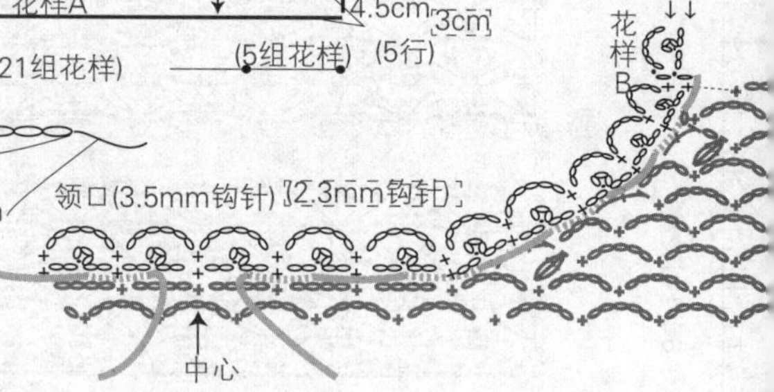
花样B
领口(3.5mm钩针)[2.3mm钩针]
中心

300/301

工具：2.0mm、2.3mm钩针
尺寸：女士：胸围88cm，
背肩宽34cm，
衣长53cm
女童：胸围70cm，
背肩宽27cm，
衣长38cm
密度：44针×13.5行
材料：白色蕾丝线110g，
黑色蕾丝线10g

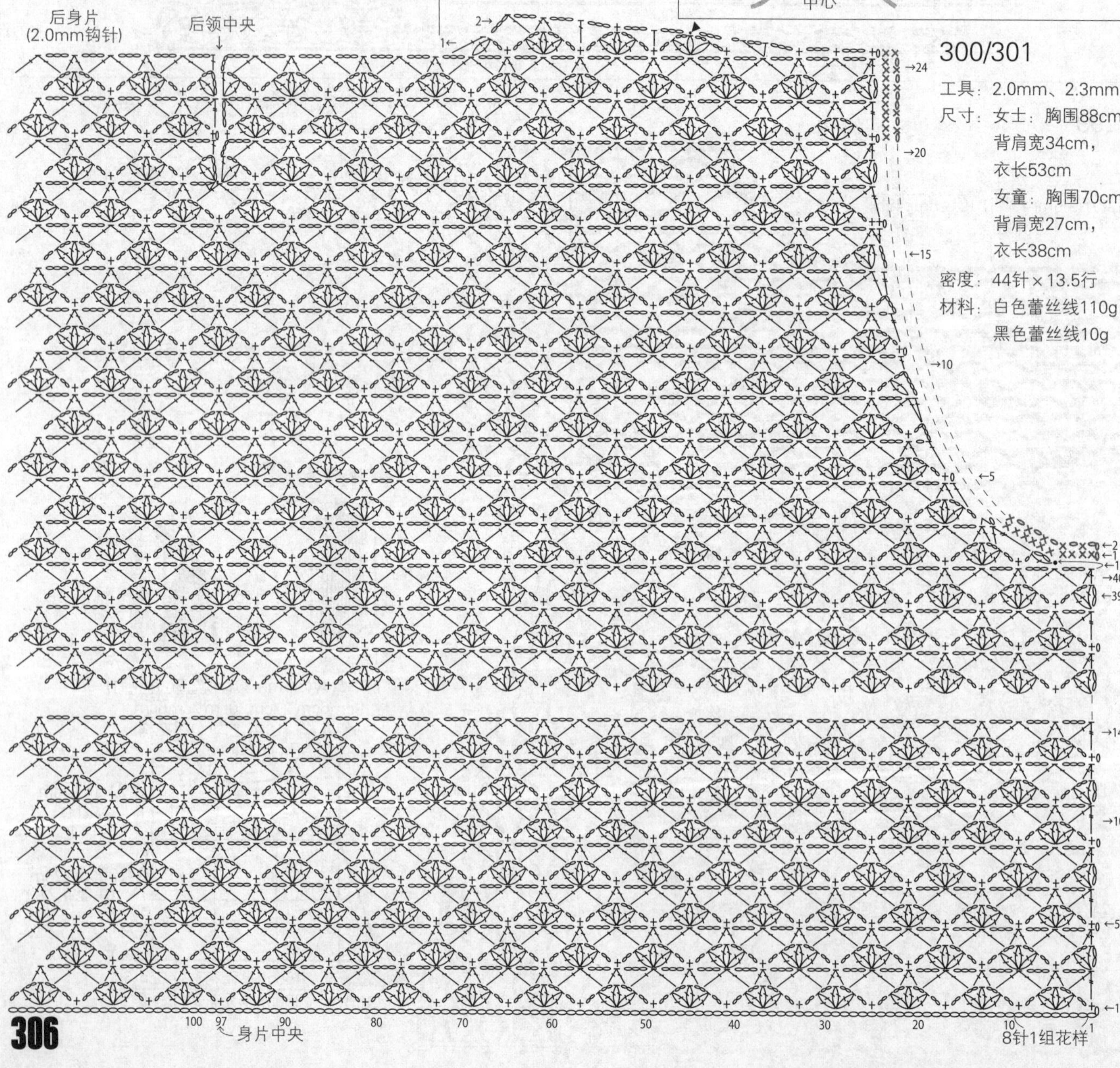
后身片
(2.0mm钩针)
后领中央
身片中央
8针1组花样
4行1组花样

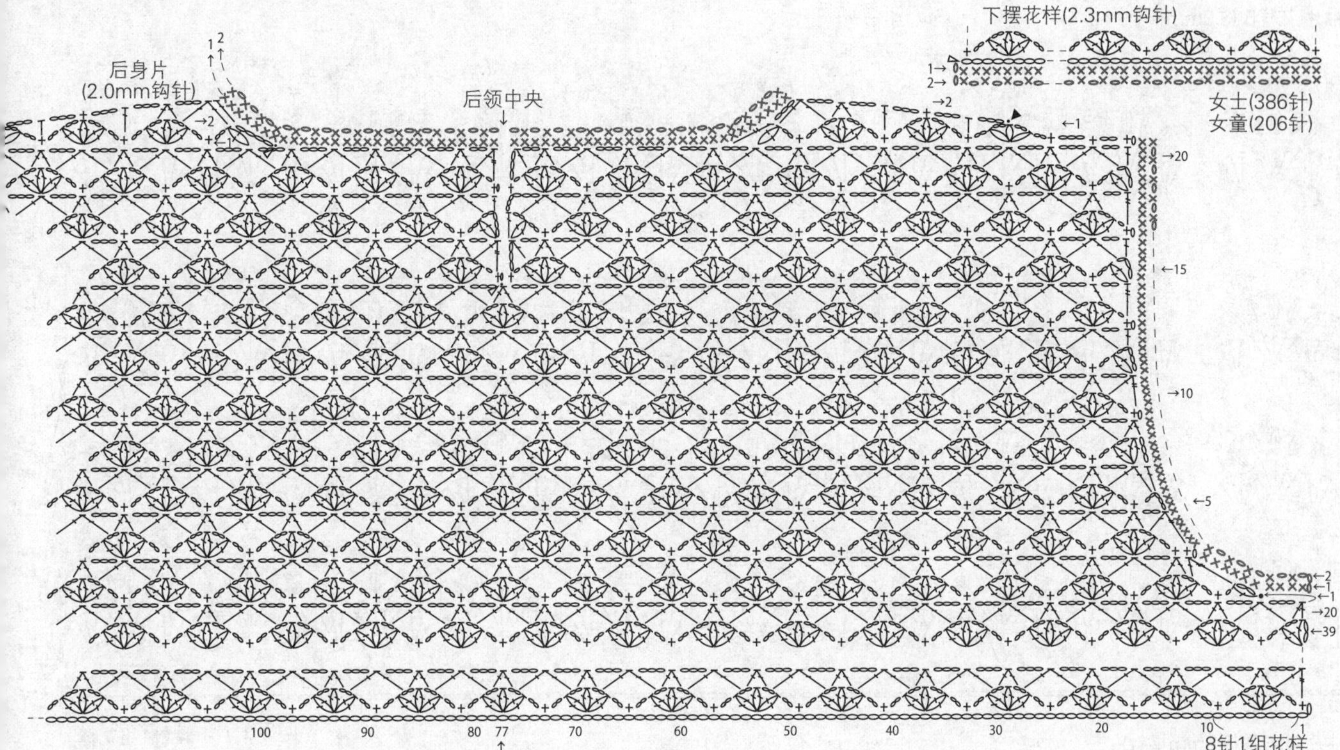
下摆花样(2.3mm钩针)
女士(386针)
女童(206针)
后身片
(2.0mm钩针)
后领中央
身片中央
8针1组花样
100
90
80
77
70
60
50
40
30
20
10
1

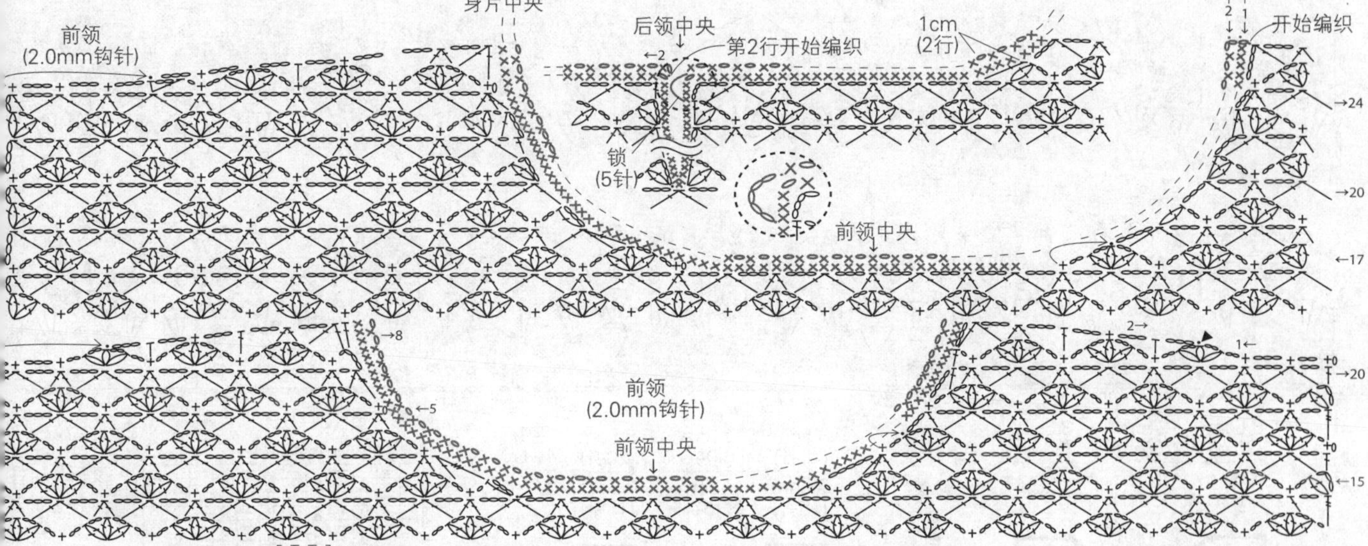
前领
(2.0mm钩针)
后领中央
第2行开始编织
1cm
(2行)
开始编织
锁
(5针)
前领中央
前领
(2.0mm钩针)
前领中央

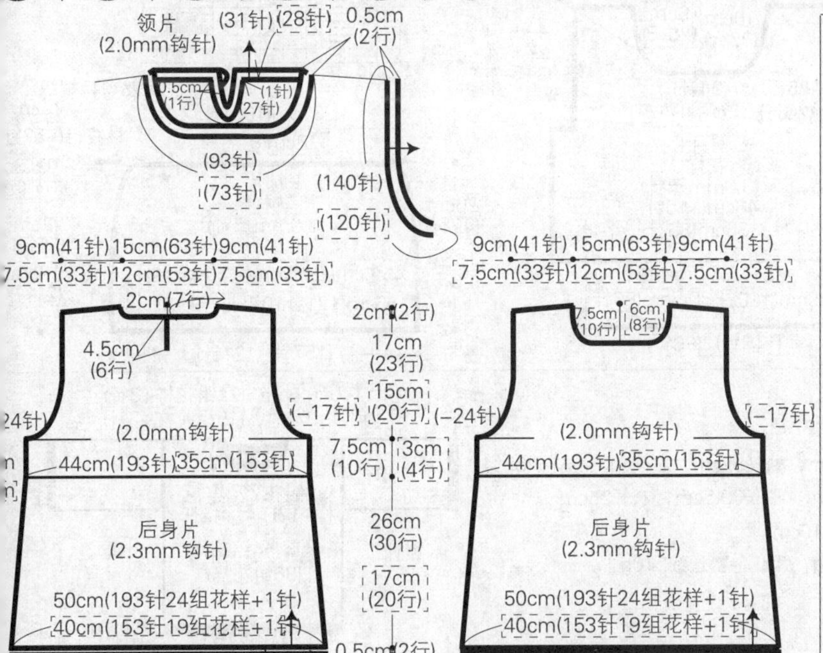
领片
(2.0mm钩针)
(31针)
(28针)
0.5cm
(2行)
(93针)
(73针)
(140针)
(120针)
9cm(41针)15cm(63针)9cm(41针)
7.5cm(33针)12cm(53针)7.5cm(33针)
2cm(7行)
4.5cm
(6行)
(2.0mm钩针)
44cm(193针)35cm(153针)
后身片
(2.3mm钩针)
50cm(193针24组花样+1针)
40cm(153针19组花样+1针)
(2.3mm钩针)
(193针)(153针)
2cm(2行)
17cm
(23行)
15cm
(20行)
7.5cm
(10行)
3cm
(4行)
26cm
(30行)
17cm
(20行)
0.5cm(2行)
(-17针)
(-24针)
7.5cm
(10行)
6cm
(8行)

302/303

工具：2.3mm钩针，3.0mm、3.6mm棒针

尺寸：女士：胸围92cm，袖长29.5cm，衣长48.5cm

女童：胸围72cm，袖长18cm，衣长38.5cm

密度：编织花样A：28针×34行

编织花样B：34.5针×10行

编织花样C：24针×32行

材料：黑色牛奶棉线175g，白色牛奶棉线60g

米色牛奶棉线110g，粉色牛奶棉线50g

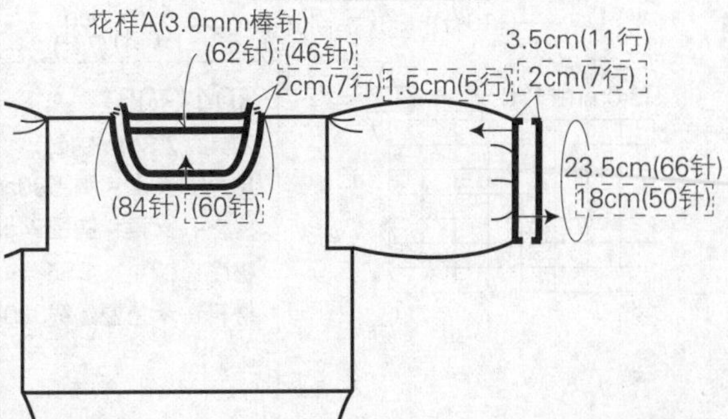
花样A(3.0mm棒针)
(62针)(46针)
2cm(7行)
1.5cm(5行)
3.5cm(11行)
2cm(7行)
23.5cm(66针)
18cm(50针)
(84针)(60针)

袖片 花样B (3.0mm棒针)

中心
→42
←40
→38
←13
→10
←9
←8
→7
→6
←5
→4
←3
→2
←1
157 150 146 109 100 90 80 70 60 50 40 30 20 10 1
锁(157针)
12针1组花样

袖片 花样B (3.0mm棒针)

中心
121 110 100 90 80 70 60 50 40 30 20 10 1
锁(121针)

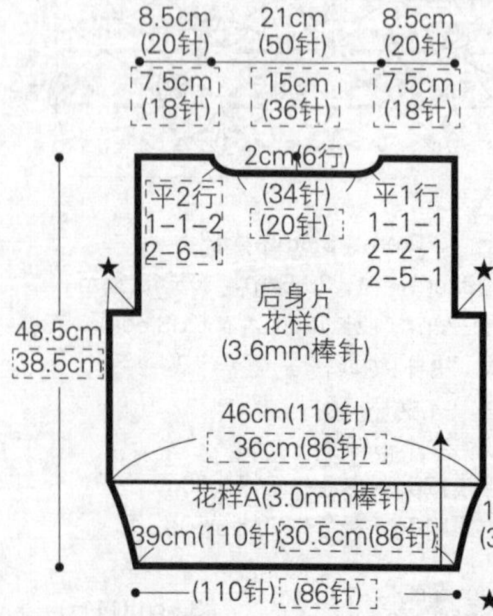
8.5cm (20针)
21cm (50针)
8.5cm (20针)
7.5cm (18针)
15cm (36针)
7.5cm (18针)
2cm(6行)
(34针)
(20针)
平2行
1-1-2
2-6-1
平1行
1-1-1
2-2-1
2-5-1
后身片
花样C
(3.6mm棒针)
48.5cm
38.5cm
46cm(110针)
36cm(86针)
花样A(3.0mm棒针)
39cm(110针)
30.5cm(86针)
(110针)
(86针)

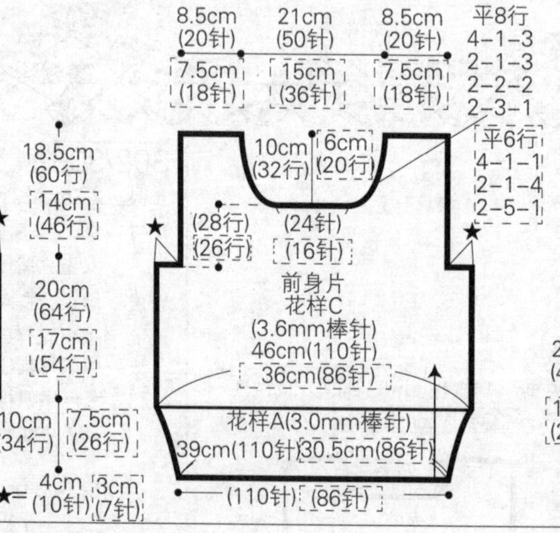
18.5cm
(60行)
14cm
(46行)
20cm
(64行)
17cm
(54行)
10cm
(34行)
7.5cm
(26行)
4cm
(10针)
3cm
(7针)
8.5cm (20针)
21cm (50针)
8.5cm (20针)
7.5cm (18针)
15cm (36针)
7.5cm (18针)
平8行
4-1-3
2-1-3
2-2-2
2-3-1
平6行
4-1-1
2-1-4
2-5-1
10cm
(32行)
6cm
(20行)
(28行)
(26行)
(24针)
(16针)
前身片
花样C
(3.6mm棒针)
46cm(110针)
36cm(86针)
花样A(3.0mm棒针)
39cm(110针)
30.5cm(86针)
(110针)
(86针)

花样A(3.0mm棒针)
10
12
1
= 扭针
= 2针2行
组花样
开始领口编织

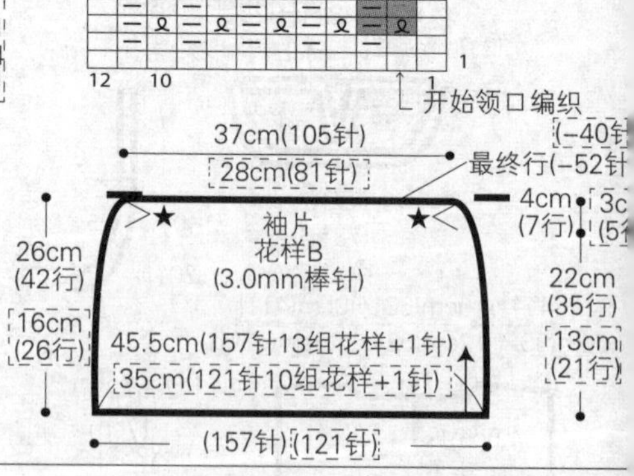
37cm(105针)
28cm(81针)
最终行
4cm
(7行)
26cm
(42行)
16cm
(26行)
袖片
花样B
(3.0mm棒针)
22cm
(35行)
13cm
(21行)
45.5cm(157针13组花样+1针)
35cm(121针10组花样+1针)
(157针)
(121针)

花样C

(3.0mm棒针)

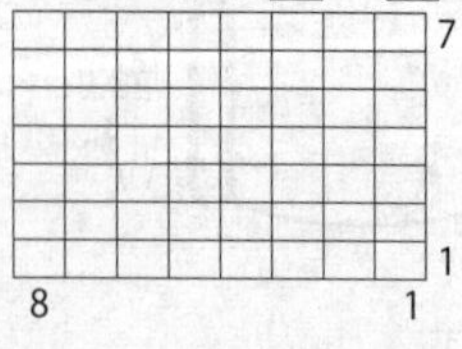
=
7
1
8
1

304/305

工具：2.3mm钩针

尺寸：女士：胸围90cm，袖长52cm，衣长51.5cm

女童：胸围74cm，袖长39.5cm，衣长35cm

密度：37针×14.5行=10cm²

材料：米色蕾丝线390g，紫红色蕾丝线210g

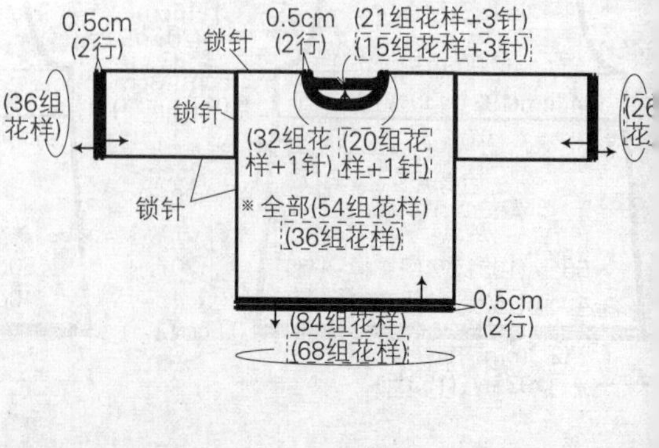
0.5cm
(2行)
锁针
0.5cm
(2行)
(21组花样+3针)
(15组花样+3针)
(36组花样)
锁针
(32组花样+1针)
(20组花样+1针)
锁针
※ 全部(54组花样)
(36组花样)
0.5cm
(2行)
(84组花样)
(68组花样)

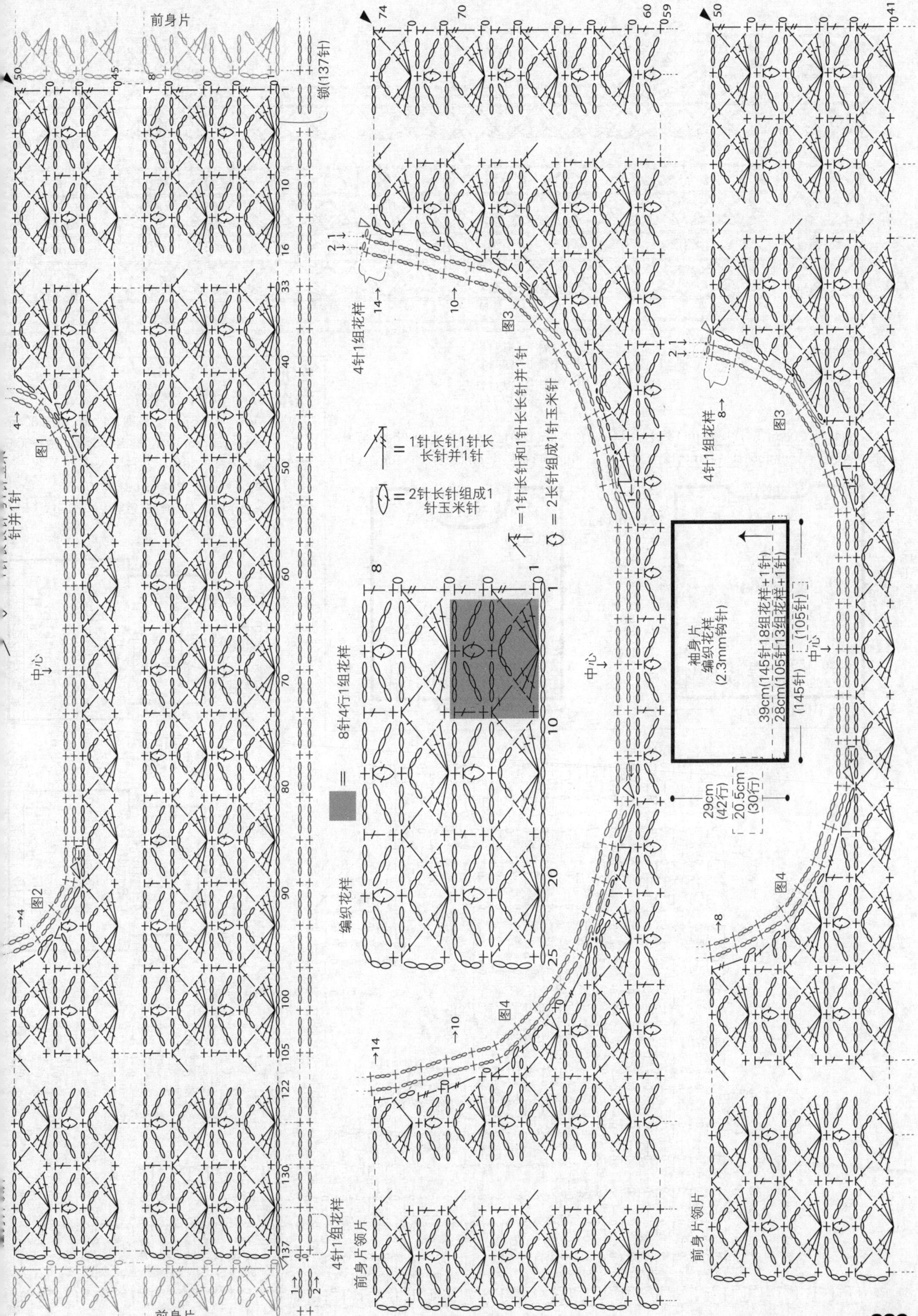
前身片
锁(137针)
针并1针
图1
图2
中心
4针1组花样
前身片领片
图3
图4
编织花样
8针4行1组花样
= 1针长针1针长长针并1针
= 2针长针组成1针玉米针
= 1针长针和1针长长针并1针
= 2长针组成1针玉米针
袖身片
编织花样
(2.3mm钩针)
39cm(145针18组花样+1针)
28cm(105针13组花样+1针)
(145针)
(105针)
29cm
(42行)
20.5cm
(30行)

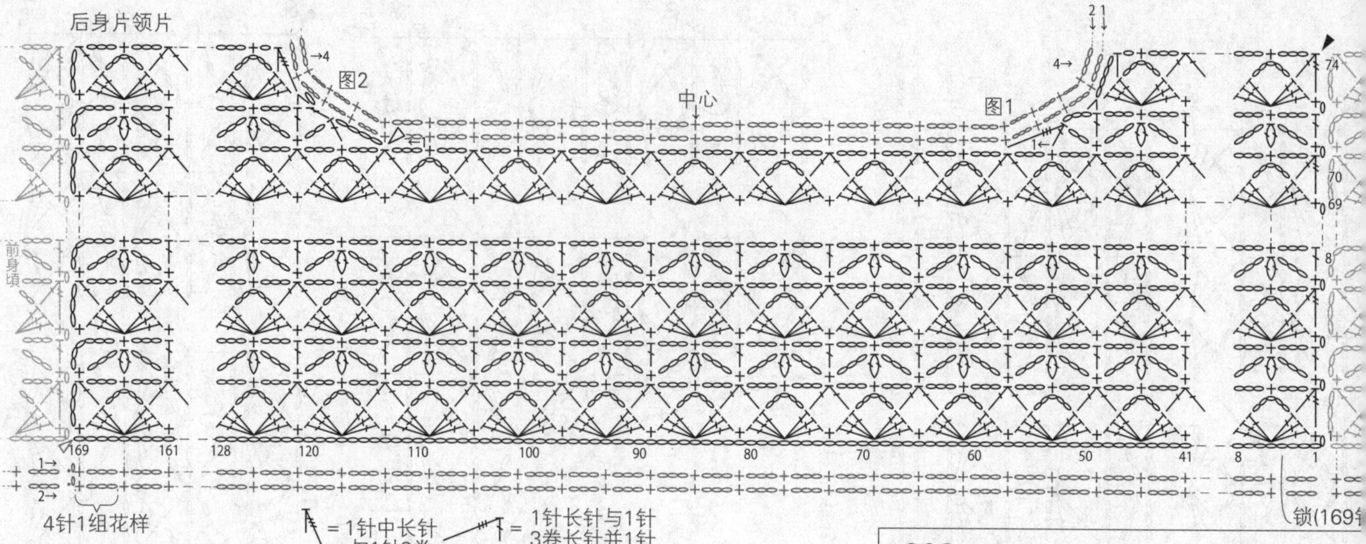
后身片领片
前身顷
中心
图1
图2
4针1组花样
锁(169针

= 1针中长针与1针3卷长针并1针

= 1针长针与1针3卷长针并1针

= 1针长针与1针长长针并1针

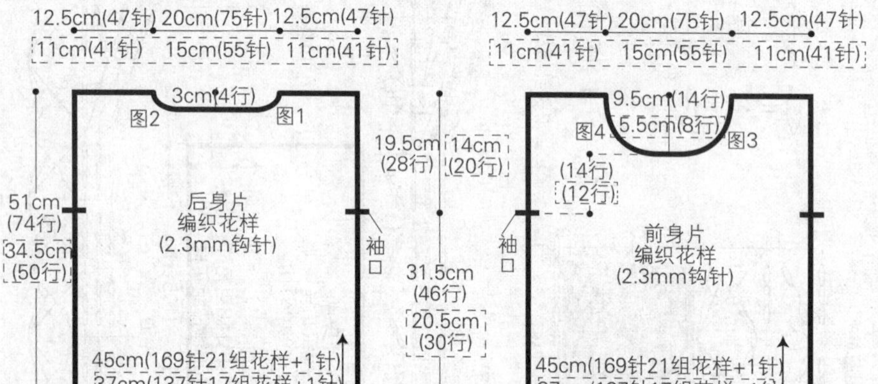
12.5cm(47针) 20cm(75针) 12.5cm(47针)
11cm(41针) 15cm(55针) 11cm(41针)
3cm(4行)
图2 图1
51cm (74行)
34.5cm (50行)
后身片
编织花样
(2.3mm钩针)
袖口
45cm(169针21组花样+1针)
37cm(137针17组花样+1针)
(169针) (137针)
19.5cm (28行)
14cm (20行)
31.5cm (46行)
20.5cm (30行)
9.5cm(14行)
5.5cm(8行)
图4 图3
(14行)
(12行)
前身片
编织花样
(2.3mm钩针)

306

工具：3.0mm钩针，2号棒针

尺寸：M码：衣长63cm，胸围100cm，袖长60cm

L码：衣长65.5cm，胸围105cm，袖长60.5

密度：编织花样：36针×22行=10cm²

单罗纹花样：31针×46行=10cm²

材料：灰色羊毛线215g，白色羊毛线185g

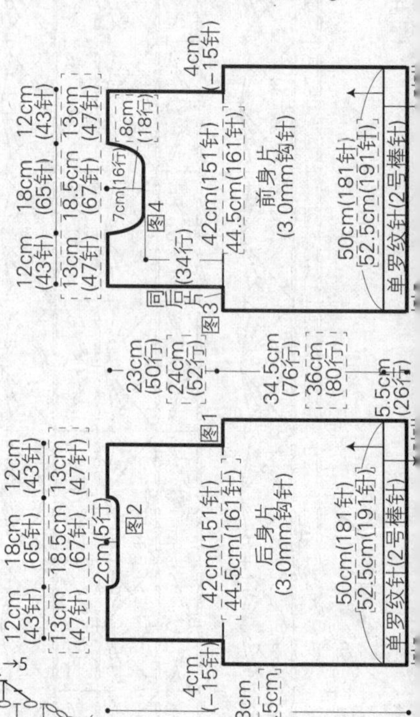
4cm (-15针)
12cm (43针) 13cm (47针)
18cm (65针) 18.5cm (67针)
8cm (18行)
7cm
图4
(34行)
42cm(151针) 44.5cm(161针)
前身片 (3.0mm钩针)
50cm(181针) 52.5cm(191针)
单罗纹针(2号棒针)
回后片
图3
23cm (50行) 24cm (52行)
34.5cm (76行) 36cm (80行)
5.5cm (26行)
图1
图2
2cm (5行)
后身片 (3.0mm钩针)
63cm
65.5cm

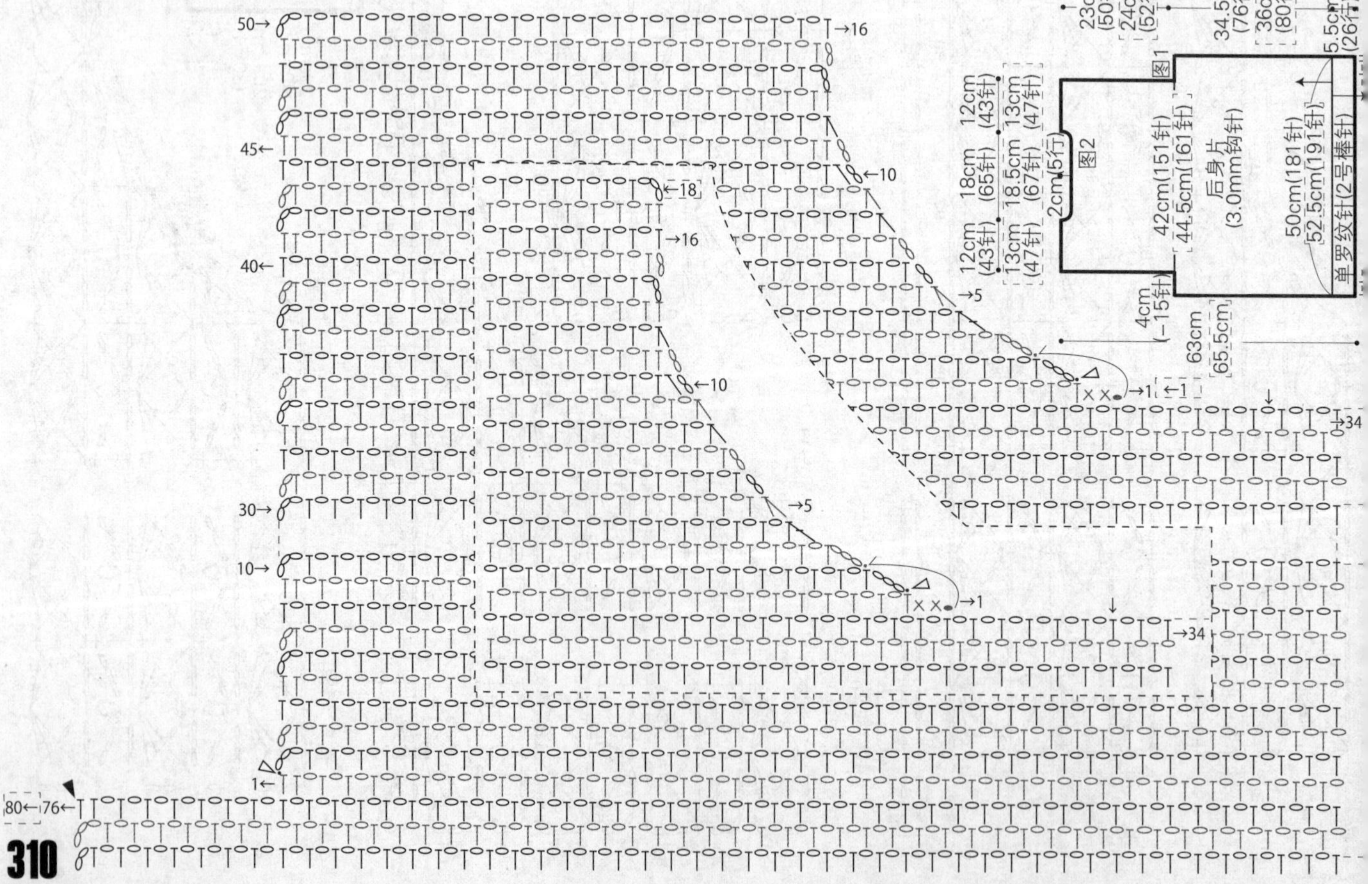

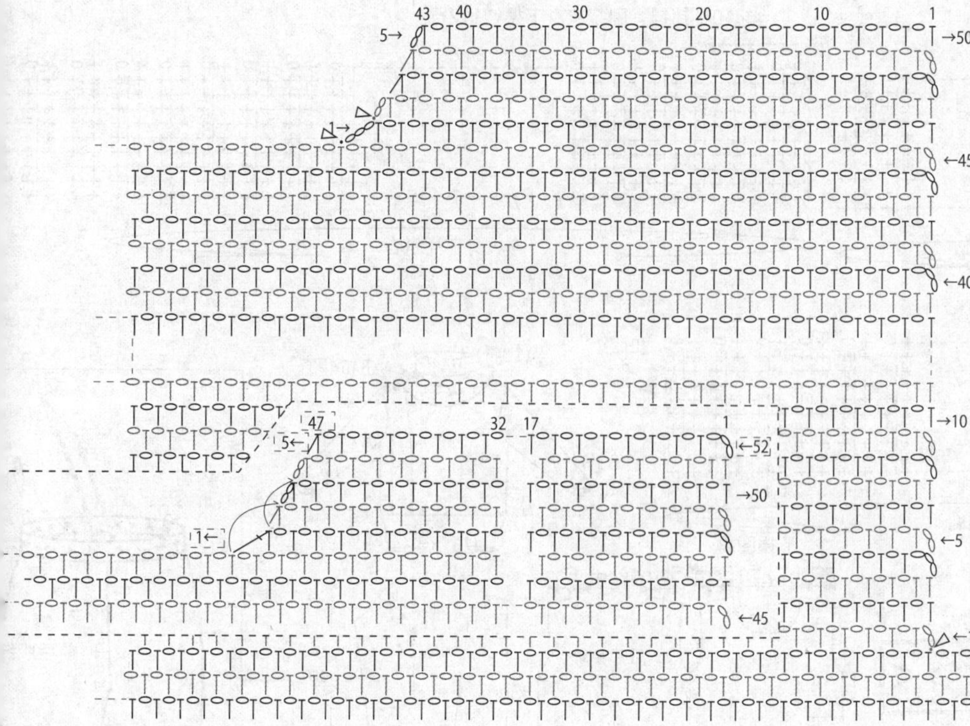

1
10
20
30
40
43
5→
1→
→50
←45
←40
47
32
17
5←
1←
←52
→50
←45
→10
←5
1
←76
←80

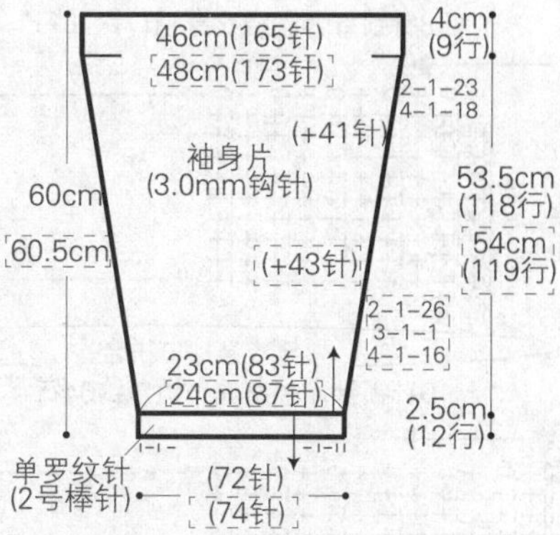

46cm(165针)
48cm(173针)
4cm
(9行)
2-1-23
4-1-18
(+41针)
袖身片
(3.0mm钩针)
60cm
60.5cm
53.5cm
(118行)
54cm
(119行)
(+43针)
2-1-26
3-1-1
4-1-16
23cm(83针)
24cm(87针)
2.5cm
(12行)
单罗纹针
(2号棒针)
(72针)
(74针)

编织花样
(3.0mm钩针)

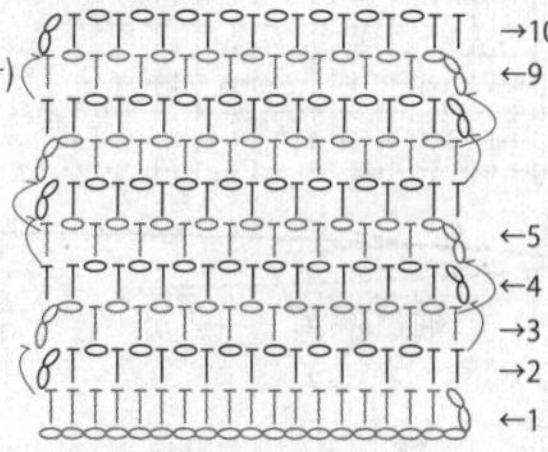

→10
←9
←5
←4
→3
→2
←1

2针4行1组花样

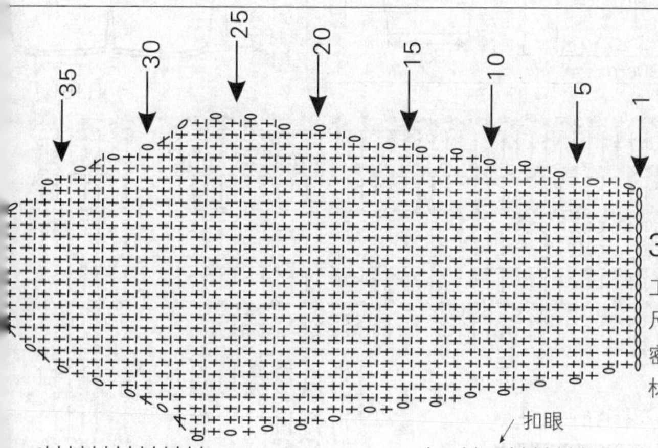

35
30
25
20
15
10
5
1

领片
单罗纹针
(2号棒针)

(61针)
(63针)
2.5cm
(12行)
(87针)
(91针)

袖身片
(3.0mm钩针)

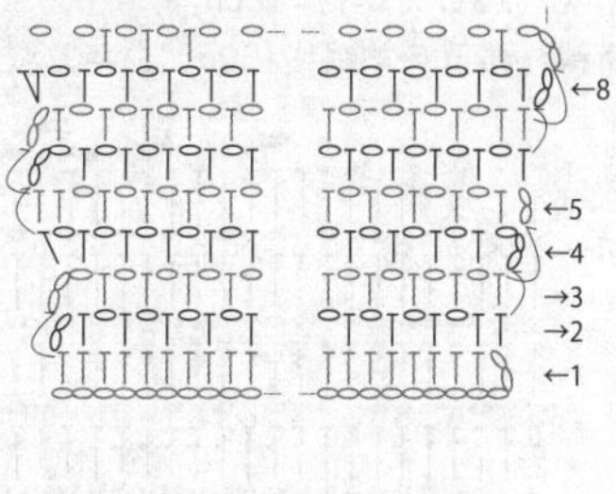

←8
←5
←4
→3
→2
←1

起16针锁针

307

工具：3.0mm钩针

尺寸：胸围60cm，衣长39cm

密度：37针×14.5行=10cm²

材料：灰色纯棉线200g，白色纯棉线少许

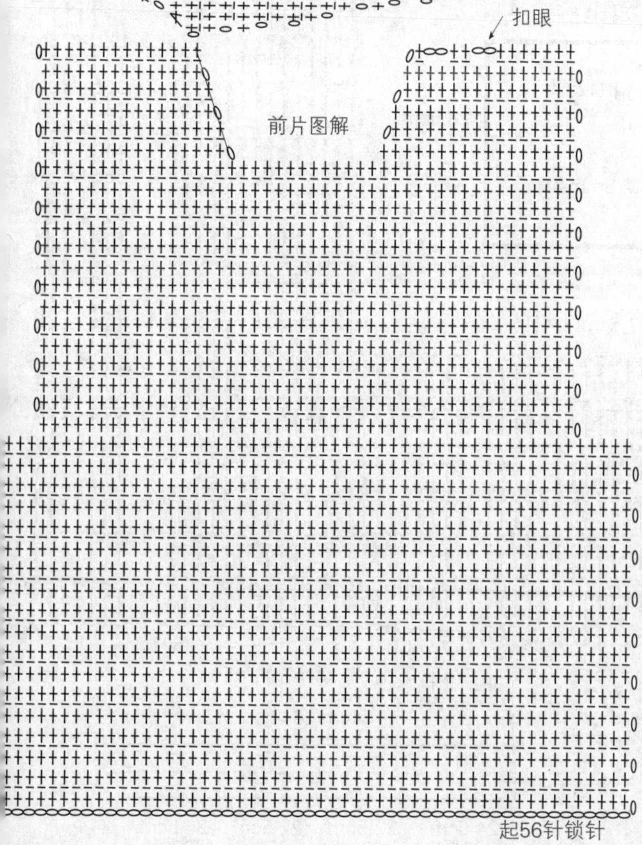

扣眼
前片图解

起56针锁针

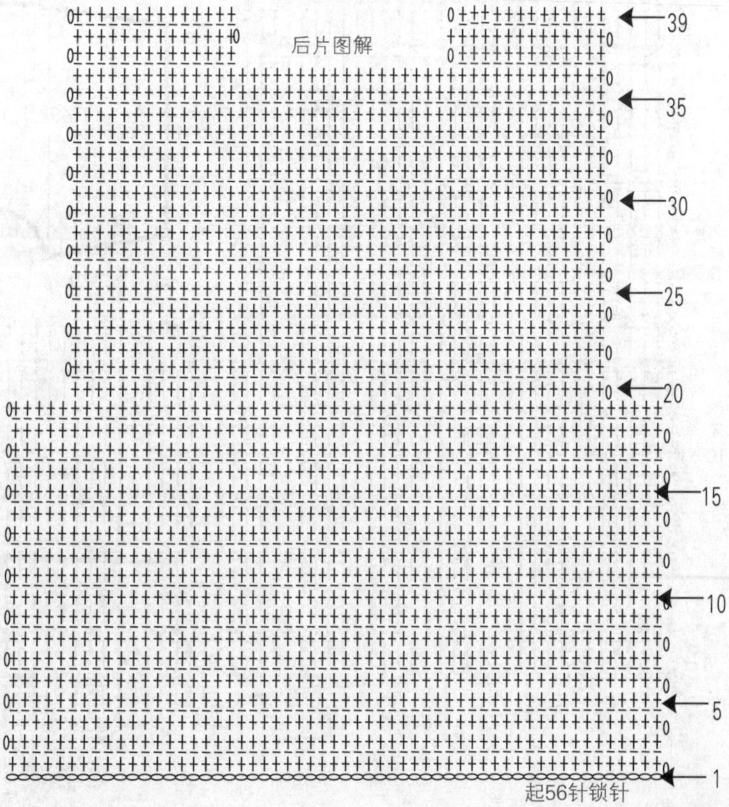

后片图解
39
35
30
25
20
15
10
5
1

起56针锁针

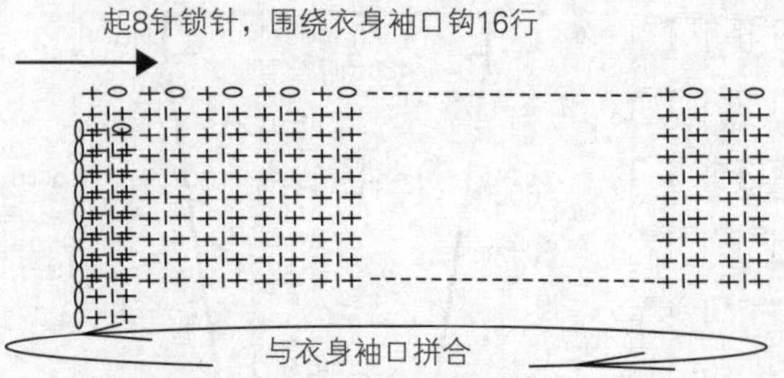

起8针锁针，围绕衣身袖口钩16行
与衣身袖口拼合

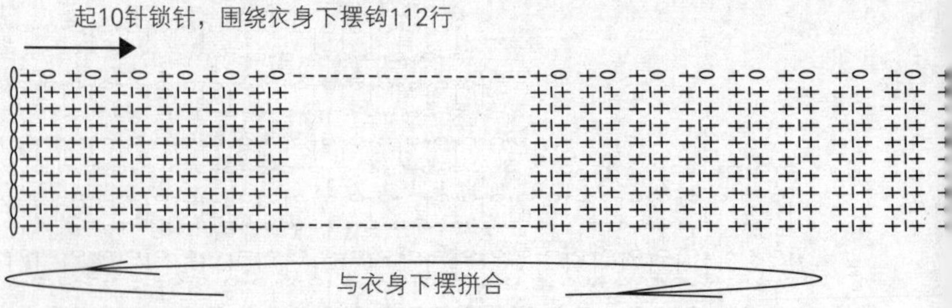

起10针锁针，围绕衣身下摆钩112行
与衣身下摆拼合

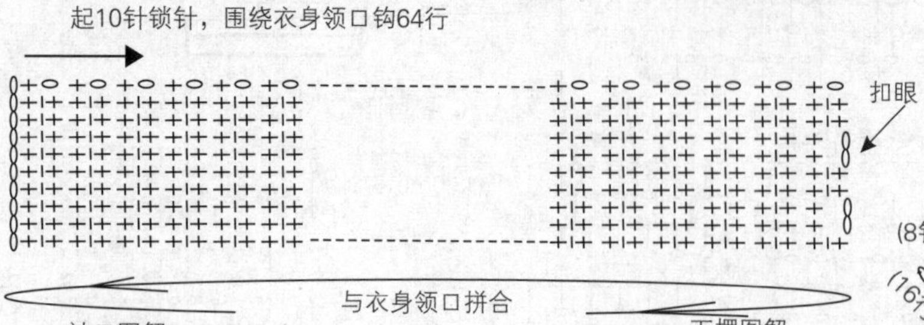

起10针锁针，围绕衣身领口钩64行
扣眼
与衣身领口拼合

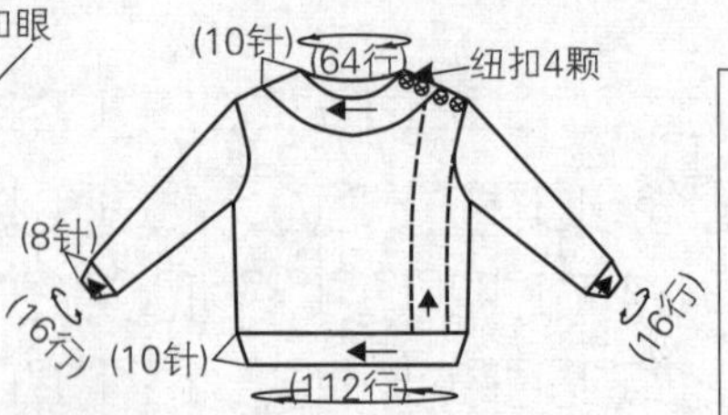

(10针)
(64行)
纽扣4颗
(8针)
(16行)
(16行)
(10针)
(112行)

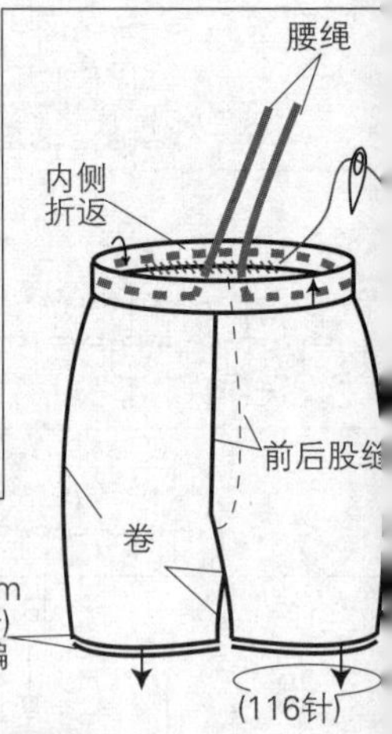

腰绳
内侧
折返
前后股缝
卷
0.5cm
(1行)
细编
(116针)

袖口图解　　下摆图解

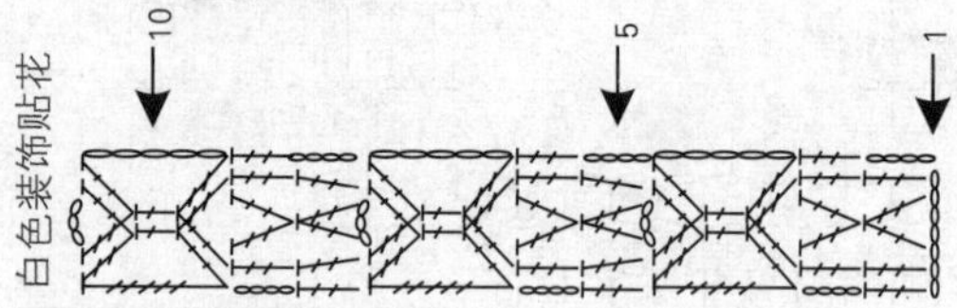

白色装饰贴花
10
5
1

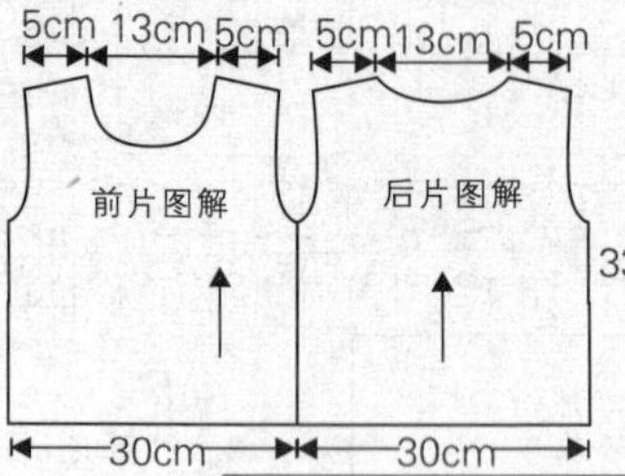

5cm
13cm
5cm
5cm
13cm
5cm
前片图解
后片图解
33cm
30cm
30cm

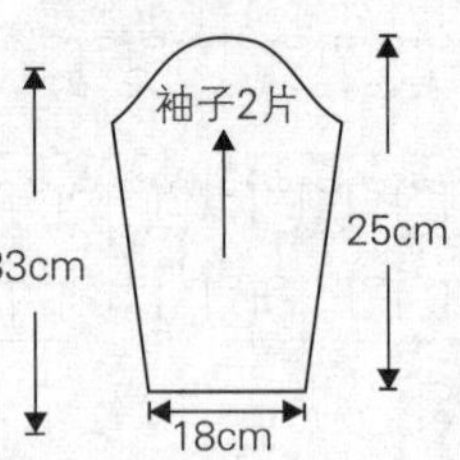

袖子2片
25cm
18cm

308

工具：2.5mm钩针

尺寸：臀围94cm，裤长44.5cm

密度：28针×14行=10cm²

材料：藏蓝色羊绒线150g，白色羊绒线200g

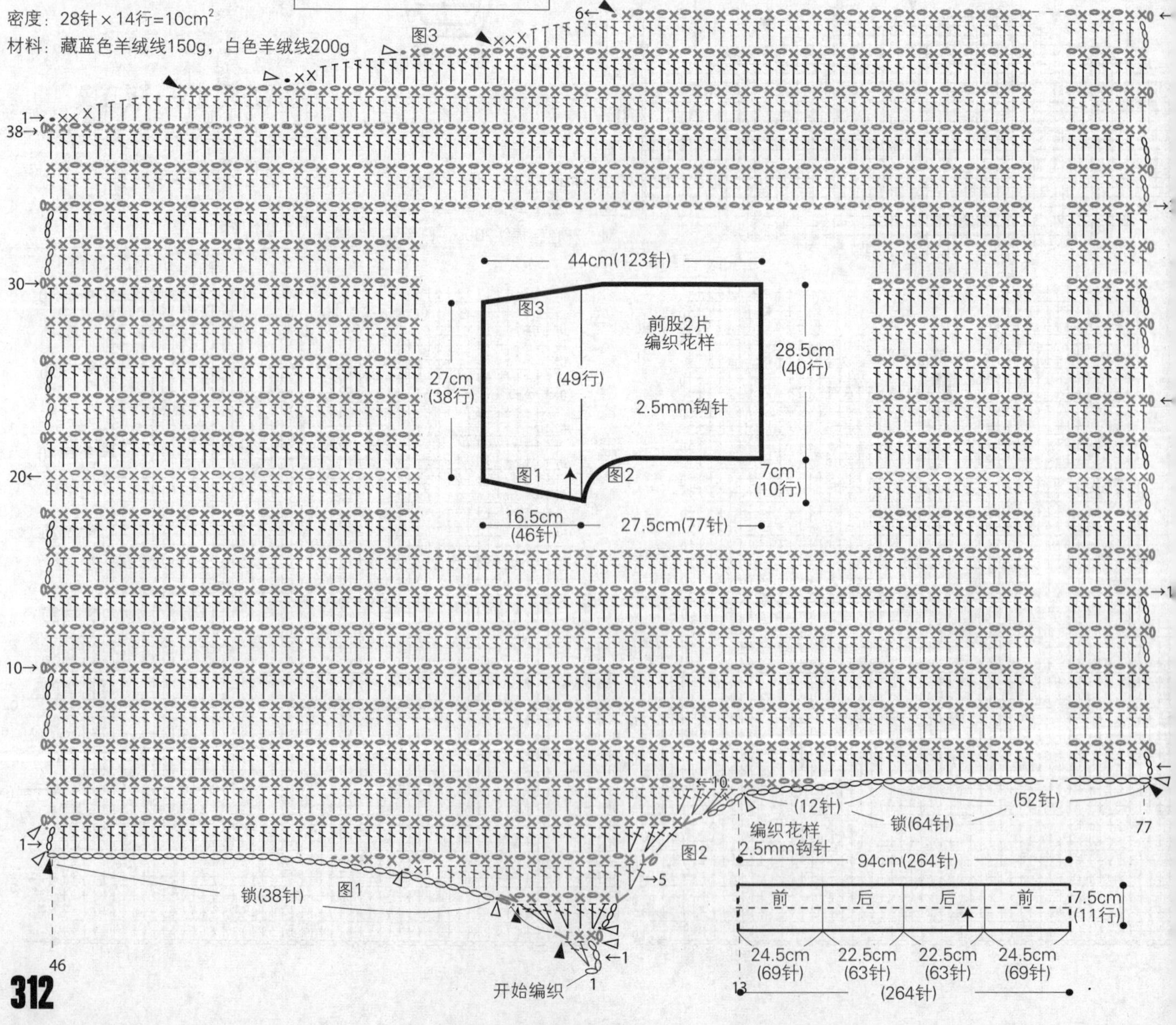

图3
6←
1→
38→
30→
20←
10→
1→
46
锁(38针)
图1
→5
←1
1
开始编织
图2
←10
(12针)
锁(64针)
(52针)
77
44cm(123针)
图3
前股2片
编织花样
27cm
(38行)
(49行)
2.5mm钩针
28.5cm
(40行)
图1
图2
7cm
(10行)
16.5cm
(46针)
27.5cm(77针)
编织花样
2.5mm钩针
94cm(264针)
前
后
后
前
7.5cm
(11行)
24.5cm
(69针)
22.5cm
(63针)
22.5cm
(63针)
24.5cm
(69针)
13
(264针)